IFRS 第六版　　　　鄧淑珠 著

高等會計學
Advanced Accounting 下

東華書局

國家圖書館出版品預行編目資料

高等會計學 (IFRS) / 鄧淑珠著 . -- 6 版 . -- 臺北市：
臺灣東華, 2023.01-

下冊；19x26 公分.

ISBN 978-626-7130-42-1 (下冊 : 平裝)

1.CST: 高級會計 2.CST: 國際財務報導準則

495.1　　　　　　　　　　　112000219

高等會計學 (IFRS) 下冊

著　　者	鄧淑珠
發 行 人	陳錦煌
出 版 者	臺灣東華書局股份有限公司
地　　址	臺北市重慶南路一段一四七號三樓
電　　話	(02) 2311-4027
傳　　真	(02) 2311-6615
劃撥帳號	00064813
網　　址	www.tunghua.com.tw
讀者服務	service@tunghua.com.tw
門　　市	臺北市重慶南路一段一四七號一樓
電　　話	(02) 2371-9320

2028 27 26 25 24 23　YF　10 9 8 7 6 5　4 3 2 1

ISBN　978-626-7130-42-1

版權所有 ・ 翻印必究

自　　序　(IFRS版)(6版)

本次改版重點：

(一) 本書已按金管會所公布 IFRSs [111 年適用] 更新相關章節內容。

(二) 引用金管會 111 年 11 月 24 日公告修正之「證券發行人財務報告編製準則」及臺灣證券交易所 109 年 8 月 21 日公告修正之「一般行業 IFRSs 會計項目及代碼」，可易於與實務接軌，面對國家考試也易上手。

(三) 更正「高等會計學(IFRS版)(5版)－下冊」部分內容之誤植及疏漏，其相關更正資訊已於筆者 BLOG 逐章登載。

(四) 新增考選部公告之 108 年至 111 年會計師考題及筆者解析之參考答案。

(五) 其他相關事項請詳本書前面版次之「自序」說明。

　　感謝本書讀者的指教與支持；感謝東吳大學前副校長馬君梅教授的關心與照顧；感謝徐惠慈老師的切磋與激勵；家人及摯友的全力支持更是完成本書的動力；最後，感謝東華書局給予本書再版的機會。

　　筆者雖已盡心謹慎撰寫並逐字輸入電腦，力求內容正確與完整，倘有疏漏及錯誤之處，祈望各界不吝指正，讓本書更臻完備，嘉惠更多學子與讀者。

鄧淑珠　2023 年 1 月

聯絡信箱：terideng@scu.edu.tw
BLOG：http://dengsc.pixnet.net/blog

作者簡歷

現任：東吳大學會計學系專任講師
東吳大學會計學研究所碩士
斐陶斐榮譽學會會員(碩士)
會計師考試及格、內部稽核師(CIA)考試及格
會計師事務所審計人員、美商電腦公司資深會計員
專科學校會計統計科專任講師、東吳大學會計學系兼任講師

自 序 (IFRS版)(2版)

「中級會計學」是以企業個體日常營運所常發生的交易與經濟事項為標的，介紹其相關會計原理、觀念與處理準則，內容豐富且繁瑣，請參閱徐惠慈老師所著之「中級會計學(IFRS版)，100年8月出版」；而「高等會計學」則蒐羅一些無法列入「中級會計學」介紹的議題，如：企業合併及其相關會計處理、母子公司合併財務報表的編製、合併財務報表之其他相關議題（包括：子公司發行特別股、控制權益異動、間接持股及相互持股之會計處理、合併每股盈餘、合併個體所得稅之會計處理）、單獨財務報表、合併理論、合夥企業的會計處理與清算、總分支機構的會計處理與財務報導、外幣交易與外幣財務報表、部門別與期中財務報導、合資投資之會計處理、非營利事業會計、公司清算與重整等。隨著企業經營環境競爭加劇，這些議題日趨重要，進而提高相關會計實務的專業需求，也帶動國內會計師考試將「高等會計學」獨立為一門考試科目。其中前八項主題約佔高會內容的五分之四強，也是國內大專院校所開「高等會計學」學科的主要講授內容，故先就前八項主題進行撰寫，本書共十六章，分為上、下兩冊。

金管會已於民國98年5月14日公布實施「國際財務報導準則」之時程，第一階段從民國102年起適用，包括上市櫃、興櫃公司及多數金融業。第二階段從民國104年起適用，包括非上市櫃及興櫃的公開發行公司、信合社及信用卡公司，並得自民國102年提前適用。

本次改版重點：

(一) 引用金管會所公布「證券發行人財務報告編製準則」之會計科目名稱，可易於與實務接軌，面對國家考試也易上手。

(二) 本書部分章節涉及下列準則新版與舊版之適用時程異動：

(甲) 於2015年1月1日開始實施：
國際財務報導準則第9號 (IFRS 9) [取代 IAS 39]
(乙) 在2015年1月1日之前，仍適用：
國際會計準則第39號 (IAS 39) (2009版)

(丙) 目前準則的修訂狀況：
國際會計準則第 39 號 (IAS 39) (2010 版)
國際財務報導準則第 9 號 (IFRS No. 9)
　　[由 IAS 39 陸續修改而成，修訂仍進行中]

本書(IFRS 版，上冊，2011 年 10 月出版) 之相關章節係以(丙)規定為主，現為配合前述準則適用時程異動及會計師考試之規定 [詳下述(三)]，本書(IFRS 版修訂，上冊，2012 年 9 月出版) 除(丙)規定外，另補充(乙)之相關會計觀念與處理方法；另本書(IFRS 版，下冊， 2013 年 5 月出版) 同樣除(丙)規定外，亦會補充(乙)之相關會計觀念與處理方法。

(三) 考選部於中華民國 100 年 12 月 29 日公告：
(考選部選專一字第 1003303143 號公告)
專門職業及技術人員高等考試會計師考試命題大綱
備註，第 4 點及第 5 點：

4. 自民國 101 年起，試題如涉及財務會計準則規定，其作答以當次考試上一年度經金融監督管理委員會認可之國際財務報導準則正體中文版 [包括財務報表編製及表達之架構 (Framework for the Preparation and Presentation of Financial Statements)、國際財務報導準則(IFRS)、國際會計準則(IAS)、國際財務報導解釋(IFRIC)及解釋公告(SIC)等] 之規定為準。

5. 配合金融監督管理委員會延後實施 IFRS 9「金融工具」，IFRS 9 不列入考試試題範圍。

　　感謝本書讀者的指教與鼓勵；感謝東吳大學前副校長馬君梅教授的關心與照顧；感謝徐惠慈老師的切磋與激勵；家人摯友的全力支持更是完成本書的動力；最後，感謝東華書局給予本書再版的機會。

　　筆者雖已盡心謹慎撰寫並逐字輸入電腦，力求內容正確與完整，倘有疏漏及錯誤之處，祈望各界不吝指正，讓本書更臻完備，嘉惠更多學子與讀者。

　　　　　　　　　　　　　　　　　　　　　　　鄧淑珠　2013 年 5 月

聯絡信箱：terideng@scu.edu.tw

自　序

　　從事教職多年，發現不少學生面對「高等會計學」時，總有些莫名的恐懼，以為它是一門很艱深的學科，特別是在經歷「中級會計學」繁重的學習過程後。其實不然，「中級會計學」是以企業個體日常營運所常發生的交易與經濟事項為標的，介紹其相關的會計原理、觀念與處理準則，內容豐富且繁瑣，請參閱徐惠慈老師所著之「中級會計學」(上、中、下冊)；而「高等會計學」則是蒐羅一些無法列入「中級會計學」介紹的議題，如：企業合併及其相關會計處理、母子公司合併財務報表的編製、合夥企業的相關會計事務與清算、總分支機構的會計處理與財務報導、外幣交易與外幣財務報表、部門別及期中財務報導、非營利事業之會計處理等。

　　其中前三項議題約占高會內容的四分之三強，已於「高等會計學—合併財務報表及合夥」(98年9月出版，約780頁)中詳盡解說。然部分讀者為參加我國會計師考試，特別是在改考IFRS內容之前，希望筆者能增加上述「高等會計學」的內容，以涵蓋會計師考試常考之主題，如：總分支機構的會計處理與財務報導、外幣交易及其會計處理(含避險操作)、外幣財務報表之換算等。因此，特將此三大主題集結於「高等會計學—外幣交易及外幣報表」一書中，本書共分三章，約290頁。

　　本書的特色與用途：
1. 本書以美國會計準則為主，融入我國財務會計準則公報的相關規定。
2. 盡量以淺白話語解說，將相關金額與數字表格化後簡明呈現，希望達到「自學」的目的。盼藉由此書讓無法到學校修習高會課程的向學人士，透過自修學會高會的相關主題與觀念。
3. 學校教學常受限於時間因素，有些觀念只能重點式地說明，希望藉由本書將重要觀念做詳盡的解析，以利學生課後複習時有所依據，故本書搭配「高等會計學—合併財務報表及合夥」(98年9月出版)是一套適合作為高會課程的上課教材。
4. 對於曾在校學修習過高會的人士，本書可當作複習高會觀念的書籍，幫助釐清或解決會計實務上相關問題，或當作準備各種相關考試的參考工具。

5. 每章習題，係按各章內容、參考以前考題(包含近幾年會計師考題)及相關書籍後，改編而成，多練習可增進並強化對該章內容的理解程度。每題的答案隨附在後，便於讀者練習後核對參考。

　　從學習初會至今已 30 年，受教於許多恩師，心中滿是感激，其中特別要感謝東吳大學副校長馬君梅教授多年來的關心、照顧與提攜，晚輩銘感五內，沒齒難忘；也感謝徐惠慈老師，在教學工作及人生路上互相的切磋與鼓勵；謝謝廖依涵小姐，認真地試讀本書與細心覓誤；而家人與摯友在精神上的全力支持與鼓勵則是完成本書的動力；最後，感謝東華書局給予本書出版的機會。

　　筆者雖已盡心撰寫並逐字輸入電腦，力求內容正確與完整，倘有疏漏及錯誤之處，尚期望各界不吝指正，讓本書更臻完備，嘉惠更多學子與讀者。

鄧淑珠 2010 年 8 月

作者簡歷

鄧淑珠
東吳大學會計學研究所碩士
會計師考試及格
內部稽核師(CIA)考試及格
斐陶斐榮譽學會會員(碩士)
會計師事務所審計人員
外商電腦公司資深會計員
專科學校會計統計科專任講師
現任東吳大學會計學系專任講師

高等會計學(IFRS版)(6版)—下冊

目　　錄

章　　　節	頁次

自　序　(IFRS版)(6版)

自　序　(IFRS版)(2版)

自　序　(外幣交易及外幣報表篇)(初版)

目　　錄

章　　　節	頁次
第九章　間接持股與相互持股	
一、間接持股－父子孫型態	2
二、間接持股－父子子型態	15
三、相互持股－母、子公司相互持股	26
四、相互持股－子公司與孫公司相互持股	48
習　題（含我國 90～111 年會計師考題）	58
※　間接持股－父子孫型態	58
※　間接持股－父子子型態	72
※　相互持股－母、子公司相互持股	100
※　選擇題	122

目　錄

章　　　　節	頁次

第十章　子公司發行特別股之財表合併程序 ／ 合併每股盈餘 ／ 合併所得稅

※ 子公司發行特別股之財表合併程序	1
一、母公司未持有子公司發行之特別股	2
二、母公司持有子公司發行之特別股	8
※ 合併每股盈餘	18
一、準則用詞定義	19
二、單獨或個別財務報表之每股盈餘資訊	20
三、合併財務報表之每股盈餘資訊	20
四、子公司所發行的潛在普通股，將來是行使、轉換或發行母公司的普通股	22
五、子公司所發行的潛在普通股，將來是行使、轉換或發行子公司的普通股	23
六、母公司所發行的潛在普通股，將來是行使、轉換或發行子公司的普通股	27

目　　錄

章　　節	頁次

第十章　子公司發行特別股之財表合併程序／合併每股盈餘／合併所得稅

※ 合併個體所得稅之會計處理	35
一、準則用詞定義	36
二、原 IAS 12「所得稅之會計處理」vs. 修訂之 IAS 12「所得稅」	40
三、國際會計準則第 12 號「所得稅」之相關規定	42
四、我國所得稅法及企業併購法之相關規定	50
五、彙總前述相關規定	52
六、釋　例	57
習　題（含我國 90～111 年會計師考題）	95
※ 子公司發行特別股之財表合併程序	95
※ 合併每股盈餘	117
※ 合併個體所得稅之會計處理	145
※ 　選擇題	184

目　　錄

章　　節	頁次

第十一章　合併理論

一、母公司理論	1
二、個體理論	5
三、傳統理論	11
四、彙述三種編製合併財務報表觀點	12
五、綜合釋例	14
習　題（含我國 90～111 年會計師考題）	31

目　錄

章　　節	頁次
第十二章　總分支機構會計	
一、無須帳務分割之分支機構的常見交易	2
二、可帳務分割之分支機構	4
三、已帳務分割之分支機構與總機構間常見之交易事項	6
四、整合總、分支機構之營業結果及財務狀況資訊	11
五、調節總、分支機構間相對會計科目餘額	28
附　錄：永續盤存制（整合總、分支機構之營業結果及財務狀況資訊）	31
習　題（含我國 90～111 年會計師考題）	47

目　　錄

章　　節	頁次

第十三章　外幣交易及相關避險操作之會計處理

一、匯　率	2
二、準則用詞及相關名詞定義－非衍生工具之外幣交易	4
三、以功能性貨幣報導外幣交易	8
四、釋例－非衍生工具之外幣交易	10
五、衍生工具	17
六、遠期外匯合約	19
七、非避險之遠期外匯合約	21
八、避險會計－準則用詞定義	22
九、避險會計－準則相關規範	23
十、避險之遠期外匯合約	47
十一、公允價值避險－持有外幣淨資產（淨負債）	48
十二、公允價值避險－外幣確定承諾	60
十三、現金流量避險－持有外幣淨資產（淨負債）	68
十四、現金流量避險－外幣預期交易	81
附　錄（11個釋例－常見避險工具及其會計處理）	89
習　題（含我國 90～111 年會計師考題）	124

目　錄

章　　節	頁次
第十四章　匯率變動對財務報表之影響	
一、準則用詞及相關名詞定義	1
二、準則相關規範	3
三、決定個體之功能性貨幣	5
四、當個體的功能性貨幣不是當地貨幣	7
五、當個體的功能性貨幣是當地貨幣	17
六、當個體使用非功能性貨幣為表達貨幣	17
七、財務報表換算之其他應注意事項	23
八、處分或部分處分國外營運機構	28
九、個體應揭露事項	32
十、釋例－當個體使用非功能性貨幣為表達貨幣	33
十一、釋例－當個體的功能性貨幣不是當地貨幣	54
十二、國外營運機構淨投資之避險	74
十三、合併現金流量表	88
附錄一：國際會計準則第 29 號「高度通貨膨脹經濟下之財務報導」	109
附錄二：匯率變動對資產及負債變動之影響	121
習　題（含我國 90～111 年會計師考題）	123

目　　錄

章　　節	頁次

第十五章　合夥企業－設立、經營、合夥權益變動

一、何謂合夥	1
二、合夥企業的特質	3
三、合夥契約	6
四、合夥企業的財務報導	7
五、合夥人原始出資－開業記錄	9
六、合夥人後續再出資	11
七、合夥人提取	11
八、合夥人與合夥企業間之借貸交易	13
九、合夥企業的日常營運	13
十、合夥損益分配方法	15
十一、合夥權益變動	20
十二、合夥權益轉讓	22
十三、商譽法 vs. 紅利法	22
十四、新合夥人入夥－向原合夥人購買合夥權益	23
十五、新合夥人入夥－將資產直接投資於合夥企業	27
十六、合夥人退夥或死亡	33
十七、有限(責任)合夥	41
習　題（含我國 90～103 年會計師考題）	42

目　　錄

章　　　節	頁次

第十六章　合夥企業清算

一、合夥企業清算的基本程序　　2

二、簡單(一次)清算　　2

三、簡單(一次)清算－合夥人資本帳戶借餘　　5

四、分次清算　　8

五、安全現金分配　　9

六、分次清算之原則與釋例　　12

七、現金分配計畫　　20

八、合夥人或(及)合夥企業無償債能力　　22

習　題（含我國 90～103 年會計師考題）　　29

參考書目及文獻

第九章　間接持股與相互持股

　　為簡化投資關係以利講述權益法精神與合併財務報表編製邏輯與程序，本書上冊皆以投資者直接取得被投資者具表決權的股權投資關係做為釋例，即「直接投資」。但投資者對於被投資者「是否具重大影響？」及「是否存在控制？」的研判，依交易實質重於形式的會計觀念來看，除了「直接投資」，當然尚應考慮「間接投資」的實質影響。

　　本書上冊第二章及第三章已說明，在判斷投資者對被投資者日常營運是否具重大影響或存在控制時，理論上應按個案實際情況來研判，而其中一項重要的判斷依據是持股比例，因此針對"是否具重大影響"的研判，國際會計準則提出 20%的參考持股比例，亦即除能明確證明不具重大影響外，當投資者直接或間接(如透過子公司)持有被投資者 20%以上表決權時，即推定投資者對被投資者具重大影響。相對地，除非能明確證明具重大影響，否則當投資者直接或間接(如透過子公司)持有被投資者表決權未達 20%時，即推定投資者對被投資者不具重大影響。

　　另當投資者直接或間接(如透過子公司)持有被投資者 20%以上表決權時，若其他投資者持有大部分或主要所有權時，並不必然排除此一投資者具重大影響。例如：甲公司持有乙公司 40%表決權且對乙公司具重大影響，丙公司持有乙公司 30%表決權，則丙公司仍有可能對乙公司具重大影響，不因"甲公司持有乙公司 40%表決權且對乙公司具重大影響"而排除此項可能性，因此仍須視個案實際情況來研判。

　　而對於"是否存在控制"的研判，則較為複雜。於何種情境下，投資者始對被投資者存在控制？依準則規定，其判斷原則是：「當投資者暴露於來自對被投資者之參與之變動報酬或對該等變動報酬享有權利，且透過其對被投資者之權力有能力影響該等報酬時，投資者控制被投資者。」換言之，僅於投資者具有下列三項時，投資者始對被投資者存在控制：
(a) 對被投資者之權力(power)。
(b) 來自對被投資者之參與之變動報酬之暴險或權利。
(c) 使用其對被投資者之權力以影響投資者報酬金額之能力。
針對此三項控制要素之相關說明，請詳本書上冊第三章。

當投資者具備上述三項特質時，投資者始對被投資者存在控制，惟評估投資者是否對被投資者存在控制時，投資者應考量所有事實及情況。另符合上述三項特質可能透過直接或間接的方式達成，例如：母公司[甲]直接或間接(如透過子公司[丙])擁有一個體(乙公司)超過半數之表決權，若無反證，甲公司或"甲公司與丙公司所形成的合併個體"對乙公司應符合上述三項特質，而對乙公司存在控制，因此母、子公司關係確立，甲為母公司，乙及丙皆為甲的子公司，甲、乙及丙三家公司形成一個合併個體，或稱集團。

投資者對被投資者可具有權力，即使其他個體具有賦予其現時能力以參與主導攸關活動之既存權利(例如當另一個體對被投資者具有重大影響時)。簡言之，即使 B 公司對 C 公司具重大影響，A 公司對 C 公司仍可能具有權力甚至存在控制。其相關說明請參閱本書上冊第三章。

因此，本章前半部將說明在間接持股的投資型態中，投資者應如何適用權益法，期末又該如何編製合併財務報表，擬分「父子孫」及「父子子」兩類間接持股的投資型態，分別說明。註：依準則用詞，集團內只有母公司與子公司之區分，無「孫公司」之說法。而「父子孫」投資型態係為分類而採用實務上的稱呼「孫公司」，因此「孫公司」亦是集團內諸多子公司之一。

另外，當母公司持有對子公司存在控制之股權投資時，基於營運策略上或其他因素的考量，子公司也可能同時持有對母公司之股權投資，因此形成「母公司與子公司相互持股」的情況。同理，在「父子孫」的投資型態中，孫公司也可能同時持有對子公司之股權投資，而形成「子公司與孫公司間相互持股」的情況；或在「父子子」的投資型態中，集團內的某兩家子公司互相持有對方之股權投資，而形成「子公司與子公司間相互持股」的情況，故擬於本章後半部，按其投資型態逐一介紹其權益法之適用及其合併財務報表的編製邏輯與程序。

一、間接持股－父子孫型態

當甲公司取得對乙公司存在控制之股權投資，而乙公司也取得對丙公司存在控制之股權投資時，就甲公司對丙公司而言，甲公司雖未直接持有對丙公司之股權投資，卻可透過乙公司間接地控制丙公司，因此形成所謂「父子孫」的間接投資型態。遇此，於報導期間結束日，甲公司須適用權益法認列其對乙公司之投資損益、乙公司亦須適用權益法認列其對丙公司之投資損益、而甲、乙及丙三家公

司則須編製合併財務報表等,其所適用權益法的觀點及編製合併財務報表的合併邏輯與程序,皆與本書上冊所談相關議題雷同,惟須注意其投資層次,須逐層認列投資損益,並逐層地在合併工作底稿上做適當的調整與沖銷。

釋例一:

甲公司於 20x6 年 1 月 1 日以$360,000 取得乙公司 80%股權,並對乙公司存在控制。當日乙公司權益包括普通股股本$300,000 及保留盈餘$100,000,且其帳列資產及負債之帳面金額皆等於公允價值,除有一項未入帳專利權,預估尚有 5 年耐用年限外,無其他未入帳之資產或負債。非控制權益係以收購日公允價值衡量。自收購日後,甲公司與乙公司形成一個合併個體,甲公司是母公司,乙公司是子公司。乙公司 20x6 年淨利為$90,000,並於 20x6 年 12 月 31 日宣告且發放現金股利$40,000。

乙公司於 20x7 年 1 月 1 日以$210,000 取得丙公司 70%股權,並對丙公司存在控制。當日丙公司權益包括普通股股本$200,000 及保留盈餘$100,000,且丙公司帳列資產及負債之帳面金額皆等於公允價值,亦無未入帳資產或負債。非控制權益係以收購日公允價值衡量。從此,甲公司與乙公司所形成的合併個體加入一個新成員～丙公司,就母公司(甲公司)而言,已形成「父子孫」的間接投資型態,如圖一,甲公司是*父公司*,乙公司是*子公司*,丙公司是*孫公司*。但若以合併個體而言,甲公司是母公司,乙公司及丙公司皆為子公司。

(圖一)

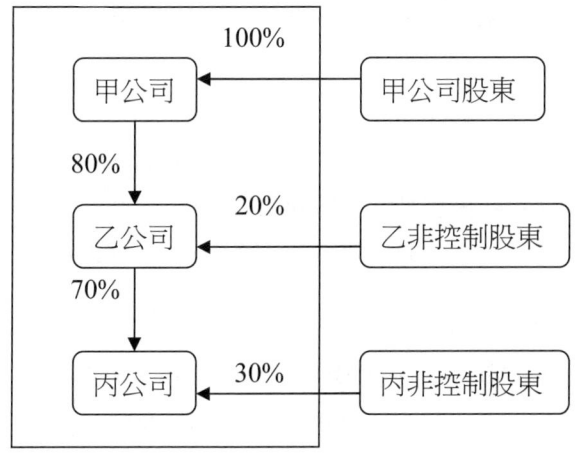

甲、乙及丙三家公司 20x7 年之個別淨利(未計入投資損益前之淨利)及現金股利如下：(假設股利宣告日及發放日皆為 20x7 年 12 月 31 日)

	甲	乙	丙
個別淨利	$230,000	$120,000	$90,000
現金股利	$110,000	$70,000	$50,000

說明：

(1) (a) 由圖一可知，甲持有乙 80%股權並對乙存在控制，則甲與乙形成一個合併個體，甲是母公司，乙是子公司。又乙持有丙 70%股權，即「甲與乙所形成之合併個體」持有丙 70%股權，並對丙存在控制，則：(i)甲對乙存在控制，(ii)「甲與乙所形成之合併個體」對丙存在控制，因此甲、乙及丙三家公司形成一個合併個體，甲是母公司，乙及丙是子公司。而乙非控制股東持有乙 20%股權，丙非控制股東持有丙 30%股權。

(b) 甲持有乙 80%股權，乙持有丙 70%股權，致甲透過乙間接持有丙 56%股權，80%×70%＝56%＞50%，則：(i)甲對乙存在控制，(ii)若無反證，甲對丙存在控制，因此甲、乙及丙三家公司形成一個合併個體，甲是母公司，乙及丙是子公司。而乙非控制股東持有乙 20%股權，丙非控制股東持有丙 30%股權。

(c) 以丙而言，當甲透過乙間接持有丙 56%股權時，除丙非控制股東持有丙 30%股權外，尚有乙非控制股東透過乙間接持有丙 14%股權，20%×70%＝14%。[驗算：56%＋(30%＋14%)＝100%]

(2) 20x6/1/1：非控制權益係以收購日公允價值衡量，惟釋例中未提及該公允價值，故設算之。

　　　　　　乙公司總公允價值＝$360,000÷80%＝$450,000
　　　　　　乙公司未入帳專利權＝$450,000－$400,000＝$50,000
　　　　　　未入帳專利權之每年攤銷數＝$50,000÷5 年＝$10,000
　　　　　　非控制權益＝乙公司總公允價值$450,000×20%＝$90,000

　　20x6 年：甲公司應認列之投資收益
　　　　　　＝(乙淨利$90,000－專利權攤銷$10,000)×80%＝$64,000
　　　　　　非控制權益淨利＝($90,000－$10,000)×20%＝$16,000

20x6/12/31：甲公司收自乙公司之現金股利
　　　　　　＝乙公司宣告並發放之現金股利$40,000×80％＝$32,000
　　　　　乙非控制股東收自乙公司之現金股利＝$40,000×20％＝$8,000
　　　　　甲公司帳列「採用權益法之投資」餘額
　　　　　　＝$360,000＋$64,000－$32,000＝$392,000
　　　　　應表達在合併財務狀況表上之「非控制權益」
　　　　　　＝$90,000＋$16,000－$8,000＝$98,000

(3) 20x7/1/1：非控制權益係以收購日公允價值衡量，惟釋例中未提及該公允價值，故設算之。
　　　　　　丙公司總公允價值＝$210,000÷70％＝$300,000
　　　　　　　　　　　　　　＝丙公司帳列淨值之帳面金額
　　　　　　「非控制權益－丙」＝丙公司總公允價值$300,000×30％＝$90,000

(4) 因丙公司未投資其他公司股權，故丙公司 20x7 年個別淨利$90,000 即是其 20x7 年淨利，因此按權益法認列投資收益時，由丙公司開始逐層往上推算，先計算乙公司應認列對丙公司之投資收益及乙公司淨利，再計算甲公司應認列對乙公司之投資收益及甲公司淨利。推算過程如下表，請從丙公司欄位開始，逐次往左邊欄位推算。

	甲公司	乙公司	丙公司
個別淨利	$230,000	$120,000	$90,000
減：專利權攤銷數		(10,000)	
乙對丙之投資收益		63,000	←($90,000×70％)
由乙股東分享之乙淨利		$173,000	
甲對乙之投資收益	138,400	←($173,000×80％)	
甲淨利＝控制權益淨利	$368,400		
非控制權益淨利		$ 34,600	$27,000

驗　算：總合併淨利＝$368,400＋$34,600＋$27,000＝$430,000
　　　　　　　　　＝甲、乙及丙三家公司個別淨利總和－乙專利權攤銷數
　　　　　　　　　＝$230,000＋$120,000＋$90,000－$10,000＝$430,000

(5) 甲公司及乙公司 20x7 年之帳列分錄：

		甲公司	乙公司
1/1	採用權益法之投資 　　現　金	X	210,000 　　210,000
12/31	現　金 　　採用權益法之投資	56,000 　　56,000	35,000 　　35,000
		($70,000×80%)	($50,000×70%)
12/31	採用權益法之投資 　　採用權益法認列之子公司、 　　關聯企業及合資利益之份額	138,400 　　138,400	63,000 　　63,000

(6) 相關科目餘額及金額之異動如下：

	20x7/1/1	20x7	20x7/12/31
乙－權　益	$450,000	+($120,000+$63,000)－$70,000	$563,000
權益法：			
甲－採用權益法 　　之投資	$392,000	+$138,400－$56,000	$474,400
合併財務報表：			
專利權	$40,000	－$10,000	$30,000
非控制權益－乙	$98,000	+$34,600－$14,000	$118,600

驗　算：　20x7/12/31：
　　甲帳列「採用權益法之投資」
　　　＝(乙權益$563,000＋未攤銷之未入帳專利權$30,000)×80%＝$474,400
　　「非控制權益－乙」＝($563,000＋$30,000)×20%＝$118,600

	20x7/1/1	20x7	20x7/12/31
丙－權　益	$300,000	+$90,000－$50,000	$340,000
權益法：			
乙－採用權益法 　　之投資	$210,000	+$63,000－$35,000	$238,000
合併財務報表：			
非控制權益－丙	$90,000	+$27,000－$15,000	$102,000

驗　算：　20x7/12/31：
　　乙帳列「採用權益法之投資」＝丙權益$340,000×70%＝$238,000
　　「非控制權益－丙」＝$340,000×30%＝$102,000

(7) 甲公司及其子公司 20x7 年合併工作底稿之沖銷分錄：

(a)	採用權益法認列之子公司、關聯企業 　　　　　及合資利益之份額　　63,000 　　股　利　　　　　　　　　　　　　35,000 　　採用權益法之投資　　　　　　　　28,000			乙投資丙 70%
(b)	非控制權益淨利　　　　　27,000 　　股　利　　　　　　　　　　　　　15,000 　　非控制權益－丙　　　　　　　　12,000			
(c)	普通股股本　　　　　　　200,000 保留盈餘　　　　　　　　100,000 　　採用權益法之投資　　　　　　　210,000 　　非控制權益－丙　　　　　　　　90,000			
(d)	採用權益法認列之子公司、關聯企業 　　　　　及合資利益之份額　　138,400 　　股　利　　　　　　　　　　　　　56,000 　　採用權益法之投資　　　　　　　　82,400			甲投資乙 80%
(e)	非控制權益淨利　　　　　34,600 　　股　利　　　　　　　　　　　　　14,000 　　非控制權益－乙　　　　　　　　20,600			
(f)	普通股股本　　　　　　　300,000 保留盈餘　　　　　　　　150,000 專利權　　　　　　　　　40,000 　　採用權益法之投資　　　　　　　392,000 　　非控制權益－乙　　　　　　　　98,000			
(g)	攤銷費用　　　　　　　　10,000 　　專利權　　　　　　　　　　　　10,000			

(8) 20x7 年 12 月 31 日，應表達在合併財務狀況表上之非控制權益為$220,600，$118,600＋$102,000＝$220,600，將乙公司之非控制權益$118,600 與丙公司之非控制權益$102,000 合計列示，無須分開單獨列示，因合併財務報表的主要使用者是甲公司股東及債權人，而其關心的是合併總淨值中屬於控制權益的淨值是多少，較不在意合併總淨值中不屬於控制權益的淨值究係多少或為何人所擁有。

(9) 針對上述(4)中之「控制權益淨利」,亦可計算如下:

方　法　一		方　法　二	
甲公司個別淨利	$230,000	甲公司個別淨利	$230,000
乙公司個別淨利	120,000	加:甲應認列之投資收益	
減:乙公司專利權攤銷	(10,000)	－直接 ($110,000×80%)	88,000
丙公司個別淨利	90,000	－間接	
總合併淨利	$430,000	($90,000×80%×70%)	50,400
減:「非控制權益淨利－乙」		甲公司淨利＝控制權益淨利	$368,400
－直接 ($110,000×20%)	(22,000)		
減:「非控制權益淨利－乙」			
－間接($90,000×20%×70%)	(12,600)	(方法一)「非控制權益淨利－乙」	
減:「非控制權益淨利－丙」		＝$22,000＋$12,600＝$34,600	
－直接 ($90,000×30%)	(27,000)	(方法二) 甲公司應認列之投資收益	
甲公司淨利＝控制權益淨利	$368,400	＝$88,000＋$50,400＝$138,400	

(10) 甲公司及其子公司 20x7 年財務報表資料,已列入下列合併工作底稿:

甲 公 司 及 其 子 公 司
合 併 工 作 底 稿
20x7 年 1 月 1 日至 20x7 年 12 月 31 日　(單位:千元)

	甲公司	乙公司	丙公司	調整/沖銷 借方	調整/沖銷 貸方	合併財務報表
綜合損益表:						
銷貨收入	$800.0	$400	$250			$1,450.0
採用權益法認列之子公司、關聯企業及合資利益之份額	138.4	63	－	(a)　63.0 (d) 138.4		－
各項成本及費用	(570.0)	(280)	(160)	(g)　10.0		(1,020.0)
淨　利	$368.4	$183	$ 90			
總合併淨利						$　430.0
非控制權益淨利				(b)　27.0 (e)　34.6		(61.6)
控制權益淨利						$　368.4

(續次頁)

	甲公司	乙公司	丙公司	調整／沖銷 借方	調整／沖銷 貸方	合併財務報表
保留盈餘表：						
期初保留盈餘	$300.0	$150	$100	(c) 100.0 (f) 150.0		$300.0
加：淨利	368.4	183	90			368.4
減：股利	(110.0)	(70)	(50)		(a) 35.0 (b) 15.0 (d) 56.0 (e) 14.0	(110.0)
期末保留盈餘	$558.4	$263	$140			$558.4
財務狀況表：						
現　金	$ 134.0	$ 87	$120			$ 341.0
其他流動資產	100.0	80	70			250.0
採用權益法之投資	474.4	238	—		(a) 28.0 (c) 210.0 (d) 82.4 (f) 392.0	—
不動產、廠房及設備	800.0	370	300			1,470.0
減：累計折舊	(250.0)	(100)	(50)			(400.0)
專利權				(f) 40.0	(g) 10.0	30.0
總資產	$1,258.4	$675	$440			$1,691.0
各項負債	$ 200.0	$112	$100			$ 412.0
普通股股本	500.0	300	200	(c) 200.0 (f) 300.0		500.0
保留盈餘	558.4	263	140			558.4
總負債及權益	$1,258.4	$675	$440			
非控制權益－1/1					(c) 90.0 (f) 98.0	
非控制權益 　－當期增加數					(b) 12.0 (e) 20.6	
非控制權益－12/31						220.6
總負債及權益						$1,691.0

釋例一是「父子孫」投資型態的基本型,學會了如何適用權益法及編製合併財務報表所需之沖銷分錄後,可試著將之應用在相關投資型態的變化上,例如圖二、圖三、圖四所示之投資型態。

(圖二)

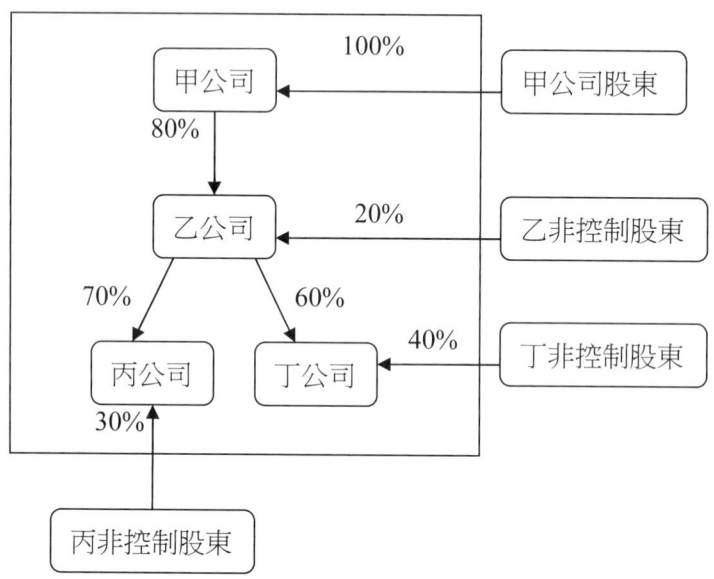

(圖三)

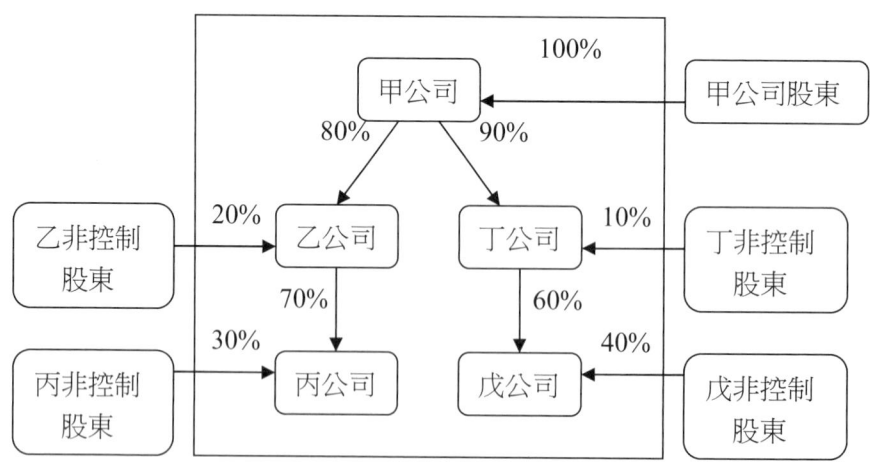

(圖四)

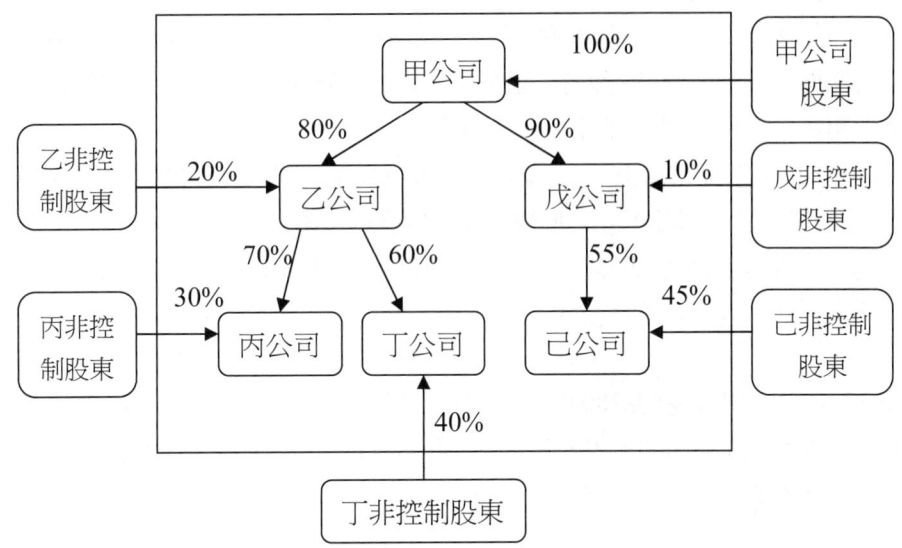

　　釋例一「父子孫」投資型態的收購順序是「父公司先收購子公司，子公司再收購孫公司」。若「父子孫」投資型態的收購順序是「子公司先收購孫公司，父公司再收購子公司」，則於「父公司收購子公司」時須同時評估子公司及孫公司於當日所有可辨認資產及負債之公允價值，始能決定「父公司收購子公司」是產生合併商譽或是廉價購買利益，擬以釋例二說明之。

釋例二：

　　乙公司於 20x6 年 1 月 1 日以$230,000 取得丙公司 70%股權，並對丙公司存在控制。當日丙公司權益包括普通股股本$200,000 及保留盈餘$100,000，且其帳列資產及負債之帳面金額皆等於公允價值，除有一項公允價值為$20,000 之未入帳專利權(預估尚有 4 年耐用年限)外，無其他未入帳之可辨認資產或負債。非控制權益係以對丙公司可辨認淨資產已認列金額所享有之比例份額衡量。自收購日後，乙公司與丙公司形成一個合併個體，乙公司是母公司，丙公司是子公司。丙公司 20x6 年淨利為$60,000，並於 20x6 年底宣告且發放現金股利$30,000。

　　甲公司於 20x7 年 1 月 1 日以$450,000 取得乙公司 80%股權，並對乙公司存在控制。當日乙公司權益包括普通股股本$300,000 及保留盈餘$200,000，且其帳列資產及負債之帳面金額皆等於公允價值，除(a)土地帳面金額低估$20,000，

(b)「採用權益法之投資－丙」之公允價值為$254,000 外，無其他未入帳之可辨認資產或負債。「非控制權益－乙」係以收購日公允價值$108,000 衡量。另當日丙公司權益包括普通股股本$200,000 及保留盈餘$130,000，且其帳列資產及負債之帳面金額皆等於公允價值，除有一項公允價值為$18,000 之未入帳專利權(預估尚有 3 年耐用年限)外，無其他未入帳之可辨認資產或負債。「非控制權益－丙」係以收購日(20x7 年 1 月 1 日)公允價值$105,000 衡量。自收購日(20x7 年 1 月 1 日)後，甲公司、乙公司及丙公司形成一個新的合併個體，甲公司是母公司，乙公司及丙公司皆是子公司。若以「父子孫」投資型態觀之，則甲公司是父公司，乙公司是子公司，丙公司是孫公司。

20x7 年，丙公司淨利為$80,000，乙公司及甲公司未計入投資損益前之淨利分別為$100,000 及$150,000。丙公司及乙公司分別於 20x7 年底宣告且發放股利$40,000 及$50,000。

說 明：

(1) 20x6/ 1/ 1：
　　非控制權益＝(丙權益$300,000＋丙未入帳專利權$20,000)×30%＝$96,000
　　丙公司未入帳商譽＝($230,000＋$96,000)－($300,000＋$20,000)＝$6,000
　　丙未入帳專利權之每年攤銷金額＝$20,000÷4 年＝$5,000

(2) 相關科目餘額及金額之異動如下： (單位：千元)

	20x6/ 1/ 1	20x6	20x6/12/31	20x7	20x7/12/31
丙－權 益	$300	＋$60－$30	$330	＋$80－$40	$370
權益法：					
乙－「採用權益法之投資－丙」	$230	＋$38.5－$21	$247.5（#） $254	＋$51.8－$28	$271.3
合併財務報表：					
專利權	$20	－$5	$15	**$18**　－$6	**$12**
商　譽	6		6	**11**　[詳(3)說明]	**11**
	$26		$21	**$29**	**$23**
非控制權益－丙	$96	＋$16.5－$9	$103.5 **$105**	＋$22.2－$12	**$115.2**

(續次頁)

驗算：
20x6：乙應認列之投資收益＝(丙淨利$60－專利權攤銷$5)×70%＝$38.5
　　　非控制權益淨利＝(丙淨利$60－專利權攤銷$5)×30%＝$16.5
20x6/12/31：乙帳列「採用權益法之投資－丙」
　　　　　　＝(丙權益$330＋丙未入帳專利權$15)×70%＋丙未入帳商譽$6
　　　　　　＝$247.5
　　　　「非控制權益－丙」＝($330＋$15)×30%＝$103.5
20x7/1/1：因甲收購乙，乙帳列「採用權益法之投資－丙」及未入帳專利權須以當日公允價值衡量，金額分別為$254及$18，但乙帳列「採用權益法之投資－丙」帳面金額不異動，仍為$247.5(#)。「非控制權益－乙」亦須按題意以收購日公允價值$105衡量。
20x7：丙未入帳專利權之每年攤銷金額＝$18÷3年＝$6
　　　乙應認列之投資收益＝(丙淨利$80－專利權攤銷$6)×70%＝$51.8
　　　非控制權益淨利＝(丙淨利$80－專利權攤銷$6)×30%＝$22.2

(3)

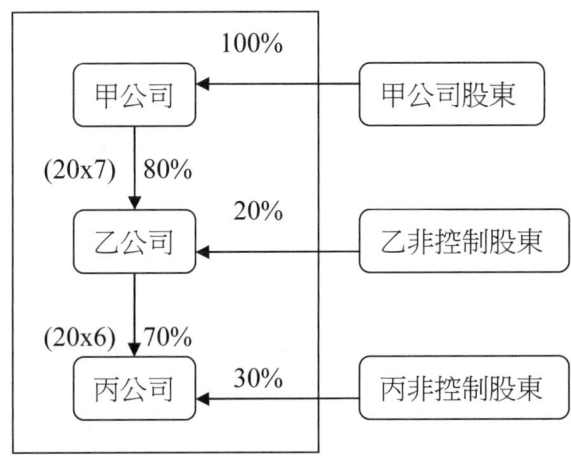

20x7/1/1：

乙及丙之總公允價值＝$450,000＋$108,000＋$105,000＝$663,000

除「採用權益法之投資－丙」公允價值外，乙可辨認淨值之公允價值
　　＝[$500,000＋「採用權益法之投資－丙」低估($254,000－$247,500)
　　　＋土地低估$20,000]－$254,000＝$526,500－$254,000＝$272,500

丙可辨認淨值之公允價值＝$330,000＋未入帳專利權$18,000＝$348,000

合併商譽＝$663,000－($272,500＋$348,000)＝$42,500

合併商譽屬於乙公司＝($450,000＋$108,000)－$526,500＝$31,500

合併商譽屬於丙公司＝($254,000＋$105,000)－$348,000＝$11,000

(4) 相關科目餘額及金額之異動如下： (單位：千元)

	20x6/1/1	20x6	20x6/12/31	20x7	20x7/12/31
乙－權　益			$500	＋$100＋$51.8－$50	$601.8
權益法：					
甲－「採用權益法之投資－乙」			$450	＋$121.44－$40	$531.44
合併財務報表：					
土　地			$20.0		$20.0
商　譽			31.5		31.5
			$51.5		$51.5
非控制權益－乙			$108	＋$30.36－$10	$128.36

驗　算：
20x7：甲應認列之投資收益＝乙淨利($100＋$51.8)×80%＝$121.44
　　　非控制權益淨利＝乙淨利($100＋$51.8)×20%＝$30.36
　　　總合併淨利＝控制權益淨利($150＋$121.44)＋非控制權益淨利($30.36＋$22.2)
　　　　　　　　＝$271.44＋$52.56＝$324＝(甲$150＋乙$100＋丙$80)－專攤$6

(5) 甲公司及其子公司 20x7 年合併工作底稿之沖銷分錄：(單位：千元)

(a)	採用權益法認列之子公司、關聯企業及合資利益之份額	51.8＋121.44	
	股　利		28＋40
	採用權益法之資－丙		23.8
	採用權益法之資－乙		81.44
(b)	非控制權益淨利	22.2＋30.36	
	股　利		12＋10
	非控制權益－丙		10.2
	非控制權益－乙		20.36
(c)	普通股股本	200(丙)＋300(乙)	
	保留盈餘	130(丙)＋200(乙)	
	土　地	20(乙)	
	專利權	18(丙)	
	商　譽	42.5(乙＋丙)	
	採用權益法之資－丙		247.5
	非控制權益－丙		105
	採用權益法之資－乙		450
	非控制權益－乙		108

(承上頁)

(d)	攤銷費用	6	
	專利權		6

二、間接持股－父子子型態

相較於「父子孫」的投資型態，當「父」公司也持有「孫」公司存在控制的股權投資時，則形成「父子子」的投資型態，原來的「孫」公司現在成為另一家「子」公司，即同時兼具「孫」公司的「子」公司，為了與前述「父子孫」的投資型態做區隔，筆者稱之為「父子子」的投資型態。

於報導期間結束日，「父」公司須按權益法認列其對兩家「子」公司之投資損益、某一「子」公司亦須按權益法認列其對另一「子」公司之投資損益、以及「父子子」三家公司須編製合併財務報表等，其所適用權益法的觀點及編製合併財務報表的合併邏輯與程序，皆與本書上冊所談相關議題雷同，惟須注意其投資層次，須逐層認列投資損益，並逐層地在工作底稿上做適當的調整與沖銷。

釋例三：

甲公司於 20x6 年 1 月 1 日以$2,440,000 取得乙公司 80%股權，並對乙公司存在控制。當日乙公司權益包括普通股股本$2,000,000 及保留盈餘$1,000,000，且其帳列資產及負債之帳面金額皆等於公允價值，除有一項未入帳專利權，預估尚有 5 年耐用年限外，無其他未入帳之資產或負債。非控制權益係以收購日公允價值衡量。自收購日後，甲公司與乙公司形成一個合併個體，甲公司是母公司，乙公司是子公司。

20x6 年間，甲公司陸續將商品存貨按成本的 130%售予乙公司，銷貨金額共計$260,000，其中 90%商品已於 20x6 年間由乙公司售予合併個體以外單位，另 10%商品則於 20x7 年間才外售。乙公司 20x6 年淨利為$170,000，並於 20x6 年 12 月間宣告且發放$70,000 現金股利。

20x7 年 1 月 1 日，甲公司及乙公司分別以$648,000 及$324,000 取得丙公司 60%及 30%股權，使其分別對丙公司存在控制及具重大影響。當日丙公司權益包

括普通股股本$700,000 及保留盈餘$300,000，且其帳列資產及負債之帳面金額皆等於公允價值，亦無未入帳可辨認資產或負債。非控制權益係以收購日公允價值衡量。從此，甲公司與乙公司所形成的合併個體加入一個新成員～丙公司，遂形成「父子子」的間接投資型態，如圖五。甲公司是_父公司_，乙公司是_子公司_，丙公司是_子公司_亦是_孫公司_。但若以合併個體而言，甲公司是母公司，乙公司及丙公司皆為子公司。

(圖五)

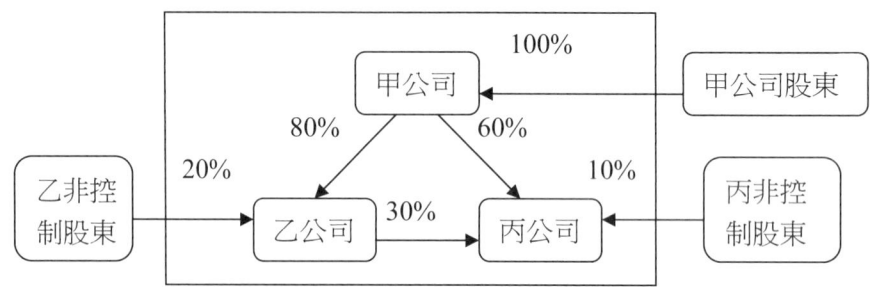

20x7 年間，甲、乙及丙公司間發生下列兩筆內部交易：

(1) 甲公司仍陸續將商品存貨按成本的 130%售予乙公司，銷貨金額共計$312,000。至 20x7 年底，乙公司購自甲公司之商品尚有 20%未外售。

(2) 丙公司將一筆帳面金額$500,000 於營業上使用之土地以$520,000 售予甲公司。至 20x7 年底，甲公司仍持有該筆土地並使用於營業上。

甲、乙及丙三家公司 20x7 年之個別淨利(未計入投資損益前之淨利)及現金股利如下： (假設股利宣告日及發放日皆為 20x7 年 12 月 31 日)

	甲	乙	丙
個別淨利	$220,000	$180,000	$100,000
現金股利	$100,000	$80,000	$40,000

說 明：

(1) (a) 甲持有乙 80%股權且持有丙 60%股權，並對乙及丙存在控制，則甲、乙及丙三家公司形成一個合併個體，甲是母公司，乙及丙是子公司。而乙非控制股東持有乙 20%股權，丙非控制股東持有丙 10%股權。

(b) 甲持有乙 80%股權並對乙存在控制，則甲與乙形成一個合併個體，甲是母公司，乙是子公司。又甲持有丙 60%股權加上「甲與乙所形成之合併個體」持有丙 30%股權，共計 90%，則甲、乙及丙形成一個合併個體，其中甲是母公司，乙及丙皆是子公司。而乙非控制股東持有乙 20%股權，丙非控制股東持有丙 10%股權。

(c) 甲持有乙 80%股權並對乙存在控制，則甲與乙形成一個合併個體，甲是母公司，乙是子公司。又甲直接持有丙 60%股權加上甲透過乙間接持有丙 24%股權，80%×30%＝24%，共計 84%，並對丙存在控制，則甲、乙及丙形成一個合併個體，其中甲是母公司，乙及丙皆是子公司。而乙非控制股東持有乙 20%股權，丙非控制股東持有丙 10%股權。

(d) 以丙而言，當甲直接持有丙 60%股權以及透過乙間接持有丙 24%股權時，除丙非控制股東持有丙 10%股權外，尚有乙非控制股東透過乙間接持有丙 6%股權，20%×30%＝6%。[驗算：(60%＋24%)＋(10%＋6%)＝100%]

(e) 甲、乙及丙三家公司形成一個合併個體，往後每遇報導期間結束日皆須為該合併個體編製合併財務報表。因此在間接持股情況下，為計算「控制權益淨利」及「非控制權益淨利」，<u>合併個體成員間之股權投資皆以權益法處理，無論持股比例多寡</u>，如此才能符合交易實況。本例，甲對乙 80%股權投資、甲對丙 60%股權投資、乙對丙 30%股權投資，於計算「控制權益淨利」及「非控制權益淨利」時，皆以權益法處理。

(2) 20x6/1/1：非控制權益係以收購日公允價值衡量，惟釋例中未提及該公允價值，故設算之。

　　　　乙公司總公允價值＝$2,440,000÷80%＝$3,050,000
　　　　乙公司未入帳專利權＝$3,050,000－$3,000,000＝$50,000
　　　　未入帳專利權之每年攤銷數＝$50,000÷5 年＝$10,000
　　　　非控制權益＝乙公司總公允價值$3,050,000×20%＝$610,000

20x6 年，順流銷貨未實現利益＝[$260,000－($260,000÷130%)]×10%＝$6,000

20x6/12/31：甲公司按權益法認列之投資收益
　　　　＝($170,000－$10,000)×80%－$6,000＝$122,000
　　　　非控制權益淨利＝($170,000－$10,000)×20%＝$32,000

20x6/12/31：甲公司收自乙公司之現金股利＝$70,000×80%＝$56,000
　　　　　　非控制權益收自乙公司之現金股利＝$70,000×20%＝$14,000

(3) 甲公司投資乙公司相關科目餘額及金額之異動如下：（單位：千元）

	20x6/1/1	20x6	20x6/12/31	20x7	20x7/12/31
乙－權　益	$3,000	＋$170－$70	$3,100	＋($180＋$24)－$80	$3,224
權益法：					
甲－「採用權益法之投資－乙」	$2,440	＋$122－$56	$2,506	＋$146.8－$64	$2,588.8
合併財務報表：					
專利權	$50	－$10	$40	－$10	$30
非控制權益	$610	＋$32－$14	$628	＋$38.8－$16	$650.8
驗　算：					
20x6/12/31：甲帳列「採用權益法之投資－乙」					
＝(乙權益$3,100＋未攤銷之未入帳專利權$40)×80%					
－順流銷貨之未實現利益$6＝$2,506					
「非控制權益－乙」＝($3,100＋$40)×20%＝$628					
20x7/12/31：甲帳列「採用權益法之投資－乙」					
＝(乙權益$3,224＋未攤銷之未入帳專利權$30)×80%					
－順流銷貨之未實現利益$14.4＝$2,588.8					
「非控制權益－乙」＝($3,224＋$30)×20%＝$650.8					

(4) 20x7/1/1：非控制權益係以收購日公允價值衡量，惟釋例中未提及該公允價值，故設算之。

　　　　丙公司總公允價值＝$648,000÷60%＝$1,080,000
　　　　丙公司未入帳商譽＝$1,080,000－$1,000,000＝$80,000
　　　　非控制權益＝丙公司總公允價值$1,080,000×10%＝$108,000

(5) 20x7年：(a) 順流銷貨之已實現利益＝$6,000

　　　　順流銷貨之未實現利益＝[$312,000－($312,000÷130%)]×20%
　　　　　　　　　　　　　　＝$14,400

　　　　(b) 逆流土地買賣之未實現利益＝$520,000－$500,000＝$20,000

(6) 丙公司未投資其他公司股權，故丙公司 20x7 年個別淨利$100,000，即是其 20x7 年淨利，因此按權益法認列投資收益時，由丙公司開始逐層往上推算。先計算乙公司應認列對丙公司之投資收益及乙公司淨利，以及甲公司應認列對丙公司之投資收益，再計算甲公司應認列對乙之投資收益及甲公司淨利。推算過程如下表，請從丙公司欄位開始，逐次往左邊欄位推算。

	甲	乙	丙
個別淨利	$220,000	$180,000	$100,000
減：專利權攤銷		(10,000)	
加：順流銷貨之已實現利益	6,000		
減：順流銷貨之未實現利益	(14,400)		
減：逆流買賣土地之未實現利益			(20,000)
已實現個別淨利	$211,600	$170,000	$ 80,000
甲分享丙之淨利	48,000		←($80,000×60%)
乙分享丙之淨利		24,000	←($80,000×30%)
由乙股東分享之乙淨利		$194,000	
甲分享乙之淨利	155,200	←($194,000×80%)	
甲淨利＝控制權益淨利	$414,800		
非控制權益淨利		$ 38,800	$ 8,000

甲應認列對丙之投資收益＝$48,000， 乙應認列對丙之投資收益＝$24,000
甲應認列對乙之投資收益＝$155,200＋順已實利$6,000－順未實利$14,400＝$146,800
甲淨利＝控制權益淨利＝$220,000＋$48,000＋$146,800＝$414,800

驗算： 總合併淨利＝$414,800＋$38,800＋$8,000＝$461,600
　　　　＝甲、乙及丙三家公司個別淨利總和 ± 子淨值低估之攤銷數
　　　　　　＋內部交易之已實現利益－內部交易之未實現利益
　　　　＝(甲$220,000＋乙$180,000＋丙$100,000)－專攤$10,000＋順已實利$6,000
　　　　　　－順未實利$14,400－逆已實利$20,000＝$461,600

(續次頁)

(7) 甲公司及乙公司投資丙公司相關科目餘額及金額之異動如下：
(單位：千元)　(假設 20x7 年期末，經評估得知商譽價值未減損。)

	20x6/1/1	20x6	20x6/12/31	20x7	20x7/12/31
丙－權益			$1,000	＋$100－$40	$1,060
權益法：					
甲－「採用權益法之投資－丙」			$648	＋$48－$24	$672
乙－「採用權益法之投資－丙」			$324	＋$24－$12	$336
合併財務報表：					
商　譽			$80		$80
非控制權益			$108	＋$8－$4	$112

驗　算：20x7/12/31：
　甲帳列「採用權益法之投資－丙」
　　＝(丙權益$1,060＋未入帳商譽$80－逆流未實利$20)×60%＝$672
　乙帳列「採用權益法之投資－丙」＝($1,060＋$80－$20)×30%＝$336
　「非控制權益－丙」＝($1,060＋$80－$20)×10%＝$112

(8) 甲公司及其子公司 20x7 年合併工作底稿之沖銷分錄：

(a)	銷貨收入	312,000		順流銷貨交易
	銷貨成本		312,000	
(b)	銷貨成本	14,400		順流銷貨之
	存　貨		14,400	未實現利益
(c)	採用權益法之投資－乙	6,000		順流銷貨之
	銷貨成本		6,000	已實現利益
(d)	處分不動產、廠房及設備利益	20,000		逆流土地買賣
	土　地		20,000	之未實現利益

(續次頁)

(e)	採用權益法認列之子公司、			甲投資丙 60%
	關聯企業及合資利益之份額－丙	48,000		
	股　利		24,000	
	採用權益法之投資－丙		24,000	
(f)	採用權益法認列之關聯企業			乙投資丙 30%
	及合資利益之份額－丙	24,000		
	股　利		12,000	
	採用權益法之投資－丙		12,000	
(g)	非控制權益淨利－丙	8,000		
	股　利		4,000	
	非控制權益－丙		4,000	
(h)	普通股股本	700,000		
	保留盈餘	300,000		
	商　譽	80,000		
	採用權益法之投資－丙		648,000	
	採用權益法之投資－丙		324,000	
	非控制權益－丙		108,000	
(i)	採用權益法認列之子公司、			甲投資乙 80%
	關聯企業及合資利益之份額－乙	146,800		
	股　利		64,000	
	採用權益法之投資－乙		82,800	
(j)	非控制權益淨利－乙	38,800		
	股　利		16,000	
	非控制權益－乙		22,800	
(k)	普通股股本	2,000,000		
	保留盈餘	1,100,000		
	專利權	40,000		
	採用權益法之投資－乙		2,512,000	
	非控制權益－乙		628,000	
(l)	攤銷費用	10,000		
	專利權		10,000	

(9) 針對上述(6)中之「控制權益淨利」，亦可計算如下：

方　法　一		方　法　二	
甲公司個別淨利	$220,000	甲公司個別淨利	$220,000
乙公司個別淨利	180,000	加：甲應認列之投資收益	
丙公司個別淨利	100,000	對乙之投資收益	
減：乙未入帳專利權之攤銷數	(10,000)	－直接 [註一]	127,600
加：順流銷貨已實現利益	6,000	對丙之投資收益	
減：順流銷貨未實現利益	(14,400)	－直接 [註二]	48,000
減：逆流土地買賣未實現利益	(20,000)	對乙之投資收益	
總合併淨利	$461,600	－間接 [註三]	19,200
減：「非控制權益淨利－乙」		甲淨利＝控制權益淨利	$414,800
－直接 [($180,000－專攤			
$10,000)×20%]	(34,000)	[註一] ($180,000－專攤$10,000)×80%	
減：「非控制權益淨利－乙」		＋已實利$6,000－未實利	
－間接 [($100,000－未實利		$14,400＝$127,600	
$20,000)×20%×30%]	(4,800)	[註二] ($100,000－未實利$20,000)	
減：「非控制權益淨利－丙」		×60%＝$48,000	
－直接 [($100,000－未實利		[註三] ($100,000－未實利$20,000)	
$20,000)×10%]	(8,000)	×80%×30%＝$19,200	
甲公司淨利＝控制權益淨利	$414,800		
		(方法二) 甲對乙應認列之投資收益	
		＝$127,600＋$19,200＝$146,800	

(10) 甲公司及其子公司 20x7 年財務報表資料，已列入下列合併工作底稿：

甲　公　司　及　其　子　公　司
合　併　工　作　底　稿
20x7 年 1 月 1 日至 20x7 年 12 月 31 日　（單位：千元）

	甲公司	乙公司	丙公司	調整／沖銷 借方	調整／沖銷 貸方	合併財務報表
綜合損益表：						
銷貨收入	$800.0	$400	$250	(a) 312.0		$1,138.0
處分不動產、廠房及設備利益	－	－	20	(d) 20.0		－

(續次頁)

(承上頁)

	甲公司	乙公司	丙公司	調整／沖銷 借方	調整／沖銷 貸方	合併財務報表
綜合損益表：(續)						
採用權益法認列之子公司、關聯企業及合資利益之份額－乙	146.8	－	－	(i) 146.8		－
採用權益法認列之子公司、關聯企業及合資利益之份額－丙	48.0	－	－	(e) 48.0		－
採用權益法認列之關聯企業及合資利益之份額－丙	－	24	－	(f) 24.0		－
各項成本及費用	(580.0)	(220)	(170)	(b) 14.4 (l) 10.0	(a) 312.0 (c) 6.0	(676.4)
淨　利	$414.8	$204	$100			
總合併淨利						$461.6
非控制權益淨利				(g) 8.0 (j) 38.8		(46.8)
控制權益淨利						$414.8
保留盈餘表：						
期初保留盈餘	$1,500.0	$1,100	$300	(h) 300.0 (k)1,100.0		$1,500.0
加：淨　利	414.8	204	100			414.8
減：股　利	(100.0)	(80)	(40)		(e) 24.0 (f) 12.0 (g) 4.0 (i) 64.0 (j) 16.0	(100.0)
期末保留盈餘	$1,814.8	$1,224	$360			$1,814.8
財務狀況表：						
現　金	$354.0	$588	$400			$1,342.0
存　貨	180.0	250	120		(b) 14.4	535.6
其他流動資產	120.0	150	110			380.0

(續次頁)

(承上頁)

	甲公司	乙公司	丙公司	調整/沖銷 借方	調整/沖銷 貸方	合併財務報表
財務狀況表：(續)						
採用權益法之投資－乙	2,588.8	—	—	(c) 6.0	(i) 82.8 (k)2,512.0	—
採用權益法之投資－丙	672.0	336	—		(e) 24.0 (f) 12.0 (h) 648.0 (h) 324.0	—
不動產、廠房及設備	2,500.0	2,700	600		(d) 20.0	5,780.0
減：累計折舊	(800.0)	(500)	(80)			(1,380.0)
專利權	—	—	—	(k) 40.0	(l) 10.0	30.0
商譽	—	—	—	(h) 80.0		80.0
總資產	$5,614.8	$3,524	$1,150			$6,767.6
各項負債	$ 800.0	$ 300	$ 90			$1,190.0
普通股股本	3,000.0	2,000	700	(h) 700.0 (k)2,000.0		3,000.0
保留盈餘	1,814.8	1,224	360			1,814.8
總負債及權益	$5,614.8	$3,524	$1,150			
非控制權益－1/1					(h) 108.0 (k) 628.0	
非控制權益－當期增加數					(g) 4.0 (j) 22.8	
非控制權益－12/31						762.8
總負債及權益						$6,767.6

　　釋例三是「父子子」投資型態的基本型，學會了如何適用權益法及編製合併財務報表所須之沖銷分錄後，可試著將之應用在相關投資型態的變化上，例如圖六及圖七所示之投資型態。

(圖六)

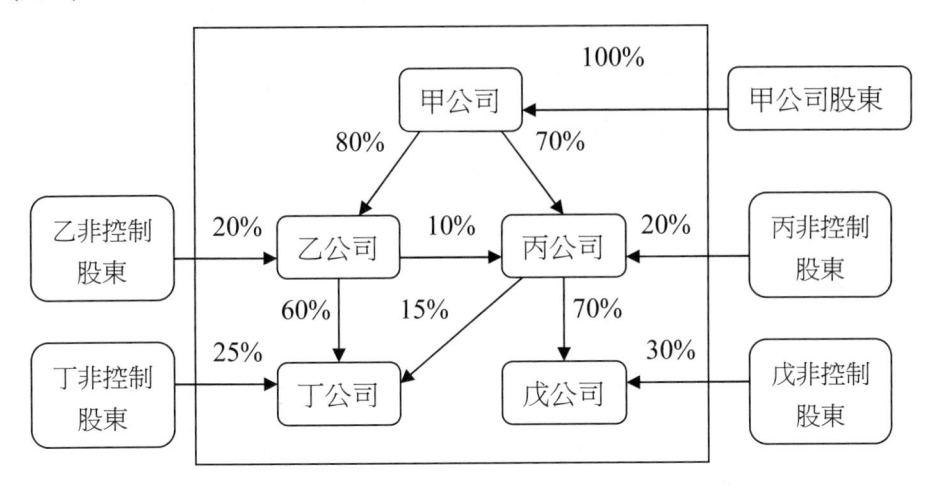

(圖七)

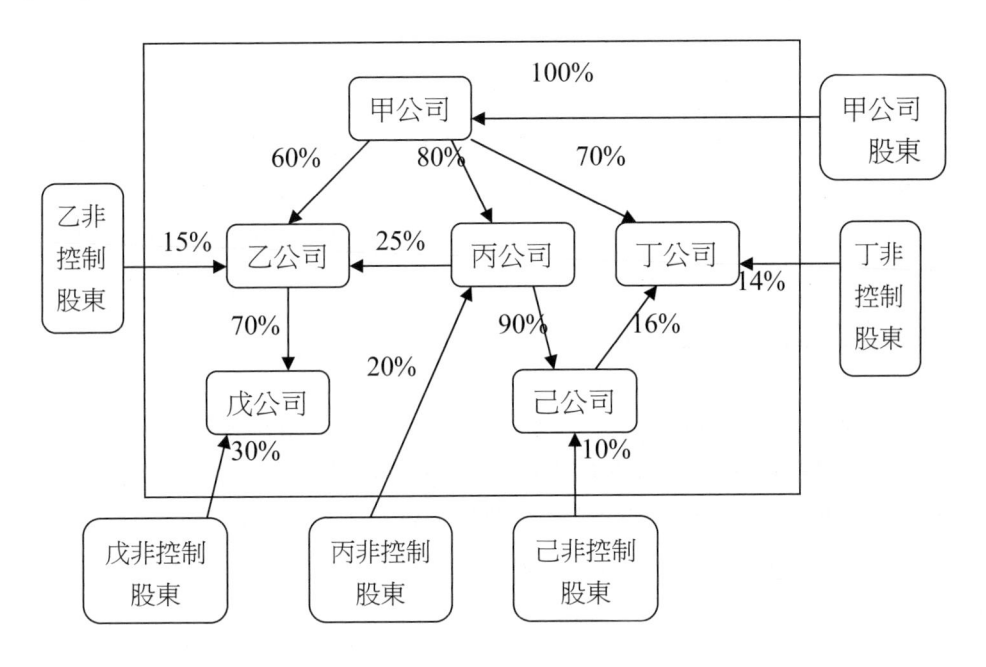

第 25 頁 (第九章 間接持股及相互持股)

三、相互持股－母、子公司相互持股

當母公司持有對子公司存在控制之股權投資時,基於營運策略上或其他因素的考量,子公司也可能同時持有對母公司之股權投資,因此形成母、子公司相互持股的情況。例如:甲公司持有乙公司 80%股權,同時乙公司亦持有甲公司 10%股權,如圖八所示。

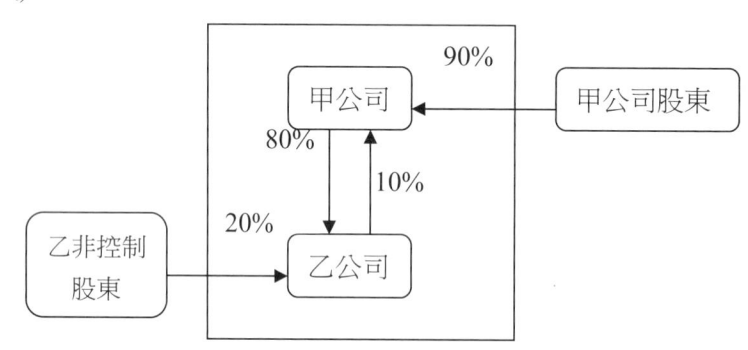

(圖八)

```
                           90%
              ┌─────┐  ┌────────┐
              │甲公司│◄─│甲公司股東│
            80%└─────┘  └────────┘
              │  ▲
              ▼  │10%
  ┌──────┐ 20% ┌─────┐
  │乙非控制│───►│乙公司│
  │ 股東  │    └─────┘
  └──────┘
```

　　從圖八得知,因甲公司持有乙公司 80%股權,使甲公司與乙公司已形成一個合併個體,故可按已知的沖銷邏輯與方法(請詳本書上冊第四章),將甲公司帳列「採用權益法之投資」科目與乙公司權益相關科目對沖,並同時於合併財務狀況表上表達非控制權益。而對於乙公司持有甲公司的 10%股權投資,因其<u>未流通在合併個體之外</u>,故<u>不應</u>包含在合併財務狀況表之權益項下。

　　惟應如何將乙公司持有甲公司的 10%股權投資從合併財務狀況表中消除呢?目前有兩種會計觀點與作法:(一) 將乙公司持有甲公司的 10%股權投資,<u>視為</u>合併個體的庫藏股票,因此列為合併財務狀況表權益的減項,稱為「庫藏股票法」;(二) <u>比照</u>甲公司持有乙公司 80%股權投資的會計觀念及其沖銷方式處理,故稱「傳統法」。

(一) 庫藏股票法 (Treasury Stock Approach)

　　以圖八的投資關係為例,將乙公司持有甲公司的 10%股權投資,<u>視為</u>乙公司<u>代理</u>甲公司買回的庫藏股票,亦即<u>視為</u>合併個體的庫藏股票,故列為合併財務狀況表權益的減項。又乙公司是被甲公司控制的子公司,沒有重大影響甲公司的

可能性，因此乙公司係以「投資者對被投資者不具重大影響之股權投資所適用的會計方法」(※) 處理其對甲公司 10%的股權投資。除非乙公司陸續再取得甲公司股權，直到對甲公司有機會存在控制時，才有「反客為主」的可能性，屆時再按實際情況及證據來研判「誰擁有實質控制對方的能力」，進而決定誰是母公司，誰是子公司。

※：所稱「投資者對被投資者不具重大影響之股權投資所適用的會計方法」，係指乙公司依 IFRS 9「金融工具」規定及其管理金融資產之經營模式，將其持有甲公司 10%股權投資分類為「透過損益按公允價值衡量之金融資產」或「透過其他綜合損益按公允價值衡量之金融資產」。請詳本書上冊第二章「二、股權投資之會計處理原則」及「四、股權投資之後續會計處理－不具重大影響」之說明。

茲以釋例四(圖八)說明在「庫藏股票法」的觀念下，母公司如何適用權益法及母、子公司合併財務報表的編製過程。

釋例四：

甲公司於 20x6 年 1 月 1 日以$2,440,000 取得乙公司 80%股權，並對乙公司存在控制。當日乙公司權益包括普通股股本$2,000,00 及保留盈餘$1,000,000，且其帳列資產及負債之帳面金額皆等於公允價值，惟有一項未入帳專利權，預估尚有 5 年耐用年限外，無其他未入帳之資產或負債。非控制權益係以收購日公允價值衡量。自收購日後，甲公司與乙公司形成一個合併個體，甲公司是母公司，乙公司是子公司。

兩天後，20x6 年 1 月 3 日，乙公司以$600,000 取得甲公司 10%股權。當日甲公司權益包括普通股股本$4,000,000 及保留盈餘$2,000,000，且其帳列資產及負債之帳面金額皆等於公允價值，亦無其他未入帳之資產或負債。乙公司對甲公司不具重大影響，遂依 IFRS 9「金融工具」規定及其管理金融資產之經營模式，將其持有甲公司 10%股權投資分類為「透過損益按公允價值衡量之金融資產」。

甲公司及乙公司之投資關係，請詳圖八。甲及乙公司 20x6 及 20x7 年之個別淨利(未計入投資損益或股利收入前之淨利)及現金股利如下： (假設股利宣告日及發放日皆為每年 12 月 31 日)

	20x6		20x7	
	甲	乙	甲	乙
個別淨利	$90,000	$70,000	$120,000	$100,000
現金股利	—	—	$60,000	$50,000

說明：

(1) 甲持有乙 80%股權並對乙存在控制，則甲及乙形成一個合併個體，甲是母公司，乙是子公司。惟乙也同時持有甲 10%股權，故合併個體以外之甲股東持股比例為 90%。另乙非控制股東持有乙 20%股權。

(2) 20x6/1/1：非控制權益係以收購日公允價值衡量，惟釋例中未提及該公允價值，故設算之。

　　乙公司總公允價值＝$2,440,000÷80%＝$3,050,000
　　乙公司未入帳專利權＝$3,050,000－$3,000,000＝$50,000
　　未入帳專利權之每年攤銷數＝$50,000÷5 年＝$10,000
　　非控制權益＝乙公司總公允價值$3,050,000×20%＝$610,000

20x6/1/3：乙公司依 IFRS 9「金融工具」規定，將其持有甲公司 10%股權投資分類為「透過損益按公允價值衡量之金融資產」。

20x6/12/31：甲公司按權益法認列之投資收益
　　　　＝($70,000－專利權攤銷數$10,000)×80%＝$48,000
　　　非控制權益淨利＝($70,000－$10,000)×20%＝$12,000

(3) 甲公司帳列分錄： [研讀 20x7 年分錄，須先參考下述(4)之說明。]

		20x6		20x7	
1/1	採用權益法之投資	2,440,000		X	
	現　金		2,440,000		
12/31	採用權益法之投資	48,000		76,800	
	採用權益法認列之子公司、				
	關聯企業及合資利益之份額		48,000		76,800
	採用權益法認列之子公司、				
	關聯企業及合資利益之份額	X		6,000	
	股　利				6,000

		20x6	20x7
12/31	現　　金 　　採用權益法之投資	X	40,000 　　　40,000

乙公司帳列分錄：

		20x6	20x7
1/3	強制透過損益按公允價值衡量 　　　　之金融資產 　　現　　金	600,000 　　　600,000	X
12/31	現　　金 　　股利收入	X	6,000 　　　6,000
12/31	假設：期末乙對甲10%股權投資之 　　　帳面金額等於其公允價值。(註)	X	X

註：若報導期間結束日，乙公司對甲公司 10%股權投資的帳面金額不等於其公允價值，例如於 20x6 年底及 20x7 年底，乙公司對甲公司 10%股權投資的公允價值分別為$620,000 及$613,000，則乙公司應作分錄如下：

20x6 12/31	強制透過損益按公允價值衡量之金融資產評價調整 　　透過損益按公允價值衡量之金融資產(負債)利益	20,000	20,000
20x7 12/31	透過損益按公允價值衡量之金融資產(負債)損失 　　強制透過損益按公允價值衡量之金融資產評價調整	7,000	7,000

(4) 20x7/12/31：乙公司收自甲公司的現金股利$6,000，$60,000×10％＝$6,000，列為股利收入，因此乙公司 20x7 年淨利為$106,000，$100,000＋$6,000＝$106,000。

　　20x7 年：甲公司認列對乙公司之投資收益
　　　　　　　＝($106,000－專利權攤銷數$10,000)×80％－$6,000(＊)
　　　　　　　＝$76,800(＃)－$6,000＝$70,800　　[＊、＃：請詳下段說明]
　　　　　非控制權益淨利＝($106,000－$10,000)×20％＝$19,200

上述計算過程似乎有一個『順序感』，即「先求得乙公司淨利，再計算甲對乙的投資收益」，使甲公司所認列之投資收益係按『包含甲分配給乙之現金股利(收入)的乙公司淨利』為基礎而計得，有『重覆計算』之虞，因為甲公司與

乙公司相互持股是一種『並存的狀態』，不是一個『有順序感的情況』，因此甲公司所計算之投資收益$76,800(#)有高估的情況，而關鍵金額即是甲發給乙之$6,000現金股利，故直接減少投資收益$6,000(＊)。

不過若精確計算，投資收益高估之金額並非$6,000，本法直接減少投資收益$6,000是一個簡單方便的調整作法，至少不會使投資收益高估太多。若要以『甲、乙公司相互持股係一種並存狀態』的觀念去計算甲公司所應認列之投資損益，則應按其相互投資的事實，採用下段(二)「傳統法」，以聯立方程式同時計算甲、乙兩家公司在權益基礎下之投資損益。

另甲公司20x7年對合併個體以外股東只分配90%股利，$60,000×90%＝$54,000，因10%股利($6,000)是分配給乙公司，故甲公司按權益法觀念應貸記股利$6,000，使帳列「股利」餘額降為$54,000，因此甲公司保留盈餘表上之「股利」為$54,000是符合權益法精神，再按上冊所述之沖銷邏輯編製合併工作底稿，因此合併保留盈餘表上之股利亦為$54,000。

甲公司20x7年應認列之投資收益，亦可計算如下：

	甲公司	乙公司
個別淨利	$120,000	$100,000
減：專利權攤銷		(10,000)
乙收自甲的現金股利 (股利收入)		6,000
由乙股東分享之乙淨利		$96,000
甲分享乙之淨利	76,800	←($96,000×80%)
調 整：乙收自甲的現金股利	(6,000)	
甲權益法下淨利＝控制權益淨利	$190,800	
非控制權益淨利		$19,200

驗 算： (a) 總合併淨利＝$190,800＋$19,200＝$210,000
　　　　　　　＝甲及乙之個別淨利之合計數－專利權攤銷
　　　　　　　＝($120,000＋$100,000)－$10,000＝$210,000
　　　　(b) 甲公司應認列之投資收益＝$76,800－$6,000＝$70,800

(5) 甲投資乙相關科目餘額及金額之異動如下： (單位：千元)

	20x6/1/1	20x6	20x6/12/31	20x7	20x7/12/31
乙－權　益	$3,000	＋$70	$3,070	＋($100＋$6)－$50	$3,126
權益法：					
甲－採用權益法之投資	$2,440	＋$48	$2,488	＋$76.8－$40	$2,524.8
合併財務報表：					
專利權	$50	－$10	$40	－$10	$30
非控制權益	$610	＋$12	$622	＋$19.2－$10	$631.2

驗　算：
20x6/12/31：甲帳列「採用權益法之投資」
　　　　　　＝(乙權益$3,070＋未攤銷之未入帳專利權$40)×80%＝$2,488
　　　　　「非控制權益－乙」＝($3,070＋$40)×20%＝$622
20x7/12/31：甲帳列「採用權益法之投資」＝($3,126＋$30)×80%＝$2,524.8
　　　　　「非控制權益－乙」＝($3,126＋$30)×20%＝$631.2

乙投資甲相關科目餘額及金額之異動如下： (單位：千元)

	20x6/1/1	20x6	20x6/12/31	20x7	20x7/12/31
甲－權　益	$6,000	＋$90 ＋$48	$6,138	＋($120＋$70.8) －($60－$6)	$6,274.8
股權投資不具重大影響：					
乙－強制透過損益按公允價值衡量之金融資產	$600		$600	股利收入$6	$600

(6) 甲公司及其子公司 20x6 及 20x7 年合併工作底稿之冲銷分錄：

		20x6	20x7
(a)	採用權益法認列之子公司、關聯企業及合資利益之份額	48,000	70,800
	股利收入	－	6,000
	股　利	－	40,000
	採用權益法之投資	48,000	36,800
(b)	非控制權益淨利	12,000	19,200
	股　利	－	10,000
	非控制權益	12,000	9,200

		20x6		20x7	
(c)	普通股股本	2,000,000		2,000,000	
	保留盈餘	1,000,000		1,070,000	
	專利權	50,000		40,000	
	採用權益法之投資		2,440,000		2,488,000
	非控制權益		610,000		622,000
(d)	攤銷費用	10,000		10,000	
	專利權		10,000		10,000
(e)	庫藏股票	600,000		600,000	
	強制透過損益按公允價值衡量				
	之金融資產		600,000		600,000

註：若於 20x6 年底及 20x7 年底，乙公司對甲公司 10%股權投資的公允價值分別為$620,000 及$613,000，則「(e)沖銷分錄」應修改如下：

		20x6		20x7	
(e)	庫藏股票	600,000		600,000	
	透過損益按公允價值衡量之金融資產(負債)利益	20,000		—	
	保留盈餘	—		20,000	
	強制透過損益按公允價值衡量之金融資產		600,000		600,000
	強制透過損益按公允價值衡量之金融資產評價調整		20,000		13,000
	透過損益按公允價值衡量之金融資產(負債)損失		—		7,000

(7) 甲公司及乙公司 20x7 年財務報表資料已列入下列合併工作底稿：

甲 公 司 及 其 子 公 司
合 併 工 作 底 稿
20x7 年 1 月 1 日至 20x7 年 12 月 31 日

	甲公司	80%乙公司	調整／沖銷 借方	調整／沖銷 貸方	合併財務報表
綜合損益表：					
銷貨收入	$700,000	$500,000			$1,200,000
股利收入	—	6,000	(a) 6,000		—
採用權益法認列之子公司、關聯企業及合資利益之份額	70,800	—	(a) 70,800		—
各項成本及費用	(580,000)	(400,000)	(d) 10,000		(990,000)
淨　利	$190,800	$106,000			

(承上頁)

	甲公司	80% 乙公司	調整/沖銷 借方	調整/沖銷 貸方	合併 財務報表
綜合損益表：(續)					
總合併淨利					$ 210,000
非控制權益淨利			(b) 19,200		(19,200)
控制權益淨利					$ 190,800
保留盈餘表：					
期初保留盈餘	$2,138,000	$1,070,000	(c)1,070,000		$2,138,000
加：淨　利	190,800	106,000			190,800
減：股　利	(54,000)	(50,000)		(a) 40,000 (b) 10,000	(54,000)
期末保留盈餘	$2,274,800	$1,126,000			$2,274,800
財務狀況表：					
現　金	$ 410,000	$ 326,000			$ 736,000
強制透過損益按公允價值衡量之金融資產	—	600,000		(e) 600,000	—
其他流動資產	540,000	500,000			1,040,000
採用權益法之投資	2,524,800	—		(a) 36,800 (c)2,488,000	—
不動產、廠房及設備	4,800,000	3,000,000			7,800,000
減：累計折舊	(1,000,000)	(800,000)			(1,800,000)
專利權	—	—	(c) 40,000	(d) 10,000	30,000
總資產	$7,274,800	$3,626,000			$7,806,000
各項負債	$1,000,000	$ 500,000			$1,500,000
普通股股本	4,000,000	2,000,000	(c)2,000,000		4,000,000
保留盈餘	2,274,800	1,126,000			2,274,800
總負債及權益	$7,274,800	$3,626,000			
非控制權益－1/1				(c) 622,000	
非控制權益－當期增加數				(b) 9,200	
非控制權益－12/31					631,200
庫藏股票			(e) 600,000		(600,000)
總負債及權益					$7,806,000

(二) 傳統法 (Conventional Approach)

以圖八的投資關係為例，將乙公司持有甲公司的 10%股權投資，比照甲公司持有乙公司 80%股權投資的會計觀念(權益法)及其沖銷方式(相對科目對沖)處理，與本書上冊第三章至第八章所講述的會計觀念及沖銷邏輯一致，故稱「傳統法」。說明如下：

(1) 投資損益之計算：

由於甲公司與乙公司相互持股是一種『並存的狀態』，即甲公司應認列對乙公司之投資損益須以乙公司淨利為計算基礎；同時，乙公司對甲公司之投資損益亦須以甲公司之淨利為計算基礎，甲、乙兩公司的投資損益及淨利是「同時互為循環影響(circularly interdependent)」。因此，依權益法精神在計算甲公司對乙公司的投資損益時，也應『同時』計算乙公司對甲公司之投資損益，才能得出既符合相互持股的並存事實，也符合權益法精神的投資損益。已知乙公司是被甲公司控制的子公司，目前不可能對甲公司具重大影響，故乙公司將其持有甲公司 10%股權投資分類為「透過損益按公允價值衡量之金融資產」，並無按權益法認列投資損益的必要性，但透過聯立方程式同時計算兩家公司在權益基礎(equity basis)下之投資損益，可使甲公司認列正確的投資損益，而不是像「庫藏股票法」只是"粗略地"調整投資收益高估之情形，請詳本章第 24～25 頁之(∗)。

另外，傳統法也符合「個體理論(Entity Theory)」的觀念(請詳本書第十一章)，亦即將「參與合併公司之個別損益的合計數」視為「合併個體的總損益」，並由「母公司股東/控制權益」與「子公司非控制股東/非控制權益」共同分享，故計算各自所應分享之損益時，須『同時』考慮相互持股之情況。

(2) 相關會計處理：

將乙公司持有甲公司 10%股權投資，比照甲公司持有乙公司 80%股權投資的沖銷邏輯來處理，亦即將乙公司帳列「強制透過損益按公允價值衡量之金融資產」與甲公司權益相關科目對沖，以表達「甲公司只有 90%股權流通在合併個體外部」的事實。又可分兩種處理方式：

(2A) 在甲公司及乙公司合併工作底稿中以沖銷分錄的方式處理：

「甲持有乙 80%股權」的 沖銷分錄	
(乙公司權益相關科目)	Y
採用權益法之投資	0.8 Y
非控制權益	(註) 0.2 Y
註：假設於收購日係以甲收購乙的移轉對價「設算」 　　非控制權益公允價值金額。	

「乙持有甲 10%股權」的 沖銷分錄 ～ 第一年期末	
(甲公司權益相關科目)	0.1 Z
資本公積（&）	M－0.1Z
透過損益按公允價值衡量之金融資產(負債)利益	20
強制透過損益按公允價值衡量之金融資產	M
強制透過損益按公允價值衡量之金融資產	
評價調整	20
資本公積（&&）	0.1Z－M
Z：乙取得甲 10%股權時，甲公司之帳列淨值。	
M：乙取得甲 10%股權時，甲公司 10%普通股之公允價值。	
假設：乙取得甲 10%股權後，第一個報導期間結束日，甲公司 10%普 　　　通股之公允價值於當期增加$20，即其公允價值為 M＋$20。	
&&：貸記「資本公積－其他」＝0.1Z－M	
&：借記金額(＝M－0.1Z)，其借記之會計科目順序如下： 　(1)之前&&所貸記之「資本公積－其他」， 　(2)若(1)資本公積貸餘不足以借記時，不足之數借記因甲對乙 80% 　　　股權投資而產生的相關「資本公積」科目之貸餘(可參閱第八章)， 　(3)若(2)資本公積貸餘不足以借記時，不足之數借記「資本公積－ 　　　普通股股票溢價」， 　(4)若(3)資本公積貸餘不足以借記時，不足之數則借記「保留盈餘」。	

「乙持有甲 10%股權」的 沖銷分錄 ～ 第二年期末	
(甲公司權益相關科目)	0.1 Z
資本公積（&）	M－0.1Z
保留盈餘	20
強制透過損益按公允價值衡量之金融資產	M
強制透過損益按公允價值衡量之金融資產	
評價調整	13
透過損益按公允價值衡量之金融資產(負債)損失	7
資本公積（&&）	0.1Z－M

Z、M、W、&、&&：同上述表格之說明。
假設：乙取得甲 10%股權後，第二個報導期間結束日，甲公司 10%普通股之公允價值於當期減少$7，即其公允價值為 M＋$13。

每年皆須在甲公司及乙公司合併工作底稿中重覆上述的沖銷分錄。

(2B) 在甲公司帳上作一個「視同註銷」分錄：

　　針對「乙持有甲 10%股權」的沖銷工作，為免除每年在合併工作底稿中作沖銷分錄之繁冗 [(2A)第二個表格之沖銷分錄]，亦可於乙取得甲 10%股權時，直接在甲公司帳上作一個「視同註銷」分錄，如下表格。又甲公司在帳上作此「視同註銷」分錄，並非甲公司真的辦理減資並註銷 10%股份，而是面對母子相互持股情況且為編製正確合併財務報表所做之會計處理，故稱為「視同註銷」。

甲 公 司 帳 列 分 錄 (原意)		
(甲公司權益相關科目)	0.1 Z	
資本公積 (&)	(借貸差額)	
強制透過損益按公允價值衡量之金融資產		M
資本公積 (&&)		(借貸差額)
甲 公 司 帳 列 分 錄 (修正)		
(甲公司權益相關科目)	0.1 Z	
資本公積 (&)	(借貸差額)	
採用權益法之投資		M
資本公積 (&&)		(借貸差額)
Z、M：同(2A)法之說明。		

　　原應為上方的分錄，但甲公司帳上並無「強制透過損益按公允價值衡量之金融資產」科目，故暫以「採用權益法之投資」代替，待期末在合併工作底稿中再以沖銷分錄「還原」之，如下：

合併工作底稿 之 沖銷分錄 ～ 第一年期末		
採用權益法之投資	M	
透過損益按公允價值衡量之金融資產(負債)利益	20	
強制透過損益按公允價值衡量之金融資產		M
強制透過損益按公允價值衡量之金融資產		
評價調整		20

| M：乙取得甲10%股權時，甲公司10%普通股之公允價值。 |
| 假設：乙取得甲10%股權後，第一個報導期間結束日，甲公司10%普通股之公允價值於當期增加$20，即其公允價值為M＋$20。 |

合併工作底稿 之 沖銷分錄 ～ 第二年期末		
採用權益法之投資	M	
保留盈餘	20	
強制透過損益按公允價值衡量之金融資產		M
強制透過損益按公允價值衡量之金融資產		
評價調整		13
透過損益按公允價值衡量之金融資產(負債)損失		7
M：乙取得甲10%股權時，甲公司10%普通股之公允價值。		
假設：乙取得甲10%股權後，第二個報導期間結束日，甲公司10%普通股之公允價值於當期減少$7，即其公允價值為M＋$13。		

(3) 茲以釋例五來解說在「傳統法」的觀念下，母公司如何適用權益法及母子公司合併財務報表的編製過程。

釋例五： 沿用釋例四之資料，但改以「傳統法」處理。

說 明：

(1) 20x6/1/1：非控制權益係以收購日公允價值衡量，惟釋例中未提及該公允價值，故設算之。
　　　　　乙公司總公允價值＝$2,440,000÷80%＝$3,050,000
　　　　　乙公司未入帳專利權＝$3,050,000－$3,000,000＝$50,000
　　　　　未入帳專利權之每年攤銷數＝$50,000÷5年＝$10,000
　　　　　非控制權益＝乙公司總公允價值$3,050,000×20%＝$610,000

20x6/1/3：乙公司依IFRS 9「金融工具」將其持有甲公司10%股權投資分類為「透過損益按公允價值衡量之金融資產」。

(2) 20x6年，甲公司應認列之投資收益，計算如下：

令 A：甲公司在權益(合併)基礎下之淨利，故包含相互投資之利益
　 B：乙公司在權益(合併)基礎下之淨利，故包含相互投資之利益

因此，A＝$90,000＋0.8B ---------------------- (a)

且，B＝$70,000＋0.1A－專攤$10,000 ------ (b)

將(a)式代入(b)式，得出 B＝$75,000，再代入(a)式，得出 A＝$150,000

$150,000＋$75,000＝$225,000 ＞ $150,000＝($90,000＋$70,000)－$10,000

可知 A＝$150,000 及 B＝$75,000 中包含相互投資之利益，並非最後答案。

已知「控制權益淨利」是甲公司在權益法下之淨利，即持有甲公司 90%股權股東所應分享之利益，故：

控制權益淨利＝甲公司在權益法下之淨利＝$150,000×90%＝$135,000
　　　　　　＝甲公司個別淨利＋甲公司應認列之投資收益
　　　　　　＝$90,000＋甲公司應認列之投資收益

∴ 20x6 年甲公司應認列之投資收益＝$45,000

亦可計算如下：20x6 年甲公司應認列之投資收益
　　　　　　＝($75,000×80%)－($150,000×10%)＝$45,000

另，20x6 年非控制權益淨利＝$75,000×20%＝$15,000

乙公司個別淨利$70,000－專攤$10,000＝$60,000＝乙公司已實現個別淨利
　　　　　＝甲對乙之投資收益$45,000＋非控制權益淨利$15,000

即，乙公司已實現個別淨利$60,000 分享予：(i)甲公司(80%)$45,000，(ii)乙 20%非控制權益$15,000。

驗 算：

總合併淨利＝($90,000＋$70,000)－$10,000(專利權攤銷)＝$150,000
　　　　　＝控制權益淨利＋非控制權益淨利＝$135,000＋$15,000

(3) 20x7 年，甲公司應認列之投資收益，其計算如下：

A＝$120,000＋0.8B ------------------- (a)
B＝$100,000＋0.1A－$10,000 ------ (b)

將(a)式代入(b)式，得出 B＝$110,870，再代入(a)式，得出 A＝$208,696

$208,696＋$110,870＝$319,566＞$210,000＝($120,000＋$100,000)－$10,000

可知 A＝$208,696 及 B＝$110,870 中包含相互投資之利益，並非最後答案。

已知「控制權益淨利」是甲公司在權益法下之淨利,即持有甲公司90%股權股東所應分享之利益,故:

控制權益淨利＝甲公司在權益法下之淨利＝$208,696×90%＝$187,826
　　　　　　＝甲公司個別淨利＋甲公司應認列之投資收益
　　　　　　＝$120,000＋甲公司應認列之投資收益

∴ 20x7年甲公司應認列之投資收益＝$67,826

亦可計算如下：20x7年甲公司應認列之投資收益
　　　　　　＝($110,870×80%)－($208,696×10%)＝$67,826

另,20x7年非控制權益淨利＝$110,870×20%＝$22,174

乙公司個別淨利$100,000－專攤$10,000＝$90,000＝乙公司已實現個別淨利
　　　　＝甲對乙之投資收益$67,826＋非控制權益淨利$22,174
即乙公司已實現個別淨利$90,000分享予：(i)甲公司(80%)$67,826,(ii)乙 20%非控制權益$22,174。

驗 算：
總合併淨利＝($120,000＋$100,000)－$10,000(專利權攤銷)＝$210,000
　　　　　＝控制權益淨利＋非控制權益淨利＝$187,826＋$22,174

(4) 甲公司帳列分錄：

		20x6	20x7
1/1	採用權益法之投資 　　現　金	2,440,000 　　　　　2,440,000	X
1/3 (2B)法	普通股股本 保留盈餘 　　採用權益法之投資	400,000 200,000 　　　　　600,000	X
	若採(2A)法,則無須此分錄。		
12/31	採用權益法之投資 　　採用權益法認列之子公司、 　　關聯企業及合資利益之份額	45,000 　　　　　45,000	67,826 　　　　　67,826
	採用權益法之投資（#） 　　股　利（*）	X	6,000 　　　6,000
12/31	現　金 　　採用權益法之投資	X	40,000 　　　40,000

\#：因投資收益已透過聯立方程式作正確計算，故不像「庫藏股票法」須再調整投資收益，而改為借記「採用權益法之投資」，係為合併工作底稿上相對科目對沖之對稱性預作準備，請詳沖銷分錄(a)。

　　另一說法，在採(2B)法時，既已將乙公司對甲公司的 10%股權投資「視同註銷」，故甲公司發給乙公司之 10%現金股利，已不適合稱為「股利」，因此當作是「甲公司對乙公司的額外再投資」，故借記「採用權益法之投資」，提供予讀者參考。

*：甲公司只有90%普通股流通在合併個體外部，以合併個體立場而言，合併保留盈餘表中之「股利」係應表達對外發放之90%股利，故貸記發給乙公司之 10%股利。

乙公司帳列分錄：

		20x6	20x7
1/3	強制透過損益按公允價值衡量之金融資產　　　600,000 　　現　金　　　　　　　　　　　　　　　　　　　600,000		X
12/31	現　金　　　　　　　　　　　　　　　　　　　6,000 　　股利收入　　　　　　　　　　　　　　　　　　6,000	X	
12/31	假設：期末乙對甲 10%股權投資之帳面金額等於其公允價值。(註)	X	X

註：若報導期間結束日，乙公司對甲公司 10%股權投資的帳面金額不等於其公允價值，例如於 20x6 年底及 20x7 年底，乙公司對甲公司 10%股權投資的公允價值分別為$620,000 及$613,000，則乙公司應作分錄如下：

20x6 12/31	強制透過損益按公允價值衡量之金融資產評價調整　　20,000 　　透過損益按公允價值衡量之金融資產(負債)利益　　　　20,000
20x7 12/31	透過損益按公允價值衡量之金融資產(負債)損失　　　7,000 　　強制透過損益按公允價值衡量之金融資產評價調整　　　7,000

(5) 當甲公司會計處理採(2A)法時，甲投資乙相關科目餘額及金額之異動如下：
(單位：千元)

	20x6/1/1	20x6	20x6/12/31	20x7	20x7/12/31
乙－權　益	$3,000	＋$70	$3,070	＋($100＋$6)－$50	$3,126
權益法：					
甲－採用權益法之投資	$2,440	＋$45	$2,485	＋$67.826＋$6－$40	$2,518.826
合併財務報表：					
專利權	$50	－$10	$40	－$10	$30
非控制權益	$610	＋$15	$625	＋$22.174－$10	$637.174

驗　算：

20x6/12/31：乙權益$3,070＋未攤銷之未入帳專利權$40＝$3,110

　　　　　＝ 甲帳列「採用權益法之投資」餘額$2,485

　　　　　　＋ 應表達在合併財務狀況表上「非控制權益－乙」之金額$625

20x7/12/31：$3,126＋$30＝$3,156＝$2,518.826＋$637.174

乙投資甲相關科目餘額及金額之異動如下：（單位：千元）

	20x6/1/1	20x6	20x6/12/31	20x7	20x7/12/31
甲－權　益	$6,000	＋$90 ＋$45	$6,135	＋($120＋$67.826) －($60－$6)	$6,268.826
股權投資不具重大影響：					
乙－強制透過損益按公允價值衡量之金融資產	$600		$600	股利收入$6	$600

(6) 當甲公司會計處理採(2A)法時，甲公司及其子公司 20x6 及 20x7 年合併工作底稿之沖銷分錄：

		20x6	20x7
(a)	採用權益法認列之子公司、關聯企業及合資利益之份額	45,000	67,826
	股利收入	－	6,000
	股　利	－	40,000
	採用權益法之投資	45,000	33,826
(b)	非控制權益淨利	15,000	22,174
	股　利	－	10,000
	非控制權益	15,000	12,174

		20x6	20x7
(c)	普通股股本	2,000,000	2,000,000
	保留盈餘	1,000,000	1,070,000
	專利權	50,000	40,000
	採用權益法之投資	2,440,000	2,485,000
	非控制權益	610,000	625,000
(d)	攤銷費用	10,000	10,000
	專利權	10,000	10,000
(e)	普通股股本	400,000	400,000
	保留盈餘	200,000	200,000
	強制透過損益按公允價值		
	衡量之金融資產	600,000	600,000

註：若於20x6年底及20x7年底，乙公司對甲公司10%股權投資的公允價值分別為$620,000及$613,000，則「(e)沖銷分錄」應修改如下：

(e)	普通股股本	400,000	400,000
	保留盈餘	200,000	200,000
	透過損益按公允價值衡量之金融資產(負債)利益	20,000	—
	保留盈餘	—	20,000
	強制透過損益按公允價值衡量之金融資產	600,000	600,000
	強制透過損益按公允價值衡量之金融資產		
	評價調整	20,000	13,000
	透過損益按公允價值衡量之金融資產(負債)		
	損失	—	7,000

(7) 當甲公司會計處理採(2A)法時，甲公司及乙公司20x7年合併工作底稿如下：

甲 公 司 及 其 子 公 司
合 併 工 作 底 稿
20x7年1月1日至20x7年12月31日

	甲公司	80% 乙公司	調整/沖銷 借　方	調整/沖銷 貸　方	合　併 財務報表
綜合損益表：					
銷貨收入	$700,000	$500,000			$1,200,000
股利收入	—	6,000	(a) 6,000		—
採用權益法認列之子公司、關聯企業及合資利益之份額	67,826	—	(a) 67,826		—

	甲公司	80% 乙公司	調整／沖銷 借方	調整／沖銷 貸方	合 併 財務報表
綜合損益表：(續)					
各項成本及費用	(580,000)	(400,000)	(d) 10,000		(990,000)
淨　利	$187,826	$106,000			
總合併淨利					$ 210,000
非控制權益淨利			(b) 22,174		(22,174)
控制權益淨利					$ 187,826
保留盈餘表：					
期初保留盈餘	$2,135,000	$1,070,000	(c)1,070,000 (e) 200,000		$1,935,000
加：淨　利	187,826	106,000			187,826
減：股　利	(54,000)	(50,000)		(a) 40,000 (b) 10,000	(54,000)
期末保留盈餘	$2,268,826	$1,126,000			$2,068,826
財務狀況表：					
現　金	$ 410,000	$ 326,000			$　736,000
強制透過損益按公允價值衡量之金融資產	—	600,000		(e) 600,000	—
其他流動資產	540,000	500,000			1,040,000
採用權益法之投資	2,518,826	—		(a)　33,826 (c)2,485,000	—
不動產、廠房及設備	4,800,000	3,000,000			7,800,000
減：累計折舊	(1,000,000)	(800,000)			(1,800,000)
專利權	—	—	(c) 40,000	(d) 10,000	30,000
總資產	$7,268,826	$3,626,000			$7,806,000
各項負債	$1,000,000	$ 500,000			$1,500,000
普通股股本	4,000,000	2,000,000	(c)2,000,000 (e) 400,000		3,600,000
保留盈餘	2,268,826	1,126,000			2,068,826
總負債及權益	$7,268,826	$3,626,000			
非控制權益－1/1				(c) 625,000	
非控制權益 　－當期增加數				(b) 12,174	
非控制權益－12/31					637,174
總負債及權益					$7,806,000

(8) 當甲公司會計處理採(2B)法時,甲投資乙相關科目餘額及金額之異動如下:
(單位:千元)

	20x6/1/1	20x6	20x6/12/31	20x7	20x7/12/31
乙－權 益	$3,000	+$70	$3,070	+($100+$6)−$50	$3,126
權益法:					
甲－採用權益法之投資	$2,440	−$600 +$45	$1,885	+$67.826+$6 −$40	$1,918.826
合併財務報表:					
專利權	$50	−$10	$40	−$10	$30
非控制權益	$610	+$15	$625	+$22.174−$10	$637.174
驗 算:					

20x6/12/31:乙權益$3,070+未攤銷之未入帳專利權$40=$3,110
　　　　　=(甲帳列「採用權益法之投資」餘額$1,885+甲「視同註銷」暫沖$600)
　　　　　　+應表達在財務狀況表上「非控制權益－乙」之金額$625
20x7/12/31:$3,126+$30=$3,156=($1,918.826+$600)+$637.174

乙投資甲相關科目餘額及金額之異動如下:　(單位:千元)

	20x6/1/1	20x6	20x6/12/31	20x7	20x7/12/31
甲－權 益	$6,000	−$600 +$90+$45	$5,535	+($120+$67.826) −($60−$6)	$5,668.826
股權投資不具重大影響:					
乙－強制透過損益按公允價值衡量之金融資產	$600		$600	股利收入$6	$600

(9) 當甲公司會計處理採(2B)法時,甲公司及其子公司 20x7 年合併工作底稿之沖銷分錄:

		20x6	20x7
(a)~(d)	同上述(6)之(a)~(d)		
(e)	採用權益法之投資	600,000	600,000
	強制透過損益按公允價值 　　衡量之金融資產	600,000	600,000

(續次頁)

	20x6	20x7
註：若於 20x6 年底及 20x7 年底，乙公司對甲公司 10%股權投資的公允價值分別為$620,000 及$613,000，則「(e)沖銷分錄」應修改如下：		
(e) 採用權益法之投資	600,000	600,000
透過損益按公允價值衡量之金融資產(負債)利益	20,000	—
保留盈餘	—	20,000
強制透過損益按公允價值衡量之金融資產	600,000	600,000
強制透過損益按公允價值衡量之金融資產評價調整	20,000	13,000
透過損益按公允價值衡量之金融資產(負債)損失	—	7,000

(10) 當甲公司會計處理採(2B)法時，甲公司及乙公司 20x7 年合併工作底稿如下：

<table>
<tr><td colspan="6" align="center">甲 公 司 及 其 子 公 司
合 併 工 作 底 稿
20x7 年 1 月 1 日至 20x7 年 12 月 31 日</td></tr>
<tr><td></td><td>甲公司</td><td>80%
乙公司</td><td colspan="2">調整／沖銷
借　方　　貸　方</td><td>合 併
財務報表</td></tr>
<tr><td colspan="6">綜合損益表：</td></tr>
<tr><td>銷貨收入</td><td>$700,000</td><td>$500,000</td><td></td><td></td><td>$1,200,000</td></tr>
<tr><td>股利收入</td><td>—</td><td>6,000</td><td>(a) 6,000</td><td></td><td>—</td></tr>
<tr><td>採用權益法認列之子公司、關聯企業及合資利益之份額</td><td>67,826</td><td>—</td><td>(a) 67,826</td><td></td><td>—</td></tr>
<tr><td>各項成本及費用</td><td>(580,000)</td><td>(400,000)</td><td>(d) 10,000</td><td></td><td>(990,000)</td></tr>
<tr><td>　淨　利</td><td>$187,826</td><td>$106,000</td><td></td><td></td><td></td></tr>
<tr><td>總合併淨利</td><td></td><td></td><td></td><td></td><td>$ 210,000</td></tr>
<tr><td>非控制權益淨利</td><td></td><td></td><td>(b) 22,174</td><td></td><td>(22,174)</td></tr>
<tr><td>控制權益淨利</td><td></td><td></td><td></td><td></td><td>$ 187,826</td></tr>
<tr><td colspan="6">保留盈餘表：</td></tr>
<tr><td>期初保留盈餘</td><td>$1,935,000</td><td>$1,070,000</td><td>(c)1,070,000</td><td></td><td>$1,935,000</td></tr>
<tr><td>加：淨　利</td><td>187,826</td><td>106,000</td><td></td><td></td><td>187,826</td></tr>
<tr><td>減：股　利</td><td>(54,000)</td><td>(50,000)</td><td></td><td>(a) 40,000
(b) 10,000</td><td>(54,000)</td></tr>
<tr><td>期末保留盈餘</td><td>$2,068,826</td><td>$1,126,000</td><td></td><td></td><td>$2,068,826</td></tr>
</table>

	甲公司	80% 乙公司	調整／沖銷 借　方	調整／沖銷 貸　方	合　併 財務報表
財務狀況表：					
現　金	$410,000	$326,000			$ 736,000
強制透過損益按公允價值衡量之金融資產	—	600,000		(e) 600,000	—
其他流動資產	540,000	500,000			1,040,000
採用權益法之投資	1,918,826	—	(e)600,000	(a) 33,826 (c)2,485,000	—
不動產、廠房及設備	4,800,000	3,000,000			7,800,000
減：累計折舊	(1,000,000)	(800,000)			(1,800,000)
專利權	—	—	(c) 40,000	(d) 10,000	30,000
總資產	$6,668,826	$3,626,000			$7,806,000
各項負債	$1,000,000	$ 500,000			$1,500,000
普通股股本	3,600,000	2,000,000	(c)2,000,000		3,600,000
保留盈餘	2,068,826	1,126,000			2,068,826
總負債及權益	$6,668,826	$3,626,000			
非控制權益－1/1				(c) 625,000	
非控制權益 －當期增加數				(b) 12,174	
非控制權益－12/31					637,174
總負債及權益					$7,806,000

(11) 比較釋例四「庫藏股票法」及釋例五「傳統法」的三份甲公司及其子公司之合併財務報表後得知，釋例五「傳統法」中(2A)法及(2B)法的合併財務報表完全相同；而釋例四「庫藏股票法」及釋例五「傳統法」的合併財務報表雖然不完全相同，但差異不大，其中「合併總資產」及「合併負債及合併權益總額」是相同的，皆為$7,806,000。

　　釋例四及釋例五是「母、子公司相互持股」的基本型態，學會了「庫藏股票法」及「傳統法」後，可試著將之應用在相關投資型態的變化上，例如圖九及圖十所示之投資型態。

(圖九)

```
                    90%
         甲公司 ←──────── 甲公司股東
       80% ↙   ↖ 10%
    20%          30%
乙非         乙公司 ──70%──→ 丙公司         丙非
控制股東 ──→                        ←── 控制股東
```

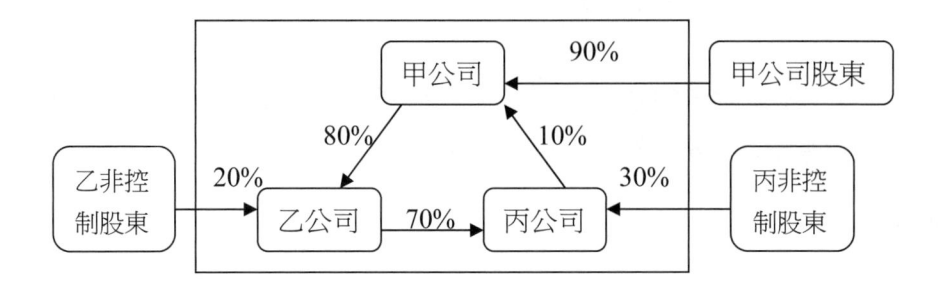

(圖十)

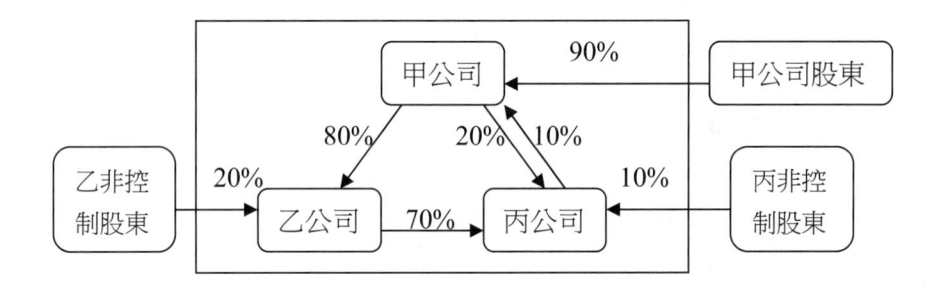

```
                    90%
         甲公司 ←──────── 甲公司股東
       80% ↙ 20%↑↓10%
    20%                    10%
乙非         乙公司 ──70%──→ 丙公司         丙非
控制股東 ──→                        ←── 控制股東
```

　　國際會計準則 <u>IAS 32</u>「金融工具：表達」第 33 段規定：「若企業再取回其本身之權益工具，該等工具(庫藏股)應自權益中減除。企業本身權益工具之購買、出售、發行或註銷，均不得於損益中認列利益或損失。<u>此種庫藏股可能由企業或合併集團之其他成員取得並持有</u>。所支付或所收取對價應直接認列於權益。」可知準則規定係屬前述「庫藏股票法」的處理方式。惟於「子公司與孫公司相互持股」情況下，不適用「庫藏股票法」，只能採用「傳統法」，請詳下述「四、相互持股－子公司與孫公司相互持股」之說明。

　　<u>我國「公司法」第 167 條第三項規定</u>：「被持有已發行有表決權之股份總數或資本總額超過半數之從屬公司，不得將控制公司之股份收買或收為質物。」<u>第四項規定</u>：「前項控制公司及其從屬公司直接或間接持有他公司已發行有表決權之股份總數或資本總額合計超過半數者，他公司亦不得將控制公司及其從屬公司之股份收買或收為質物。」故<u>我國實務上</u>應無圖八至圖十三之情況。

四、相互持股－子公司與孫公司相互持股

在「父子孫」的投資型態中，若孫公司同時持有對子公司之股權投資，則形成「子公司與孫公司相互持股」的情況，如圖十一。

(圖十一)

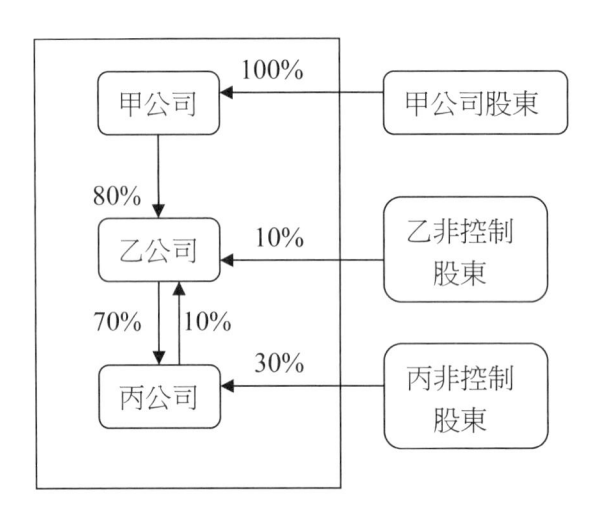

```
                    100%
      ┌─────┐ ◄──────── ┌─────────┐
      │甲公司│            │甲公司股東│
      └──┬──┘            └─────────┘
         │80%
         ▼     10%       ┌─────────┐
      ┌─────┐ ◄──────── │乙非控制 │
      │乙公司│            │股東     │
      └──┬──┘            └─────────┘
      70%│ ▲10%
         ▼ │     30%     ┌─────────┐
      ┌─────┐ ◄──────── │丙非控制 │
      │丙公司│            │股東     │
      └─────┘            └─────────┘
```

　　從圖十一得知，甲公司持有乙公司 80%股權，乙公司持有丙公司 70%股權，是「間接持股－父子孫型態」，使甲、乙及丙三家公司形成一個合併個體，惟丙公司亦同時持有乙公司 10%股權投資，因此形成「子公司與孫公司相互持股」的情況。由於甲公司股權仍 100%流通在合併個體外部，並無庫藏股票存在，故無法適用前述「三、母、子公司相互持股」中介紹的「庫藏股票法」，只能採用「傳統法」的觀念並透過聯立方程式同時計算甲、乙及丙三家公司在權益基礎(equity basis)下之淨利，進而求算在權益法下甲公司對乙公司應認列之投資損益，及乙公司對丙公司應認列之投資損益，至於合併財務報表的編製，則以本書上冊所述之合併程序與邏輯處理即可，擬以釋例六說明之。

釋例六：

　　沿用釋例一之資料。甲公司於 20x6 年 1 月 1 日以$360,000 取得乙公司 80%股權，並對乙公司存在控制。當日乙公司權益包括普通股股本$300,000 及保留盈餘$100,000，且其帳列資產及負債之帳面金額皆等於公允價值，除有一項未入帳

專利權,預估尚有 5 年耐用年限外,無其他未入帳之資產或負債。非控制權益係以收購日公允價值衡量。自收購日後,甲公司與乙公司形成一個合併個體,甲公司是母公司,乙公司是子公司。乙公司 20x6 年淨利為$90,000,並於 20x6 年 12 月 31 日宣告且發放現金股利$40,000。

乙公司於 20x7 年 1 月 1 日以$210,000 取得丙公司 70%股權,並對丙公司存在控制。當日丙公司權益包括普通股股本$200,000 及保留盈餘$100,000,且丙公司帳列資產及負債之帳面金額皆等於其公允價值,亦無未入帳資產或負債。非控制權益係以收購日公允價值衡量。次日,20x7 年 1 月 2 日,丙公司以$49,000 取得乙公司 10%股權。丙公司對乙公司不具重大影響,遂依 IFRS 9「金融工具」規定及其管理金融資產之經營模式,將其持有乙公司 10%股權投資分類為「透過損益按公允價值衡量之金融資產」。

甲公司及乙公司之投資關係,請詳圖十一。另甲、乙及丙三家公司 20x7 年之個別淨利(未計入投資損益或股利收入前之淨利)及現金股利如下: (假設股利宣告日及發放日皆為 20x7 年 12 月 31 日)

	甲	乙	丙
個別淨利	$230,000	$120,000	$90,000
現金股利	$110,000	$70,000	$50,000

說明:

(1) (a) 由圖十一可知,甲持有乙 80%股權,若無反證,則甲對乙存在控制,甲與乙形成一個合併個體,甲是母公司,乙是子公司。又乙持有丙 70%股權,即甲與乙所形成之合併個體持有丙 70%股權,若無反證,則:(i)甲對乙存在控制,(ii)「甲與乙所形成之合併個體」對丙存在控制,因此甲、乙及丙三家公司形成一個合併個體,甲是母公司,乙及丙是子公司。惟丙也同時持有乙 10%股權,故乙非控制股東持有乙 10%股權,而丙非控制股東持有丙 30%股權。

(b) 甲持有乙 80%股權,乙持有丙 70%股權,致甲透過乙間接持有丙 56%股權,80%×70%=56%,若無反證,則:(i)甲對乙存在控制,(ii)甲對丙存在控制,因此甲、乙及丙三家公司形成一個合併個體,甲是母公司,乙及丙是子公司。惟丙也同時持有乙 10%股權,故乙非控制股東持有乙 10%股權,而丙非控制股東持有丙 30%股權。

(c) 丙是被乙控制的子公司,沒有重大影響乙的可能性,因此丙公司依 IFRS 9「金融工具」規定,將其持有乙公司 10%股權投資分類為「透過損益按公允價值衡量之金融資產」。

(2) 20x6/ 1/ 1：非控制權益係以收購日公允價值衡量,惟釋例中未提及該公允價值,故設算之。乙公司總公允價值＝$360,000÷80%＝$450,000
乙公司未入帳專利權＝$450,000－$400,000＝$50,000
未入帳專利權之每年攤銷數＝$50,000÷5 年＝$10,000
非控制權益＝乙公司總公允價值$450,000×20%＝$90,000

(3) 20x6 年：甲公司應認列之投資收益
＝(乙淨利$90,000－專攤$10,000)×80%＝$64,000
非控制權益淨利＝($90,000－$10,000)×20%＝$16,000

(4) 20x6/12/31：甲公司收自乙公司之現金股利
＝甲公司宣告並發放之現金股利$40,000×80%＝$32,000
非控制權益收自乙公司之現金股利＝$40,000×20%＝$8,000

(5) 20x6/12/31：甲公司帳列「採用權益法之投資－乙」餘額
＝$360,000＋$64,000－$32,000＝$392,000
應表達在合併財務狀況表上之「非控制權益」
＝$90,000＋$16,000－$8,000＝$98,000

(6) 20x7 年 1 月 1 日,乙公司取得丙公司 70%股權,致甲公司與乙公司所構成的合併個體多一個新成員～丙公司,形成「父子孫」的間接投資型態。又 20x7 年 1 月 2 日,丙公司以$49,000 取得乙公司 10%股權,使甲、乙及丙這三家公司所構成的合併個體,由「父子孫」間接投資型態轉變為「子公司與孫公司間相互持股」的投資型態,須採「傳統法」的觀念來適用權益法及編製合併財務報表。

(7) 20x7/ 1/ 1：非控制權益係以收購日公允價值衡量,惟釋例中未提及該公允價值,故設算之。
丙公司總公允價值＝$210,000÷70%＝$300,000＝丙帳列淨值
「非控制權益－丙」＝丙公司總公允價值$300,000×30%＝$90,000

(8) 20x7/ 1/ 2：丙公司依 IFRS 9「金融工具」規定，將其持有乙公司 10%股權投資分類為「透過損益按公允價值衡量之金融資產」。

(9) 20x7 年，甲對乙應認列之投資收益及「非控制權益淨利－乙」計算如下：

  令 A：甲公司在權益(合併)基礎下之淨利，故包含相互投資之利益
    B：乙公司在權益(合併)基礎下之淨利，故包含相互投資之利益
    C：丙公司在權益(合併)基礎下之淨利，故包含相互投資之利益

  因此，A＝$230,000＋0.8B ------------------------- (a)
       B＝$120,000＋0.7C－專攤$10,000 ------ (b)
   且，C＝$90,000＋0.1B ------------------------- (c)

將(b)式代入(c)式，得出 C＝$108,602，再代入(b)式，得出 B＝$186,021
再代入(a)式，得出 A＝$378,817

$378,817＋$186,021＋$108,602＝$673,440
$673,440 ＞ $430,000＝($230,000＋$120,000＋$90,000)－$10,000
可知 A＝$378,817、B＝$186,021 及 C＝$108,602 中包含相互投資之利益，並非最後答案。

已知「控制權益淨利」是甲公司在權益法下之淨利，即持有甲公司 100%股權之股東所應分享之利益，故：
控制權益淨利＝甲公司在權益法下之淨利＝$378,817×100%＝$378,817
       ＝甲公司個別淨利＋甲公司對乙公司應認列之投資收益
       ＝$230,000＋甲公司應認列之投資收益
∴ 20x7 年甲公司對乙公司應認列之投資收益＝$148,817

亦可計算如下：20x7 年甲公司對乙公司應認列之投資收益
       ＝$186,021×80%＝$148,817

另，「非控制權益淨利－乙」＝$186,021×10%＝$18,602

(續次頁)

(10) 20x7 年，乙對丙應認列之投資收益及「非控制權益淨利－丙」計算如下：

乙公司與丙公司相互持股的投資損益，可參照「傳統法」於「母、子公司相互持股」的計算邏輯，將乙公司當作『乙與丙所形成之合併個體的母公司』，將丙公司當作『乙與丙所形成之合併個體的子公司』，則乙公司在權益法下之淨利＝$186,021×(80%屬甲公司＋10%屬乙非控制權益) ＝$167,419
　　　＝乙公司個別淨利＋乙公司對丙公司應認列之投資收益
　　　＝$120,000＋乙公司對丙公司應認列之投資收益
∴ 20x7 年乙公司對丙公司應認列之投資收益＝$47,419

亦可計算如下：20x7 年乙公司對丙公司應認列之投資收益
　　　　　＝($108,602×70%)－($186,021×10%)－專攤$10,000
　　　　　＝$47,419

另，20x7 年「非控制權益淨利－丙」＝$108,602×30%＝$32,581

丙公司個別淨利$90,000＝丙公司已實現個別淨利
　　　＝(乙對丙所認列之投資收益$47,419＋專利權攤銷$10,000)
　　　　＋「非控制權益淨利－丙」$32,581
　　＝$57,419＋$32,581＝$90,000

即丙公司已實現個別淨利$90,000，分享予：(i)乙公司(70%)$57,419，(ii)丙30%非控制權益$32,581。

(11) 驗算：
總合併淨利＝($230,000＋$120,000＋$90,000)－$10,000(專利權攤銷)
　　　　＝$430,000＝控制權益淨利＋非控制權益淨利
　　　　＝$378,817＋($18,602＋$32,581)＝$430,000

(12) 甲、乙及丙公司 20x7 年之分錄：

		甲	乙	丙
1/1	採用權益法之投資 　　現　金	X	210,000 　　　210,000	X
1/2	強制透過損益按公允價值衡量 　　　之金融資產 　　現　金	X	X	49,000 　　　49,000

(續次頁)

		甲	乙	丙
12/31	現　　金 　　採用權益法之投資	56,000 　　　56,000 ($70,000×80%)	35,000 　　　35,000 ($50,000×70%)	X
12/31	現　　金 　　股利收入	X	X	7,000 　　　7,000 ($70,000×10%)
12/31	採用權益法之投資 　　採用權益法認列之子公司 　　、關聯企業及合資利益之 　　份額	148,817 　　　148,817	47,419 　　　47,419	X
12/31	假設：期末丙對乙 10%股權投資 　　之帳面金額等於其公允價值。	X	X	X

(13) 相關科目餘額及金額之異動如下：

	20x7/ 1/ 1	20x7	20x7/12/31
乙－權　益	$450,000	+($120,000+$47,419)－$70,000	$547,419
權益法：			
甲－採用權益法之投資	$392,000	+$148,817－$56,000	$484,817
丙－強制透過損益按公允 　價值衡量之金融資產	$49,000	股利收入$7,000	$49,000
合併財務報表：			
專利權	$40,000	－$10,000	$30,000
非控制權益－乙	$49,000（*）	+$18,602－$7,000	$60,602

＊：20x6/12/31，「非控制權益－乙」為$98,000 (乙 20%股權)；
　　20x7/ 1/ 2，丙取得乙 10%股權，故「非控制權益－乙」(只剩乙 10%股權)
　　金額為$49,000，$98,000×(1/2)＝$49,000。

	20x7/ 1/ 1	20x7	20x7/12/31
丙－權　益	$300,000	+$90,000+$7,000－$50,000	$347,000
權益法：			
乙－採用權益法 　之投資	$210,000	+$47,419－$35,000	$222,419
合併財務報表：			
非控制權益－丙	$90,000	+$32,581－$15,000	$107,581

(14) 甲公司及其子公司 20x7 年合併工作底稿之沖銷分錄：

(a)	採用權益法認列之子公司、關聯企業 　　　　及合資利益之份額　　47,419 　　股　利　　　　　　　　　　　　35,000 　　採用權益法之投資　　　　　　　12,419			乙投資丙 70%
(b)	非控制權益淨利　　　　　　　　32,581 　　股　利　　　　　　　　　　　　15,000 　　非控制權益－丙　　　　　　　　17,581			
(c)	普通股股本　　　　　　　　　200,000 保留盈餘　　　　　　　　　　100,000 　　採用權益法之投資　　　　　　210,000 　　非控制權益－丙　　　　　　　　90,000			
(d)	採用權益法認列之子公司、關聯企業 　　　　及合資利益之份額　　148,817 　　股　利　　　　　　　　　　　　56,000 　　採用權益法之投資　　　　　　　92,817			甲投資乙 80%
(e)	股利收入　　　　　　　　　　　7,000 　　股　利　　　　　　　　　　　　　7,000			及
(f)	非控制權益淨利　　　　　　　　18,602 　　股　利　　　　　　　　　　　　　7,000 　　非控制權益－乙　　　　　　　　11,602			丙投資乙 10%
(g)	普通股股本　　　　　　　　　300,000 保留盈餘　　　　　　　　　　150,000 專利權　　　　　　　　　　　 40,000 　　採用權益法之投資　　　　　　392,000 　　強制透過損益按公允價值衡量 　　　　之金融資產　　　　　　　49,000 　　非控制權益－乙　　　　　　　　49,000			
(h)	攤銷費用　　　　　　　　　　 10,000 　　專利權　　　　　　　　　　　 10,000			

(15) 甲公司及其子公司 20x7 年財務報表資料已列入下列合併工作底稿：

甲 公 司 及 其 子 公 司
合 併 工 作 底 稿
20x7 年 1 月 1 日至 20x7 年 12 月 31 日

	甲公司	乙公司	丙公司	調整/沖銷 借方	調整/沖銷 貸方	合併財務報表
綜合損益表：						
銷貨收入	$800,000	$400,000	$250,000			$1,450,000
採用權益法認列之子公司、關聯企業及合資利益之份額	148,817	47,419	—	(a) 47,419 (d) 148,817		—
股利收入	—	—	7,000	(e) 7,000		—
各項成本及費用	(570,000)	(280,000)	(160,000)	(h) 10,000		(1,020.0)
淨　利	$378,817	$167,419	$97,000			
總合併淨利						$ 430,000
非控制權益淨利				(b) 32,581 (f) 18,602		(51,183)
控制權益淨利						$ 378,817
保留盈餘表：						
期初保留盈餘	$300,000	$150,000	$100,000	(c) 100,000 (g) 150,000		$300,000
加：淨　利	378,817	167,419	97,000			378,817
減：股　利	(110,000)	(70,000)	(50,000)	(a) 35,000 (b) 15,000 (d) 56,000 (e) 7,000 (f) 7,000		(110,000)
期末保留盈餘	$568,817	$247,419	$147,000			$ 568,817

(續次頁)

(承上頁)

	甲公司	乙公司	丙公司	調整／沖銷 借方	調整／沖銷 貸方	合併財務報表
財務狀況表：						
現　金	$ 134,000	$ 87,000	$ 78,000			$ 299,000
強制透過損益按公允價值衡量之金融資產	—	—	49,000		(g) 49,000	—
其他流動資產	100,000	80,000	70,000			250,000
採用權益法之投資	484,817	222,419	—		(a) 12,419 (c) 210,000 (d) 92,817 (g) 392,000	—
不動產、廠房及設備	800,000	370,000	300,000			1,470,000
減：累計折舊	(250,000)	(100,000)	(50,000)			(400,000)
專利權	—	—	—	(f) 40,000	(h) 10,000	30,000
總資產	$1,268,817	$659,419	$447,000			$1,649,000
各項負債	$ 200,000	$112,000	$100,000			$ 412,000
普通股股本	500,000	300,000	200,000	(c) 200,000 (g) 300,000		500,000
保留盈餘	568,817	247,419	147,000			568,817
總負債及權益	$1,268,817	$659,419	$447,000			
非控制權益－1/1					(c) 90,000 (g) 49,000	
非控制權益 　－當期增加數					(b) 17,581 (f) 11,602	
非控制權益－12/31						168,183
總負債及權益						$1,649,000

(續次頁)

釋例六是「子公司與孫公司間相互持股」的投資型態，熟悉了「傳統法」在本例的應用後，可試著將之沿用在相關的變化投資型態上，例如圖十二所示之「子公司與子公司間相互持股」的情況。

(圖十二)

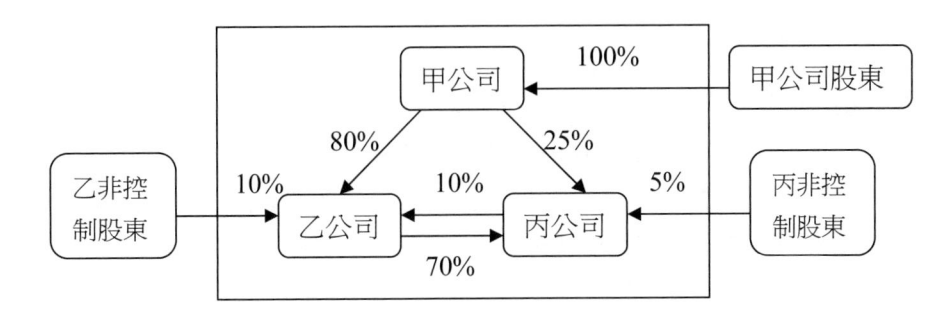

另外，若是「母、子公司相互持股」的變化投資型態(如圖九)及「子公司與孫公司間相互持股」的投資型態(如圖十一)同時存在時，則形成更複雜的投資型態(如圖十三)，讀者可按「庫藏股票法」及「傳統法」自行練習。

(圖十三)

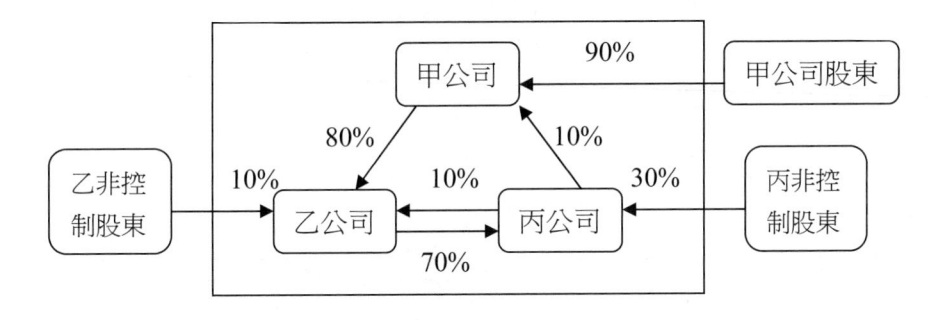

習 題

※ 間接持股

(一) (父子孫型態－六代)

甲公司持有乙公司 100%股權，乙公司持有丙公司 90%股權，丙公司持有丁公司 80%股權，丁公司持有戊公司 70%股權，戊公司持有己公司 60%股權。已知甲對乙、乙對丙、丙對丁、丁對戊以及戊對己皆存在控制。假設前述股權取得當日，移轉對價皆等於其所取得股權淨值，且各家子公司帳列資產及負債的帳面金額皆等於其公允價值，亦無未入帳資產或負債。20x6 年，甲公司及其子公司之個別淨利(未加計投資損益前之淨利)下：

	甲	乙	丙	丁	戊	己
個別淨利	$180,000	$150,000	$130,000	$110,000	$160,000	$80,000

試作：
(1) 按權益法，甲公司 20x6 年應認列對乙公司之投資收益為何？
(2) 甲公司及其子公司 20x6 年合併綜合損益表上之非控制權益淨利為何？
(3) 甲公司及其子公司 20x6 年合併綜合損益表上之控制權益淨利為何？
(4) 甲公司及其子公司 20x6 年之總合併淨利為何？

解答： (投資型態)

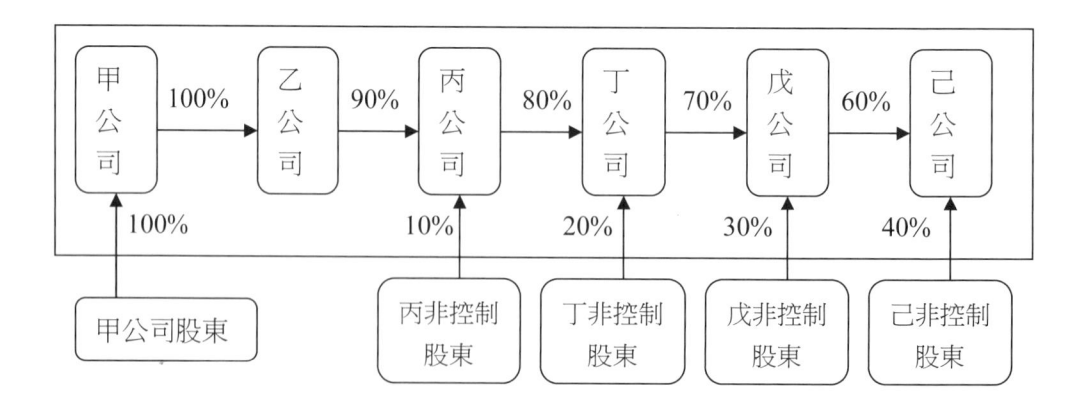

已知甲對乙、乙對丙、丙對丁、丁對戊以及戊對己皆存在控制，故甲、乙、丙、丁、戊及己等六家公司形成一個合併個體，甲是母公司，乙、丙、丁、戊及己是子公司。

計算過程：（由最右一欄己公司開始，逐項往左邊欄位循序計算。）

	甲	乙	丙	丁	戊	己
個別淨利	$180,000	$150,000	$130,000	$110,000	$160,000	$80,000
戊對己之投資收益					48,000	(80,000×60%)
戊淨利					$208,000	
丁對戊之投資收益				145,600	(208,000×70%)	
丁淨利				$255,600		
丙對丁之投資收益			204,480	(255,600×80%)		
丙淨利			$334,480			
乙對丙之投資收益		301,032	(334,480×90%)			
乙淨利		$451,032				
甲對乙之投資收益	451,032	(451,032)				
非控制權益淨利		$ —	$ 33,448	$ 51,120	$ 62,400	$32,000
權益法下甲淨利＝控制權益淨利	$631,032					

驗算：
　總合併淨利＝甲公司及其子公司等六家公司個別淨利總和
　　　　　　＝$180,000＋$150,000＋$130,000＋$110,000＋$160,000＋$80,000
　　　　　　＝$810,000
　　　　　　＝控制權益淨利(甲淨利)＋非控制權益淨利
　　　　　　＝$631,032＋($33,448＋$51,120＋$62,400＋$32,000)
　　　　　　＝$631,032＋$178,968＝$810,000

(1) 20x6 年，甲公司應認列投資於乙公司之投資收益＝$451,032
(2) 20x6 年，非控制權益淨利＝$178,968
(3) 20x6 年，控制權益淨利＝$631,032
(4) 20x6 年，總合併淨利＝$810,000

(二) (父子孫型態)

甲公司於 20x6 年 1 月 1 日以$2,790,000 取得乙公司 90%股權,並對乙公司存在控制。當日乙公司權益包括普通股股本$2,000,000 及保留盈餘$1,000,000,且其帳列資產及負債之帳面金額皆等於公允價值,除有一項未入帳專利權,預估尚有 10 年耐用年限外,無其他未入帳之資產或負債。非控制權益係以收購日公允價值衡量。

20x7 年 1 月 1 日,乙公司以$1,320,000 取得丙公司 80%股權,並對丙公司存在控制。當日丙公司權益包括普通股股本$1,000,000 及保留盈餘$600,000。次日,20x7 年 1 月 2 日,乙公司以$1,680,000 取得丁公司 70%股權,並對丁公司存在控制。當日丁公司權益包括普通股股本$1,700,000 及保留盈餘$700,000。於前述股權取得日,丙公司及丁公司之帳列資產及負債的帳面金額皆等於其公允價值,惟丙公司有一項未入帳專利權,預估尚有 5 年耐用年限外,無其他未入帳之資產或負債。非控制權益係以收購日公允價值衡量。

20x7 年,丁公司出售一筆土地予甲公司,獲利$30,000,截至 20x7 年 12 月 31 日,甲公司仍持有該筆土地並使用於營業上。甲公司及其子公司 20x6 及 20x7 年之個別淨利(未計入投資損益前之淨利)及現金股利如下: (假設股利宣告日及發放日皆為每年 12 月 31 日。)

	20x6		20x7			
	甲	乙	甲	乙	丙	丁
個別淨利	$150,000	$100,000	$180,000	$140,000	$90,000	$130,000
現金股利	$70,000	$40,000	$90,000	$60,000	$40,000	$50,000

假設甲公司及乙公司皆依 IFRS 9「金融工具」規定,將其持有的股權投資皆分類為「透過損益按公允價值衡量之金融資產」。

試作:
(A) 若甲公司及乙公司對其持有的股權投資均採權益法,請計算 20x6 及 20x7 年甲公司及乙公司分別應認列之投資損益。
(B) 編製甲公司及其子公司 20x7 年合併工作底稿之調整/沖銷分錄。

解答: (A)

(投資型態)

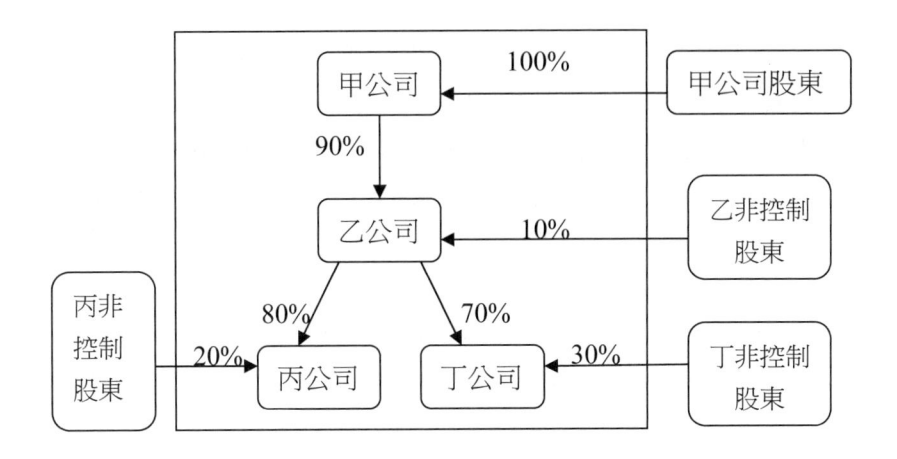

```
                    100%
     ┌─── 甲公司 ◄──────── 甲公司股東
     │     │
     │   90%
     │     ▼
     │   乙公司 ◄── 10% ── 乙非控制股東
     │   ╱   ╲
     │ 80%   70%
丙非 │ ╱       ╲
控制 │╱         ╲
股東─20%→丙公司  丁公司 ◄─30%── 丁非控制股東
```

(1) (a) 由上圖可知，甲持有乙 90%股權並對乙存在控制，則甲與乙形成一個合併個體，甲是母公司，乙是子公司。乙持有丙 80%股權且乙持有丁 70%股權並對乙及丁存在控制，即「甲與乙所形成之合併個體」持有丙 80%股權且持有丁 70%股權，並對乙及丁存在控制，因此甲、乙及丙三家公司形成一個合併個體，甲是母公司，乙、丙及丁是子公司。而乙非控制股東持有乙 10%股權，丙非控制股東持有丙 20%股權，丁非控制股東持有丁 30%股權。

(b) 甲持有乙 90%股權，乙持有丙 80%股權且持有丁 70%股權，致甲透過乙間接持有丙 72%股權，90%×80%＝72%，且甲透過乙間接持有丁 63%股權，90%×70%＝63%，則：(i)甲對乙存在控制，(ii)若無反證，甲對丙存在控制，甲對丁存在控制，因此甲、乙、丙及丁等四家公司形成一個合併個體，甲是母公司，乙、丙及丁是子公司。而乙非控制股東持有乙 10%股權，丙非控制股東持有丙 20%股權，丁非控制股東持有丁 30%股權。

(c) 以丙而言，當甲透過乙間接持有丙 72%股權時，除丙非控制股東持有丙 20%股權外，尚有乙非控制股東透過乙間接持有丙 8%股權，10%×80%＝8%。 [驗算：72%＋(20%＋8%)＝100%]

(d) 以丁而言，當甲透過乙間接持有丁 63%股權時，除丁非控制股東持有丁 30%股權外，尚有乙非控制股東透過乙間接持有丁 7%股權，10%×70%＝7%。 [驗算：63%＋(30%＋7%)＝100%]

(2) 20x6/ 1/ 1：非控制權益係以收購日公允價值衡量，惟題意中未提及該公允價值，故設算之。

　　乙公司總公允價值＝$2,790,000÷90%＝$3,100,000
　　乙公司未入帳專利權＝$3,100,000－$3,000,000＝$100,000
　　未入帳專利權之每年攤銷數＝$100,000÷10 年＝$10,000
　　「非控制權益－乙」＝乙總公允價值$3,100,000×10%＝$310,000

(3) 20x6 年：甲公司應認列之投資收益
　　　　＝(乙淨利$100,000－專攤$10,000)×90%＝$81,000
　　非控制權益淨利＝($100,000－$10,000)×10%＝$9,000

(4) 20x6/12/31：甲公司收自乙公司之現金股利＝$40,000×90%＝$36,000
　　　　非控制權益收自乙公司之現金股利＝$40,000×10%＝$4,000

(5) 20x6/12/31：按權益法，甲公司帳列應有「採用權益法之投資－乙」
　　　　＝$2,790,000＋$81,000－$36,000＝$2,835,000
　　惟按題意，甲公司目前帳列「強制透過損益按公允價值衡量之金融資產－乙」餘額＝$2,790,000
　　應表達在合併財務狀況表上之「非控制權益－乙」
　　　　＝$310,000＋$9,000－$4,000＝$315,000

(6) 20x7/ 1/ 1：非控制權益係以收購日公允價值衡量，惟題意中未提及該公允價值，故設算之。

　　丙公司總公允價值＝$1,320,000÷80%＝$1,650,000
　　丙公司未入帳專利權＝$1,650,000－$1,600,000＝$50,000
　　未入帳專利權之每年攤銷數＝$50,000÷5 年＝$10,000
　　「非控制權益－丙」＝丙總公允價值$1,650,000×20%＝$330,000
　　惟按題意，乙公司目前帳列「強制透過損益按公允價值衡量之金融資產－丙」餘額＝$1,320,000

(7) 20x7/ 1/ 2：非控制權益係以收購日公允價值衡量，惟題意中未提及該公允價值，故設算之。

　　丁公司總公允價值＝$1,680,000÷70%＝$2,400,000
　　　　＝丁公司帳列淨值之帳面金額(亦是公允價值)
　　　　＝$1,700,000＋$700,000

「非控制權益－丁」＝丁總公允價值$2,400,000×30%＝$720,000
惟按題意，乙公司目前帳列「強制透過損益按公允價值衡量之金融資產－丁」餘額＝$1,680,000

(8) 20x7 年，甲公司及乙公司分別應認列之投資損益計算如下：
(丙公司及丁公司均無股權投資，故由右邊兩欄開始，往左邊欄位循序計算。)

	甲	乙	丙	丁
個別淨利	$180,000	$140,000	$90,000	$130,000
減：專利權攤銷		(10,000)	(10,000)	
減：丁逆流出售土地未實現利益				(30,000)
已實現個別淨利	$180,000	$130,000	$80,000	$100,000
乙分享丁之淨利		70,000		($100,000×70%)
乙分享丙之淨利		64,000	($80,000×80%)	
由股東分享之乙淨利		$264,000		
甲分享乙之淨利	237,600	($264,000×90%)		
非控制權益淨利		$ 26,400	$16,000	$ 30,000
權益法下甲淨利＝控制權益淨利	$417,600			

因此，甲應認列對乙之投資收益＝$237,600
　　　乙應認列對丙之投資收益＝$64,000，乙應認列對丁之投資收益＝$70,000

驗算：總合併淨利
＝甲、乙、丙及丁個別淨利總和 ± 投資差額之攤銷－內部交易之未實現利益
＝($180,000＋$140,000＋$90,000＋$130,000)－$10,000－$10,000－$30,000
＝$490,000＝控制權益淨利(權益法下甲淨利)＋非控制權益淨利
＝$417,600＋($26,400＋$16,000＋$30,000)＝$417,600＋$72,400＝$490,000

(B) 甲公司及其子公司 20x7 年合併工作底稿之調整/沖銷分錄：

調整分錄：				
(i)	採用權益法之投資－乙	2,790,000		
	強制透過損益按公允價值衡量之金融資產－乙		2,790,000	
(ii)	保留盈餘	36,000		20x6，甲收自乙之股利
	採用權益法之投資－乙		36,000	＝$40,000×90%＝$36,000

(iii)	採用權益法之投資－乙 　　保留盈餘	81,000	81,000	20x6，甲應認列對乙之投資收益
(iv)	股利收入 　　採用權益法之投資－乙	54,000	54,000	20x7，甲收自乙之股利 ＝$60,000×90%＝$54,000
(v)	採用權益法之投資－乙 　　採用權益法認列之子公司、 　　關聯企業及合資利益之份額	237,600	237,600	20x7，甲應認列對乙之投資收益
(vi)	採用權益法之投資－丙 　　強制透過損益按公允價值 　　　衡量之金融資產－丙	1,320,000	1,320,000	
(vii)	採用權益法之投資－丁 　　強制透過損益按公允價值 　　　衡量之金融資產－丁	1,680,000	1,680,000	
(viii)	股利收入 　　採用權益法之投資－丙 　　採用權益法之投資－丁	67,000	32,000 35,000	20x7 乙收自丙及丁股利： $40,000×80%＝$32,000 $50,000×70%＝$35,000
(ix)	採用權益法之投資－丙 採用權益法之投資－丁 　　採用權益法認列之子公司、 　　關聯企業及合資利益之份額	64,000 70,000	134,000	20x7 年，乙應認列對丙及對丁之投資收益
沖銷分錄：				
(a)	處分不動產、廠房及設備利益 　　土　地	30,000	30,000	丁逆流出售土地之未實現利益
(b)	採用權益法認列之子公司、 關聯企業及合資利益之份額 　　股　利 　　採用權益法之投資－丙	64,000	32,000 32,000	乙投資於丙 80%
(c)	非控制權益淨利 　　股　利 　　非控制權益－丙	16,000	8,000 8,000	$40,000×20%＝$8,000
(d)	普通股股本 保留盈餘 專利權 　　採用權益法之投資－丙 　　非控制權益－丙	1,000,000 600,000 50,000	1,320,000 330,000	
(e)	攤銷費用 　　專利權	10,000	10,000	

(f)	採用權益法認列之子公司、關聯企業及合資利益之份額　70,000　　　股　利　　　　　　　　　35,000　　　採用權益法之投資－丁　　　35,000		乙投資於丁 70%
(g)	非控制權益淨利　　　　　　30,000　　　股　利　　　　　　　　　15,000　　　非控制權益－丁　　　　　　15,000		$50,000×30％＝$15,000
(h)	普通股股本　　　　　　1,700,000　保留盈餘　　　　　　　700,000　　　採用權益法之投資－丁　1,680,000　　　非控制權益－丁　　　　720,000		
(i)	採用權益法認列之子公司、關聯企業及合資利益之份額　237,600　　　股　利　　　　　　　　　54,000　　　採用權益法之投資－乙　183,600		甲投資於乙 90%
(j)	非控制權益淨利　　　　　　26,400　　　股　利　　　　　　　　　 6,000　　　非控制權益－乙　　　　　20,400		$60,000×10％＝$6,000
(k)	普通股股本　　　　　　2,000,000　保留盈餘　　　　　　1,060,000　專利權　　　　　　　　90,000　　　採用權益法之投資－乙　2,835,000　　　非控制權益－乙　　　　315,000		$1,000,000＋$100,000　－$40,000＝$1,060,000　$2,790,000＋$81,000　－$36,000＝$2,835,000　$310,000＋$9,000　－$4,000＝$315,000
(l)	攤銷費用　　　　　　　　10,000　　　專利權　　　　　　　　　10,000		

(三) **(父子子型態－延伸，內部交易)**

甲公司分別持有乙公司及丙公司 90%及 70%股權數年並對乙公司及丙公司存在控制。乙公司分別持有丙公司及丁公司 10%及 70%股權數年並對丁公司存在控制。丙公司持有丁公司 20%股權數年並對丁公司具重大影響。20x6 年甲、乙、丙及丁四家公司之個別淨利(未計入投資損益或股利收入前之淨利)如下：

	甲	乙	丙	丁
個別淨利	$200,000	$55,000	$84,000	$30,000

20x6 年間發生下列內部交易：

(1) 乙公司出售一筆營業上使用之土地予丙公司，獲利$15,000。截至 20x6 年底，丙公司仍持有該筆土地，並使用於營運中。
(2) 丁公司多次銷貨予甲公司，毛利共計$24,000，截至 20x6 年 12 月 31 日，甲公司仍持有三分之一購自丁公司之商品，尚未售予合併個體以外單位。
(3) 丙公司於 20x6 年 12 月 31 日以$45,000 於公開市場上買回甲公司發行之面額$50,000 公司債(當日帳面金額為$51,000)作為債券投資，並將之分類為「按攤銷後成本衡量之金融資產」。

試作：
(1) 計算 20x6 年合併綜合損益表上之：(a)控制權益淨利，(b)非控制權益淨利。
(2) 按權益法，計算甲公司 20x6 年應認列之投資收益。
(3) 計算 20x6 年甲公司及其子公司之總合併淨利。

解答：

(投資型態)

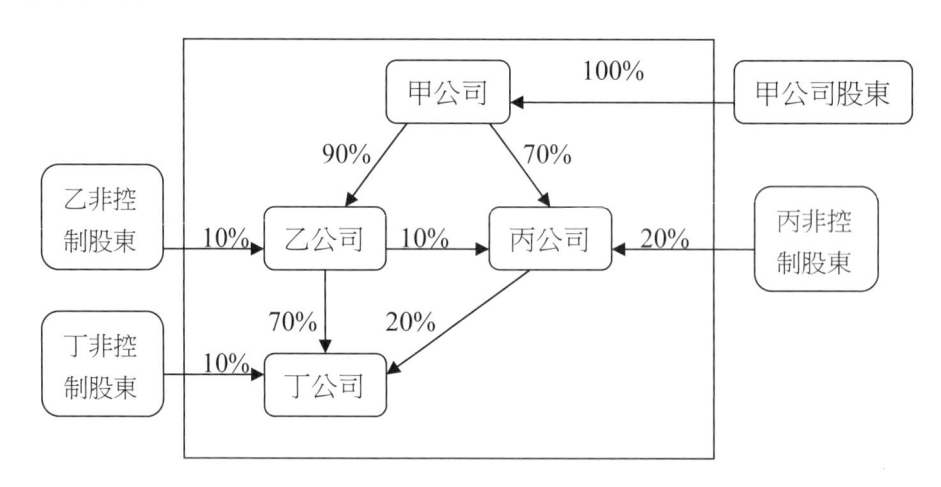

(A) (a) 甲持有乙 90%股權並對乙存在控制，且甲持有丙 70%股權並對丙存在控制，則甲、乙及丙形成一個合併個體，甲是母公司，乙及丙皆為子公司。又乙持有丁 70%股權，即「甲、乙及丙所形成之合併個體」持有丁 70%股權，並對丁存在控制，則：(i)甲對乙及丙存在控制，(ii)「甲、乙及丙所形成之合併個體」對丁存在控制，因此甲、乙及丙三家公司形成一個合併個體，甲是母公司，乙、丙及丁皆為子公司。因乙持有丙 10%股權，

故丙非控制股東持有丙 20%股權；又丙持有丁 20%股權，故丁非控制股東持有丁 10%股權。

(b) 甲持有乙 90%股權，乙持有丁 70%股權，致甲透過乙間接持有丁 63%股權，90%×70%＝63%，甲持有丙 70%股權，丙持有丁 20%股權，致甲透過丙間接持有丁 14%股權，70%×20%＝14%，故甲透過乙及丙間接持有丁 77%股權，63%＋14%＝77%＞50%，則：(i)甲對乙及丙存在控制，(ii)若無反證，甲對丁存在控制，因此甲、乙及丙三家公司形成一個合併個體，甲是母公司，乙、丙及丁皆為子公司。因乙持有丙 10%股權，故丙非控制股東持有丙 20%股權；又丙持有丁 20%股權，故丁非控制股東持有丁 10%股權。

(c) 甲持有乙 90%股權，甲直接持有丙 70%股權加上甲透過乙間接持有丙 9%股權，90%×10%＝9%，共計 79%，亦可知甲對丙存在控制。

(d) 以丙而言，當甲直接持有丙 70%股權以及透過乙間接持有丙 9%股權時，除丙非控制股東持有丙 20%股權外，尚有乙非控制股東透過乙間接持有丙 1%股權，10%×10%＝1%。 [驗算：(70%＋9%)＋(20%＋1%)＝100%]

(e) 以丁而言，當甲透過乙間接持有丁 63%股權以及甲透過丙間接持有丁 14%股權，乙透過丙間接持有丁 2%（＝10%×20%）股權時，除丁非控制股東持有丁 10%股權外，尚有乙非控制股東透過乙間接持有丁 7%股權，10%×70%＝7%，以及丙非控制股東透過丙間接持有丁 4%股權，20%×20%＝4%。 [驗算：(63%＋14%＋2%)＋(10%＋7%＋4%)＝100%]

(f) 甲、乙、丙及丁四家公司形成一個合併個體，往後每遇報導期間結束日皆須為該合併個體編製合併財務報表。因此在間接持股情況下，為計算「甲對乙及甲對丙應認列之投資損益」、「控制權益淨利」及「非控制權益淨利」，合併個體成員間之股權投資皆以權益法處理，無論持股比例多寡，如此才能符合交易實況。本例，甲對乙 90%股權投資、甲對丙 70%股權投資、乙對丙 10%股權投資、乙對丁 70%股權投資、丙對丁 20%股權投資，於計算「控制權益淨利」及「非控制權益淨利」時，皆以權益法處理。

(B) 20x6 年相關之投資損益、控制權益淨利及非控制權益淨利計算如下：
(由最右欄丁公司開始，逐項往左邊欄位循序計算。)

	甲	乙	丙	丁
個別淨利	$200,000	$55,000	$84,000	$30,000
減：乙出售土地予丙		(15,000)		
減：丁銷貨予甲				($24,000×1/3)
加：丙買回甲債券(#)	6,000			
已實現之個別淨利	$206,000	$40,000	$84,000	$22,000
乙分享丁之淨利		15,400		($22,000×70%)
丙分享丁之淨利			4,400	($22,000×20%)
由股東分享之丙淨利			$88,400	
甲分享丙之淨利	61,880		($88,400×70%)	
乙分享丙之淨利		8,840	($88,400×10%)	
由股東分享之乙淨利		$64,240		
甲分享乙之淨利	57,816	($64,240×90%)		
權益法下甲淨利＝控制權益淨利	$325,696			
非控制權益淨利		$ 6,424	$17,680	$ 2,200
#：已實現視同清償債券利益＝$51,000－$45,000＝$6,000				

(1) (a) 控制權益淨利＝$325,696

　　(b) 非控制權益淨利＝$26,304＝$6,424＋$17,680＋$2,200

(2) 甲對丙應認列之投資收益＝$61,880＋$6,000＝$67,880

　　甲對乙應認列之投資收益＝$57,816

　　甲應認列之投資損益＝$67,880＋$57,816＝$125,696

(3) 總合併淨利

　　＝甲乙丙丁個別淨利總和－內部交易之未實現利益＋內部交易之已實現利益

　　＝($200,000＋$55,000＋$84,000＋$30,000)－$15,000－$8,000＋$6,000

　　＝$352,000＝控制權益淨利＋非控制權益淨利＝$325,696＋$26,304＝$352,000

(四) **(110 會計師考題改編)**

　　乙公司於 20x5 年 1 月 1 日以$950,000 購入丙公司 90%股權而對丙公司存在控制。當日丙公司權益包括股本$700,000 及保留盈餘$300,000，且除機器帳面金額低估外，其他各項可辨認資產及負債之帳面金額均等於公允價值，並依可辨認淨資產之比例份額衡量非控制權益。乙公司採權益法處理對丙公司之投資。

甲公司於 20x7 年 1 月 1 日以$1,200,000 購入乙公司 70%股權而對乙公司存在控制,並分別依公允價值$505,000 及$130,000 衡量乙公司及丙公司之非控制權益。當日除乙公司帳列「投資丙公司」低估$124,500 以及丙公司機器之帳面金額與公允價值不同外,其他可辨認資產及負債之帳面金額均等於公允價值。

丙公司帳列機器係於 20x3 年 1 月 1 日以$150,000 取得,估計可使用 5 年,無殘值,採直線法提列折舊。該機器 20x5 年初收購日之公允價值為$100,000,乙公司估計該機器自收購日起尚可使用 4 年;20x7 年初甲公司收購乙公司時,該機器之公允價值為$50,000,甲公司估計尚可使用 2 年,無殘值。假定包括商譽在內的資產均未發生減損,甲、乙、丙三家公司對機器之後續衡量均採成本模式,且三家公司之間皆無內部交易。其他資料如下:

	甲公司	乙公司	丙公司
20x7/ 1/ 1 普通股股本 (全年未變動)	$2,500,000	$900,000	$700,000
20x7/ 1/ 1 保留盈餘	1,200,000	500,000	500,000
20x7 年未計入投資損益前之淨利	50,000	40,000	30,000
20x7 年宣告並發放股利	30,000	20,000	10,000

試計算下列各項金額:
(1) 20x7 年非控制權益淨利總數。
(2) 20x7 年乙公司按權益法應認列之投資損益。
(3) 20x7 年底甲公司按權益法帳列「採用權益法之投資－乙」之餘額。
(4) 20x7 年底合併財務狀況表中之商譽。

參考答案:

(1) 20x5/ 1/ 1:
　　機器每年提列折舊之金額＝($150,000－殘值$0)÷5 年＝$30,000
　　機器帳面金額＝$150,000－($30,000×2 年)＝$90,000
　　機器低估金額＝公允價值$100,000－帳面金額$90,000＝$10,000
　　機器低估金額之每年調整數＝$10,000÷4 年＝$2,500
　　非控制權益＝[丙權益($700,000＋$300,000)＋丙機器低估$10,000]×10%
　　　　　　＝$1,010,000×10%＝$101,000
　　丙公司未入帳商譽＝($950,000＋$101,000)－$1,010,000＝$41,000

(2) 相關科目餘額及金額之異動如下: (單位:千元)

	20x5/1/1	20x5～20x6	20x6/12/31	20x7	20x7/12/31
丙－權　益	$1,000	淨＋$200	$1,200	＋$30－$10	$1,220
權益法：					
乙－「採用權益法之投資－丙」	$950	淨＋$175.5	$1,125.5　$1,250	＋$18－$9	$1,134.5
合併財務報表：			(低估$124.5)(#)		
機　器	$10	－$2.5×2年	$ 5　$ 20	－$10	$ 10
商　譽	41		41　160		160
	$51		$46　$180		$170
非控制權益－丙	$101	淨＋$19.5	$120.5　$130	＋$2－$1	$131

驗　算：

20x5～20x6：乙帳列「採用權益法之投資－丙」之淨增加數
　　　　　　＝(丙權益之淨增加數$200－機器低估之調整數$2.5×2年)×90%＝$175.5
　　　　　「非控制權益」之淨增加數＝($200－$2.5×2年)×10%＝$19.5

20x7/1/1：因甲收購乙，乙帳列「採用權益法之投資－丙」及價值低估之機器須以
　　　　　當日公允價值衡量，但乙帳列「採用權益法之投資－丙」帳面金額不異
　　　　　動(#)。「非控制權益－乙」亦須按題意以收購日公允價值$130,000衡量。

20x7：機器帳面金額＝$150,000－($30,000×4年)＝$30,000
　　　機器低估金額＝公允價值$50,000－帳面金額$30,000＝$20,000
　　　機器低估金額之每年調整數＝$20,000÷2年＝$10,000
　　　乙應認列之投資收益＝(丙淨利$30－機器低估之調整數$10)×90%＝$18
　　　非控制權益淨利＝(丙淨利$30－機器低估之調整數$10)×10%＝$2

(3)

```
                    100%
       ┌─────┐ ←──── ┌─────────┐
       │ 甲公司 │       │ 甲公司股東 │
       └─────┘       └─────────┘
          │
  (20x7) │ 80%
          ↓        20%
       ┌─────┐ ←──── ┌─────────┐
       │ 乙公司 │       │ 乙非控制股東 │
       └─────┘       └─────────┘
          │
  (20x6) │ 70%
          ↓        30%
       ┌─────┐ ←──── ┌─────────┐
       │ 丙公司 │       │ 丙非控制股東 │
       └─────┘       └─────────┘
```

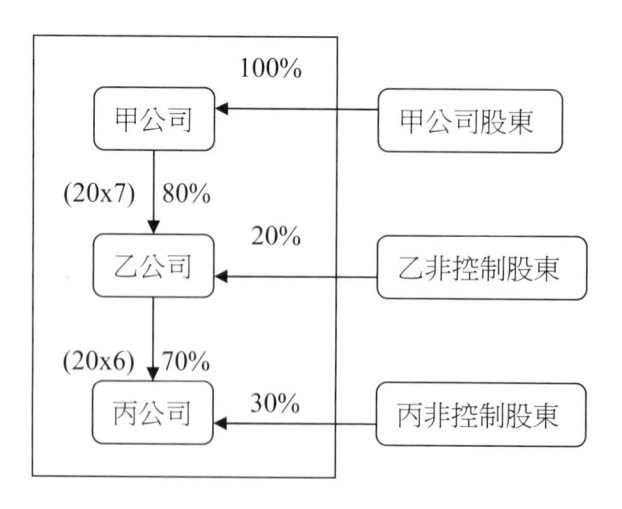

20x7/ 1/ 1：

乙及丙之總公允價值＝$1,200,000＋$505,000＋$130,000＝$1,835,000

除「採用權益法之投資－丙」公允價值外，乙可辨認淨值之公允價值
　＝($1,400,000＋「採用權益法之投資－丙」低估數$124,500)
　　　－($1,125,500＋$124,500)＝$1,524,500－$1,250,000＝$274,500

丙可辨認淨值之公允價值＝$1,200,000＋機器低估$20,000＝$1,220,000

合併商譽＝$1,835,000－($274,500＋$1,220,000)＝$340,500

合併商譽歸屬於乙公司＝($1,200,000＋$505,000)－$1,524,500＝$180,500

合併商譽歸屬於丙公司＝($1,250,000＋$130,000)－$1,220,000＝$160,000

(4) 相關科目餘額及金額之異動如下：（單位：千元）

	20x5/ 1/ 1	20x5～20x6	20x6/12/31	20x7	20x7/12/31
乙－權　益			$1,400	＋$40＋$18－$20	$1,438
權益法：					
甲－「採用權益法之投資－乙」			$1,200	＋$40.6－$14	$1,226.6
合併財務報表：					
商　譽			$180.5		$180.5
非控制權益－乙			$505	＋$17.4－$6	$516.4

驗　算：

20x7：甲應認列之投資收益＝乙淨利($40＋$18)×70%＝$40.6
　　　非控制權益淨利＝乙淨利($40＋$18)×30%＝$17.4
　　　控制權益淨利＝$50＋$40.6＝$90.6
　　　總合併淨利＝控制權益淨利$90.6＋非控制權益淨利($17.4＋$2)
　　　　　　　　＝$90.6＋$19.4＝$110＝($50＋$40＋$30)－機器低估之調整數$10

(5) 補充：甲公司及其子公司 20x7 年合併工作底稿之沖銷分錄（單位：千元）

(a)	採用權益法認列之子公司、 關聯企業及合資利益之份額	18＋40.6	
	股　利		9＋14
	採用權益法之資－丙		9
	採用權益法之資－乙		26.6

(續次頁)

(b)	非控制權益淨利	2＋17.4	
	股　　利		1＋6
	非控制權益－丙		1
	非控制權益－乙		11.4
(c)	普通股股本	700(丙)＋900(乙)	
	保留盈餘	500(丙)＋500(乙)	
	機　　器	20(丙)	
	商　　譽	340.5(乙＋丙)	
	採用權益法之資－丙		1,125.5
	採用權益法之資－乙		1,200
	非控制權益－丙		130
	非控制權益－乙		505
(d)	折舊費用	10	
	累計折舊－機器		10

※ 母、子公司相互持股

(五)　(母、子公司相互持股－基本型，內部交易)

　　甲公司於 20x6 年 1 月 1 日以$420,000 取得乙公司 70%股權，並對乙公司存在控制。當日乙公司權益包括普通股股本$400,000 及保留盈餘$100,000，且其帳列資產及負債之帳面金額皆等於公允價值，除有一項未入帳專利權，預估尚有 10 年耐用年限外，無其他未入帳之資產或負債。非控制權益係以收購日公允價值衡量。乙公司 20x6 年淨利為$80,000，並於 20x6 年 12 月 31 日宣告並發放現金股利$40,000。

　　乙公司於 20x7 年 1 月 2 日以$120,000 取得甲公司 10%股權，對甲公司不具重大影響，遂依 IFRS 9「金融工具」將該股權投資分類為「透過損益按公允價值衡量之金融資產」。當日甲公司權益包括普通股股本$800,000(每股面額$10)及保留盈餘$400,000，且其帳列資產及負債之帳面金額皆等於公允價值，亦無未入帳之資產或負債。假設乙公司對甲公司 10%股權投資於 20x7 年期末之公允價值等於其帳面金額。

20x7 年間發生之內部交易及相關損益如下：

(1) 5 月間，甲公司出售一筆營業上使用之土地予乙公司，獲利$20,000。截至 20x7 年 12 月 31 日，乙公司仍持有該筆土地並使用於營業上。

(2) 20x7 年，乙公司以$60,000 銷售商品存貨予甲公司。截至 20x7 年 12 月 31 日，甲公司尚有部分購自乙公司之商品仍未售予合併個體以外單位，該等尚未外售商品之帳面金額包含未實現利益$10,000。

(3) 20x7 年，甲公司及乙公司之個別淨利(未計入投資損益或股利收入前之淨利)及現金股利如下：(假設股利宣告日及發放日皆為 20x7 年 12 月 31 日)

	甲	乙
個別淨利	$240,000	$100,000
現金股利	$120,000	$50,000

試作：

(A) 請按「庫藏股票法」，回答下列問題：

(1)	分別編製 20x7 年甲公司及乙公司與股權投資相關之分錄。
(2)	20x7 年 12 月 31 日，甲公司帳列「採用權益法之投資」餘額？
(3)	甲公司及乙公司 20x7 年合併綜合損益表上之非控制權益淨利？
(4)	甲公司及乙公司 20x7 年 12 月 31 日合併財務狀況表上之非控制權益？
(5)	編製 20x7 年甲公司及其子公司合併工作底稿上之沖銷分錄。

(B) 請按「傳統法」，重新回答上述(A)(1)～(5)問題。假設採用課文中所提及之「視同註銷」(2B)法。

解答：

(投資型態)

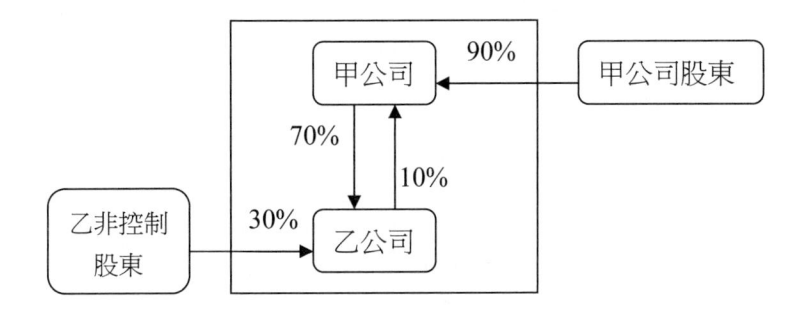

甲持有乙 70%股權並對乙公司存在控制，因此甲及乙形成一個合併個體，甲是母公司，乙是子公司。惟乙也同時持有甲 10%股權，故合併個體以外之甲股東持股比例為 90%。另乙非控制股東持有乙 30%股權。

20x6/1/1：非控制權益係以收購日公允價值衡量，惟題意中未提及該公允價值，故設算之。乙公司總公允價值＝$420,000÷70%＝$600,000
　　　　　乙公司未入帳專利權＝$600,000－$500,000＝$100,000
　　　　　未入帳專利權之每年攤銷數＝$100,000÷10 年＝$10,000
　　　　　非控制權益＝乙公司總公允價值$600,000×30%＝$180,000

20x6/12/31：甲公司按權益法應認列之投資收益
　　　　　＝($80,000－專利權攤銷數$10,000)×70%＝$49,000
　　　　　非控制權益淨利＝($80,000－$10,000)×30%＝$21,000

20x6/12/31：甲公司帳列「採用權益法之投資」
　　　　　＝$420,000＋$49,000－($40,000×70%)＝$441,000
　　　　　甲公司及乙公司合併財務狀況表上之非控制權益
　　　　　＝$180,000＋$21,000－($40,000×30%)＝$189,000

20x7 年，內部交易：(1) 順流：土地→未實現利益$20,000
　　　　　　　　　(2) 逆流：銷貨→未實現利益$10,000

(A)「庫藏股票法」：

	甲公司	乙公司
個別淨利	$240,000	$100,000
減：專利權攤銷		(10,000)
減：順流土地交易之未實現利益	(20,000)	
減：逆流銷貨交易之未實現利益		(10,000)
已實現個別淨利	$220,000	$ 80,000
乙收自甲的現金股利（股利收入）($120,000×10%＝$12,000)		12,000
由乙股東分享之乙淨利		$92,000
甲分享乙之淨利	64,400	← ($92,000×70%)
調整：乙收自甲的現金股利	(12,000)	
權益法下甲淨利＝控制權益淨利	$272,400	
非控制權益淨利		$ 27,600

(a) 20x7 年，控制權益淨利＝$272,400
(b) 20x7 年，甲公司應認列之投資收益＝$272,400－$240,000＝$32,400
    或 ＝$64,400－$20,000－$12,000＝$44,400－$12,000＝$32,400
(c) 20x7 年，非控制權益淨利＝$27,600

驗算：總合併淨利
    ＝甲及乙個別淨利總和 ± 投資差額之攤銷－內部交易之未實現利益
    ＝($240,000＋$100,000)－專攤$10,000－順流$20,000－逆流$10,000
    ＝$300,000
    ＝控制權益淨利＋非控制權益淨利＝$272,400＋$27,600＝$300,000

(1) 甲公司及乙公司 20x7 年之分錄：

		甲公司	乙公司
1/2	強制透過損益按公允價值衡量之金融資產 　　現　金	X	120,000 　　120,000
12/31	現　金 　　採用權益法之投資	35,000 　　35,000	X
12/31	現　金 　　股利收入	X	12,000 　　12,000
12/31	採用權益法之投資 　　採用權益法認列之子公司、 　　關聯企業及合資利益之份額	44,400 　　44,400	X
12/31	採用權益法認列之子公司、 關聯企業及合資利益之份額 　　股　利	12,000 　　12,000	X
12/31	假設：期末時，乙對甲 10%股權投資 　　的公允價值等於帳面金額。	X	X

股利：$50,000×70%＝$35,000， $120,000×10%＝$12,000
　　　$50,000×30%＝$15,000， $120,000×90%＝$108,000

(2) 20x7/12/31，甲公司帳列「採用權益法之投資」
　　　　　　＝$441,000＋$44,400－$35,000＝$450,400
(3) 20x7 年，非控制權益淨利＝($100,000＋股利收入$12,000－專攤$10,000
　　　　　　　　　　－未實利$10,000)×30%＝$27,600
(4) 甲公司及乙公司 20x7/12/31 合併財務狀況表上之非控制權益
　　　＝$189,000＋$27,600－($50,000×30%)＝$201,600

(5) 甲公司及其子公司 20x7 年合併工作底稿之沖銷分錄：

(a)	處分不動產、廠房及設備利益	20,000		順流出售土地內部
	土　　地		20,000	交易之未實現利益
(b)	銷貨收入	60,000		逆流銷貨內部交易
	銷貨成本		60,000	
(c)	銷貨成本	10,000		逆流銷貨內部交易
	存　　貨		10,000	之未實現利益
(d)	採用權益法認列之子公司、			
	關聯企業及合資利益之份額	32,400		
	股利收入	12,000		
	股　　利		35,000	
	採用權益法之投資		9,400	
(e)	非控制權益淨利	27,600		
	股　　利		15,000	
	非控制權益		12,600	
(f)	普通股股本	400,000		保留盈餘(初)
	保留盈餘	140,000		＝$100,000＋$80,000
	專利權	90,000		－$40,000＝$140,000
	採用權益法之投資		441,000	專利權(初)＝$100,000
	非控制權益－丙		189,000	－$10,000＝$90,000
(g)	攤銷費用	10,000		
	專利權		10,000	
(h)	庫藏股票	120,000		
	強制透過損益按公允價值			
	衡量之金融資產		120,000	

(B) 「傳統法」：

令 A：甲公司在權益(合併)基礎下之淨利，故包含相互投資之利益
　　B：乙公司在權益(合併)基礎下之淨利，故包含相互投資之利益

因此，A＝$240,000＋0.7B－順流未實利$20,000 ---------------------- (i)
　且，B＝$100,000＋0.1A－專攤$10,000－逆流未實利$10,000 ----- (ii)

將(i)式代入(ii)式，得出 B＝$109,677，再代入(i)式，得出 A＝$296,774
$296,774＋$109,677＝$406,451

$406,451 > \$300,000 = (\$240,000 + \$100,000) - \$10,000 - \$20,000 - \$10,000$
可知 A＝$296,774 及 B＝$109,677 中包含相互投資利益，並非最後答案。

已知「控制權益淨利」是甲公司在權益法下之淨利，即持有甲公司 90%股權之股東所應分享之利益，故：
控制權益淨利＝甲公司在權益法下之淨利＝$296,774×90%＝$267,097
　　　　　　＝甲公司個別淨利＋甲公司應認列之投資收益
　　　　　　＝$240,000＋甲公司應認列之投資收益

∴ 20x7 年甲公司應認列之投資收益＝$27,097

亦可計算如下：20x7 年甲公司應認列之投資收益
　　　　　＝($109,677×70%)－($296,774×10%)－順流未實利$20,000
　　　　　＝$27,097

另，20x7 年非控制權益淨利＝$109,677×30%＝$32,903

乙公司個別淨利$100,000－專攤$10,000－逆流未實利$10,000＝$80,000
　　　＝乙公司已實現個別淨利$80,000
　　　＝(甲對乙之投資收益$27,097＋順流未實利$20,000)
　　　　＋非控制權益淨利$32,903＝$47,097＋$32,903＝$80,000
即乙公司已實現個別淨利$80,000 分享予：(i)甲公司(70%)$47,097，(ii)乙 30%非控制權益$32,903。

驗算：
總合併淨利＝($240,000＋$100,000)－專攤$10,000－順流未實利$20,000
　　　　　　－逆流未實利$10,000＝$300,000
　　　　＝控制權益淨利＋非控制權益淨利＝$267,097＋$32,903

(1) 甲公司及乙公司 20x7 年之分錄：

		甲公司	乙公司
1/2	強制透過損益按公允價值衡量之金融資產 　　現　金	X	120,000 　　　120,000
1/3	普通股股本 (8,000 股×$10) 保留盈餘 　　採用權益法之投資 「視同註銷」。	80,000 40,000 　　　120,000	X

		甲公司	乙公司
12/31	現　金　　　　　　　　　　35,000 　　採用權益法之投資　　　　　　　35,000		X
12/31	現　金　　　　　　　　　　12,000 　　股利收入　　　　　　　　　　12,000	X	
12/31	採用權益法之投資　　　　　27,097 　　採用權益法認列之子公司、 　　關聯企業及合資利益之份額　　27,097		X
12/31	採用權益法之投資　　　　　12,000 　　股　利　　　　　　　　　　12,000		X
12/31	假設：期末時，乙對甲10%股權投資 　　　的公允價值等於帳面金額。	X	X

股利：$50,000×70％＝\$35,000$,　　$120,000×10％＝\$12,000$
　　　$50,000×30％＝\$15,000$,　　$120,000×90％＝\$108,000$

(2) 20x7/12/31，甲公司帳列「採用權益法之投資」
　　　　＝\$441,000－\$120,000(視同註銷)＋\$27,097＋\$12,000－\$35,000
　　　　＝\$325,097

(3) 20x7年，非控制權益淨利＝\$109,677×30％＝\$32,903

(4) 甲公司及乙公司20x7/12/31合併財務狀況表上之非控制權益
　　　　＝\$189,000＋\$32,903－(\$50,000×30％)＝\$206,903

(5) 甲公司及其子公司20x7年合併工作底稿之沖銷分錄：

(a)	處分不動產、廠房及設備利益　　20,000 　　土　地　　　　　　　　　　　　20,000	順流出售土地內部交易之未實現利益
(b)	銷貨收入　　　　　　　　　　60,000 　　銷貨成本　　　　　　　　　　　60,000	逆流銷貨內部交易
(c)	銷貨成本　　　　　　　　　　10,000 　　存　貨　　　　　　　　　　　10,000	逆流銷貨內部交易之未實現利益
(d)	採用權益法之投資　　　　　120,000 　　強制透過損益按公允價值 　　衡量之金融資產　　　　　　　120,000	『還原』甲帳列視同註銷分錄所貸記之「採用權益法之投資」
(e)	採用權益法認列之子公司、 關聯企業及合資利益之份額　　27,097 股利收入　　　　　　　　　　12,000 　　股　利　　　　　　　　　　　35,000 　　採用權益法之投資　　　　　　　4,097	

(f)	非控制權益淨利	32,903	
	股　利		15,000
	非控制權益		17,903
(g)	普通股股本	400,000	保留盈餘(初)
	保留盈餘	140,000	$=\$100,000+\$80,000$
	專利權	90,000	$-\$40,000=\$140,000$
	採用權益法之投資	441,000	專利權(初)$=\$100,000$
	非控制權益－丙	189,000	$-\$10,000=\$90,000$
(h)	攤銷費用	10,000	
	專利權		10,000

(六) **(母、子公司相互持股－基本型，內部交易)**

　　甲公司於20x6年1月1日以$306,000取得乙公司90%股權，並對乙公司存在控制。當日乙公司權益為$300,000 包括普通股股本$200,000 及保留盈餘$100,000，且其帳列資產及負債之帳面金額皆等於公允價值，除有一項未入帳專利權，預估尚有5年耐用年限外，無其他未入帳之資產或負債。非控制權益係以收購日公允價值衡量。

　　乙公司於20x6年1月2日以$150,000取得甲公司20%股權(即甲公司6,000股普通股)，對甲公司不具重大影響，遂依IFRS 9「金融工具」將該股權投資分類為「透過損益按公允價值衡量之金融資產」。當日甲公司權益$750,000，且其帳列資產及負債之帳面金額皆等於公允價值，亦無未入帳資產或負債。假設乙公司對甲公司20%股權投資於20x7年期末之公允價值等於其帳面金額。下列是甲公及乙公司20x7年財務報表：

	甲公司	乙公司
綜合損益表及保留盈餘表：		
銷貨收入	$210,000	$150,000
採用權益法認列之子公司、關聯企業 　　　　及合資利益之份額	63,756	－
股利收入	－	10,000
處分不動產、廠房及設備利益	－	12,000
各項成本及營業費用	(120,000)	(90,000)
淨　利	$153,756	$ 82,000

(續次頁)

	甲公司	乙公司
淨 利	$153,756	$ 82,000
加：保留盈餘－20x7/1/1	468,585	145,000
減：股 利	(40,000)	(30,000)
保留盈餘－20x7/12/31	$582,341	$197,000
財務狀況表：		
強制透過損益按公允價值衡量之金融資產	$ —	$150,000
採用權益法之投資	223,341	—
其他資產	599,000	247,000
資 產 總 額	$822,341	$397,000
普通股股本 (每股面額$10)	$240,000	$200,000
保留盈餘	582,341	197,000
負債及權益總額	$822,341	$397,000

其他資料：

(1) 20x6 年間，甲公司及乙公司皆未宣告或發放現金股利。

(2) 20x6 年間，甲公司將一筆營業上使用之土地(帳面金額$60,000)以$70,000 售予乙公司。20x7 年間，乙公司將該筆土地以$82,000 售予合併個體以外單位。

試作：請按「傳統法」之「視同註銷」作法(課文中 **2B 法**)，回答下列問題：

(1) 題目所示 20x7 年甲公司帳列「採用權益法認列之子公司、關聯企業及合資利益之份額」$63,756 是權益法下應認列的投資收益嗎？請列示計算過程。

(2) 計算甲公司及乙公司 20x7 年合併綜合損益表上之下列金額：
　　(a) 控制權益淨利　　(b) 非控制權益淨利　　(c) 總合併淨利

(3) 編製 20x7 年甲公司及乙公司合併工作底稿上之調整/沖銷分錄。

(4) 20x6 年 12 月 31 日，甲公司帳列「採用權益法之投資」餘額為何？

(5) 20x6 年，甲公司按權益法應認列之投資損益為何？

(6) 計算甲公司及乙公司 20x6 年合併綜合損益表上之下列金額：
　　(a) 控制權益淨利　　(b) 非控制權益淨利　　(c) 總合併淨利

(7) 編製 20x6 年甲公司及乙公司合併工作底稿上之調整/沖銷分錄。

解答：

(投資型態)

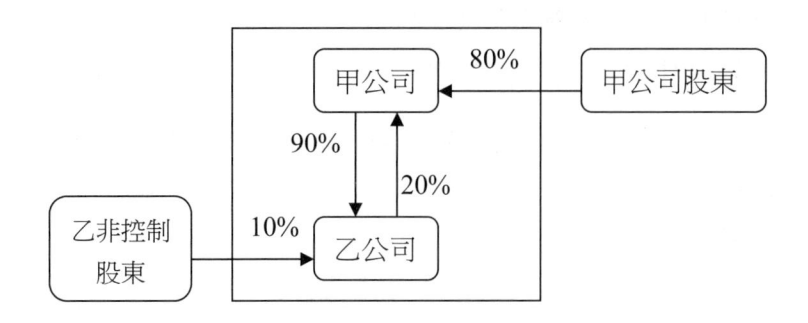

```
                    80%
         ┌─────┐ ←────── ┌────────┐
         │甲公司│         │甲公司股東│
         └─────┘         └────────┘
          90%│ ↑
             │ │20%
   ┌─────┐10%↓ │
   │乙非控制│──→┌─────┐
   │ 股東 │   │乙公司│
   └─────┘   └─────┘
```

甲持有乙 90%股權並對乙公司存在控制，因此甲及乙形成一個合併個體，甲是母公司，乙是子公司。惟乙也同時持有甲 20%股權，故合併個體以外之甲股東持股比例為 80%。另乙非控制股東持有乙 10%股權。

20x6/1/1：非控制權益係以收購日公允價值衡量，惟題意中未提及該公允價值，故設算之。乙公司總公允價值＝$306,000÷90%＝$340,000
乙公司未入帳專利權＝$340,000－$300,000＝$40,000
未入帳專利權之每年攤銷數＝$40,000÷5 年＝$8,000
非控制權益＝乙公司總公允價值$340,000×10%＝$34,000

20x6/1/2：乙雖持有甲 20%股權，但因甲對乙存在控制，乙對甲不具重大影響，故乙依 IFRS 9「金融工具」規定將其對甲 20%股權投資分類為「透過損益按公允價值衡量之金融資產」。

順流買賣土地：20x6 年 → 未實現利益$10,000 ($70,000－$60,000)
　　　　　　　20x7 年 → 已實現利益$10,000

(1) 甲公司及乙公司 20x7 年個別淨利(未計入投資損益前之淨利)如下：
　　甲公司：$210,000－$120,000＝$90,000
　　乙公司：$150,000＋$12,000－$90,000＝$72,000

　　令 A：甲公司在權益(合併)基礎下之淨利，故包含相互投資之利益
　　　 B：乙公司在權益(合併)基礎下之淨利，故包含相互投資之利益

　　因此，A＝$90,000＋0.9B＋順流已實利$10,000 ------ (i)
　　且，B＝$72,000＋0.2A－專攤$8,000 ---------------- (ii)
　　得出，A＝$192,195，B＝$102,439

控制權益淨利＝甲公司在權益法下之淨利＝$192,195×80%＝$153,756
　　　　　　＝$90,000＋甲公司應認列之投資收益
∴ 20x7 年甲公司應認列之投資收益＝$63,756

亦可計算如下：20x7 年甲公司應認列之投資收益
　　　　＝($102,439×90%)－($192,195×20%)＋順流已實利$10,000
　　　　＝$63,756

另，20x7 年非控制權益淨利＝$102,439×10%＝$10,244

乙公司個別淨利$72,000－專攤$8,000＝$64,000＝乙公司已實現個別淨利
　　＝(甲對乙之投資收益$63,756－順流已實利$10,000)
　　　　＋非控制權益淨利$10,244＝$53,756＋$10,244＝$64,000

即乙公司已實現個別淨利$64,000 分享予：(i)甲公司(90%)$53,756，(ii)乙 10% 非控制權益$10,244。

驗　算：
總合併淨利＝($90,000＋$72,000)－專攤$8,000＋順流已實利$10,000
　　　　＝$164,000＝控制權益淨利＋非控制權益淨利
　　　　＝$153,756＋$10,244＝$164,000

(2) 甲公司及乙公司 20x7 年合併綜合損益表上之：
　　(a) 控制權益淨利＝$153,756　　(b) 非控制權益淨利＝$10,244
　　(c) 總合併淨利＝$164,000

甲投資乙 90%股權相關科目餘額及金額之異動如下：

	20x6/1/1	20x6	20x6/12/31	20x7	20x7/12/31
乙－權　益	$300,000	＋$45,000	$345,000	＋$82,000－$30,000	$397,000
權益法：					
甲－採用權益法之投資	$306,000	－$150,000＋$20,585	$176,585	＋$63,756＋$10,000－$27,000	$223,341
合併財務報表：					
專利權	$40,000	－$8,000	$32,000	－$8,000	$24,000
非控制權益	$34,000	＋$6,415	$40,415	＋$10,244－$3,000	$47,659

乙投資甲20%股權相關科目餘額及金額之異動如下：

	20x6/1/1	20x6	20x6/12/31	20x7	20x7/12/31
甲－權　益					
普通股股本	$300,000	－$60,000	$240,000		$240,000
保留盈餘		－$90,000		＋$153,756	
	450,000	＋$108,585	468,585	－($50,000－$10,000)	582,341
	$750,000		$708,585		$822,341
股權投資不具重大影響：					
乙－強制透過損益 　　按公允價值衡量 　　之金融資產	$150,000		$150,000	股利收入$10,000	$150,000

20x6/1/1：6,000股÷20%＝30,000股，甲普通股股本＝30,000股×$10＝$300,000

　　　　　甲保留盈餘＝$750,000－$300,000＝$450,000

(4) 20x7年，甲公司帳列「採用權益法之投資」餘額異動：

　　20x6/12/31餘額＋$63,756＋$10,000－$27,000＝20x7/12/31餘額$223,341

　　∴ 20x6/12/31餘額＝$176,585

(5) 20x6年，甲公司帳列「採用權益法之投資」餘額異動：

　　20x6/1/1餘額$306,000－「視同註銷」$150,000＋20x6年投資損益

　　　　　　＝20x6/12/31餘額$176,585

　　∴ 20x6年，甲公司按權益法應認列之投資收益＝$20,585

另以「傳統法」驗算如下：

(a) 甲公司於20x6年1月2日作「視同註銷」分錄，借記20%普通股股本後餘額為$240,000，故反推普通股股本原為$300,000，即$240,000÷(1－20%)＝$300,000。進而得知，當日保留盈餘原為$450,000，即甲公司權益$750,000－普通股股本$300,000＝$450,000，作「視同註銷」分錄，借記保留盈餘$90,000(投資成本$150,000－借記普通股股本$60,000＝借記保留盈餘$90,000)後，保留盈餘餘額為$360,000，即$450,000－$90,000＝$360,000。

20x6/1/2 (視同註銷)	普通股股本	60,000	
	保留盈餘	90,000	
	採用權益法之投資		150,000

第83頁 (第九章 間接持股及相互持股)

(b) 甲公司 20x6 年淨利(保留盈餘淨增加數)
　　　＝$468,585－($450,000－$90,000)＝$108,585
　　　＝甲公司個別淨利＋投資收益$20,585
∴ 甲公司 20x6 年個別淨利＝$88,000
乙公司 20x6 年淨利(保留盈餘淨增加數)＝乙公司個別淨利
　　　　　＝$145,000－$100,000＝$45,000

(c) 令 A：甲公司在權益(合併)基礎下之淨利，故包含相互投資之利益
　　　B：乙公司在權益(合併)基礎下之淨利，故包含相互投資之利益

因此，A＝$88,000＋0.9B－順流未實利$10,000 ------ (i)
且，B＝$45,000＋0.2A－專攤$8,000 ----------------- (ii)
得出，A＝$135,731，B＝$64,146

控制權益淨利＝甲公司在權益法下之淨利＝$135,731×80%＝$108,585
　　　　　　＝甲公司個別淨利＋甲公司應認列之投資收益
　　　　　　＝$88,000＋甲公司應認列之投資收益
∴ 20x6 年甲公司應認列之投資收益＝$20,585

亦可計算如下：20x6 年甲公司應認列之投資收益
　　　　　＝($64,146×90%)－($135,732×20%)－順流未實利$10,000
　　　　　＝$20,585

另，20x6 年非控制權益淨利＝$64,146×10%＝$6,415

乙公司個別淨利$45,000－專攤$8,000＝$37,000＝乙公司已實現個別淨利
　　　＝(甲對乙之投資收益$20,585＋順流未實利$10,000)
　　　　＋非控制權益淨利$6,415＝$30,585＋$6,415＝$37,000
即乙公司已實現個別淨利$37,000 分享予：(i)甲公司(90%)$30,585，(ii)乙10%非控制權益$6,415。

驗 算：
總合併淨利＝($88,000＋$45,000)－專攤$8,000－順流未實利$10,000
　　　　　＝$115,000＝控制權益淨利＋非控制權益淨利
　　　　　　　　＝$108,585＋$6,415＝$115,000

(6) 甲公司及乙公司 20x6 年合併綜合損益表上之：
　(a) 控制權益淨利＝$108,585　　(b) 非控制權益淨利＝$6,415
　(c) 總合併淨利＝$115,000

(3)、(7) 甲公司及其子公司 20x6 及 20x7 年合併工作底稿之沖銷分錄：

		20x6 年	20x7 年
(a)	處分不動產、廠房及設備利益	10,000	X
	土　地	10,000	
	採用權益法之投資	X	10,000
	處分不動產、廠房及設備利益		10,000
(b)	採用權益法之投資	150,000	150,000
	強制透過損益按公允價值衡量		
	之金融資產	150,000	150,000
(c)	採用權益法認列之子公司、		
	關聯企業及合資利益之份額	20,585	63,756
	股利收入	—	10,000
	股　利	—	27,000
	採用權益法之投資	20,585	46,756
(d)	非控制權益淨利	6,415	10,244
	股　利	—	3,000
	非控制權益	6,415	7,244
(e)	普通股股本	200,000	200,000
	保留盈餘	100,000	145,000
	專利權	40,000	32,000
	採用權益法之投資	306,000	336,585
	非控制權益	34,000	40,415
(f)	攤銷費用	8,000	8,000
	專利權	8,000	8,000

(七) (「間接持股－父子孫」+「孫投資父」：甲→乙，乙→丙，丙→甲
　　　→ 類似「母、子公司相互持股」)

　　截至 20x7 年 1 月 1 日，甲、乙及丙三家公司間的投資關係為：甲公司持有乙公司 80%股權並對乙公司存在控制，乙公司持有丙公司 70%股權並對丙公司存在控制，丙公司持有甲公司 10%股權。假設上述投資關係於股權取得日，子公司及被投資公司帳列資產及負債之帳面金額皆等於其公允價值，且無未入帳資產或負債。因丙公司對甲公司不具重大影響，遂依 IFRS 9「金融工具」將其對甲公司 10%股權投資分類為「透過損益按公允價值衡量之金融資產」，且已知該股權投資於 20x7 年期末之公允價值等於其帳面金額。相關資料如下：

	甲	乙	丙
採用權益法之投資		$1,400,000	—
(A) 若採「庫藏股票法」	$2,800,000	—	—
(B) 若採「傳統法」之「視同註銷」，則餘額＝$2,800,000－$500,000	$2,300,000	—	—
強制透過損益按公允價值衡量之金融資產	—	—	$500,000
20x7/1/1 權益：普通股股本	$3,000,000	$2,000,000	$1,000,000
保留盈餘	$2,000,000	$1,500,000	$1,000,000
20x7 年之個別淨利 (未計入投資損益或股利收入前之淨利)	$600,000	$200,000	$160,000
20x7/12/31，宣告並發放之現金股利	$200,000	$90,000	$80,000

試作：

(A) 請按「庫藏股票法」，回答下列問題：

(1)	甲公司及其子公司 20x7 年合併綜合損益表上之控制權益淨利？
(2)	甲公司及其子公司 20x7 年合併綜合損益表上之非控制權益淨利？
(3)	甲公司及其子公司 20x7 年合併綜合損益表上之總合併淨利？
(4)	分別編製 20x7 年甲公司、乙公司及丙公司與股權投資相關之分錄。
(5)	編製甲公司及其子公司 20x7 年合併工作底稿上之沖銷分錄。

(B) 請按「傳統法」，重新回答上述(A)(1)～(5)問題。假設採用課文中所提及之「視同註銷」(2B)法。

解答：

(投資型態)

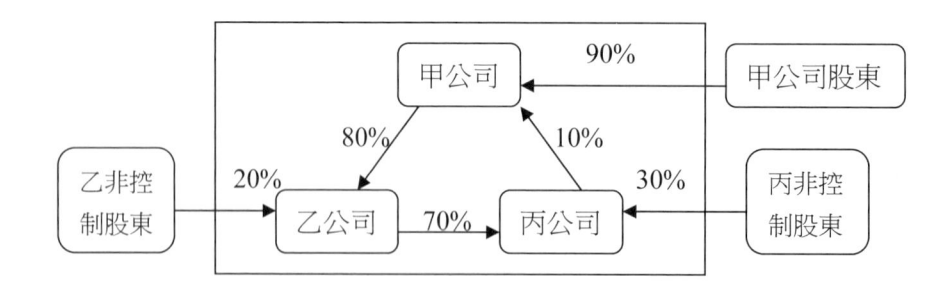

甲持有乙 80%股權並對乙存在控制，乙持有丙 70%股權並對丙存在控制，甲透過乙間接持有丙 56%股權，80%×70%＝56%＞50%，若無反證，則甲對丙存在控制，因此甲、乙及丙形成一個合併個體，甲是母公司，乙及丙皆是子公司。亦可

謂「甲與乙所形成之合併個體」持有丙 70%股權，因此甲、乙及丙形成一個合併個體。惟丙也同時持有甲 10%股權，故合併個體以外之甲股東持股比例為 90%。另乙非控制股東持有乙 20%股權，丙非控制股東持有丙 30%股權。

截至 20x7/ 1/ 1：
(a)「非控制權益－乙」＝($2,000,000＋$1,500,000)×20%＝$700,000
(b)「非控制權益－丙」＝($1,000,000＋$1,000,000)×30%＝$600,000
(c) 本例係「間接持股－父子孫」與「孫投資父」混合的投資型態，類似「母、子公司相互持股」。若暫不考慮丙持有甲 10%股權的部分，係屬「間接持股－父子孫」的投資型態，即甲、乙及丙三家公司形成一個合併個體。因此，為計算「控制權益淨利」及「非控制權益淨利」，合併個體成員間之股權投資皆以權益法處理，無論持股比例多寡，如此才能符合交易實況。本例，甲對乙 80%股權投資、乙對丙 70%股權投資，皆須採權益法處理。加入丙持有甲 10%股權的部分後，即類似「母、子公司相互持股」的投資型態，其會計處理及合併財務報表編製邏輯，可採用「庫藏股票法」或「傳統法」。

(A)「庫藏股票法」：

	甲	乙	丙
個別淨利	$600,000	$200,000	$160,000
丙收自甲的股利(股利收入) ($200,000×10%＝$20,000)			20,000
由丙股東分享之丙淨利			$180,000
乙分享丙之淨利		126,000	← ($180,000×70%)
由乙股東分享之乙淨利		$326,000	
甲分享乙之淨利	260,800	← ($326,000×80%)	
調整：丙收自甲的股利	(20,000)		
權益法下甲淨利 ＝控制權益淨利	$840,800		
非控制權益淨利		$ 65,200	$ 54,000

(1) 20x7 年，控制權益淨利＝$840,800
(2) 20x7 年，非控制權益淨利＝$65,200＋$54,000＝$119,200
(3) 20x7 年，總合併淨利＝控制權益淨利＋非控制權益淨利
　　　　　　　＝$840,800＋$119,200＝$960,000
　　　　　　　＝甲、乙及丙三家公司個別淨利之合計數
　　　　　　　＝$600,000＋$200,000＋$160,000＝$960,000

(4) 甲、乙及丙公司 20x7 年之分錄：

		甲	乙	丙
12/31	現　金 　　採用權益法之投資	72,000 　　72,000	56,000 　　56,000	X
12/31	現　金 　　股利收入	X	X	20,000 　　20,000
12/31	採用權益法之投資 　　採用權益法認列之子公司、 　　關聯企業及合資利益之份額	260,800 　　260,800	126,000 　　126,000	X
12/31	採用權益法認列之子公司、 關聯企業及合資利益之份額 　　股　利	20,000 　　20,000	X	X
12/31	假設：期末丙對甲 10%股權投資 　　的公允價值等於帳面金額。	X	X	X

股利：$90,000×80%＝$72,000，$80,000×70%＝$56,000，$200,000×10%＝$20,000
$90,000×20%＝$18,000，$80,000×30%＝$24,000，$200,000×90%＝$180,000

(5) 甲公司及其子公司 20x7 年合併工作底稿之沖銷分錄：

			甲投資乙 80% 丙投資甲 10%		乙投資丙 70%
左(a) 右(e)	採用權益法認列之子公司、 關聯企業及合資利益之份額 股利收入 　　股　利 　　採用權益法之投資	(a)	240,800 20,000 　　72,000 　　188,800	(e)	126,000 — 　　56,000 　　70,000
左(b) 右(f)	非控制權益淨利 　　股　利 　　非控制權益	(b)	65,200 　　18,000 　　47,200	(f)	54,000 　　24,000 　　30,000
左(c) 右(g)	普通股股本 保留盈餘 　　採用權益法之投資 　　非控制權益	(c)	2,000,000 1,500,000 　　2,800,000 　　700,000	(g)	1,000,000 1,000,000 　　1,400,000 　　600,000
(d)	庫藏股票 　　強制透過損益按公允價值 　　　衡量之金融資產	(d)	500,000 　　500,000		X

(B)「傳統法」：

令 A：甲公司在權益(合併)基礎下之淨利，故包含相互投資之利益
　B：乙公司在權益(合併)基礎下之淨利，故包含相互投資之利益
　C：丙公司在權益(合併)基礎下之淨利，故包含相互投資之利益

因此，A＝$600,000＋0.8B ------ (i)
　　　B＝$200,000＋0.7C ------ (ii)
且，C＝$160,000＋0.1A ------ (iii)

得出，A＝$900,000，B＝$375,000，C＝$250,000

控制權益淨利＝甲公司在權益法下之淨利＝$900,000×90%＝$810,000
　　　　　　＝甲公司個別淨利＋甲公司應認列之投資收益
　　　　　　＝$600,000＋甲公司應認列之投資收益

∴ 20x7 年甲公司應認列之投資收益＝$210,000

亦可計算如下：20x7 年甲公司應認列之投資收益
　　　　　　＝($375,000×80%)－($900,000×10%)＝$210,000

又，20x7 年乙對丙之投資收益＝$250,000×70%＝$175,000

另 20x7 年，「非控制權益淨利－乙」＝$375,000×20%＝$75,000
　　　　　　「非控制權益淨利－丙」＝$250,000×30%＝$75,000

丙公司個別淨利$160,000＋權益基礎下丙對甲應分享投資收益($900,000×10%)
　　＝$160,000＋$90,000＝$250,000＝丙公司已實現淨利
　　＝乙對丙之投資收益$175,000＋「非控制權益淨利－丙」$75,000
　　＝$250,000

即丙公司已實現淨利$250,000 分享予：(i)乙公司(70%)$175,000，(ii)丙 30%非控制權益$75,000。

驗 算：

總合併淨利＝$600,000＋$200,000＋$160,000＝$960,000
　　　　　＝控制權益淨利＋非控制權益淨利＝$810,000＋($75,000＋$75,000)
　　　　　＝$810,000＋$150,000＝$960,000

(1) 20x7 年，控制權益淨利＝$810,000
(2) 20x7 年，非控制權益淨利＝$150,000
(3) 20x7 年，總合併淨利＝$810,000＋$150,000＝$960,000

(4) 甲、乙及丙公司 20x7 年分錄：

		甲	乙	丙
20x6/12/31	普通股股本 保留盈餘 　　採用權益法之投資	300,000 200,000 　　　500,000	X	X
	補充：「視同註銷」分錄。			
20x7/12/31	現　　金 　　採用權益法之投資	72,000 　　　72,000	56,000 　　　56,000	X
12/31	現　　金 　　股利收入	X	X	20,000 　　　20,000
12/31	採用權益法之投資 　　採用權益法認列之子公司、 　　關聯企業及合資利益之份額	210,000 　　　210,000	175,000 　　　175,000	X
12/31	採用權益法之投資 　　股　利	20,000 　　　20,000	X	X
12/31	假設：期末丙對甲 10%股權投資 　　的公允價值等於帳面金額。	X	X	X
股利：$90,000×80\%=\$72,000$，$\$80,000×70\%=\$56,000$，$\$200,000×10\%=\$20,000$ $\$90,000×20\%=\$18,000$，$\$80,000×30\%=\$24,000$，$\$200,000×90\%=\$180,000$				

(5) 甲公司及其子公司 20x7 年合併工作底稿之沖銷分錄：

			甲投資乙 80% 丙投資甲 10%		乙投資丙 70%
左(a) 右(e)	採用權益法認列之子公司、 關聯企業及合資利益之份額 股利收入 　　股　利 　　採用權益法之投資	(a)	210,000 20,000 　　　72,000 　　　158,000	(e)	175,000 ― 　　　56,000 　　　119,000
左(b) 右(f)	非控制權益淨利 　　股　利 　　非控制權益	(b)	75,000 　　　18,000 　　　57,000	(f)	75,000 　　　24,000 　　　51,000
左(c) 右(g)	普通股股本 保留盈餘 　　採用權益法之投資 　　非控制權益	(c)	2,000,000 1,500,000 　　　2,800,000 　　　700,000	(g)	1,000,000 1,000,000 　　　1,400,000 　　　600,000
(d)	採用權益法之投資 　　強制透過損益按公允價值 　　衡量之金融資產	(d)	500,000 　　　500,000		X

(八) (「間接持股－父子子」＋「母、子相互持股」：
　　　甲→乙，甲→丙，乙→丙，丙→甲)

截至 20x7 年 1 月 1 日，甲、乙、丙三家公司間的投資關係為：甲公司持有乙公司 80%股權並對乙公司存在控制，甲公司持有丙公司 70%股權並對丙公司存在控制，乙公司持有丙公司 15%股權，丙公司持有甲公司 25%股權。假設上述投資關係於股權取得日，被投資公司帳列資產及負債之帳面金額皆等於其公允價值，且無未入帳資產或負債。因乙公司對丙公司不具重大影響，丙公司對甲公司不具重大影響，故乙公司將其對丙公司 15%股權投資以及丙公司將其對甲公司 25%股權投資，依 IFRS 9「金融工具」皆分類為「透過損益按公允價值衡量之金融資產」，且已知該等股權投資於 20x7 年期末之公允價值等於其帳面金額。相關資料如下：

	甲	乙	丙
採用權益法之投資－乙	$2,800,000	－	－
採用權益法之投資－丙			
(A) 若採「庫藏股票法」	$1,400,000	－	－
(B) 若採「傳統法」之「視同註銷」，則餘額＝$1,400,000－$1,250,000	$150,000	－	－
強制透過損益按公允價值衡量之金融資產	－	$300,000	$1,250,000
20x7/1/1 權益：普通股股本	$3,000,000	$2,000,000	$1,000,000
保留盈餘	$2,000,000	$1,500,000	$1,000,000
20x7 年之個別淨利(未計入投資損益或股利收入前之淨利)	$600,000	$200,000	$160,000
20x7/12/31，宣告並發放之現金股利	$200,000	$90,000	$80,000

試作：

(A) 請按「庫藏股票法」，回答下列問題：

(1)	甲公司及其子公司 20x7 年合併綜合損益表上之控制權益淨利？
(2)	甲公司及其子公司 20x7 年合併綜合損益表上之非控制權益淨利？
(3)	甲公司及其子公司 20x7 年合併綜合損益表上之總合併淨利？
(4)	分別編製 20x7 年甲公司、乙公司及丙公司與股權投資相關之分錄。
(5)	編製甲公司及其子公司 20x7 年合併工作底稿上之調整/沖銷分錄。

(B) 請按「傳統法」，重新回答上述(A)(1)～(5)問題。假設採用課文中所提及之「視同註銷」(2B)法。

解答：

(投資型態)

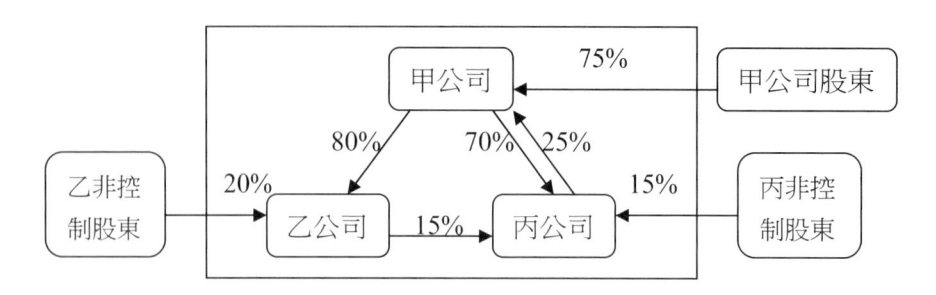

```
                          ┌─────┐   75%   ┌────────┐
                          │甲公司│◀────────│甲公司股東│
                          └─────┘         └────────┘
                       80% ↙  ↘70% ↖25%
┌────────┐  20%  ┌─────┐      ┌─────┐  15%  ┌────────┐
│乙非控制股東│──────▶│乙公司│──15%─▶│丙公司│◀──────│丙非控制股東│
└────────┘       └─────┘      └─────┘       └────────┘
```

甲持有乙 80%股權，甲持有丙 70%股權，甲對乙及丙皆存在控制，因此甲、乙及丙形成一個合併個體，甲是母公司，乙及丙皆是子公司。亦可謂甲透過乙間接持有丙 12%股權，80%×15%＝12%，因此甲持有丙 82%股權，直接 70%＋間接 12%＝82%，故甲對丙存在控制。惟丙也同時持有甲 25%股權，故合併個體以外之甲股東持股比例為 75%。另乙非控制股東持有乙 20%股權；由於乙也持有丙 15%股權，故丙非控制股東持有丙 15%股權。

<u>截至 20x7/ 1/ 1：</u>

(a) 「非控制權益－乙」＝($2,000,000＋$1,500,000)×20%＝$700,000
(b) 「非控制權益－丙」＝($1,000,000＋$1,000,000)×15%＝$300,000
(c) 本例係「間接持股－父子子」與「母、子公司相互持股」混合的投資型態。若暫不考慮丙持有甲 25%股權的部分，係屬「間接持股－父子子」的投資型態，即甲、乙及丙等三家公司形成一個合併個體。因此為計算「控制權益淨利」及「非控制權益淨利」，合併個體成員間之股權投資皆以權益法處理，無論持股比例多寡，如此才能符合交易實況。本例，甲對乙 80%股權投資、甲對丙 70%股權投資、乙對丙 15%股權投資，於計算「控制權益淨利」及「非控制權益淨利」時，皆以權益法處理。加入丙持有甲 25%股權的部分後，即類似「母、子公司相互持股」的投資型態，其會計處理及合併財務報表編製邏輯，可採用「庫藏股票法」或「傳統法」。

(A) 「庫藏股票法」：

	甲	乙	丙
個別淨利	$600,000	$200,000	$160,000
丙收自甲的股利(股利收入) 　($200,000×25%＝$50,000)			50,000
由丙股東分享之丙淨利			$210,000
甲分享丙之淨利	147,000		←($210,000×70%)
乙分享丙之淨利		31,500	←($210,000×15%)
由乙股東分享之乙淨利		$231,500	
甲分享乙之淨利	185,200	←($231,500×80%)	
調整：丙收自甲的股利	(50,000)		
權益法下甲淨利 　＝控制權益淨利	$882,200		
非控制權益淨利		$ 46,300	$ 31,500

(1) 20x7 年，控制權益淨利＝$882,200

(2) 20x7 年，非控制權益淨利＝$46,300＋$31,500＝$77,800

(3) 20x7 年，總合併淨利＝控制權益淨利$882,200＋非控制權益淨利$77,800
　　　＝$960,000＝甲、乙及丙三家公司個別個別淨利之合計數
　　　＝$600,000＋$200,000＋$160,000＝$960,000

(4) 甲、乙及丙公司 20x7 年之分錄：

		甲	乙	丙
12/31	現　金 　採用權益法之投資－乙 　採用權益法之投資－丙	128,000 　72,000 　56,000	X	X
12/31	現　金 　股利收入	X	12,000 　12,000	50,000 　50,000
12/31	採用權益法之投資－乙 　採用權益法認列之子公司、關 　聯企業及合資利益之份額－乙	185,200 　185,200	X	X
12/31	採用權益法之投資－丙 　採用權益法認列之子公司、關 　聯企業及合資利益之份額－丙	147,000 　147,000	X	X
12/31	採用權益法認列之子公司、關 聯企業及合資利益之份額－丙 　股　利	50,000 　50,000	X	X

第 93 頁 (第九章 間接持股及相互持股)

| 12/31 | 假設：期末時，丙對甲 25%股權投資及乙對丙 15%股權投資，其公允價值皆等於帳面金額。 | X | X | X |

股利：$90,000×80%＝$72,000，$80,000×70%＝$56,000，$200,000×75%＝$150,000
　　　$90,000×20%＝$18,000，$80,000×15%＝$12,000，$200,000×25%＝$50,000

(5) 甲公司及其子公司 20x7 年合併工作底稿之調整/沖銷分錄：

		甲投資乙 80%		甲投資丙 70% 乙投資丙 15% 丙投資甲 25%
沖銷分錄：				
左(a) 右(d)	採用權益法認列之子公司、 關聯企業及合資利益之份額 股利收入 　　股　利 　　採用權益法之投資－乙 　　採用權益法之投資－丙	(a) 185,200 — 72,000 113,200 —	(d)	97,000 50,000 56,000 — 91,000
				甲投資丙 70%
右(e)	股利收入 　　股　利	X	(e)	12,000 12,000
				乙投資丙 15%
左(b) 右(f)	非控制權益淨利 　　股　利 　　非控制權益	(b) 46,300 18,000 28,300	(f)	31,500 12,000 19,500
左(c) 右(g)	普通股股本 保留盈餘 　　採用權益法之投資－乙 　　採用權益法之投資－丙 　　強制透過損益按公允價值衡量 　　　之金融資產－丙 　　非控制權益	(c) 2,000,000 1,500,000 2,800,000 — — 700,000	(g)	1,000,000 1,000,000 — 1,400,000 300,000 300,000
				甲投資丙 70% 乙投資丙 15%
右(h)	庫藏股票 　　強制透過損益按公允價值衡量 　　　之金融資產－甲	X	(h)	1,250,000 1,250,000
				丙投資甲 25%

(B)「傳統法」：

令 A：甲公司在權益(合併)基礎下之淨利，故包含相互投資之利益
　　B：乙公司在權益(合併)基礎下之淨利，故包含相互投資之利益
　　C：丙公司在權益(合併)基礎下之淨利，故包含相互投資之利益

因此，A＝$600,000＋0.8B＋0.7C ---- (i)
　　　B＝$200,000＋0.15C ----------- (ii)
且，C＝$160,000＋0.25A ----------- (iii)
得出，A＝$1,121,007，B＝$266,038，C＝$440,252

控制權益淨利＝甲公司在權益法下之淨利＝$1,121,007×75%＝$840,755
　　　　　　＝甲公司個別淨利＋甲對乙之投資收益＋甲對丙之投資收益
　　　　　　＝$600,000＋甲對乙之投資收益＋甲對丙之投資收益
　　　　　　＝$600,000＋$212,830＋$27,925 (詳下列計算)

20x7 年，甲對乙之投資收益＝$266,038×80%＝$212,830
20x7 年，甲對丙之投資收益＝($440,252×70%)－($1,121,007×25%)＝$27,925
20x7 年，乙對丙之投資收益＝$440,252×15%＝$66,038

另 20x7 年，「非控制權益淨利－乙」＝$266,038×20%＝$53,208
　　　　　　「非控制權益淨利－丙」＝$440,252×15%＝$66,038

丙公司個別淨利$160,000
＝甲對丙之投資收益$27,925＋乙對丙所認列之投資收益$66,038
　　　　　　＋「非控制權益淨利－丙」$66,038＝$160,001 [尾差$1]
即丙公司已實現個別淨利$160,000 分享予：(i)甲公司(70%)$27,925，(ii)乙公司(15%)$66,038，(iii)丙 15%非控制權益$66,038。

驗算：

總合併淨利＝$600,000＋$200,000＋$160,000＝$960,000
　　　　　＝控制權益淨利＋非控制權益淨利
　　　　　＝$840,755＋($53,208＋$66,038)＝$840,755＋$119,246＝$960,001
[尾差$1，擬調整 20x7 年「非控制權益淨利－丙」$66,038 為$66,037。]

(1) 20x7 年，控制權益淨利＝$840,755

(2) 20x7 年，非控制權益淨利＝$119,245

(3) 20x7 年，總合併淨利＝$840,755＋$119,245＝$960,000

(4) 甲、乙及丙公司 20x7 年之分錄：

		甲	乙	丙
20x6/ 12/31	普通股股本 保留盈餘 　　採用權益法之投資－丙	750,000 500,000 　　1,250,000	X	X
	補充：「視同註銷」分錄。 甲普通股股本$3,000,000×25%＝$750,000 甲保留盈餘$2,000,000×25%＝$500,000			
20x7/ 12/31	現　　金 　　採用權益法之投資－乙 　　採用權益法之投資－丙	128,000 　　72,000 　　56,000	X	X
12/31	現　　金 　　股利收入	X	12,000 　　12,000	50,000 　　50,000
12/31	採用權益法之投資－乙 　　採用權益法認列之子公司、關 　　聯企業及合資利益之份額－乙	212,830 　　212,830	X	X
12/31	採用權益法之投資－丙 　　採用權益法認列之子公司、關 　　聯企業及合資利益之份額－丙	27,925 　　27,925	X	X
12/31	採用權益法之投資－丙 　　股　　利	50,000 　　50,000	X	X
12/31	假設：期末時，丙對甲 25%股權投資 　　　　及乙對丙 15%股權投資，其公 　　　　允價值皆等於帳面金額。	X	X	X
股利：$90,000×80%＝$72,000，$80,000×70%＝$56,000，$200,000×75%＝$150,000 　　　$90,000×20%＝$18,000，$80,000×15%＝$12,000，$200,000×25%＝$50,000				

(5) 甲公司及其子公司 20x7 年合併工作底稿之調整/沖銷分錄：

		甲投資乙 80%	甲投資丙 70% 乙投資丙 15% 丙投資甲 25%
左(a) 右(d)	採用權益法認列之子公司、 關聯企業及合資利益之份額 股利收入 　　股　利 　　採用權益法之投資－乙 　　採用權益法之投資－丙	(a) 212,830 　　　－ 　　　　72,000 　　　140,830 　　　　－	(d) 27,925 　　50,000 　　　56,000 　　　　－ 　　　21,925
			甲投資丙 70%
右(e)	股利收入 　　股　利	X	(e) 12,000 　　　12,000
			乙投資丙 15%
左(b) 右(f)	非控制權益淨利 　　股　利 　　非控制權益	(b) 53,208 　　　18,000 　　　35,208	(f) 66,037 　　　12,000 　　　54,037
左(c) 右(g)	普通股股本 保留盈餘 　　採用權益法之投資－乙 　　採用權益法之投資－丙 　　強制透過損益按公允價值衡量 　　　　之金融資產－丙 　　非控制權益	(c) 2,000,000 　　1,500,000 　　　2,800,000 　　　　－ 　　　　　－ 　　　　700,000	(g) 1,000,000 　　1,000,000 　　　　－ 　　　1,400,000 　　　　300,000 　　　　300,000
			甲投資丙 70% 乙投資丙 15%
右(h)	採用權益法之投資－丙 　　強制透過損益按公允價值衡量 　　　　之金融資產－甲	X	(h) 1,250,000 　　　1,250,000
			丙投資甲 25%

第 97 頁 (第九章 間接持股及相互持股)

(九)　**(96 會計師考題改編)**　**(母、子公司相互持股)**

甲公司於 20x5 年初以$220,000 取得乙公司 80%股權,並對乙公司存在控制。當日乙公司權益為$250,000,且其帳列資產及負債之帳面金額皆等於公允價值,除有一項未入帳專利權,預估尚有 5 年耐用年限外,無其他未入帳之資產或負債。非控制權益係以收購日公允價值衡量。乙公司於 20x6 年初以$100,000 取得甲公司 10%股權,當日甲公司權益為$1,000,000 且其帳列資產及負債之帳面金額皆等於其公允價值,亦無未入帳之資產或負債。因乙公司對甲公司不具重大影響,遂依 IFRS 9「金融工具」將其對甲公司 10%股權投資分類為「透過損益按公允價值衡量之金融資產」。甲、乙二公司 20x7 年之個別營業結果(尚未計入投資損益或股利收入)如下:

	甲公司	乙公司
銷貨收入	$100,000	$100,000
處分不動產、廠房及設備利益	—	2,000
營業費用	(40,000)	(59,000)
淨　利	$60,000	$43,000

其他資訊:
1. 甲公司及乙公司於 20x7 年宣告並發放現金股利分別為$20,000 及$10,000。
2. 乙公司於 20x7 年初出售辦公設備予合併個體以外單位獲利$2,000,該辦公設備係乙公司於 20x6 年底以現金$5,000 向甲公司購買,當時甲公司獲利$3,000。

試作:依「庫藏股票法」,計算 20x7 年合併綜合損益表中之下列金額:
　　(1) 控制權益淨利　(2) 非控制權益淨利　(3) 總合併淨利

參考答案:

(投資型態)

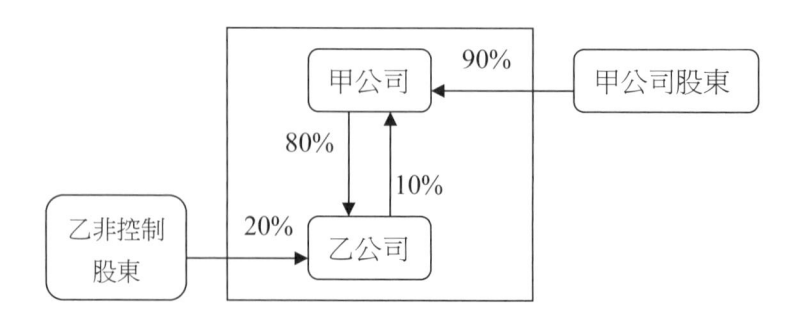

20x5 年初，甲取得乙 80%股權並對乙存在控制，因此甲及乙形成一個合併個體，甲是母公司，乙是子公司。20x6 年初，乙取得甲 10%股權，形成「母、子公司相互持股」的投資型態，故合併個體以外之甲股東持股比例為 90%。另乙非控制股東持有乙 20%股權。

20x5/1/1：非控制權益係以收購日公允價值衡量，惟題意中未提及該公允價值，故設算之。乙公司總公允價值＝$220,000÷80%＝$275,000
乙公司未入帳專利權＝$275,000－$250,000＝$25,000
未入帳專利權之每年攤銷數＝$25,000÷5 年＝$5,000
非控制權益＝乙公司總公允價值$275,000×20%＝$55,000

20x6 年底，順流買賣辦公設備 → 未實現利益$3,000
20x7 年初，乙公司將購自甲公司之辦公設備外售 → 已實現利益$3,000

20x7 年，「庫藏股票法」：

	甲公司	乙公司
個別淨利	$60,000	$43,000
減：專利權攤銷		(5,000)
加：順流出售辦公設備之已實現利益	3,000	－
已實現個別淨利	$63,000	$38,000
乙收自甲的現金股利 (股利收入) ($20,000×10%＝$2,000)		2,000
由股東分享之乙淨利		$40,000
甲分享乙之淨利	32,000	←($40,000×80%)
調整：乙收自甲的現金股利	(2,000)	
權益法下甲淨利＝控制權益淨利	$93,000	
非控制權益淨利		$ 8,000

(1) 控制權益淨利＝$93,000
　　甲公司應認列之投資收益＝$93,000－$60,000＝$33,000
　　　　　　　或 ＝$32,000＋$3,000－$2,000＝$33,000
(2) 非控制權益淨利＝$8,000
(3) 總合併淨利＝($60,000＋$43,000)－專攤$5,000＋順流已實利$3,000
　　　　　＝$101,000
　　　　　＝控制權益淨利＋非控制權益淨利＝$93,000＋$8,000＝$101,000

補充： 20x7年，甲公司及乙公司合併工作底稿上之沖銷分錄：

(a)	採用權益法之投資　　　　　3,000	順流出售辦公設備
	處分不動產、廠房及設備利益　　　　3,000	之已實現利益
(b)	採用權益法認列之子公司、	
	關聯企業及合資利益之份額　　33,000	
	股利收入　　　　　　　　　　2,000	
	股　利　　　　　　　　　　　　8,000	＝$10,000×80%
	採用權益法之投資　　　　　　　27,000	
(c)	非控制權益淨利　　　　　　　　8,000	
	股　利　　　　　　　　　　　　2,000	＝$10,000×20%
	非控制權益　　　　　　　　　　6,000	
(d)	(乙權益相關科目)　　　　　　　Y	Y 係 20x7 年初餘額。
	專利權　　　　　　　　　　　15,000	＝$25,000－($5,000
	採用權益法之投資　　　　0.8(Y＋15,000)	×2年)
	非控制權益　　　　　　　0.2(Y＋15,000)	
(e)	攤銷費用　　　　　　　　　　5,000	
	專利權　　　　　　　　　　　　5,000	
(f)	庫藏股票　　　　　　　　　100,000	假設 10%股權投資於
	強制透過損益按公允價值	20x7年底之公允價值
	衡量之金融資產　　　　　100,000	等於其帳面金額。

※ 子公司間相互持股

(十)　(子公司與孫公司相互持股：甲→乙，乙→丙，丙→乙，內部交易)

　　甲公司於 20x6 年 1 月 1 日以$2,432,000 取得乙公司 80%股權，並對乙公司存在控制。當日乙公司權益為$3,000,000，包括普通股股本$2,000,000 及保留盈餘$1,000,000，且除帳列存貨價值低估外，其餘帳列資產及負債之帳面金額皆等於公允價值，無其他未入帳之資產或負債。該項價值低估之存貨於 20x6 年間售予合併個體以外單位。非控制權益係以收購日公允價值衡量。

　　乙公司於 20x6 年 7 月 1 日以$1,190,000 取得丙公司 70%股權，並對丙公司存在控制。當日丙公司權益為$1,600,000，包括普通股股本$1,000,000 及保留盈餘$600,000，且其帳列資產及負債之帳面金額皆等於公允價值，除有一項未入

帳專利權,預估尚有1年耐用年限外,無其他未入帳之資產或負債。非控制權益係以收購日公允價值衡量。

丙公司於20x7年1月1日以$310,150取得乙公司10%股權。當日乙公司權益為$3,101,500,且其帳列資產及負債之帳面金額皆等於公允價值,亦無未入帳之資產或負債。因丙公司對乙公司不具重大影響,遂依IFRS 9「金融工具」將其對甲公司10%股權投資分類為「透過損益按公允價值衡量之金融資產」,且已知該項股權投資於20x7年期末之公允價值等於其帳面金額。

20x7年間,甲公司出售一筆營業上使用之土地予乙公司,獲利$20,000,截至20x7年12月31日,乙公司仍持有該筆土地並使用於營業上。甲公司及其子公司20x6及20x7年之個別淨利(未計入投資損益或股利收入前之淨利)及現金股利如下:(假設股利宣告日及發放日皆為每年12月31日)

	20x6年			20x7年		
	甲	乙	丙	甲	乙	丙
個別淨利	$180,000	$140,000	$100,000	$200,000	$160,000	$110,000
現金股利	$90,000	$70,000	$40,000	$90,000	$80,000	$50,000

試作:

(A) 完成下列表格:

		20x6年	20x7年
(1)	甲公司按權益法應認列之投資損益?		
(2)	乙公司按權益法應認列之投資損益?		
(3)	甲公司及其子公司合併綜合損益表上之控制權益淨利?		
(4)	甲公司及其子公司合併綜合損益表上之非控制權益淨利?		
(5)	甲公司及其子公司合併綜合損益表上之總合併淨利?		

(B) 編製20x7年甲公司及其子公司合併工作底稿上之調整/沖銷分錄。

解答:

(續次頁)

(投資型態)

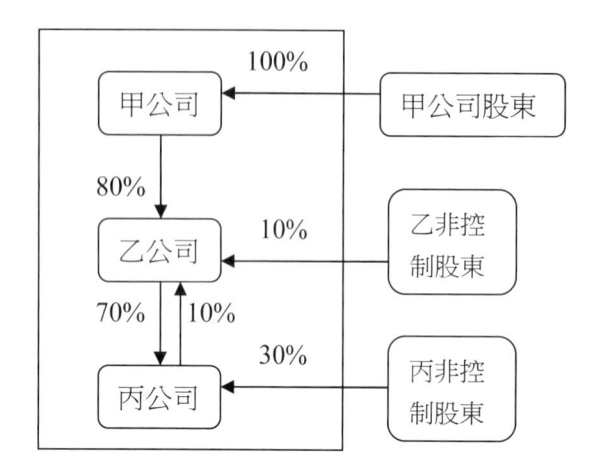

```
                    100%
        ┌─────┐◄──────────┌─────────┐
        │甲公司│            │甲公司股東│
        └─────┘            └─────────┘
           │
           │80%
           ▼
        ┌─────┐    10%    ┌─────────┐
        │乙公司│◄──────────│乙非控制股東│
        └─────┘            └─────────┘
         70%│ ▲10%
            │ │      30%    ┌─────────┐
            ▼ │   ◄──────────│丙非控制股東│
        ┌─────┐            └─────────┘
        │丙公司│
        └─────┘
```

20x6/1/1，甲持有乙80%股權並對乙存在控制，甲與乙形成一個合併個體，甲是母公司，乙是子公司。至20x6/7/1，乙持有丙70%股權並對丙存在控制，即「甲與乙所形成之合併個體」持有丙70%股權，則：(i)甲對乙存在控制，(ii)「甲與乙所形成之合併個體」對丙存在控制，因此甲、乙及丙三家公司形成一個合併個體，甲是母公司，乙及丙皆是子公司。而乙非控制股東持有乙 20%股權，丙非控制股東持有丙30%股權，是「間接持股－父子孫」的投資型態。

截至20x6/12/31，甲持有乙80%股權並對乙存在控制，乙持有丙70%股權並對丙存在控制，即甲透過乙間接持有丙 56%股權，80%×70%＝56%＞50%，則：(i)甲對乙存在控制，(ii) 若無反證，甲對丙存在控制，因此甲、乙及丙三家公司形成一個合併個體，甲是母公司，乙及丙皆是子公司。而乙非控制股東持有乙20%股權，丙非控制股東持有丙30%股權，是「間接持股－父子孫」的投資型態。

20x7/1/1，丙取得乙10%股權，致乙非控制股東持有乙之股權由20%降為10%，而甲、乙及丙三家公司仍是一個合併個體，甲是母公司，乙及丙皆是子公司，丙非控制股東仍持有丙30%股權，成為「子公司與孫公司相互持股」的投資型態。

20x6/1/1：非控制權益係以收購日公允價值衡量，惟題意中未提及該公允價值，故設算之。乙公司總公允價值＝$2,432,000÷80%＝$3,040,000
乙帳列存貨價值低估數＝$3,040,000－$3,000,000＝$40,000
「非控制權益－乙」＝乙總公允價值$3,040,000×20%＝$608,000

20x6/ 7/ 1：非控制權益係以收購日公允價值衡量，惟題意中未提及該公允價值，
　　　　　故設算之。丙公司總公允價值＝$1,190,000÷70%＝$1,700,000
　　　　丙公司未入帳專利權＝$1,700,000－$1,600,000＝$100,000
　　　　未入帳專利權之每年攤銷數＝$100,000÷10 年＝$10,000
　　　　「非控制權益－丙」＝丙總公允價值$1,700,000×30%＝$510,000

20x6 年：乙公司應認列對丙公司之投資收益
　　　　　　　＝(丙淨利$100,000－專攤$10,000)×(6/12)×70%＝$31,500
　　　　「非控制權益淨利－丙」＝($100,000－$10,000)×(6/12)×30%＝$13,500
　　　　乙公司 20x6 年淨利＝$140,000＋$31,500＝$171,500
　　　　甲公司應認列對乙公司之投資收益
　　　　　　　＝(乙淨利$171,500－存貨價值低估數$40,000)×80%＝$105,200
　　　　「非控制權益淨利－乙」＝($171,500－$40,000)×20%＝$26,300

20x6/12/31：甲收自乙之現金股利＝$70,000×80%＝$56,000
　　　　「非控制權益－乙」收自乙之現金股利＝$70,000×20%＝$14,000
　　　　乙收自丙之現金股利＝$40,000×70%＝$28,000
　　　　「非控制權益－丙」收自丙之現金股利＝$40,000×30%＝$12,000

　　　　甲帳列「採用權益法之投資」＝$2,432,000＋$105,200－$56,000＝$2,481,200
　　　　「非控制權益－乙」＝$608,000＋$26,300－$14,000＝$620,300
　　　　乙帳列「採用權益法之投資」＝$1,190,000＋$31,500－$28,000＝$1,193,500
　　　　「非控制權益－丙」＝$510,000＋$13,500－$12,000＝$511,500

(A) 20x6 年：
(1) 甲公司按權益法應認列之投資收益＝$105,200
(2) 乙公司按權益法應認列之投資收益＝$31,500
(3) 控制權益淨利＝$180,000＋$105,200＝$285,200
(4) 非控制權益淨利＝$26,300＋$13,500＝$39,800
(5) 總合併淨利＝$285,200＋$39,800＝$325,000
　　　　或　＝甲乙丙個別淨利之和 [$180,000＋$140,000＋$100,000×(6/12)]
　　　　　　－乙帳列存貨價值低估數$40,000
　　　　　　－丙未入帳專利權之每年攤銷數$10,000×(6/12)＝$325,000

20x7 年間，順流買賣土地 → 未實現利益$20,000

20x7/12/31：甲收自乙之現金股利＝$80,000×80%＝$64,000
　　　　　　丙收自乙之現金股利＝$80,000×10%＝$8,000
　　　　　　「非控制權益－乙」收自乙之現金股利＝$80,000×10%＝$8,000
　　　　　　乙收自丙之現金股利＝$50,000×70%＝$35,000
　　　　　　「非控制權益－丙」收自丙之現金股利＝$50,000×30%＝$15,000

20x7 年，投資收益及非控制權益淨利之計算：

令 A：甲公司在權益(合併)基礎下之淨利，故包含相互投資之利益
　 B：乙公司在權益(合併)基礎下之淨利，故包含相互投資之利益
　 C：丙公司在權益(合併)基礎下之淨利，故包含相互投資之利益

因此，A＝$200,000＋0.8B－順流未實利$20,000 ------ (i)
　　　B＝$160,000＋0.7C --------------------------------- (ii)
　且，C＝$110,000＋0.1B－專攤$10,000 ---------------- (iii)
得出，A＝$377,850，B＝$247,312，C＝$124,731

控制權益淨利＝甲公司在權益法下之淨利＝$377,850×100%＝$377,850
　　　　　　＝甲公司個別淨利＋甲公司應認列之投資收益
　　　　　　＝$200,000＋甲公司應認列之投資收益
∴ 20x7 年甲公司應認列之投資收益＝$177,850

亦可計算如下：20x7 年甲公司應認列之投資收益
　　　　　　　　＝($247,312×80%)－順流未實利$20,000＝$177,850

「非控制權益淨利－乙」＝$247,312×10%＝$24,731

乙公司按權益法之淨利
　　　　＝$247,312×(80%屬甲公司＋10%屬乙非控制權益)＝$222,581
　　　　＝乙公司個別淨利＋乙公司對丙公司應認列之投資收益
　　　　＝$160,000＋乙公司對丙公司應認列之投資收益
∴ 20x7 年乙公司對丙公司應認列之投資收益＝$62,581

亦可計算如下：20x7 年乙公司對丙公司應認列之投資收益
　　　　　　　　＝($124,731×70%)－($247,312×10%)＝$62,581

另，20x7年「非控制權益淨利－乙」＝$247,312×10%＝$24,731
　　　　「非控制權益淨利－丙」＝$124,731×30%＝$37,419

丙公司個別淨利$110,000－專攤$10,000＝$100,000＝丙公司已實現個別淨利
　　＝乙對丙所認列之投資收益$62,581＋「非控制權益淨利－丙」$37,419
即丙公司已實現個別淨利$100,000，分享予：(i)乙公司(70%)$62,581，(ii)丙30%
非控制權益$37,419。

驗　算：
總合併淨利＝($200,000＋$160,000＋$110,000)－專攤$10,000
　　　　　　－順流未實利$20,000＝$440,000
　　　　　＝控制權益淨利$377,850＋非控制權益淨利($24,731＋$37,419)
　　　　　＝$377,850＋$62,150＝$440,000

(A) 20x7年：
(1) 甲公司按權益法應認列之投資收益＝$177,850
(2) 乙公司按權益法應認列之投資收益＝$62,581
(3) 控制權益淨利＝$200,000＋$177,850＝$377,850
(4) 非控制權益淨利＝＝$24,731＋$37,419＝$62,150
(5) 總合併淨利＝$377,850＋$62,150＝$440,000

「甲投資乙」及「丙投資乙」相關科目餘額及金額之異動如下：　(單位：千元)

	20x6/1/1	20x6	20x6/12/31	20x7	20x7/12/31
乙－權　益	$3,000	＋$140＋$31.5 －$70	$3,101.5	＋$160＋$62.581 －$80	$3,244.081
權益法：					
甲－採用權益法 　之投資	$2,432	＋$105.2 －$56	$2,481.2	＋$177.85－$64	$2,595.05
股權投資不具重大影響：					
丙－強制透過損益 　按公允價值衡量 　之金融資產			$310.15	股利收入$8	$310.15
合併財務報表：					
存　貨	$40	－$40	$ －		$ －
非控制權益	$608	＋$26.3－$14	$620.3 $310.15	＋$24.731－$8	$326.881

「乙投資丙」相關科目餘額及金額之異動如下：（單位：千元）

	20x6/7/1	20x6 後半年	20x6/12/31	20x7	20x7/12/31
丙－權 益	$1,600	＋$50－$40	$1,610	＋$110＋$8－$50	$1,678
權益法：					
乙－採用權益法之投資	$1,190	＋$31.5 －$28	$1,193.5	＋$62.581－$35	$1,221.081
合併財務報表：					
專利權	$100	－$5	$95	－$10	$85
非控制權益	$510	＋$13.5－$12	$511.5	＋$37.419－$15	$533.919

(B) 20x7年甲公司及其子公司合併工作底稿上之沖銷分錄：

(a)	處分不動產、廠房及設備利益	20,000		順流出售土地內部交易之未實現利益
	土　地		20,000	
(b)	採用權益法認列之子公司、關聯企業及合資利益之份額	62,581		乙投資丙 70%
	股　利		35,000	
	採用權益法之投資		27,581	
(c)	非控制權益淨利－丙	37,419		乙投資丙 70%
	股　利		15,000	
	非控制權益－丙		22,419	
(d)	普通股股本	1,000,000		
	保留盈餘	610,000		
	專利權	95,000		
	採用權益法之投資		1,193,500	
	非控制權益－丙		511,500	
(e)	攤銷費用	10,000		
	專利權		10,000	
(f)	採用權益法認列之子公司、關聯企業及合資利益之份額	177,850		甲投資乙 80% 及 丙投資乙 10%
	股　利		64,000	
	採用權益法之投資		113,850	
(g)	股利收入	8,000		
	股　利		8,000	
(h)	非控制權益淨利－乙	24,731		
	股　利		8,000	
	非控制權益－乙		16,731	

(i)	普通股股本	2,000,000	
	保留盈餘	1,101,500	
	採用權益法之投資		2,481,200
	非控制權益－乙		310,150
	強制透過損益按公允價值衡量之金融資產		310,150

(十一) (「間接持股－父子子」+「子公司間相互持股」：
甲→乙，甲→丙，乙→丙，丙→乙)

截至 20x7 年 1 月 1 日，甲、乙、丙三家公司間的投資關係為：甲公司持有乙公司 80%股權並對乙公司存在控制，甲公司持有丙公司 70%股權並對丙公司存在控制，乙公司持有丙公司 20%股權並對丙公司具重大影響，丙公司持有乙公司 10%股權。假設上述投資關係於股權取得日，被投資公司帳列資產及負債之帳面金額皆等於其公允價值，且無未入帳之資產或負債。因丙公司對乙公司不具重大影響，故丙公司依 IFRS 9「金融工具」將其對乙公司 10%股權投資分類為「透過損益按公允價值衡量之金融資產」，且已知該項股權投資於 20x7 年期末之公允價值等於其帳面金額。相關資料如下：

	甲	乙	丙
採用權益法之投資－乙	$2,800,000	－	－
採用權益法之投資－丙	$1,400,000	$400,000	－
強制透過損益按公允價值衡量之金融資產－乙	－	－	$350,000
20x7/ 1/ 1 權益：普通股股本	$3,000,000	$2,000,000	$1,000,000
保留盈餘	$2,000,000	$1,500,000	$1,000,000
20x7 年之個別淨利(未計入投資損益或股利收入前之淨利)	$300,000	$180,000	$150,000
20x7/12/31，宣告並發放之現金股利	$200,000	$100,000	$40,000
20x7 年，內部銷貨收入(順流)	$90,000	－	－
截至 20x7/12/31，因內部銷貨交易所致之未實現利益	(#) $8,000	－	－
#：假設其中$3,000 係甲公司銷貨予乙公司所致之未實現利益，另外$5,000 係甲公司銷貨予丙公司所致之未實現利益。			

試作：
(1) 計算甲公司及其子公司 20x7 年合併綜合損益表上之下列金額：
　　(a) 控制權益淨利　　(b) 非控制權益淨利　　(c) 總合併淨利
(2) 分別編製 20x7 年甲公司、乙公司及丙公司與股權投資相關之分錄。
(3) 編製 20x7 年甲公司及其子公司合併工作底稿上之調整/沖銷分錄。

解答：

(投資型態)

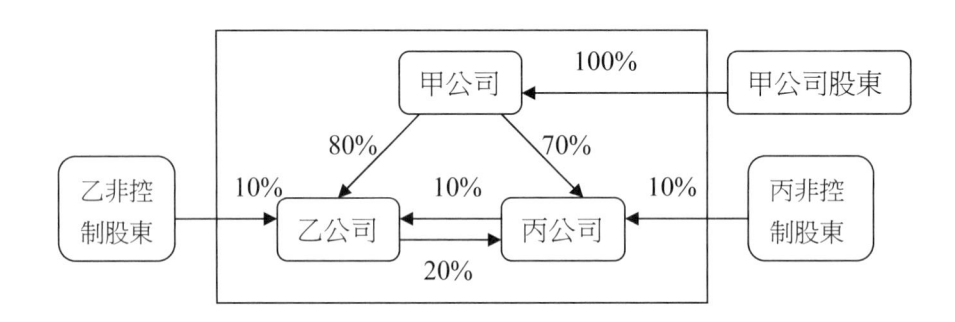

```
                           100%
            甲公司 ←──────── 甲公司股東
          80%  ╲  70%
    10%  ╱       ╲   10%
乙非控 → 乙公司 ←→ 丙公司 ← 丙非控
制股東    10%              制股東
           ╲  20%  ╱
```

甲持有乙 80%股權並對乙存在控制，甲持有丙 70%股權並對丙存在控制，因此甲、乙及丙形成一個合併個體，甲是母公司，乙及丙皆是子公司。亦可謂甲透過乙間接持有丙 16%股權，80%×20%＝16%，因此甲持有丙 86%股權，直接 70%＋間接 16%＝86%，故甲對丙存在控制。另乙持有丙 20%股權，而丙也同時持有乙 10%股權，故合併個體以外之甲股東持股比例為 100%，乙非控制股東持有乙 10%股權，丙非控制股東持有丙 10%股權。

截至 20x7/1/1：
(a) 「非控制權益－乙」＝($2,000,000＋$1,500,000)×10%＝$350,000
(b) 「非控制權益－丙」＝($1,000,000＋$1,000,000)×10%＝$200,000
(c) 乙持有丙 20%股權，已知乙對丙具重大影響，須按權益法認列投資損益。
(d) 丙持有乙 10%股權，若無反證，丙對乙不具重大影響，故丙依 IFRS 9 將其對乙公司 10%股權投資分類為「透過損益按公允價值衡量之金融資產」。

令 A：甲公司在權益(合併)基礎下之淨利，故包含相互投資之利益
　　B：乙公司在權益(合併)基礎下之淨利，故包含相互投資之利益
　　C：丙公司在權益(合併)基礎下之淨利，故包含相互投資之利益

因此，A＝$300,000＋0.8B＋0.7C－順流未實利$8,000 ----- (i)
　　　B＝$180,000＋0.2C --------------------------------------- (ii)
且，C＝$150,000＋0.1B --------------------------------------- (iii)
得出，A＝$583,429，B＝$214,286，C＝$171,429

控制權益淨利＝甲公司在權益法下之淨利＝$583,429×100%＝$583,429
　　　　　＝甲公司個別淨利＋甲對乙之投資收益＋甲對丙之投資收益
　　　　　＝$300,000＋甲對乙之投資收益＋甲對丙之投資收益
　　　　　＝$300,000＋$168,429＋$115,000 (詳下列計算)

20x7年，甲對乙之投資收益＝$214,286×80%－順流未實利$3,000＝$168,429
20x7年，甲對丙之投資收益＝$171,429×70%－順流未實利$5,000＝$115,000

乙公司按權益法之淨利＝$214,286×(80%屬甲公司＋10%屬乙非控制權益)
　　　　　　＝$192,857＝乙公司個別淨利＋乙公司對丙公司應認列之投資收益
　　　　　　　＝$180,000＋乙公司對丙公司應認列之投資收益
∴ 20x7年乙公司對丙公司應認列之投資收益＝$12,857

亦可計算如下：20x7年乙公司對丙公司應認列之投資收益
　　　　　　＝($171,429×20%)－($214,286×10%)＝$12,857

另，20x7年「非控制權益淨利－乙」＝$214,286×10%＝$21,429
　　　「非控制權益淨利－丙」＝$171,429×10%＝$17,143

丙公司個別淨利$150,000
　　＝(甲對丙所認列之投資收益$115,000＋順流未實利$5,000)
　　　＋乙對丙所認列之投資收益$12,857＋「非控制權益淨利－丙」$17,143
即丙公司已實現個別淨利$150,000 分享予：(i)甲公司(70%)$12,000，(ii)乙公司(20%)$12,857，(iii)丙10%非控制權益$17,143。

驗　算：
總合併淨利＝($300,000＋$180,000＋$150,000)－順流未實利$8,000＝$622,000
　　　　＝控制權益淨利＋非控制權益淨利
　　　　＝$583,429＋($21,429＋$17,143)＝$583,429＋$38,572＝$622,001
[尾差$1，擬調整 20x7年「非控制權益淨利－乙」$21,429 為$21,428。]

(1) (a) 20x7 年，控制權益淨利＝$583,429
    (b) 20x7 年，非控制權益淨利＝$21,428＋$17,143＝$38,571
    (c) 20x7 年，總合併淨利＝$583,429＋$38,571＝$622,000

(2) 甲、乙及丙公司 20x7 年之分錄：

		甲	乙	丙
20x7/12/31	現　金 　　採用權益法之投資－乙 　　採用權益法之投資－丙	108,000 　　80,000 　　28,000	8,000 　　— 　　8,000	X
12/31	現　金 　　股利收入	X	X	10,000 　　10,000
12/31	採用權益法之投資－乙 　　採用權益法認列之子公司、 　　關聯企業及合資利益之份額－乙	168,429 　　168,429	X	X
12/31	採用權益法之投資－丙 　　採用權益法認列之子公司、 　　關聯企業及合資利益之份額－丙	115,000 　　115,000	X	X
12/31	採用權益法之投資－丙 　　採用權益法認列之關聯企業 　　及合資利益之份額－丙	X	12,857 　　12,857	X
12/31	假設：期末丙對乙 10%股權投資的 　　　　帳面金額等於其公允價值。	X	X	X
股　利：$100,000×80%＝$80,000，$40,000×70%＝$28,000 　　　　$100,000×10%＝$10,000，$40,000×20%＝$8,000 　　　　$100,000×10%＝$10,000，$40,000×10%＝$4,000					

(3) 甲公司及其子公司 20x7 年合併工作底稿之沖銷分錄：

(a)	銷貨收入　　　　90,000 　　銷貨成本　　　　　　　90,000		
(b)	銷貨成本　　　　 8,000 　　存　貨　　　　　　　　8000		

(續次頁)

		甲投資乙 80% 丙投資乙 10%		甲投資丙 70% 乙投資丙 20%
左(c) 右(g)	採用權益法認列之子公司、 關聯企業及合資利益之份額 　　股　利 　　採用權益法之投資－乙 　　採用權益法之投資－丙	(c)	168,429 　　80,000 　　88,429 　　—	(g)	115,000 　　28,000 　　— 　　87,000
右(h)	採用權益法認列之關聯企業 　　及合資利益之份額－丙 　　股　利 　　採用權益法之投資－丙		X	(h)	12,857 　　8,000 　　4,857
左(d)	股利收入 　　股　利	(d)	10,000 　　10,000		X
左(e) 右(i)	非控制權益淨利 　　股　利 　　非控制權益	(e)	21,428 　　10,000 　　11,428	(i)	17,143 　　4,000 　　13,143
左(f) 右(j)	普通股股本 保留盈餘 　採用權益法之投資－乙 　採用權益法之投資－丙 　採用權益法之投資－丙 　強制透過損益按公允價值衡量 　　之金融資產－乙 　非控制權益	(f)	2,000,000 1,500,000 2,800,000 — — 350,000 350,000	(j)	1,000,000 1,000,000 — 1,400,000 400,000 — 200,000

(十二)　(**93 會計師考題改編**)　(**子公司間相互持股**)

　　甲公司於 20x5 年 1 月 1 日分別以$375,000 及$300,000 取得乙公司 75%股權及丙公司 60%股權，並對乙公司及丙公司存在控制。當日乙公司權益包括普通股股本$300,000 及保留盈餘$100,000，丙公司權益包括普通股股本$200,000 及保留盈餘$300,000，且乙公司及丙公司帳列資產及負債之帳面金額皆等於其公允價值，亦皆無未入帳之資產或負債，若仍有帳列淨值低估之情況，則假設為子公司之未入帳專利權，並分 5 年攤銷。非控制權益係以收購日公允價值衡量。

其他資料：

(1) 乙公司於 20x6 年 1 月 1 日以$110,000 取得丙公司 20%股權，並對丙公司具重大影響。當日丙公司帳列資產及負債之帳面金額皆等於其公允價值，且無未入帳之資產或負債。丙公司亦於 20x6 年 1 月 1 日以$52,000 取得乙公司 10%股權，因對乙公司不具重大影響，故將該 10%股權投資分類為「透過損益按公允價值衡量之金融資產」。

(2) 乙公司於 20x5 年間以$200,000 出售一筆營業上使用之土地土地予丙公司，該筆土地之帳面金額為$180,000。至 20x7 年底，丙公司仍持有該筆土地並使用於營業上。

(3) 20x6 年底，乙公司期末存貨中含有購自甲公司及丙公司之商品，內部毛利分別為$15,000 和$10,000，上述商品均已於 20x7 年分別售予合併個體以外單位。已知乙公司於 20x6 年間購自甲公司及丙公司之商品存貨金額分別為$140,000 及$120,000。

(4) 20x7 年間，丙公司以$130,000(係按丙公司進貨成本加計 30%計得)銷售商品存貨予甲公司，至 20x7 年底該商品尚有半數未售予合併個體以外單位。

(5) 乙公司於 20x7 年 6 月 30 日以$250,000 將帳面金額$200,000 之辦公設備售予甲公司，該辦公設備預估可再使用五年，無殘值，採直線法提列折舊。

(6) 除上述交易外，三家公司於 20x5 至 20x7 年間並未發生其他內部交易或與權益相關之交易。

(7) 20x5 至 20x7 年間，甲公司、乙公司及丙公司之個別淨利(未計入投資損益或股利收入前之淨利)每年皆分別為$200,000、$120,000 及$100,000，而三家公司宣告且發放之現金股利每年皆分別為$100,000、$60,000 及$50,000。

試作：

(A) 計算下表中(a)～(q)之金額： [原考題只求算(c)、(h)、(i)、(o)、(p)。]

		20x5	20x6	20x7
(1)	按權益法，甲對乙應認列之投資損益？	(a)	(f)	(l)
(2)	按權益法，甲對丙應認列之投資損益？	(b)	(g)	(m)
(3)	按權益法，乙對丙應認列之投資損益？	(N/A)	(h)	(n)
(4)	合併綜合損益表上之控制權益淨利？	(c)	(i)	(o)
(5)	合併綜合損益表上之非控制權益淨利？	(d)	(j)	(p)
(6)	合併綜合損益表上之總合併淨利？	(e)	(k)	(q)

(B) 編製 20x5、20x6 及 20x7 年甲公司及其子公司合併工作底稿上之沖銷分錄。

參考答案：

(投資型態)

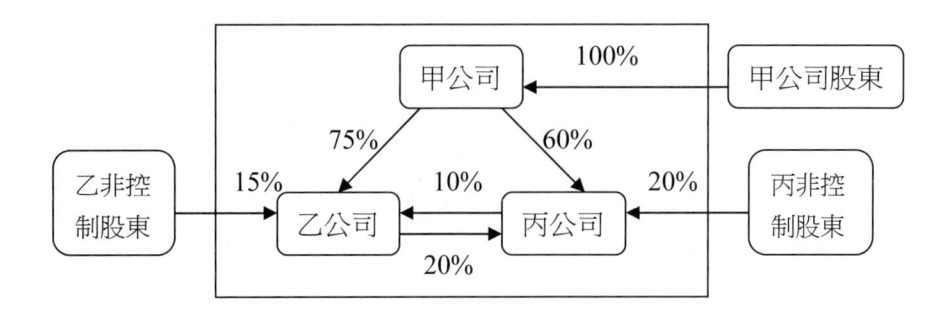

```
                    100%
        甲公司 ←──────── 甲公司股東
       75%  60%
  15%  ↓    ↓    20%
乙非控 ──→ 乙公司  丙公司 ←── 丙非控
制股東      ↑  10%       制股東
            20%
```

20x5/ 1/ 1：
甲持有乙 75%股權，甲持有丙 60%股權，並對乙及丙存在控制，因此甲、乙及丙形成一個合併個體，甲是母公司，乙及丙皆是子公司，乙非控制股東持有乙 25%股權，丙非控制股東持有丙 40%股權，是典型的「父子子」投資型態。

20x6/ 1/ 1：
甲持有乙 75%股權，甲持有丙 60%股權，並對乙及丙存在控制，因此甲、乙及丙形成一個合併個體，甲是母公司，乙及丙皆是子公司。又甲透過乙間接持有丙 15%股權，75%×20%＝15%，因此甲持有丙 75%股權，直接 60%＋間接 15%＝75%，故甲對丙存在控制。另乙持有丙 20%股權，而丙也同時持有乙 10%股權，故合併個體以外之甲股東持股比例為 100%，乙非控制股東持有乙 15%股權，丙非控制股東持有丙 20%股權，形成「間接持股－父子子」與「子公司間相互持股」混合的投資型態。

20x5/ 1/ 1：非控制權益係以收購日公允價值衡量，惟題意中未提及該公允價值，故設算之。 乙公司總公允價值＝$375,000÷75%＝$500,000
乙公司未入帳專利權＝$500,000－($300,000＋$100,000)＝$100,000
未入帳專利權之每年攤銷數＝$100,000÷5 年＝$20,000
「非控制權益－乙」＝乙公司總公允價值$500,000×25%＝$125,000
丙公司總公允價值＝$300,000÷60%＝$500,000
　　　　　　　＝丙公司帳列淨值＝$200,000＋$300,000
「非控制權益－丙」＝丙公司總公允價值$500,000×40%＝$200,000

20x5 年，側流買賣土地(乙→丙)，未實現利益＝$200,000－$180,000＝$20,000

20x5 年：甲對乙應認列之投資收益
　　　　　＝($120,000－專攤$20,000－側流未實利$20,000)×75%＝$60,000
　　「非控制權益淨利－乙」
　　　　　＝($120,000－$20,000－$20,000)×25%＝$20,000
　　甲對丙應認列之投資收益＝$100,000×60%＝$60,000
　　「非控制權益淨利－丙」＝$100,000×40%＝$40,000
　　控制權益淨利＝$200,000＋$60,000＋$60,000＝$320,000
　　非控制權益淨利＝$20,000＋$40,000＝$60,000

20x6 年，順流銷貨(甲→乙)$140,000，未實現利益＝$15,000
　　　　側流銷貨(丙→乙)$120,000，未實現利益＝$10,000

20x6 年，投資收益及非控制權益淨利之計算如下：

令 A：甲公司在權益(合併)基礎下之淨利，故包含相互投資之利益
　 B：乙公司在權益(合併)基礎下之淨利，故包含相互投資之利益
　 C：丙公司在權益(合併)基礎下之淨利，故包含相互投資之利益

因此，A＝$200,000＋0.75B＋0.6C－順流未實利$15,000 ----- (i)
　　　B＝$120,000＋0.2C－專攤$20,000 ------------------------- (ii)
　且，C＝$100,000＋0.1B－側流未實利$10,000 ---------------- (iii)
得出，A＝$336,531，B＝$120,408，C＝$102,041

控制權益淨利＝甲公司在權益法下之淨利＝$336,531×100%＝$336,531
　　　　　　＝甲公司個別淨利＋甲對乙之投資收益＋甲對丙之投資收益
　　　　　　＝$200,000＋甲對乙之投資收益＋甲對丙之投資收益
　　　　　　＝$200,000＋$75,306＋$61,225 (詳下列計算)

20x6 年，甲對乙之投資收益＝$120,408×75%－順流未實利$15,000＝$75,306
20x6 年，甲對丙之投資收益＝$102,041×60%＝$61,225

乙公司權益法下之淨利＝$120,408×(75%屬甲公司＋15%屬乙非控制權益)
　　　　　　　　＝$108,367＝乙公司個別淨利＋乙公司對丙公司應認列之投資損益
　　　　　　　　　＝$120,000＋乙公司對丙公司應認列之投資損益
∴ 20x6 年乙公司對丙公司應認列之投資損失＝－$11,633

亦可計算如下：20x6 年乙公司對丙公司應認列之投資損失
$$=(\$102,041\times20\%)-(\$120,408\times10\%)-專攤\$20,000=-\$11,633$$

另，20x6 年「非控制權益淨利－乙」＝$120,408×15\%=\$18,061$
　　　　「非控制權益淨利－丙」＝$102,041×20\%=\$20,408$

丙公司個別淨利$100,000－側流未實利$10,000＝$90,000
　　　＝甲對丙之投資收益$61,225＋(乙對丙所認列之投資損失－$11,633
　　　　＋專攤$20,000)＋「非控制權益淨利－丙」$20,408＝$90,000
即丙公司已實現個別淨利$90,000 分享予：(i)甲公司(60%)$61,225，(ii)乙公司(20%)$8,367，(iii)丙 20%非控制權益$20,408。

驗　算：
總合併淨利＝($200,000＋$120,000＋$100,000)－專攤$20,000
　　　　　　－順流未實利$15,000－側流未實利$10,000＝$375,000
　　　　＝控制權益淨利$336,531＋非控制權益淨利($18,061＋$20,408)
　　　　＝$336,531＋$38,469＝$375,000

20x7 年：20x6 年順流銷貨(甲→乙)外售，已實現利益＝$15,000
　　　　　20x6 年側流銷貨(丙→乙)外售，已實現利益＝$10,000
　　　　　逆流銷貨(丙→甲)$130,000，$130,000÷(1＋30%)＝$100,000
　　　　　未實現利益＝($130,000－$100,000)×(1/2)＝$15,000

20x7/ 6/30：逆流買賣辦公設備(乙→甲)，未實利＝$250,000－$200,000＝$50,000
　　　　　　已實現利益＝($50,000÷5 年)×(6/12)＝$10,000×(6/12)＝$5,000

20x7 年，投資收益及非控制權益淨利之計算如下：

令 A：甲公司在權益(合併)基礎下之淨利，故包含相互投資之利益
　 B：乙公司在權益(合併)基礎下之淨利，故包含相互投資之利益
　 C：丙公司在權益(合併)基礎下之淨利，故包含相互投資之利益

因此，A＝$200,000＋0.75B＋0.6C＋順流已實利$15,000 ------------------------- (i)
　　　B＝$120,000＋0.2C－專攤$20,000－逆流未實利($50,000－$5,000)---- (ii)
　且，C＝$100,000＋0.1B＋側流已實利$10,000－逆流未實利$15,000 -------- (iii)
得出，A＝$333,163，B＝$75,510，C＝$102,551

控制權益淨利＝甲公司在權益法下之淨利＝$333,163×100%＝$333,163
　　　　　＝甲公司個別淨利＋甲對乙之投資收益＋甲對丙之投資收益
　　　　　＝$200,000＋甲對乙之投資收益＋甲對丙之投資收益
　　　　　＝$200,000＋$71,632＋$61,531 (詳下列計算)

20x7 年，甲對乙之投資收益＝$75,510×75%＋順流已實利$15,000＝$71,632
20x7 年，甲對丙之投資收益＝$102,551×60%＝$61,531

乙公司在權益法下之淨利
　　　　＝乙公司個別淨利＋乙公司對丙公司應認列之投資損益
　　　　＝$75,510×(75%屬甲公司＋15%屬乙非控制權益)＝$67,959
　　　　＝$120,000＋乙公司對丙公司應認列之投資損益
∴ 20x7 年乙公司對丙公司應認列之投資損失＝－$52,041

亦可計算如下：20x7 年乙公司對丙公司應認列之投資損失
　　　　　＝($102,551×20%)－($75,510×10%)－專攤$20,000
　　　　　　－逆流未實利($50,000－$5,000)＝－$52,041

另，20x7 年「非控制權益淨利－乙」＝$75,510×15%＝$11,327
　　　　「非控制權益淨利－丙」＝$102,551×20%＝$20,510

丙公司個別淨利$100,000＋側流已實利$10,000－逆流未實利$15,000＝$95,000
　　＝甲對丙之投資收益$61,531＋[乙對丙所認列之投資損失－$52,041＋專攤
　　　$20,000＋逆流未實利($50,000－$5,000)]＋「非控制權益淨利－丙」$20,510
　　＝$95,000
即丙公司已實現個別淨利$95,000 分享予：(i)甲公司(60%)$61,531，(ii)乙公司(20%)$12,959，(iii)丙 20%非控制權益$20,510。

驗　算：
總合併淨利＝($200,000＋$120,000＋$100,000)－專攤$20,000
　　　　　＋順流已實利$15,000＋側流已實利$10,000－逆流未實利$15,000
　　　　　－逆流未實利($50,000－$5,000)＝$365,000
　　　　＝控制權益淨利$333,163＋非控制權益淨利($11,327＋$20,510)
　　　　＝$333,163＋$31,837＝$365,000

(A) 計算下列金額：

		20x5	20x6	20x7
(1)	按權益法，甲對乙應認列之投資損益？	$60,000	$75,306	$71,632
(2)	按權益法，甲對丙應認列之投資損益？	$60,000	$61,225	$61,531
(3)	按權益法，乙對丙應認列之投資損益？	(N/A)	－$11,633	－$52,041
(4)	合併綜合損益表上之控制權益淨利？	$320,000	$336,531	$333,163
(5)	合併綜合損益表上之非控制權益淨利？	$60,000	$38,469	$31,837
(6)	合併綜合損益表上之總合併淨利？	$380,000	$375,000	$365,000

(B) 「甲投資乙」及「丙投資乙」相關科目餘額及金額之異動如下：

	20x5/1/1	20x5	20x5/12/31	20x6	20x6/12/31
乙－權　益	$400,000	＋$120,000 －$60,000	$460,000	＋$120,000－$11,633 －$60,000	$508,367
權益法：					
甲：採用權益法 　　之投資－乙	$375,000	＋$60,000 －$45,000	$390,000	＋$75,306 －$45,000	$420,306
股權投資不具重大影響：					
丙－強制透過損益 　按公允價值衡量 　之金融資產			$52,000	股利收入$6,000	$52,000
合併財務報表：					
專利權	$100,000	－$20,000	$80,000	－$20,000	$60,000
非控制權益	$125,000	＋$20,000 －$15,000	$130,000 －$52,000 ＝$78,000	＋$18,061－$9,000	$87,061

(延續上表)「甲投資乙」及「丙投資乙」相關科目餘額及金額之異動如下：

	20x6/12/31	20x7	20x7/12/31		
乙－權　益	$508,367	＋$120,000－$52,041 －$60,000	$516,326		
權益法：					
甲：採用權益法 　　之投資－乙	$420,306	＋$71,632 －$45,000	$446,938		

(延續上表)「甲投資乙」及「丙投資乙」相關科目餘額及金額之異動如下：

	20x6/12/31	20x7	20x7/12/31
股權投資不具重大影響：			
丙－強制透過損益按公允價值衡量之金融資產	$52,000	股利收入$6,000	***$52,000***
合併財務報表：			
專利權	$60,000	－$20,000	$40,000
非控制權益	$87,061	＋$11,327－$9,000	$89,388

(B)(續)「甲投資丙」及「乙投資丙」相關科目餘額及金額之異動如下：

	20x5/1/1	20x5	20x5/12/31	20x6	20x6/12/31
丙－權益	$500,000	＋$100,000 －$50,000	$550,000	$100,000＋$6,000 －$50,000	$606,000
權益法：					
甲－「採用權益法之投資－丙」	$300,000	＋$60,000 －$30,000	$330,000	＋$61,225 －$30,000	$361,225
乙－「採用權益法之投資－丙」			***$110,000***	－$11,633 －$10,000	$88,367
合併財務報表：					
非控制權益	$200,000	＋$40,000 －$20,000	$220,000 －***$110,000*** ＝$110,000	＋$20,408－$10,000	$120,408

(延續上表)「甲投資丙」及「乙投資丙」相關科目餘額及金額之異動如下：

	20x6/12/31	20x7	20x7/12/31
丙－權益	$606,000	$100,000＋$6,000 －$50,000	$662,000
權益法：			
甲－「採用權益法之投資－丙」	$361,225	＋$61,531 －$30,000	$392,756
乙－「採用權益法之投資－丙」	$88,367	－$52,041 －$10,000	$26,326
合併財務報表：			
非控制權益	$120,408	＋$20,510－$10,000	$130,918

20x5 及 20x6 年，甲公司及其子公司合併工作底稿上之沖銷分錄：

		20x5	20x6
(a)	銷貨收入	X	260,000
	銷貨成本		260,000
			($140,000＋$120,000)
(b)	銷貨成本	X	25,000
	存　貨		25,000
			($15,000＋$10,000)
(c)	處分不動產、廠房及設備利益	20,000	X
	土　地	20,000	
	採用權益法之投資－乙		15,000
	非控制權益－乙	X	5,000
	土　地		20,000
20x5：甲投資乙 75%			
20x6：甲投資乙 75%、丙投資乙 10%			
(d)	採用權益法認列之子公司、關聯企業及合資利益之份額－乙	60,000	75,306
	股　利	45,000	45,000
	採用權益法之投資－乙	15,000	30,306
(e)	非控制權益淨利－乙	20,000	18,061
	股　利	15,000	9,000
	非控制權益－乙	5,000	9,061
(f)	股利收入	X	6,000
	股　利		6,000
(g)	普通股股本	300,000	300,000
	保留盈餘	100,000	160,000
	專利權	100,000	80,000
	採用權益法之投資－乙	375,000	405,000
	非控制權益－乙	125,000	83,000
	強制透過損益按公允價值衡量之金融資產	－	52,000
(h)	攤銷費用	20,000	20,000
	專利權	20,000	20,000

(續次頁)

		20x5	20x6
	20x5：甲投資丙 60%		
	20x6：甲投資丙 60%、乙投資丙 20%		
(i)	採用權益法認列之子公司、關聯企業及合資利益之份額－丙	60,000	61,225
	股　利	30,000	30,000
	採用權益法之投資－丙	30,000	31,225
(j)	採用權益法之投資－丙		21,633
	採用權益法認列之關聯企業及合資損失之份額－丙	X	
			11,633
	股　利		10,000
(k)	非控制權益淨利－丙	40,000	20,408
	股　利	20,000	10,000
	非控制權益－丙	20,000	10,408
(l)	普通股股本	200,000	200,000
	保留盈餘	300,000	350,000
	採用權益法之投資－丙	300,000	330,000
	非控制權益－丙	200,000	110,000
	採用權益法之投資－丙	－	110,000

20x7 年，甲公司及其子公司合併工作底稿上之沖銷分錄：

(a)	銷貨收入　　　　　　　　　　130,000		20x7，逆流銷貨
	銷貨成本	130,000	(丙→甲) 金額
(b)	銷貨成本　　　　　　　　　　15,000		20x7，逆流銷貨(丙→甲)之未實現利益
	存　貨	15,000	
(c)	採用權益法之投資－乙　　　　15,000		20x6，順流銷貨(甲→乙)之已實現利益
	銷貨成本	15,000	
(d)	採用權益法之投資－丙　　　　6,000		20x6，側流銷貨
	採用權益法之投資－丙　　　　2,000		(丙→乙) 之
	非控制權益－丙　　　　　　　2,000		已實現利益
	銷貨成本	10,000	
(e)	採用權益法之投資－乙　　　　15,000		20x5，側流買賣
	非控制權益－乙　　　　　　　5,000		土地(乙→丙)之
	土　地	20,000	未實現利益
(f)	處分不動產、廠房及設備利益　50,000		20x7/ 6/30 逆流買賣
	辦公設備－淨額	50,000	設備(乙→甲)之未實利

(g)	辦公設備－淨額	5,000		20x7/ 6/30 逆流買賣
	折舊費用		5,000	設備(乙→甲)之已實利
(h)～(l)：甲投資乙 75%、丙投資乙 10%				
(h)	採用權益法認列之子公司、關聯企業及合資利益之份額－乙	71,632		
	股　利		45,000	
	採用權益法之投資－乙		26,632	
(i)	非控制權益淨利－乙	11,327		
	股　利		9,000	
	非控制權益－乙		2,327	
(j)	股利收入	6,000		
	股　利		6,000	
(k)	普通股股本	300,000		初$420,306＋沖(c)
(＊)	保留盈餘	208,367		$15,000＋沖(e)$15,000
	專利權	60,000		＝$450,306
	採用權益法之投資－乙		450,306	Y－沖(e)$5,000
	非控制權益－乙		92,061	＝初$87,061
	透過損益按公允價值衡量			Y＝$92,061
	之金融資產		52,000	
(l)	攤銷費用	20,000		
	專利權		20,000	
(m)～(p)：甲投資丙 60%、乙投資丙 20%				
(m)	採用權益法認列之子公司、關聯企業及合資利益之份額－丙	61,530		
	股　利		30,000	
	採用權益法之投資－丙		31,530	
(n)	採用權益法之投資	62,041		
	採用權益法認列之關聯企業及合資損失之份額－丙		52,041	
	股　利		10,000	
(o)	非控制權益淨利－丙	20,510		
	股　利		10,000	
	非控制權益－丙		10,510	

(p)	普通股股本	200,000	初$361,225＋沖(d)$6,000
(&)	保留盈餘	406,000	＝$367,225
	採用權益法之投資－丙	367,225	W－沖(d)$2,000＝初
	非控制權益－丙	122,408	$120,408，W＝$122,408
	採用權益法之投資－丙	90,367	初$88,367＋沖(d)$2,000
			＝$90,367

＊：貸方金額較借方金額多$26,000，係因傳統法採權益基礎同時計算甲、乙及丙公司之投資損益，惟丙投資乙之10%股權係採現金基礎認列股利收入$6,000，乙對丙之投資損益計算已減除專利權攤銷$20,000。

&：貸方金額較借方金額少$26,000，理由同＊。

若將沖銷分錄(k)及(p)合併寫成一個沖銷分錄，則可解決(＊)及(&)之借貸不平衡問題，對正確合併財務報表的編製不影響。

(十三) (單選題：近年會計師考題改編)

※ 間接持股

(1) (111 會計師考題)

(A) 甲公司分別持有乙公司80%股權及丙公司35%股權，乙公司亦持有丙公司40%股權。若上述股權取得時，乙公司與丙公司帳列資產及負債之帳面金額均等於公允價值，且無未入帳之資產及負債。這三家公司間並無內部交易發生。若乙公司20x3年度加計投資損益前之淨利為$90,000且乙公司之非控制權益淨利為$23,600，試問20x3年度丙公司之非控制權益淨利為何？
(A) $17,500　(B) $20,100　(C) $25,500　(D) $27,150

說明：$23,600＝($90,000＋丙淨利×40%)×20%，丙淨利＝$70,000
丙公司之非控制權益淨利＝$70,000×(100%－35%－40%)
＝$70,000×25%＝$17,500

(2) (109 會計師考題)

(C) 甲公司持有乙公司70%股權及丙公司60%股權，並對乙公司及丙公司存在控制，另乙公司持有丙公司20%股權。投資當日被投資公司帳列資產及負債之帳面金額皆等於其公允價值，且無未入帳之可辨認資產或負債。甲公司之移轉對價及乙公司之投資成本若超過其所取得可辨認淨資產帳面金額，則其差額皆歸因於被投資公司有未入帳商譽。非控制權益依收購日可辨認淨資產比例份額衡量。20x5年甲公司、乙公司以及丙公司個別淨利(未計入投資收益或股利收入前之淨利)分別為$100,000、$190,000以及$150,000。20x5年間，乙公司將公允價值與帳面金額均為$50,000的土地以$40,000出售給甲公司，20x5年底甲公司仍持有該土地，且商譽未發生減損。試問20x5年合併綜合損益表上歸屬於控制權益淨利為何？
(A) $341,000　　(B) $348,400　　(C) $351,000　　(D) $355,000

說明：未實現損失＝$40,000－$50,000＝－$10,000
$100,000＋($150,000×60%)＋[$190,000＋($150,000×20%)
＋未實現損失$10,000]×70%＝$351,000

(3) (109 會計師考題)

(D) 承上題，20x5年合併綜合損益表中歸屬於非控制權益淨利為何？
(A) $69,000　　(B) $85,000　　(C) $95,000　　(D) $99,000

說明：($150,000×20%)＋[$190,000＋($150,000×20%)＋$10,000]×30%
＝$30,000＋$69,000＝$99,000

(4) (108 會計師考題)

(A) 甲公司分別持有乙公司80%股權及丙公司40%股權，乙公司持有丙公司30%股權，三家公司均採權益法處理其股權投資。20x1年甲公司、乙公司及丙公司不含投資收益之淨利分別為$45,000、$300,000與$250,000，每家公司淨利皆含有母、子公司間交易之未實現利益$20,000，且甲公司對乙公司之股權投資以及乙公司對丙公司之股權投資，在權益法下每年各應調整未入帳專利權之攤銷數$15,000。試求20x1年歸屬於丙公司之非控制權益淨利為何？
(A) $54,000　　(B) $64,500　　(C) $69,000　　(D) $75,000

說明：20x1 年歸屬於丙公司之非控制權益淨利
= [$250,000－$20,000－($15,000÷30%)]×(100%－40%－30%)
= $180,000×30% = $54,000
或 = [$250,000－$20,000]×(100%－40%－30%)－$15,000 = $54,000

(5) (108 會計師考題)

(C) 甲公司20x1年1月1日以現金$870,000取得乙公司90%普通股股權並對乙公司存在控制。非控制權益係依收購日公允價值$88,000衡量。20x1年1月1日乙公司權益包括普通股股本$500,000與保留盈餘$350,000；且乙公司之可辨認淨資產之公允價值與帳面金額相等。同日，甲公司另以現金$660,000取得丙公司80%普通股股權並對丙公司存在控制，且依收購日丙公司可辨認淨資產公允價值之比例份額衡量非控制權益。20x1年1月1日丙公司之權益包括普通股股本$525,000及保留盈餘$300,000，丙公司可辨認淨資產之公允價值與帳面金額相等。20x1年中，乙公司將成本$60,000之商品以$80,000出售予丙公司；丙公司至20x2年度始將此交易之全部商品售予集團外之第三方。乙公司與丙公司20x1年度之淨利分別為$200,000與$60,000，20x1年度乙公司與丙公司皆未宣告發放現金股利。下列敘述何者正確？
(A) 20x1 年底編製合併財務報表時應沖銷公司間銷貨收入金額為$57,600
(B) 20x1 年底編製合併財務報表時應沖銷公司間銷貨成本金額為$54,000
(C) 20x1 年合併財務報表之「非控制權益」金額為$283,000
(D) 20x1 年合併財務報表之「非控制權益淨利」金額為$32,000

說明：甲收購乙：合併商譽 = ($870,000＋$88,000)－($500,000＋$350,000)
＝ $20,000
甲收購丙：$525,000＋$300,000 = $825,000
合併商譽 = ($660,000＋$825,000×20%)－$825,000 = $0
側流銷貨之未實現利益 = $80,000－$60,000 = $20,000
20x1 年合併財務報表之「非控制權益淨利」
＝ ($200,000－$20,000)×10%＋($60,000×20%) = $30,000
20x1 年合併財務報表之「非控制權益」
＝ ($88,000＋$825,000×20%)＋$30,000 = $283,000

(6) (107會計師考題)

(C) 甲公司持有乙公司90%股權並對乙公司存在控制，乙公司持有丙公司60%股權並對丙公司存在控制。於收購日乙公司及丙公司帳列資產及負債之帳面金額皆等於其公允價值，亦無未入帳之資產或負債。前述投資均採權益法處理。若三家公司之個別淨利(不含投資收益或股利收入)分別為甲$540,000、乙$240,000及丙$150,000，則控制權益淨利之計算式為何？
(A) $930,000－($240,000×10%)
(B) $930,000－($240,000×10%)－($150,000×40%)
(C) $930,000－($240,000×10%)－($150,000×46%)
(D) $930,000－($240,000×10%)－($150,000×40%)－($150,000×10%×40%)

說明：三家公司個別淨利合計＝$540,000＋$240,000＋$150,000＝$930,000
　　　控制權益淨利＝三家公司個別淨利合計－非控制權益淨利
　　　＝$930,000－($240,000×10%)－($150,000×40%)－($150,000×10%×60%)
　　　＝$930,000－($240,000×10%)－($150,000×46%)

(7) (106會計師考題)

(C) 甲公司於20x1年1月1日分別持有乙公司與丙公司75%與30%股權，並對乙公司存在控制且對丙公司具重大影響。同日乙公司持有丙公司40%股權並對丙公司具重大影響。於收購日或股權取得日乙公司及丙公司帳列資產及負債之帳面金額皆等於其公允價值，亦無未入帳之資產或負債。前述投資皆採權益法處理。甲公司與乙公司於20x1年之個別淨利(不含投資收益或股利收入)分別為$1,000,000與$500,000。乙公司於20x1年10月1日以$200,000將成本$150,000之商品存貨售予甲公司。截至20x1年底，甲公司購自乙公司之商品仍有半數尚未售予合併個體以外的單位。若甲公司及其子公司20x1年合併綜合損益表上之非控制權益淨利為$218,750，則20x1年丙公司淨利為何？
(A) $225,000　　(B) $234,375　　(C) $250,000　　(D) $333,333

說明：逆流銷貨，未實現利益＝($200,000－$150,000)×1/2＝$25,000
　　　令 Y＝丙公司淨利
　　　則 0.3Y＋[($500,000＋0.4Y)－$25,000]×0.25＝$218,750
　　　故 得出 Y＝$250,000

(8)　(105 會計師考題)

(B)　甲公司於 20x6 年 1 月 1 日取得乙公司 60%股權並對乙公司存在控制，同日乙公司亦取得丙公司 70%股權並對丙公司存在控制。當日甲公司與乙公司帳列資產及負債之帳面金額皆等於其公允價值，除有未入帳商譽外，無其他未入帳之資產或負債。前述投資皆採權益法處理。若 20x6 年三家公司之個別淨利(未含投資收益或股利收入之淨利)分別為甲公司$500,000、乙公司$300,000 以及丙公司$400,000，則 20x6 年控制權益淨利為何？
(A) $808,000　　(B) $848,000　　(C) $920,000　　(D) $960,000

說明：控制權益淨利＝$500,000＋[$300,000＋($400,000×70%)]×60%
　　　　　　　　＝$500,000＋$348,000＝$848,000

(9)　(103 會計師考題)

(B)　甲公司持有乙公司90%股權數年並對乙公司存在控制，乙公司持有丙公司80%股權數年並對丙公司存在控制。於收購日乙公司及丙公司帳列資產及負債之帳面金額皆等於其公允價值，亦無未入帳之資產或負債。20x6年丙公司出售商品予甲公司，毛利率為20%。若20x6年底甲公司帳列購自丙公司之商品仍有$10,000尚未售予合併個體以外的單位，則20x6年歸屬於控制權益之淨利應調整減少若干？
(A) $560　　(B) $1,440　　(C) $1,600　　(D) $1,800

說明：逆流銷貨之未實現利益＝$10,000×20%＝$2,000
　　　　歸屬於控制權益之淨利應調減＝(－$2,000×80%)×90%＝－$1,440

(10)　(103 會計師考題)

(C)　甲公司持有乙公司80%股權及丙公司30%股權，並對乙公司存在控制且對丙公司具重大影響。甲公司收購乙公司時，乙公司帳列資產及負債之帳面金額皆等於其公允價值，除有一項未入帳專利權$1,000，預估尚有10年耐用年限外，無其他未入帳之資產或負債。乙公司持有丙公司60%股權並對丙公司存在控制。乙公司收購丙公司時，丙公司帳列資產及負債之帳面金額皆等於其公允價值，亦無其他未入帳之資產或負債。甲公司、乙公司與丙公司20x7年個別淨利(不包含投資收益或股利收入)分別為$4,000、$1,800 與$500。其中甲公司個別淨利包含甲公司於20x7年 8月出售商品$1,000予乙公

司之毛利$200，20x7年12月31日乙公司仍持有該批商品之25%尚未售予合併個體以外的單位。20x7年三家公司均未宣告或發放股利。下列有關20x7年合併綜合損益表之敘述何者正確？
(A) 控制權益淨利$5,710
(B) 控制權益淨利$5,716
(C) 非控制權益淨利$450
(D) 非控制權益淨利$470

說明：順流銷貨之未實現利益＝$200×25%＝$50
　　　甲公司對丙公司應認列之投資收益＝$500×30%＝$150
　　　乙公司對丙公司應認列之投資收益＝$500×60%＝$300
　　　丙公司非控制股東分享之利益＝$500×10%＝$50
　　　甲公司對乙公司應認列之投資收益
　　　　＝($1,800＋投資收益$300－專攤$1,000÷10年)×80%
　　　　　　－順流銷貨未實現利益$50＝$1,550
　　　乙公司非控制股東分享之利益＝($1,800＋$300－$100)×20%＝$400
　　　∴ 控制權益淨利＝$4,000＋$150＋$1,550＝$5,700
　　　　非控制權益淨利＝$50＋$400＝$450
驗算：總合併淨利
　　　＝$4,000＋$1,800＋$500－專攤$100－未實現利益$50＝$6,150
　　　＝控制權益淨利$5,700＋非控制權益淨利$450＝$6,150

(11) (102會計師考題)

(C) 20x6年初甲公司持有乙公司80%股權並對乙公司存在控制，乙公司持有丙公司90%股權並對丙公司存在控制。當初收購時，乙公司及丙公司帳列資產及負債之帳面金額皆等於其公允價值，亦無其他未入帳之資產或負債。20x6年三家公司之個別淨利(不含投資收益或股利收入)分別為：甲公司$420,000，乙公司$280,000，丙公司$280,000。其中丙公司個別淨利包含出售商品給乙公司之未實現毛利$56,000，則20x6年度控制權益淨利為何？
(A) $706,670　　(B) $755,980　　(C) $805,280　　(D) $815,770

說明：乙公司應認列之投資收益＝($280,000－$56,000)×90%＝$201,600
　　　乙公司淨利＝$280,000＋$201,600＝$481,600
　　　甲公司應認列之投資收益＝$481,600×80%＝$385,280
　　　甲公司淨利＝$420,000＋$385,280＝$805,280

(12) (101 會計師考題)

(C) 甲公司於 20x7 年 1 月 1 日分別持有乙公司與丙公司 60%與 30%股權，並對乙公司存在控制且對丙公司具重大影響。同日乙公司持有丙公司 40%股權並對丙公司具重大影響。於收購日或股權取得日乙公司及丙公司帳列資產及負債之帳面金額皆等於其公允價值，亦無未入帳之資產或負債。前述投資皆採權益法處理。甲、乙與丙三家公司於 20x7 年之個別淨利(不含投資收益或股利收入)分別為$1,000,000、$500,000 與$200,000。丙公司於 20x7 年 10 月 1 日以$200,000 將成本$150,000 之商品存貨售予甲公司。截至 20x7 年底，甲公司購自丙公司之商品仍有半數尚未售予合併個體以外的單位。試問 20x7 年甲公司及其子公司合併損益表上之非控制權益淨利為何？
(A) $228,000　　(B) $252,500　　(C) $280,500　　(D) $292,000

說明：丙逆流銷貨予甲之未實利＝($200,000－$150,000)×(1/2)＝$25,000
　　　「非控制權益淨利－丙」＝($200,000－$25,000)×30%＝$52,500
　　　乙公司淨利＝$500,000＋($200,000－$25,000)×40%＝$570,000
　　　「非控制權益淨利－乙」＝$570,000×40%＝$228,000
　　　非控制權益淨利＝$52,500＋$228,000＝$280,500

(13) (101 會計師考題)

(B) 甲公司持有乙公司 90%股權數年並對乙公司存在控制，乙公司持有丙公司 70%股權數年並對丙公司存在控制。當初收購時，乙公司及丙公司帳列資產及負債之帳面金額皆等於其公允價值，亦無其他未入帳之資產或負債。本年度三家公司之個別淨利(不含投資收益或股利收入)如下：甲公司$120,000，乙公司$60,000，丙公司$30,000。試問本年度甲公司及其子公司合併損益表上之控制權益淨利與非控制權益淨利各為何？
(A) $180,900 與$29,100　　(B) $192,900 與$17,100
(C) $195,000 與$15,000　　(D) $198,900 與$11,100

說明：乙公司淨利＝$60,000＋($30,000×70%)＝$81,000
　　　控制權益淨利＝$120,000＋($81,000×90%)＝$192,900
　　　非控制權益淨利＝($30,000×30%)＋($81,000×10%)＝$17,100

(14) (99 會計師考題)

(B) 甲公司持有乙公司 82%股權數年並對乙公司存在控制，乙公司持有丙公司 80%股權數年並對丙公司存在控制。當初收購時，乙公司及丙公司帳列資產及負債之帳面金額皆等於其公允價值，亦無其他未入帳之資產或負債。20x6 年三家公司之個別淨利(不含投資收益或股利收入)分別為：甲公司$120,000、乙公司$100,000 以及丙公司$50,000。試問乙公司之非控制權益淨利為何？

(A) $18,000　　(B) $25,200　　(C) $36,200　　(D) $72,000

說明：投資損益及淨利計算如下：

	甲公司	乙公司	丙公司
個別淨利	$120,000	$100,000	$50,000
乙對丙之投資收益		40,000	← ($50,000×80%)
由乙股東分享之乙淨利		$140,000	
甲對乙之投資收益	114,800	← ($140,000×82%)	
權益法下甲淨利 ＝控制權益淨利	$234,800		
非控制權益淨利		$25,200	$10,000

(15) (95 會計師考題)

(D) 甲公司持有乙公司 80%股權數年並對乙公司存在控制，乙公司持有丙公司 70%股權數年並對丙公司存在控制。於收購日，乙公司及丙公司帳列資產及負債之帳面金額均等於其公允價值，亦無未入帳之資產或負債。20x7 年乙公司個別淨利(不含投資損益或股利收入)為$100,000。若乙公司之非控制權益淨利為$31,200，則 20x7 年丙公司之個別淨利為何？

(A) $46,000　　(B) $60,000　　(C) $100,000　　(D) $80,000

說明：令丙公司之個別淨利為 Y，
則 [$100,000＋(Y×70%)]×20%＝$31,200，∴ Y＝$80,000

(16) **(92 會計師考題)**

(C) 甲公司分別持有乙公司 90%股權及丙公司 25%股權，並對乙公司存在控制且對丙公司具重大影響。同時乙公司也持有丙公司 30%股權並對丙公司具重大影響。於收購日或股權取得日乙公司及丙公司帳列資產及負債之帳面金額皆等於其公允價值，亦無未入帳之資產或負債。若 20x6 年甲公司、乙公司及丙公司之個別淨利(不含投資損益或股利收入)分別為$800,000、$700,000 及$500,000，則甲公司及其子公司 20x6 年合併綜合損益表中之控制權益淨利為何？

(A) $2,000,000　　(B) $1,800,000　　(C) $1,690,000　　(D) $1,555,000

說明：甲透過乙間接持有丙 27%股權，90%×30%＝27%，甲共持有丙 52%股權，直接 25%＋間接 27%＝52%，甲對丙亦存在控制，因此甲、乙及丙形成一合併個體。

總合併淨利＝$800,000＋$700,000＋$500,000＝$2,000,000

(法一) 非控制權益淨利＝[$700,000＋($500,000×30%)]×10%
　　　　　　　　　＋($500,000×45%)＝$310,000

控制權益淨利＝$2,000,000－$310,000＝$1,690,000

(法二)

	甲公司	乙公司	丙公司
個別淨利	$800,000	$700,000	$500,000
甲對丙之投資收益	125,000		← ($500,000×25%)
乙對丙之投資收益		150,000	← ($500,000×30%)
由乙股東分享之乙淨利		$850,000	
甲對乙之投資收益	765,000	← ($850,000×90%)	
權益法下甲淨利 ＝控制權益淨利	$1,690,000		
非控制權益淨利		$85,000	$225,000

(17)　(90 會計師考題)

(C)　甲公司持有乙公司 80%股權及丙公司 60%股權，並對乙公司及丙公司存在控制。同時乙公司也持有丙公司 20%股權並對丙公司具重大影響。於收購日或股權取得日乙公司及丙公司帳列資產及負債之帳面金額皆等於其公允價值，亦無未入帳之資產或負債。20x7 年甲公司、乙公司及丙公司之個別淨利(不含投資損益或股利收入)分別為$100,000、$30,000 及$60,000。若丙公司個別淨利中包含將土地售予乙公司之未實現利益$20,000，則 20x7 年甲公司及其子公司之綜合損益表上之非控制權益淨利為何？
(A) $14,000　　(B) $15,200　　(C) $15,600　　(D)$20,400

說明：甲持有乙 80%股權及丙 60%股權，並對乙及丙存在控制，甲、乙及丙公司形成一合併個體，另乙持有丙 20%股權，是「間接持股－父子子」的投資型態，甲是母公司，乙及丙皆是子公司。投資損益及淨利之計算如下：

	甲公司	乙公司	丙公司
個別淨利	$100,000	$30,000	$60,000
減：側流買賣土地之未實現利益			(20,000)
已實現個別淨利			$40,000
甲對丙之投資收益	24,000		← ($40,000×60%)
乙對丙之投資收益		8,000	← ($40,000×20%)
由乙股東分享之乙淨利		$38,000	
甲對乙之投資收益	30,400	← ($38,000×80%)	
權益法下甲淨利＝控制權益淨利	$154,400		
非控制權益淨利		$ 7,600	$ 8,000

非控制權益淨利＝$7,600＋$8,000＝$15,600

(18)　(90 會計師考題)

(C)　甲公司分別持有對下列公司之股權投資：乙公司 80%、丙公司 30%、丁公司 90%。乙公司分別持有對下列公司之股權投資：丙公司 40%、戊公司 70%、己公司 25%、庚公司 60%。其中丁公司因營運不佳，經法院裁定目前進行重整中。試問應編入合併報表的公司有那些？

(A) 甲、乙、戊　　　　　　(B) 甲、乙、丙、戊
(C) 甲、乙、丙、戊、庚　　(D) 甲、乙、丙、丁、戊、庚

說明：(1) 甲→乙(80%)，乙應編入
　　　(2) 甲→乙(80%)→丙(40%)，甲→丙(32%＝80%×40%)，詳下述(3)
　　　(3) 甲→丙(30%)，(2)32%＋(3)30%＝62%，甲→丙(62%)，丙應編入
　　　(4) 甲→乙(80%)→戊(70%)，甲→戊(56%)，戊應編入
　　　(5) 甲→乙(80%)→己(25%)，甲→己(20%＝80%×25%)，己無須編入
　　　(6) 甲→乙(80%)→庚(60%)，雖 甲→庚(48%＝80%×60%)，
　　　　　但甲及乙構成的合併個體對庚持股 60%，故庚應編入
　　　(7) 甲→丁(90%)，但丁目前重整中，故丁無須編入

(19)　(90 會計師考題)

(B)　甲公司持有乙公司 90%股權數年並對乙公司存在控制，乙公司持有丙公司 60%股權數年並對丙公司存在控制。於收購日，乙公司及丙公司帳列資產及負債之帳面金額均等於其公允價值，亦無未入帳之資產或負債。若丙公司帳列淨利為$100,000，則此淨利$100,000 應如何分享？

	控制權益(甲)	乙公司之非控制權益	丙公司之非控制權益
(A)	$54,000	$0	$46,000
(B)	$54,000	$6,000	$40,000
(C)	$54,000	$40,000	$6,000
(D)	$54,000	$46,000	$0

說明：甲公司＝$100,000×(90%×60%)＝$54,000
　　　乙公司之非控制權益＝$100,000×(10%×60%)＝$6,000
　　　丙公司之非控制權益＝$100,000×40%＝$40,000

※ 母、子公司相互持股

(20)　(111 會計師考題)

(D)　20x1 年初甲公司購入乙公司 80%股權而對乙公司存在控制，當時乙公司除未入帳專利權$40,000 外，各項可辨認資產、負債之帳面金額均等於公允價值，專利權自收購日起尚餘 5 年效益年限。甲公司採權益法處理對乙公司之投資，20x2 年底「採用權益法之投資－乙公司」餘額為$225,000。20x2 年初乙公司取得甲公司 20%股權，惟對甲公司不具重大影響，20x2 年底此項投資之帳列金額為$30,000。20x3 年二家公司不含與投資相關損益之淨利如下：甲公司$160,000，乙公司 $72,000；股利發放如下：甲公司$60,000，乙公司$30,000。甲公司採庫藏股票法處理母子公司間之相互持股，試問甲公司帳列 20x3 年「投資收益」及 20x3 年底「採用權益法之投資－乙公司」餘額分別為何？

(A) $60,800 及$249,800　　(B) $60,800 及$261,800
(C) $48,800 及$249,800　　(D) $48,800 及$261,800

說明：專利權每年攤銷金額＝$40,000÷5 年＝$8,000
　　　乙收自甲之股利＝$60,000×20%＝$12,000
　　　甲公司 20x3 年「投資收益」
　　　　＝[($72,000＋乙收自甲股利$12,000)－專攤$8,000]×80%
　　　　　－$12,000＝$60,800－$12,000＝$48,800
　　　甲公司 20x3 年底「採用權益法之投資－乙公司」
　　　　＝$225,000＋$60,800－($30,000×80%)＝$261,800

(21)　(108 會計師考題)

(A)　甲公司持有乙公司 100%股權，採權益法處理該投資，且無合併商譽。20x6 年初乙公司以$590,000 取得甲公司 10%股權，當時甲公司之權益$5,500,000。上述兩投資發生時，被投資公司各項可辨認資產、負債之帳面金額均等於公允價值。20x6 年甲公司計入投資收益前之淨利為$714,000，年底宣告且發放現金股利$196,000。甲公司採庫藏股票法處理甲、乙公司間之相互持股，20x6 年底有關合併財務報表之敘述，下列何者正確？

(A) 合併權益減少$590,000

(B) 合併權益減少$641,800

(C) 合併商譽增加$40,000

(D) 乙公司對甲公司之投資帳戶餘額$641,800，且於合併過程中沖銷

說明：乙公司持有甲公司 10%股權，$590,000，未流通在合併個體外，視為合併個體之庫藏股票，於合併資產負債表上列為合併權益之減項。

(22) (108 會計師考題)

(A) 20x1 年 12 月 31 日甲公司以$540,000 取得乙公司 90%股權並存在控制，採權益法處理該投資，並依乙公司可辨認淨資產比例份額衡量非控制權益。當日乙公司權益包括股本$250,000 及保留盈餘$150,000，除設備低估$200,000 外，其餘帳列資產及負債之帳面金額皆等於公允價值，且無未入帳之資產或負債。該價值低估設備尚可使用 10 年，無殘值，按直線法計提折舊。20x2 年 1 月 1 日乙公司取得甲公司 5%股權(1,000 股)，20x2 年甲公司與乙公司之個別淨利(未計入投資收益或股利收入前之淨利)分別為$50,000 與$40,000，且兩公司皆未宣告並發放現金股利。試問 20x2 年合併綜合損益表之本期淨利為何？

(A) $70,000　　(B) $83,500　　(C) $86,000　　(D) $90,000

說明：　20x2 年合併綜合損益表之本期淨利
　　　　＝20x2 年合併綜合損益表之總合併淨利
　　　　＝甲公司個別淨利$50,000＋乙公司個別淨利$40,000
　　　　　－價值低估設備之折舊費用$20,000 ($200,000÷10 年)＝$70,000

(23) (105 會計師考題)

(A) 甲公司持有乙公司 80%股權數年並對乙公司存在控制。於收購日，乙公司帳列資產及負債之帳面金額皆等於其公允價值，亦無未入帳之資產或負債。於 20x5 年 1 月 1 日權益法下甲公司帳列「採用權益法之投資－乙公司」為$450,000。同日乙公司持有甲公司 10%股權，但對甲公司不具重大影響，乙公司之股權投資成本等於其所取得甲公司之帳列淨值。甲公司與乙公司於 20x5 年之個別淨利(不含投資收益或股利收入)分別為$100,000 與$50,000，分別宣告並發放現金股利$50,000 與$20,000。甲公司於 20x5 年

10 月 1 日以$20,000 將成本$14,000 之商品存貨售予乙公司。截至 20x5 年底，乙公司購自甲公司之商品仍有三分之一尚未售予合併個體以外的單位。若採庫藏股票法處理相互持股，則 20x5 年甲公司應認列之投資損益為何？

(A) $37,000　　(B) $37,400　　(C) $42,000　　(D) $44,000

說明：順流銷貨交易之未實現利益＝($20,000－$14,000)×(1/3)＝$2,000

乙淨利＝$50,000＋股利收入($50,000×10%)＝$55,000

甲應認列之投資利益

＝(乙淨利$55,000×80%)－順流銷貨未實利$2,000－($50,000×10%)

＝$37,000

(24) (104 會計師考題)

(A)　20x7 年初甲公司以$540,000 取得乙公司 90%股權並對乙公司存在控制。當日乙公司權益為$350,000，且除機器設備低估$200,000 外，其餘帳列資產及負債之帳面金額皆等於公允價值，亦無其他未入帳之資產或負債。該機器設備尚可使用 10 年，無殘值，採用直線法計提折舊。乙公司於 20x8 年初取得甲公司 5%股權，但對甲公司不具重大影響，乙公司之股權投資成本等於其所取得甲公司之帳列淨值。20x8 年甲公司與乙公司之個別淨利(不包含投資收益或股利收入)分別為$50,000 及$40,000，皆未宣告及發放股利。若採庫藏股票法處理相互持股，則 20x8 年合併淨利為何？

(A) $70,000　　(B) $83,500　　(C) $86,000　　(D) $90,000

說明：機器設備價值低估數之每年折舊額：$200,000÷10 年＝$20,000

甲公司應認列之投資收益＝($40,000－$20,000)×90%＝$18,000

甲公司權益法下淨利＝控制權益淨利＝$50,000＋$18,000＝$68,000

非控制權益淨利＝($40,000－$20,000)×10%＝$2,000

合併淨利＝控制權益淨利＋非控制權益淨利

　　　　＝$68,000＋$2,000＝$70,000

亦可快速計算如下：

合併淨利＝$70,000＝甲個別淨利$50,000＋乙個別淨利$40,000

　　　　　　－機器設備價值低估數之每年折舊額$20,000

(25) **(103 會計師考題)**

(A) 甲公司於20x7年 1月 1日持有乙公司80%股權並對乙公司存在控制。甲公司收購乙公司時，乙公司帳列資產及負債之帳面金額皆等於其公允價值，亦無其他未入帳之資產或負債。甲公司採權益法處理其對乙公司之股權投資。同日乙公司也持有甲公司10%股權，乙公司之股權投資成本等於其所取得甲公司之帳列淨值，且依IFRS 9「金融工具」將該股權投資分類為「透過損益按公允價值衡量之金融資產」。乙公司於20x7年10月 1日以$200,000將成本$140,000之商品存貨售予甲公司。截至20x7年底，甲公司購自乙公司商品仍有三分之一尚未售予合併個體以外的單位。甲公司與乙公司於20x7年之個別淨利(不含投資收益或股利收入)分別為$1,000,000 與$500,000，分別宣告並發放現金股利$500,000 與$200,000。按庫藏股票法，甲公司及其子公司20x7年合併綜合損益表中之控制權益淨利與非控制權益淨利分別為：

	控制權益淨利	非控制權益淨利
(A)	$1,374,000	$106,000
(B)	$1,374,000	$110,000
(C)	$1,384,000	$110,000
(D)	$1,384,000	$106,000

說明：逆流銷貨之未實現利益＝($200,000－$140,000)×(1/3)＝$20,000

　　　甲公司對乙公司應認列之投資收益
　　　　＝[$500,000＋乙公司認列股利收入($500,000×10%)
　　　　　－未實現利益$20,000]×80%－($500,000×10%)＝$374,000
　　　非控制權益淨利＝[$500,000＋($500,000×10%)－$20,000]×20%
　　　　　　　　　　＝$106,000
　　　控制權益淨利＝$1,000,000＋$374,000＝$1,374,000
　　　驗算：
　　　　總合併淨利＝$1,000,000＋$500,000－未實利$20,000＝$1,480,000
　　　　　　　　　＝控制權益淨利$1,374,000＋非控制權益淨利$106,000

(26)　(99 會計師考題)

(B) 甲公司持有乙公司 80%股權數年並對乙公司存在控制。當初收購時，乙公司帳列淨值低估$75,000 皆歸因於未入帳商譽。乙公司也同時持有甲公司10%股權數年，但對甲公司不具重大影響。當初取得 10%股權時，投資成本超過所取得股權淨值$15,000，認定為商標權，預估尚有 10 年耐用年限。本年度甲公司與乙公司之個別淨利(不含投資收益或股利收入)分別為$200,000 及$40,000，宣告並發放之現金股利分別為$50,000、$20,000。若採庫藏股票法處理相互持股，則本年度甲公司及其子公司合併損益表上之非控制權益淨利為何？

(A) $4,000　　(B) $9,000　　(C) $12,000　　(D) $45,000

說明：(1) 甲持有乙 80%股權並對乙存在控制，甲與乙形成一合併個體，甲是母公司，乙是子公司。又乙也持有甲 10%股權，形成母、子公司相互持股之投資型態。惟乙對甲不具重大影響之空間，故乙對甲之 10%股權投資依 IFRS 9「金融工具」規定處理即可。

(2) 乙淨利＝乙個別淨利＋收自甲之股利收入
　　　　＝$40,000＋($50,000×10%)＝$45,000

(3) 採用庫藏股票法，乙未入帳商譽不攤銷且價值未減損。
本年甲對乙應認列之投資收益
　　＝(乙淨利$45,000×80%)－乙收自甲之股利收入$5,000
　　＝$31,000
非控制權益淨利＝(乙淨利$45,000×20%)＝$9,000
控制權益淨利＝甲個別淨利$200,000＋投資收益$31,000
　　　　　　　＝$231,000
驗算：總合併淨利＝甲個別淨利$200,000＋乙個別淨利$40,000
　　　　　　　　＝$240,000
　　　　　　　　＝控制權益淨利$231,000＋非控制權益淨利$9,000

(27) **(95 會計師考題)**

(C) 甲公司於 20x6 年取得乙公司 90%股權並對乙公司存在控制，乙公司於 20x7 年也取得甲公司 15%股權。於收購日或股權取得日乙公司及甲公司帳列資產及負債之帳面金額皆等於其公允價值，亦無未入帳之資產或負債。乙公司之股權投資成本等於其所取得甲公司之帳列淨值。若採庫藏股票法處理相互持股。20x9 年甲公司及乙公司之個別淨利(不含投資損益或股利收入)及現金股利如下：

	個別淨利	現金股利
甲公司	$300,000	$150,000
乙公司	$180,000	$90,000

試問20x9年甲公司應認列之投資收益為何？
(A) $182,250　　(B) $162,000　　(C) $159,750　　(D) $85,500

說明：(1) 甲持有乙 90%股權並對乙存在控制，甲與乙形成一合併個體，甲是母公司，乙是子公司。又乙也持有甲 15%股權，形成母、子公司相互持股之投資型態。惟乙對甲並無重大影響之空間，故乙對甲之 15%股權投資僅依 IFRS 9「金融工具」規定處理即可。

(2) 乙淨利＝乙個別淨利＋收自甲之股利收入
　　　　＝$180,000＋($150,000×15%)＝$202,500

(3) 採用庫藏股票法，本年甲對乙應認列之投資收益
　　＝(乙淨利$202,500×90%)－乙收自甲之股利收入$22,500
　　＝$159,750
　　非控制權益淨利＝(乙淨利$202,500×10%)＝$20,250
　　控制權益淨利＝甲個別淨利$300,000＋甲投資收益$159,750
　　　　　　　　＝$459,750
　　驗算：總合併淨利＝甲個別淨利$300,000＋乙個別淨利$180,000
　　　　　　　　＝$480,000
　　　　　　　　＝控制權益淨利$459,750＋非控制權益淨利$20,250

※ 子公司間相互持股

(28)　(98會計師考題)

(A) 甲公司持有乙公司80%股權及丙公司60%股權，並對乙公司及丙公司存在控制，同時乙公司持有丙公司15%股權且丙公司持有乙公司5%股權。於股權取得日被投資公司帳列資產及負債之帳面金額皆等於其公允價值，亦無未入帳之資產或負債。股權投資成本均等於其所取得被投資公司之帳列淨值。20x7年甲公司、乙公司及丙公司之個別淨利(不含投資損益或股利收入)及現金股利如下：

	個別淨利	現金股利
甲公司	$300,000	$30,000
乙公司	$200,000	$20,000
丙公司	$100,000	$10,000

若丙公司20x7年12月31日存貨中有購自乙公司之商品，毛利為$30,000，則甲公司及其子公司20x7年綜合損益表上之控制權益淨利為何？
(A) $514,710　　(B) $532,600　　(C) $570,000　　(D)$600,000

說明：

(1) 甲持有乙80%股權，甲持有丙60%股權，甲對乙及甲對丙皆存在控制，甲、乙及丙公司形成一合併個體，另乙持有丙15%股權，丙也同時持有乙5%股權，是「子公司間相互持股」的投資型態，甲是母公司，乙及丙皆是子公司。

(2) 側流銷貨(乙→丙)之未實現利益為$30,000。

(3) 其相關投資損益及淨利之計算須採傳統法，因庫藏股票法不適用。

　　令 A：甲公司在權益(合併)基礎下之淨利，故包含相互投資之利益
　　　　 B：乙公司在權益(合併)基礎下之淨利，故包含相互投資之利益
　　　　 C：丙公司在權益(合併)基礎下之淨利，故包含相互投資之利益

因此，A＝$300,000＋0.8B＋0.6C ----------- (i)
　　　　B＝$200,000＋0.15C－$30,000 ----- (ii)
　且，C＝$100,000＋0.05B ------------------ (iii)

得出，A＝$514,710，B＝$186,398，C＝$109,320
控制權益淨利＝甲公司在權益法下之淨利＝$514,710×100%＝$514,710

(29) **(96會計師考題)**

(A) 甲公司持有乙公司80%股權並對乙公司存在控制，乙公司持有丙公司70%股權並對丙公司存在控制，同時丙公司持有乙公司10%股權。於股權取得日被投資公司帳列資產及負債之帳面金額皆等於其公允價值，亦無未入帳之資產或負債。股權投資成本均等於其所取得被投資公司之帳列淨值。20x6年甲公司、乙公司及丙公司之個別淨利(不含投資損益或股利收入)及現金股利如下：

	甲公司	乙公司	丙公司
個別淨利	$336,000	$153,000	$120,000
現金股利	$150,000	$90,000	$60,000

試問20x6年甲公司應認列之投資收益為何？
(A) $203,871　　(B) $189,600　　(C) $122,400　　(D)$72,000

說明：

(1) 甲持有乙80%股權，乙持有丙70%股權，甲對乙存在控制，「甲與乙所形成之合併個體」對丙存在控制，甲、乙及丙公司形成一合併個體，又丙也同時持有乙10%股權，故形成「子公司間相互持股」的投資型態，甲是母公司，乙及丙皆是子公司。

(2) 其相關投資損益及淨利之計算須採傳統法，因庫藏股票法不適用。

令 A：甲公司在權益(合併)基礎下之淨利，故包含相互投資之利益
　　B：乙公司在權益(合併)基礎下之淨利，故包含相互投資之利益
　　C：丙公司在權益(合併)基礎下之淨利，故包含相互投資之利益

因此，A＝$336,000＋0.8B --------- (i)
　　　B＝$153,000＋0.7C --------- (ii)
　且，C＝$120,000＋0.1B --------- (iii)

得出，A＝$539,871，B＝$254,839，C＝$145,484

控制權益淨利＝甲公司在權益法下之淨利＝$539,871×100%＝$539,871
　　　　　　＝甲公司個別淨利＋甲對乙之投資收益
　　　　　　＝$336,000＋甲對乙之投資收益

∴ 甲對乙應認列之投資收益＝$203,871

第十章　子公司發行特別股之財表合併程序/合併每股盈餘/合併所得稅

　　本章將介紹三個議題：(一)當子公司除發行普通股外，尚發行並流通在外特別股時，母、子公司合併財務報表的合併邏輯與編製程序；(二)如何計算及表達合併綜合損益表中應包含之每股盈餘資訊；(三)如何計算及表達合併財務報表中應包含之所得稅資訊。

※ 子公司發行特別股之財表合併程序

　　當子公司同時有特別股及普通股發行流通在外時，由於特別股通常無表決權，以合併個體觀點，此項「無表決權」特質使特別股股東的立場與普通股非控制股東的立場類似，即無法對子公司存在控制，因此「特別股權益」在合併財務狀況表中應列為「非控制權益－特別股」。又 IFRS 3 規定，收購者應於收購日認列被收購者之非控制權益，分兩部分說明：

(1) 非控制權益組成部分中，屬現時所有權權益，且其持有者有權於清算發生時按比例份額享有企業淨資產者，收購者應於收購日以下列方式之一衡量：
　　(a) 公允價值；或
　　(b) 現時所有權工具對被收購者可辨認淨資產之已認列金額所享有之比例份額。
(2) 非控制權益之所有其他組成部分，應按其收購日公允價值衡量，除非國際財務報導準則規定另一衡量基礎。

　　故原則上收購者應以收購日之公允價值衡量被收購者之非控制權益。收購者有時能以收購者所未持有股份之活絡市場價格為基礎，衡量非控制權益之收購日公允價值。惟在其他情況下，股份之活絡市場價格可能無法取得。於該等情況下，收購者可使用其他評價技術衡量非控制權益之公允價值。

　　因此，若已知子公司發行流通在外特別股於收購日之公允價值，則以該公允價值衡量被收購者於收購日之「非控制權益－特別股」。惟若於收購日無法取得子公司發行並流通在外特別股之公允價值資訊，則依本書上冊第二章已介紹之主題「十五、關聯企業尚發行特別股」的權益法(單線合併)觀念處理，請詳下段。

另延伸本書上冊第四章合併財務報表的編製邏輯，說明當子公司同時有特別股及普通股流通在外時，應如何編製正確的母、子公司合併財務報表。

當子公司有發行特別股及普通股並流通在外時，其權益總額係屬特別股股東及普通股股東所共同擁有，其每期損益及每期所宣告並發放之現金股利，亦是由特別股股東及普通股股東共同分享及分配。但兩類股東：(1)各該擁有多少權益？(2)每期各該分享多少損益及分配多少現金股利？原則上須依子公司已發行流通在外特別股當初發行時與特別股股東約定的條款內容，先決定特別股股東的最大權益、每期應分享損益及應分配現金股利的權利額度，而剩餘的權益、剩餘的每期損益分享數及剩餘的現金股利分配數，才歸屬普通股股東。其區分原則已於本書上冊第二章內敘明，不再贅述。

由於母公司除了投資子公司的普通股外，也可能同時投資子公司的特別股，故擬分下列兩種情況，分別舉例說明當子公司同時有特別股及普通股流通在外時，母、子公司合併財務報表的合併邏輯與編製程序。

(1)	子公司同時有特別股及普通股流通在外， 母公司只投資子公司的普通股，未投資子公司的特別股。	(釋例一)
(2)	子公司同時有特別股及普通股流通在外， 母公司同時投資子公司的普通股及特別股。	(釋例二)

IFRS 10「合併財務報表」規定：若子公司有<u>分類為權益</u>且<u>由非控制權益所持有之累積特別股</u>流通在外，則無論該特別股股利是否宣告，企業應於<u>調整該等股份之股利</u>後計算其<u>所享有之損益份額</u>。

一、母公司未持有子公司發行之特別股

釋例一：

甲公司於 20x6 年 1 月 1 日以現金$4,200,000 取得乙公司 80%普通股股權，並對乙公司存在控制。當日乙公司權益為$6,000,000，已積欠一年特別股股利，除一項機器價值低估$80,000 外，其餘帳列資產及負債之帳面金額皆等於公允價值，亦無未入帳可辨認資產或負債。該價值低估機器估計可再使用 4 年，無殘值，按直線法計提折舊。非控制權益按收購日公允價值衡量。乙公司 20x6 年淨利為

$520,000，並於 20x6 年 12 月 20 宣告並發放現金股利$220,000。乙公司權益如下：

	20x6/1/1	20x6/12/31
特別股股本，6%，累積，每股面額$100， 　　每股收回價格$102，發行並流通在外 10,000 股	$1,000,000	$1,000,000
普通股股本，每股面額$10，發行並流通在外 300,000 股	3,000,000	3,000,000
資本公積－普通股股票溢價	500,000	500,000
保留盈餘	1,500,000	1,800,000
權　益　總　數	$6,000,000	$6,300,000

試作：(A) 甲公司 20x6 年投資乙公司普通股之分錄。
　　　(B) 甲公司及乙公司 20x6 年合併工作底稿之調整/沖銷分錄。

說明：

(1) 20x6/1/1 (收購日)，乙公司權益$6,000,000，係由兩類股東所共有之權益：

　(a) 「非控制權益－特別股」按收購日公允價值衡量，惟釋例中未提及該公允價值，故按特別股發行條件計算其於收購日之最大權益。
　　　特別股權益＝[$102(收回價格)×10,000 股]＋[$1,000,000×6%(積欠股息)]
　　　　　　　　＝$1,020,000＋$60,000＝$1,080,000＝「非控制權益－特別股」

　(b) 普通股權益＝$6,000,000－$1,080,000＝$4,920,000
　　　「非控制權益－普通股」按收購日公允價值衡量，惟釋例中未提及該公允價值，故設算之。
　　　乙公司普通股權益之公允價值＝$4,200,000÷80%＝$5,250,000
　　　「非控制權益－普通股」＝$5,250,000×20%＝$1,050,000
　　　乙公司普通股權益低估數＝$5,250,000－$4,920,000＝$330,000
　　　乙公司普通股權益低估數$330,000 源自：
　　　　　(i) 機器價值低估數＝$80,000，每年折舊數＝$80,000÷4 年＝$20,000
　　　　　(ii) 乙公司未入帳商譽＝$330,000－$80,000＝$250,000

(2) 乙公司 20x6 年淨利$520,000，係由特別股及普通股兩類股東分享如下：

　(a) 特別股股東之利益分享數＝$1,000,000×6%＝$60,000
　　　　　　　　　　　　　＝「非控制權益淨利－特別股」

(b) 普通股股東之損益分享數＝$520,000－$60,000＝$460,000
　　甲公司 20x6 年應認列之投資收益＝($460,000－$20,000)×80%＝$352,000
　　「非控制權益淨利－普通股」＝($460,000－$20,000)×20%＝$88,000

(3) 乙公司 20x6 年 12 月間宣告並發放現金股利$220,000，應分配予特別股及普通股兩類股東之金額如下：

(a) 特別股股東之股利分配數
　　＝$60,000(積欠股息)＋$60,000(20x6 年現金股利)＝$120,000
　　＝非控制股東(特別股)收自乙公司之現金股利

(b) 普通股股東之股利分配數＝$220,000－$120,000＝$100,000
　　甲公司收自乙公司之現金股利＝$100,000×80%＝$80,000
　　非控制股東(普通股)收自乙公司之現金股利＝$100,000×20%＝$20,000

(4) 特別股通常無表決權，以合併個體觀點，此項「無表決權」特質使特別股股東的立場與普通股非控制股東的立場類似，即無法對子公司存在控制，因此「特別股權益」在合併財務狀況表中權益項下列為「非控制權益－特別股」，而「特別股股東之損益分享數」在合併綜合損益表中應列為「非控制權益淨利－特別股」，是一減項，故利用合併工作底稿之沖銷分錄：

(a) 將表彰期初「特別股權益」之相關會計科目餘額<u>轉列為</u>期初「非控制權益－特別股」。

(b) 將「非控制權益淨利－特別股」表達在合併綜合損益表上當減項，故記借方；將特別股股東收自乙公司之現金股利沖銷，故貸記「股利」；而借方及貸方之差額，即為「非控制權益－特別股」當期之淨變動數，若是淨增加，則記貸方，若是淨減少，則記借方。

(5) 甲公司應作之分錄： [試作(A)的答案]

20x6/ 1/ 1	採用權益法之投資	4,200,000	
	現　　金		4,200,000
12/20	現　　金	80,000	
	採用權益法之投資		80,000
12/31	採用權益法之投資	352,000	
	採用權益法認列之子公司、		
	關聯企業及合資利益之份額		352,000

(6) 相關科目餘額及金額之異動如下：
(假設：20x6 年期末，經評估商譽價值未減損。)

	20x6/ 1/ 1	20x6	20x6/12/31
乙－特別股權益	$1,080,000	＋$60,000－$120,000	$1,020,000
乙－普通股權益	4,920,000	＋$460,000－$100,000	5,280,000
乙－權 益	$6,000,000	＋$520,000－$220,000	$6,300,000
乙－權 益：保留盈餘	$1,500,000	＋$520,000－$220,000	$1,800,000
權益法：			
甲－採用權益法之投資	$4,200,000	＋$352,000－$80,000	$4,472,000
合併財務報表：			
機器設備	$ 80,000	－$20,000	$ 60,000
商　譽	250,000		250,000
	$330,000		$310,000
非控制權益：			
非控制權益－特別股	$1,080,000	＋$60,000－$120,000	$1,020,000
非控制權益－普通股	1,050,000	＋$88,000－$20,000	1,118,000
	$2,130,000		$2,138,000

驗 算： 20x6/12/31：
甲帳列「採用權益法之投資」餘額
　　＝(乙普通股權益$5,280,000＋乙普通股權益低估之未攤銷數$310,000)×80%
　　＝$4,472,000
「非控制權益－普通股」＝($5,280,000＋$310,000)×20%＝$1,118,000
「非控制權益－特別股」＝[$102(收回價格)×10,000 股]＋[$0(積欠股息)]＝$1,020,000

(7) 甲公司及乙公司 20x6 年合併工作底稿之沖銷分錄： [試作(B)的答案]

(a)	非控制權益淨利－特別股	60,000		「非控制權益－特別股」
	非控制權益－特別股	60,000		＝$60,000－$120,000
	股　利		120,000	＝－$60,000，故借記。
(b)	特別股股本	1,000,000		將期初特別股權益
	保留盈餘	80,000		$1,080,000 轉列為期初
	非控制權益－特別股		1,080,000	「非控制權益－特別
(c)	採用權益法認列之子公司、			股」，因特別股股本為
	關聯企業及合資利益之份額	352,000		$1,000,000，差額借記
	股　利		80,000	「保留盈餘」。
	採用權益法之投資		272,000	

(d)	非控制權益淨利－普通股	88,000		
	股　利		20,000	
	非控制權益－普通股		68,000	
(e)	普通股股本	3,000,000		保留盈餘：
	資本公積－普通股股票溢價	500,000		期初$1,500,000
	保留盈餘	1,420,000		－沖銷(b)$80,000
	機器設備	80,000		＝$1,420,000
	商　譽	250,000		
	採用權益法之投資		4,200,000	
	非控制權益－普通股		1,050,000	
(f)	折舊費用	20,000		
	累計折舊－機器設備		20,000	

補充說明：

於 20x6 年 1 月 1 日(收購日)，若已知：(a)乙公司發行並流通在外特別股(10,000 股)之公允價值為$1,100,000，(b)乙公司發行並流通在外普通股 20% (未被甲公司收購之 60,000 股)公允價值為$1,050,000，則相關說明如下：

(1) 20x6/ 1/ 1 (收購日)：
　　乙公司總公允價值＝($4,200,000＋$1,050,000)＋$1,100,000＝$6,350,000
　　乙公司淨值低估數＝$6,350,000－$6,000,000＝$350,000
　　乙公司淨值低估數$350,000 源自：
　　　　(i) 機器價值低估數＝$80,000，每年折舊數＝$80,000÷4 年＝$20,000
　　　　(ii) 乙公司未入帳商譽＝$350,000－$80,000＝$270,000
　　「非控制權益－普通股」＝$1,050,000
　　「非控制權益－特別股」＝$1,100,000

(2)、(3)、(4)、(5)：同釋例一說明(2)、(3)、(4)、(5)。

(6) 相關科目餘額及金額之異動如下：
　　(假設：20x6 年期末，經評估商譽價值未減損。)

	20x6/1/1	20x6	20x6/12/31
乙－特別股權益	$1,080,000	＋$60,000－$120,000	$1,020,000
乙－普通股權益	4,920,000	＋$460,000－$100,000	5,280,000
乙－權　益	$6,000,000	＋$520,000－$220,000	$6,300,000
乙－權　益：保留盈餘	$1,500,000	＋$520,000－$220,000	$1,800,000
權益法：			
甲－採用權益法之投資	$4,200,000	＋$352,000－$80,000	$4,472,000
合併財務報表：			
機器設備	$ 80,000	－$20,000	$ 60,000
商　譽	270,000		270,000
	$350,000		$330,000
非控制權益：			
非控制權益－特別股	$1,100,000	＋$60,000－$120,000	$1,040,000
非控制權益－普通股	1,050,000	＋$88,000－$20,000	1,118,000
	$2,150,000		$2,158,000

驗　算：　20x6/12/31：
　　乙權益$6,300,000＋乙淨值低估之未攤銷數$330,000＝$6,630,000
　＝　甲帳列「採用權益法之投資」$4,472,000＋「非控制權益」$2,158,000

(7) 甲公司及乙公司 20x6 年合併工作底稿之沖銷分錄：

(a)	非控制權益淨利－特別股　　　　60,000 非控制權益－特別股　　　　　　60,000 　　股　　利　　　　　　　　　　　　　　120,000	「非控制權益－特別股」 ＝$60,000－$120,000 ＝－$60,000，故借記。
(b)	特別股股本　　　　　　　　1,000,000 保留盈餘　　　　　　　　　　80,000 商　譽　　　　　　　　　　　20,000 　　非控制權益－特別股　　　　　　1,100,000 特別股權益之公允價值$1,100,000－特別股權益之帳面金額 $1,080,000＝$20,000，列為商譽。 商譽＝$20,000＋下列沖銷分錄(e)$250,000＝$270,000	將期初特別股權益 $1,080,000轉列為期初 「非控制權益－特別 股」，因特別股股本為 $1,000,000，差額借記 「保留盈餘」。
(c)	採用權益法認列之子公司、 關聯企業及合資利益之份額　　352,000 　　股　　利　　　　　　　　　　　80,000 　　採用權益法之投資　　　　　　　272,000	

(續次頁)

(d)	非控制權益淨利－普通股	88,000		
	股　利		20,000	
	非控制權益－普通股		68,000	
(e)	普通股股本	3,000,000		保留盈餘：
	資本公積－普通股股票溢價	500,000		期初$1,500,000
	保留盈餘	1,420,000		－沖銷(b)$80,000
	機器設備	80,000		＝$1,420,000
	商　譽	250,000		
	採用權益法之投資		4,200,000	
	非控制權益－普通股		1,050,000	
(f)	折舊費用	20,000		
	累計折舊－機器設備		20,000	
註：亦可將沖銷分錄(b)與沖銷分錄(e)合而為一，如下：				
(b)	特別股股本	1,000,000		
＋	普通股股本	3,000,000		
(e)	資本公積－普通股股票溢價	500,000		
	保留盈餘	1,500,000		
	機器設備	80,000		
	商　譽	270,000		
	採用權益法之投資		4,200,000	
	非控制權益－普通股		1,050,000	
	非控制權益－特別股		1,100,000	

二、母公司持有子公司發行之特別股

釋例二：

　　延續釋例一，假設乙公司 20x7 年發生淨損$140,000，因此 20x7 年未宣告發放現金股利。甲公司於 20x8 年 1 月 1 日以現金$992,000 取得乙公司 9,000 股特別股，甲公司帳列為「採用權益法之投資－特別股(＃，於次頁說明)」。乙公司 20x8 年淨利為$230,000，並在 20x6 年 12 月 31 日宣告並發放現金股利$70,000。乙公司權益如下：

	20x7/12/31	20x8/12/31
特別股股本，6%，累積，每股面額$100，每股收回價格$102，發行並流通在外 10,000 股	$1,000,000	$1,000,000
普通股股本，每股面額$10，發行並流通在外 300,000 股	3,000,000	3,000,000
資本公積－普通股股票溢價	500,000	500,000
保留盈餘	1,660,000	1,820,000
權　益　總　數	$6,160,000	$6,320,000

#：20x8 年起，甲公司同時持有乙公司 80%普通股及 90%特別股，因此在相關會計科目加註投資標的以資區別。「採用權益法之投資－特別股」之餘額會隨著乙公司特別股權益之增減而等比例增減，符合權益法精神，而乙公司特別股權益之增減異動，係依當初發行特別股時所設定之特別股條款而定。另母公司帳列「採用權益法之投資－特別股」及「採用權益法之投資－普通股」，將在編製母、子公司合併財務報表過程中與子公司權益相關科目相互沖銷，不會顯示在母、子公司合併財務報表上。

試作：(A) 甲公司 20x7 年及 20x8 年投資乙公司特別股及普通股之分錄。
　　　(B) 甲公司及乙公司 20x8 年合併工作底稿之調整/沖銷分錄。

說　明：

(1) 乙公司 20x7 年淨損為$140,000，係由特別股及普通股兩類股東分享如下：

	特別股股東分享數	普通股股東分享數
	$1,000,000×6%＝$60,000	－$140,000－$60,000＝－$200,000
甲公司	－	（－$200,000－$20,000）×80%＝－$176,000
非控制權益	$60,000×100%＝$60,000	（－$200,000－$20,000）×20%＝－$44,000

(2) 甲公司於 20x8 年 1 月 1 日以現金$992,000 取得乙公司 9,000 股特別股。以合併個體觀點，該 9,000 股特別股已被買回，不再是合併個體的非控制權益，編製甲公司及乙公司合併財務報表時，應利用合併工作底稿上之沖銷分錄，按該 9,000 股特別股之最大權益$972,000，[($102×10,000 股)＋積欠 20x7 年股息$60,000]×90%＝$1,080,000×90%＝$972,000，將甲公司帳列「採用權益法之投資－特別股」及乙公司特別股權益的 90%對沖；另乙公司特別股權益的 10%仍流通在合併個體外部，則轉列為合併個體之「非控制權益－特別股」。

由於甲公司係以$992,000 取得乙公司 9,000 股特別股，帳列「採用權益法之投資－特別股」餘額為$992,000，故須將$992,000 調整至$972,000，以方便上述合併工作底稿上之沖銷，而其調整分錄中之相對科目為「資本公積－實際取得或處分子公司股權價格與帳面價值差額」。其處理方式有二：

方法一：			
20x8/1/1 (甲公司)	資本公積－實際取得或處分子公司股權 　　　價格與帳面價值差額（＊） 　　　採用權益法之投資－特別股	20,000	20,000
工作底稿 之 沖銷分錄	特別股股本 保留盈餘 　　採用權益法之投資－特別股 　　非控制權益－特別股	1,000,000 80,000	972,000 108,000
方法二：			
20x8/1/1 (甲公司)	甲公司不作分錄。		
工作底稿 之 沖銷分錄	特別股股本 保留盈餘 資本公積－實際取得或處分子公司股權 　　　價格與帳面價值差額（※） 　　採用權益法之投資－特別股 　　非控制權益－特別股	1,000,000 80,000 20,000	 992,000 108,000

※：借記金額($20,000)，其借記之會計科目選用順序如下：
(1) 之前所貸記之「資本公積－實際取得或處分子公司股權價格與帳面價值差額」(係由投資子公司特別股之交易產生)；
(2) 若(1)資本公積貸餘不足以借記時，不足之數借記有貸餘之相關「資本公積」科目，可參閱第八章，如：「資本公積－認列對子公司所有權權益變動數」(係由投資子公司特別股之交易產生)；
(3) 若(2)資本公積貸餘不足以借記時，不足之數借記「保留盈餘」。

(3) 乙公司 20x8 年淨利為$230,000，係由特別股及普通股兩類股東分享如下：

	特別股股東分享數	普通股股東分享數
	$1,000,000×6％＝$60,000	$230,000－$60,000＝$170,000
甲公司	$60,000×90％＝$54,000	($170,000－$20,000)×80％＝$120,000
非控制權益	$60,000×10％＝$6,000	($170,000－$20,000)×20％＝$30,000

(4) 乙公司 20x8 年宣告並發放現金股利$70,000，應分配予特別股及普通股兩類股東之金額計算如下：

	特別股股東分配數	普通股股東分配數
	$1,000,000×6％＝$60,000 (20x7 積欠)$60,000＋(20x8)$10,000＝$70,000 [20x8 年，又產生積欠股息$50,000。]	$70,000－$70,000 ＝$0
甲公司	$70,000×90％＝$63,000	—
非控制權益	$70,000×10％＝$7,000	—

(5) 20x7 及 20x8 年，甲公司應作之分錄如下： [試作(A)的答案]

20x7/12/31	採用權益法認列之子公司、關聯企業 　　　及合資損失之份額　　　　　　176,000 　　採用權益法之投資　　　　　　　　　　　　176,000
20x8/ 1/ 1	採用權益法之投資－特別股（&）　　992,000 　　現　　金　　　　　　　　　　　　　　　　992,000
1/ 1	上述(2)之方法一。 資本公積－實際取得或處分子公司股權 　　　價格與帳面價值差額（※）　　20,000 　　採用權益法之投資－特別股　　　　　　　　20,000
12/31	採用權益法之投資－普通股（&）　　120,000 　　採用權益法認列之子公司、關聯企業 　　　及合資利益之份額－普通股（&）　　　　120,000
12/31	採用權益法之投資－特別股（&）　　54,000 　　採用權益法認列之子公司、關聯企業 　　　及合資利益之份額－特別股（&）　　　　54,000
12/31	現　　金　　　　　　　　　　　　　　63,000 　　採用權益法之投資－特別股　　　　　　　　63,000

※：詳前頁※說明。
&：20x8 年起，甲公司同時持有乙公司 80％普股股及 90％特別股，
　　因此在相關會計科目加註投資標的以資區別。

(6) 相關科目餘額及金額之異動如下：（單位：千元）

	20x7/1/1	20x7	20x7/12/31	20x8	20x8/12/31
乙－特別股權益	$1,020	＋$60	$1,080	＋$60－$70	$1,070
乙－普通股權益	5,280	－$200	5,080	＋$170－$0	5,250
乙－權　益	$6,300	－$140	$6,160	＋$230－$70	$6,320
乙－權　益：保留盈餘	$1,800	－$140	$1,660	＋$230－$70	$1,820
權益法：					
甲－採用權益法之投資	$4,472	－$176	$4,296		
甲－採用權益法之投資－普通股			$4,296	＋$120－$0	$4,416
甲－採用權益法之投資－特別股			$992 －$20 ＝$972	＋$54－$63	$963
合併財務報表：					
機器設備	$60	－$20	$40	－$20	$20
商　譽	250		250		250
	$310		$290		$270
非控制權益：					
非控制權益－特別股	$1,020	＋$60	$1,080 (972) $108	＋$6－$7	$107
非控制權益－普通股	1,118	－$44	1,074	＋$30－$0	1,104
	$2,138		$1,182		$1,211

驗　算： 20x8/12/31：

甲帳列「採用權益法之投資－特別股」餘額
　　　＝[$102(收回價格)×10,000 股＋$50,000(積欠股息)]×90%
　　　＝$963,000 [以千元為單位，則為$963]

「非控制權益－特別股」＝[$102(收回價格)×10,000 股＋$50,000(積欠股息)]×10%
　　　　　　　　　　＝$107,000 [以千元為單位，則為$107]

甲帳列「採用權益法之投資－普通股」餘額
　　　＝(乙普通股權益$5,250＋乙普通股權益低估之未攤銷數$270)×80%＝$4,416

「非控制權益－普通股」＝($5,250＋$270)×20%＝$1,104

(7) 甲公司及乙公司 20x7 及 20x8 年合併工作底稿之沖銷分錄：[試作(B)的答案]

		20x7	20x8
(a)	採用權益法認列之子公司、 　　關聯企業及合資利益 　　之份額－特別股 採用權益法之投資－特別股 股　　利	X	54,000 9,000 63,000
(b)	非控制權益淨利－特別股 　　非控制權益－特別股	60,000 　　　60,000	X
	非控制權益淨利－特別股 　　非控制權益－特別股 　　股　　利	X	6,000 1,000 7,000
(c)	特別股股本 保留盈餘 　　採用權益法之投資－特別股 　　非控制權益－特別股	1,000,000 20,000 — 1,020,000	1,000,000 80,000 972,000 108,000
		將期初「特別股權益」轉列為期初「非控制權益－特別股」	相對科目對沖，成立期初「非控制權益－特別股」
(d)	採用權益法之投資－普通股 　　採用權益法認列之子公司、 　　關聯企業及合資損失 　　之份額－普通股	176,000 　　176,000	X
	採用權益法認列之子公司、 　　關聯企業及合資利益 　　之份額－普通股 　　採用權益法之投資－普通股	X	120,000 120,000
(e)	非控制權益－普通股 　　非控制權益淨損－普通股	44,000 44,000	X
	非控制權益淨利－普通股 　　非控制權益－普通股	X	30,000 30,000

(續次頁)

(承上頁)

		20x7	20x8
(f)	普通股股本	3,000,000	3,000,000
	資本公積－普通股股票溢價	500,000	500,000
	保留盈餘	1,780,000	1,580,000
	機器設備	60,000	40,000
	商　譽	250,000	250,000
	採用權益法之投資－普通股	4,472,000	4,296,000
	非控制權益－普通股	1,118,000	1,074,000
	保留盈餘：20x7年：期初$1,800,000－沖(c)$20,000＝$1,780,000		
	20x8年：期初$1,660,000－沖(c)$80,000＝$1,580,000		
(g)	折舊費用	20,000	20,000
	累計折舊－機器設備	20,000	20,000

延續釋例一之「補充」：

於20x6年1月1日(收購日)，若已知：(a)乙公司發行並流通在外特別股(10,000股)之公允價值為$1,100,000，(b)乙公司發行並流通在外普通股20% (未被甲公司收購之60,000股)公允價值為$1,050,000，則相關說明如下：

(1)：同釋例一補充之說明(1)。

(2) 20x8年1月1日，甲公司以現金$992,000取得乙公司9,000股特別股。以合併個體觀點，該9,000股特別股已被買回，不再是合併個體的非控制權益，編製甲公司及乙公司合併財務報表時，應比照投資80%乙公司普通股的沖銷邏輯來編製合併工作底稿上之沖銷分錄，請詳下列(7)沖銷分錄(a)、(b)、(c)。

由於甲公司係以$992,000取得乙公司9,000股特別股，帳列「採用權益法之投資－特別股」餘額為$992,000，故須將$992,000調整至$990,000，當日「非控制權益－特別股」$1,100,000(收購日公允價值至20x8/1/1之金額)×90%＝$990,000，以方便上述合併工作底稿上之沖銷，而其調整分錄中之相對科目為「資本公積－實際取得或處分子公司股權價格與帳面價值差額」。處理方式有二：

方法一：			
20x8/1/1 (甲公司)	資本公積－實際取得或處分子公司股權 　　　　價格與帳面價值差額（＊） 　　　採用權益法之投資－特別股	2,000	2,000
工作底稿 之 沖銷分錄	特別股股本 保留盈餘 商　譽 　　　採用權益法之投資－特別股 　　　非控制權益－特別股	1,000,000 80,000 20,000	990,000 110,000
方法二：			
20x8/1/1 (甲公司)	甲公司不作分錄。		
工作底稿 之 沖銷分錄	特別股股本 保留盈餘 商　譽 資本公積－實際取得或處分子公司股權 　　　　價格與帳面價值差額（＊） 　　　採用權益法之投資－特別股 　　　非控制權益－特別股	1,000,000 80,000 20,000 2,000	 992,000 110,000

＊：詳第10頁＊說明。

(3)、(4)：同釋例二說明(3)、(4)。

(5) 20x7及20x8年甲公司應作之分錄：

20x7/12/31	採用權益法認列之子公司、 　　　關聯企業及合資損失之份額 　　　採用權益法之投資	176,000	176,000
20x8/1/1	採用權益法之投資－特別股（&） 　　　現　金	992,000	992,000
1/1	上述(2)之方法一。 資本公積－實際取得或處分子公司股權 　　　　價格與帳面價值差額（＊） 　　　採用權益法之投資－特別股	2,000	2,000
20x8/12/31	採用權益法之投資－普通股（&） 　　　採用權益法認列之子公司、關聯企業 　　　　及合資利益之份額－普通股（&）	120,000	120,000

12/31	採用權益法之投資－特別股	54,000	
	採用權益法認列之子公司、關聯企業		
	及合資利益之份額－特別股（&）		54,000
12/31	現　金	63,000	
	採用權益法之投資－特別股		63,000

＊：詳第 10 頁＊說明。　　&：詳第 11 頁&說明。

(6) 相關科目餘額及金額之異動如下：（單位：千元）

	20x7/1/1	20x7	20x7/12/31	20x8	20x8/12/31
乙－特別股權益	$1,020	＋$60	$1,080	＋$60－$70	$1,070
乙－普通股權益	5,280	－$200	5,080	＋$170－$0	5,250
乙－權　益	$6,300	－$140	$6,160	＋$230－$70	$6,320
乙－權　益：保留盈餘	$1,800	－$140	$1,660	＋$230－$70	$1,820
權益法：					
甲－採用權益法之投資	$4,472	－$176	$4,296		
甲－採用權益法之投資－普通股			$4,296	＋$120－$0	$4,416
甲－採用權益法之投資－特別股			$992 －$2 ＝$990	＋$54－$63	$981
合併財務報表：					
機器設備	$60	－$20	$40	－$20	$20
商　譽	270		270		270
	$330		$310		$290
非控制權益：					
非控制權益－特別股	$1,040	＋$60	$1,100 (990) $110	＋$6－$7	$109
非控制權益－普通股	1,118	－$44	1,074	＋$30－$0	1,104
	$2,158		$1,184		$1,213

驗　算：20x8/12/31：
　　　乙權益$6,320,000＋乙淨值低估之未攤銷數$290,000＝$6,610,000
　　　　＝甲帳列「採用權益法之投資－普通股」$4,416,000
　　　　　＋甲帳列「採用權益法之投資－特別股」$981,000
　　　　　＋「非控制權益」$1,213,000

(7) 甲公司及乙公司20x7及20x8年合併工作底稿之沖銷分錄：

		20x7	20x8
(a)	採用權益法認列之子公司、關聯企業及合資利益之份額－特別股 　　採用權益法之投資－特別股 　　股　利	X	54,000 9,000 63,000
(b)	非控制權益淨利－特別股 　　非控制權益－特別股	60,000 　　60,000	X
	非控制權益淨利－特別股 非控制權益－特別股 　　股　利	X	6,000 1,000 7,000
(c)	特別股股本 保留盈餘 商　譽 　　採用權益法之投資－特別股 　　非控制權益－特別股	1,000,000 20,000 20,000 　　－ 　　1,040,000	1,000,000 80,000 20,000 　　990,000 　　110,000
	商譽＝$20,000＋下列沖銷分錄(f)$250,000＝$270,000		
(d)	採用權益法之投資－普通股 　　採用權益法認列之子公司、關聯企業及合資損失之份額－普通股	176,000 　　176,000	X
	採用權益法認列之子公司、關聯企業及合資利益之份額－普通股 　　採用權益法之投資－普通股	X	120,000 　　120,000
(e)	非控制權益－普通股 　　非控制權益淨損－普通股	44,000 　　44,000	X
	非控制權益淨利－普通股 　　非控制權益－普通股	X	30,000 　　30,000
(f)	普通股股本 資本公積－普通股股票溢價 保留盈餘 機器設備 商　譽 　　採用權益法之投資－普通股 　　非控制權益－普通股	3,000,000 500,000 1,780,000 60,000 250,000 　　4,472,000 　　1,118,000	3,000,000 500,000 1,580,000 40,000 250,000 　　4,296,000 　　1,074,000

(承上頁)

		20x7	20x8
(f) (續)	保留盈餘：20x7年：期初$1,800,000－沖(c)$20,000＝$1,780,000 　　　　　20x8年：期初$1,660,000－沖(c)$80,000＝$1,580,000		
(g)	折舊費用	20,000	20,000
	累計折舊－機器設備	20,000	20,000
註：亦可將沖銷分錄(c)與沖銷分錄(f)合而為一，如下：			
(c) ＋ (f)	特別股股本	1,000,000	1,000,000
	普通股股本	3,000,000	3,000,000
	資本公積－普通股股票溢價	500,000	500,000
	保留盈餘	1,800,000	1,660,000
	機器設備	60,000	40,000
	商　譽	270,000	270,000
	採用權益法之投資－普通股	4,472,000	4,296,000
	採用權益法之投資－特別股	－	990,000
	非控制權益－普通股	1,118,000	1,074,000
	非控制權益－特別股	1,040,000	110,000

※ 合併每股盈餘

每股盈餘(Earnings Per Share，EPS)常被用來評估企業的獲利能力及股票投資風險，故簡單資本結構之企業應在綜合損益表上列示「基本每股盈餘(Basic EPS)」，以表達每股普通股當期所賺得之盈餘或發生之損失；而複雜資本結構之企業則應考慮潛在普通股對每股盈餘之稀釋作用，採雙重表達，列示「基本每股盈餘」及「稀釋每股盈餘(Diluted EPS)」(註一)。同理，合併個體(集團)所發布之合併綜合損益表亦須針對合併每股盈餘資訊作類似的表達 (註二)，始符合一般公認會計原則。

註一：
應表達每股盈餘資訊之財務報表，係指下列企業之單獨或個別財務報表：
(a) 該企業之普通股或潛在普通股已於公開市場(國內或國外證券交易所或店頭市場，包括當地及區域性市場)交易，或
(b) 該企業因欲於公開市場發行普通股，而向證券委員會或其他主管機關申報財務報表，或正在申報之程序中。

註二：

應表達合併每股盈餘資訊之財務報表，係指下列集團之合併財務報表：

(a) 該集團母公司之普通股或潛在普通股已於公開市場(國內或國外證券交易所或店頭市場，包括當地及區域性市場)交易，或
(b) 該集團母公司因欲於公開市場發行普通股，而向證券委員會或其他主管機關申報財務報表，或正在申報之程序中。

一、準則用詞定義

本主題須遵循之準則為：IAS 33「每股盈餘」，其相關用詞定義如下：

(1) 潛在普通股 (A potential ordinary share)：
　→ 係指可能使其持有者有權取得普通股之金融工具或其他合約。
　→ 例如：(a) 可轉換成普通股之金融負債或權益工具，包括特別股。
　　　　　(b) 選擇權及認股證。
　　　　　(c) 依據合約協議 (如：收購業務或其他資產) 將於滿足特定條件而發行之股份。

(2) 普通股 (An ordinary share)：係指次於所有其他類別權益工具之權益工具。

(3) 選擇權、認股證及其他類似權利 (Option、warrants and their equivalents)：
　→ 係指給予持有者普通股購買權之金融工具。

(4) 或有股份協議 (A contingent share agreement)：
　→ 係指滿足特定條件始發行股份之協議。

(5) 或有發行普通股 (Contingently issuable ordinary shares)：
　→ 係指滿足或有股份協議所訂之特定條件時，僅收取少量或未收取現金或其他對價即應發行之普通股。

(6) 稀釋 (Dilution)：
　→ 係指假設可轉換工具被轉換、選擇權或認股證被執行，或因滿足特定條件而發行普通股，所導致之每股盈餘減少或每股損失增加。

(7) 反稀釋 (Antidilution)：
　→ 係指假設可轉換工具被轉換、選擇權或認股證被執行，或因滿足特定條件而發行普通股，所導致之每股盈餘增加或每股損失減少。

二、單獨或個別財務報表之每股盈餘資訊

　　以單獨或個別財務報表而言，若該企業已發行具稀釋性之潛在普通股流通在外，則其綜合損益表上須表達「基本每股盈餘」及「稀釋每股盈餘」；否則只須表達「基本每股盈餘」即可。有關「基本每股盈餘」及「稀釋每股盈餘」詳細相關計算過程，請參閱徐惠慈老師所著中級會計學(IFRS版)(中冊)相關章節說明。

三、合併財務報表之每股盈餘資訊

　　以合併財務報表而言，合併綜合損益表上應表達之每股盈餘資訊是：(1) 以「歸屬於母公司普通股權益持有人之損益 (profit or loss attributable to ordinary equity holders of the parent entity)」所計算之「基本每股盈餘」及「稀釋每股盈餘」；或 (2) 當合併綜合損益表上列報停業單位損益時，係以「歸屬於母公司普通股權益持有人之繼續營業單位損益 (profit or loss from continuing operations attributable to ordinary equity holders of the parent entity)」，作為確定潛在普通股具稀釋性或反稀釋性之<u>控制數</u>(control number)，即先以「歸屬於母公司普通股權益持有人之繼續營業單位損益」計算「繼續營業單位之基本每股盈餘」及「繼續營業單位之稀釋每股盈餘」，再加計或減除「停業單位之每股盈餘」，而得出「基本每股盈餘」及「稀釋每股盈餘」。

　　換言之，合併綜合損益表上應表達之每股盈餘資訊是以「控制權益損益」，並考量IAS 33相關規定所計得之「基本每股盈餘」(考量IAS 33第12段)及「稀釋每股盈餘」(考量IAS 33第12段及第33段)，請詳次頁「甲表」。

　　合併綜合損益表上之「控制權益損益」即是母公司正確地適用權益法下所計得之本期損益。因此合併綜合損益表上須表達之合併每股盈餘資訊，<u>即是母公司正確地適用權益法下其綜合損益表須表達的每股盈餘資訊</u>，故須考慮母公司是否已發行潛在普通股流通在外，再決定所須表達每股盈餘資訊的內容？是只表達「基本每股盈餘」即可，或是「基本每股盈餘」及「稀釋每股盈餘」兩者皆須表達。另外，母公司已發行之潛在普通股也可能是下述「標題六」的情況，即母公司所發行之潛在普通股是行使、轉換或發行子公司普通股。

甲表

合併綜合損益表 (無停業單位損益)		合併綜合損益表 (有停業單位損益)	
銷貨收入	$10,000	銷貨收入	$10,000
銷貨成本	(6,000)	銷貨成本	(6,000)
銷貨毛利	$4,000	銷貨毛利	$4,000
行銷及管理費用	(2,500)	行銷及管理費用	(2,500)
總合併淨利	$1,500	繼續營業單位淨利	$1,500
減：非控制權益淨利	(300)	減：停業單位損失（*）	(100)
控制權益淨利	$1,200	總合併淨利	$1,400
		減：非控制權益淨利（*）	(280)
基本每股盈餘 (a)	$2.4	控制權益淨利（*）	$1,120
稀釋每股盈餘 (b)	$2.1		
		基本每股盈餘：	
		繼續營業單位淨利 (a)	$2.400
		停業單位損失 (c)	(0.160)
		淨　利 (e)	$2.240
		稀釋每股盈餘：	
		繼續營業單位淨利 (b)	$2.100
		停業單位損失 (d)	(0.133)
		淨　利 (f)	$1.967

假設：(i) 普通股加權平均股數為 500 股。
　　　(ii) 潛在普通股之稀釋作用：$60÷100 股＝$0.6

＊：停業單位損失$100，假設其中$80 係屬控制權益應承擔之停業單位損失，
　　　另$20 則係屬非控制權益應承擔之停業單位損失。

(a)＝$1,200÷500 股＝$2.4
(b)＝($1,200＋$60)÷(500 股＋100 股)＝$1,260÷600 股＝$2.1
(c)＝歸屬控制權益應承擔之停業單位損失$80÷500 股＝$0.16
(d)＝歸屬控制權益應承擔之停業單位損失$80÷(500 股＋100 股)＝$0.133
(e)＝(a)－(c) 或 (e)＝$1,120÷500 股＝$2.24
(f)＝(b)－(d) 或 (f)＝($1,120＋$60)÷(500 股＋100 股)＝$1.967

又合併個體成員除母公司外，還包括一家或一家以上子公司，若子公司也發行潛在普通股流通在外，則子公司所發行之潛在普通股對每股盈餘的稀釋作用，亦須納入母公司稀釋每股盈餘或合併稀釋每股盈餘的計算中(註三，於次頁)。但問題是：如何納入計算？為解決此問題，須先瞭解子公司所發行之潛在普通股，

將來是行使、轉換或發行子公司自己的普通股?還是行使、轉換或發行母公司的普通股?故分為下列「標題四」及「標題五」兩種情況分別說明之,請詳「乙表」。

註三:

IAS 33 第 40 段:「子公司、合資或關聯企業<u>可能</u>會對母公司或對被投資者具聯合控制或重大影響之投資者<u>以外之人</u>發行潛在普通股,該潛在普通股可轉換為子公司、合資或關聯企業之普通股,<u>或</u>轉換為其母公司或對被投資者具聯合控制或重大影響之投資者(報導個體)之普通股。若子公司、合資或關聯企業所發行之此種潛在普通股對於<u>報導個體之基本每股盈餘具稀釋效果</u>,則<u>應計入</u>稀釋每股盈餘之計算。」

綜合上述說明,彙集為「乙表」四個情況:

乙表

潛在普通股發行者	潛在普通股,將來是行使、轉換或發行誰的普通股?	
	母 公 司	子 公 司
母公司	依中級會計學所學 EPS 觀念,計算母公司稀釋 EPS。(釋例四)	[標題六] (釋例四)(詳該段內容)
子公司	[標題四] (釋例三)將子公司所發行的潛在普通股『視為』母公司的潛在普通股,再依中級會計學所學 EPS 觀念,計算母公司稀釋 EPS。	[標題五] (釋例三)利用「替換計算」,將子公司潛在普通股的稀釋效果納入母公司稀釋 EPS 的計算中。

四、子公司所發行的潛在普通股,將來是行使、轉換或發行母公司的普通股

為了將子公司已發行潛在普通股的稀釋作用納入母公司稀釋每股盈餘或合併稀釋每股盈餘的計算中,故直接將子公司所發行的潛在普通股『視為』是母公司的潛在普通股(註四),並與母公司所發行的潛在普通股,按每一次發行或每一系列之潛在普通股單獨考量其個別稀釋作用,由最高稀釋性至最低稀釋性依序考量,亦即將子公司及母公司所發行的潛在普通股依其「<u>每增額股份盈餘</u>(earnings per incremental share)」,由小而大,依序逐一納入母公司稀釋每股盈餘或合併稀釋每股盈餘的計算中,直到母公司或合併稀釋每股盈餘不降反升(反稀釋)時,即

停止計算，而停止計算前所算得的最後稀釋每股盈餘金額，即為母公司稀釋每股盈餘亦是合併稀釋每股盈餘，請參閱釋例三。

註四：
IAS 33 第A11段 (b)：「子公司、合資或關聯企業所發行可轉換為報導個體普通股之工具，在計算稀釋每股盈餘時，應視為報導個體潛在普通股之一。同樣地，子公司、合資或關聯企業所發行購買報導個體普通股之選擇權或認股證，於計算合併稀釋每股盈餘時，應視為報導個體潛在普通股之一。」

五、子公司所發行的潛在普通股，將來是行使、轉換或發行子公司的普通股

當子公司所發行潛在普通股，將來並非如上段[標題四]是行使、轉換或發行母公司的普通股，無法按上段[標題四]的邏輯來處理，只好透過母公司在權益法下之本期損益中所含對子公司認列的投資損益 [此項目是『母公司與子公司在損益上的唯一連結』]，將子公司所發行潛在普通股的稀釋作用納入母公司稀釋每股盈餘及合併稀釋每股盈餘的計算中(註五)。

註五：
IAS 33 第A11段 (a)：「子公司、合資或關聯企業所發行賦予持有人取得子公司、合資或關聯企業普通股之工具，應計入子公司、合資或關聯企業稀釋每股盈餘資料之計算。其次，該等每股盈餘應以報導個體對子公司、合資或關聯企業之工具之持份為基礎，計入報導個體每股盈餘之計算。」

為達此目的，須應用一個稱為『替換計算(Replacing Calculation)』的方式，將包含在母公司投資損益中，按母公司對子公司持股比例所計算之子公司已實現淨利(A) (Parent's Equity in Subsidiary's Realized Income) 抽離，『替換為』母公司享有子公司之稀釋後盈餘 [子公司在合併觀點下的稀釋每股盈餘(C)×母公司持有子公司普通股之約當股數] (B) (Parent's Equity in Subsidiary's Diluted Earnings)，即以(B)替代(A)。因(A)與(B)是「同義詞」，只是表現方式不同，故可互相替代，且(B)已將子公司所發行潛在普通股的稀釋作用納入考量，因此可將子公司潛在普通股的稀釋作用納入母公司稀釋每股盈餘及合併稀釋每股盈餘的計算中。

唯一要注意的是，用於『替換計算』的「子公司在合併觀點下的稀釋每股盈餘(C)」須是以合併個體(或權益法)觀點計得，即計算(C)時所用的分子應該是「子公司已實現淨利」，因此：(1)子公司帳列淨利中若包含因逆流內部交易而產生之未實現損益，須予以排除，並計入逆流內部交易而產生之已實現損益，(2)因母公司(或其他子公司)買回該子公司早先發行之應付公司債當作債券投資，而產生之已實現視同清償債券損益，亦應計入分子中，而非於"債券投資日至債券到期日間"分年認列，(3)母公司收購子公司當日，子公司淨值高(低)估或未入帳可辨認資產或負債等原因，其於本年度之分期調整數須計入分子中，或收購日子公司未入帳商譽於本年度認列之減損損失亦須計入分子中。

該項「子公司在合併觀點下的稀釋每股盈餘」，可能異於子公司綜合損益表上所須表達之稀釋每股盈餘，因為以子公司單一企業而言，其每股盈餘的計算無須考量所謂內部交易而產生的未(已)實現損益、視同清償債券損益及其後續分年認列數、收購日子公司帳列淨值高(低)估或未入帳可辨認資產或負債於本年度之分期調整數、收購日子公司未入帳商譽於本年度認列之減損損失等事宜，請參閱釋例三。

茲以下列簡例解釋『替換計算』的合理性：

(1)	子公司帳列淨利為$100，子公司有100股普通股流通在外，則 子公司之基本每股盈餘＝$100÷100股＝$1
(2)	若子公司尚有可轉換公司債流通在外，而該公司債可轉換子公司普通股10股，同時可省下$2稅後利息費用，則 子公司之稀釋每股盈餘＝($100＋$2)÷(100股＋10股)＝$0.9273
(3)	若母公司持有子公司80%股權(即母持有子80股普通股)，則 母公司在權益法下所認列之投資收益＝子公司帳列淨利×80% ＝$100×80%＝$80(本例)＝上述課文所稱之(A)， 　　　等同　上述課文所稱之(B)，說明如下：

上述(1)	(稀釋前) $1×80股＝$80	故『替換計算』為：
上述(2)	(稀釋後) $0.9273×80股＝$74	**－$80 (A) ＋$74 (B)**，
右邊：『替換計算』		可將子公司潛在普通股的
抽離(A)，(A)＝$80＝$100×80%		稀釋作用，納入母公司稀
	＝$1×80股	釋每股盈餘及合併稀釋每
換入(B)，(B)＝$74＝$0.9273×80股		股盈餘的計算中。

針對須要『替換計算』的情況,即子公司所發行的潛在普通股,將來是行使、轉換或發行子公司的普通股,彙述其母公司稀釋每股盈餘及合併稀釋每股盈餘的計算如下:

(1) 母公司基本每股盈餘及合併基本每股盈餘:

分子	母帳列淨利－母特別股股利(若有的話) (＃)
分母	母普通股加權平均流通在外股數

＃:(a)若是累積特別股,不論當年度是否宣告股利,皆須減除。
　　(b)若是非累積特別股,只在當年度已宣告股利的情況下,才須減除。
　　下述(2)及(3)中之(＃)亦同。

(2) 母公司稀釋每股盈餘及合併稀釋每股盈餘:
由(1)的計算式延伸而來,但尚非最後答案,須配合下列假設狀況,在(3)做『替換計算』,才能得出母公司稀釋每股盈餘及合併稀釋每股盈餘。

分子	母個別淨利 ＋母對子之投資收益（＊） －母特別股股利(若有的話)(＃)	＋ ＋ ：	省下之母可轉換特別股股利 省下之母可轉換公司債稅後 　　　　利息費用
分母	母普通股加權平均 　　流通在外股數	＋	母潛在普通股假設行使、轉換 或發行而增加之母普通股股數
＊:母對子之投資收益 　＝ [子帳列　± 收購日子淨值高估或低估 　　　淨利　± 子未入帳可辨認資產或負債之後續分期調整數 　　　　　　－ 子未入帳商譽於本年度認列之減損損失 　　　　　　± 逆流交易之未(已)實現損益 　　　　　　± 類似逆流之視同清償債券損益及其後續分年認列數] 　　　　× 母對子之約當持股比例 ± 順流交易之未(已)實現損益 　　　　± 類似順流之視同清償債券損益及其後續分年認列數			

(續次頁)

(3) 母公司稀釋每股盈餘及合併稀釋每股盈餘：
將(2)的計算式代入『替換計算』而得。

分子	母個別淨利 ＋ 母對子之投資收益 － 母特別股股利(若有的話)(＃) － [子帳列淨利 　　± 收購日子淨值高估或低估 　　± 子未入帳可辨認資產或負債之 　　　　　後續分期調整數 　　－ 子未入帳商譽於本年度認列之減損損失 　　± 逆流交易之未(已)實現損益 　　± 類似逆流之視同清償債券損益 　　　及其後續分年認列數] 　　× 母對子之約當持股比例 ＋ [子在合併觀點下的稀釋每股盈餘(詳下表) 　　× 母持有子普通股約當股數]	＋ ＋ ： ： ：	省下之母可轉換 　　特別股股利 省下之母可轉換 　　公司債稅後 　　利息費用
分母	母普通股加權平均流通在外股數	＋	母潛在普通股 假設行使、轉換 或發行而增加之 母普通股股數

專為『替換計算』而求算之「子在合併觀點下的稀釋每股盈餘」：

分子	子帳列淨利 －子特別股股利(若有的話)(＃) ± 逆流交易之未(已)實現損益 ± 類似逆流交易之視同清償債券損益 　及其後續分年認列數 ± 母收購子當日子淨值高估或低估 ± 子未入帳可辨認資產或負債之 　　　後續分期調整數 －子未入帳商譽於本年度認列之減損損失	＋ ＋ ： ：	省下之子可轉換 　　特別股股利 省下之子可轉換公司債 　　稅後利息費用
分母	子普通股加權平均流通在外股數	＋	子潛在普通股假設 行使、轉換或發行而 增加之子普通股股數

六、母公司所發行的潛在普通股，將來是行使、轉換或發行子公司的普通股

　　由報導個體(母公司)所發行可轉換為子公司、合資或關聯企業普通股之工具，在決定其對每股盈餘之影響時，<u>應假設該工具會被轉換</u>，且依 IAS 33 第33段之規定，<u>對分子</u>(歸屬於母公司普通股權益持有人之損益)<u>作必要之調整</u>。除了該等調整外，<u>應就於假設轉換時，歸屬於子公司、合資或關聯企業流通在外普通股增加而導致報導個體記錄之任何損益之變動</u>(例如：股利收益或權益法收益)，<u>調整分子</u>。稀釋每股盈餘計算中之<u>分母不受影響</u>，因為報導個體流通在外普通股股數並不會因假設轉換而變動，請參閱釋例四。

釋例三：

　　甲公司於 20x3 年初取得乙公司 80%股權並對乙公司存在控制。於收購日，乙公司帳列淨值低估$100,000，係因乙公司有一項未入帳專利權所致，該專利權尚有 5 年耐用年限。

　　甲公司 20x6 年淨利為$1,500,000，其他資料如下：
(1) 20x6 年，甲公司流通在外之普通股為 500,000 股，未曾異動。
(2) 4%，可轉換公司債，面額$100,000，可轉換甲公司 4,000 股普通股，其負債組成部分於發行時係折價，該發行折價於 20x6 年之攤銷金額為$200。
(3) 5%，累積，可轉換特別股，面值$200,000，按面值發行，可轉換甲公司 25,000 股普通股。
(4) 6%，累積，可轉換特別股，面值$200,000，按面值發行，可轉換甲公司 4,000 股普通股。
(5) 20x6 年間甲公司曾銷貨予乙公司，截至 20x6 年 12 月 31 日，乙公司期末存貨中尚包含購自甲公司之商品，而其未實現利益為$10,000。

　　乙公司 20x6 年淨利為$450,000，其他資料如下：
(1) 20x6 年間乙公司曾出售一筆營業上使用之土地予甲公司，獲利$50,000，截至 20x6 年 12 月 31 日，甲公司仍持有該筆土地並使用於營業上。
(2) 20x6 年，乙公司流通在外之普通股為 250,000 股，未曾異動。
(3) 20x5 年間乙公司發行認股權，持有人可按每股$10 認購 60,000 股普通股。
(4) 6%，可轉換公司債，面額$1,000,000，可轉換 100,000 股普通股，其負債組成部分於發行時與面額相等。

試作： (暫不考慮所得稅)

(A) 若乙公司發行並流通在外之「認股權」及「6%可轉換公司債」可認購或轉換甲公司普通股，且20x6年甲公司普通股每股平均市價為$15，則請計算：
  (a) 甲公司20x6年綜合損益表上基本每股盈餘及稀釋每股盈餘。
  (b) 甲公司及其子公司 20x6 年合併綜合損益表上基本每股盈餘及稀釋每股盈餘。

(B) 若乙公司發行並流通在外之「認股權」及「6%可轉換公司債」可認購或轉換乙公司普通股，且20x6年乙公司普通股每股平均市價為$12，則請計算甲公司及其子公司 20x6年合併綜合損益表上基本每股盈餘及稀釋每股盈餘。

說　明：

甲對乙應認列之投資收益
　　＝[$450,000－專攤($100,000÷5年)－逆流$50,000]×80%－順流$10,000
　　＝$304,000－順流$10,000＝$294,000

甲淨利$1,500,000＝甲個別淨利＋甲對乙應認列之投資收益
　　　　　　　　＝$1,206,000(反推)＋$294,000

(A) 因乙公司所發行並流通在外之「認股權」及「6%可轉換公司債」可認購或轉換甲公司普通股，故應將之『視為』甲公司發行並流通在外之「認股權」及「6%可轉換公司債」，並與甲公司所發行的三項潛在普通股一起評比，分別考量其個別稀釋作用大小，相關計算及排序結果[(1)~(5)]如下：

		每增額股份盈餘	(A)	(B)
甲公司	4%，可轉換公司債	[($100,000×4%)＋$200]÷4,000股 ＝$4,200÷4,000股＝$1.05	(4)	(ii)
	5%，累積， 可轉換特別股	($200,000×5%)÷25,000股 ＝$10,000÷25,000股＝$0.4	(2)	(i)
	6%，累積， 可轉換特別股	($200,000×6%)÷4,000股 ＝$12,000÷4,000股＝$3	(5)	(iii)
乙公司	認股權	($10×60,000股)÷$15＝40,000股， 假設發出60,000股，買回40,000股 ，故 $0÷20,000股＝$0	(1)	—
		($10×60,000股)÷$12＝50,000股， 假設發出60,000股，買回50,000股 ，故 $0÷10,000股＝$0	—	(I)

		每增額股份盈餘	(A)	(B)
乙	6%，可轉換公司債	($1,000,000×6%)÷100,000 股 ＝$60,000÷100,000 股＝$0.6	(3)	(II)

(B) 因乙公司所發行並流通在外之「認股權」及「6%可轉換公司債」可認購或轉換乙公司普通股，故須透過『替換計算』，將乙公司潛在普通股的稀釋作用納入甲公司稀釋每股盈餘及合併稀釋每股盈餘之計算中，所以甲公司及乙公司的潛在普通股，各自按其個別稀釋作用大小，分別排序，並逐一納入各自稀釋每股盈餘之計算中，如上表，甲公司的(i)(ii)(iii)及乙公司的(I)(II)。

(A) (a)及(b)的答案相同，如下：

甲公司基本每股盈餘及合併基本每股盈餘＝$1,478,000÷500,000 股＝$2.956

分子	$1,500,000－$10,000 股利－$12,000 股利	＝	$1,478,000
分母	500,000 股	＝	500,000 股

因乙公司所發行並流通在外之「6%可轉換公司債」可轉換甲公司普通股，故應將之『視為』甲公司的 6%可轉換公司債，因此重新計算下列項目：

(i) 乙淨利＝$450,000＋已減除之 6%可轉債利息費用$60,000＝$510,000
(ii) 甲對乙應認列之投資收益
　　＝[$510,000－專攤($100,000÷5 年)－逆流$50,000]×80%－順流$10,000
　　＝$352,000－順流$10,000＝$342,000
(iii) 甲淨利＝甲個別淨利$1,206,000－6%可轉債利息費用$60,000
　　　　　＋甲對乙應認列之投資收益$342,000＝$1,488,000
(iv) 用於計算甲公司稀釋每股盈餘及合併稀釋每股盈餘之分子起算數
　　＝$1,488,000－$10,000 股利－$12,000 股利＝$1,466,000

甲公司稀釋每股盈餘及合併稀釋每股盈餘＝$1,540,200÷649,000 股＝$2.3732

分子	$1,466,000 ＋ $0 ＋$10,000 ＋$60,000 ＋$4,200	＝	$1,540,200
分母	500,000 ＋20,000 ＋ 25,000 ＋100,000 ＋ 4,000	＝	649,000 股
註：排序第(5)「6%，累積，可轉換特別股」的稀釋作用若計入上述算式，將使每股盈餘不降反升(反稀釋)，故不納入稀釋每股盈餘計算中。			

(B) 甲公司基本每股盈餘及合併基本每股盈餘＝$1,478,000÷500,000 股＝$2.956

分子	$1,500,000－$10,000 股利－$12,000 股利	＝	$1,478,000
分母	500,000 股	＝	500,000 股

用於『替換計算』之乙公司稀釋每股盈餘，計算如下：

(1) 乙公司基本每股盈餘＝$380,000÷250,000 股＝$1.52

分子	$450,000－逆流$50,000－專攤($100,000÷5 年)	＝	$380,000
分母	250,000 股	＝	250,000 股

(2) 乙公司稀釋每股盈餘＝$440,000÷360,000 股＝$1.2222

分子	$380,000 ＋ $0 ＋$60,000	＝	$440,000
分母	250,000 ＋10,000 ＋100,000	＝	360,000 股

甲公司稀釋每股盈餘及合併稀釋每股盈餘＝$1,432,640÷529,000 股＝$2.7082

分子	$1,478,000－$304,000 [替換計算] ＋($1.2222×250,000 股×80%) [替換計算] ＋$10,000 ＋$4,200	＝	$1,432,640
分母	500,000 ＋ 25,000 ＋ 4,000	＝	529,000 股

『替換計算』：
(a) $304,000＝[乙淨利$450,000－專攤($100,000÷5 年)－逆流$50,000]×80%
　　　　　　＝乙基本每股盈餘$1.52×(250,000 股×80%)
(b) －$304,000＋[$1.2222×(250,000 股×80%)]＝－$59,560

註：排序第(iii)「6%，累積，可轉換特別股」的稀釋作用若計入上述算式，將使每股盈餘不降反升(反稀釋)，故不納入稀釋每股盈餘計算中。

釋例四：

　　甲公司於 20x4 年初取得乙公司 90%股權並對乙公司存在控制。於收購日，乙公司帳列淨值低估$100,000，係因乙公司有一項未入帳專利權所致，該專利權尚有 5 年耐用年限。假設暫不考慮收購日乙公司帳列淨值低估之租稅後果。

甲公司 20x6 年個別稅前淨利(未計入投資損益前之稅前淨利)為$450,000，甲公司其他資料如下：

(1) 20x6 年，甲公司流通在外之普通股為 100,000 股，未曾異動。
(2) 3%，可轉換公司債，面額$1,000,000，可轉換甲公司 10,000 股普通股，其負債組成部分於發行時係溢價，該發行溢價於 20x6 年之攤銷金額為$4,500。
(3) 4%，累積，可轉換特別股，面值$200,000，按面值發行，可轉換甲公司 5,000 股普通股。
(4) 20x5 年間甲公司發行認股權，持有人可按每股$15 認購甲公司 10,000 股普通股。20x6 年甲公司普通股每股平均市價為$20。
(5) 20x6 年，甲公司適用之所得稅率為 17%。

乙公司 20x6 年稅後淨利為$200,000，乙公司其他資料如下：
(1) 20x6 年，乙公司流通在外之普通股為 50,000 股，未曾異動。
(2) 20x6 年，乙公司適用之所得稅率為 20%。

試求：(A) 甲公司及其子公司 20x6 年合併綜合損益表上基本每股盈餘及稀釋每股盈餘？
(B) 假設甲公司發行並流通在外之「3%可轉換公司債」可轉換<u>乙公司</u> 10,000 股普通股，請重覆(A)之要求？

說 明：

(A)(1) 甲公司之「3%可轉換公司債」於 20x6 年之利息費用
　　　＝($1,000,000×3%)－公司債發行溢價之攤銷金額$4,500＝$25,500
　　稅後利息費用＝$25,500×(1－17%)＝$21,165

(2) 將甲公司之潛在普通股一起評比，分別考量其個別稀釋作用大小，相關計算及排序結果[(a)～(c)]如下：

		每增額股份盈餘	排序
甲公司	3%，可轉換公司債	$21,165÷10,000 股＝$2.1165	(c)
	4%，累積，可轉換特別股	($200,000×4%)÷5,000 股 ＝$8,000÷5,000 股＝$1.6	(b)
	認股權	($15×10,000 股)÷$20＝7,500 股， 假設發出 10,000 股，買回 7,500 股 ，故 $0÷2,500 股＝$0	(a)

(3) 乙公司稅前淨利＝$200,000÷(1－20%)＝$250,000

　　甲對乙應認列之投資收益
　　　　＝[$250,000－專攤($100,000÷5 年)]×(1－20%)×90%＝$165,600

　　甲稅前淨利＝甲個別稅前淨利＋甲對乙應認列之投資收益
　　　　　　　＝$450,000＋$165,600＝$615,600

20x6/12/31，甲公司認列所得稅負之分錄：

		20x6	20x6 以後
會計利潤 (含投資收益)		$615,600	
減：乙公司未分配利潤屬於甲公司的部分		(165,600)	$165,600
課稅所得		$450,000	$165,600
20x6/12/31	本期所得稅費用　　76,500	$450,000×17%
	遞延所得稅費用　　28,152	＝$76,500
	本期所得稅負債　　76,500	$165,600×17%
	遞延所得稅負債　　28,152	＝$28,152

　　甲稅後淨利＝甲稅前淨利－所得稅費用
　　　　　　　＝$615,600－($76,500＋$28,152)＝$510,948

(4) 合併基本每股盈餘＝$502,948÷100,000 股＝**$5.0295**

分子	$510,948－$8,000 股利	＝	$502,948
分母	100,000 股	＝	100,000 股

　　合併稀釋每股盈餘＝$532,113÷117,500 股＝**$4.5286**

分子	$502,948 ＋ $0 ＋$8,000 ＋$21,165	＝	$532,113
分母	100,000 ＋2,500 ＋ 5,000 ＋10,000	＝	117,500 股

(B) 假設甲公司發行之「3%可轉換公司債」可轉換<u>乙公司</u> 10,000 股普通股：

(1) 甲公司之「3%可轉換公司債」於 20x6 年之利息費用
　　　＝($1,000,000×3%)－公司債發行溢價之攤銷金額$4,500＝$25,500
　　稅後利息費用＝$25,500×(1－17%)＝$21,165

(2) 將甲公司之潛在普通股一起評比，分別考量其個別稀釋作用大小，相關計算及排序結果[(a)、(b)]如下：

		每增額股份盈餘	排序
甲公司	3%，可轉換公司債	$21,165÷10,000 股＝$2.1165	—
	4%，累積， 可轉換特別股	($200,000×4%)÷5,000 股 ＝$8,000÷5,000 股＝$1.6	(b)
	認股權	($15×10,000 股)÷$20＝7,500 股， 假設發出 10,000 股，買回 7,500 股 ，故 $0÷2,500 股＝$0	(a)

(3) 乙公司稅前淨利＝$200,000÷(1－20%)＝$250,000

　　甲對乙應認列之投資收益

　　　　＝[$250,000－專攤($100,000÷5 年)]×(1－20%)×90%＝$165,600

　　甲稅前淨利＝甲個別稅前淨利＋甲對乙應認列之投資收益

　　　　＝$450,000＋$165,600＝$615,600

20x6/12/31，甲公司認列所得稅負之分錄：

	20x6	20x6 以後
會計利潤 (含投資收益)	$615,600	
減：乙公司未分配利潤屬於甲公司的部分	(165,600)	$165,600
課稅所得	$450,000	$165,600
20x6/12/31 當期所得稅費用　　76,500 　　　　　　遞延所得稅費用　　28,152 　　　　　　　　本期所得稅負債　　76,500 　　　　　　　　遞延所得稅負債　　28,152	$450,000×17% ＝$76,500 $165,600×17% ＝$28,152	

甲稅後淨利＝甲稅前淨利－所得稅費用

　　　　＝$615,600－($76,500＋$28,152)＝$510,948

合併基本每股盈餘＝$502,948÷100,000 股＝$5.0295

分子	$510,948－$8,000 股利	＝	$502,948
分母	100,000 股	＝	100,000 股

(4) 乙公司稅前淨利＝$200,000÷(1－20%)＝$250,000

　　假設甲公司發行之「3%可轉換公司債」轉換為乙公司 10,000 股普通股，則甲公司省下稅後利息費用$21,165，同時乙公司流通在外普通股增加 10,000 股，導致甲公司對乙公司之持股比例從 90%降為 75%，(50,000 股×90%)÷(50,000 股＋10,000 股)＝(45,000 股)÷(60,000 股)＝75%。

甲對乙應認列之投資收益 (只用於計算合併稀釋每股盈餘)
　　　　＝[$250,000－專攤($100,000÷5 年)]×(1－20%)×75%＝$138,000

甲稅前淨利 (只用於計算合併稀釋每股盈餘)
　　　　＝甲個別稅前淨利＋甲對乙應認列之投資收益
　　　　＝($450,000＋稅前利息費用$25,500)＋$138,000＝$613,500

20x6/12/31，甲公司所得稅負之示範分錄 (旨在說明如何計算合併稀釋每股盈餘，並非甲公司帳列分錄)：

			20x6	20x6 以後
會計利潤 (含投資收益)			$613,500	
減：乙公司未分配利潤屬於甲公司的部分			(138,000)	$138,000
課稅所得			$475,500	$138,000
20x6/12/31 (旨在示範，非甲公司帳列分錄)	本期所得稅費用 遞延所得稅費用 　本期所得稅負債 　遞延所得稅負債	80,835 23,460 80,835 23,460	$475,500×17% ＝$80,835 $138,000×17% ＝$23,460	

甲稅後淨利(只用於計算合併稀釋每股盈餘)＝甲稅前淨利－所得稅費用
　　　　＝$613,500－($80,835＋$23,460)＝$509,205

合併稀釋每股盈餘＝$509,205÷107,500 股＝$4.7368

分子	$509,205 (★)－$8,000 股利＋ $0 ＋$8,000	＝	$509,205
分母	100,000 　　　　　　　　＋2,500 ＋ 5,000	＝	107,500 股

★：本例用於計算合併稀釋每股盈餘之甲淨利為$509,205 <u>小於</u>用於計算合併基本每股盈餘之甲淨利$510,948，故答案如上述。
<u>但若情況相反</u>，用於計算合併稀釋每股盈餘之甲淨利$512,000(假設金額)<u>大於</u>用於計算合併基本每股盈餘之甲淨利$510,948，則應採用較小之甲淨利$510,948 計算合併稀釋每股盈餘，代表該項潛在普通股 [甲公司發行之「3%可轉換公司債」假設轉換為乙公司 10,000 股普通股] 具反稀釋效果，故不應計入合併稀釋每股盈餘之計算中。

※ 合併個體所得稅之會計處理

　　IAS 12「所得稅」之主要目的，係為處理下列事項之<u>當期</u>及<u>未來</u>租稅後果：
(1) 於企業財務狀況表中所認列<u>資產(負債)</u>帳面金額未來之回收(清償)。
(2) 於企業財務報表中認列之<u>當期交易及其他事項</u>。

　　有關上述(1)，由於資產或負債之認列<u>隱含</u>報導個體預期將回收或清償該資產或負債之帳面金額。因此，若資產或負債之帳面金額的回收或清償<u>很有可能使未來所得稅支付額大於(小於)</u>該回收或清償在沒有租稅後果下之未來所得稅支付額時，準則規定，除少數例外，企業應認列<u>遞延所得稅負債(遞延所得稅資產)</u>。

　　有關上述(2)，準則規定，企業對交易及其他事項<u>租稅後果</u>之處理，<u>應與對</u>該交易及其他事項本身之會計處理<u>相同</u>。因此：
(a) 對於認列於<u>損益</u>之交易及其他事項，其任何相關之<u>所得稅影響數</u>亦認列於損益。
(b) 對於認列於<u>損益之外</u>(列入其他綜合損益或直接計入權益)之交易及其他事項，其任何相關之所得稅影響數亦認列於損益之外(分別列入其他綜合損益或直接計入權益)。
(c) <u>企業合併</u>中所認列之遞延所得稅資產及負債，<u>將影響</u>該企業合併所產生之<u>商譽金額</u>或所認列之<u>廉價購買利益</u>金額。

　　另本準則<u>亦處理</u>下列相關議題：
(1) 未使用課稅損失<u>或</u>未使用所得稅抵減產生之遞延所得稅資產之認列。
(2) 所得稅在財務報表中之表達。
(3) 所得稅相關資訊之揭露。

　　上述目的不只適用於處理<u>單一報導個體</u>的當期及未來租稅後果，也適用於處理<u>合併個體</u>的當期及未來租稅後果。有關「處理單一報導個體的當期及未來租稅後果」，請參閱徐惠慈老師所著中級會計學(IFRS 版)(下冊)相關章節之說明，本章將著重後者，「處理合併個體的當期及未來租稅後果」之說明。

一、準則用詞定義

本主題須遵循之準則為：IAS 12「所得稅」，其相關用詞定義如下：

(1) 會計利潤 (Accounting profit)：
　　→ 係指一期間內減除所得稅費用前之損益。

(2) 課稅所得(課稅損失) (Taxable profit / Tax loss)：
　　→ 係指依稅捐機關所制定之法規決定之當期所得(損失)，據以應付(可回收)所得稅者。

(3) 所得稅費用(所得稅利益) (Tax expense / Tax income)：
　　→ 係指包含於決定本期損益中，與當期所得稅及遞延所得稅有關之彙總數。
　　→ 包括：當期所得稅費用(當期所得稅利益) 及
　　　　　　遞延所得稅費用(遞延所得稅利益)。

(4) 當期所得稅 (Current tax)：
　　→ 係指與某一期間課稅所得(課稅損失)有關之應付(可回收)所得稅金額。

(5) 遞延所得稅 (Deferred tax)：
　　→ 係指由「遞延所得稅負債」及「遞延所得稅資產」所構成的未來期間應付所得稅金額。

(6) 遞延所得稅負債 (Deferred tax liabilities)：
　　→ 係指與應課稅暫時性差異有關之未來期間應付所得稅金額。

(7) 遞延所得稅資產 (Deferred tax assets)：
　　→ 係指與下列各項有關之未來期間可回收所得稅金額：
　　　　(a) 可減除暫時性差異 (deductible temporary differences)
　　　　(b) 未使用課稅損失遞轉後期 (the carryforward of unused tax losses)
　　　　(c) 未使用所得稅抵減遞轉後期 (the carryforward of unused tax credits)

(8) 暫時性差異 (Temporary differences)：
　　→ 係指資產或負債於財務狀況表之帳面金額與其課稅基礎之差異。

(續次頁)

→ 暫時性差異可能為下列兩者之一：
  (a) 應課稅暫時性差異 (Taxable temporary differences)：
      指當資產或負債之帳面金額回收或清償，於決定未來期間之課稅所得(課稅損失)時，將產生應課稅金額之暫時性差異。
  (b) 可減除暫時性差異 (Deductible temporary differences)：
      指當資產或負債之帳面金額回收或清償，於決定未來期間之課稅所得(課稅損失)時，將產生可減除金額之暫時性差異。

(9) 資產或負債之課稅基礎 (Tax base)：
  → 係指報稅上歸屬於該資產或負債之金額。

※ 整合上述相關名詞及所得稅會計處理基本觀念：

會計利潤　(1)				
(所得稅費用)　(3)	＝	當期所得稅 (4)	＋	遞延所得稅 (5)
本期淨利		‖		‖
		課稅所得 (2) × 適當所得稅率		± 遞延所得稅負債 　　當期增加(減少)數 ± 遞延所得稅資產 　　當期減少(增加)數

資產或負債於財務狀況表之帳面金額						
↑ 差 異 ↓	＝＞	暫時性 差異 (8)	→	應課稅暫時性差異 (8)(a)	→	遞延所得稅負債 (6)
			→	可減除暫時性差異 (8)(b)、(7)(a)	→	遞延所得稅資產 (7)
資產或負債 之課稅基礎 (9)			另	未使用課稅損失 遞轉後期 (7)(b)		
				未使用所得稅抵減 遞轉後期 (7)(c)		

註：應課稅暫時性差異×適當所得稅率＝「遞延所得稅負債」期末餘額之內容
　　可減除暫時性差異×適當所得稅率＝「遞延所得稅資產」期末餘額之內容
　　未使用課稅損失遞轉後期×適當所得稅率＝「遞延所得稅資產」期末餘額之內容
　　未使用所得稅抵減遞轉後期＝「遞延所得稅資產」期末餘額之內容

(A) 從「會計利潤」調節到「課稅所得」：

一般公認會計原則	→	會計利潤 (1)		
		± 永久性差異		IFRS 雖未使用該辭彙，但此情況仍可能存在。
		± 暫時性差異 (8)	(×適當稅率)→	遞延所得稅資產 且/或 遞延所得稅負債期末餘額之內容
符合相關法令規定	→	課稅所得 (2)	(同上)	當期所得稅負債(Y)
	→	未使用課稅損失	(同上)	遞延所得稅資產期末餘額之內容
	→	未使用所得稅抵減	──→	遞延所得稅資產期末餘額之內容

(B) 有關所得稅之分錄：

(1)	本期所得稅費用　　　（上表Y）	
	本期所得稅負債　　　（上表Y）	
(2)	遞延所得稅費用　　　（借貸合計）	假設：期末遞延所得稅資產及遞延所得稅負債之應有餘額，皆<u>大於</u>各該科目之期初餘額。
	遞延所得稅資產　　　（末－初）	
	遞延所得稅負債　　　（末－初）	

※ 補充說明： 研判「暫時性差異」存在與否，除已知的「時間性差異」，可從收益/費損面(或資產/負債面)研判外，對於非屬「時間性差異」的「暫時性差異」，則須從資產/負債面來研判。

例一：

會計上：利息收入係按時間比例基礎計入會計利潤中。
　　　　借記：應收利息$100，貸記：利息收入$100。
報稅上：在某些轄區，可能在收到利息時才計入課稅所得。

(1) 從收益面研判：利息收入於實現時(本期)計入會計利潤，卻於未來收現時才計入課稅所得，屬「時間性差異」，亦是「應課稅暫時性差異」。

(2) 從資產面研判：該交易發生時，影響會計利潤，不影響課稅所得，財務狀況表中應收利息(資產)之帳面金額$100，而其課稅基礎為$0 (因報稅時無應收利息)，故有「應課稅暫時性差異」$100 ＝帳面金額$100－課稅基礎$0，請參閱第42頁(2)。

因此，無論從那個面象研判，皆須於發生交易當期認列「遞延所得稅負債」，金額＝「應課稅暫時性差異」$100×適當稅率。

例二：

會計上：利息費用係按時間比例基礎計入會計利潤中。
　　　　借記：利息費用$200，貸記：應付利息$200。
報稅上：在某些轄區，可能在支付利息時才計入課稅所得。

(1) 從費用面研判：利息費用於本期發生時計入會計利潤，卻於未來支付利息時才計入課稅所得，屬「時間性差異」，亦是「可減除暫時性差異」。
(2) 從負債面研判：該交易發生時，影響會計利潤，不影響課稅所得，財務狀況表中應付利息(負債)之帳面金額$200，該負債金額若能於負債認列後之期間決定課稅所得時作為減除項目，則負債之帳面金額$200與其課稅基礎$0 (因報稅時無應付利息)間存在暫時性差異，即有「可減除暫時性差異」$200，請參閱第 46 頁(13)。

因此，無論從那個面象研判，此交易將產生「遞延所得稅資產」，若符合準則規定之認列條件[請參閱第 46 頁(11)]，則須於發生交易當期認列「遞延所得稅資產」，金額＝「可減除暫時性差異」$200×適當稅率。

例三：

會計上：研究成本於發生當期認列為費用，以決定會計利潤。
　　　　借記：研究發展費用$300，貸記：現金$300。
報稅上：在某些轄區，可能須待以後期間始可減除，以決定課稅所得。

(1) 從費用面研判：研究發展費用於發生當期認列為費用，計入會計利潤，卻於未來期間始可減除，以決定課稅所得，屬「時間性差異」，亦是「可減除暫時性差異」。
(2) 從資產/負債面研判：該交易發生時，影響會計利潤，不影響課稅所得，財務狀況表上未認列相關之資產或負債，故可以不從此面象研判。

因此，由(1)可知此交易將產生「遞延所得稅資產」，若符合準則規定之認列條件[請參閱第 46 頁(11)]，則須於發生交易當期認列「遞延所得稅資產」，金額＝「可減除暫時性差異」$300×適當稅率。

二、原 IAS 12「所得稅之會計處理」 vs. 修訂之 IAS 12「所得稅」

基本觀念上有幾項重大變革,分述如下:

(1) 處理「遞延所得稅」所採用的方法:

	方　　　法	著　重
原 IAS 12	遞延法 或 負債法,或稱「損益表負債法」	時間性差異
修訂之 IAS 12	禁止採用遞延法,規定另一種負債法,或稱「資產負債表負債法」	暫時性差異

(2) 時間性差異:係指在一期間產生,而於後續之一個或多個期間迴轉之課稅所得與會計利潤間之差額,是一種暫時性差異。

暫時性差異:係指資產或負債之課稅基礎與其於財務狀況表帳面金額間之差額。包含時間性差異,但不只有時間性差異。

下列情況會產生暫時性差異,但不是時間性差異,雖原 IAS 12 係依照"與產生時間性差異之交易相同的方式"處理下列(a)、(b)、(c)三種情況:

(a) 子公司、關聯企業或聯合協議未將全部利潤分配予母公司、投資者、合資者或聯合營運者。
(b) 將資產重估價,但報稅上並未作相應之調整。
(c) 依 IFRS 3「企業合併」之規定,企業合併所取得之可辨認資產及所承擔之可辨認負債通常以其公允價值認列,但報稅上並未作相應之調整。
(d) 企業之非貨幣性資產及負債係以其功能性貨幣衡量,但課稅所得或課稅損失(因而及其非貨幣性資產及負債之課稅基礎)則以不同貨幣決定。
(e) 依 IAS 29「高度通貨膨脹經濟下之財務報導」之規定,將非貨幣性資產及負債予以重述(restated)。
(f) 資產或負債原始認列之帳面金額與其原始課稅基礎不同。

(3) 原 IAS 12：若有合理證據顯示時間性差異在未來相當長之期間不會迴轉，允許企業不認列遞延所得稅資產及負債。

修訂之 IAS 12：除某些情況例外[如下述(4)及(5)]，企業對所有暫時性差異應認列遞延所得稅負債或遞延所得稅資產[在符合某些條件時，如下述(6)]。

(4) 當某些資產或負債原始認列之帳面金額不同於其原始課稅基礎時，修訂之 IAS 12 禁止認列該等資產或負債所產生之遞延所得稅負債及遞延所得稅資產。惟該情況並不產生時間性差異，在原 IAS 12 下亦不會導致遞延所得稅資產或負債。

(5) 有關子公司及關聯企業未分配利潤之應付稅額，修訂之 IAS 12 規定，在下列情況之範圍內，禁止認列此類遞延所得稅負債(以及由任何相關之累積換算差異數所產生之遞延所得稅負債)：
(a)母公司、投資者、合資者或聯合營運者能控制暫時性差異迴轉之時點；且
(b)該暫時性差異很有可能於可預見之未來不會迴轉。
當此項禁止規定導致未認列遞延所得稅負債時，修訂之 IAS 12 規定，企業應揭露相關暫時性差異之彙總金額。

(6) 修訂之 IAS 12 規定：(a)在很有可能將有課稅所得以供遞延所得稅資產使用時，即應認列遞延所得稅資產，(b)若企業過去曾有課稅損失時，僅於企業有足夠之應課稅暫時性差異，或有具說服力之其他證據顯示企業將有足夠之課稅所得之範圍內，始應認列遞延所得稅資產。

(7) 有關企業合併所作之公允價值調整，以及該調整所產生之暫時性差異，修訂之 IAS 12 規定，企業應認列其所產生之遞延所得稅負債或(在符合可能性之認列條件時)遞延所得稅資產，並將相應之影響數反映於決定所認列之商譽金額或廉價購買利益金額。但禁止認列商譽之原始認列所產生之遞延所得稅負債。

(8) 修訂之 IAS 12 規定，企業應認列與資產重估價相關之遞延所得稅負債。

(9) 修訂之 IAS 12 規定，禁止將遞延所得稅資產及負債折現。

(10) 修訂之 IAS 12 規定,遞延所得稅負債及遞延所得稅資產之衡量,應依據企業預期回收或清償其資產及負債帳面金額之方式所產生的租稅後果。因為回收某些資產或負債帳面金額之租稅後果可能依回收或清償之方式而定,例如:
   (a) 在某些國家,資本利得並非按與其他課稅收益相同之稅率課徵。
   (b) 在某些國家,於報稅時,資產出售之可減除金額大於其列為折舊之可減除金額。

(11) 修訂之 IAS 12 規定,若將財務狀況表作流動/非流動之區分,則不得將遞延所得稅資產及負債分類為流動資產及負債。

(12) 原 IAS 12:代表遞延所得稅之借方及貸方餘額可互抵。
   修訂之 IAS 12:對互抵訂定更多限制條件,大部分是以 IAS 32「金融工具:表達與揭露」對於金融資產及負債之互抵條件為基礎。

三、國際會計準則第 12 號「所得稅」之相關規定

(1) 於合併財務報表中,暫時性差異係藉由比較合併財務報表中資產及負債之帳面金額與適當之課稅基礎所決定。而該課稅基礎之決定:
   (a) 於採合併申報之轄區內,課稅基礎係參照向各管轄機關申報之合併所得稅申報書決定。
   (b) 在其他轄區,課稅基礎係參照集團內各個體之所得稅申報書決定。

(2) 資產之認列隱含其帳面金額將以未來期間流入企業之經濟效益之方式回收。當資產之帳面金額超過其課稅基礎時,應課稅經濟效益之金額將超過報稅時允許減除之金額。此差異為應課稅暫時性差異,而於未來期間支付其所產生所得稅之義務,則為一項遞延所得稅負債。

當企業回收資產之帳面金額時,應課稅暫時性差異將迴轉,且企業將有課稅所得,致使經濟效益很有可能以支付所得稅之方式流出企業。因此,除下述(3)、(4)之某些情況外,準則規定應認列所有遞延所得稅負債。

(3) 所有應課稅暫時性差異皆應認列遞延所得稅負債。但下列情形產生之遞延所得稅負債除外：
  (a) 商譽之原始認列。[請詳下述(8)、(9)、(10)]
  (b) 於某一交易中，資產或負債之原始認列，該交易：
     (i) 非屬企業合併；且
     (ii) 於交易當時既不影響會計利潤亦不影響課稅所得(課稅損失)。
  惟與投資子公司、分公司及關聯企業以及聯合協議權益相關之應課稅暫時性差異，應依下述(4)之規定認列遞延所得稅負債。

(4) 企業對於與投資子公司、分公司及關聯企業以及聯合協議權益相關之所有應課稅暫時性差異，皆應認列遞延所得稅負債，但在同時符合下列兩條件之範圍內除外：
  (a) 母公司、投資者、合資者或聯合營運者可控制暫時性差異迴轉之時點。
  (b) 該暫時性差異很有可能於可預見之未來不會迴轉。

(5) 當收益或費損於某一期間計入會計利潤，但於不同期間計入課稅所得時，會產生某些暫時性差異。此類暫時性差異常被稱為時間性差異。惟暫時性差異亦產生於下列情況 [非屬「時間性差異」]：
  (a) 企業合併所取得之可辨認資產及承擔之可辨認負債係依 IFRS 3「企業合併」以其公允價值認列，但報稅上並未作相應之調整。[請詳下述(6)]
  (b) 將資產重估價，但報稅上並未作相應之調整。[請詳下述(7)]
  (c) 企業合併時產生之商譽。[請詳下述(8)]
  (d) 資產或負債原始認列時之課稅基礎與其原始帳面金額不同，例如，企業受惠於與資產有關之免稅政府補助。[詳前述(3)(b)]
  (e) 投資子公司、分公司及關聯企業或聯合協議權益之帳面金額與該投資或權益之課稅基礎不同。[請詳下述(12)、(16)～(21)]

針對(d)，舉一例說明。某企業意圖持續使用一項成本為$1,000 之機器設備，假設其耐用年限為 5 年，爾後處分之殘值為零，稅率 20%。該項目之折舊費用於報稅上不得作為減除項目。處分時，任何資本利得不課稅，任何資本損失亦不得作為減除項目。意即，該機器設備的課稅基礎為零。

(續次頁)

使用該機器設備的第一年,其帳面金額為$1,000,企業將賺取課稅收益$1,000並支付所得稅$200 (因未來報稅上該項目之折舊費用不得作為減除項目)。企業理應認列此交易所產生之遞延所得稅負債$200,並以相同金額調整該項目帳面金額。惟準則認為此種調整可能造成財務報表較不透明。因此,不允許企業認列前述交易(無論於原始認列時或其後)所產生之遞延所得稅負債$200,因該應課稅暫時性差異係該項目原始認列時產生的,詳上述(3)(b)。

使用該機器設備的第二年,其帳面金額為$800。於賺取課稅收益$800 時,企業將支付所得稅$160 (因未來報稅上該項目之折舊費用不得作為減除項目)。同理,企業亦不得認列此項遞延所得稅負債$160,因其係該項目原始認列時產生的。其他年度,類推。

(6) 除少數例外,企業合併所取得之可辨認資產及承擔之負債應於收購日以其公允價值認列。當取得之可辨認資產及承擔之負債其課稅基礎不受企業合併影響或受不同之影響時,將產生暫時性差異。

例如,當資產之帳面金額被調增到公允價值,但其課稅基礎仍為對先前所有者之成本,將產生應課稅暫時性差異而導致遞延所得稅負債。而其所產生之遞延所得稅負債會影響商譽 [請詳下述(22)]。

相反地,當資產之帳面金額被調降到公允價值,但其課稅基礎仍為對先前所有者之成本,將產生可減除暫時性差異而導致遞延所得稅資產,該遞延所得稅資產認列與否,須依下述(11)及(12)之規定。而其所產生之遞延所得稅資產會影響商譽 [請詳下述(22)]。

(7) 國際財務報導準則允許或規定某些資產按公允價值列報或重估價 (例如:IAS 16「不動產、廠房及設備」、IAS 38「無形資產」、IAS 40「投資性不動產」及 IFRS 9「金融工具」),故
   (a) 在某些轄區,將資產重估價或其他重述至公允價值會影響當期課稅所得(課稅損失)。因此,資產之課稅基礎會被調整而不會產生暫時性差異。
   (b) 在其他轄區,資產之重估價或重述不影響重估價或重述當期之課稅所得,因此並不調整資產之課稅基礎。
   (c) 儘管如此,帳面金額未來之回收將造成應課稅經濟效益流入企業,且報稅上可減除之金額與該等經濟效益金額將有所不同。重估價資產之帳面金額與其課稅基礎之差額為暫時性差異,將產生遞延所得稅負債或資產。

(d) 前述屬實,即便:
   (i) 企業<u>不意圖處分該項資產</u>。於此情形下,資產之重估價帳面金額將<u>透過使用</u>而回收,此將產生課稅收益,該收益將超過未來期間報稅上所允許之折舊。
   (ii) 若<u>處分資產之價款再投資於類似資產</u>時,其資本利得之稅負將予遞延。於此情況下,所得稅<u>最終</u>將於<u>出售</u>或<u>使用該類似資產</u>而成為應付。

(8) 企業合併時產生之<u>商譽應依下列(a)超過(b)之金額</u>衡量:
   (a) 下列各項目之彙總數:
      (i) 依 IFRS 9 衡量之所移轉對價,通常規定為收購日之公允價值。
      (ii) 依 IFRS 3 認列對被收購者之非控制權益金額。
      (iii) 在分階段達成之企業合併中,收購者先前已持有被收購者之權益於收購日之公允價值。
   (b) 所取得之可辨認資產與承擔之負債於收購日依 IFRS 3 衡量之淨額。

   <u>在決定課稅所得時,許多稅捐機關不允許將商譽帳面金額之減少作為可減除費用</u>。此外,在該等轄區,當子公司處分其主要業務時,商譽成本通常不能減除。因此在該等轄區,<u>商譽之課稅基礎為零</u>。商譽帳面金額與其課稅基礎(零)之任何差額為<u>應課稅暫時性差異</u>。惟準則<u>不允許認列因此產生之遞延所得稅負債</u>,因遞延所得稅負債之認列將增加商譽之帳面金額,此與商譽係按剩餘金額衡量的邏輯相違 [剩餘金額,即前述(a)超過(b)之金額]。

(9) 由<u>商譽之原始認列所產生而未認列之遞延所得稅負債,其後續之減少</u>,亦視為由商譽之原始認列所產生,因此,依上述(3)(a)之規定<u>亦不得認列</u>。

   例如,企業合併中,某一企業認列商譽$100(帳面金額),其課稅基礎為$0,產生應課稅暫時性差異$100,帳面金額$100－課稅基礎$0＝$100,惟上述(3)(a)禁止企業認列因此產生之遞延所得稅負債[金額＝$100×適當稅率]。若該企業後續認列商譽減損損失$20,商譽帳面金額降為$80,課稅基礎仍為$0,產生應課稅暫時性差異$80,帳面金額$80－課稅基礎$0＝$80,則商譽相關之暫時性差異金額將由$100 減至$80,導致未認列遞延所得稅負債之價值減少[減少金額＝$100×認列商譽時之適當稅率－$80×後續認列商譽減損損失時之適當稅率]。該遞延所得稅負債價值之減少亦視為與商譽之原始認列有關,因此,依上述(3)(a)之規定不得認列。

(10) 惟與商譽有關之應課稅暫時性差異所致之遞延所得稅負債，在非由商譽原始認列所產生之範圍內，應予認列。

例如，期初企業合併中，某企業認列商譽$100，報稅上可自收購當年度起每年依 20%減除。已知商譽於原始認列時，其帳面金額$100，課稅基礎$100，無暫時性差異。收購當年底，商譽帳面金額假設仍為$100(無減損)，課稅基礎為$80，期初課稅基礎$100－$100×20%(每年依20%減除)＝期末課稅基礎$80，則將產生應課稅暫時性差異$20，帳面金額$100－課稅基礎$80＝$20。而該應課稅暫時性差異$20與商譽之原始認列無關，故其所產生之遞延所得稅負債應予認列，認列金額＝$20×收購當年底時之適當稅率。

(11) 所有可減除暫時性差異在其很有可能有課稅所得以供此差異使用之範圍內，皆應認列遞延所得稅資產，除非該遞延所得稅資產係由某一交易中資產或負債之原始認列所產生，該交易：
(a) 非屬企業合併。
(b) 於交易當時既不影響會計利潤亦不影響課稅所得(課稅損失)。
惟與投資子公司、分公司及關聯企業以及聯合協議權益相關之可減除暫時性差異，應依下述(12)之規定認列遞延所得稅資產。

(12) 企業對於投資子公司、分公司及關聯企業以及聯合協議權益所產生之可減除暫時性差異，於同時符合下列兩條件之範圍內，且僅於該範圍內方可認列遞延所得稅資產：
(a) 該暫時性差異很有可能於可預見之未來迴轉；且
(b) 很有可能有足夠之課稅所得以供該暫時性差異使用。

(13) 負債之認列隱含其帳面金額將於未來期間從企業流出具經濟效益之資源以清償。當資源從企業流出，其部分或全部金額可能於負債認列後之期間決定課稅所得時作為減除項目。在此情況下，負債之帳面金額及其課稅基礎間存在暫時性差異。因此，當該負債之部分於決定課稅所得時被允許作為減除項目，從而於未來期間可回收所得稅，即產生遞延所得稅資產。同樣地，若資產之帳面金額小於其課稅基礎，該差異造成所得稅於未來期間可回收，從而產生遞延所得稅資產。

(14) 除少數例外，企業合併所取得之可辨認資產及承擔之負債，應於收購日以其公允價值認列。當所承擔之負債於收購日認列，但於決定課稅所得時，相關成本須待以後期間方可減除，則產生可減除暫時性差異而導致遞延所得稅資產。當所取得可辨認資產之公允價值較其課稅基礎小時，亦將產生遞延所得稅資產。於此兩種情況下，所產生之遞延所得稅資產會影響商譽[請詳下述(22)]。

(15) 若企業合併產生之商譽其帳面金額小於課稅基礎，該差異會產生遞延所得稅資產。商譽原始認列所產生之遞延所得稅資產在很有可能有課稅所得以供可減除暫時性差異使用之範圍內，應作為企業合併會計處理之一部分予以認列。

(16) 當投資子公司、分公司及關聯企業或聯合協議權益之帳面金額，亦即母公司或投資公司對子公司、分公司、關聯企業或被投資公司淨資產(包括商譽之帳面金額)之份額，不同於該投資或權益之課稅基礎(通常為成本)時，將產生暫時性差異。此類差異可能由多種不同之情況產生，例如：
(a) 子公司、分公司、關聯企業及聯合協議有未分配利潤。
(b) 當母公司及其子公司分處不同國家時，匯率之變動。
(c) 將投資關聯企業之帳面金額沖減至可回收金額。(資產減損)
若母公司在其單獨財務報表上對投資以成本或重估價金額列報，則母公司單獨財務報表中與該投資相關之暫時性差異，可能與在合併財務報表中之暫時性差異不同。

(17) 同上述(4)。
企業對於與投資子公司、分公司及關聯企業以及聯合協議權益相關之所有應課稅暫時性差異，皆應認列遞延所得稅負債，但在同時符合下列兩條件之範圍內除外：
(a) 母公司、投資者、合資者或聯合營運者可控制暫時性差異迴轉之時點。
(b) 該暫時性差異很有可能於可預見之未來不會迴轉。

(18) 由於母公司控制其子公司之股利政策，故可控制與該投資相關之暫時性差異(包括未分配利潤及外幣換算差異數所產生之暫時性差異)迴轉之時點。此外，決定暫時性差異迴轉時所應支付之所得稅額在實務上經常不可行。因此，一旦母公司決定該利潤不會於可預見之未來分配時，母公司不認列遞延所得稅負債，即符合上述(17)之例外情況。相同之考量亦適用於對分公司

之投資。

(19) 關聯企業之投資者<u>並未控制該企業</u>，且<u>通常無法決定該企業之股利政策</u>。因此，在無協議規定關聯企業之利潤於可預見之未來不分配時，投資者<u>應認列</u>與投資該關聯企業相關之應課稅暫時性差異所產生之遞延所得稅負債。在某些情況下，投資者<u>可能無法決定</u>若回收投資關聯企業成本時應支付之所得稅額，<u>但可決定該所得稅額將等於或超過一最低金額</u>。在此情況下，遞延所得稅負債<u>依此(最低)金額衡量</u>。

(20) 聯合協議者間之協議中通常處理利潤之分配，並明訂在決定此事項時，是否須全體協議者或某一群協議者同意。當合資者或聯合營運者可以控制利潤份額之分配時點，且該利潤很有可能於可預見之未來不分配時，則不認列遞延所得稅負債。

(21) 企業之非貨幣性資產與負債係以其功能性貨幣衡量(見 IAS 21「匯率變動之影響」)。若企業之課稅所得或課稅損失(因而及其非貨幣性資產與負債之課稅基礎)係以不同貨幣決定，<u>匯率變動</u>將產生暫時性差異並導致遞延所得稅負債或資產[若符合上述(11)之認列情況]。所產生之遞延所得稅則借記或貸記損益。[功能性貨幣及相關議題，請參閱本書第十四章]

(22) 如上述(3)、(4)、(5)、(6)、(14)、(15)之說明，企業合併可能產生暫時性差異。依 IFRS 3 之規定，企業於<u>收購日</u>應將該<u>暫時性差異</u>所產生之遞延所得稅資產[於符合上述(11)及(12)認列條件之範圍內]或遞延所得稅負債認列為可辨認資產及負債。因此，該等遞延所得稅資產及遞延所得稅負債<u>會影響</u>企業所認列之<u>商譽金額</u>或<u>廉價購買利益金額</u>。惟依上述(3)(a)及(8)之規定，企業<u>不認列</u>因商譽原始認列所產生之遞延所得稅負債。

(23) 由於<u>企業合併</u>之結果，收購者實現其<u>收購前遞延所得稅資產之機率可能改變</u>。收購者可能會認為<u>將很有可能回收企業合併前未認列之本身遞延所得稅資產</u>。例如，收購者可能使用其未使用課稅損失之利益以抵減被收購者之未來課稅所得。或者，由於企業合併之結果，<u>未來已不再很有可能有課稅所得以供遞延所得稅資產之回收</u>。在此等情況下，<u>收購者於企業合併當期認列遞延所得稅資產之變動，但不將其併入企業合併會計處理之一部分</u>。因此，收購者於衡量企業合併中所認列之商譽或廉價購買利益時，並不考量該變動。

(24) 被收購者之所得稅損失遞轉後期或其他遞延所得稅資產之潛在效益,於作企業合併原始會計處理時,可能不符合單獨認列之條件,但後續可能實現。企業所取得之遞延所得稅利益於企業合併後實現者,應依下列方式認列:
(a) 在衡量期間內,由於存在於收購日之事實與情況之新資訊而認列所取得之遞延所得稅利益,應用以減少與該收購有關之商譽帳面金額。若商譽之帳面金額為零,則剩餘之遞延所得稅利益應認列於損益。
(b) 所有其他所取得之遞延所得稅利益於實現時,應認列於損益(或依準則規定,認列於損益之外)。

(25) 企業僅於同時符合下列條件時,始應將當期所得稅資產及當期所得稅負債互抵:
(a) 企業有法定執行權將所認列之金額互抵。
(b) 企業意圖以淨額基礎清償或同時實現資產及清償負債。

(26) 雖然當期所得稅資產及負債係分別認列與衡量,但在符合類似國際會計準則第 32 號所列金融工具互抵條件時,於財務狀況表中應予以互抵。
若當期所得稅資產及當期所得稅負債與由同一稅捐機關課徵之所得稅有關,且該稅捐機關允許企業支付或收受單筆淨付款時,企業通常有法定執行權將當期所得稅資產及當期所得稅負債互抵。

(27) 合併財務報表中,集團內某一個體之當期所得稅資產與集團內另一個體之當期所得稅負債,僅於涉及之各個體有法定執行權以支付或收受單筆淨付款,且各個體意圖支付或收受此一淨付款或同時回收資產及清償負債時,始可互抵。

(28) 企業僅於同時符合下列條件時,始應將遞延所得稅資產及遞延所得稅負債互抵:
(a) 企業有法定執行權將當期所得稅資產及當期所得稅負債互抵;且
(b) 遞延所得稅資產及遞延所得稅負債與下列由同一稅捐機關課徵所得稅之納稅主體之一有關:
(i) 同一納稅主體;或
(ii) 不同納稅主體,但各主體意圖在重大金額之遞延所得稅負債或資產預期清償或回收之每一未來期間,將當期所得稅負債及資產以淨額基礎清償,或同時實現資產及清償負債。

四、我國所得稅法及企業併購法之相關規定

我國「所得稅法」第 3 條：「凡在中華民國境內經營之營利事業，應依本法規定，課徵營利事業所得稅。」合併個體(或稱集團)中的母、子公司皆是符合「所得稅法」第 11 條所稱之「營利事業」，亦是須申報及繳納營所稅之納稅義務人(納稅主體)，故依所得稅法規定應單獨申報納稅(＊)，因此原則上母、子公司應個別單獨申報營利事業所得稅。但我國「企業併購法」第 45 條 (修訂前原為第 40 條)規定，重點彙述於下表：

[「所得稅法」第 11 條：本法稱營利事業，係指公營、私營或公私合營，以營利為目的，具備營業牌號或場所之獨資、合夥、公司及其他組織方式之工、商、農、林、漁、牧、礦冶等營利事業。]

[＊：本章係以公司組織為例，若是合夥及獨資企業，請參閱本書第十五章第 8 頁之說明。]

「公司進行合併、分割或依第 27 條至第 30 條規定收購，而持有其子公司股份或出資額達已發行股份總數或資本總額百分之九十者，得自其持有期間在一個課稅年度內滿十二個月之年度起，選擇以該公司為納稅義務人，依所得稅法相關規定合併辦理營利事業所得稅結算申報及未分配盈餘申報；其他有關稅務事項，應由該公司及其子公司分別辦理。
依前項規定選擇合併申報營利事業所得稅者，其合於規定之各本國子公司，應全部納入合併申報；其選擇合併申報，無須事先申請核准，一經選擇，除因正當理由，於會計年度終了前二個月內，報經財政部核准者外，不得變更。
依前項規定經核准變更採分別申報者，自變更之年度起連續五年，不得再選擇合併申報；其子公司因股權變動不符第一項規定而個別辦理申報者，自該子公司個別申報之年度起連續五年，不得再依前項規定納入合併申報。
依第一項規定合併申報營利事業所得稅者，其合併結算申報課稅所得額及應納稅額之計算、合併申報未分配盈餘及應加徵稅額之計算、營業虧損之扣除、投資抵減獎勵之適用、國外稅額之扣抵、股東可扣抵稅額帳戶之處理、暫繳申報及其他應遵行事項之辦法，由財政部定之。」

因此，若符合「企業併購法」第 45 條規定，母、子公司得選擇合併申報營利事業所得稅，惟其相關所得稅負之計算須依財政部之規定。

財政部賦稅署於民國 92 年 2 月 12 日訂定發布台財稅字第 0910458039 號令：「營利事業依金融控股公司法第 49 條及企業併購法第 40 條(修訂後為第 45 條)規定合併辦理營利事業所得稅申報處理原則」，供母、子公司選擇合併申報營利事業所得稅時可依循之處理原則。摘錄該法令部分內容如下：

五、營業虧損之扣除規定：
(一) 合併申報前，各公司經稽徵機關核定尚未扣除之前五年內各期營業之虧損(以下稱個別營業虧損)，得依所得稅法第 39 條但書規定，自各該公司當年度所得額中扣除。
(二) 自合併申報年度起，各公司當年度營業之所得額或虧損額，應相互抵銷，合併計算。其經合併計算抵銷之虧損額，不得再適用所得稅法第 39 條但書規定；其經合併計算後仍為虧損者(以下稱合併營業虧損)，得依所得稅法第 39 條但書規定，自合併營業虧損發生年度起五年內，從當年度合併結算申報所得額中扣除。...

六、合併結算申報課稅所得額及應納稅額之計算規定：
(一) 各公司依所得稅法第 24 條規定計算之所得額，扣除依法律規定減免所得稅之所得額及合於所得稅法第 39 條但書規定之個別營業虧損後之餘額，為各公司課稅所得額。
(二) 各公司課稅所得額之合計數，為合併結算申報所得額。
(三) 合併結算申報所得額，扣除合於所得稅法第 39 條但書規定之合併營業虧損後之餘額，為合併結算申報課稅所得額。
(四) 合併結算申報課稅所得額，依規定稅率計算之應納稅額，為合併結算申報應納稅額；各公司暫繳稅額及尚未抵繳之扣繳稅額，得自合併結算申報應納稅額中減除。...

八、投資抵減獎勵之抵減規定：
(一) 合併申報前，各公司依促進產業升級條例等相關法律規定已享有而尚未抵減之投資抵減獎勵，得繼續依規定抵減各公司課稅所得額部分依規定稅率計算之應納稅額，及各公司未分配盈餘部分按百分之十計算之應加徵稅額。
(二) 自合併申報年度起，各公司始依促進產業升級條例等相關法律規定享有之投資抵減獎勵，得依規定抵減合併結算申報課稅所得額依規定稅率計算之應納稅額，及合併申報未分配盈餘按百分之十計算之應加徵稅額。
(三) 合併申報適用投資抵減規定時，其依規定計算之各公司得抵減金額合計數，大於合併申報實際得抵減總額時，得自行協議抵減順序或方法。但抵減順序或方法一經採用，不得變更。...」

從上述法令規定得知，母、子公司在符合「企業併購法」第45條規定時，雖可選擇合併申報營利事業所得稅，但母、子公司仍須各自依所得稅法規定計算各公司之課稅所得額，再合計為合併結算申報所得額，最後再考慮合併營業虧損及投資抵減獎勵之扣抵，此與美國的相關規定有所不同。

美國稅法相關規定：若母、子公司符合法令規定且選擇合併申報營利事業所得稅時，稅法係將該母、子公司所構成的合併個體當作一個納稅主體(納稅義務人)，並以母、子公司合併財務報表為基礎計算該合併個體(納稅主體)的課稅所得，因此諸如像母、子公司間內部交易所產生之未實現損益，皆非當期合併個體之課稅所得或減除項目，母、子公司間所發放或收受之現金股利亦非課稅所得。

可知我國母、子公司各自單獨申報營利事業所得稅應是實務上常見的情況，故擬以「母、子公司各自單獨申報營利事業所得稅」作為以下各主題之說明基礎。

五、彙總前述相關規定

(一) 會計上意義 vs. 報稅上規定 ～ 名稱及條件：
(並列美國相關規定，係供參考。)

	會 計 上 的 意 義	報 稅 上 的 規 定
名稱	合併個體(Consolidated Entity)、集團(Group)	美國：聯屬集團(Affiliated Group) 我國：(無)
條件	母公司對子公司存在控制(例如：無反證情況下，通常母公司持有子公司50%以上具投票權股份)，則視母公司與子公司為一個合併個體，期末須編製母公司與子公司的合併財務報表。	美國：母公司持有子公司80%以上具表決權的股份，且母公司持有聯屬集團內各子公司流通在外股票總價值的80%以上，可選擇母、子公司合併申報所得稅。
		我國：母公司持有其子公司股份或出資額達已發行股份總數或資本總額90%者，可選擇以母公司為納稅義務人，母、子公司合併申報所得稅。(企業併購法第45條)

(續次頁)

	會計上的意義	報稅上的規定
釋例	甲公司分別持有乙公司及丙公司95%及70%之普通股，則：	
	甲、乙、丙三家公司為一個合併個體，期末須編製甲公司及其子公司(乙及丙)的合併財務報表。	美國：甲及乙是聯屬集團，可選擇甲及乙合併申報營利事業所得稅，或選擇甲及乙個別單獨申報。至於丙只能單獨申報。
		我國：同上。惟計算所得稅負之立場與觀點與美國不盡相同。

(二) 會計上觀點 vs. 報稅上觀點～母、子公司個別單獨申報營所稅：

(下表所列情況雖非全為母、子公司間交易或事項，但並列參考可加深對本議題之理解。)

項　　目	母、子公司個別單獨申報營所稅	
	會計上觀點	報稅上觀點
(1) 被投資者有未分配利潤 當投資者對被投資者 具重大影響或存在控制 (應課稅暫時性差異)	按權益法，認列投資收益，同時增加「採用權益法之投資」，致其帳面金額大於課稅基礎。	「採用權益法之投資」的課稅基礎通常為成本，不受權益法影響。【註一】
(2) 收自被投資者之現金股利 當投資者對被投資者 具重大影響或存在控制 (i) 應課稅暫時性差異，但當期之遞延所得稅負債會減少。 (ii) 無差異，且當期之遞延所得稅負債會減少至零。	按權益法，所收現金股利應減少「採用權益法之投資」之帳面金額，致其帳面金額： (i) 仍大於，或 (ii) 等於　其課稅基礎。	「採用權益法之投資」的課稅基礎通常為成本，不受「股利收入係課稅所得」的影響。【註一】

(續次頁)

項　　目	母、子公司個別單獨申報營所稅	
	會計上觀點	報稅上觀點
(3) 認列投資關聯企業或子公司之減損損失		
(i) 應課稅暫時性差異,但當期之遞延所得稅負債會減少。 (ii) 無差異,且當期之遞延所得稅負債會減少至零。 (iii) 可減除暫時性差異,除當期之遞延所得稅負債會減少至零外,另若符合準則之規定,則可認列遞延所得稅資產。	將投資關聯企業(「採用權益法之投資」)之帳面金額沖減至可回收金額,致其帳面金額: (i) 仍大於,或 (ii) 等於,或 (iii) 小於, 其課稅基礎。	「採用權益法之投資」的課稅基礎通常為成本,不受資產減損的影響。【註一】
(4) 合併個體成員間之內部交易所產生的未實現損益 或 視同清償債券損益 [暫時性差異,詳下述(a)(b)]	按權益法(單線合併)認列投資損益時,應排除未實現損益,待未來損益實現時再認列。而視同清償債損益,則相反處理,應列入當期投資損益內,並非於未來分期認列。	內部交易發生時,即認列為「課稅所得」或「可減除金額」。
(a) 未實現利益 　　視同清償債券損失 　　(可減除暫時性差異) (b) 未實現損失 　　視同清償債券利益 　　(應課稅暫時性差異)	例如:母、子公司間進、銷貨交易所產生之未實現利益(損失),已自合併財務狀況表上期末存貨之帳面金額中銷除,但報稅上未作相應之調整,致存貨之帳面金額小於(大於)其課稅基礎,而產生可減除暫時性差異(應課稅暫時性差異)。	
(5) 收購者因企業合併所認列之商譽		
(i) 應課稅暫時性差異【註四】 (ii) 若帳面金額<課稅基礎,該差異會產生遞延所得稅資產。【註五】	定期評估商譽價值是否減損?若減損,則認列商譽減損失,並將商譽帳面金額(隱含在「採用權益法之投資」科目中)調降為較低的可回收金額。	企業併購法第40條:「公司進行併購而產生之商譽,得於15年內平均攤銷。」

(續次頁)

項　　目	母、子公司個別單獨申報營所稅	
	會計上觀點	報稅上觀點
(6) 公司以營業或財產認購或交換他公司股票時，如所得股票之價值低於營業或財產帳面金額時，其交換損失之處理【註二】 (無差異 或 可減除暫時性差異)	認列處分營業或財產之損失	企業併購法第48條：「...，得於15年內認列。」
(7) 收購者因企業合併所產生之收購相關成本		
1.因收購而發行證券之發行成本、股份登記支出、證券印製成本等 (無差異)	列為發行證券溢價之減少 或 折價之增加	(同 左)
2. 除1.以外之收購相關成本【註三】 (無差異 或 可減除暫時性差異)	列為當期費用	企業併購法第41條：「公司進行併購而產生之費用，得於10年內平均攤銷。」

【註一】 所得稅法第63條：
　　　「長期投資之握有附屬事業全部資本，或過半數資本者，應以該附屬事業之財產淨值，或按其出資額比例分配財產淨值為估價標準，在其他事業之長期投資，其出資額未及過半數者，以其成本為估價標準。」

【註二】分兩種情況說明：

(1)	會計上	列為當期費損	
		方法一	方法二
(2)	報稅上	列為當期費損，即當期可減除金額	分15年攤銷為費損(或按短於15年攤銷)，為未來15年各年之可減除金額
差異？		無差異	可減除暫時性差異

【註三】分兩種情況說明：同【註二】，惟將15年改為10年。

【註四】分四種情況說明：

會計上	商譽價值未減損，不認列損失，帳面金額不變 [例如：$150]		商譽價值已減損，認列損失，帳面金額減少 [例如：$150 降為$143]	
情況	(甲)	(乙)	(丙)	(丁)
報稅上	不攤銷，課稅基礎為$0	若課稅基礎$150，分15年攤銷(或按短於15年攤銷)，則課稅基礎會逐年減少。[例如：分15年攤銷，收購當年底之課稅基礎為$140。]	不攤銷，課稅基礎為$0	若課稅基礎$150，分15年攤銷(或按短於15年攤銷)，則課稅基礎會逐年減少。[例如：分15年攤銷，收購當年底之課稅基礎為$140。]
差異	應課稅暫時性差異 [例如：$150＝$150－$0] 係由原始認列商譽所致，故不認列其遞延所得稅負債。請詳上文「三、IAS 12 相關規定」(8)(9)之說明。	(同左) [例如：$10＝$150－$140] 其所致之遞延所得稅負債，非由商譽原始認列所產生，故應予認列。請詳上文「三、IAS 12 相關規定」(10)之說明。	(同左) [例如：$143＝$143－$0] 係由原始認列商譽所致，故不認列其遞延所得稅負債，理同(甲)。	(同左) [例如：$3＝$143－$140] 分兩部分說明： (1) $10＝$150－$140，理同(乙)。 (2) －$7＝$143－$150，雖使遞延所得稅負債減少，但亦是由原始認列商譽所致，因此不得認列，理同(甲)。

(續次頁)

【註五】分四種情況說明：

會計上	商譽價值未減損，不認列損失，帳面金額不變 [例如：$150]		商譽價值已減損，認列損失，帳面金額減少 [例如：$150降為$143]	
情況	(甲)	(乙)	(丙)	(丁)
報稅上	不攤銷，課稅基礎為$180	若課稅基礎$180，分15年攤銷(或按短於15年攤銷)，則課稅基礎會逐年減少。	不攤銷，課稅基礎為$180	若課稅基礎$180，分15年攤銷(或按短於15年攤銷)，則課稅基礎會逐年減少。
差異	可減除暫時性差異 [例如：－$30＝$150－$180] 原已認列之遞延所得稅資產無異動。請詳上文「三、IAS 12相關規定」(15)之說明。	可減除暫時性差異會逐年漸少，或出現應課稅暫時性差異，故遞延所得稅資產逐年減少，或增認遞延所得稅負債。	可減除暫時性差異增加，故遞延所得稅資產增加。	視減損金額大小與攤銷金額大小而定，商譽帳面金額可能＜、＝、＞課稅基礎，因此可減除暫時性差異可能增加、無異動、減少或出現應課稅暫時性差異，故遞延所得稅資產可能增加、無異動、減少或增認遞延所得稅負債。

六、釋　例

(一) 企業合併時之遞延所得稅：

除少數例外，企業合併所取得之可辨認資產及承擔之負債應於收購日以其公允價值認列。當取得之可辨認資產及承擔之負債其課稅基礎不受企業合併影響或受不同之影響時，將產生暫時性差異。例如，當資產之帳面金額被調增到公允價值，但其課稅基礎仍為對先前所有者之成本，將產生應課稅暫時性差異而導致遞延所得稅負債，而其所產生之遞延所得稅負債會影響商譽金額。相反地，當資產之帳面金額被調降到公允價值，但其課稅基礎仍為對先前所有者之成本，將產生可減除暫時性差異而導致遞延所得稅資產，若該遞延所得稅資產符合準則之認列規定，則予以認列，而其所產生之遞延所得稅資產會影響商譽金額。惟依 IAS 12 規定，企業不認列因商譽原始認列所產生之遞延所得稅負債。

釋例五：

　　甲公司於 20x6 年 1 月 1 日以現金$300,000 取得乙公司 100%股權，乙公司依合併約定同時辦理解散。當日乙公司權益為$200,000，除帳列「不動產、廠房及設備」中有一項廠房 A 價值低估及一項倉庫 B 價值高估，另有一項專門技術(甲公司將認列為無形資產)未入帳外，乙公司其餘帳列資產及負債之帳面金額皆等於公允價值，亦無其他未入帳可辨認資產或負債。

其他資料如下：
(1) 會計上及報稅上，廠房 A 及倉庫 B 之折舊年限皆為 10 年，無殘值，採直線法計提折舊。截至 20x5 年 12 月 31 日，廠房 A 及倉庫 B 之剩餘折舊年限分別為 5 年及 4 年。甲公司預估乙公司未入帳專門技術之耐用年限為 5 年。
(2) 廠房 A、倉庫 B 及未入帳專門技術將於未來透過使用在應稅之製造活動而回收其帳面金額，適用之稅率為 17%。
(3) 乙公司相關金額如下：

	帳面金額	公允價值	課稅基礎	備註
廠房 A	$100,000	$120,000	$50,000	(＊)
倉庫 B	$80,000	$70,000	$80,000	(＊)
無形資產－專門技術	－	$30,000	－	
其他資產	$60,000	$60,000	$60,000	
負　債	$40,000	$40,000	$40,000	

　＊：假設乙公司當初取得廠房 A 及倉庫 B 所產生之暫時性差異，係屬原始認列之例外規定，故乙公司並未認列相關之遞延所得稅負債。請詳本章『三、IAS 12「所得稅」之相關規定』的(3)(b)及(11)。

(4) 乙公司未使用課稅損失金額為$22,000，依當地稅法規定將可扣抵甲公司未來課稅所得。假設甲公司未來很有可能有課稅所得而使用到該項未使用課稅損失。已知該項未使用課稅損失並未於乙公司帳上認列為遞延所得稅資產。

試作：甲公司於 20x6 年 1 月 1 日收購乙公司之相關分錄。

說　明：

20x6/1/1，甲公司收購乙公司之商譽計算如下：

	乙公司 帳面金額	公允價值 (a)	課稅基礎 (b)	暫時性差異 (a)－(b)	稅率	遞延所得稅 負債(資產)
廠房 A	$100,000	$120,000	$50,000	$70,000	17%	$11,900
倉庫 B	80,000	70,000	80,000	(10,000)	17%	(1,700)
無形資產 －專門技術	－	30,000	－	30,000	17%	5,100
其他資產	60,000	60,000	60,000	－		－
負　債	(40,000)	(40,000)	(40,000)	－		－
課稅損失 　遞轉後期	－	－	－	(22,000)	17%	(3,740)
可辨認淨值	$200,000	$240,000	$150,000	$68,000		$11,560
減：收購所產生之 　　遞延所得稅負債		(11,560)				互抵後淨額 (假設可互抵)
收購所取得可辨認淨值 　之公允價值(稅後)		$228,440				
收購所產生之商譽 ＝移轉對價$300,000－收購所取得可辨認淨值之公允價值(稅後)$228,440＝$71,560						

因乙公司於甲公司收購後解散，甲公司為存續公司，較易符合準則對於遞延所得稅負債與遞延所得稅資產互抵之規定，故做「符合互抵規定」之假設。因此甲公司於 20x6 年 1 月 1 日收購乙公司之分錄如下：

20x6/1/1	採用權益法之投資	300,000	
	現　　金		300,000
20x6/1/1 或 乙解散時	廠房 A	120,000	
	倉庫 B	70,000	
	無形資產－專門技術	30,000	
	其他資產	60,000	
	商　譽	71,560	
	負　　債		40,000
	遞延所得稅負債		11,560
	採用權益法之投資		300,000

補充：

(1) 按準則規定，若原始認列之商譽其帳面金額＞課稅基礎，雖有「應課稅暫時性差異」，仍不認列遞延所得稅負債，詳本章 P.43 之(3)。因此本例假設原始認列之商譽其帳面金額$71,560＞課稅基礎$0，雖有「應課稅暫時性差異」，仍不認列相關之遞延所得稅負債。

(2) 按準則規定，若原始認列之商譽其帳面金額＜課稅基礎，產生「可減除暫時性差異」，則在其很有可能有課稅所得以供此差異使用之範圍內，應認列遞延所得稅資產，詳本章 P.47 之(15)、P.46 之(11)及(12)。本例假設原始計得之商譽帳面金額$71,560＜課稅基礎$80,000，且其很有可能有課稅所得以供此差異使用，故應認列相關之遞延所得稅資產。為計入商譽之租稅後果，故須重新計算應認列之商譽及其遞延所得稅資產，如下：

令 Y＝應認列之商譽，則其相關之遞延所得稅資產＝($80,000－Y)×17%

因此 $300,000－[$240,000－$11,560＋($80,000－Y)×17%]＝Y

得出 Y＝應認列之商譽＝$69,831

而其相關之遞延所得稅資產＝($80,000－$69,831)×17%＝$1,729

驗算： $300,000－($240,000－$11,560＋$1,729)＝$69,831＝應認列之商譽

因此甲公司於 20x6 年 1 月 1 日收購乙公司之分錄如下：

20x6/ 1/ 1	採用權益法之投資	300,000	
	現　金		300,000
20x6/ 1/ 1 或 乙解散時	廠房 A	120,000	
	倉庫 B	70,000	
	無形資產－專門技術	30,000	
	其他資產	60,000	
	商　譽	69,831	
	負　債		40,000
	遞延所得稅負債（#）		*9,831*
	採用權益法之投資		300,000
	#：$11,560－$1,729＝$9,831		

釋例六：

　　甲公司於 20x6 年 1 月 1 日以現金$240,000 取得乙公司 80%股權，並對乙公司存在控制。當日乙公司權益為$200,000，包括普通股股本$150,000 及保留盈餘$50,000，除帳列「不動產、廠房及設備」中有一項廠房 A 價值低估及一項倉庫 B 價值高估，另有一項專門技術(係屬無形資產)未入帳外，乙公司其餘帳列資產及負債之帳面金額皆等於其公允價值，且無其他未入帳可辨認資產或負債。非控制權益按收購日公允價值$60,000 衡量。

其他資料如下：
(1) 會計上及報稅上，廠房 A 及倉庫 B 之折舊年限皆為 10 年，無殘值，採直線法計提折舊。截至 20x5 年 12 月 31 日，廠房 A 及倉庫 B 之剩餘折舊年限分別為 5 年及 4 年。甲公司預計乙公司未入帳專門技術之耐用年限為 5 年。
(2) 廠房 A、倉庫 B 及未入帳專門技術將於未來透過使用在應稅之製造活動而回收其帳面金額，適用之稅率為 17%。
(3) 乙公司相關金額如下：

	帳面金額	公允價值	課稅基礎	備註
廠房 A	$100,000	$120,000	$50,000	(＊)
倉庫 B	$80,000	$70,000	$80,000	(＊)
無形資產－專門技術	－	$30,000	－	
其他資產	$60,000	$60,000	$60,000	
負　債	$40,000	$40,000	$40,000	

（＊）假設乙公司當初取得廠房 A 及倉庫 B 所產生之暫時性差異，係屬原始認列之例外規定，故乙公司並未認列相關之遞延所得稅負債。請詳本章『三、IAS 12「所得稅」之相關規定』的(3)(b)及(11)。

(4) 乙公司 20x6 年之稅後淨利為$50,000，且於 20x6 年 12 月 31 日宣告並發放現金股利$20,000。
(5) 假設暫不考慮"乙公司未分配利潤屬於甲公司部分"的租稅後果。

試作：(1) 20x6 年 1 月 1 日，甲公司收購乙公司之分錄。
　　　(2) 20x6 年 12 月 31 日，甲公司收自乙公司現金股利之分錄。
　　　(3) 按權益法，甲公司應認列 20x6 年投資收益之分錄。
　　　(4) 20x6 年 12 月 31 日合併財務狀況表上之遞延所得稅資產為何？
　　　(5) 20x6 年 12 月 31 日合併財務狀況表上之遞延所得稅負債為何？
　　　(6) 甲公司及乙公司 20x6 年合併工作底稿之沖銷分錄。

說明：

20x6/1/1，乙公司總公允價值＝$240,000＋$60,000＝$300,000

乙公司帳列淨值低估之分析如下：

	乙公司帳面金額	公允價值 (a)	課稅基礎 (b)	暫時性差異 (a)－(b)	稅率	遞延所得稅負債(資產)
廠房 A	$100,000	$120,000	$50,000	$70,000	17%	$11,900
倉庫 B	80,000	70,000	80,000	(10,000)	17%	(1,700)
無形資產－專門技術	—	30,000	—	30,000	17%	5,100
其他資產	60,000	60,000	60,000	—		—
負　債	(40,000)	(40,000)	(40,000)	—		—
可辨認淨值	$200,000	$240,000	$150,000	$90,000		$15,300
減：收購所產生之遞延所得稅負債及資產之合計數		(15,300)				
收購日乙公司可辨認淨值之公允價值(稅後)		$224,700				
收購日乙公司未入帳商譽 ＝乙公司總公允價值$300,000－收購所取得可辨認淨值之公允價值(稅後)$224,700 ＝$75,300					
註：收購後，甲公司與乙公司係以母、子公司型態各自繼續經營，<u>較不易符合準則對於遞延所得稅負債與遞延所得稅資產互抵之規定</u>，故做「不符合互抵規定」之假設。					

甲公司適用權益法時，乙公司部分資產於收購日帳列金額低(高)估數於未來年度之每年調整數：

	帳面金額 (c)	公允價值 (a)	低(高)估數 (a)－(c)			低(高)估數之每年調整數 原金額	所得稅
廠房 A	$100,000	$120,000	$20,000	÷	5 年	$4,000	
	遞延所得稅負債		($11,900)	÷	5 年		($2,380)
倉庫 B	80,000	70,000	($10,000)	÷	4 年	(2,500)	
	遞延所得稅資產		$1,700	÷	4 年		$425
無形資產－專門技術	—	30,000	$30,000	÷	5 年	6,000	
	遞延所得稅負債		($5,100)	÷	5 年		($1,020)
						$7,500	($2,975)

相關帳戶餘額異動如下：

	20x6/1/1	20x6	20x6/12/31
乙－權　益	$200,000	＋$50,000－$20,000	$230,000
權益法：			
甲－採用權益法之投資	$240,000	＋$36,380－$16,000	$260,380
合併財務報表：			
廠房 A－淨額	$ 20,000	－$4,000	$ 16,000
遞延所得稅負債	*(11,900)*	*－($2,380)*	*(9,520)*
倉庫 B－淨額	(10,000)	－(2,500)	(7,500)
遞延所得稅資產	*1,700*	*－425*	*1,275*
無形資產－專門技術	30,000	－6,000	24,000
遞延所得稅負債	*(5,100)*	*－(1,020)*	*(4,080)*
商　譽	75,300	－	75,300
	$100,000	－($7,500－$2,975)	$95,475
非控制權益	$60,000	＋$9,095－$4,000	$65,095

20x6 年：甲認列之投資收益＝[$50,000－($7,500－$2,975)]×80％＝$36,380
　　　　非控制權益淨利＝[$50,000－($7,500－$2,975)]×20％＝$9,095

驗　算： 20x6/12/31：
　甲帳列「採用權益法之投資」
　　　　＝(乙權益$230,000＋尚餘之乙淨值低估數$95,475)×80％＝$260,380
　合併財務狀況表上之「非控制權益」＝($230,000＋$95,475)×20％＝$65,095

(1)、(2)及(3)之分錄：

(1)	20x6/1/1	採用權益法之投資　　　　　　　　240,000
		現　金　　　　　　　　　　　　　　　　240,000
(2)	20x6/12/31	現　金　　　　　　　　　　　　　16,000
		採用權益法之投資　　　　　　　　　　　　16,000
(3)	20x6/12/31	採用權益法之投資　　　　　　　　36,380
		採用權益法認列之子公司、關聯企業
		及合資利益之份額　　　　　　　　　　36,380

(4) 20x6 年 12 月 31 日合併財務狀況表上之遞延所得稅資產＝$1,275
(5) 20x6 年 12 月 31 日合併財務狀況表上之遞延所得稅負債
　　　＝$9,520(屬廠房 A)＋$4,080(屬專利權)
　　　＝沖(c)$17,000－沖(h)$3,400＝$13,600

(6) 甲公司及乙公司 20x6 年合併工作底稿之沖銷分錄：

(a)	採用權益法認列之子公司、關聯企業 　　　　　及合資利益之份額　　36,380 　　股　利　　　　　　　　　　　　　16,000 　　採用權益法之投資　　　　　　　　20,380		
(b)	非控制權益淨利　　　　　　　　9,095 　　股　利　　　　　　　　　　　　　4,000 　　非控制權益　　　　　　　　　　　5,095		
(c)	普通股股本　　　　　　　　　150,000 保留盈餘　　　　　　　　　　　50,000 廠房A－淨額　　　　　　　　　20,000 無形資產－專門技術　　　　　　30,000 商　譽　　　　　　　　　　　　75,300 *遞延所得稅資產*　　　　　　　1,700 　　倉庫B－淨額　　　　　　　　　　10,000 　　*遞延所得稅負債*　　　　　　　　17,000 　　採用權益法之投資　　　　　　　240,000 　　非控制權益　　　　　　　　　　 60,000		$11,900＋$5,100 ＝$17,000
(d)	折舊費用　　　　　　　　　　　4,000 　　廠房A－淨額　　　　　　　　　　 4,000		
(e)	倉庫B－淨額　　　　　　　　　2,500 　　折舊費用　　　　　　　　　　　　2,500		
(f)	攤銷費用　　　　　　　　　　　6,000 　　無形資產－專門技術　　　　　　　6,000		
(g)	遞延所得稅費用　　　　　　　　　425 　　*遞延所得稅資產*　　　　　　　　　 425		
(h)	*遞延所得稅負債*　　　　　　　3,400 　　遞延所得稅費用(或利益)　　　　　3,400		$2,380＋$1,020 ＝$3,400

延 伸： 若將題目中「其他資料之(5)」，修改如下：

(5) 甲公司 20x6 年之稅前個別淨利(未加計投資損益前之稅前淨利)為$100,000，且適用的稅率為 17%。甲公司 20x6 年初帳上並未認列相關之遞延所得稅資產或遞延所得稅負債。

則「試作：(5)」的答案須修改，請詳下述說明。

說 明：

甲公司認列所得稅負之分錄：

會計利潤＝$100,000＋$36,380＝$136,380			
甲收自乙之現金股利＝$20,000×80%＝$16,000			
乙之未分配利潤屬於甲的部分＝$36,380－$16,000＝$20,380			
課稅所得＝稅前營業利益$100,000＋甲收自乙之現金股利$16,000＝$116,000			
	20x6	20x6 以後	
會計利潤（含投資收益）	$136,380		
減：乙公司之未分配利潤 屬於甲公司的部分	(20,380)	$20,380	遞延所得稅負債 ＝$20,380×17%＝$3,465
課稅所得	$116,000	$20,380	$116,000×17%＝$19,720
20x6/12/31	本期所得稅費用　　　19,720 遞延所得稅費用　　　3,465 　　本期所得稅負債　　　19,720 　　遞延所得稅負債　　　3,465			

(5) 20x6 年 12 月 31 日合併財務狀況表上之遞延所得稅負債
　　＝甲帳列$3,465＋$9,520(屬廠房 A)＋$4,080(屬專利權)
　　＝甲帳列$3,465＋沖(c)$17,000－沖(h)$3,400＝$17,065

(二) 被投資者有未分配利潤：

　　投資子公司、分公司及關聯企業時，針對被投資者之未分配利潤，投資者在會計上係按權益法，依其對被投資者之約當持股比例認列投資收益，同時增加「採用權益法之投資」餘額。但投資者在申報營所稅時，「採用權益法之投資」的課稅基礎通常為成本，不受權益法之影響，致「採用權益法之投資」帳面金額大於其課稅基礎，因此產生應課稅暫時性差異，故只要不是 IAS 12 第 39 段之例外情況，投資者應認列遞延所得稅負債，請詳本章第 47 頁(17)。

(續次頁)

計算投資者所得稅負：

	本 期	本 期 以 後
會計利潤 (含投資收益)	A	
減：被投資者之未分配利潤 　　屬於投資者的部分	(B)	未來該資產回收(以現金股利或處分股權投資等方式)時，將產生應課稅金額 B
課稅所得	C＝A－B	B
C：內含投資者收自被投資者之股利，即被投資者已分配利潤屬於投資者的部分。		
本期期末	本期所得稅費用　　　(C×適當稅率) 遞延所得稅費用　　　(B×適當稅率) 　　本期所得稅負債　　　(C×適當稅率) 　　遞延所得稅負債　　　(B×適當稅率)	假設「遞延所得稅負債」期初餘額為$0

釋例七：

　　甲公司持有乙公司 40%股權並對乙公司具重大影響。20x5 年甲公司稅前個別淨利(未加計投資損益前之稅前淨利)為$200,000，乙公司稅前淨利$120,000，乙公司於 20x5 年 12 月 31 日宣告並發放現金股利$50,000。相關資料如下：

(a) 甲公司若處分其對乙公司之股權投資所適用之所得稅率為 10%。
(b) 除(a)外，甲公司及乙公司適用之所得稅率皆為 17%。
(c) 甲公司及乙公司帳上皆無遞延所得稅資產及遞延所得稅負債。
(d) 甲公司對乙公司具重大影響，但並未控制乙公司，無法決定乙公司股利政策，且雙方並無協議規定乙公司利潤於可預見之未來不分配。因此本釋例不符合 IAS 12 第 39 段之例外情況，請詳本章第 47 頁(17)。

擬按下列兩種獨立情況，說明甲公司及乙公司 20x5 年所得稅負之計算及其相關分錄：(A) 甲公司在可預見之未來並無處分乙公司股權之計畫。
　　　　　(B) 甲公司計畫在可預見之未來處分其對乙公司之股權投資。

(A) 甲公司在可預見之未來並無處分乙公司股權之計畫：

　　乙公司認列所得稅負之分錄：

20x5/12/31	本期所得稅費用　　20,400 　　本期所得稅負債　　20,400	$120,000×17%＝$20,400
20x5 年，乙公司稅後淨利＝$120,000－$20,400＝$99,600		

甲公司認列所得稅負之分錄：

投資收益＝乙稅後淨利$99,600×40%＝$39,840
會計利潤＝$200,000＋$39,840＝$239,840
乙之未分配利潤屬於甲的部分＝($99,600－$50,000)×40%＝$19,840
甲收自乙之現金股利＝$50,000×40%＝$20,000
課稅所得＝稅前營業利益$200,000＋甲收自乙之現金股利$20,000＝$220,000

	20x5	20x5 以後	
會計利潤（含投資收益）	$239,840		
減：乙公司之未分配利潤 屬於甲公司的部分	(19,840)	$19,840	遞延所得稅負債 ＝$19,840×17%＝$3,373
課稅所得	$220,000	$19,840	$220,000×17%＝$37,400

20x5/12/31	本期所得稅費用	37,400	
	遞延所得稅費用	3,373	
	本期所得稅負債		37,400
	遞延所得稅負債		3,373

(B) 甲公司計畫在可預見之未來處分其對乙公司之股權投資：

乙公司認列所得稅負之分錄：同(A)。

甲公司認列所得稅負之分錄：

IAS 12 第 51 段規定：遞延所得稅負債及遞延所得稅資產之衡量，應反映企業於報導期間結束日預期回收或清償其資產及負債帳面金額之方式所產生之租稅後果。因此甲公司應認列之遞延所得稅負債須以 10%計算，分錄如下：

	20x5	20x5 以後	
會計利潤（含投資收益）	$239,840		
減：乙公司之未分配利潤 屬於甲公司的部分	(19,840)	$19,840	遞延所得稅負債 ＝$19,840×10%＝$1,984
課稅所得	$220,000	$19,840	$220,000×17%＝$37,400

20x5/12/31	本期所得稅費用	37,400	
	遞延所得稅費用	1,984	
	本期所得稅負債		37,400
	遞延所得稅負債		1,984

釋例八：

沿用釋例七之資料，另假設稅法規定：收自國內公司組織之股利，於計算課稅所得(損失)時，可按所收股利之 60%作為可減除金額。

(A) 甲公司在可預見之未來並無處分乙公司股權之計畫：

乙公司認列所得稅負之分錄：

20x5/12/31	本期所得稅費用　　20,400	$120,000×17%＝$20,400
	本期所得稅負債　　　　20,400	
20x5 年，乙公司稅後淨利＝$120,000－$20,400＝$99,600		

甲公司認列所得稅負之分錄：

投資收益＝乙稅後淨利$99,600×40%＝$39,840
會計利潤＝$200,000＋$39,840＝$239,840
乙之未分配利潤屬於甲的部分＝($99,600－$50,000)×40%＝$19,840
甲收自乙之現金股利＝$50,000×40%＝$20,000
課稅所得＝稅前營業利益$200,000＋甲收自乙之現金股利$20,000
　　　　　－甲收自乙之現金股利的 60% ($12,000)為減除項目＝$208,000
假設稅法規定：收自國內公司組織之股利，於計算課稅所得(損失)時，可按
　　　　　所收股利之 60%作為可減除金額，即形成永久性差異。

	20x5	20x5 以後	
會計利潤 (含投資收益)	$239,840		
減：乙公司之未分配利潤 　　屬於甲公司的部分	(19,840)	$19,840	遞延所得稅負債 ＝$7,936×17%＝$1,349
減：所收股利$20,000×60%	(12,000)	(11,904)	$19,840×60%＝$11,904
課稅所得	$208,000	$ 7,936	$208,000×17%＝$35,360
20x5/12/31	本期所得稅費用　　35,360		
	遞延所得稅費用　　 1,349		
	本期所得稅負債　　　　35,360		
	遞延所得稅負債　　　　 1,349		

(B) 甲公司計畫在可預見之未來處分其對乙公司之股權投資：

乙公司認列所得稅負之分錄：同(A)。

甲公司應認列之遞延所得稅負債須以10%計算，分錄如下：

		20x5	20x5以後	
會計利潤 (含投資收益)		$239,840		
減：乙公司之未分配利潤 屬於甲公司的部分		(19,840)	$19,840	遞延所得稅負債 ＝$19,840×10%＝$1,984
減：所收股利$20,000×60%		(12,000)		
課稅所得		$208,000	$19,840	$208,000×17%＝$35,360
20x5/12/31	本期所得稅費用　　　　35,360 遞延所得稅費用　　　　 1,984 　　本期所得稅負債　　　　　35,360 　　遞延所得稅負債　　　　　 1,984			

(三) 母、子公司間內部交易所產生之未實現損益或視同清償債券損益：

　　會計上，當母公司適用權益法(單線合併)認列投資損益及期末編製母、子公司合併財務報表時，應排除母、子公司間內部交易所產生之未實現損益，等該項未實現損益於未來實現時，再行認列並納入合併財務報表中；而視同清償債券損益，則相反處理，既然「視同」為已實現損益，則應列入當期投資損益計算中並納入合併財務報表中，而非於債券投資日至債券到期日間分年認列。但報稅上，母公司及子公司係個別申報營所稅，以課稅觀點而言，前述之「內部交易(intracompany transactions)」，就母、子公司個別來看，係屬不同公司間的交易(intercompany transactions)，故該交易所產生之損益當然是課稅所得或可減除金額。因此在會計上及報稅上，就產生暫時性差異。

　　若從資產面研判，以母、子公司間之進、銷貨交易為例，該交易所產生之未實現利益(損失)，已自合併財務狀況表上期末存貨之帳面金額中沖銷，但報稅上，母、子公司個別財務報表中未作相應之調整，致存貨之帳面金額小於(大於)其課稅基礎，而產生可減除暫時性差異(應課稅暫時性差異)。

釋例九：

　　　甲公司持有乙公司 80%股權並對乙公司存在控制。20x5 年間，甲公司與乙公司間發生進、銷貨交易，交易金額為$200,000，商品成本$120,000，截至 20x5 年 12 月 31 日，該內部進、銷貨交易之買方尚有 30%商品仍未售予合併個體以外之單位，直到 20x6 年才將該 30%商品外售。其他資料如下：

(1) 乙公司在 20x5 及 20x6 年皆未宣告及發放現金股利。
(2) 除上述內部進、銷貨交易外，甲公司及乙公司之稅前個別淨利(未加計投資損益前之稅前淨利)如下：

	20x5	20x6
甲公司	$400,000	$500,000
乙公司	$180,000	$220,000

(3) 假設條件：
　　(a) 甲公司及乙公司適用之所得稅率分別為 17%及 25%。
　　(b) 20x5 年初，甲公司及乙公司帳上皆無遞延所得稅資產及遞延所得稅負債。
　　(c) 本釋例不符合 IAS 12 第 39 段之例外情況 [請詳本章第 47 頁(17)]。
　　(d) 甲公司在可預見之未來並無處分乙公司股權之計畫。

若甲公司與乙公司間進、銷貨交易是：(A)順流交易，(B)逆流交易，分別說明甲公司及乙公司 20x5 年及 20x6 年所得稅負之計算及其相關分錄。

(A) 順流交易－20x5 年：

20x5/12/31，乙公司認列所得稅負之分錄：

20x5/12/31	本期所得稅費用　　　45,000　　　本期所得稅負債　　　　45,000	本期所得稅負債＝課稅所得×25%　＝$180,000×25%＝$45,000
20x5 年，乙公司稅後淨利＝$180,000－$45,000＝$135,000		

20x5/12/31，甲公司適用權益法：

20x5 年，順流銷貨之未實現利益＝($200,000－$120,000)×30%＝$24,000		
20x5 年，甲公司應認列之投資收益＝($135,000×80%)－$24,000＝$84,000		
20x5 年，非控制權益淨利＝$135,000×20%＝$27,000		
20x5/12/31	採用權益法之投資　　　　　　　　　　　　　84,000　　　採用權益法認列之子公司、關聯企業　　　　　　　　　　　及合資利益之份額　　　　84,000	

20x5/12/31,甲公司認列所得稅負之分錄：

甲公司會計利潤＝$400,000＋($200,000－$120,000)＋$84,000＝$564,000
乙公司未分配利潤屬於甲公司的部分＝($135,000－股利$0)×80%＝$108,000
甲公司課稅所得＝$400,000＋順流銷貨毛利($200,000－$120,000)＝$480,000

	20x5	20x6	20x5 以後
會計利潤 (含投資收益)	$564,000		
減：乙公司未分配利潤屬於甲公司的部分	(108,000)		$108,000
加：內部交易未實現利益	24,000	($24,000)	
課稅所得	$480,000	($24,000)	$108,000

20x5/12/31	本期所得稅費用	81,600	
	遞延所得稅費用	18,360	
	本期所得稅負債	81,600	$480,000×17%＝$81,600
	遞延所得稅負債	18,360	$108,000×17%＝$18,360

甲公司(個別)申報營利事業所得稅時，所計得之當期課稅所得$480,000 中包含內部順流銷貨之未實現利益$24,000，並以$4,080($24,000×17%)計入甲公司本期所得稅負債及本期所得稅費用中，係屬適當並符合準則規定。但以合併個體而言，該項內部順流銷貨之未實現利益$24,000 將於次期(20x6 年)實現，係透過乙公司將內部交易中的 30%商品售予合併個體以外單位而實現，並由乙公司於 20x6 年申報該筆交易之相關所得稅負。

因此在合併財務報表基礎下，內部交易中的 30%商品於 20x5/12/31 尚未外售，須透過沖銷分錄(b)[詳下表]，將該項存貨之帳面金額由$60,000(＝內部交易金額$200,000×30%)，調降為$36,000(＝甲公司原進貨成本$120,000×30%)，但就乙公司未來報稅上來看，該項存貨之課稅基礎仍為$60,000，因此產生可減除暫時性差異$24,000。若有足夠證據支持乙公司將於 20x6 年將該項存貨外售，使未實現利益$24,000 得以實現，則須適用乙公司所得稅率(25%)計算遞延所得稅資產。故在編製 20x5 年合併財務報表時，應認列遞延所得稅資產$6,000 及遞延所得稅利益$6,000，$24,000×25%＝$6,000，可列為合併工作底稿上之調整分錄，如下：

(續次頁)

甲公司及乙公司 20x5 年合併工作底稿上之調整分錄/部分沖銷分錄：

調整分錄：			
調	遞延所得稅資產　　　6,000 　　遞延所得稅利益　　　　6,000		
部分沖銷分錄：			
(a)	銷貨收入　　　　200,000 　　銷貨成本　　　　　　200,000	(b)	銷貨成本　　　　24,000 　　存　貨　　　　　　24,000
(c)	採用權益法認列之子公司、關聯企業及合資利益之份額　84,000 　　股　利　　　　　　　　　　　　　　　　　　　　　— 　　採用權益法之投資　　　　　　　　　　　　　　84,000		
(d)	非控制權益淨利　　27,000 　　股　利　　　　　　　— 　　非控制權益　　　　27,000	(e)	(乙公司權益科目)　　　Y 　　採用權益法之投資　　0.8Y 　　非控制權益　　　　　0.2Y
(f)	暫不納入表 10-1，請詳下述表 10-1、表 10-2 及其相關說明。 採用權益法認列之子公司、關聯企業及合資利益之份額　6,000 　　採用權益法之投資　　　　　　　　　　　　　　6,000		

甲公司及乙公司 20x5 年之合併工作底稿：

表 10-1

甲 公 司 及 其 子 公 司
合 併 工 作 底 稿
20x5 年 1 月 1 日至 20x5 年 12 月 31 日

	甲公司	80% 乙公司	調整／沖銷 借方	調整／沖銷 貸方	合併 財務報表
綜合損益表：					
銷貨收入	$xxx,xxx	$xxx,xxx	(a) 200,000		$xxx,xxx
銷貨成本	(xxx,xxx)	(xxx,xxx)	(b) 24,000	(a) 200,000	(xxx,xxx)
營業費用	(xxx,xxx)	(xxx,xxx)			(xxx,xxx)
營業利益（＊）	$480,000	$180,000			$636,000
採用權益法認列之子公司、關聯企業及合資利益之份額	84,000	—	(c) 84,000		—
稅前淨利	$564,000	$180,000			$636,000

(續次頁)

	甲公司	80% 乙公司	調整／沖銷 借方	調整／沖銷 貸方	合 併 財務報表
綜合損益表：(續)					
本期所得稅費用	(81,600)	(45,000)			(126,600)
遞延所得稅費用	(18,360)	—			(18,360)
遞延所得稅利益	—	—		調 6,000	6,000
淨　利	$464,040	$135,000			
總合併淨利					$497,040
非控制權益淨利			(d) 27,000		(27,000)
控制權益淨利					$470,040
保留盈餘表：	(略)	(略)	(略)	(略)	(略)
財務狀況表：					
⋮	⋮	⋮			⋮
存　貨 (外購)	xxx,xxx	xxx,xxx			xxx,xxx
存　貨 (內部交易)	—	60,000		(b) 24,000	36,000
採用權益法之投資	0.8Y＋ 84,000	—		(c) 84,000 (e) 0.8Y	—
遞延所得稅資產	—	—	調 6,000		6,000
⋮	⋮	⋮			⋮
總　資　產	$xxx,xxx	$xxx,xxx			$xxx,xxx
⋮	⋮	⋮			⋮
本期所得稅負債	81,600	45,000			126,600
遞延所得稅負債	18,360	—			18,360
⋮	⋮	⋮			⋮
總負債及權益	$xxx,xxx	$xxx,xxx			
非控制權益－1/1				(e) 0.2Y	
非控制權益 －當期增加數				(d) 27,000	
非控制權益－12/31					0.2Y＋27,000
總負債及權益					$xxx,xxx

＊：合併綜合損益表上之營業利益$636,000
　＝ 甲公司之營業利益$480,000＋乙公司之營業利益$180,000
　　－沖(a)$200,000－沖(b)$24,000＋沖(a)$200,000

按權益法精神，甲公司在權益法下之淨利應等於合併綜合損益表上控制權益淨利，表 10-1 顯示，目前甲公司之淨利為$464,040，而合併綜合損益表上控制權益淨利為$470,040，為符合權益法精神，須將甲公司淨利$464,040 調增為 $470,040，故須於甲公司帳上增認$6,000 投資收益，補作之分錄如下：

20x5/12/31，甲公司適用權益法之原分錄：		
20x5/12/31	採用權益法之投資　　　　　　　　　　84,000	
	採用權益法認列之子公司、關聯企業	
	及合資利益之份額	84,000
補作之分錄：		
20x5/12/31	採用權益法之投資　　　　　　　　　　6,000	
	採用權益法認列之子公司、關聯企業	
	及合資利益之份額	6,000
$470,040－$464,040＝$6,000　或		
未實現利益$24,000×乙公司所得稅率 25%＝$6,000		

相關科目餘額及金額之異動如下：

	20x5/1/1	20x5	20x5/12/31	20x6	20x6/12/31
乙－權　益	$Y	＋$135,000	$Y＋$135,000		
權益法：					
甲－採用權益法之投資	$0.8Y	＋$84,000 ＋$6,000	$0.8Y＋$90,000		
合併財務報表：					
非控制權益	$0.2Y	＋$27,000	$0.2Y＋$27,000		

驗算：20x5/12/31：
「採用權益法之投資」＝($Y＋$135,000)×80%－未實利$24,000＋增認$6,000＝$0.8Y＋$90,000
「非控制權益」＝($Y＋$135,000)×20%＝$0.2Y＋$27,000

因此甲公司及乙公司 20x5 年之合併工作底稿由表 10-1 修改為表 10-2：

表 10-2

甲　公　司　及　其　子　公　司 合　併　工　作　底　稿 20x5 年 1 月 1 日至 20x5 年 12 月 31 日				
	甲公司	80% 乙公司	調整／沖銷 借　方　　貸　方	合　併 財務報表

	甲公司	乙公司	借方	貸方	合併財表
綜合損益表：					
銷貨收入	$xxx,xxx	$xxx,xxx	(a) 200,000		$xxx,xxx
銷貨成本	(xxx,xxx)	(xxx,xxx)	(b) 24,000	(a) 200,000	(xxx,xxx)
營業費用	(xxx,xxx)	(xxx,xxx)			(xxx,xxx)
營業利益	$480,000	$180,000			$636,000
採用權益法認列之子公司、關聯企業及合資利益之份額	90,000	—	(c) 84,000 (f) 6,000		—
稅前淨利	$570,000	$180,000			$636,000
本期所得稅費用	(81,600)	(45,000)			(126,600)
遞延所得稅費用	(18,360)	—			(18,360)
遞延所得稅利益	—	—		調 6,000	6,000
淨 利	$470,040	$135,000			
總合併淨利					$497,040
非控制權益淨利			(d) 27,000		(27,000)
控制權益淨利					$470,040
保留盈餘表：	(略)	(略)	(略)	(略)	(略)
財務狀況表：					
⋮	⋮	⋮			⋮
存 貨 (外購)	xxx,xxx	xxx,xxx			xxx,xxx
存 貨 (內部交易)	—	60,000	(b) 24,000		36,000
採用權益法之投資	0.8Y+90,000	—		(c) 84,000 (e) 0.8Y (f) 6,000	—
遞延所得稅資產	—	—	調 6,000		6,000
⋮	⋮	⋮			⋮
總資產	$xxx,xxx	$xxx,xxx			$xxx,xxx
⋮	⋮	⋮			⋮
本期所得稅負債	81,600	45,000			126,600
遞延所得稅負債	18,360	—			18,360
⋮	⋮	⋮			⋮
總負債及權益	$xxx,xxx	$xxx,xxx			
非控制權益－1/1				(e) 0.2Y	
非控制權益－當期增加數				(d) 27,000	
非控制權益－12/31					0.2Y+27,000
總負債及權益					$xxx,xxx

(A) 順流交易－20x6 年：

20x6/12/31，乙公司認列所得稅負之分錄：

20x6/12/31	本期所得稅費用　　　　55,000	本期所得稅負債＝課稅所得×25%
	本期所得稅負債　　　　　55,000	＝$220,000×25%＝$55,000
20x6 年，乙公司稅後淨利＝$220,000－$55,000＝$165,000		

20x6/12/31，甲公司適用權益法：

20x5 年順流銷貨之未實現利益於 20x6 年實現之金額＝$24,000
20x6 年，甲公司應認列之投資收益＝($165,000×80%)＋$24,000＝$156,000
20x6 年，非控制權益淨利＝$165,000×20%＝$33,000
20x6/12/31　採用權益法之投資　　　　　　　　　　156,000 　　　　　　　採用權益法認列之子公司、關聯企業 　　　　　　　　　　及合資利益之份額　　　　　　　　156,000

20x6/12/31，甲公司認列所得稅負之分錄：

甲公司會計利潤＝$500,000＋$156,000＝$656,000
乙公司未分配利潤屬於甲公司的部分＝($165,000－股利$0)×80%＝$132,000
甲公司課稅所得＝$500,000＋順流交易之損益$0＝$500,000

	20x5	20x6	20x6 以後
會計利潤 (含投資收益)	$564,000	$656,000	
減：乙公司未分配利潤 　　屬於甲公司的部分	(108,000)	(132,000)	$108,000 132,000
加：內部交易未實現利益	24,000	(24,000)	
課稅所得	$480,000	$500,000	$240,000

20x6/12/31	本期所得稅費用　　　　85,000	$500,000×17%＝$85,000
	遞延所得稅費用　　　　22,440	$240,000×17%＝$40,800，
	本期所得稅負債　　　　　85,000	$40,800(末)－$18,360(初)
	遞延所得稅負債　　　　　22,440	＝$22,440

甲公司(個別)申報營利事業所得稅時，所計得之當期課稅所得$500,000 中<u>不會包含</u> 20x5 年內部順流銷貨之未實現利益而於 20x6 年實現之利益$24,000，亦不會將之納入甲公司 20x6 年本期所得稅負債及本期所得稅費用之計算中，係屬適當

並符合準則規定。但以合併個體而言，該項 20x5 年未實現利益$24,000 確於 20x6 年實現，並由乙公司於 20x6 年申報該筆交易之相關所得稅負。因此在合併財務報表基礎下，該項可減除暫時性差異$24,000 已迴轉，故在編製 20x6 年合併財務報表時，應將遞延所得稅資產$6,000 迴轉(減少)，並認列遞延所得稅費用$6,000，請詳下表合併工作底稿上調整分錄 b。

甲公司及乙公司 20x6 年合併工作底稿上之調整分錄/部分沖銷分錄：

調整分錄：				
調 a	遞延所得稅資產	6,000		
	採用權益法之投資		6,000	
	借方：重建 20x5 年合併工作底稿上調整分錄之借方，以利下列調 b 之迴轉。			
	貸方：消除 20x5 年甲公司因增認投資收益導致「採用權益法之投資」餘額 與所屬乙公司權益間之差異。			
調 b	遞延所得稅費用	6,000		請詳上段課文說明。
	遞延所得稅資產		6,000	
部分沖銷分錄：				
(a)	採用權益法之投資	24,000		
	銷貨成本		24,000	
(b)	採用權益法認列之子公司、關聯企業 　　　　及合資利益之份額	156,000		
	股　利		—	
	採用權益法之投資		156,000	
(c)	非控制權益淨利	33,000		
	股　利		—	
	非控制權益		33,000	
(d)	(乙公司權益科目)	Y+135,000		
	採用權益法之投資		0.8Y+108,000	
	非控制權益		0.2Y+27,000	
(e)	暫不納入表 10-3，請詳下述表 10-3、表 10-4 及其相關說明。			
	採用權益法之投資	6,000		
	採用權益法認列之子公司、關聯企業 　　　　及合資利益之份額		6,000	

(續次頁)

甲公司及乙公司20x6年之合併工作底稿：

表10-3

甲公司及其子公司
合併工作底稿
20x6年1月1日至20x6年12月31日

	甲公司	80% 乙公司	調整／沖銷 借方	調整／沖銷 貸方	合併 財務報表
綜合損益表：					
銷貨收入	$xxx,xxx	$xxx,xxx			$xxx,xxx
銷貨成本	(xxx,xxx)	(xxx,xxx)		(a) 24,000	(xxx,xxx)
營業費用	(xxx,xxx)	(xxx,xxx)			(xxx,xxx)
營業利益（＊）	$500,000	$220,000			$744,000
採用權益法認列之子公司、關聯企業及合資利益之份額	156,000	—	(b) 156,000		—
稅前淨利	$656,000	$220,000			$744,000
本期所得稅費用	(85,000)	(55,000)			(140,000)
遞延所得稅費用	(22,440)	—	調b 6,000		(28,440)
淨利	$548,560	$165,000			
總合併淨利					$575,560
非控制權益淨利			(c) 33,000		(33,000)
控制權益淨利					$542,560
保留盈餘表：	(略)	(略)	(略)	(略)	(略)
財務狀況表：					
：	：	：			：
存　貨 (外購)	xxx,xxx	xxx,xxx			xxx,xxx
存　貨 (內部交易)	—	—			
採用權益法之投資	0.8Y+ 246,000	—	(a) 24,000 (b) 156,000 (d) 0.8Y+ 108,000	調a 6,000	—
遞延所得稅資產	—	—	調a 6,000	調b 6,000	—
：	：	：			：
總　資　產	$xxx,xxx	$xxx,xxx			$xxx,xxx

(續次頁)

	甲公司	80% 乙公司	調整／沖銷 借方	調整／沖銷 貸方	合 併 財務報表
財務狀況表：(續)					
：	：	：			：
本期所得稅負債	85,000	55,000			140,000
遞延所得稅負債	40,800	―			40,800
：	：	：			：
總負債及權益	$xxx,xxx	$xxx,xxx			
非控制權益－1/1				(d) 0.2Y+27,000	
非控制權益 －當期增加數				(c) 33,000	
非控制權益－12/31					0.2Y+60,000
總負債及權益					$xxx,xxx

＊：合併綜合損益表上之營業利益$744,000
　　＝ 甲公司之營業利益$500,000＋乙公司之營業利益$220,000＋沖(a)$24,000

按權益法精神，甲公司在權益法下之淨利應等於合併綜合損益表上控制權益淨利，表 10-3 顯示，目前甲公司之淨利為$548,560，而合併綜合損益表上控制權益淨利為$542,560，為符合權益法精神，須將甲公司淨利$548,560 <u>調降為</u>$542,560，故須於甲公司帳上減認$6,000 投資收益，補作之分錄如下：

20x6/12/31，甲公司適用權益法之原分錄：			
20x6/12/31	採用權益法之投資	156,000	
	採用權益法認列之子公司、關聯企業 　　　　　及合資利益之份額		156,000
補作之分錄：			
20x6/12/31	採用權益法認列之子公司、關聯企業 　　　　　及合資利益之份額	6,000	
	採用權益法之投資		6,000
	$542,560－$548,560＝－$6,000　或 已實現利益**$24,000×乙公司所得稅稅率 25%＝－$6,000**		

(續次頁)

相關科目餘額及金額之異動如下：

	20x5/1/1	20x5	20x5/12/31	20x6	20x6/12/31
乙－權益	$Y	+$135,000	$Y+$135,000	+$165,000	$Y+$300,000
權益法：					
甲－採用權益法之投資	$0.8Y	+$84,000 +$6,000	$0.8Y+$90,000	+$156,000 -$6,000	$0.8Y+$240,000
合併財務報表：					
非控制權益	$0.2Y	+$27,000	$0.2Y+$27,000	+$33,000	$0.2Y+$60,000

驗算：20x6/12/31：

「採用權益法之投資」＝($Y+$300,000)×80%＝$0.8Y+$240,000

「非控制權益」＝($Y+$300,000)×20%＝$0.2Y+$60,000

因此甲公司及乙公司 20x6 年之合併工作底稿由表 10-3 修改為表 10-4：

表 10-4

甲公司及其子公司
合併工作底稿
20x6 年 1 月 1 日至 20x6 年 12 月 31 日

	甲公司	80% 乙公司	調整／沖銷 借方	調整／沖銷 貸方	合併 財務報表
綜合損益表：					
銷貨收入	$xxx,xxx	$xxx,xxx			$xxx,xxx
銷貨成本	(xxx,xxx)	(xxx,xxx)		(a) 24,000	(xxx,xxx)
營業費用	(xxx,xxx)	(xxx,xxx)			(xxx,xxx)
營業利益	$500,000	$220,000			$744,000
採用權益法認列之子公司、關聯企業及合資利益之份額	150,000	—	(b) 156,000	(e) 6,000	—
稅前淨利	$650,000	$220,000			$744,000
本期所得稅費用	(85,000)	(55,000)			(140,000)
遞延所得稅費用	(22,440)	—	調 b 6,000		(28,440)
淨　利	$542,560	$165,000			
總合併淨利					$575,560
非控制權益淨利			(c) 33,000		(33,000)
控制權益淨利					$542,560

(承上頁)

	甲公司	80% 乙公司	調整／沖銷 借方	調整／沖銷 貸方	合併 財務報表
保留盈餘表：	(略)	(略)	(略)	(略)	(略)
財務狀況表：					
⋮	⋮	⋮			⋮
存　貨 (外購)	xxx,xxx	xxx,xxx			xxx,xxx
存　貨 (內部交易)	—	—			—
採用權益法之投資	0.8Y＋240,000	—	(a) 24,000 (e)　6,000	調 a 6,000 (b)156,000 (d) 0.8Y＋108,000	—
遞延所得稅資產	—	—	調 a 6,000	調 b 6,000	—
⋮	⋮	⋮			⋮
總　資　產	$xxx,xxx	$xxx,xxx			$xxx,xxx
⋮	⋮	⋮			⋮
本期所得稅負債	85,000	55,000			140,000
遞延所得稅負債	40,800	—			40,800
⋮	⋮	⋮			⋮
總負債及權益	$xxx,xxx	$xxx,xxx			
非控制權益－ 1/1				(d) 0.2Y＋27,000	
非控制權益 　－當期增加數				(c) 33,000	
非控制權益－12/31					0.2Y＋60,000
總負債及權益					$xxx,xxx

(續次頁)

(B) 逆流交易－20x5 年：

20x5 年底，乙公司認列所得稅負之分錄：

乙公司會計利潤＝$180,000＋($200,000－$120,000)＝$260,000			
乙公司課稅所得＝$180,000＋($200,000－$120,000)＝$260,000			
逆流銷貨之未實現利益＝($200,000－$120,000)×30%＝$24,000			
	20x5	20x6	
會計利潤	$260,000		
課稅所得	$260,000		$260,000×25%＝$65,000
20x5/12/31	本期所得稅費用　　　65,000		
	本期所得稅負債　　　　　　65,000		
20x5 年，乙公司稅後淨利＝$180,000＋($200,000－$120,000)－$65,000			
＝$195,000			

20x5/12/31，甲公司適用權益法：

20x5 年，逆流銷貨之未實現利益＝($200,000－$120,000)×30%＝$24,000	
20x5 年，甲公司應認列之投資收益	
＝[$195,000－$24,000×(1－25%)]×80%＝$177,000×80%＝$141,600	
20x5 年，非控制權益淨利＝$177,000×20%＝$35,400	
20x5/12/31	採用權益法之投資　　　　　　　　　　141,600
	採用權益法認列之子公司、關聯企業
	及合資利益之份額　　　　　　141,600

(續次頁)

20x5/12/31，甲公司認列所得稅負之分錄：

甲公司會計利潤＝$400,000＋$141,600＝$541,600
乙公司未分配利潤屬於甲公司的部分
　　＝[$195,000－$24,000×(1－25%)－股利$0]×80%＝$141,600
甲公司課稅所得＝$400,000＋順流交易之損益$0＝$400,000

		20x5	20x6	20x5 以後
會計利潤（含投資收益）		$541,600		
減：乙公司未分配利潤 　　屬於甲公司的部分		(141,600)		$141,600
課稅所得		$400,000		$141,600
20x5/12/31	本期所得稅費用　　　68,000 遞延所得稅費用　　　24,072 　本期所得稅負債　　　　　68,000 　遞延所得稅負債　　　　　24,072			$400,000×17%＝$68,000 $141,600×17%＝$24,072

乙公司(個別)申報營利事業所得稅時，所計得之當期課稅所得$260,000 中包含內部逆流銷貨之未實現利益$24,000，並以$6,000($24,000×25%)計入乙公司本期所得稅負債及本期所得稅費用中，係屬適當並符合準則規定。但就合併個體而言，該項內部逆流銷貨之未實現利益$24,000 將於次期(20x6 年)實現，係透過甲公司將內部交易中的 30%商品售予合併個體以外單位而實現，並由甲公司於 20x6 年申報該筆交易之相關所得稅負。

因此在合併財務報表基礎下，內部交易中的 30%商品於 20x5/12/31 尚未外售，須透過沖銷分錄(b)[詳下表]，將該項存貨之帳面金額由$60,000(＝內部交易金額$200,000×30%)，調降為$36,000(＝乙公司原進貨成本$120,000×30%)，但就甲公司未來報稅上來看，該項存貨之課稅基礎仍為$60,000，因此產生可減除暫時性差異$24,000。若有足夠證據支持甲公司將於 20x6 年將該項存貨外售，使未實現利益$24,000 得以實現，故須適用甲公司所得稅率(17%)計算遞延所得稅資產。故在編製 20x5 年合併財務報表時，應認列遞延所得稅資產$4,080 及遞延所得稅利益$4,080，$24,000×17%＝$4,080，可列為合併工作底稿上之調整分錄，如下：

(續次頁)

甲公司及乙公司 20x5 年合併工作底稿上之調整分錄/部分沖銷分錄：

調整分錄：				
調	遞延所得稅資產　　　4,080			
	遞延所得稅利益　　　　4,080			
部分沖銷分錄：				
(a)	銷貨收入　　　　　200,000 　　銷貨成本　　　　　　200,000	(b)	銷貨成本　　　　24,000 　　存　　貨　　　　　24,000	
(c)	採用權益法認列之子公司、關聯企業 　　　　　　及合資利益之份額　　141,600 　　股　　利　　　　　　　　　　— 　　採用權益法之投資　　　　　　141,600			
(d)	非控制權益淨利　　35,400 　　股　　利　　　　　　　— 　　非控制權益　　　　　35,400	(e)	(乙公司權益科目)　　　Y 　　採用權益法之投資　　　0.8Y 　　非控制權益　　　　　　0.2Y	
(f)	暫不納入表10-5，請詳下述表10-5、表10-6及其相關說明。 採用權益法之投資　　　　　　1,920 　　採用權益法認列之子公司、關聯企業 　　　　　　及合資利益之份額　　　　1,920			

甲公司及乙公司 20x5 年之合併工作底稿：

表 10-5

甲 公 司 及 其 子 公 司
合 併 工 作 底 稿
20x5 年 1 月 1 日至 20x5 年 12 月 31 日

	甲公司	80% 乙公司	調整／沖銷 借　方	調整／沖銷 貸　方	合　併 財務報表
綜合損益表：					
銷貨收入	$xxx,xxx	$xxx,xxx	(a) 200,000		$xxx,xxx
銷貨成本	(xxx,xxx)	(xxx,xxx)	(b) 24,000	(a) 200,000	(xxx,xxx)
營業費用	(xxx,xxx)	(xxx,xxx)			(xxx,xxx)
營業利益	$400,000	$260,000			$636,000
採用權益法認列之 子公司、關聯企業 及合資利益之份額	141,600	—	(c) 141,600		—
稅前淨利	$541,600	$260,000			$636,000

(承上頁)

	甲公司	80% 乙公司	調整/沖銷 借方	調整/沖銷 貸方	合併 財務報表
綜合損益表：(續)					
本期所得稅費用	(68,000)	(65,000)			(133,000)
遞延所得稅費用	(24,072)	—			(24,072)
遞延所得稅利益	—	—		調 4,080	4,080
淨　利	$449,528	$195,000			
總合併淨利					$483,008
非控制權益淨利			(d) 35,400		(35,400)
控制權益淨利					$447,608
保留盈餘表：	(略)	(略)	(略)	(略)	(略)
財務狀況表：					
：	：	：			：
存　貨 (外購)	xxx,xxx	xxx,xxx			xxx,xxx
存　貨 (內部交易)	60,000	—		(b) 24,000	36,000
採用權益法之投資	0.8Y+ 141,600	—		(c)141,600 (e)　0.8Y	—
遞延所得稅資產	—	—	調 4,080		4,080
：	：	：			：
總 資 產	$xxx,xxx	$xxx,xxx			$xxx,xxx
：	：	：			：
本期所得稅負債	68,000	65,000			133,000
遞延所得稅負債	24,072	—			24,072
：	：	：			：
總負債及權益	$xxx,xxx	$xxx,xxx			
非控制權益－1/1				(e)　0.2Y	
非控制權益 －當期增加數				(d) 35,400	
非控制權益－12/31					0.2Y+35,400
總負債及權益					$xxx,xxx

(續次頁)

第85頁 (第十章 子公司發行特別股之財表合併程序/合併每股盈餘/合併所得稅)

按權益法精神，甲公司在權益法下之淨利應等於合併綜合損益表上控制權益淨利，表 10-5 顯示，目前甲公司之淨利為$449,528，而合併綜合損益表上控制權益淨利為$447,608，為符合權益法精神，須將甲公司淨利$449,528 調降為$447,608，故須於甲公司帳上減認$1,920 投資收益，補作之分錄如下：

20x5/12/31，甲公司適用權益法之原分錄：		
20x5/12/31	採用權益法之投資　　　　　　　　　　141,600	
	採用權益法認列之子公司、關聯企業	
	及合資利益之份額	141,600
補作之分錄：		
20x5/12/31	採用權益法認列之子公司、關聯企業	
	及合資利益之份額　　　　　　1,920	
	採用權益法之投資	1,920
	$447,608－$449,528＝－$1,920　或	
	未實現利益$24,000×(甲公司稅率17%－乙公司稅率25%)	
	＝($24,000×17%)－($24,000×25%)＝$4,080－$6,000＝－$1,920	

相關科目餘額及金額之異動如下：

	20x5/1/1	20x5	20x5/12/31	20x6	20x6/12/31
乙－權　益	$Y	+$195,000	$Y+$195,000		
權益法：					
甲－採用權益法之投資	$0.8Y	+$141,600 −$1,920	$0.8Y+$139,680		
合併財務報表：					
非控制權益	$0.2Y	+$35,400	$0.2Y+$35,400		

驗算：20x5/12/31：
「採用權益法之投資」＝[($Y+$195,000)－未實利$24,000×(1－25%)]×80%－$1,920
　　　　　　　　　　＝($0.8Y+$141,600)+$4,080－$6,000＝$0.8Y+$139,680
「非控制權益」＝[($Y+$195,000)－未實利$24,000×(1－25%)]×20%＝$0.2Y+$35,400

因此甲公司及乙公司 20x5 年之合併工作底稿由表 10-5 修改為表 10-6：

(續次頁)

表 10-6

甲公司及其子公司
合併工作底稿
20x5年1月1日至20x5年12月31日

	甲公司	80% 乙公司	調整/沖銷 借方	調整/沖銷 貸方	合併 財務報表
綜合損益表：					
銷貨收入	$xxx,xxx	$xxx,xxx	(a) 200,000		$xxx,xxx
銷貨成本	(xxx,xxx)	(xxx,xxx)	(b) 24,000	(a) 200,000	(xxx,xxx)
營業費用	(xxx,xxx)	(xxx,xxx)			(xxx,xxx)
營業利益	$400,000	$260,000			$636,000
採用權益法認列之子公司、關聯企業及合資利益之份額	139,680	—	(c) 141,600	(f) 1,920	—
稅前淨利	$539,680	$260,000			$636,000
本期所得稅費用	(68,000)	(65,000)			(133,000)
遞延所得稅費用	(24,072)	—			(24,072)
遞延所得稅利益	—	—		調 4,080	4,080
淨　利	$447,608	$195,000			
總合併淨利					$483,008
非控制權益淨利			(d) 35,400		(35,400)
控制權益淨利					$447,608
保留盈餘表：	(略)	(略)	(略)	(略)	(略)
財務狀況表：					
：	：	：			：
存　貨 (外購)	xxx,xxx	xxx,xxx			xxx,xxx
存　貨 (內部交易)	60,000	—		(b) 24,000	36,000
採用權益法之投資	0.8Y+ 139,680	—	(f) 1,920	(c)141,600 (e) 0.8Y	—
遞延所得稅資產	—	—	調 4,080		4,080
：	：	：			：
總資產	$xxx,xxx	$xxx,xxx			$xxx,xxx
：	：	：			：
本期所得稅負債	68,000	65,000			133,000
遞延所得稅負債	24,072	—			24,072
：	：	：			：
總負債及權益	$xxx,xxx	$xxx,xxx			

(承上頁)

	甲公司	80% 乙公司	調整／沖銷 借方	調整／沖銷 貸方	合併 財務報表
財務狀況表：(續)					
非控制權益－ 1/1				(e)　0.2Y	
非控制權益 －當期增加數				(d) 35,400	
非控制權益－12/31					0.2Y＋35,400
總負債及權益					$xxx,xxx

(B) 逆流交易－20x6 年：

20x6/12/31，乙公司認列所得稅負之分錄：

乙公司會計利潤＝乙公司課稅所得＝$220,000			
20x5 年逆流銷貨之未實現利益於 20x6 年實現之金額＝$24,000			
	20x5	20x6	
會計利潤	$260,000	$220,000	
課稅所得	$260,000	$220,000	$220,000×25%＝$55,000
20x6/12/31	本期所得稅費用　　55,000 　　本期所得稅負債　　　　55,000		
20x6 年，乙公司稅後淨利＝$220,000－$55,000＝$165,000			

20x6/12/31，甲公司適用權益法：

20x5 年逆流銷貨之未實現利益於 20x6 年實現之金額＝$24,000
20x6 年，甲公司應認列之投資收益 　　＝[$165,000＋$24,000×(1－25%)]×80%＝$183,000×80%＝$146,400
20x6 年，非控制權益淨利＝$183,000×20%＝$36,600
20x6/12/31　採用權益法之投資　　　　　　　　　　146,400 　　　　　採用權益法認列之子公司、關聯企業 　　　　　　　　及合資利益之份額　　　　146,400

20x6/12/31，甲公司認列所得稅負之分錄：

甲公司會計利潤＝$500,000＋$146,400＝$646,400

乙公司未分配利潤屬於甲公司的部分
　　＝[$165,000＋$24,000×(1－25%)－股利$0]×80%＝$146,400

甲公司課稅所得＝$500,000＋順流交易之損益$0＝$500,000

		20x5	20x6	20x6 以後
會計利潤 (含投資收益)		$541,600	$646,400	
減：乙公司未分配利潤				$141,600
屬於甲公司的部分		(141,600)	(146,400)	146,400
課稅所得		$400,000	$500,000	$288,000
20x6/12/31	本期所得稅費用　　　　85,000			$500,000×17%＝$85,000
	遞延所得稅費用　　　　24,888			$288,000×17%＝$48,960
	本期所得稅負債　　　　　　85,000			$48,960(末)－$24,072(初)
	遞延所得稅負債　　　　　　24,888			＝$24,888

乙公司(個別)申報營利事業所得稅時，所計得之當期課稅所得$220,000 中<u>不會包含</u> 20x5 年內部逆流銷貨之未實現利益而於 20x6 年實現之利益$24,000，亦不會將之納入甲公司 20x6 年本期所得稅負債及本期所得稅費用之計算中，係屬適當並符合準則規定。但以<u>合併個體</u>而言，該項 20x5 年之未實現利益$24,000 確於 20x6 年實現，並由甲公司於 20x6 年申報該筆交易之相關所得稅負。因此在<u>合併財務報表</u>基礎下，該項可減除暫時性差異$24,000 已迴轉，故在編製 20x6 年合併財務報表時，應將遞延所得稅資產$4,080 迴轉(減少)，並認列遞延所得稅費用$4,080，請詳下述合併工作底稿上之調整分錄 b。

(續次頁)

公司及乙公司 20x6 年甲合併工作底稿上之調整分錄/部分沖銷分錄：

調整分錄：			
調 a	遞延所得稅資產　　　4,080 　　採用權益法之投資　　　　4,080		
	借方：重建 20x5 年合併工作底稿上調整分錄之借方，以利下列調 b 之回轉。 貸方：消除 20x5 年甲公司因增認投資收益導致「採用權益法之投資」餘額 　　　與所屬乙公司權益間之差異。 　　　即 －$1,920＝＋$4,080－$6,000 算式中的 ＋$4,080		
調 b	遞延所得稅費用　　　4,080 　　遞延所得稅資產　　　　　4,080	請詳上段課文說明。	
部分沖銷分錄：			
(a)	採用權益法之投資　　　14,400 非控制權益　　　　　　3,600 　　採用權益法之投資　　　　6,000 　　銷貨成本　　　　　　　24,000	$24,000×(1－25%)＝$18,000 借方：$18,000×80%＝$14,400 借方：$18,000×20%＝$3,600	
	借方：消除 20x5 年甲公司因減認投資收益導致「採用權益法之投資」餘額 　　　與所屬乙公司權益間之差異。 　　　即 －$1,920＝＋$4,080－$6,000 算式中的 －$6,000		
(b)	採用權益法認列之子公司、關聯企業 　　　　　　及合資利益之份額　　146,400 　　股　利　　　　　　　　　　　　　　－ 　　採用權益法之投資　　　　　　　　146,400		
(c)	非控制權益淨利　　　　　　　　　　36,600 　　股　利　　　　　　　　　　　　　　－ 　　非控制權益　　　　　　　　　　36,600		
(d)	(乙公司權益科目)　　　　　　　　Y＋195,000 　　採用權益法之投資　　　　　　　0.8Y＋156,000 　　非控制權益　　　　　　　　　　0.2Y＋39,000		
(e)	暫不納入表 10-7，請詳下述表 10-7、表 10-8 及其相關說明。 採用權益法認列之子公司、關聯企業 　　　　　　及合資利益之份額　　1,920 　　採用權益法之投資　　　　　　　　1,920		

甲公司及乙公司 20x6 年之合併工作底稿：

表 10-7

甲公司及其子公司
合併工作底稿
20x6年1月1日至20x6年12月31日

	甲公司	80% 乙公司	調整/沖銷 借方	調整/沖銷 貸方	合併 財務報表
綜合損益表：					
銷貨收入	$xxx,xxx	$xxx,xxx			$xxx,xxx
銷貨成本	(xxx,xxx)	(xxx,xxx)	(a) 24,000		(xxx,xxx)
營業費用	(xxx,xxx)	(xxx,xxx)			(xxx,xxx)
營業利益	$500,000	$220,000			$744,000
採用權益法認列之子公司、關聯企業及合資利益之份額	146,400	—	(b) 146,400		—
稅前淨利	$646,400	$220,000			$744,000
本期所得稅費用	(85,000)	(55,000)			(140,000)
遞延所得稅費用	(24,888)	—	調 b 4,080		(28,968)
淨　利	$536,512	$165,000			
總合併淨利					$575,032
非控制權益淨利			(c) 36,600		(36,600)
控制權益淨利					$538,432
保留盈餘表：	(略)	(略)	(略)	(略)	(略)
財務狀況表：					
⋮	⋮	⋮			⋮
存　貨 (外購)	xxx,xxx	xxx,xxx			xxx,xxx
存　貨 (內部交易)	—	—			—
採用權益法之投資	0.8Y+ 286,080	—	(a) 14,400 (a) 6,000	調 a 4,080 (b) 146,400 (d) 0.8Y+ 156,000	—
遞延所得稅資產	—	—	調 a 4,080	調 b 4,080	—
⋮	⋮	⋮			⋮
總資產	$xxx,xxx	$xxx,xxx			$xxx,xxx
⋮	⋮	⋮			⋮
本期所得稅負債	85,000	55,000			140,000
遞延所得稅負債	48,960	—			48,960
⋮	⋮	⋮			⋮
總負債及權益	$xxx,xxx	$xxx,xxx			

(承上頁)

	甲公司	80% 乙公司	調整／沖銷 借　方	調整／沖銷 貸　方	合　併 財務報表
財務狀況表：(續)					
非控制權益－1/1			(a) 3,600	(d) 0.2Y+ 39,000	
非控制權益 －當期增加數				(c) 36,600	
非控制權益－12/31					0.2Y+72,000
總負債及權益					$xxx,xxx

按權益法精神，甲公司在權益法下之淨利應等於合併綜合損益表上控制權益淨利，表 10-7 顯示，目前甲公司之淨利為$536,512，而合併綜合損益表上控制權益淨利為$538,432，為符合權益法精神，須將甲公司淨利$536,512 <u>調增為</u> $538,432，故須於甲公司帳上增認$1,920 投資收益，補作之分錄如下：

20x6/12/31，甲公司適用權益法之原分錄：		
20x6/12/31	採用權益法之投資　　　　　　　　　　146,400	
	採用權益法認列之子公司、關聯企業	
	及合資利益之份額　　　　　　　146,400	
補作之分錄：		
20x6/12/31	採用權益法之投資　　　　　　　　　　　1,920	
	採用權益法認列之子公司、關聯企業	
	及合資利益之份額　　　　　　　　1,920

相關科目餘額及金額之異動如下：

	20x5/1/1	20x5	20x5/12/31	20x6	20x6/12/31
乙－權　益	$Y	+$195,000	$Y+$195,000	+$165,000	$Y+$360,000
權益法：					
甲－採用權益法 　　之投資	$0.8Y	+$141,600 −$1,920	$0.8Y+$139,680	+$146,400 +$1,920	$0.8Y+$288,000
合併財務報表：					
非控制權益	$0.2Y	+$35,400	$0.2Y+$35,400	+$36,600	$0.2Y+$72,000

驗　算：20x6/12/31：
　　　「採用權益法之投資」＝($Y+$360,000)×80%＝$0.8Y+$288,000
　　　「非控制權益」＝($Y+$360,000)×20%＝$0.2Y+$72,000

因此甲公司及乙公司 20x6 年之合併工作底稿由表 10-7 修改為表 10-8：

表 10-8

甲 公 司 及 其 子 公 司
合 併 工 作 底 稿
20x6 年 1 月 1 日至 20x6 年 12 月 31 日

	甲公司	80% 乙公司	調整／沖銷 借 方	調整／沖銷 貸 方	合 併 財務報表
綜合損益表：					
銷貨收入	$xxx,xxx	$xxx,xxx			$xxx,xxx
銷貨成本	(xxx,xxx)	(xxx,xxx)		(a) 24,000	(xxx,xxx)
營業費用	(xxx,xxx)	(xxx,xxx)			(xxx,xxx)
營業利益	$500,000	$220,000			$744,000
採用權益法認列之子公司、關聯企業及合資利益之份額	148,320	—	(b) 146,400 (e) 1,920		—
稅前淨利	$648,320	$220,000			$744,000
本期所得稅費用	(85,000)	(55,000)			(140,000)
遞延所得稅費用	(24,888)	—	調 b 4,080		(28,968)
淨　利	$538,432	$165,000			
總合併淨利					$575,032
非控制權益淨利			(c) 36,600		(36,600)
控制權益淨利					$538,432
保留盈餘表：	(略)	(略)	(略)	(略)	(略)
財務狀況表：					
：	：	：			：
存　貨 (外購)	xxx,xxx	xxx,xxx			xxx,xxx
存　貨 (內部交易)	—	—			—
採用權益法之投資	0.8Y＋ 288,000	—	(a) 14,400 (a) 6,000	調 a 4,080 (b) 146,400 (d) 0.8Y＋ 156,000 (e) 1,920	—
遞延所得稅資產	—	—	調 a 4,080	調 b 4,080	—
：	：	：			：
總 資 產	$xxx,xxx	$xxx,xxx			$xxx,xxx

(續次頁)

(承上頁)

	甲公司	80% 乙公司	調整／沖銷 借方	調整／沖銷 貸方	合併 財務報表
財務狀況表：(續)					
：	：	：			：
本期所得稅負債	85,000	55,000			140,000
遞延所得稅負債	48,960	—			48,960
：	：	：			：
總負債及權益	$xxx,xxx	$xxx,xxx			
非控制權益－1/1			(a) 3,600	(d) 0.2Y+39,000	
非控制權益 －當期增加數				(c) 36,600	
非控制權益－12/31					0.2Y+72,000
總負債及權益					$xxx,xxx

習 題

※ 子公司發行特別股之財表合併程序

(一) (母公司同時持有子公司所發行之普通股及特別股)

　　甲公司於 20x6 年 1 月 1 日分別以現金$135,000 及$840,000 取得乙公司 1,200 股特別股及 48,000 股普通股，並對乙公司存在控制。當日乙公司帳列淨值低估，原因有二：(a)乙公司帳列存貨價值低估$20,000，該項存貨的 90%及 10%分別於 20x6 年及 20x7 年售予合併個體以外單位；(b)除(a)原因外，其餘的帳列淨值低估金額，係因乙公司有一項未入帳專利權，估計尚有 5 年耐用年限。非控制權益按收購日公允價值衡量。乙公司於 20x5 年因故未宣告或發放現金股利，而其 20x6 年淨利為$60,000，並於 20x6 年 12 月間宣告並發放現金股利$35,000。乙公司 20x6 年 1 月 1 日之權益如下：

特別股股本，5%，累積，每股面額$100，每股收回價格$105，發行並流通在外 2,000 股	$ 200,000
普通股股本，每股面額$10，發行並流通在外 60,000 股	600,000
保留盈餘	400,000
權 益 總 數	$1,200,000

試作：
(1) 甲公司 20x6 年投資乙公司特別股及普通股之分錄。
(2) 甲公司及乙公司 20x6 年合併工作底稿之調整/沖銷分錄。

解答：

20x6/ 1/ 1，乙公司權益＝$1,200,000，係兩類股東所共有之權益：
(i) 「非控制權益－特別股」按收購日公允價值衡量，惟釋例中未提及該公允價值，故按特別股發行條件計算其於收購日之最大權益。
　　乙特別股權益＝(2,000 股×$105)＋[(積欠股利)$200,000×5%]＝$220,000
(ii) 乙普通股權益＝$1,200,000－$220,000＝$980,000

甲投資乙特別股：1,200 股÷2,000 股＝60%，$220,000×60%＝$132,000
「非控制權益－特別股」：$220,000×40%＝$88,000

甲投資乙普通股：48,000 股÷60,000 股＝80%

「非控制權益－普通股」按收購日公允價值衡量，惟釋例中未提及該公允價值，故設算之。 乙總公允價值＝$840,000÷80%＝$1,050,000

「非控制權益－普通股」＝$1,050,000×20%＝$210,000

乙帳列普通股權益低估數＝$1,050,000－$980,000＝$70,000

$70,000：(a) 存貨價值低估$20,000，分別於 20x6 年及 20x7 外售 90%及 10%

故應分別於 20x6 年及 20x7 調整乙淨利$18,000 及$2,000

(b) 未入帳專利權＝$70,000－$20,000＝$50,000

未入帳專利權之每年攤銷數＝$50,000÷5 年＝$10,000

乙公司 20x6 年淨利$60,000，係由特別股及普通股兩類股東分享如下：

	特別股股東分享數	普通股股東分享數
	$200,000×5%＝$10,000	$60,000－$10,000＝$50,000
甲公司	$10,000×60%＝$6,000	[$50,000－$18,000－$10,000]×80%＝$17,600
非控制權益	$10,000×40%＝$4,000	[$50,000－$18,000－$10,000]×20%＝$4,400

乙公司 20x6 年宣告並發放股利$35,000，應分配予特別股及普通股兩類股東之金額如下：

	特別股股東分配數	普通股股東分配數
	$200,000×5%＝$10,000 (20x5 積欠)$10,000＋(20x6)$10,000＝$20,000	$35,000－$20,000 ＝$15,000
甲公司	$20,000×60%＝$12,000	$15,000×80%＝$12,000
非控制權益	$20,000×40%＝$8,000	$15,000×20%＝$3,000

相關科目餘額及金額之異動如下：

	20x6/1/1	20x6	20x6/12/31
乙－特別股權益	$220,000	＋$10,000－$20,000	$210,000
乙－普通股權益	980,000	＋$50,000－$15,000	1,015,000
乙－權 益	$1,200,000	＋$60,000－$35,000	$1,225,000
乙－權 益：保留盈餘	$400,000	＋$60,000－$35,000	$425,000
權益法：			
甲－採用權益法之投資 　　－普通股	$840,000	＋$17,600－$12,000	$845,600

(續次頁)

	20x6/1/1	20x6	20x6/12/31
權益法：(續)			
甲－採用權益法之投資 　－特別股	$135,000 － $3,000 ＝ $132,000	＋$6,000－$12,000	$126,000
合併財務報表：			
存　貨	$20,000	－$18,000	$ 2,000
專利權	50,000	－ 10,000	40,000
非控制權益：	$70,000	－$28,000	$42,000
非控制權益－特別股	$ 88,000	＋$4,000－$8,000	$ 84,000
非控制權益－普通股	210,000	＋$4,400－$3,000	211,400
	$298,000		$295,400

驗　算：20x6/12/31：

甲帳列「採用權益法之投資－特別股」
　　＝[$105(收回價格)×2,000 股＋$0(積欠股息)]×60%＝$126,000
「非控制權益－特別股」＝[$105×2,000 股＋$0]×40%＝$84,000
甲帳列「採用權益法之投資－普通股」餘額＝$845,600
　　＝(乙普通股淨值$1,015,000＋乙普通股淨值低估之未攤銷數$42,000)×80%
「非控制權益－普通股」＝($1,015,000＋$42,000)×20%＝$211,400

(1) 甲公司 20x6 年投資乙公司之分錄：

20x6/1/1	採用權益法之投資－普通股　　　　　　840,000	
	現　　金	840,000
1/1	採用權益法之投資－特別股　　　　　　135,000	
	現　　金	135,000
1/1	資本公積－實際取得或處分子公司股權 　　　價格與帳面價值差額（＊）　　　3,000	
	採用權益法之投資－特別股	3,000
	$132,000－$135,000＝－$3,000	
	＊：請參閱本章第 10 頁「方法一」之＊。	
12/31	採用權益法之投資－特別股　　　　　　6,000	
	採用權益法認列之子公司、關聯 　　　企業及合資利益之份額－特別股	6,000
12/某日	現　　金　　　　　　　　　　　　　　12,000	
	採用權益法之投資－特別股	12,000

12/31	採用權益法之投資－普通股	17,600	
	採用權益法認列之子公司、關聯		
	企業及合資利益之份額－普通股		17,600
20x6/12/某日	現　　金	12,000	
	採用權益法之投資－普通股		12,000

(2) 甲公司及乙公司 20x6 年合併工作底稿之沖銷分錄：

(a)	採用權益法認列之子公司、		
	關聯企業及合資利益		
	之份額－特別股	6,000	
	採用權益法之投資－特別股	6,000	
	股　利		12,000
(b)	非控制權益淨利－特別股	4,000	
	非控制權益－特別股	4,000	
	股　利		8,000
(c)	特別股股本	200,000	期初特別股權益
	保留盈餘	20,000	$220,000－期初特別
	採用權益法之投資－特別股	132,000	股股本$200,000＝
	非控制權益－特別股	88,000	借記保留盈餘$20,000
(d)	採用權益法認列之子公司、		
	關聯企業及合資利益		
	之份額－普通股	17,600	
	股　利	12,000	
	採用權益法之投資－普通股		5,600
(e)	非控制權益淨利－普通股	4,400	
	股　利		3,000
	非控制權益－普通股		1,400
(f)	普通股股本	600,000	
	保留盈餘	380,000	保留盈餘：
	存　貨	20,000	初$400,000
	專利權	50,000	－沖(c)$20,000
	採用權益法之投資－普通股		840,000	＝$380,000
	非控制權益－普通股		210,000
(g)	銷貨成本	18,000	$20,000×90%
	存　貨		18,000	＝$18,000
(h)	攤銷費用	10,000	
	專利權		10,000

(二) **(母公司同時持有子公司所發行之普通股及特別股)**

甲公司於20x6年12月31日以現金$1,830,000取得乙公司30,000股普通股,並對乙公司存在控制。當日乙公司帳列淨值為$3,156,000,其帳列資產及負債之帳面金額皆等於公允價值,除有一項未入帳專利權,估計尚有5年耐用年限外,並無其他未入帳之資產或負債。非控制權益按收購日公允價值衡量,已知收購日非控制權益(普通股部分)的公允價值為$1,190,000。

甲公司另於20x7年1月1日以現金$40,000取得乙公司400股特別股。20x6年乙公司因故未宣告並發放現金股利,而其20x7年淨利為$280,000,並在20x7年12月間宣告並發放現金股利$58,000。乙公司20x6年12月31日權益如下:

特別股股本,7%,累積,每股面額$100,每股收回價格$101,發行並流通在外2,000股	$ 200,000
普通股股本,每股面額$10,發行並流通在外50,000股	500,000
資本公積－特別股股票溢價	6,000
資本公積－普通股股票溢價	800,000
保留盈餘	1,650,000
權 益 總 數	$3,156,000

試作:(A) 計算下列金額:
(1) 20x6年12月31日乙公司未入帳專利權。
(2) 20x7年合併綜合損益表上之非控制權益淨利。
(3) 按權益法,甲公司20x7年應認列之投資收益。
(4) 20x7年12月31日合併財務狀況表上之非控制權益。
(B) 編製甲公司及乙公司20x7年合併工作底稿之調整/沖銷分錄。

解答:

(A) (1) 普:30,000股÷50,000股＝60%,特:400股÷2,000股＝20%
「非控制權益－特別股」按收購日公允價值衡量,惟釋例中未提及該公允價值,故按特別股發行條件計算其於收購日之最大權益。
(2,000股×$101)＋($200,000×7%)＝$202,000＋$14,000＝$216,000
乙總公允價值＝($1,830,000＋$1,190,000)＋$216,000＝$3,236,000
未入帳之專利權＝$3,236,000－$3,156,000＝$80,000
未入帳專利權之每年攤銷數＝$80,000÷5年＝$16,000

乙公司20x7年淨利$280,000,係由特別股及普通股兩類股東分享如下:

	特別股股東分享數	普通股股東分享數
	$200,000×7%=$14,000	$280,000-$14,000=$266,000
甲公司	$14,000×20%=$2,800	($266,000-$16,000)×60%=$150,000
非控制權益	$14,000×80%=$11,200	($266,000-$16,000)×40%=$100,000

乙公司20x7年宣告並發放股利$58,000,應分配予特別股及普通股兩類股東之金額如下:

	特別股股東分配數	普通股股東分配數
	$200,000×7%=$14,000 (20x6積欠)$14,000+(20x7)$14,000=$28,000	$58,000-$28,000 =$30,000
甲公司	$28,000×20%=$5,600	$30,000×60%=$18,000
非控制權益	$28,000×80%=$22,400	$30,000×40%=$12,000

相關科目餘額及金額之異動如下:

	20x7/1/1	20x7	20x7/12/31
乙-特別股權益	$ 216,000	+$14,000-$28,000	$ 202,000
乙-普通股權益	2,940,000	+$266,000-$30,000	3,176,000
乙-權 益	$3,156,000	+$280,000-$58,000	$3,378,000
乙-權 益:保留盈餘	$1,650,000	+$280,000-$58,000	$1,872,000
權益法:			
甲-採用權益法之投資 -普通股	$1,830,000	+$150,000-$18,000	$1,962,000
甲-採用權益法之投資 -特別股	$40,000 + $3,200(*) = $43,200	+$2,800-$5,600	$40,400
合併財務報表:			
專利權	$80,000	-$16,000	$64,000
非控制權益-特別股	$ 172,800	+$11,200-$22,400	$ 161,600
非控制權益-普通股	1,190,000	+$100,000-$12,000	1,278,000
	$1,362,800		$1,439,600

:請參閱本章第10頁「方法一」之。
　由上述(1)已知於收購日「非控制權益-特別股」為$216,000,
　$216,000×20%=$43,200,故甲公司帳列「採用權益法之投資-特別股」
　餘額應由$40,000調增為$43,200。

(2) $11,200＋$100,000＝$111,200

(3) $2,800＋$150,000＝$152,800

(4) $161,600＋$1,278,000＝$1,439,600

(B) 甲公司及乙公司 20x7 年合併工作底稿之沖銷分錄：

(a)	採用權益法認列之子公司、			
	關聯企業及合資利益			
	之份額－特別股	2,800		
	採用權益法之投資－特別股	2,800		
	股　利		5,600	
(b)	非控制權益淨利－特別股	11,200		
	非控制權益－特別股	11,200		
	股　利		22,400	
(c) 方法一	特別股股本	200,000		$216,000－$200,000
	資本公積－特別股股票溢價	6,000		－$6,000＝$10,000
	保留盈餘	10,000		$216,000×20%＝$43,200
	採用權益法之投資－特別股		43,200	$216,000×80%
	非控制權益－特別股		172,800	＝$172,800
(c) 方法二	特別股股本	200,000		
	資本公積－特別股股票溢價	6,000		
	保留盈餘	10,000		
	採用權益法之投資－特別股		40,000	
	非控制權益－特別股		172,800	
	資本公積－實際取得或處分			
	子公司股權價格			
	與帳面價值差額		3,200	
(d)	採用權益法認列之子公司、			
	關聯企業及合資利益			
	之份額－普通股	150,000		
	股　利		18,000	
	採用權益法之投資－普通股		132,000	
(e)	非控制權益淨利－普通股	100,000		
	股　利		12,000	
	非控制權益－普通股		88,000	

(續次頁)

(f)	普通股股本	500,000		保留盈餘：
	資本公積－普通股股票溢價	800,000		期初$1,650,000
	保留盈餘	1,640,000		－沖銷(c)$10,000
	專利權	80,000		＝$1,640,000
	採用權益法之投資－普通股		1,830,000	
	非控制權益－普通股		1,190,000	
(g)	攤銷費用	16,000		
	專利權		16,000	

(三) (父子子型態，子公司發行特別股，內部交易)

甲公司於 20x7 年 1 月 1 日以$2,184,000 取得乙公司 70%普通股股權，並對乙公司存在控制。當日乙公司權益包括：(a)特別股股本$1,000,000 (10%，累積，面額$100，收回價格$108，已積欠一年股息)，(b)普通股股本$2,000,000，(c)保留盈餘$1,000,000。甲公司及乙公司於 20x7 年 1 月 2 日分別以$400,000 及$250,000 取得丙公司 40%及 25%普通股股權，並皆對丙公司具重大影響。當日丙公司權益包括普通股股本$600,000 及保留盈餘$400,000。非控制權益按收購日公允價值衡量，已知「非控制權益－特別股」於收購日之公允價值為$1,180,000。

假設於上述三筆股權取得日，被投資公司帳列資產及負債之帳面金額皆等於公允價值，且被投資公司帳列淨值若有低估之情況，則為未入帳專利權所致，並分 10 年攤銷。

20x7 年，甲、乙及丙公司間發生內部交易及其他資料如下：

(1) 5 月間，甲公司出售一筆營業上使用之土地予乙公司,獲利$100,000。7 月間，乙公司將該筆購自甲公司之土地的 60%售予合併個體以外單位，發生損失$90,000，其餘 40%土地仍繼續使用於營業上。

(2) 20x7 年，乙公司以$150,000 銷售商品存貨予甲公司，截至 20x7 年 12 月 31 日，甲公司尚有部分購自乙公司之商品仍未售予合併個體以外單位，該等尚未外售之商品存貨所隱含之未實現利益為$50,000。

(3) 20x7 年，乙公司及丙公司之個別淨利(未計入投資損益前之淨利)及現金股利如下： (假設股利宣告日及發放日皆為 20x7 年 12 月 31 日)

	乙	丙
個別淨利	$500,000	$200,000
現金股利	$310,000	$100,000

試作：(1) 按權益法，20x7 年甲公司應認列對丙公司之投資損益。
(2) 按權益法，20x7 年乙公司應認列對丙公司之投資損益。
(3) 按權益法，20x7 年甲公司應認列對乙公司之投資損益。
(4) 20x7 年甲公司收自乙公司之現金股利。
(5) 20x7 年 12 月 31 日甲公司帳列「採用權益法之投資－乙」餘額。
(6) 20x7 年 12 月 31 日甲公司帳列「採用權益法之投資－丙」餘額。
(7) 20x7 年 12 月 31 日乙公司帳列「採用權益法之投資－丙」餘額。
(8) 20x7 年丙公司「非控制權益淨利」。
(9) 20x7 年乙公司「非控制權益淨利－普通股」。
(10) 20x7 年乙公司「非控制權益淨利－特別股」。
(11) 甲公司及其子公司 20x7 年底合併財務狀況表上之非控制權益。
(12) 編製 20x7 年甲公司及其子公司合併工作底稿上之調整/沖銷分錄。

解答：

(投資型態)

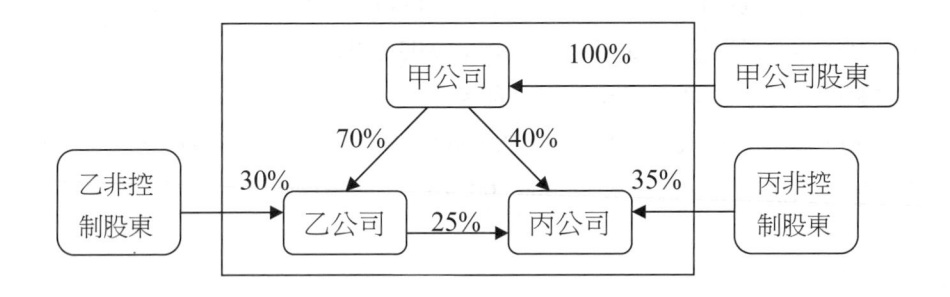

(A) (a) 甲持有乙 70%股權並對乙存在控制，甲與乙形成一個合併個體，甲是母公司，乙是子公司。又甲持有丙 40%股權加上「甲與乙所形成之合併個體」持有丙 25%股權，共計 65%，遂形成甲、乙及丙之合併個體，其中甲是母公司，乙及丙皆是子公司。而乙非控制股東持有乙 30%股權，丙非控制股東持有丙 35%股權。

(b) 甲持有乙 70%股權並對乙存在控制，甲與乙形成一個合併個體，甲是母公司，乙是子公司。又甲直接持有丙 40%股權加上甲透過乙間接持有丙 17.5%股權，70%×25%＝17.5%，共計 57.5%，遂形成甲、乙及丙之合併個體，其中甲是母公司，乙及丙皆是子公司。而乙非控制股東持有乙 30%股權，丙非控制股東持有丙 35%股權。

(c) 以丙而言，當甲直接持有丙 40%股權以及透過乙間接持有丙 17.5%股權時，另有丙非控制股東持有丙 35%股權，以及乙非控制股東透過乙間接持有丙 7.5%股權，30%×25%＝7.5%。
[驗算：(40%＋17.5%)＋(35%＋7.5%)＝100%]

(d) 甲、乙及丙三家公司形成一個合併個體，往後每遇報導期間結束日皆須為該合併個體編製合併財務報表。在間接持股情況下，為計算「控制權益淨利」及「非控制權益淨利」，合併個體成員間之股權投資皆以權益法處理，無論持股比例多寡，如此才能符合交易實況。本例，甲對乙 70%股權投資、甲對丙 40%股權投資、乙對丙 25%股權投資，於計算「控制權益淨利」及「非控制權益淨利」時，皆以權益法處理。

(B) 20x7/1/1：

乙權益之帳面金額＝($1,000,000＋$2,000,000＋$1,000,000)＝$4,000,000

「非控制權益－乙特」按收購日公允價值$1,180,000 衡量。

「非控制權益－乙普」按收購日公允價值衡量，惟題意中未提及該公允價值，故設算之。乙普通股權益之總公允價值＝$2,184,000÷70%＝$3,120,000

「非控制權益－乙普」＝$3,120,000×30%＝$936,000

乙權益帳面金額低估數(＝乙未入帳專利權)
　　＝($2,184,000＋$936,000＋$1,180,000)－$4,000,000＝$300,000

乙未入帳專利權之每年攤銷數＝$300,000÷10 年＝$30,000

(C) 20x7/1/2：

丙淨值之帳面金額＝$600,000＋$400,000＝$1,000,000

「非控制權益－丙普」按收購日公允價值衡量，惟題意中未提及該公允價值，故設算之。丙總公允價值＝($400,000＋$250,000)÷(40%＋25%)＝$1,000,000

「非控制權益－丙普」＝$1,000,000×35%＝$350,000

丙淨值之帳面金額＝$1,000,000＝丙公司總公允價值

答案如下：

(1) 甲應認列對丙之投資收益＝$200,000×40%＝$80,000
(2) 乙應認列對丙之投資收益＝$200,000×25%＝$50,000
(3) 乙淨利＝個別淨利$500,000＋投資收益$50,000＝$550,000
　　特別股股東應分享之乙淨利＝$1,000,000×10%＝$100,000

普通股股東應分享之乙淨利＝$550,000－$100,000＝$450,000

甲對乙之投資收益

＝($450,000－專攤$30,000－逆流銷貨之未實利$50,000)×70%

－順流銷售土地之未實利[$100,000×(1－60%)]＝$219,000

(4) 特別股股東收自乙公司之現金股利

＝積欠股息$100,000＋(20x7 年)$100,000＝$200,000

普通股股東收自乙公司之現金股利＝$310,000－$200,000＝$110,000

甲公司收自乙公司之現金股利＝$110,000×70%＝$77,000

(5) 甲公司帳列「採用權益法之投資－乙」

＝$2,184,000＋$219,000－$77,000＝$2,326,000

(6) 甲公司帳列「採用權益法之投資－丙」

＝$400,000＋$80,000－($100,000×40%)＝$440,000

(7) 乙公司帳列「採用權益法之投資－丙」

＝$250,000＋$50,000－($100,000×25%)＝$275,000

(8) 丙公司「非控制權益淨利」＝$200,000×35%＝$70,000

(9) 乙公司「非控制權益淨利－普通股」

＝($450,000－$30,000－$50,000)×30%＝$111,000 [詳上(3)]

(10) 乙公司「非控制權益淨利－特別股」＝$1,000,000×10%＝$100,000 [詳上(3)]

(11) (詳下列及次頁兩表格)　$1,014,000＋$1,080,000＋$385,000＝$2,479,000

甲投資乙相關科目餘額及金額之異動如下：

	20x7/1/1	20x7	20x7/12/31
乙－權益	$4,000,000	＋($500,000＋$50,000)－$310,000	$4,240,000
權益法：			
甲－採用權益法之投資	$2,184,000	＋$219,000－$77,000	$2,326,000
合併財務報表：			
專利權	$300,000	－$30,000	$270,000
非控制權益－普	$936,000	＋$111,000－$33,000	$1,014,000
非控制權益－特	$1,180,000	＋$100,000－$200,000	$1,080,000

驗算：20x7/12/31：

乙權益$4,240,000＋未入帳專利權$270,000－逆流銷貨之未實現利益$50,000

＝$4,460,000＝甲帳列「採用權益法之投資－乙」$2,326,000＋順流出售土地之

未實現利益$40,000＋「非控制權益－乙」($1,014,000＋$1,080,000)

甲投資丙及乙投資丙相關科目餘額及金額之異動如下：

	20x7/1/1	20x7	20x7/12/31
丙－權　益	$1,000,000	＋$200,000－$100,000	$1,100,000
權益法：			
甲－採用權益法之投資	$400,000	＋$80,000－$40,000	$440,000
乙－採用權益法之投資	$250,000	＋$50,000－$25,000	$275,000
合併財務報表：			
非控制權益－普	$350,000	＋$70,000－$35,000	$385,000

驗　算：
20x7/12/31：甲帳列「採用權益法之投資－丙」＝$1,100,000×40%＝$440,000
　　　　　　乙帳列「採用權益法之投資－丙」＝$1,100,000×25%＝$275,000
　　　　　　「非控制權益－丙」＝$1,100,000×35%＝$385,000

(12) 甲公司及其子公司 20x7 年合併工作底稿上之沖銷分錄：

(a)	處分不動產、廠房及設備利益　　100,000 　　土　地　　　　　　　　　　　　　　40,000 　　處分不動產、廠房及設備損失　　　　60,000	(註一，次頁)
(b)	銷貨收入　　　　　　　　　　150,000 　　銷貨成本　　　　　　　　　　　　150,000	
(c)	銷貨成本　　　　　　　　　　 50,000 　　存　貨　　　　　　　　　　　　　 50,000	
(d)	採用權益法認列之子公司、 關聯企業及合資利益之份額　　 80,000 　　股　利　　　　　　　　　　　　　 40,000 　　採用權益法之投資　　　　　　　　 40,000	甲投資丙 40%
(e)	採用權益法認列之關聯企業 及合資利益之份額　　　　　　 50,000 　　股　利　　　　　　　　　　　　　 25,000 　　採用權益法之投資　　　　　　　　 25,000	乙投資丙 25%
(f)	非控制權益淨利　　　　　　　 70,000 　　股　利　　　　　　　　　　　　　 35,000 　　非控制權益－丙　　　　　　　　　 35,000	

(g)	普通股股本	600,000		
	保留盈餘	400,000		
	採用權益法之投資		400,000	(甲帳上)
	採用權益法之投資		250,000	(乙帳上)
	非控制權益－丙		350,000	
(h)	採用權益法認列之子公司、			
	關聯企業及合資利益之份額	219,000		
	股　利		77,000	甲投資乙 70%
	採用權益法之投資		142,000	
(i)	非控制權益淨利－乙普	111,000		
	股　利		33,000	
	非控制權益－乙普		78,000	
(j)	非控制權益淨利－乙特	100,000		
	非控制權益－乙特	100,000		(註二)
	股　利		200,000	
(k)	特別股股本	1,000,000		
	保留盈餘	180,000		
	非控制權益－乙特		1,180,000	
(l)	普通股股本	2,000,000		
	保留盈餘	820,000		(註二)
	專利權	300,000		
	採用權益法之投資		2,184,000	甲投資乙 70%
	非控制權益－乙普		936,000	
(m)	攤銷費用	30,000		
	專利權		30,000	

註一：
若土地原於甲公司帳上之帳面金額為 Y，則甲公司以 Y＋$100,000 將土地出售予乙公司，乙公司再將其中的 60%土地外售 (即 0.6Y＋$60,000) 發生損失$90,000，可知外售價格＝(0.6Y＋$60,000)－$90,000＝0.6Y－$30,000。因此以合併個體觀點，帳列金額為 0.6Y 的土地，以 0.6Y－$30,000 的價格外售，致產生出售土地損失$30,000，故合併綜合損益表上應表達「處分不動產、廠房及設備損失」$30,000，因此沖銷損失$60,000。乙公司帳列土地仍剩 0.4Y＋$40,000，應沖銷$40,000，回復為 0.4Y。

註二： 保留盈餘：期初$1,000,000－$180,000 [沖銷分錄(l)]＝$820,000

(四)　(109 會計師考題改編)

甲公司於 20x5 年 7 月 1 日以$1,030,000 取得乙公司 80%普通股股權，並對乙公司存在控制，採權益法處理該項投資，依收購日公允價值$800,000 及$300,000 分別衡量屬非控制權益之特別股及普通股。當日乙公司除設備低估外，其他帳列資產及負債之帳面金額皆等於公允價值，且無其他未入帳之資產或負債。該低估之設備尚可使用 5 年，無殘值，採直線法提列折舊。甲公司另於 20x7 年 1 月 1 日以$520,000 取得乙公司 60%特別股股份。

20x5 年 1 月 1 日乙公司權益包括普通股股本$900,000、10%累積特別股股本$750,000 及保留盈餘$330,000，保留盈餘於 20x5 年至 20x7 年之變動如下：

	20x5 年	20x6 年	20x7 年
期初保留盈餘	$330,000	$405,000	$480,000
加：本期淨利(損)	300,000	225,000	(120,000)
減：特別股股利	(75,000)	(75,000)	(75,000)
普通股股利	(150,000)	(75,000)	(30,000)
期末保留盈餘	$405,000	$480,000	$255,000

其他資料：
(1) 20x5 年 12 月 31 日甲公司以$205,000 將帳面金額$180,000 設備售予乙公司，該設備尚可使用 5 年，無殘值，乙公司採直線法提列折舊。
(2) 甲公司於 20x6 年以成本加價三成的計價方式，將商品以$260,000 售予乙公司，20x6 年乙公司期末存貨中有$19,500 係購自甲公司。
(3) 20x6 年 1 月 1 日甲公司以$96,000 加應計利息購入乙公司發行面額$100,000、票面利率 8%之公司債，當時該公司債之帳面金額為$108,000，20x9 年 12 月 31 日到期，假設採直線法攤銷公司債溢、折價。
(4) 乙公司各年度財務報表須於次年送交股東會承認，並決議當年股利發放金額，其中特別股股利於每年 5 月 31 日發放，普通股股利於每年 11 月 30 日發放。已知無積欠特別股股利之情形。
(5) 假設各年度損益於年度中平均發生，且暫不考慮所得稅。

試作：(1) 按權益法，甲公司 20x6 年應認列之投資損益。
　　　(2) 20x6 年 12 月 31 日甲公司帳列「採用權益法之投資－乙」之餘額。
　　　(3) 20x7 年 1 月 1 日甲公司取得乙公司 60%特別股股份之分錄。
　　　(4) 20x7 年合併財務報表中之非控制權益淨利。
　　　(5) 20x7 年 12 月 31 日合併財務狀況表中之非控制權益。

參考答案：

20x5/7/1：乙淨值之帳面金額＝($750,000＋$900,000＋$330,000)
　　　　　　　　　　　　＋($300,000×6/12)－$75,000＝$2,055,000
　　　　　乙總公允價值＝$1,030,000＋$800,000＋$300,000＝$2,130,000
　　　　　乙設備低估數＝$2,130,000－$2,055,000＝$75,000
　　　　　乙價值低估設備之每年折舊數＝$75,000÷5 年＝$15,000
20x5/12/31：順流設備交易之未實現利益＝$205,000－$180,000＝$25,000
　　　　　　順流設備交易之每年已實現利益＝$25,000÷5 年＝$5,000

乙公司 20x5 年淨利$300,000，係由特別股及普通股兩類股東分享如下：

	特別股股東分享數	普通股股東分享數
	$750,000×10%＝$75,000	$300,000－$75,000＝$225,000
甲公司	－	($225,000×6/12－$15,000×6/12)×80%－$25,000 ＝$59,000
非控制權益	$75,000	($225,000×6/12－$15,000×6/12)×20%＝$21,000

相關科目餘額及金額之異動如下：（單位：千元）

	20x5/1/1	1～6月	20x5/7/1	7～12月	20x5/12/31
乙－權益	$1,980	－$75 ＋$300×6/12	$2,055	－$150 ＋$300×6/12	$2,055
權益法：					
甲－採用權益法之投資			$1,030	－$150×80%＋$59	$969
合併財務報表：					
設　備			$75	－$15×6/12	$67.5
非控制權益：					
非控制權益－特別股			$800	＋$75×6/12	$837.5
非控制權益－普通股			300	－$150×20%＋$21	291.0
			$1,100		$1,128.5
驗　算：					
20x5/12/31：乙權益$2,055＋乙設備低估數$67.5＝$2,122.5 　　　　　＝甲「採用權益法之投資」$969＋非控制權益$1,128.5＋未實利$25

20x6 年：順流銷貨交易之未實現利益＝$19,500－[$19,500÷(1＋30%)]＝$4,500

20x6/ 1/ 1：類似逆流公司債交易之已實現利益＝$108,000－$96,000＝$12,000
全數於 20x6 年實現，而非分四年(20x6～20x9)每年實現$3,000，
$12,000÷4 年＝$3,000。

乙公司 20x6 年淨利$225,000，係由特別股及普通股兩類股東分享如下：

	特別股股東分享數	普通股股東分享數
	$750,000×10%＝$75,000	$225,000－$75,000＝$150,000
甲公司	－	($150,000－$15,000＋$12,000－$3,000) ×80%＋$5,000－$4,500＝$115,700
非控制權益	$75,000	($150,000－$15,000＋$12,000－$3,000) ×20%＝$28,800

乙公司 20x7 年淨損$120,000，係由特別股及普通股兩類股東分享如下：

	特別股股東分享數	普通股股東分享數
	$750,000×10%＝$75,000	－$120,000－$75,000＝－$195,000
甲公司	$75,000×60%＝$45,000	(－$195,000－$15,000－$3,000)×80% ＋$5,000＋$4,500＝－$160,900
非控制權益	$75,000×40%＝$30,000	(－$195,000－$15,000－$3,000)×20% ＝－$42,600

相關科目餘額及金額之異動如下：（單位：千元）

	20x6/ 1/ 1	20x6	20x6/12/31	20x7/ 1/ 1	20x7	20x7/12/31
乙－權　益	$2,055	＋$225－$150	$2,130	$2,130	－$120－$105	$1,905
權益法：						
甲－採用權益法之投資	$969	＋$115.7 －$75×80%	$1,024.7			
甲－採用權益法之投資 　　－乙普通股				$1,024.7	－$160.9 －$30×80%	$839.8
甲－採用權益法之投資 　　－乙特別股				$502.5	＋$45 －$75×60%	$502.5
合併財務報表：						
設　備	$67.5	－$15	$52.5	$52.5	－$15	$37.5
非控制權益：						
非控制權益－特別股	$ 837.5	＋$75－$75	$ 837.5	$335.0	＋$30－$75×40%	$335.0
非控制權益－普通股	291.0	＋$28.8－$15	304.8	304.8	－$42.6－$30×20%	256.2
	$1,128.5		$1,142.3	$639.8		$591.2

驗算：
20x6/12/31：乙權益$2,130+乙設備低估數$52.5＝$2,182.5
　　　　　＝甲「採用權益法之投資」$1,024.7＋非控制權益$1,142.3
　　　　　　＋未實利($25－$5)＋未實利$4.5－已實利($12－$3)
20x7/12/31：乙權益$1,905+乙設備低估數$37.5＝$1,942.5
　　　　　＝甲「採用權益法之投資」($839.8＋$502.5)＋非控制權益$591.2
　　　　　　＋未實利($25－$5×2)－已實利($12－$3×2)

(1)「採用權益法認列之子公司、關聯企業及合資利益之份額」＝$115,700
(2) 甲公司 20x6 年 12 月 31 日帳列「採用權益法之投資—乙公司」＝$1,024,700
(4) 20x7 年合併財務報表中之非控制權益淨損＝$30,000－$42,600＝－$12,600
(5) 20x7年12月31日合併財務狀況表中之非控制權益＝$591,200

(3) 20x7 年 1 月 1 日甲公司取得乙公司 60%特別股股份之分錄：

20x7/ 1/ 1	採用權益法之投資－乙特別股　　　　　502,500
	資本公積－實際取得或處分子公司股權
	價格與帳面價值差額（＊）　　　　　 17,500
	現　金　　　　　　　　　　　　　　　　　　520,000
	$520,000－($837,500×60%)＝$520,000－$502,500＝$17,500
	＊：請參閱本章第10頁「方法一」之＊。

(五) (103 會計師考題改編)

　　甲公司於20x5年 7月 1日以$2,400,000 取得乙公司80%普通股股權，並對乙公司存在控制。當日乙公司帳列資產及負債之帳面金額皆等於公允價值，除有一項未入帳專利權，估計尚有5年耐用年限外，無其他未入帳之資產或負債。甲公司採權益法處理該項股權投資，並依收購日公允價值$525,000及$600,000分別衡量屬非控制權益之特別股及普通股。甲公司另於20x7年 1月 1日以$280,000取得乙公司50%特別股股份。

　　20x5年 1月 1日，乙公司權益包括普通股股本$1,000,000、5%累積特別股股本$500,000及保留盈餘$1,800,000。乙公司各年財務報表須於次年送交股東會承認，並由股東會決議前一年度之股利金額，且每年均於 6月30日宣告及發放股利。截至20x5年 1月 1日，除20x4年宣告之股利尚未發放外，並未積欠20x4年以

前年度之特別股股利。乙公司各年之淨利係於年度中平均賺得，其20x5年至20x7年保留盈餘之變動如下：

	20x5 年	20x6 年	20x7 年
期初保留盈餘	$1,800,000	$1,900,000	$1,950,000
加：本期淨利(損)	150,000	100,000	(50,000)
減：分配前期股利	(50,000)	(50,000)	(20,000)
期末保留盈餘	$1,900,000	$1,950,000	$1,880,000

試作：(1) 按權益法，甲公司20x5年應認列之投資損益。
(2) 20x6年12月31日甲公司帳列「採用權益法之投資」餘額。
(3) 20x7年合併綜合損益表中之非控制權益淨利(損)。
(4) 20x7年12月31日合併財務狀況表上之非控制權益。
(5) 20x7 年甲公司投資乙公司股權之相關分錄。

參考答案：

20x5/ 7/ 1：乙淨值之帳面金額＝($500,000＋$1,000,000＋$1,800,000)
　　　　　　　　　　　　＋($150,000×6/12)－$50,000＝$3,325,000
　　　乙總公允價值＝$2,400,000＋$600,000＋$525,000＝$3,525,000
　　　乙未入帳專利權＝$3,525,000－$3,325,000＝$200,000
　　　乙未入帳專利權之每年攤銷數＝$200,000÷5 年＝$40,000

乙公司 20x5 年淨利$150,000，係由特別股及普通股兩類股東分享如下：

	特別股股東分享數	普通股股東分享數
	$500,000×5%＝$25,000	$150,000－$25,000＝$125,000
甲公司	－	($125,000×6/12－$40,000×6/12)×80%＝$34,000
非控制權益	$25,000	($125,000×6/12－$40,000×6/12)×20%＝$8,500

相關科目餘額及金額之異動如下：（單位：千元）

	20x5/ 1/ 1	1～6 月	20x5/ 7/ 1	7～12 月	20x5/12/31
乙－權　益	$3,300	－$50 ＋$150×6/12	$3,325	＋$150×6/12	$3,400
權益法：					
甲－採用權益法之投資			$2,400	＋$34	$2,434

第112頁 (第十章 子公司發行特別股之財表合併程序/合併每股盈餘/合併所得稅)

(承上頁)

	20x5/1/1	1～6月	20x5/7/1	7～12月	20x5/12/31
合併財務報表：					
專利權			$200	－$40×6/12	$180
非控制權益：					
非控制權益－特別股			$ 525	＋$25×6/12	$ 537.5
非控制權益－普通股			600	＋$8.5	608.5
			$1,125		$1,146.0
驗 算：					
20x5/12/31：乙權益$3,400＋乙未入帳專利權$180＝$3,580 ＝甲帳列「採用權益法之投資」$2,434＋非控制權益$1,146					

乙公司 20x6 年淨利$100,000，係由特別股及普通股兩類股東分享如下：

	特別股股東分享數	普通股股東分享數
	$500,000×5%＝$25,000	$100,000－$25,000＝$75,000
甲公司	－	($75,000－$40,000)×80%＝$28,000
非控制權益	$25,000	($75,000－$40,000)×20%＝$7,000

乙公司 20x6 年宣告並發放現金股利$50,000，應分配予特別股及普通股兩類股東之金額如下：

	特別股股東分配數	普通股股東分配數
	$500,000×5%＝$25,000	$50,000－$25,000＝$25,000
甲公司	－	$25,000×80%＝$20,000
非控制權益	$25,000	$25,000×20%＝$5,000

乙公司 20x7 年淨損$50,000，係由特別股及普通股兩類股東分享如下：

	特別股股東分享數	普通股股東分享數
	$500,000×5%＝$25,000	－$50,000－$25,000＝－$75,000
甲公司	$25,000×50%＝$12,500	(－$75,000－$40,000)×80%＝－$92,000
非控制權益	$25,000×50%＝$12,500	(－$75,000－$40,000)×20%＝－$23,000

乙公司20x7年宣告並發放現金股利$20,000，應分配予特別股及普通股兩類股東之金額如下：

	特別股股東分配數	普通股股東分配數
	$500,000×5％＝$25,000，故有積欠股息$5,000	$20,000－$20,000＝$0
甲公司	$20,000×50％＝$10,000	—
非控制權益	$20,000×50％＝$10,000	—

相關科目餘額及金額之異動如下：（單位：千元）

	20x6/1/1	20x6	20x6/12/31	20x7/1/1	20x7	20x7/12/31
乙－權益	$3,400	＋$100－$50	$3,450	$3,450	－$20－$50	$3,380
權益法：						
甲－採用權益法之投資	$2,434	＋$28－$20	$2,442			
甲－採用權益法之投資－乙普通股				$2,442	－$92	$2,350
甲－採用權益法之投資－乙特別股				$268.75	＋$12.5－$10	$271.25
合併財務報表：						
專利權	$180	－$40	$140	$140	－$40	$100
非控制權益：						
非控制權益－特別股	$537.5	＋$25－$25	$537.5	$268.75	＋$12.5－$10	$271.25
非控制權益－普通股	608.5	＋$7－$5	610.5	610.50	－$23	587.50
	$1,146.0		$1,148.0	$879.25		$858.75

驗　算：
20x6/12/31：乙權益$3,450＋乙未入帳專利權$140＝$3,590
　　　　　　＝甲帳列「採用權益法之投資」$2,442＋非控制權益$1,148
20x7/12/31：乙權益$3,380＋乙未入帳專利權$100＝$3,480
　　　　　　＝甲帳列「採用權益法之投資－乙普」$2,350
　　　　　　　＋甲帳列「採用權益法之投資－乙特」$271.25＋非控制權益$858.75

(1) 按權益法，甲公司20x5年應認列之投資收益＝$34,000
(2) 20x6年12月31日，甲公司帳列「採用權益法之投資」＝$2,442,000
(3) 20x7年合併綜合損益表中之非控制權益淨損＝$12,500－$23,000＝－$10,500
(4) 20x7年12月31日合併財務狀況表上之非控制權益＝$858,750
(5) 20x7年甲公司與投資乙公司股權之相關分錄：

20x7/1/1	採用權益法之投資－乙特別股	280,000	
	現　金		280,000
1/1	資本公積－實際取得或處分子公司股權		
	價格與帳面價值差額（＊）	11,250	
	採用權益法之投資－乙特別股		11,250
	$268,750-$280,000=-$11,250		
	＊：請參閱本章第10頁「方法一」之＊。		
6/30	現　金	10,000	
	採用權益法之投資－乙特別股		10,000
12/31	採用權益法之投資－乙特別股	12,500	
	採用權益法認列之子公司、關聯企業		
	及合資利益之份額－乙特別股		12,500
12/31	採用權益法認列之子公司、關聯企業		
	及合資損失之份額－乙普通股	92,000	
	採用權益法之投資－乙普通股		92,000

(六)　(93會計師檢覈考題改編)

　　甲公司於 20x6 年 1 月 1 日依股權淨值之帳面金額取得乙公司 60%特別股及 80%普通股，並對乙公司存在控制。收購日乙公司帳列資產及負債之帳面金額等於公允價值，且無未入帳資產或負債。非控制權益係以收購日公允價值衡量。同日乙公司權益如下：

特別股股本，8%、累積、非參加，面額$100	
，清算價格$110，積欠三年股利	$1,000,000
普通股股本，面額$10	4,000,000
保留盈餘	500,000
權益總額	$5,500,000

乙公司 20x6 年淨利為$200,000，12 月間宣告並發放$100,000 現金股利。

試作：(1) 按權益法，20x6 年甲公司對乙公司應認列之投資收益。
　　　(2) 20x6 年合併綜合損益表中之非控制權益淨利(損)。
　　　(3) 20x6 年 1 月 1 日乙公司保留盈餘中屬於特別股權益之金額。
　　　(4) 20x6 年 1 月 1 日乙公司普通股權益。
　　　(5) 20x6 年 1 月 1 日合併財務狀況表中之非控制權益。

參考答案：

20x6/1/1，乙公司權益為$5,500,000，係兩類股東所共有之權益：

(A)「非控制權益－特別股」係以收購日公允價值衡量，惟釋例中未提及該公允價值，故按特別股發行條件計算其於收購日之最大權益。

特別股權益＝[$110(清算價格)×10,000 股]＋[$1,000,000×8%×3 年(積欠股息)]
　　　　＝$1,100,000＋$240,000＝$1,340,000

$1,340,000：60% → $804,000 → 甲公司
　　　　　　40% → $536,000 →「非控制權益－特別股」

(B) 普通股權益＝$5,500,000－$1,340,000＝$4,160,000

$4,160,000：80% → $3,328,000 → 甲公司
　　　　　　20% → $832,000 →「非控制權益－普通股」

(1) 乙公司 20x6 年淨利$200,000，係由特別股及普通股兩類股東分享如下：
　(a) 特別股股東之利益分享數＝$1,000,000×8%＝$80,000
　(b) 普通股股東之損益分享數＝$200,000－$80,000＝$120,000
　　甲公司 20x6 年應認列之投資收益
　　　＝($80,000×60%)＋($120,000×80%)＝$48,000＋$96,000＝$144,000

(2) 20x6 年合併綜合損益表中之非控制權益淨利
　　　＝($80,000×40%)＋($120,000×20%)＝$32,000＋$24,000＝$56,000

(3) 特別股權益$1,340,000－特別股股本$1,000,000＝$340,000

(4) 20x6/1/1 乙公司普通股權益＝$5,500,000－$1,340,000＝$4,160,000

(5) 20x6/1/1 合併財務狀況表中之非控制權益
　　＝「非控制權益－特別股」$536,000＋「非控制權益－普通股」$832,000
　　＝$1,368,000

※ 合併每股盈餘

(七) **(合併每股盈餘，潛在普通股，內部交易)**

甲公司持有乙公司 90%股權並對乙公司存在控制。20x6 年，甲公司及乙公司流通在外普通股分別為 50,000 股及 20,000 股，未曾異動。除普通股外，乙公司尚有 10,000 單位認股權流通在外，該認股權允許持有人以 4 權加上現金$20 認購乙公司普通股 1 股。20x6 年初甲公司出售一項辦公設備予乙公司，獲利$12,000，乙公司估計該辦公設備可再使用 3 年，無殘值，採直線法計提折舊。20x6 年乙公司普通股每股平均市價$50，20x6 年甲公司及乙公司未加計投資損益前之淨利分別為$100,000 及$80,000。

試作： (每股盈餘金額，請四捨五入計算至小數點後第四位；
其他金額，請四捨五入計算至整數位。)
(1) 甲公司及乙公司 20x6 年合併綜合損益表上應表達之每股盈餘資料。
(2) 若將題目中甲公司出售辦公設備予乙公司之順流交易改為逆流交易，其他資料不變，請重覆(1)之要求。

解答：

認股權：假設 10,000 個認股權於 20x6 年初行使，10,000 權÷4 權＝2,500 股
　　　　 發出 2,500 股－買回[(2,500 股×$20)÷$50]股
　　　　 ＝發出 2,500 股－買回 1,000 股＝流通在外普通股增加 1,500 股

(1) 乙公司基本每股盈餘＝$80,000÷20,000 股＝$4
　　 乙公司稀釋每股盈餘＝($80,000＋$0)÷(20,000 股＋1,500 股)＝$3.7209

[本題$3.7209，既是乙公司綜合損益表上之稀釋每股盈餘，亦是可用於『替換計算』之乙公司稀釋每股盈餘，因乙公司無內部交易所致之未(已)實現損益、視同清償債券損益等。]

20x6 年甲公司淨利
　　　＝$100,000＋[($80,000×90%)－順流$12,000＋順流($12,000÷3 年)]
　　　＝$100,000＋$64,000＝$164,000

甲公司基本每股盈餘及合併基本每股盈餘＝$164,000÷50,000 股＝$3.28
甲公司稀釋每股盈餘及合併稀釋每股盈餘
　　＝[$164,000－($80,000×90%)＋($3.7209×20,000 股×90%)]÷50,000 股
　　＝$158,976÷50,000 股＝$3.1795

(2) 乙公司基本每股盈餘＝[$80,000－$12,000＋($12,000÷3 年)]÷20,000 股
　　　　　　　　　＝$72,000÷20,000 股＝$3.6
　乙公司稀釋每股盈餘＝($72,000＋$0)÷(20,000 股＋1,500 股)＝$3.3488

[本題$3.3488：係只能用於『替換計算』之乙公司稀釋每股盈餘，並非是乙公司綜合損益表上之稀釋每股盈餘，因乙公司淨利$80,000 包含逆流交易所致之未實現利益$8,000，$12,000－($12,000÷3 年)＝$8,000。]

20x5 年甲公司淨利＝$100,000＋($80,000－$12,000＋$4,000)×90%
　　　　　　　　＝$100,000＋($72,000×90%)＝$164,800

甲公司基本每股盈餘及合併基本每股盈餘＝$164,800÷50,000 股＝$3.296
甲公司稀釋每股盈餘及合併稀釋每股盈餘
　　＝[$164,800－($72,000×90%)＋($3.3488×20,000 股×90%)]÷50,000 股
　　＝$160,278÷50,000 股＝$3.2056

(八) (合併每股盈餘，潛在普通股，收購日子帳列淨值低估，內部交易)

20x7 年甲公司淨利為$709,000，其內容如下：

甲公司未計入投資損益前之淨利		$500,000
甲公司投資乙公司股權所認列之投資收益：		
乙公司淨利$300,000×90%	$270,000	
乙公司未入帳專利權(收購日乙帳列淨值低估之原因)於 20x7 年之攤銷金額$10,000×90%	(9,000)	
20x7 年底順流交易之未實現利益	(25,000)	
20x7 年底逆流交易之未實現利益$30,000×90%	(27,000)	209,000
甲公司淨利		$709,000

第 118 頁 (第十章 子公司發行特別股之財表合併程序/合併每股盈餘/合併所得稅)

其他資料：

(1)	甲公司已發行並流通在外普通股 100,000 股，20x7 年間未曾異動。
(2)	乙公司已發行之股票及債券如下，20x7 年間未曾異動：
	(a) 發行並流通在外 50,000 股普通股。
	(b) 5%，可轉換公司債，面額$100,000，可轉換乙公司 10,000 股普通股，其負債組成部分於發行時係折價，該發行折價於 20x7 年之攤銷金額為$1,000。
(3)	每股盈餘金額，請四捨五入計算至小數點後第四位； 其他金額，請四捨五入計算至整數位。

試作：(1) 用於『替換計算』之乙公司稀釋每股盈餘。

(2) 甲公司及乙公司 20x7 年合併綜合損益表上應表達之每股盈餘資料。

(3) 若乙公司「5%，可轉換公司債」可轉換甲公司 10,000 股普通股，其他資料不變，請重覆(2)之要求。

解答：

(1) 乙公司基本每股盈餘＝($300,000－專攤$10,000－逆流$30,000)÷50,000 股
　　　　　　　　　＝$260,000÷50,000 股＝$5.2

「5%，可轉換公司債」：($100,000×5%＋折價攤銷$1,000)÷10,000 股
　　　　　　　　　＝利息費用$6,000÷10,000 股＝$0.6

乙公司稀釋每股盈餘＝($260,000＋$6,000)÷(50,000 股＋10,000 股)
　　　　　　　　　＝$266,000÷60,000 股＝$4.4333

[本題$4.4333：係只能用於『替換計算』之乙公司稀釋每股盈餘，並非是乙公司綜合損益表上之稀釋每股盈餘，因乙公司淨利$300,000 包含逆流交易所致之未實現利益$30,000，且未考慮乙未入帳專利權於 20x7 年之攤銷金額$10,000。]

(2) 甲公司基本每股盈餘及合併基本每股盈餘＝$709,000÷100,000 股＝$7.09
甲公司稀釋每股盈餘及合併稀釋每股盈餘
　＝[$709,000－($270,000－$9,000－$27,000)＋($4.4333×50,000 股×90%)]
　　÷100,000 股＝$674,499÷100,000 股＝$6.745

(3) 甲公司基本每股盈餘及合併基本每股盈餘＝$709,000÷100,000 股＝$7.09

乙公司所發行並流通在外之「5%，可轉換公司債」可轉換甲公司 10,000 股普通股，故將之『視為』甲公司的潛在普通股，<u>為計算甲公司稀釋每股盈餘及合併稀釋每股盈餘之目的</u>，重新計算下列項目：
(i) 乙淨利＝$300,000＋「5%，可轉換公司債」利息費用$6,000＝$306,000
(ii) 甲對乙應認列之投資收益
　　＝[$306,000－專攤$10,000－逆流$30,000]×90%－順流$25,000
　　＝$239,400－順流$25,000＝$214,400
(iii) 甲淨利＝甲尚未計入投資損益前之淨利$500,000－「5%，可轉換公司債」
　　　利息費用$6,000＋甲對乙之投資收益$214,400＝$708,400
　　　＝用於計算甲稀釋每股盈餘及合併稀釋每股盈餘之分子起算數

甲公司稀釋每股盈餘及合併稀釋每股盈餘
　　＝($708,400＋$6,000)÷(100,000 股＋10,000 股)
　　＝$714,400÷110,000 股＝$6.4945

(九) **(合併每股盈餘，潛在普通股，收購日子帳列淨值低估，內部交易)**

甲公司 20x7 年淨利為$1,322,600，其內容(假設為稅後金額)如下：

甲公司未計入投資損益前之淨利		$1,050,000
甲公司投資乙公司股權所認列之投資收益：		
乙淨利由普通股股東分享的部分$420,000×80%	$336,000	
乙公司收購日帳列淨值低估數於 20x7 年之 　　　　分期調整數$25,000×80%	(20,000)	
甲於 20x7 年底出售辦公設備予乙之未實現利益	(21,000)	
乙於 20x7 年間出售土地予甲之未實現利益×80%	(22,400)	272,600
甲公司淨利		$1,322,600

其他資料：

(1)	甲公司已發行之證券如下，20x7 年間未曾異動：	
	(a)	發行並流通在外 1,000,000 股普通股。
	(b)	6%，累積，特別股股本$1,000,000，已積欠一年股息。

(2)	乙公司已發行之證券如下，20x7 年間未曾異動：	
	(a)	發行並流通在外 400,000 股普通股。
	(b)	認股權，持有人可按每股$10 認購乙公司 60,000 股普通股。 20x7 年甲公司及乙公司普通股每股平均市價皆為$15。
	(c)	5%，可轉換公司債，面額$1,000,000，可轉換乙公司 80,000 股普通股，其負債組成部分於發行時係溢價，該發行溢價於 20x7 年之攤銷金額為$2,000。假設利息費用適用之所得稅率為 30%。
	(d)	4.5%，累積，可轉換特別股股本$500,000，該特別股可轉換乙公司 30,000 股普通股，已積欠一年股息。
(3)	每股盈餘金額，請四捨五入計算至小數點後第四位； 其他金額，請四捨五入計算至整數位。	

試作：

(A) 甲公司及乙公司 20x7 年合併綜合損益表上應表達之每股盈餘資料。

(B) 假設乙公司之「認股權」、「5%，可轉換公司債」、「4.5%，累積，可轉換特別股」，皆可認購或轉換為甲公司普通股，其他資料不變，請重覆(A)之要求。

(C) 假設甲公司已發行之證券除題目中所述外，尚平價發行「3%，可轉換公司債，面額$800,000」，其負債組成部分於發行時等於面額，可轉換乙公司 100,000 股普通股。已知利息費用適用之所得稅率為 30%，且甲公司 20x7 年未計入投資損益前之淨利為$1,033,200，其他資料不變，請重覆(A)之要求。

解答：

甲公司：「6%，累積，特別股」每年股利＝$1,000,000×6%＝$60,000

乙公司：

潛在普通股	對每股盈餘的稀釋作用 (每增額股份盈餘)	順序
認股權	($10×60,000 股)÷$15＝40,000 股， 假設發出 60,000 股，買回 40,000 股，增加 20,000 股，故稀釋作用＝$0÷20,000 股＝$0	(1)
5%，可轉換公司債	[($1,000,000×5%－$2,000 溢價攤銷)×(1－30%)] ÷80,000 股＝稅後利息費用$33,600÷80,000 股 ＝$0.42	(2)
4.5%，累積， 可轉換特別股	($500,000×4.5%)÷30,000 股 ＝每年股利$22,500÷30,000 股＝$0.75	(3)

(A) 20x7 年乙公司淨利＝由普通股股東分享的乙淨利$420,000
　　　　　　　　　　＋由 4.5%累可轉特股東分享的乙淨利($500,000×4.5%)
　　　　　　　　　＝$420,000＋$22,500＝$442,500

乙公司基本每股盈餘 (只用於『替換計算』)
　　　＝[$442,500－收購日乙帳列淨值低估數於本年度之分期調整數$25,000
　　　　　－逆流($22,400÷80%)－4.5%累可轉特當年股利$22,500]÷400,000 股
　　　＝($442,500－$25,000－$28,000－$22,500)÷400,000 股
　　　＝$367,000÷400,000 股＝$0.9175

乙公司稀釋每股盈餘＝$423,100÷530,000 股＝$0.7983 (只用於『替換計算』)

| 分子 | $367,000　＋$0　　＋$33,600　＋$22,500 | ＝ | $423,100 |
| 分母 | 400,000　＋20,000　＋80,000　　＋30,000 | ＝ | 530,000 股 |

甲公司基本每股盈餘及合併基本每股盈餘
　　　＝($1,322,600－6%累特當年股利$60,000)÷1,000,000 股
　　　＝$1,262,600÷1,000,000 股＝**$1.2626**

甲公司稀釋每股盈餘及合併稀釋每股盈餘
＝[$1,262,600－($420,000－收購日乙帳列淨值低估數於本年度之分期調整數
　　　$25,000－逆流$28,000)×80%＋($0.7983×400,000 股×80%)]÷1,000,000 股
＝$1,224,456÷1,000,000 股＝**$1.2245**

(B) 甲公司基本每股盈餘及合併基本每股盈餘
　　　＝($1,322,600－6%累特當年股利$60,000)÷1,000,000 股
　　　＝$1,262,600÷1,000,000 股＝**$1.2626**

乙公司所發行並流通在外之「認股權」、「5%，可轉換公司債」、「4.5%，累積，可轉換特別股」，皆可認購或轉換為甲公司普通股，故將該三項潛在普通股『視為』甲公司的潛在普通股，為計算甲公司稀釋每股盈餘及合併稀釋每股盈餘之目的，重新計算下列項目：
(i)　乙淨利＝$420,000＋「5%，可轉換公司債」稅後利息費用$33,600
　　　　　　＋歸屬予「4.5%，累積，可轉換特別股」之淨利$22,500＝$476,100
(ii)　甲對乙之投資收益
　　　　＝[$476,100－$25,000－逆流($22,400÷80%)]×80%－順流$21,000
　　　　＝$338,480－順流$21,000＝$317,480

(iii) 甲淨利＝甲未計入投資損益前淨利$1,050,000－「5%，可轉換公司債」
稅後利息費用$33,600＋甲對乙之投資收益$317,480
＝$1,333,880

(iv) 用於計算甲公司稀釋每股盈餘及合併稀釋每股盈餘之分子起算數
＝$1,333,880－$60,000(6%累特)－$22,500(4.5%累可轉特)＝$1,251,380

甲公司稀釋每股盈餘及合併稀釋每股盈餘
＝$1,307,480÷1,130,000 股＝$1.1571

| 分子 | $1,251,380 ＋$0　　＋$33,600 ＋$22,500 | ＝ | $1,307,480 |
| 分母 | 1,000,000 ＋20,000 ＋80,000　　＋30,000 | ＝ | 1,130,000 股 |

(C) 甲公司基本每股盈餘及合併基本每股盈餘
＝($1,033,200＋投資收益$272,600－6%累特當年股利$60,000)÷1,000,000 股
＝($1,305,800－$60,000)÷1,000,000 股＝$1,245,800÷1,000,000 股＝$1.2458

甲公司之「3%，可轉換公司債，面額$800,000」可轉換乙公司 100,000 股普通股，故假設該可轉換公司債轉換為乙公司普通股，則甲公司省下稅後利息費用$16,800，$800,000×3%×(1－30%)＝$16,800，同時乙公司流通在外普通股增加100,000股，因此甲公司對乙公司之持股比例從80%降為64%，(400,000 股×80%)÷(400,000 股＋100,000 股)＝320,000 股÷500,000 股＝64%。

乙公司基本每股盈餘 (只用於『替換計算』)
＝[$442,500－收購日乙帳列淨值低估數於本年度之分期調整數$25,000
－逆流($22,400÷80%)－6%累特當年股利$22,500]÷500,000 股
＝($442,500－$25,000－$28,000－$22,500)÷500,000 股
＝$367,000÷500,000 股＝$0.734

乙公司稀釋每股盈餘＝$423,100÷630,000 股＝$0.6716 (只用於『替換計算』)

| 分子 | $367,000 ＋$0　　＋$33,600 ＋$22,500 | ＝ | $423,100 |
| 分母 | 500,000 ＋20,000 ＋80,000　　＋30,000 | ＝ | 630,000 股 |

甲對乙之投資收益 (為計算甲稀釋 EPS 及合併稀釋 EPS 之目的)
＝[$420,000－$25,000－逆流($22,400÷80%)]×64%－順流$21,000
＝$234,880－順流$21,000＝$213,880

甲淨利 (為計算甲稀釋 EPS 及合併稀釋 EPS 之目的)
＝甲未計入投資損益前淨利$1,033,200＋省下稅後利息費用$16,800
　　＋投資收益$213,880＝$1,263,880

甲公司稀釋每股盈餘及合併稀釋每股盈餘 (納入『替換計算』)
＝[$1,263,880－$60,000(6%累特)－$234,880＋($0.6716×500,000 股×64%)]
　÷1,000,000 股＝$1,183,912÷1,000,000 股＝$1.1839

(十) (合併每股盈餘，潛在普通股，收購日子帳列淨值低估，內部交易)

甲公司 20x6 年淨利為$480,000，其內容如下：

甲公司未計入投資損益前之淨利		$310,000
甲公司投資乙公司股權所認列之投資收益：		
乙淨利由普通股股東分享的部分×80%	$200,000	
乙未入帳專利權(收購日乙公司帳列淨值低估之原因)於 20x6 年之攤銷數×80%	(4,000)	
甲於 20x6 年底出售機器設備予乙之未實現利益	(10,000)	
乙於 20x6 年間出售土地予甲之未實現利益×80%	(16,000)	170,000
甲公司淨利		$480,000

其他資料：

(1)	甲公司已發行之證券如下，20x6 年間未曾異動：	
	(a)	發行並流通在外 100,000 股普通股。
	(b)	10%，面額$100，累積特別股，2,000 股流通在外。
	(c)	$12，面額$100，非累積特別股，1,000 股流通在外。
(2)	甲公司於 20x5 及 20x6 年皆未宣告發放股利。	
(3)	20x6 年，甲公司持有乙公司 40,000 股普通股且未曾異動。	
(4)	除發行普通股外，乙公司尚發行下列證券，20x6 年間未曾異動：	
	(a)	5%，面額$100，累積、可轉換特別股，10,000 股流通在外。該特別股可轉換乙公司 20,000 股普通股。
	(b)	認股權，允許持有人以每股$15 認購乙公司 10,000 股普通股。20x6 年乙公司普通股每股平均市價為$20。
(5)	每股盈餘金額，請四捨五入計算至小數點後第四位；其他金額，請四捨五入計算至整數位。	

試作：(1) 乙公司 20x6 年淨利。
(2) 用於『替換計算』之乙公司稀釋每股盈餘。
(3) 甲公司及乙公司 20x6 年合併綜合損益表上應表達之每股盈餘資料。
(4) 若乙公司之「認股權」與「5%，面額$100，累積，可轉換特別股」可認購甲公司 10,000 股普通股及轉換甲公司 20,000 股普通股，20x6 年甲公司普通股每股平均市價為$20，其他資料不變，請重覆(3)之要求。
(5) 若乙公司之「認股權」可認購乙公司 10,000 股普通股，而乙公司之「5%，面額$100，累積，可轉換特別股」可轉換甲公司 20,000 股普通股，其他資料不變，請重覆(3)之要求。
(6) 若乙公司之「認股權」可認購甲公司 10,000 股普通股，20x6 年甲公司普通股每股平均市價為$20，而乙公司之「5%，面額$100，累積，可轉換特別股」可轉換乙公司 20,000 股普通股，其他資料不變，請重覆(3)之要求。

解答：

(1) 20x6 年，乙公司流通在外普通股股數＝40,000 股÷80%＝50,000 股
20x6 年，乙公司淨利由普通股股東分享的部分＝$200,000÷80%＝$250,000
20x6 年，乙公司淨利由「5%，累積，可轉換特別股」股東分享的部分
　　　　　＝5%×$100×10,000 股＝$50,000
20x6 年，乙公司淨利＝$250,000＋$50,000＝$300,000

(2) 乙公司基本每股盈餘 (只用於『替換計算』)
　　　＝[$300,000－專利權攤銷數($4,000÷80%)－逆流($16,000÷80%)
　　　　　－5%累可轉特當年股利(5%×$100×10,000)]÷50,000 股
　　　＝($300,000－$5,000－$20,000－$50,000)÷50,000 股
　　　＝$225,000÷50,000 股＝$4.5

認股權：(10,000 股×$15)÷$20＝7,500 股
　　　發出 10,000 股－買回 7,500 股＝流通在外普通股增加 2,500 股
　　　每增額股份盈餘＝$0÷2,500 股＝$0

「5%，累積，可轉換特別股」：每增額股份盈餘＝$50,000÷20,000 股＝$2.5

乙公司稀釋每股盈餘＝$275,000÷72,500 股＝$3.7931　（只用於『替換計算』）

分子	$225,000 ＋ $0 ＋ $50,000	＝	$275,000
分母	50,000 ＋ 2,500 ＋ 20,000	＝	72,500 股

(3) 甲公司基本每股盈餘及合併基本每股盈餘
　　　＝[$480,000－10%累特(10%×$100×2,000 股)]÷100,000 股
　　　＝($480,000－$20,000)÷100,000 股＝$460,000÷100,000 股＝$4.6

　　甲公司稀釋每股盈餘及合併稀釋每股盈餘
　　　＝[$460,000－($200,000－專攤$4,000－逆流$16,000)
　　　　＋($3.7931×40,000 股)]÷100,000 股＝$431,724÷100,000 股＝$4.3172

(4) 甲公司基本每股盈餘及合併基本每股盈餘
　　　＝[$480,000－10%累特(10%×$100×2,000 股)]÷100,000 股
　　　＝($480,000－$20,000)÷100,000 股＝$460,000÷100,000 股＝$4.6

　　乙公司之「認股權」及「5%，累積，可轉換特別股」可認購或轉換甲公司普通股，故將該二項潛在普通股『視為』甲公司的潛在普通股，為計算甲公司稀釋每股盈餘及合併稀釋每股盈餘之目的，重新計算下列項目：
　　(i) 甲對乙之投資收益
　　　　＝[乙淨利$300,000－專攤($4,000÷80%)－逆流($16,000÷80%)]×80%
　　　　　　－順流$10,000＝$210,000
　　(ii) 甲淨利＝甲未計入投資損益前淨利$310,000＋投資收益$210,000
　　　　　＝$520,000
　　(iii) 用於計算甲公司稀釋每股盈餘及合併稀釋每股盈餘之分子起算數
　　　　＝$520,000－$20,000(10%累特)－$50,000(5%累可轉特)＝$450,000

　　甲公司稀釋每股盈餘及合併稀釋每股盈餘＝$500,000÷122,500 股＝$4.0816

分子	$450,000 ＋ $0 ＋ $50,000	＝	$500,000
分母	100,000 ＋ 2,500 ＋ 20,000	＝	122,500 股

(5) 乙公司基本每股盈餘（只用於『替換計算』）
　　　＝[$300,000－專攤($4,000÷80%)－逆流($16,000÷80%)]÷50,000 股
　　　＝[$300,000－$5,000－$20,000]÷50,000 股＝$275,000÷50,000 股＝$5.5

乙公司稀釋每股盈餘＝$275,000÷52,500 股＝$5.2381　（只用於『替換計算』）

分子	$275,000 ＋ $0	＝	$275,000
分母	50,000 ＋ 2,500	＝	52,500 股

甲公司基本每股盈餘及合併基本每股盈餘
　　　＝[$480,000－10%累特(10%×$100×2,000 股)]÷100,000 股
　　　＝($480,000－$20,000)÷100,000 股＝$460,000÷100,000 股＝$4.6

乙公司之「5%，累積，可轉換特別股」可轉換甲公司普通股，故將之『視為』甲公司的潛在普通股，為計算甲公司稀釋每股盈餘及合併稀釋每股盈餘之目的，重新計算下列項目：
(i)　甲對乙之投資收益＝[乙淨利$300,000－專攤($4,000÷80%)－逆流
　　　　　　　　　　　　　($16,000÷80%)]×80%－順流$10,000＝$210,000
(ii)　甲淨利＝甲未計入投資損益前淨利$310,000＋投資收益$210,000
　　　　　　＝$520,000
(iii)　用於計算甲公司稀釋每股盈餘及合併稀釋每股盈餘之分子起算數
　　　＝$520,000－$20,000(10%累特)－$50,000(5%累可轉特)＝$450,000

甲公司稀釋每股盈餘及合併稀釋每股盈餘
　　　＝[$450,000－($300,000×80%－專攤$4,000－逆流$16,000)
　　　　　　　　　＋($5.2381×40,000 股)＋5%累可轉特當年股利$50,000]
　　　÷(100,000＋20,000)股＝$489,524÷120,000 股＝$4.0794

(6) 乙公司基本每股盈餘（只用於『替換計算』）
　　　＝[$300,000－專攤($4,000÷80%)－逆流($16,000÷80%)
　　　　　　－5%累可轉特當年股利(5%×$100×10,000)]÷50,000 股
　　　＝[$300,000－$5,000－$20,000－$50,000]÷50,000 股
　　　＝$225,000÷50,000 股＝$4.5

乙公司稀釋每股盈餘＝$275,000÷70,000 股＝$3.9286　（只用於『替換計算』）

分子	$225,000 ＋ $50,000	＝	$275,000
分母	50,000 ＋ 20,000	＝	70,000 股

甲公司基本每股盈餘及合併基本每股盈餘
=[$480,000－10%累特(10%×$100×2,000 股)]÷100,000 股
=($480,000－$20,000)÷100,000 股＝$460,000÷100,000 股＝$4.6

甲公司稀釋每股盈餘及合併稀釋每股盈餘
=[$460,000－($200,000－專攤$4,000－逆流$16,000)
　　＋($3.9286×40,000 股)＋$0]÷(100,000＋2,500)股
=$437,144÷102,500 股＝$4.2648

(十一) (合併每股盈餘，母持有子的潛在普通股)

甲公司 20x6 年淨利為$1,662,060，其內容如下：

甲公司未計入投資損益前之淨利		$1,200,000
甲公司投資乙公司股權所認列之投資收益：		
乙公司淨利由普通股股東分享的部分 ($509,400×90%)	$458,460	
乙公司淨利由「特別股股東－甲公司」分享的部分 ($1.5×2,400 股)	3,600	462,060
甲公司淨利		$1,662,060

其他資料：

(1)	甲公司已發行 1,000,000 股普通股流通在外，20x6 年間未曾異動。		
(2)	20x6 年，甲公司持有乙公司所發行之下列證券且未曾異動：		
	(a)	普通股：90,000 股	(b) 認股權：可認購 2,000 股普通股
	(c)	$1.5，累積，可轉換特別股：2,400 股	
(3)	乙公司已發行之證券如下，20x6 年間未曾異動：		
	(a)	發行並流通在外 100,000 股普通股。	
	(b)	認股權，允許持有人以每股$10 認購乙公司 20,000 股普通股。20x6 年乙公司普通股每股平均市價為$20。	
	(c)	$1.5，累積，可轉換特別股，6,000 股流通在外。該特別股可轉換乙公司 12,000 股普通股。	
(4)	每股盈餘金額，請四捨五入計算至小數點後第四位；其他金額，請四捨五入計算至整數位。		

試作：(1) 乙公司 20x6 年淨利。
　　　(2) 用於『替換計算』之乙公司稀釋每股盈餘。

(3) 甲公司及乙公司 20x6 年合併綜合損益表上應表達之每股盈餘資料。
(4) 若乙公司之「認股權」與「$1.5，累積，可轉換特別股」，可認購甲公司 20,000 股普通股及轉換甲公司 12,000 股普通股，20x6 年甲公司普通股每股平均市價為$20，其他資料不變，請重覆(3)之要求。

解答：

(1) 20x6 年，由「$1.5 累可轉特」股東分享的乙淨利＝$1.5×6,000 股＝$9,000
　　20x6 年，乙公司淨利＝$509,400＋$9,000＝$518,400

(2) 乙公司基本每股盈餘＝($518,400－$9,000)÷100,000 股
　　　　　　　　　　　＝$509,400÷100,000 股＝$5.094

認股權：(20,000 股×$10)÷$20＝10,000 股
　　　　發出 20,000 股－買回 10,000 股＝流通在外普通股增加 10,000 股
　　　　每增額股份盈餘＝$0÷10,000 股＝$0
甲持有乙可認購 2,000 股普通股之認股權，占乙認股權的 1/10，若假設認購，則占所增加 10,000 股普通股的 1/10，即 1,000 股。

「$1.5 累可轉特」：6,000 股，若假設轉換，則增加 12,000 股普通股流通在外。
　　　　　　　每增額股份盈餘＝$9,000÷12,000 股＝$0.75
甲持有乙 2,400 股「$1.5 累可轉特」，占乙「$1.5 累可轉特」40%，2,400 股÷6,000 股＝40%，若假設轉換，則占所增加 12,000 股普通股的 40%，即 4,800 股。

乙公司稀釋每股盈餘＝$518,400÷122,000 股＝$4.2492

| 分子 | $509,400 ＋$0　　　＋$9,000 | ＝ | $518,400 |
| 分母 | 100,000 ＋10,000 ＋12,000 | ＝ | 122,000 股 |

(3) 甲公司基本每股盈餘及合併基本每股盈餘＝$1,662,060÷1,000,000 股
　　　　　　　　　　　　　　　　　　　　＝$1.6621
甲公司稀釋每股盈餘及合併稀釋每股盈餘（納入『替換計算』）
　　＝{$1,662,060－($458,460＋$3,600)＋[$4.2492×(100,000 股×90%
　　　　＋1,000 股＋4,800 股)]}÷1,000,000 股
　　＝$1,607,073÷1,000,000 股＝$1.6071

(4) 甲公司基本每股盈餘及合併基本每股盈餘＝$1,662,060÷1,000,000 股
　　　　　　　　　　　　　　　　　　　　＝$1.6621

乙公司之「認股權」及「$1.5，累積，可轉換特別股」可認購或轉換甲公司普通股，故將該二項潛在普通股『視為』甲公司的潛在普通股，為計算甲公司稀釋每股盈餘及合併稀釋每股盈餘之目的，重新計算下列項目：
(i) 甲對乙之投資收益＝乙淨利$518,400×90%＝$466,560
(ii) 甲淨利＝甲未計入投資損益前淨利$1,200,000＋投資收益$466,560
　　　　　＝$1,666,560
(iii) 用於計算甲公司稀釋每股盈餘及合併稀釋每股盈餘之分子起算數
　　＝$1,666,560－($1.5 累可轉特) [$9,000×(1－40%)]
　　＝$1,666,560－$5,400＝$1,661,160

甲公司稀釋每股盈餘及合併稀釋每股盈餘＝$1,666,560÷1,016,200 股＝$1.64

分子	$1,661,160	＋$0	＋$5,400	＝	$1,666,560
分母	1,000,000	＋10,000	＋12,000		
		－1,000	－4,800	＝	1,016,200 股

(十二) (合併每股盈餘，母持有子的潛在普通股，內部交易)

　　甲公司於 20x5 年 12 月 31 日以$1,600,000 取得乙公司 80%股權，並對乙公司存在控制。當日乙公司權益為$1,880,000，其帳列資產及負債之帳面金額皆等於公允價值，除有一項未入帳專利權，估計尚有 6 年耐用年限外，無其他未入帳資產或負債。非控制權益係以收購日公允價值$400,000 衡量。甲公司及乙公司 20x7 年之損益資料如下：

	甲公司	乙公司
銷貨收入	$1,000,000	$800,000
銷貨成本及營業費用	(700,000)	(580,000)
利息費用	－	(50,000)
利息收入	?	－
處分不動產、廠房及設備利益	－	30,000
採用權益法認列之子公司、關聯企業及合資利益之份額	?	－
淨　利	?	$200,000
普通股加權平均流通在外股數	100,000 股	50,000 股

其他資料：

(1)	20x7年，乙公司曾銷貨予甲公司，截至期末仍有未實現利益$10,000。		
(2)	除發行普通股外，甲公司尚發行下列證券，20x7年間未曾異動：		
	(a)	3%，面額$100，累積，可轉換特別股，5,000股流通在外，該特別股可轉換甲公司12,000股普通股。	
(3)	除發行普通股外，乙公司尚發行下列證券，20x7年間未曾異動：		
	(a)	認股權，允許持有人以每股$20認購乙公司10,000股普通股。20x7年乙公司普通股每股平均市價為$25。	
	(b)	可轉換公司債，可轉換為乙公司20,000股普通股。該公司債20x7年之稅後利息費用為$40,000。	
(4)	20x7年，甲公司持有乙公司所發行之下列證券，未曾異動：		
	(a) 普通股：40,000股， (b) 可轉換公司債：10%。		
	甲公司係於數年前以等於取得日乙公司可轉換公司債帳面金額之價格取得10%乙公司可轉換公司債。		
(5)	每股盈餘金額，請四捨五入計算至小數點後第四位；其他金額，請四捨五入計算至整數位。		

試作：(1) 按權益法，計算甲公司20x7年應認列之投資損益。
　　　(2) 甲公司及乙公司20x7年合併綜合損益表上應表達之每股盈餘資料。

解答：

(1) 20x5/12/31，乙公司總公允價值＝$1,600,000＋$400,000＝$2,000,000
　　　　　　未入帳專利權＝$2,000,000－$1,880,000＝$120,000
　　　　　　未入帳專利權之每年攤銷數＝$120,000÷6年＝$20,000

　　甲公司持有乙公司普通股40,000股÷50,000股＝80%
　　甲公司20x7年應認列之投資收益
　　　　＝(乙淨利$200,000－專攤$20,000－逆流$10,000)×80%＝$136,000

(2) 甲公司20x7年淨利＝$1,000,000－$700,000＋稅後利息收入($40,000×10%)
　　　　　　　　＋投資收益$136,000＝$440,000

　　乙公司基本每股盈餘 (只用於『替換計算』)
　　　　＝($200,000－專攤$20,000－逆流$10,000)÷50,000股
　　　　＝$170,000÷50,000股＝$3.4

認股權：(10,000 股×$20)÷$25＝8,000 股
　　　　發出 10,000 股－買回 8,000 股＝流通在外乙普通股增加 2,000 股
　　　　每增額股份盈餘＝$0÷2,000 股＝$0

「可轉債」：假設轉換，則增加稅後淨利$40,000 且增加 20,000 股乙普通股流
　　　　　通在外。每增額股份盈餘＝$40,000÷20,000 股＝$2

甲持有乙 10%的「可轉債」，若假設轉換，則占所增加 20,000 股乙普通股的 10%，即 2,000 股。

乙公司稀釋每股盈餘＝$210,000÷72,000 股＝$2.9167　（只用於『替換計算』）

分子	$170,000　＋$0　　　＋$40,000	＝	$210,000
分母	50,000　＋2,000　＋　20,000	＝	72,000 股

甲公司之「3%，累積，可轉換特別股」：
每增額股份盈餘＝($100×3%×5,000 股)÷12,000 股＝$15,000÷12,000 股＝$1.25

甲公司基本每股盈餘及合併基本每股盈餘
　　＝($440,000－「3%累可轉特」$15,000)÷100,000 股
　　＝$425,000÷100,000 股＝$4.25

甲公司稀釋每股盈餘及合併稀釋每股盈餘（納入『替換計算』）
　　＝{$425,000－(投資收益$136,000＋利息收入$4,000)＋[$2.9167×(40,000 股
　　　＋2,000 股)]＋「3%累可轉特」$15,000}÷(100,000 股＋12,000 股)
　　＝$422,501÷112,000 股＝$3.7723

(十三)　(110 會計師考題改編)　(合併每股盈餘，潛在普通股，內部交易)
　　　　(本題涉及合併所得稅，請先熟悉合併所得稅後再練習。)

　　甲公司於 20x1 年底依可辨認淨資產公允價值之比例份額取得乙公司 90%股權而對乙公司存在控制，當時乙公司各項可辨認資產及負債之帳面金額均等於公允價值。甲公司未發行潛在普通股，20x3 年全年流通在外普通股為 100,000 股。20x3 年底，乙公司權益包括普通股股本$600,000(每股面額$10)及保留盈餘$400,000。20x3 年乙公司有下列潛在普通股全年流通在外：

(1) 認股權：得以每股$10 認購乙公司普通股 100,000 股，乙公司普通股全年每股平均市價為$25。
(2) 可轉換公司債：面額$1,000，票面利率 5%，發行並流通在外 2,500 張，每張可轉換甲公司普通股 20 股，該可轉換公司債於 20x3 年相關之費損淨額(稅前)為$125,000。

甲公司與乙公司 20x3 年稅後個別淨利(不含投資收益或股利收入)分別為$500,000 與$180,000。甲公司於 20x3 年出售商品予乙公司，截至 20x3 年底乙公司仍未售出該商品，此交易的稅後未實現利潤為$2,000。甲、乙公司適用之所得稅率均為 20%。

試作：20x3 年合併基本每股盈餘及稀釋每股盈餘。
(每股盈餘，請四捨五入計算至小數點後第三位。)

參考答案：

<u>合併基本每股盈餘：</u>

(1) 乙公司認股權：(可認購乙公司普通股)
    (100,000×$10)÷$25＝40,000 股，100,000 股－40,000 股＝60,000 股
    每增額股份盈餘＝$0÷60,000 股＝$0

(2) 乙公司可轉換公司債：(可轉換為甲公司普通股)
    若轉換，可省下之稅前利息費用＝2,500 張×$1,000×5%＝$125,000
    每增額股份盈餘＝[$125,000×(1－20%)]÷(2,500 張×20 股)
                ＝$100,000÷50,000 股＝$2

(3) 20x3 年，甲公司按權益法認列之投資收益，原為：
    乙稅後個別淨利$180,000×90%－順流未實利(稅前)[$2,000÷(1－20%)]
    ＝$162,000－順流未實利(稅前)$2,500＝$159,500

(4) 20x3 年，甲公司之稅前淨利＝[$500,000÷(1－20%)]＋$159,500
                          ＝$625,000＋$159,500＝$784,500

(5) [請先參閱本章「合併所得稅」之釋例九]

20x3/12/31，甲公司認列所得稅負之分錄：

甲公司會計利潤＝[$500,000÷(1－20%)]＋$159,500＝$784,500
乙公司未分配利潤屬於甲公司的部分＝($180,000－股利$0)×90%＝$162,000
甲公司課稅所得＝$625,000＋順流交易之損益$0＝$625,000

	20x3	20x4	20x3 以後
會計利潤 (含投資收益)	$784,500		
減：乙公司未分配利潤　屬於甲公司的部分	(162,000)		$162,000
加：順流交易未實現利益	2,500	($2,500)	
課稅所得	$625,000	($2,500)	$162,000

20x3/12/31	本期所得稅費用	125,000		$625,000×20%＝$125,000
	遞延所得稅費用	32,400		$162,000×20%＝$32,400
	本期所得稅負債		125,000	$32,400(末)－$0(初)
	遞延所得稅負債		32,400	＝$32,400

在合併財務報表基礎下，順流內部交易的商品於 20x3/12/31 尚未外售，須透過沖銷分錄，將該項存貨之帳面金額(在乙帳上)調降$2,500，但就乙公司未來報稅上來看，該項存貨之課稅基礎仍為順流內部交易金額，因此產生可減除暫時性差異$2,500。若有足夠證據支持乙公司將於 20x3 年將該項存貨外售，使未實現利益$2,500 得以實現，則須適用乙公司所得稅率(20%)計算遞延所得稅資產。故在編製 20x3 年合併財務報表時，應認列遞延所得稅資產$500 及遞延所得稅利益$500，$2,500×20%＝$500，可列為合併工作底稿上之調整分錄，如下：

甲公司及乙公司 20x3 年合併工作底稿上之調整分錄：		
調整	遞延所得稅資產　　　500	
	遞延所得稅利益　　　　　500	

為符合權益法精神，須將甲公司淨利調增$500，故甲公司帳上增認$500 投資收益，補作之分錄如下：

20x3/12/31，甲公司適用權益法之原分錄：[上述(3)]		
20x3/12/31	採用權益法之投資	159,500
	採用權益法認列之子公司、關聯企業	
	及合資利益之份額	159,500

(承上頁)

補作之分錄：		
20x3/12/31	採用權益法之投資 500	
	採用權益法認列之子公司、關聯企業	
	及合資利益之份額 500	
	未實現利益**$2,500×乙公司所得稅率 20%＝$500**	

(6) 20x3 年，甲公司之稅後淨利
　　＝[個別稅前淨利$625,000＋投資收益($159,500＋$500)]
　　　－(本期所得稅費用$125,000＋遞延所得稅費用$32,400)＝$627,600

(7) 甲公司基本每股盈餘及合併基本每股盈餘＝$627,600÷100,000 股＝$6.276

<u>合併稀釋每股盈餘：</u>

(8) 將乙的可轉債『視為』甲的可轉債，故重新計算乙稅後淨利為$280,000。
　　$180,000＋省下之稅後利息費用[$125,000×(1－20%)]＝$280,000。

(9) 乙公司稀釋每股盈餘(只用於『替換計算』)＝$280,000÷120,000 股＝$2.333

分子	$280,000	＋ 0	＝	$280,000
分母	($600,000÷面額$10)	＋ 60,000	＝	120,000 股

(10) 將乙的可轉債『視為』甲的可轉債，<u>為計算甲稀釋 EPS 及合併稀釋 EPS 之目的</u>，故重新計算甲稅後淨利為$599,600，請詳下述(11)～(14)。

(11) 20x3 年，甲公司按權益法認列之投資收益
　　＝乙稅後個別淨利$280,000×90%－順流未實利(稅前)[$2,000÷(1－20%)]
　　＝$252,000－順流未實利(稅前)$2,500＝$249,500

(12) 20x3 年，甲公司之稅前淨利
　　＝[$500,000÷(1－20%)－稅前利息費用$125,000]＋$249,500
　　＝$625,000－$125,000＋$249,500＝$749,500

(13) 20x3/12/31，甲公司認列所得稅負之分錄：

乙未分配利潤屬於甲的部分＝($280,000－股利$0)×90%＝$252,000
甲公司課稅所得＝$625,000－稅前利息費用$125,000＋順流交易之損益$0
　　　　　　　＝$500,000

	20x3	20x4	20x3 以後
會計利潤 (含投資收益)	$749,500		
減：乙公司未分配利潤 　　屬於甲公司的部分	(252,000)		$252,000
加：順流交易未實現利益	2,500	($2,500)	
課稅所得	$500,000	($2,500)	$252,000

20x3/12/31	本期所得稅費用	100,000		$500,000×20%＝$100,000
	遞延所得稅費用	50,400		$252,000×20%＝$50,400
	本期所得稅負債		100,000	$50,400(末)－$0(初)
	遞延所得稅負債		50,400	＝$50,400

另應認列遞延所得稅資產$500 及遞延所得稅利益$500，$2,500×20%＝$500，可列為合併工作底稿上之調整分錄，如下：

甲公司及乙公司 20x3 年合併工作底稿上之調整分錄：
調整	遞延所得稅資產　　500 　　遞延所得稅利益　　　　500

為符合權益法精神，須將甲公司淨利調增$500，故甲公司帳上增認$500 投資收益，補作之分錄如下：

20x3/12/31，甲公司適用權益法之原分錄：[上述(11)]
20x3/12/31	採用權益法之投資　　　　　　　　　249,500 　　採用權益法認列之子公司、關聯企業 　　　　及合資利益之份額　　　　　　　　249,500
補作之分錄：
20x3/12/31	採用權益法之投資　　　　　　　　　　500 　　採用權益法認列之子公司、關聯企業 　　　　及合資利益之份額　　　　　　　　　500
未實現利益$2,500×乙公司所得稅率 20%＝$500

(14) 20x3 年，甲公司之稅後淨利
 =[個別稅前淨利$625,000－稅前利息費用$125,000＋投資收益($249,500
  ＋$500)]－(本期所得稅費用$100,000＋遞延所得稅費用$50,400)
 =$599,600

(15) 甲公司稀釋每股盈餘及合併稀釋每股盈餘 (納入『替換計算』)
 ＝$573,582÷150,000 股＝$3.824

分子	$599,600－($280,000×90%)　　　　　＋$100,000 ＋[$2.333×60,000 股×90%]	＝	$573,582
分母	100,000　　　　　　　　　　＋　50,000	＝	150,000 股

(十四) **(107 會計師考題改編)**
　　　　(合併每股盈餘，母與子同時持有對方的潛在普通股，內部交易)

　　甲公司於 20x5 年 1 月 1 日購入乙公司流通在外 12,000 股普通股中的 10,800 股而對乙公司存在控制，並採權益法處理該項股權投資。當日乙公司帳列資產及負債之帳面金額皆等於公允價值，除有一項公允價值$15,000 之未入帳專利權，估計尚有 5 年耐用年限外，無其他未入帳資產或負債。非控制權益係以對乙公司可辨認淨資產已認列金額所享有之比例份額衡量。本題暫不考慮所得稅。20x6 年底甲、乙兩家公司之資料如下：

	甲公司	乙公司
未計入投資收益或股利收入前之淨利	$80,000	$70,000
普通股加權平均流通在外股數	25,000	12,000
可認購乙公司股份之認股權數(外部投資人持有)	－	2,000
可認購甲公司股份之認股權數(乙公司持有)	1,000	－
可認購甲公司股份之認股權數(外部投資人持有)	2,000	－
面額$100，5%，累積，可轉換之特別股股數	－	1,000
面額$10，10%，累積，不可轉換之特別股股數	5,000	－

　　乙公司於 20x6 年將成本$16,000 之商品存貨以$20,000 售予甲公司，該批商品至 20x6 年底仍有半數尚未售予合併個體以外單位。其他資料如下：
(1)「可認購乙公司股份之認股權」，係於 20x6 年 7 月 1 日發行，每一認股權可依$9 認購 1 股乙公司普通股。乙公司普通股於 20x6 年 7 月 1 日至 12 月 31 日間每股平均市價為$12。

(2)「可認購甲公司股份之認股權」，係於 20x5 年 1 月 1 日發行，每一認股權可依$12 認購 1 股甲公司普通股。甲公司普通股 20x6 年每股平均市價$18。

(3) 每股「可轉換特別股」可轉換 5 股乙公司普通股，甲公司持有 60%乙公司「可轉換特別股」。

試作：(A) 乙公司 20x6 年綜合損益表上應表達之每股盈餘資料。

(B) 甲公司及乙公司 20x6 年合併綜合損益表上應表達之每股盈餘資料。

(每股盈餘，請四捨五入計算至小數點後第三位)

參考答案：

(1) 甲公司持有 10,800 股乙公司普通股÷12,000 股＝90%

乙公司未入帳專利權之每年攤銷數＝$15,000÷5 年＝$3,000

(2) 20x6 年間，逆流銷貨之未實現利益＝($20,000－$16,000)×1/2＝$2,000

(3) 乙公司 20x6 年淨利$70,000：

(a) 歸特別股股東分享之數＝1,000 股×$100×5%＝$5,000

(b) 歸普通股股東分享之數＝$70,000－$5,000＝$65,000

(4) 20x6 年，甲公司按權益法應認列之投資收益共計$57,000，如下：

(a)乙特別股 60%：(1,000 股×$100×5%)×60%＝$3,000

(b)乙普通股 90%：($65,000－專攤$3,000－逆流未實利$2,000)×90%＝$54,000

(5) 20x6 年，甲公司權益法下之淨利＝$80,000＋$57,000＝$137,000

(6) 乙認股權：(2,000×$9)÷$12＝1,500 股，2,000 股－1,500 股＝500 股

500 股×(6/12)＝250 股，每增額股份盈餘＝$0÷250 股＝$0

(7) 甲認股權：

(3,000×$12)÷$18＝2,000 股，發出 3,000 股－買回 2,000 股＝增加 1,000 股，但因乙持有 1/3，以合併個體觀點，甲所增加流通在外 1,000 股普通股中的 1/3 (即 333 股) 應視為合併個體之庫藏股，因此甲所增加流通在外 667 股普通股，1,000 股－333 股＝667 股。 ∴ 每增額股份盈餘＝$0÷667 股＝$0

(8) 乙可轉換特別股：

每增額股份盈餘＝(1,000 股×$100×5%)÷(1,000 股×5 股)＝$5,000÷5,000 股＝$1

(9) 乙公司綜合損益表上基本每股盈餘 [(A)小題答案]

＝($70,000－累可轉特$5,000)÷12,000 股＝$65,000÷12,000 股＝$5.417

乙公司綜合損益表上稀釋每股盈餘＝$70,000÷17,250 股＝$4.058

分子	$65,000 ＋$0 ＋ $5,000	＝	$70,000
分母	12,000 ＋250 ＋ 5,000	＝	17,250 股

(10) 乙公司基本每股盈餘（只用於『替換計算』）
　　＝($70,000－專攤$3,000－逆流未實利$2,000－累可轉特$5,000)÷12,000 股
　　＝$60,000÷12,000 股＝$5

　　乙公司稀釋每股盈餘＝$65,000÷17,250 股＝$3.768

分子	$60,000 ＋$0 ＋ $5,000	＝	$65,000
分母	12,000 ＋250 ＋ 5,000	＝	17,250 股

(11) 甲公司基本每股盈餘及合併基本每股盈餘 [(B)小題答案]
　　　＝(甲淨利$137,000－累特 5,000 股×$10×10%)÷25,000 股
　　　＝$132,000÷25,000 股＝$5.280

　　甲公司稀釋每股盈餘及合併稀釋每股盈餘（納入『替換計算』）
　　　＝$126,998÷25,667 股＝$4.948

分子	$132,000－($54,000＋$3,000) 　　　＋[$3.768×13,800 股(＃)] ＋ $0	＝	$126,998
分母	25,000　　　　　　　　　　　　＋ 667(＊)	＝	25,667 股
＊：詳上述(7)之說明。			
＃：10,800 股＋(累可轉特 1,000 股×60%×5 股普)＝13,800 股			

(十五)　(102 會計師考題改編)　(合併每股盈餘，潛在普通股，內部交易)

　　甲公司於20x6年 1月 1日以$600,000取得乙公司80%普通股股權，並對乙公司存在控制。當日乙公司權益包括可轉換特別股股本$200,000(每股面額$100，5%，累積非參加，每股可轉換5股乙公司普通股)、普通股股本$500,000(每股面額$10)以及保留盈餘$400,000；且乙公司帳列資產及負債之帳面金額皆等於公允價值，除有一項公允價值$50,000之未入帳專利權，估計尚有5年耐用年限外，無其他未入帳資產或負債。

甲公司未發行特別股，20x6年全年流通在外普通股為100,000股。甲公司與乙公司20x6年之個別淨利(不含投資收益或股利收入)分別為$500,000與$190,000。甲公司於20x6年曾將成本$14,000商品存貨以$20,000售予乙公司，截至20x6年底，乙公司尚未將該商品的三分之一售予合併個體以外單位。

試作：甲公司及乙公司20x6年合併綜合損益表上應表達之每股盈餘資料。

參考答案：

(1) 乙公司未入帳專利權之每年攤銷數＝$50,000÷5年＝$10,000

(2) 20x6年間，順流銷貨之未實現利益＝($20,000－$14,000)×1/3＝$2,000

(3) 乙公司20x6年淨利$190,000：
    (a) 歸特別股股東分享之數＝$200,000股×5%＝$10,000
    (b) 歸普通股股東分享之數＝$190,000－$10,000＝$180,000

(4) 甲公司20x6年按權益法應認列之投資收益
    ＝($180,000－專攤$10,000)×80%－順流未實利$2,000＝$134,000

(5) 20x6年，甲公司權益法下之淨利＝$500,000＋$134,000＝$634,000

(6) 乙公司基本每股盈餘（只用於『替換計算』）
    ＝($180,000－專攤$10,000)÷50,000股＝$170,000÷50,000股＝$3.4

    乙公司稀釋每股盈餘＝$180,000÷60,000股＝$3 (只用於『替換計算』)

分子	$170,000 ＋ $10,000	＝	$180,000
分母	50,000 ＋ ($200,000÷$100)×5股	＝	60,000股

(7) 甲公司基本每股盈餘及合併基本每股盈餘＝$634,000÷100,000股＝$6.34

    甲公司稀釋每股盈餘及合併稀釋每股盈餘 (納入『替換計算』)
    ＝$618,000÷100,000股＝$6.18

分子	$634,000－($180,000－專攤$10,000)×80% ＋($3×50,000股×80%)	＝	$618,000
分母	100,000	＝	100,000股

(十六)　(96會計師考題改編)　(合併每股盈餘，潛在普通股，內部交易)

　　甲公司於 20x7 年 1 月 1 日以$765,000 取得乙公司 90%普通股股權，並對乙公司存在控制。當日乙公司權益包括特別股股本$200,000(5%，面額$100，贖回價格$105)、普通股股本$300,000、資本公積$100,000 及保留盈餘$410,000；且乙公司帳列資產及負債之帳面金額皆等於公允價值，除有一項未入帳專利權，估計尚有 5 年耐用年限外，無其他未入帳資產或負債。非控制權益係以收購日公允價值衡量，已知「非控制權益－普通股」及「非控制權益－特別股」於收購日之公允價值分別為$85,000 及$210,000。

　　20x7 年，甲公司有 50,000 股普通股(面額$10)流通在外，全年未曾異動。而乙公司 20x7 年流通在外之證券資料如下：
(a) 普通股：30,000 股，面額$10。
(b) 特別股：5%，累積，面額$100，贖回價格$105，2,000 股。
(c) 可轉換特別股：6%，累積，面額$100，1,000 股，於 20x7 年 1 月 2 日發行，
　　　可轉換乙公司 10,000 股普通股，。
(d) 認股權：可按每股$24 認購乙公司普通股 20,000 股，係於 20x7 年間發行。

　　20x7 年間，乙公司出售一筆營業上使用之土地予甲公司，獲利$30,000；又甲公司曾銷貨予乙公司，截至 20x7 年底尚有未實現利益$20,000。乙公司普通股 20x7 年每股平均市價$40，甲公司與乙公司 20x7 年帳列淨利分別為$200,000 與$150,000。

試作：(1) 按權益法，甲公司 20x7 年應認列之投資損益。
　　　(2) 甲公司及乙公司 20x7 年合併綜合損益表上應表達之每股盈餘資料。

參考答案：

(1) 20x7/ 1/ 1：
　　乙公允價值＝($765,000＋$85,000)＋$210,000＝$1,060,000
　　乙權益之帳面金額＝$200,000＋$300,000＋$100,000＋$410,000＝$1,010,000
　　乙未入帳專利權＝$1,060,000－$1,010,000＝$50,000
　　乙未入帳專利權之每年攤銷數＝$50,000÷5 年＝$10,000

20x7 年，乙公司淨利$150,000：
(a) 屬特別股股東應分享之數＝「非控制權益淨利－特別股」
    ＝($100×5%×2,000 股)＋($100×6%×1,000 股)＝$16,000
(b) 屬普通股股東應分享之數＝$150,000－$16,000＝$134,000

甲公司應認列之投資收益
    ＝($134,000－專攤$10,000－逆流$30,000)×90%－順流$20,000＝$64,600
「非控制權益淨利－普通股」＝($134,000－$10,000－$30,000)×10%＝$9,400
「非控制權益淨利」＝「非控制權益淨利－特別股」$16,000
                    ＋「非控制權益淨利－普通股」$9,400＝$25,400

(2) 乙公司：

潛在普通股	對每股盈餘的稀釋作用 (每增額股份盈餘)	順序
認股權	($24×20,000 股)÷$40＝12,000 股， 假設發出 20,000 股，買回 12,000 股， 增加 8,000 股，$0÷8,000 股＝$0	(1)
6%，累積， 可轉換特別股	($100×6%×1,000 股)÷10,000 股 ＝$6,000÷10,000 股＝$0.6	(2)

乙公司基本每股盈餘 (只用於『替換計算』)
    ＝($134,000－專攤$10,000－逆流$30,000)÷30,000 股
    ＝$94,000÷30,000 股＝$3.1333

乙公司稀釋每股盈餘＝$100,000÷48,000 股＝$2.0833 (只用於『替換計算』)

分子	$94,000　＋$0　　＋$6,000	＝	$100,000
分母	30,000　＋8,000　＋10,000	＝	48,000 股

甲公司基本每股盈餘及合併基本每股盈餘＝$200,000÷50,000 股＝$4

甲公司稀釋每股盈餘及合併稀釋每股盈餘 (納入『替換計算』)
    ＝{$200,000－[($134,000－專攤$10,000－逆流$30,000)×90%]
        ＋($2.0833×30,000 股×90%)}÷50,000 股
    ＝$171,649÷50,000 股＝$3.4330

(十七) (92 高考二級改編)

　　乙公司 20x6 年淨利為$60,000，全年流通在外普通股為 10,000 股，並有流通在外認股證 2,000 單位，每單位以$10 認購 1 股普通股。乙公司另發行可轉換特別股 2,000 股，每股特別股於每年底發放現金股利$2。每 1 股特別股可轉換 2 股普通股。乙公司上述股票及認股證，於 20x6 年均未變動，且普通股每股平均市價為$20，期末每股市價為$25。

　　甲公司自 20x6 年初即持有乙公司下列證券：普通股 8,000 股、特別股 800 股及認股證 800 單位。甲公司 20x6 年淨利為$100,000 (包括依權益法認列之投資乙公司損益及特別股股利收入$1,600)。甲公司 20x6 年流通在外普通股為 20,000 股，並未發行特別股或其他潛在普通股。

試作：
(1) 乙公司 20x6 年基本每股盈餘及稀釋每股盈餘。(須列計算式)
(2) 甲公司 20x6 年基本每股盈餘及稀釋每股盈餘。(須列計算式)
(3) 計算每股盈餘時，員工分紅及董監酬勞應否自本期損益減除？(須說明理由)

參考答案：

乙公司 20x6 年淨利$60,000，由兩類股東分享：
(a) 特別股股東：其應分享之乙公司淨利＝股利＝$2×2,000 股＝$4,000
(b) 普通股股東：$60,000－$4,000＝$56,000
　　甲公司對乙公司之持股比例＝8,000 股÷10,000 股＝80%
　　甲公司 20x6 年度投資收益＝($2×800 股)＋($56,000×80%)＝$46,400

認股證 2,000 單位，採庫藏股票法，可買回股數＝($10×2,000)÷$20＝1,000 股
假設認購，則發出 2,000 股，買回 1,000 股，故流通在外普通股增加 1,000 股
每增額股份盈餘＝$0÷1,000 股＝$0

可轉換特別股 2,000 股，假設轉換，則省下股利$4,000，且流通在外普通股增加 4,000 股 (2,000 股×2 股)，每增額股份盈餘＝$4,000÷4,000 股＝$1

(1) 基本每股盈餘＝($60,000－$4,000)÷10,000 股＝$56,000÷10,000 股＝$5.6
　　稀釋每股盈餘＝[$56,000＋$0＋$4,000]÷(10,000 股＋1,000 股＋4,000 股)
　　　　　　　　＝$60,000÷15,000 股＝$4

補充：本題無逆流內部交易，亦無收購日乙公司帳列淨值高估或低估之情況，因此上述之乙公司基本每股盈餘$5.6及稀釋每股盈餘$4，既是乙公司綜合損益表上應表達之每股盈餘資訊，亦是用於『替換計算』之每股盈餘資訊。

(2) (i) 甲公司持有800單位認股證，占乙公司認股證2,000單位的40%，若假設認購，則占所增加1,000股普通股的40%，即400股。

(ii) 甲公司持有800股可轉換特別股，占乙公司可轉換特別股2,000股的40%，若假設轉換，則占所增加4,000股普通股的40%，即1,600股。

基本每股盈餘＝$100,000÷20,000股＝$5

稀釋每股盈餘（納入『替換計算』）
＝{$100,000－$46,400＋[$4×(8,000股＋(i)400股＋(ii)1,600股)]}÷20,000股
＝[$100,000－$46,400＋($4×10,000股)]÷20,000股
＝$93,600÷20,000股＝$4.68

(3) (a) 若員工分紅及董監酬勞是盈餘分配的一部份，則計算每股盈餘時，員工分紅及董監酬勞應自本期損益減除，因為「每股盈餘」係指歸屬於每一股普通股所能分享之當期淨利。

(b) 若員工分紅及董監酬勞是期間費用，則綜合損益表中求算本期損益前早已將員工分紅及董監酬勞減除，故計算每股盈餘時，無須再扣除一次，以免重覆。

(c) 依會計觀念，不考慮所屬轄區之法令規定，員工分紅應是期間費用，而董監酬勞應是盈餘分配的一部份，較為合理。

※ 合併個體所得稅之會計處理

(十八) (母、子公司個別申報營所稅－收購日暫時性差異、子公司未分配利潤)

　　甲公司於 20x6 年 1 月 1 日以$248,000 取得乙公司 80%股權，並對乙公司存在控制。當日乙公司權益包括普通股股本$150,000 及保留盈餘$70,000，且除帳列「不動產、廠房及設備」中有一項廠房 A 價值低估及一項倉庫 B 價值高估，另有一未入帳專利權外，其餘帳列資產及負債之帳面金額皆等於公允價值，亦無其他未入帳之可辨認資產或負債。非控制權益係以收購日公允價值衡量。

其他資料如下：

(1) 會計上及報稅上，廠房 A 及倉庫 B 之耐用年限皆為 10 年，無殘值，採直線法計提折舊。截至 20x5 年 12 月 31 日，廠房 A 及倉庫 B 之剩餘耐用年限分別為 5 年及 4 年。甲公司估計乙公司未入帳專利權之耐用年限為 3 年。

(2) 廠房 A、倉庫 B 及未入帳專利權將於未來透過使用在應稅之製造活動而回收其帳面金額，且適用之稅率為 17%。

(3) 相關金額如下：

	帳面金額	公允價值	課稅基礎	備註
廠房 A	$100,000	$120,000	$50,000	(＊)
倉庫 B	$80,000	$70,000	$80,000	(＊)
專利權	—	$36,000	—	
其他資產	$90,000	$90,000	$90,000	
負　債	$50,000	$50,000	$50,000	

　＊：假設乙公司當初取得廠房 A 及倉庫 B 所產生之暫時性差異，係屬原始認列之例外規定，故乙公司並未認列相關之遞延所得稅負債。

(4) 假設：(a)乙公司 20x6 年淨利為$40,000，於 20x6 年 12 月 31 日宣告並發放現金股利$20,000，(b)甲公司 20x6 年未加計投資損益前之稅前淨利為$100,000，適用之所得稅率為 20%，(c)稅法規定：收自國內公司組織之股利，於計算課稅所得(損失)時，可按所收股利之 40%作為可減除金額，(d)甲公司 20x6 年初帳上並未認列相關之遞延所得稅資產或遞延所得稅負債。

試作：(1) 按權益法，計算甲公司 20x6 年應認列之投資損益。
　　　(2) 計算 20x6 年合併綜合損益表上之非控制權益淨利。
　　　(3) 計算 20x6 年合併綜合損益表上之控制權益淨利。

(4) 計算 20x6 年 12 月 31 日合併財務狀況表上之遞延所得稅資產。
(5) 計算 20x6 年 12 月 31 日合併財務狀況表上之遞延所得稅負債。
(6) 甲公司及乙公司 20x6 年合併工作底稿之調整/沖銷分錄。

解答：20x6/ 1/ 1，非控制權益係以收購日公允價值衡量，惟題意中未提及該公允價值，故設算之。乙總公允價值＝$248,000÷80%＝$310,000

非控制權益＝$310,000×20%＝$62,000

乙公司帳列淨值低估之分析如下：

	帳面金額	公允價值 (a)	課稅基礎 (b)	暫時性差異 (a)－(b)	稅率	遞延所得稅負債(資產)
廠房 A	$100,000	$120,000	$ 50,000	$70,000	17%	$11,900
倉庫 B	80,000	70,000	80,000	(10,000)	17%	(1,700)
專利權	—	36,000	—	36,000	17%	6,120
其他資產	90,000	90,000	90,000	—		—
負　債	(50,000)	(50,000)	(50,000)	—		—
可辨認淨值	$220,000	$266,000	$170,000	$96,000		$16,320
減：收購所產生之遞延所得稅負債		(16,320)				
收購所取得可辨認淨值之公允價值(稅後)		$249,680				
收購日乙公司未入帳之商譽＝$310,000－$249,680＝$60,320

甲公司適用權益法時，乙公司部分資產於收購日帳列金額低(高)估數於未來年度之每年調整數：

	帳面金額 (c)	公允價值 (a)	低(高)估數 (a)－(c)			低(高)估數之每年調整數 原金額	所得稅
廠房 A	$100,000	$120,000	$20,000	÷	5 年	$4,000	
	遞延所得稅負債		($11,900)	÷	5 年		($2,380)
倉庫 B	80,000	70,000	(10,000)	÷	4 年	(2,500)	
	遞延所得稅資產		$1,700	÷	4 年		$425
專利權	—	36,000	$36,000	÷	3 年	12,000	
	遞延所得稅負債		($6,120)	÷	3 年		($2,040)
						$13,500	($3,995)

相關帳戶餘額異動如下：

	20x6/1/1	20x6	20x6/12/31
乙－權　益	$220,000	＋$40,000－$20,000	$240,000
權益法：			
甲－採用權益法之投資	$248,000	＋$24,396－$16,000	$256,396
合併財務報表：			
廠房A－淨額	$ 20,000	－$4,000	$ 16,000
遞延所得稅負債	(11,900)	－($2,380)	(9,520)
倉庫B－淨額	(10,000)	－(2,500)	(7,500)
遞延所得稅資產	1,700	－425	1,275
專利權	36,000	－12,000	24,000
遞延所得稅負債	(6,120)	－(2,040)	(4,080)
商　譽	60,320	－	60,320
	$90,000	－($13,500－$3,995)	$80,495
非控制權益	$62,000	＋$6,099－$4,000	$64,099

(1) 甲認列之投資收益＝[$40,000－($13,500－$3,995)]×80%＝$24,396

(2) 非控制權益淨利＝[$40,000－($13,500－$3,995)]×20%＝$6,099

(3) 甲公司稅前會計利潤＝$100,000＋$24,396＝$124,396

　　甲公司課稅所得＝$100,000＋$16,000(收自乙現金股利)
　　　　　　　　　－收自乙現金股利的40% ($6,400)＝$109,600

　　乙公司未分配利潤屬於甲公司的部分＝$24,396－$16,000＝$8,396

	20x6	20x6 以後	
會計利潤 (含投資收益)	$124,396		
減：乙公司未分配利潤 　　屬於甲公司的部分	(8,396)	$8,396	遞延所得稅負債 ＝$5,038×20%＝$1,008
減：所收股利$16,000×40%	(6,400)	(3,358)	$8,396×40%＝$3,358
課稅所得	$109,600	$5,038	$109,600×20%＝$21,920
20x6/12/31	本期所得稅費用　　　21,920 遞延所得稅費用　　　1,008 　　本期所得稅負債　　　21,920 　　遞延所得稅負債　　　1,008		

　　甲公司稅後淨利＝$124,396－($21,920＋$1,008)＝$101,468＝控制權益淨利

(4) 20x6 年 12 月 31 日合併財務狀況表上之遞延所得稅資產＝$1,275
(5) 20x6 年 12 月 31 日合併財務狀況表上之遞延所得稅負債
　　　＝甲$1,008＋$9,520(屬廠房 A)＋$4,080(屬專利權)
　　　或＝甲$1,008＋下述(6)之沖(c)$18,020－沖(g)$4,420＝$14,608

(6) 甲公司及乙公司 20x6 年合併工作底稿之沖銷分錄：

(a)	採用權益法認列之子公司、關聯企業及合資利益之份額	24,396		
	股　利		16,000	
	採用權益法之投資		8,396	
(b)	非控制權益淨利	6,099		
	股　利		4,000	
	非控制權益		2,099	
(c)	普通股股本	150,000		
	保留盈餘	70,000		
	廠房 A－淨額	20,000		
	專利權	36,000		
	商　譽	60,320		
	遞延所得稅資產	1,700		
	倉庫 B－淨額		10,000	
	遞延所得稅負債		18,020	$11,900＋$6,120
	採用權益法之投資		248,000	＝$18,020
	非控制權益		62,000	
(d)	折舊費用	4,000		
	廠房 A－淨額		4,000	
(e)	倉庫 B－淨額	2,500		
	折舊費用		2,500	
(f)	攤銷費用	12,000		
	專利權		12,000	
(g)	*遞延所得稅負債*	4,420		$2,380＋$2,040
	遞延所得稅資產		425	＝$4,420
	遞延所得稅費用		3,995	

(十九) (母、子公司個別申報營所稅－順流內部交易、子公司未分配利潤)

甲公司於 20x6 年 1 月 1 日以$371,000 取得乙公司 70%股權，並對乙公司存在控制。當日乙公司權益包括普通股股本$300,000 及保留盈餘$230,000，且其帳列資產及負債之帳面金額皆等於公允價值，亦無未入帳之資產或負債。非控制權益係以收購日公允價值$159,000 衡量。

20x6 年 7 月 1 日，甲公司出售一項辦公設備予乙公司，損失$10,500。乙公司估計該辦公設備可再使用 3 年半，無殘值，採直線法計提折舊。20x6 年甲公司及乙公司之損益及現金股利(皆於 20x6 年 12 月 31 日宣告並發放)資料如下：

	甲公司	乙公司
未計入投資損益前之稅前淨利	$100,000	$80,000
現金股利	$50,000	$40,000

其他資料：
(a) 甲公司及乙公司適用之所得稅率分別為 17%及 25%。
(b) 20x6 年初，甲公司及乙公司帳上皆無遞延所得稅資產及遞延所得稅負債。
(c) 稅法規定：「收自國內公司組織之股利，可在申報營所稅時，按所收股利之 60%當作減除項目。」
(d) 本題不符合 IAS 12 第 39 段之例外情況，請詳本章第 47 頁(17)。
(e) 甲公司在可預見未來並無處分乙公司股權之計畫。

試作：
(1) 乙公司認列 20x6 年所得稅負之分錄。
(2) 乙公司 20x6 年之稅後淨利。
(3) 甲公司 20x6 年 12 月 31 日認列投資損益及收到現金股利之分錄。
(4) 甲公司及乙公司 20x6 年合併綜合損益表上之非控制權益淨利。
(5) 甲公司認列 20x6 年所得稅負之分錄。
(6) 甲公司及乙公司 20x6 年合併綜合損益表上之下列金額：
    (a) 本期所得稅費用 (b) 遞延所得稅費用 (c) 遞延所得稅利益
(7) 甲公司及乙公司 20x6 年合併財務狀況表上之下列金額：
    (a) 本期所得稅負債 (b) 遞延所得稅資產 (c) 遞延所得稅負債
(8) 甲公司及乙公司 20x6 年合併工作底稿上之調整/沖銷分錄。

解答：

20x6/1/1：乙總公允價值＝$371,000＋$159,000＝$530,000
　　　　　　　＝乙權益之帳面金額＝$300,000＋$230,000

(1) 20x6/12/31，乙公司認列所得稅負之分錄：

20x6/12/31	本期所得稅費用　　　　　20,000
	本期所得稅負債　　　　　　20,000
	本期所得稅負債＝課稅所得$80,000×25%＝$20,000

(2) 20x6 年，乙公司稅後淨利＝$80,000－$20,000＝$60,000

(3) 20x6/12/31，甲公司適用權益法：

順流出售辦公設備未實現損失於未來之每年實現數＝$10,500÷3.5 年＝$3,000
投資收益＝$60,000×70%＋$10,500－($3,000×6/12)
＝$42,000＋順流未實損$10,500－順流已實損$1,500＝$51,000
收自乙公司現金股利＝$40,000×70%＝$28,000

20x6/12/31	採用權益法之投資　　　　　　　　　　　　51,000
	採用權益法認列之子公司、關聯企業
	及合資利益之份額　　　　　51,000
20x6/12/31	現　　金　　　　　　　　　　　　　　　　28,000
	採用權益法之投資　　　　　　　　　　　28,000
20x6/12/31	採用權益法認列之子公司、關聯企業
	及合資利益之份額　　　　2,250
	採用權益法之投資　　　　　　　　　　　2,250
	請詳下述(5)之說明。

(4) 20x6 年，非控制權益淨利＝$60,000×30%＝$18,000

(5) 20x6/12/31，甲公司認列所得稅負之分錄：

甲公司會計利潤＝$100,000＋$51,000＝$151,000
乙公司未分配利潤屬於甲公司的部分（＊）
＝$60,000×70%－已收股利$28,000＝$14,000
甲公司課稅所得＝稅前營業利益$100,000＋收自乙之現金股利$28,000
－收自乙之現金股利60%作為減除項目$16,800＝$111,200

	20x6	20x7	20x8	20x9	20x6 以後
會計利潤 (含投資收益)	$151,000				
減：乙淨利歸屬甲之數 ($60,000×70%)	(42,000)				(上頁＊) $14,000
加：收自乙之現金股利	28,000				
減：所收股利$28,000×60%	(16,800)				
減：未分配利潤$14,000×60%					(8,400)
減：內部交易未實現損失	(10,500)				
加：內部交易已實現損失	1,500	$3,000	$3,000	$3,000	
課稅所得	$111,200	$3,000	$3,000	$3,000	$ 5,600

本期所得稅負債：$111,200×17%＝$18,904，遞延所得稅負債：$5,600×17%＝$952

20x6/12/31	本期所得稅費用　　　　18,904 遞延所得稅費用　　　　　952 　　本期所得稅負債　　　　　18,904 　　遞延所得稅負債　　　　　　952	末$952－初$0＝$952

　　甲公司(個別)申報營利事業所得稅時，其所計得之當期課稅所得$111,200 中包含內部順流出售辦公設備之未實現損失$9,000，並使甲公司本期所得稅負債及本期所得稅費用減少$1,530($9,000×17%)，係屬適當並符合準則規定。但以合併個體而言，該項內部順流出售辦公設備之未實現損失$9,000 將於未來(20x7、20x8、20x9 三年中)實現，係透過乙公司使用該辦公設備(致經濟效益消耗)而實現，並由乙公司於 20x7、20x8、20x9 年申報營所稅時，將該辦公設備之折舊費用列為可減除金額。

　　因此在合併財務報表基礎下，該辦公設備於 20x6/12/31 為乙公司營業使用中，須透過沖銷分錄(a)及(b)[詳下述]，將該辦公設備之帳面金額增加$9,000，回復為原在甲公司帳上截至 20x6/12/31 之帳面金額(甲 BV×3/3.5，「甲 BV」是內部交易發生時該辦公設備在甲公司帳上之帳面金額)。但就乙公司未來報稅上來看，該辦公設備之課稅基礎即是乙公司帳上截至 20x6/12/31 之帳面金額(甲 BV×3/3.5－9,000)，(甲 BV－10,500)×3/3.5＝甲 BV×3/3.5－9,000，較該辦公設備在合併財務報表上之帳面金額(甲 BV×3/3.5)少$9,000，因此產生應課稅暫時性差異$9,000，須適用乙公司所得稅率(25%)計算遞延所得稅負債。故在編製 20x6 年合併財務報表時，應認列遞延所得稅負債$2,250 及遞延所得稅費用$2,250，$9,000×25%＝$2,250，可列為合併工作底稿上之調整分錄，如下。

甲公司及乙公司 20x6 年合併工作底稿上之調整分錄/部分沖銷分錄：

調整分錄：			
調	遞延所得稅費用	2,250	
	遞延所得稅負債		2,250

部分沖銷分錄：			
(a)	辦公設備	10,500	
	處分不動產、廠房及設備損失		10,500
(b)	折舊費用	1,500	
	累計折舊－辦公設備		1,500
(c)	採用權益法認列之子公司、關聯企業及合資利益之份額	51,000	
	股　利		28,000
	採用權益法之投資		23,000
(d)	非控制權益淨利	18,000	
	股　利		12,000
	非控制權益		6,000
(e)	普通股股本	300,000	
	保留盈餘	230,000	
	採用權益法之投資		371,000
	非控制權益		159,000
(f)	暫不納入表A，請詳下述表A、表B及其相關說明。		
	採用權益法之投資	2,250	
	採用權益法認列之子公司、關聯企業及合資利益之份額		2,250

甲公司及乙公司20x6年之合併工作底稿 (表A)：

表A

	甲公司	70% 乙公司	調整／沖銷 借方	調整／沖銷 貸方	合併財務報表
綜合損益表：					
銷貨收入	$xxx,xxx	$xx,xxx			$xxx,xxx
銷貨成本	(xxx,xxx)	(xx,xxx)			(xxx,xxx)
營業費用	(xxx,xxx)	(xx,xxx)	(b) 1,500		(xxx,xxx)
處分不動產、廠房及設備損失	(10,500)	－		(a) 10,500	－
營業利益（＊）	$100,000	$80,000			$189,000

	甲公司	70%乙公司	調整/沖銷 借方	調整/沖銷 貸方	合併財務報表
綜合損益表：(續)					
採用權益法認列之子公司、關聯企業及合資利益之份額	51,000	—		(c) 51,000	—
稅前淨利	$151,000	$80,000			$189,000
本期所得稅費用	(18,904)	(20,000)			(38,904)
遞延所得稅費用	(952)	—	調 2,250		(3,202)
淨　利	$131,144	$60,000			
總合併淨利					$146,894
非控制權益淨利			(d) 18,000		(18,000)
控制權益淨利					$128,894
保留盈餘表：	(略)	(略)	(略)	(略)	(略)
財務狀況表：					
：	：	：			：
辦公設備(內部交易)	—	甲BV－10,500	(a) 10,500		甲BV
減：累計折舊－辦公設備	(—)	(甲BV×0.5/3.5 －1,500)		(b) 1,500	(甲BV×0.5/3.5)
採用權益法之投資	394,000	—		(c) 23,000 (e) 371,000	—
：	：	：			：
總　資　產	$xxx,xxx	$xxx,xxx			$xxx,xxx
：	：	：			：
本期所得稅負債	18,904	20,000			38,904
遞延所得稅負債	952	—		調 2,250	3,202
：	：	：			：
總負債及權益	$xxx,xxx	$xxx,xxx			
非控制權益－1/1				(e) 159,000	
非控制權益－當期增加數				(d) 6,000	
非控制權益－12/31					165,000
總負債及權益					$xxx,xxx

＊：合併綜合損益表上之營業利益$189,000
　　＝ 甲公司之營業利益$100,000＋乙公司之營業利益$80,000
　　　　＋沖(a)$10,500－沖(b)$1,500

按權益法精神,甲公司在權益法下之淨利應等於合併綜合損益表上控制權益淨利,表A顯示,目前甲公司之淨利為$131,144,而合併綜合損益表上控制權益淨利為$128,894,須將甲公司淨利$131,144 調降為$128,894,故應於甲公司帳上減認$2,250 之投資收益,補作之分錄如下:

20x6/12/31,甲公司適用權益法之原分錄:		
20x6/12/31	採用權益法之投資　　　　　　　　　　51,000	
	採用權益法認列之子公司、關聯企業	
	及合資利益之份額　　　　　　　　　　　51,000	
補作之分錄:		
20x6/12/31	採用權益法認列之子公司、關聯企業	
	及合資利益之份額　　　　　　2,250	
	採用權益法之投資　　　　　　　　　　　　 2,250	
未實現損失$9,000×乙公司所得稅率25%＝$2,250		

相關科目餘額及金額之異動如下:

	20x6/1/1	20x6	20x6/12/31
乙－權　益	$530,000	＋$60,000－$40,000	$550,000
權益法:			
甲－採用權益法之投資	$371,000	＋$51,000－$2,250－$28,000	$391,750
合併財務報表:			
非控制權益	$159,000	＋$18,000－$12,000	$165,000

驗　算: 20x6/12/31:
「採用權益法之投資」＝($550,000)×70%＋未實損($10,500－$1,500)－減認$2,250＝$391,750
「非控制權益」＝($550,000)×30%＝$165,000

因此甲公司及乙公司20x6年之合併工作底稿由表A修改為表B:

表B

	甲公司	70% 乙公司	調整／沖銷 借　方	調整／沖銷 貸　方	合　併 財務報表
綜合損益表:					
銷貨收入	$xxx,xxx	$xx,xxx			$xxx,xxx
銷貨成本	(xxx,xxx)	(xx,xxx)			(xxx,xxx)
營業費用	(xxx,xxx)	(xx,xxx)	(b)　1,500		(xxx,xxx)
處分不動產、廠房 　及設備損失	(10,500)	－		(a) 10,500	－

	甲公司	70% 乙公司	調整／沖銷		合　併 財務報表
			借　方	貸　方	
綜合損益表：(續)					
營業利益（＊）	$100,000	$80,000			$189,000
採用權益法認列之子公司、關聯企業及合資利益之份額	48,750	—	(c) 51,000	(f) 2,250	—
稅前淨利	$148,750	$80,000			$189,000
本期所得稅費用	(18,904)	(20,000)			(38,904)
遞延所得稅費用	(952)	—	調 2,250		(3,202)
淨　利	$128,894	$60,000			
總合併淨利					$146,894
非控制權益淨利			(d) 18,000		(18,000)
控制權益淨利					$128,894
財務狀況表：					
：	：	：			：
辦公設備(內部交易)	—	甲 BV－10,500	(a) 10,500		甲 BV
減：累計折舊 　－辦公設備	(　—　)	(甲 BV×0.5/3.5 －1,500)		(b) 1,500	(甲 BV×0.5/3.5)
採用權益法之投資	391,750	—	(f) 2,250	(c) 23,000 (e)371,000	—
：	：	：			：
總　資　產	$xxx,xxx	$xxx,xxx			$xxx,xxx
：	：	：			：
本期所得稅負債	18,904	20,000			38,904
遞延所得稅負債	952	—		調 2,250	3,202
：	：	：			
總負債及權益	$xxx,xxx	$xxx,xxx			
非控制權益－ 1/1				(e)159,000	
非控制權益 　－當期增加數				(d) 6,000	
非控制權益－12/31					165,000
總負債及權益					$xxx,xxx

(6) 20x6 年，甲公司及乙公司合併綜合損益表上之所得稅費用
　　　＝甲($18,904＋$952)＋乙$20,000＋調$2,250＝$42,106

(a) 本期所得稅費用＝甲$18,904＋乙$20,000＝$38,904
(b) 遞延所得稅費用＝甲$952＋調$2,250＝$3,202
(c) 遞延所得稅利益＝$0

(7) 20x6 年 12 月 31 日，甲公司及乙公司合併財務狀況表上之：
(a) 本期所得稅負債＝甲$18,904＋乙$20,000＝$38,904
(b) 遞延所得稅資產＝$0
(c) 遞延所得稅負債＝甲$952＋調$2,250＝$3,202

(8) 請詳上述(5)之說明。

(二十)　(母、子公司個別申報營所稅－順流內部交易、子公司未分配利潤)

　　甲公司於 20x5 年 1 月 1 日以$424,000 取得乙公司 80%股權，並對乙公司存在控制。當日乙公司權益包括普通股股本$300,000 及保留盈餘$200,000，且其帳列資產及負債之帳面金額皆等於公允價值，除有一項未入帳專利權$30,000(估計尚有 6 年耐用年限)外，無其他未入帳之可辨認資產或負債。按所屬轄區稅法規定：該項未入帳專利權之攤銷費用於決定課稅所得時並非可減除項目。非控制權益係以收購日公允價值$106,000 衡量。

　　20x4 年 12 月 31 日，甲公司帳列「遞延所得稅負債」餘額為$6,800，係因會計上採用之折舊方法與申報營所稅時所用之折舊方法不同所致，該項應課稅暫時性差異為$40,000，將在 20x5 年至 20x8 年(四年)內平均迴轉。

　　20x5 年 1 月 3 日，甲公司出售一項辦公設備予乙公司，獲利$24,000。乙公司估計該辦公設備可再使用 4 年，無殘值，採直線法計提折舊。20x5 年甲公司及乙公司之損益及現金股利(皆於 20x5 年 12 月 31 日宣告並發放)資料如下：

	甲公司	乙公司
銷貨收入	$700,000	$400,000
銷貨成本及費用	(524,000)	(280,000)
處分不動產、廠房及設備利益	24,000	—
稅前淨利(尚未加計投資損益)	$200,000	$120,000
現金股利	$90,000	$50,000

其他資料：
(a) 甲公司及乙公司適用之所得稅率分別為17%及25%。
(b) 20x5年初乙公司帳上無遞延所得稅資產或遞延所得稅負債。
(c) 本題不符合IAS 12第39段之例外情況，請詳本章第47頁(17)。
(d) 甲公司在可預見未來並無處分乙公司股權之計畫。

試作：
(1) 乙公司認列20x5年所得稅負之分錄。
(2) 乙公司20x5年之稅後淨利。
(3) 甲公司20x5年12月31日認列投資損益及收到現金股利之分錄。
(4) 甲公司及乙公司20x5年合併綜合損益表上之非控制權益淨利。
(5) 甲公司認列20x5年所得稅負之分錄。
(6) 甲公司及乙公司20x5年合併綜合損益表上之下列金額：
　　(a) 本期所得稅費用　(b) 遞延所得稅費用　(c) 遞延所得稅利益
(7) 甲公司及乙公司20x5年合併財務狀況表上之下列金額：
　　(a) 本期所得稅負債　(b) 遞延所得稅資產　(c) 遞延所得稅負債
(8) 甲公司及乙公司20x5年合併工作底稿上之調整/沖銷分錄。

解答：

20x5/1/1：乙總公允價值＝$424,000＋$106,000＝$530,000
　　乙未入帳專利權$30,000之每年攤銷費用於決定課稅所得時並非可減除項目，即該專利權課稅基礎為零，致有應課稅暫時性差異$30,000，故其相關之遞延所得稅負債為$7,500，$30,000×25%＝$7,500，因此乙有未入帳商譽$7,500，$530,000－[$500,000＋($30,000－$7,500)]＝$7,500。
　　又未入帳專利權之每年攤銷數＝$30,000÷6年＝$5,000
　　遞延所得稅負債之每年攤銷數＝$7,500÷6年＝$1,250

(1) 20x5/12/31，乙公司認列所得稅負之分錄：

20x5/12/31	本期所得稅費用　　　　30,000	
	本期所得稅負債　　　　　　30,000	
	本期所得稅負債＝課稅所得$120,000×25%＝$30,000	

(2) 20x5年，乙公司稅後淨利＝$120,000－$30,000＝$90,000

(3) 20x5/12/31，甲公司適用權益法：

順流出售辦公設備未實現利益於未來之每年實現數＝$24,000÷4 年＝$6,000
投資收益＝[$90,000－專攤($5,000－$1,250)]×80%－順流未實利$24,000
　　　　＋順流已實利$6,000＝$69,000－$24,000＋$6,000＝$51,000
收自乙公司之現金股利＝$50,000×80%＝$40,000

20x5/12/31	採用權益法之投資　　　　　　　　　　　　　51,000
	採用權益法認列之子公司、關聯企業
	及合資利益之份額　　　　　　　　　　51,000
20x5/12/31	現　　金　　　　　　　　　　　　　　　　　40,000
	採用權益法之投資　　　　　　　　　　　　　40,000
20x5/12/31	採用權益法之投資　　　　　　　　　　　　　　4,500
	採採用權益法認列之子公司、關聯企業
	及合資利益之份額　　　　　　　　　　4,500
	請詳下述(5)之說明。

(4) 20x5 年，非控制權益淨利＝[$90,000－($5,000－$1,250)]×20%＝$17,250

(5) 20x5/12/31，甲公司認列所得稅負之分錄：

甲公司會計利潤＝$200,000＋$51,000＝$251,000
乙公司未分配利潤屬於甲公司的部分（#）
　　＝[$90,000－專攤($5,000－$1,250)]×80%－已收股利$40,000＝$29,000
甲公司課稅所得＝稅前營業利益$200,000＋收自乙之現金股利$40,000
　　　　＋應課稅暫時性差異迴轉$10,000＝$250,000

	20x5	20x6	20x7	20x8	20x5 以後
會計利潤 (含投資收益)	$251,000				
加：應課稅暫時性差異迴轉	10,000	$10,000	$10,000	$10,000	—
減：乙淨利歸屬甲之數 [$90,000－($5,000－$1,250)]×80%	(69,000)				(#)
加：收自乙之現金股利	40,000				$29,000
加：內部交易未實現利益	24,000				
減：內部交易已實現利益	(6,000)	(6,000)	(6,000)	(6,000)	—
課稅所得	$250,000	$ 4,000	$ 4,000	$ 4,000	$29,000

本期所得稅負債：$250,000×17%＝$42,500
遞延所得稅負債：[($10,000×3 年)＋$29,000]×17%＝$10,030
　　　　末$10,030－初$6,800＝增加$3,230

20x5/12/31	本期所得稅費用	42,500	
	遞延所得稅費用	3,230	
	本期所得稅負債		42,500
	遞延所得稅負債		3,230

甲公司(個別)申報營利事業所得稅時，其所計得之當期課稅所得$250,000 中包含內部順流出售辦公設備之未實現利益$24,000，並以$4,080($24,000×17%)計入甲公司本期所得稅負債及本期所得稅費用中，係屬適當並符合準則規定。但以合併個體而言，該項內部順流出售辦公設備之未實現利益$24,000 將於 20x5、20x6、20x7、20x8 共四年中實現，係透過乙公司使用該辦公設備(致經濟效益消耗)而實現，並由乙公司於 20x5、20x6、20x7、20x8 年申報營所稅時，將該辦公設備之折舊費用列為可減除金額。

因此在合併財務報表基礎下，該辦公設備於 20x5/12/31 為乙公司營業使用中，須透過沖銷分錄(a)及(b)[詳下述]，將該辦公設備之帳面金額減少$18,000，未實利$24,000－已實利$6,000＝未實利$18,000，回復為原在甲公司帳上截至 20x5/12/31 之帳面金額(甲 BV×3/4，「甲 BV」是內部交易發生時該辦公設備在甲公司帳上之帳面金額)。但就乙公司未來報稅上來看，該辦公設備之課稅基礎即是乙公司帳上截至 20x5/12/31 之帳面金額(甲 BV×3/4＋$18,000)，(甲 BV＋$24,000)×3/4＝甲 BV×3/4＋$18,000，較該辦公設備在合併財務報表上之帳面金額(甲 BV×3/4)多$18,000，因此產生可減除暫時性差異$18,000。

若有足夠證據支持乙公司將於未來(20x6、20x7、20x8)三年內持續使用該辦公設備於營業中，則未實現利益$18,000 將透過辦公設備經濟效益的消耗而逐年實現，須適用乙公司所得稅率(25%)計算遞延所得稅資產。故在編製 20x5 年合併財務報表時，應認列遞延所得稅資產$4,500 及遞延所得稅利益$4,500，$18,000×25%＝$4,500，可列為合併工作底稿上之調整分錄，如下。

甲公司及乙公司 20x5 年合併工作底稿上之調整分錄/部分沖銷分錄：

調整分錄：			
調	遞延所得稅資產	4,500	
	遞延所得稅利益		4,500
部分沖銷分錄：			
(a)	處分不動產、廠房及設備利益	24,000	
	辦公設備		24,000
(b)	累計折舊－辦公設備	6,000	
	折舊費用		6,000

(c)	採用權益法認列之子公司、關聯企業		
	及合資利益之份額	51,000	
	股　利		40,000
	採用權益法之投資		11,000
(d)	非控制權益淨利	17,250	
	股　利		10,000
	非控制權益		7,250
(e)	普通股股本	300,000	
	保留盈餘	200,000	
	專利權	30,000	
	商　譽	7,500	
	採用權益法之投資		424,000
	非控制權益		106,000
	遞延所得稅負債		7,500
(f)	攤銷費用	5,000	
	專利權		5,000
(g)	*遞延所得稅負債*	1,250	
	遞延所得稅費用		1,250
(h)	暫不納入表 C，請詳下述表 C、表 D 及其相關說明。		
	採用權益法認列之子公司、關聯企業		
	及合資利益之份額	4,500	
	採用權益法之投資		4,500

甲公司及乙公司 20x5 年之合併工作底稿 (表 C)：

表 C

	甲公司	80% 乙公司	調整/沖銷 借方	調整/沖銷 貸方	合併財務報表
綜合損益表：					
銷貨收入	$xxx,xxx	$xx,xxx			$xxx,xxx
銷貨成本	(xxx,xxx)	(xx,xxx)			(xxx,xxx)
營業費用	(xxx,xxx)	(xx,xxx)	(f) 5,000	(b) 6,000	(xxx,xxx)
處分不動產、廠房及設備利益	24,000	—	(a) 24,000		—
營業利益（＊）	$200,000	$120,000			$297,000
採用權益法認列之子公司、關聯企業及合資利益之份額	51,000	—	(c) 51,000		—

	甲公司	80%乙公司	調整/沖銷 借方	調整/沖銷 貸方	合併財務報表
綜合損益表：(續)					
稅前淨利	$251,000	$120,000			$297,000
本期所得稅費用	(42,500)	(30,000)			(72,500)
遞延所得稅費用	(3,230)	─		(g) 1,250	(1,980)
遞延所得稅利益	─	─		調 4,500	4,500
淨　利	$205,270	$90,000			
總合併淨利					$227,020
非控制權益淨利			(d) 17,250		(17,250)
控制權益淨利					$209,770
保留盈餘表：	(略)	(略)	(略)	(略)	(略)
財務狀況表：					
⋮	⋮	⋮			⋮
辦公設備(內部交易)	─	甲BV＋24,000		(a) 24,000	甲BV
減：累計折舊 　　－辦公設備	(─)	(甲BV×1/4 ＋6,000)	(b) 6,000		(甲BV×1/4)
採用權益法之投資	435,000	─		(c) 11,000 (e)424,000	─
遞延所得稅資產	─	─	調 4,500		4,500
專利權			(e) 30,000	(f) 5,000	25,000
商　譽			(e) 7,500		7,500
⋮	⋮	⋮			⋮
總　資　產	$xxx,xxx	$xxx,xxx			$xxx,xxx
⋮					⋮
本期所得稅負債	42,500	30,000			72,500
遞延所得稅負債	10,030	─	(g) 1,250	(e) 7,500	16,280
⋮	⋮	⋮			⋮
總負債及權益	$xxx,xxx	$xxx,xxx			
非控制權益－1/1				(e)106,000	
非控制權益 　－當期增加數				(d) 7,250	
非控制權益－12/31					113,250
總負債及權益					$xxx,xxx

＊：合併營業利益$297,000＝甲營業利益$176,000＋乙營業利益$144,000
　　　　－沖(a)$24,000＋沖(b)$6,000－沖(c)$5,000

按權益法精神，甲公司在權益法下之淨利應等於合併綜合損益表上控制權益淨利，表 C 顯示，目前甲公司之淨利為$205,270，而合併綜合損益表上控制權益淨利為$209,770，為符合權益法精神，須將甲公司淨利$205,270 調增為$209,770，故應於甲公司帳上增認$4,500 投資收益，補作之分錄如下：

20x5/12/31，甲公司適用權益法之原分錄：		
20x5/12/31	採用權益法之投資　　　　　　　　　　51,000	
	採用權益法認列之子公司、關聯企業	
	及合資利益之份額	51,000
補作之分錄：		
20x5/12/31	採用權益法之投資　　　　　　　　　　4,500	
	採用權益法認列之子公司、關聯企業	
	及合資利益之份額	4,500
$209,770－$205,270＝＋$4,500　或		
未實現利益$18,000×乙公司所得稅率 25%＝$4,500		

相關科目餘額及金額之異動如下：

	20x5/ 1/ 1	20x5	20x5/12/31
乙－權　益	$500,000	＋$90,000－$50,000	$540,000
權益法：			
甲－採用權益法之投資	$424,000	＋$51,000＋$4,500－$40,000	$439,500
合併財務報表：			
專利權	$30,000	－$5,000	$25,000
遞延所得稅負債	(7,500)	－($1,250)	(6,250)
商　譽	7,500	－	7,500
	$30,000	－$3,750	$26,250
非控制權益	$106,000	＋$17,250－$10,000	$113,250

驗　算： 20x5/12/31：
　　「採用權益法之投資」＝($540,000＋$25,000－$6,250＋$7,500)×80%
　　　　　　　　　　　　－未實利($24,000－$6,000)＋增認$4,500＝$439,500
　　「非控制權益」＝($540,000＋$25,000－$6,250＋$7,500)×20%＝$113,250

因此甲公司及乙公司 20x5 年之合併工作底稿由表 C 修改為表 D：

表 D

	甲公司	80% 乙公司	調整/沖銷 借方	調整/沖銷 貸方	合併財務報表
綜合損益表：					
銷貨收入	$xxx,xxx	$xx,xxx			$xxx,xxx
銷貨成本	(xxx,xxx)	(xx,xxx)			(xxx,xxx)
營業費用	(xxx,xxx)	(xx,xxx)	(f) 5,000	(b) 6,000	(xxx,xxx)
處分不動產、廠房及設備利益	24,000	—	(a) 24,000		—
營業利益	$200,000	$120,000			$297,000
採用權益法認列之子公司、關聯企業及合資利益之份額	55,500	—	(c) 51,000 (h) 4,500		—
稅前淨利	$255,500	$120,000			$297,000
本期所得稅費用	(42,500)	(30,000)			(72,500)
遞延所得稅費用	(3,230)	—		(g) 1,250	(1,980)
遞延所得稅利益	—	—		調 4,500	4,500
淨　利	$209,770	$ 90,000			
總合併淨利					$227,020
非控制權益淨利			(d) 17,250		(17,250)
控制權益淨利					$209,770
保留盈餘表：	(略)	(略)	(略)	(略)	(略)
財務狀況表：					
⋮	⋮	⋮			⋮
辦公設備(內部交易)	—	甲 BV＋24,000		(a) 24,000	甲 BV
減：累計折舊－辦公設備	(—)	(甲 BV×1/4 ＋6,000)	(b) 6,000		(甲 BV×1/4)
採用權益法之投資	439,500	—		(c) 11,000 (e)424,000 (h) 4,500	—
遞延所得稅資產	—	—	調 4,500		4,500
專利權			(e) 30,000	(f) 5,000	25,000
商　譽			(e) 7,500		7,500
⋮	⋮	⋮			⋮
總 資 產	$xxx,xxx	$xxx,xxx			$xxx,xxx

	甲公司	80% 乙公司	調整／沖銷		合併 財務報表
			借方	貸方	
財務狀況表：(續)					
：	：	：			：
本期所得稅負債	42,500	30,000			72,500
遞延所得稅負債	10,030	—	(g) 1,250	(e) 7,500	16,280
：	：	：			：
總負債及權益	$xxx,xxx	$xxx,xxx			
非控制權益－1/1				(e)106,000	
非控制權益 －當期增加數				(d) 7,250	
非控制權益－12/31					113,250
總負債及權益					$xxx,xxx

(6) 20x5 年，甲公司及乙公司合併綜合損益表上之所得稅費用
　　　＝甲($42,500＋$3,230)＋乙$30,000－沖$1,250－調$4,500＝$69,980
　(a) 本期所得稅費用＝甲$42,500＋乙$30,000＝$72,500
　(b) 遞延所得稅費用＝甲$3,230－沖$1,250＝$1,980
　(c) 遞延所得稅利益＝$0＋調$4,500＝$4,500

(7) 20x5 年 12 月 31 日，甲公司及乙公司合併財務狀況表上之：
　(a) 本期所得稅負債＝甲$42,500＋乙$30,000＝$72,500
　(b) 遞延所得稅資產＝$4,500
　(c) 遞延所得稅負債＝$10,030 (暫時性差異)＋$6,250 (專利權)＝$16,280

　　註：若符合準則「遞延所得稅資產與遞延所得稅負債相抵」之規定，則可以相抵後淨額表達在合併財務報表上。但本題甲公司及乙公司係個別申報所得稅，為不同納稅主體；另遞延所得稅資產($4,500)及遞延所得稅負債($6,250)，係以甲公司及乙公司合併財務報表觀點而表達於其內，並非甲公司或乙公司之帳列資產或負債，至於遞延所得稅負債($10,030)則是甲公司帳列負債，故遞延所得稅資產$4,500 及遞延所得稅負債$16,280 應分別表達在合併財務狀況表上。

(8) 請詳上述(5)之說明。

(二十一) (母、子公司個別申報營所稅－逆流內部交易、子公司未分配利潤)

沿用第二十題資料,惟將20x5年1月3日順流出售辦公設備交易改為逆流交易,其他資料不變,因此20x5年甲公司及乙公司之損益及現金股利(皆於20x5年12月31日宣告並發放)資料如下:

	甲公司	乙公司
銷貨收入	$700,000	$400,000
銷貨成本及費用	(524,000)	(280,000)
處分不動產、廠房及設備利益	－	24,000
稅前淨利(尚未加計投資損益)	$176,000	$144,000
現金股利	$90,000	$50,000

試作:重覆第二十題之要求。

解答:

20x5/1/1:乙總公允價值＝$424,000＋$106,000＝$530,000

乙未入帳專利權$30,000之每年攤銷費用於決定課稅所得時<u>並非可減除項目</u>,即該專利權課稅基礎為零,致有應課稅暫時性差異$30,000,故其相關之遞延所得稅負債為$7,500,$30,000×25%＝$7,500,因此乙有未入帳商譽$7,500,$530,000－[$500,000＋($30,000－$7,500)]＝$7,500。

又未入帳專利權之每年攤銷數＝$30,000÷6年＝$5,000

遞延所得稅負債之每年攤銷數＝$7,500÷6年＝$1,250

(1) 20x5/12/31,乙公司認列所得稅負之分錄:

逆流出售辦公設備未實現損失於未來之每年實現數＝$24,000÷4年＝$6,000					
		20x5	20x6	20x7	20x8
會計利潤		$144,000			
課稅所得		$144,000			
本期所得稅負債:$144,000×25%＝$36,000						
20x5/12/31	本期所得稅費用　　　　36,000				
	本期所得稅負債　　　　　　36,000				

(2) 20x5年,乙公司稅後淨利＝$144,000－$36,000＝$108,000

(3) 20x5/12/31，甲公司適用權益法：

> 投資收益＝[$108,000－專攤($5,000－$1,250)
> －(逆流未實利$24,000－逆流已實利$6,000)×(1－25%)]×80%
> ＝($104,250－$13,500)×80%＝$72,600
> 收自乙公司之現金股利＝$50,000×80%＝$40,000

20x5/12/31	採用權益法之投資	72,600	
	採用權益法認列之子公司、關聯企業		
	及合資利益之份額		72,600
20x5/12/31	現　　金	40,000	
	採用權益法之投資		40,000
20x5/12/31	採用權益法認列之子公司、關聯企業		
	及合資利益之份額	1,440	
	採用權益法之投資		1,440
	請詳下述(5)之說明。		

(4) 20x5 年，非控制權益淨利＝[$108,000－($5,000－$1,250)－($24,000
　　　　　　　　　　　　　　－$6,000)×(1－25%)]×20%＝$18,150

(5) 20x5/12/31，甲公司認列所得稅負之分錄：

> 甲公司會計利潤＝$176,000＋$72,600＝$248,600
> 乙公司未分配利潤屬於甲公司的部分（#）
> 　＝[$108,000－($5,000－$1,250)－($24,000－$6,000)×(1－25%)]×80%
> 　－已收股利$40,000＝$72,600－$40,000＝$32,600
> 甲公司課稅所得＝稅前營業利益$176,000＋收自乙之現金股利$40,000
> 　　　　　　　＋應課稅暫時性差異迴轉$10,000＝$226,000
>
> | | 20x5 | 20x6 | 20x7 | 20x8 | 20x5 以後 |
> |---|---|---|---|---|---|
> | 會計利潤 (含投資收益) | $248,600 | | | | |
> | 加：應課稅暫時性差異迴轉 | 10,000 | 10,000 | 10,000 | 10,000 | ― |
> | 減：乙淨利屬於甲部分
　[$108,000－($5,000－$1,250)
　－($24,000－$6,000)×(1－25%)]×80% | (72,600) | | | | （#） |
> | 加：收自乙之現金股利 | 40,000 | ― | ― | ― | $32,600 |
> | 課稅所得 | $226,000 | $10,000 | $10,000 | $10,000 | $32,600 |
>
> 本期所得稅負債：$226,000×17%＝$38,420
> 遞延所得稅負債：[($10,000×3 年)＋$32,600]×17%＝$10,642
> 　　　　　　　末$10,642－初$6,800＝增加$3,842

20x5/12/31	本期所得稅費用	38,420	
	遞延所得稅費用	3,842	
	本期所得稅負債		38,420
	遞延所得稅負債		3,842

　　乙公司(個別)申報營利事業所得稅時，其所計得之當期課稅所得$144,000 中包含內部逆流出售辦公設備之未實現利益$24,000，並以$6,000($24,000×25%)計入乙公司本期所得稅負債及本期所得稅費用中，係屬適當並符合準則規定。但以合併個體而言，該項內部逆流出售辦公設備之未實現利益$24,000 將於 20x5、20x6、20x7、20x8 共四年中實現，係透過甲公司使用該辦公設備(致經濟效益消耗)而實現，並由甲公司於 20x5、20x6、20x7、20x8 年申報營所稅時，將該辦公設備之折舊費用列為可減除金額。

　　因此在合併財務報表基礎下，該辦公設備於 20x5/12/31 為甲公司營業使用中，須透過沖銷分錄(a)及(b)[詳下述]，將該辦公設備之帳面金額減少$18,000，未實利$24,000－已實利$6,000＝未實利$18,000，回復為原在乙公司帳上截至 20x5/12/31 之帳面金額(乙 BV×3/4，「乙 BV」是內部交易發生時該辦公設備在乙公司帳上之帳面金額)。但就甲公司未來報稅上來看，該辦公設備之課稅基礎即是甲公司帳上截至 20x5/12/31 之帳面金額(乙 BV×3/4＋$18,000)，(乙 BV＋$24,000)×3/4＝乙 BV×3/4＋$18,000，較該辦公設備在合併財務報表上之帳面金額(乙 BV×3/4)多$18,000，因此產生可減除暫時性差異$18,000。

　　若有足夠證據支持甲公司將於未來(20x6、20x7、20x8)三年內持續使用該辦公設備於營業中，則未實現利益$18,000 將透過辦公設備經濟效益的消耗而逐年實現，須適用甲公司所得稅率(17%)計算遞延所得稅資產。故在編製 20x5 年合併財務報表時，應認列遞延所得稅資產$3,060 及遞延所得稅利益$3,060，$18,000×17%＝$3,060，可列為合併工作底稿上之調整分錄，如下。

甲公司及乙公司 20x5 年合併工作底稿上之調整分錄/部分沖銷分錄：

調整分錄：			
調	遞延所得稅資產	3,060	
	遞延所得稅利益		3,060
部分沖銷分錄：			
(a)	處分不動產、廠房及設備利益	24,000	
	辦公設備		24,000

(b)	累計折舊－辦公設備	6,000	
	折舊費用		6,000
(c)	採用權益法認列之子公司、關聯企業 　　　　　及合資利益之份額	72,600	
	股　利		40,000
	採用權益法之投資		32,600
(d)	非控制權益淨利	18,150	
	股　利		10,000
	非控制權益		8,150
(e)	普通股股本	300,000	
	保留盈餘	200,000	
	專利權	30,000	
	商　譽	7,500	
	採用權益法之投資		424,000
	非控制權益		106,000
	遞延所得稅負債		7,500
(f)	攤銷費用	5,000	
	專利權		5,000
(g)	*遞延所得稅負債*	1,250	
	遞延所得稅費用		1,250
(h)	暫不納入表 E，請詳下述表 E、表 F 及其相關說明。		
	採用權益法之投資	1,440	
	採用權益法認列之子公司、關聯企業 　　　　　及合資利益之份額		1,440

甲公司及乙公司 20x5 年之合併工作底稿：

表 E

	甲公司	80% 乙公司	調整／沖銷 借方	調整／沖銷 貸方	合　併 財務報表
綜合損益表：					
銷貨收入	$xxx,xxx	$xx,xxx			$xxx,xxx
銷貨成本	(xxx,xxx)	(xx,xxx)			(xxx,xxx)
營業費用	(xxx,xxx)	(xx,xxx)	(f) 5,000	(b) 6,000	(xxx,xxx)
處分不動產、廠房 　及設備利益	—	24,000	(a) 24,000		—
營業利益	$176,000	$144,000			$297,000

	甲公司	80% 乙公司	調整／沖銷 借方	調整／沖銷 貸方	合併 財務報表
綜合損益表：(續)					
採用權益法認列之子公司、關聯企業及合資利益之份額	72,600	—	(c) 72,600		—
稅前淨利	$248,600	$144,000			$297,000
本期所得稅費用	(38,420)	(36,000)			(74,420)
遞延所得稅費用	(3,842)	—		(g) 1,250	(2,592)
遞延所得稅利益	—	—		調 3,060	3,060
淨　利	$206,338	$108,000			
總合併淨利					$223,048
非控制權益淨利			(d) 18,150		(18,150)
控制權益淨利					$204,898
保留盈餘表：	(略)	(略)	(略)	(略)	(略)
財務狀況表：					
⋮	⋮	⋮			⋮
辦公設備(內部交易)	乙BV＋24,000	—		(a) 24,000	乙BV
減：累計折舊－辦公設備	(乙BV×1/4＋6,000)	(—)	(b) 6,000		(乙BV×1/4)
採用權益法之投資	456,600	—		(c) 32,600 (e) 424,000	—
遞延所得稅資產	—	—	調 3,060		3,060
專利權			(e) 30,000	(f) 5,000	25,000
商　譽			(e) 7,500		7,500
⋮	⋮	⋮			⋮
總　資　產	$xxx,xxx	$xxx,xxx			$xxx,xxx
⋮	⋮	⋮			⋮
本期所得稅負債	38,420	36,000			74,420
遞延所得稅負債	10,642	—	(g) 1,250	(e) 7,500	16,892
⋮	⋮	⋮			⋮
總負債及權益	$xxx,xxx	$xxx,xxx			
非控制權益－1/1				(e) 106,000	
非控制權益－當期增加數				(d) 8,150	
非控制權益－12/31					114,150
總負債及權益					$xxx,xxx

按權益法精神,甲公司在權益法下之淨利應等於合併綜合損益表上控制權益淨利,表 E 顯示,目前甲公司之淨利為$206,338,而合併綜合損益表上控制權益淨利為$204,898,為符合權益法精神,須將甲公司淨利$206,338 <u>調降為</u>$204,898,故應於甲公司帳上減認$1,440 投資收益,補作之分錄如下:

20x5/12/31,甲公司適用權益法之<u>原分錄</u>:		
20x5/12/31	採用權益法之投資　　　　　　　　　　72,600	
	採用權益法認列之子公司、關聯企業	
	及合資利益之份額	72,600
<u>補作之分錄</u>:		
20x5/12/31	採用權益法認列之子公司、關聯企業	
	及合資利益之份額　　　　　　　1,440	
	採用權益法之投資	1,440
	$204,898－$206,338＝－$1,440　　或	
	未實現利益**$18,000×(甲公司稅率 17%－乙公司稅率 25%)**	
	＝($18,000×17%)－($18,000×25%)＝$3,060－$4,500＝－$1,440	

相關科目餘額及金額之異動如下:

	20x5/1/1	20x5	20x5/12/31
乙－權　益	$500,000	＋$108,000－$50,000	$558,000
權益法:			
甲－採用權益法之投資	$424,000	＋$72,600－$1,440－$40,000	$455,160
合併財務報表:			
專利權	$30,000	－$5,000	$25,000
遞延所得稅負債	(7,500)	－($1,250)	(6,250)
商　譽	7,500	－	7,500
	$30,000	－$3,750	$26,250
非控制權益	$106,000	＋$18,150－$10,000	$114,150
驗　算: 20x5/12/31:			
「採用權益法之投資」＝[$558,000＋($25,000－$6,250)＋$7,500			
－未實利($24,000－$6,000)×(1－25%)]×80%－減認$1,440＝$455,160			
「非控制權益」＝[$558,000＋($25,000－$6,250)＋$7,500			
－未實利($24,000－$6,000)×(1－25%)]×20%＝$114,150			

因此甲公司及乙公司 20x5 年之合併工作底稿由表 E 修改為表 F:

表 F

	甲公司	80% 乙公司	調整/沖銷 借方	調整/沖銷 貸方	合併 財務報表
綜合損益表：					
銷貨收入	$xxx,xxx	$xx,xxx			$xxx,xxx
銷貨成本	(xxx,xxx)	(xx,xxx)			(xxx,xxx)
營業費用	(xxx,xxx)	(xx,xxx)	(f) 5,000	(b) 6,000	(xxx,xxx)
處分不動產、廠房及設備利益	—	24,000	(a) 24,000		—
營業利益	$176,000	$144,000			$297,000
採用權益法認列之子公司、關聯企業及合資利益之份額	71,160	—	(c) 72,600	(h) 1,440	—
稅前淨利	$247,160	$144,000			$297,000
本期所得稅費用	(38,420)	(36,000)			(74,420)
遞延所得稅費用	(3,842)	—		(g) 1,250	(2,592)
遞延所得稅利益	—	—		調 3,060	3,060
淨　利	$204,898	$108,000			
總合併淨利					$223,048
非控制權益淨利			(d) 18,150		(18,150)
控制權益淨利					$204,898
保留盈餘表：	(略)	(略)	(略)	(略)	(略)
財務狀況表：					
：	：	：			：
辦公設備(內部交易)	乙BV+24,000	—		(a) 24,000	乙BV
減：累計折舊－辦公設備	(乙BV×1/4+6,000)	(—)	(b) 6,000		(乙BV×1/4)
採用權益法之投資	455,160	—	(h) 1,440	(c) 32,600 (e)424,000	—
遞延所得稅資產	—	—	調 3,060		3,060
專利權			(e) 30,000	(f) 5,000	25,000
商　譽			(e) 7,500		7,500
：	：	：			：
總資產	$xxx,xxx	$xxx,xxx			$xxx,xxx

(續次頁)

	甲公司	80% 乙公司	調整／沖銷 借方	調整／沖銷 貸方	合併 財務報表
財務狀況表：(續)					
：	：	：			：
本期所得稅負債	38,420	36,000			74,420
遞延所得稅負債	10,642	—	(g) 1,250	(e) 7,500	16,892
：	：	：			：
總負債及權益	$xxx,xxx	$xxx,xxx			
非控制權益－1/1				(e)106,000	
非控制權益 －當期增加數				(d) 8,150	
非控制權益－12/31					114,150
總負債及權益					$xxx,xxx

(6) 20x5 年，甲公司及乙公司合併綜合損益表上之所得稅費用
　　　＝甲($38,420＋$3,842)＋乙$36,000－沖$1,250－調$3,060＝$73,952
　(a) 本期所得稅費用＝甲$38,420＋乙$36,000＝$74,420
　(b) 遞延所得稅費用＝甲$3,842－沖$1,250＝$2,592
　(c) 遞延所得稅利益＝$0＋調$3,060＝$3,060

(7) 20x5 年 12 月 31 日，甲公司及乙公司合併財務狀況表上之：
　(a) 本期所得稅負債＝甲$38,420＋乙$36,000＝$74,420
　(b) 遞延所得稅資產＝$3,060
　(c) 遞延所得稅負債＝$10,642 (暫時性差異)＋$6,250 (專利權)＝$16,892

　　註：若符合準則「遞延所得稅資產與遞延所得稅負債相抵」之規定，則可以相抵後淨額表達在合併財務報表上。但本題甲公司及乙公司係個別申報所得稅，為不同納稅主體；另遞延所得稅資產($3,060)及遞延所得稅負債($6,250)，係以甲公司及乙公司合併財務報表觀點而表達於其內，並非甲公司或乙公司之帳列資產或負債，至於遞延所得稅負債($10,642)則是甲公司帳列負債，故遞延所得稅資產$3,060 及遞延所得稅負債$16,892 應分別表達在合併財務狀況表上。

(8) 請詳上述(5)之說明。

(二十二) (母、子公司個別申報營所稅－順/逆流內部交易、子公司未分配利潤)

甲公司於 20x4 年初以$510,000 購入乙公司 60%股權而對乙公司存在控制，並以收購日對乙公司可辨認淨資產已認列金額所享有之比例份額衡量非控制權益。當日乙公司權益包括股本$500,000 及保留盈餘$250,000，且其帳列資產及負債之帳面金額皆等於公允價值，除有一項未入帳專利權(估計尚有 5 年耐用年限)外，無其他未入帳可辨認資產或負債，亦無合併商譽。甲公司採權益法處理對乙公司之投資，且其 20x5 年未計入投資損益前之稅前淨利為$400,000，宣告並發放現金股利$200,000。20x4 年及 20x5 年乙公司之淨利及股利如下：

	稅前淨利	股 利
20x4	$200,000	$ 80,000
20x5	300,000	150,000

其他資料：
(1) 20x4 年 12 月 31 日，乙公司將成本$100,000(帳面金額$40,000)的設備以$65,000 售予甲公司，該設備尚可使用 5 年，無殘值，採直線法提列折舊。
(2) 20x5 年間，甲公司以$120,000 將商品存貨售予乙公司，乙公司 20x5 年期初存貨及期末存貨中分別有$36,000 及$48,000 的商品係購自甲公司，甲公司係以成本加價二成作為商品售價。
(3) 甲公司及乙公司包括股利在內之所得，適用稅率分別為 25%及 20%。甲公司可控制與投資乙公司相關之所有應課稅暫時性差異迴轉之時間，且暫時性差異很有可能於可預見之未來不會迴轉。
(4) 假設兩家公司帳上均無遞延所得稅資產或遞延所得稅負債。

試作：(1) 甲公司 20x5 年應認列之投資收益。
(2) 20x5 年底，甲公司帳列「採用權益法之投資」餘額。
(3) 甲公司及其子公司 20x5 年合併工作底稿中有關母、子公司間銷貨交易之調整及沖銷分錄(包含其相應之所得稅影響)。
(4) 甲公司及其子公司 20x5 年合併工作底稿中有關母、子公司間設備交易之調整及沖銷分錄(包含其相應之所得稅影響)。
(5) 甲公司及其子公司 20x5 年合併報表中下列項目之金額：
[(b)及(c)不考慮資產負債不可互抵之例外，即不需將二者互抵]
(a)專利權　　　　　(b)遞延所得稅資產　　(c)遞延所得稅負債
(d)非控制權益淨利　(e)非控制權益

(6) 假設股利所得免稅，請編製甲公司 20x5 年有關所得稅之分錄。

(7) 若股利所得須課稅，且甲公司無法控制與投資乙公司相關之所有應課稅暫時性差異迴轉之時間，請編製甲公司 20x5 年有關所得稅之分錄。

解答：

收購日，非控制權益係以對乙公司可辨認淨資產已認列金額所享有之比例份額衡量，故 $510,000＝[($500,000＋$250,000)＋未入帳專利權]＋合併商譽$0

∴ 未入帳專利權＝$100,000 (稅後)，$100,000÷(1－20%)＝$125,000 (稅前)
　未入帳專利權之遞延所得稅負債(DITL)＝$125,000×20%＝$25,000
　未入帳專利權之每年攤銷數(稅前)＝$125,000÷5 年＝$25,000
　未入帳專利權 DITL 之每年迴轉數＝$25,000÷5 年＝$5,000
　未入帳專利權之每年攤銷數(稅後)＝$25,000－DITL 迴轉$5,000＝$20,000
　非控制權益＝[($500,000＋$250,000)＋未入帳專利權$100,000(稅後)]×40%
　　　　　＝$340,000

20x4：

20x4/12/31，乙公司認列所得稅負之分錄：

20x4/12/31	本期所得稅費用　　　40,000	課稅所得$200,000×20%
	本期所得稅負債　　40,000	＝$40,000
20x4 年，乙公司稅後淨利＝$200,000－$40,000＝$160,000		

20x4/12/31，甲公司適用權益法：

20x4 年底，逆流出售設備之未實現利益＝$65,000－$40,000＝$25,000	
20x4 年底，順流銷貨之未實現利益＝$36,000－($36,000÷120%)＝$6,000	
20x4 年，甲公司應認列之投資收益	
＝[$160,000－稅後專攤$20,000－稅後逆流未實利$25,000×(1－20%)]	
×60%－順流未實利$6,000＝$66,000	
20x4 年，非控制權益淨利＝[$160,000－$20,000－$25,000×(1－20%)]×40%	
＝$48,000	
20x4/12/31	採用權益法之投資　　　　　　　　　66,000
	採用權益法認列之子公司、關聯企業
	及合資利益之份額　　　　　66,000

20x4/12/31，甲公司認列所得稅負之分錄：

甲公司會計利潤＝未計入投資收益前稅前淨利$Y＋$66,000＝$Y＋$66,000
乙公司未分配利潤屬於甲公司的部分
　　＝[$160,000－$20,000－$25,000×(1－20%)－股利$80,000]×60%＝$24,000
甲公司課稅所得＝$Y＋收自乙之現金股利$48,000

	20x4	20x5	20x4 以後
會計利潤（含投資收益）	$Y＋66,000		
減：乙公司未分配利潤 　　　屬於甲公司的部分	(24,000)		$24,000
加：內部交易未實現利益	6,000	($6,000)	
課稅所得	$Y＋48,000	($6,000)	$24,000

註：因甲公司可控制與投資乙公司相關之所有應課稅暫時性差異迴轉之時間，
　　且暫時性差異很有可能於可預見之未來不會迴轉，符合例外規定，故無須
　　認列相關之遞延所得稅，如下(A)分錄。
　　若未符合例外規定，則應認列相關之遞延所得稅，如下(B)分錄。

20x4/12/31 (A)	本期所得稅費用　　　　　Z 　　本期所得稅負債　　　　　　Z	($Y＋48,000)×25%＝$Z
20x4/12/31 (B)	本期所得稅費用　　　　　Z 遞延所得稅費用　　　6,000 　　本期所得稅負債　　　　　　Z 　　遞延所得稅負債　　　　　6,000	($Y＋48,000)×25%＝$Z $24,000×25%＝$6,000 末$6,000－初$0 　＝DITL 貸記$6,000

甲公司帳上補作之分錄：

20x4/12/31	採用權益法之投資　　　　　　　　　　　　1,200 　　採用權益法認列之子公司、關聯企業 　　　　及合資利益之份額　　　　　　　　　1,200
	順流銷貨之未實現利益$6,000×乙稅率20%＝$1,200
20x4/12/31	採用權益法之投資　　　　　　　　　　　　1,250 　　採用權益法認列之子公司、關聯企業 　　　　及合資利益之份額　　　　　　　　　1,250
	逆流出售設備之未實現利益$25,000×(甲稅率25%－乙稅率20%) ＝($25,000×25%)－($25,000×20%)＝$6,250－$5,000＝$1,250

甲公司及乙公司 20x4 年合併工作底稿上之調整分錄/部分沖銷分錄：

調整分錄：			
調 (a)	遞延所得稅資產　　　　1,200 　　遞延所得稅利益　　　　　1,200 順流銷貨之未實現利益$6,000 　×乙稅率 20%＝$1,200	調 (b)	遞延所得稅資產　　　　6,250 　　遞延所得稅利益　　　　　6,250 逆流出售設備之未實現利益$25,000 　×甲稅率 25%＝$6,250
有關內部交易之沖銷分錄：			
(a)	銷貨收入　　　　　xxx 　　銷貨成本　　　　　　xxx	(b)	銷貨成本　　　　　6,000 　　存　貨　　　　　　　6,000
(c)	處分不動產、廠房及設備利益　　25,000 　　設　備　　　　　　　　　　　　　25,000		

20x5：

20x5/12/31，乙公司認列所得稅負之分錄：

20x5/12/31	本期所得稅費用　　　60,000 　　本期所得稅負債　　　　60,000	課稅所得$300,000×20% 　＝$60,000
20x5 年，乙公司稅後淨利＝$300,000－$60,000＝$240,000		

20x5/12/31，甲公司適用權益法：

20x4 年逆流出售設備之已實現利益＝$25,000÷5 年＝$5,000	
20x4 年順流銷貨之已實現利益＝$6,000	
20x5 年底，順流銷貨之未實現利益＝$48,000－($48,000÷120%)＝$8,000	
20x5 年，甲公司應認列之投資收益 　　　　＝[$240,000－稅後專攤$20,000＋稅後逆流已實利$5,000×(1－20%)] 　　　　　×60%＋順流已實利$6,000－順流未實利$8,000＝$132,400	
20x5 年，非控制權益淨利＝[$240,000－$20,000＋$5,000×(1－20%)]×40% 　　　　＝$89,600	
20x5/12/31	採用權益法之投資　　　　　　　　　　132,400 　　採用權益法認列之子公司、關聯企業 　　　　　及合資利益之份額　　　　　　132,400

20x5/12/31，甲公司認列所得稅負之分錄：

甲公司會計利潤＝$400,000＋$132,400＝$532,400
乙公司未分配利潤屬於甲公司的部分 　＝[$240,000－$20,000＋$5,000×(1－20%)－股利$150,000]×60%＝$44,400

甲公司課稅所得＝未計入投資收益前稅前淨利$400,000
　　　　　　　＋收自乙之現金股利$90,000＝$490,000

	20x4	20x5	20x4 以後 20x5 以後
會計利潤（含投資收益）	$Y＋66,000	$532,400	
減：乙公司未分配利潤 　　屬於甲公司的部分	(24,000)	(44,400)	$24,000 44,400
加：內部交易未實現利益	6,000	(6,000) 8,000	
課稅所得	$Y＋48,000	$490,000	$68,400

註：因甲公司可控制與投資乙公司相關之所有應課稅暫時性差異迴轉之時間，
　　且暫時性差異很有可能於可預見之未來不會迴轉，符合例外規定，故無須
　　認列相關之遞延所得稅，如下(C)分錄。
　　若未符合例外規定，則應認列相關之遞延所得稅，如下(D)分錄。

20x5/12/31 (C)	本期所得稅費用　　　122,500 　　本期所得稅負債　　　　　122,500	$490,000×25%＝$122,500
20x5/12/31 (D)	本期所得稅費用　　　122,500 遞延所得稅費用　　　 11,100 　　本期所得稅負債　　　　　122,500 　　遞延所得稅負債　　　　　 11,100	$490,000×25%＝$122,500 $68,400×25%＝$17,100 末$17,100－初$6,000 ＝DITL 貸記$11,100

甲公司帳上補作之分錄：

20x5/12/31	採用權益法認列之子公司、關聯企業 　　　　及合資利益之份額　　　　1,200 　　採用權益法之投資　　　　　　　　　1,200
	20x4 順流銷貨之已實利$6,000×乙稅率 20%＝－$1,200
20x5/12/31	採用權益法之投資　　　　　　　　1,600 　　採用權益法認列之子公司、關聯企業 　　　　及合資利益之份額　　　　　　1,600
	20x5 順流銷貨之未實利$8,000×乙稅率 20%＝$1,600
20x5/12/31	採用權益法認列之子公司、關聯企業 　　　　及合資利益之份額　　　　　250 　　採用權益法之投資　　　　　　　　　　250
	20x4 逆流出售設備之已實利$5,000×(甲稅率 25%－乙稅率 20%) ＝($5,000×25%)－($5,000×20%)＝$1,250－$1,000＝$250

甲公司及乙公司 20x5 年合併工作底稿上之調整分錄/部分沖銷分錄：

調整分錄：

調(a)	遞延所得稅資產　　　　　1,200	
	採用權益法之投資　　　　　1,200	
	借方：重建 20x4 年合併工作底稿上調整分錄(a)之借方，以利下列調(b)之迴轉。 貸方：消除 20x4 年甲公司因增認投資收益導致「採用權益法之投資」餘額 　　　　與所屬乙公司權益間之差異。	
調(b)	遞延所得稅費用　　　　　1,200 　　遞延所得稅資產　　　　　　1,200	
調(c)	遞延所得稅資產　　　　　1,600 　　遞延所得稅利益　　　　　　1,600	20x5 順流銷貨之未實利$8,000 　×乙稅率 20%＝$1,600
調(d)	遞延所得稅資產　　　　　6,250 　　採用權益法之投資　　　　6,250	理同上述「調(a)」。20x4 逆流設備未 實利$25,000×甲稅率 25%＝$6,250
調(e)	遞延所得稅費用　　　　　1,250 　　遞延所得稅資產　　　　　　1,250	20x4 逆流出售設備之已實利 $5,000×甲稅率 25%＝$1,250

部分沖銷分錄：

(a)	銷貨收入　　　　120,000 　　銷貨成本　　　　　120,000	(b)	銷貨成本　　　　　　8,000 　　存　貨　　　　　　　8,000	
(c)	採用權益法之投資　　6,000 　　銷貨成本　　　　　　6,000	(e)	累計折舊－設備　　　5,000 　　折舊費用　　　　　　5,000	
(d)	採用權益法之投資　　5,000 採用權益法之投資　　12,000 非控制權益　　　　　8,000 　　設　備　　　　　　25,000		未實利$25,000×乙稅率 20%＝$5,000 (未$25,000－已$5,000)×60%＝$12,000 (未$25,000－已$5,000)×40%＝$8,000	

20x6：

甲公司帳上補作之分錄：

20x6/12/31	採用權益法認列之子公司、關聯企業 　　　　及合資利益之份額　　　　　1,600 　　採用權益法之投資　　　　　　　　　1,600
	20x5 順流銷貨之已實利$8,000×乙稅率 20%＝$1,600
20x6/12/31	採用權益法認列之子公司、關聯企業 　　　　及合資利益之份額　　　　　　250 　　採用權益法之投資　　　　　　　　　　250
	20x4 逆流出售設備之已實利$5,000×(甲稅率 25%－乙稅率 22%) ＝($5,000×25%)－($5,000×20%)＝$1,250－$1,000＝$250

甲公司及乙公司 20x6 年合併工作底稿上之調整分錄/部分沖銷分錄：

調整分錄：			
調(a)	遞延所得稅資產　　　　　1,600 　　採用權益法之投資　　　　　1,600		
	借方：重建 20x5 年合併工作底稿上調整分錄之借方，以利下列調(b)之迴轉。 貸方：消除 20x5 年甲公司因增認投資收益導致「採用權益法之投資」餘額 　　　與所屬乙公司權益間之差異。		
調(b)	遞延所得稅費用　　　　　1,600 　　遞延所得稅資產　　　　　　1,600		
調(c)	遞延所得稅資產　　　　　5,000 　　採用權益法之投資　　　　　5,000	理同上述「調(a)」。 20x4 逆流設備未實利($25,000－ $5,000)×甲稅率 25%＝$5,000	
調(d)	遞延所得稅費用　　　　　1,250 　　遞延所得稅資產　　　　　　1,250	20x4 逆流出售設備之已實利 $5,000×甲稅率 25%＝$1,250	
部分沖銷分錄：			
(a)	採用權益法之投資　　　　4,000 採用權益法之投資　　　　9,600 非控制權益　　　　　　　6,400 累計折舊－設備　　　　　5,000 　　設　　備　　　　　　　　25,000	未實利($25,000－$5,000)×乙稅率 20% 　＝未實利$20,000×20%＝$4,000 (未$20,000－已$4,000)×60%＝$9,600 (未$20,000－已$4,000)×40%＝$6,400	
(b)	累計折舊－設備　　　　　5,000 　　折舊費用　　　　　　　　5,000		

答案彙總：

(1) 甲公司 20x5 年應認列之投資收益
　　＝$132,400－補作分錄$1,200＋補作分錄$1,600－補作分錄$250＝$132,550

(2) 甲公司 20x5 年底帳列「採用權益法之投資」
　　＝$510,000＋($66,000＋補作分錄$1,200＋補作分錄$1,250)
　　　　－股利($80,000×60%)＋$132,550－股利($150,000×60%)
　　＝$510,000＋$68,450－$48,000＋$132,550－$90,000＝$573,000

(3) 詳上述甲公司及乙公司 20x5 年合併工作底稿上之調整分錄/部分沖銷分錄。

(4) 詳上述甲公司及乙公司 20x5 年合併工作底稿上之調整分錄/部分沖銷分錄。

(5) (a) 專利權＝$125,000－($25,000×2 年)＝$75,000
　　(b) 遞延所得稅資產＝($1,200－$1,200＋$1,600)＋($6,250－$1,250)＝$6,600
　　(c) 遞延所得稅負債＝(屬專利權) $25,000－($5,000×2 年)＝$15,000
　　(d) 非控制權益淨利＝$89,600

(e) 非控制權益＝$340,000＋$48,000－股利($80,000×40%)
　　　　　　　＋$89,600－股利($150,000×40%)＝$385,600

(6) 假設股利所得免稅，甲公司 20x5 年所得稅之分錄：

20x5/12/31	本期所得稅費用　　　100,000		$400,000×25%＝$100,000
	本期所得稅負債　　　　　　100,000		

(7) 若股利所得應課稅，且甲公司無法控制與投資乙公司相關之所有應課稅暫時性差異迴轉之時間，則甲公司 20x5 年所得稅之分錄，請詳上述分錄(D)。

(二十三)　(108 會計師考題改編)

　　甲公司於 20x1 年 1 月 1 日發行 10,000 股普通股，以股份交換方式吸收合併乙公司，當日甲公司普通股每股市價$50，每股面額$10。收購日乙公司各項可辨認資產及負債之公允價值與課稅基礎如下：

<table>
<tr><th colspan="5">乙公司可辨認資產及負債於收購日之
公允價值(不含遞延所得稅) 與 課稅基礎</th></tr>
<tr><th></th><th>公允價值</th><th>課稅基礎</th><th>公允價值</th><th>課稅基礎</th></tr>
<tr><td>資　產：</td><td></td><td></td><td>負　債：</td><td></td><td></td></tr>
<tr><td>現　金</td><td>$ 100,000</td><td>$ 100,000</td><td>應付帳款</td><td>$200,000</td><td>$200,000</td></tr>
<tr><td>存　貨</td><td>300,000</td><td>300,000</td><td>應付公司債</td><td>450,000</td><td>500,000</td></tr>
<tr><td>設　備</td><td>500,000</td><td>500,000</td><td>估計產品</td><td></td><td></td></tr>
<tr><td>無形資產
　－客戶關係</td><td>400,000</td><td>0</td><td>保證負債</td><td>200,000</td><td>0</td></tr>
<tr><td>資產總額</td><td>$1,300,000</td><td>$900,000</td><td>負債總額</td><td>$850,000</td><td>$700,000</td></tr>
</table>

　　無形資產－客戶關係之剩餘效益年限為 10 年，採直線法攤銷。應付公司債之面額為$500,000，於 20x6 年 1 月 1 日到期，採直線法攤銷折價。乙公司合併前有累積營業虧損$100,000，甲公司於收購日評估未來很有可能有足夠之課稅所得可供減除該未扣抵營業虧損之全數。合併商譽之課稅基礎為$300,000，在申報所得稅時分 10 年採直線法攤銷。甲公司於 20x1 年 12 月 31 日估計產品保證負債之帳面金額為$150,000。由於收購後原乙公司所屬事業單位之獲利不如預期，甲公司評估未來很有可能僅有$50,000 之課稅所得可供減除乙公司累積營業虧損。甲公司 20x1 年底發生商譽減損$2,500。甲公司 20x1 年之課稅所得為$2,000,000，適用稅率為 20%，除以上所述者外，無其他暫時性差異。

試作：(1) 收購日合併商譽金額。
(2) 甲公司於 20x1 年 1 月 1 日收購乙公司分錄。
(3) 甲公司 20x1 年度之所得稅費用。
(4) 甲公司 20x1 年 12 月 31 日認列所得稅費用分錄。

參考答案：

(1) 20x1/ 1/ 1，甲公司吸收合併乙公司之商譽計算如下：

	帳面金額	公允價值 (a)	課稅基礎 (b)	暫時性差異 (a)－(b)	稅率	遞延所得稅負債(資產)
現　金	$　－	$100,000	$100,000	$　　0	20%	$　　0
存　貨	－	300,000	300,000	0	20%	0
設　備	－	500,000	500,000	0	20%	0
無形資產－客戶關係	－	400,000	0	400,000	20%	80,000
應付帳款	－	(200,000)	(200,000)	0	20%	0
應付公司債	－	(450,000)	(500,000)	50,000	20%	10,000
估計產品保證負債	－	(200,000)	(0)	(200,000)	20%	(40,000)
課稅損失遞轉後期	－	－	－	(100,000)	20%	(20,000)
可辨認淨值	$　－	$450,000	$200,000	$150,000		$30,000
減：吸收合併所產生之遞延所得稅負債		(30,000)				
吸收合併所取得可辨認淨值之公允價值(稅後)		$420,000				

吸收合併所產生之商譽＝移轉對價($50×10,000 股)－收購所取得可辨認淨值之公允價值(稅後)$420,000＝$80,000 (稅後)

因合併商譽之課稅基礎為$300,000＞合併商譽之帳面金額$80,000 (稅後)，應認列遞延所得稅資產，請參閱本章第47頁之(15)，故推算合併商譽之稅前帳面金額如下：

令 Y＝合併商譽之稅前帳面金額，Y－[(Y－$300,000)×20%]＝$80,000

∴ Y＝$25,000，遞延所得稅資產＝($25,000－$300,000)×20%＝$55,000

(2) 假設不符合遞延所得稅負債與遞延所得稅資產互抵之規定，甲公司於 20x1 年 1 月 1 日吸收合併乙公司之分錄如下：

20x1/ 1/ 1	採用權益法之投資	500,000	
	普通股股本		100,000
	資本公積－普通股股票溢價		400,000

20x1/1/1	現　金	100,000	
或	存　貨	300,000	
乙解散時	設　備	500,000	
	無形資產－客戶關係	400,000	
	商　譽	25,000	
	遞延所得稅資產 (a)	115,000	
	應付帳款		200,000
	應付公司債		450,000
	估計產品保證負債		200,000
	遞延所得稅負債 (b)		90,000
	採用權益法之投資		500,000
(a)＝$40,000＋$20,000＋$55,000＝$115,000 [詳上(1)]			
(b)＝$80,000＋$10,000＝$90,000 [詳上(1)]			

(3)、(4) 甲公司於 20x1 年 12 月 31 日所得稅之計算及分錄如下：

	遞延所得稅負債(資產)		20x1 年迴轉數
無形資產－客戶關係	80,000	$80,000÷10 年	$8,000
應付公司債	10,000	$10,000÷5 年	2,000
估計產品保證負債	(40,000)	($150,000－$0)×20%－$40,000	(10,000)
課稅損失遞轉後期	(20,000)	$50,000×20%－$20,000	(10,000)
商　譽	(55,000)	詳 ＊	(5,500)
	($25,000)		($15,500)

＊：[BV($25,000－減損$2,500)－Tax Base($300,000－$300,000÷10 年)]×20%
　＝($22,500－$270,000)×20%＝末 DITA$49,500，$49,500－$55,000＝－$5,500

(4)

20x1/12/31	遞延所得稅負債	10,000		$8,000＋$2,000＝$10,000
	遞延所得稅費用	15,500		$10,000＋$10,000
	遞延所得稅資產		25,500	＋$5,500＝$25,500
20x1/12/31	本期所得稅費用	400,000		課稅所得$2,000,000
	本期所得稅負債		400,000	×20%＝$400,000

(3) 甲公司20x1年之所得稅費用＝$400,000＋$15,500＝$415,500

(二十四) **(105會計師考題改編)**

丙公司20x6年截至第一季末及第二季末與申報所得稅相關之金額如下表，其適用之所得稅率為25%，預計20x7年將有足夠課稅所得以實現可減除暫時性差異及營業虧損扣抵遞轉後期的所得稅利益。

	至第一季止	至第二季止
稅前會計損失	$937,500	$1,500,000
交際費剔除	75,000	135,000
折舊費用認列差異 (財務會計較稅法多認列)	75,000	225,000
分期收款銷貨毛利認列差異 (財務會計較稅法多認列)	300,000	675,000

試問：第二季所得稅費用(利益)為何？並編製分錄。

參考答案：

至第一季止：	第一季	第一季以後	
稅前會計損失	($937,500)		
交際費剔除	75,000		
折舊費用認列差異	75,000	($75,000)	
分期收款銷貨毛利認列差異	(300,000)	300,000	
課稅所得	($1,087,500)		
營業損失遞轉後期：遞延所得稅利益＝$1,087,500×25%＝$271,875			
可減除暫時性差異：遞延所得稅資產＝$75,000×25%＝$18,750			
應課稅暫時性差異：遞延所得稅負債＝$300,000×25%＝$75,000			
第一季末	遞延所得稅資產	271,875	
	遞延所得稅利益		271,875
	遞延所得稅費用	56,250	
	遞延所得稅資產	18,750	
	遞延所得稅負債		75,000
∴第一季的所得稅利益＝利益$271,875－費用$56,250＝$215,625			

(續次頁)

至第二季止：	第一季	第二季	第二季以後
稅前會計損失	($937,500)	($562,500)	
交際費剔除	75,000	60,000	
折舊費用認列差異	75,000	150,000	($225,000)
分期收款銷貨毛利認列差異	(300,000)	(375,000)	675,000
課稅所得	($1,087,500)	($727,500)	

營業損失遞轉後期：第二季遞延所得稅利益＝$727,500×25%＝$181,875
可減除暫時性差異：遞延所得稅資產＝$225,000×25%＝$56,250
　　　　　　　　　第二季 DITA 增加數＝$56,250－$18,750＝$37,500
應課稅暫時性差異：遞延所得稅負債＝$675,000×25%＝$168,750
　　　　　　　　　第二季 DITL 增加數＝$168,750－$75,000＝$93,750

第二季末	遞延所得稅資產　　　　　　　　　181,875	
	遞延所得稅利益　　　　　　　　　　　　　181,875	
	遞延所得稅費用　　　　　　　　　56,250	
	遞延所得稅資產　　　　　　　　　37,500	
	遞延所得稅負債　　　　　　　　　　　　　93,750	

∴ 第二季的所得稅利益＝利益$181,875－費用$56,250＝$125,625

(二十五)　(複選題：近年會計師考題改編)

(1)　(106 會計師考題)

(B、D)

甲公司20x1年全年流通在外之普通股為100,000股，並持有乙公司全年流通在外普通股10,000股之80%而對乙公司存在控制。乙公司尚發行認股證並全年流通在外，該認股證可按每股$30認購乙公司普通股5,000股，而甲公司持有40%該項認股證。20x1年乙公司普通股每股平均市價為$40。乙公司20x1年淨利為$45,000，每股宣告並發放$3現金股利。甲公司20x1年未計入投資收益或股利收入前之淨利為$500,000。除股利外，甲、乙公司間無其他應銷除或調整項目。下列關於20x1年每股盈餘之敘述，何者正確？

(A) 甲公司單獨綜合損益表之基本每股盈餘等於合併綜合損益表之基本每股盈餘
(B) 甲公司個體綜合損益表之基本每股盈餘等於合併綜合損益表之基本每股盈餘
(C) 乙公司個別綜合損益表之稀釋每股盈餘為$3.00
(D) 合併綜合損益表之基本每股盈餘為$5.36
(E) 合併綜合損益表之稀釋每股盈餘為$5.32

說明：
(1) 乙認股證：(5,000×$30)÷$40＝3,750股
  ＋5,000股－3,750股＝＋1,250股
  乙基本EPS＝$45,000÷10,000股＝$4.5
  乙稀釋EPS＝($45,000＋$0)÷(10,000股＋1,250股)＝$4
  甲對乙認列之投資收益＝$45,000×80%＝$36,000
  甲淨利＝$500,000＋$36,000＝$536,000
  甲基本EPS＝合併基本EPS＝$536,000÷100,000股＝$5.36
  因「替換計算」將導致反稀釋，計算如下：
  [$536,000－$36,000＋$4×(8,000股＋5,000股×40%)]÷100,000股＝$5.4
  故甲稀釋EPS＝合併稀釋EPS＝$536,000÷100,000股＝$5.36

(2) (B)選項，「甲公司個體綜合損益表」即甲公司適用正確權益法下之綜合損益表，故其應表達之EPS資訊與合併綜合損益表上之EPS資訊相同。

(3) 有關(A)選項，說明如下：
  按2019年適用之 IAS 27「單獨財務報表」第 10 段規定：
  「企業編製單獨財務報表時，對投資子公司、合資及關聯企業之會計處理，應依下列方式之一：(a)按成本，(b)依 IFRS 9 之規定，或 (c)採用 IAS 28 所述之權益法。」
  因有(c)處理方法，故「(A)選項結論」＝「(B)選項結論」，
  另(a)及(b)處理方法，則「(A)選項結論」≠「(B)選項結論」。
  若然，本題答案應為 (A)(B)(D) 或 (B)(D)。

(二十六) (單選題：近年會計師考題改編)

※ 子公司發行特別股之財表合併程序

(1) (111 會計師考題)

(C) 甲公司於 X1 年 1 月 1 日以$3,200,000 取得乙公司 80%普通股股權，並依收購日公允價值$800,000 及$820,000 分別衡量屬於非控制權益之普通股及特別股，當時乙公司各項可辨認資產及負債帳面金額均等於公允價值，乙公司未積欠特別股股利。X1 年 1 月 1 日乙公司權益如下：

特別股股本，面額$100，4%，累積	$ 700,000
普通股股本，面額$10	3,200,000
資本公積－特別股股票溢價	30,000
資本公積－普通股股票溢價	70,000
保留盈餘	480,000
權益總額	$4,480,000

X1 年度乙公司淨利$60,000，宣告並發放現金股利$20,000。下列敘述何者正確？
(A) X1 年度合併綜合損益表上特別股非控制權益淨利金額為$20,000
(B) X1 年度合併綜合損益表上普通股非控制權益淨利金額為$6,000
(C) X1 年 12 月 31 日合併資產負債表上特別股非控制權益金額為$828,000
(D) X1 年 12 月 31 日甲公司帳上「採用權益法投資」之餘額為$3,211,700

說明：乙未入帳商譽＝[($3,200,000＋$800,000)＋$820,000]－$4,480,000
　　　　　　＝$340,000
　　乙淨利$60,000 中屬特別股股東＝$700,000×4%＝$28,000 [選項(A)]
　　乙淨利$60,000 中屬普通股股東＝$60,000－$28,000＝$32,000
　　甲對乙應認列之投資收益＝$32,000×80%＝$25,600
　　普通股非控制權益淨利＝$32,000×20%＝$6,400 [選項(B)]
　　乙股利$20,000 中分配予特別股股東＝$20,000 (因＜$28,000)
　　乙股利$20,000 中分配予普通股股東＝$0
　　X1/12/31 合併資產負債表上特別股非控制權益
　　　　＝$820,000＋$28,000－$20,000＝$828,000 [選項(C)]
　　X1/12/31 甲帳上「採用權益法投資」
　　　　＝$3,200,000＋$25,600－$0＝$3,225,600 [選項(D)]

(2) (110 會計師考題)

(C) 甲公司於X4年初以$7,000,000購入乙公司70%普通股股權而對乙公司存在控制。當時乙公司權益$11,000,000，包括特別股股本$1,000,000(面額$100，3%，累積，非參加，贖回價格110)。X4年初乙公司已積欠一年特別股股利，且各項可辨認資產、負債之帳面金額均等於公允價值，甲公司採用權益法處理該項投資，並依收購日公允價值$1,100,000及$2,970,000分別衡量非控制權益之特別股及普通股。試問此企業合併所產生之商譽金額為何？
(A) $0　　(B) $35,000　　(C) $70,000　　(D) $100,000

說明：乙未入帳商譽＝($7,000,000＋$2,970,000＋$1,100,000)－$11,000,000
　　　　　　　　　＝$11,070,000－$11,000,000＝$70,000

(3) (109 會計師考題)

(B) 甲公司於20x1年1月1日以每股市價$15取得乙公司80%普通股股權，並對乙公司存在控制。當日乙公司權益包括普通股股本$500,000(每股面額$10)、特別股股本$100,000(每股面額$100、5%、累積且非參加，無積欠股利)以及保留盈餘$100,000，且其帳列資產及負債之帳面金額皆等於公允價值，除有一項未入帳專利權$50,000(估計尚有5年耐用年限)外，無其他未入帳可辨認資產或負債。收購日乙公司特別股每股市價$110。非控制權益係以收購日公允價值衡量。甲公司另於20x1年7月1日以每股$108取得乙公司20%特別股。乙公司20x1年淨利為$100,000，係於年度中平均賺得，於20x1年未宣告及發放股利。甲公司採權益法處理其對乙公司之投資。試問20x1年合併綜合損益表上之非控制權益淨利為何？
(A) $22,500　　(B) $21,500　　(C) $21,000　　(D) $18,000

說明：特別股權益分享乙淨利＝$100,000×5%＝$5,000
　　　　甲應認列之特別股投資收益＝$5,000×6/12×20%＝$500
　　　　「非控制權益淨利－特別股」＝$5,000－$500＝$4,500
　　　　「非控制權益淨利－普通股」
　　　　　＝[乙淨利$100,000－特別股權益分享乙淨利$5,000－專利權攤銷
　　　　　　($50,000÷5年)]×(1－80%)＝$85,000×20%＝$17,000
　　　　20x1年之非控制權益淨利＝$4,500＋$17,000＝$21,500

(4) (109 會計師考題)

(B) 承上題,試問20x1年12月31日合併資產負債表上非控制權益之金額為何?
(A) $167,000　(B) $259,000　(C) $259,900　(D) $282,000

說明:(1)「非控制權益－特別股」係以收購日公允價值衡量,故
「非控制權益－特別股」=($100,000÷$100)×$110=$110,000。
20x1/ 7/ 1,$110,000+($5,000×6/12)=$112,500
$112,500×(1－20%)=$90,000
20x1/12/31,$90,000+($5,000×6/12×80%)=$92,000
(2)「非控制權益－普通股」係以收購日公允價值衡量,惟釋例中未提及該公允價值,故設算之。
20x1/ 1/ 1,$15×[($500,000÷$10)×80%]=$600,000
($600,000÷80%)×20%=$750,000×20%=$150,000
20x1/12/31,$150,000+$17,000(詳上題)=$167,000
(3) 20x1/12/31,非控制權益=$92,000+$167,000=$259,000

(5) (107 會計師考題)

(C) 甲公司於20x1年底取得乙公司80%普通股股權,並對乙公司存在控制。採權益法處理該投資,移轉對價等於乙公司收購日可辨認淨資產公允價值之比例份額。於收購日,乙公司帳列資產及負債之帳面金額皆等於公允價值,且無其他未入帳之資產或負債。乙公司另有流通在外累積特別股$400,000,股利率5%,該日並無積欠股利。甲公司以收購日公允價值$400,000衡量該非控制權益之特別股。20x2年初,甲公司以$100,000取得乙公司40%特別股,取得前甲公司權益為$1,000,000,包括普通股股本$200,000、資本公積$200,000以及保留盈餘$600,000。試問經此交易後甲公司帳上保留盈餘及資本公積分別為何?
(A) $540,000 和 $260,000　(B) $600,000 和 $200,000
(C) $600,000 和 $260,000　(D) $660,000 和 $200,000

說明:按課文所述「方法一」,則甲公司於20x2年初應作之分錄:

| 20x2/某日 | 採用權益法之投資－特別股 | 100,000 | |
| | 　現　金 | | 100,000 |

20x2/某日	採用權益法之投資－特別股	60,000	
	資本公積－實際取得或處分子公司		
	股權價格與帳面價值差額		60,000
$400,000×40\%=\$160,000$，$\$160,000-\$100,000=\$60,000$			

　　　因此，甲公司帳上保留盈餘＝$600,000

　　　　　　甲公司帳上資本公積＝$200,000＋$60,000＝$260,000

(6) (105 會計師考題)

(C) 甲公司於 20x7 年 1 月 1 日以$1,200,000 取得乙公司 90%股權，並對乙公司存在控制。當日乙公司帳列資產及負債之帳面金額皆等於公允價值，且無未入帳可辨認資產或負債。乙公司權益如下：

特別股股本，面額$100、優先股利率 6%， 　累積非參加，收回價格$120	$ 300,000
普通股股本，面額$10	500,000
資本公積－普通股股票溢價	200,000
保留盈餘	500,000
權　益　總　額	$1,500,000

乙公司特別股無積欠股利。甲公司採權益法處理該項投資，並依收購日公允價值$340,000 與$116,000 衡量屬非控制權益之特別股與普通股。試問 20x7 年 1 月 1 日合併財務狀況表上之商譽金額為何？
(A) $4,000　　(B) $50,000　　(C) $156,000　　(D) $176,000

說明：乙總公允價值＝$340,000＋($1,200,000＋$116,000)＝$1,656,000
　　　合併財務狀況表上之商譽＝$1,656,000－$1,500,000＝$156,000

(7) (102 會計師考題)

(C) 母公司取得子公司特別股時，若所支付對價之公允價值低於子公司該部分特別股於合併報表之帳面金額，有關該差額之敘述，下列何者正確？
(A) 減少合併保留盈餘　　(B) 增加合併淨利
(C) 增加資本公積　　　　(D) 減少特別股投資成本

說明：請參閱本章釋例二。

(8) (100 會計師考題)

(B) 甲公司持有乙公司流通在外累積特別股的 70%(7,000 股)以及普通股 60%股權。該累積特別股之股利率為 10%，每股面值$100。乙公司去年未宣告發放股利，本年度淨利為$780,000，則本年度非控制權益淨利為何？
(A) $305,000　　(B) $302,000　　(C) $298,000　　(D) $292,000

說明：乙公司 10%累積特別股流通在外股數＝7,000÷70%＝10,000 股
　　　10%累積特別股每年之股利＝$100×10%×10,000 股＝$100,000
　　　　　　　　　　　　　　　　＝累積特別股股東每年可分享之淨利
　　　本年乙普通股股東可分享之淨利＝$780,000－$100,000＝$680,000
　　　本年非控制權益淨利＝特($100,000×30%)＋普($680,000×40%)
　　　　　　　　　　　　＝$30,000＋$272,000＝$302,000

(9) (100 會計師考題)

(C) 甲公司於數年前投資乙公司流通在外特別股的 10%及流通在外普通股的 80%，取得成本皆等於其所取得股權之帳列淨值。已知收購日乙公司帳列資產及負債之帳面金額皆等於公允價值，且無未入帳資產或負債。乙公司 20x7 年 12 月 31 日流通在外股票如下：

| 特別股股本，10%，累積 | $ 200,000 |
| 普通股股本 | $700,000 |

乙公司 20x7 年淨利為$120,000。截至 20x7 年 12 月 31 日，乙公司已積欠特別股股東 2 年股利。試問 20x7 年甲公司投資乙公司特別股及普通股之投資收益合計金額為何？
(A) $54,000　　(B) $68,000　　(C) $82,000　　(D) $96,000

說明：乙公司特別股每年之股利＝$200,000×$10%＝$20,000
　　　　　　　　　　　　　　＝20x7 年度特別股股東可分享之淨利
　　　20x7 年乙普通股股東可分享之淨利＝$120,000－$20,000＝$100,000
　　　20x7 年甲公司應認列之投資收益
　　　　　　＝($20,000×10%)＋($100,000×80%)＝$82,000

(10)　(100 會計師考題)

(D)　甲公司於 20x6 年 1 月 1 日以$7,000,000 取得乙公司 70%普通股股權，並對乙公司存在控制。非控制權益係以收購日公允價值衡量。收購日乙公司權益如下：

特別股股本，10%，累積非參加，面額$100，贖回價格$110	$ 1,000,000
普通股股本，面額$10	6,000,000
資本公積－普通股股票溢價	1,500,000
保留盈餘	2,500,000
權　益　合　計	$11,000,000

若於收購日無積欠股利，且乙公司帳列淨值低估係因未入帳商譽所致，則該未入帳商譽金額為何？

(A) $0　　　(B) $35,000　　　(C) $70,000　　　(D) $100,000

說明：「非控制權益－特別股」係以收購日公允價值衡量，惟釋例中未提及該公允價值，故按特別股發行條件計算其於收購日之最大權益。

乙公司特別股權益＝($1,000,000÷$100)×$110＝$1,100,000
　　　　　　　＝「非控制權益－特別股」

「非控制權益－普通股」係以收購日公允價值衡量，惟釋例中未提及該公允價值，故設算之。

乙公司普通股權益之公允價值＝$7,000,000÷70%＝$10,000,000
「非控制權益－普通股」＝$10,000,000×30%＝$3,000,000

乙公司未入帳商譽
　　＝[($7,000,000＋$3,000,000)＋$1,100,000]－$11,000,000
　　＝$11,100,000－$11,000,000＝$100,000

(11) **(100 會計師考題)**

(D) 甲公司於 20x1 年底取得乙公司 80%普通股股權並對乙公司存在控制。非控制權益係以收購日公允價值衡量。甲公司及乙公司 20x9 年 12 月 31 日結帳後但未考慮下列投資交易前之權益如下：

	甲公司	乙公司
特別股股本，面額$100	—	$1,000,000
普通股股本，面額$10	$5,000,000	1,000,000
保留盈餘	2,000,000	2,500,000
權益合計	$7,000,000	$4,500,000

甲公司於 20x9 年 12 月 31 日另以$850,000 取得乙公司 80%特別股。20x9 年底合併財務狀況表上保留盈餘之金額為何？

(A) $4,500,000　　(B) $4,450,000　　(C) $2,000,000　　(D) $1,950,000

說明：「非控制權益－特別股」係以收購日公允價值衡量，惟釋例中未提及該公允價值，故按特別股發行條件計算其於收購日之最大權益。因此，收購日乙公司特別股權益為$1,000,000，20x9/12/31 甲公司取得乙公司 80%特別股前之「非控制權益－特別股」仍為$1,000,000。

20x9/12/31，甲公司取得乙公司 80%特別股之分錄：

20x9/12/31	採用權益法之投資－特別股　　800,000	
	保留盈餘（＊）　　　　　　　　 50,000	
	現　金	850,000
	＊：詳本章第 10 頁「方法二」之＊說明。	
	乙特別股權益$1,000,000×80％＝$800,000	

20x9 年 12 月 31 日合併財務狀況表上之保留盈餘
＝20x9 年 12 月 31 日甲公司帳列保留盈餘
＝$2,000,000－$50,000＝$1,950,000

(12) (99 會計師考題)

(B) 甲公司於 20x6 年 1 月 3 日以$2,000,000 取得乙公司 80%普通股股權，並對乙公司存在控制。當日乙公司帳列淨值低估係因乙公司有一項未入帳專利權，估計尚有 10 年耐用年限。非控制權益係以收購日公允價值衡量。同日乙公司權益如下：

特別股股本，3%，累積，面額$100，清算價格$104	$1,000,000
普通股股本，面額$10	2,000,000
資本公積－特別股股票溢價	50,000
資本公積－普通股股票溢價	100,000
保留盈餘	300,000
權　益　總　數	$3,450,000

乙公司特別股無積欠股利，乙公司 20x6 年淨利為$100,000，則甲公司 20x6 年按權益法應認列之投資損益為何？

(A) $48,000　　　(B) $48,800　　　(C) $56,000　　　(D) $72,800

說明：「非控制權益－特別股」係以收購日公允價值衡量，惟釋例中未提及該公允價值，故按特別股發行條件計算其於收購日之最大權益。

　　　特別股權益＝($1,000,000÷$100)×$104＋$0＝$1,040,000
　　　　　　　　＝「非控制權益－特別股」

「非控制權益－普通股」係以收購日公允價值衡量，惟釋例中未提及該公允價值，故設算之。

乙公司普通股權益之公允價值＝$2,000,000÷80%＝$2,500,000
「非控制權益－普通股」＝$2,500,000×20%＝$500,000

乙公司未入帳專利權
　　　＝[($2,000,000＋$500,000)＋$1,040,000]－$3,450,000
　　　＝$3,540,000－$3,450,000＝$90,000
未入帳專利權之每年攤銷金額＝$90,000÷10 年＝$9,000

20x6 年乙公司淨利為$100,000，由特別股及普通股兩類股東分享：
(a) 特別股股東應分享數＝$1,000,000×3%＝$30,000
(b) 普通股股東應分享數＝$100,000－$30,000＝$70,000
　　甲公司按權益法應認列之投資收益
　　　＝($70,000－專攤$9,000)×80%＝$48,800

(13) **(99 會計師考題)**

(C) 甲公司權益為$5,000,000，包括普通股股本(面值$10)$1,000,000、資本公積$1,000,000 及保留盈餘$3,000,000。數年前甲公司取得乙公司 80%普通股股權，移轉對價為收購日乙公司普通股權益帳面金額之 80%，當日乙公司帳列帳列資產及負債之帳面金額皆等於公允價值，且無未入帳資產或負債。收購日乙公司之權益包含特別股股本$900,000(10%，累積)。非控制權益係以收購日公允價值衡量。若甲公司現在以$500,000 取得乙公司 60%特別股，則經此交易後，甲公司之保留盈餘及資本公積之金額分別為：

(A) $2,960,000 和 $1,000,000　　(B) $3,000,000 和 $960,000
(C) $3,000,000 和 $1,040,000　　(D) $3,040,000 和 $1,000,000

說明：「非控制權益－特別股」係以收購日公允價值衡量，惟釋例中未提及該公允價值，故按特別股發行條件計算其於收購日之最大權益。

乙特別股權益＝$900,000，$900,000×60%＝$540,000，甲公司以$500,000 取得乙公司 60%特別股之分錄如下；亦可暫不貸記「資本公積」$40,000 於甲公司帳冊上，而係於每年編製合併工作底稿時，利用沖銷分錄再將「資本公積」$40,000 列入合併財務報表中。

採用權益法之投資－特別股	540,000	
現　金		500,000
資本公積－實際取得或處分子公司		
股權價格與帳面價值差額		40,000

因此，經此交易後，甲公司之保留盈餘及資本公積之金額分別為$3,000,000 及$1,040,000 ($1,000,000＋$40,000)。

(14) (99 會計師考題)

(D) 甲公司於 20x7 年 1 月 1 日以$1,197,000 取得乙公司 90%普通股股權，並以$124,000 取得乙公司 40%累積特別股，因此對乙公司存在控制。當日乙公司帳列淨值低估係因乙公司有未入帳商譽。非控制權益係以收購日公允價值衡量。收購日乙公司權益如下：

特別股股本，6%，累積，面額$100，贖回價格$120	$300,000
普通股股本，面額$10	500,000
資本公積－普通股股票溢價	200,000
保留盈餘	500,000
權　益　總　數	$1,500,000

試問收購日之非控制權益為何？
(A) $150,000　　(B) $330,000　　(C) $332,000　　(D) $349,000

說明：「非控制權益－特別股」係以收購日公允價值衡量，惟釋例中未提及該公允價值，故按特別股發行條件計算其於收購日之最大權益。
　　　特別股權益＝($300,000÷$100)×$120＋$0＝$360,000
　　　「非控制權益－特別股」＝$360,000×(1－40%)＝$216,000
　　　「非控制權益－普通股」係以收購日公允價值衡量，惟釋例中未提及該公允價值，故設算之。
　　　乙公司普通股權益之公允價值＝$1,197,000÷90%＝$1,330,000
　　　「非控制權益－普通股」＝$1,330,000×10%＝$133,000
　　　「非控制權益」＝$216,000＋$133,000＝$349,000

(15) (96 會計師考題)

(D) 20x6 年底，乙公司已積欠一年特別股股利，其權益如下：

特別股股本，15%，累積，面額$100，贖回價格$105	$1,000,000
普通股股本，面額$10	2,000,000
資本公積－特別股股票溢價	200,000
保留盈餘	300,000
權　益　總　數	$3,500,000

甲公司於 20x7 年初取得乙公司 80%普通股,並對乙公司存在控制。非控制權益係以收購日公允價值衡量。試問甲公司所取得乙公司股權淨值為何?
(A) $2,800,000　　(B) $2,000,000　　(C) $1,960,000　　(D) $1,840,000

說明:「非控制權益－特別股」係以收購日公允價值衡量,惟釋例中未提及該公允價值,故按特別股發行條件計算其於收購日之最大權益。
特別股權益＝($1,000,000÷$100)×$105＋($1,000,000×15%)
　　　　＝$1,050,000＋$150,000＝$1,200,000
普通股權益＝$3,500,000－$1,200,000＝$2,300,000
甲公司取得乙公司之股權淨值＝$2,300,000×80%＝$1,840,000

(16)　(96 會計師考題)

(D)　甲公司於 20x7 年 1 月 1 日以$800,000 取得乙公司 80%股權,並對乙公司存在控制。當日乙公司帳列資產及負債之帳面金額皆等於公允價值,除有未入帳商譽外,無其他未入帳資產或負債。非控制權益係以收購日公允價值衡量。於收購日,乙公司已積欠一年特別股股利,其權益如下:

特別股股本,10%,累積,面額$10	$150,000
普通股股本,面額$10	400,000
資本公積－特別股股票溢價	50,000
保留盈餘	250,000
權　益　總　數	$850,000

乙公司 20x7 年淨利為$50,000,未宣告或發放現金股利。試問 20x7 年非控制權益淨利為何?
(A) $4,000　　(B) $7,000　　(C) $10,000　　(D) $22,000

說明:「非控制權益－特別股」應分享乙淨利＝$150,000×10%＝$15,000
　　　「非控制權益－普通股」應分享乙淨利
　　　　　　　　＝($50,000－$15,000)×20%＝$7,000
　　　非控制權益淨利＝$15,000＋$7,000＝$22,000

(17) **(92 會計師考題)**

(D) 甲公司於 20x6 年初以現金取得乙公司 70%普通股股權及 80%特別股股權，並對乙公司存在控制。非控制權益係以收購日公允價值衡量。收購日，乙公司帳列淨值低估$100,000，係因乙公司有一項未入帳專利權(預計尚有 5 年耐用年限)，其餘帳列資產及負債之帳面金額皆等於公允價值，亦無其他未入帳資產或負債。同日甲公司及乙公司權益如下：

	甲公司	乙公司
特別股股本，5%，累積，非參加	$ —	$ 800,000
普通股股本	1,500,000	600,000
保留盈餘	500,000	200,000
權 益 合 計	$2,000,000	$1,200,000

甲公司 20x6 年未計入投資損益或股利收入前之淨利為$300,000，未宣告並發放股利。乙公司 20x6 年淨利為$200,000，宣告並發放股利$100,000，但 20x5 年未宣告並發放股利。試問 20x6 年非控制權益淨利為何？
(A) $42,000　　(B) $48,000　　(C) $56,000　　(D) $50,000

說明：乙未入帳專利權之每年攤銷數＝$100,000÷5 年＝$20,000

乙公司淨利$200,000	特別股股東分享數 ＝$800,000×5%＝$40,000	80%	$32,000
		20%	$8,000
	普通股股東分享數 ＝$200,000－$40,000 ＝$160,000	70%	($160,000－$20,000)×70% ＝$140,000×70%＝$98,000
		30%	$140,000×30%＝$42,000
乙公司股利$100,000	特別股股東分配數 ＝$800,000×5%×2 年＝$80,000	80%	$64,000
		20%	$16,000
	普通股股東分配數 ＝$100,000－$80,000＝$20,000	70%	$14,000
		30%	$6,000

非控制權益淨利＝$8,000＋$42,000＝$50,000

※ 合併每股盈餘

(18)　(111 會計師考題)

(B) 甲公司於 X1 年 1 月 1 日取得乙公司 80%普通股股權，當日乙公司除有一未入帳專利權$20,000 (尚有 5 年耐用年限)外，其餘可辨認資產及負債帳面金額均與公允價值相等。甲公司 X1 年度全年流通在外普通股為 100,000 股。乙公司 X1 年度全年流通在外普通股為 50,000 股，及全年流通在外可轉換特別股 2,000 股 (每股面額$100，股利率 4%，累積非參加，共可轉換乙公司普通股 10,000 股)。甲公司及乙公司 X1 年度個別淨利 (不含投資收益或股利收入) 分別為$400,000 及$151,000。X1 年間甲公司將成本$26,000 商品以$30,000 售予乙公司，截至 X1 年底該批商品尚有半數尚未售予合併個體以外單位。試問 X1 年度合併稀釋每股盈餘為何？
(A) $4.14　　(B) $4.96　　(C) $5.12　　(D) $5.77

說明：專利權每年攤銷金額＝$20,000÷5 年＝$4,000
　　　乙可轉特每年股利＝2,000×$100×4%＝$8,000
　　　乙基本 EPS (只用「替換計算」)
　　　　＝($151,000－$4,000－$8,000)÷50,000 股＝$139,000÷50,000
　　　　＝$2.78
　　　乙稀釋 EPS (只用於「替換計算」)
　　　　＝($139,000＋$8,000)÷(50,000＋10,000)股＝$147,000÷60,000
　　　　＝$2.45
　　　甲對乙應認列之投資收益
　　　　＝($151,000－$4,000－$8,000)×80%－($30,000－$26,000)×(1/2)
　　　　＝$111,200－順流銷貨未實利$2,000＝$109,200
　　　甲基本 EPS (亦是合併基本 EPS)
　　　　＝($151,000＋$109,200)÷100,000 股＝$509,200÷100,000
　　　　＝$5.092
　　　甲稀釋 EPS (亦是合併稀釋 EPS) (納入「替換計算」)
　　　　＝[$509,200－$111,200＋($2.45×50,000 股×80%)]÷100,000 股
　　　　＝$496,000÷100,000 股＝$4.96

(19)　(109 會計師考題)　(本題答案與考選部公布不同，請讀者注意)

(B) 母公司持有子公司 75%股權，採權益法處理其對子公司之投資。20x7 年母公司及子公司之淨利分別為$577,000(含投資收益$135,000)及$180,000，並分別有 200,000 股及 60,000 股普通股全年流通在外。20x7 年初母公司有 1,000 張可轉換公司債流通在外，每張可轉換為子公司 15 股普通股，該可轉換公司債 20x7 年之利息費用為$20,500；子公司有 18,000 單位認股證全年流通在外，每單位認股證可按每股$32 購買母公司 10 股普通股，20x7 年母公司及子公司普通股每股平均市價分別為$40 及$36。若母公司及子公司之所得稅率均為 20%，則 20x7 年合併稀釋每股盈餘為何？
(A) $2.36　　(B) $2.40　　(C) $2.47　　(D) $2.51

說明：

(1)

母	可轉換公司債	假設轉換為子普通股 15,000 股： 1,000 張×子 15 股＝子 15,000 股，詳下述(3)說明。
子	認股證	『視為』母的潛在普通股： ($32×18,000×母 10 股)÷$40＝144,000 股 發出 180,000 股，買回 144,000 股，增加 36,000 股 故 每增額股份盈餘＝$0÷36,000 股＝$0

(2) 甲公司對乙公司應認列之投資收益＝$180,000×75%＝$135,000
令 X＝甲稅前淨利＝甲稅後淨利＋當期所得稅費用＋遞延所得稅費用
則 X＝甲稅前淨利＝$577,000＋[(X－$135,000)×20%]＋($135,000×20%)
∴ X＝甲稅前淨利＝$721,250 (含投資收益$135,000)

20x7/12/31，甲公司認列所得稅負之分錄：

	20x7	20x7 以後
會計利潤 (含投資收益$135,000)	$721,250	
減：乙公司未分配利潤屬於甲公司的部分	(135,000)	$135,000
課稅所得	$586,250	$135,000
20x7/12/31　當期所得稅費用　117,250 　　　　　　遞延所得稅費用　 27,000 　　　　　　　本期所得稅負債　117,250 　　　　　　　遞延所得稅負債　 27,000	$586,250×20% ＝$117,250 $135,000×20% ＝$27,000	

$$甲稅後淨利 = 甲稅前淨利 - 所得稅費用$$
$$= \$721{,}250 - (\$117{,}250 + \$27{,}000) = \$577{,}000$$

合併基本每股盈餘 $= \$577{,}000 \div 200{,}000$ 股 $= \underline{\$2.885}$

(3) 假設甲發行的可轉換公司債轉換為乙普通股，則甲省下稅前利息費用 $\$20{,}500$，同時乙流通在外普通股增加 15,000 股，導致甲對乙之持股比例降為 60%，(60,000 股 ×75%)÷(60,000 股 + 15,000 股) = (45,000 股)÷(75,000 股) = 60%。為計算合併稀釋 EPS，重新計算下列金額：

(i) 甲對乙應認列之投資收益 $= \$180{,}000 \times 60\% = \$108{,}000$

(ii) 由上述(2)已知甲稅前淨利 $= \$721{,}250$ (含投資收益$\$135{,}000$)
故用於計算合併稀釋每股盈餘之甲稅前淨利
$= \$721{,}250 - \$135{,}000 + \$108{,}000 +$ 省下稅前利息費用$\$20{,}500$
$= \$\$714{,}750$

(iii) 20x7/12/31，甲公司所得稅負之示範分錄：

(下列分錄只為計算合併稀釋 EPS，並非甲公司帳列分錄。)

	20x7	20x7 以後
會計利潤 (含投資收益$108,000)	$714,750	
減：乙公司未分配利潤屬於甲公司的部分	(108,000)	$108,000
課稅所得	$606,750	$108,000

20x7/12/31	本期所得稅費用	121,350	$606,750×20%
(示範分錄，	遞延所得稅費用	21,600	=$121,350
非甲公司	本期所得稅負債	121,350	$108,000×20%
帳列分錄)	遞延所得稅負債	21,600	=$21,600

甲稅後淨利(只用於計算合併稀釋 EPS) = 甲稅前淨利 − 所得稅費用
$= \$714{,}750 - (\$121{,}350 + \$21{,}600) = \$571{,}800 < \$577{,}000$

(4) 合併稀釋每股盈餘 $= \$571{,}800 \div 236{,}000$ 股 $= \underline{\$2.4229}$

分子	$571,800 + $0	=	$571,800
分母	200,000 + 36,000	=	236,000 股

(20) (108 會計師考題)

(C) 子公司可轉換公司債為具稀釋作用之可轉換為母公司普通股的潛在普通股，在計算合併稀釋每股盈餘時，下列敘述何者正確？
(A) 合併稀釋每股盈餘僅分母受影響
(B) 合併稀釋每股盈餘僅分子受影響
(C) 合併稀釋每股盈餘的分母與分子皆受影響
(D) 合併稀釋每股盈餘的分母與分子皆不受影響

說明：請參閱本章釋例三。

(21) (108 會計師考題)

(C) 甲公司持有乙公司 70%股權並對乙公司存在控制。20x5 年甲公司與乙公司全年流通在外普通股分別為 100,000 股與 10,000 股。20x5 年 1 月 2 日乙公司將帳面金額$15,000 之機器以$20,000 售予甲公司，該機器尚可使用 5 年，無殘值，採直線法提列折舊。兩家公司對機器之後續衡量均採成本模式。甲公司與乙公司之個別淨利(不含投資收益與股利收入之淨利)分別為$125,000 與$54,000。試問甲公司及其子公司 20x5 年合併綜合損益表中之基本每股盈餘為何？ (每股盈餘，請四捨五入計算至小數點後第二位)
(A) $1.25　(B) $1.59　(C) $1.60　(D) $1.79

說明：20x5 年初逆流出售機器之未實現利益＝$20,000－$15,000＝$5,000
　　　逆流出售機器之每年已實現利益＝$5,000÷5 年＝$1,000
　　　權益法下甲公司淨利＝$125,000＋($54,000－$5,000＋$1,000)×70%
　　　　　　　　　　　　＝$125,000＋$35,000＝$160,000
　　　合併綜合損益表中之基本每股盈餘＝$160,000÷100,000 股＝$1.60

(22) (105 會計師考題)

(C) 甲公司於 20x7 年 1 月 1 日以股份交換方式吸收合併乙公司,合併後甲公司流通在外普通股為 100,000 股,且於 20x7 年上半年維持不變。乙公司於合併後成為甲公司轄下之事業單位。依合併契約,若合併後第一年原乙公司所屬事業單位全年之部門營業利益率達 15%以上,則甲公司須額外發行 20,000 股普通股予乙公司原股東。此外,甲公司基於留才,於收購日發行 25,000 單位認股權給予乙公司研發人員,每單位認股權可按$40 認購甲公司 1 股普通股,於合併日二年後既得。甲公司 20x7 年上半年之淨利為 $500,000,原乙公司事業單位上半年之部門營業利益率為 18%。甲公司普通股於 20x7 年上半年之每股平均股價為$50。試問甲公司 20x7 年上半年之合併綜合損益表上稀釋每股盈餘為何?

(A) $3.45　　(B) $4.00　　(C) $4.17　　(D) $4.76

說明:

(1)「依合併契約,若合併後第一年原乙公司所屬事業單位全年之部門營業利益率達 15%以上,則甲公司須額外發行 20,000 股普通股予乙公司原股東。」此係「或有股份協議」,其中 20,000 股甲公司普通股係屬或有對價(詳本書第一章)。因已知吸收合併後原乙公司事業單位上半年之部門營業利益率為 18%＞合併契約要求的 15%,故甲公司須額外發行 20,000 股普通股予乙公司原股東,且本題問「甲公司 20x7 年上半年之合併綜合損益表上稀釋每股盈餘為何?」故上述 20,000 股甲公司普通股是潛在普通股,因此應納入稀釋每股盈餘的計算。

(2) 於收購日發行 25,000 單位認股權給乙公司研發人員,惟其「於合併日二年後既得」,於 20x7 年上半年尚無法行使該認股權,不是潛在普通股(詳本章準則用詞定義),故無須納入稀釋每股盈餘之計算。

(3) 稀釋每股盈餘＝$500,000÷(100,000 股＋20,000 股)＝$4.17

補　充:

(4) 於收購日發行 25,000 單位認股權給乙公司研發人員,若無「於合併日二年後既得」之條款,20x7 年上半年即可行使,則該認股權為潛在普通股,應納入稀釋每股盈餘之計算。(25,000×$40)÷$50＝20,000 股,假設行使認股權發出 25,000 股－假設買回庫藏股 20,000 股＝致流通在外普通股增加 5,000 股。

(5) 稀釋每股盈餘＝($500,000＋$0)÷(100,000 股＋20,000 股＋5,000 股)＝$4

(23)　(104 會計師考題)

(A)　若子公司並無可轉換之證券或認股證，則合併基本每股盈餘應如何計算？
　　(A) 歸屬於母公司普通股之合併淨利除以母公司加權平均流通在外股數
　　(B) 歸屬於母公司普通股之合併淨利除以母公司與子公司加權平均流通在外總股數
　　(C) 母公司基本每股盈餘與子公司基本每股盈餘之平均數
　　(D) 合併淨利除以母公司與子公司加權平均流通在外總股數

　　說明：合併綜合損益表上之「控制權益損益」即是母公司正確地適用權益法下所計得之本期損益。因此合併綜合損益表上須表達之合併每股盈餘資訊，即是母公司正確地適用權益法下個別綜合損益表上須表達的每股盈餘資訊，故
　　　　合併基本每股盈餘＝母公司正確地適用權益法下之基本每股盈餘
　　　　　　　　　　　＝歸屬於母公司普通股之合併淨利÷母公司加權平均流通在外股數

(24)　(101 會計師考題)

(C)　甲公司 25,000 股普通股全年流通在外，甲公司持有乙公司全年流通在外普通股 10,000 股之 80%。本年度乙公司淨利為$100,000，合併淨利中歸屬於甲公司股東之金額為$200,000。此外乙公司有認股權全年流通在外，該認股權得以每股$15 認購乙公司 2,000 股普通股，乙公司普通股全年每股平均市價為$25。試問合併稀釋每股盈餘為何？
　　(A) $8.93　　(B) $8.00　　(C) $7.76　　(D) $7.63

　　說明：乙公司認股權：(2,000 股×$15)÷$25＝1,200 股
　　　　　　假設行使認股權發出 2,000 股－假設買回庫藏股 1,200 股
　　　　　　　＝致流通在外乙普通股增加 800 股
　　　　　每增額股份盈餘＝$0÷800 股＝$0
　　　　　乙公司基本每股盈餘＝$100,000÷10,000 股＝$10
　　　　　乙公司稀釋每股盈餘＝($100,000＋$0)÷(10,000 股＋800 股)＝$9.259
　　　　　合併基本每股盈餘＝$200,000÷25,000 股＝$8
　　　　　合併稀釋每股盈餘＝($200,000－$100,000×80%＋$9.259×8,000 股)
　　　　　　　　　　　　　÷25,000 股＝$7.763

(25) (94 會計師考題)

(C) 甲公司持有乙公司 90%之普通股。20x7 年資料如下：
(1) 甲公司普通股股本$1,000,000，面額$10，全年流通在外。
(2) 甲公司 20x7 年淨利為$291,800。
(3) 乙公司普通股股本$200,000，面額$10，全年流通在外。
(4) 乙公司特別股股本$100,000，10%，面額$100，1,000 股，全年流通在外，每 1 股特別股可轉換乙公司 10 股普通股。
(5) 乙公司 20x7 年淨利為$56,000。
(6) 20x7 年間，乙公司將一批成本$100,000 之商品存貨以$200,000 售予甲公司，截至 20x7 年底該批商品尚有 20%仍未外售予合併個體外單位。

試問 20x7 年合併稀釋每股盈餘為何？（暫不考慮所得稅）
(A) $2.71　　(B) $3.02　　(C) $2.90　　(D) $3.20

說明：
逆流銷貨之未實現利益＝($200,000－$100,000)×20%＝$20,000
甲公司認列對乙公司之投資收益
＝($56,000－逆流$20,000－可轉特股利$100,000×10%)×90%＝$23,400
乙可轉換特別股：股利＝$100,000×10%＝$10,000
　　　　　　　可轉換乙普通股股數＝10 股×1,000 股＝10,000 股
乙公司基本每股盈餘（只用於『替換計算』）
　　＝($56,000－逆流$20,000－可轉特股利$10,000)÷($200,000÷$10)
　　＝$26,000÷20,000 股＝$1.3
乙公司稀釋每股盈餘（只用於『替換計算』）
　　＝($26,000＋可轉特股利$10,000)÷(20,000 股＋10,000 股)
　　＝$36,000÷30,000 股＝$1.2
甲公司基本每股盈餘＝合併基本每股盈餘
　　＝$291,800÷($1,000,000÷$10)＝$291,800÷100,000 股＝$2.918
甲公司稀釋每股盈餘＝合併稀釋每股盈餘
　　＝[$291,800－$23,400＋($1.2×20,000 股×90%)]÷100,000 股
　　＝$290,000÷100,000 股＝$2.90

(26)　(93 會計師考題)

(B)　計算合併每股盈餘時，需先計算子公司每股盈餘，原因是：
　　(A)　母公司為複雜資本結構
　　(B)　子公司有可轉換為子公司普通股之潛在普通股流通在外
　　(C)　子公司有可轉換為母公司普通股之潛在普通股流通在外
　　(D)　以上皆是

　　說明：計算合併每股盈餘時，若子公司有潛在普通股流通在外，則：
　　　　(1) 若子公司之潛在普通股可認購或轉換為子公司普通股時，則須以『替換計算』，將子公司潛在普通股之稀釋效果，納入合併每股盈餘之計算。
　　　　(2) 若子公司之潛在普通股可認購或轉換為母公司普通股時，則將子公司之潛在普通股「視為」母公司之潛在普通股，與母公司所發行之潛在普通股一併按其個別稀釋作用大小排序，納入合併每股盈餘之計算。
　　　　因此，情況(1)才需先計算子公司每股盈餘，以利適用『替換計算』。

(27)　(92 會計師考題)

(A)　若母、子公司均無潛在普通股流通在外，則計算合併每股盈餘時分母為：
　　(A)　母公司流通在外普通股加權平均股數
　　(B)　母公司與子公司流通在外普通股加權平均股數之合計數
　　(C)　母公司流通在外普通股股數加母公司持有子公司普通股股數
　　(D)　母公司與子公司流通在外普通股股數之合計數

　　說明：合併綜合損益表上須表達之合併每股盈餘資訊，即是母公司正確地適用權益法下綜合損益表須表達的每股盈餘資訊。因此當母、子公司均無潛在普通股流通在外時，合併綜合損益表上只須表達合併基本每股盈餘，亦是母公司正確地適用權益法下之基本每股盈餘，故計算合併每股盈餘時分母為母公司加權平均流通在外普通股股數。

※ 合併個體所得稅之會計處理

(28) **(111 會計師考題)**

(C) 甲公司持有乙公司 80%股權而對乙公司存在控制。20x3 年初甲公司出售設備予乙公司，認列出售利益$40,000，該設備尚可使用 5 年，無殘值，採直線法提列折舊。20x2 年乙公司曾銷貨給甲公司，其中部分毛利(金額$10,000)至 20x3 年才實現。甲公司及乙公司適用之所得稅稅率分別為 20%及 25%。若預期未來很有可能有足夠之課稅所得供暫時性差異使用，則甲、乙公司間之交易將使 20x3 年度合併遞延所得稅資產增加多少？
(A) $3,900　　(B) $5,500　　(C) $6,000　　(D) $8,000

說明：甲公司及乙公司 20x2 及 20x3 年合併工作底稿上之調整分錄：

20X2	遞延所得稅資產　　　　2,000　　　　遞延所得稅利益　　　　　　2,000	逆流銷貨之未實現利益$10,000　×甲稅率 20%＝$2,000
	合併財務狀況表上之「遞延所得稅資產」借餘$2,000。	
20X3	遞延所得稅資產　　　　2,000　　　　採用權益法之投資　　　　　2,000	重建「遞延所得稅資產」
20X3	遞延所得稅費用　　　　2,000　　　　遞延所得稅資產　　　　　　2,000	迴轉「遞延所得稅資產」
20X3	遞延所得稅資產　　　　8,000　　　　遞延所得稅利益　　　　　　8,000	$40,000÷5＝$8,000 順流出售設備之未實現利益＝$40,000－$8,000＝$32,000 $32,000×乙稅率 25%＝$8,000
	合併財務狀況表上之「遞延所得稅資產」借餘$8,000。	
∴ 甲、乙公司間交易將使 20x3 年度合併遞延所得稅資產增加$6,000，$8,000－$2,000＝增加$6,000。			

(29)　(110 會計師考題)

(A) 甲公司於 20x1 年初發行面額$810,000、公允價值$960,000 之普通股，以股份交換方式吸收合併乙公司。合併前乙公司帳列各項可辨認資產、負債之帳面金額及公允價值如下：

	帳面金額	公允價值		帳面金額	公允價值
現　金	$ 180,000	$ 180,000	應付帳款	$ 120,000	$120,000
存　貨	250,000	300,000	應付票據	216,000	240,000
土　地	402,000	432,000	股　本	600,000	
設　備	218,000	288,000	保留盈餘	114,000	
資產總額	$1,050,000	$1,200,000	負債及權益總額	$1,050,000	

企業合併後各項可辨認資產、負債之課稅基礎即為收購日之公允價值，商譽之課稅基礎為零。乙公司於合併前有營業虧損且並未認列相關之遞延所得稅資產。假設甲公司評估未來很有可能有足夠之課稅所得供營業虧損減除，依稅法規定可減除之金額為$240,000，稅率為 20%。試問收購日應認列之商譽為何？

(A) $72,000　　(B) $120,000　　(C) $198,000　　(D) $246,000

說明：已知乙公司各項可辨認資產、負債之課稅基礎即為收購日之公允價值，即無暫時性差異，但乙公司於合併前有營業虧損$240,000 且帳上並未認列相關之遞延所得稅資產，經甲公司評估未來很有可能有足夠之課稅所得供營業虧損減除，因此甲公司應認列遞延所得稅資產$48,000＝可減除暫時性差異$240,000×20%，故乙公司未入帳商譽＝$960,000－($1,200,000－$120,000－$240,000)－$48,000＝$72,000。收購日甲公司分錄如下：

20x1 年初 (收購日)	現　金	180,000	
	存　貨	300,000	
	土　地	432,000	
	設　備	288,000	
	遞延所得稅資產	48,000	
	商　譽	72,000	
	應付帳款		120,000
	應付票據		240,000
	股　本		810,000
	資本公積		150,000

(30) (108 會計師考題)

(C) 甲公司以現金$1,500,000 收購乙公司所有股權,當日乙公司可辨認淨資產公允價值為$1,200,000,但其帳面金額與課稅基礎均為$1,000,000。假設甲、乙公司適用之所得稅率均為 17%,收購日前甲公司與乙公司均無遞延所得稅資產或負債。假設商譽之課稅基礎為$300,000,試問該收購之合併商譽為何?

(A) $250,000　　(B) $300,000　　(C) $334,000　　(D) $339,780

說明:收購日乙公司可辨認淨資產公允價值(稅後)
　　　＝$1,200,000－($1,200,000－$1,000,000)×17%＝$1,166,000
　　收購之合併商譽＝$1,500,000－$1,166,000＝$334,000

(31) (108 會計師考題)

(B) 甲公司於 20x5 年 1 月 1 日取得乙公司 80%股權並對乙公司存在控制,採權益法處理該項投資。當日乙公司可辨認資產及負債之帳面金額均等於公允價值。20x5 年 1 月 2 日甲公司將帳面金額$2,500 的機器以$6,500 出售予乙公司,該機器尚可使用 10 年,無殘值,採用直線法提列折舊。兩家公司對機器之後續衡量均採成本模式。甲公司及乙公司適用之所得稅率分別為 20%及 25%。有關 20x5 年所得稅費用之敘述,下列何者正確?

(A) 甲、乙兩公司所得稅費用合計數較合併綜合損益表之所得稅費用多 $720
(B) 甲、乙兩公司所得稅費用合計數較合併綜合損益表之所得稅費用多 $900
(C) 甲、乙兩公司所得稅費用合計數較合併綜合損益表之所得稅費用多 $1,000
(D) 甲、乙兩公司所得稅費用合計數等於合併綜合損益表之所得稅費用

說明:截至 20x5 年底未實現利益＝($6,500－$2,500)×(9/10)＝$3,600
　　　須於合併工作底稿調整及沖銷欄,借記「遞延所得稅資產」,貸記「所得稅費用(利益)」,金額為$900,$3,600×機器買方(乙)稅率25%,故合併綜合損益表之所得稅費用＝甲公司所得稅費用＋乙公司所得稅費用－所得稅費用(利益)$900,因此答案為(B)。

(32) **(107 會計師考題)**

(B) 甲公司於20x5年1月1日以$400,000取得乙公司80%股權,並對乙公司存在控制。當日乙公司權益為$500,000,且其帳列資產及負債之帳面金額皆等於公允價值,且無其他未入帳資產或負債。非控制權益係以「對乙公司可辨認淨資產已認列金額所享有之比例份額」衡量。20x5年,甲公司與乙公司之稅前個別淨利(不含投資收益或股利收入)分別為$500,000與$80,000,兩家公司均未宣告股利。乙公司於20x5年將成本$35,000之商品存貨以$50,000售予甲公司,該批商品於20x5年底仍有三分之一為甲公司所持有。甲公司與乙公司皆個別申報所得稅,其適用之所得稅率分別為20%與25%,所有可辨認資產與負債之課稅基礎均等於帳面金額,股利所得與證券交易所得免稅,甲、乙二公司於20x5年初帳上均無遞延所得稅。除前述外,甲、乙二公司無其他財稅差異。試問20x5年之合併所得稅費用為何?
(A) $118,750　(B) $119,000　(C) $120,000　(D) $121,000

說明:20x5年底,乙公司認列所得稅負之分錄:

	20x5	20x6	
會計利潤	$80,000		
課稅所得	$80,000		$80,000×25%＝$20,000
20x5/12/31	本期所得稅費用　　20,000 　　本期所得稅負債　　　　20,000		
乙公司稅後淨利＝$80,000－$20,000＝$60,000			

20x5/12/31,甲公司認列所得稅負之分錄:

逆流銷貨之未實現利益＝($50,000－$35,000)×(1/3)＝$5,000
甲公司應認列之投資收益＝[$60,000－$5,000×(1－25%)]×80%＝$45,000
甲公司會計利潤＝$500,000＋$45,000＝$545,000
乙公司未分配利潤屬於甲公司的部分
　　＝[$60,000－$5,000×(1－25%)－股利$0]×80%＝$45,000

	20x5	20x6	20x5 以後
會計利潤 (含投資收益)	$545,000		
減:乙公司未分配利潤 　　屬於甲公司的部分	(45,000)	$45,000	題目假設: 股利所得免稅
課稅所得	$500,000	$45,000	
20x5/12/31	本期所得稅費用　　100,000 　　本期所得稅負債　　　100,000		$500,000×20% ＝$100,000

乙個別申報營所稅時，所計得之當期課稅所得$80,000 中包含內部逆流銷貨之未實現利益$5,000，並以$1,250($5,000×25%)計入乙本期所得稅負債及本期所得稅費用中，係屬適當並符合準則規定。但以合併個體而言，該項內部逆流銷貨之未實現利益$5,000 將於次期(20x6年)實現，係透過甲將內部交易中的 1/3 商品售予合併個體以外之單位而實現，並由甲於 20x6 年申報該筆交易之相關所得稅負。因此在合併財務報表基礎下，內部交易中的 1/3 商品於 20x5/12/31 尚未外售，須透過沖銷分錄[詳下述]，將該項存貨之帳面金額由$16,667(＝內部交易金額$50,000×1/3)，調降為$11,667(＝乙原進貨成本$35,000×1/3)，但就甲未來報稅上來看，該項存貨之課稅基礎仍為$16,667，因此產生可減除暫時性差異$5,000。若有足夠證據支持甲將於 20x6 年將該項存貨外售，使未實現利益$5,000 得以實現，故須適用甲所得稅率(20%)計算遞延所得稅資產。故在編製 20x5 年合併財務報表時，應認列遞延所得稅資產$1,000，$5,000×20%＝$1,000，可列為合併工作底稿上之調整及沖銷分錄如下：

調整及沖銷分錄：	遞延所得稅資產	1,000	
	遞延所得稅利益		1,000

故 20x5 年之合併所得稅費用
＝甲$100,000＋乙$20,000－(調/沖)$1,000＝$119,000

(33) (106 會計師考題)

(D) 甲公司以現金$225,000購入乙公司75%股權而對乙公司存在控制，並以收購日公允價值$75,000衡量非控制權益。當日乙公司可辨認淨資產之公允價值$250,000，但其帳面金額與課稅基礎均為$200,000。甲及乙公司適用之所得稅率分別為15%及20%，收購日前甲及乙公司均無遞延所得稅資產或負債。假設商譽之課稅基礎為零，試問收購日合併報表應認列之商譽為何？
(A) $0　　(B) $50,000　　(C) $57,500　　(D) $60,000

說明：收購日，乙可辨認淨資產之公允價值$250,000＞其帳面金額＝課稅基礎＝$200,000，$250,000－$200,000＝$50,000＝應課稅暫時性差異，故應認列遞延所得稅負債$10,000，$50,000×20%＝$10,000，因此合併商譽＝($225,000＋$75,000)－($250,000－$10,000)＝$60,000。

(34) (105 會計師考題)

(C) 甲公司於20x6年1月1日以$40,000取得乙公司80%股權而對乙公司存在控制，並依乙公司可辨認淨資產公允價值之比例份額衡量非控制權益。當日乙公司權益為$42,500，除存貨價值低估$2,500 外，其餘帳列資產及負債之帳面金額均等於公允價值，亦無未入帳之可辨認資產或負債，且其帳列資產及負債之帳面金額均等於課稅基礎。甲公司及乙公司適用之所得稅率分別為 25%及 20%。試問收購日工作底稿之沖銷分錄應認列之商譽為何？

(A) $4,000　　(B) $4,125　　(C) $4,400　　(D) $4,500

說明：應課稅暫時性差異＝($42,500＋$2,500)－課稅基礎$42,500＝$2,500
遞延所得稅負債＝$2,500×20%＝$500
乙可辨認淨資產之公允價值(稅後)
　　＝($42,500＋$2,500)－遞延所得稅負債$500＝$44,500
非控制權益＝$44,500×20%＝$8,900
乙公司未入帳商譽＝($40,000＋$8,900)－$44,500＝$4,400

(35) (103 會計師考題)

(A) 甲公司於20x7年1月1日發行普通股100,000股以股份交換方式吸收合併乙公司。當日甲公司普通股每股市價為$50，乙公司權益為$4,000,000。乙公司於合併前有累積營業虧損$400,000，可扣抵年限尚餘2年，乙公司未認列與該虧損扣抵相關之遞延所得稅資產，甲公司評估於未來兩年內很有可能有足夠之課稅所得可供減除乙公司未扣抵營業虧損之半數。乙公司於合併日帳列淨資產之帳面金額較其公允價值低估$500,000。依甲公司所處之課稅轄區規定，甲公司收購乙公司取得之所有可辨認資產及負債於合併日之課稅基礎均等於合併日乙公司原帳列金額，且商譽之課稅基礎為$0。除前述外，甲、乙二公司無其他財稅差異，甲公司適用之所得稅率為20%。試問甲公司於20x7年1月1日應認列之商譽金額為何？

(A) $560,000　　(B) $520,000　　(C) $500,000　　(D) $360,000

(續次頁)

說明：乙公司總公允價值＝100,000 股×$50＝$5,000,000

	帳面金額	公允價值 (a)	課稅基礎 (b)	暫時性差異 (a)－(b)	稅率	遞延所得稅 負債(資產)
淨　　值	$4,000,000	$4,500,000	$4,000,000	$500,000	20%	$100,000
課稅損失 　遞轉後期	－	－	－	($400,000) × 1/2	20%	(40,000)
	$4,000,000	$4,500,000	$4,000,000	$300,000		$ 60,000
減：收購所產生之 　遞延所得稅負債		(60,000)				
合併所取得可辨認淨值 　之公允價值(稅後)		$4,440,000				
合併所產生之商譽＝乙公司總公允價值$5,000,000－$4,440,000＝$560,000						

(36)　(103 會計師考題)

(B) 甲公司於20x7年 1月 1日以$400,000取得乙公司80%股權，並對乙公司存在控制。當日乙公司權益$500,000，且其帳列資產及負債之帳面金額皆等於公允價值，亦無未入帳之資產或負債。非控制權益係以對乙公司可辨認淨資產已認列金額所享有之比例份額衡量。20x7年甲公司與乙公司之稅前個別淨利(不含投資收益或股利收入)分別為$500,000 與$80,000，乙公司於20x7年宣告並發放股利$10,000，並預期未來每年均會發放股利。甲公司與乙公司分開申報所得稅，其適用之稅率分別為20%與25%，股利所得與證券交易所得之適用稅率與一般所得相同。甲公司對乙公司股權投資之課稅基礎等於甲公司原始投資成本，甲、乙二公司於20x7年初均無遞延所得稅。除前述外，甲、乙二公司無其他財稅差異。試問20x7年之合併所得稅費用為何？
(A) $121,600　　(B) $129,600　　(C) $131,200　　(D) $131,600

說明：若甲公司在可預見之未來並無處分乙公司股權之計畫，則：
　　　乙公司認列所得稅負之分錄：

20x7/12/31	本期所得稅費用　　20,000	
	本期所得稅負債	20,000
乙公司稅前淨利$80,000×25%＝$20,000		
20x7 年，乙公司稅後淨利＝$120,000－$20,000＝$60,000		

甲公司認列所得稅負之分錄：

投資收益＝乙稅後淨利$500,000×80%＝$48,000
會計利潤＝$500,000＋$48,000＝$548,000
乙未分配利潤屬於甲的部分＝($60,000－$10,000)×80%＝$40,000
甲收自乙之現金股利＝$10,000×80%＝$8,000
課稅所得＝稅前營業利益$500,000＋甲收自乙之現金股利$8,000
　　　　＝$508,000

	20x7	20x7 以後
會計利潤 (含投資收益)	$548,000	
減：乙公司未分配利潤屬於甲公司的部分	(40,000)	$40,000
課稅所得	$508,000	$40,000

本期所得稅負債＝$508,000×20%＝$101,600
遞延所得稅負債＝$40,000×20%＝$8,000

20x7/12/31	本期所得稅費用	101,600	
	遞延所得稅費用	8,000	
	本期所得稅負債		101,600
	遞延所得稅負債		8,000

20x7 年之合併所得稅費用
＝當期所得稅費用($20,000＋$101,600)＋遞延所得稅費用$8,000
＝$129,600

(37) (102 會計師考題)

(C) 甲公司持有乙公司60%股權並對乙公司存在控制。本年度甲公司出售存貨給乙公司，銷貨毛利至年底尚未實現之金額為$100,000。乙公司去年亦曾銷貨給甲公司，至本年度方實現的毛利金額為$80,000。兩家公司適用之所得稅率皆為25%。試問本年度合併遞延所得稅資產有何變化？
(A) 增加$13,000　　(B) 減少$13,000　　(C) 增加$5,000　　(D) 減少$5,000

說明：去年逆流銷貨交易之未實現利益$80,000，故去年合併遞延所得稅資產為$20,000，$80,000×25%＝$20,000，並於本年度實現。本年度順流銷貨交易之未實現利益$100,000，故本年度合併遞延所得稅資產為$25,000，$100,000×25%＝$25,000，將於明年度實現。因此本年度合併遞延所得稅資產增加$5,000，$25,000－$20,000＝$5,000。

(38) (100 會計師考題)

(B) 甲公司持有乙公司 90%股權數年並對乙公司存在控制。本年度乙公司銷貨予甲公司所產生之毛利$100,000 至年底均未實現,已知乙公司帳列稅後淨利為$1,000,000,兩家公司適用之所得稅率皆為 25%。依現行會計準則規定,甲公司本年度的投資收益為何?

(A) $900,000　　(B) $832,500　　(C) $810,000　　(D) $675,000

說明:

(1) 按企業併購法第 45 條規定,甲公司持有乙公司 90%股權超過 12 個月,可選擇母、子公司合併申報營利事業所得稅。

(2) 合併個體在符合企業併購法第 45 條規定時,雖可選擇合併申報營利事業所得稅,但母、子公司仍須各自依所得稅法規定計算各公司之課稅所得額,再予以合計為合併結算申報所得額,最後再考慮合併營業虧損及投資抵減獎勵之扣抵。

(3) 針對「逆流之內部銷貨交易未實現利益之所得稅負已計入乙公司本年度之本期所得稅負債中」一事,甲公司及乙公司帳上都不會認列遞延所得稅資產,但以合併個體立場而言,須在合併財務報表上認列遞延所得稅資產及遞延所得稅利益,認列金額=逆流銷貨交易之未實現利益$100,000×甲公司適用之所得稅率 25%=$25,000。

(4) 甲公司原認列投資收益=[$1,000,000－$100,000×(1－乙稅率 25%)]×90%=$832,500,本例因甲公及乙公司所適用之所得稅率皆為 25%,未實現利益$100,000×(甲稅率 25%－乙稅率 25%)=$0,因此縱有上述(3),合併綜合損益表上之控制權益淨利與甲公司個別淨利相等,已符合權益法精神,甲公司無須補作調整投資收益之分錄,因此甲公司本年度的投資收益=$832,500。

(5) 請參考本章釋例九之說明。

(39)　(99 會計師考題)

(C)　甲公司以現金$800,000 購買乙公司所有股權。當日乙公司帳列淨值之公允價值為$750,000，但其帳列淨值之帳面金額與課稅基礎皆為$500,000。兩家公司適用之所得稅率皆為 35%，收購日前，甲公司與乙公司皆未有遞延所得稅資產或負債。試問在收購日當天應認列之商譽為何？
(A) $117,850　　(B) $125,000　　(C) $137,500　　(D) $250,000

說明：遞延所得稅負債＝($750,000－$500,000)×35%＝$87,500
　　　乙公司公允價值(稅後)＝$750,000－$87,500＝$662,500
　　　∴ 未入帳商譽＝$800,000－$662,500＝$137,500

(40)　(99 會計師考題)

(B)　甲公司持有乙公司 80%股權並對乙公司存在控制。20x6 年甲公司銷貨予乙公司，至 20x6 年底未實現利益為$200,000。甲、乙兩家公司適用之所得稅率皆為 25%，甲公司對股權投資已正確地適用權益法。若甲公司 20x6 年所得稅費用為$450,000，則甲公司 20x6 年課稅所得為何？
(A) $1,600,000　　(B) $1,800,000　　(C) $1,960,000　　(D) $2,000,000

說明：
(1) 甲公司持有乙公司 80%股權，故甲、乙公司須個別申報營所稅。
(2) 針對「順流內部銷貨交易未實現利益之所得稅負已計入甲公司 20x6 年之本期所得稅負債中」一事，甲公司及乙公司帳上都不會認列遞延所得稅資產，但以合併個體觀點，則須將遞延所得稅資產$50,000 及遞延所得稅利益$50,000 表達在合併財務報表上。
　　遞延所得稅資產$50,000＝順流交易之未實現利益$200,000
　　　　　　　　　　　　× 乙公司適用之所得稅率 25%
(3) 甲公司 20x6 年所得稅費用$450,000
　　＝甲 20x6 年本期所得稅費用＋甲 20x6 年遞延所得稅費用
　　＝甲 20x6 年底本期所得稅負債＋甲 20x6 年增加之遞延所得稅負債
　　＝(甲 20x6 年課稅所得×25%)＋(乙 20x6 年未分配盈餘×80%)
　　　－甲 20x6 年初遞延所得稅負債餘額 [題目表明為$0]

$\quad=($甲 20x6 年課稅所得×25%$)+[($乙 20x6 年已實現淨利

$\quad\quad\quad-$乙 20x6 年已宣告之現金股利$)×80\%]$

$\quad\quad\quad-$甲 20x6 年初遞延所得稅負債餘額 [題目表明為$0]

又題意未提供乙公司 20x6 年已實現淨利金額及有無宣告現金股利等資訊,致無法計算乙公司 20x6 年未分配盈餘為何,亦無法計算甲公司 20x6 年課稅所得。

(4) 若將提目「甲公司 20x6 年所得稅費用為$450,000」改為「甲公司 20x6 年本期所得稅費用為$450,000」,則

甲 20x6 年本期所得稅費用$450,000

$=$甲 20x6 年底本期所得稅負債$450,000=$甲 20x6 年課稅所得×25%

∴ 甲公司 20x6 年的課稅所得$=\$1,800,000$

(5) 請參考本章釋例九之說明。

(41) (99 會計師考題)

(C) 甲公司持有乙公司 60%股權並對乙公司存在控制。甲公司對股權投資已正確地適用權益法,20x6 年底帳上無暫時性差異。20x7 年初,乙公司以$30,000 出售一部機器予甲公司,該機器帳面金額為$10,000,估計尚有 4 年耐用年限。乙公司個別申報之 20x7 年稅前淨利為$50,000,兩家公司適用之所得稅率皆為 25%。請問下列敘述何者正確?

(A) 乙公司帳上所得稅費用為$8,750

(B) 乙公司帳上所得稅費用為$7,500

(C) 甲、乙公司個別綜合損益表上所得稅費用合計數較合併綜合損益表上之所得稅費用多$3,750

(D) 甲、乙公司個別綜合損益表上所得稅費用合計數較合併綜合損益表上之所得稅費用多$2,250

說明:

(1) 20x7 年初,逆流出售機器之未實現利益$=\$30,000-\$10,000=\$20,000$

20x7 年底,逆流出售機器之未實現利益$=\$20,000-(\$20,000÷4$ 年$)$
$\quad\quad\quad\quad\quad\quad\quad\quad\quad\quad\quad\quad=\$15,000$

(續次頁)

(2) 甲公司持有乙公司 60%股權，因此甲、乙公司須個別申報營所稅。針對「逆流內部交易未實現利益之所得稅負已計入乙公司 20x7 年之本期所得稅負債中」一事，甲公司及乙公司帳上都不會認列遞延所得稅資產，但以合併個體觀點，則須將遞延所得稅資產$3,750 及遞延所得稅利益$3,750 表達在合併財務報表上。

遞延所得稅資產$3,750＝逆流交易之未實現利益$15,000
× 甲公司適用之所得稅率 25%

因此，甲、乙公司個別所得稅費用合計數較合併綜合損益表上之所得稅費用多$3,750，因合併財務報表上須認列遞延所得稅資產及遞延所得稅利益，故合併財務報表上之所得稅費用＝甲、乙公司個別所得稅費用合計數－遞延所得稅利益$3,750。 [選項(C)正確]

(3) 乙公司課稅所得＝稅前淨利為$50,000
乙公司本期所得稅負債＝乙公司課稅所得$50,000×25%＝$12,500
＝乙公司本期所得稅費用 [選項(A)(B)皆非]

(4) 請參考習題二十一之說明。

(42) (97 會計師考題)

(A) 甲公司持有乙公司 70%股權並對乙公司存在控制。乙公司於本年度銷貨給甲公司，截至本年底尚有$70,000 未實現毛利，兩家公司適用之所得稅率皆為 25%。試問此項逆流交易未實現毛利所產生之遞延所得稅資產，表達在甲公司帳上、乙公司帳上、合併財務狀況表上之金額分別為若干？
(A) $0、$0、$17,500　　　　(B) $12,250、$0、$17,500
(C) $17,500、$0、$17,500　　(D) $0、$17,500、$17,500

說明：(1) 甲公司持有乙公司股權 70%，故甲、乙公司須個別申報營所稅。

(2) 針對「逆流內部銷貨交易未實現利益之所得稅負已計入乙公司本年度之本期所得稅負債中」一事，甲公司及乙公司帳上都不會認列遞延所得稅資產，但以合併個體觀點，則須將遞延所得稅資產$17,500 及遞延所得稅利益$17,500 表達在合併財務報表上。

遞延所得稅資產＝逆流交易之未實現利益$70,000
× 甲公司適用之所得稅率 25%＝$17,500

(3) 請參考本章釋例九之說明。

(43) (95會計師考題)

(A) 甲公司持有乙公司60%股權並對乙公司存在控制。20x7年兩公司間銷貨所產生之毛利$100,000 至年底尚未實現,兩家公司適用之所得稅率皆為25%。下列敘述何者正確?
- (A) 若為順流交易,則甲、乙公司所得稅費用合計數較合併綜合損益表上之所得稅費用多$25,000
- (B) 若為逆流交易,則甲、乙公司所得稅費用合計數較合併綜合損益表上之所得稅費用多$15,000
- (C) 若為順流交易,則甲、乙公司所得稅費用合計數等於合併綜合損益表上之所得稅費用
- (D) 若為逆流交易,則甲、乙公司所得稅費用合計數等於合併綜合損益表上之所得稅費用

說明:
(1) 甲公司持有乙公司60%股權,因此甲、乙公司須個別申報營所稅。
(2) 針對「內部銷貨交易未實現利益之所得稅負已計入賣方20x7年之本期所得稅負債中」一事,甲公司及乙公司帳上都不會認列遞延所得稅資產,但以合併個體觀點,則須將遞延所得稅資產及遞延所得稅利益表達在合併財務報表上。

遞延所得稅資產＝內部銷貨交易之未實現利益× 買方適用之所得稅率

(3) 內部交易若為順(逆)流交易,則甲、乙公司個別所得稅費用合計數較合併綜合損益表上之所得稅費用多$25,000,因合併財務報表上須認列遞延所得稅資產及遞延所得稅利益。

遞延所得稅資產$25,000＝順(逆)流交易之未實現利益$100,000
　　　　　　　　　　× 乙(甲)公司適用之所得稅率25% (25%)

因此,甲、乙公司個別所得稅費用合計數較合併綜合損益表上之所得稅費用多$25,000,因合併財務報表上須認列遞延所得稅資產及遞延所得稅利益,故合併財務報表上之所得稅費用＝甲、乙公司個別所得稅費用合計數－遞延所得稅利益$25,000。 [選項(A)正確]

(4) 請參考:本章釋例九之說明。

第十一章　合　併　理　論

　　經由前面十個章節的說明,對於股權投資的會計處理及母、子公司合併財務報表的編製邏輯,已有相當完整的瞭解。目前這套編製母、子公司合併財務報表的觀念與邏輯是導源於會計實務,遵循「個體理論(Entity Theory)」的觀點與立場。但我國在改採國際財務報導準則之前,係採用所謂「傳統理論(Traditional Theory)」,其內容兼具「母公司理論(Parent Company Theory)」及「個體理論(Entity Theory)」的觀念,因此不是一套內部一致的會計觀念與作法。

　　簡言之,母、子公司合併財務報表的編製邏輯,會因為合併財務報表主要使用者及其所持立場的不同而有所不同。在會計學理上有兩種不同合併理論:(1)母公司理論,(2)個體理論(國際財務報導準則所採之合併理論),茲分述如下。

一、母公司理論

　　母公司理論(Parent Company Theory、Proprietary Theory、Conventional Theory),顧名思義是站在母公司立場去看待母、子公司合併財務報表及其編製過程與邏輯,其基本觀念如下:

(1) 合併財務報表是母公司財務報表的延伸。意謂:以母公司財務報表為主,而合併財務報表是居於輔助的地位。

(2) 合併財務報表係以合併個體控制權益(Controlling Interest,筆者簡稱其為 CI,母公司股東)的利益、立場及觀點而編製的,且不預期合併個體的非控制股東(Non-controlling Shareholders)可從合併財務報表中得到資訊上的重大利益。意謂:合併財務報表的主要資訊使用者是母公司股東及債權人,至於非控制股東並不是合併財務報表的主要資訊使用者。易言之,合併財務報表主要不是為非控制股東而編製的,致未將非控制股東當作『股東』來看待,因此將非控制權益(Non-controlling Interest,筆者簡稱其為 NCI)表達在合併財務狀況表的負債項下,惟此種表達方式顯然不符合會計學上對負債的定義。請參閱第 25 頁,母公司理論之合併財務狀況表。

(3) 既然合併財務報表主要是為母公司股東及債權人而編製，因此合併綜合損益表上的合併淨利(損)就是用來衡量「歸屬於母公司股東的淨利(損)」，既然非控制權益(NCI)被表達在合併財務狀況表的負債項下，故非控制權益淨利(損)(Non-controlling Interest Share，筆者簡稱其為 NCI Share)是合併綜合損益表上的一項費用(an expense)或利益(an income)，但此種表達方式顯然也不符合會計學上對費用或利益的定義。請參閱本章<u>第 25 頁</u>，母公司理論之合併綜合損益表。

(4) 綜合上述(2)及(3)的觀點，在母公司理論下，母公司帳列「採用權益法之投資」及「採用權益法認列之子公司、關聯企業及合資利益(損失)之份額」，是以<u>收購日子公司公允價值</u>為計算基礎，但有關「非控制權益」及「非控制權益淨利(損)」的計算，則以<u>收購日子公司帳面金額</u>為計算基礎。意即，子公司淨值屬於控制權益部分，係以收購日之公允價值評價並納入合併財務狀況表中，而子公司淨值屬於非控制權益部分，係以收購日之帳面金額評價並納入合併財務狀況表中，因此形成<u>合併財務報表內容評價不一致</u>的情況。若母公司收購子公司的移轉對價，超過其所取得子公司可辨認資產及負債之公允價值，則超過之數即為子公司未入帳商譽。至於非控制權益，則係以子公司淨值之帳面金額乘以非控制股東對子公司之持股比例而得。

> 例如： 甲公司於收購日以$104 取得乙公司 80%股權，並對乙公司存在控制。當日乙公司權益為$100，其中土地價值低估$10，其餘帳列資產及負債之帳面金額皆等於公允價值，另乙公司有一項未入帳專利權(公允價值$7)。因此，乙公司未入帳商譽＝$104－[($100＋$10＋$7)×80%]＝$104－$93.6＝$10.4，而非控制權益則為$20，乙公司帳列淨值$100×20%＝$20。

(5) 延續上述(4)，在母公司理論下，子公司的資產及負債屬於控制權益部分，係以收購日之公允價值納入合併財務狀況表中，而子公司的資產及負債屬於非控制權益部分，則以收購日之帳面金額納入合併財務狀況表中。因此合併財務狀況表中每一項資產及負債的內涵為：
[BV：帳面金額 (Book Value)]
[FV：收購日公允價值(Fair Value)延續至該合併財務報表期間結束日之金額]

合併工作底稿

	(a)	+ (b)	± (c)		= (d)
	母公司	80%子公司	調整／沖銷 借方	貸方	合併財務狀況表
(假設子資產價值低估)	BV	BV	(子FV−子BV)×80%	−	母BV+子FV×80%+子BV×20%
(假設子資產價值高估)	BV	BV		(子BV−子FV)×80%	母BV+子FV×80%+子BV×20%
(子有未入帳之可辨認資產)	−	−	子FV×80%	−	子FV×80%
(子有未入帳之商譽)	−	−	(註一)	−	(註一)
(假設子負債價值低估)	BV	BV	−	(子FV−子BV)×80%	母BV+子FV×80%+子BV×20%
(假設子負債價值高估)	BV	BV	(子BV−子FV)×80%	−	母BV+子FV×80%+子BV×20%
(子有未入帳之可辨認負債)	−	−	−	子FV×80%	子FV×80%

註一：母公司收購子公司的移轉對價，超過其所取得子公司可辨認資產及負債之公允價值，該超過之數即為子公司未入帳商譽。

(6) 當母公司持有子公司 100%股權時，母公司是子公司唯一股東，因此採母公司理論來編製合併財務報表尚屬合理；但若母公司持有子公司股權低於100%，則採母公司理論顯然對非控制股東極不公平。

(7) 雖有上述(2)～(6)的問題存在，但母公司理論遵守了一項很重要的會計原則－<u>歷史成本原則</u>，即母公司於收購日係按取得子公司股權的移轉對價(即實際成本)借記「採用權益法之投資」，而非控制權益『出現』時(註二)，亦以收購日子公司帳列資產及負債的帳面金額為表達之基礎，持續地呈現在合併財務報表上。

註二：非控制股東通常在收購日之前就已經是子公司的股東，只因母公司於收購日取得對子公司存在控制之股權，因此才被稱為非控制股東。

(8) 針對合併個體內部交易所產生之未實現損益，按內部交易之方向，分述如下：

(a) 順流交易：

順流交易所產生的未實現損益，隱含在母公司財務報表上，故以母公司立場，無論是適用權益法認列投資損益或是編製合併財務報表，皆須於內部交易發生當期，將未實現損益全數消除，待未來實現時，再予以認列。

(b) 逆流交易：

逆流交易所產生的未實現損益，隱含在子公司財務報表上，故以母公司立場，無論是適用權益法認列投資損益或是編製合併財務報表，須於內部交易發生當期，將未實現損益屬於母公司的部分予以消除，待未來實現時，再行認列。至於未實現損益屬於非控制權益的部分，則不是母公司所關心的議題，故未處理(未於內部交易發生年度消除)，即視其為已實現損益。

(c) 側流交易：理同(b)逆流交易，不再贅述。

(9) 針對合併個體內部交易所產生之視同清償債券損益，按內部交易屬性，分述如下：

(a) 類似「順流交易」：

類似「順流交易」所產生的視同清償債券損益，須由母公司於內部交易發生當期全數認列，而不是於「當期及未來」或「未來」分年認列，故以母公司立場，無論是適用權益法認列投資損益或是編製合併財務報表，皆須於內部交易發生當期認列「全部的視同清償債券損益」，而非於「當期及未來」或「未來」分年認列。

(b) 類似「逆流交易」：

類似「逆流交易」所產生的視同清償債券損益，須由子公司於內部交易發生當期全數認列，而不是於「當期及未來」或「未來」分年認列，故以母公司立場，無論是適用權益法認列投資損益或是編製合併財務報表，須於內部交易發生當期認列「歸屬於母公司的視同清償債券損益」，至於「歸屬於非控制權益的視同清償債券損益」，則不是母公司所關心的議題，故未處理(未於內部交易發生年度認列)，即仍於「當期及未來」或「未來」分年認列。

(c) 類似「側流交易」：理同(b)類似「逆流交易」，不再贅述。

二、個體理論

個體理論(Entity Theory)，顧名思義，是站在整個合併個體的立場，去看待母、子公司合併財務報表及其編製邏輯與過程，其基本觀念如下：

(1) 合併財務報表係以「合併個體(consolidated entity)是一個會計個體」的觀點而編製。意謂：合併財務報表是站在合併個體所有股東的立場編製的，對所有股東一視同仁，並採同一個會計觀點來處理有關「母公司持有子公司股權」及「非控制股東持有子公司股權」的議題，進而提供有關合併個體之財務資訊予「對合併個體擁有所有權益之所有關係人(包括：母公司股東及子公司非控制股東)」。

(2) 子公司非控制股東，如同母公司股東，皆是合併個體的股東成員，即合併個體所有權人，因此控制權益與非控制權益(對於其各自所持有子公司權益)應採一致評價基礎(即收購日子公司公允價值)，且同為合併財務狀況表上權益的組成內容。

控制權益與非控制權益，應分別列示於合併財務狀況表之權益中，且須區分：資本(股本)、資本公積及保留盈餘(或累積虧損)等組成項目。請參閱本章第27~28頁，個體理論之合併財務狀況表。

(3) 合併個體的「總合併淨利(損)，Total Consolidated Net Income (loss)」，包括母公司個別淨利(損)及子公司個別淨利(損)，係由擁有合併個體所有權益之人士或單位(interest holders)所共享的損益，意即應由母公司股東及子公司非控制股東分享的損益。因此子公司淨利(損)須按一相同基礎，由母公司及非控制股東分享，其中由母公司分享的子公司淨利(損)是母公司的「採用權益法認列之子公司、關聯企業及合資利益(損失)之份額，Income(Loss) from Subsidiary，簡稱 IFS (LFS)」，而由非控制股東分享的子公司淨利(損)是「非控制權益淨利(損)，Non-Controlling Interest Share，簡稱 NCI Share」。故母公司股東所能分享的總合併淨利(損)，稱為「控制權益淨利(損)，Controlling Interest Share，簡稱 CI Share」，是母公司「個別淨利(損)」與「所認列對子公司投資收益(損失)」之合計數；而非控制股東所能分享的總合併淨利(損)，是非控制權益淨利(損)。

合併個體的總合併淨利(損)，是當期合併綜合損益表的「最後盈虧金額(bottom line)」，故須於其後另外表達總合併淨利的歸屬與分享情況。請參閱本章第27頁，個體理論之合併綜合損益表。

例如： 甲公司持有乙公司 80%股權數年，並對乙公司存在控制。20x7 年甲公司個別淨利(未計入投資損益或股利收入前之淨利)為$400，乙公司淨利為$100，則

合併個體之總合併淨利＝甲個別淨利$400＋乙淨利$100＝$500
＝甲個別淨利$400＋(乙淨利分享予甲$80＋乙淨利分享予非控制股東$20)
＝(甲個別淨利$400＋乙淨利分享予甲$80)＋乙淨利分享予非控制股東$20
＝甲在權益法下之淨利$480＋乙淨利分享予非控制股東$20
＝控制權益淨利$480＋非控制權益淨利$20

(4) 綜合上述(2)及(3)，有關「非控制權益」及「非控制權益淨利(損)」係以「子公司全體股東的立場」及「一致的基礎」計得。意即母公司帳列「採用權益法之投資」及「採用權益法認列之子公司、關聯企業及合資利益(損失)之份額」，係以收購日子公司總公允價值為基礎而計得，故應以相同基礎於收購日決定非控制權益之金額，以及往後逐期決定非控制權益應分享子公司損益之份額。

(5) 理論上，於收購日應先決定子公司總公允價值 A，A 與子公司收購日所擁有可辨認資產及負債的公允價值 B 之差額：
  (a) 若 A＞B，則差額是子公司未入帳不可辨認資產(商譽)，
  (b) 若 A＜B，則代表收購者以較低的代價取得對被收購者存在控制之股權，故為廉價購買利益。

至於收購日子公司所擁有可辨認資產及負債之公允價值 B 與其同日帳列淨值之帳面金額 C 的差額，則可能是：子公司帳列資產價值低(高)估、帳列負債價值高(低)估、未入帳可辨認資產、未入帳可辨認負債、或前述四項原因之各種組合。而收購日子公司總公允價值 A，理論上應等於下列(i)及(ii)之合計數 [A＝(i)＋(ii)]，(i)收購日收購者(母公司)為取得對被收購者(子公司)存在控制之股權，所為移轉對價的公允價值，(ii)收購日非控制權益之公允價值。

可知關鍵金額是 A，於收購日應決定子公司總公允價值，A 會因所使用的評價模式及方法的不同而有多種可能之金額，其他相關金額及後續按權益法所須認列之投資損益金額亦會隨之不同，因而所表達的財務會計資訊之<u>可靠性</u>

也會有程度上的差別，故決定「收購日子公司總公允價值 A」是重要且關鍵的步驟。

實務上，公開活絡市場的報價(交易金額)是公允價值最常見也最可靠的一種評價基礎。已知：收購日控制權益之公允價值＝A×母公司持有子公司之股權比例＝(理論上)母公司移轉對價之公允價值。因此當無法取得收購日非控制權益之公允價值(D)時，可利用母公司收購子公司移轉對價之公允價值來「設算(imputing)」A，A＝母公司移轉對價之公允價值÷母公司持有子公司之股權比例，進而計算 D＝A×非控制股東持有子公司之股權比例。如此也符合 IFRS 13 對於「公允價值第 2 等級輸入值」(註三)的規定。

註三：(1) 公允價值層級－第 1 等級輸入值：
→ 為企業於衡量日對相同資產或負債可取得之活絡市場報價。
(2) 公允價值層級－第 2 等級輸入值：
→ 資產或負債直接或間接之可觀察輸入值，但包括於(1)者除外。
→ 若資產或負債具有特定(合約性)期間，則第 2 等級輸入值在該資產或負債幾乎全部期間內必須可觀察。包括下列：
(a) 類似資產或負債於活絡市場之報價。
(b) 相同或類似資產或負債於非活絡市場之報價。....

例如： 甲公司以$104 取得乙公司 80%股權，並對乙公司存在控制。當日乙公司權益為$100，其中土地價值低估$10，其餘帳列資產及負債之帳面金額皆等於公允價值，另乙公司有一項未入帳專利權(公允價值$7)，因此乙公司可辨認淨資產之公允價值為$117，$100＋$10＋$7＝$117。

(I) 若非控制權益係以收購日公允價值衡量，且已知收購日非控制權益公允價值為$24，則收購日乙公司總公允價值為$128，$104＋$24＝$128，乙公司未入帳商譽＝$128－$117＝$11。

(II) 若非控制權益係以收購日公允價值衡量，惟無法得知收購日非控制權益公允價值，則設算收購日乙公司總公允價值為$130，即$104(收購交易之移轉對價)÷80%＝$130，乙公司未入帳商譽＝$130－$117＝$13。同日之非控制權益則為$26，$130×20%＝$26。

(III) 依 IFRS 3 規定，請詳下表(A)(b)(ii)，非控制權益亦可按「現時所有權工具於收購日對被收購者可辨認淨資產之已認列金額(公允價值)所享有之比例份額」衡量，則收購日非控制權益為$23.4，$117×20%＝$23.4。而乙公司未入帳商譽＝($104＋$23.4)－$117＝$127.4－$117＝$10.4。

IFRS 3「企業合併」規定，收購者應認列收購日之商譽或廉價購買利益(Gain from bargain purchase)，分述如下：

(甲) 當下表中 (A)＞(B) 時，商譽金額＝(A)－(B)
(乙) 當下表中 (A)＜(B) 時，廉價購買利益＝(B)－(A)

(A)	(a)	依 IFRS 3「企業合併」衡量之所移轉對價，通常規定為收購日之公允價值，請詳本書上冊第一章「十二、移轉對價」。
	(b)	依 IFRS 3「企業合併」衡量之被收購者非控制權益之金額，原則上有兩種衡量方法：(i)收購日之公允價值，或 (ii)現時所有權工具於收購日對被收購者可辨認淨資產之已認列金額(公允價值)所享有之比例份額。請詳本書上冊第一章「九、認列與衡量取得之可辨認資產、承擔之負債及被收購者之非控制權益－原則」。
	(c)	在分階段達成之企業合併中，收購者先前已持有被收購者之權益於收購日之公允價值。請詳本書上冊第一章「十五、特定類型之企業合併」。
(B)		所取得之可辨認資產及承擔之負債於收購日依 IFRS 3「企業合併」衡量之淨額。

(6) 綜觀上述，按個體理論，子公司所擁有之資產及負債係以收購日公允價值納入合併財務狀況表中。因此合併財務狀況表中每一項資產及負債的內涵為：

[BV：帳面金額 (Book Value)]
[FV：收購日公允價值(Fair Value)延續至該合併財務報表期間結束日之金額]

(續次頁)

合 併 工 作 底 稿					
	(a)	+ (b)	± (c)		= (d)
	母公司	80% 子公司	調整／沖銷		合　併 財務狀況表
			借　方	貸　方	
(假設子資產 價值低估)	BV	BV	子FV－子BV	－	母BV＋子FV
(假設子資產 價值高估)	BV	BV	－	子BV－子FV	母BV＋子FV
(子有未入帳之 可辨認資產)	－	－	子FV	－	子FV
(子有未入帳 之商譽)	－	－	[詳上述(5) 之說明]	－	[詳上述(5) 之說明]
(假設子負債 價值低估)	BV	BV	－	子FV－子BV	母BV＋子FV
(假設子負債 價值高估)	BV	BV	子BV－子FV	－	母BV＋子FV
(子有未入帳之 可辨認負債)	－	－	－	子FV	子FV

(7) 就合併財務報表組成內容之評價一致性而言，個體理論優於母公司理論是無庸置疑，而且「以母公司收購子公司移轉對價之公允價值<u>設算</u>收購日子公司總公允價值」亦有其<u>數學上的合理性</u>。儘管如此，對於個體理論「設算收購日子公司總公允價值」一事，<u>仍有爭議之處</u>，分述如下：

(a) 若母公司收購子公司的移轉對價係以<u>現金</u>支付，因現金本身無評價問題，故「以母公司收購子公司移轉對價之公允價值<u>設算</u>收購日子公司總公允價值」，較無爭議。

(b) 但當母公司收購子公司的移轉對價係以<u>非現金資產</u>、<u>產生負債</u>或<u>股權交換</u>方式支付時，若對該等非現金資產(或所產生之負債或用於交換之權益項目)評價不當或有爭議時，勢必導致所設算子公司總公允價值失真，則後續相關計算及合併財務報表內容亦會隨之失去合理性及可靠性。

(c) 「以母公司收購子公司移轉對價之公允價值<u>設算</u>收購日子公司總公允價值」一事，雖有其數學上的合理性，不過就<u>實務上</u>而言，母公司有可能為了取得對子公司存在控制，而願意以「較高」的代價去收購子公司，但因而同

時『出現』的非控制權益,不必然是在收購日以同樣「較高」的代價取得對該子公司之權益,且該等非控制股東通常在母公司收購子公司前就已經是子公司的股東,只因母公司收購子公司,才被稱為非控制股東(權益)。另外,縱使非控制股東是和母公司同日(收購日)取得該子公司股權,也通常不願意以「與母公司同樣較高的代價」取得該子公司股權,因為沒有『控制權』這項誘因,非控制股東所願意付出之代價自然較低。

更甚者,非控制股東所持有子公司股權有可能變得有行無市且乏人問津,因為已有母公司對子公司存在控制,致其他潛在投資者對該子公司的投資意願降低、躊躇不前,此時唯一較有可能購買非控制股東所擁有子公司股權者,可能只剩母公司,故導致非控制股東所持有子公司股權的「市場性受限(limited marketability)」,因此相對於母公司,非控制股東的「權益特質(equity characteristics)」也變得較遜色,雖然其在法律上的權益不受影響。綜觀上述可知,「以母公司收購子公司移轉對價之公允價值設算收購日子公司總公允價值」,其中屬於非控制權益的部分實有高估之嫌。

「收購者所持有被收購者權益」及「非控制權益」,二者之每股公允價值可能不同。主要差異可能是「收購者所持有被收購者權益」的每股公允價值包括控制權溢價(a control premium);或反之,「非控制權益」的每股公允價值包括因缺乏控制權之折價(a discount for lack of control)(亦稱為少數股權折價,a minority discount)。請詳本書上冊第一章釋例九。

(8) 國際財務報導準則係採個體理論,惟「非控制權益」及「非控制權益淨利(損)」分別於合併財務狀況表及合併綜合損益表中的表達方式,相較於上述(2)及(3),則稍有修改,請詳釋例二。

(9) 以合併個體立場而言,既然是合併個體內部交易所產生的未實現損益,則無論是順流、逆流或側流交易所致,皆須於內部交易發生當期將未實現損益全數消除,以計算總合併損益,而未實現損益則待未來實現時,再行認列。

(10) 以合併個體立場而言,既然是合併個體內部交易所產生之視同清償債券損益,則無論是類似順流、類似逆流或類似側流交易所致,皆須於內部交易發生當期,認列全數的視同清償債券損益,以計算總合併損益,而不是於「當期及未來」或「未來」分年認列。

三、傳統理論

　　傳統理論(Traditional Theory)係綜合上述兩種理論,但比較偏向母公司理論。傳統理論認為母、子公司合併財務報表的主要使用者是母公司股東及債權人,但也認同合併財務報表是為表達合併個體的營業結果及財務狀況而編製的報表。其基本觀念如下:

(1) 合併財務報表是為表達單一企業個體(即合併個體)的營業結果及財務狀況而編製的財務報表。

(2) 合併財務報表的主要資訊使用者是母公司股東及債權人,非控制股東並不是合併財務報表的主要資訊使用者,故將非控制權益(以帳面金額評價之子公司淨值屬於非控制權益的部分)<u>單獨另立一類</u>,列示在合併財務狀況表中<u>負債及權益兩大項之間</u>。此作法雖不至於像母公司理論,將非控制權益列為負債;但也不像個體理論,公平地將之列在權益項下。若然,則會計恒等式為:合併資產＝合併負債＋非控制權益＋合併權益(即控制權益)。請參閱本章第 26 頁,傳統理論之合併財務狀況表。

　　為免改變會計恒等式(資產＝負債＋權益),有學者建議,將非控制權益以彙總金額表達,即無須區分資本(股本)、資本公積及保留盈餘(或累績虧損)等組成項目,列於合併財務狀況表之權益項下,並與控制權益分別列示。

(3) 既然合併財務報表主要是為母公司股東及債權人而編製,故合併綜合損益表上的合併淨利(損)就是用來衡量「歸屬於母公司股東的淨利(損)」,因此將非控制權益淨利列示在合併綜合損益表中,當作「一個減項(as a deduction)」,以便求算「歸屬於母公司股東的淨利(損)」,即「合併淨利(損)」。請參閱本章第 26 頁,傳統理論之合併綜合損益表。

(4) 綜合上述(2)及(3),母公司帳列「採用權益法之投資」及後續認列「採用權益法認列之子公司、關聯企業及合資利益(損失)之份額」是以收購日子公司公允價值為計算基礎,但有關「非控制權益」及後續計算「非控制權益淨利(損)」則是以收購日子公司帳面金額為計算基礎,即採用母公司理論的說法,形成合併財務報表內容評價不一致的情況,請詳母公司理論的(4)及(5)。

(5) 針對合併個體內部交易所產生的未實現損益，其處理方式與觀點則與個體理論相同，請詳個體理論的(9)。

(6) 針對合併個體內部交易所產生的視同清償債券損益，其處理方式與觀點則與個體理論相同，請詳個體理論的(10)。

(7) 傳統理論，儘管有合併財務報表內容評價不一致的缺點，但它卻融合了母公司理論與個體理論的部分觀點與優點，也盡可能合理地符合會計理論的要求，如：歷史成本原則、符合財務報表上基本組成要素的定義等。

四、彙述三種編製合併財務報表觀點

		母公司理論	個體理論 (IFRS 採用)	傳統理論
(1)	合併觀點	母公司股東	合併個體全體股東	偏向母公司股東
(2)	子公司所擁有之資產及負債 (包含未入帳資產及負債) 納入合併財務報表的方式	子公司所擁有之資產及負債，屬於母公司的部分，依收購日公允價值基礎，而屬於非控制權益部分，依收購日帳面金額基礎，納入合併財務報表。	子公司所擁有之資產及負債，全數依收購日公允價值基礎，納入合併財務報表。	(同母公司理論)
(3)	非控制權益	視為負債，以收購日子公司帳面金額為評價基礎，列在合併財務狀況表之負債項下。	視為權益，以收購日子公司公允價值為評價基礎，列在合併財務狀況表之權益項下。	視為權益，以收購日子公司帳面金額為評價基礎，單獨列於合併財務狀況表之： (a)負債與權益間，另立一類，或 (b)權益項下，但須與控制權益

				分開列示。
(4)	非控制權益淨利	視為一項費用 (an expense)	總合併淨利的一部分，係總合併淨利中屬於非控制權益應分享的部分。	作為「一個減項 (as a deduction)」，以計得合併淨利；而合併淨利即是總合併淨利中屬於控制權益應分享的部分。
(5)	合併淨利	「合併淨利」，用來衡量歸屬於母公司股東的淨利。	稱為「總合併淨利」，包括母公司及子公司之個別淨利，係由擁有合併個體權益的人士或單位所共享之總利益。	(同母公司理論)
(6)	內部交易而產生的未實現利益或未實現損失	順流： 全數消除，待未來實現時，再行認列。 逆流、側流： 只消除屬於母公司的部分，屬於非控制權益的部分未消除，即視為已實現。	無論是順流、逆流或側流內部交易所產生的未實現損益，皆須於發生內部交易當期全數消除，待未來實現時，再行認列。	(同個體理論)
(7)	內部交易而產生的視同清償債券利益或視同清償債券損失	類似順流： 全數消除，待未來實現時，再行認列。 類似逆流(側流)： 只認列屬於母公司的部分，屬於非控制權益的部分未認列，即仍	無論是類似順流、類似逆流或類似側流之內部交易所產生的視同清償債券損益，皆須於發生內部交易當期全數認列，而非於「當期及未來」或「未來」分年認列。	(同個體理論)

第 13 頁 (第十一章 合併理論)

	於「當期及未來」或「未來」分年認列。			

比較上述各種合併理論後，可得到下列幾點結論：(針對同一項目，打 V 者代表：雖以不同合併理論處理，卻可得到相同的合併財務報表。)

	項　目	母公司理論	個體理論(目前採用)	傳統理論
(1)	收購日，子帳列淨值高(低)估 或 有未入帳之資產或負債	V	—	V
(2)	若無(1)之情況	V	V	V
(3)	內部交易－順流、類似順流	V	V	V
	內部交易－逆流、類似逆流	—	V	V
	內部交易－側流、類似側流	—	V	V
(4)	若無「內部交易」	V	V	V
(5)	若無「非控制權益」存在	V	V	V

五、綜合釋例

釋例一：　　(收購日之合併財務報表)

甲公司於 20x6 年 12 月 31 日以$3,150,000 取得乙公司 90%普通股，並對乙公司存在控制。當日在進行上述投資交易前，甲公司及乙公司帳列資產及負債之帳面金額及公允價值 (單位：千元) 如下：

(續次頁)

	甲公司		乙公司	
	帳面金額	公允價值	帳面金額	公允價值
現　金	$ 5,400	$ 5,400	$ 100	$ 100
應收帳款－淨額	1,600	1,600	600	700
存　貨	1,800	2,000	800	1,000
其他流動資產	400	400	200	200
辦公設備－淨額	4,400	6,000	1,200	1,550
總資產	$13,600	$15,400	$2,900	$3,550
應付帳款	$ 1,300	$ 1,300	$ 350	$ 350
其他負債	800	800	150	150
普通股股本	6,000		1,500	
資本公積－普通股股票溢價	2,000		500	
保留盈餘	3,500		400	
總負債及權益	$13,600		$2,900	

收購日甲公司應作之股權投資分錄：

20x6/12/31	採用權益法之投資　　　3,150,000
	現　金　　　　　　　　　　　　　3,150,000

母公司理論／傳統理論：

(1) 計算收購日乙公司帳列淨值低估數屬於甲公司的部分：

甲公司之移轉對價	$3,150,000	($1,500,000＋$500,000
乙帳列淨值屬於甲的部分	(2,160,000)	＋$400,000)×90%
乙帳列淨值低估數屬於甲的部分	$ 990,000	＝$2,160,000

(2) 分析上述(1)$990,000產生的原因及其相關金額：

(a) 應收帳款－淨額：($700,000－$600,000)×90%	$ 90,000
(b) 存貨：($1,000,000－$800,000)×90%	180,000
(c) 辦公設備－淨額：($1,550,000－$1,200,000)×90%	315,000
	$585,000
(d) 商譽：(反推：$990,000－$585,000＝$405,000)	405,000
	$990,000

(3) 若於收購日編製甲公司及乙公司之合併財務狀況表,則其合併工作底稿之沖銷分錄,請詳下述「個體理論之(3)」。

個體理論 (IFRS 採用)：

(1) (i) 若非控制權益係以收購日公允價值衡量,且<u>已知</u>收購日非控制權益之公允價值為$320,000,則

　　　乙公司於收購日之總公允價值＝$3,150,000＋$320,000＝$3,470,000
　　　乙公司帳列淨值低估數＝$3,470,000－($1,500,000＋$500,000＋$400,000)
　　　　　　　　　　　　＝$3,470,000－$2,400,000＝$1,070,000

　(ii) 若非控制權益係以收購日公允價值衡量,惟<u>無法得知</u>收購日非控制權益之公允價值,則以甲公司之移轉對價$3,150,000 <u>設算</u>乙公司收購日總公允價值：(<u>往下相關分析,皆以本情況延續示範</u>)

　　　乙公司於收購日之總公允價值＝$3,150,000÷90%＝$3,500,000
　　　乙公司帳列淨值低估數＝$3,500,000－($1,500,000＋$500,000＋$400,000)
　　　　　　　　　　　　＝$3,500,000－$2,400,000＝$1,100,000
　　　非控制權益＝$3,500,000×10%＝$350,000

(2) (i) 分析上述(1)(i)$1,070,000 產生的原因及其相關金額：

(a) 應收帳款－淨額：($700,000－$600,000)	$ 100,000
(b) 存貨：($1,000,000－$800,000)	200,000
(c) 辦公設備－淨額：($1,550,000－$1,200,000)	350,000
	$ 650,000
(d) 商譽：(反推：$1,070,000－$650,000＝$420,000)	420,000
	$1,070,000

(ii) 分析上述(1)(ii)$1,100,000 產生的原因及其相關金額：

(a) 應收帳款－淨額：($700,000－$600,000)	$ 100,000
(b) 存貨：($1,000,000－$800,000)	200,000
(c) 辦公設備－淨額：($1,550,000－$1,200,000)	350,000
	$ 650,000
(d) 商譽：(反推：$1,100,000－$650,000＝$450,000)	450,000
	$1,100,000

(3) 若於收購日編製甲公司及其子公司之合併財務狀況表，則合併工作底稿之沖銷分錄如下：

		母公司理論 / 傳統理論	個體理論 (IFRS 採用)
沖 (a)	普通股股本	1,500,000	1,500,000
	資本公積－普通股股票溢價	500,000	500,000
	保留盈餘	400,000	400,000
	應收帳款－淨額	90,000	100,000
	存　貨	180,000	200,000
	辦公設備－淨額	315,000	350,000
	商　譽	405,000	450,000
	採用權益法之投資	3,150,000	3,150,000
	非控制權益	240,000	350,000
母公司理論 / 傳統理論： 非控制權益＝乙帳列淨值($1,500,000＋$500,000＋$400,000)×10%＝$240,000			
個體理論：以上述(1)(ii)為例，示範沖銷分錄。			

利用合併工作底稿進行財務狀況表的合併任務，如表 11-1 及表 11-2。至於合併綜合損益表及合併保留盈餘表，即是甲公司 20x6 年綜合損益表及保留盈餘表，無須將乙公司 20x6 年之營業結果納入，係因乙公司 20x6 年之營業結果已結帳至 20x6 年 12 月 31 日財務狀況表，且被甲公司於 20x6 年 12 月 31 日以取得 90%股權的方式納入甲公司財務報表中，亦即乙公司 20x6 年之營業結果係被甲公司『買』來的，並非在甲公司控制下而產生之營業結果。

表 11-1　母公司理論 / 傳統理論

甲 公 司 及 其 子 公 司
合併工作底稿－財務狀況表
20x6 年 12 月 31 日

	甲公司	90% 乙公司	調整 / 沖銷 借 方	調整 / 沖銷 貸 方	合 併 財務狀況表
現　金	$ 2,250,000	$ 100,000			$ 2,350,000
應收帳款－淨額	1,600,000	600,000	(a)　90,000		2,290,000
存　貨	1,800,000	800,000	(a) 180,000		2,780,000
其他流動資產	400,000	200,000			600,000
採用權益法之投資	3,150,000	—		(a)3,150,000	—
辦公設備－淨額	4,400,000	1,200,000	(a) 315,000		5,915,000

	甲公司	乙公司	借 方	貸 方	合併財表
商　譽	—	—	(a) 405,000		405,000
總資產	$13,600,000	$2,900,000			$14,340,000
應付帳款	$ 1,300,000	$ 350,000			$ 1,650,000
其他負債	800,000	150,000			950,000
普通股股本	6,000,000	1,500,000	(a)1,500,000		6,000,000
資本公積－普通股股票溢價	2,000,000	500,000	(a) 500,000		2,000,000
保留盈餘	3,500,000	400,000	(a) 400,000		3,500,000
總負債及權益	$13,600,000	$2,900,000			
非控制權益				(a) 240,000	240,000
總負債及權益					$14,340,000

表 11-2　個體理論 (IFRS 採用)

甲公司及其子公司
合併工作底稿－財務狀況表
20x6 年 12 月 31 日

	甲公司	90% 乙公司	調整／沖銷 借 方	貸 方	合併財務狀況表
現　金	$ 2,250,000	$ 100,000			$ 2,350,000
應收帳款－淨額	1,600,000	600,000	(a) 100,000		2,300,000
存　貨	1,800,000	800,000	(a) 200,000		2,800,000
其他流動資產	400,000	200,000			600,000
採用權益法之投資	3,150,000	—		(a)3,150,000	—
辦公設備－淨額	4,400,000	1,200,000	(a) 350,000		5,950,000
商　譽	—	—	(a) 450,000		450,000
總資產	$13,600,000	$2,900,000			$14,450,000
應付帳款	$ 1,300,000	$ 350,000			$ 1,650,000
其他負債	800,000	150,000			950,000
普通股股本	6,000,000	1,500,000	(a)1,500,000		6,000,000
資本公積－普通股股票溢價	2,000,000	500,000	(a) 500,000		2,000,000
保留盈餘	3,500,000	400,000	(a) 400,000		3,500,000
總負債及權益	$13,600,000	$2,900,000			
非控制權益				(a) 350,000	350,000
總負債及權益					$14,450,000

釋例二： (收購日後次期期末之合併財務報表)

延續釋例一之基本資料。乙公司 20x7 年淨利為$700,000，並於 20x7 年 11 月宣告且發放現金股利$200,000。乙公司對於 20x6 年 12 月 31 日(收購日)帳列淨值低估數之組成項目的處理如下：
(a) 應收帳款於 20x7 年中收現或確定無法收回而加以沖銷。
(b) 存貨於 20x7 年售予合併個體以外之單位。
(c) 辦公設備尚可使用 10 年，無殘值，按直線法計提折舊。

(1) 母公司理論 / 傳統理論：

收購日乙公司帳列淨值低估數屬於甲公司的部分$990,000 在 20x7 年適用權益法時須調整之金額：

	收購日乙帳列淨值低估數屬於甲的部分		20x7 年
(a) 應收帳款－淨額：($700,000－$600,000)×90%	$ 90,000	20x7 年	$ 90,000
(b) 存貨：($1,000,000－$800,000)×90%	180,000	20x7 年	180,000
(c) 辦公設備－淨額：($1,550,000－$1,200,000)×90%	315,000	÷10 年	31,500
	$585,000		
(d) 商譽：($990,000－$585,000＝$405,000)	405,000		
	$990,000		$301,500

(2) 個體理論 (IFRS 採用)：

收購日乙公司帳列淨值低估數在 20x7 年適用權益法時須調整之金額：

	收購日乙公司帳列淨值低估數		20x7 年
(a) 應收帳款－淨額：($700,000－$600,000)	$ 100,000	20x7 年	$100,000
(b) 存貨：($1,000,000－$800,000)	200,000	20x7 年	200,000
(c) 辦公設備－淨額：($1,550,000－$1,200,000)	350,000	÷10 年	35,000
	$650,000		
(d) 商譽：($990,000－$650,000＝$450,000)	450,000		
	$1,100,000		$335,000

(3)「甲公司應認列的投資收益」及「非控制權益淨利」之計算如下：

	甲公司應認列之投資收益	非控制權益淨利
母公司理論／傳統理論	$700,000×90%－$301,500 ＝$328,500	$700,000×10%＝$70,000
個體理論 (IFRS 採用)	($700,000－$335,000)×90% ＝$328,500	($700,000－$335,000)×10% ＝$36,500

(4) 相關科目餘額及金額之異動如下：

(假設：20x7 年期末，經評估得知商譽價值未減損。)

母公司理論／傳統理論：

	20x6/12/31	20x7	20x7/12/31
乙－權　益	$2,400,000	＋$700,000－$200,000	$2,900,000
權益法：			
甲－採用權益法之投資	$3,150,000	＋$328,500－$180,000	$3,298,500
合併財務報表：			
應收帳款－淨額	$ 90,000	－$ 90,000	$ －
存　　貨	180,000	－ 180,000	－
辦公設備－淨額	315,000	－ 31,500	283,500
商　　譽	405,000	－	405,000
	$990,000	－$301,500	$688,500
非控制權益	$240,000	＋$70,000－$20,000	$290,000

驗算：
20x7/12/31：投資差額＝$3,298,500－($2,900,000×90%)＝$688,500
　　　　　　非控制權益＝$2,900,000×10%＝$290,000

個體理論 (IFRS 採用)：

	20x6/12/31	20x7	20x7/12/31
乙－權　益	$2,400,000	＋$700,000－$200,000	$2,900,000
權益法：			
甲－採用權益法之投資	$3,150,000	＋$328,500－$180,000	$3,298,500
合併財務報表：			
應收帳款－淨額	$ 100,000	－$100,000	$ －
存　　貨	200,000	－ 200,000	－

	20x6/12/31	20x7	20x7/12/31
辦公設備－淨額	350,000	－35,000	315,000
商　譽	450,000	－	450,000
	$1,100,000	－$335,000	$765,000
非控制權益	$350,000	＋$36,500－$20,000	$366,500

驗算： 20x7/12/31：

　甲帳列「採用權益法之投資」
　　＝(乙權益$2,900,000＋未攤銷之乙帳列淨值低估數$765,000)×90%＝$3,298,500
　「非控制權益」＝($2,900,000＋$765,000)×10%＝$366,500

(5) 20x7 年合併工作底稿上之沖銷分錄：

		母公司理論／傳統理論		個體理論 (IFRS 採用)	
沖 (a)	採用權益法認列之子公司、關聯企業及合資利益之份額	328,500		328,500	
	股　利		180,000		180,000
	採用權益法之投資		148,500		148,500
(b)	非控制股權淨利	70,000		36,500	
	股　利		20,000		20,000
	非控制權益		50,000		16,500
(c)	普通股股本	1,500,000		1,500,000	
	資本公積－普通股股票溢價	500,000		500,000	
	保留盈餘	400,000		400,000	
	應收帳款－淨額	90,000		100,000	
	存　貨	180,000		200,000	
	辦公設備－淨額	315,000		350,000	
	商　譽	405,000		450,000	
	採用權益法之投資		3,150,000		3,150,000
	非控制權益		240,000		350,000
(d)	營業費用 (預期信用減損損失)	90,000		100,000	
	應收帳款－淨額(備抵損失)		90,000		100,000
(e)	銷貨成本	180,000		200,000	
	存　貨		180,000		200,000
(f)	營業費用 (折舊費用)	31,500		35,000	
	辦公設備－淨額 (累計折舊)		31,500		35,000

(6) 甲公司及乙公司20x7年財務報表資料已列入合併工作底稿中如下：

母公司理論 / 傳統理論：

甲公司及其子公司
合併工作底稿
20x7年1月1日至20x7年12月31日

	甲公司	90% 乙公司	調整／沖銷 借方	調整／沖銷 貸方	合併 財務報表
綜合損益表：					
銷貨收入	$12,000,000	$4,000,000			$16,000,000
採用權益法認列之子公司、關聯企業及合資利益之份額	328,500	—	(a) 328,500		—
銷貨成本	(6,000,000)	(2,400,000)	(e) 180,000		(8,580,000)
營業費用	(4,225,000)	(900,000)	(d) 90,000 (f) 31,500		(5,246,500)
非控制權益淨利	—	—	(b) 70,000		(70,000)
淨利／合併淨利	$ 2,103,500	$ 700,000			$ 2,103,500
保留盈餘表：					
期初保留盈餘	$ 3,500,000	$400,000	(c) 400,000		$ 3,500,000
加：淨利	2,103,500	700,000			2,1035,500
減：股利	(1,600,000)	(200,000)		(a) 180,000 (b) 20,000	(1,600,000)
期末保留盈餘	$ 4,003,500	$900,000			$ 4,003,500
財務狀況表：					
現金	$ 2,405,000	$ 260,000			$ 2,665,000
應收帳款－淨額	1,800,000	640,000	(c) 90,000	(d) 90,000	2,440,000
存貨	2,000,000	960,000	(c) 180,000	(e) 180,000	2,960,000
其他流動資產	600,000	340,000			940,000
採用權益法之投資	3,298,500	—		(a) 148,500 (c)3,150,000	—
辦公設備－淨額	4,000,000	1,140,000	(c) 315,000	(f) 31,500	5,423,500
商譽	—	—	(c) 405,000		405,000
總資產	$14,103,500	$3,340,000			$14,833,500

(續次頁)

	甲公司	90% 乙公司	調整／沖銷 借方	調整／沖銷 貸方	合併 財務報表
財務狀況表：(續)					
應付帳款	$1,400,000	$330,000			$1,730,000
其他負債	700,000	110,000			810,000
普通股股本	6,000,000	1,500,000	(c)1,500,000		6,000,000
資本公積 －普通股股票溢價	2,000,000	500,000	(c) 500,000		2,000,000
保留盈餘	4,003,500	900,000			4,003,500
總負債及權益	$14,103,500	$3,340,000			
非控制權益－1/1				(c) 240,000	
非控制權益 －當期增加數				(b) 50,000	
非控制權益－12/31					290,000
總負債及權益					$14,833,500

個體理論 (IFRS 採用)：

甲公司及其子公司
合併工作底稿
20x7年1月1日至20x7年12月31日

	甲公司	90% 乙公司	調整／沖銷 借方	調整／沖銷 貸方	合併 財務報表
綜合損益表：					
銷貨收入	$12,000,000	$4,000,000			$16,000,000
採用權益法認列之子公司、關聯企業及合資利益之份額	328,500	—	(a) 328,500		—
銷貨成本	(6,000,000)	(2,400,000)	(e) 200,000		(8,600,000)
營業費用	(4,225,000)	(900,000)	(d) 100,000 (f) 35,000		(5,260,000)
淨利	$2,103,500	$700,000			
總合併淨利					$2,140,000
非控制權益淨利			(b) 36,500		(36,500)
控制股權淨利					$2,103,500

(續次頁)

(承上頁)

	甲公司	90% 乙公司	調整/沖銷 借方	調整/沖銷 貸方	合併財務報表
保留盈餘表：					
期初保留盈餘	$3,500,000	$400,000	(c) 400,000		$3,500,000
加：淨 利	2,103,500	700,000			2,103,500
減：股 利	(1,600,000)	(200,000)		(a) 180,000 (b) 20,000	(1,600,000)
期末保留盈餘	$4,003,500	$900,000			$4,003,500
財務狀況表：					
現 金	$2,405,000	$260,000			$2,665,000
應收帳款－淨額	1,800,000	640,000	(c) 90,000	(d) 90,000	2,440,000
存 貨	2,000,000	960,000	(c) 180,000	(e) 180,000	2,960,000
其他流動資產	600,000	340,000			940,000
採用權益法之投資	3,298,500	－		(a) 148,500 (c) 3,150,000	－
辦公設備－淨額	4,000,000	1,140,000	(c) 350,000	(f) 35,000	5,455,000
商 譽	－	－	(c) 450,000		450,000
總 資 產	$14,103,500	$3,340,000			$14,910,000
應付帳款	$1,400,000	$330,000			$1,730,000
其他負債	700,000	110,000			810,000
普通股股本	6,000,000	1,500,000	(c) 1,500,000		6,000,000
資本公積 －普通股股票溢價	2,000,000	500,000	(c) 500,000		2,000,000
保留盈餘	4,003,500	900,000			4,003,500
總負債及權益	$14,103,500	$3,340,000			
非控制權益－1/1				(c) 350,000	
非控制權益 －當期增加數				(b) 16,500	
非控制權益－12/31					366,500
總負債及權益					$14,910,000

第24頁 (第十一章 合併理論)

(7) 甲公司及乙公司 20x7 年合併財務報表如下：

母公司理論：

甲公司及其子公司 合併綜合損益表 20x7 年 度		
銷貨收入		$16,000,000
銷貨成本		(8,580,000)
銷貨毛利		$ 7,420,000
營業費用	$5,246,500	
非控制權益淨利	70,000	
營業費用合計		(5,316,500)
合併淨利		$ 2,103,500

甲公司及其子公司 合併保留盈餘表 20x7 年 度	
期初保留盈餘	$3,500,000
加：淨 利	2,103,500
減：股 利	(1,600,000)
期末保留盈餘	$4,003,500

甲公司及其子公司 合併財務狀況表 20x7 年 12 月 31 日			
現　　金	$ 2,665,000	應付帳款	$ 1,730,000
應收帳款－淨額	2,440,000	其他負債	810,000
存　　貨	2,960,000	非控制權益	290,000
其他流動資產	940,000	負債合計	$ 2,830,000
辦公設備－淨額	5,423,500	普通股股本	$ 6,000,000
商　　譽	405,000	資本公積	
		－普通股股票溢價	2,000,000
		保留盈餘	4,003,500
		權益合計	$12,003,500
總 資 產	$14,833,500	總負債及權益	$14,833,500

傳統理論：

甲公司及其子公司 合併綜合損益表 20x7 年度	
銷貨收入	$16,000,000
銷貨成本	(8,580,000)
銷貨毛利	$ 7,420,000
營業費用	(5,246,500)
營業利益	$ 2,173,500
非控制權益淨利	(70,000)
合併淨利	$ 2,103,500

甲公司及其子公司 合併保留盈餘表 20x7 年度	
期初保留盈餘	$3,500,000
加：淨利	2,103,500
減：股利	(1,600,000)
期末保留盈餘	$4,003,500

甲公司及其子公司 合併財務狀況表 20x7 年 12 月 31 日				
現　金	$ 2,665,000	應付帳款	$ 1,730,000
應收帳款－淨額	2,440,000	其他負債	810,000
存　貨	2,960,000	負債合計	$ 2,540,000
其他流動資產	940,000	非控制權益	$ 290,000
辦公設備－淨額	5,423,500	普通股股本	$ 6,000,000
商　譽	405,000	資本公積 　－普通股股票溢價	2,000,000
		保留盈餘	4,003,500
		權益合計	$12,003,500
總資產	$14,833,500	總負債及權益	$14,833,500

個體理論 (IFRS 採用)：

甲公司及其子公司 合併綜合損益表 20x7 年度	
銷貨收入	$16,000,000
銷貨成本	(8,600,000)
營業費用	(5,260,000)
總合併淨利	$ 2,140,000
總合併淨利歸屬於：	
控制權益	$2,103,500
非控制權益	36,500
	$2,140,000

甲公司及其子公司 合併保留盈餘表 20x7 年度	
期初保留盈餘	$3,500,000
加：淨　利	2,103,500
減：股　利	(1,600,000)
期末保留盈餘	$4,003,500

甲 公 司 及 其 子 公 司
合 併 財 務 狀 況 表
20x7 年 12 月 31 日

現　金	$ 2,665,000	應付帳款	$ 1,730,000
應收帳款－淨額	2,440,000	其他負債	810,000
存　貨	2,960,000	負債合計	$ 2,540,000
其他流動資產	940,000	普通股股本	$ 6,000,000
辦公設備－淨額	5,455,000	資本公積	
商　譽	450,000	－普通股股票溢價	2,000,000
		保留盈餘	4,003,500
		非控制權益（詳次頁※）	366,500
		權益合計	$12,370,000
總 資 產	$14,910,000	總負債及權益	$14,910,000

※ 國際會計準則允許以彙總金額表達非控制權益。惟按<u>個體理論</u>，合併財務狀況表之權益內容如下：

：			：
負債合計			$ 2,540,000
	控制權益	非控制權益	
普通股股本	$ 6,000,000	$ 150,000	
資本公積－普通股股票溢價	2,000,000	50,000	
保留盈餘	4,003,500	166,500	
權益合計	$12,003,500	$366,500	$12,370,000
總負債及權益			$14,910,000

註：非控制權益組成內容，計算如下：
　　普通股股本＝乙公司普通股股本$1,500,000×10%＝$150,000
　　資本公積＝乙公司資本公積$500,000×10%＝$50,000
　　保留盈餘＝(乙公司保留盈餘$900,000＋辦公設備價值低估$315,000
　　　　　　＋未入帳商譽$450,000)×10%＝$1,665,000×10%＝$166,500

由於釋例一及釋例二並無內部交易，雖收購日乙公司帳列淨值低估，按「母公司理論」與按「傳統理論」仍可編得相同合併財務報表，惟「非控制權益淨利」及「非控制權益」在報表上之表達方式有異。又因收購日乙公司帳列淨值低估，故按「母公司理論」與「傳統理論」所編得合併財務報表與按「個體理論」所編得合併財務報表不同。

釋例三： (內部交易)

甲公司於數年前取得乙公司 80%股權，並對乙公司存在控制。於收購日，乙公司帳列資產及負債之帳面金額皆等於其公允價值，且無未入帳資產或負債，即甲公司之投資成本(或移轉對價)等於其所取得乙公司之股權淨值。若甲公司及乙公司 20x6 年之個別淨利(未計入投資損益及股利收入前之淨利)分別為$600,000 及$400,000，且甲公司收自乙公司之現金股利為$120,000。

20x6 年，甲公司與乙公司間發生下列內部交易：
(1) 甲公司將帳面金額$300,000 之商品存貨以$500,000 售予乙公司。截至 20x6 年 12 月 31 日，乙公司期末存貨中尚包含購自甲公司之商品$100,000。
(2) 乙公司將一筆帳面金額$130,000 於營業上使用之土地以$250,000 售予甲公司。截至 20x6 年 12 月 31 日，甲公司仍持有該筆土地並使用於營業上。

說明：

(1) 順流銷貨之未實現利益＝($500,000－$300,000)×($100,000/$500,000)
　　　　　　　　　＝$40,000
(2) 逆流買賣土地之未實現利益＝$250,000－$130,000＝$120,000

(3) 20x6 年，乙公司宣告且發放之現金股利＝$120,000÷80%＝$150,000
　　20x6 年，非控制權益收自乙公司之現金股利＝$150,000×20%＝$30,000

(4)「甲公司應認列的投資收益」及「非控制權益淨利」之計算如下：

	(a) 甲公司應認列之投資收益 (b) 合併淨利／總合併淨利	非控制權益淨利
母公司理論	(a) ($400,000×80%)－順流$40,000 　　－(逆流$120,000×80%)＝$184,000 (b) 合併淨利＝$600,000＋$184,000＝$784,000	$400,000×20% ＝$80,000
傳統理論	(a) ($400,000－逆流$120,000)×80%－順流$40,000 　　＝$184,000 (b) 合併淨利＝$600,000＋$184,000＝$784,000	($400,000 －$120,000)×20% ＝$56,000
個體理論 (IFRS 採用)	(a) ($400,000－逆流$120,000)×80%－順流$40,000 　　＝$184,000 (b) 權益法下甲淨利＝控制權益淨利 　　＝甲個別淨利$600,000＋投資收益$184,000 　　＝$784,000 　　總合併淨利＝控制權益淨利$784,000 　　　　　　　＋非控制權益淨利$56,000 　　＝甲個別淨利$600,000＋乙個別淨利$400,000 　　　－內部交易未實現利益($40,000＋$120,000) 　　＝$840,000	($400,000 －$120,000)×20% ＝$56,000

(5) 20x6 年合併工作底稿上之沖銷分錄：

		母公司理論		個體理論 / 傳統理論	
(a)	銷貨收入 　　銷貨成本	500,000	500,000	500,000	500,000
(b)	銷貨成本 　　存　貨	40,000	40,000	40,000	40,000
(c)	處分不動產、廠房及設備利益 　　土　地	96,000（註）	96,000	120,000	120,000
(d)	採用權益法認列之子公司、 關聯企業及合資利益之份額 　　股　利 　　採用權益法之投資	184,000	120,000 64,000	184,000	120,000 64,000
(e)	非控制權益淨利 　　股　利 　　非控制權益	80,000	30,000 50,000	56,000	30,000 26,000
(f)	(乙公司權益相關科目) 　　採用權益法之投資 　　非控制權益	(期初 Y) (Y)×80% (Y)×20%		(期初 Y) (Y)×80% (Y)×20%	

註：按母公司理論，逆流內部交易之未實現損益只須沖銷屬於母公司的部分($96,000)，$120,000×80%＝$96,000，另 20%屬於非控制權益的未實現損益($24,000)，$120,000×20%＝$24,000，則無須沖銷，視為已實現，故合併綜合損益表上仍表達處分不動產、廠房及設備利益$24,000。

　　由於釋例三在收購日乙公司帳列淨值之帳面金額等於其公允價值，亦無未入帳資產或負債，因此雖有內部交易，按「個體理論」與按「傳統理論」仍可編得相同合併財務報表，惟「非控制權益淨利」及「非控制權益」在報表上之表達方式有異。又因有內部交易，故按「個體理論」與「傳統理論」所編得合併財務報表與按「母公司理論」所編得合併財務報表不同。

習 題

(一) (母公司理論、個體理論、傳統理論)

　　甲公司於 20x7 年 1 月 2 日以$680,000 取得乙公司 80%股權，並對乙公司存在控制。當日乙公司權益包括普通股股本$500,000(每股面額$10)及保留盈餘$250,000，且其帳列資產及負債之帳面金額皆等於公允價值，除有一項未入帳專利權公允價值$30,000(估計尚有 3 年耐用年限)外，無其他未入帳之可辨認資產或負債。20x7 年，甲公司與乙公司之相關資料如下：

(1) 乙公司將帳面金額$120,000 之商品存貨以$200,000 售予甲公司。截至 20x7 年 12 月 31 日，甲公司期末存貨中尚包含購自乙公司之商品$50,000。
(2) 20x7 年初，甲公司將一項帳面金額$120,000 營業上使用之辦公設備以$150,000 售予乙公司，該辦公設備估計可再使用 5 年，無殘值，按直線法計提折舊。截至 20x7 年 12 月 31 日，乙公司仍持有該辦公設備並使用於營業上。
(3) 甲公司及乙公司 20x7 年之個別淨利(未計入投資損益及股利收入前之淨利)分別為$300,000 及$90,000，且宣告並發放現金股利分別為$130,000 及$40,000。

試作：
(A) 按「母公司理論」編製甲公司及其子公司 20x7 年合併財務報表，請計算下列(a)～(e)之金額及完成(f)之要求：

(a)	20x7 年 12 月 31 日合併財務狀況表上之商譽。
(b)	按權益法，甲公司 20x7 年應認列之投資損益。
(c)	20x7 年合併綜合損益表上之非控制權益淨利。
(d)	20x7 年合併綜合損益表上之合併淨利。
(e)	20x7 年 12 月 31 日合併財務狀況表上之非控制權益。
(f)	編製甲公司及其子公司 20x7 年合併工作底稿上之調整/沖銷分錄。

(B) 若非控制權益係以收購日公允價值衡量，按「個體理論」編製甲公司及其子公司 20x7 年合併財務報表，請計算下列(a)～(f)之金額及完成(g)之要求：

(a)、(b)、(d)、(f)、(g)	同上述(A)之(a)、(b)、(c)、(e)、(f)
(c)	20x7 年合併綜合損益表上之控制權益淨利。
(e)	20x7 年合併綜合損益表上之總合併淨利。

(C) 按「傳統理論」編製甲公司及其子公司 20x7 年合併財務報表，請重覆上述(A)之要求。

解答：

(1) 逆流銷貨之未實現利益＝($200,000－$120,000)×($50,000/$200,000)
     ＝$20,000
(2) 順流買賣辦公設備之未實現利益＝$150,000－$120,000＝$30,000
    每年折舊費用之調整數＝$30,000÷5 年＝$6,000
(3) 20x7 年，甲公司收自乙公司之現金股利＝$40,000×80%＝$32,000
    20x7 年，非控制權益收自乙公司之現金股利＝$40,000×20%＝$8,000

<u>母公司理論：(4)、(5)、(6)</u>

(4) 投資差額＝$680,000－($500,000＋$250,000)×80%＝$80,000
    投資差額$80,000，源自：
    (i) 專利權$30,000×80%＝$24,000，每年攤銷數＝$24,000÷3 年＝$8,000
    (ii) 商譽$56,000 (反推：$80,000－$24,000＝$56,000)

(5) 甲公司應認列之投資收益＝($90,000×80%)－(逆流$20,000×80%)
                    －專攤$8,000－順流$30,000＋順流$6,000＝$24,000
    非控制權益淨利＝$90,000×20%＝$18,000
    甲公司在權益法下之淨利＝甲個別淨利$300,000＋投資收益$24,000
                    ＝$324,000＝合併淨利
    20x7/12/31，「非控制權益」
        ＝期初[($500,000＋$250,000)×20%]＋非控制權益淨利$18,000
         －非控制權益收自乙公司之現金股利$8,000＝$160,000

(6) 相關科目餘額及金額之異動如下：
    (假設：20x7 年期末，經評估得知商譽價值未減損。)

	20x7/1/2	20x7	20x7/12/31
乙－權 益	$750,000	＋$90,000－$40,000	$800,000
權益法：			
甲－採用權益法之投資	$680,000	＋$24,000－$32,000	$672,000
合併財務報表：			
專利權	$24,000	－$8,000	$16,000
商 譽	56,000	－	56,000
	$80,000	－$8,000	$72,000
非控制權益	$150,000	＋$18,000－$8,000	$160,000

> 驗 算： 20x7/12/31：
> 甲帳列「採用權益法之投資」
> 　　　＝(乙權益$800,000×80%)＋尚未攤銷之投資差額$72,000
> 　　　　　－逆流$20,000×80%－順流$30,000＋順流$6,000＝$672,000
> 「非控制權益」＝$800,000×20%＝$160,000

個體理論：(7)、(8)、(9)

(7) 20x7/ 1/ 2，非控制權益係以收購日公允價值衡量，惟題意中未提及該公允價值，故設算之。

　　乙公司總公允價值＝$680,000÷80%＝$850,000
　　乙帳列淨值低估數＝$850,000－($500,000＋$250,000)＝$100,000
　　乙帳列淨值低估數，源自：
　　(i) 專利權$30,000，每年攤銷數＝$30,000÷3 年＝$10,000
　　(ii) 商譽$70,000 (反推：$100,000－$30,000＝$70,000)
　　非控制權益＝$850,000×20%＝$170,000

(8) 甲公司應認列之投資收益＝($90,000－專攤$10,000－逆流$20,000)×80%
　　　　　　　　　　　　－順流$30,000＋順流$6,000＝$24,000
　　控制權益淨利＝甲個別淨利$300,000＋投資收益$24,000＝$324,000
　　非控制權益淨利＝($90,000－專攤$10,000－逆流$20,000)×20%＝$12,000
　　總合併淨利＝控制權益淨利$324,000＋非控制權益淨利$12,000＝$336,000
　　　　　　＝甲個別淨利$300,000＋乙個別淨利$90,000－專攤$10,000
　　　　　　　　－逆流$20,000－順流$30,000＋順流$6,000＝$336,000
　　20x7/12/31，「非控制權益」
　　　　　＝期初$170,000＋非控制權益淨利$12,000
　　　　　　－非控制權益收自乙公司之現金股利$8,000＝$174,000

(續次頁)

(9) 相關科目餘額及金額之異動如下：

(假設：20x7 年期末，經評估得知商譽價值未減損。)

	20x7/1/2	20x7	20x7/12/31
乙－權　益	$750,000	＋$90,000－$40,000	$800,000
權益法：			
甲－採用權益法之投資	$680,000	＋$24,000－$32,000	$672,000
合併財務報表：			
專利權	$ 30,000	－$10,000	$20,000
商　譽	70,000	－	70,000
	$100,000	－$10,000	$90,000
非控制權益	$170,000	＋$12,000－$8,000	$174,000

驗算：　20x7/12/31：

甲帳列「採用權益法之投資」
　＝(乙權益$800,000＋尚未攤銷之投資差額$90,000－逆流$20,000)×80%
　　－順流$30,000＋順流$6,000＝$672,000
「非控制權益」＝($800,000＋$90,000－$20,000)×20%＝$174,000

<u>傳統理論：(4)、(10)、(11)</u>

(4) 同「母公司理論之(4)」。

投資差額＝$680,000－($500,000＋$250,000)×80%＝$80,000

投資差額$80,000，源自：

(i) 專利權$30,000×80%＝$24,000，每年攤銷數＝$24,000÷3 年＝$8,000

(ii) 商譽$56,000 (反推：$80,000－$24,000＝$56,000)

(10) 甲公司應認列之投資收益＝($90,000－逆流$20,000)×80%－專攤$8,000
　　　　　　　　　　　　　－順流$30,000＋順流$6,000＝$24,000

非控制權益淨利＝($90,000－逆流$20,000)×20%＝$14,000

甲公司在權益法下之淨利＝甲個別淨利$300,000＋投資收益$24,000
　　　　　　　　　　　＝$324,000＝合併淨利

20x7/12/31,「非控制權益」
　　＝期初[($500,000＋$250,000)×20%]＋非控制權益淨利$14,000
　　　－非控制權益收自乙公司之現金股利$8,000＝$156,000

(11) 相關科目餘額及金額之異動如下：

(假設：20x7年期末，經評估得知商譽價值未減損。)

	20x7/1/2	20x7	20x7/12/31
乙－權　益	$750,000	＋$90,000－$40,000	$800,000
權益法：			
甲－採用權益法之投資	$680,000	＋$24,000－$32,000	$672,000
合併財務報表：			
專利權	$24,000	－$8,000	$16,000
商　譽	56,000	－	56,000
	$80,000	－$8,000	$72,000
非控制權益	$150,000	＋$14,000－$8,000	$156,000

驗算： 20x7/12/31：

甲帳列「採用權益法之投資」
＝(乙權益$800,000－逆流$20,000)×80%＋尚未攤銷之投資差額$72,000
－順流$30,000＋順流$6,000＝$672,000

「非控制權益」＝($800,000－$20,000)×20%＝$156,000

答　案：

(A) 母公司理論	(B) 個體理論	(C) 傳統理論
(a) $56,000	(a) $70,000	(a) $56,000
(b) $24,000	(b) $24,000	(b) $24,000
(c) $18,000	(c) $324,000	(c) $14,000
(d) $324,000	(d) $12,000	(d) $324,000
(e) $160,000	(e) $336,000	(e) $156,000
	(f) $174,000	

(續次頁)

(A)(f)、(B)(g)、(C)(f),20x7 年合併工作底稿上之沖銷分錄:

		(A)(f)母公司理論	(B)(g)個體理論	(C)(f)傳統理論
(1)	銷貨收入 　　銷貨成本	160,000　(＊) 　　　　160,000	200,000 　　　　200,000	200,000 　　　　200,000
(2)	銷貨成本 　　存　貨	16,000　(＊) 　　　　16,000	20,000 　　　　20,000	20,000 　　　　20,000
(3)	處分不動產、廠房 及設備利益 　　辦公設備	30,000 　　　　30,000	30,000 　　　　30,000	30,000 　　　　30,000
(4)	累計折舊－辦公設備 　　折舊費用	6,000 　　　　6,000	6,000 　　　　6,000	6,000 　　　　6,000
(5)	採用權益法認列之 　子公司、關聯企業 　及合資利益之份額 採用權益法之投資 　　股　利	24,000 8,000 　　　　32,000	24,000 8,000 　　　　32,000	24,000 8,000 　　　　32,000
(6)	非控制股權淨利 　　股　利 　　非控制權益	18,000 　　　　8,000 　　　　10,000	12,000 　　　　8,000 　　　　4,000	14,000 　　　　8,000 　　　　6,000
(7)	普通股股本 保留盈餘 專利權 商　譽 　　採用權益法之投資 　　非控制權益	500,000 250,000 24,000 56,000 　　　　680,000 　　　　150,000	500,000 250,000 30,000 70,000 　　　　680,000 　　　　170,000	500,000 250,000 24,000 56,000 　　　　680,000 　　　　150,000
(8)	攤銷費用 　　專利權	8,000 　　　　8,000	10,000 　　　　10,000	8,000 　　　　8,000

＊:按母公司理論,將逆流內部銷貨屬於母公司的部分($160,000)視為內部交易,$200,000×80%＝$160,000,另20%的銷貨($40,000)視為外售,$200,000×20%＝$40,000;即逆流內部交易之未實現損益只須沖銷屬於母公司的部分($16,000),$20,000×80%＝$16,000,另20%屬於非控制權益的未實現損益($4,000),$20,000×20%＝$4,000,無須沖銷,視為已實現,故合併綜合損益表上之合併銷貨收入及合併銷貨成本<u>仍包含</u>逆流內部銷貨交易20%的部分,金額分別為$40,000 及$24,000,該等逆流銷貨之商品存貨在賣方(乙)的帳面金額為$120,000×20%＝$24,000。

(二)　(母公司理論、傳統理論、個體理論)

甲公司於 20x5 年 12 月 31 日以$336,000 取得乙公司 80%股權，並對乙公司存在控制。當日乙公司權益為$360,000，且其帳列資產及負債之帳面金額皆等於公允價值，除有一項未入帳專利權(估計尚有 10 年耐用年限)外，無其他未入帳之資產或負債。

20x6 年，甲公司與乙公司間發生下列內部交易：

(1) 甲公司將帳面金額$22,500 之商品存貨以$37,500 售予乙公司。截至 20x6 年 12 月 31 日，乙公司購自甲公司之商品尚有二分之一仍未售予合併個體以外單位。
(2) 20x6 年初，乙公司將一項帳面金額$45,000 於營業上使用之辦公設備以$60,000 售予甲公司，該辦公設備估計可再使用 5 年，無殘值，按直線法計提折舊。截至 20x6 年 12 月 31 日，甲公司仍持有該辦公設備並使用於營業上。
(3) 20x6 年 1 月 1 日，甲公司帳列應付公司債$102,724。該公司債面額$100,000，票面利率6%，每年 1 月 1 日付息，到期日為 20x9 年 1 月 1 日，當初發行時市場利率5%。20x6 年 1 月 1 日，市場利率7%，乙公司於公開市場上以$77,900 取得甲公司面額$80,000 公司債作為債券投資，並依 IFRS 9 分類為「按攤銷後成本衡量之金融資產」。

甲公司及乙公司 20x6 年 12 月 31 日之調整後試算表如下：

	甲公司	乙公司
現　　金	$　293,924	$ 47,100
應收帳款	120,000	35,000
存　　貨	225,000	50,000
應收利息	－	4,800
採用權益法之投資	359,562	－
按攤銷後成本衡量之金融資產	－	78,553
房屋及建築－淨額	1,010,000	240,000
辦公設備－淨額	240,000	90,000
銷貨成本	600,000	300,000
營業費用	225,000	75,000
利息費用	5,136	－
股　　利	180,000	45,000
合　計	$3,258,622	$965,453

	甲公司	乙公司
應付帳款	$ 301,200	$150,000
應付利息	6,000	—
應付公司債	101,860	—
普通股股本	1,200,000	300,000
保留盈餘	540,000	60,000
銷貨收入	1,050,000	435,000
處分不動產、廠房及設備利益	—	15,000
利息收入	—	5,453
採用權益法認列之子公司、關聯企業及合資利益之份額	59,562	—
合　　計	$3,258,622	$965,453

試作：

(A) 按「母公司理論」編製甲公司及其子公司 20x6 年合併財務報表，請計算下列(a)～(e)之金額及完成(f)及(g)之要求：

(a)	20x6 年 12 月 31 日合併財務狀況表上之專利權。
(b)	按權益法，甲公司 20x6 年應認列之投資損益。
(c)	20x6 年合併綜合損益表上之非控制權益淨利。
(d)	20x6 年合併綜合損益表上之合併淨利。
(e)	20x6 年 12 月 31 日合併財務狀況表上之非控制權益。
(f)	編製甲公司及其子公司 20x6 年合併工作底稿上之調整/沖銷分錄。
(g)	編製甲公司及其子公司 20x6 年合併工作底稿。

(B) 按「傳統理論」編製甲公司及其子公司 20x6 年合併財務報表，請重覆(A)之要求。

(C) 若非控制權益係以收購日公允價值衡量，按「個體理論」編製甲公司及其子公司20x6年合併財務報表，請計算下列(a)～(f)之金額及完成(g)及(h)之要求：

(a)	20x6 年 12 月 31 日合併財務狀況表上之專利權。
(b)	按權益法，甲公司 20x6 年應認列之投資損益。
(c)	20x6 年合併綜合損益表上之非控制權益淨利。
(d)	20x6 年合併綜合損益表上之控制權益淨利。
(e)	20x6 年合併綜合損益表上之總合併淨利。
(f)	20x6 年 12 月 31 日合併財務狀況表上之非控制權益。
(g)	編製甲公司及其子公司 20x6 年合併工作底稿上之調整/沖銷分錄。
(h)	編製甲公司及其子公司 20x6 年合併工作底稿。

解答：

母公司理論：

(1) 未入帳專利權＝$336,000－($360,000×80%)＝$336,000－$288,000＝$48,000
　　未入帳專利權之每年攤銷數＝$48,000÷10 年＝$4,800
(2) 乙公司淨利＝$435,000－$300,000－$75,000＋$15,000＋$5,453＝$80,453
　　甲公司個別淨利＝$1,050,000－$600,000－$225,000－$5,136＝$219,864
(3) 從題目試算表中得知，
　　甲公司帳列投資收益＝$59,562＝($80,453×80%)－$4,800
　　→ 故知甲公司適用權益法時，忽略內部交易之影響。
(4) 非控制權益(期初)＝$360,000×20%＝$72,000
(5) 順流銷貨：未實現利益＝($37,500－$22,500)×1/2＝$7,500
　　逆流買賣辦公設備：未實現利益＝$60,000－$45,000＝$15,000
　　　　　　　　　　　每年實現金額＝$15,000÷5 年＝$3,000
　　類似順流公司債內部交易：
　　　　視同清償債券利益＝$77,900－($102,724×8/10)＝$4,279，全數於 20x6 年認列，非於未來三年間分年認列 (利息費用$12,221，利息收入$16,500，故使整體利益多$4,279)，其相關金額如下：

	20x6	20x7	20x8	合 計
利息費用（全部）	$5,136	$5,093	$5,047	$15,276
利息費用（8/10）	$4,109	$4,074	$4,038	$12,221
利息收入	5,453	5,499	5,548	16,500
視同清償債券利益	$1,344	$1,425	$1,510	$4,279

(6) 甲公司按權益法應認列之投資收益
　　　　＝($80,453×80%)－(逆流$15,000×80%)＋(逆流$3,000×80%)
　　　　　－專攤$4,800－順流$7,500＋順流$4,279－順流$1,344＝$45,397
　　甲公司帳列投資收益高估數＝$59,562－$45,397＝$14,165
(7) 非控制權益淨利＝$80,453×20%＝$16,091
(8) 20x6 年，甲公司收自乙公司之現金股利＝$45,000×80%＝$36,000
　　20x6 年，非控制權益收自乙公司之現金股利＝$45,000×20%＝$9,000
(9) 非控制權益(期末)＝$72,000＋$16,091－$9,000＝$79,091
(10) 甲公司正確權益法下之淨利＝$219,864＋$45,397＝$265,261＝合併淨利

傳統理論：

(1)~(5)、(8)：同「母公司理論」。
(6) 甲公司按權益法應認列之投資收益
$\quad\quad$ =($80,453－逆流$15,000＋逆流$3,000)×80%－順流$7,500－專攤$4,800
$\quad\quad\quad$ ＋順流$4,279－順流$1,344＝$45,397
$\quad$ 甲公司帳列投資收益高估數＝$59,562－$45,397＝$14,165
(7) 非控制權益淨利＝($80,453－$15,000＋$3,000)×20%＝$13,691
(9) 非控制權益(期末)＝$72,000＋$13,691－$9,000＝$76,691
(10) 甲公司正確權益法下之淨利＝$219,864＋$45,397＝$265,261＝合併淨利

個體理論：

(1) 收購日(20x5/12/31)：非控制權益係以收購日公允價值衡量，惟題意中未提及
$\quad\quad\quad\quad$ 該公允價值，故設算之。
$\quad$ 乙公司總公允價值＝$336,000÷80%＝$420,000
$\quad$ 乙未入帳專利權＝$420,000－$360,000＝$60,000
$\quad$ 未入帳專利權之每年攤銷數＝$60,000÷10 年＝$6,000
(2)、(5)、(8)：同「傳統理論」。
(3) 從題目試算表中得知，
$\quad$ 甲公司帳列投資收益＝$59,562＝($80,453－$6,000)×80%
$\quad$ → 故知甲公司適用權益法時，忽略內部交易之影響。
(4) 非控制權益(期初)＝$420,000×20%＝$84,000
(6) 甲公司按權益法應認列之投資收益
$\quad\quad$ ＝($80,453－專攤$6,000－逆流$15,000＋逆流$3,000)×80%－順流$7,500
$\quad\quad\quad$ ＋順流$4,279－順流$1,344＝$45,397
$\quad$ 甲公司帳列投資收益高估數＝$59,562－$45,397＝$14,165
(7) 非控制權益淨利＝($80,453－$6,000－$15,000＋$3,000)×20%＝$12,491
(9) 非控制權益(期末)＝$84,000＋$12,491－$9,000＝$87,491
(10) 甲公司正確權益法下之淨利＝甲個別淨利$219,864＋$45,397＝$265,261
$\quad\quad\quad\quad\quad\quad\quad\quad$ ＝控制權益淨利
$\quad$ 總合併淨利＝控制權益淨利$265,261＋非控制權益淨利$12,491＝$277,752
$\quad\quad\quad$ ＝甲個別淨利$219,864＋乙個別淨利$80,453－專攤$6,000
$\quad\quad\quad\quad$ －逆流$15,000＋逆流$3,000－順流$7,500
$\quad\quad\quad\quad$ ＋順流$4,279－順流$1,344＝$277,752

答案：

		母公司理論	傳統理論	個體理論
(a)	20x6/12/31 專利權	$48,000－$4,800 ＝$43,200	$43,200	$60,000－$6,000 ＝$54,000
(b)	20x6 年度投資損益	$45,397	$45,397	$45,397
(c)	20x6 年度非控制權益淨利	$16,091	$13,691	$12,491
(d)	20x6 年度合併淨利	$265,261	$265,261	－
	20x6 年度控制權益淨利	－	－	$265,261
(e)	20x6/12/31 非控制權益	$79,091	$76,691	－
	20x6 年度總合併淨利	－	－	$277,752
(f)	20x6/12/31 非控制權益	－	－	$87,491

(A)及(B)之(f)、(C)(g)，20x6 年合併工作底稿上之調整/沖銷分錄：

		母公司理論	傳統理論	個體理論
調整分錄：				
調	採用權益法認列之 子公司、關聯企業 及合資利益之份額 　採用權益法之投資	14,165 　　　14,165	14,165 　　　14,165	14,165 　　　14,165
沖銷分錄：				
(1)	銷貨收入 　銷貨成本	37,500 　　　37,500	37,500 　　　37,500	37,500 　　　37,500
(2)	銷貨成本 　存　貨	7,500 　　　7,500	7,500 　　　7,500	7,500 　　　7,500
(3)	處分不動產、廠房 及設備利益 　辦公設備－淨額	(＊) 12,000 　　　12,000	15,000 　　　15,000	15,000 　　　15,000
(4)	辦公設備－淨額 　折舊費用	2,400 (＊)　2,400	3,000 　　　3,000	3,000 　　　3,000
(5)	應付公司債 　按攤銷後成本衡量 　　之金融資產 　視同清償債券利益	81,488 　　　78,553 　　　2,935	81,488 　　　78,553 　　　2,935	81,488 　　　78,553 　　　2,935

(續次頁)

		母公司理論	傳統理論	個體理論
沖銷分錄：(續)				
(6)	利息收入	5,453	5,453	5,453
	利息費用	4,109	4,109	4,109
	視同清償債券利益	1,344	1,344	1,344
(7)	應付利息	4,800	4,800	4,800
	應收利息	4,800	4,800	4,800
(8)	採用權益法認列之子公司、關聯企業及合資利益之份額	45,397	45,397	45,397
	股　利	36,000	36,000	36,000
	採用權益法之投資	9,397	9,397	9,397
(9)	非控制股權淨利	16,091	13,691	12,491
	股　利	9,000	9,000	9,000
	非控制權益	7,091	4,691	3,491
(10)	普通股股本	300,000	300,000	300,000
	保留盈餘	60,000	60,000	60,000
	專利權	48,000	48,000	60,000
	採用權益法之投資	336,000	336,000	336,000
	非控制權益	72,000	72,000	84,000
(11)	攤銷費用	4,800	4,800	6,000
	專利權	4,800	4,800	6,000

＊：按母公司理論，逆流內部交易之未實現損益只須沖銷屬於母公司的部分($12,000)，$15,000×80％＝$12,000，另20％屬於非控制權益的未實現損益($3,000)，$15,000×20％＝$3,000，無須沖銷，視為已實現，故合併綜合損益表上仍表達處分不動產、廠房及設備利益$3,000。又未實現利益$12,000分5年實現，因此20x6年實現五分之一($2,400)，此即須減少甲公司帳列高估之折舊費用及累計折舊的金額。

(續次頁)

(A)及(B)之(g)、(C)(h),甲公司及乙公司 20x6 年合併工作底稿:

母公司理論:

<table>
<tr><th colspan="6">甲 公 司 及 其 子 公 司
合 併 工 作 底 稿
20x6 年 1 月 1 日至 20x6 年 12 月 31 日</th></tr>
<tr><th></th><th>甲公司</th><th>80%
乙公司</th><th colspan="2">調整 / 沖銷
借 方　　　貸 方</th><th>合 併
財務報表</th></tr>
<tr><td colspan="6">綜合損益表:</td></tr>
<tr><td>銷貨收入</td><td>$1,050,000</td><td>$435,000</td><td>(1) 37,500</td><td></td><td>$1,447,500</td></tr>
<tr><td>銷貨成本</td><td>(600,000)</td><td>(300,000)</td><td>(2) 7,500</td><td>(1) 37,500</td><td>(870,000)</td></tr>
<tr><td>營業費用</td><td>(225,000)</td><td>(75,000)</td><td>(11) 4,800</td><td>(4) 2,400</td><td>(302,400)</td></tr>
<tr><td>處分不動產、廠房
　　及設備利益</td><td>—</td><td>15,000</td><td>(3) 12,000</td><td></td><td>3,000</td></tr>
<tr><td>利息收入</td><td>—</td><td>5,453</td><td>(6) 5,453</td><td></td><td>—</td></tr>
<tr><td>利息費用</td><td>(5,136)</td><td>—</td><td></td><td>(6) 4,109</td><td>(1,027)</td></tr>
<tr><td>視同清償債券利益</td><td>—</td><td>—</td><td></td><td>(5) 2,935
(6) 1,344</td><td>4,279</td></tr>
<tr><td>採用權益法認列之
子公司、關聯企業
及合資利益之份額</td><td>59,562</td><td>—</td><td>調 14,165
(8) 45,397</td><td></td><td>—</td></tr>
<tr><td>　淨　利</td><td>$ 279,426</td><td>$ 80,453</td><td></td><td></td><td></td></tr>
<tr><td>非控制權益淨利</td><td></td><td></td><td>(9) 16,091</td><td></td><td>(16,091)</td></tr>
<tr><td>　合併淨利</td><td></td><td></td><td></td><td></td><td>$ 265,261</td></tr>
<tr><td colspan="6">保留盈餘表:</td></tr>
<tr><td>期初保留盈餘</td><td>$ 540,000</td><td>$ 60,000</td><td>(10) 60,000</td><td></td><td>$ 540,000</td></tr>
<tr><td>加:淨　利</td><td>279,426</td><td>80,453</td><td></td><td></td><td>265,261</td></tr>
<tr><td>減:股　利</td><td>(180,000)</td><td>(45,000)</td><td></td><td>(8) 36,000
(9) 9,000</td><td>(180,000)</td></tr>
<tr><td>期末保留盈餘</td><td>$ 639,426</td><td>$ 95,453</td><td></td><td></td><td>$ 625,261</td></tr>
</table>

(續次頁)

	甲公司	80% 乙公司	調整／沖銷 借 方	調整／沖銷 貸 方	合 併 財務報表
財務狀況表：					
現 金	$ 293,924	$ 47,100			$ 341,024
應收帳款－淨額	120,000	35,000			155,000
存 貨	225,000	50,000		(2) 7,500	267,500
應收利息	—	4,800		(7) 4,800	—
採用權益法之投資	359,562	—		調 14,165 (8) 9,397 (10) 336,000	—
按攤銷後成本衡量 　之金融資產	—	78,553		(5) 78,553	—
房屋及建築－淨額	1,010,000	240,000			1,250,000
辦公設備－淨額	240,000	90,000	(4) 2,400	(3) 12,000	320,400
專 利 權	—	—	(10) 48,000	(11) 4,800	43,200
總 資 產	$2,248,486	$545,453			$2,377,124
應付帳款	$ 301,200	$150,000			$ 451,200
應付利息	6,000	—	(7) 4,800		1,200
應付公司債	101,860	—	(5) 81,488		20,372
普通股股本	1,200,000	300,000	(10) 300,000		1,200,000
保留盈餘	639,426	95,453			625,261
總負債及權益	$2,248,486	$545,453			
非控制權益－ 1/1				(10) 72,000	
非控制權益 　－當期增加數				(9) 7,091	
非控制權益－12/31					79,091
總負債及權益					$2,377,124

(續次頁)

傳統理論：

甲公司及其子公司
合併工作底稿
20x6年1月1日至20x6年12月31日

	甲公司	80% 乙公司	調整/沖銷 借方	調整/沖銷 貸方	合併 財務報表
綜合損益表：					
銷貨收入	$1,050,000	$435,000	(1) 37,500		$1,447,500
銷貨成本	(600,000)	(300,000)	(2) 7,500	(1) 37,500	(870,000)
營業費用	(225,000)	(75,000)	(11) 4,800	(4) 3,000	(301,800)
處分不動產、廠房及設備利益	—	15,000	(3) 15,000		—
利息收入	—	5,453	(6) 5,453		
利息費用	(5,136)	—		(6) 4,109	(1,027)
視同清償債券利益	—	—		(5) 2,935 (6) 1,344	4,279
採用權益法認列之子公司、關聯企業及合資利益之份額	59,562	—	調 14,165 (8) 45,397		—
淨　利	$ 279,426	$ 80,453			
非控制權益淨利			(9) 13,691		(13,691)
合併淨利					$ 265,261
保留盈餘表：					
期初保留盈餘	$ 540,000	$ 60,000	(10) 60,000		$ 540,000
加：淨　利	279,426	80,453			265,261
減：股　利	(180,000)	(45,000)		(8) 36,000 (9) 9,000	(180,000)
期末保留盈餘	$ 639,426	$ 95,453			$ 625,261

(續次頁)

	甲公司	80% 乙公司	調整／沖銷 借方	調整／沖銷 貸方	合 併 財務報表
財務狀況表：					
現　金	$ 293,924	$ 47,100			$ 341,024
應收帳款－淨額	120,000	35,000			155,000
存　貨	225,000	50,000		(2) 7,500	267,500
應收利息	—	4,800		(7) 4,800	—
採用權益法之投資	359,562	—		調 14,165 (8) 9,397 (10) 336,000	—
按攤銷後成本衡量 　之金融資產	—	78,553		(5) 78,553	—
房屋及建築－淨額	1,010,000	240,000			1,250,000
辦公設備－淨額	240,000	90,000	(4) 3,000	(3) 15,000	318,000
專 利 權	—	—	(10) 48,000	(11) 4,800	43,200
總 資 產	$2,248,486	$545,453			$2,374,724
應付帳款	$ 301,200	$150,000			$ 451,200
應付利息	6,000	—	(7) 4,800		1,200
應付公司債	101,860	—	(5) 81,488		20,372
普通股股本	1,200,000	300,000	(10) 300,000		1,200,000
保留盈餘	639,426	95,453			625,261
總負債及權益	$2,248,486	$545,453			
非控制權益－ 1/1				(10) 72,000	
非控制權益 　－當期增加數				(9) 4,691	
非控制權益－12/31					76,691
總負債及權益					$2,374,724

(續次頁)

個體理論：

<table>
<tr><td colspan="6" align="center">甲 公 司 及 其 子 公 司
合 併 工 作 底 稿
20x6 年 1 月 1 日至 20x6 年 12 月 31 日</td></tr>
<tr><td></td><td>甲公司</td><td>80%
乙公司</td><td colspan="2">調整／沖銷
借方　　貸方</td><td>合 併
財務報表</td></tr>
<tr><td colspan="6">**綜合損益表：**</td></tr>
<tr><td>銷貨收入</td><td>$1,050,000</td><td>$435,000</td><td>(1) 37,500</td><td></td><td>$1,447,500</td></tr>
<tr><td>銷貨成本</td><td>(600,000)</td><td>(300,000)</td><td>(2) 7,500</td><td>(1) 37,500</td><td>(870,000)</td></tr>
<tr><td>營業費用</td><td>(225,000)</td><td>(75,000)</td><td>(11) 6,000</td><td>(4) 3,000</td><td>(303,000)</td></tr>
<tr><td>處分不動產、廠房
　　及設備利益</td><td>—</td><td>15,000</td><td>(3) 15,000</td><td></td><td>—</td></tr>
<tr><td>利息收入</td><td>—</td><td>5,453</td><td>(6) 5,453</td><td></td><td>—</td></tr>
<tr><td>利息費用</td><td>(5,136)</td><td>—</td><td></td><td>(6) 4,109</td><td>(1,027)</td></tr>
<tr><td>視同清償債券利益</td><td>—</td><td>—</td><td></td><td>(5) 2,935
(6) 1,344</td><td>4,279</td></tr>
<tr><td>採用權益法認列之
子公司、關聯企業
及合資利益之份額</td><td>59,562</td><td>—</td><td>調 14,165
(8) 45,397</td><td></td><td>—</td></tr>
<tr><td>　淨　利</td><td>$ 279,426</td><td>$ 80,453</td><td></td><td></td><td></td></tr>
<tr><td>總合併淨利</td><td></td><td></td><td></td><td></td><td>$ 277,752</td></tr>
<tr><td>非控制權益淨利</td><td></td><td></td><td>(9) 12,491</td><td></td><td>(12,491)</td></tr>
<tr><td>　控制權益淨利</td><td></td><td></td><td></td><td></td><td>$ 265,261</td></tr>
<tr><td colspan="6">**保留盈餘表：**</td></tr>
<tr><td>期初保留盈餘</td><td>$ 540,000</td><td>$ 60,000</td><td>(10) 60,000</td><td></td><td>$ 540,000</td></tr>
<tr><td>加：淨　利</td><td>279,426</td><td>80,453</td><td></td><td></td><td>265,261</td></tr>
<tr><td>減：股　利</td><td>(180,000)</td><td>(45,000)</td><td></td><td>(8) 36,000
(9) 9,000</td><td>(180,000)</td></tr>
<tr><td>期末保留盈餘</td><td>$ 639,426</td><td>$ 95,453</td><td></td><td></td><td>$ 625,261</td></tr>
</table>

(續次頁)

	甲公司	80% 乙公司	調整／沖銷 借　方	調整／沖銷 貸　方	合　併 財務報表
財務狀況表：					
現　金	$ 293,924	$ 47,100			$ 341,024
應收帳款－淨額	120,000	35,000			155,000
存　貨	225,000	50,000		(2)　7,500	267,500
應收利息	－	4,800		(7)　4,800	－
採用權益法之投資	359,562	－		調 14,165 (8)　9,397 (10) 336,000	－
按攤銷後成本衡量 　之金融資產	－	78,553		(5) 78,553	－
房屋及建築－淨額	1,010,000	240,000			1,250,000
辦公設備－淨額	240,000	90,000	(4)　3,000	(3) 15,000	318,000
專　利　權	－	－	(10) 60,000	(11)　6,000	54,000
總　資　產	$2,248,486	$545,453			$2,385,524
應付帳款	$ 301,200	$150,000			$ 451,200
應付利息	6,000	－	(7)　4,800		1,200
應付公司債	101,860	－	(5) 81,488		20,372
普通股股本	1,200,000	300,000	(10) 300,000		1,200,000
保留盈餘	639,426	95,453			625,261
總負債及權益	$2,248,486	$545,453			
非控制權益－ 1/1				(10) 84,000	
非控制權益 　－當期增加數				(9)　3,491	
非控制權益－12/31					87,491
總負債及權益					$2,385,524

(續次頁)

(三) **(94會計師檢覈考題改編)**

甲公司於20x6年初以$540,000取得乙公司90%股權，並對乙公司存在控制。當日乙公司帳列淨值之帳面金額與公允價值分別為$500,000與$550,000，且帳列淨值低估係因：(a)辦公設備價值低估$50,000，估計可再使用四年，無殘值，按直線法計提折舊，(b)乙公司有一項未入帳專利權，估計尚有10年耐用年限。

乙公司於20x6年共銷貨$120,000予甲公司，截至20x6年12月31日尚有未實現毛利$10,000。甲公司與乙公司20x6年未計入投資損益及股利收入前之淨利分別為$300,000及$80,000，且分別宣告並發放現金股利$200,000及$50,000。

試求：

(A) 若按「個體理論」編製合併財務報表，則非控制權益係以收購日公允價值衡量。請分別按「母公司理論」、「傳統理論」及「個體理論」，計算下列金額：
   (1) 20x6年12月31日合併財務狀況表中之專利權。
   (2) 20x6年甲公司應認列之投資收益。
   (3) 20x6年合併綜合損益表中之非控制權益淨利。
   (4) 20x6年12月31日合併財務狀況表中之非控制權益。
(B) 請分別按「母公司理論」及「傳統理論」計算20x6年之合併淨利。
(C) 請按「個體理論」計算20x6年之總合併淨利。

參考答案：

(A) (1)：

「母公司理論」及「傳統理論」：
投資差額＝$540,000－($500,000×90%)＝$90,000
投資差額源自：(i) 辦公設備：$50,000×90%＝$45,000，$45,000÷4年＝$11,250
　　　　　　　(ii) 專利權：$90,000－$45,000＝$45,000
　　　　　　　　　專利權每年攤銷數＝$45,000÷10年＝$4,500

「個體理論」：
20x6年初，非控制權益係以收購日公允價值衡量，惟題意中未提及該公允價值，故設算之。乙公司總公允價值＝$540,000÷90%＝$600,000
　　　　　　乙帳列淨值低估數＝$600,000－$500,000＝$100,000
　　　　　　乙帳列淨值低估數源自：
　　　　　　(i) 辦公設備：$50,000，$50,000÷4年＝$12,500

(ii) 專利權：$100,000－$50,000＝$50,000

專利權每年攤銷數＝$50,000÷10 年＝$5,000

20x6 年底合併財務狀況表中專利權之金額：

| 母公司理論、傳統理論 | $45,000－$4,500＝$40,500 |
| 個體理論 | $50,000－$5,000＝$45,000 |

(A) (2)及(3)：

逆流銷貨之未實現利益＝$10,000

20x6 年，甲公司應認列之投資收益及非控制權益淨利：

	甲公司應認列之投資收益 (2)	非控制權益淨利 (3)
母公司理論	($80,000×90%)－(逆流$10,000×90%) －設折$11,250－專攤$4,500＝$47,250	$80,000×10%＝$8,000
傳統理論	($80,000－逆流$10,000)×90% －設折$11,250－專攤$4,500＝$47,250	($80,000－逆流$10,000) ×10%＝$7,000
個體理論	($80,000－逆流$10,000－設折$12,500 －專攤$5,000)×90%＝$47,250	($80,000－逆流$10,000 －設折$12,500－專攤 $5,000)×10%＝$5,250

(A) (4)，20x6 年底合併財務狀況表中之非控制權益：

母公司理論	($500,000×10%)＋$8,000－($50,000×10%)＝$53,000
傳統理論	($500,000×10%)＋$7,000－($50,000×10%)＝$52,000
個體理論	($600,000×10%)＋$5,250－($50,000×10%)＝$60,250

(B) 20x6 年之合併淨利：

| 母公司理論 | 甲個別淨利$300,000＋投資收益$47,250＝347,250 |
| 傳統理論 | 甲個別淨利$300,000＋投資收益$47,250＝347,250 |

(C) 按「個體理論」，

20x6 年總合併淨利＝控制權益淨利＋非控制權益淨利

＝(甲個別淨利$300,000＋投資收益$47,250)＋$5,250＝$352,500

＝甲個別淨利$300,000＋乙個別淨利$80,000

－設折$12,500－專攤$5,000－逆流$10,000＝$352,500

(四) **(選擇題：近年會計師考題改編)**

(1) **(100 會計師考題)**

(B) 按個體理論(Entity Theory)編製合併財務報表，則合併財務狀況表中之非控制權益應如何表達？
(A) 可由企業依本身之需求，選擇列於權益項下或負債項下
(B) 列於權益項下　　(C) 列於負債項下　　(D) 無須單獨表達

(2) **(98 會計師考題)**

(C) 甲公司於 20x6 年 1 月 1 日以$420,000 取得乙公司 80%股權，並對乙公司存在控制。當日乙公司權益為$400,000，且除一項機器設備價值低估$50,000外，其餘帳列資產及負債之帳面金額皆等於公允價值，且無其他未入帳之可辨認資產或負債。該價值低估之機器設備估計可再使用 5 年，無殘值，按直線法計提折舊。20x6 年 7 月 1 日，乙公司將一批成本$35,000 之商品存貨以$50,000 售予甲公司，截至 20x6 年 12 月 31 日，該批商品仍有 25%尚未售予合併個體以外單位。若按「母公司理論(Parent Company Theory)(X)」及「個體理論(Entity Theory)(Y)」編製甲公司及乙公司 20x6年合併財務報表，則下列有關 20x6 年 12 月 31 日合併財務狀況表資產總額之敘述何者正確？
(A) (X)下之資產總額大於(Y)下之資產總額，其差額為$27,400
(B) (X)下之資產總額大於(Y)下之資產總額，其差額為$23,250
(C) (X)下之資產總額小於(Y)下之資產總額，其差額為$22,250
(D) (X)下之資產總額小於(Y)下之資產總額，其差額為$27,500

說明：

母公司理論：
　　投資差額＝$420,000－($400,000×80%)＝$100,000
　　$100,000：(1) 機器設備價值低估：$50,000×80%＝$40,000
　　　　　　　　　　　　　　　　　　$40,000÷5 年＝$8,000
　　　　　　(2) 乙未入帳商譽(反推)＝$100,000－$40,000＝$60,000
　　逆流/存貨：未實現利益＝($50,000－$35,000)×25%×80%＝$3,000

(X)下合併工作底稿調整/沖銷欄之資產總額增減數：
　　＋機器設備($40,000－$8,000)＋商譽$60,000－存貨$3,000＝＋$89,000

個體理論：　若非控制權益係以收購日公允價值衡量，惟題意中未提及該公允價值，故設算之。
　　乙總公允價值＝$420,000÷80%＝$525,000
　　乙帳列淨值低估數＝$525,000－$400,000＝$125,000
　　$125,000：(1) 機器設備價值低估數$50,000，$50,000÷5年＝$10,000
　　　　　　　(2) 乙未入帳商譽(反推)＝$125,000－$50,000＝$75,000
　　逆流/存貨：未實現利益＝($50,000－$35,000)×25%＝$3,750
　　(Y)下合併工作底稿調整/沖銷欄之資產總額增減數：
　　＋設備($50,000－$10,000)＋商譽$75,000－存貨$3,750＝＋$111,250

「母公司理論(X)」下之資產總額：＋$89,000
「個體理論(Y)」下之資產總額：＋$111,250，故　前者較後者少$22,250。

(3) (96會計師考題)

(C)　甲公司於20x7年1月1日以$250,000取得乙公司90%股權，並對乙公司存在控制。當日乙公司權益為$200,000，除一項機器設備價值低估$60,000外，其餘帳列資產及負債之帳面金額皆等於公允價值，且無未入帳之可辨認資產或負債。該價值低估之機器設備估計可再使用10年，無殘值，按直線法計提折舊。20x7年12月31日，甲公司與乙公司帳列「機器設備－淨額」分別為$200,000及$100,000。若按「母公司理論(Parent Company Theory)」編製甲公司及乙公司20x7年合併財務報表，則20x7年12月31日合併財務狀況表中之「機器設備－淨額」金額為何？
(A) $360,000　　(B) $354,000　　(C) $348,600　　(D) $348,000

說明：投資差額＝$250,000－($200,000×90%)＝$70,000
　　　$70,000：(a) 機器設備價值低估：$60,000×90%＝$54,000
　　　　　　　　　　　　　　　　　　$54,000÷10年＝$5,400
　　　　　　　(b) 乙未入帳商譽(反推)＝$70,000－$54,000＝$16,000
　　　合併財務狀況表中之「設備－淨額」金額
　　　　＝$200,000＋$100,000＋$54,000－$5,400＝$348,600

(4) (96 會計師考題)

(D) 下列關於「母公司理論(Parent Company Theory)」之敘述，何者錯誤？
   (A) 非控制權益淨利在合併財務報表中列為費用
   (B) 合併淨損益係指母、子公司已實現淨損益中母公司所應享有之部分
   (C) 非控制權益具負債之性質
   (D) 母、子公司間逆流交易之未實現損益須全數沖銷

說明：(D)，母、子公司間逆流交易之未實現損益只沖銷屬於母公司的部分，請參考本章釋例三、習題一及習題二。

(5) (95 會計師考題)

(C) 甲公司於 20x7 年 1 月 1 日以$270,000 取得乙公司 90%股權，並對乙公司存在控制。當日乙公司權益為$200,000，除一項機器設備價值低估$60,000外，其餘帳列資產及負債之帳面金額皆等於公允價值，且無未入帳之可辨認資產或負債。該價值低估之機器設備估計可再使用 10 年，無殘值，按直線法計提折舊。20x7 年，乙公司將一批成本$40,000 之商品存貨以$80,000售予甲公司，截至 20x7 年 12 月 31 日，該批商品仍有 30%尚未售予合併個體以外單位。若 20x7 年乙公司淨利為$200,000，且甲公司按「母公司理論(Parent Company Theory)」編製甲公司及其子公司合併財務報表，則 20x7 年合併綜合損益表中之非控制權益淨利為何？
(A) $10,400   (B) $18,800   (C) $20,000   (D) $18,200

說明：投資差額＝$270,000－($200,000×90%)＝$90,000
      $90,000：(a) 機器設備價值低估：$60,000×90%＝$54,000
                            $54,000÷10年＝$5,400
            (b) 乙未入帳商譽(反推)＝$90,000－$54,000＝$36,000
    逆流銷貨之未實現利益＝($80,000－$40,000)×30%＝$12,000
    甲應認列之投資收益＝($200,000×90%)－設折$5,400
                      －(逆流$12,000×90%)＝$163,800
    非控制權益淨利＝($200,000×10%)＝$20,000

(6) (95 會計師考題)

(C) 下列關於「個體理論(Entity Theory)」之敘述，何者正確？
 (A) 非控制權益對子公司淨值之享有數，係以該淨值之帳面金額評價
 (B) 非控制權益淨利在合併財務報表中列為費用
 (C) 母公司贖回子公司債券之視同清償損益須全數認列
 (D) 母、子公司間逆流交易之未實現損益只沖銷母公司持股比例部分

 說明：(A)：非控制權益對子公司淨值之享有數，係以該淨值之公允價值評價，不論：(a)非控制權益係以收購日公允價值衡量，或 (b)非控制權益係以「對被收購者可辨認淨資產之已認列金額所享有之比例份額」衡量。
 (B)：非控制權益淨利在合併財務報表中不是列為費用，係總合併淨利分享予非控制權益的部分。
 (D)：母、子公司間逆流交易之未實現損益須全數沖銷。

(7) (93 會計師考題)

(A) 何種合併理論主張將內部未實現損益在合併財務報表中予以全數消除？
 (A)「個體理論(Entity Theory)」與「傳統理論(Traditional Theory)」
 (B)「母公司理論(Parent Company Theory)」與「傳統理論(traditional theory)」
 (C)「母公司理論(Parent Company Theory)」與「個體理論(Entity Theory)」
 (D) 三種合併理論皆主張

 說明：對於內部交易所產生之未實現損益，「母公司理論」主張只消除屬於母公司對子公司持股的部分，至於非控制權益那部分的未實現損益則不予處理，即視為已實現。

(8) (91 會計師考題)

(B) 子公司於 20x7 年中出售商品存貨予母公司，截至 20x7 年底母公司仍有部分購自子公司之商品尚未售予合併個體以外單位，該部分商品之未實現利益為$100,000。若母公司持有子公司 80%股權，則下列何種合併理論於編製 20x7 年合併財務報表時將沖銷存貨未實現利益$80,000？

(A) 傳統理論(Traditional Theory)
(B) 母公司理論(Parent Company Theory)
(C) 個體理論(Entity Theory)
(D) 傳統理論與個體理論

說明：對於內部交易所產生之未實現損益，「母公司理論」主張只消除屬於母公司對子公司持股的部分，至於非控制權益那部分的未實現損益則不予處理，即視為已實現，故於編製20x7年合併財務報表時只沖銷存貨未實現利益$80,000，$100,000×80%＝$80,000。

第十二章　總分支機構會計

　　本書上冊第一章已說明企業為了提升經營效率、降低成本、增進利潤，可能透過所謂「內部式的擴張(expand internally)」或「外部式的擴張(expand externally)」，使企業規模不斷地成長茁壯。其中除了外部擴張的收購方式形成母、子公司型態，致期末須編製母、子公司合併財務報表外，其餘的擴張方式(內部式的擴張、吸收合併、新設合併等)最終皆以單一法律個體形式繼續經營，惟規模遠較擴張前大。此時為了經營效率及帳務處理的方便性，有可能將內部擴張新增的單位或吸收合併新增的單位視為「分支機構」，而原企業則為「總機構」，並將帳務工作做適當分割，以利營運效率之提升。

　　例如：甲公司是一家自歐洲進口高級傢俱在台銷售的公司，成立於20x2年，其設立登記之營業處所及第一家門市位於台北市，開業後業績蒸蒸日上，經評估市調資訊後，於20x4年在台中市設立第二家門市，並於20x6年吸收合併位於高雄市販售本土傢俱的乙公司，進而成立第三家門市，至此台中門市及高雄門市即成為甲公司的分支機構(branch)。

　　由於台中門市只展示商品、接受訂單，至於訂貨客戶的信用評估、後續的出貨及收款等事宜仍由位於台北市的甲公司總機構(head office)處理，故無帳務分割之必要，意即由甲公司台北總機構統籌處理台中門市的交易事項。若為方便支應台中門市的日常營運支出，則可採定額零用金方式，由總機構撥一筆定額營運資金予台中門市，供其日常營運支出所需，待定額營運資金用罄前，由台中門市營運資金保管人備妥已支出但尚未撥補之交易憑證，向台北總機構要求撥補，補足定額營運資金後即可循序支用，如此週而復始。

　　而高雄門市原為乙公司，其員工編制及各項營運功能的職能分工較完整，故其能執行的營運功能較台中門市多樣多元。舉凡展示商品、儲存商品、接受訂單、訂貨客戶信用評估、出貨、收款等事宜皆能執行。因此甲公司<u>有可能</u>將發生於高雄門市的交易事項，就近由高雄門市會計人員做適當會計處理，待期末再將高雄門市的營業結果及財務狀況資訊傳遞給台北總機構，由台北總機構會計人員將之<u>與台北總機構的營業結果及財務狀況資訊整合(combine)</u>，編製甲公司期中或年度財務報表。至於如何將總、分支機構之營業結果及財務狀況資訊加以整合(combine)，則為本章之講述重點。上述說明彙總如下：

分　支　機　構		總、分支機構間，帳務分割否？	台　北　總　機　構
台中門市	無帳務處理之需要	否	除高雄門市自行處理其帳務外,甲公司其餘帳務工作皆由台北總機構負責(包括台中門市之交易事項)
高雄門市	負責高雄門市的主要帳務	是	

　　無論是甲公司的台北總機構、台中門市或高雄門市,皆會與甲公司以外之個體或單位(如:企業、政府單位、個人、非營利單位等)發生各種交易事項,其交易內容與會計處理方式已於初(中)會書籍中闡述,本章不再重覆。但本章欲就上表之分類,分段說明:(一)無帳務分割必要之台中門市所發生常見的交易事項及其由台北總機構所作的會計處理,(二)可帳務分割之高雄門市與台北總機構或台中門市之間所發生的常見交易事項及其相關帳務處理,(三)如何整合(combine)總、分支機構之營業結果及財務狀況資訊,並編製甲公司期中或年度財務報表。

一、無須帳務分割之分支機構的常見交易

　　如上例甲公司台中門市,由於其只負責展示商品及接受訂單等簡單事務,故其常發生的交易種類不多且交易內容較單純,因此統由台北總機構負責其相關帳務處理即可,無帳務分割之必要。常見交易及其分錄如下:

台北總機構之帳冊記錄：			
(1)	為設立台中門市,甲公司於台中購置房地,房地總價$8,000,000,經估價土地價值$2,000,000,房屋價值$6,000,000。甲公司付現$3,000,000,其餘$5,000,000則以20年期銀行房貸支應。		
	土　　地－台中門市	2,000,000	
	房屋及建築－台中門市	6,000,000	
	現　　金		3,000,000
	分期償付之借款－台中門市		5,000,000
(2)	甲公司以$400,000現金為台中門市購置展示用設備。		
	其他設備－台中門市	400,000	
	現　　金		400,000

(續次頁)

(3)	由台北總機構轉撥一筆營運資金$100,000 予台中門市。		
	營運資金－台中門市	100,000	
	現　　金		100,000
(4)	由台北總機構運送展示用商品(成本$300,000)予台中門市。		
	存　貨－樣品－台中門市	300,000	
	存　　貨 (若甲公司採永續盤存制)		300,000
	進(購)貨 (若甲公司採定期盤存制)		
(5)	台北總機構按台中門市所接賒銷訂單內容，如期順利出貨予丙公司。假設銷貨金額為$400,000，商品成本為$200,000。		
	應收帳款	400,000	
	銷貨收入－台中門市		400,000
	銷貨成本－台中門市	200,000	
	存　　貨		200,000
	註：若甲公司採定期盤存制，則無此借記銷貨成本之分錄。		
(6)	台北總機構從丙公司收回應收帳款$400,000。		
	現　　金	400,000	
	應收帳款		400,000
(7)	台中門市備妥支出憑證向台北總機構要求撥補營運資金$95,000。憑證內容顯示：廣告支出$40,000，水電費支出$20,000，招待客戶支出$25,000，其他雜項支出$10,000。		
	廣告費－台中門市	40,000	
	水電費－台中門市	20,000	
	交際費－台中門市	25,000	
	其他費用－台中門市	10,000	
	現　　金		95,000
(8)	甲公司應計員工薪資，其中屬於台中門市員工之薪資為$120,000。(貸方金額為假設金額。)		
	薪資費用－台中門市	120,000	
	代扣勞保費		1,500
	代扣健保費		1,800
	應付薪資		116,700
(9)	甲公司支付上述(8)應計台中門市員工之薪資。		
	應付薪資	116,700	
	現　　金		116,700

(續次頁)

(承上頁)

(10)	台北總機構每期為台中門市之房屋及設備提列當期折舊費用，假設金額分別為$200,000 及$40,000。		
	折舊費用－台中門市	240,000	
	累計折舊－房屋及建築－台中門市		200,000
	累計折舊－其他設備－台中門市		40,000
(11)	台北總機構每期支付台中門市房貸之本金及利息，假設金額分別為$40,000 及$10,000。		
	分期償付之借款－台中門市	40,000	
	利息費用－台中門市	10,000	
	現　　金		50,000
(12)	期末評估台中門市展示用商品損耗情況，得知其淨變現價值較帳面金額低$30,000。		
	廣告費－台中門市	30,000	
	存　貨－樣品－台中門市		30,000

　　由本例可知當總機構為每一分支機構設立相關明細帳戶時，除可滿足對外發布甲公司財務報表之需求外，尚可編製甲公司各分支機構之財務報表(segment reporting)，以供內部管理之用，特別是有關分支機構績效表現之相關資訊。

二、可帳務分割之分支機構

　　如上例之甲公司高雄門市，由於高雄門市原為乙公司，其員工編制及各項營運功能的職能分工較完整，且有現成的會計資訊系統，只須配合台北總機構會計資訊系統作微幅調整，即可單獨處理高雄門市所發生的交易事項，待期末再將高雄門市的營業結果及財務狀況資訊傳遞給台北總機構，與台北總機構的營業結果及財務狀況資訊整合(combine)，進而編製甲公司期中或年度財務報表。因此台北總機構會計資訊系統是甲公司<u>最主要的帳務系統</u>，而已作帳務分割的分支機構(如：高雄門市)會計資訊系統則為甲公司<u>附屬帳務系統</u>。

　　上段提及「高雄門市的會計資訊系統，須配合台北總機構會計資訊系統作微幅調整」，所指的「調整」須根據總、分支機構雙方會計資訊系統的實際差異情況來進行，因此每一個案須調整的情況與程度皆不同，但至少須在總、分支機構雙方帳冊上設立相對會計科目，以連結帳務分割後兩邊各自進行的會計處

理結果,即在高雄門市帳冊上設立「總機構」帳戶 [實務上有稱「總公司往來」],在台北總機構帳冊上設立「分支機構－高雄門市」帳戶 [實務上有稱「XX分公司往來」]。

「總機構」帳戶的性質<u>類似</u>分支機構的權益項目,而「分支機構－高雄門市」帳戶<u>則</u>是台北總機構的資產科目,視為總機構對分支機構之投資。當高雄門市與台北總機構間發生交易事項,雙方帳務處理即以這兩個相對會計科目記載之,故此二相對會計科目的餘額理應隨時相等,「總機構」帳戶為貸方餘額,「分支機構－高雄門市」帳戶則為借方餘額。

另就甲公司而言,發生在高雄門市與台北總機構間的交易事項係屬「<u>內部移轉(internal transfers)</u>」,並非對外之交易事項,故於期末整合(combine)總、分支機構之營業結果及財務狀況資訊時,內部移轉交易所產生的未實現損益須加以消除,上述之相對會計科目[「總機構」帳戶及「分支機構－高雄門市」帳戶]亦須沖銷,只有非相對科目之餘額才予以合計,進而編製出甲公司財務報表。

註:本章所使用總、分支機構「內部專用」之往來會計科目皆為筆者設定,因其係「內部專用」,故臺灣證券交易所公告之「一般行業 IFRSs 會計科目及代碼」中並未設定。常見的「內部專用」往來會計科目如下:

	總 機 構 專 用	分支機構專用
1.	分支機構－XX門市 (XX門市或其他適當稱呼) [Branch－XX]	總機構 [Home Office]
	實務:「XX分公司往來」	實務:「總公司往來」
2.	出貨－XX門市 [Shipments to Branch－XX]	進貨－總機構 [Shipments from Home Office]
3.	出貨加價－XX門市 [Loading in Branch Inventory－XX]	
4.	分支機構利益－XX門市 [Branch Profit－XX]	－
5.	－	進貨運費－總機構 [Freight-in－Home Office] [Transportation-in－Home Office]

於期末須整合(combine)總機構及分支機構之營業結果及財務狀況資訊時，上述因總、分支機構帳務分割而使用的「內部專用」會計科目將透過工作底稿沖銷分錄消除之，以編製該報導個體之財務報表。

三、已帳務分割之分支機構與總機構間常見之交易事項

發生在「已帳務分割之分支機構」與「總機構」間常見的交易事項，如：總機構移轉資產(現金、設備、商品存貨等)給分支機構以利其營運、分支機構分攤由總機構所支付之全公司費用(或相反，總機構分攤由分支機構所支付之全公司費用)、分支機構將營運所收現金轉匯給總機構等，將於下列分段說明。

(一) 總機構移轉資產(商品存貨除外)給分支機構：

甲公司吸收合併位於高雄市的乙公司，成為甲公司高雄門市，隨即由台北總機構移轉現金$200,000 及辦公設備$400,000(帳面金額)給高雄門市，則台北總機構及高雄門市之分錄如下：

台 北 總 機 構		高 雄 門 市	
分支機構－高雄門市　600,000		現　金　　　200,000	
現　金	200,000	辦公設備　　400,000	
辦公設備	400,000	總機構	600,000

甲公司台北總機構帳列「分支機構－高雄門市」科目餘額，<u>代表總機構對分支機構之投資，是資產性質的會計科目，類似</u>母公司帳列對子公司之「採用權益法之投資」科目。而高雄門市帳列「總機構」科目餘額，<u>代表總機構對分支機構所擁有的權益，類似</u>子公司權益項目。此二相對會計科目餘額<u>理應隨時相等</u>，前者為借餘，後者為貸餘。但若二者餘額不相等，則其常見之合理原因是：(1)總、分支機構對於同一筆內部移轉交易的入帳時間不同，此情況特別容易發生在接近本期期末或次期期初時所進行之內部移轉交易；(2)總、分支機構的某一方或雙方帳務處理有誤。

(二) 總機構移轉商品存貨給分支機構：

假設高雄門市的進貨來源有二：(A)由台北總機構供應，又可分為：(1)按總機構之進貨成本移轉商品存貨給分支機構,(2)按高於總機構進貨成本的價格移轉商品存貨給分支機構；(B)高雄門市自行向甲公司以外的單位採購。其中(B)類進貨方式已於初(中)會書籍中學過，不再贅述，本章則針對(A)類自總機構進貨的情況說明之。

(1) 按總機構之進貨成本移轉商品存貨給分支機構：

台北總機構按其外購之進貨成本移轉$300,000 商品存貨給高雄門市，則台北總機構及高雄門市之分錄如下： (假設甲公司採定期盤存制)

台 北 總 機 構		高 雄 門 市	
分支機構－高雄門市 300,000		進貨－總機構 300,000	
出貨－高雄門市	300,000	總機構	300,000

台北總機構帳列「出貨－高雄門市」餘額$300,000，代表台北總機構從外部進貨總金額中有$300,000 已移轉給高雄門市，故台北總機構帳列「進貨」餘額應減少$300,000，因此台北總機構帳列「出貨－高雄門市」$300,000 應列為「進貨」科目之減項。而高雄門市帳列「進貨－總機構」餘額$300,000，代表高雄門市之進貨金額增加$300,000，故與其他進貨來源之會計科目併列，如「進貨－外部供應商」，皆為進貨科目。

(2) 按高於總機構進貨成本的價格移轉商品存貨給分支機構：

假設台北總機構外購進貨成本$300,000，現按進貨成本加計20%的價格將商品存貨移轉給高雄門市，則台北總機構及高雄門市之分錄如下：
(假設甲公司採定期盤存制)

台 北 總 機 構		高 雄 門 市	
分支機構－高雄門市 360,000		進貨－總機構 360,000	
出貨－高雄門市	300,000	總機構	360,000
出貨加價－高雄門市	60,000		

台北總機構帳列「出貨加價－高雄門市」餘額$60,000，代表<u>內部移轉交易</u>的<u>未實現利益</u>，於期末整合總、分支機構營業結果及財務狀況資訊前須予以消除，請詳下列調整分錄 (借記「出貨加價－高雄門市」$60,000)，以編製甲公司正確財務報表。待高雄門市將該批商品存貨全部售予甲公司以外單位時，該項未實現利益才會實現，並作適當帳務處理。另外，高雄門市的銷貨成本是以加價後的移轉價格$360,000 計得，惟對甲公司而言，此項$360,000 銷貨成本的原始進貨成本是$300,000，即銷貨成本高估$60,000，高雄門市的本期淨利低估$60,000，導致台北總機構所認列之「分支機構營業利益」低估$60,000，故編製甲公司年度財務報表前須作適當調整，請詳下列調整分錄 (貸記「分支機構利益－高雄門市」$60,000)。

台 北 總 機 構	高 雄 門 市
期末調整分錄：	
出貨加價－高雄門市　　60,000 　　分支機構利益－高雄門市　　60,000	(無分錄)

(3) 總機構移轉商品存貨給分支機構所發生之運費：

進貨運費係屬進貨成本的一部分，分支機構向總機構進貨所發生的運費亦然。假設台北總機構外購進貨成本$300,000，現按進貨成本加計20%的價格將商品存貨移轉給高雄門市，並支付運費$2,000，則台北總機構及高雄門市之相關分錄如下： (假設甲公司採定期盤存制)

台 北 總 機 構	高 雄 門 市
(a) 假設總機構代付運費：	
分支機構－高雄門市　　362,000 　　出貨－高雄門市　　　　300,000 　　出貨加價－高雄門市　　60,000 　　現　金　　　　　　　　2,000	進貨－總機構　　　　360,000 進貨運費－總機構　　2,000 　　總機構　　　　　　362,000
(b) 假設分支機構自付運費：	
分支機構－高雄門市　　360,000 　　出貨－高雄門市　　　　300,000 　　出貨加價－高雄門市　　60,000	進貨－總機構　　　　360,000 進貨運費－總機構　　2,000 　　總機構　　　　　　360,000 　　現　金　　　　　　2,000

(4) 商品存貨在總、分支機構間移轉所發生之超額運費：

合理的進貨運費係屬進貨成本的一部分，但偶有因特殊或緊急狀況，導致商品存貨在總、分支機構間或各分支機構間移轉時，發生不合理且金額過高之超額運費，則應按其屬性列為當期損失，而非進貨成本的一部分。例如：(i)分支機構將部分瑕疵或規格不符之商品存貨退回總機構所發生的運費，(ii)總機構非預期缺貨，導致須從分支機構回運部分商品存貨而發生的運費，(iii)其他分支機構非預期缺貨，導致須從尚有存貨之分支機構運出部分商品存貨緊急供應而發生的運費等皆是。

假設台北總機構、台南門市及高雄門市已帳務分割，某月台北總機構外購商品存貨成本$300,000，同月按進貨成本加計 20%的價格將該商品存貨移轉給高雄門市，並由台北總機構代付運費$2,000。分下列兩種獨立狀況說明：
(a) 高雄門市於收貨次日發現有十分之一商品規格不符，遂退回台北總機構，並支付運費$250。
(b) 兩天後，台南門市突發性缺貨，總機構遂要求高雄門市運送進貨成本$150,000(總機構之外購成本)的商品存貨給台南門市應急，致發生運費$300。已知同樣的商品存貨若從台北總機構運往台南門市所需運費為$800。

台北總機構、高雄門市及台南門市之分錄如下：(假設甲公司採定期盤存制)

台　北　總　機　構	高　雄　門　市
台北總機構出貨予高雄門市，假設總機構代付運費$2,000：	
分支機構－高雄門市　　362,000　　　　　　　　　 　　出貨－高雄門市　　　　　　300,000 　　出貨加價－高雄門市　　　　60,000 　　現　金　　　　　　　　　　2,000	進貨－總機構　　　360,000　　　　　　　 進貨運費－總機構　　2,000 　　總機構　　　　　　　　362,000
(a) 高雄門市退回十分之一之商品給台北總機構，並代付運費$250：	
出貨－高雄門市　　　　30,000 出貨加價－高雄門市　　6,000 *超額運費損失*　　　　　450 　　分支機構－高雄門市　　　36,450	總機構　　　　　　36,450 　　進貨－總機構　　　　　36,000 　　進貨運費－總機構　　　　200 　　現　金　　　　　　　　　250
超額運費＝$2,000×(1/10)＋$250＝$450	

(續次頁)

(b) 高雄門市緊急出貨予台南門市，假設高雄門市代付運費$300：
(筆者建議本交易較佳之閱讀順序為：
高雄門市分錄→台南門市分錄→台北總機構分錄)

分支機構－台南門市	180,800	總機構		181,300
出貨－高雄門市	*150,000*	進貨－總機構		180,000
出貨加價－高雄門市	*30,000*	進貨運費－總機構		1,000
超額運費損失	**500**	現　　金		300
分支機構－高雄門市	181,300	$150,000×(1+20\%)=\$180,000$		
出貨－台南門市	150,000	台　南　門　市		
出貨加價－台南門市	30,000	進貨－總機構		180,000
超額運費=$2,000×($150,000/$300,000)		進貨運費－總機構		800
+$300－$800＝$500		總機構		180,800

(三) 總、分支機構間互相分攤對方代付之營業費用：

為了營運效率及方便性，某些屬於全公司整體發生的營業費用，通常在發生時由總機構作記錄，事後再按既定之比例或分攤方法分攤給各分支機構，如：退休金成本、總管理部費用、廣告費用等。但也有相反情況，由分支機構代為支付某些營業費用並記錄後，再按既定之比例或分攤方法分攤給總機構及其他分支機構。

例如：台北總機構支付甲公司形象廣告費$200,000，其中20%及30%分別由台南門市及高雄門市負擔，其分錄如下：

台　北　總　機　構			高　雄　門　市		
(a) 支付甲公司形象廣告費$200,000：					
廣告費	200,000		(無分錄)		
現　金		200,000			
(b) 分攤甲公司形象廣告費予分支機構：					
分支機構－台南門市	40,000		廣告費	60,000	
分支機構－高雄門市	60,000		總機構		60,000
廣告費		100,000			
			台　南　門　市		
			廣告費	40,000	
			總機構		40,000

又如，台北總機構：(1)應計甲公司退休金成本$400,000，(2)支付及應計總管理部費用共$500,000。上述成本及費用的 10%及 20%分別由台南門市及高雄門市負擔，其分錄如下：

台　北　總　機　構	高　雄　門　市
(a) 應計退休金成本$400,000、支付及應計總管理部費用共$500,000：	
退休金費用　　　　　400,000 總管理部費用　　　　500,000 　　應計退休金成本　　　　　400,000 　　應計各項管理費用　　（各項合 　　預付費用....等　　　　計，共 　　現　金　　　　　　　　500,000)	（無分錄）
(b) 分攤甲公司退休金成本及總管理部費用予分支機構：	
分支機構－台南門市　　90,000 分支機構－高雄門市　 180,000 　　退休金費用　　　　　　　120,000 　　總管理部費用　　　　　　150,000	退休金費用　　　　　80,000 總管理部費用　　　 100,000 　　總機構　　　　　　　　180,000
($400,000＋$500,000)×10%＝$90,000 ($400,000＋$500,000)×20%＝$180,000 $400,000×(10%＋20%)＝$120,000 $500,000×(10%＋20%)＝$150,000	台　南　門　市 退休金費用　　　　　40,000 總管理部費用　　　　50,000 　　總機構　　　　　　　　90,000

四、整合總、分支機構之營業結果及財務狀況資訊

茲以下列釋例說明期末如何整合(combine)總、分支機構之營業結果及財務狀況資訊，並編製全公司財務報表。整合過程中可『借用』母、子公司編製合併財務報表之合併技巧與邏輯，以完成編製全公司財務報表之目的，惟本章的報導主體並非母、子公司之合併個體(或集團)，讀者切勿混淆。另為方便解說，將分兩種情況分別舉例：(一) 按總機構之進貨成本移轉商品存貨給分支機構，(二) 按高於總機構進貨成本的價格移轉商品存貨給分支機構。

(續次頁)

(一) 按總機構之進貨成本移轉商品存貨給分支機構：

釋例一：

　　貴陽公司位於台北市，數年前為拓展南部業務於高雄市成立分支營業據點，並由台北總機構按進貨成本供應部分商品存貨給高雄門市。貴陽公司對外的訂價政策是以進貨成本的 125%作為商品售價，故台北總機構外售商品的毛利率為 20%，(125%－100%)÷125%＝20%。另高雄門市亦可自行外購商品存貨再出售予顧客，故高雄門市的毛利率也是 20%，因此貴陽公司整體的毛利率為20%。下列是 20x5 年 12 月 31 日貴陽公司台北總機構及高雄門市之財務狀況表：

	台北總機構	高雄門市
現　　金	$ 375,000	$165,000
應收帳款－淨額	630,000	345,000
存　　貨	300,000	216,000
辦公設備－淨額	1,050,000	－
分支機構－高雄門市	621,000	－
總　資　產	$2,976,000	$726,000
應付帳款	$ 210,000	$ 75,000
其他負債	150,000	30,000
總機構	－	621,000
普通股股本	2,000,000	－
資本公積－普通股股票溢價	250,000	－
保留盈餘	366,000	－
總負債及權益	$2,976,000	$726,000

　　相關資料如下：(1)貴陽公司採<u>定期盤存制</u>，(2)台北總機構與高雄門市已作帳務分割，其中用以連結雙方帳務結果之相對會計科目為：台北總機構帳列之「分支機構－高雄門市」及高雄門市帳列之「總機構」，(3)貴陽公司有關「不動產、廠房及設備」的交易事項，係由台北總機構負責相關會計處理，不作帳務分割，(4) 20x5 年 12 月 31 日高雄門市帳列存貨餘額$216,000，其中$96,000 係由台北總機構供應，其餘則是高雄門市自行向外採購，(5) 20x6 年 12 月 31 日經實地盤點存貨得知，台北總機構及高雄門市的期末存貨分別為$375,000 及$135,000，而高雄門市的期末存貨中有$60,000 是由台北總機構供應，其餘則是高雄門市自行向外採購。

貴陽公司20x6年發生下列交易：

(a)	貴陽公司共賒銷商品$4,226,250，其中$3,000,000是台北總機構之銷貨，其餘$1,226,250為高雄門市之銷貨。
(b)	台北總機構及高雄門市各自向外進貨之金額分別為$3,075,000及$300,000。另台北總機構移轉成本$640,000之商品存貨給高雄門市；惟其中$40,000商品因規格不符，由高雄門市退回台北總機構。假設所有進貨皆為賒購，且暫不考慮運費。
(c)	台北總機構及高雄門市之應收帳款分別收回$2,925,000及$1,196,250。
(d)	高雄門市共匯款$825,000予台北總機構。
(e)	台北總機構及高雄門市分別支付$3,150,000及$290,000之應付帳款。
(f)	台北總機構及高雄門市分別支付$390,000及$42,250之各項營業費用，而台北總機構支付的營業費用中有$18,000須由高雄門市負擔。
(g)	辦公設備提列$120,000折舊費用，其中$20,000係屬高雄門市所使用辦公設備的折舊費用。

上述貴陽公司20x6年交易事項之分錄如下：

	台　北　總　機　構	高　雄　門　市
(a)	應收帳款　　3,000,000 　　銷貨收入　　　　3,000,000	應收帳款　　1,226,250 　　銷貨收入　　　　1,226,250
(b)	進　貨　　　3,075,000 　　應付帳款　　　　3,075,000	進貨－外部供應商　300,000 　　應付帳款　　　　300,000
	分支機構－高雄門市　640,000 　　出貨－高雄門市　　640,000	進貨－總機構　640,000 　　總機構　　　　　640,000
	出貨－高雄門市　40,000 　　分支機構－高雄門市　40,000	總機構　40,000 　　進貨－總機構　40,000
(c)	現　金　　　2,925,000 　　應收帳款　　　　2,925,000	現　金　　　1,196,250 　　應收帳款　　　　1,196,250
(d)	現　金　　　825,000 　　分支機構－高雄門市　825,000	總機構　　　825,000 　　現　金　　　　825,000
(e)	應付帳款　　3,150,000 　　現　金　　　　3,150,000	應付帳款　　290,000 　　現　金　　　　290,000
(f)	各項營業費用　390,000 　　現　金　　　　390,000	各項營業費用　42,250 　　現　金　　　　42,250

	台　北　總　機　構		高　雄　門　市	
(f)續	分支機構－高雄門市　　18,000		各項營業費用　　18,000	
	各項營業費用	18,000	總機構	18,000
(g)	折舊費用　　120,000		X	
	累計折舊－辦公設備	120,000		
	分支機構－高雄門市　　20,000		折舊費用　　20,000	
	折舊費用	20,000	總機構	20,000

說　明：

(1) 銷貨成本及銷貨毛利(率)之分析：

(i) 銷貨成本之組成內容：

	台北總機構	高雄門市
期初存貨	$ 300,000	$216,000
進貨－外部供應商	3,075,000	300,000
出貨－高雄門市（＊）	(600,000)	－
進貨－總機構（＊）	－	600,000
期末存貨	(375,000)	(135,000)
銷貨成本	$2,400,000	$981,000

＊：$640,000－$40,000(退回)＝$600,000

(ii) 銷貨毛利(率)：

	(a) 台北總機構	(b) 高雄門市	(a)＋(b) 貴陽公司
銷貨收入	$3,000,000	$1,226,250	$4,226,250
銷貨成本	(2,400,000)	(981,000)	(3,381,000)
銷貨毛利	$ 600,000	$ 245,250	$ 845,250
銷貨毛利率	20%	20%	20%

依據貴陽公司內部移轉價格及對外售價的制定政策，商品存貨在總、分支機構間移轉並未加成，只有對外銷售時才按進貨成本(或移轉價格)的125%出售，故台北總機構、高雄門市及貴陽公司整體皆有20%毛利率。

(2) 若將分支機構視為總機構的投資標的,則分支機構之營業利益應全數歸屬於總機構,並在總機構帳上認列為「分支機構利益－高雄門市」,類似母公司對子公司之股權投資所認列的投資收益,分錄如下:

台北總機構:		
分支機構－高雄門市　　　　　165,000		金額請詳下列工作底稿中,高雄門市之淨利。
分支機構利益－高雄門市　　　　　　165,000		

(3) 基於(2)之說明,期末為編製貴陽公司年度財務報表,須將總、分支機構之營業結果及財務狀況整合,因此『借用』母、子公司合併工作底稿之沖銷邏輯與技巧,作下列兩個工作底稿沖銷分錄:

沖銷分錄:			
(a)	分支機構利益－高雄門市	165,000	
	分支機構－高雄門市		165,000
(b)	總機構	434,000	
	分支機構－高雄門市		434,000

沖銷分錄(a):

借記「分支機構利益－高雄門市」$165,000,係為放棄總機構帳列之分支機構利益彙總數,改將分支機構的收入、利得、成本、費用及損失等詳細的損益科目餘額逐一與總機構帳列之相關損益科目餘額合計。而貸記「分支機構－高雄門市」$165,000,將使該科目餘額回到認列分支機構利益$165,000[上述(2)]前之餘額,以利沖銷分錄(b)達成沖銷目的。此作法與母、子公司合併工作底稿之沖銷分錄,借記「採用權益法認列之子公司、關聯企業及合資利益之份額」,貸記「採用權益法之投資」,同理。

沖銷分錄(b):

借記「總機構」$434,000,貸記「分支機構－高雄門市」$434,000,係按總機構認列分支機構利益$165,000[上述(2)]前之餘額,將總、分支機構之相對科目餘額沖銷,其他非相對科目餘額則合計,並按合併財務報表編製邏輯順序與技巧完成工作底稿即可。工作底稿請詳下述(4)及(5)。

(4) 整合總、分支機構營業結果及財務狀況之工作底稿－*財務報表格式*：

<table>
<tr><th colspan="6">貴 陽 公 司
總機構及分支機構合計工作底稿
20x6 年 1 月 1 至 20x6 年 12 月 31 日</th></tr>
<tr><th></th><th>台 北
總機構</th><th>高 雄
門 市</th><th colspan="2">調 整／沖 銷
借 方　　貸 方</th><th>合 計
財務報表</th></tr>
<tr><td colspan="6">綜合損益表：</td></tr>
<tr><td>銷貨收入</td><td>$3,000,000</td><td>$1,226,250</td><td></td><td></td><td>$4,226,250</td></tr>
<tr><td>分支機構利益－高雄門市</td><td>165,000</td><td>—</td><td>(a) 165,000</td><td></td><td>—</td></tr>
<tr><td>銷貨成本（※）</td><td>(2,400,000)</td><td>(981,000)</td><td></td><td></td><td>(3,381,000)</td></tr>
<tr><td>各項營業費用（折舊除外）</td><td>(372,000)</td><td>(60,250)</td><td></td><td></td><td>(432,250)</td></tr>
<tr><td>折舊費用</td><td>(100,000)</td><td>(20,000)</td><td></td><td></td><td>(120,000)</td></tr>
<tr><td>　淨　利</td><td>$ 293,000</td><td>$ 165,000</td><td></td><td></td><td>$ 293,000</td></tr>
<tr><td colspan="6">保留盈餘表／
「總機構」帳戶：</td></tr>
<tr><td>保留盈餘－期初</td><td>$366,000</td><td></td><td></td><td></td><td>$366,000</td></tr>
<tr><td>總機構－結帳前（#）</td><td>—</td><td>$434,000</td><td>(b) 434,000</td><td></td><td>—</td></tr>
<tr><td>加：淨　利</td><td>293,000</td><td>165,000</td><td></td><td></td><td>293,000</td></tr>
<tr><td>保留盈餘－期末</td><td>$659,000</td><td></td><td></td><td></td><td>$659,000</td></tr>
<tr><td>總機構－結帳後</td><td></td><td>$599,000</td><td></td><td></td><td></td></tr>
<tr><td colspan="6">財務狀況表：</td></tr>
<tr><td>現　金</td><td>$ 585,000</td><td>$204,000</td><td></td><td></td><td>$ 789,000</td></tr>
<tr><td>應收帳款－淨額</td><td>705,000</td><td>375,000</td><td></td><td></td><td>1,080,000</td></tr>
<tr><td>存　貨</td><td>375,000</td><td>135,000</td><td></td><td></td><td>510,000</td></tr>
<tr><td>分支機構－高雄門市（&）</td><td>599,000</td><td>—</td><td></td><td>(a) 165,000
(b) 434,000</td><td>—</td></tr>
<tr><td>辦公設備－淨額</td><td>930,000</td><td>—</td><td></td><td></td><td>930,000</td></tr>
<tr><td>　總資產</td><td>$3,194,000</td><td>$714,000</td><td></td><td></td><td>$3,309,000</td></tr>
<tr><td>應付帳款</td><td>$ 135,000</td><td>$ 85,000</td><td></td><td></td><td>$ 220,000</td></tr>
<tr><td>其他負債</td><td>150,000</td><td>30,000</td><td></td><td></td><td>180,000</td></tr>
<tr><td>總機構</td><td>—</td><td>599,000</td><td></td><td></td><td>—</td></tr>
<tr><td>普通股股本</td><td>2,000,000</td><td>—</td><td></td><td></td><td>2,000,000</td></tr>
<tr><td>資本公積－普通股股票溢價</td><td>250,000</td><td>—</td><td></td><td></td><td>250,000</td></tr>
<tr><td>保留盈餘</td><td>659,000</td><td></td><td></td><td></td><td>659,000</td></tr>
<tr><td>　總負債及權益</td><td>$3,194,000</td><td>$714,000</td><td></td><td></td><td>$3,309,000</td></tr>
</table>

※：請詳次頁。

＃：「總機構－結帳前」＝期初$621,000＋分錄(b)$640,000－分錄(b)$40,000
　　　　　　　　　－分錄(d)$825,000＋分錄(f)$18,000＋分錄(g)$20,000＝$434,000

＆：「分支機構－高雄門市」
　　＝[期初$621,000＋分錄(b)$640,000－分錄(b)$40,000－分錄(d)$825,000＋分錄(f)$18,000
　　　＋分錄(g)$20,000]＋調整$165,000＝調整前$434,000＋調整$165,000＝$599,000

※：若將組成銷貨成本的相關會計科目及餘額列入工作底稿，則有關總、分支機構間商品存貨移轉所記錄之會計科目餘額皆須沖銷，故須增列一個沖銷分錄(c)，借記「出貨－高雄門市」$600,000，$640,000－$40,000＝$600,000，貸記「進貨－總機構」$600,000，亦即共須三個工作底稿沖銷分錄：

沖銷分錄：			
(a)	分支機構利益－高雄門市	165,000	
	分支機構－高雄門市		165,000
(b)	總機構	434,000	
	分支機構－高雄門市		434,000
(c)	*出貨－高雄門市*	*600,000*	
	進貨－總機構		*600,000*

部分工作底稿內容如下：

	台北 總機構	高雄 門市	調整／沖銷 借方	調整／沖銷 貸方	合計 財務報表
綜合損益表：					
銷貨收入	$3,000,000	$1,226,250			$4,226,250
分支機構利益－高雄門市	165,000	－	(a) 165,000		－
銷貨成本：					
期初存貨	*(300,000)*	*(216,000)*			*(516,000)*
進　貨－外購	*(3,075,000)*	*(300,000)*			*(3,375,000)*
出　貨－高雄門市	*600,000*	－	*(c) 600,000*		－
進　貨－總機構	－	*(600,000)*		*(c) 600,000*	－
期末存貨	*375,000*	*135,000*			*510,000*
各項營業費用（折舊除外）	(372,000)	(60,250)			(432,250)
折舊費用	(100,000)	(20,000)			(120,000)
淨　利	$ 293,000	$ 165,000			$ 293,000
[以下內容與前述財務報表格式之工作底稿內容相同，不再贅述。]					

(5) 整合總、分支機構營業結果及財務狀況之工作底稿－**試算表格式**：
[沖銷分錄(a)、(b)、(c)：同上述(4)※之沖銷分錄(a)、(b)、(c)。]

<table>
<tr><td colspan="7" align="center">貴 陽 公 司
總機構及分支機構合計工作底稿
20x6 年 1 月 1 至 20x6 年 12 月 31 日</td></tr>
<tr><td></td><td>台北
總機構</td><td>高雄
門市</td><td colspan="2">調整／沖銷
借方　　貸方</td><td>綜合
損益表</td><td>保留
盈餘表</td><td>財務
狀況表</td></tr>
<tr><td colspan="8">借方：</td></tr>
<tr><td>現　金</td><td>$ 585,000</td><td>$ 204,000</td><td></td><td></td><td></td><td></td><td>$ 789,000</td></tr>
<tr><td>應收帳款－淨額</td><td>705,000</td><td>375,000</td><td></td><td></td><td></td><td></td><td>1,080,000</td></tr>
<tr><td>存　貨－期初</td><td>300,000</td><td>216,000</td><td></td><td></td><td>(516,000)</td><td></td><td></td></tr>
<tr><td>存　貨－期末</td><td>—</td><td>—</td><td></td><td></td><td>510,000</td><td></td><td>510,000</td></tr>
<tr><td>分支機構－高雄門市</td><td>599,000</td><td>—</td><td></td><td>(a) 165,000
(b) 434,000</td><td></td><td></td><td>—</td></tr>
<tr><td>辦公設備－淨額</td><td>930,000</td><td>—</td><td></td><td></td><td></td><td></td><td>930,000</td></tr>
<tr><td>進　貨－外購</td><td>3,075,000</td><td>300,000</td><td></td><td></td><td>(3,375,000)</td><td></td><td></td></tr>
<tr><td>進　貨－總機構</td><td>—</td><td>600,000</td><td></td><td>(c) 600,000</td><td></td><td></td><td></td></tr>
<tr><td>各項營業費用(折舊除外)</td><td>372,000</td><td>60,250</td><td></td><td></td><td>(432,250)</td><td></td><td></td></tr>
<tr><td>折舊費用</td><td>100,000</td><td>20,000</td><td></td><td></td><td>(120,000)</td><td></td><td></td></tr>
<tr><td>合　計</td><td>$6,666,000</td><td>$1,775,250</td><td></td><td></td><td></td><td></td><td>$3,309,000</td></tr>
<tr><td colspan="8">貸方：</td></tr>
<tr><td>應付帳款</td><td>$135,000</td><td>$ 85,000</td><td></td><td></td><td></td><td></td><td>$ 220,000</td></tr>
<tr><td>其他負債</td><td>150,000</td><td>30,000</td><td></td><td></td><td></td><td></td><td>180,000</td></tr>
<tr><td>總機構</td><td>—</td><td>434,000</td><td>(b) 434,000</td><td></td><td></td><td></td><td>—</td></tr>
<tr><td>普通股股本</td><td>2,000,000</td><td>—</td><td></td><td></td><td></td><td></td><td>2,000,000</td></tr>
<tr><td>資本公積
　－普通股股票溢價</td><td>250,000</td><td>—</td><td></td><td></td><td></td><td></td><td>250,000</td></tr>
<tr><td>保留盈餘－期初</td><td>366,000</td><td></td><td></td><td></td><td></td><td>$366,000</td><td></td></tr>
<tr><td>銷貨收入</td><td>3,000,000</td><td>1,226,250</td><td></td><td></td><td>4,226,250</td><td></td><td></td></tr>
<tr><td>出　貨－高雄門市</td><td>600,000</td><td>—</td><td>(c) 600,000</td><td></td><td></td><td></td><td></td></tr>
<tr><td>分支機構利益
　－高雄門市</td><td>165,000</td><td>—</td><td>(a) 165,000</td><td></td><td>—</td><td></td><td></td></tr>
<tr><td>合　計</td><td>$6,666,000</td><td>$1,775,250</td><td></td><td></td><td></td><td></td><td></td></tr>
<tr><td>淨　利</td><td></td><td></td><td></td><td></td><td>$ 293,000</td><td>293,000</td><td></td></tr>
<tr><td>保留盈餘－期末</td><td></td><td></td><td></td><td></td><td></td><td>$659,000</td><td>659,000</td></tr>
<tr><td>合　計</td><td></td><td></td><td></td><td></td><td></td><td></td><td>$3,309,000</td></tr>
</table>

(二) 按高於總機構進貨成本的價格移轉商品存貨給分支機構：

釋例二：

　　貴陽公司位於台北市，數年前為拓展南部業務於高雄市成立分支營業據點，並由台北總機構按進貨成本的125%供應部分商品存貨給高雄門市，該移轉價格亦是台北總機構及高雄門市對外銷售商品之售價。換言之，就高雄門市而言，向總機構進貨再出售予外界顧客的銷貨收入並無毛利，但對貴陽公司而言仍有20%毛利率，(125%－100%)÷125%＝20%。另高雄門市亦可自行外購商品存貨再售予顧客，售價為外購成本的125%，此部分銷貨收入對高雄門市及貴陽公司而言，皆有20%毛利率。下列是20x5年12月31日貴陽公司台北總機構及高雄門市之財務狀況表：

	台北總機構	高雄門市
現　　金	$ 375,000	$165,000
應收帳款－淨額	630,000	345,000
存　　貨	300,000	240,000
辦公設備－淨額	1,050,000	－
分支機構－高雄門市	645,000	－
總 資 產	$3,000,000	$750,000
應付帳款	$ 210,000	$ 75,000
其他負債	150,000	30,000
出貨加價－高雄門市	24,000	－
總機構	－	645,000
普通股股本	2,000,000	－
資本公積－普通股股票溢價	250,000	－
保留盈餘	366,000	－
總負債及權益	$3,000,000	$750,000

　　相關資料如下：(1)貴陽公司採定期盤存制，(2)台北總機構與高雄門市已作帳務分割，其中用以連結雙方帳務結果之相對會計科目為：台北總機構帳列之「分支機構－高雄門市」及高雄門市帳列之「總機構」，(3)貴陽公司有關「不動產、廠房及設備」的交易事項，係由台北總機構負責相關會計處理，不作帳務分割，(4) 20x5年12月31日高雄門市帳列存貨餘額$240,000，其中半數係由台北總機構供應，其餘半數則是高雄門市自行向外採購，(5) 20x6年12月31日經

實地盤點存貨得知,台北總機構及高雄門市的期末存貨分別為$375,000 及$150,000,而高雄門市的期末存貨中有半數係由台北總機構供應,其餘則是高雄門市自行向外採購。

貴陽公司 20x6 年發生下列交易：

(a)	貴陽公司共賒銷商品$4,226,250,其中$3,000,000 是台北總機構之銷貨,其餘$1,226,250 為高雄門市之銷貨。
(b)	台北總機構及高雄門市向外進貨之金額分別為$3,075,000 及$300,000。另台北總機構將成本$640,000 之商品存貨以$800,000 移轉給高雄門市；惟其中移轉價格$50,000 之商品因規格不符,由高雄門市退回台北總機構。假設所有進貨皆為賒購,且暫不考慮運費。
(c)	台北總機構及高雄門市之應收帳款分別收回$2,925,000 及$1,196,250。
(d)	高雄門市共匯款$825,000 予台北總機構。
(e)	台北總機構及高雄門市分別支付$3,150,000 及$290,000 之應付帳款。
(f)	台北總機構及高雄門市分別支付$390,000 及$42,250 之各項營業費用,而台北總機構支付的營業費用中有$18,000 須由高雄門市負擔。
(g)	辦公設備提列$120,000 折舊費用,其中$20,000 係屬高雄門市所使用辦公設備的折舊費用。

上述貴陽公司 20x6 年交易事項之分錄如下：

	台 北 總 機 構	高 雄 門 市
(a)	應收帳款　　　3,000,000 　銷貨收入　　　　　3,000,000	應收帳款　　　1,226,250 　銷貨收入　　　　　1,226,250
(b)	進　貨　　　　3,075,000 　應付帳款　　　　　3,075,000	進　貨　　　　　300,000 　應付帳款　　　　　　300,000
	分支機構－高雄門市　800,000 　出貨－高雄門市　　　640,000 　出貨加價－高雄門市　160,000	進貨－總機構　　800,000 　總機構　　　　　　　800,000
	出貨－高雄門市　　40,000 出貨加價－高雄門市　10,000 　分支機構－高雄門市　　50,000	總機構　　　　　50,000 　進貨－總機構　　　　50,000
(c)	現　金　　　　2,925,000 　應收帳款　　　　　2,925,000	現　金　　　　1,196,250 　應收帳款　　　　　1,196,250

第 20 頁 (第十二章 總分支機構會計)

	台 北 總 機 構			高 雄 門 市		
(d)	現　金	825,000		總機構	825,000	
	分支機構－高雄門市		825,000	現　金		825,000
(e)	應付帳款	3,150,000		應付帳款	290,000	
	現　金		3,150,000	現　金		290,000
(f)	各項營業費用	390,000		各項營業費用	42,250	
	現　金		390,000	現　金		42,250
	分支機構－高雄門市	18,000		各項營業費用	18,000	
	各項營業費用		18,000	總機構		18,000
(g)	折舊費用	120,000		X		
	累計折舊－辦公設備		120,000			
	分支機構－高雄門市	20,000		折舊費用	20,000	
	折舊費用		20,000	總機構		20,000

說　明：

(1) 銷貨成本及銷貨毛利(率)之分析：

(i) 高雄門市期初、期末存貨之帳列成本與原始外購成本：

	帳列成本		原始外購成本
期初存貨	$240,000	來自總機構：半數$120,000÷125％＝$96,000	$216,000
		自行外購：半數$120,000	
期末存貨	$150,000	來自總機構：半數$75,000÷125％＝$60,000	$135,000
		自行外購：半數$75,000	

(ii) 銷貨成本之組成內容：

	總機構	高雄門市 帳列成本	高雄門市 原始外購成本
期初存貨	$　300,000	$　240,000	$216,000
進貨－外部供應商	3,075,000	300,000	300,000
出貨－高雄門市（＊）	(600,000)	─	─
進貨－總機構（＊）	─	750,000	600,000
期末存貨	(375,000)	(150,000)	(135,000)
銷貨成本	$2,400,000	$1,140,000	$981,000

＊：成本：$640,000－$40,000(退回)＝$600,000
　　移轉價格：$800,000－$50,000(退回)＝$750,000

(iii) 銷貨毛利(率)：

	(a) 台北總機構	高雄門市 帳列成本	高雄門市 原始外購成本(b)	(a)＋(b) 貴陽公司
銷貨收入	$3,000,000	$1,226,250	$1,226,250	$4,226,250
銷貨成本	(2,400,000)	(1,140,000)	(981,000)	(3,381,000)
銷貨毛利	$ 600,000	$ 86,250	$ 245,250	$ 845,250
銷貨毛利率	20%	7%	20%	20%

依據貴陽公司內部移轉價格及對外售價的制定政策，商品存貨由台北總機構移轉給高雄門市係按台北總機構進貨成本的 125%移轉，高雄門市再按相同價格外售給顧客，因此該部分銷貨無毛利，高雄門市只在對外銷售自行向外採購之商品存貨時才有 20%毛利率，因此高雄門市的毛利率若按帳列成本計算只有 7%，遠低於 20%，若改按原始外購成本計算才能看出其真正的毛利率為 20%，而貴陽公司整體的毛利率仍為 20%。

(2) 若將分支機構視為總機構的投資標的，則分支機構之營業利益應全數歸屬於總機構，並在總機構帳上認列為「分支機構利益－高雄門市」，類似母公司對子公司之股權投資所認列的投資收益，分錄如下：

台北總機構：		
分支機構－高雄門市	6,000	金額請詳下列工作底稿中，高雄門市之淨利。
分支機構利益－高雄門市	6,000	

由於高雄門市係按台北總機構進貨成本的 125%記錄「進貨－總機構」，因此當高雄門市外售由台北總機構移轉來的商品存貨時，銷貨成本高估且淨利低估，亦即高雄門市本期淨利$6,000 係低估之金額，致上述台北總機構所認列之「分支機構利益－高雄門市」$6,000 亦低估，故編製貴陽公司 20x6 年財務報表前務必作適當調整，增列「分支機構利益－高雄門市」$159,000 [請詳下段之金額計算]。

另台北總機構帳列「出貨加價－高雄門市」餘額為$174,000，期初$24,000＋分錄(b)$160,000－分錄(b)$10,000＝$174,000，代表內部移轉交易的未實現利益，惟其中$159,000 透過商品外售而成為已實現利益，$159,000＝$174,000－期末存貨所含之未實現利益$15,000，詳上述(1)(i)，$75,000－$60,000＝$15,000，須於期末整合總、分支機構營業結果及財務狀況資訊前加以消除。

綜合前兩段所述，台北總機構尚須作如下的調整分錄：

台北總機構：		
出貨加價－高雄門市	159,000	$24,000+$160,000－$10,000
分支機構利益－高雄門市	159,000	－$15,000＝$159,000

(3) 基於(2)之說明，期末為編製貴陽公司年度財務報表，須將總、分支機構之營業結果及財務狀況整合，因此『借用』母、子公司合併工作底稿上之沖銷邏輯與技巧，作下列四個工作底稿沖銷分錄：

沖銷分錄：			
(a)	分支機構利益－高雄門市	159,000	
	銷貨成本		159,000
(b)	出貨加價－高雄門市	15,000	
	存貨－期末		15,000
(c)	分支機構利益－高雄門市	6,000	
	分支機構－高雄門市		6,000
(d)	總機構	608,000	
	分支機構－高雄門市		608,000

沖銷分錄(a)：

沖銷分錄(a)借記「分支機構利益－高雄門市」$159,000 及沖銷分錄(c)借記「分支機構利益－高雄門市」$6,000，共計$165,000，係為放棄總機構帳列之分支機構利益彙總數，改將分支機構的收入、利得、成本、費用及損失等詳細的損益科目餘額逐一與總機構帳列之相關損益科目餘額合計。貸記「銷貨成本」$159,000，消除高雄門市高估之銷貨成本，詳上述(1)(ii)，$1,140,000－$981,000＝$159,000。

沖銷分錄(b)：

借記「出貨加價－高雄門市」$15,000，係為消除內部移轉交易的未實現利益，且此科目只為內部移轉交易而存在，不應顯示在貴陽公司財務報表上。貸記「存貨」$15,000，可使高雄門市之期末存貨由移轉價格降為原外購之進貨成本。

沖銷分錄(c)：

沖銷分錄(c)借記「分支機構利益－高雄門市」$6,000 及沖銷分錄(a)借記「分支機構利益－高雄門市」$159,000，共計$165,000，係為放棄總機構帳列之分支機構利益彙總數，改將分支機構的收入、利得、成本、費用及損失等詳細的損益科目餘額逐一與總機構帳列之相關損益科目餘額合計。貸記「分支機構－高雄門市」$6,000，將使該科目餘額回到認列分支機構利益$6,000[上述(2)]前之餘額，以利沖銷分錄(d)達成沖銷目的。此作法與母、子公司合併工作底稿之沖銷分錄，借記「採用權益法認列之子公司、關聯企業及合資利益之份額」，貸記「採用權益法之投資」，同理。

沖銷分錄(d)：

借記「總機構」$608,000，貸記「分支機構－高雄門市」$608,000，係按總機構認列分支機構利益$6,000[上述(2)]前之餘額，將總、分支機構之相對科目餘額沖銷，其他非相對科目餘額則合計，並按合併財務報表編製邏輯順序與技巧完成工作底稿即可。相關工作底稿請詳下述(4)及(5)。

(4) 整合總、分支機構營業結果及財務狀況之工作底稿－*財務報表格式*：

	台北總機構	高雄門市	調整／沖銷 借方	調整／沖銷 貸方	合計財務報表
綜合損益表：					
銷貨收入	$3,000,000	$1,226,250			$4,226,250
分支機構利益－高雄門市	165,000	—	(a) 159,000		
			(c) 6,000		—
銷貨成本（※）	(2,400,000)	(1,140,000)		(a) 159,000	(3,381,000)
各項營業費用（折舊除外）	(372,000)	(60,250)			(432,250)
折舊費用	(100,000)	(20,000)			(120,000)
淨　利	$ 293,000	$ 6,000			$ 293,000

(續次頁)

	台北總機構	高雄門市	調整／沖銷 借方	調整／沖銷 貸方	合計財務報表
保留盈餘表／「總機構」帳戶：					
保留盈餘－期初	$366,000				$366,000
總機構－結帳前（#）	—	$608,000	(d) 608,000		—
加：淨 利	293,000	6,000			293,000
保留盈餘－期末	$659,000				$659,000
總機構－結帳後		$614,000			
財務狀況表：					
現 金	$ 585,000	$204,000			$ 789,000
應收帳款－淨額	705,000	375,000			1,080,000
存 貨	375,000	150,000		(b) 15,000	510,000
分支機構－高雄門市（&）	614,000	—		(c) 6,000	
				(d) 608,000	—
辦公設備－淨額	930,000	—			930,000
總資產	$3,209,000	$729,000			$3,309,000
應付帳款	$ 135,000	$ 85,000			$ 220,000
其他負債	150,000	30,000			180,000
出貨加價－高雄門市	15,000	—	(b) 15,000		—
總機構	—	614,000			—
普通股股本	2,000,000	—			2,000,000
資本公積－普通股股票溢價	250,000	—			250,000
保留盈餘	659,000	—			659,000
總負債及權益	$3,209,000	$729,000			$3,309,000

※：請詳次頁。

#：「總機構－結帳前」＝期初$645,000＋分錄(b)$800,000－分錄(b)$50,000
　　　　　　　　－分錄(d)$825,000＋分錄(f)$18,000＋分錄(g)$20,000＝$608,000

&：「分支機構－高雄門市」
　　＝[期初$645,000＋分錄(b)$800,000－分錄(b)$50,000－分錄(d)$825,000＋分錄(f)$18,000
　　　＋分錄(g)$20,000]＋調整$6,000＝調整前$608,000＋調整$6,000＝$614,000

※：若將組成銷貨成本的相關會計科目及餘額列入工作底稿，則有關總、分支機構間商品存貨移轉所記錄之會計科目餘額皆須沖銷，故須將沖銷分錄(a)的貸方「銷貨成本」作適當修改 [斜體字部分]，如下：

工作底稿上之沖銷分錄：

(a)	分支機構利益－高雄門市	159,000	
	出貨－高雄門市	***600,000***	
	存貨－期末	***15,000***	
	進貨－總機構		***750,000***
	存貨－期初		***24,000***
(b)	出貨加價－高雄門市	15,000	
	存貨－期末		15,000
(c)	分支機構利益－高雄門市	6,000	
	分支機構－高雄門市		6,000
(d)	總機構	608,000	
	分支機構－高雄門市		608,000

部分工作底稿內容如下：

	台北總機構	高雄門市	調整/沖銷 借方	調整/沖銷 貸方	合計財務報表
綜合損益表：					
銷貨收入	$3,000,000	$1,226,250			$4,226,250
分支機構利益－高雄門市	165,000	—	(a) 159,000		—
			(c) 6,000		
銷貨成本：					
存　貨－期初	*(300,000)*	*(240,000)*		*(a) 24,000*	*(516,000)*
進　貨－外購	*(3,075,000)*	*(300,000)*			*(3,375,000)*
出　貨－高雄門市	*600,000*	—	*(a) 600,000*		—
進　貨－總機構	—	*(750,000)*	*(a) 750,000*		—
存　貨－期末	*375,000*	*150,000*	*(a) 15,000*		*510,000*
各項營業費用 (折舊除外)	(372,000)	(60,250)			(432,250)
折舊費用	(100,000)	(20,000)			(120,000)
淨　利	$ 293,000	$ 6,000			$ 293,000
[以下內容與前述財務報表格式之工作底稿內容相同，不再贅述。]					

(5) 整合總、分支機構營業結果及財務狀況之工作底稿－**試算表格式**：

[沖銷分錄(a)、(b)、(c)、(d)：同上述(4)※之沖銷分錄(a)、(b)、(c)、(d)。]

貴 陽 公 司
總機構及分支機構合計工作底稿
20x6 年 1 月 1 至 20x6 年 12 月 31 日

	台北總機構	高雄門市	調整/沖銷 借方	調整/沖銷 貸方	綜合損益表	保留盈餘表	財務狀況表
借方：							
現　金	$585,000	$204,000					$789,000
應收帳款－淨額	705,000	375,000					1,080,000
存　貨－期初	300,000	240,000		(a) 24,000	(516,000)		
存　貨－期末	－	－	(a) 15,000	(b) 15,000	510,000		510,000
分支機構－高雄門市	614,000			(c) 6,000 (d) 608,000			－
辦公設備－淨額	930,000						930,000
進　貨－外購	3,075,000	300,000			(3,375,000)		
進　貨－總機構	－	750,000		(a) 750,000			
各項營業費用(折舊除外)	372,000	60,250			(432,250)		
折舊費用	100,000	20,000			(120,000)		
合　計	$6,681,000	$1,949,250					$3,309,000
貸方：							
應付帳款	$135,000	$85,000					$220,000
其他負債	150,000	30,000					180,000
總機構	－	608,000	(d) 608,000				－
普通股股本	2,000,000	－					2,000,000
資本公積 　－普通股股票溢價	250,000						250,000
保留盈餘－期初	366,000					$366,000	
銷貨收入	3,000,000	1,226,250			4,226,250		
出　貨－高雄門市	600,000	－	(a) 600,000		－		
出貨加價－高雄門市	15,000		(b) 15,000		－		
分支機構利益 　－高雄門市	165,000	－	(a) 159,000 (c) 6,000		－		
合　計	$6,681,000	$1,949,250					
淨　利					$293,000	293,000	
保留盈餘－期末						$659,000	659,000
合　計							$3,309,000

五、調節總、分支機構間相對會計科目餘額

用以連結已作帳務分割之總、分支機構帳務結果的相對會計科目，即總機構帳列之「分支機構－XX 門市」及分支機構帳列之「總機構」，其餘額理應隨時相等，惟前者是借餘，後者是貸餘。但實務上卻常因：(1)總、分支機構帳務處理時間上的落差(time lag)，(2)總、分支機構帳務處理的錯誤，而發生餘額不相等的情況。當期末整合總、分支機構帳務結果時，須先將此種帳務上的差異作適當調節(reconcile)，以使相對科目餘額正確並相等後，始可按本章「四、整合總、分支機構之營業結果及財務狀況資訊」的程序去整合總、分支機構的帳務結果，並編製公司年度財務報表。

釋例三：

茲以釋例二修改部分資料後，說明如何調節總、分支機構帳列相對科目期末餘額不相等之情況。有關貴陽公司的背景資料，請參閱釋例二，不再贅述。貴陽公司於 20x6 年發生下列交易：

(a)	貴陽公司共賒銷商品$4,226,250，其中$3,000,000 是台北總機構之銷貨，其餘$1,226,250 為高雄門市之銷貨。
(b)	台北總機構及高雄門市向外進貨之金額分別為$3,075,000 及$300,000。另台北總機構以$750,000 移轉成本$600,000 之商品存貨給高雄門市；惟 20x6 年最後一筆商品存貨移轉(成本$32,000，移轉價格$40,000)，台北總機構係於 20x6 年 12 月 31 日實地盤點存貨前出貨，故不包含在台北總機構的期末存貨中，且帳務處理無誤，但高雄門市卻遲至 20x7 年 1 月 2 日才收到商品，故未計入 20x6 年 12 月 31 日高雄門市的期末存貨盤點中，且高雄門市將此筆交易列為 20x7 年之進貨交易。假設所有進貨皆為賒購，且暫不考慮運費。
(c)	台北總機構及高雄門市之應收帳款分別收回$2,925,000 及$1,196,250。
(d)	高雄門市共匯款$825,000 予台北總機構。其中 20x6 年最後一筆匯款$100,000 係於 20x6 年 12 月 31 日匯出，但台北總機構遲至 20x7 年 1 月 2 日才入帳。
(e)	台北總機構及高雄門市分別支付$3,150,000 及$290,000 之應付帳款。

(f)	台北總機構及高雄門市分別支付$390,000 及$42,250 之各項營業費用，而台北總機構所支付的營業費用中有$18,000 須由高雄門市負擔，惟高雄門市誤記為$15,000。
(g)	辦公設備提列$120,000 折舊費用，其中$20,000 係屬高雄門市所使用辦公設備的折舊費用。

相關資料如下：(1)貴陽公司採定期盤存制，(2)台北總機構與高雄門市已作帳務分割，其中用以連結雙方帳務結果之相對會計科目為：台北總機構帳列之「分支機構－高雄門市」及高雄門市帳列之「總機構」，(3)貴陽公司有關「不動產、廠房及設備」的交易事項，係由台北總機構負責相關會計處理，不作帳務分割，(4) 20x5 年 12 月 31 日高雄門市帳列存貨餘額$240,000，其中半數係由台北總機構供應，其餘半數則是高雄門市自行向外採購，(5) 20x6 年 12 月 31 日經實地盤點存貨得知，台北總機構及高雄門市的期末存貨分別為$375,000 及$120,000，而高雄門市的期末存貨中有$35,000 係由台北總機構供應，其餘則是高雄門市自行向外採購。

上述貴陽公司 20x6 年交易事項之分錄如下：

	台 北 總 機 構		高 雄 門 市	
(a)	應收帳款　　　3,000,000		應收帳款　　　1,226,250	
	銷貨收入	3,000,000	銷貨收入	1,226,250
(b)	進　貨　　　　3,075,000		進　貨　　　　　300,000	
	應付帳款	3,075,000	應付帳款	300,000
	分支機構－高雄門市　750,000		進貨－總機構　　710,000	
	出貨－高雄門市	600,000	總機構	710,000
	出貨加價－高雄門市	150,000		
(c)	現　金　　　　2,925,000		現　金　　　　1,196,250	
	應收帳款	2,925,000	應收帳款	1,196,250
(d)	現　金　　　　　725,000		總機構　　　　　825,000	
	分支機構－高雄門市	725,000	現　金	825,000
(e)	應付帳款　　　3,150,000		應付帳款　　　　290,000	
	現　金	3,150,000	現　金	290,000
(f)	各項營業費用　　390,000		各項營業費用　　 42,250	
	現　金	390,000	現　金	42,250
	分支機構－高雄門市　18,000		各項營業費用　　 15,000	
	各項營業費用	18,000	總機構	15,000

(g)	折舊費用	120,000		X		
	累計折舊－辦公設備		120,000			
	分支機構－高雄門市	20,000		折舊費用	20,000	
	折舊費用		20,000	總機構		20,000

說　明：

(1) 台北總機構帳列之「分支機構－高雄門市」帳戶餘額
　　＝期初$645,000＋分錄(b)$750,000－分錄(d)$725,000
　　　　　＋分錄(f)$18,000＋分錄(g)$20,000＝$708,000

　　高雄門市帳列之「總機構」帳戶餘額
　　＝期初$645,000＋分錄(b)$710,000－分錄(d)$825,000
　　　　　＋分錄(f)$15,000＋分錄(g)$20,000＝$565,000

(2) 上述(1)相對科目餘額不相等，應先調節如下：

	分支機構－高雄門市	總機構
調節前餘額	$708,000	$565,000
(a) 總機構移轉給高雄門市之在途商品	—	40,000
(b) 台北總機構遲記之高雄門市匯入款項	(100,000)	—
(c) 高雄門市誤記之少分攤營業費用	—	3,000
調節後餘額	$608,000	$608,000

(3) 應分別在總、分支機構帳冊上補記 20x6 年 12 月 31 日之下列分錄：

	台　北　總　機　構		高　雄　門　市	
(a)	X		進貨－總機構　　40,000	
			總機構	40,000
(b)	現　金　　　　　100,000		X	
	分支機構－高雄門市	100,000		
(c)	X		各項營業費用　　3,000	
			總機構	3,000

(4) 釋例三總、分支機構所有會計科目及其餘額皆與釋例二的工作底稿相關內容相同，請按釋例二所述程序逐一整合總、分支機構的帳務結果，並編製貴陽公司年度財務報表。

附錄：永續盤存制

本章「四、整合(combine)總、分支機構之營業結果及財務狀況資訊」之釋例一及釋例二係假設貴陽公司採定期盤存制，現改按**永續盤存制**，以相同釋例說明貴陽公司期末如何整合總、分支機構之營業結果及財務狀況資訊，並編製貴陽公司年度財務報表。

(一) 按總機構之進貨成本移轉商品存貨給分支機構：

釋例四：

貴陽公司位於台北市，數年前為拓展南部業務於高雄市成立分支營業據點，並由台北總機構按進貨成本供應部分商品存貨給高雄門市。貴陽公司對外的訂價政策是以進貨成本的 125%作為商品售價，故台北總機構外售商品的毛利率為 20%，(125%－100%)÷125%＝20%。另高雄門市亦可自行外購商品存貨再出售予顧客，故高雄門市的毛利率也是 20%，因此貴陽公司整體的毛利率為 20%。下列是 20x5 年 12 月 31 日貴陽公司台北總機構及高雄門市之財務狀況表：

	台北總機構	高雄門市
現　　金	$ 375,000	$165,000
應收帳款－淨額	630,000	345,000
存　　貨	300,000	216,000
辦公設備－淨額	1,050,000	－
分支機構－高雄門市	621,000	－
總 資 產	$2,976,000	$726,000
應付帳款	$ 210,000	$ 75,000
其他負債	150,000	30,000
總機構	－	621,000
普通股股本	2,000,000	－
資本公積－普通股股票溢價	250,000	－
保留盈餘	366,000	－
總負債及權益	$2,976,000	$726,000

相關資料如下：(1)貴陽公司採永續盤存制，(2)台北總機構與高雄門市已作帳務分割，其中用以連結雙方帳務結果之相對會計科目為：台北總機構帳列之「分支機構－高雄門市」及高雄門市帳列之「總機構」，(3)貴陽公司有關「不動產、廠房及設備」的交易事項，係由台北總機構負責相關會計處理，不作帳務分割，(4) 20x5 年 12 月 31 日高雄門市帳列存貨餘額$216,000，其中$96,000 係由台北總機構供應，其餘則是高雄門市自行向外採購，(5) 20x6 年 12 月 31 日，台北總機構及高雄門市帳列存貨餘額分別為$375,000 及$135,000，而高雄門市的期末存貨中有$60,000 是由台北總機構供應，其餘則是高雄門市自行向外採購。經實地盤點存貨得知，實際期末存貨金額同帳列存貨餘額，無盤盈(虧)發生。

貴陽公司 20x6 年發生下列交易：

(a)	貴陽公司共賒銷商品$4,226,250，其中$3,000,000 是台北總機構之銷貨，其餘$1,226,250 為高雄門市之銷貨。
(b)	台北總機構及高雄門市各自向外進貨之金額分別為$3,075,000 及$300,000。另台北總機構移轉成本$640,000 之商品存貨給高雄門市；惟其中$40,000 商品因規格不符，由高雄門市退回台北總機構。假設所有進貨皆為賒購，且暫不考慮運費。
(c)	台北總機構及高雄門市之應收帳款分別收回$2,925,000 及$1,196,250。
(d)	高雄門市共匯款$825,000 予台北總機構。
(e)	台北總機構及高雄門市分別支付$3,150,000 及$290,000 之應付帳款。
(f)	台北總機構及高雄門市分別支付$390,000 及$42,250 之各項營業費用，而台北總機構支付的營業費用中有$18,000 須由高雄門市負擔。
(g)	辦公設備提列$120,000 折舊費用，其中$20,000 係屬高雄門市所使用辦公設備的折舊費用。

上述貴陽公司 20x6 年交易事項之分錄如下：

台 北 總 機 構	高 雄 門 市
(a) 應收帳款　　　　3,000,000 　　銷貨收入　　　　　　3,000,000 銷貨成本　　　　2,400,000 　　存　貨　　　　　　2,400,000 $3,000,000÷125\%＝\$2,400,000$	應收帳款　　　　1,226,250 　　銷貨收入　　　　　　1,226,250 銷貨成本　　　　　981,000 　　存　貨　　　　　　　981,000 $1,226,250÷125\%＝\$981,000$

	台北總機構		高雄門市	
(b)	存貨　　　　　　　　3,075,000		存貨－外購　　　　　300,000	
	應付帳款	3,075,000	應付帳款	300,000
	分支機構－高雄門市　　640,000		存貨－總機構　　　　640,000	
	存　貨	640,000	總機構	640,000
	存　貨　　　　　　　　 40,000		總機構　　　　　　　 40,000	
	分支機構－高雄門市	40,000	存貨－總機構	40,000
(c)	現　金　　　　　　　2,925,000		現　金　　　　　　　1,196,250	
	應收帳款	2,925,000	應收帳款	1,196,250
(d)	現　金　　　　　　　　825,000		總機構　　　　　　　　825,000	
	分支機構－高雄門市	825,000	現　金	825,000
(e)	應付帳款　　　　　　3,150,000		應付帳款　　　　　　　290,000	
	現　金	3,150,000	現　金	290,000
(f)	各項營業費用　　　　　390,000		各項營業費用　　　　　 42,250	
	現　金	390,000	現　金	42,250
	分支機構－高雄門市　　 18,000		各項營業費用　　　　　 18,000	
	各項營業費用	18,000	總機構	18,000
(g)	折舊費用　　　　　　　120,000		X	
	累計折舊－辦公設備	120,000		
	分支機構－高雄門市　　 20,000		折舊費用　　　　　　　 20,000	
	折舊費用	20,000	總機構	20,000

說 明：

(1) 銷貨成本及銷貨毛利(率)之分析：

(i) 銷貨成本之組成內容：

	台北總機構	高雄門市
期初存貨	$　 300,000	$216,000
進貨－外部供應商	3,075,000	300,000
出貨－高雄門市（＊）	(600,000)	－
進貨－總機構（＊）	－	600,000
銷貨成本	(2,400,000)	(981,000)
期末存貨	$　 375,000	$135,000

＊：$640,000－$40,000(退回)＝$600,000

(ii) 銷貨毛利(率)：

	(a) 台北總機構	(b) 高雄門市	(a)＋(b) 貴陽公司
銷貨收入	$3,000,000	$1,226,250	$4,226,250
銷貨成本	(2,400,000)	(981,000)	(3,381,000)
銷貨毛利	$ 600,000	$ 245,250	$ 845,250
銷貨毛利率	20%	20%	20%

依據貴陽公司內部移轉價格及對外售價的制定政策，商品存貨在總、分支機構間移轉並未加成，只有對外銷售時才按進貨成本(或移轉價格)的125%出售，故台北總機構、高雄門市及貴陽公司整體皆有20%毛利率。

(2) 若將分支機構視為總機構的投資標的，則分支機構之營業利益應全數歸屬於總機構，並在總機構帳上認列為「分支機構利益－高雄門市」，類似母公司對子公司之股權投資所認列的投資收益，分錄如下：

台北總機構：			
分支機構－高雄門市	165,000		金額請詳下列工作底稿中，高雄門市之淨利。
分支機構利益－高雄門市		165,000	

(3) 基於(2)之說明，期末為編製貴陽公司年度財務報表，須將總、分支機構之營業結果及財務狀況整合，因此『借用』母、子公司合併工作底稿之沖銷邏輯與技巧，作下列兩個工作底稿沖銷分錄：

沖銷分錄：			
(a)	分支機構利益－高雄門市	165,000	
	分支機構－高雄門市		165,000
(b)	總機構	434,000	
	分支機構－高雄門市		434,000

沖銷分錄(a)：

借記「分支機構利益－高雄門市」$165,000，係為放棄總機構帳列之分支機構利益彙總數，改將分支機構的收入、利得、成本、費用及損失等詳細的損益科目餘額逐一與總機構帳列之相關損益科目餘額合計。而貸記「分支機構－高雄門市」$165,000，將使該科目餘額回到認列分支機構利益$165,000[上

述(2)]前之餘額，以利沖銷分錄(b)達成沖銷目的。此作法與母、子公司合併工作底稿之沖銷分錄，借記「採用權益法認列之子公司、關聯企業及合資利益之份額」，貸記「採用權益法之投資」，同理。

沖銷分錄(b)：

借記「總機構」$434,000，貸記「分支機構－高雄門市」$434,000，係按總機構認列分支機構利益$165,000[上述(2)]前之餘額，將總、分支機構之相對科目餘額沖銷，其他非相對科目餘額則合計，並按合併財務報表編製邏輯順序與技巧完成工作底稿即可。工作底稿請詳下述(4)及(5)。

(4) 整合總、分支機構營業結果及財務狀況之工作底稿－*財務報表格式*：

貴 陽 公 司
總機構及分支機構合計工作底稿
20x6 年 1 月 1 至 20x6 年 12 月 31 日

	台北總機構	高雄門市	調整/沖銷 借方	調整/沖銷 貸方	合計財務報表
綜合損益表：					
銷貨收入	$3,000,000	$1,226,250			$4,226,250
分支機構利益－高雄門市	165,000	－		(a) 165,000	－
銷貨成本	(2,400,000)	(981,000)			(3,381,000)
各項營業費用（折舊除外）	(372,000)	(60,250)			(432,250)
折舊費用	(100,000)	(20,000)			(120,000)
淨　利	$ 293,000	$ 165,000			$ 293,000
保留盈餘表／「總機構」帳戶：					
保留盈餘－期初	$366,000				$366,000
總機構－結帳前（#）	－	$434,000	(b) 434,000		－
加：淨利	293,000	165,000			293,000
保留盈餘－期末	$659,000				$659,000
總機構－結帳後		$599,000			
財務狀況表：					
現　金	$ 585,000	$204,000			$ 789,000
應收帳款－淨額	705,000	375,000			1,080,000
存　貨	375,000	135,000			510,000

	台北總機構	高雄門市	調整／沖銷 借方	調整／沖銷 貸方	合計財務報表
財務狀況表：(續)					
分支機構－高雄門市（&）	599,000	－		(a) 165,000 (b) 434,000	－
辦公設備－淨額	930,000	－			930,000
總資產	$3,194,000	$714,000			$3,309,000
應付帳款	$　135,000	$ 85,000			$　220,000
其他負債	150,000	30,000			180,000
總機構	－	599,000			－
普通股股本	2,000,000	－			2,000,000
資本公積－普通股股票溢價	250,000	－			250,000
保留盈餘	659,000	－			659,000
總負債及權益	$3,194,000	$714,000			$3,309,000

\#：「總機構－結帳前」＝期初$621,000＋分錄(b)$640,000－分錄(b)$40,000
　　　　　　　　　　－分錄(d)$825,000＋分錄(f)$18,000＋分錄(g)$20,000＝$434,000

&：「分支機構－高雄門市」
　＝[期初$621,000＋分錄(b)$640,000－分錄(b)$40,000－分錄(d)$825,000＋分錄(f)$18,000
　　＋分錄(g)$20,000]＋調整$165,000＝調整前$434,000＋調整$165,000＝$599,000

(5) 整合總、分支機構營業結果及財務狀況之工作底稿－*試算表格式*：
　　［沖銷分錄(a)、(b)：同上述(3)之沖銷分錄(a)、(b)。］

貴　陽　公　司
總機構及分支機構合計工作底稿
20x6年1月1至20x6年12月31日

	台北總機構	高雄門市	調整／沖銷 借方	調整／沖銷 貸方	綜合損益表	保留盈餘表	財務狀況表
借　方：							
現　　金	$ 585,000	$ 204,000					$ 789,000
應收帳款－淨額	705,000	375,000					1,080,000
存　　貨	375,000	135,000					510,000
分支機構－高雄門市	599,000	－		(a) 165,000 (b) 434,000			－
辦公設備－淨額	930,000	－					930,000
銷貨成本	2,400,000	981,000			(3,381,000)		

	台北總機構	高雄門市	調整／沖銷 借方	調整／沖銷 貸方	綜合損益表	保留盈餘表	財務狀況表
借 方：(續)							
各項營業費用(折舊除外)	372,000	60,250			(432,250)		
折舊費用	100,000	20,000			(120,000)		
合　計	$6,066,000	$1,775,250					$3,309,000
貸 方：							
應付帳款	$135,000	$ 85,000					$ 220,000
其他負債	150,000	30,000					180,000
總機構	—	434,000	(b) 434,000				—
普通股股本	2,000,000	—					2,000,000
資本公積－普通股股票溢價	250,000	—					250,000
保留盈餘－期初	366,000	—				$366,000	
銷貨收入	3,000,000	1,226,250			4,226,250		
分支機構利益－高雄門市	165,000	—	(a) 165,000		—		
合　計	$6,066,000	$1,775,250					
淨 利					$ 293,000	293,000	
保留盈餘－期末						$659,000	659,000
合　計							$3,309,000

(二) 按高於總機構進貨成本的價格移轉商品存貨給分支機構：

釋例五：

　　貴陽公司位於台北市，數年前為拓展南部業務於高雄市成立分支營業據點，並由台北總機構按進貨成本的125%供應部分商品存貨給高雄門市，該移轉價格亦是台北總機構及高雄門市對外銷售商品之售價。換言之，就高雄門市而言，向總機構進貨再出售予外界顧客的銷貨收入並無毛利，但對貴陽公司而言仍有20%毛利率，(125%－100%)÷125%＝20%。另高雄門市亦可自行外購商品存貨再售予顧客，售價為外購成本的125%，此部分銷貨收入對高雄門市及貴陽公司而言，皆有20%毛利率。下列是20x5年12月31日貴陽公司台北總機構及高雄門市之財務狀況表：

	台北總機構	高雄門市
現　　金	$ 375,000	$165,000
應收帳款－淨額	630,000	345,000
存　　貨	300,000	240,000
辦公設備－淨額	1,050,000	－
分支機構－高雄門市	645,000	－
總 資 產	$3,000,000	$750,000
應付帳款	$ 210,000	$ 75,000
其他負債	150,000	30,000
出貨加價－高雄門市	24,000	－
總機構	－	645,000
普通股股本	2,000,000	－
資本公積－普通股股票溢價	250,000	－
保留盈餘	366,000	－
總負債及權益	$3,000,000	$750,000

相關資料如下：(1)貴陽公司採永續盤存制，(2)台北總機構與高雄門市已作帳務分割，其中用以連結雙方帳務結果之相對會計科目為：台北總機構帳列之「分支機構－高雄門市」及高雄門市帳列之「總機構」，(3)貴陽公司有關「不動產、廠房及設備」的交易事項，係由台北總機構負責相關會計處理，不作帳務分割，(4) 20x5 年 12 月 31 日高雄門市帳列存貨餘額$240,000，其中半數係由台北總機構供應，其餘半數則是高雄門市自行向外採購，(5) 20x6 年 12 月 31 日，台北總機構及高雄門市帳列存貨餘額分別為$375,000 及$150,000，而高雄門市的期末存貨中有半數係由台北總機構供應，其餘則是高雄門市自行向外採購。經實地盤點存貨得知，實際期末存貨金額同帳列存貨餘額，無盤盈(虧)發生。

貴陽公司 20x6 年發生下列交易：

(a)	貴陽公司共賒銷$4,226,250，其中$3,000,000 是台北總機構之銷貨，其餘$1,226,250 為高雄門市之銷貨，而其相關之銷貨成本分別為$2,400,000 及$1,140,000 (包含高雄門市自行向外採購之商品存貨$345,000，及由台北總機構供應之商品存貨$795,000)。
(b)	台北總機構及高雄門市向外進貨之金額分別為$3,075,000 及$300,000。另台北總機構將成本$640,000 之商品存貨以$800,000 移轉給高雄門市；惟其中有移轉價格$50,000 之商品因規格不符，由高雄門市退回給台北總機構。假設所有進貨皆為賒購，且暫不考慮運費。

(c)	台北總機構及高雄門市之應收帳款分別收回$2,925,000 及$1,196,250。
(d)	高雄門市共匯款$825,000 予台北總機構。
(e)	台北總機構及高雄門市分別支付$3,150,000 及$290,000 之應付帳款。
(f)	台北總機構及高雄門市分別支付$390,000 及$42,250 之各項營業費用，而台北總機構支付的營業費用中有$18,000 須由高雄門市負擔。
(g)	辦公設備提列$120,000 折舊費用，其中$20,000 係屬高雄門市所使用辦公設備的折舊費用。

上述貴陽公司 20x6 年交易事項之分錄如下：

	台 北 總 機 構			高 雄 門 市	
(a)	應收帳款	3,000,000		應收帳款	1,226,250
	銷貨收入	3,000,000		銷貨收入	1,226,250
	銷貨成本	2,400,000		銷貨成本	1,140,000
	存　貨	2,400,000		存　貨	1,140,000
(b)	存　貨	3,075,000		存貨－外購	300,000
	應付帳款	3,075,000		應付帳款	300,000
	分支機構－高雄門市	800,000		存貨－總機構	800,000
	存　貨	640,000		總機構	800,000
	出貨加價－高雄門市	160,000			
	存　貨	40,000		總機構	50,000
	出貨加價－高雄門市	10,000		存貨－總機構	50,000
	分支機構－高雄門市	50,000			
(c)	現　金	2,925,000		現　金	1,196,250
	應收帳款	2,925,000		應收帳款	1,196,250
(d)	現　金	825,000		總機構	825,000
	分支機構－高雄門市	825,000		現　金	825,000
(e)	應付帳款	3,150,000		應付帳款	290,000
	現　金	3,150,000		現　金	290,000
(f)	各項營業費用	390,000		各項營業費用	42,250
	現　金	390,000		現　金	42,250
	分支機構－高雄門市	18,000		各項營業費用	18,000
	各項營業費用	18,000		總機構	18,000

(續次頁)

	台 北 總 機 構		高 雄 門 市	
(g)	折舊費用　　　　　120,000		X	
	累計折舊－辦公設備　　　　　　120,000			
	分支機構－高雄門市　20,000		折舊費用　　　　　20,000	
	折舊費用　　　　　　　　　20,000		總機構　　　　　　　　　20,000	

說 明：

(1) 存貨、銷貨成本及銷貨毛利(率)之分析：

(i) 高雄門市期初、期末存貨之帳列成本與原始外購成本：

	帳列成本			原始外購成本
期初存貨	$240,000	來自總機構：半數$120,000÷125%＝$96,000		
		自行外購：半數$120,000		$216,000
期末存貨	$150,000	來自總機構：半數$75,000÷125%＝$60,000		
		自行外購：半數$75,000		$135,000

(ii) 銷貨成本之組成內容：

	總 機 構	高 雄 門 市 帳列成本	高 雄 門 市 原始外購成本
期初存貨	$ 300,000	$ 240,000	$216,000
進貨－外部供應商	3,075,000	300,000	300,000
出貨－高雄門市（＊）	(600,000)	－	－
進貨－總機構（＊）	－	750,000	600,000
銷貨成本	(2,400,000)	(1,140,000)	(981,000)
期末存貨	$ 375,000	$ 150,000	$135,000

＊：成本：$640,000－$40,000(退回)＝$600,000
　　移轉價格：$800,000－$50,000(退回)＝$750,000

(續次頁)

高雄門市存貨科目之組成內容：

	帳列成本 外購	帳列成本 總機構供應	原始外購成本 外購	原始外購成本 總機構供應
期初存貨	$120,000	$120,000	$120,000	$96,000
存貨－外購	300,000	—	300,000	—
存貨－總機構供應	—	750,000	—	600,000
銷貨成本	(345,000)	(795,000)	(345,000)	(636,000)
期末存貨	$75,000	$75,000	$75,000	$60,000

帳列成本$795,000÷125%＝原始外購成本$636,000

銷貨成本(帳列數)：$345,000＋$795,000＝$1,140,000

銷貨成本(原始外購成本)：$345,000＋$636,000＝$981,000

(iii) 銷貨毛利(率)：

	(a) 台北總機構	高雄門市 帳列成本	高雄門市 原始外購成本(b)	(a)＋(b) 貴陽公司
銷貨收入	$3,000,000	$1,226,250	$1,226,250	$4,226,250
銷貨成本	(2,400,000)	(1,140,000)	(981,000)	(3,381,000)
銷貨毛利	$600,000	$86,250	$245,250	$845,250
銷貨毛利率	20%	7%	20%	20%

依據貴陽公司內部移轉價格及對外售價的制定政策，商品存貨由台北總機構移轉給高雄門市係按台北總機構進貨成本的 125%移轉，高雄門市再按相同價格外售給顧客，因此該部分銷貨無毛利，高雄門市只在對外銷售自行向外採購之商品存貨時才有 20%毛利率，因此高雄門市的毛利率若按帳列成本計算只有 7%，遠低於 20%，若改按原始外購成本計算才能看出其真正的毛利率為 20%，而貴陽公司整體的毛利率仍為 20%。

(2) 若將分支機構視為總機構的投資標的，則分支機構之營業利益應全數歸屬於總機構，並在總機構帳上認列為「分支機構利益－高雄門市」，類似母公司對子公司之股權投資所認列的投資收益，分錄如下：

台北總機構：			
分支機構－高雄門市	6,000		金額請詳下列工作底稿
分支機構利益－高雄門市		6,000	中，高雄門市之淨利。

由於高雄門市係按台北總機構進貨成本的 125%記錄「進貨－總機構」，因此當高雄門市外售由台北總機構移轉來的商品存貨時，銷貨成本高估且淨利低估，亦即高雄門市本期淨利$6,000 係低估之金額，致上述台北總機構所認列之「分支機構利益－高雄門市」$6,000 亦低估，故編製貴陽公司 20x6 年財務報表前務必作適當調整，增列「分支機構利益－高雄門市」$159,000 [請詳下段之金額計算]。

另台北總機構帳列「出貨加價－高雄門市」餘額為$174,000，期初$24,000＋分錄(b)$160,000－分錄(b)$10,000＝$174,000，代表內部移轉交易的未實現利益，惟其中$159,000 透過商品外售而成為已實現利益，$159,000＝$174,000－期末存貨所含之未實現利益$15,000，詳上述(1)(i)，$75,000－$60,000＝$15,000，須於期末整合總、分支機構營業結果及財務狀況資訊前加以消除。

綜合前兩段所述，台北總機構尚須作如下的調整分錄：

台北總機構：		
出貨加價－高雄門市	159,000	$24,000＋$160,000－$10,000
分支機構利益－高雄門市	159,000	－$15,000＝$159,000

(3) 基於(2)之說明，期末為編製貴陽公司年度財務報表，須將總、分支機構之營業結果及財務狀況整合，因此『借用』母、子公司合併工作底稿上之沖銷邏輯與技巧，作下列四個工作底稿沖銷分錄：

沖銷分錄：			
(a)	分支機構利益－高雄門市	159,000	
	銷貨成本		159,000
(b)	出貨加價－高雄門市	15,000	
	存　貨		15,000
(c)	分支機構利益－高雄門市	6,000	
	分支機構－高雄門市		6,000
(d)	總機構	608,000	
	分支機構－高雄門市		608,000

(續次頁)

沖銷分錄(a)：

沖銷分錄(a)借記「分支機構利益－高雄門市」$159,000 及沖銷分錄(c)借記「分支機構利益－高雄門市」$6,000，共計$165,000，係為放棄總機構帳列之分支機構利益彙總數，改將分支機構的收入、利得、成本、費用及損失等詳細的損益科目餘額逐一與總機構帳列之相關損益科目餘額合計。貸記「銷貨成本」$159,000，消除高雄門市高估之銷貨成本，詳上述(1)(ii)，$1,140,000－$981,000＝$159,000。

沖銷分錄(b)：

借記「出貨加價－高雄門市」$15,000，為消除內部移轉交易的未實現利益，且此科目只為內部移轉交易而存在，故不應顯示在公司整體的財務報表上。貸記「存貨」$15,000，可使高雄門市之期末存貨由移轉價格降為原外購之進貨成本。

沖銷分錄(c)：

沖銷分錄(c)借記「分支機構利益－高雄門市」$6,000 及沖銷分錄(a)借記「分支機構利益－高雄門市」$159,000，共計$165,000，係為放棄總機構帳列之分支機構利益彙總數，改將分支機構的收入、利得、成本、費用及損失等詳細的損益科目餘額逐一與總機構帳列之相關損益科目餘額合計。貸記「分支機構－高雄門市」$6,000，將使該科目餘額回到認列分支機構利益$6,000[上述(2)]前之餘額，以利沖銷分錄(d)達成沖銷目的。此作法與母、子公司合併工作底稿之沖銷分錄，借記「採用權益法認列之子公司、關聯企業及合資利益之份額」，貸記「採用權益法之投資」，同理。

沖銷分錄(d)：

借記「總機構」$608,000，貸記「分支機構－高雄門市」$608,000，係按總機構認列分支機構利益$6,000[上述(2)]前之餘額，將總、分支機構之相對科目餘額沖銷，其他非相對科目餘額則直接合計，並按合併財務報表編製邏輯順序與技巧完成工作底稿即可。相關工作底稿請詳下述(4)及(5)。

(4) 整合總、分支機構營業結果及財務狀況之工作底稿－*財務報表格式*：

<table>
<tr><th colspan="6">貴 陽 公 司
總機構及分支機構合計工作底稿
20x6 年 1 月 1 至 20x6 年 12 月 31 日</th></tr>
<tr><th></th><th>台 北
總機構</th><th>高 雄
門 市</th><th colspan="2">調 整／沖 銷
借 方　　貸 方</th><th>合 計
財務報表</th></tr>
<tr><td>綜合損益表：</td><td></td><td></td><td></td><td></td><td></td></tr>
<tr><td>銷貨收入</td><td>$3,000,000</td><td>$1,226,250</td><td></td><td></td><td>$4,226,250</td></tr>
<tr><td>分支機構利益－高雄門市</td><td>165,000</td><td>—</td><td>(a) 159,000
(c) 　6,000</td><td></td><td>—</td></tr>
<tr><td>銷貨成本</td><td>(2,400,000)</td><td>(1,140,000)</td><td></td><td>(a) 159,000</td><td>(3,381,000)</td></tr>
<tr><td>各項營業費用（折舊除外）</td><td>(372,000)</td><td>(60,250)</td><td></td><td></td><td>(432,250)</td></tr>
<tr><td>折舊費用</td><td>(100,000)</td><td>(20,000)</td><td></td><td></td><td>(120,000)</td></tr>
<tr><td>　淨　利</td><td>$ 293,000</td><td>$ 6,000</td><td></td><td></td><td>$ 293,000</td></tr>
<tr><td>保留盈餘表／
「總機構」帳戶：</td><td></td><td></td><td></td><td></td><td></td></tr>
<tr><td>保留盈餘－期初</td><td>$366,000</td><td></td><td></td><td></td><td>$366,000</td></tr>
<tr><td>總機構－結帳前（#）</td><td>—</td><td>$608,000</td><td>(d) 608,000</td><td></td><td>—</td></tr>
<tr><td>加：淨　利</td><td>293,000</td><td>6,000</td><td></td><td></td><td>293,000</td></tr>
<tr><td>保留盈餘－期末</td><td>$659,000</td><td></td><td></td><td></td><td>$659,000</td></tr>
<tr><td>總機構－結帳後</td><td></td><td>$614,000</td><td></td><td></td><td></td></tr>
<tr><td>財務狀況表：</td><td></td><td></td><td></td><td></td><td></td></tr>
<tr><td>現　　金</td><td>$ 585,000</td><td>$204,000</td><td></td><td></td><td>$ 789,000</td></tr>
<tr><td>應收帳款－淨額</td><td>705,000</td><td>375,000</td><td></td><td></td><td>1,080,000</td></tr>
<tr><td>存　　貨</td><td>375,000</td><td>150,000</td><td></td><td>(b) 15,000</td><td>510,000</td></tr>
<tr><td>分支機構－高雄門市（&）</td><td>614,000</td><td>—</td><td></td><td>(c) 　6,000
(d) 608,000</td><td>—</td></tr>
<tr><td>辦公設備－淨額</td><td>930,000</td><td>—</td><td></td><td></td><td>930,000</td></tr>
<tr><td>　總 資 產</td><td>$3,209,000</td><td>$729,000</td><td></td><td></td><td>$3,309,000</td></tr>
<tr><td>應付帳款</td><td>$ 135,000</td><td>$ 85,000</td><td></td><td></td><td>$ 220,000</td></tr>
<tr><td>其他負債</td><td>150,000</td><td>30,000</td><td></td><td></td><td>180,000</td></tr>
<tr><td>出貨加價－高雄門市</td><td>15,000</td><td>—</td><td>(b) 15,000</td><td></td><td>—</td></tr>
<tr><td>總機構</td><td>—</td><td>614,000</td><td></td><td></td><td>—</td></tr>
<tr><td>普通股股本</td><td>2,000,000</td><td>—</td><td></td><td></td><td>2,000,000</td></tr>
<tr><td>資本公積－普通股股票溢價</td><td>250,000</td><td>—</td><td></td><td></td><td>250,000</td></tr>
<tr><td>保留盈餘</td><td>659,000</td><td></td><td></td><td></td><td>659,000</td></tr>
<tr><td>　總負債及權益</td><td>$3,209,000</td><td>$729,000</td><td></td><td></td><td>$3,309,000</td></tr>
</table>

\#:「總機構－結帳前」＝期初$645,000＋分錄(b)$800,000－分錄(b)$50,000

　　　　　　　　　－分錄(d)$825,000＋分錄(f)$18,000＋分錄(g)$20,000＝$608,000

&:「分支機構－高雄門市」

　　＝期初$645,000＋分錄(b)$800,000－分錄(b)$50,000－分錄(d)$825,000＋分錄(f)$18,000

　　　＋分錄(g)$20,000＋調整$6,000＝調整前$608,000＋調整$6,000＝$614,000

(5) 整合總、分支機構營業結果及財務狀況之工作底稿－*試算表格式*：

　　[沖銷分錄(a)、(b)、(c)、(d)：同上述(3)之沖銷分錄(a)、(b)、(c)、(d)。]

貴 陽 公 司
總機構及分支機構合計工作底稿
20x6 年 1 月 1 至 20x6 年 12 月 31 日

	台北總機構	高雄門市	調整／沖銷 借方	調整／沖銷 貸方	綜合損益表	保留盈餘表	財務狀況表
借方：							
現　金	$ 585,000	$ 204,000					$ 789,000
應收帳款－淨額	705,000	375,000					1,080,000
存　貨	375,000	150,000		(b) 15,000			510,000
分支機構－高雄門市	614,000	－		(c) 6,000			－
				(d) 608,000			
辦公設備－淨額	930,000	－					930,000
銷貨成本	2,400,000	1,140,000		(a) 159,000	(3,381,000)		
各項營業費用 （折舊除外）	372,000	60,250			(432,250)		
折舊費用	100,000	20,000			(120,000)		
合　　計	$6,081,000	$1,949,250					$3,309,000

(續次頁)

	台北總機構	高雄門市	調整/沖銷 借方	調整/沖銷 貸方	綜合損益表	保留盈餘表	財務狀況表
貸方：							
應付帳款	$135,000	$ 85,000					$ 220,000
其他負債	150,000	30,000					180,000
總機構	—	608,000	(d) 608,000				—
普通股股本	2,000,000	—					2,000,000
資本公積 －普通股股票溢價	250,000	—					250,000
保留盈餘－期初	366,000	—				$366,000	
銷貨收入	3,000,000	1,226,250			4,226,250		
出貨加價－高雄門市	15,000			(b) 15,000			—
分支機構利益 －高雄門市	165,000	—	(a) 159,000 (c) 6,000		—		
合　計	$6,081,000	$1,949,250					
淨　利					$ 293,000	293,000	
保留盈餘－期末						$659,000	659,000
合　計							$3,309,000

習　題

(一) **(超額運費，分錄)**

和平公司之總、分支機構間已作帳務分割。20x6 年 12 月 3 日，和平公司台北總機構將外購的商品存貨轉運給台中門市，並作如下分錄：

20x6/12/ 3	分支機構－台中門市	30,000	
	出貨－台中門市		25,000
	出貨加價－台中門市		4,000
	現　金 (運費支出)		1,000

台中門市於 20x6 年 12 月將上述商品的 30%售予中興公司。和平公司採定期盤存制且會計年度截止於每年 12 月 31 日。台中門市另於 20x7 年 1 月 5 日將上述商品的 50%轉運給高雄門市，並代付$400 運費。

試作：
(1) 台中門市於 20x6 年 12 月 3 日收自台北總機構商品存貨的分錄。
(2) 截至 20x6 年 12 月 31 日，台中門市收自台北總機構但尚未外售的商品存貨應以何金額包含在：(a) 20x6 年 12 月 31 日台中門市的期末存貨中？(b) 20x6 年 12 月 31 日和平公司的財務狀況表中？
(3) 台北總機構於 20x6 年 12 月 31 日有關「出貨加價－台中門市」之調整分錄。
(4) 台中門市於 20x7 年 1 月 5 日轉運商品存貨給高雄門市，已知該批商品存貨若從台北總機構運抵高雄門市的運費為$700，請為台北總機構、台中門市及高雄門市編製分錄。

解答：

(1) 台中門市之分錄：

20x6/12/ 3	進貨－總機構	29,000	
	進貨運費－總機構	1,000	
	總機構		30,000

(2) (a) ($29,000＋$1,000)×(1－30%)＝$21,000
　　(b) ($25,000＋$1,000)×(1－30%)＝$18,200

(3) 台北總機構之分錄：

20x6/12/31	出貨加價－台中門市　　　　　1,200		$4,000×30%
	分支機構利益－台中門市　　　　　1,200		＝$1,200

(4)

20x7/1/5		
台中門市	總機構　　　　　　　　　　　15,400 　　進貨－總機構　　　　　　　　14,500 　　進貨運費－總機構　　　　　　　500 　　現　金　　　　　　　　　　　　400	
	因採定期盤存制，故「存貨－期初」餘額不異動，直到 20x7/12/31 結帳時，才結轉至銷貨成本。因此上述分錄會使「進貨－總機構」及「進貨運費－總機構」出現貸餘，待日後持續向總機構進貨，即可恢復為借餘。	
高雄門市	進貨－總機構　　　　　　　　14,500 進貨運費－總機構　　　　　　　700 　　總機構　　　　　　　　　　15,200	
台北總機構	*分支機構－高雄門市　　　　　15,200* *出貨－台中門市　　　　　　　12,500* *出貨加價－台中門市　　　　　 2,000* 超額運費損失　　　　　　　　　200 　　*分支機構－台中門市　　　　　15,400* 　　出貨－高雄門市　　　　　　12,500 　　出貨加價－高雄門市　　　　　2,000	$1,000×50% ＋$400－$700 ＝$200
	因採定期盤存制，故「存貨－期初」餘額不異動，直到 20x7/12/31 結帳時，才結轉至銷貨成本。因此上述分錄會使「出貨－台中門市」及「出貨加價－台中門市」出現借餘，待日後持續出貨予台中門市，即可恢復為貸餘。	

(二) (超額運費，分錄)

　　東吳公司之總、分支機構間已作帳務分割。台北總機構於 20x7 年 1 月 2 日，將外購之商品存貨$60,000，按進貨成本加計 25%移轉給高雄門市，並代付運費$3,000。20x7 年 1 月 3 日，台南門市因突發性缺貨，請台北總機構給予支援。經協調後，由高雄門市將 20x7 年 1 月 2 日由台北總機構送達之$60,000 商

品轉運給台南門市，高雄門市因此代付運費$1,200。已知該商品存貨若由台北總機構運抵台南門市的運費為$2,700。

試作：
(1) 為東吳公司的台北總機構、高雄門市及台南門市編製分錄。
(2) 若題意改為：20x7 年 1 月 3 日，經協調後，由高雄門市將 20x7 年 1 月 2 日由台北總機構送達之部分商品$40,000 轉運給台南門市，高雄門市因此代付運費$800。已知該商品存貨若由台北總機構運抵台南門市的運費為$1,700。請重覆(1)之要求。

解答：

20x7/ 1/ 2		(1)		(2)	
台北總機構	分支機構－高雄門市	78,000			
	出貨－高雄門市		60,000	（同　左）	
	出貨加價－高雄門市		15,000		
	現　金		3,000		
高雄門市	進貨－總機構	75,000			
	進貨運費－總機構	3,000		（同　左）	
	總機構		78,000		
20x7/ 1/ 3					
高雄門市	總機構	79,200		52,800 （註二）	
	進貨－總機構		75,000		50,000
	進貨運費－總機構		3,000		2,000
	現　金		1,200		800
台南門市	進貨－總機構	75,000		50,000	
	進貨運費－總機構	2,700		1,700	
	總機構		77,700		51,700
台北總機構	分支機構－台南門市	77,700		51,700	
	出貨－高雄門市	60,000		40,000	
	出貨加價－高雄門市	15,000		10,000	
	超額運費損失 (註一) (註三)	1,500		1,100	
	分支機構－高雄門市		79,200		52,800
	出貨－台南門市		60,000		40,000
	出貨加價－台南門市		15,000		10,000

註一：$3,000＋$1,200－$2,700＝$1,500
註二：$40,000÷$60,000＝2/3，$75,000×(2/3)＝$50,000，$3,000×(2/3)＝$2,000
註三：$3,000×(2/3)＋$800－$1,700＝$1,100

(三) (分錄)

貴陽公司之總、分支機構間已作帳務分割。20x6年12月31日，台北總機構及高雄門市之財務狀況如下：

	台北總機構	高雄門市
現　金	$ 35,000	$ 10,000
應收帳款－淨額	50,000	17,500
存　貨	75,000	27,500
辦公設備－淨額	225,000	100,000
分支機構－高雄門市	140,000	－
總資產	$525,000	$155,000
應付帳款	$ 22,500	$ 12,500
其他負債	15,000	2,500
出貨加價－高雄門市	2,500	－
總機構	－	140,000
普通股股本	400,000	－
保留盈餘	85,000	－
總負債及權益	$525,000	$155,000

相關資料如下：(1)貴陽公司採定期盤存制，(2)有關「不動產、廠房及設備」的交易事項，係由台北總機構負責相關會計處理，不作帳務分割，(3) 20x7年12月31日經實地盤點存貨得知，台北總機構及高雄門市的期末存貨分別為$55,000及$30,000，而高雄門市的期末存貨中有$5,250之商品是高雄門市自行向外採購。

貴陽公司20x7年發生下列交易：

(a)	貴陽公司銷貨皆為賒銷，台北總機構共銷貨$500,000(包含移轉商品存貨予高雄門市之$165,000)，而高雄門市銷貨予外界顧客共$250,000。已知貴陽公司係以進貨成本加計10%作為內部移轉價格。
(b)	台北總機構及高雄門市向外進貨之金額分別為$250,000及$35,000。假設所有進貨皆為賒購，且暫不考慮運費。
(c)	台北總機構及高雄門市之應收帳款分別收回$340,000及$255,000。另台北總機構收到高雄門市$150,000的現金匯款。
(d)	台北總機構及高雄門市分別支付$255,000及$20,000之應付帳款。
(e)	台北總機構及高雄門市分別支付$100,000及$30,000之各項營業費用，而台北總機構的營業費用中有$10,000須由高雄門市負擔。
(f)	辦公設備提列$25,000折舊費用，其中$5,000係屬高雄門市所使用辦公設備的折舊費用。

試作：
(1) 編製貴陽公司台北總機構及高雄門市 20x7 年交易之適當分錄。
(2) 編製貴陽公司高雄門市 20x7 年底之結帳分錄。
(3) 編製貴陽公司台北總機構 20x7 年底之調整分錄。
(4) 編製貴陽公司台北總機構 20x7 年底之結帳分錄。

解答：

(1)

	台 北 總 機 構	高 雄 門 市
(a)	應收帳款　　　　　335,000 　　銷貨收入　　　　　　　335,000 分支機構－高雄門市　165,000 　　出貨－高雄門市　　　　150,000 　　出貨加價－高雄門市　　 15,000	應收帳款　　　　　250,000 　　銷貨收入　　　　　　　250,000 進貨－總機構　　　165,000 　　總機構　　　　　　　　165,000
(b)	進　貨　　　　　　250,000 　　應付帳款　　　　　　　250,000	進　貨　　　　　　 35,000 　　應付帳款　　　　　　　 35,000
(c)	現　金　　　　　　340,000 　　應收帳款　　　　　　　340,000 現　金　　　　　　150,000 　　分支機構－高雄門市　　150,000	現　金　　　　　　255,000 　　應收帳款　　　　　　　255,000 總機構　　　　　　150,000 　　現　金　　　　　　　　150,000
(d)	應付帳款　　　　　255,000 　　現　金　　　　　　　　255,000	應付帳款　　　　　 20,000 　　現　金　　　　　　　　 20,000
(e)	各項營業費用　　　100,000 　　現　金　　　　　　　　100,000 分支機構－高雄門市　 10,000 　　各項營業費用　　　　　 10,000	各項營業費用　　　 30,000 　　現　金　　　　　　　　 30,000 各項營業費用　　　 10,000 　　總機構　　　　　　　　 10,000
(f)	折舊費用　　　　　 25,000 　　累計折舊－辦公設備　　 25,000 分支機構－高雄門市　　5,000 　　折舊費用　　　　　　　　5,000	X 折舊費用　　　　　　5,000 　　總機構　　　　　　　　　5,000

(續次頁)

(2) 高雄門市之結帳分錄：

20x7/12/31	存貨－期末	30,000	
	銷貨成本	197,500	
	存貨－期初		27,500
	進　貨		35,000
	進貨－總機構		165,000
	銷貨收入	250,000	
	銷貨成本		197,500
	各項營業費用		40,000
	折舊費用		5,000
	總機構		7,500

(3) 台北總機構之調整分錄：

20x7/12/31	分支機構－高雄門市	7,500	
	分支機構利益－高雄門市		7,500
	出貨加價－高雄門市	15,250	
	分支機構利益－高雄門市		15,250
	末存$30,000－$5,250＝$24,750，$24,750÷110%＝$22,500 期末存貨中所含加價＝$24,750－$22,500＝$2,250 加價：期初$2,500＋20x6年新增$15,000－20x6年已實現數 ＝期末$2,250，∴ 20x6年已實現數＝$15,250		

(4) 台北總機構之結帳分錄：

20x7/12/31	存貨－期末	55,000	
	出貨－高雄門市	150,000	
	銷貨成本	120,000	
	存貨－期初		75,000
	進　貨		250,000
	銷貨收入	335,000	
	分支機構利益－高雄門市	22,750	
	銷貨成本		120,000
	各項營業費用		90,000
	折舊費用		20,000
	損益彙總		127,750
	損益彙總	127,750	
	保留盈餘		127,750

(四) **(計算銷貨成本，沖銷分錄，試算表格式之工作底稿)**

東吳公司之總、分支機構間已作帳務分割。台北總機構以進貨成本加計 10% 之移轉價格供應部分商品存貨給高雄門市，以利其南部市場之開拓與營運。下列是台北總機構及高雄門市 20x6 年 12 月 31 日之試算表資料：

	台北總機構	高雄門市
現　　金	$ 73,200	$ 2,200
應收帳款－淨額	2,880	－
存　貨－20x6/1/1	8,400	6,000
房屋及建築－淨額	146,000	42,000
辦公設備－淨額	72,000	30,000
分支機構－高雄門市	77,520	－
進　　貨	576,000	26,400
進貨－總機構	－	237,600
其他營業費用	34,000	16,800
合　　計	$990,000	$361,000
應付帳款	$ 36,000	$ 1,000
出貨加價－高雄門市	22,080	－
總機構	－	72,000
普通股股本	120,000	－
保留盈餘	110,400	－
銷貨收入	480,000	288,000
出貨－高雄門市	216,000	－
分支機構利益－高雄門市	5,520	－
合　　計	$990,000	$361,000

20x6 年 12 月 31 日實地盤點存貨得知台北總機構及高雄門市的期末存貨分別為$7,200 及$4,320。另高雄門市的期初存貨及期末存貨中，分別有$720 及$360 之商品係高雄門市自行向外採購。

試作：

(1) 編表計算 20x6 年總、分支機構的銷貨成本。格式如下：

	(a) 台北總機構	高雄門市		(a)＋(b) 東吳公司
		帳列成本	原始外購成本(b)	
：	：	：	：	：

(2) 編製東吳公司台北總機構 20x6 年底之調整分錄。
(3) 編製東吳公司 20x6 年整合總、分支機構財務狀況及營業結果之合計工作底稿所須之沖銷分錄。
(4) 編製東吳公司 20x6 年整合總、分支機構財務狀況及營業結果之合計工作底稿(試算表格式)。

解答：

期初存貨：$6,000－$720(外購)＝$5,280，$5,280÷(1＋10%)＝$4,800
　　　　加價＝$5,280－$4,800＝$480
　　　　期初存貨共計＝$8,400＋($6,000－$480)＝$13,920

期末存貨：$4,320－$360(外購)＝$3,960，$3,960÷(1＋10%)＝$3,600
　　　　加價＝$3,960－$3,600＝$360
　　　　期末存貨共計＝$7,200＋($4,320－$360)＝$11,160

出貨加價－高雄門市：初$480＋20x6 年新增$21,600－20x6 年已實現數＝末$360
　　　　∴ 20x6 年已實現數＝$21,720

(1) 計算 20x6 年總、分支機構的銷貨成本：

	(a) 台北總機構	高雄門市 帳列成本	原始外購成本(b)	(a)＋(b) 東吳公司
期初存貨	$ 8,400	$ 6,000	$ 5,520	$ 13,920
進貨－外購	576,000	26,400	26,400	602,400
出貨－高雄門市	(216,000)	－	－	(216,000)
進貨－總機構	－	237,600	216,000	216,000
期末存貨	(7,200)	(4,320)	(3,960)	(11,160)
銷貨成本	$361,200	$265,680	$243,960	$605,160

(2) 台北總機構之調整分錄：

20x6/12/31	分支機構－高雄門市　　　　　　5,520		本調整分錄
	分支機構利益－高雄門市　　　　　　　5,520	已入帳
	$288,000－$265,680－$16,800＝$5,520	
	出貨加價－高雄門市　　　　　21,720	
	分支機構利益－高雄門市　　　　　　21,720	

(3)

作法一：若工作底稿上以「銷貨成本」科目呈現，表示東吳公司已作部分結帳分錄，則部分結帳分錄及工作底稿所須之沖銷分錄如下：

部分結帳分錄：			
高雄門市	存貨－期末	4,320	
	銷貨成本	265,680	
	存貨－期初		6,000
	進　貨		26,400
	進貨－總機構		237,600
台北總機構	存　貨－期末	7,200	
	出貨－高雄門市	216,000	
	銷貨成本	361,200	
	存貨－期初		8,400
	進　貨		576,000

工作底稿上之沖銷分錄：			
(a)	分支機構利益－高雄門市	21,720	
	銷貨成本		21,720
(b)	出貨加價－高雄門市	360	
	存貨－期末		360
(c)	分支機構利益－高雄門市	5,520	
	分支機構－高雄門市		5,520
(d)	總機構	72,000	
	分支機構－高雄門市		72,000

作法二：若工作底稿上以「銷貨成本」的組成科目呈現，表示東吳公司尚未作結帳分錄，則工作底稿所須之沖銷分錄如下：

工作底稿上之沖銷分錄：			
(a)	分支機構利益－高雄門市	21,720	
	出貨－高雄門市	*216,000*	
	存貨－期末	*360*	
	進貨－總機構		*237,600*
	存貨－期初		*480*
(b)、(c)、(d)：同「**作法一**」之沖銷分錄(b)、(c)、(d)。			

(4) 總、分支機構合計工作底稿－試算表格式： [按上述試作(3)之「**作法二**」]

<table>
<tr><th colspan="7" align="center">東 吳 公 司
總機構及分支機構合計工作底稿
20x6 年 1 月 1 至 20x6 年 12 月 31 日</th></tr>
<tr><th></th><th>台北
總機構</th><th>高雄
門市</th><th colspan="2">調整／沖銷
借方　　貸方</th><th>綜合
損益表</th><th>保留
盈餘表</th><th>財務
狀況表</th></tr>
<tr><td colspan="8">借 方：</td></tr>
<tr><td>現　金</td><td>$ 73,200</td><td>$ 2,200</td><td></td><td></td><td></td><td></td><td>$ 75,400</td></tr>
<tr><td>應收帳款－淨額</td><td>2,880</td><td>－</td><td></td><td></td><td></td><td></td><td>2,880</td></tr>
<tr><td>存　貨－期初</td><td>8,400</td><td>6,000</td><td></td><td>(a)　480</td><td>(13,920)</td><td></td><td></td></tr>
<tr><td>存　貨－期末</td><td>－</td><td>－</td><td>(a)　360</td><td>(b)　360</td><td>11,160</td><td></td><td>11,160</td></tr>
<tr><td>分支機構－高雄門市</td><td>77,520</td><td></td><td></td><td>(c)　5,520
(d) 72,000</td><td></td><td></td><td>－</td></tr>
<tr><td>房屋及建築－淨額</td><td>146,000</td><td>42,000</td><td></td><td></td><td></td><td></td><td>188,000</td></tr>
<tr><td>辦公設備－淨額</td><td>72,000</td><td>30,000</td><td></td><td></td><td></td><td></td><td>102,000</td></tr>
<tr><td>進　貨－外購</td><td>576,000</td><td>26,400</td><td></td><td></td><td>(602,400)</td><td></td><td></td></tr>
<tr><td>進　貨－總機構</td><td>－</td><td>237,600</td><td></td><td>(a)237,600</td><td>－</td><td></td><td></td></tr>
<tr><td>各項營業費用</td><td>34,000</td><td>16,800</td><td></td><td></td><td>(50,800)</td><td></td><td></td></tr>
<tr><td>合　計</td><td>$990,000</td><td>$361,000</td><td></td><td></td><td></td><td></td><td>$379,440</td></tr>
<tr><td colspan="8">貸 方：</td></tr>
<tr><td>應付帳款</td><td>$ 36,000</td><td>$ 1,000</td><td></td><td></td><td></td><td></td><td>$ 37,000</td></tr>
<tr><td>出貨加價－高雄門市</td><td>22,080</td><td>－</td><td>(調)21,720
(b)　360</td><td></td><td></td><td></td><td>－</td></tr>
<tr><td>總機構</td><td>－</td><td>72,000</td><td>(d) 72,000</td><td></td><td></td><td></td><td>－</td></tr>
<tr><td>普通股股本</td><td>120,000</td><td></td><td></td><td></td><td></td><td></td><td>120,000</td></tr>
<tr><td>保留盈餘－期初</td><td>110,400</td><td>－</td><td></td><td></td><td></td><td>110,400</td><td></td></tr>
<tr><td>銷貨收入</td><td>480,000</td><td>288,000</td><td></td><td></td><td>768,000</td><td></td><td></td></tr>
<tr><td>出　貨－高雄門市</td><td>216,000</td><td>－</td><td>(a)216,000</td><td></td><td></td><td></td><td></td></tr>
<tr><td>分支機構利益
　－高雄門市</td><td>5,520</td><td>－</td><td>(a) 21,720
(c)　5,520</td><td>(調)21,720</td><td>－</td><td></td><td></td></tr>
<tr><td>合　計</td><td>$990,000</td><td>$361,000</td><td></td><td></td><td></td><td></td><td></td></tr>
<tr><td>淨　利</td><td></td><td></td><td></td><td></td><td>$112,040</td><td>112,040</td><td></td></tr>
<tr><td>保留盈餘－期末</td><td></td><td></td><td></td><td></td><td></td><td>$222,440</td><td>222,440</td></tr>
<tr><td>合　計</td><td></td><td></td><td></td><td></td><td></td><td></td><td>$379,440</td></tr>
</table>

(五) (沖銷分錄，試算表格式之工作底稿)

甲公司之總、分支機構間已作帳務分割。台北總機構以進貨成本加計 20% 之移轉價格供給商品存貨給台中門市及高雄門市，以利其中南部市場之開拓與營運。下列是台北總機構、台中門市及高雄門市於 20x7 年 12 月 31 日之調整前試算表資料：

	台北總機構	台中門市	高雄門市
現　　金	$ 49,500	$ 33,000	$ 19,500
存　貨－20x7/ 1/ 1	120,000	27,000	36,000
其他流動資產	75,000	37,500	34,500
分支機構－台中門市	67,500	—	—
分支機構－高雄門市	63,000	—	—
進　　貨	240,000	—	—
進貨－總機構	—	90,000	60,000
其他營業費用	135,000	37,500	30,000
合　　計	$750,000	$225,000	$180,000
流動負債	$ 60,000	$ 22,500	$ 16,500
出貨加價－台中門市	19,500	—	—
出貨加價－高雄門市	18,000	—	—
總機構	—	67,500	51,000
普通股股本	150,000	—	—
保留盈餘	75,000	—	—
銷貨收入	292,500	135,000	112,500
出貨－台中門市	75,000	—	—
出貨－高雄門市	60,000	—	—
合　　計	$750,000	$225,000	$180,000

其他資料：

(1) 20x7 年 12 月 31 日，有一批由台北總機構轉運給高雄門市的商品存貨仍在運送途中，該批商品的成本為$10,000。

(2) 20x7 年 12 月 31 日，經實地存貨盤點得知總、分支機構之期末存貨為：
台北總機構－$105,000，台中門市－$31,500(移轉價格)
高雄門市－$22,500(移轉價格，未包含在途商品)

試作：

(A) 編製甲公司 20x7 年整合總、分支機構財務狀況及營業結果之合計工作底稿所須之調整/沖銷分錄。

(B) 編製甲公司 20x7 年整合總、分支機構財務狀況及營業結果之合計工作底稿 (財務報表格式)。

解答：

(1) 在途商品：$10,000×(1＋20%)＝$12,000，高雄門市應補作此交易之分錄。

| 高雄門市 | 進貨－總機構　　12,000　　　　　　　　　總機構　　　　　　　　　12,000 |

(2) 帳列損益：(已計入在途商品)
　　台中：$135,000－($27,000＋$90,000－$31,500)－$37,500
　　　　　＝$135,000－$85,500－$37,500＝$12,000
　　高雄：$112,500－[$36,000＋($60,000＋$12,000)－($22,500＋$12,000)]
　　　　　－$30,000＝$112,500－$73,500－$30,000＝$9,000

(3) 由題目「進貨」及「進貨－總機構」列得知，20x7 年兩個門市只從總機構進貨，並未從外界供應商進貨。

(4) 期初存貨：
　　台中：$27,000÷(1＋20%)＝$22,500，加價＝$27,000－$22,500＝$4,500
　　高雄：$36,000÷(1＋20%)＝$30,000，加價＝$36,000－$30,000＝$6,000
　　期初存貨共計＝$120,000＋$22,500＋$30,000＝$172,500

(5) 期末存貨：
　　台中：$31,500÷(1＋20%)＝$26,250，加價＝$31,500－$26,250＝$5,250
　　高雄：$22,500＋$12,000(在途商品)＝$34,500
　　　　　$34,500÷(1＋20%)＝$28,750，加價＝$34,500－$28,750＝$5,750
　　期初存貨共計＝$105,000＋$26,250＋$28,750＝$160,000

(6) 20x7 年總機構移轉商品予分支機構：
　　台中：$90,000÷(1＋20%)＝$75,000，加價＝$90,000－$75,000＝$15,000
　　高雄：($60,000＋$12,000)÷(1＋20%)＝$72,000÷120%＝$60,000
　　　　　加價＝$72,000－$60,000＝$12,000

(7) 出貨加價－台中：初$4,500＋20x7 年新增$15,000－20x7 年已實現數
　　　　　　　　　　＝末$5,250，∴ 20x7 年已實現數＝$14,250

(7) (續) 出貨加價－高雄：初$6,000＋20x7年新增$12,000－20x7年已實現數
　　　　　　　　　＝末$5,750，∴ 20x7年已實現數＝$12,250

(A)

台北總機構	工作底稿之調整分錄：		
	分支機構－台中門市	12,000	
	分支機構－高雄門市	9,000	
	分支機構利益－台中門市		12,000
	分支機構利益－高雄門市		9,000
	出貨加價－台中門市	14,250	
	出貨加價－高雄門市	12,250	
	分支機構利益－台中門市		14,250
	分支機構利益－高雄門市		12,250

	工作底稿之沖銷分錄：		
(a1)	分支機構利益－台中門市	14,250	
	出貨－台中門市	75,000	
	存貨－期末 (綜合損益表)	5,250	
	進貨－總機構		90,000
	存貨－期初		4,500
(a2)	分支機構利益－高雄門市	12,250	
	出貨－高雄門市	60,000	
	存貨－期末 (綜合損益表)	5,750	
	進貨－總機構		72,000
	存貨－期初		6,000
	$60,000＋$12,000 在途商品＝$72,000		
(b)	出貨加價－台中門市	5,250	
	出貨加價－高雄門市	5,750	
	存貨－期末 (財務狀況表)		11,000
(c)	分支機構利益－台中門市	12,000	
	分支機構利益－高雄門市	9,000	
	分支機構－台中門市		12,000
	分支機構－高雄門市		9,000
(d)	總機構	67,500	
	總機構	63,000	
	分支機構－台中門市		67,500
	分支機構－高雄門市		63,000
	$51,000＋$12,000 在途＝$63,000		

(B) 總、分支機構合計工作底稿－財務報表格式：

<table>
<tr><td colspan="6" align="center">甲 公 司
總機構及分支機構合計工作底稿
20x7 年 1 月 1 至 20x7 年 12 月 31 日</td></tr>
<tr><td></td><td>台北
總機構</td><td>台中
門市</td><td>高雄
門市</td><td colspan="2">調整／沖銷
借方　　貸方</td><td>合計
財務報表</td></tr>
<tr><td colspan="7">綜合損益表：</td></tr>
<tr><td>銷貨收入</td><td>$292,500</td><td>$135,000</td><td>$112,500</td><td></td><td></td><td>$540,000</td></tr>
<tr><td>分支機構利益－台中門市</td><td>—</td><td>—</td><td>—</td><td>(a1)14,250
(c) 12,000</td><td>調 12,000
調 14,250</td><td>—</td></tr>
<tr><td>分支機構利益－高雄門市</td><td>—</td><td>—</td><td>—</td><td>(a2)12,250
(c) 9,000</td><td>調 9,000
調 12,250</td><td>—</td></tr>
<tr><td>銷貨成本：</td><td></td><td></td><td></td><td></td><td></td><td></td></tr>
<tr><td>　存 貨－期初</td><td>(120,000)</td><td>(27,000)</td><td>(36,000)</td><td></td><td>(a1) 4,500
(a2) 6,000</td><td>(172,500)</td></tr>
<tr><td>　進 貨－外購</td><td>(240,000)</td><td>—</td><td>—</td><td></td><td></td><td>(240,000)</td></tr>
<tr><td>　出 貨－台中門市</td><td>75,000</td><td>—</td><td>—</td><td>(a1)75,000</td><td></td><td>—</td></tr>
<tr><td>　出 貨－高雄門市</td><td>60,000</td><td>—</td><td>—</td><td>(a2)60,000</td><td></td><td>—</td></tr>
<tr><td>　進 貨－總機構</td><td>—</td><td>(90,000)</td><td>(72,000)</td><td></td><td>(a1)90,000
(a2)72,000</td><td>—</td></tr>
<tr><td>　存 貨－期末</td><td>105,000</td><td>31,500</td><td>34,500</td><td>(a1) 5,250
(a2) 5,750</td><td></td><td>160,000</td></tr>
<tr><td>各項營業費用</td><td>(135,000)</td><td>(37,500)</td><td>(30,000)</td><td></td><td></td><td>(202,500)</td></tr>
<tr><td>　淨　利</td><td>$ 37,500</td><td>$ 12,000</td><td>$ 9,000</td><td></td><td></td><td>$ 85,000</td></tr>
<tr><td>保留盈餘表/
「總機構」帳戶：</td><td></td><td></td><td></td><td></td><td></td><td></td></tr>
<tr><td>保留盈餘－期初</td><td>$ 75,000</td><td>$ —</td><td>$ —</td><td></td><td></td><td>$ 75,000</td></tr>
<tr><td>總機構－結帳前</td><td>—</td><td>67,500</td><td>63,000</td><td>(d) 67,500
(d) 63,000</td><td></td><td>—</td></tr>
<tr><td>加：淨 利</td><td>37,500</td><td>12,000</td><td>9,000</td><td></td><td></td><td>85,000</td></tr>
<tr><td>保留盈餘－期末</td><td>$112,500</td><td></td><td></td><td></td><td></td><td>$160,000</td></tr>
<tr><td>總機構－結帳後</td><td></td><td>$ 79,500</td><td>$72,000</td><td></td><td></td><td></td></tr>
<tr><td>財務狀況表：</td><td></td><td></td><td></td><td></td><td></td><td></td></tr>
<tr><td>現　金</td><td>$ 49,500</td><td>$ 33,000</td><td>$19,500</td><td></td><td></td><td>$102,000</td></tr>
<tr><td>存　貨</td><td>105,000</td><td>31,500</td><td>34,500</td><td></td><td>(b) 11,000</td><td>160,000</td></tr>
<tr><td>其他流動資產</td><td>75,000</td><td>37,500</td><td>34,500</td><td></td><td></td><td>147,000</td></tr>
</table>

	台北 總機構	台中 門市	高雄 門市	調整／沖銷 借方	貸方	合計 財務報表
財務狀況表：(續)						
分支機構－台中門市	67,500	—	—	調 12,000	(c) 12,000 (d) 67,500	—
分支機構－高雄門市	63,000	—	—	調 9,000	(c) 9,000 (d) 63,000	—
總　資　產	$360,000	$102,000	$88,500			$409,000
流動負債	$ 60,000	$ 22,500	$16,500			$ 99,000
出貨加價－台中門市	19,500	—	—	調 14,250 (b) 5,250		—
出貨加價－高雄門市	18,000	—	—	調 12,250 (b) 5,750		—
總機構	—	79,500	72,000			
普通股股本	150,000	—	—			150,000
保留盈餘	112,500	—	—			160,000
總負債及權益	$360,000	$102,000	$88,500			$409,000

(六)　(106 會計師考題改編)

甲公司之總、分支機構間已作帳務分割。下列是甲公司20x6年12月31日調整前試算表：

	總　機　構	分支機構
現　　金	$ 94,000	$ 30,000
應收帳款－淨額	180,000	142,000
存　貨－20x6/1/1	145,000	80,000
辦公設備－淨額	750,000	—
分支機構	250,000	—
進　　貨	650,000	140,000
進貨－總機構	—	207,000
營業費用	84,000	61,000
合　　計	$2,153,000	$660,000
應付帳款	$ 97,000	$ 18,000
出貨加價－分支機構	36,000	—
總機構	—	192,000

	總機構	分支機構
普通股股本	1,000,000	—
保留盈餘	20,000	—
銷貨收入	800,000	450,000
出貨－分支機構	200,000	—
合　計	$2,153,000	$660,000

其他資料：

(a) 總機構轉撥商品存貨予分支機構均按進貨成本加計15%為移轉價格。

(b) 經核對總、分支機構銀行存款帳戶，得知總機構20x6年12月31日匯款$14,000予分支機構，分支機構於20x7年1月3日記錄此收款記錄。

(c) 分支機構於20x6年底代付總機構應付帳款$20,000，總機構尚未記錄。

(d) 總機構於20x6年底分攤管理費用$1,000予分支機構，分支機構尚未記錄。

(e) 總、分支機構20x6年12月31日期末存貨分別為$126,000及$15,000(其中$6,950係購自外部供應商，但不包含在途存貨)。

(f) 除上述事項外，總、分支機構相對科目若仍有差異係期末在途存貨所致。

試作：(1) 計算20x6年12月31日「分支機構」及「總機構」帳戶調整後正確餘額。

(2) 計算20x6年12月31日在途存貨之成本金額。

(3) 計算分支機構期初存貨中購自外部供應商之金額。

(4) 計算20x6年已實現存貨加價金額。

(5) 計算20x6年分支機構正確淨利。

(6) 依調整後試算表，編製甲公司 20x6 年整合總、分支機構財務狀況及營業結果之合計工作底稿(試算表格式)。

參考答案：

(1) 調節往來帳戶：

	「分支機構」	「總機構」
調節前餘額	$250,000	$192,000
(b) 總機構匯款予分支機構	—	14,000
(c) 分支機構代付總機構應付帳款	(20,000)	—
(d) 總機構分攤給分支機構之管理費用	—	1,000
	$230,000	$207,000
(f) 反推：在途存貨 (總機構→分支機構)	—	23,000
調節後正確餘額	$230,000	$230,000

(2) 由上表已知，20x6/12/31 在途存貨(總機構→分支機構)為$23,000，
故其成本為$20,000，$23,000÷(1+15%)＝$20,000。

(3) 「進貨－總機構」＝帳列$207,000＋(f)$23,000＝$230,000
$230,000÷(1+15%)＝$200,000，20x6 總加價＝$230,000－$200,000＝$30,000
「出貨加價－分支機構」＝期初金額＋$30,000＝$36,000，期初金額＝$6,000
分支機構期初存貨中購自總機構＝$6,000÷15%＝$40,000
分支機構期初存貨中外購＝$80,000－($40,000＋加價$6,000)＝$34,000
分支機構期末存貨中購自總機構
　　＝[($15,000－$6,950)＋在途存貨$23,000]÷(1+15%)＝$27,000

	總公司	分 支 機 構		
		自行外購	購自總機構	合 計
存 貨 (1/ 1)	$145,000	$34,000	$40,000	$74,000
存 貨 (12/31)	$126,000	$6,950	$27,000	$33,950

(4) 分支機構期末存貨中之加價＝$27,000×15%＝$4,050
「出貨加價－分支機構」＝期末應有餘額$4,050＝$36,000－期末調整數
∴「出貨加價－分支機構」期末調整數(減少)
　　＝$36,000－$4,050＝$31,950＝已實現存貨加價金額

(5) 分支機構 20x6 年之銷貨成本：

	帳列成本	外 購 成 本		
		自行外購	購自總機構	合 計
期初存貨	$ 80,000	$ 34,000	$ 40,000	$ 74,000
進貨－外購	140,000	140,000	－	140,000
進貨－總機構	230,000	－	200,000	200,000
期末存貨	(38,000)	(6,950)	(27,000)	(33,950)
銷貨成本	$412,000	$167,050	$213,000	$380,050

若計入(b)(d)(f)三筆交易，20x6 年分支機構帳列淨損
　　＝$450,000－$412,000－($61,000＋$1,000)＝－$24,000

20x6 年分支機構正確淨利
　　　＝$450,000－$380,050－($61,000＋$1,000)＝$7,950
　或 ＝－$24,000＋$31,950 已實現存貨加價＝$7,950

(6) 工作底稿之沖銷分錄：

(a)	分支機構利益－XX門市	31,950	
	出貨－XX門市	*200,000*	
	存貨－期末	*4,050*	
	進貨－總機構		*230,000*
	存貨－期初		*6,000*
(b)	出貨加價－XX門市	4,050	
	存貨－期末		4,050
(c)	分支機構－XX門市	24,000	
	分支機構損失－XX門市		24,000
(d)	總機構	230,000	
	分支機構－XX門市		230,000

整合總、分支機構營業結果及財務狀況之工作底稿－*試算表格式*：

甲　公　司
總機構及分支機構合計工作底稿
20x6年 1月 1 至 20x6年 12月 31日

	台北總機構	分支機構	調整/沖銷 借方	調整/沖銷 貸方	綜合損益表	保留盈餘表	財務狀況表
借　方：							
現　　金	$ 94,000	(€) $44,000					$ 138,000
應收帳款－淨額	180,000	142,000					322,000
存　貨－期初	145,000	80,000		(a) 6,000	(219,000)		
存　貨－期末	－	－	(a) 4,050	(b) 4,050	(#)159,950		159,950
分支機構－XX門市	(&) 206,000		(c) 24,000	(d)230,000			－
辦公設備－淨額	750,000	－					750,000
進　貨－外購	650,000	140,000			(790,000)		
進　貨－總機構	－	(◎)230,000		(a)230,000	－		
各項營業費用	84,000	(％) 62,000			(146,000)		
合　　計	$2,109,000	$698,000					$1,369,950
貸　方：							
應付帳款	(&)$77,000	$ 18,000					$ 95,000
出貨加價－XX門市	(*) 4,050			(b) 4,050			－
總機構	－	(€)230,000	(d)230,000				－
普通股股本	1,000,000						1,000,000

	台北總機構	分支機構	調整／沖銷 借方	調整／沖銷 貸方	綜合損益表	保留盈餘表	財務狀況表
貸　方：(續)							
保留盈餘－期初	20,000					$ 20,000	
銷貨收入	800,000	450,000			1,250,000		
出　貨－XX 門市	200,000		(a)200,000		－		
分支機構利益－XX 門市	(*) 7,950		(a) 31,950	(c) 24,000	－		
合　　計	$2,109,000	$698,000					
淨　　利					$254,950	254,950	
保留盈餘－期末					$274,950	274,950	
合　　計							$1,369,950

＊：「分支機構利益－XX 門市」
　　＝－$24,000(分支機構帳列損失)＋$31,950(已實現存貨加價金額)＝$7,950
　「出貨加價－XX 門市」＝$36,000－$31,950(已實現存貨加價金額)＝$4,050
＃：期末存貨＝$126,000＋$33,950＝$159,950
＆：「分支機構－XX 門市」＝$250,000－$20,000(c)－$24,000(分支機構帳列損失)＝$206,000
　「應付帳款」＝$97,000－$20,000(c)＝$77,000
◎：「進貨－總機構」＝$207,000＋$23,000(f)＝$230,000
％：「各項營業費用」＝$61,000＋$1,000(d)＝$62,000
€：「現金」＝$300,000＋$14,000(b)＝$44,000
　「總機構」＝$192,000＋$14,000(b)＋$1,000(d)＋$23,000(f)＝$230,000

(七)　(98 會計師考題改編)

　　　甲公司之總機構位於台北，並在高雄設立一分支機構。甲公司之總、分支機構間已作帳務分割。20x6 年甲公司總機構及分支機構的存貨資料如下：

	總機構	分支機構
20x6/ 1/ 1 存貨	$ 220,000	$ 37,500
進　　貨	3,000,000	－
出貨－分支機構	700,000	－
進貨－外部供應商	－	160,000
進貨－總機構	－	875,000

其他資訊：
1. 分支機構銷售之商品大多購自總機構，但也向高雄地區供應商採購部分商品。
2. 總機構按進貨成本的125%轉撥商品給分支機構。
3. 甲公司報導期間結束日為每年12月31日，20x6年12月31日總機構與分支機構實地盤點存貨得知期末存貨分別為$360,000與$30,000。
4. 分支機構20x6年期初存貨及期末存貨中分別有三分之一及40%是購自外界供應商。

試作：(1) 計算甲公司20x6年綜合損益表中之銷貨成本。
(2) 計算分支機構20x6年期末存貨中所含的未實現損益。
(3) 編製分支機構20x6年與銷貨成本有關之期末結帳分錄。

參考答案：

(1) 甲公司20x6年銷貨成本：

	(a) 總機構	分支機構 帳列成本	外購成本(b)	(a)＋(b) 甲公司
期初存貨	$ 220,000	$ 37,500	$ 32,500	$ 252,500
進貨－外部供應商	3,000,000	160,000	160,000	3,160,000
出貨－分支機構	(700,000)	—	—	(700,000)
進貨－總機構	—	875,000	700,000	700,000
期末存貨	(360,000)	(30,000)	(26,400)	(386,400)
銷貨成本	$2,160,000	$1,042,500	$866,100	$3,026,100

分支機構之期初存貨：
($37,500×1/3)＋[($37,500×2/3)÷125%]＝$12,500＋$20,000＝$32,500
分支機構之期末存貨：
($30,000×40%)＋[($30,000×60%)÷125%]＝$12,000＋$14,400＝$26,400

(2) 分支機構期末存貨中所含的未實現損益＝($30,000×60%)－$14,400＝$3,600

(3) 分支機構與銷貨成本有關之期末結帳分錄：

20x6/12/31	銷貨成本	1,042,500	
	存貨－20x6/12/31	30,000	
	存貨－20x6/ 1/ 1		37,500
	進貨－外部供應商		160,000
	進貨－總機構		875,000

(八) **(97 會計師考題改編)**

甲公司之總機構位於台北，並在台南設立一分支機構，對外採購一律由總機構負責，分支機構所需商品皆由總機構以進貨成本加計 25%出貨給分支機構。甲公司之總、分支機構間已作帳務分割，並採定期盤存制。20x7 年底台南分支機構之結帳分錄如下：

銷貨收入	2,000,000	
存貨－20x7/12/31	600,000	
存貨－20x7/ 1/ 1		480,000
進貨－總機構		1,680,000
營業費用		300,000
總機構		140,000

試求：台南分支機構20x7年依成本計算之淨利金額。

參考答案：

分支機構期初存貨：$480,000÷(1＋25%)＝$384,000
「進貨－總機構」：$1,680,000÷(1＋25%)＝$1,344,000
分支機構期末存貨：$600,000÷(1＋25%)＝$480,000
分支機構依成本計算之銷貨成本＝$384,000＋1,344,000－480,000＝$1,248,000
分支機構依成本計算之淨利＝$2,000,000－$1,248,000－$300,000＝$452,000

(九) **(96 會計師考題改編)**

乙公司之總機構位於台北，台北總機構依進貨成本加計 25%移轉商品給位於台中之分支機構(台中門市)。已知乙公司之總、分支機構間已作帳務分割。20x7年12月31日台中門市帳列資料如下：

銷貨收入	$2,400,000	
存貨－1/ 1	200,000	其中25%係購自外部供應商
進貨－總機構	1,750,000	
進貨－外部供應商	360,000	
營業費用	100,000	
存貨－12/31	400,000	其中10%係購自外部供應商

試作：(1) 台中門市 20x7 年 12 月 31 日之結帳分錄。

(2) 台北總機構 20x7 年 12 月 31 日針對台中門市之調整分錄。

參考答案：

(1) 台中門市之結帳分錄：

20x7/12/31	銷貨收入	2,400,000	
	存　貨－12/31	400,000	
	存　貨－1/1		200,000
	進貨－總機構		1,750,000
	進貨－外部供應商		360,000
	營業費用		100,000
	總機構		390,000

(2) 台中門市期初存貨：($200,000×75%)÷(1＋25%)＝$120,000

　　　　　　　　　($200,000×25%)＋$120,000＝$170,000

　　　　　　　　　加價＝($200,000×75%)－$120,000＝$30,000

「進貨－總機構」：$1,750,000÷(1＋25%)＝$1,400,000

　　　　　　　　加價＝$1,750,000－$1,400,000＝$350,000

台中門市期末存貨：($400,000×90%)÷(1＋25%)＝$288,000

　　　　　　　　　($400,000×10%)＋$288,000＝328,000

　　　　　　　　　加價＝($400,000×90%)－$288,000＝$72,000

台中門市依成本計算之銷貨成本

　　　＝$170,000＋1,400,000＋$360,000(外購)－$328,000＝$1,602,000

台中門市依成本計算之淨利

　　　＝$2,400,000－$1,602,000－$100,000＝$698,000

台中門市淨利低估數＝$698,000－$390,000＝$308,000

或 「出貨加價－台中門市」：

　　初$30,000＋20x7 新增$350,000－20x7 已實現數＝末$72,000

　　∴ 20x7 已實現數＝$308,000

台北總機構之調整分錄：			
20x7/12/31	分支機構－台中門市	390,000	
	分支機構利益－台中門市		390,000
20x7/12/31	出貨加價－台中門市	308,000	
	分支機構利益－台中門市		308,000

(十) **(94 會計師檢覈考題改編)**

甲公司總部位於桃園,並於板橋及雲林各有一處分支機構。所有商品存貨皆由總部從外進貨,再由總部轉撥予分支機構,其移轉價格為進貨成本加一成。已知甲公司之總、分支機構間已作帳務分割。甲公司之總、分支機構 20x6 年 12 月 31 日之試算表如下:

	桃園總機構	板橋分部	雲林分部
現　　金	$ 386,000	$ 52,000	$ 66,000
存　貨 (1月1日)	420,000	99,000	47,300
進貨－總機構	－	242,000	176,000
分支機構－板橋分部	311,000	－	－
分支機構－雲林分部	296,000	－	－
其他資產	588,000	408,000	391,000
進　　貨	928,000	－	－
營業費用	100,000	33,000	40,000
合　　計	$3,029,000	$834,000	$720,300
負　　債	$ 382,100	$139,000	$ 58,900
出貨－板橋分部	253,000	－	－
出貨－雲林分部	182,600	－	－
銷貨收入	1,000,000	400,000	380,000
出貨加價	13,300	－	－
總機構	－	295,000	281,400
普通股股本	1,000,000	－	－
保留盈餘	198,000	－	－
合　　計	$3,029,000	$834,000	$720,300

其他資料:
(1) 20x6 年 12 月 31 日板橋分部匯款$5,000 予總機構,總機構尚未記錄。
(2) 20x6 年 12 月 30 日總機構寄支票$8,000 予雲林分部,雲林分部尚未收到。
(3) 20x6 年 12 月 31 日實地盤點存貨,資料如下(皆未包括在途存貨):

總機構 (成本)	$360,000
板橋分部 (移轉價格)	93,500
雲林分部 (移轉價格)	56,100

試作：
(1) 20x6 年 12 月 31 日結帳前總機構帳列各分部往來帳戶之餘額。
(2) 總、分支機構個別及合計存貨之原始成本。
(3) 甲公司 20x6 年綜合損益表上之銷貨成本。
(4) 甲公司 20x6 年 12 月 31 日財務狀況表上之現金。

參考答案：

(A) 20x6/12/31，總機構帳列「出貨加價」$13,300 係期初(20x6/ 1/ 1)餘額，因兩個分支機構帳列期初存貨$99,000 及$47,300，若分別除以 110%，回推其由總機構從外購入之成本，則其成本分別為$90,000 及$43,000，故知其內部移轉時分別加價$9,000 及$4,300，$9,000＋$4,300＝$13,300，亦即 20x6 年總機構移轉商品存貨予分支機構時，係以移轉價格貸記「出貨－XX 分部」，故在途存貨：(a) 總機構→板橋分部：$253,000－$242,000＝$11,000
　　　　　(b) 總機構→雲林分部：$182,600－$176,000＝$6,600

(B) 調節往來帳戶：

	總機構帳列	分部帳列
	分支機構－板橋分部	總機構
調節前餘額	$311,000	$295,000
匯款：板橋分部→總機構	(5,000)	—
在途存貨：總機構→板橋分部	—	11,000
調節後正確餘額	$306,000	$306,000

	總機構帳列	分部帳列
	分支機構－雲林分部	總機構
調節前餘額	$296,000	$281,400
支票：總機構→雲林分部	—	8,000
在途存貨：總機構→雲林分部	—	6,600
調節後正確餘額	$296,000	$296,000

(1)「分支機構－板橋分部」＝$306,000
　　「分支機構－雲林分部」＝$296,000

(2) 20x6 年 1 月 1 日存貨之原始成本：

	總機構	板橋分部	雲林分部	合　計
存　貨 (移轉價格)	$420,000	$99,000	$47,300	$566,300
÷ 110%	―	÷ 110%	÷ 110%	
存　貨 (成本)	$420,000	$90,000	$43,000	$553,000

20x6 年 12 月 31 日存貨之原始成本：

	總機構	板橋分部	雲林分部	合　計
存　貨 (移轉價格)	$360,000	(＊)$104,500	(＃) $62,700	$527,200
÷ 110%	―	÷ 110%	÷ 110%	
存　貨 (成本)	$360,000	$95,000	$57,000	$512,000

＊：$93,500＋在途存貨$11,000＝$104,500
＃：$56,100＋在途存貨$6,600＝$62,700

(3) 綜合損益表上之銷貨成本＝$553,000＋$928,000－$512,000＝$969,000
(4) 財務狀況表上之現金＝($386,000＋$5,000)＋$52,000＋($66,000＋$8,000)
　　　　　　　　　　＝$391,000＋$52,000＋$74,000＝$517,000

(續次頁)

(十一) (複選題：近年會計師考題)

(1) (106 會計師考題)

(B、E)

甲公司總機構位於台北,並於高雄設立一分支機構(高雄門市),甲公司總、分支機構間已作帳務分割。下列有關總、分機構之會計處理,何者錯誤?
(A) 高雄門市結帳而產生之淨利,總機構應借記「分支機構－高雄門市」
(B) 「出貨－高雄門市」及「出貨加價－高雄門市」之金額,為台北總機構可供銷貨商品成本之減項
(C) 高雄門市將購自總機構之商品出售時,其已實現之分支機構存貨加價將增加總機構帳列「分支機構利益－高雄門市」之金額
(D) 台北總機構支付運送商品存貨至高雄門市之運費,原則上應借記「分支機構－高雄門市」帳戶,並列為分支機構存貨成本的一部分
(E) 台北總機構匯予高雄門市之在途存款,將使「分支機構－高雄門市」帳戶餘額低估

說明:
(A) 總機構應借記「分支機構－高雄門市」,貸記「分支機構利益－高雄門市」。
(B) 只有「出貨－高雄門市」之金額,為台北總機構可供銷貨商品成本之減項。
(C) 高雄門市將購自總機構之商品出售時,總機構應將"已實現之分支機構存貨加價"借記「出貨加價－高雄門市」,貸記「分支機構利益－高雄門市」。
(D) 台北總機構支付運送商品存貨至分支機構之運費,應借記「分支機構－高雄門市」,貸記「現金」,並列為分支機構存貨成本之一部分。
(E) 台北總機構匯予高雄門市之在途存款,總機構已借記「分支機構－高雄門市」,貸記「現金」,故「分支機構－高雄門市」帳戶餘額是正確的。但因是在途存款,高雄門市於期末尚未記錄此筆收款,致其帳列「現金」及「總機構」二者餘額皆低估。

(十二) (單選題：近年會計師考題)

(1) (110 會計師考題)

(C) 甲公司總機構位於台北，並於新竹設立一分支機構(新竹分部)，甲公司總、分支機構間已作帳務分割。甲公司運往新竹分部之商品均依成本加價20%。甲公司總機構與其分部均採定期盤存制。20x1年底新竹分部結帳前試算表部分資料如下：

銷貨收入	$2,400,000	期初存貨	$250,000
進貨－總機構	$2,085,000	(其中20%係購自外部供應商)	
進貨－外部供應商	$360,000	營業費用	$100,000

20x1年底新竹分部期末存貨$500,000，其中15%係購自外部供應商。試計算甲公司20x1年底帳列「出貨加價－新竹分部」須調整之金額為何？
(A) $225,000　(B) $260,000　(C) $310,000　(D) $375,000

說明：20x1購自總機構且於20x1外售之存貨
　　　＝期初存貨($250,000×80%)＋「進貨－總機構」$2,085,000
　　　－期末存貨($500,000×85%)＝$1,860,000

$1,860,000所含之加價＝[$1,860,000÷(1＋20%)]×20%＝$310,000，將使新竹分部之銷貨成本高估及淨利低估，故總機構除按新竹分部帳列淨利(低估$310,000)認列「分支機構利益－新竹分部」外，須再調整補認分支機構利益$310,000，借記「出貨加價－新竹分部」$310,000，貸記「分支機構利益－新竹分部」$310,000。

(2) (108 會計師考題)

(B) 甲公司總、分支機構間已作帳務分割，存貨皆採定期盤存制。下列為20x1年有關分支機構之彙總交易：

① 分支機構退回瑕疵商品$7,500予總機構，但總機構至期末尚未收到該批商品。
② 總機構代分支機構支付$6,400保險費用，但分支機構誤記為$4,600。
③ 總機構分攤$13,000行政費用給分支機構負擔，但分支機構尚未入帳。
④ 總機構移轉商品予分支機構均按進貨成本加價15%。20x1年12月31日「出貨－分支機構」金額為$380,000，「進貨－總機構」金額為$428,400，差額係存貨加價及在途存貨所致。

⑤ 總機構支付緊急發貨予分支機構之運費$1,200，總機構全額記入「分支機構－XX」帳戶，分支機構則尚未記錄該筆運費，已知正常運費為$900。若20x1年期末調整前分支機構帳上之「總機構」帳戶餘額為$485,500，調整後正確餘額應為何？

(A) $510,100 　　(B) $509,800 　　(C) $506,500 　　(D) $501,500

說明：調整前$485,500＋②($6,400－$4,600)＋③$13,000
　　　　　　＋④($380,000×115%－$428,400)＋⑤$900
　　＝$485,500＋$1,800＋$13,000＋$8,600＋$900＝調整後$509,800

(3) (107 會計師考題)

(D) 總公司與其臺東分公司已作帳務分割，存貨皆採定期盤存制。下列為20x1年有關臺東分公司之彙總交易：

⑴ 收到總公司匯來現金$25,000。　⑵ 向外賒購商品$20,000。

⑶ 支付總公司運來商品之運費$3,000，其商品移轉價格依成本$100,000加價二成五計算。

⑷ 賒銷商品$180,000。　　⑸ 應收帳款$80,000收現。

⑹ 匯回總公司現金$75,000。　⑺ 應付帳款$15,000付現。

⑻ 收到總公司通知應分攤費用：廣告費$800，折舊費用$500，
　　　　　　　　　　　其他費用$700。

⑼ 收到總公司通知已代收臺東分公司之應收帳款$30,000。

⑽ 結帳分錄，臺東分公司之期初及期末存貨分別為$21,000與$18,000，其中外購商品比例均為 20%。

依據上述交易，總公司帳上應認列臺東分公司淨利之金額為何？

(A) $30,000　　(B) $27,000　　(C) $52,000　　(D) $52,480

說明：(a) 臺東分公司期初、期末存貨之帳列成本與原始外購成本：

	帳列成本		原始外購成本
期初存貨	$21,000	來自總機構：$21,000×80%＝$16,800 $16,800÷(1＋25%)＝$13,440	$17,640
		自行外購：$21,000×20%＝$4,200	
期末存貨	$18,000	來自總機構：$18,000×80%＝$14,400 $14,400÷(1＋25%)＝$11,520	$15,120
		自行外購：$18,000×20%＝$3,600	

(b) 臺東分公司銷貨成本之組成內容：

	帳列成本	原始外購成本
期初存貨	$ 21,000	$ 17,640
進貨－外部供應商	20,000	20,000
進貨－總公司	125,000	100,000
進貨運費－總公司	3,000	3,000
期末存貨	(18,000)	(15,120)
銷貨成本	$151,000	$125,520

(c) 臺東分公司損益表：

	帳列成本	原始外購成本
銷貨收入	$180,000	$180,000
銷貨成本	(151,000)	(125,520)
銷貨毛利	$ 29,000	$ 54,480
營業費用	(2,000)	(2,000)
淨　利	$ 27,000	$ 52,480

(4) (107 會計師考題)

(B) 承上題，總公司 20x1 年底帳列「分支機構－臺東分公司」之餘額為何？
(A) $104,000　(B) $74,000　(C) $49,000　(D) $47,000

說明：(交易 1)借記$25,000＋(交易 3)借記$125,000－(交易 6)貸記$75,000
＋(交易 8)借記$2,000－(交易 9)貸記$30,000＋(認列分公司利益)借記
$27,000(詳上題說明)＝$74,000

(5) (105 會計師考題)

(B) 甲公司在全國各地有多個分公司，分公司的商品一律由總公司配送，移轉價格為總公司進貨成本加成。20x6年 5月 1日總公司將基隆分公司訂貨的商品運往宜蘭分公司，並支付$2,200 運費，此批商品的總公司進貨成本為$16,000。20x6年 5月 2日宜蘭分公司緊急將此批商品運往基隆分公司，並支付$900運費。正常情況下，該批商品若從總公司運往基隆分公司所需運費為$1,500，該批商品若從宜蘭分公司運往基隆分公司所需運費為$800。已知總公司對該批商品配送於帳上借記「分支機構－基隆分公司」$21,500，則總公司之移轉價格為進貨成本加成多少？

(A) 15%　　(B) 25%　　(C) 20%　　(D) 18%

說明：超額運費＝已付運費($2,200＋$900)－應付運費$1,500＝$1,600
　　　借記「分支機構利益－基隆分公司」$21,500
　　　　　　＝商品進貨成本為$16,000＋加價＋應付運費$1,500
　　　∴加價＝$4,000，加價%＝$4,000÷$16,000＝25%

(6) (104 會計師考題)

(C)　為編製對外報表而將總機構帳列相關帳戶與分支機構帳列相關帳戶合計時，下列何項調整或沖銷分錄是不必要的？
(A) 沖銷總機構認列之「分支機構利益」，並減少「分支機構－XX」帳戶餘額
(B) 將「總機構」與「分支機構－XX」結帳前餘額對沖
(C) 沖銷投資收益，並將投資帳戶回復期初餘額
(D) 將總機構帳上「出貨加價」與分支機構高估之存貨對沖

說明：選項(C)「沖銷投資收益，並將投資帳戶回復期初餘額」，係適用於母、子公司合併財務報表之沖銷，非適用於總、分支機構之財務報表合計。

(7) (103 會計師考題)

(C)　下列何者將使總機構帳列之「分支機構－XX」借方餘額低估？
(A) 總機構匯往分支機構之在途存款
(B) 總機構運往分支機構之在途存貨
(C) 分支機構年底代收總機構應收帳款，惟尚未通知總機構
(D) 分支機構結轉年度淨損，總機構尚未認列

說明：(A)、(B)，皆使分支機構帳列之「總機構」帳戶貸方餘額低估。
　　　(C)，使總機構帳列之「分支機構－XX」借方餘額低估。
　　　(D)，使總機構帳列之「分支機構－XX」借方餘額高估。

(8) **(103 會計師考題)**

(D) 臺南總公司20x7年將成本$130,000之商品運交臺北分公司，轉撥價格均按成本加價10%，且分公司不自外界進貨。總公司與分公司於20x7年調整前試算表部分資料如下：

總公司試算表		分公司試算表	
分支機構－臺北分公司	$250,000	銷貨收入	$210,000
出貨－臺北分公司	130,000	營業費用	50,000
出貨加價－臺北分公司	15,000	總機構	250,000

若分公司20x7年12月31日盤點存貨金額為$33,000，則20x7年總公司應認列分公司之淨利為何？

(A) $28,000　　(B) $30,000　　(C) $38,000　　(D) $40,000

說明：(1) 20x7 年，「出貨加價－臺北分公司」餘額異動如下：
　　　　當期增加(貸記)＝$130,000×10%＝$13,000
　　　　期初餘額＋當期增加$13,000＝期末調整前貸餘$15,000
　　　　期末調整前貸餘$15,000－期末調整數(借記)
　　　　　＝期末餘額＝$33,000－[$33,000÷(1＋10%)]＝$3,000
　　　　∴ 期初餘額＝$2,000，　期末調整數(借記)＝$12,000

(2) 分公司帳列期初存貨＝(期初加價$2,000÷10%)＋$2,000
　　　　　　　　　　　＝$20,000＋$2,000＝$22,000
　　分公司 20x7 年從總公司進貨＝$130,000×(1＋10%)＝$143,000
　　分公司帳列淨利＝$210,000－($22,000＋$143,000－$33,000)
　　　　　　　　　　－$50,000＝$28,000

(3) 20x7 年總公司應認列分公司之淨利
　　　＝$28,000＋「存貨加價－臺北分公司」期末調整數$12,000
　　　＝$40,000

(9) (103 會計師考題)

(C) 20x6年 1月 1日臺北總公司將成本$300,000之商品加價後運送至臺中分公司，臺中分公司並未向其他供應商進貨，20x6年臺中分公司將該總公司運來之商品出售75%。20x6年臺中分公司之淨利為$55,000，而臺北總公司認列臺中分公司之淨利為$100,000。試問臺北總公司係將商品以成本加價幾成運交臺中分公司？

(A) 10%　　(B) 15%　　(C) 20%　　(D) 25%

說明：$100,000－$55,000＝$45,000，可知臺北總公司於期末作如下調整：

出貨加價－臺中分公司	45,000	
分支機構利益－臺中分公司		45,000

$45,000＝20x6年臺北總公司出貨予臺中分公司之加價×75%

∴ 20x6年臺北總公司出貨予臺中分公司之加價＝$60,000

$60,000÷$300,000＝20%，

故知臺北總公司係以成本加價20%出貨予臺中分公司。

(10) (102 會計師考題)

(C) 總公司將商品轉予分公司時通常以成本、成本加價或對外售價作為轉撥價格，下列敘述何者錯誤？

(A) 總公司若以成本加價方式將商品轉予分公司，則所有銷貨毛利便不會僅歸屬於分公司，有助於評估分公司之績效

(B) 總公司若以對外售價將商品轉予分公司，則分公司帳上之存貨餘額等於其存貨盤點之外售金額，可以警示管理當局存貨的管理是否適當

(C) 總公司若以成本將商品轉予分公司，則所有銷貨毛利均歸屬於分公司，將有助於評估總公司之績效

(D) 當總公司與分公司間商品之移轉計價係採成本時，「出貨－XX分公司」與「進貨－總公司」兩科目之金額會相等

說明：相對於(A)之正確說法，(C)選項是錯誤的說法，將<u>無助</u>於評估總公司之績效。

(11) **(102 會計師考題)**

(D) 臺北總公司於臺中設有一分公司，對外採購一律由總公司負責，分公司所需進貨皆由總公司以成本加價20%發貨給分公司。20x6年底分公司帳上之結帳分錄如下：

銷貨收入	1,000,000	
存　貨	300,000	
存　貨		240,000
進貨－總公司		840,000
營業費用		150,000
總機構		70,000

試問20x6年分公司依總公司原始進貨成本計算之淨利金額為何？
(A) $70,000　　(B) $100,000　　(C) $120,000　　(D) $200,000

說明：「成本」、「加價金額」計算如下：

期初存貨	成本＝$240,000÷120%＝$200,000
	加價金額＝$240,000－$200,000＝$40,000
本期進貨	成本＝$840,000÷120%＝$700,000
	加價金額＝$840,000－$700,000＝$140,000
期末存貨	成本＝$300,000÷120%＝$250,000
	加價金額＝$300,000－$250,000＝$50,000

分公司依總公司原始進貨成本計算之淨利，有兩種算法：
(1) $1,000,000－($200,000＋$700,000－$250,000)－$150,000
　　＝$200,000
(2) 「總機構」$70,000＋已實現利益($40,000＋$140,000)
　　　　　　－未實現利益$50,000＝$200,000

(12)　(101 會計師考題)

(A)　20x7 年底臺北總公司與分公司間往來之資料如下：
　　(1) 總公司調整前帳列「分支機構－XX 分公司」餘額為$189,500。
　　(2) 分公司於 20x7 年 12 月 31 日寄出$6,000 支票予總公司，總公司至 20x8 年 1 月 3 日才收到並記錄。
　　(3) 總公司於 20x7 年 12 月 31 日運送商品給分公司，分公司至 20x8 年 1 月 4 日才收到並記錄，此批商品移轉價格為$20,000。
　　(4) 分公司於 20x7 年 12 月 25 日代收總公司之應收帳款$1,500，但未通知總公司。
　　試問分公司調整前帳列「總機構」餘額為何？
　　(A) $165,000　　(B) $185,000　　(C) $205,000　　(D) $217,000

　　說明：調整後正確餘額＝$189,500－$6,000＋$1,500＝$185,000
　　　　　分公司調整前帳上「總機構」餘額＋$20,000＝$185,000
　　　　　∴ 分公司調整前帳上「總機構」餘額＝$165,000

(13)　(101 會計師考題)

(C)　臺北總公司以成本加價 30%作為對分公司移轉商品之價格。20x7 年 10 月 23 日總公司運送成本$500,000 之商品給嘉義分公司，並支付$15,000 運費。20x7 年 11 月 15 日臺南分公司向臺北總公司訂貨，因總公司存貨不足，故由嘉義分公司將上述商品全數運往臺南分公司，嘉義分公司並支付運費$7,700。正常情況下，該批商品若從總公司運往臺南分公司所需運費為$17,000。計算臺南分公司於 20x7 年 11 月 15 日應認列之商品成本為何？
　　(A) $515,000　　(B) $517,000　　(C) $667,000　　(D) $682,000

　　說明：$500,000＋($500,000×30%)＋$17,000＝$667,000
　　補充：本題超額運費＝$15,000＋$7,700－$17,000＝$5,700
　　　　　，總公司應列為損失。

(14) (99 會計師考題) [題意同單選題(8)，但"試問"內容不同]

(C) 臺南總公司20x7年將成本$130,000之商品運交臺北分公司，轉撥價格均按成本加價10%，且分公司不自外界進貨。總公司與分公司於20x7年調整前試算表部分資料如下：

總公司試算表		分公司試算表	
分支機構－臺北分公司	$250,000	銷貨收入	$210,000
出貨－臺北分公司	130,000	營業費用	50,000
出貨加價－臺北分公司	15,000	總機構	250,000

試問分公司 20x7 年期初存貨為何？
(A) $0　　(B) $20,000　　(C) $22,000　　(D) $30,000

說明：分公司存貨加價$15,000÷10%＝$150,000
　　　＝分公司期初存貨(外購成本)
　　　　＋20x7年總公司運交分公司之存貨$130,000
　　　∴分公司期初存貨(外購成本)＝$20,000
　　　故 分公司 20x7 年期初存貨
　　　　＝分公司期初存貨(外購成本)$20,000×(1＋10%)＝$22,000

(15) (99 會計師考題)

(C) 台北總公司分別於台中及台南設立分公司。台北總公司運往分公司的商品皆以成本加價20%。20x7年12月中，總公司支付運費$800，運送成本$22,000之商品至台中分公司。20x7 年 12 月底，因台南分公司需貨甚急，總公司庫存不足，遂由台中分公司支付運費$640 將該批商品轉運給台南分公司。該批商品若從台北總公司運抵台南分公司所需運費為$700。截至 20x7 年底，台南分公司因故尚未將該批商品售出，則其年底的存貨金額應為何？
(A) $26,400　　(B) $27,040　　(C) $27,100　　(D) $27,900

說明：$22,000×(1＋20%)＋$700＝$27,100
補充：本題超額運費＝$800＋$640－$700＝$740，總公司應列為損失。

(16) **(97 會計師考題)**

(C) 台北總公司與分公司 20x6 年底結帳前部分試算表如下：

	總公司	分公司
分支機構－XX 分公司	$486,000	—
總機構	—	$439,000
出貨－XX 分公司	786,000	—
進貨－總機構	—	750,000

其他資料：

(a) 總公司運往分公司之商品係依成本移轉。

(b) 分公司 20x6 年 12 月 31 日匯回總公司現金$11,000，總公司遲至 20x7 年 1 月 6 日才收到並記錄。

下列何者為總公司結帳前「分支機構－XX 分公司」之正確餘額？

(A) $522,000　　(B) $497,000　　(C) $475,000　　(D) $428,000

說明：「分支機構－XX 分公司」＝$486,000－$11,000＝$475,000
　　　　在途商品＝$786,000－$750,000＝$36,000
　　　　「總機構」＝$439,000＋$36,000＝$475,000

(17) **(97 會計師考題)**

(C) 台北總公司以成本加價 25%作為對分公司商品移轉之價格。20x7 年 11 月 30 日總公司運送成本$400,000 之商品給嘉義分公司，並支付$11,000 運費。20x7 年 12 月 5 日台南分公司向台北總公司訂貨，因總公司存貨不足，故由嘉義分公司將上述商品全數運往台南分公司，並由嘉義分公司支付運費$5,700。正常情況下，該批商品若從總公司運往台南分公司所需運費為$13,000。若 20x7 年底台南分公司因故尚未出售該批商品，則 20x7 年 12 月 31 日總公司與分公司之合計財務報表中，應包含此存貨之金額為何？

(A) $513,000　　(B) $500,000　　(C) $413,000　　(D) $400,000

說明：$400,000(商品成本)＋$13,000(正常運費)＝$413,000

補充：本題超額運費＝$11,000＋$5,700－$13,000＝$3,700
　　　，總公司應列為損失。

(18) **(95 會計師考題)**

(D) 台北總公司對分公司之發貨價為成本加價 20%，且分公司僅能自總公司進貨。部分帳戶餘額如下：

出貨－XX 分公司	720,000
出貨加價－XX 分公司	162,000

若分公司之期末存貨為$144,000，則分公司帳列期初存貨為何？
(A) $140,000　　(B) $138,000　　(C) $120,000　　(D) $108,000

說明：當期運交分公司存貨中之加價＝$720,000×20%＝$144,000

$162,000＝分公司期初存貨中之加價＋$144,000

∴ 分公司期初存貨中之加價＝$18,000

故 分公司期初存貨＝$18,000÷20%＋$18,000＝$108,000

(19) **(95 會計師考題)**

(B) 台北總公司在國內有多個分公司，分公司的商品一律由總公司配送，移轉價格為總公司進貨成本加價 25%。20x7 年 10 月 1 日總公司將基隆分公司訂貨的商品運往宜蘭分公司，並支付$2,200 運費，此批商品的總公司進貨成本為$14,800。20x7 年 10 月 2 日宜蘭分公司緊急將此批商品運往基隆分公司，並支付$900 運費。正常情況下，此批商品若從總公司運往基隆分公司所需運費為$1,500，若從宜蘭分公司運往基隆分公司所需運費為$800。試問總公司對配送該批商品應借記「分支機構－基隆分公司」之金額為何？
(A) $23,100　　(B) $20,000　　(C) $17,900　　(D) $16,300

說明：[$14,800(商品成本)×125%]＋$1,500(正常運費)＝$20,000

補充：本題超額運費＝$2,200＋$900－$1,500＝$1,600，總公司應列為損失。

(20)　(93 會計師考題)

(A)　總機構運交分支機構商品所發生的運費，基本上應作為商品存貨成本，並由何方列帳？
　　(A) 由分支機構列帳　　(B) 由總機構與分支機構均列帳
　　(C) 由總機構列帳　　　(D) 何方付款，何方列帳

　　說明：上述運費係屬分支機構進貨成本的一部分，故由分支機構列帳。

(21)　(92 會計師考題)

(B)　下列何者應借記「總機構」帳戶？
　　(A) 總公司移轉資產給分公司　　(B) 分公司移轉現金給總公司
　　(C) 分公司年度結算有盈餘　　　(D) 總公司移轉現金給分公司

(22)　(92 會計師考題)

(B)　高雄總公司誤將應送往台中分公司之商品存貨運往台北分公司，後經台北分公司再轉運至台中分公司，其相關運費如下：高雄至台中$2,000，台北至台中$2,500，高雄至台北$4,500。有關上項交易，總公司應認列之損失及台中分公司應認列之運費成本各為何？

	總公司	台中分公司
(A)	$7,000	$2,500
(B)	$5,000	$2,000
(C)	$4,500	$2,000
(D)	$2,000	$4,500

　　說明：超額運費是損失，$4,500＋$2,500－$2,000＝$5,000。而台中分公司所應認列的運費成本為正常之運費$2,000。

(23) **(92 會計師考題)**

(B) 當分公司於期末匯款$500,000 給總公司時，總公司應作下列何項分錄？
  (A) 借記：現金$500,000，貸記：在途現金$500,000
  (B) 借記：現金$500,000，貸記：「分支機構－XX 分公司」$500,000
  (C) 借記：現金$500,000，貸記：「總機構」$500,000
  (D) 借記：「分支機構－XX 分公司」$500,000，貸記：現金$500,000

(24) **(90 會計師考題)**

(C) 台北總公司誤將應送往宜蘭分公司之商品運往新竹分公司，發現後遂由新竹分公司轉運至宜蘭分公司，其運費金額如下：台北至新竹$a，新竹至宜蘭$b，台北至宜蘭$c。有關上項交易，總公司應認列之損失及宜蘭分公司應認列之運費成本各為何？

	總公司	宜蘭分公司
(A)	$a	$b
(B)	(a+b)/2	(a+b)/2
(C)	a+b−c	c
(D)	c	a+b−c

第十三章　外幣交易及相關避險操作之會計處理

　　初(中)會及本書前十二章等相關書籍中所示範之交易事項，其所涉及之金額皆假設交易雙方使用相同貨幣，且以該貨幣進行交易，故無"不同幣別的換算問題"。然真實經濟環境中，不同國家與經濟區域有不同貨幣在流通，因此當本國企業與其他使用不同貨幣之他國企業進行交易時，勢必面對"不同幣別的換算問題"。當人們以「地球村」來形容現今的經濟環境，則可以想像處於不同國家且使用不同貨幣的眾多企業間，每天進行著難以計數的交易事項，而這些交易事項大多涉及不同幣別的換算問題。因此本章先針對外幣交易及其相關會計處理作介紹，第十四章再就外幣財務報表及其換算作說明。

　　經濟學說貨幣的功能有三：(1)貨幣是價值的標準，(2)貨幣是交易的媒介，(3)貨幣是衡量的單位。幾乎所有貨幣都有第三項功能，但針對前兩項功能，則不同貨幣有不同效率。例如，強勢的貨幣(如美元)較易成為交易的媒介與表彰價值的標準，當然它也是一種衡量交易的單位；反觀較弱勢的貨幣，雖仍是一種衡量交易的單位，但不必然會被當做交易的媒介與表彰價值的標準。

　　由此可知，當一筆交易進行時，金額必須議定，但更重要的是決定「以何種貨幣計價(denominate)」？或稱「以何種貨幣為基準(denominate)」？交易是以美元、日圓、人民幣、歐元、新台幣亦或其他幣別計價呢？在確定「以何種貨幣計價」後，金額多寡始可決定，當交易議定並經執行即成為真實交易事項，再由會計人員按交易實質內容以本國貨幣「衡量(measure)」，並據以「記錄(record)」於帳冊。而過去初(中)會及本書前十二章等相關書籍中所舉釋例皆假設交易雙方使用相同貨幣，且以該貨幣進行交易，故無"不同幣別的換算問題"，即「計價」與「衡量」合而為一，無需區分。

　　例如：台灣 T 公司銷貨予美國 A 公司，此筆交易可能以「台灣當地貨幣，新台幣 TWD」或「美國當地貨幣，美元 USD」計價，但台灣 T 公司係以 TWD 衡量並記錄此筆銷貨交易，而美國 A 公司係以 USD 衡量並記錄此筆進貨交易。惟台灣 T 公司帳列之應收帳款及美國 A 公司帳列之應付帳款，將來皆須以該筆銷(進)貨交易當初議定之計價幣別結清(settlement)，亦即若該筆銷(進)貨交易當初議定係以美元計價，則未來美國 A 公司將以美元支付予台灣 T 公司，反之亦

然。假設銷(進)貨交易當天美元兌新台幣之即期匯率為 USD：TWD＝1：32，則可能的情況如下：

		以新台幣計價 (TWD320)		以美元計價 (USD10)
台灣 T公司	(a)	報價 TWD320	(a)	報價 USD10
	(b)	不須依即期匯率換算	(b)	須依即期匯率換算 (USD10×32＝TWD320)
	(c)	衡量並入帳 TWD320	(c)	衡量並入帳 TWD320
美國 A公司	(a)	報價 TWD320	(a)	報價 USD10
	(b)	須依即期匯率換算 (TWD320÷32＝USD10)	(b)	不須依即期匯率換算
	(c)	衡量並入帳 USD10	(c)	衡量並入帳 USD10
		未來美國 A 公司將以 TWD320 支付予台灣 T 公司，以結清此筆交易。		未來美國 A 公司將以 USD10 支付予台灣 T 公司，以結清此筆交易。

一、匯　率

　　由上述已知，當不同貨幣換算時，須有「匯率」相助，始可達成。所稱「匯率」，係指「在特定時點，兩種貨幣的兌換比率」；亦謂「以他種貨幣單位表達某種貨幣的價格」。在外匯實務上，「匯率」有兩種表達方式：

(1)	直接報價法	一單位外國貨幣能兌換成本國貨幣的數額。 例如：USD1＝TWD32
(2)	間接報價法	一單位本國貨幣能兌換成外國貨幣的數額。 例如：TWD1＝USD0.03125 (＝USD1÷32)

　　國內很多商業銀行在取得中央銀行授權後，成為指定外匯銀行，即可承作外匯相關業務。銀行對於匯率的報價通常採「直接報價法」，有「買入匯率」及「賣出匯率」兩種：

(1)	買入匯率	銀行買入外匯的價格，通常稍低於賣出匯率。 例如：USD1＝TWD32.0
(2)	賣出匯率	銀行賣出外匯的價格，通常稍高於買入匯率。 例如：USD1＝TWD32.1

銀行「賣出外匯的價格」通常較「買入外匯的價格」稍高，其間價差，是銀行提供外匯服務的收益(※)。相對地，以企業或個人而言，此項匯率報價的價差是接受銀行所提供外匯服務的代價與成本。

※ 民國 107 年間，部分指定外匯銀行基於營運成本考量，於提供外匯服務時開始收取手續費。

現今每個國家都非常關注其本國貨幣與他國貨幣間匯率的變化及相關外匯管理事宜，其中大部分國家係採「浮動匯率，Floating exchange rate」制度，尊重外匯市場貨幣供需變化，採用外匯市場所決定的匯率；惟「浮動匯率制度」尚可分為「自由浮動匯率制度」與「有管理的浮動匯率制度」。後者係指該國外匯主管機關透過某些措施適時地(當匯率波動超過一定限度)對外匯市場進行干預(intervention)，使匯率朝向有利於本國經濟發展的方向變化；而前者則否，政府當局極少干預。

但少數國家則採「官定(固定)匯率，Official(Fixed) exchange rate」制度，由國家制定並控制匯率的高低變動，以達某些經濟上或政策上之目的。因此採用固定匯率的國家可能以「多重匯率(multiple rates)」方式達成某些經濟上或政策上之目的，亦即對不同種類交易訂出不同匯率，例如：優惠匯率(preferential rate)、懲罰性匯率(penalty rate)等。

而採用「浮動匯率制度」的國家，則尊重外匯市場貨幣供需變化及自然運作下的結果，惟其匯率變動係受到很多因素的影響，例如：經濟發展趨勢、央行貨幣政策、貿易順差或逆差、利率水準高低、投機性外匯操作多寡、投資者心理預期、其他經濟或非經濟因素等。因此，當本國貨幣相對於他國貨幣貶值或升值時(即匯率變動)，其匯率計算如下：

例如：直接報價法：USD1＝TWD32； 間接報價法：TWD1＝USD0.03125。		
	直接報價法	間接報價法
1. 若新台幣對美元貶值 10%	TWD32×(1＋10%) ＝TWD35.2	USD0.03125÷(1＋10%) ＝USD0.02841
2. 若新台幣對美元升值 10%	TWD32×(1－10%) ＝TWD28.8	USD0.03125÷(1－10%) ＝USD0.03472

下列兩個匯率用詞，務必瞭解，以利本章及第十四章之學習。這兩個匯率用詞有可能是自由匯率或固定匯率，端視其所處之國家與市場：

	即期匯率	外匯市場上用詞
Spot rate	\multicolumn{2}{l	}{The exchange rate for immediate delivery of currencies exchanged. 立即(當下)辦理外幣交割之匯率。在自由匯率的外匯市場中，即期匯率持續異動，直到外匯市場收盤。}
	遠期匯率	外匯市場上用詞
Forward rate	\multicolumn{2}{l	}{Price at which two currencies are to be exchanged at some future date. 於未來日交割外幣之匯率。通常為一個月之倍數，常見之報價為一、三、六、九、十二個月。}

綜合上述，銀行對外匯的報價(以直接報價法為例)通常呈現下列情況，但有關即期匯率相較於遠期匯率，偶有相反情況出現，例如：銀行賣出外匯之即期匯率高於銀行賣出外匯之遠期匯率(最右欄斜體字)。閱讀下表時，請以相同字體配對比較，以免混淆。

	銀行買入外匯		銀行賣出外匯	
即期匯率	高	低	高	低
遠期匯率	低	—	—	高

本章主要須遵循之準則為：
(1) 國際會計準則第 21 號「匯率變動之影響」。(IAS 21)
(2) 國際財務報導準則第 9 號「金融工具」。(IFRS 9)

二、準則用詞及相關名詞定義－非衍生工具之外幣交易

(1) 匯率 (Exchange rate)：係指兩種貨幣之兌換比率。

(2) 即期匯率 (Spot exchange rate)：係立即交付之匯率。

(3) 收盤匯率 (Closing rate)：係報導期間結束日之(收盤)即期匯率。

(續次頁)

(4) 兌換差額 (Exchange difference)：
→ 係將一定數量單位之某種貨幣，以不同匯率換算為其他同種貨幣時，所產生之差額。
→ 例如：銷貨日(交易日)，賒銷 USD100 之商品，當日美元對新台幣之匯率為 USD：TWD＝1：30，則換算為新台幣為 TWD3,000，即 USD100×30＝TWD3,000。若美元應收帳款之收現日(交割日)，美元對新台幣之匯率為 USD：TWD＝1：29.5，則所收現金 USD100 換算為新台幣為 TWD2,950，即 USD100×29.5＝TWD2,950，因此產生兌換差額(兌換損失)TWD50，TWD2,950－TWD3,000＝－TWD50。

(5) 功能性貨幣 (Functional currency)：
→ 係指個體營運所處主要經濟環境之貨幣，亦即個體主要產生及支用現金之環境所常用之貨幣。個體於決定其功能性貨幣時，應考慮多項因素，其詳細內容，請參閱第十四章。

(6) 外幣 (Foreign currency)：係指個體功能性貨幣以外之貨幣。

(7) 表達貨幣 (Presentation currency)：係用以表達財務報表之貨幣。

(8) 集團 (A group)：係指母公司及其所有子公司。

(9) 國外營運機構 (Foreign operation)：
→ 係指一個個體，該個體為報導個體之子公司、關聯企業、聯合協議或分公司，其營運所在國家或使用之貨幣與報導個體不同。

(10) 國外營運機構淨投資 (Net investment in a foreign operation)：
→ 係指報導個體對於國外營運機構之淨資產所享有之權益金額。

(11) 貨幣性項目 (Monetary items)：
→ 係指持有之貨幣單位，及有權利收取(或有義務支付)固定或可決定數量之貨幣單位之資產或負債。例如：將以現金支付之退休金及其他員工福利、將以現金清償之負債準備、租賃負債及已認列為負債之現金股利。
→ 一份約定將收取(或交付)變動數量之個體本身權益工具或變動金額之資產之合約，且其收取(或交付)之公允價值等於固定或可決定數量之貨幣單位者，亦為貨幣性項目。請參閱下列(12)的例如(b)。

(12) 非貨幣性項目 (Nonmonetary items)：
→ 係指不具有權利收取(或不具有義務支付)固定或可決定數量之貨幣單位的資產或負債。例如：商品及勞務之預付金額、不動產、廠房及設備、存貨、商譽、無形資產、使用權資產、將以交付非貨幣性資產清償之負債準備。
→ 例如：帳列預付貨款$100。
   (a) 若預付時與供應商約定，將於未來某特定日收取 5 單位甲商品，而不論未來甲商品售價之漲跌，則帳列預付貨款$100 係屬「非貨幣性資產」，因無法確定未來某特定日所收取 5 單位甲商品之貨幣單位。
   (b) 若預付時與供應商約定，將於未來某特定日收取公允價值相當於$100 之甲商品，即未來交貨時甲商品每單位售價若為$20，則可收取 5 單位甲商品，若未來交貨時甲商品每單位售價為$25，則可收取 4 單位甲商品，表示帳列預付貨款$100 是「一份合約，其具有收取『公允價值等於固定數量貨幣單位之甲商品』的權利」，故屬「貨幣性資產」。

(13) 本國交易 (Local transactions)：
→ 係指發生在同一國家但不同企業間之交易。

(14) 國際交易 (Foreign transactions)：
→ 係指地處於不同國家之不同企業之間所進行的交易。

(15) 外幣交易 (Foreign currency transactions)：
→ 係以外幣計價或要求以外幣交割之交易，即以「交易當事人之功能性貨幣以外的貨幣」來計價或交割的交易。
→ 包括下列交易，當個體：
   (a) 買入或出售商品或勞務，其價格係以外幣計價；
   (b) 借入或貸出資金，其應付或應收之金額係以外幣計價；或
   (c) 取得或處分以外幣計價之資產，或發生或清償以外幣計價之負債。

若按上述(13)、(14)及(15)三個名詞間的關係加以組合，可彙集如下表之 A、B、C、D 四種狀況，茲分別舉例說明，詳(a)～(f)：

A	B	C	D
本 國 交 易		國 際 交 易	
非外幣交易	外 幣 交 易	外 幣 交 易	非外幣交易

(a) 台灣甲公司銷貨 TWD100 予台灣乙公司。
　　(假設：甲公司及乙公司的功能性貨幣皆為新台幣。)
　　→ 對甲及乙公司而言皆是 A 狀況，屬本國交易，但非外幣交易。

(b) 台灣甲公司銷貨 USD100 予台灣乙公司。
　　(假設：甲公司及乙公司的功能性貨幣皆為新台幣。)
　　→ 對甲及乙公司而言皆是 B 狀況，屬本國交易，亦是外幣交易。

(c) 台灣甲公司銷貨 TWD100 予台灣乙公司。
　　(假設：甲公司的功能性貨幣為新台幣，乙公司的功能性貨幣為歐元。)
　　→ 對甲公司而言是 A 狀況，屬本國交易，但非外幣交易。
　　→ 對乙公司而言是 B 狀況，屬本國交易，亦是外幣交易。

(d) 台灣甲公司銷貨 TWD35 予美國乙公司：

	功能性貨幣		
	TWD	USD	£
台灣甲公司	D 狀況	C 狀況	C 狀況
美國乙公司	D 狀況	C 狀況	C 狀況

(e) 台灣甲公司銷貨 USD1 予美國乙公司：

	功能性貨幣		
	TWD	USD	£
台灣甲公司	C 狀況	D 狀況	C 狀況
美國乙公司	C 狀況	D 狀況	C 狀況

(f) 台灣甲公司銷貨 £1 予美國乙公司：

	功能性貨幣		
	TWD	USD	£
台灣甲公司	C 狀況	C 狀況	D 狀況
美國乙公司	C 狀況	C 狀況	D 狀況

　　針對 B 狀況及 C 狀況之外幣交易，IAS 21「匯率變動之影響」有相關規定，請詳下段「三、以功能性貨幣報導外幣交易」之說明。

三、以功能性貨幣報導外幣交易

(一) 原始認列：

(1) 外幣交易之原始認列，應以外幣金額依<u>交易日</u>功能性貨幣<u>與</u>外幣間之<u>即期匯率</u>換算為<u>功能性貨幣</u>記錄。

(2) 交易日係指依國際財務報導準則之規定，交易<u>首次符合</u>認列標準之日。<u>基於實務之理由</u>，個體通常使用<u>近似於交易日實際匯率之匯率</u>，例如可能以某種外幣一週或一個月之平均匯率用於該期間內以該種外幣計價之所有交易。惟若匯率波動劇烈，則採用某一期間之平均匯率並不適當。

例如：台灣甲公司於 20x6 年 5 月 1 日發生一筆賒銷交易 USD100，若台灣甲公司的功能性貨幣為新台幣，則台灣甲公司應以 20x6 年 5 月 1 日(交易日)美元對新台幣之匯率，將賒銷 USD100 換算為新台幣金額，並記錄之。但若台灣甲公司於 20x6 年 5 月發生多筆美元賒銷交易時，則有兩種處理方式：(a)依前述，按各該外幣賒銷交易日美元對新台幣之匯率，逐筆地將美元賒銷金額換算為新台幣金額，合計新台幣金額後再記錄；(b)基於實務之理由，直接按 20x6 年 5 月美元對新台幣之平均匯率，將 20x6 年 5 月份美元賒銷總金額換算為新台幣金額，並記錄之。不過若 20x6 年 5 月美元對新台幣之匯率波動劇烈，則採用 20x6 年 5 月之平均匯率換算並不適當，故只能採(a)法。

(3) 當個體<u>非以</u>功能性貨幣登載帳簿及記錄，個體<u>於編製財務報表時</u>須將<u>所有金額換算為功能性貨幣</u>，此將產生與原始即以功能性貨幣記錄這些項目相同之功能性貨幣金額。有關換算細節，請參閱第十四章「四、當個體的功能性貨幣不是當地貨幣」。

(二) 後續報導期間結束日之報導及相關兌換差額之認列：

(1) 於每一報導期間結束日：
　(a) <u>外幣貨幣性項目</u>應以<u>收盤匯率</u>換算。
　(b) 以<u>歷史成本</u>衡量之<u>外幣非貨幣性項目</u>，應以<u>交易日之匯率</u>換算。
　(c) 以<u>公允價值</u>衡量之<u>外幣非貨幣性項目</u>，應以<u>衡量公允價值當日之匯率</u>換算。

(2) 一個項目之帳面金額係結合其他相關準則之規範決定。例如，依 IAS 16「不動產、廠房及設備」之規定，不動產、廠房及設備可能以公允價值或歷史成本衡量。不論其帳面金額係以歷史成本或公允價值基礎決定，若該金額係以外幣決定，則須依本準則之規定換算為功能性貨幣。

(3) 某些項目之帳面金額係經由比較兩個以上金額所決定。例如，依 IAS 2「存貨」之規定，存貨之帳面金額係成本與淨變現價值孰低者。同樣地，依 IAS 36「資產減損」之規定，當資產有減損跡象時，該資產之帳面金額係考量可能減損損失前之帳面金額與可回收金額兩者孰低者。當該資產為以外幣衡量之非貨幣性項目時，其帳面金額係比較下列兩者決定：
  (a) 成本或帳面金額(以適當者)按金額決定當日之匯率換算。[例如：以歷史成本衡量之項目，其金額決定當日之匯率即交易日之匯率。]
  (b) 淨變現價值或可回收金額(以適當者)按價值決定當日之匯率(例如報導期間結束日之收盤匯率)換算。

比較結果可能為以功能性貨幣比較時須認列減損損失，但以外幣比較時無須認列減損損失，反之亦然。簡言之，須「先換算，再比較」。

(4) 當有若干匯率可供選用時，應採用若該交易或餘額所表彰之未來現金流量於衡量日發生時可用於交割該現金流量之匯率。相反地，若兩種貨幣之間暫時缺乏可兌換性，則採用後續可兌換時之第一個匯率。
  → 所謂「兩種貨幣之間暫時缺乏可兌換性」，可能是兩種貨幣之間暫時無匯率存在或暫時無適當之可用匯率。

(5) 因交割貨幣性項目或換算貨幣性項目使用之匯率與當期原始認列或前期財務報表換算之匯率不同所產生之兌換差額，應於發生當期認列為損益。但除下列(6)所述者外。

當外幣交易產生貨幣性項目且交易日與交割日之匯率不同時，即產生兌換差額。若交易係於發生之同一會計期間內交割，所有兌換差額於該期間認列(為損益)。惟若交易係於後續之會計期間內交割(即交易日與交割日分屬不同會計期間)，則直至交割日前各期認列(為損益)之兌換差額係按各期匯率之變動決定。

(6) 構成報導個體對國外營運機構淨投資一部分之貨幣性項目,所產生之兌換差額應於報導個體之單獨財務報表或國外營運機構之個別財務報表中(於適當時)認列為損益。在包含國外營運機構及報導個體之財務報表中(例如當國外營運機構為子公司時之合併財務報表),此兌換差額原始應認列為其他綜合損益,並於處分該淨投資時,將此兌換差額自權益重分類至損益。
[請詳第十四章「五、當個體的功能性貨幣是當地貨幣」]

(7) 當非貨幣性項目之利益或損失認列為其他綜合損益時,該利益或損失之任何兌換組成部分亦應認列為其他綜合損益。反之,當非貨幣性項目之利益或損失認列為損益時,該利益或損失之任何兌換組成部分亦應認列為損益。

(8) 其他國際財務報導準則規定某些利益及損失須認列於其他綜合損益,例如 IAS 16 規定不動產、廠房及設備重估價所產生之某些利益及損失應認列為其他綜合損益,當此資產係以外幣衡量時,重估價金額應以決定價值當日之匯率換算,因而產生之兌換差額亦認列為其他綜合損益。

例如,房屋帳面金額 USD100,取得時匯率 USD:TWD＝1:32,如今重估價為 USD130,重估價日匯率 USD:TWD＝1:31,則 (USD130×31)－(USD100×32)＝TWD830,借記「房屋及建築－重估增值」,貸記「其他綜合損益」。

四、釋例－非衍生工具之外幣交易

釋例一:

20x6 年 5 月 10 日,台灣 T 公司賒銷商品予美國 A 公司,約定 30 天後收款,無現金折扣。台灣 T 公司之記帳貨幣及功能性貨幣皆為新台幣,美國 A 公司之記帳貨幣及功能性貨幣皆為美元。美元對新台幣之匯率如下:(USD1＝TWD?)

| 銷貨日 | 32.0 | 收款日 | 31.8 |

台灣 T 公司及美國 A 公司分錄如下:

(1) 若交易金額以美元計價，為 USD10,000：

對台灣 T 公司而言，此筆賒銷交易是「國際交易」，亦是「外幣交易」。		對美國 A 公司而言，此筆賒購交易是「國際交易」，但不是「外幣交易」。	
20x6/ 5/10	應收帳款－美元　　320,000 　　銷貨收入　　　　　320,000 USD10,000×32＝TWD320,000	賒購 驗收日 (設 5/10)	存貨(進貨)　　　10,000 　　應付帳款　　　　10,000
20x6/ 6/9	現　金　　　　　　318,000 外幣兌換損失 (&)　 2,000 　　應收帳款－美元　　320,000 USD10,000×31.8＝TWD318,000 TWD318,000－TWD320,000＝－TWD2,000 交割貨幣性項目「應收帳款－美元」之匯率(31.8)與原始認列之匯率(32)不同，應將兌換差額認列為當期損益。	30 天 後之 付款日 (設 6/9)	應付帳款　　　　10,000 　　現　金　　　　　10,000

&：參閱 P.88「會計項目及代碼」之「7630」。

(2) 若交易金額以新台幣計價，為 TWD320,000：

對台灣 T 公司而言，此筆賒銷交易是「國際交易」，但不是「外幣交易」。		對美國 A 公司而言，此筆賒購交易是「國際交易」，亦是「外幣交易」。	
20x6/ 5/10	應收帳款　　　　　320,000 　　銷貨收入　　　　　320,000	賒購 驗收日 (設 5/10)	存貨(進貨)　　　10,000 　　應付帳款－新台幣　10,000 TWD320,000÷32＝USD10,000
20x6/ 6/9	現　金　　　　　　320,000 　　應收帳款　　　　　320,000	30 天 後之 付款日 (設 6/9)	應付帳款－新台幣　10,000 外幣兌換損失　　　　63 　　現　金　　　　　10,063 TWD320,000÷31.8＝USD10,063

釋例二：

　　同釋例一，惟賒銷日改為民國 20x6 年 12 月 10 日。美元對新台幣之匯率如下：(USD1＝TWD？)

銷貨日	32.0	20x6/12/31	31.87
收款日	31.8		

台灣 T 公司及美國 A 公司分錄如下：

(1) 若交易金額以美元計價，為 USD10,000：

	對台灣 T 公司而言，此筆賒銷交易 是「國際交易」，亦是「外幣交易」。		對美國 A 公司而言，此筆賒購交易 是「國際交易」，但不是「外幣交易」。
20x6/ 12/10	應收帳款－美元　　320,000 　　銷貨收入　　　　　　320,000 USD10,000×32＝TWD320,000	賒購 驗收日 (設 12/10)	存貨(進貨)　　　10,000 　　應付帳款　　　　10,000
20x6/ 12/31	外幣兌換損失　　　1,300 　　應收帳款－美元　　　1,300 USD10,000×31.87＝TWD318,700 TWD318,700－TWD320,000＝－TWD1,300 「應收帳款－美元」係外幣貨幣性項目，應以收盤匯率換算。換算貨幣性項目「應收帳款－美元」之匯率(31.87)與原始認列之匯率(32)不同，應將兌換差額認列為當期損益。	20x6/ 12/31	(無分錄)
20x7/ 1/9	現　　金　　　　　318,000 外幣兌換損失　　　　700 　　應收帳款－美元　　318,700 USD10,000×31.8＝TWD318,000 TWD318,000－TWD318,700＝－TWD700 交割貨幣性項目「應收帳款－美元」之匯率(31.8)與前期報導期間結束日換算貨幣性項目「應收帳款－美元」之匯率(31.87)不同，應將兌換差額認列為當期損益。	30天 後之 付款日 (設 1/9)	應付帳款　　　10,000 　　現　　金　　　10,000

(2) 若交易金額以新台幣計價，為 TWD320,000：

	對台灣 T 公司而言，此筆賒銷交易 是「國際交易」，但不是「外幣交易」。		對美國 A 公司而言，此筆賒購交易 是「國際交易」，亦是「外幣交易」。
20x6/ 12/10	應收帳款　　　　　320,000 　　銷貨收入　　　　　　320,000	賒購 驗收日 (設 12/10)	存貨(進貨)　　　　　10,000 　　應付帳款－新台幣　　10,000 TWD320,000÷32＝USD10,000
20x6/ 12/31	(無分錄)	20x6/ 12/31	外幣兌換損失　　　　41 　　應付帳款－新台幣　　41 TWD320,000÷31.87＝USD10,041 USD10,041－USD10,000＝USD41

			「應付帳款－新台幣」係外幣貨幣性項目，應以收盤匯率換算。換算貨幣性項目「應付帳款－新台幣」之匯率(31.87)與原始認列之匯率(32)不同，應將兌換差額認列為當期損益。
20x7/ 1/9	現　　金　　　320,000　　　應收帳款　　　320,000	30天後之付款日 (設 1/9)	應付帳款－新台幣　　10,041 外幣兌換損失　　　　　22 　　現　金　　　　　　10,063
			TWD320,000÷31.8＝USD10,063 USD10,063－USD10,041＝USD22
			交割貨幣性項目「應付帳款－新台幣」之匯率(31.8)與前期報導期間結束日換算貨幣性項目「應付帳款－新台幣」之匯率(31.87)不同，應將兌換差額認列為當期損益。

釋例三：

　　同釋例二，惟下列甲表中的「(1)若交易金額以美元計價，為 USD10,000」之情況下，台灣 T 公司於收款日(20x7 年 1 月 9 日)並未將所收到 USD10,000 兌換成新台幣，而係將 USD10,000 存入其於銀行之外幣存款帳戶中，直到 20x7 年 2 月 12 日才將 USD10,000 兌換成新台幣。美元對新台幣之匯率如下：(USD1＝TWD？)

銷貨日	32.0	20x6/12/31	31.87
收款日	31.8	20x7/2/12	32.10

台灣 T 公司及美國 A 公司分錄如下：（甲表）

(1) 若交易金額以美元計價，為 USD10,000：			
對台灣 T 公司而言，此筆賒銷交易是「國際交易」，亦是「外幣交易」。		對美國 A 公司而言，此筆賒購交易是「國際交易」，但不是「外幣交易」。	
20x6/ 12/10	應收帳款－美元　　320,000　　　銷貨收入　　　　320,000 USD10,000×32＝TWD320,000	賒購驗收日 (設 12/10)	存貨(進貨)　　10,000　　　應付帳款　　10,000

20x6/12/31	外幣兌換損失　　　　　1,300 　　應收帳款－美元　　　　1,300 USD10,000×31.87＝TWD318,700 TWD318,700－TWD320,000＝－TWD1,300 說明同釋例二。	20x6/12/31	（無分錄）
20x7/1/9	現　金－美元　　　　318,000 外幣兌換損失　　　　　　700 　　應收帳款－美元　　　318,700 USD10,000×31.8＝TWD318,000 TWD318,000－TWD318,700＝－TWD700 美元應收帳款已收，外幣賒銷交易已結清，認列兌換損失TWD700之理由同釋例二。惟T公司將USD10,000存入銀行外幣存款帳戶，則為另一筆外幣交易，故按交易日匯率(31.8)換算，並借記貨幣性項目「現金－美元」。	30天後之付款日 (設1/9)	應付帳款　　　10,000 　　現　　金　　　10,000
20x7/2/12	現　金　　　　　　　321,000 　　現　金－美元　　　318,000 　　外幣兌換利益 (＊)　　3,000 USD10,000×32.1＝TWD321,000 TWD321,000－TWD318,000＝TWD3,000 交割貨幣性項目「現金－美元」之匯率(32.1)與原始認列之匯率(31.8)不同，應將兌換差額認列為當期損益。		＊：參閱P.88「會計項目及代碼」之「7230」。
(2) 若交易金額以新台幣計價，為TWD320,000：　[同釋例二之(2)]			

釋例四：

　　20x6年12月10日，台灣T公司向法國F公司賒購商品，約定30天後付款，無現金折扣。若下列乙表中的「(2)交易金額以新台幣計價，為TWD430,000」之情況下，法國F公司於收款日並未將所收到之TWD430,000兌換成歐元，而係將TWD430,000存入其於銀行之外幣存款帳戶中，直到20x7年2月12日才將TWD430,000兌換成歐元。台灣T公司之記帳貨幣及功能性貨幣皆為新台幣，法國F公司之記帳貨幣及功能性貨幣皆為歐元。歐元對新台幣之匯率如下：
(€1＝TWD？)

進貨日	43.0	20x6/12/31	42.5
付款日	42.8	20x7/ 2/12	42.4

法國 F 公司及台灣 T 公司分錄如下：（乙表）

(1) 若交易金額以歐元計價，為 €10,000：

	對法國 F 公司而言，此筆賒銷交易是「國際交易」，但不是「外幣交易」。		對台灣 T 公司而言，此筆賒購交易是「國際交易」，亦是「外幣交易」。
賒銷出貨日(設 12/10)	應收帳款　　10,000 　　銷貨收入　　　10,000	20x6/12/10	存貨(進貨)　　430,000 　　應付帳款－歐元　　430,000 €10,000×43＝TWD430,000
20x6/12/31	（無分錄）	20x6/12/31	應付帳款－歐元　　5,000 　　外幣兌換利益　　　5,000
			€10,000×42.5＝TWD425,000 TWD425,000－TWD430,000＝－TWD5,000
			「應付帳款－歐元」係外幣貨幣性項目，應以收盤匯率換算。換算貨幣性項目「應付帳款－歐元」之匯率(42.5)與原始認列之匯率(43)不同，應將兌換差額認列為當期損益。
30 天後收款日(設 1/9)	現　金　　　10,000 　　應收帳款　　　10,000	20x7/1/9	應付帳款－歐元　　425,000 外幣兌換損失　　　3,000 　　現　金　　　428,000
			€10,000×42.8＝TWD428,000 TWD428,000－TWD425,000＝TWD3,000 交割貨幣性項目「應付帳款－歐元」之匯率(42.8)與前期報導期間結束日換算貨幣性項目「應付帳款－歐元」之匯率(42.5)不同,應將兌換差額認列為當期損益。

(2) 若交易金額以新台幣計價，為 TWD430,000：

	對法國 F 公司而言，此筆賒銷交易是「國際交易」，亦是「外幣交易」。		對台灣 T 公司而言，此筆賒購交易是「國際交易」，但不是「外幣交易」。
賒銷出貨日(設 12/10)	應收帳款－新台幣　　10,000 　　銷貨收入　　　10,000 TWD430,000÷43＝€10,000	20x6/12/10	存貨(進貨)　　430,000 　　應付帳款　　　430,000

20x6/12/31	應收帳款－新台幣　　　118　　　　　外幣兌換利益　　　　　118	20x6/12/31	（無分錄）
	TWD430,000÷42.5＝€10,118 €10,118－€10,000＝€118		
	「應收帳款－新台幣」係外幣貨幣性項目，應以收盤匯率換算。換算貨幣性項目「應收帳款－新台幣」之匯率(42.5)與原始認列之匯率(43)不同，應將兌換差額認列為當期損益。		
30天後收款日（設1/9）	現　金－新台幣　　　10,047 外幣兌換損失　　　　71 　　應收帳款－新台幣　　　10,118	20x7/1/9	應付帳款　　　430,000 　　現　金　　　　　430,000
	TWD430,000÷42.8＝€10,047 €10,047－€10,118＝－€71		
	交割貨幣性項目「應收帳款－新台幣」之匯率(42.8)與前期報導期間結束日換算貨幣性項目「應收帳款－新台幣」之匯率(42.5)不同，應將兌換差額認列為當期損益。		
	新台幣應收帳款已收，外幣賒銷交易結束。惟F公司將TWD430,000存入銀行外幣存款帳戶，則為另一筆外幣交易，故按交易日匯率(42.8)換算，並借記貨幣性項目「現金－新台幣」。		
20x7/2/12	現　金　　　　　　　10,142 　　現　金－新台幣　　　10,047 　　外幣兌換利益　　　　　95		
	TWD430,000÷42.4＝€10,142 €10,142－€10,047＝€95		
	交割貨幣性項目「現金－新台幣」之匯率(42.4)與原始認列之匯率(42.8)不同，應將兌換差額認列為當期損益。		

五、衍生工具(derivative instruments)

以上是有關非衍生工具之外幣交易及其會計處理，接著介紹衍生工具之外幣交易(Foreign Currency Derivatives)，但進入主題前，須先簡單解釋「衍生工具(derivative instruments)」及「衍生金融工具(derivative financial instruments)」。

市場上投資標的很多，常見於<u>現貨市場</u>上交易者有：
(1) <u>實體資產 (physical assets)</u>：
如：不動產(土地、房屋等)、金屬(黃金、鉑金、銀、銅等)、能源(石油、煤等)、農作物(黃豆、小麥、咖啡豆等)、藝術品(古董、畫作等)…等。
(2) <u>金融工具 (financial instruments)</u>：
如：債券(利率)、票券(利率)、股票(股價)、外幣(匯率)…等。

而「衍生工具」，係指由「現貨市場中交易之商品標的」衍生而成的新交易工具，即以實體資產或金融工具的價格為基礎，並以合約方式約定交易雙方權利義務的新交易工具。如：

(a)	期貨 (Futures)：商品期貨(金屬期貨、農作物期貨、能源期貨等)、金融期貨(外匯期貨、利率期貨、股價指數期貨等)。
(b)	選擇權 (Option)：股票選擇權、外匯選擇權、利率選擇權、指數選擇權等。
(c)	遠期合約 (Forward Contract)：遠期外匯合約、遠期商品合約等。
(d)	交換 (Swap)：利率交換，或稱換利交易。

其中，若以金融工具(如：利率、股價、股價指數、外匯等)的價格為基礎，並以合約方式約定交易雙方權利義務，則稱其所衍生的新交易工具為「衍生金融工具」，如：金融期貨、股票選擇權、遠期外匯合約等。綜合上述說明，彙集如次頁，表 13-1。

衍生工具，其權利義務在交易成立時並不立即交割，而是約定在未來某時點交割。由於未來價格具不確定性，因此衍生工具均以「合約(contract)」的形式來規範交易雙方的權利義務，如：交運地點、交運方式、交運日期、及其他事項等。透過合約內容及現貨市場之市價異動資訊，始能得知合約對於交易雙方究係權利或義務。簡言之，衍生工具是一種「事前約定，事後履約」的交易工具，且合約的價值是由合約中所記載之「特定標的(underlying)」的價值決定，當「特定標的」沒有價值時，該合約就沒有價值，故衍生工具的價值與其「特定標的」的價值密切相關。

表 13-1 常見的「衍生工具」 (網底者即為「衍生金融工具」)

		標的資產			
		(1)實體資產	(2) 金融工具		
		實體商品	利率	股價(權益)	外匯
衍生工具之基本型態	期　貨	商品期貨	利率期貨	股價指數期貨	外匯期貨
	選擇權	商品選擇權	利率選擇權	股票選擇權 指數選擇權	外匯選擇權
	遠期合約	遠期商品合約	遠期利率合約	遠期股價合約	遠期外匯合約
	交　換	商品交換	利率交換 換匯換利	權益交換	換匯(外匯交換) 換匯換利

依 IFRS 9 規定，衍生工具(derivative)係指同時具有下列三項特性之金融工具或其他屬 IFRS 9 範圍之合約：

(a) 其價值隨特定利率、金融工具價格、商品價格、匯率、價格或費率指數、信用評等或信用指數、抑或其他變數(若為非財務變數則限於非為合約一方所特有之變數，有時稱為『標的』)之變動而變動。

(b) 無須原始淨投資，或與對市場因素之變動預期有類似反應之其他類型合約比較，僅須較小金額之原始淨投資。

(c) 於未來日期交割。

　　由前述已知，衍生工具有四種基本合約型態：遠期合約(Forward Contract)、期貨(Futures)、選擇權(Option)、交換(Swap)。而這四種基本合約型態可互相組合，形成更多樣且複雜的衍生工具。如：遠期交換、交換期貨、期貨選擇權、交換期貨選擇權等。實務上出現的衍生工具種類繁多，不甚枚舉，惟本章主題為外幣交易，故課文擬針對以外幣為交易標的之遠期合約作說明，即遠期外匯合約(Forward Exchange Contract) [詳下一標題，六、遠期外匯合約]。另於附錄中舉例說明期貨、選擇權、交換及其他種類的遠期合約等基本合約型態於避險交易中的會計處理。

　　就外匯交易而言，有四種基本交易型態：

(1) 即期外匯交易
　　→ 係指訂約後兩個營業日內交割者。如前述「四、非衍生工具之外幣交易釋例」，當企業收到外幣應收帳款時，當日即請銀行將外幣兌換成本國貨幣，並存入該企業在銀行開立之存款帳戶。

(2) 遠期外匯交易
   → 係指外匯買賣雙方約定在未來某個日期，以約定的匯率，交割某一約定金額的外幣。實務上，係指訂約後三個營業日以上才交割的外匯交易。如下述「六、遠期外匯合約」、表 13-1 的外匯期貨。
(3) 換匯交易 (Foreign Exchange Swap，FX Swap)
   → 企業以即期匯率進行外匯交易，並約定於到期日時，以雙方事先議定之遠期匯率換回同一筆外匯。如表 13-1 的換匯(外匯交換)。
(4) 匯率選擇權交易
   → 匯率選擇權的買方(holder)有權利在未來某特定日或特定期間內，在即期、遠期或期貨外匯市場，以雙方事先議定之履約匯率(exercise rate、strike rate)向匯率選擇權的賣方(writer)買入(call)或賣出(put)事先約定數量的某一種匯率。買方有權利選擇是否要求賣方履行義務。因此有四種基本形式：買入買權(Buy Call)、買入賣權(Buy Put)、賣出買權(Sell Call)及賣出賣權(Sell Put)。又依執行期間不同，分為：歐式選擇權及美式選擇權。歐式選擇權，須在約定之未來某特定日始可行使；而美式選擇權，則在約定之未來某特定日之前皆可行使。如表 13-1 的外匯選擇權。

六、遠期外匯合約(Forward Exchange Contract)

　　遠期外匯合約，係指交易雙方約定在未來某特定日或特定期間內，依交易當時雙方議定之幣別、金額及匯率(即遠期匯率，forward rate)完成交割程序。因此在合約成立當日即確定未來交割之幣別、金額及匯率，且合約不受即期市場價格(即期匯率)變動之影響，在到期日前亦無須交割外幣，不影響現金流量，是企業規避匯率變動風險很常用的工具。

　　遠期外匯合約按其交割方式，可分為兩種：
(1) 有本金交割之遠期外匯合約 (Delivery Forward，DF)
   → 遠期外匯合約到期時，交易雙方拿出約定之貨幣金額進行交割，即「總額交割」，或謂「以總額結清」。
(2) 無本金交割之遠期外匯合約 (Non-Delivery Forward，NDF)
   → 遠期外匯合約到期時，交易雙方不須交割本金，只須結算合約議定匯率與到期日即期匯率間之差額，並收取或支付此項差額，即完成交割程序，稱「淨額交割」，或謂「以淨額結清」。

遠期外匯交割日通常以 3 至 6 個月居多，但也有其他較長或較短期限之交易。例如：

(a) 整月的遠期外匯：交割日是以月為單位。
(b) 畸零日的遠期外匯：交割日是非以月為單位，如：1 個月零 10 天的交易。
(c) 任選交割日的遠期外匯：在一段期間之內，客戶可任選其中一天為交割日。

通常銀行對於規格化的交易，例如：1、2、3、6、9、12 個月期的遠期外匯，會主動掛牌，但對於畸零期或任選交割日的合約，則客戶必須與銀行直接議價，其中任選交割日的遠期外匯，因為會使承作銀行在管理部位時較難規避風險，所以客戶得到的遠期匯率價格會較為不利。

茲將遠期外匯合約依其交易目的，分為「非避險之遠期外匯合約」及「避險之遠期外匯合約」，而後者又依避險關係再分為三類，彙述如表 13-2。

表 13-2　外幣交易

(甲)	非衍生工具之外幣交易 (前述，釋例一～四)		
(乙)	衍生工具之外幣交易 　→ 如：遠期外匯合約 (Forward Exchange Contract)		
	(A)	非避險之遠期外匯合約 (for speculation purpose)： 　→ 為賺取遠期外匯之匯差，而進行的遠期外匯交易。(釋例五)	
	(B)	避險之遠期外匯合約 (for hedging operations)：	
		(1) 公允 　價值 　避險	(a) 為規避 *已認列之外幣資產(外幣負債)* 因匯率變動所致公允價值變動之風險。(釋例六、七) (b) 為規避 *未認列之外幣確定承諾* 因匯率變動所致公允價值變動之風險。惟確定承諾外幣風險之避險*亦得*按現金流量避險處理。(釋例八)
		(2) 現金 　流量 　避險	(a) 為規避 *已認列之外幣資產(外幣負債)* 因匯率變動所致現金流量變動之風險。(釋例九、十) (b) 為規避 *高度很有可能之外幣預期交易* 因匯率變動所致現金流量變動之風險。(釋例十一)
		(3) 國外營運機構淨投資之避險： 　→ 為規避 *國外營運機構淨投資* 因匯率變動所導致"報導個體對國外營運機構所享有權益金額"變動之風險。 　→ 請詳第十四章，雖可採遠期外匯合約(衍生工具)來避險，但也可用非衍生工具來避險，如：舉借外幣負債。	

七、非避險之遠期外匯合約(For Speculation Purpose)

企業有時進行遠期外匯交易係為賺取遠期外匯之匯差,故以此目的所進行的遠期外匯交易須以遠期匯率計價,因而所產生之兌換差額應列為當期兌換損益,請詳釋例五之說明。

釋例五:

甲公司於 20x6 年 11 月 1 日與乙銀行簽訂一項遠期外匯合約,約定 3 個月後向乙銀行買 USD10,000,並以總額結清。當時合理之折現率為 6%。簽約日乙銀行之美元對新台幣遠期匯率報價及日後相關匯率如下: (USD1＝TWD?)

	20x6/11/1	20x6/12/31	20x7/2/1
即期匯率	31.8	32.1	32.6
1 個月遠期匯率	32.0	32.3	32.8
3 個月遠期匯率	32.5	32.7	33.0

甲公司分錄如下:

20x6/11/1	無分錄,因該遠期外匯合約之公允價值為$0,USD10,000×(3 個月遠期匯率報價 32.5－約定的遠期匯率 32.5)＝$0,但若有管理上之需要,可作備忘記錄。
20x6/12/31	透過損益按公允價值衡量之金融資產(負債)損失　　1,990 　　透過損益按公允價值衡量之金融負債－遠期外匯合約　　1,990
	USD10,000×(1 個月遠期匯率報價 32.3－約定的遠期匯率 32.5)＝－TWD2,000,即收取 USD10,000 之權利減少 TWD2,000,但此項收取美元權利並非於今天履行,而是 1 個月後才要履行,故將 TWD2,000 按年息 6%折現 1 個月,求算所減少收取美元權利之現值為 TWD1,990,TWD2,000÷(1＋6%×1/12)＝TWD1,990,並認列相關損失。
20x7/2/1	透過損益按公允價值衡量之金融負債－遠期外匯合約　　1,990 強制透過損益按公允價值衡量之金融資產－遠期外匯合約　1,000 　　透過損益按公允價值衡量之金融資產(負債)利益　　2,990

	USD10,000×(即期匯率 32.6－約定的遠期匯率 32.5)＝TWD1,000，即收取 USD10,000 之權利增加 TWD1,000，且此項收取美元權利於今天履行，故將帳列「透過損益按公允價值衡量之金融負債」貸餘 TWD1,990 轉銷，另借記「強制透過損益按公允價值衡量之金融資產」TWD1,000，並認列相關利益。
20x7/ 2/ 1	(1) 假設以總額結清： 　現　金－美元　　　　　　　　　　　326,000 　　　現　金　　　　　　　　　　　　　　325,000 　　　強制透過損益按公允價值衡量之金融資產 　　　　－遠期外匯合約　　　　　　　　　1,000 USD10,000×32.6＝TWD326,000， USD10,000×32.5＝TWD325,000 (2) 假設以淨額結清： 　現　金　　　　　　　　　　　　　　1,000 　　　強制透過損益按公允價值衡量之金融資產 　　　　－遠期外匯合約　　　　　　　　　1,000

　　進入「十、避險之遠期外匯合約(for hedging operations)」主題前，須先介紹 IFRS 9「金融工具」中有關「避險會計」的相關規定，以瞭解如何將「避險會計」規定應用在「避險之遠期外匯合約」交易上。

八、避險會計－準則用詞定義

(1) 衍生工具 (derivative)
　　→ 指同時具有下列三項特性之金融工具或其他屬 IFRS 9 範圍之合約：
　　　(a) 其價值隨特定利率、金融工具價格、商品價格、匯率、價格或費率指數、信用評等或信用指數、抑或其他變數(若為非財務變數則限於非為合約一方所特有之變數，有時稱為『標的』)之變動而變動。
　　　(b) 無須原始淨投資，或與對市場因素之變動預期有類似反應之其他類型合約比較，僅須較小金額之原始淨投資。
　　　(c) 於未來日期交割。

(2) 確定承諾 (firm commitment)
　　→ 係指將於未來一個或多個特定日期，按特定價格交換特定數量資源之具約束力協議。

(3) 預期交易 (forecast transaction)
　　→ 係指未承諾但預計會發生之未來交易。

(4) 避險比率 (hedge ratio)
　　→ 以<u>相對權重</u>表示之<u>避險工具數量</u>與<u>被避險項目數量</u>間關係。

九、避險會計－準則相關規範

(一) 避險會計之目的及範圍

(1) 避險會計之目的：係為於財務報表中<u>表達企業使用金融工具管理特定風險(#)所產生暴險</u>之風險管理活動之影響。

　＃：該風險可能影響損益或其他綜合損益，當企業依 IFRS 9 第 5.7.5 段之規定，選擇將權益工具投資之公允價值變動列報於其他綜合損益中時，該影響為其他綜合損益。

(2) 避險會計之範圍：
　(a) 企業可依第 6.2.1～6.3.7 及 B6.2.1～B6.3.25 段之規定，選擇指定一避險工具與一被避險項目間之避險關係。
　(b) 對於符合要件之避險關係，企業應依第 6.5.1～6.5.14 及 B6.5.1～B6.5.28 段之規定，處理避險工具及被避險項目之利益或損失。

(3) 實務上應用避險會計情況：

企業從事財務或經濟上之避險活動	(a) 若不符合避險會計之要件 → 不適用避險會計	
	(b) 若符合避險會計之要件	(i) 原可符合避險會計之要件，但不想準備相關書面文件並持續評估符合要件否，致不符合避險會計之要件。 → 不適用避險會計
		(ii) 適用避險會計

(二) 避險工具

(甲) 符合要件之工具：

(1) 透過損益按公允價值衡量之衍生工具。
　　(如：期貨、選擇權、遠期合約、交換等)
　　<u>除外</u>：某些發行選擇權，除非發行選擇權被指定作為對購入選擇權 (包括嵌入於另一金融工具者) 之抵銷 (例如用發行買權作為可買回負債之避險)。

(2) 透過損益按公允價值衡量之非衍生金融資產或非衍生金融負債。
　　(如：對被投資者不具重大影響之股權投資…等)
　　<u>除外</u>：被指定為透過損益按公允價值衡量之金融負債，而該負債之公允價值變動金額中歸因於該負債之<u>信用風險變動</u>者，係列報於其他綜合損益中，而非列報為損益項目，故不得被指定為避險工具。

(3) 對於外幣風險之避險，非衍生金融資產或非衍生金融負債之外幣風險組成部分得被指定為避險工具。非衍生金融工具之外幣風險組成部分應依 IAS 21 之規定決定。
　　<u>除外</u>：非持有供交易之權益工具投資，於原始認列時，作一不可撤銷之選擇，將其後續公允價值變動列報於其他綜合損益中，而非列報為損益項目，故不得被指定為避險工具。

(4) 為避險會計之目的，僅與報導企業外部之一方 (即所報導之集團或個別企業以外) 訂定之合約始得被指定為避險工具。

(5) 不得被指定為避險工具：
　　(a) 嵌入於混合合約而未分離處理之衍生工具。
　　(b) 企業本身之權益工具，因其非屬該企業之金融資產或金融負債。

(乙) 避險工具之指定：

(1) 符合要件之工具應就其**整體**被指定為避險工具。而允許之*例外*僅限於：

(a)	將選擇權合約之內含價值與時間價值分開，並僅指定選擇權內含價值變動作為避險工具，而非時間價值變動。
(b)	將遠期合約之遠期部分與即期部分分開，並僅指定遠期合約之即期部分之價值變動作為避險工具，而非遠期部分之價值變動。
(c)	整體避險工具之某一比例 (例如名目金額之 50%) 得被指定為某一避險關係中之避險工具。惟不得僅對避險工具仍流通期間之一部分所產生之公允價值變動部分指定為避險工具。
(d)	對於外幣風險避險以外之避險，當企業指定一透過損益按公允價值衡量之非衍生金融資產或非衍生金融負債為避險工具時 [詳(甲)(2)]，企業僅得指定該非衍生金融工具之整體或某一比例。
(e)	若單一避險工具與作為被避險項目之多個不同風險部位有明確之指定關係，則該單一避險工具得被指定為超過一種風險之避險工具。該等被避險項目可能存在於不同之避險關係中。

(2) 企業得以組合觀點看待並共同指定下列各項之任一組合 (包括某些避險工具所產生之一種或多種風險與其他避險工具所產生之風險相互抵銷之情況) 作為避險工具：
    (a) 衍生工具 或 其比例；及
    (b) 非衍生工具 或 其比例。

(三) 被避險項目

(甲) 符合要件之項目：

(1) 被避險項目可為已認列之資產或負債、未認列之確定承諾、預期交易或國外營運機構淨投資。前述被避險項目可為：

(a) 單一項目 或 單一項目之組成部分。
  → 組成部分：係小於項目整體之被避險項目，即項目之部分。僅反映該項目之某些風險或僅反映某程度之風險，例如當指定一項目之某一比例。

(b) 項目群組 或 項目群組之組成部分。
  → 項目群組或其組成部分能否以淨額基礎(淨部位)進行避險？
    請依下列三點規定：

(i)	僅於企業為風險管理目的，以淨額基礎進行避險，淨部位始能適用避險會計。
(ii)	企業是否以淨額基礎進行避險係為**事實**，而非僅為主張或書面文件。淨部位避險須**構成既定風險管理策略之一部分**，此通常由主要管理人員(IAS 24 所定義)核准。
(iii)	若以淨部位適用避險會計**並不反映**企業之風險管理方法，企業**不得**僅為達成特定會計結果而以淨額基礎適用避險會計。

(c) 企業應與其風險管理目標一致地為會計目的**指定組成部分**。有兩類型之**名目金額組成部分**可於避險關係中被指定為被避險項目：**項目整體某一比例組成部分**或**層級組成部分**。組成部分之類型會改變會計結果。
  → 兩類型之名目金額組成部分：

(i)	某一比例組成部分，例如：放款合約現金流量之 50%。
(ii)	層級組成部分，可能從已界定(但開放)之母體中明定，或從已界定之名目金額中明定。例如：
	◆ 貨幣性交易量之一部分，例如：：於 201X 年 3 月，來自以外幣計價銷售之現金流量中，繼最先 FC20 後之 FC10。[FC：外幣 (Foreign Currency)]
	◆ 實體量之一部分，例如：儲存於 XYZ 地點之天然氣之 5 百萬立方公尺底層。
	◆ 實體(或其他)交易量之一部分，例如：201X 年 6 月購油中之最早 100 桶，或 201X 年 6 月電力銷售中之最早 100 百萬瓦時(100 千度)。

(ii) (續)	◆	來自被避險項目之名目金額之一層級，例：CU100 百萬確定承諾中之最後 CU8 百萬、CU100 百萬固定利率債券中之底層 CU20 百萬，或來自總額 CU100 百萬固定利率債務(可按公允價值提前償付)中之頂層 CU30 百萬(已界定之名目金額為 CU100 百萬)。 [CU：某種貨幣單位 (Currency Unit)]

(2) 被避險項目必須能可靠衡量。

(3) 若被避險項目為預期交易(或其組成部分)，該交易必須為高度很有可能。

(4) 當企業指定彙總暴險(由一暴險與一衍生工具組合而成)為被避險項目時，應評估該彙總暴險是否因結合一暴險與一衍生工具而產生一不同之彙總暴險，且該彙總暴險係就一種或多種特定風險而當作一項暴險被管理。在此情況下，企業得以該彙總暴險為基礎指定被避險項目。

　　例如：企業高度很有可能在第15個月時購入一定數量之咖啡，並使用15個月期之咖啡期貨合約以規避價格風險(美元基礎)。該高度很有可能之咖啡購買及咖啡期貨合約之組合，就風險管理目的，可視為15個月期固定金額美元外幣暴險，即如同在第15個月時之任一固定金額美元現金流出。

　　當以彙總暴險為基礎指定被避險項目時，企業基於評估避險有效性及衡量避險無效性之目的，應考量構成該彙總暴險之各項目之合併影響。惟構成該彙總暴險之各項目仍應單獨處理。

(5) 不得被指定為被避險項目：

(a) 於企業合併中對收購一項業務之確定承諾不得作為被避險項目(外幣風險除外)，因被規避之其他風險(外幣風險以外之其他風險)無法明確辨認及衡量。該等其他風險為一般業務風險。

(b) 採權益法之投資不得作為公允價值避險之被避險項目。因權益法將投資者對被投資者損益之份額，認列於損益，而非將該投資之公允價值變動，認列於損益。

(c) 理由同(b)，對合併子公司之投資亦不得作為公允價值避險之被避險項目。因權益法將母公司對子公司損益之份額，認列於損益，且將子公司之損益，納入合併報表，而非將該投資之公允價值變動，認列於損益且納入合併報表。

(d) 與(b)(c)不同，國外營運機構淨投資之避險得被指定為被避險項目，因該避險係對外幣暴險之避險，而非對該投資價值變動之公允價值避險。

(e) 為避險會計之目的，僅與報導企業外部之一方間之資產、負債、確定承諾或高度很有可能之預期交易，始得被指定為被避險項目。對於同一集團內企業間之交易，避險會計僅適用於該等企業之個別或單獨財務報表，而不適用於集團之合併財務報表。

例如：集團內成員間利息之收付、高度很有可能之預期存貨買賣等。

例外：集團內成員間高度很有可能之預期存貨買賣，而該存貨將再售予集團外第三方，則該預期交易得被指定為被避險項目。

例外：集團內貨幣性項目(例如：兩家子公司間之應付/應收款項)之外幣風險所導致之匯率利益或損失之暴險，於納入合併報表時，若依 IAS 21「匯率變動之影響」之規定無法完全銷除，則在合併財務報表中可能符合作為被避險項目。

例外：高度很有可能之預期集團內交易，若係以參與交易企業之功能性貨幣以外之貨幣(即外幣)計價且該外幣風險將影響合併損益時，其外幣風險於合併財務報表中可能符合作為現金流量避險之被避險項目。

(乙) 被避險項目之指定：

(1) 企業可能於避險關係中指定一項目之整體或該項目之組成部分作為被避險項目。
   (a) 一項目之整體：包含該項目之現金流量或公允價值之所有變動。
   (b) 一項目之組成部分：包含該項目整體公允價值變動之部分或整體現金流量變動之部分。
   (c) 企業僅得指定下列類型之組成部分(包括該等組成部分之組合)作為被避險項目：

(i)	一項目中僅歸因於一種或多種特定風險之現金流量或公允價值變動(風險組成部分)，倘若基於特定市場結構之評估，該風險組成部分係可單獨辨認及可靠衡量。風險組成部分包括僅對被避險項目高於或低於某一特定價格或其他變數之現金流量或公允價值變動(單邊風險)之指定。
(ii)	一筆或多筆選定之合約現金流量。
(iii)	名目金額組成部分，即一項目之金額之特定部分。
(i)例	飛機燃油之預期購買(預期交易)，若將其風險組成部分分為三類：(1)原油價格，(2)煉油成本，(3)其他，只要「原油價格風險組成部分」可單獨辨認及可靠衡量，則可指定「原油價格風險組成部分」為被避險項目。而「飛機燃油購買價格」與「原油價格」間的關係，可能明訂或隱含於合約中。
(i)說明	當辨認何種風險組成部分符合指定為被避險項目之要件，企業應基於特定市場結構之情境評估此種風險組成部分，該特定市場結構與此一種或多種風險有關且該避險活動在該市場發生。此種判斷須評估攸關事實及情況，該等事實及情況會隨風險及市場而不同。

(四) 避險會計之符合要件

(甲) 避險關係僅於符合下列所有要件時，始得適用避險會計：

(1) 避險關係僅包含「合格避險工具」及「合格被避險項目」。

(2) 於避險關係開始時，對避險關係、企業之風險管理目標及避險執行策略，具有正式指定及書面文件(formal designation and documentation)。該書面文件應包括：

(a)	辨認：避險工具、被避險項目、被規避風險本質。
(b)	企業將如何評估：避險關係是否符合避險有效性規定，包括其對避險無效性來源之分析及其如何決定避險比率。
	可先參閱「(乙)說明」之(1)~(8)。

(3) 避險關係符合下列所有避險有效性(hedge effectiveness)規定：

(a)	被避險項目與避險工具間<u>有經濟關係</u>。
	可先參閱「(乙)說明」之(9)、(10)。
(b)	<u>信用風險</u>之影響<u>並未支配</u>該經濟關係所產生之價值變動。
	可先參閱「(乙)說明」之(13)、(12)、(11)。
(c)	避險關係之「避險比率」<u>與</u>「企業<u>實際</u>避險之被避險項目數量及企業<u>實際</u>用以對該被避險項目數量<u>進行</u>避險之<u>避險工具數量</u>兩者之比率」<u>相等</u>。惟若被避險項目與避險工具之權重間之不平衡<u>將引發</u>可能導致與避險會計目的不一致之會計結果之避險無效性(無論是否已認列)，避險關係之指定<u>不得反映</u>此種不平衡。
	可先參閱「(乙)說明」之(14)、(15)。

<u>(乙)</u> 說 明：

(1) 避險有效性：係指避險工具之公允價值或現金流量變動<u>可抵銷</u>被避險項目之公允價值或現金流量變動<u>之程度</u> (例如當被避險項目係一風險組成部分時，一項目之公允價值或現金流量之<u>攸關變動</u>係指<u>歸因於</u>被規避風險者)。 [可先參閱下述(11)。]

(2) 避險無效性：係指避險工具之公允價值或現金流量變動<u>大於</u>或<u>小於</u>被避險項目之公允價值或現金流量變動<u>之程度</u>。

當<u>衡量</u>避險無效性時，企業應考量<u>貨幣時間價值</u>。因而，企業以<u>現值基礎</u>決定<u>被避險項目之價值</u>，<u>且</u>因此<u>被避險項目價值之變動</u>亦包括貨幣時間價值之影響。

(3) 避險有效性之評估頻率：
企業應自<u>避險關係開始</u>及<u>其後持續評估</u>避險關係是否符合避險有效性規定。企業<u>至少應於每一報導日</u>或於<u>影響避險有效性規定之情況重大變動時</u> (兩者之較早者) 執行持續評估。該評估與避險有效性之預期相關，因而僅具前瞻性。

(4) 避險有效性之評估方法：
準則未明定評估方法。惟企業應採用捕捉(capture)避險關係之攸關特性(包括避險無效性之來源)之方法。取決於該等因素，此方法可能係質性評估或量化評估。

(5) 質性評估 (qualitative assessment)：
例如，當避險工具及被避險項目之關鍵條款(諸如名目金額、到期日及標的)相配合或緊密連結時，企業可能以該等關鍵條款之質性評估為基礎，作出之結論為避險工具及被避險項目之價值因相同風險而通常呈反向變動，因而被避險項目及避險工具間之經濟關係存在。

(6) 量化評估 (quantitative assessment)：
續上(5)例，反之，避險工具及被避險項目之關鍵條款若非緊密連結，則有關抵銷程度之不確定性會增加。因而，避險關係期間內之避險有效性更難預測。在此情況下，企業僅可能以量化評估為基礎，作出被避險項目與避險工具間之經濟關係存在之結論。
在某些情況下，為評估指定避險關係所使用之避險比率是否符合避險有效性規定，亦可能需要量化評估。
企業為上述兩種不同目的，可採用相同或不同方法。

(7) 改變評估方法 / 更新避險關係書面文件：
企業可能需要改變評估方法(評估避險關係是否符合避險有效性規定之方法)，以確保避險關係之攸關特性(包括避險無效性之來源)仍被捕捉。若然，則避險關係書面文件應就該等方法之任何變動予以更新。

(8) 企業於指定避險關係當時及其後續避險關係期間內，應持續分析預期影響避險關係之避險無效性來源。此分析 (包括任何依規定之重新平衡避險關係所產生之更新) 係企業評估符合避險有效性規定之基礎。

(9) 經濟關係存在：
避險工具及被避險項目之價值因相同風險 (即被規避風險) 而通常呈反向變動。因此，必須可預期避險工具價值及被避險項目價值將隨相同標的或經濟上相關標的 (例如布蘭特原油及西德克薩斯輕質原油) 之變動而有系統地變動 (與對所規避風險作反應之方式類似)。

(10) 經濟關係是否存在之評估：
包括避險關係於其期間之可能習性分析，以確定其是否預期符合風險管理目標，兩項變數間僅存在統計相關性本身並不足以支持經濟關係存在之結論為有效。

(11) 避險會計模式，係以避險工具與被避險項目之利益及損失相互抵銷之一般概念為基礎。

(12) 避險有效性不僅取決於該等項目間之經濟關係(即其標的之變動)，亦取決於信用風險對避險工具與被避險項目兩者價值之影響。

(13) 信用風險之影響，意指即使避險工具與被避險項目間有經濟關係，信用風險可能使其利益及損失相互抵銷的程度變得不穩定(the level of offset might become erratic)。

其原因可能是：避險工具或被避險項目之信用風險變動幅度(magnitude)足以使信用風險支配(dominate)經濟關係所產生之價值變動(即標的變動之影響)。而能達到「支配程度」的「信用風險變動幅度」，係指即使標的變動重大，信用風險所產生之損失(或利益)將大幅降低(frustrate)該等標的變動對避險工具或被避險項目價值之影響。反之，若於特定期間內標的幾乎沒有變動，即使與信用風險相關之避險工具或被避險項目價值小幅變動，仍可能超過標的之影響，此狀況並未造成支配。

例如： (信用風險支配避險關係)
企業使用無擔保衍生工具(如：原油遠期合約)對商品價格風險之暴險(如：原油存貨之原油價格風險)進行避險。若該衍生工具之交易對方之信用狀況嚴重惡化，則交易對方信用狀況變動對避險工具之公允價值之影響可能超過商品價格變動對避險工具之公允價值之影響，而被避險項目之價值變動大部分取決於商品價格變動。
(如：原油價格大幅下跌，則原油存貨價格隨之大幅下跌，而原油遠期合約公允價值同時上升，因此原油遠期合約公允價值上升利益可抵銷原油存貨價格下跌損失，達到避險目的。惟若原油遠期合約交易對方之信用狀況嚴重惡化，將使原油遠期合約公允價值上升利益大幅降低(frustrate)甚至變成損失，因而無法完全抵銷原油存貨價格下跌損失。)

(14) 指定之避險關係應採用與企業實際使用之被避險項目數量及避險工具數量兩者之比率相等之避險比率,惟若被避險項目與避險工具之權重間之不平衡將因而引發可能導致與避險會計目的不一致之會計結果之避險無效性(無論是否已認列),避險關係之指定不得反映此種不平衡。因此,就指定避險關係之目的而言,必要時,企業須調整其實際使用之被避險項目數量及避險工具數量所計算出之避險比率,以避免此種不平衡。

(The hedge ratio of the hedging relationship is the same as that resulting from the quantity of the hedged item that the entity actually hedges and the quantity of the hedging instrument that the entity actually uses to hedge that quantity of hedged item.)

例一:
企業欲對 200 噸之咖啡購買進行避險,則企業可用「賣 200 噸咖啡之遠期合約」進行避險,其比率＝企業實際使用之被避險項目數量(200 噸之咖啡購買)÷企業實際使用之避險工具數量(賣 200 噸咖啡之遠期合約)＝200 噸÷200 噸＝100%,以此 100%為指定避險關係中之避險比率。

例二:
企業欲對 200 噸之咖啡購買的 85%進行避險,則企業可用「賣 170 噸咖啡之遠期合約」進行避險,其比率＝企業實際使用之被避險項目數量(200 噸之咖啡購買×85%)÷企業實際使用之避險工具數量(賣 170 噸咖啡之遠期合約)＝170 噸÷170 噸＝100%,以此 100%為指定避險關係中之避險比率。

(15) 被避險項目及避險工具之特定權重因具商業理由,可能使其引發避險無效性。在此情況下,企業指定之避險關係採用其實際使用之避險工具數量所計算出之避險比率,因被避險項目與避險工具權重之配比不當所產生之避險無效性,不會導致與避險會計目的不一致之會計結果。

例三:
企業欲對 100 噸之咖啡購買進行避險,則企業可用五份或六份「合約規模為 37,500 磅之標準咖啡期貨合約」進行避險,因避險工具之標準數量並不允許簽訂該最佳避險之避險工具精確數量(「批量議題」,a 'lot size issue')。
　　37,500 磅×5 期貨合約×0.454 公斤/磅＝85,125 公斤＝85.125 噸
　或　37,500 磅×6 期貨合約×0.454 公斤/磅＝102,150 公斤＝102.15 噸

(a) 其比率＝企業實際使用之被避險項目數量(100 噸之咖啡購買)÷ 企業實際使用之避險工具數量(五份標準咖啡期貨合約 85.125 公噸)＝100 噸÷85.125 噸＝117.47%，以此 117.47%為指定之避險關係中之避險比率。

(b) 其比率＝企業實際使用之被避險項目數量(100 噸之咖啡購買)÷ 企業實際使用之避險工具數量(六份標準咖啡期貨合約 102.15 公噸)＝100 噸÷102.15 噸＝97.9%，以此 97.9%為指定避險關係中之避險比率。

例四：

企業欲對 100 噸之咖啡購買的 80%進行避險，則企業可用四份或五份「合約規模為 37,500 磅之標準咖啡期貨合約」進行避險，因避險工具之標準數量並不允許簽訂該最佳避險之避險工具精確數量 (「批量議題」，a 'lot size issue')。

37,500 磅×4 期貨合約×0.454 公斤/磅＝68,100 公斤＝68.1 噸

或 37,500 磅×5 期貨合約×0.454 公斤/磅＝85,125 公斤＝85.125 噸

(a) 其比率＝企業實際使用之被避險項目數量(100 噸之咖啡購買×80%) ÷ 企業實際使用之避險工具數量(四份標準咖啡期貨合約 68.1 公噸)＝80 噸÷68.1 噸＝117.47%，以此 117.47%為指定避險關係中之避險比率。

(b) 其比率＝企業實際使用之被避險項目數量(100 噸之咖啡購買×80%) ÷ 企業實際使用之避險工具數量(五份標準咖啡期貨合約 85.125 公噸)＝80 噸÷85.125 噸＝93.98%，以此 93.98%為指定避險關係中之避險比率。

(五) 符合要件之避險關係之會計處理

(1) 避險關係(Hedging relationships)有三種類型：

(a)	公允價值避險 (Fair value hedges)： 係指對 已認列資產或負債 或 未認列確定承諾 之公允價值變動(changes in fair value)暴險之避險，或對 任何此種項目之組成部分之公允價值變動暴險之避險；該等公允價值變動可歸因於特定風險，且會影響損益。

(續次頁)

(b)	現金流量避險 (Cash flow hedges)： 係指對現金流量變異(variability in cash flows)暴險之避險，該變異係可歸因於與 全部已認列資產或負債 或 已認列資產或負債之組成部分 (例如變動利率債務之全部或部分之未來利息支付) 或 高度很有可能預期交易 有關之特定風險，且會影響損益。
(c)	IAS 21 所定義之「國外營運機構淨投資之避險 (hedges of a net investment in a foreign operation)」。

(2) 公允價值避險之一例：
   → 對固定利率債務工具因利率變動所產生之公允價值變動暴險之避險。
   發行人或持有人均可能進行此種避險。

(3) 現金流量避險之一例：
   → 採用交換以將浮動利率債務(無論係按攤銷後成本或公允價值衡量)變更為固定利率債務(即未來交易之避險，其被避險之未來現金流量為未來利息支付)。

(4) 下列兩例無法作為現金流量避險之被避險項目：
   → 現金流量避險之目的係為遞延避險工具之利益或損失至被避險之期望未來現金流量影響損益之一個或多個期間。
   → 權益工具(一旦取得時將透過損益按公允價值處理)之預期購買，無法作為現金流量避險之被避險項目，因避險工具被遞延之任何利益或損失無法適當地於將達成抵銷之期間內被重分類至損益。
   → 同理，權益工具(一旦取得時將按公允價值處理並將公允價值之變動列報於其他綜合損益)之預期購買，亦無法作為現金流量避險之被避險項目。

(5) 確定承諾之避險係對公允價值變動暴險之避險，係屬公允價值避險。惟確定承諾外幣風險之避險亦得按現金流量避險處理。因此，確定承諾外幣風險之避險，得按公允價值避險或現金流量避險處理。

(6) 公允價值避險簡例：
   電力公司為確保燃料之貨源，遂與燃料供應商簽訂進貨承諾，約定三個月後按市價購買燃料800噸。惟電力公司擔心燃料在未來三個月內漲價或跌價，即燃料之確定進貨承諾暴險於公允價值(市價)之變動中，因此電力公司同時與第三方簽訂一份遠期合約來避險，約定按目前燃料市價(每噸$10,000)於三

個月後購買燃料 800 噸,採淨額結清。假設三個月後燃料市價為每噸$9,900,則淨額結清遠期合約時,電力公司須支付$80,000 予遠期合約的對方,($9,900－$10,000)×800 噸＝－$80,000,同時以$7,920,000 向燃料供應商購買燃料 800 噸,$9,900×800 噸＝$7,920,000,遠期合約及進貨交易共支付$8,000,000,$80,000＋$7,920,000＝$8,000,000,等同按簽訂進貨承諾時之市價(每噸$10,000)購買燃料 800 噸,$10,000×800 噸＝$8,000,000,進而規避簽訂進貨承諾後三個月內燃料市價之變動。

(7) 重新平衡 (rebalancing):
   (a) 若一避險關係不再符合有關避險比率之避險有效性規定,但該指定避險關係之風險管理目標仍維持相同,則企業應調整避險關係之避險比率以再次符合避險會計之要件,本準則稱之為「重新平衡」。
   (b) 若避險關係之風險管理目標已改變,則不得適用重新平衡,而用於該避險關係之避險會計應停止適用。
   (c) 重新平衡係指調整原已存在之避險關係之被避險項目或避險工具之指定數量,以維持能遵循避險有效性規定之避險比率。為其他目的而改變被避險項目或避險工具之指定數量不構成本準則目的下之重新平衡。
   (d) 重新平衡係視為避險關係之延續處理。於重新平衡時,避險關係之避險無效性應於調整避險關係前刻決定並認列。

(8) 若重新平衡避險關係,避險比率之調整可以不同方式達成:
   (a) 藉由下列方法,增加被避險項目之權重 (同時減少避險工具之權重):
      (i) 增加被避險項目之數量;或
      (ii) 減少避險工具之數量。 [請參閱本章「附錄」釋例二十二]
   (b) 藉由下列方法,增加避險工具之權重 (同時減少被避險項目之權重):
      (i) 增加避險工具之數量;或
      (ii) 減少被避險項目之數量。
   數量變動所提及之數量為避險關係中之一部分。因此,數量之減少未必意指該項目或交易不再存在或不再預期會發生,而係其不再為避險關係之一部分。

   例如,減少避險工具之數量可能導致企業仍保留衍生工具,但僅有該衍生工具之部分為該避險關係之避險工具。此可能發生在若重新平衡僅能藉由減少避險關係之避險工具數量達成,但企業仍保留不再需要之數量。於此情況下,衍生工具未被指定之部分將透過損益按公允價值處理 (除非該部分已被指定為不同避險關係之避險工具)。

(9) 企業應僅於避險關係 (或避險關係之一部分) 不再符合避險會計之要件時 (若適用時，於考量避險關係之任何重新平衡後) 推延停止適用避險會計。此包括當避險工具已到期、出售、解約或行使等情況。

為此目的，避險工具被另一避險工具取代或展期不視為到期或解約，若此種取代或展期係企業書面風險管理目標之一部分，且與該目標一致。

為此目的，下列情況非為避險工具之到期或解約：
(a) 基於法令規章之結果或法令規章之施行，避險工具之各方同意以一個或多個結算交易對方取代原始交易對方，而成為每一方之新交易對方。
為此目的，結算交易對方係：(i) 某一集中交易對方 (有時稱為「結算組織」或「結算機構」)，或是 (ii) 為達成由某一集中交易對方進行結算，因而作為交易對方之單一或多個個體 (例如，結算組織之結算會員或會員之客戶)。
惟當避險工具之各方以不同交易對方取代其原始交易對方時，僅於各該不同交易對方能達成與同一集中交易對方進行結算時，始適用本段之規定；且
(b) 避險工具之其他變動(如有時)僅限於為達成此種取代交易對方所必須者。此種變動僅限於與若避險工具原始即係與該結算交易對方進行結算所預期之條款一致者。此等變動包括擔保品條件之變動、應收款與應付款餘額互抵權利之變動及收取費用之變動。

避險會計之停止適用可影響避險關係之整體，抑或僅影響避險關係之一部分(於此情況下，避險關係之剩餘部分持續適用避險會計)。

(六) 公允價值避險之會計處理

(1) 公允價值避險只要符合上述(四)(甲)之要件，避險關係應按下列方式處理：

(a) 避險工具	(i)	避險工具之利益或損失應認列於損益。 [參閱釋例六、七]
	(ii)	若避險工具係對企業依第 5.7.5 段(#)之規定選擇將公允價值變動列報於其他綜合損益中之權益工具進行避險，則該避險工具之利益或損失應認列於其他綜合損益。

(續次頁)

(b) 被避險項目	(i)	被避險項目之避險利益或損失,應調整被避險項目之<u>帳面金額</u>(若適用時),並認列於<u>損益</u>。 [參閱釋例六、七]
	(ii)	若被避險項目為企業依第 5.7.5 段(#)之規定選擇將公允價值變動列報於其他綜合損益中之權益工具,該被避險項目之避險利益或損失仍列報於<u>其他綜合損益</u>。
	(iii)	若被避險項目為依第 4.1.2A 段(*)之規定,透過其他綜合損益按公允價值衡量之金融資產(或其組成部分),該被避險項目之避險利益或損失應認列於<u>損益</u>。
	(iv)	當被避險項目為<u>未認列之確定承諾</u>(或其組成部分)時,該被避險項目於<u>指定後之公允價值累積變動數</u>應認列為<u>資產或負債</u>,並將相應之利益或損失認列於<u>損益</u>。[參閱釋例八(甲)(乙)]
	\# [第5.7.5段]: 對於屬 IFRS 9 範圍內之<u>權益工具投資</u>,且該權益工具<u>既非持有供交易</u>,<u>亦非適用IFRS 3</u>之企業合併中之收購者所認列之或有對價,企業於<u>原始認列時</u>,<u>可作一不可撤銷之選擇</u>(irrevocable option),將其後續<u>公允價值變動</u>,列報於<u>其他綜合損益</u>中。	
	* [第 4.1.2A 段]: 金融資產若<u>同時</u>符合下列兩條件,則<u>應透過其他綜合損益按公允價值衡量</u>: (a) 金融資產係於某經營模式下持有,該模式之目的係藉由收取合約現金流量<u>及</u>出售金融資產達成。 (b) 該金融資產之合約條款產生特定日期之現金流量,該等現金流量完全為支付本金及流通在外本金金額之利息。	
(c)	當公允價值避險之被避險項目<u>為取得資產或承擔負債之確定承諾</u>(或其組成部分),因企業<u>履行確定承諾所產生資產或負債之原始帳面金額</u>,<u>應調整</u>納入已認列於財務狀況表中該被避險項目之公允價值累積變動數,即上述(b)(iv)。 [參閱釋例八(甲)(乙)]	
(d)	(i)	若被避險項目為按攤銷後成本衡量之金融工具(或其組成部分),因上述(b)(i)所產生之任何調整數<u>應攤銷至損益</u>。
		攤銷<u>最早得於</u>調整數存在時開始,<u>且不得晚於</u>被避險項目停止調整避險利益及損失時開始。
		前述攤銷係以攤銷開始日<u>重新計算</u>之有效利率為基礎。

(d) (續)	(ii)	若金融資產(或其組成部分)為被避險項目,且其依第 4.1.2A 段之規定透過其他綜合損益按公允價值衡量,對代表先前已依上述(b)(ii)之規定認列之累積利益或損失之金額,應以相同方式作攤銷(而非調整帳面金額)。

(2) 將(1)之規定彙述如下表:

公允價值避險		財務狀況表評價	避險利益或損失之處理 (公允價值變動數)	
避險工具	衍生工具	按公允價值衡量	「被」係依第 5.7.5 段之指定 FVTOCI 之權益工具	其他「被避險項目」
	非衍生工具	按公允價值衡量,或 按 IAS 21 (如:外幣借款)	其他綜合損益	當期損益
被避險項目	已認列資產或負債	(1) 依避險利益或損失,調整帳面金額(若適用時)	當期損益	
		(2) 若為按攤銷後成本衡量之金融工具,則須按上表(b)(i)+(d)(i)處理	攤銷至損益	
		(3) 若為強制 FVTOCI 之金融工具 [4.1.2A 段],則須按上表(b)(ii)+(d)(ii)處理	攤銷至損益	
		(4) 若為指定 FVTOCI 之金融工具 [第 5.7.5 段],則須按上表(b)(iii)處理	其他綜合損益	
	未認列確定承諾	(1) 依避險利益或損失,調整帳面金額(若適用時)	當期損益	
		(2) 若為取得資產或承擔負債之確定承諾,則須按上表(b)(iv)+(c)處理	當期損益	

(七) 現金流量避險之會計處理

(1) 現金流量避險只要符合上述(四)(甲)之要件,避險關係應按下列方式處理:

(a) 與<u>被避險項目</u>相關之<u>單獨權益組成部分</u>(<u>現金流量避險準備</u>)應調整為下列兩者(<u>絕對金額</u>)中<u>孰低</u>者:

(i)	避險工具自避險開始後之累積利益或損失。
(ii)	被避險項目自避險開始後之公允價值(現值)累積變動數 [即被避險之期望未來現金流量累積變動數之現值]。

(b) 避險工具之利益或損失中確定屬有效避險部分 [即被依(a)計算之現金流量避險準備之變動所抵銷之部分]，應認列於其他綜合損益。

(c) 避險工具之任何剩餘利益或損失 [或平衡依(a)計算之現金流量避險準備之變動所須之任何利益或損失] 屬避險無效性，應認列於損益。

(d) 依(a)已累計於現金流量避險準備之金額應按下列方式處理：

(i)	若一被避險預期交易後續導致認列非金融資產或非金融負債，或對非金融資產或非金融負債之一被避險預期交易成為適用公允價值避險會計之確定承諾，則企業應自現金流量避險準備移除該累計金額，並將其直接納入該資產或該負債之原始成本或其他帳面金額。此非屬重分類調整，因此不影響其他綜合損益。 [或前：參閱釋例十一，或後：參閱釋例八(丙)]
(ii)	凡非屬(i)所述情況之現金流量避險，該累計金額應於被避險之期望未來現金流量影響損益之同一期間(或多個期間)內 [例如，在利息收入或利息費用認列之期間或預期銷售發生時]，自現金流量避險準備重分類至損益作為重分類調整。 [參閱釋例九、十]
(iii)	惟若該累計金額為損失且企業預期該損失之全部或部分於未來某一或多個期間內無法回收，則應立即將預期無法回收之金額重分類至損益作為重分類調整。

(e) 彙述上列(a)～(d)：

避險工具之累積利益或損失(甲)	指定避險部分(乙)	(b) 屬有效避險部分，應認列於其他綜合損益 (丙)	金額(丙)，依(a)規定，係(i)及(ii)二者絕對金額較低者。
		(c) 屬避險無效性，應認列於損益	金額＝(乙)－(丙)
	未指定避險部分	依該避險工具所適用之相關準則處理	金額＝(甲)－(乙)

(2) 當企業對現金流量避險<u>停止適用</u>避險會計 [請詳第37頁之(五)(9)]，其應按下列方式處理依上述(1)(a)之規定已累計於現金流量避險準備之金額：

(a) 若被避險未來現金流量<u>仍預期會發生</u>，該累計金額在未來現金流量發生前<u>或</u>適用上述(1)(d)(iii)前<u>仍</u>應列報於現金流量避險準備。當未來現金流量發生時，應適用上述(1)(d)。

(b) 若被避險未來現金流量<u>不再預期會發生</u>，該累計金額<u>應立即</u>自現金流量避險準備重分類至<u>損益</u>作為<u>重分類調整</u>。<u>不再屬</u>高度很有可能發生之被避險未來現金流量<u>可能</u>仍預期會發生。

[請參閱本章「附錄」釋例二十二]

(3) 按(1)之規定，簡例如下：

例一：

	避險開始日	公允價值變動	報導期間結束日	公允價值變動	避險結束日
被避險項目之公允價值	$Y	−$8	$Y−$8	−$9	$Y−$17
		−$17			
避險工具之公允價值	$0	+$10	$10	+$10	$20
		+$20			

(a) 避險開始日：假設現金流量避險符合上述(四)(甲)之要件，適用避險會計。

(b) 報導期間結束日：

「避險工具自避險開始後之累積利益$10」與「被避險項目預期未來現金流量之公允價值(現值)自避險開始後之累積變動數$8」取絕對金額較低者($8)，列為「其他綜合損益」；即「避險工具自避險開始後之累積利益$10」中的$8屬有效避險部分，列為「其他綜合損益」，其餘的$2屬無效部分，應認列於當期利益。分錄如下：

報導期間結束日	避險之金融資產－XXX (如：遠期外匯合約) (&) 10
	其他綜合損益－避險工具之損益 (有效) (*) 　　8
	避險工具之利益－現金流量避險 (無效) (#) 　　2

&：參閱 P.88「會計項目及代碼」之「1139」。
*：參閱 P.88「會計項目及代碼」之「831A」或「836C」。
#：參閱 P.88「會計項目及代碼」之「730C」。

(c) 避險結束日：

「避險工具自避險開始後之累積利益$20」與「被避險項目預期未來現金流量之公允價值(現值)自避險開始後之累積變動數$17」取絕對金額較低者($17)，列為「其他綜合損益」；即「避險工具自避險開始後之累積利益$20」中的$17屬有效避險部分，列為「其他綜合損益」，其餘的$3屬無效部分，應認列於當期利益；而$17及$3中的$8及$2已於上期報導期間結束日認列，故今再認列$9及$1。分錄如下：

避險結束日	避險之金融資產－XXX (如：遠期外匯合約)	10	
	其他綜合損益－避險工具之損益 (有效)		9
	避險工具之利益－現金流量避險 (無效)		1
	現　　金	20	
	避險之金融資產－XXX (如：遠期外匯合約)		20
假設淨額結清避險工具。			

例二：　資料似例一，惟自避險開始後之累積損益金額大小相反，如下：

	避險開始日	公允價值變動	報導期間結束日	公允價值變動	避險結束日
被避險項目之公允價值	$Y	－$10	$Y－$10	－$10	$Y－$20
		－$20			
避險工具之公允價值	$0	＋$8	$8	＋$9	$17
		＋$17			

(a) 避險開始日：假設現金流量避險符合上述(四)(甲)之要件，適用避險會計。

(b) 報導期間結束日：

「避險工具自避險開始後之累積利益$8」與「被避險項目預期未來現金流量之公允價值(現值)自避險開始後之累積變動數$10」取絕對金額較低者($8)，列為「其他綜合損益」；即「避險工具自避險開始後之累積利益$8」皆屬有效避險部分，列為「其他綜合損益」。分錄如下：

| 報導期間結束日 | 避險之金融資產－XXX (如：遠期外匯合約) | 8 | |
| | 　其他綜合損益－避險工具之損益 (有效) | | 8 |

(c) 避險結束日：

「避險工具自避險開始後之累積利益$17」與「被避險項目預期未來現金流量之公允價值(現值)自避險開始後之累積變動數$20」取絕對金額較低者($17)，列為「其他綜合損益」；即「避險工具自避險開始後之累積利益$17」皆屬有效避險部分，列為「其他綜合損益」，而$17中的$8已於上期報導期間結束日認列，故今再認列$9。分錄如下：

避險結束日	避險之金融資產－XXX (如：遠期外匯合約)	9	
	其他綜合損益－避險工具之損益 (有效)		9
	現　　金	17	
	避險之金融資產－XXX (如：遠期外匯合約)		17
	假設淨額結清避險工具。		

(八) 國外營運機構淨投資之避險之會計處理

(1) 國外營運機構淨投資之避險(包括作為淨投資之一部分處理之貨幣性項目)只要符合上述(四)(甲)之要件，避險關係應應採用與<u>現金流量避險</u>類似之方式處理： [詳上述(七)(1)]
　　(a) 避險工具之利益或損失中確定屬有效避險部分，應認列於其他綜合損益。
　　(b) 無效部分應認列於損益。

(2) 與<u>避險有效部分</u>有關且<u>先前已累計</u>於外幣換算準備之避險工具累積利益或損失，應於<u>處分或部分處分</u>國外營運機構時，依 IAS 21 第48至49段之規定，自權益重分類至<u>損益</u>作為<u>重分類調整</u>。

(九) 選擇權時間價值之會計處理

(1) 當企業將選擇權合約之<u>內含價值</u>與<u>時間價值</u>分開，並僅指定選擇權<u>內含價值</u>變動作為避險工具 [詳第25頁(二)(乙)(1)(a)]，<u>應按下列方式處理</u>選擇權<u>時間價值</u>：
　　(a) 企業<u>應按</u>下列被避險項目之類型<u>區分</u>選擇權<u>時間價值</u>，而該被避險項目係以選擇權進行避險：
　　　　(i) 交易相關之被避險項目；或
　　　　(ii) 期間相關之被避險項目。

(b) 對交易相關之被避險項目進行避險之選擇權，其時間價值之公允價值變動，應在與被避險項目相關之範圍內認列於其他綜合損益，且應累計於單獨權益組成部分。已累計於單獨權益組成部分之選擇權時間價值所產生之公允價值累積變動數(「該金額」)應按下列方式處理：

(i) 若被避險項目後續導致認列非金融資產或非金融負債，或適用公允價值避險會計之非金融資產或非金融負債之確定承諾，則企業應自該單獨權益組成部分移除該金額，並將其直接納入該資產或該負債之原始成本或其他帳面金額。此非屬重分類調整，因此不影響其他綜合損益。

(ii) 凡非屬(i)所述情況之避險關係，該金額應於被避險之期望未來現金流量影響損益之同一期間(或多個期間)內 (例如，在預期銷售發生時)，自該單獨權益組成部分重分類至損益作為重分類調整。

(iii) 惟若預期該金額之全部或部分於未來某一或多個期間內無法回收，則應立即將預期無法回收之金額重分類至損益作為重分類調整。

(c) 對期間相關之被避險項目進行避險之選擇權，其時間價值之公允價值變動，應在與被避險項目相關之範圍內認列於其他綜合損益，且應累計於單獨權益組成部分。

指定選擇權作為避險工具之日之時間價值，應在與被避險項目相關之範圍內，於選擇權內含價值之避險調整可影響損益 (或其他綜合損益，若被避險項目係企業依 第5.7.5段 之規定選擇將公允價值變動列報於其他綜合損益中之權益工具) 之期間內，以有系統且合理之基礎攤銷。因此，於每一報導期間，攤銷金額應自單獨權益組成部分重分類至損益作為重分類調整。

惟若避險關係包括作為避險工具之選擇權之內含價值變動，且該避險關係停止適用避險會計，則已累計於單獨權益組成部分之淨額(即包括累積攤銷)應立即重分類至損益作為重分類調整。

(2) 由於選擇權之時間價值代表於一段期間內對選擇權持有人提供保障之代價，選擇權可被視為與某一期間有關。惟就評估選擇權係對交易或期間相關之被避險項目進行避險之目的而言，攸關層面為該被避險項目之特性(包括其如何及何時影響損益)。因此，企業評估被避險項目之類型 [詳上述(1)(a)] 時，應以被避險項目之性質為基礎 (無論該避險關係為現金流量避險或公允價值避險)：

(a) 若被避險項目之性質係一交易，且選擇權時間價值具有為該交易之成本之特性，則選擇權時間價值與交易相關之被避險項目有關。例如，選擇權時間價值與一被避險項目有關，且該被避險項目導致認列一原始衡量包括交易之成本之項目。

> 例如：企業就商品價格風險對商品購買交易進行避險，不論該商品購買係預期交易或確定承諾，並將交易之成本納入存貨之原始衡量。由於將選擇權時間價值納入特定被避險項目之原始衡量，故時間價值與該被避險項目同時影響損益。
>
> 又如：對商品之銷售(不論其係預期交易或確定承諾)進行避險之企業，將選擇權時間價值納入與該銷售有關之成本之一部分。因此，時間價值與來自被避險銷售之收入會於同一期間內認列於損益。

(b) 若被避險項目之性質係時間價值具有於一段特定期間內就某一風險取得保障之成本之特性 [但被避險項目並未導致如(a)所述涉及交易之成本之交易]，則選擇權時間價值與期間相關之被避險項目有關。

> 例如：對商品存貨公允價值之降低進行六個月之避險，而使用有相應期間之商品選擇權，則選擇權時間價值將於該六個月期間內被分攤至損益(即以有系統且合理之基礎攤銷)。
>
> 又如：為使用外幣匯率選擇權對國外營運機構淨投資進行18個月之避險，此將導致於該18個月期間內分攤該選擇權時間價值。

(十) 遠期合約之遠期部分之會計處理

(1) 當企業將遠期合約之遠期部分與即期部分分開，並僅指定遠期合約之即期部分價值變動作為避險工具 [詳第25頁之(二)(乙)(1)(b)]，企業得以適用於選擇權時間價值之相同方式 [即上述(九)]，並適用下列(十)(2)(3)(4)之應用指引。

(2) 由於遠期合約之遠期部分代表某一期間(遠期合約所定期間)之代價，遠期合約可被視為與某一期間有關。惟就評估避險工具係對一交易或期間相關之被避險項目進行避險之目的而言，攸關層面為該被避險項目之特性(包括其如何及何時影響損益)。因此，企業評估被避險項目之類型時，應以被避險項目之性質為基礎(無論該避險關係為現金流量避險或公允價值避險)：

(a) 若被避險項目之性質係一交易，且遠期合約之遠期部分具有為該交易之成本之特性，則該遠期部分與交易相關之被避險項目有關。

　　例如：當遠期部分與一被避險項目有關，且該被避險項目導致認列一原始衡量包括交易之成本之項目。由於將遠期部分納入特定被避險項目之原始衡量，故遠期部分與該被避險項目同時影響損益。

　　例如：企業就外幣風險對以外幣計價之商品購買交易進行避險，不論該商品購買係預期交易或確定承諾，並將交易之成本納入存貨之原始衡量。

　　例如：對以外幣計價之商品銷售(不論其係預期交易或確定承諾)進行外幣風險避險之企業，將遠期部分納入與該銷售有關之成本之一部分。因此，遠期部分與來自被避險銷售之收入會於同一期間內認列於損益。

(b) 若被避險項目之性質係遠期合約之遠期部分具有於一段特定期間內就某一風險取得保障之成本之特性 [但被避險項目並未導致如(a)所述涉及交易之成本之交易]，則該遠期部分與期間相關之被避險項目有關。

　　例如，對商品存貨公允價值之變動進行六個月之避險，而使用有相應期間之商品遠期合約，則該遠期合約之遠期部分將於該六個月期間內被分攤至損益(即以有系統且合理之基礎攤銷)。

　　又如：為使用外幣匯率遠期合約對國外營運機構淨投資進行18個月之避險，此將導致於該18個月期間內分攤該遠期合約之遠期部分。

(3) 對期間相關之被避險項目進行避險之遠期合約 [即上述(2)(b)]，其遠期部分的攤銷期間(此係與遠期部分有關之期間)亦受被避險項目之特性(包括被避險項目如何及何時影響損益)的影響。
　　例如，若遠期合約對自六個月後開始之三個月利率變動暴險進行三個月之避險，則該遠期部分之攤銷期間涵蓋自第七個月至第九個月。

(4) 在指定為避險工具之日遠期部分為零之遠期合約，亦適用上述(1)有關遠期合約之遠期部分之會計處理。在此情況下，企業應將任何歸屬於遠期部分之公允價值變動認列於其他綜合損益，即使於整個避險關係期間，歸屬於遠期部分之公允價值累積變動為零。因此，若該遠期合約之遠期部分：

(a) 與交易相關之被避險項目有關，則於避險關係結束日用以調整被避險項目或重分類至損益 [詳上述(十)(1)及(九)(1)(b)] 之遠期部分金額將為零。
(b) 與期間相關之被避險項目有關，則遠期部分之攤銷金額為零。

十、避險之遠期外匯合約(For Hedging Operations)

　　企業進行非衍生工具之外幣交易，認列了以外幣計價之資產或負債項目，如：以外幣計價之應收(付)帳款。依本章「三、以功能性貨幣報導外幣交易」之說明，應於每一報導期間結束日，將該等以外幣計價之資產或負債項目，按下列相關匯率換算：
(1) 外幣貨幣性項目應以收盤匯率換算。
(2) 以歷史成本衡量之外幣非貨幣性項目，應以交易日之匯率換算。
(3) 以公允價值衡量之外幣非貨幣性項目，應以衡量公允價值當日之匯率換算。

　　換言之，企業因非衍生工具之外幣交易而處於外幣淨資產或外幣淨負債的狀態，進而暴險於匯率變動中。同理，當企業面對「以外幣計價之預期交易」、「以外幣計價之確定承諾」及「國外營運機構淨投資」等交易事項時，同樣須面對未來匯率變動的風險。因此，企業常透過 衍生工具(如遠期外匯合約) 或 非衍生工具(如外幣借款)，來規避此等匯率變動風險。其中「已認列之外幣資產(負債)項目」、「以外幣計價之預期交易」、「以外幣計價之確定承諾」及「國外營運機構淨投資」等，皆可成為被避險項目；而「遠期外匯合約」或「外幣借款」，則是諸多避險工具中的兩種，請參閱表13-2。

　　「避險會計(Hedge Accounting)」，係指以互抵的方式，認列避險工具及被避險項目公允價值變動對損益之影響，進而於財務報表中顯示：避險工具於降低企業暴險的有效性。已知「避險關係」有三種類型：公允價值避險、現金流量避險、國外營運機構淨投資之避險。

　　下述之「釋例六至釋例十一」及附錄之「釋例十二至釋例二十二」，係針對公允價值避險及現金流量避險分別舉例解說其相關會計處理，故均假設：釋例中之避險關係皆符合國際會計準則所規定為適用避險會計之所有要件，包括：指定避險關係當時及其後續避險關係期間內。惟實務上，避險關係仍須按國際會計準則所規定之要件逐一檢視，當符合所有要件時，始得適用避險會計。

十一、公允價值避險－持有外幣淨資產(淨負債)

釋例六：

台灣 T 公司於 20x6 年 11 月 1 日出售商品存貨予美國 A 公司，售價為 USD100,000，雙方約定 90 天後(20x7 年 1 月 30 日)收付款項。銷貨當天，台灣 T 公司與 B 銀行簽訂一項 90 天期賣 USD100,000 之遠期外匯合約，並將該遠期外匯合約指定為以美元計價應收帳款之公允價值避險工具，以規避其「處於外幣淨資產狀態(帳列以美元計價之應收帳款增加，而無以美元計價之負債)」所須承受因匯率變動導致應收帳款公允價值變動之風險。

該項遠期外匯合約係以淨額結清，當時合理之折現率為 12%。美元對新台幣之匯率如下： (USD1＝TWD？)

	20x6/11/1	20x6/12/31	20x7/1/30
即期匯率	32.00	32.20	32.25
30 天遠期匯率	－	32.07	－
90 天遠期匯率	31.60	－	－

說 明：

(甲) 依下列(1)～(3)之說明，本例之避險關係符合適用避險會計之所有要件。

(1) 被避險項目：應收帳款 USD100,000，將於 90 天後收現，係已認列之資產，為「合格被避險項目」。

避險工具：90 天期賣 USD100,000 之遠期外匯合約，係透過損益按公允價值衡量之衍生工具，為「合格避險工具」。

(2) 假設於避險關係開始時，對避險關係、企業之風險管理目標及避險執行策略，已具有正式指定及書面文件。

(3) 避險關係符合下列所有避險有效性規定：

(a)	被避險項目與避險工具間有經濟關係。
	(i) 應收帳款 USD100,000，將於 90 天後收現，遂承受即期匯率變動所致公允價值變動之風險。
	(ii) 90 天期賣 USD100,000 之遠期外匯合約，將承受遠期匯率變動所致公允價值變動之風險。
	(iii) 透過「質性評估」，若「即期匯率」與「遠期匯率」係屬「經濟上相關標的」，且可預期「應收帳款 USD100,000」及「賣 USD100,000 之遠期外匯合約」之公允價值將分別隨「即期匯率」及「遠期匯率」之變動而有系統地變動，故符合上列(a)規定。(※)
※	透過「質性評估」或「量化評估」，若「即期匯率」與「遠期匯率」非屬「經濟上相關標的」，則台灣 T 公司可將遠期外匯合約之即期匯率變動部分指定為以美元計價應收帳款之公允價值避險工具，則「被避險項目」及「避險工具指定避險部分」將隨相同標的(即期匯率)之變動而有系統地變動，亦可符合上列(a)規定，其相關會計處理請詳「釋例七」。
(b)	信用風險之影響並未支配該經濟關係所產生之價值變動。
	假設：「應收帳款 USD100,000」及「賣 USD100,000 之遠期外匯合約」之信用風險變動幅度不足以使信用風險支配經濟關係所產生之價值變動 [後者即「應收帳款 USD100,000」及「賣 USD100,000 之遠期外匯合約」分別隨「即期匯率」及「遠期匯率」之變動而導致公允價值之變動]，故符合上列(b)規定。
(c)	避險關係之「避險比率」與「企業實際避險之被避險項目數量及企業實際用以對該被避險項目數量進行避險之避險工具數量兩者之比率」相等。
	台灣 T 公司實際使用之被避險項目數量 (90 天後收取應收帳款 USD100,000) ÷ 實際使用之避險工具數量 (90 天期遠期外匯合約賣 USD100,000)＝100%，並以此 100%為指定避險關係中之避險比率，故兩個比率相等，符合上列(c)規定。

(乙) 台灣 T 公司分錄如下：

被　：被避險項目 (持有應收帳款 USD100,000，將於 90 天後收現)
避工：避險工具　 (遠期外匯合約 → 90 天後賣 USD100,000)

20x6/11/1	被	應收帳款－美元　　　　　　　　　　　3,200,000　　　　　　　　銷貨收入　　　　　　　　　　　　　　　　　3,200,000
		USD100,000×32＝TWD3,200,000
20x6/11/1	避工	無分錄，因該遠期外匯合約之公允價值為$0，USD100,000×(90天遠期匯率31.6－約定的遠期匯率31.6)＝TWD0，但若有管理上之需要，可作備忘記錄。
20x6/12/31 (詳P.88，「7230」)	被	應收帳款－美元　　　　　　　　　　　　20,000　　　　　　　　外幣兌換利益　　　　　　　　　　　　　　　20,000
		按20x6/12/31之即期匯率調整以美元計價之應收帳款，USD100,000×32.2＝TWD3,220,000　TWD3,220,000－TWD3,200,000＝TWD20,000
20x6/12/31 (詳P.88，「770A」、「2126」)	避工	避險工具之損失－公允價值避險　　　　　46,535　　　　　　　避險之金融負債－遠期外匯合約　　　　　　　46,535
		遠期外匯合約：　　USD100,000×(30天遠期匯率32.07－31.6)＝TWD47,000，給付USD100,000之義務增加TWD47,000，但此項給付美元義務並非於今天履行，而是1個月後才要履行，故將TWD47,000按年息12%折現1個月，求算所增加給付美元義務之現值為TWD46,535，TWD47,000÷(1＋12%×1/12)＝TWD46,535，應認列為「避險之金融負債－遠期外匯合約」貸餘TWD46,535，同時將避險工具按公允價值衡量所產生之利益或損失，認列於損益。
20x7/1/30	被	(1) 若遠期外匯合約(避險工具)以淨額結清：
		現　　金　　　　　　　　　　　　　　3,225,000　　　　　　　　應收帳款－美元　　　　　　　　　　　　　3,220,000　　　　　　　　外幣兌換利益　　　　　　　　　　　　　　　5,000
		USD100,000×32.25＝TWD3,225,000　TWD3,225,000－TWD3,220,000＝TWD5,000
		(2) 若遠期外匯合約(避險工具)以總額結清：
		若買入美元之遠期外匯合約係以總額結清，以本例而言，台灣T公司可要求美國A公司將USD100,000於20x7/1/30直接匯至B銀行，以結清遠期外匯合約，似更簡便。
		現　　金－美元　　　　　　　　　　　3,225,000　　　　　　　　應收帳款－美元　　　　　　　　　　　　　3,220,000　　　　　　　　外幣兌換利益　　　　　　　　　　　　　　　5,000
20x7/1/30	避工	避險工具之損失－公允價值避險　　　　　18,465　　　　　　　避險之金融負債－遠期外匯合約　　　　　　　18,465

20x7/ 1/30 (續)	避工	遠期外匯合約： 　　USD100,000×(即期匯率 32.25－31.6)＝TWD65,000，給付 USD100,000 之義務增加 TWD65,000，其中 TWD46,535 已於 20x6/12/31 貸記「避險之金融負債－遠期外匯合約」，故今再貸記 TWD18,465，TWD65,000－TWD46,535＝TWD18,465，且此項給付 USD100,000 之義務須於今天(20x7/ 1/30)履行。
1/30	避工	(1) 若遠期外匯合約以淨額結清： 避險之金融負債－遠期外匯合約　　　　　65,000 　　現　金　　　　　　　　　　　　　　　　　65,000
		給付 USD100,000 義務之公允價值＝USD100,000×32.25＝TWD3,225,000，收取出售遠期外匯合約之價款為 TWD3,160,000，因約定以淨額結清，故需支付淨額 TWD65,000，支付 TWD3,225,000－收取 TWD3,160,000＝支付 TWD65,000；或 TWD46,535＋TWD18,465＝TWD65,000。
		(2) 若遠期外匯合約以總額結清： 現　金　　　　　　　　　　　　　　　　3,160,000 避險之金融負債－遠期外匯合約　　　　　 65,000 　　現　金－美元　　　　　　　　　　　　　3,225,000
結　論： 台灣 T 公司從應收帳款收現 TWD3,225,000，並支付 TWD65,000 以結清遠期外匯合約，淨收現 TWD3,160,000，即 USD100,000 在 20x6/11/ 1 簽訂出售遠期外匯合約時已確定之外匯售價 TWD3,160,000，遠期匯率 31.6×USD100,000＝TWD3,160,000。			

上述交易在台灣 T 公司財務報表之表達如下：

	20x6		
綜合損益表	外幣兌換利益 --- $20,000 避險工具之損失－公允價值避險 ------------------------ ($46,535)		
	20x6 / 12 / 31		
財務狀況表	流動資產 　應收帳款－美元 ---- $3,220,000	流動負債 　避險之金融負債 　　－遠期外匯合約 ------ $46,535 權　益	

	20x7	
綜合 損益表	外幣兌換利益 -- $ 5,000 避險工具之損失－公允價值避險 --------------------------- ($18,465)	
	20x7／12／31	
財務 狀況表	流動資產	流動負債
	應收帳款－美元 ----------- $0	避險之金融負債 　　－遠期外匯合約 ----------- $0
		權　　益

釋例七：

　　台灣 T 公司於 20x6 年 11 月 1 日出售商品存貨予美國 A 公司，售價為 USD100,000，雙方約定 90 天後(20x7 年 1 月 30 日)收付款項。銷貨當天，台灣 T 公司與 B 銀行簽訂一項 90 天期賣 USD100,000 之遠期外匯合約，並將該遠期外匯合約之即期匯率變動部分指定為以美元計價應收帳款之公允價值避險工具，以規避其「處於外幣淨資產狀態(帳列以美元計價之應收帳款增加，而無以美元計價之負債)」所須承受因匯率變動導致應收帳款公允價值變動之風險。

　　該項遠期外匯合約係以淨額結清，當時合理之折現率為 12%。美元對新台幣之匯率如下：　(USD1＝TWD？)

	20x6/11/1	20x6/12/31	20x7/1/30
即期匯率	32.00	32.20	32.25
30 天遠期匯率	－	32.07	－
90 天遠期匯率	31.60	－	－

說 明：

(甲) 請詳**釋例六說明(甲)**，本例之避險關係符合適用避險會計之所有要件。

(乙) 台灣 T 公司分錄如下：

被 ：被避險項目 (持有應收帳款 USD100,000，將於 90 天後收現) 避工：避險工具　 (遠期外匯合約 → 90 天後賣 USD100,000)

20x6/11/1	被	應收帳款－美元　　　　　　　　　　3,200,000 　　銷貨收入　　　　　　　　　　　　　　　　3,200,000
		USD100,000×32.0＝TWD3,200,000
20x6/11/1	避工	無分錄，因該遠期外匯合約之公允價值為$0， USD100,000×(90 天遠期匯率 31.6－約定的遠期匯率 31.6) ＝TWD0，但若有管理上之需要，可作備忘記錄。
20x6/12/31 (詳 P.88， 「7230」)	被	應收帳款－美元　　　　　　　　　　　20,000 　　外幣兌換利益　　　　　　　　　　　　　　20,000
		按 20x6/12/31 之即期匯率調整以美元計價之應收帳款， USD100,000×32.2＝TWD3,220,000 TWD3,220,000－TWD3,200,000＝TWD20,000
20x6/12/31 (詳 P.88， 「770A」、 「7635」、 「2126」)	避工	避險工具之損失－公允價值避險　　　　　19,802 透過損益按公允價值衡量之金融資產(負債)損失　26,733 　　避險之金融負債－遠期外匯合約　　　　　　46,535
		遠期外匯合約： 　　USD100,000×(30 天遠期匯率 32.07－31.6)＝TWD47,000，給付 USD100,000 之義務增加 TWD47,000，但此項給付美元義務並非於今天履行，而是 1 個月後才要履行，故將 TWD47,000 按年息 12%折現 1 個月，求算所增加給付美元義務之現值為 TWD46,535，TWD47,000÷(1＋12%×1/12)＝TWD46,535，應認列為「避險之金融負債－遠期外匯合約」貸餘 TWD46,535。 遠期外匯合約即期匯率變動部分： 　　USD100,000×(32.2－32)＝TWD20,000，TWD20,000 按年息 12%折現 1 個月，求算遠期外匯合約即期匯率變動部分之現值為 TWD19,802，TWD20,000÷(1＋12%×1/12)＝TWD19,802，應借記「避險工具之損失－公允價值避險」TWD19,802，係指定避險部分，亦即將避險工具按公允價值衡量所產生之利益或損失，認列於損益。 　　另，非指定避險部分 TWD26,733，TWD46,535－TWD19,802＝TWD26,733，則認列為「透過損益按公允價值衡量之金融資產(負債)損失」(詳 P.88，「7635」)。
20x7/1/30	被	(1) 若遠期外匯合約(避險工具)以淨額結清： 現　金　　　　　　　　　　　　　3,225,000 　　應收帳款－美元　　　　　　　　　　　3,220,000 　　外幣兌換利益　　　　　　　　　　　　　5,000
		USD100,000×32.25＝TWD3,225,000 TWD3,225,000－TWD3,220,000＝TWD5,000

20x7/ 1/30 (續)	被	(2) 若遠期外匯合約(避險工具)以總額結清：
		若賣美元之遠期外匯合約係以總額結清，以本例而言，台灣 T 公司可要求美國 A 公司將 USD100,000 於 20x7/ 1/30 直接匯至 B 銀行，以結清遠期外匯合約，似更簡便。
		現　金－美元　　　　　　　　　　　　3,225,000 　　應收帳款－美元　　　　　　　　　　　　3,220,000 　　外幣兌換利益　　　　　　　　　　　　　　5,000
20x7/ 1/30	避工	避險工具之損失－公允價值避險　　　　　　5,198 透過損益按公允價值衡量之金融資產(負債)損失　13,267 　　避險之金融負債－遠期外匯合約　　　　　18,465
		遠期外匯合約： 　　USD100,000×(即期匯率 32.25－31.6)＝TWD65,000，給付 USD100,000 之義務增加 TWD65,000，其中 TWD46,535 已於 20x6/12/31 貸記「避險之金融負債－遠期外匯合約」，故今再貸記 TWD18,465，TWD65,000－TWD46,535＝TWD18,465，且此項給付 USD100,000 之義務須於今天(20x7/ 1/30)履行。 遠期外匯合約即期匯率變動部分： 　　USD100,000×(32.25－32)＝TWD25,000，係截至 20x7/ 1/30 遠期外匯合約即期匯率變動部分之現值，已知截至 20x6/12/31 遠期外匯合約即期匯率變動部分之現值為 TWD19,802，即損失增加 TWD5,198，應借記「避險工具之損失－公允價值避險」TWD5,198，係指定避險部分，亦即將避險工具按公允價值衡量所產生之利益或損失，認列於損益。 　　另，非指定避險部分 TWD13,267，TWD18,465－TWD5,198＝TWD13,267，則認列為「透過損益按公允價值衡量之金融資產(負債)損失」。
1/30	避工	(1) 若遠期外匯合約以淨額結清：
		避險之金融負債－遠期外匯合約　　　　　65,000 　　現　金　　　　　　　　　　　　　　　　65,000
		給付 USD100,000 義務之公允價值＝USD100,000×32.25＝TWD3,225,000，收取出售遠期外匯合約之價款為 TWD3,160,000，因約定以淨額結清，故需支付淨額 TWD65,000，支付 TWD3,225,000－收取 TWD3,160,000＝支付 TWD65,000，或 TWD46,535＋TWD18,465＝TWD65,000。

1/30 (續)	避工	(2) 若遠期外匯合約以總額結清：		
		現　金	3,160,000	
		避險之金融負債－遠期外匯合約	65,000	
		現　金－美元		3,225,000

結論：
台灣 T 公司從應收帳款收現 TWD3,225,000，並支付 TWD65,000 以結清遠期外匯合約，淨收現 TWD3,160,000，即 USD100,000 在 20x6/11/1 簽訂出售遠期外匯合約時已確定之外匯售價 TWD3,160,000，遠期匯率 31.6×USD100,000＝TWD3,160,000。

上述交易在台灣 T 公司財務報表之表達如下：

	20x6	
綜合損益表	外幣兌換利益 -- $20,000	
	避險工具之損失－公允價值避險 -------------------- ($19,802)	
	透過損益按公允價值衡量之金融資產(負債)損失 ------ ($26,733)	
	20x6 / 12 / 31	
財務狀況表	流動資產	流動負債
	應收帳款－美元 ---- $3,220,000	避險之金融負債
		－遠期外匯合約 ------ $46,535
		權　益

	20x7	
綜合損益表	外幣兌換利益 -- $5,000	
	避險工具之損失－公允價值避險 -------------------- ($5,198)	
	透過損益按公允價值衡量之金融資產(負債)損失 ------ ($13,267)	
	20x7 / 12 / 31	
財務狀況表	流動資產	流動負債
	應收帳款－美元 ---------- $0	避險之金融負債
		－遠期外匯合約 -------------- $0
		權　益

(丙) 當企業將遠期合約之遠期部分與即期部分分開,並僅指定遠期合約之即期部分價值變動作為避險工具,企業得以適用於選擇權時間價值之相同方式,其相關規定與應用指引請詳本章「(九) 選擇權時間價值之會計處理」。
若本例台灣 T 公司選擇適用於選擇權時間價值之相同方式,則其分錄如下:

被 : 被避險項目 (持有應收帳款 USD100,000,將於 90 天後收現) 避工:避險工具　(遠期外匯合約 → 90 天後賣 USD100,000)		
20x6/11/1	被	應收帳款－美元　　　　　　　　　3,200,000 　　銷貨收入　　　　　　　　　　　　　　3,200,000 USD100,000×32.0＝TWD3,200,000
20x6/11/1	避工	無分錄,因該遠期外匯合約之公允價值為$0, USD100,000×(90 天遠期匯率 31.6－約定的遠期匯率 31.6) ＝TWD0,但若有管理上之需要,可作備忘記錄。
20x6/12/31 (詳 P.88, 「7230」)	被	應收帳款－美元　　　　　　　　　　20,000 　　外幣兌換利益　　　　　　　　　　　　20,000 按 20x6/12/31 之即期匯率調整以美元計價之應收帳款, USD100,000×32.2＝TWD3,220,000 TWD3,220,000－TWD3,200,000＝TWD20,000
20x6/12/31 (詳 P.88, 「770A」、 「836H」、 「2126」)	避工	避險工具之損失－公允價值避險　　　19,802 其他綜合損益－避險工具之損益(遠期部分)　26,733 　　避險之金融負債－遠期外匯合約　　　　46,535 遠期外匯合約: 　　USD100,000×(30 天遠期匯率 32.07－31.6)＝TWD47,000,給付 USD100,000 之義務增加 TWD47,000,但此項給付美元義務並非於今天履行,而是 1 個月後才要履行,故將 TWD47,000 按年息 12%折現 1 個月,求算所增加給付美元義務之現值為 TWD46,535,TWD47,000÷(1＋12%×1/12)＝TWD46,535,應認列為「避險之金融負債－遠期外匯合約」貸餘 TWD46,535。 遠期外匯合約即期匯率變動部分: 　　USD100,000×(32.2－32)＝TWD20,000,TWD20,000 按年息 12%折現 1 個月,求算遠期外匯合約即期匯率變動部分之現值為 TWD19,802,TWD20,000÷(1＋12%×1/12)＝TWD19,802,應借記「避險工具之損失－公允價值避險」TWD19,802,係指定避險部分,亦即將避險工具按公允價值衡量所產生之利益或損失,認列於損益。 遠期外匯合約非指定避險部分(遠期部分): 　　非指定避險部分(遠期部分) TWD26,733 與「期間相關之被避

		險項目」有關，TWD46,535－TWD19,802＝TWD26,733，則應在與被避險項目相關之範圍內認列於「其他綜合損益」，且應累計於單獨權益組成部分 (詳 P.88，「836H」)，並於避險期間內以有系統且合理之基礎分攤至損益，TWD26,733×(2 個月÷3 個月)＝TWD17,822，詳下一個分錄。 　　其相關規定為：「對期間相關之被避險項目進行避險之選擇權，其時間價值之公允價值變動，應在與被避險項目相關之範圍內認列於其他綜合損益，且應累計於單獨權益組成部分。指定選擇權作為避險工具之日之時間價值，應在與被避險項目相關之範圍內，於選擇權內含價值之避險調整可影響損益之期間內，以有系統且合理之基礎攤銷。因此於每一報導期間，攤銷金額應自單獨權益組成部分重分類至損益作為重分類調整。」
12/31 (詳 P.88， 「770A」)	避 工	避險工具之損失－公允價值避險　　　　　　17,822 　　其他綜合損益－避險工具之損益 　　　　　　　(遠期部分)　　　　　　　　　　　　17,822 TWD26,733×(2 個月÷3 個月)＝TWD17,822
註：		截至 20x6/12/31，結轉「其他綜合損益」後，「其他權益－避險工具之損益(遠期部分)」(詳 P.88，「345F」)＝結轉借記 TWD26,733－結轉貸記 TWD17,822 　　　　　　　　　　　　　　　　　　　　　　　　　　＝借餘 TWD8,911
20x7/ 1/30	被	(1) 若遠期外匯合約(避險工具)以淨額結清： 現　　金　　　　　　　　　　　　3,225,000 　　應收帳款－美元　　　　　　　　　　　　3,220,000 　　外幣兌換利益　　　　　　　　　　　　　　5,000 USD100,000×32.25＝TWD3,225,000 TWD3,225,000－TWD3,220,000＝TWD5,000 (2) 若遠期外匯合約(避險工具)以總額結清： 若賣美元之遠期外匯合約係以總額結清，以本例而言，台灣 T 公司可要求美國 A 公司將 USD100,000 於 20x7/ 1/30 直接匯至 B 銀行，以結清遠期外匯合約，似更簡便。 現　　金－美元　　　　　　　　　3,225,000 　　應收帳款－美元　　　　　　　　　　　　3,220,000 　　外幣兌換利益　　　　　　　　　　　　　　5,000
20x7/ 1/30	避 工	避險工具之損失－公允價值避險　　　　　　5,198 其他綜合損益－避險工具之損益(遠期部分)　13,267 　　避險之金融負債－遠期外匯合約　　　　　　18,465 遠期外匯合約： 　　USD100,000×(即期匯率 32.25－31.6)＝TWD65,000，給付 USD100,000 之義務增加 TWD65,000，其中 TWD46,535 已於

		20x6/12/31 貸記「避險之金融負債－遠期外匯合約」，故今再貸記 TWD18,465，TWD65,000－TWD46,535＝TWD18,465，且此項給付 USD100,000 之義務須於今天(20x7/1/30)履行。 遠期外匯合約即期匯率變動部分： 　　USD100,000×(32.25－32)＝TWD25,000，係截至 20x7/1/30 遠期外匯合約即期匯率變動部分之現值，已知截至 20x6/12/31 遠期外匯合約即期匯率變動部分之現值為 TWD19,802，即損失增加 TWD5,198，應借記「避險工具之損失－公允價值避險」TWD5,198，係指定避險部分，亦即將避險工具按公允價值衡量所產生之利益或損失，認列於損益。 遠期外匯合約非指定避險部分(遠期部分)： 　　非指定避險部分(遠期部分) TWD13,267 與「期間相關之被避險項目」有關，TWD18,465－TWD5,198＝TWD13,267，則應在與被避險項目相關之範圍內認列於「其他綜合損益」，且應累計於單獨權益組成部分，並於避險期間內以有系統且合理之基礎分攤至損益，TWD26,733×(1 個月÷3 個月)＝TWD8,911，TWD8,911＋TWD13,267＝TWD22,178，詳下一個分錄。
1/30	避 工	避險工具之損失－公允價值避險　　　　22,178 　　其他綜合損益－避險工具之損益 　　　　(遠期部分)　　　　　　　　　　　　　22,178 TWD26,733×(1 個月÷3 個月)＝TWD8,911 　　或 ＝TWD26,733－TWD17,822＝TWD8,911 TWD8,911＋TWD13,267＝TWD22,178
1/30	避 工	(1) 若遠期外匯合約以淨額結清： 避險之金融負債－遠期外匯合約　　　　65,000 　　現　金　　　　　　　　　　　　　　　　65,000 給付 USD100,000 義務之公允價值＝USD100,000×32.25＝TWD3,225,000，收取出售遠期外匯合約之價款為 TWD3,160,000，因約定以淨額結清，故需支付淨額 TWD65,000，支付 TWD3,225,000－收取 TWD3,160,000＝支付 TWD65,000，或 TWD46,535＋TWD18,465＝TWD65,000。 (2) 若遠期外匯合約以總額結清： 現　金　　　　　　　　　　　　　　　3,160,000 避險之金融負債－遠期外匯合約　　　　65,000 　　現　金－美元　　　　　　　　　　　　3,225,000

> 註： 截至 20x7/1/30，結轉「其他綜合損益」後,「其他權益－避險工具之損益(遠期部分)」(詳 P.88，「345F」)＝20x6/12/31 借餘 TWD8,911＋結轉借記 TWD13,267－結轉貸記 TWD22,178＝TWD0
>
> 結 論：
> 台灣 T 公司從應收帳款收現 TWD3,225,000，並支付 TWD65,000 以結清遠期外匯合約，淨收現 TWD3,160,000，即 USD100,000 在 20x6/11/1 簽訂出售遠期外匯合約時已確定之外匯售價 TWD3,160,000，遠期匯率 31.6×USD100,000＝TWD3,160,000。

上述交易在台灣 T 公司財務報表之表達如下：

	20x6	
綜合損益表	外幣兌換利益 -- $20,000 避險工具之損失－公允價值避險 ------------------------- ($37,624) ： 其他綜合損益－避險工具之損失(遠期部分) ------------- ($8,911)	
	20x6 / 12 / 31	
財務狀況表	流動資產 應收帳款－美元 ---- $3,220,000	流動負債 避險之金融負債 －遠期外匯合約 ------ $46,535
		權　益 其他權益 －避險工具之損益(遠期部分) ------------------------ ($8,911)

	20x7	
綜合損益表	外幣兌換利益 -- $5,000 避險工具之損失－公允價值避險 ------------------------- ($27,376) ： 其他綜合損益－避險工具之損益(遠期部分) --------------- $8,911	
	20x7 / 12 / 31	
財務狀況表	流動資產 應收帳款－美元 ---------- $0	流動負債 避險之金融負債 －遠期外匯合約 -------------- $0
		權　益

十二、公允價值避險－外幣確定承諾

釋例八： (另請參閱本章「附錄」釋例十八)

台灣 T 公司於 20x6 年 11 月 1 日與美國 A 公司簽訂一項購買機器承諾，雙方約定在 20x7 年 1 月 30 日，台灣 T 公司將以 USD200,000 向美國 A 公司購買機器。台灣 T 公司為了規避「此項以美元計價之確定承諾未來因匯率變動導致承諾義務公允價值變動」之風險，遂於 20x6 年 11 月 1 日與 B 銀行簽訂一項 90 天期買 USD200,000 之遠期外匯合約，並將該遠期外匯合約指定為以美元計價確定承諾之公允價值避險工具。

該項遠期外匯合約係以淨額結清，當時合理之折現率為 12%。美元對新台幣之匯率如下： (USD1＝TWD？)

	20x6/11/1	20x6/12/31	20x7/1/30
即期匯率	32.00	32.20	32.25
30 天遠期匯率	—	32.07	—
90 天遠期匯率	31.60	—	—

說　明：

(甲) 依下列(1)～(3)之說明，本例之避險關係符合適用避險會計之所有要件。

(1) 被避險項目：購買機器承諾 USD200,000，將於 90 天後履行承諾，係未認列之確定承諾，為「合格被避險項目」。
避險工具：90 天期買 USD200,000 之遠期外匯合約，係透過損益按公允價值衡量之衍生工具，為「合格避險工具」。

(2) 假設於避險關係開始時，對避險關係、企業之風險管理目標及避險執行策略，已具有正式指定及書面文件。

(3) 避險關係符合下列所有避險有效性規定：

(a)	被避險項目與避險工具間有經濟關係。
	(i) 購買機器承諾 USD200,000，將於 90 天後履行承諾，遂承受遠期匯率變動所致公允價值變動之風險。
	(ii) 90 天期買 USD200,000 之遠期外匯合約，將承受遠期匯率變動所致公允價值變動之風險。
	(iii) 透過「質性評估」，「被避險項目」及「避險工具」之公允價值將隨相同標的(遠期匯率)之變動而有系統地變動,故符合上列(a)規定。
(b)	信用風險之影響並未支配該經濟關係所產生之價值變動。
	假設:「購買機器承諾 USD200,000」及「買 USD200,000 之遠期外匯合約」之信用風險變動幅度不足以使信用風險支配經濟關係所產生之價值變動 [後者即「購買機器承諾 USD200,000」及「買 USD200,000 之遠期外匯合約」隨「遠期匯率」之變動而導致公允價值之變動]，故符合上列(b)規定。
(c)	避險關係之「避險比率」與「企業實際避險之被避險項目數量及企業實際用以對該被避險項目數量進行避險之避險工具數量兩者之比率」相等。
	台灣 T 公司實際使用之被避險項目數量 (90 天後履行購買機器承諾 USD200,000) ÷ 實際使用之避險工具數量 (90 天期遠期外匯合約買 USD200,000)＝100%，並以此 100%為指定避險關係中之避險比率，故兩個比率相等，符合上列(c)規定。

(乙) 台灣 T 公司分錄如下：

被 ：被避險項目 (確定承諾 → 將於 20x7/ 1/30 購買機器 USD200,000) 避工：避險工具　(遠期外匯合約 → 將於 20x7/ 1/30 買 USD200,000)		
20x6/11/ 1	被	無分錄，因確定承諾之交易尚未發生。
20x6/11/ 1	避工	無分錄，因該遠期外匯合約之公允價值為$0， USD200,000×(90 天遠期匯率 31.6－約定的遠期匯率 31.6) ＝TWD0，但若有管理上之需要，可作備忘記錄。
20x6/12/31 (詳 P.88， 「1139」、 「730A」)	避工	避險之金融資產－遠期外匯合約　　　　　93,069 　　　避險工具之利益－公允價值避險　　　　　　　93,069 遠期外匯合約： 　　USD200,000×(30 天遠期匯率 32.07－31.6)＝TWD94,000，收

		取 USD200,000 之權利增加 TWD94,000，但此項收取美元權利並非於今天履行，而是 1 個月後才要履行，故將 TWD 94,000 按年息 12%折現 1 個月，求算所增加收取美元權利之現值為 TWD93,069，TWD94,000÷(1＋12%×1/12)＝TWD93,069，應認列為「避險之金融資產－遠期外匯合約」借餘 TWD93,069。同時將避險工具按公允價值衡量所產生之利益或損失，認列於損益。	
20x6/12/31	被	被避險項目之損失－公允價值避險（Φ）　　　93,069 　　其他流動負債－確定承諾　　　　　　　　　　　　93,069	
		Φ：參閱 P.88「會計項目及代碼」之「770B」。	
		以美元計價之確定購買機器承諾： 　　USD200,000×(30 天遠期匯率 32.07－31.6)＝TWD94,000，支付 USD200,000 之義務增加 TWD94,000，但此項支付美元義務並非於今天履行，而是 1 個月後才要履行，故將 TWD94,000 按年息 12%折現 1 個月，求算所增加支付美元義務之現值為$93,069，$94,000÷(1＋12%×1/12)＝TWD93,069，應認列為負債 TWD93,069，因被避險項目於指定後之公允價值累積變動數應認列為資產或負債，並將相應之利益或損失認列於損益。	
20x7/ 1/30	避工	避險之金融資產－遠期外匯合約　　　　　　　36,931 　　避險工具之利益－公允價值避險　　　　　　　　36,931	
		遠期外匯合約： 　　USD200,000×(即期匯率 32.25－31.6)＝TWD130,000，收取 USD200,000 之權利增加 TWD130,000，其中 TWD93,069 已於 20x6/12/31 借記「避險之金融資產－遠期外匯合約」，故今再借記 TWD36,931，TWD130,000－TWD93,069＝TWD36,931。同時將避險工具按公允價值衡量所產生之利益或損失，認列於損益。此項收取 USD200,000 之權利須於今天(20x7/ 1/30)履行。	
20x7/ 1/30	避工	(1) 若遠期外匯合約以淨額結清： 現　　金　　　　　　　　　　　　　　　　　130,000 　　避險之金融資產－遠期外匯合約　　　　　　　130,000	
		收取 USD200,000 權利之公允價值＝USD200,000×32.25＝TWD6,450,000，支付買入遠期外匯合約之價款為 TWD6,320,000，USD200,000×31.6＝TWD6,320,000，因約定以淨額結清，故可收取淨額 TWD130,000，收取 TWD6,450,000－支付 TWD6,320,000＝收取 TWD130,000，或 TWD93,069＋TWD36,931＝TWD130,000。	

20x7/1/30 (續)	避工	(2) 若遠期外匯合約以總額結清： 若買入美元之遠期外匯合約係以總額結清，以本例而言，台灣T公司可要求B銀行將USD200,000於20x7/1/30直接匯至美國A公司，以結清遠期外匯合約，似更簡便。
		現　金－美元　　　　　　　　　　　6,450,000 　　避險之金融資產－遠期外匯合約　　　　　　130,000 　　現　金　　　　　　　　　　　　　　　　6,320,000
20x7/1/30	被	被避險項目之損失－公允價值避險　　36,931 　　其他流動負債－確定承諾　　　　　　　　　　36,931
		以美元計價之確定購買機器承諾： 　　USD200,000×(即期匯率 32.25－31.6)＝TWD130,000，支付USD200,000之義務增加TWD130,000，其中TWD93,069已於20x6/12/31貸記「其他流動負債－確定承諾」，故今再貸記TWD36,931，TWD130,000－TWD93,069＝TWD36,931，並將相應之利益或損失認列於損益。此項支付USD200,000之義務須於今天(20x7/1/30)履行。
1/30	被	(1) 若遠期外匯合約(避險工具)以淨額結清：
		機器設備　　　　　　　　　　　　6,320,000 其他流動負債－確定承諾　　　　　　130,000 　　現　金　　　　　　　　　　　　　　　　6,450,000
		USD200,000×32.25＝TWD6,450,000。 依前述「九、避險會計－準則相關規範」之「(六)公允價值避險之會計處理」(1)(c)的規定，企業履行確定承諾所產生資產或負債之原始帳面金額，應調整納入已認列於財務狀況表中該確定承諾之公允價值累積變動數。→ 稱為「認列基礎調整」
		(2) 若遠期外匯合約(避險工具)以總額結清：
		機器設備　　　　　　　　　　　　6,320,000 其他流動負債－確定承諾　　　　　　130,000 　　現　金－美元　　　　　　　　　　　　　6,450,000

結論：
台灣T公司支付購買機器價款TWD6,450,000，並收取現金TWD130,000以結清遠期外匯合約，淨支出為TWD6,320,000，即USD200,000在20x6/11/1簽訂買入遠期外匯合約時已確定之外匯買價TWD6,320,000，遠期匯率31.6×USD200,000＝TWD6,320,000。

上述交易在台灣 T 公司財務報表之表達如下：

	20x6	
綜合損益表	避險工具之利益－公允價值避險 -------------------- $93,069 被避險項目之損失－公允價值避險------------------ ($93,069)	
	20x6 / 12 / 31	
財務狀況表	流動資產	流動負債
	避險之金融資產 　－遠期外匯合約 ------ $93,069	其他流動負債 　－確定承諾 --------- $93,069
		權　　益

	20x7	
綜合損益表	避險工具之利益－公允價值避險 ---------------------- $36,931 被避險項目之損失－公允價值避險 ------------------ ($36,931)	
	20x7 / 12 / 31	
財務狀況表	流動資產	流動負債
	避險之金融資產 　－遠期外匯合約 ---------- $0	其他流動負債 　－確定承諾 -------------- $0
	不動產、廠房及設備 　機器設備 ------------- $6,320,000 　減：累計折舊 -------　(579,333)	權　　益

(丙) 確定承諾外幣風險之避險，係對確定外幣承諾因匯率變動致其公允價值變動暴險之避險，係屬公允價值避險。惟確定承諾外幣風險之避險<u>亦得按現金流量避險處理</u>，即台灣 T 公司為了規避「此項以美元計價之確定承諾未來因匯率變動導致承諾義務現金流量變動」之風險。因此本釋例若按現金流量避險處理，則台灣 T 公司分錄如下：

被 ：被避險項目 (確定承諾 → 將於 20x7/ 1/30 購買機器 USD200,000) 避工：避險工具　(遠期外匯合約 → 將於 20x7/ 1/30 買 USD200,000)		
20x6/11/ 1	被	無分錄，因確定承諾之交易尚未發生。
20x6/11/ 1	避工	無分錄，因該遠期外匯合約之公允價值為$0， USD200,000×(90 天遠期匯率 31.6－約定的遠期匯率 31.6) ＝TWD0，但若有管理上之需要，可作備忘記錄。

20x6/12/31	被	無分錄，因確定承諾之交易尚未發生。	
20x6/12/31 (詳 P.88， 「1139」、 「831A」)	避 工	避險之金融資產－遠期外匯合約　　　　　　　93,069 　　其他綜合損益－避險工具之損益 　　　　　　－不重分類至損益　　　　　　　　　　93,069	
		遠期外匯合約： 　　USD200,000×(30天遠期匯率32.07－31.6)＝TWD94,000，收取USD200,000之權利增加TWD94,000，但此項收取美元權利並非於今天履行，而是1個月後才要履行，故將TWD94,000按年息12%折現1個月，求算所增加收取美元權利之現值為TWD93,069，TWD94,000÷(1＋12%×1/12)＝TWD93,069，應認列為「避險之金融資產－遠期外匯合約」借餘 TWD93,069。同時將避險工具之利益貸記「其他綜合損益」TWD93,069，計算如下： (i) 避險工具公允價值再衡量之累積利益TWD93,069 (A)， (ii) 被避險項目公允價值再衡量之累積損失TWD93,069 (B)， 　　(B)計算同(A)，以(A)(B)絕對金額較低者(TWD93,069)認列於「其他綜合損益」，表達在權益項下。	
註： 截至20x6/12/31，結轉「其他綜合損益」後，「其他權益－避險工具之損益」 　　　(詳P.88，「345A」)＝20x6/12/31結轉貸記TWD93,069＝貸餘TWD93,069			
20x7/ 1/30	避 工	避險之金融資產－遠期外匯合約　　　　　　　36,931 　　其他綜合損益－避險工具之損益 　　　　　　－不重分類至損益　　　　　　　　　　36,931	
		遠期外匯合約： 　　USD200,000×(即期匯率 32.25－31.6)＝TWD130,000，收取USD200,000之權利增加 TWD130,000，其中 TWD93,069 已於20x6/12/31借記「避險之金融資產－遠期外匯合約」，故今再借記TWD36,931，TWD130,000－TWD93,069＝TWD36,931，且此項收取USD200,000之權利須於今天(20x7/ 1/30)履行。另將避險工具之利益貸記「其他綜合損益」TWD36,931，計算如下： (i) 避險工具公允價值再衡量之累積利益TWD130,000 (A)， (ii) 被避險項目公允價值再衡量之累積損失TWD130,000 (B)， 　　(B)計算同(A)，以(A)(B)絕對金額較低者(TWD130,000)認列於「其他綜合損益」，其中TWD93,069已於20x6/12/31貸記「其他綜合損益」，故今再貸記「其他綜合損益」TWD36,931，TWD130,000－TWD93,069＝TWD36,931，表達在權益項下。 　　截至目前，「其他權益－避險工具之損益」＝20x6/12/31貸餘TWD93,069＋結轉貸記TWD36,931＝貸餘TWD130,000。	

1/30	避險工具	(1) 若遠期外匯合約以淨額結清： 現　金　　　　　　　　　　　　　130,000 　　避險之金融資產－遠期外匯合約　　　　　130,000	
		收取 USD200,000 權利之公允價值＝USD200,000×32.25＝TWD6,450,000，支付買入遠期外匯合約之價款為 TWD6,320,000，因約定以淨額結清，故可收取淨額 TWD130,000：收取 TWD6,450,000－支付 TWD6,320,000＝收取 TWD130,000，或 TWD93,069＋TWD36,931＝TWD130,000。	
		(2) 若遠期外匯合約以總額結清： 現　金－美元　　　　　　　　　　6,450,000 　　避險之金融資產－遠期外匯合約　　　　　130,000 　　現　金　　　　　　　　　　　　　　　6,320,000	
20x7/ 1/30 (詳 P.88， 「345A」)	被避險項目	(1) 若遠期外匯合約(避險工具)以淨額結清： 機器設備　　　　　　　　　　　　6,320,000 其他權益－避險工具之損益　　　　　130,000 　　現　金　　　　　　　　　　　　　　　6,450,000	
		USD200,000×32.25＝TWD6,450,000， 另借記「其他權益」TWD130,000，請詳下列註三說明。	
		(2) 若遠期外匯合約(避險工具)以總額結清： 機器設備　　　　　　　　　　　　6,320,000 其他權益－避險工具之損益　　　　　130,000 　　現　金－美元　　　　　　　　　　　6,450,000	

註：截至20x7/12/31，「其他權益－避險工具之損益」＝20x6/12/31 貸餘 TWD93,069＋20x7/ 1/30 結轉貸記 TWD36,931－20x7/ 1/30 借記 TWD130,000＝TWD0

結論：
台灣 T 公司支付購買機器價款 TWD6,450,000，並收取現金 TWD130,000 以結清遠期外匯合約，淨支出為 TWD6,320,000，即 USD200,000 在 20x6/11/ 1 簽訂買入遠期外匯合約時已確定之外匯買價 TWD6,320,000，遠期匯率 31.6×USD200,000＝TWD6,320,000。

註三：依 IFRS 規定，若一被避險預期交易後續導致認列非金融資產或非金融負債，或對非金融資產或非金融負債之一被避險預期交易成為適用公允價值避險會計之確定承諾，則企業應自現金流量避險準備移除該累計金額，並將其直接納入該資產或該負債之原始成本或其他帳面金額。
→ 稱為「認列基礎調整」。[請詳第 40 頁之(七)(1)(d)(i)]

如上述 20x7/1/30 分錄所示，將「其他權益－避險工具之損益」貸餘 $130,000 移除，並納入機器設備原始成本的計算中，未來機器設備以 $6,320,000 計提折舊。假設機器設備之耐用年限 10 年，無殘值，採直線法計提折舊，則每年折舊費用為$632,000，($6,320,000－$0)÷10 年＝$632,000。惟 20x7 年只使用機器設備 11 個月，故折舊費用為$579,333，$632,000×(11/12)＝$579,333。提列折舊分錄如下：

		20x7	20x8
12/31	折舊費用	579,333	632,000
	累計折舊－機器設備	579,333	632,000

上述交易在台灣 T 公司財務報表之表達如下：

	20x6	
綜合損益表	其他綜合損益－避險工具之損益－不重分類至損益 ------------ $93,069	
	20x6／12／31	
財務狀況表	流動資產	流動負債
	避險之金融資產	
	－遠期外匯合約 ---- $93,069	
		權　益
		其他權益
		－避險工具之損益 ---- $93,069

	20x7	
綜合損益表	折舊費用 --- ($579,333)	
	其他綜合損益－避險工具之損益－不重分類至損益 ---------- $36,931	
	20x7／12／31	
財務狀況表	流動資產	流動負債
	避險之衍生金融資產	
	－遠期外匯合約 --------- $0	
	不動產、廠房及設備	權　益
	機器設備 ---------- $6,320,000	其他權益
	減：累計折舊 ----- (579,333)	－避險工具之損益 --------- $0

十三、現金流量避險－持有外幣淨資產(淨負債)

釋例九：

台灣 T 公司於 20x6 年 11 月 1 日出售商品存貨予美國 A 公司，售價為 USD100,000，雙方約定 90 天後(20x7 年 1 月 30 日)收付款項。銷貨當天，台灣 T 公司與 B 銀行簽訂一項 90 天期賣 USD100,000 之遠期外匯合約，並將該遠期外匯合約指定為以美元計價應收帳款之現金流量避險工具，以規避其「處於外幣淨資產狀態(帳列以美元計價之應收帳款增加，而無以美元計價之負債)」所須承受因匯率變動導致應收帳款未來現金流量變動之風險。

該項遠期外匯合約係以淨額結清，當時合理之折現率為 12%。美元對新台幣之匯率如下： (USD1＝TWD？)

	20x6/11/1	20x6/12/31	20x7/1/30
即期匯率	32.00	32.20	32.25
30 天遠期匯率	－	32.07	－
90 天遠期匯率	31.60	－	－

說 明：

(甲) 同釋例六之說明(甲)，不再贅述。

(乙) 台灣 T 公司分錄如下：

被 ：被避險項目 (持有應收帳款 USD100,000，將於 90 天後收現) 避工：避險工具 (遠期外匯合約 → 90 天後賣 USD100,000)		
20x6/11/1	被	應收帳款－美元　　　　　　　　　　3,200,000　　　　　　銷貨收入　　　　　　　　　　　　　　　3,200,000
		USD100,000×32.0＝TWD3,200,000
20x6/11/1	避工	無分錄，因該遠期外匯合約之公允價值為$0，USD100,000×(90 天遠期匯率 31.6－約定的遠期匯率 31.6)＝TWD0，但若有管理上之需要，可作備忘記錄。
20x6/12/31 (詳 P.88，「7230」)	被	應收帳款－美元　　　　　　　　　　　20,000　　　　　　外幣兌換利益　　　　　　　　　　　　　　20,000　　按 20x6/12/31 之即期匯率調整以美元計價之應收帳款，

		USD100,000×32.2＝TWD3,220,000 TWD3,220,000－TWD3,200,000＝TWD20,000		
20x6/12/31 (詳 P.88， 「836C」、 「770C」、 「2126」)	避工	其他綜合損益－避險工具之損益 (有效) 20,000 避險工具之損失－現金流量避險 (無效) 26,535 避險之金融負債－遠期外匯合約 46,535		

		遠期外匯合約：
		    USD100,000×(32.07－31.6)＝TWD47,000，給付 USD100,000 之義務增加 TWD47,000，但此項給付美元義務並非於今天履行，而是 1 個月後才要履行，故將 TWD47,000 按年息 12%折現 1 個月，求算所增加給付美元義務之現值為 TWD46,535，TWD47,000÷(1＋12%×1/12)＝TWD46,535，應認列為「避險之金融負債－遠期外匯合約」貸餘 TWD46,535。同時將避險工具之損失借記於「其他綜合損益」TWD20,000，計算如下：
		(i) 避險工具公允價值再衡量之累積損失 TWD46,535 (A)，
		(ii) 被避險項目公允價值再衡量之累積利益 TWD20,000 (B)。
		以(A)(B)絕對金額較低者(TWD20,000)認列於「其他綜合損益」，表達在權益項下，並於被避險之預期現金流量影響損益之同一期間(或多個期間)內，自權益重分類至損益，詳下一個分錄。
		    另，避險工具之任何剩餘利益或損失屬避險無效性，TWD46,535－TWD20,000＝TWD26,535，應認列於損益。		

20x6/12/31 (「730D」)	避工	避險工具之損失－現金流量避險 (有效) 20,000 其他綜合損益－避險工具之損益 (有效) 20,000		

註：截至 20x6/12/31，結轉「其他綜合損益」後，「其他權益－避險工具之損益」
    (詳 P.88，「345A」)＝20x6/12/31 結轉借記 TWD20,000
                           －20x6/12/31 結轉貸記 TWD20,000＝TWD0				

20x7/ 1/30	被	(1) 若遠期外匯合約(避險工具)以淨額結清：		

		現　　金 3,225,000
		    應收帳款－美元 3,220,000
		    外幣兌換利益 5,000		

		USD100,000×32.25＝TWD3,225,000 TWD3,225,000－TWD3,220,000＝TWD5,000		
		(2) 若遠期外匯合約(避險工具)以總額結清：		
		台灣 T 公司或可要求美國 A 公司將 USD100,000 於 20x7/1/30 直接匯至 B 銀行，以結清遠期外匯合約，似更簡便。		

		現　金－美元 3,225,000
		    應收帳款－美元 3,220,000
		    外幣兌換利益 5,000		

20x7/ 1/30	避 工	其他綜合損益－避險工具之損益 (有效)　　　5,000 避險工具之損失－現金流量避險 (無效)　　13,465 　　避險之金融負債－遠期外匯合約　　　　　　　　18,465
		遠期外匯合約： 　　USD100,000×(32.25－31.6)＝TWD65,000，給付USD100,000之義務增加TWD65,000，其中TWD46,535已於20x6/12/31貸記「避險之金融負債－遠期外匯合約」，故今再貸記TWD18,465，TWD65,000－TWD46,535＝TWD18,465，且此項給付USD100,000之義務須於今天(20x7/ 1/30)履行。同時將避險工具之損失借記於「其他綜合損益」TWD5,000，計算如下： (i) 避險工具公允價值再衡量之累積損失TWD65,000 (A)， (ii) 被避險項目公允價值再衡量之累積利益TWD25,000 (B)， 　　USD100,000×(32.25－32.0)＝TWD25,000。 以(A)(B)絕對金額較低者(TWD25,000)認列於「其他綜合損益」，其中TWD20,000已於20x6/12/31借記「其他綜合損益」，故今再借記「其他綜合損益」TWD5,000，TWD25,000－TWD20,000＝TWD5,000，表達在權益項下，並於被避險之預期現金流量影響損益之同一期間(或多個期間)內，自權益重分類至損益，詳最後一個分錄。 　　另避險工具之任何剩餘利益或損失屬避險無效性，TWD18,465－TWD5,000＝TWD13,465，應認列於損益。
20x7/ 1/30	避 工	(1) 若遠期外匯合約以淨額結清：
		避險之金融負債－遠期外匯合約　　　　　65,000 　　現　金　　　　　　　　　　　　　　　　　　65,000
		給付USD100,000義務之公允價值＝USD100,000×32.25＝TWD3,225,000，收取出售遠期外匯合約之價款為TWD3,160,000，因約定以淨額結清，故需支付淨額TWD65,000，或TWD46,535＋TWD18,465＝TWD65,000。
		(2) 若遠期外匯合約以總額結清：
		現　金　　　　　　　　　　　　　　　　3,160,000 避險之金融負債－遠期外匯合約　　　　　65,000 　　現　金－美元　　　　　　　　　　　　　　3,225,000
1/30	避 工	避險工具之損失－現金流量避險 (有效)　　　5,000 　　其他綜合損益－避險工具之損益 (有效)　　　　5,000
		認列於其他綜合損益之TWD5,000，應於被避險之預期現金流量影響損益之同一期間(或多個期間)內，自權益重分類至損益作為重分類調整。

註：	截至 20x7/ 1/31，結轉「其他綜合損益」後，「其他權益－避險工具之損益」(詳 P.88，「345A」)＝20x6/12/31 餘額 TWD0－20x7/ 1/31 結轉借記 TWD5,000 ＋20x7/ 1/31 結轉貸記 TWD5,000＝TWD0

結論：
台灣 T 公司從應收帳款收現 TWD3,225,000，並支付 TWD65,000 以結清遠期外匯合約，淨收現 TWD3,160,000，即 USD100,000 在 20x6/11/ 1 簽訂出售遠期外匯合約時已確定之外匯售價 TWD3,160,000，遠期匯率 31.6×USD100,000＝TWD3,160,000。

上述交易在台灣 T 公司財務報表之表達如下：

		20x6	
綜合損益表	外幣兌換利益 -- $20,000 避險工具之損失－現金流量避險（無效）-------- ($26,535) 避險工具之損失－現金流量避險（有效）-------- ($20,000)		
		20x6 / 12 / 31	
財務狀況表	流動資產 應收帳款－美元 ---- $3,220,000	流動負債 避險之金融負債 －遠期外匯合約 ----- $46,535	
		權　　益	

		20x7	
綜合損益表	外幣兌換利益 -- $5,000 避險工具之損失－現金流量避險（無效）-------- ($13,465) 避險工具之損失－現金流量避險（有效）--------- ($5,000)		
		20x7 / 12 / 31	
財務狀況表	流動資產 應收帳款－美元 ---------- $0	流動負債 避險之金融負債 －遠期外匯合約 ------------ $0	
		權　　益	

釋例十：

　　台灣 T 公司於 20x6 年 11 月 1 日出售商品存貨予美國 A 公司，售價為 USD100,000，雙方約定 90 天後 (20x7 年 1 月 30 日)收付款項。銷貨當天，台灣 T 公司與 B 銀行簽訂一項 90 天期賣 USD100,000 之遠期外匯合約，並將該遠期外匯合約之即期匯率變動部分指定為以美元計價應收帳款之現金流量避險工具，以規避其「處於外幣淨資產狀態(帳列以美元計價之應收帳款增加，而無以美元計價之負債)」所須承受因匯率變動導致應收帳款未來現金流量變動之風險。

　　該項遠期外匯合約係以淨額結清，當時合理之折現率為 12%。美元對新台幣之匯率如下：(USD1＝TWD？)

	20x6/11/1	20x6/12/31	20x7/1/30
即期匯率	32.00	32.20	32.25
30 天遠期匯率	－	32.07	－
90 天遠期匯率	31.60	－	－

說 明：

(甲) 同釋例六之說明(甲)，不再贅述。

(乙) 台灣 T 公司分錄如下：

被 ：被避險項目 (持有應收帳款 USD100,000，將於 90 天後收現) 避工：避險工具　(遠期外匯合約 → 90 天後賣 USD100,000)		
20x6/11/1	被	應收帳款－美元　　　　　　　　　　3,200,000　　　銷貨收入　　　　　　　　　　　　　　　　3,200,000 USD100,000×32.0＝TWD3,200,000
20x6/11/1	避工	無分錄，因該遠期外匯合約之公允價值為$0， USD100,000×(90 天遠期匯率 31.6－約定的遠期匯率 31.6) ＝TWD0，但若有管理上之需要，可作備忘記錄。
20x6/12/31 (詳 P.88， 「7230」)	被	應收帳款－美元　　　　　　　　　　　20,000　　　外幣兌換利益　　　　　　　　　　　　　　20,000 按 20x6/12/31 之即期匯率調整以美元計價之應收帳款， USD100,000×32.2＝TWD3,220,000 TWD3,220,000－TWD3,200,000＝TWD20,000

20x6/12/31 (詳 P.88， 「836C」、 「770C」、 「7635」、 「2126」)	避 工	其他綜合損益－避險工具之損益 (有效)　　　19,802 避險工具之損失－現金流量避險 (無效) [示範]　　0 透過損益按公允價值衡量之金融資產(負債)損失　26,733 　　避險之金融負債－遠期外匯合約　　　　　　　　46,535
		遠期外匯合約： 　　USD100,000×(32.07－31.6)＝TWD47,000，給付 USD100,000 之義務增加 TWD47,000，但此項給付美元義務並非於今天履行，而是 1 個月後才要履行，故將 TWD47,000 按年息 12%折現 1 個月，求算所增加給付美元義務之現值為 TWD46,535，TWD47,000÷(1＋12%×1/12)＝TWD46,535，應認列為「避險之金融負債－遠期外匯合約」貸餘 TWD46,535。 遠期外匯合約即期匯率變動部分： 　　USD100,000×(32.2－32)＝TWD20,000，TWD20,000 按年息 12%折現 1 個月，求算遠期外匯合約即期匯率變動部分之現值為 TWD19,802，TWD20,000÷(1＋12%×1/12)＝TWD19,802，係指定避險部分。同時將避險工具之損失借記於「其他綜合損益」TWD19,802，計算如下： (i) 避險工具公允價值再衡量之累積損失 TWD19,802 (A)， (ii) 被避險項目公允價值再衡量之累積利益 TWD20,000 (B)。 以(A)(B)絕對金額較低者(TWD19,802)認列於「其他綜合損益」，表達在權益項下，並於被避險之預期現金流量影響損益之同一期間(或多個期間)內，自權益重分類至損益，請詳下一個分錄。 　　而避險工具中，指定避險部分之任何剩餘利益或損失屬避險無效性，TWD19,802(A)－TWD19,802(其他綜合損益)＝TWD0，應認列於損益，上述分錄中列出只為示範。 　　另，非指定避險部分 TWD26,733，TWD46,535－TWD19,802(A)＝TWD26,733，則認列為「透過損益按公允價值衡量之金融資產(負債)損失」。
20x6/12/31 (詳 P.88， 「730D」)	避 工	避險工具之損失－現金流量避險 (有效)　　　19,802 　　其他綜合損益－避險工具之損益 (有效)　　　　　19,802
註：	截至 20x6/12/31，結轉「其他綜合損益」後，「其他權益－避險工具之損益」(詳 P.88，「345A」)＝20x6/12/31 結轉借記 TWD19,802 　　　　　　－20x6/12/31 結轉貸記 TWD19,802＝TWD0	

(續次頁)

20x7/ 1/30	被	(1) 若遠期外匯合約(避險工具)以淨額結清：
		現　金　　　　　　　　　　　　　　　3,225,000 　　應收帳款－美元　　　　　　　　　　　　　3,220,000 　　外幣兌換利益　　　　　　　　　　　　　　　　5,000
		USD100,000×32.25＝TWD3,225,000 TWD3,225,000－TWD3,220,000＝TWD5,000
		(2) 若遠期外匯合約(避險工具)以總額結清：
		若賣美元之遠期外匯合約係以總額結清，以本例而言，台灣 T 公司可要求美國 A 公司將 USD100,000 於 20x7/ 1/30 直接匯至 B 銀行，以結清遠期外匯合約，似更簡便。
		現　金－美元　　　　　　　　　　　　3,225,000 　　應收帳款－美元　　　　　　　　　　　　　3,220,000 　　外幣兌換利益　　　　　　　　　　　　　　　　5,000
20x7/ 1/30	避 工	其他綜合損益－避險工具之損益 (有效)　　　5,198 避險工具之損失－現金流量避險 (無效) [示範]　　0 透過損益按公允價值衡量之金融資產(負債)損失　13,267 　　避險之金融負債－遠期外匯合約　　　　　　　　18,465
		遠期外匯合約： 　　USD100,000×(32.25 － $31.6)＝TWD65,000，給付 USD100,000 之義務增加 TWD65,000，其中 TWD46,535 已於 20x6/12/31 貸記「避險之金融負債－遠期外匯合約」，故今再貸記 TWD18,465，TWD65,000－TWD46,535＝TWD18,465，且此項給付 USD100,000 之義務須於今天(20x7/ 1/30)履行。 遠期外匯合約即期匯率變動部分： 　　USD100,000×(32.25－32)＝TWD25,000，係截至 20x7/ 1/30 遠期外匯合約即期匯率變動部分之現值。同時將避險工具之損失借記於「其他綜合損益」TWD5,198，計算如下： (i) 避險工具公允價值再衡量之累積損失 TWD25,000 (A)， (ii) 被避險項目公允價值再衡量之累積利益 TWD25,000 (B)， 　　USD100,000×(32.25－32.0)＝TWD25,000。 以(A)(B)絕對金額較低者(TWD25,000)認列於「其他綜合損益」，已知截至 20x6/12/31 遠期外匯合約即期匯率變動部分之現值為 TWD19,802，已借記「其他綜合損益」TWD19,802，故今再借記「其他綜合損益」TWD5,198，TWD25,000－TWD19,802＝TWD5,198，表達在權益項下，並於被避險之預期現金流量影響損益之同一期間(或多個期間)內，自權益重分類至損益，詳最後一個分錄。 　　而避險工具中，指定避險部分之任何剩餘利益或損失係屬避

		險無效性，TWD25,000(A)－TWD25,000(其他綜合損益)＝TWD0，應認列於損益，上述分錄中列出只為示範。 　　另，非指定避險部分 TWD13,267，TWD18,465－TWD5,198＝TWD13,267，則認列為「透過損益按公允價值衡量之金融資產(負債)損失」。
1/30	避 工	(1) 若遠期外匯合約以<u>淨額</u>結清： 避險之金融負債－遠期外匯合約　　　　65,000 　　現　　金　　　　　　　　　　　　　　　　65,000
		給付 USD100,000 義務之公允價值＝USD100,000×32.25＝TWD3,225,000，收取出售遠期外匯合約之價款為 TWD3,160,000，因約定以淨額結清，故需支付淨額 TWD65,000，或 TWD46,535＋TWD18,465＝TWD65,000。
		(2) 若遠期外匯合約以<u>總額</u>結清： 現　　金　　　　　　　　　　　　　　3,160,000 避險之金融負債－遠期外匯合約　　　　　65,000 　　現　金－美元　　　　　　　　　　　　　3,225,000
1/30	避 工	避險工具之損失－現金流量避險 (有效)　　5,198 　其他綜合損益－避險工具之損益 (有效)　　　5,198
		認列於其他綜合損益之 TWD5,198，應於被避險之預期現金流量影響損益之同一期間(或多個期間)內，自權益重分類至損益作為重分類調整。
註：截至 20x7/1/31，結轉「其他綜合損益」後，「其他權益－避險工具之損失」(詳 P.88，「345A」)＝20x6/12/31 餘額$0－20x7/1/31 結轉借記 TWD5,198 　　　　　　　　　　　　　　　　　　＋20x7/1/31 結轉貸記 TWD5,198＝TWD0
結論： 台灣 T 公司從應收帳款收現 TWD3,225,000，並支付 TWD65,000 以結清遠期外匯合約，淨收現 TWD3,160,000，即 USD100,000 在 20x6/11/1 簽訂出售遠期外匯合約時已確定之外匯售價 TWD3,160,000，遠期匯率 31.6×USD100,000＝TWD3,160,000。

(續次頁)

上述交易在台灣 T 公司財務報表之表達如下：

	20x6	
綜合損益表	外幣兌換利益 -- $20,000 避險工具之損失－現金流量避險（有效）------------------ ($19,802) 透過損益按公允價值衡量之金融資產(負債)損失 -------- ($26,733)	
	20x6 / 12 / 31	
財務狀況表	流動資產 　應收帳款－美元 ---- $3,220,000	流動負債 　避險之金融負債 　　－遠期外匯合約 ------ $46,535
		權　益

	20x7	
綜合損益表	外幣兌換利益 --- $5,000 避險工具之損失－現金流量避險（有效）-------------------- ($5,198) 透過損益按公允價值衡量之金融資產(負債)損失 -------- ($13,267)	
	20x7 / 12 / 31	
財務狀況表	流動資產 　應收帳款－美元 --------- $0	流動負債 　避險之金融負債 　　－遠期外匯合約 -------------- $0
		權　益

(丙) 當企業將遠期合約之遠期部分與即期部分分開，並僅指定遠期合約之即期部分價值變動作為避險工具，企業得以適用於選擇權時間價值之相同方式，其相關規定與應用指引請詳本章「(九) 選擇權時間價值之會計處理」。若本例台灣 T 公司選擇適用於選擇權時間價值之相同方式，則其分錄如下：

被　：被避險項目　（持有應收帳款 USD100,000，將於 90 天後收現） 避工：避險工具　　（遠期外匯合約 → 90 天後賣 USD100,000）			
20x6/11/ 1	被	應收帳款－美元　　　　　　　　　3,200,000 　　銷貨收入　　　　　　　　　　　　　　　　　3,200,000	
		USD100,000×32.0＝TWD3,200,000	

20x6/11/1	避工	無分錄，因該遠期外匯合約之公允價值為$0，USD100,000×(90天遠期匯率31.6－約定的遠期匯率31.6)＝TWD0，但若有管理上之需要，可作備忘記錄。		
20x6/12/31 (詳 P.88， 「7230」)	被	應收帳款－美元　　　　　　　　　　20,000 　　外幣兌換利益　　　　　　　　　　　　　　20,000		
		按 20x6/12/31 之即期匯率調整以美元計價之應收帳款， USD100,000×32.2＝TWD3,220,000 TWD3,220,000－TWD3,200,000＝TWD20,000		
20x6/12/31 (詳 P.88， 「836C」、 「770C」、 「836H」、 「2126」)	避工	其他綜合損益－避險工具之損益 (即期) (有效)　　19,802 避險工具之損失－現金流量避險 (即期) (無效)　　　0 其他綜合損益－避險工具之損益 (遠期)　　　　26,733 　　避險之金融負債－遠期外匯合約　　　　　　　　46,535		
		遠期外匯合約： 　　USD100,000×(32.07－31.6)＝TWD47,000，給付 USD100,000 之義務增加 TWD47,000，但此項給付美元義務並非於今天履行，而是 1 個月後才要履行，故將 TWD47,000 按年息 12%折現 1 個月，求算所增加給付美元義務之現值為 TWD46,535，TWD47,000÷(1＋12%×1/12)＝TWD46,535，應認列為「避險之金融負債－遠期外匯合約」貸餘 TWD46,535。 遠期外匯合約即期匯率變動部分： 　　USD100,000×(32.2－32)＝TWD20,000，TWD20,000 按年息 12%折現 1 個月，求算遠期外匯合約即期匯率變動部分之現值為 TWD19,802，TWD20,000÷(1＋12%×1/12)＝TWD19,802，係指定避險部分。將避險工具之損失借記「其他綜合損益」TWD19,802，計算如下： (i) 避險工具公允價值再衡量之累積損失 TWD19,802 (A)， (ii) 被避險項目公允價值再衡量之累積利益 TWD20,000 (B)， 以(A)(B)絕對金額較低者(TWD19,802)列示於「其他綜合損益」，表達在權益項下，並於被避險之預期現金流量影響損益之同一期間(或多個期間)內，自權益重分類至損益，詳下列第一分錄。 　　而避險工具中,指定避險部分之任何剩餘利益或損失係屬避險無效性，TWD19,802(A)－TWD19,802(其他綜合損益)＝TWD0，應認列於損益，上述分錄中列出只為示範。 遠期外匯合約非指定避險部分(遠期部分)： 　　非指定避險部分(遠期部分) TWD26,733 與「期間相關之被避險項目」有關，TWD46,535－TWD19,802＝TWD26,733，則應在與被避險項目相關之範圍內認列於「其他綜合損益」，且應累計		

20x6/12/31 (續)	避工	於單獨權益組成部分，並於避險期間內以有系統且合理之基礎分攤至損益，詳下列第二分錄。 其相關規定為：「對<u>期間相關之被避險項目</u>進行避險之選擇權，其<u>時間價值</u>之<u>公允價值變動</u>，應在與被避險項目相關之範圍內認列於<u>其他綜合損益</u>，且應累計於單獨權益組成部分。<u>指定選擇權作為避險工具之日之時間價值</u>，應在與被避險項目相關之範圍內，<u>於選擇權內含價值之避險調整可影響損益之期間內</u>，<u>以有系統且合理之基礎攤銷</u>。因此於每一報導期間，攤銷金額應自單獨權益組成部分重分類至<u>損益</u>作為<u>重分類調整</u>。」	
12/31 (詳 P.88,「770D」)	避工	避險工具之損失－現金流量避險 (即期) (有效)　　19,802 　　其他綜合損益－避險工具之損失 (即期) (有效)　　　19,802	
		認列於其他綜合損益之$19,802，應於被避險之預期現金流量影響損益之同一期間(或多個期間)內，自權益重分類至損益作為重分類調整。	
12/31 (詳 P.88,「770C」)	避工	避險工具之損失－現金流量避險 (遠期)　　　　　　17,822 　　其他綜合損益－避險工具之損失 (遠期)　　　　　　17,822	
		TWD26,733×(2個月÷3個月)＝TWD17,822	
註： 截至 20x6/12/31，結轉「其他綜合損益」後， (1)「其他權益－避險工具之損益(遠期)」(詳 P.88,「345F」) ＝結轉借記 TWD26,733－結轉貸記 TWD17,822＝借餘 TWD8,911 (2)「其他權益－避險工具之損益(即期)」(詳 P.88,「345A」) ＝結轉借記 TWD19,802－結轉貸記 TWD19,802＝TWD0			
20x7/ 1/30	被	(1) 若遠期外匯合約(避險工具)以淨額結清：	
		現　金　　　　　　　　　　　　　　3,225,000 　　應收帳款－美元　　　　　　　　　　　　　3,220,000 　　外幣兌換利益　　　　　　　　　　　　　　　　5,000	
		USD100,000×32.25＝TWD3,225,000 TWD3,225,000－TWD3,220,000＝TWD5,000	
		(2) 若遠期外匯合約(避險工具)以總額結清：	
		若賣美元之遠期外匯合約係以總額結清，以本例而言，台灣 T 公司可要求美國 A 公司將 USD100,000 於 20x7/ 1/30 直接匯至 B 銀行，以結清遠期外匯合約，似更簡便。	
		現　金－美元　　　　　　　　　　　3,225,000 　　應收帳款－美元　　　　　　　　　　　　　3,220,000 　　外幣兌換利益　　　　　　　　　　　　　　　　5,000	

20x7/1/30	避工	其他綜合損益－避險工具之損益 (即期) (有效) 5,198 避險工具之損失－現金流量避險 (即期) (無效) 0 其他綜合損益－避險工具之損益 (遠期) 13,267 避險之金融負債－遠期外匯合約 18,465

		遠期外匯合約：
		     USD100,000×(32.25－31.6)＝TWD65,000，給付 USD100,000 之義務增加 TWD65,000，其中 TWD46,535 已於 20x6/12/31 貸記「避險之金融負債－遠期外匯合約」，故今再貸記 TWD18,465，TWD65,000 － TWD46,535 ＝ TWD18,465，且此項給付 USD100,000 之義務須於今天(20x7/1/30)履行。
		 遠期外匯合約即期匯率變動部分：
		     USD100,000×(32.25－32)＝TWD25,000，係截至 20x7/1/30 遠期外匯合約即期匯率變動部分之現值，已知截至 20x6/12/31 遠期外匯合約即期匯率變動部分之現值為 TWD19,802，已借記「其他綜合損益」TWD19,802，故今再借記「其他綜合損益」TWD5,198，係指定避險部分。計算如下：
		 (i) 避險工具公允價值再衡量之累積損失 TWD25,000 (A)，
		 (ii) 被避險項目公允價值再衡量之累積利益 TWD25,000 (B)。
		 以(A)(B)絕對金額較低者(TWD25,000)認列於「其他綜合損益」，其中 TWD19,802 已於 20x6/12/31 借記「其他綜合損益」，故今再借記「其他綜合損益」TWD5,198，TWD25,000－TWD19,802＝TWD5,198，表達在權益項下，並於被避險之預期現金流量影響損益之同一期間(或多個期間)內，自權益重分類至損益，詳下列第一分錄。
		     而避險工具中，指定避險部分之任何剩餘利益或損失屬避險無效性，TWD25,000 (A)－TWD25,000 (其他綜合損益)＝TWD0，應認列於損益，上述分錄中列出只為示範。
		 遠期外匯合約非指定避險部分(遠期部分)：
		     非指定避險部分(遠期部分) TWD13,267 與「期間相關之被避險項目」有關，TWD18,465－TWD5,198＝TWD13,267，則應在與被避險項目相關之範圍內認列於「其他綜合損益」，且應累計於單獨權益組成部分，並於避險期間內以有系統且合理之基礎分攤至損益，詳下列第二分錄。

1/30	避工	避險工具之損失－現金流量避險 (即期) (有效) 5,198 其他綜合損益－避險工具之損益 (即期) (有效) 5,198
		認列於其他綜合損益之$5,198，應於被避險之預期現金流量影響損益之同一期間(或多個期間)內，自權益重分類至損益作為重分類調整。

20x7/1/30	避工	避險工具之損失－現金流量避險 (遠期)　　22,178 　　其他綜合損益－避險工具之損益 (遠期)　　　　22,178	
		TWD26,733×(1個月÷3個月)＝TWD8,911 　　　　　　　或 ＝TWD26,733－TWD17,822 TWD8,911＋TWD13,267＝TWD22,178	
1/30	避工	(1) 若遠期外匯合約以**淨額**結清： 避險之金融負債－遠期外匯合約　　65,000 　　現　金　　　　　　　　　　　　　　　65,000	
		給付 US$100,000 義務之公允價值 ＝ US$100,000×$32.25 ＝ NT$3,225,000，收取出售遠期外匯合約之價款為$3,160,000，因約定以淨額結清，故需支付淨額$65,000，支付$3,225,000－收取$3,160,000＝支付$65,000；或 $46,535＋$18,465＝$65,000。	
		(2) 若遠期外匯合約以**總額**結清： 現　金　　　　　　　　　　　　　　3,160,000 避險之金融負債－遠期外匯合約　　　　65,000 　　現　金－美元　　　　　　　　　　　　3,225,000	

註： 截至 20x7/1/31，結轉「其他綜合損益」後，
 (1)「其他權益－避險工具之損益(遠期)」
　　　＝20x6/12/31 借餘$8,911＋結轉借記$13,267－結轉貸記$22,178＝$0
 (2)「其他權益－避險工具之損益(即期)」＝結轉借記$5,198－結轉貸記$5,198＝$0

結 論：
台灣 T 公司從應收帳款收現$3,225,000，並支付$65,000 以結清遠期外匯合約，淨收現$3,160,000，即 US$100,000 在 20x6/11/1 簽訂出售遠期外匯合約時已確定之外匯售價 $3,160,000，遠期匯率 $31.6×US$100,000 ＝ NT$3,160,000。

上述交易在台灣 T 公司財務報表之表達如下：

		20x6
綜合損益表	外幣兌換利益 -- $20,000 避險工具之損失－現金流量避險 (即期) (有效) ------- ($19,802) 避險工具之損失－現金流量避險 (遠期) --------------- ($17,822) 　　　　： 其他綜合損益－避險工具之損益 (遠期) ---------------- ($8,911)	

(續次頁)

	20x6 / 12 / 31	
財務狀況表	流動資產 　應收帳款－美元 ---- $3,220,000	流動負債 　避險之金融負債 　　－遠期外匯合約 ---- $46,535
		權　益 　其他權益 　　－避險工具之損益 (遠期) 　　-------------------- ($8,911)

	20x7	
綜合損益表	外幣兑換利益 -- $5,000 避險工具之損失－現金流量避險 (即期) (有效) ------- ($5,198) 避險工具之損失－現金流量避險 (遠期) -------------- ($22,178) 　　　　　　： 其他綜合損益－避險工具之損失 (遠期) ---------------- $8,911	
	20x7 / 12 / 31	
財務狀況表	流動資產 　應收帳款－美元 --------- $0	流動負債 　避險之金融負債 　　－遠期外匯合約 ----------- $0
		權　益

十四、現金流量避險－外幣預期交易

釋例十一： (另請參閱本章「附錄」釋例十二)

　　台灣 T 公司於 20x6 年 11 月 1 日與美國 A 公司討論一筆未來交易，台灣 T 公司預計在 20x7 年 1 月 30 日以 USD200,000 向美國 A 公司賒購機器，並預計在 20x7 年 3 月 1 日(賒購後 30 天)付款，討論當天雙方並未簽署任何文件。假設此預期交易為高度很有可能發生，因此台灣 T 公司為了規避此項以美元計價之預期交易未來承受匯率變動所致現金流量變動之風險，遂於 20x6 年 11 月 1 日與 B 銀行簽訂一項 120 天期買 USD200,000 之遠期外匯合約，並將該遠期外匯合約指定為該項以美元計價預期交易之現金流量避險工具。

該項遠期外匯合約係以淨額結清，當時合理之折現率為 12%。美元對新台幣之匯率如下： (USD1＝TWD？)

	20x6/11/1	20x6/12/31	20x7/1/30	20x7/3/1
即期匯率	32.00	32.20	32.25	32.32
30 天遠期匯率	—	—	32.19	—
60 天遠期匯率	—	32.07	—	—
120 天遠期匯率	31.60	—	—	—

說　明：

(甲) 依下列(1)～(3)之說明，本例之避險關係符合適用避險會計之所有要件。

(1) 被避險項目：預計 90 天後賒購機器 USD200,000，並於賒購後 30 天付款，係屬高度很有可能發生之預期交易，為「合格被避險項目」。

避險工具：120 天期買 USD200,000 之遠期外匯合約，係透過損益按公允價值衡量之衍生工具，為「合格避險工具」。

(2) 假設於避險關係開始時，對避險關係、企業之風險管理目標及避險執行策略，已具有正式指定及書面文件。

(3) 避險關係符合下列所有避險有效性規定：

(a)	被避險項目與避險工具間有經濟關係。
	(i) 預期交易(預計 90 天後賒購機器 USD200,000)，並於賒購後 30 天付款，遂承受遠期匯率變動所致現金流量變動之風險。
	(ii) 120 天期買 USD200,000 之遠期外匯合約，將承受遠期匯率變動所致公允價值變動之風險。
	(iii) 透過「質性評估」，「被避險項目」及「避險工具指定避險部分」之公允價值將隨相同標的(遠期匯率)之變動而有系統地變動，故符合上列(a)規定。
(b)	信用風險之影響並未支配該經濟關係所產生之價值變動。
	假設：「預期購買機器 USD200,000」及「120 天期買 USD200,000 之遠期外匯合約」的信用風險變動幅度不足以使信用風險支配經濟關係所產生之價值變動 [後者即「預期購買機器 USD200,000」及「120 天期買 USD200,000 之遠期外匯合約」隨「遠期匯率」之變動而導致公允價值之變動]，故符合上列(b)規定。

(c)	避險關係之「避險比率」與「企業實際避險之被避險項目數量及企業實際用以對該被避險項目數量進行避險之避險工具數量兩者之比率」相等。
	台灣 T 公司實際使用之被避險項目數量 (90 天後履行購買機器承諾 USD200,000) ÷ 實際使用之避險工具數量 (90 天期遠期外匯合約買 USD200,000)＝100%，並以此 100%為指定避險關係中之避險比率，故兩個比率相等，符合上列(c)規定。

(乙) 台灣 T 公司分錄如下：

被 ：被避險項目 (預期交易 → 將於 20x7/ 3/ 1 支付購買機器款 USD200,000) 避工：避險工具　(遠期外匯合約 → 將於 20x7/ 3/ 1 買 USD200,000)		
20x6/11/ 1	被	無分錄，因預期交易尚未發生。
20x6/11/ 1	避工	無分錄，因該遠期外匯合約之公允價值為$0， USD100,000×(120 天遠期匯率 31.6－約定的遠期匯率 31.6) ＝TWD0，但若有管理上之需要，可作備忘記錄。
20x6/12/31 20x6/12/31 (詳 P.88， 「1139」、 「831A」)	被 避工	無分錄，因預期交易尚未發生。 避險之金融資產－遠期外匯合約　　　　　92,157 　　其他綜合損益－避險工具之損益 　　　　　　　－不重分類至損益　　　　　　　92,157 遠期外匯合約： 　　USD200,000×(60 天遠期匯率 32.07－31.6)＝TWD94,000，收取 USD200,000 之權利增加 TWD94,000，但此項收取美元權利並非於今天履行，而是 2 個月後才要履行，故將 TWD94,000 按年息 12%折現 2 個月，求算所增加收取美元權利之現值為 TWD92,157，TWD94,000÷(1＋12%×2/12)＝TWD92,157，應認列為「避險之金融資產－遠期外匯合約」借餘 TWD92,157。同時將避險工具之利益貸記於「其他綜合損益」TWD92,157，計算如下： (i) 避險工具公允價值再衡量之累積利益 TWD92,157 (A)， (ii) 被避險項目公允價值再衡量之累積損失 TWD92,157 (B)， 　　(B)計算同(A)，以(A)(B)絕對金額較低者(TWD92,157)認列於「其他綜合損益」，表達在權益項下。
註： 截至 20x6/12/31，結轉「其他綜合損益」後，「其他權益－避險工具之損益」(詳 P.88，「345A」)＝20x6/12/31 結轉貸記 TWD 92,157＝貸餘 TWD 92,157		

(續次頁)

20x7/1/30	避工	避險之金融資產－遠期外匯合約　　　　　24,675
		其他綜合損益－避險工具之損益
		－不重分類至損益　　　　　　　　　　　　　24,675
		遠期外匯合約：
		USD200,000×(30 天遠期匯率 32.19－31.6)＝TWD118,000，收取 USD200,000 之權利增加 TWD118,000，但此項收取美元權利並非於今天履行，而是 1 個月後才要履行，故將 TWD118,000 按年息 12%折現 1 個月，求算所增加收取美元權利之現值為 TWD116,832，TWD118,000÷(1＋12%×1/12)＝TWD116,832，應認列為「避險之金融資產－遠期外匯合約」借餘 TWD116,832，因帳列已有借餘 TWD92,157，故再借記「避險之金融資產－遠期合約」TWD24,675，TWD116,832－TWD92,157＝TWD24,675。同時將避險工具之利益貸記於「其他綜合損益」TWD24,675，計算如下：
		(i) 避險工具公允價值再衡量之累積利益 TWD116,832 (A)，
		(ii) 被避險項目公允價值再衡量之累積損失 TWD116,832 (B)，
		(B)計算同(A)，以(A)(B)絕對金額較低者(TWD116,832)認列於「其他綜合損益」，其中 TWD92,157 已於 20x6/12/31 貸記「其他綜合損益」，故今再貸記「其他綜合損益」TWD24,675，TWD116,832－TWD92,157＝TWD24,675，並表達在權益項下。
		截至目前，「其他權益－避險工具之損益」＝20x6/12/31 貸餘 TWD92,157＋結轉貸記 TWD24,675＝貸餘 TWD116,832。
20x7/1/30 (詳 P.88，「345A」)	被	機器設備　　　　　　　　　　　　　　6,333,168
		其他權益－避險工具之損益　　　　　　　116,832
		應付機器款－美元　　　　　　　　　　　　6,450,000
		賒購機器款：USD200,000×32.25＝TWD6,450,000，另借記「其他權益」TWD116,832，請詳下段註四**(P.86)**說明。
20x7/3/1 (詳 P.88，「7630」)	被	(1) 若遠期外匯合約(避險工具)以淨額結清：
		應付機器款－美元　　　　　　　　　　6,450,000
		外幣兌換損失　　　　　　　　　　　　　　14,000
		現　金　　　　　　　　　　　　　　　　6,464,000
		支付「應付機器款－美元」：USD200,000×32.32＝TWD6,464,000
		TWD6,464,000－TWD6,450,000＝TWD14,000

(續次頁)

20x7/3/1 (續)	被	(2) 若遠期外匯合約(避險工具)以總額結清： 若買入美元之遠期外匯合約係以總額結清，以本例而言，台灣T公司可要求B銀行將USD200,000於20x7/3/1直接匯至美國A公司，以結清遠期外匯合約，似更簡便。
		應付機器款－美元　　　　　　　　　6,450,000 外幣兌換損失　　　　　　　　　　　　14,000 　　現　金－美元　　　　　　　　　　　　　6,464,000
20x7/3/1 (詳 P.88， 「1139」、 「836C」)	避 工	避險之金融資產－遠期外匯合約　　　27,168 　　其他綜合損益－避險工具之損益 (有效)　　27,168
		遠期外匯合約： 　　USD200,000×(32.32 － 31.6) ＝ TWD144,000，收取 USD200,000 之權利增加 TWD144,000，應認列為「避險之金融資產－遠期外匯合約」借餘 TWD144,000，因帳列已有借餘 TWD116,832，故再借記「避險之金融資產－遠期外匯合約」TWD27,168，TWD144,000－TWD116,832＝TWD27,168。同時將避險工具之利益貸記於「其他綜合損益」TWD27,168，計算如下： (i) 避險工具公允價值再衡量之累積利益 TWD144,000 (A)， (ii) 被避險項目公允價值再衡量之累積損失 TWD144,000 (B)， 以(A)(B)絕對金額較低者(TWD144,000)認列於「其他綜合損益」，其中 TWD116,832 已於 20x7/1/30 前貸記「其他綜合損益」，故今再貸記「其他綜合損益」TWD27,168，TWD144,000－TWD116,832＝TWD27,168，表達在權益項下，並於被避險之預期現金流量影響損益之同一期間(或多個期間)內，自權益重分類至損益，請詳最後一個分錄。 　　此項收取 USD200,000 之權利須於今天(20x7/3/1)履行。
3/1	避 工	(1) 若遠期外匯合約以淨額結清：
		現　金　　　　　　　　　　　　　　144,000 　　避險之金融資產－遠期外匯合約　　　　　144,000
		收取 USD200,000 權利之公允價值＝USD200,000×32.32＝TWD6,464,000，支付買入遠期外匯合約之價款為 TWD6,320,000，因約定以淨額結清，故可收取淨額 TWD144,000。
		(2) 若遠期外匯合約以總額結清：
		現　金－美元　　　　　　　　　　　6,464,000 　　避險之金融資產－遠期外匯合約　　　　　144,000 　　現　金　　　　　　　　　　　　　　　　6,320,000

(續次頁)

20x7/3/1 (詳 P.88，「836C」、「730D」)	避險工具	其他綜合損益－避險工具之損益 (有效)　　　27,168　　　　避險工具之利益－現金流量避險 (有效)　　　　27,168
		除結清遠期外匯合約外，另將「其他綜合損益」TWD27,168 於被避險之預期現金流量影響損益之同一期間(或多個期間)內，自權益重分類至損益。本例以美元計價之應付機器款係於 20x7/3/1 支付並產生外幣兌換損失 TWD14,000，故認列於「其他綜合淨利」之避險工具利益 TWD27,168，亦應同期轉列為當期利益。
註：　截至 20x7/3/1，結轉「其他綜合損益」後，「其他權益－避險工具之損益」　　　(詳 P.88，「345A」)＝20x6/12/31 貸餘 TWD92,157＋20x7/1/30 結轉貸記　　　TWD24,675－20x7/1/30 借記 TWD116,832＋20x7/3/1 結轉貸記 TWD27,168　　　－20x7/3/1 結轉借記 TWD27,168＝TWD0		
結 論：台灣 T 公司支付應付設備款 TWD6,464,000，並收取現金 TWD144,000 以結清遠期外匯合約，淨支出為 TWD6,320,000，即 USD200,000 在 20x6/11/1 簽訂買入遠期外匯合約時已確定之外匯買價 TWD6,320,000，遠期匯率 31.6×USD200,000＝TWD6,320,000。		

註四：依 IFRS 規定，若一被避險預期交易<u>後續</u>導致認列非金融資產或非金融負債，<u>或</u>對非金融資產或非金融負債之一被避險預期交易<u>成為</u>適用公允價值避險會計之確定承諾，<u>則</u>企業應自現金流量避險準備移除該累計金額，並將其<u>直接納入該資產或該負債之原始成本或其他帳面金額</u>。
→ 稱為「認列基礎調整」。 [請詳第 40 頁之(七)(1)(d)(i)]

如上述 20x7/1/30 分錄所示，將「其他權益－避險工具之損益」貸餘 $116,832 移除，並納入「機器設備」原始成本的計算中，未來該機器以 $6,333,168 計提折舊。假設該機器之耐用年限 10 年，無殘值，採直線法計提折舊，則每年折舊費用為$633,317，($6,333,168－$0)÷10 年＝$633,317。惟 20x7 年只使用該機器 11 個月，故折舊費用為$580,541，$633,317×(11/12)＝$580,541。提列折舊分錄如下：

		20x7	20x8
12/31	折舊費用	580,541	633,317
	累計折舊－機器設備	580,541	633,317

上述交易在台灣 T 公司財務報表之表達如下：

	20x6	
綜合損益表	： 其他綜合損益－避險工具之損益－不重分類至損益 -------- $92,157	
	20x6 / 12 / 31	
財務狀況表	流動資產 　避險之金融資產 　　－遠期外匯合約 ---- $92,157	流動負債 權　　益 　其他權益 　　－避險工具之損益 ---- $92,157

	20x7	
綜合損益表	折舊費用 -- ($580,541) 外幣兌換損失 -- ($14,000) 避險工具之利益－現金流量避險 (有效) -------------------- $27,168 　　： 其他綜合損益－避險工具之損益－不重分類至損益 ----- $24,675	
	20x7 / 12 / 31	
財務狀況表	流動資產 　避險之金融資產 　　－遠期外匯合約 -------- $0 不動產、廠房及設備 　機器設備 ---------- $6,333,168 　減：累計折舊 ---- (580,541)	流動負債 權　　益 　其他權益 　　－避險工具之損益 -------- $0

※ 本章「課文 11 個釋例」及「附錄 11 個釋例」，其中部分會計科目因篇幅關係採精簡說法，其詳細完整說法請參閱下列「一般行業 IFRSs 會計項目及代碼」，資料來源 ～ 臺灣證券交易所 109 年 8 月 21 日公告修正之「一般行業 IFRSs 會計項目及代碼」：

1139	避險之金融資產－流動		
2126	避險之金融負債－流動		
3400	其他權益		
	3450	避險工具之損益	
		345A	現金流量避險中屬有效避險部分之避險工具利益(損失)
		345C	對交易相關之被避險項目進行避險之選擇權時間價值
		345F	對期間相關之被避險項目進行避險之遠期合約之遠期部分
7000	營業外收入及支出		
	7230	外幣兌換利益	
	7630	外幣兌換損失	
	7235	透過損益按公允價值衡量之金融資產(負債)利益	
	7635	透過損益按公允價值衡量之金融資產(負債)損失	
	7300	避險工具之利益	
	7700	避險工具之損失	
		730A	避險工具之利益－公允價值避險
		770A	避險工具之損失－公允價值避險
		730B	歸因於所規避風險之被避險項目之利益－公允價值避險
		770B	歸因於所規避風險之被避險項目之損失－公允價值避險
		730C	現金流量避險無效而認列於損益之利益
		770C	現金流量避險無效而認列於損益之損失
		730D	現金流量避險有效而自權益轉列之利益
		770D	現金流量避險有效而自權益轉列之損失
8300	其他綜合損益		
	8317	避險工具之損益－不重分類至損益	
		831A	現金流量避險中屬有效避險部分之避險工具利益(損失)
		831B	對交易相關之被避險項目進行避險之選擇權時間價值
	8368	避險工具之損益－後續可能重分類至損益	
		836C	現金流量避險中屬有效避險部分之避險工具利益(損失)
		836H	對期間相關之被避險項目進行避險之遠期合約之遠期部分

附　錄

本章課文主要講述：非衍生之外幣交易、為規避外幣匯率變動風險而進行之遠期外匯合約交易、以及前述兩類交易之相關會計處理。然避險工具除遠期外匯合約外，尚有：(1)期貨、選擇權、交換、外匯以外的遠期合約等基本衍生工具，(2)基本衍生工具[(1)]的多種組合，(3)符合避險工具要件之非衍生金融資產或非衍生金融負債等，故擬於本章附錄及第十四章「十二、國外營運機構淨投資之避險」中列舉釋例並說明其相關會計處理。

一、遠期合約 / 預期銷貨價格變動之風險 / 現金流量避險

釋例十二：　(另請參閱「附錄」釋例二十一)

甲公司是一家開採銅礦、冶煉並銷售銅的公司，年產量約 80,000 磅，每磅銅的成本為$9,000。甲公司為規避未來一年銅市價漲跌對企業營運造成的影響，遂於 20x6 年 10 月 1 日與乙公司簽訂一項以淨額結清的遠期合約，約定於 20x7 年 9 月 30 日以每磅$10,000 賣 80,000 磅銅。約定每磅價格為$10,000，係簽約日(20x6/10/1)每磅銅 20x7 年 9 月 30 日的遠期價格。

甲公司將於 20x7 年 9 月 30 日在現貨市場上出售 80,000 磅銅，但因遠期合約已將銅價格「鎖定」在每磅$10,000，故當 20x7 年 9 月 30 日每磅銅的市價大於$10,000 時，甲公司將支付差額予乙公司，以結清遠期合約。相反地，若 20x7 年 9 月 30 日每磅銅的市價小於$10,000，則乙公司將支付差額予甲公司，以結清遠期合約。

假設：(1) 甲公司採永續盤存制及曆年制，並於每季季末編製財務報表。
　　　(2) 合理之折現率為 12%。
　　　(3) 下列日期每磅銅之市價為：

20x6/10/ 1	$10,000	20x7/ 3/31	$9,800
20x6/12/31	$10,300	20x7/ 6/30	$9,500
		20x7/ 9/30	$10,150

甲公司分錄如下：

被：被避險項目 (預期銷貨交易 → 將於一年後出售 80,000 磅銅)
避工：避險工具　(遠期合約 → 將於一年後結清賣 80,000 磅銅之遠期合約)

20x6/10/ 1	被	無分錄，因預期銷貨交易尚未發生。
20x6/10/ 1	避工	無分錄，因當天每磅銅市價$10,000，與所約定每磅銅之遠期價格$10,000 相等，故遠期合約之公允價值為$0，但若有管理上之需要，可作備忘記錄。
20x6/12/31	被	無分錄，因預期銷貨交易尚未發生。
20x6/12/31 (詳 P.88，「836C」、「2126」)	避工	其他綜合損益－避險工具之損益　　　22,018,349 　　避險之金融負債－遠期合約　　　　　　　22,018,349 遠期合約： 　　(市價$10,300－約定售價$10,000)×80,000 磅＝$24,000,000，按約定甲公司有支付$24,000,000 予乙公司之義務，惟遠期合約尚有 9 個月才到期，因此按年息 12%折現 9 個月，計算此項支付義務在 20x6/12/31 之現值為$22,018,349，$24,000,000÷[1＋(12%×9/12)]＝$22,018,349，應認列為「避險之金融負債－遠期合約」貸餘$22,018,349。同時將避險工具之損失借記「其他綜合損益」$22,018,349，計算如下： (i) 避險工具公允價值再衡量之累積損失$22,018,349 (A)， (ii) 被避險項目公允價值再衡量之累積利益$22,018,349 (B)， 　　(B)計算同(A)，因二者之公允價值皆受銅市價異動之影響。 以(A)(B)絕對金額較低者($22,018,349)，認列於「其他綜合損益」，表達在權益項下。避險工具之累積損益應於被避險之預期現金流量影響損益之同一期間(或多個期間)內，自權益重分類為損益。
註：		截至 20x6/12/31，結轉「其他綜合損益」後，「其他權益－避險工具之損益」(詳 P.88，「345A」) ＝20x6/12/31 結轉借記$22,018,349＝借餘$22,018,349
20x7/ 3/31	被	無分錄，因預期銷貨交易尚未發生。
20x7/ 3/31 (詳 P.88，「2126」、「1139」、「836C」)	避工	避險之金融負債－遠期合約　　　22,018,349 避險之金融資產－遠期合約　　　15,094,340 　　其他綜合損益－避險工具之損益　　　　37,112,689 遠期合約： 　　(市價$9,800－約定售價$10,000)×80,000 磅＝－$16,000,000，按約定甲公司有權利向乙公司收取$16,000,000，惟遠期合約尚有 6 個月才到期，因此按年息 12%折現 6 個月，計算此項收現權利在 20x7/ 3/31 之現值為$15,094,340，$16,000,000÷[1＋(12%×6/12)]＝$15,094,340，且應認列為「避險之金融資產－遠期合約」借餘

20x7/3/31 (續)	避工	$15,094,340，故先沖轉原帳列「避險之金融負債－遠期合約」貸餘$22,018,349，再借記「避險之金融資產－遠期合約」$15,094,340。同時貸記「其他綜合損益」$37,112,689，計算如下： (i) 避險工具公允價值再衡量之累積利益$15,094,340 (A)， (ii) 被避險項目公允價值再衡量之累積損失$15,094,340 (B)， 　　(B)計算同(A)，因二者之公允價值皆受銅市價異動之影響。 以(A)(B)絕對金額較低者($15,094,340)，認列於「其他綜合損益」，表達在權益項下，惟截至 20x6/12/31，甲公司帳列「其他權益」借餘$22,018,349，故今應貸記「其他綜合損益」$37,112,689。 避險工具之累積損益應於被避險之預期現金流量影響損益之同一期間(或多個期間)內，自權益重分類為損益。
註：		截至 20x7/3/31，結轉「其他綜合損益」後，「其他權益－避險工具之損益」 ＝20x6/12/31 借餘$22,018,349－20x7/3/31 結轉貸記$37,112,689 ＝貸餘$15,094,340
20x7/6/30	被	無分錄，因預期銷貨交易尚未發生。
20x7/6/30	避工	避險之金融資產－遠期合約　　　　23,740,611 　　其他綜合損益－避險工具之損益　　　　　23,740,611 遠期合約： 　(市價$9,500－約定售價$10,000)×80,000 磅＝－$40,000,000，按約定甲公司有權利向乙公司收取$40,000,000，惟遠期合約尚有 3 個月才到期，因此按年息 12%折現 3 個月，計算此項收現權利在 20x7/6/30 之現值為$38,834,951，$40,000,000÷[1＋(12%×3/12)]＝$38,834,951，且應認列為「避險之金融資產－遠期合約」借餘$38,834,951，而原帳列「避險之金融資產－遠期合約」係借餘$15,094,340，故再借記「避險之金融資產－遠期合約」$23,740,611，$38,834,951－$15,094,340＝$23,740,611。同時貸記「其他綜合損益」$23,740,611，計算如下： (i) 避險工具公允價值再衡量之累積利益$38,834,951 (A)， (ii) 被避險項目公允價值再衡量之累積損失$38,834,951 (B)， 　　(B)計算同(A)，因二者之公允價值皆受銅市價異動之影響。 以(A)(B)絕對金額較低者($38,834,951)，認列於「其他綜合損益」，表達在權益項下，惟截至 20x7/3/31，甲公司帳列「其他權益」貸餘$15,094,340，故今應貸記「其他綜合損益」$23,740,611。 避險工具之累積損益應於被避險之預期現金流量影響損益之同一期間(或多個期間)內，自權益重分類為損益。
註：		截至 20x7/6/30，結轉「其他綜合損益」後，「其他權益－避險工具之損益」 ＝20x7/3/31 貸餘$15,094,340＋20x7/6/30 結轉貸記$23,740,611 ＝貸餘$38,834,951

20x7/ 9/30	被	現　　金	812,000,000	
		銷貨收入		812,000,000
		於現貨市場出售 80,000 磅銅，售價$10,150×80,000 磅＝$812,000,000		
9/30	被	銷貨成本	720,000,000	
		存　　貨		720,000,000
		成本$9,000×80,000 磅＝$720,000,000		
20x7/ 9/30	避工	其他綜合損益－避險工具之損益	50,834,951	
		避險之金融資產－遠期合約		38,834,951
		避險之金融負債－遠期合約		12,000,000
		(市價$10,150－約定售價$10,000)×80,000 磅＝$12,000,000，按約定甲公司負有支付$12,000,000 予乙公司之義務，且遠期合約今天到期，因此應認列為「避險之金融負債－遠期合約」貸餘$12,000,000，故先沖轉原帳列「避險之金融資產－遠期合約」之借餘$38,834,951，再貸記「避險之金融負債－遠期合約」$12,000,000。同時借記「其他綜合損益」$50,834,951，計算如下： (i) 避險工具公允價值再衡量之累積損失$12,000,000 (A)， (ii) 被避險項目公允價值再衡量之累積利益$12,000,000 (B)， 　(B)計算同(A)，因二者之公允價值皆受銅市價異動之影響。 以(A)(B)絕對金額較低者($12,000,000)，認列於「其他綜合損益」，表達在權益項下，惟截至 20x7/ 6/30，甲公司帳列「其他權益」貸餘$38,834,951，故今應借記「其他綜合損益」$50,834,951。避險工具之累積損失$12,000,000 於今天銷貨交易發生時，自權益重分類為損益。		
9/30	避工	避險之金融負債－遠期合約	12,000,000	
		現　　金		12,000,000
		甲公司支付$12,000,000 予乙公司，以淨額結清遠期合約。		
9/30 (詳 P.88， 「770D」、 「836C」)	避工	避險工具之損失－現金流量避險 (或 銷貨收入)	12,000,000	
		其他綜合損益－避險工具之損益		12,000,000
		避險工具之累積損失$12,000,000 應於被避險之預期現金流量影響損益之同一期間(或多個期間)內，自權益重分類為損益，即應在 20x7/ 9/30 於現貨市場出售 80,000 磅銅且認列銷貨收入的同一期間，做重分類調整。		
註：		截至 20x7/ 9/30，結轉「其他綜合損益」後，「其他權益－避險工具之損益」 ＝20x7/ 6/30 貸餘$38,834,951－20x7/ 9/30 結轉借記$50,834,951 　　　　　　　　　　　　＋20x7/ 9/30 結轉貸記$12,000,000＝餘額$0			

結　論：
(1) 甲公司因遠期合約及銷貨交易之淨現金流入
    ＝銷貨交易收現$812,000,000－結清遠期合約付現$12,000,000
    ＝$800,000,000
(2) 透過遠期合約避險，對 20x6 及 20x7 年損益之影響分別為：
    20x6：$0
    20x7：銷貨收入$812,000,000－避險工具之損失$12,000,000
         ＝$800,000,000＝(或 銷貨收入$800,000,000)
         ＝20x6/10/1 簽訂遠期合約時已確定之 80,000 磅銅的約定總售價
         ＝$10,000×80,000 磅＝$800,000,000

二、選擇權 / 預期進貨價格變動之風險 / 現金流量避險

釋例十三：

　　甲公司因業務上需要，將於 20x7 年 1 月 31 日購買 100,000 桶 A 油品。為規避 A 油品市價之波動，遂於 20x6 年 12 月 1 日簽訂一份歐式 A 油品買權合約，約定甲公司可在 20x7 年 1 月 31 日以每加侖$45 購進 100,000 桶 A 油品。甲公司指定該項 A 油品買權合約之內含價值變動為預期購買 100,000 桶 A 油品交易之現金流量避險工具。該項 A 油品買權合約之權利金(premium)為$30,000，而每桶 A 油品是 42 加侖。

　　A 油品每加侖之市價：20x6 年 12 月 31 日為$45.2，20x7 年 1 月 31 日為$45.08。甲公司在 20x7 年 1 月 31 日並未行使此項買權，而係以淨額結清此項買權合約(即賣出買權)，並於市場上以每加侖$45.08 購進 100,000 桶 A 油品。甲公司於 20x7 年 2 月 6 日，以每加侖$60 出售 100,000 桶 A 油品予乙客戶。

假設：(1) 合理之折現率為 12%。
　　　(2) 20x6 年 12 月 31 日，該項 A 油品買權合約的時間價值減少$15,000。

(一) 甲公司分錄如下：

被　：被避險項目 (預期購買 A 油品交易→將於 20x7/ 1/31 買進 100,000 桶 A 油品) 避工：避險工具 (選擇權→將於 20x7/ 1/31 出售"買 100,000 桶 A 油品之選擇權")			
20x6/12/ 1	被	無分錄，因預期購買 A 油品交易尚未發生。	
20x6/12/ 1	避 工	避險之金融資產－選擇權　　　　　　　　30,000 　　現　金　　　　　　　　　　　　　　　　　　　30,000	
20x6/12/31	被	無分錄，因預期購買 A 油品交易尚未發生。	
20x6/12/31 (詳 P.88， 「1139」、 「831B」、 「831A」)	避 工	避險之金融資產－選擇權　　　　　　　　816,683 其他綜合損益－避險工具之損益 (時間價值)　15,000 　　其他綜合損益－避險工具之損益 (有效)　　　　831,683	
||選擇權－內含價值： 　　($45.2－$45)×42 加侖×100,000 桶＝$840,000，即若今天行使選擇權，則甲公司可省下$840,000 進貨成本，但此項權利並非今天可以行使(歐式選擇權)，係一個月後才可以行使，故將$840,000 按年息 12%折現一個月，求算選擇權合約之現值為$831,683，$840,000÷(1＋12%×1/12)＝$831,683，此即選擇權內含價值增加數，係指定避險部分，應貸記「其他綜合損益」$831,683。亦可說明如下： (i) 避險工具公允價值再衡量之累積利益$831,683 (A)， (ii) 被避險項目公允價值再衡量之累積損失$831,683 (B)，(B)之計算同(A)，因二者之公允價值皆受 A 油品市價異動之影響。 以(A)(B)絕對金額較低者($831,683)認列於「其他綜合損益」，並表達在權益項下。 選擇權－時間價值： 　　本例係對預期進貨交易進行避險，IFRS 規定，對交易相關之被避險項目進行避險之選擇權，其時間價值之公允價值變動，應在與被避險項目相關之範圍內認列於其他綜合損益，且應累計於單獨權益組成部分。若被避險項目後續導致認列非金融資產或非金融負債，則企業應自該單獨權益組成部分移除該金額，並將其直接納入該資產或該負債之原始成本或其他帳面金額。此非屬重分類調整，因此不影響其他綜合損益。已知選擇權時間價值減少$15,000，應借記「其他綜合損益」$15,000。 選擇權： 　　$831,683－$15,000＝$816,683，借記「避險之金融資產－選擇權」，故截至 20x6/12/31 為借餘$846,683，$30,000＋$816,683＝$846,683，包括：(a)選擇權剩餘的時間價值$15,000 ($30,000－減少$15,000)，(b)選擇權的內含價值增加$831,863。		

第 94 頁 (第十三章 外幣交易及相關避險操作之會計處理)

註： 截至 20x6/12/31，結轉「其他綜合損益」後，
(1)「其他權益－避險工具之損益」(有效) (詳 P.88，「345A」)
　　＝20x6/12/31 結轉貸記$831,683＝貸餘$831,683
(2)「其他權益－避險工具之損益」(時間價值) (詳 P.88，「345C」)
　　＝20x6/12/31 結轉借記$15,000＝借餘$15,000

20x7/ 1/31	避險工具	其他綜合損益－避險工具之損益 (有效)　　495,683 其他綜合損益－避險工具之損益 (時間價值)　15,000 　　避險之金融資產－選擇權　　　　　　　　　　510,683
		選擇權－內含價值： 　　($45.08－$45)×42 加侖×100,000 桶＝$336,000，此即選擇權內含價值至今之增加數，係指定避險部分，應認列為「其他綜合損益」貸餘$336,000，因 20x6/12/31 已貸記「其他綜合損益」$831,683，故今須借記「其他綜合損益」$495,683，$336,000－$831,683＝－$495,683。亦可說明如下： (i) 避險工具公允價值再衡量之累積利益$336,000 (A)， (ii) 被避險項目公允價值再衡量之累積損失$336,000 (B)，(B)之計算同(A)，因二者之公允價值皆受 A 油品市價異動之影響。 以(A)(B)絕對金額較低者($336,000)認列於「其他綜合損益」，並表達在權益項下。 選擇權－時間價值： 　　今日(20x7/ 1/31)選擇權到期，其時間價值降為$0，故選擇權剩餘的時間價值$15,000，應借記「其他綜合損益」$15,000。 選擇權： 　　$495,683＋$15,000＝$510,683，貸記「避險之金融資產－選擇權」，故截至 20x7/ 1/31 為借餘$336,000，$846,683－$510,683＝$336,000，包括：(a)選擇權剩餘的時間價值$0，(b)選擇權的內含價值增加$336,000。
1/31	避險工具	現　金　　　　　　　　　　　　　　　　　336,000 　　避險之金融資產－選擇權　　　　　　　　　　336,000
		淨額結清選擇權合約(賣出買權)，收現$336,000，即該項選擇權於本日之公允價值，($45.08－$45)×42 加侖×100,000 桶＝$336,000。

註： 截至 20x7/ 1/31，結轉「其他綜合損益」後，
(1)「其他權益－避險工具之損益」(有效) (詳 P.88，「345A」)
　　＝20x6/12/31 貸餘$831,683－20x7/ 1/31 結轉借記$495,683＝貸餘$336,000
(2)「其他權益－避險工具之損益」(時間價值) (詳 P.88，「345C」)
　　＝20x6/12/31 借餘$15,000＋20x7/ 1/31 結轉借記$15,000＝借餘$30,000

20x7/1/31	進貨	存　貨－A 油品　　　　　　　　　　　189,030,000	
		其他權益－避險工具之損益 (有效)　　　336,000	
		其他權益－避險工具之損益(時間價值)	30,000
		現　金	189,336,000
		每加侖市價$45.08×42 加侖×100,000 桶＝$189,336,000	
20x7/2/6	銷貨	現　金　　　　　　　　　　　　　　　252,000,000	
		銷貨收入	252,000,000
		$60×42 加侖×100,000 桶＝$252,000,000	
2/6	銷貨	銷貨成本　　　　　　　　　　　　　　189,030,000	
		存　貨－A 油品	189,030,000

結論：
(1) 甲公司因選擇權合約及進貨交易之淨現金流出
　　＝簽訂選擇權合約支付權利金$30,000＋進貨付現$189,336,000
　　　　－結清選擇權合約收現$336,000＝$189,030,000
(2) 透過選擇權避險，對 20x6 及 20x7 年損益之影響分別為：
　　20x6：不影響損益
　　20x7：銷貨成本$189,030,000＝選擇權合約之權利金$30,000(避險成本)
　　　　　　＋20x6/12/1 簽訂選擇權合約時已確定購買 100,000 桶 A 油
　　　　　　品的總價格($45×42 加侖×100,000 桶＝$189,000,000)

(二) 補充：若甲公司在 20x7 年 1 月 31 日行使選擇權，以每加侖$45 購進 100,000
　　　　　桶 A 油品，則甲公司分錄如下：

被	：被避險項目 (預期進貨交易→將於 20x7/1/31 買進 100,000 桶 A 油品)			
避工	：避險工具 (選擇權→將於 20x7/1/31 行使"買 100,000 桶 A 油品之選擇權")			
20x6/12/1	被	[同(一)]		
20x6/12/1	避工	[同(一)]		
20x6/12/31	被	[同(一)]		
20x6/12/31	避工	[同(一)]		
20x7/1/31	避工	[同(一)20x7/1/31 第一個分錄，無須第二個分錄。]		
20x7/1/31	進貨	存　貨－A 油品　　　　　　　　　　189,030,000		
		其他權益－避險工具之損益 (有效)　　336,000		
		其他權益－避險工具之損益(時間價值)		30,000
		現　金		189,000,000
		避險之金融資產－選擇權		336,000
		行使選擇權，以每加侖$45 購進 100,000 桶 A 油品，		
		因此支付現金＝$45×42 加侖×100,000 桶＝$189,000,000。		

| 20x7/ 2/ 6 | 銷貨 | 兩筆分錄,同(一)。 |

結　論：
(1) 甲公司因選擇權合約及進貨交易之淨現金流出
　　＝簽訂選擇權合約支付權利金$30,000＋行使選擇權進貨付現$189,000,000
　　＝$189,030,000
(2) [同(一)]

三、期貨合約 / 預期進貨價格變動之風險 / 現金流量避險

釋例十四：

　　甲公司因業務上需要,將於20x7年1月31日購進100,000桶A油品,為規避A油品市價之波動,遂於20x6年12月1日簽訂期貨合約來避險,內容是將於20x7年1月31日以每加侖$45購進100,000桶A油品。假設A油品在期貨交易所係以1,000桶為一個交易單位(一口),因此甲公司須簽訂100口A油品期貨合約,又每一口A油品期貨合約須繳交$3,000保證金,每桶A油品是42加侖。

　　20x6年12月31日,期貨交易所對於將在20x7年1月31日結算之A油品期貨合約之報價為每加侖$45.2。20x7年1月31日,A油品之即期價格與在當日結算之A油品期貨合約的報價皆為每加侖$45.08。

　　甲公司於20x7年1月31日結清100口A油品期貨合約,並於市場上以每加侖$45.08購進100,000桶A油品。甲公司另於20x7年2月6日以每加侖$60出售100,000桶A油品予乙客戶。

甲公司分錄如下：

| 被　：被避險項目 (預期進貨交易 → 將於20x7/ 1/31 買進100,000桶A油品) |
| 避工：避險工具　 (期貨合約 → 將於20x7/ 1/31結清100口A油品期貨合約) |

20x6/12/1	被	無分錄，因預期進貨交易尚未發生。		
20x6/12/1	避工	避險之金融資產－期貨合約	300,000	
		現　金		300,000
		保證金$3,000×100 口 A 油品期貨合約＝$300,000		
20x6/12/31	被	無分錄，因預期進貨交易尚未發生。		
20x6/12/31 (詳 P.88，「1139」、「831A」)	避工	避險之金融資產－期貨合約	840,000	
		其他綜合損益－避險工具之損益		840,000
		期貨合約： 　　($45.2－$45)×42 加侖×100,000 桶＝$840,000，即假若期貨合約在今天到期結算，除保證金可全數收回外，甲公司另有收現$840,000 之權利，此即期貨合約公允價值增加數，應認列為「避險之金融資產－期貨合約」借餘$840,000，同時貸記「其他綜合損益」$840,000。亦可說明如下： (i) 避險工具公允價值再衡量之累積利益$840,000 (A)， (ii) 被避險項目公允價值再衡量之累積損失$840,000 (B)，(B)之計算同(A)，因二者之公允價值皆受 A 油品市價異動之影響。 以(A)(B)絕對金額較低者($840,000)認列於「其他綜合損益」，並表達在權益項下。目前「避險之金融資產－期貨合約」為借餘$1,140,000，$300,000＋$840,0000＝$1,140,000。		
註：		截至 20x6/12/31，結轉「其他綜合損益」後，「其他權益－避險工具之損益」(詳 P.88，「345A」)＝20x6/12/31 結轉貸記$840,000＝貸餘$840,000		
20x7/1/31	避工	其他綜合損益－避險工具之損益	504,000	
		避險之金融資產－期貨合約		504,000
		期貨合約： 　　($45.08－$45)×42 加侖×100,000 桶＝$336,000，為期貨合約今日之公允價值，故「避險之金融資產－期貨合約」應為借餘$636,000，$300,000＋$336,0000＝$636,000，而「其他綜合損益」應為貸餘$336,000。故借記「其他綜合損益」$504,000，$336,000－$840,000＝－$504,000，並貸記「避險之金融資產－期貨合約」$504,000，$636,000－$1,140,000＝－$504,000。亦可說明如下： (i)避險工具公允價值再衡量之累積利益$336,000 (A)， (ii)被避險項目公允價值再衡量之累積損失$336,000 (B)， 　　計算同(A)，因二者之公允價值皆受 A 油品市價異動之影響。以(A)(B)絕對金額較低者($336,000)認列於「其他綜合損益」，並表達在權益項下。		

20x7/1/31	避險工具	現　金　　　　　　　　　　　　　　　　　　636,000 　　避險之金融資產－期貨合約　　　　　　　　　　　636,000 淨額結算期貨合約，共收現$636,000，包括：(a)保證金$300,000，(b)期貨合約公允價值增加數$336,000。
註：	截至 20x7/1/31，結轉「其他綜合損益」後，「其他權益－避險工具之損益」(詳 P.88，「345A」)＝20x6/12/31 貸餘$840,000－20x7/1/31 結轉借記$504,000＝貸餘$336,000		
20x7/1/31	被避險項目	存　貨－A 油品　　　　　　　　　　　　　189,000,000 其他權益－避險工具之損益　　　　　　　　　　336,000 　　現　金　　　　　　　　　　　　　　　　　　　189,336,000 每加侖市價$45.08×42 加侖×100,000 桶＝$189,336,000
		依 IFRS 規定，若一被避險預期交易<u>後續導致認列非金融資產或非金融負債，</u>或對非金融資產或非金融負債之一被避險預期交易<u>成為</u>適用公允價值避險會計之確定承諾，則企業應自現金流量避險準備移除該累計金額，並將其<u>直接納入該資產或該負債之原始成本或其他帳面金額。</u>→ 稱為「認列基礎調整」
20x7/2/6	銷貨	現　金　　　　　　　　　　　　　　　　　252,000,000 　　銷貨收入　　　　　　　　　　　　　　　　　　252,000,000 $60×42 加侖×100,000 桶＝$252,000,000
2/6	銷貨	銷貨成本　　　　　　　　　　　　　　　　189,000,000 　　存　貨－A 油品　　　　　　　　　　　　　　　189,000,000

結 論：
(1) 甲公司因期貨合約及進貨交易之淨現金流出
　＝簽訂期貨合約支付保證金$300,000＋進貨付現$189,336,000
　　　　－結算期貨合約收現$636,000＝$189,000,000
(2) 透過期貨合約避險，對 20x6 及 20x7 年損益之影響分別為：
　20x6：$0
　20x7：銷貨成本$189,000,000
　　　　＝20x6/12/1 簽訂期貨合約時已確定購買 100,000 桶 A 油品總價格
　　　　＝每加侖約定價格$45×42 加侖×100,000 桶＝$189,000,000

四、遠期合約 / 帳列存貨公允價值變動之風險 / 公允價值避險

釋例十五：

20x6年11月1日，甲公司帳列存貨C原料100,000噸，每噸成本$86，由於某些原因，C原料在未來6個月暫不投入生產作業，直到20x7年4月30日。惟近期C原料市價波動劇烈，甲公司為規避C原料市價波動之風險，遂於20x6年11月1日與乙公司簽訂一項以淨額結清之遠期合約，約定於20x7年4月30日以每噸$90賣100,000噸C原料。

換言之，若C原料每噸市價高於$90時，帳列存貨的公允價值增加，同時甲公司負有支付每噸差額(＝每噸市價－約定每噸遠期價格$90)予乙公司之義務；反之，若C原料每噸市價低於$90時，帳列存貨的公允價值減少，同時甲公司擁有向乙公司收取每噸差額之權利，故此項以遠期合約進行之避險操作係屬<u>公允價值避險</u>。

甲公司每季末須編製財務報表，合理之折現率為12%，且C原料每噸市價如下：

20x6/11/1	$90	20x7/3/31	$89
20x6/12/31	$94	20x7/4/30	$87

甲公司分錄如下：

被 ：被避險項目 (帳列存貨 → 100,000噸C原料市價之變動)		
避工：避險工具 (遠期合約 → 將於20x7/4/30結清賣100,000噸C原料之遠期合約)		
20x6/11/1	被	無分錄，因帳列存貨公允價值無變動。
20x6/11/1	避工	無分錄，因當天C原料每噸市價$90，與約定每噸遠期價格$90相等，故遠期合約之公允價值為$0，但若有管理上之需要，可作備忘記錄。
20x6/12/31 (詳P.88， 「770A」、 「2126」)	避工	避險工具之損失－公允價值避險　　　384,615 　　避險之金融負債－遠期合約　　　　　　384,615 遠期合約： 　　($94－$90)×100,000＝$400,000，按約定甲公司負有支付$400,000予乙公司之義務，惟遠期合約尚有4個月才到期，因此

		按年息12%折現4個月,計算此項支付義務在20x6/12/31之現值為$384,615,$400,000÷(1＋12%×4/12)＝$384,615,應認列為「避險之金融負債－遠期合約」貸餘$384,615。同時將避險工具按公允價值衡量所產生之利益或損失,認列於損益。	
20x6/12/31 (詳 P.88, 「730B」)	被	存　貨　　　　　　　　　　　　　　400,000 　　被避險項目之利益－公允價值避險　　　　　400,000	
		被避險項目歸因於被規避風險之利益或損失,<u>應調整被避險項目之帳面金額</u>並認列於損益,即使被避險項目本應按成本衡量亦適用。因此帳列存貨公允價值增加$400,000,應借記「存貨」,($94－$90)×100,000＝$400,000,同時認列利益。 至此,「存貨」借餘$9,000,000,包括下列(a)及(b): (a) 成本$8,600,000,$86×100,000＝$8,600,000, (b) 避險操作後至今,存貨公允價值之增加數$400,000, 是一種「<u>綜質模式</u>(mixed-attribute model)」的評價方式,綜合了「成本」及「公允價值變動數」的混合評價方式。	
20x7/3/31 (詳 P.88, 「2126」、 「1139」、 「730A」)	避工	避險之金融負債－遠期合約　　　　　384,615 避險之金融資產－遠期合約　　　　　99,010 　　避險工具之利益－公允價值避險　　　　　483,625	
		遠期合約: 　　($89－$90)×100,000＝－$100,000,按約定甲公司擁有向乙公司收取$100,000之權利,惟遠期合約尚有1個月才到期,因此按年息12%折現1個月,計算此項收現權利在20x7/3/31之現值為$99,010,$100,000÷(1＋12%×1/12)＝$99,010,應認列為「避險之金融資產－遠期合約」借餘$99,010,故先沖轉原帳列「避險之金融負債－遠期合約」貸餘$384,615,再借記「避險之金融資產－遠期合約」$99,010。同時將避險工具按公允價值衡量所產生之利益或損失,認列於損益。	
20x7/3/31 (詳 P.88, 「770B」)	被	被避險項目之損失－公允價值避險　　　500,000 　　存　貨　　　　　　　　　　　　　　　500,000	
		被避險項目歸因於被規避風險之利益或損失,應調整被避險項目之帳面金額並認列於損益,即使被避險項目本應按成本衡量亦適用。因此帳列存貨公允價值減少$500,000,應貸記「存貨」,($89－$94)×100,000＝－$500,000,同時認列損失。 至此,「存貨」借餘$8,500,000,包括下列(a)及(b): (a) 成本$8,600,000,$86×100,000＝$8,600,000, (b) 避險操作後至今,存貨公允價值之減少數$100,000, 　　($89－$90)×100,000＝－$100,000,	

		是一種「綜質模式(mixed-attribute model)」的評價方式，綜合了「成本」及「公允價值變動數」的混合評價方式。	
20x7/ 4/30 (詳 P.88，「1139」、「730A」)	避工	避險之金融資產－遠期合約　　　　　　200,990 　　避險工具之利益－公允價值避險　　　　　　　　200,990	
		遠期合約： 　　($87－$90)×100,000＝－$300,000，按約定甲公司擁有向乙公司收取$300,000之權利，且遠期合約今天到期，應認列為「避險之金融資產－遠期合約」借餘$300,000，因原帳列「避險之金融資產－遠期合約」係借餘$99,010，故再借記「避險之金融資產－遠期合約」$200,990。同時將避險工具按公允價值衡量所產生之利益或損失，認列於損益。	
4/30	避工	現　金　　　　　　　　　　　　　　　300,000 　　避險之金融資產－遠期合約　　　　　　　　　　300,000	
		甲公司向乙公司收現$300,000，以淨額結清遠期合約。	
20x7/ 4/30 (詳 P.88，「770B」)	被	被避險項目之損失－公允價值避險　　　　200,000 　　存　貨　　　　　　　　　　　　　　　　　　200,000	
		被避險項目歸因於被規避風險之利益或損失，應調整被避險項目之帳面金額並認列於損益，即使被避險項目本應按成本衡量亦適用。因此，帳列存貨公允價值減少$200,000，應貸記「存貨」，($87－$89)×100,000＝－$200,000，同時認列損失。 至此，「存貨」借餘$8,300,000，包括下列(a)及(b)： (a) 成本$8,600,000，$86×100,000＝$8,600,000， (b) 避險操作後至今，存貨公允價值之減少數$300,000， 　　($87－$90)×100,000＝－$300,000， 是一種「綜質模式(mixed-attribute model)」的評價方式，綜合了「成本」及「公允價值變動數」的混合評價方式。	

釋例十六：

　　同釋例十五，惟 20x6 年 11 月 1 日甲公司帳列存貨 C 原料為 125,000 噸，甲公司指定帳列 C 原料 125,000 噸的 80%為被避險項目。

說明：依 IFRS 規定，被避險項目可為已認列資產的某一比例組成部分。本例被避險項目為存貨 C 原料 100,000 噸(持有 125,000 噸 C 原料×80%)，避險工具為遠期合約(約定於 20x7 年 4 月 30 日以每噸$90 賣 100,000 噸 C 原料)，

其比率＝企業實際使用之被避險項目數量(持有 100,000 噸 C 原料)÷避險工具數量(賣 100,000 噸 C 原料)＝100%，並以此 100%為指定避險關係中之避險比率。

甲公司分錄如下：

被	: 被避險項目 (帳列存貨 → 125,000 噸 C 原料市價之變動×80%)		
避工：避險工具 (遠期合約 → 將於 20x7/ 4/30 結清賣 100,000 噸 C 原料之遠期合約)			
20x6/11/ 1	被	無分錄，因帳列存貨公允價值無變動。	
20x6/11/ 1	避工	無分錄，因當天 C 原料每噸市價$90，與約定每噸遠期價格$90 相等，故遠期合約之公允價值為$0，但若有管理上之需要，可作備忘記錄。	
20x6/12/31	避工	避險工具之損失－公允價值避險　　　　384,615 　　避險之金融負債－遠期合約　　　　　　　　384,615	
		分錄及計算，同釋例十五。	
20x6/12/31	被	存　貨　　　　　　　　　　　　　　　400,000 　　被避險項目之利益－公允價值避險　　　　　400,000	
		分錄及計算，同釋例十五。 至此，「存貨」借餘$11,150,000，包括下列(a)及(b)： (a) 成本$10,750,000，$86×125,000＝$10,750,000， (b) 避險操作後至今，存貨公允價值之增加數$400,000。	
20x7/ 3/31	避工	避險之金融負債－遠期合約　　　　　　384,615 避險之金融資產－遠期合約　　　　　　 99,010 　　避險工具之利益－公允價值避險　　　　　　483,625	
		分錄及計算，同釋例十五。	
20x7/ 3/31	被	被避險項目之損失－公允價值避險　　　500,000 　　存　貨　　　　　　　　　　　　　　　　500,000	
		分錄及計算，同釋例十五。 至此，「存貨」借餘$10,650,000，包括： (a)成本$10,750,000，$86×125,000＝$10,750,000， (b)避險操作後至今，存貨公允價值之減少數$100,000， 　　($89－$90)×100,000＝－$100,000。	
20x7/ 4/30	避工	避險之金融資產－遠期合約　　　　　　200,990 　　避險工具之利益－公允價值避險　　　　　　200,990	
		分錄及計算，同釋例十五。	

20x7/4/30	避工	現　金　　　　　　　　　　　　　　　　　300,000
		避險之金融資產－遠期合約　　　　　　　　　　300,000
		甲公司向乙公司收現$300,000，以淨額結清遠期合約。
20x7/4/30	被	被避險項目之損失－公允價值避險　　　　　200,000
		存　貨　　　　　　　　　　　　　　　　　　200,000
		分錄及計算，同釋例十五。
		至此，「存貨」借餘$10,450,000，包括下列(a)及(b)：
		(a) 成本$10,750,000，$86×125,000＝$10,750,000，
		(b) 避險操作後至今，存貨公允價值之減少數$300,000，
		($87－$90)×100,000＝－$300,000。

釋例十七：

同釋例十五，惟甲公司於20x6年11月1日與乙公司簽訂一項以淨額結清之遠期合約，約定於20x7年4月30日以每噸$90賣125,000噸C原料，並指定該遠期合約(賣125,000噸C原料)的80%為避險工具。

說明：依IFRS規定，整體避險工具之某一比例 (例如名目金額之50%) 得被指定為某一避險關係中之避險工具。本例被避險項目為存貨C原料100,000噸，避險工具為遠期合約(約定於20x7年4月30日以每噸$90賣125,000噸C原料)的80%，其比率＝企業實際使用之被避險項目數量(持有100,000噸C原料)÷避險工具數量(賣125,000噸C原料×80%)＝100,000噸÷100,000噸＝100%，並以此100%為指定避險關係中之避險比率。

甲公司分錄如下：

被　：被避險項目 (帳列存貨 → 100,000噸C原料市價之變動)		
避工：避險工具 (遠期合約的80% → 將於20x7/4/30結清賣125,000噸C原料		
之遠期合約的80%)		
20x6/11/1	被	無分錄，因帳列存貨公允價值無變動。
20x6/11/1	避工	無分錄，因當天C原料每噸市價$90，與約定每噸遠期價格$90相等，故遠期合約之公允價值為$0，但若有管理上之需要，可作備忘記錄。
20x6/12/31	避工	避險工具之損失－公允價值避險　　　　　384,615
		避險之金融負債－遠期合約　　　　　　　　384,615

20x6/12/31	避工	透過損益按公允價值衡量之金融資產(負債)損失　　96,154　　　透過損益按公允價值衡量之金融負債　　　　　　　　96,154	
		遠期合約－指定避險部分：(分錄及計算，同釋例十五) 遠期合約－非指定避險部分： ($94－$90)×25,000＝$100,000，按約定甲公司負有支付$100,000 予乙公司之義務，惟遠期合約尚有 4 個月才到期，因此按年息 12%折現 4 個月,計算此項支付義務在 20x6/12/31 之現值為$96,154，$100,000÷(1＋12%×4/12)＝$96,154，應認列為「透過損益按公允價值衡量之金融負債」貸餘$96,154，並認列相關損益。	
20x6/12/31	被	存　　貨　　　　　　　　　　　　　　　　400,000　　　被避險項目之利益－公允價值避險　　　　　　　　400,000	
		分錄及計算，同釋例十五。 至此，「存貨」借餘$9,000,000，包括下列(a)及(b)： (a) 成本$8,600,000，$86×100,000＝$8,600,000， (b) 避險操作後至今，存貨公允價值之增加數$400,000。	
20x7/ 3/31	避工	避險之金融負債－遠期合約　　　　　　　　384,615 避險之金融資產－遠期合約　　　　　　　　 99,010 　　避險工具之利益－公允價值避險　　　　　　　　483,625 透過損益按公允價值衡量之金融負債　　　　 96,154 強制透過損益按公允價值衡量之金融資產　　 24,752 　　透過損益按公允價值衡量之 　　　　金融資產(負債)利益　　　　　　　　　　120,906	
		遠期合約－指定避險部分：(分錄及計算，同釋例十五) 遠期合約－非指定避險部分： ($89－$90)×25,000＝－$25,000，按約定甲公司擁有向乙公司收取$25,000 之權利，惟遠期合約尚有 1 個月才到期，因此按年息 12%折現 1 個月，計算此項收現權利在 20x7/ 3/31 之現值為$24,752，$25,000÷(1＋12%×1/12)＝$24,752，應認列為「強制透過損益按公允價值衡量之金融資產」借餘$24,752，故先沖轉原帳列「透過損益按公允價值衡量之金融負債」貸餘$96,154，再借記「強制透過損益按公允價值衡量之金融資產」$24,752，並認列相關損益。	
20x7/ 3/31	被	被避險項目之損失－公允價值避險　　　　　500,000 　　存　　貨　　　　　　　　　　　　　　　　　　500,000	

		分錄及計算,同釋例十五。 至此,「存貨」借餘$8,500,000,包括下列(a)及(b): (a) 成本$8,600,000,$86×100,000＝$8,600,000, (b) 避險操作後至今,存貨公允價值之減少數$100,000, 　　($89－$90)×100,000＝－$100,000。	
20x7/ 4/30	避 工	避險之金融資產－遠期合約　　　　　　　　200,990 　　避險工具之利益－公允價值避險　　　　　　　　200,990 強制透過損益按公允價值衡量之金融資產　　50,248 　　透過損益按公允價值衡量之 　　　　金融資產(負債)利益　　　　　　　　　　50,248 遠期合約－指定避險部分:(分錄及計算,同釋例十五) 遠期合約－非指定避險部分: 　　($87－$90)×25,000＝－$75,000,按約定甲公司擁有向乙公司收取$75,000 之權利,且遠期合約今天到期,應認列為「強制透過損益按公允價值衡量之金融資產」借餘$75,000,因原帳列「強制透過損益按公允價值衡量之金融資產」係借餘$24,752,故再借記「強制透過損益按公允價值衡量之金融資產」$50,248,並認列相關損益。	
4/30	避 工	現　　金　　　　　　　　　　　　　　　　　375,000 　　避險之金融資產－遠期合約　　　　　　　　　300,000 　　強制透過損益按公允價值衡量之金融資產　　　75,000 ($87－$90)×125,000＝－$375,000, 甲公司向乙公司收現$375,000,以淨額結清遠期合約。	
20x7/ 4/30	被	被避險項目之損失－公允價值避險　　　　　200,000 　　存　　貨　　　　　　　　　　　　　　　　200,000 分錄及計算,同釋例十五。 至此,「存貨」借餘$8,300,000,包括下列(a)及(b): (a) 成本$8,600,000,$86×100,000＝$8,600,000, (b) 避險操作後至今,存貨公允價值之減少數$300,000, 　　($87－$90)×100,000＝－$300,000。	

五、遠期合約 / 確定進貨承諾公允價值變動之風險 / 公允價值避險

釋例十八：

甲公司於 20x6 年 1 月 1 日與乙公司簽訂進貨承諾，約定於 20x6 年 6 月 30 日以每單位$30(亦是 20x6 年 1 月 1 日當日市價)向乙公司購進 100,000 單位 B 商品。甲公司認為簽訂進貨承諾雖可確保 B 商品之貨源，卻也被每單位$30「鎖住」，因此甲公司欲透過遠期合約<u>來改變</u>被「鎖住」進貨價格之情況，遂與丙公司簽訂一項以淨額結清之遠期合約。

結清之淨額是下列二金額之合計數：(1)甲公司按 B 商品市價支付予丙公司之金額，(2)丙公司按 B 商品每單位$30 支付予甲公司之金額，是一種「pay variable / receive fixed」遠期合約。若 B 商品市價每單位$32，則甲公司須支付丙公司$200,000 以結清遠期合約，[(－$32 支付＋$30 收取)×100,000＝－$200,000 支付]。若 B 商品市價每單位$29，則丙公司須支付甲公司$100,000 以結清遠期合約，[(－$29 支付＋$30 收取)×100,000＝$100,000 收取]。因此該項遠期合約也可視為：約定將於 20x6 年 6 月 30 日以$30 出售 100,000 單位 B 商品的遠期合約，並以淨額結清。

易言之，該進貨承諾的公允價值會隨 B 商品市價的漲跌而變動，即當 B 商品市價高於$30，進貨承諾的公允價值會增加；反之，當 B 商品市價低於$30，進貨承諾的公允價值會減少，故此項以遠期合約進行之避險操作係屬<u>公允價值避險</u>。甲公司每季末須編製財務報表，合理之折現率為 12%，且 B 商品每單位之市價為：20x6/ 3/31 市價$27，20x6/ 6/30 市價$29。

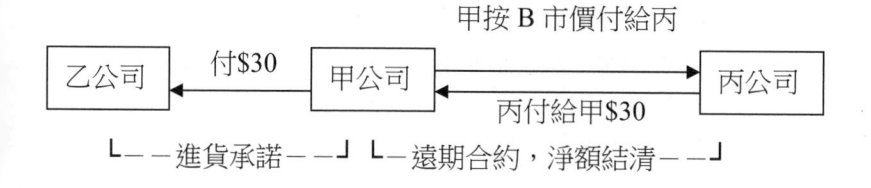

```
                        甲按 B 市價付給丙
 ┌─────┐ 付$30  ┌─────┐ ←──────────── ┌─────┐
 │乙公司│ ←──── │甲公司│                │丙公司│
 └─────┘        └─────┘ ────────────→  └─────┘
                        丙付給甲$30
 └──進貨承諾──┘ └──遠期合約，淨額結清──┘
```

甲公司分錄如下：

被　：被避險項目 (確定承諾 → 將於 20x6/ 6/30 買進 100,000 單位 B 商品) 避險：避險工具　 (遠期合約 → 將於 20x6/ 6/30 結清出售 100,000 單位 B 商品之遠期合約)
20x6/ 1/ 1	被	無分錄，因確定承諾交易尚未發生。

日期	類別	分錄/說明
20x6/1/1	避險工具	無分錄，因當天 B 商品每單位市價$30，與所約定 B 商品每單位遠期價格$30 相等，故遠期合約之公允價值為$0，但若有管理上之需要，可作備忘記錄。
20x6/3/31 (詳 P.88，「1139」、「730A」)	避險工具	避險之金融資產－遠期合約　　　　　　291,262 　　避險工具之利益－公允價值避險　　　　　　291,262 遠期合約： 　　($30 － $27)×100,000 ＝ $300,000，甲有權利向丙收現$300,000，但此項權利並非今天可以行使，係 3 個月後才可以行使，故將$300,000 按年息 12%折現 3 個月，求算此項收現權利之現值為$291,262，$300,000÷(1＋12%×3/12)＝$291,262，應認列為「避險之金融資產－遠期合約」借餘$291,262，同時將避險工具按公允價值衡量所產生之利益或損失，認列於損益。
20x6/3/31 (詳 P.88，「770B」)	被避險項目	被避險項目之損失－公允價值避險　　　　291,262 　　其他流動負債－確定承諾　　　　　　　　291,262 確定進貨承諾(每單位進貨價格$30)： 　　($30－市價$27)×100,000＝$300,000，即「未來支付貨款之義務」相較於「若今天支付貨款之義務」增加$300,000，但此支付貨款義務並非於今天履行，而是 3 個月後才要履行，故將$300,000 按年息 12%折現 3 個月，求算所增加支付貨款義務之現值為$291,262，$300,000÷(1＋12%×3/12)＝$291,262，應認列為負債$291,262，因被避險項目於指定後之公允價值累積變動數應認列為資產或負債，並將相應之利益或損失認列於損益。
20x6/6/30 (詳 P.88，「770A」、「1139」)	避險工具	避險工具之損失－公允價值避險　　　　　191,262 　　避險之金融資產－遠期合約　　　　　　　191,262 遠期合約： 　　($30 － $29)×100,000 ＝ $100,000，甲有權利向丙收現$100,000，較 20x6/3/31 之收現權利$291,262 下降$191,262，故貸記「避險之金融資產－遠期合約」$191,262，同時將避險工具按公允價值衡量所產生之利益或損失，認列於損益。
6/30	避險工具	現　　金　　　　　　　　　　　　　　　100,000 　　避險之金融資產－遠期合約　　　　　　　100,000 甲向丙收現$100,000，結清遠期合約。
20x6/6/30 (詳 P.88，「730B」)	被避險項目	其他流動負債－確定承諾　　　　　　　　191,262 　　被避險項目之利益－公允價值避險　　　　191,262 確定進貨承諾(每單位進貨價格$30)： 　　($30－市價$29)×100,000＝$100,000，即「未來支付貨款之義務」相較於「若今天支付貨款之義務」增加$100,000，而此項

		支付貨款義務係於今天履行，故應認列為負債$100,000；又相較於20x6/3/31支付貨款之義務$291,262減少了$191,262，故應借記「其他流動負債－確定承諾」$191,262，並將相應之利益或損失認列於損益。	
20x6/6/30	被	存　貨－B商品　　　　　　　　　2,900,000 其他流動負債－確定承諾　　　　　100,000 　　現　金　　　　　　　　　　　　　　　　　3,000,000	
		履行進貨承諾，付現金額＝$30×100,000＝$3,000,000 實際存貨成本＝進貨日市價$29×100,000＝$2,900,000	

六、利率交換 / 機動利率借款利息支出變動之風險 / 現金流量避險

釋例十九：

甲公司於20x5年12月31日向乙銀行借款$10,000,000，三年到期，採機動利率計息，係按前一年年底基本放款利率加1%作為次年的利率，每年年底付息一次。今已知20x5年12月31日的基本放款利率為4%，故20x6年係按5%計息，4%＋1%＝5%。但20x7及20x8年之利息支出則不確定，會隨著20x6年12月31日及20x7年12月31日的基本放款利率而定。例如：若20x6年12月31日的基本放款利率為3.5%，3.5%＋1%＝4.5%，則4.5%即為計算20x7年利息之利率。

甲公司為了規避20x7及20x8年因機動利率導致利息支出現金流量變動之風險，遂希望將利率鎖定在5%(固定利率)，因此於20x5年12月31日與丙公司簽訂一項利率交換合約(interest rate swap)，約定於20x7年底及20x8年底以淨額交割當期之交換利息，淨額是下列兩項金額之合計數：(1) 甲公司按 5%支付利息予丙公司，(2) 丙公司按前一年年底基本放款利率加 1%作為次年利率並支付利息予甲公司，是一種「pay fixed / receive variable」(按固定利率5%付息/按機動利率收利息)的利率交換合約。

若20x6年12月31日的基本放款利率為3.5%，則按利率交換合約之約定，甲公司應於20x7年12月31日支付$50,000予丙公司，[甲收(3.5%＋1%)－甲付5%]×$10,000,000×12/12＝－$50,000。又若20x7年12月31日的基本放款利率為

4.25%，則按利率交換合約之約定，甲公司應於 20x8 年 12 月 31 日向丙公司收取$25,000，[甲收(4.25%＋1%)－甲付 5%]×$10,000,000×12/12＝$25,000。假設此項利率交換合約係屬<u>現金流量避險</u>，且合理之折現率為：20x7 年為 4.5%，20x8 年為 5.25%。

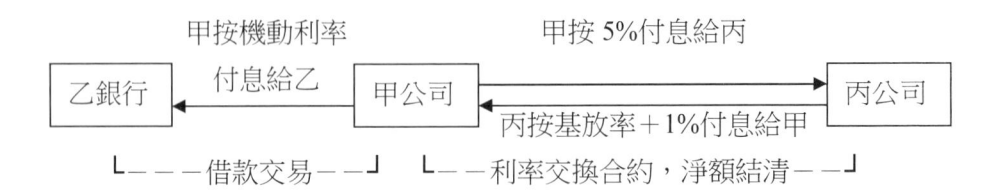

```
                 甲按機動利率              甲按 5%付息給丙
  ┌──────┐    付息給乙    ┌──────┐                    ┌──────┐
  │ 乙銀行 │ ◄──────────── │ 甲公司 │ ◄────────────────► │ 丙公司 │
  └──────┘                └──────┘                    └──────┘
                                    丙按基放率＋1%付息給甲
       └ ─ ─ 借款交易 ─ ─ ┘   └ ─ ─ 利率交換合約，淨額結清 ─ ─ ┘
```

甲公司分錄如下：

被：被避險項目 (借款以機動利率為計息基礎)		
避工：避險工具　(利率交換合約)		
20x5/12/31	被	現　金　　　　　　　　　　　　　10,000,000 　　銀行長期借款　　　　　　　　　　　　　10,000,000
		截至 20x5/12/31，「銀行長期借款」貸餘$10,000,000，係屬非流動負債項目。
20x5/12/31	避工	無分錄，因 20x5 年 12 月 31 日的基本放款利率為 4%，按利率交換合約之約定，甲公司應於 20x6 年 12 月 31 日支付$0 予丙公司，[甲收(4%＋1%)－甲付%]×$10,000,000×12/12＝$0，按現有已知資料 (20x5/12/31 基本放款利率 4%，即假設 20x7 及 20x8 年利率水準與 20x6 年相同) 計算 20x7 及 20x8 年利率交換合約之交割淨額，亦皆為$0。因此，利率交換合約之公允價值為$0，故無分錄，但若有管理上之需要，可作備忘記錄。
20x6/12/31	被	利息費用　　　　　　　　　　　　500,000 　　現　金　　　　　　　　　　　　　　500,000
		支付利息：$10,000,000×5%×12/12＝$500,000
		截至 20x6/12/31，「銀行長期借款」貸餘$10,000,000，係屬非流動負債項目。
20x6/12/31 (「836C」、 「2126」)	避工	其他綜合損益－避險工具之損益　　　93,633 　　避險之金融負債－利率交換　　　　　　93,633

第 110 頁 (第十三章 外幣交易及相關避險操作之會計處理)

20x6/12/31 (續)	避工	已知 20x6/12/31 基本放款利率 3.5%，因此 20x7/12/31 甲須支付 $50,000 予丙，[(3.5% + 1%) − 5%]×$10,000,000×12/12 = −$50,000。另為計算利率交換合約在 20x6/12/31 之公允價值，仍按現有已知資料 (20x6/12/31 基本放款利率 3.5%，即假設 20x8 年利率水準與 20x7 年相同) 計算 20x8 年利率交換合約之交割淨額，亦即 20x8/12/31 甲須支付$50,000 予丙。因此，甲有義務於 20x7/12/31 及 20x8/12/31 各支付$50,000 予丙，故利率交換合約於 20x6/12/31 的公允價值為按 4.5%計算未來兩年年底各支付 $50,000 的複利現值和為$93,633， $50,000×P_{2/4.5\%}$＝($50,000×p_{1/4.5\%}$)＋($50,000×p_{2/4.5\%}$) ＝$47,847＋$45,786＝$93,633 應認列為「避險之金融負債－利率交換」貸餘$93,633。同時將避險工具之損失認列於「其他綜合損益」，計算如下： (i) 避險工具公允價值再衡量之累積損失$93,633 (A)， (ii) 被避險項目公允價值再衡量之累積利益$93,633 (B)， 　　(B)之計算同(A)。 以(A)(B)絕對金額較低者($93,633)認列於「其他綜合損益」，表達在權益項下，並於被避險之預期現金流量影響損益之同一期間 (或多個期間)內，自權益重分類至損益。
		「避險之金融負債－利率交換」，係負債項目， 其中$47,847 是流動負債，$45,786 是非流動負債。
註：	截至 20x6/12/31，結轉「其他綜合損益」後，「其他權益－避險工具之損益」(詳 P.88，「345A」)＝20x6/12/31 結轉借記$93,633＝借餘$93,633		
20x7/12/31	被	利息費用　　　　　　　　　　　　　450,000 　　現　金　　　　　　　　　　　　　　　450,000
		支付利息：$10,000,000×(3.5%＋1%)×12/12＝$450,000
20x7/12/31	被	銀行長期借款　　　　　　　　　　　10,000,000 　　一年或一營業週期內到期長期借款　　　10,000,000
		截至 20x7/12/31，「銀行長期借款」貸餘$10,000,000，係屬流動負債項目，故應改為另一更適當會計科目。
20x7/12/31	避工	其他綜合損益－避險工具之損益　　　4,213 　　避險之金融負債－利率交換　　　　　　4,213
		利率交換合約之應計利息：$93,633×4.5%(合理折現率)×12/12＝$4,213。利率交換合約之支付義務增加，即避險工具(負債)之公允價值增加，因此其相關之損失亦應遞延於「其他綜合淨利」。

20x7/12/31	避工	避險之金融負債－利率交換　　　　　　50,000　　　　　　現　金　　　　　　　　　　　　　　　　　　　　　50,000		
		利率交換合約交割，按約定甲公司應支付$50,000予丙公司，[(3.5%＋1%)－5%]×$10,000,000×12/12＝－$50,000		
12/31 (詳 P.88，「770D」、「836C」)	避工	避險工具之損失－現金流量避險　　　　　50,000　　　　　　其他綜合損益－避險工具之損益　　　　　　　　　50,000		
		認列於其他綜合損益之$50,000，即利率交換合約之交割金額，依IFRS規定，應於被避險之預期現金流量影響損益之同一期間(或多個期間)內，自權益重分類至損益作為重分類調整。		
		透過利率交換合約避險，對20x7年損益之影響為： 利息費用$450,000＋避險工具之損失$50,000＝$500,000 ＝20x5/12/31簽訂利率交換合約時已確定「支付固定利率5%」之利息負擔＝$10,000,000×5%＝$500,000		
20x7/12/31 (詳 P.88，「2126」、「1139」、「836C」)	避工	避險之金融負債－利率交換　　　　　　47,846　避險之金融資產－利率交換　　　　　　23,753　　　　　　其他綜合損益－避險工具之損益　　　　　　　　　71,599		
		已知20x7/12/31基本放款利率4.25%，因此20x8/12/31甲應向丙收取$25,000，[(4.25%＋1%)－5%]×$10,000,000×12/12＝$25,000。故利率交換合約20x7/12/31的公允價值為$23,753，即按5.25%計算甲將於20x8/12/31收現$25,000之現值，$25,000×$p_{1/5.25\%}$＝$23,753，甲公司此項向丙收現的權利係屬流動資產，應認列為「避險之金融資產－利率交換」借餘$23,753，故先沖轉原帳列「避險之金融負債－利率交換」貸餘$47,846，$93,633＋$4,213－$50,000＝$47,846，再借記「避險之金融資產－利率交換合約」$23,753。		
		註：截至20x7/12/31，結轉「其他綜合損益」後，「其他權益－避險工具之損益」 　　＝20x6/12/31借餘$93,633＋20x7結轉借記$4,213－20x7結轉貸記$50,000 　　　－20x7結轉貸記$71,599＝貸餘$23,753		
20x8/12/31	被	利息費用　　　　　　　　　　　　　　525,000　　　　　　現　金　　　　　　　　　　　　　　　　　　　　525,000		
		支付利息：$10,000,000×(4.25%＋1%)×12/12＝$525,000		
12/31	被	一年或一營業週期內到期長期借款　　10,000,000　　　　　　現　金　　　　　　　　　　　　　　　　　　　10,000,000		
		清償銀行借款。		

20x8/12/31 (詳 P.88,「1139」、「836C」)	避 工	避險之金融資產－利率交換　　　　　　　　　　　1,247　　　　其他綜合損益－避險工具之損益　　　　　　　　　　　1,247
		利率交換合約之應計利息：$23,753×5.25%(合理折現率)×12/12＝$1,247。利率交換合約之收現權利增加，即避險工具(資產)之公允價值增加，因此其相關之利得亦應遞延於「其他綜合損益」。
12/31	避 工	現　　金　　　　　　　　　　　　　　　　　　25,000　　　　避險之金融資產－利率交換　　　　　　　　　　　25,000
		利率交換合約交割，按約定甲公司應向丙公司收取$25,000，[(4.25%＋1%)－5%]×$10,000,000×12/12＝$25,000，而「避險之金融資產－利率交換」餘額亦為$25,000，$23,753＋$1,247＝$25,000。
12/31 (詳 P.88,「836C」、「730D」)	避 工	其他綜合損益－避險工具之損益　　　　　　　　25,000　　　　避險工具之利益－現金流量避險　　　　　　　　25,000
		認列於其他綜合損益之$25,000，$23,753＋$1,247＝$25,000，即利率交換合約之交割金額，依 IFRS 規定，應於被避險之預期現金流量影響損益之同一期間(或多個期間)內，自權益重分類至損益作為重分類調整。
		透過利率交換合約避險，對 20x8 年損益之影響為： 利息費用$525,000＋避險工具之利益$25,000＝$500,000 ＝20x5/12/31 簽訂利率交換合約時已確定「支付固定利率 5%」 　之利息負擔＝$10,000,000×5%＝$500,000
註： 截至 20x8/12/31，結轉「其他綜合損益」後，「其他權益－避險工具之損益」 　　＝20x7/12/31 貸餘$23,753＋20x8 結轉貸記$1,247－20x8 結轉借記$25,000 　　＝餘額$0。			

(續次頁)

七、利率交換 / 固定利率借款公允價值變動之風險 / 公允價值避險

釋例二十：

甲公司於 20x5 年 12 月 31 日向乙銀行借款$10,000,000，三年到期，採固定利率 5%計息，於每年年底付息一次。由於採固定利率計息，致銀行借款(負債)的公允價值會隨市場利率的變動而變動，因此甲公司為規避帳列負債公允價值變動之風險，遂與丙公司簽訂一項利率交換合約(interest rate swap)，約定每年底以淨額交割當期之交換利息，淨額是下列兩項金額之合計數：(1) 甲公司按前一年年底基本放款利率加 1%作為次年利率，支付利息予丙公司，(2) 丙公司按 5%支付利息予甲公司，是一種「pay variable / receive fixed」(按機動利率付息/按固定利率 5%收利息)的利率交換合約。

20x5 年 12 月 31 日基本放款利率為 4%，按利率交換合約之約定，甲公司於 20x6 年 12 月 31 日應向丙公司收取 $0，[甲收 5%－甲付(4%＋1%)]×$10,000,000×12/12＝$0。若 20x6 年 12 月 31 日基本放款利率為 3.5%，則按利率交換合約之約定，甲公司於 20x7 年 12 月 31 日應向丙公司收取$50,000，[甲收 5%－甲付(3.5%＋1%)]×$10,000,000×12/12＝$50,000。又若 20x7 年 12 月 31 日的基本放款利率為 4.25%，則按利率交換合約之約定，甲公司於 20x8 年 12 月 31 日應支付 $25,000 予丙公司，[甲收 5%－甲付 (4.25%＋1%)]×$10,000,000×12/12＝－$25,000。本例之利率交換合約係屬公允價值避險。假設合理之折現率為：20x7 年為 4.5%，20x8 年為 5.25%。

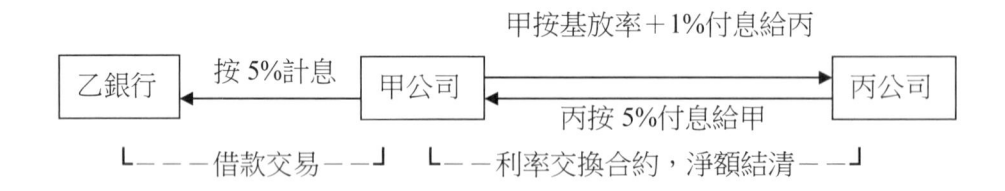

```
                              甲按基放率＋1%付息給丙
                          ─────────────────────────→
  ┌──────┐   按5%計息   ┌──────┐                    ┌──────┐
  │乙銀行│ ←─────────  │甲公司│                    │丙公司│
  └──────┘              └──────┘                    └──────┘
                          ←─────────────────────────
                              丙按5%付息給甲
      └───借款交易───┘    └──利率交換合約，淨額結清──┘
```

假設於認列"被避險項目因避險導致之帳面金額調整數"時，即開始攤銷該調整數。相關計算如下： (括號：代表貸記)

日期	銀行借款	利率交換	費損(收益)	現金收(付)數	說明
20x5/12/31					
銀行借款	($10,000,000)				詳分錄(1)
20x6/12/31					
支付利息			$500,000	($500,000)	詳分錄(2)
利率變動		$93,633	(93,633)		詳分錄(3)
之影響	(93,633)		93,633		詳分錄(4)
	($10,093,633)	$93,633	$500,000	($500,000)	
20x7/12/31					
應計利息		4,213	($ 4,213)		詳分錄(5)
支付利息			500,000	($500,000)	詳分錄(6)
履行合約		(50,000)		50,000	詳分錄(7)
溢價攤銷	45,787		(45,787)		詳分錄(8)
利率變動		(71,599)	71,599		詳分錄(9)
之影響	71,599		(71,599)		詳分錄(10)
	($ 9,976,247)	($23,753)	$450,000	($450,000)	
20x8/12/31					
應計利息		(1,247)	$ 1,247		詳分錄(11)
支付利息			500,000	($500,000)	詳分錄(12)
履行合約		25,000		(25,000)	詳分錄(13)
折價攤銷	(23,753)		23,753		詳分錄(14)
償還本金	10,000,000			(10,000,000)	詳分錄(15)
	$ 0	$ 0	$525,000	($10,525,000)	

甲公司分錄如下：

被 ：被避險項目 (帳列負債公允價值變動之風險)		
避工：避險工具　(利率交換合約)		
20x5/12/31 分錄(1)	被	現　金　　　　　　　　　　　　　　10,000,000 　銀行長期借款　　　　　　　　　　　　　　10,000,000
		截至 20x5/12/31，「銀行長期借款」貸餘$10,000,000，係屬非流動負債項目。
20x5/12/31	避工	無分錄，因 20x5 年 12 月 31 日的基本放款利率為 4%，按利率交換合約之約定，應向丙公司收取$0，[甲收 5%－甲付(4%＋1%)]×$10,000,000×12/12＝$0，按現有已知資料 (20x5/12/31 基本放款利率 4%，即假設 20x7 及 20x8 年利率水準與 20x6 年相同) 計算 20x7 及 20x8 年利率交換合約之

		交割淨額，亦皆為$0。因此，利率交換合約之公允價值為$0，故無分錄，但若有管理上之需要，可作備忘記錄。	
20x6/12/31 分錄(2)	被	利息費用　　　　　　　　　　　　　　　500,000 　　現　金　　　　　　　　　　　　　　　　　　500,000	
		支付利息：$10,000,000×5%×12/12＝$500,000	
20x6/12/31 分錄(3) (詳 P.88， 「1139」、 「730A」)	避 工	避險之金融資產－利率交換　　　　　　　93,633 　　避險工具之利益－公允價值避險　　　　　　93,633	
		已知 20x6/12/31 基本放款利率 3.5%，因此 20x7/12/31 甲應向丙收取$50,000，[5%－(3.5%＋1%)]×$10,000,000×12/12＝$50,000。另為計算利率交換合約在 20x6/12/31 之公允價值，仍應按現有已知資料 (20x6/12/31 基本放款利率 3.5%，即假設 20x8 年利率水準與 20x7 年相同) 計算 20x8 年利率交換合約之交割淨額，亦即 20x8/12/31 甲應向丙收取$50,000。因此，甲有權利於 20x7/12/31 及 20x8/12/31 向丙各收現$50,000，故利率交換合約於 20x6/12/31 的公允價值為$93,633，即按 4.5%計算未來兩年年底各收取$50,000 的複利現值和為$93,633， $50,000×P_{2/4.5\%}＝($50,000×p_{1/4.5\%})＋($50,000×p_{2/4.5\%})$ 　　　　　　　＝$47,847＋$45,786＝$93,633 應認列為「避險之金融資產－利率交換」借餘$93,633，同時將避險工具按公允價值衡量所產生之利益或損失，認列於損益。	
		「避險之金融資產－利率交換」，係屬資產項目， 其中$47,847 是流動資產，$45,786 是非流動資產。	
20x6/12/31 分錄(4) (詳 P.88， 「770B」)	被	被避險項目之損失－公允價值避險　　　　93,633 　　銀行長期借款　　　　　　　　　　　　　　93,633	
		因利率下降(5%→4.5%)，使「銀行長期借款」之公允價值增加，故應貸記，同時將負債增加之損失認列為當期損益。	
		截至 20x6/12/31，「銀行長期借款」為貸餘$10,093,633， 係非流動負債項目。	
20x7/12/31 分錄(5)	避 工	避險之金融資產－利率交換　　　　　　　　4,213 　　利息收入 (或 利息費用)　　　　　　　　　　4,213	
		利率交換合約之應計利息：$93,633×4.5%(合理折現率)×12/12＝$4,213。利率交換合約之收現權利增加，即避險工具(資產)之公允價值增加，故應借記，同時認列利息收入(總額觀點)或減少利息費用(淨額觀點)。淨額觀點，係因該利率交換合約是為帳列負債公允價值變動風險而進行的避險操作。	

20x7/12/31 分錄(6)	被	利息費用　　　　　　　　　　　　500,000 　　現　金　　　　　　　　　　　　　　　500,000	
		支付利息：$10,000,000×5%×12/12＝$500,000	
20x7/12/31 分錄(7)	避 工	現　金　　　　　　　　　　　　　50,000 　　避險之金融資產－利率交換　　　　　　50,000	
		利率交換合約交割，按約定甲公司應向丙公司收取$50,000， [5%－(3.5%＋1%)]×$10,000,000×12/12＝$50,000	
20x7/12/31 分錄(8)	被	銀行長期借款　　　　　　　　　45,787 　　利息費用　　　　　　　　　　　　　　　45,787	
		因假設「於認列被避險項目因避險導致之帳面金額調整數時， 即開始攤銷該調整數」，故負債溢價應攤銷$45,787，$500,000－ [$10,093,633 (20x6/12/31 銀行借款餘額)×4.5%]＝$45,787。	
20x7/12/31 分錄(9) (詳 P.88, 「770A」、 「1139」、 「2126」)	避 工	避險工具之損失－公允價值避險　　71,599 　　避險之金融資產－利率交換　　　　　　47,846 　　避險之金融負債－利率交換　　　　　　23,753	
		已知 20x7/12/31 基本放款利率 4.25%，因此 20x8/12/31 甲須支付 $25,000 予丙，[5%－(4.25%＋1%)]×$10,000,000×12/12＝－$25,000，故利率交換合約 20x7/12/31 的公允價值為按 5.25%計算之現值$23,753，$25,000×p$_{1/5.25\%}$＝$23,753。甲公司此項付現予丙的義務係屬流動負債，應認列為「避險之金融負債－利率交換」貸餘$23,753，因此先沖轉原帳列「避險之金融資產－利率交換」借餘$47,846，$93,633＋$4,213－$50,000＝$47,846，再貸記「避險之金融負債－利率交換」$23,753，同時將避險工具按公允價值衡量所產生之利益或損失，認列於損益。	
		「避險之金融負債－利率交換」，$23,753 係流動負債項目。	
20x7/12/31 分錄(10) (詳 P.88, 「730B」)	被	銀行長期借款　　　　　　　　　71,599 　　被避險項目之利益－公允價值避險　　　71,599	
		因利率上升(5%→5.25%)，使「銀行長期借款」之公允價值減少，故應借記，同時將負債減少之利益認列為當期損益。	
	被	銀行長期借款　　　　　　　　9,976,247 　　一年或一營業週期內到期長期借款　　9,976,247	
		截至 20x7/12/31，「銀行長期借款」貸餘$9,976,247，係屬流動負債項目，故應改為另一更適當會計科目。	

日期	類別	分錄		
20x8/12/31 分錄(11)	避 工	利息費用 　　避險之金融負債－利率交換	1,247	1,247
		利率交換合約之應計利息：$23,753×5.25%(合理折現率)×12/12＝$1,247。利率交換合約之支付義務增加，即避險工具(負債)之公允價值增加，故應貸記，同時認列利息費用。		
20x8/12/31 分錄(12)	被	利息費用 　　現　　金	500,000	500,000
		支付利息：$10,000,000×5%×12/12＝$500,000		
20x8/12/31 分錄(13)	避 工	避險之金融負債－利率交換 　　現　　金	25,000	25,000
		利率交換合約交割，按約定甲公司應支付$25,000予丙公司， [5%－(4.25%＋1%)]×$10,000,000×12/12＝－$25,000		
20x8/12/31 分錄(14)	被	利息費用 　　一年或一營業週期內到期長期借款	23,753	23,753
		因假設「於認列被避險項目因避險導致之帳面金額調整數時，即開始攤銷該調整數」，故負債折價應攤銷$23,753， $500,000－[$9,976,247 (20x7/12/31 銀行借款餘額)×5.25%] ＝－$23,753，或 $10,000,000－$9,976,247＝$23,753。		
12/31 分錄(15)	被	一年或一營業週期內到期長期借款 　　現　　金	10,000,000	10,000,000
		清償銀行借款。		

(續次頁)

八、衍生工具 / 預期交易現金流量變動之風險 / 現金流量避險

釋例二十一：

甲公司於 20x7 年 1 月 1 日對一預期交易以衍生工具規避其現金流量風險。甲公司判斷此避險關係符合 IFRS 9 所規定適用避險會計之要件。衍生工具公允價值變動、預期交易預計之現金流量變動折現值及各期認列於其他綜合損益(Other Compresive Income，OCI)之金額資訊如下表：

期 間	衍生工具公允價值增(減)數 期末公允價值增(減)數 (A)	衍生工具公允價值增(減)數 當期公允價值增(減)數	預期交易預計現金流量折現增(減)數 期末公允價值增(減)數	預期交易預計現金流量折現增(減)數 當期公允價值增(減)數 (B)	(A)、(B)絕對值較低者，並依(A)的正負號 (C)	OCI累計數期初餘額(借)貸餘 (D)	金融工具當期OCI增(減)數貸(借)記 (C)－(D)
20x7/ 1/ 1～20x7/ 3/31	$ 8,000	$8,000	($7,800)	($7,800)	$ 7,800	$ —	$7,800
20x7/ 4/ 1～20x7/ 6/30	15,500	7,500	(15,900)	(8,100)	15,500	7,800	7,700
20x7/ 7/ 1～20x7/ 9/30	2,600	(12,900)	(3,400)	12,500	2,600	15,500	(12,900)
20x7/10/ 1～20x7/12/31	(5,500)	(8,100)	5,000	8,400	(5,000)	2,600	(7,600)
20x8/ 1/ 1～20x8/ 3/31	(3,000)	2,500	2,700	(2,300)	(2,700)	(5,000)	2,300

20x7 年 1 月 1 日至 20x7 年 3 月 31 日，被避險項目(即預期交易)自避險開始後之公允價值累積變動數為損失$7,800，避險工具(即衍生工具)自避險開始後之累積利益則為$8,000，兩者絕對金額之孰低者($7,800)應遞延至權益中之現金流量避險準備而為期末餘額(貸餘$7,800)，因其期初餘額為$0，故本期應貸記其他綜合損益(OCI)$7,800。避險工具期末公允價值為利益$8,000，較期初公允價值($0)增加$8,000，其中$7,800 係屬有效避險部分而認列於其他綜合損益，其他部分為$200，$8,000－$7,800＝$200，則屬避險無效性而認列於損益。

20x7 年 4 月 1 日至 20x7 年 6 月 30 日，被避險項目(即預期交易)自避險開始後之公允價值累積變動數為損失$15,900，避險工具(即衍生工具)自避險開始後之累積利益則為$15,500，兩者絕對金額之孰低者($15,500)應遞延至權益中之現金流量避險準備而為期末餘額(貸餘$15,500)，因其期初餘額為貸餘$7,800，故本期應貸記其他綜合損益(OCI)$7,700。避險工具期末公允價值為利益$15,500，較

期初公允價值($8,000)增加$7,500，其中$7,700 係屬有效避險部分而認列於其他綜合損益，其他部分為－$200，$7,500－$7,700＝－$200，則屬避險無效性而認列於損益。其他季度，以此類推。

根據上述現金流量避險之資訊，甲公司帳上應調整各期衍生工具公允價值之變動，並認列於其他綜合損益，相關分錄金額如下：

期　　間	借記 (貸記)／借餘 (貸餘)			
	避險之金融資產	避險之金融負債	其他綜合損益	現金流量避險無效而認列於損益之損失(利益)
20x7/ 1/ 1～20x7/ 3/31	$ 8,000	$　　－	($ 7,800)	($200)
20x7/ 4/ 1～20x7/ 6/30	7,500	－	(7,700)	200
	$15,500	$　　－	($15,500)	$　－
20x7/ 7/ 1～20x7/ 9/30	(12,900)	－	12,900	－
	$ 2,600	$　　－	($2,600)	$　－
20x7/10/ 1～20x7/12/31	(2,600)	(#) (5,500)	7,700	400
	$　　－	($5,500)	$ 5,100	$400
20x8/ 1/ 1～20x8/ 3/31	－	2,500	(2,300)	(200)
	$　　－	($3,000)	$ 2,800	$200
#：$5,500＝$8,100－$2,600				

甲公司分錄如下：

20x7/ 1/ 1	被	無分錄，因預期交易尚未發生。
20x7/ 1/ 1	避工	無分錄，因衍生工具之公允價值為$0，但若有管理上之需要，可作備忘記錄。
20x7/ 3/31	被	無分錄，因預期交易尚未發生。
20x7/ 3/31	避工	避險之金融資產－(某衍生工具)　　　　　8,000 　　其他綜合損益－避險工具之損益 (有效)　　　7,800 　　避險工具之利益－現金流量避險 (無效)　　　200
		詳 P.88，借記「1139」， 　　　　貸記「831A」或「836C」，貸記「730C」。
	註：	截至 20x7/ 3/31，結轉「其他綜合損益」後，「其他權益－避險工具之損益」 (詳 P.88，「345A」)＝20x7/ 3/31 結轉貸記$7,800＝貸餘$7,800

20x7/ 6/30	被	無分錄,因預期交易尚未發生。		
20x7/ 6/30	避工	避險之金融資產－(某衍生工具)	7,500	
		避險工具之損失－現金流量避險 (無效)	200	
		其他綜合損益－避險工具之損益 (有效)		7,700
		詳 P.88,借記「1139」,借記「770C」,		
		貸記「831A」或「836C」。		
註:	截至 20x7/ 6/30,結轉「其他綜合損益」後,「其他權益－避險工具之損益」			
	＝20x7/ 3/31 貸餘$7,800＋20x7/ 6/30 結轉貸記$7,700＝貸餘$15,500			
20x7/ 9/30	被	無分錄,因預期交易尚未發生。		
20x7/ 9/30	避工	其他綜合損益－避險工具之損益 (有效)	12,900	
		避險之金融資產－(某衍生工具)		12,900
		詳 P.88,借記「831A」或「836C」,貸記「1139」。		
註:	截至 20x7/ 9/30,結轉「其他綜合損益」後,「其他權益－避險工具之損益」			
	＝20x7/ 6/30 貸餘$15,500－20x7/ 9/30 結轉借記$12,900＝貸餘$2,600			
20x7/12/31	被	無分錄,因預期交易尚未發生。		
20x7/12/31	避工	其他綜合損益－避險工具之損益 (有效)	7,700	
		避險工具之損失－現金流量避險 (無效)	400	
		避險之金融資產－(某衍生工具)		2,600
		避險之金融負債－(某衍生工具)		5,500
註:	截至 20x7/12/31,結轉「其他綜合損益」後,「其他權益－避險工具之損益」			
	＝20x7/ 9/30 貸餘$2,600－20x7/ 9/30 結轉借記$7,700＝借餘$5,100			
20x8/ 3/31	被	無分錄,因預期交易尚未發生。		
20x8/ 3/31	避工	避險之金融負債－(某衍生工具)	2,500	
		其他綜合損益－避險工具之損益 (有效)		2,300
		避險工具之利益－現金流量避險 (無效)		200
註:	截至 20x8/ 3/31,結轉「其他綜合損益」後,「其他權益－避險工具之損益」			
	＝20x7/12/31 借餘$5,100－20x8/ 3/31 結轉貸記$2,300＝借餘$2,800			

九、重新平衡(Rebalance) / 推延停止適用避險會計 / 遠期合約 / 預期交易公允價值變動之風險

釋例二十二:

　　20x8 年 3 月 1 日,甲公司預期將於 4 個月後需購買 100 桶西德克薩斯輕質原油(WTI),因此甲公司簽訂一項將購買 105 桶布蘭特原油之遠期合約(淨額交

割)，並將其指定為上述預期交易之避險工具，以對該高度很有可能之預期購買 100 桶西德克薩斯輕質原油交易進行避險，避險比率＝避險工具買 105 桶：被避險項目買 100 桶＝1.05：1。

於 20x8 年 3 月 31 日，被避險項目(即預期交易)之公允價值累積增值數為$3,000，避險工具(即遠期合約)之累積損失為$3,435，故甲公司依 IFRS 9 規定將其他權益中之現金流量避險準備調整為貸餘$3,000，即被避險項目之公允價值累積增值數$2,000 與避險工具之累積損失$3,435 的絕對金額孰低者。避險工具自避險開始後之累積損失為$3,435 中之$3,000 係屬有效避險部分而認列於其他綜合損益，其他部分$435（＝$3,435－$3,000)則屬避險無效而認列於損益。

20x8 年 3 月 31 日，甲公司考慮重新平衡避險關係，分析結果顯示布蘭特原油對西德克薩斯輕質原油之敏感性不如預期。甲公司重新預期兩項指標價格間之關係，並決定重設避險比率＝0.98：1＝避險工具買 98 桶：被避險項目買 100 桶。

重新平衡時，甲公司可指定更多西德克薩斯輕質原油之暴險或解除部分指定避險工具。甲公司決定解除指定部分避險工具，即對 7 桶布蘭特原油衍生工具停止適用避險會計。105 桶布蘭特原油衍生工具中之 7 桶不再屬於避險關係之一部分，因此甲公司須：(1)將資產負債表中 7/105 之避險工具重分類為透過損益按公允價值衡量之衍生工具，(2)並更新避險關係之書面文件。

甲公司分錄如下：

20x8/ 3/ 1	被	無分錄，因預期交易尚未發生。
20x8/ 3/ 1	避工	無分錄，因遠期合約之公允價值為$0，但若有管理上之需要，可作備忘記錄。
20x8/ 3/31	被	無分錄，因預期交易尚未發生。
20x8/ 3/31	避工	其他綜合損益－避險工具之損益 (有效)　　3,000 避險工具之損失－現金流量避險 (無效)　　435 　　避險之金融負債－遠期合約　　　　　　　　3,435 詳 P.88，借記「831A」，借記「770C」，貸記「2126」。
20x8/ 3/31	避工	避險之金融負債－遠期合約　　　　　　　　229 　　透過損益按公允價值衡量之金融負債　　　　　229 $3,435×(7/105)＝$229
註：		截至 20x8/ 3/31，結轉「其他綜合損益」後，「其他權益－避險工具之損益」(詳 P.88，「345A」)＝20x8/ 3/31 結轉借記$3,000＝借餘$3,000

20x8年4月10日,該預期交易<u>不再屬</u>高度很有可能發生,但仍預期會發生,直到20x8年5月8日始<u>不再預期</u>該預期交易會發生,惟甲公司並未將該遠期合約解約,於20x8年4月30日該遠期合約之公允價值為$3,200。甲公司分錄如下:

20x8/ 4/10	被	無分錄,因預期交易尚未發生。		
20x8/ 4/10	避險工具	避險之金融負債－遠期合約 　　透過損益按公允價值衡量之金融負債 避險之金融負債＝$3,435－$229＝$3,206 該預期交易不再屬高度很有可能發生,故前述之預期交易於本日已非合格被避險項目,該預期交易與遠期合約之避險關係不再符合 IFRS 9 規定適用避險會計之要件,故甲公司應於本日推延停止適用避險會計。	3,206	3,206
20x8/ 4/30	被	無分錄,因預期交易尚未發生。		
20x8/ 4/30	避險工具	透過損益按公允價值衡量之金融負債 　　透過損益按公允價值衡量之金融資產(負債)利益 $229＋$3,206＝$3,435,$3,200－$3,435＝－$235	235	235
20x8/ 5/ 8	被	無分錄,因預期交易尚未發生且不再預期會發生。		
20x8/ 5/ 8	避險工具	避險工具之損失－現金流量避險 (有效) 　　其他綜合損益－避險工具之損益 (有效) 詳P.88,先:借記「836C」,貸記「831A」, 　　　　　再:借記「770D」,貸記「836A」。 被避險未來現金流量不再預期會發生,故應依 IFRS 9 規定,將已累計於現金流量避險準備重分類至損益作為重分類調整。	3,000	3,000
註:		截至20x8/ 5/ 8,結轉「其他綜合損益」後,「其他權益－避險工具之損益」 ＝20x8/ 3/31 借餘$3,000＋20x8/ 5/ 8 結轉借記「836C」$3,000 　－20x8/ 5/ 8 結轉貸記「831A」$3,000－20x8/ 5/ 8 結轉貸記「836C」$3,000 ＝餘額$0		

習 題

(一) (非避險之遠期外匯合約)

甲公司於 20x6 年 11 月 1 日與乙銀行簽訂一項遠期外匯合約，約定 90 天後 (20x7 年 1 月 30 日)賣 1,000,000 歐元予乙銀行。該項遠期外匯合約係以總額結清，當時合理之折現率為 6%。簽約日乙銀行之歐元對新台幣遠期匯率報價及日後相關匯率如下： (€1＝TWD？)

	20x6/11/1	20x6/12/31	20x7/1/30
即期匯率	42.0	40.7	40.8
30 天遠期匯率	41.8	40.5	─
90 天遠期匯率	41.3	40.1	─

試作：甲公司下列日期之分錄：
(1) 20x6 年 11 月 1 日
(2) 20x6 年 12 月 31 日 (甲公司報導期間結束日)
(3) 20x7 年 1 月 30 日

解答：

甲公司之分錄如下：

20x6/11/1	無分錄，因該遠期外匯合約之公允價值為$0，€1,000,000×(90 天遠期匯率 41.3－約定的遠期匯率 41.3)＝TWD0，但若有管理上之需要，可作備忘記錄。		
20x6/12/31	強制透過損益按公允價值衡量之金融資產　　　　796,020　　　　透過損益按公允價值衡量之金融資產(負債)利益　　　　　　796,020		
	(30 天遠期匯率 40.5－41.3)×€1,000,000＝－TWD800,000，即支付€1,000,000 之義務減少$800,000，但此項支付歐元義務並非於今天履行，而是 1 個月後才要履行，故將 TWD800,000 按年息 6%折現 1 個月，求算所減少支付歐元義務之現值為 TWD796,020，TWD800,000÷(1＋6%×1/12)＝TWD796,020，並認列相關利益。		
20x7/1/30	透過損益按公允價值衡量之金融資產(負債)損失　　　　296,020　　　　強制透過損益按公允價值衡量之金融資產　　　　　　296,020		

20x7/1/30 (續)	(40.8−41.3)×€1,000,000＝−TWD500,000，即支付€1,000,000 之義務減少 TWD500,000，且項支付歐元義務於今天履行，故將帳列「強制透過損益按公允價值衡量之金融資產」借餘 TWD796,020 調降為 TWD500,000，因此貸記 TWD296,020，並認列相關損失 TWD296,020。
1/30	(1) 若遠期外匯合約以<u>總額</u>結清： 現　　金　　　　　　　　　　　　　　　41,300,000 　現　金－歐元　　　　　　　　　　　　　　　40,800,000 　強制透過損益按公允價值衡量之金融資產　　　　500,000 41.3×€1,000,000＝TWD41,300,000，40.8×€1,000,000＝TWD40,800,000 (2) 若遠期外匯合約以<u>淨額</u>結清： 現　　金　　　　　　　　　　　　　　　500,000 　強制透過損益按公允價值衡量之金融資產　　　　500,000

(二)　(預期銷貨交易，遠期外匯合約，現金流量避險)

　　台灣 T 公司於 20x6 年 12 月 1 日與英國 B 公司討論一筆未來交易，台灣 T 公司預計於 20x7 年 3 月 1 日現銷 100,000 英鎊商品存貨予英國 B 公司，討論當天雙方並未簽署任何文件。台灣 T 公司為了規避此項預期外幣交易將承受之匯率變動風險，遂於 20x6 年 12 月 1 日與 C 銀行簽訂一項 90 天期賣 100,000 英鎊之遠期外匯合約。並將該遠期外匯合約指定為該項以英鎊計價預期交易之現金流量避險工具。假設：(a)此避險關係符合適用 IFRS 9 避險會計之要件，(b)此避險關係屬現金流量避險，(c)遠期外匯合約將以淨額結清，(d)當時合理之折現率為 6%。英鎊對新台幣之匯率資料如下：　（£1＝TWD？）

	20x6/12/1	20x6/12/31	20x7/3/1
即期匯率	51.00	51.15	51.30
60 天遠期匯率	50.55	50.70	—
90 天遠期匯率	50.40	50.60	—

試作：台灣 T 公司下列日期之分錄：
　　(1) 20x6 年 12 月 1 日
　　(2) 20x6 年 12 月 31 日 (台灣 T 公司報導期間結束日)
　　(3) 20x7 年 3 月 1 日

解答：

台灣 T 公司之分錄如下：

被：被避險項目 (預期銷貨交易 → 將於 20x7/3/1 銷貨並收現£100,000)		
避工：避險工具 (遠期外匯合約 → 將於 20x7/3/1 結清賣£100,000 之遠期外匯合約)		
20x6/12/1	被	無分錄，因預期銷貨交易尚未發生。
20x6/12/1	避工	無分錄，因該遠期外匯合約之公允價值為$0， £100,000×(90 天遠期匯率報價 50.4－約定的遠期匯率 50.4) ＝TWD0，但若有管理上之需要，可作備忘記錄。
20x6/12/31	被	無分錄，因預期銷貨交易尚未發生。
20x6/12/31	避工	其他綜合損益－避險工具之損益　　　　29,703 　　避險之金融負債－遠期外匯合約　　　　　　29,703
		遠期外匯合約： 　　£100,000×(50.70－50.40)＝TWD30,000，即支付£100,000 之義務增加 TWD30,000，但此義務並非於今天履行，係 2 個月後才要履行，故將 TWD30,000 按年息 6%折現 2 個月，求算所增加支付英鎊義務在 20x6/12/31 之現值為 TWD29,703，TWD30,000÷(1＋6%×2/12)＝TWD29,703，應認列為「避險之金融負債－遠期外匯合約」貸餘 TWD29,703，同時將避險工具之損失借記「其他綜合損益」TWD29,703，計算如下： (i) 避險工具公允價值再衡量之累積利益 TWD29,703 (A)， (ii) 被避險項目公允價值再衡量之累積損失 TWD29,703 (B)，(B) 之計算同(A)，因二者之公允價值皆受遠期匯率異動之影響。 以(A)(B)絕對金額較低者(TWD29,703)認列於「其他綜合損益」，表達在權益項下。
20x7/3/1	被	現　　金　　　　　　　　　　　5,130,000 　　銷貨收入　　　　　　　　　　　　　5,130,000
		£100,000×51.30＝TWD5,130,000
20x7/3/1	避工	其他綜合損益－避險工具之損益　　　　60,297 　　避險之金融負債－遠期外匯合約　　　　　　60,297
		遠期外匯合約： 　　£100,000×(51.30－50.40)＝TWD90,000，即支付£100,000 之義務增加 TWD90,000，應認列為「避險之金融負債－遠期外匯合約」貸餘 TWD90,000，其中 TWD29,703 已於 20x6/12/31 貸記「避險之金融負債－遠期外匯合約」，故今再貸記 TWD60,297，TWD90,000－TWD29,703＝TWD60,297，且此義務於今天履行。同時將避險工具之損失借記「其他綜合損益」TWD60,297，計算如下：

20x7/3/1 (續)	避工	(i) 避險工具公允價值再衡量之累積利益 TWD90,000 (A)， (ii) 被避險項目公允價值再衡量之累積損失 TWD90,000 (B)，(B) 之計算同(A)，因二者之公允價值皆受遠期匯率異動之影響。以(A)(B)絕對金額較低者(TWD90,000)認列於「其他綜合損益」，其中 TWD29,703 已於 20x6/12/31 貸記「其他綜合損益」，故今再貸記「其他綜合損益」TWD60,297，TWD90,000－TWD29,703＝TWD60,297，表達在權益項下。
3/1	避工	避險之金融負債－遠期外匯合約　　　　90,000 　　現　金　　　　　　　　　　　　　　　　　90,000
		淨額結清賣出£100,000 之遠期外匯合約。
3/1	避工	避險工具之損失－現金流量避險　　　　90,000 　　其他綜合損益－避險工具之損失　　　　　90,000
		避險工具之累積損失 TWD90,000，應於被避險之預期現金流量影響損益之同一期間(或多個期間)內，自權益重分類為損益，即應在 20x7/3/1 進行預期之銷貨交易且認列銷貨收入及銷貨成本的同一期間，將避險工具之累積損失 TWD90,000 重分類為損益。

(三) (持有外幣負債，遠期外匯合約，公允價值避險)

　　台灣 T 公司於 20x5 年 12 月 1 日向日本 J 公司賒購￥1,000,000 商品存貨，雙方約定 60 天後(20x6 年 1 月 30)付款。進貨當天，台灣 T 公司與 B 銀行簽訂一項 60 天期買￥1,000,000 之遠期外匯合約，並將該遠期外匯合約指定為以日元計價應付帳款之公允價值避險工具。假設：(a)此避險關係符合適用 IFRS 9 避險會計之要件，(b)此避險關係屬公允價值避險，(c)遠期外匯合約將以淨額結清，(d)當時合理之折現率為 12%。日元對新台幣之直接匯率如下：(￥1＝TWD？)

	20x5/12/1	20x5/12/31	20x6/1/30
即期匯率	0.3472	0.3539	0.3739
30 天遠期匯率	0.3539	0.3672	0.3739
60 天遠期匯率	0.3606	0.3739	0.3806

試作：
(A) 台灣 T 公司下列日期之分錄，若無需作分錄，亦請註明：
　　[金額，請四捨五入計算至整數位。]

(1) 20x5 年 12 月 1 日
(2) 20x5 年 12 月 31 日 (台灣 T 公司報導期間結束日)
(3) 20x6 年 1 月 30 日

(B) 若第三行及第四行題意修改為:「…,並將該遠期外匯合約之<u>即期匯率變動部分</u>指定為以日元計價應付帳款之公允價值避險工具。…」,則請重覆(A)之要求。

解答:

(A) 台灣 T 公司之分錄如下:

被 : 被避險項目 (帳列應付帳款￥1,000,000,將於 60 天後付現) 避工:避險工具 (遠期外匯合約→ 60 天後結清買￥1,000,000 之遠期外匯合約)		
20x5/12/ 1	被	存　貨　　　　　　　　　　　　　　　347,200 　　應付帳款－日元　　　　　　　　　　　　　347,200 ￥1,000,000×0.3472＝TWD694,400
20x5/12/ 1	避工	無分錄,因該遠期外匯合約之公允價值為$0, ￥1,000,000×(60 天遠期匯率 0.3606－約定的遠期匯率 0.3606) ＝TWD0,但若有管理上之需要,可作備忘記錄。
20x5/12/31	被	外幣兌換損失　　　　　　　　　　　　6,700 　　應付帳款－日元　　　　　　　　　　　　　　6,700 ￥1,000,000×(0.3539－0.3472)＝TWD6,700
20x5/12/31	避工	避險之金融資產－遠期外匯合約　　　　6,535 　　避險工具之利益－公允價值避險　　　　　　6,535 遠期外匯合約: 　　￥1,000,000×(0.3672－0.3606)＝TWD6,600,即收取￥1,000,000 之權利增加 TWD6,600,但此項收取日元權利並非於今天履行,而是 1 個月後才要履行,故將 TWD6,600 按年息 12%折現 1 個月,求算所增加收取日元權利之現值為 TWD6,535,TWD6,600÷(1＋12%×1/12)＝TWD6,535,應認列為「避險之金融資產－遠期外匯合約」借餘 TWD6,535。
20x6/ 1/30	被	應付帳款－日元　　　　　　　　　　353,900 外幣兌換損失　　　　　　　　　　　 20,000 　　現　金　　　　　　　　　　　　　　　　373,900 TWD347,200＋TWD6,700＝TWD353,900 ￥1,000,000×0.3739＝TWD373,900 ￥1,000,000×(0.3739－0.3539)＝TWD20,000

20x6/1/30	避工	避險之金融資產－遠期外匯合約　　　　　6,765　　　　　避險工具之利益－公允價值避險　　　　　　　　　6,765
		遠期外匯合約： 　　￥1,000,000×(0.3739－0.3606)＝TWD13,300，即收取￥1,000,000之權利增加TWD13,300，其中TWD6,535已於20x5/12/31借記「避險之金融資產－遠期外匯合約」，故今再借記TWD6,765，TWD13,300－TWD6,535＝TWD6,765，且此項收取￥1,000,000之權利將於今天(20x6/1/30)履行。
1/30	避工	現　金　　　　　　　　　　　　　　　　　13,300　　　　　避險之金融資產－遠期外匯合約　　　　　　　　13,300
		收取￥1,000,000權利之公允價值＝￥1,000,000×0.3739＝TWD373,900，支付買入遠期外匯合約之價款為TWD360,600，￥1,000,000×0.3606＝TWD360,600，因約定以淨額結清，故收取淨額TWD13,300，或 TWD6,535＋TWD6,765＝TWD13,300。

(B) 台灣T公司之分錄如下：

被　：被避險項目 (帳列應付帳款￥1,000,000，將於60天後付現) 避工：避險工具 (遠期外匯合約→60天後結清買￥1,000,000之遠期外匯合約)		
20x5/12/1	被	存　貨　　　　　　　　　　　　　　　　　347,200　　　　　應付帳款－日元　　　　　　　　　　　　　　347,200
		￥1,000,000×0.3472＝TWD694,400
20x5/12/1	避工	無分錄，因該遠期外匯合約之公允價值為$0，￥1,000,000×(60天遠期匯率0.3606－約定的遠期匯率0.3606)＝TWD0，但若有管理上之需要，可作備忘記錄。
20x5/12/31	被	外幣兌換損失　　　　　　　　　　　　　　6,700　　　　　應付帳款－日元　　　　　　　　　　　　　　　6,700
		￥1,000,000×(0.3539－0.3472)＝TWD6,700
20x5/12/31	避工	避險之金融資產－遠期外匯合約　　　　　　6,535 透過損益按公允價值衡量之金融資產(負債)損失　　99　　　　　避險工具之利益－公允價值避險　　　　　　　　6,634
		遠期外匯合約： 　　￥1,000,000×(0.3672－0.3606)＝TWD6,600，即收取￥1,000,000之權利增加TWD6,600，但此項收取日元權利並非於今天履行，而是1個月後才要履行，故將TWD6,600按年息12%折現1個月，求算所增加收取日元權利之現值為TWD6,535，TWD6,600÷(1＋12%×1/12)＝TWD6,535，應認列為「避險之金融

20x5/12/31 (續)	避工	資產－遠期外匯合約」借餘 TWD6,535。 遠期外匯合約即期匯率變動部分： 　　￥1,000,000×(0.3539－0.3472)＝TWD6,700，TWD6,700 按年息 12%折現 1 個月，求算遠期外匯合約即期匯率變動部分之現值為 TWD6,634，TWD6,700÷(1＋12%×1/12)＝TWD6,634，應貸記「避險工具之利益－公允價值避險」TWD6,634，係指定避險部分，亦即將避險工具按公允價值衡量所產生之利益或損失，認列於損益。 　　另，非指定避險部分－TWD99，TWD6,535－TWD6,634＝－TWD99，則認列為「透過損益按公允價值衡量之金融資產(負債)損失」。
20x6/ 1/30	被	應付帳款－日元　　　　　　　　　　353,900 外幣兌換損失　　　　　　　　　　　 20,000 　　現　　金　　　　　　　　　　　　　　　　373,900 TWD347,200＋TWD6,700＝TWD353,900 ￥1,000,000×0.3739＝TWD373,900 ￥1,000,000×(0.3739－0.3539)＝TWD20,000
20x6/ 1/30	避工	避險之金融資產－遠期外匯合約　　　　　　　6,765 透過損益按公允價值衡量之金融資產(負債)損失　13,301 　　避險工具之利益－公允價值避險　　　　　　　　 20,066 遠期外匯合約： 　　￥1,000,000×(0.3739－0.3606)＝TWD13,300，即收取￥1,000,000 之權利增加 TWD13,300，其中 TWD6,535 已於 20x5/12/31 借記「避險之金融資產－遠期外匯合約」，故今再借記 TWD6,765，TWD13,300－TWD6,535＝TWD6,765，且此項收取￥1,000,000 之權利將於今天(20x6/ 1/30)履行。 遠期外匯合約即期匯率變動部分： 　　￥1,000,000×(0.3739－0.3472)＝TWD26,700，係截至 20x7/1/30 止遠期外匯合約即期匯率變動部分之現值，已知截至 20x6/12/31 止遠期外匯合約即期匯率變動部分之現值為 TWD6,634，即增加 TWD20,066，應貸記「避險工具之利益－公允價值避險」TWD20,066，係指定避險部分，亦即將避險工具按公允價值衡量所產生之利益或損失，認列於損益。 　　另，非指定避險部分－TWD13,301，TWD6,765－TWD20,066＝－TWD13,301，則認列為「透過損益按公允價值衡量之金融資產(負債)損失」。

20x6/ 1/30	避工	現　金　　　　　　　　　　　　　　　　　　13,300
		避險之金融資產－遠期外匯合約　　　　　　　　13,300
		收取￥1,000,000 權利之公允價值＝￥1,000,000×0.3739＝TWD373,900，支付買入遠期外匯合約之價款為 TWD360,600，￥1,000,000×0.3606＝TWD360,600，因約定以淨額結清，故收取淨額 TWD13,300，或 TWD6,535＋TWD6,765＝TWD13,300。

(四) **(以外幣計價之確定銷貨承諾，遠期外匯合約，公允價值避險)**

　　台灣 T 公司於 20x7 年 4 月 1 日與美國 A 公司簽訂一項銷貨承諾，雙方約定在 20x7 年 5 月 31 日，台灣 T 公司將現銷 100,000 美元商品存貨予美國 A 公司。台灣 T 公司為了規避此項以外幣計價之確定銷貨承諾未來將承受之匯率變動風險，遂於 20x7 年 4 月 1 日與 B 銀行簽訂一項 60 天期賣 USD100,000 之遠期外匯合約。假設：(a)此避險關係符合適用 IFRS 9 避險會計之要件，(b)此避險關係屬公允價值避險，(c)遠期外匯合約將以淨額結清，(d)當時合理之折現率為 6%。美元對新台幣之匯率如下： (USD1＝TWD？)

	20x7/ 4/ 1	20x7/ 5/31
即期匯率	32.00	32.68
60 天遠期匯率	31.77	32.23

試作：

(1) 台灣 T 公司下列日期之分錄：(a) 20x7 年 4 月 1 日，(b) 20x7 年 5 月 31 日。
(2) 假設台灣 T 公司於 20x7 年 4 月 1 日與 B 銀行所簽訂之 60 天期遠期外匯合約是賣 USD150,000，並指定其中 USD100,000 為確定銷貨承諾之避險工具。請重覆(1)之要求。

解答：

(1) 台灣 T 公司之分錄如下：

被　：被避險項目 (確定承諾 → 將於 20x7/ 5/31 銷貨並收現 USD100,000)		
避工：避險工具　 (遠期外匯合約 → 將於 20x7/ 5/31 結清賣 USD100,000		
之遠期外匯合約)		
20x7/ 4/ 1	被	無分錄，因確定承諾交易尚未發生。

20x7/4/1	避工	無分錄,因該遠期外匯合約之公允價值為$0, USD100,000×(60 天遠期匯率 31.77－約定的遠期匯率 31.77)＝TWD0,但若有管理上之需要,可作備忘記錄。		
20x7/5/31	避工	避險工具之損失－公允價值避險 避險之金融負債－遠期外匯合約	91,000	91,000
		遠期外匯合約: USD100,000×(32.68 － 31.77) ＝ TWD91,000,即支付 USD100,000 之義務增加 TWD91,000,故貸記「避險之金融負債－遠期外匯合約」TWD91,000,並將避險工具按公允價值衡量所產生之利益或損失,認列於損益,此項支付 USD100,000 之義務須於今天(5/31)履行。		
5/31	避工	避險之金融負債－遠期外匯合約 現　金	91,000	91,000
		支付 USD100,000 之義務 ＝ USD100,000×32.68 ＝ TWD3,268,000,而收取賣出遠期外匯合約之價款 ＝ USD100,000×31.77＝TWD3,177,000,因約定以淨額結清,故支付淨額 TWD91,000。		
20x7/5/31	被	其他流動資產－確定承諾 被避險項目之利益－公允價值避險	91,000	91,000
		以美元計價之確定銷貨承諾: USD100,000×32.68＝TWD3,268,000,即收取 USD100,000 之權利從 TWD3,177,000 (USD100,000×31.77＝TWD3,177,000) 增加為 TWD3,268,000,增加 TWD91,000,故借記「其他流動資產－確定承諾」TWD91,000,同時將被避險項目按公允價值再衡量所產生之利益,認列於損益,且此項收取 USD100,000 之權利於今天(5/31)履行。		

5/31	被	現　金
		    其他流動資產－確定承諾
		    銷貨收入
			3,268,000	91,000
				3,177,000

		USD100,000×32.68＝TWD3,268,000		

(2) 60 天期賣 USD150,000 之遠期外匯合約,其中 USD100,000 係屬避險部分,分錄同上述(甲),不再贅述。另外 USD50,000 部分,未涉及避險關係,應視為非避險之遠期外匯交易(for speculation purpose),其分錄如下:

20x7/ 4/ 1	無分錄，因該遠期外匯合約之公允價值為$0， USD50,000×(60 天遠期匯率報價 31.77－約定的遠期匯率 31.77) ＝TWD0，但若有管理上之需要，可作備忘記錄。		
20x7/ 5/31	透過損益按公允價值衡量之金融資產(負債)損失	45,500	
	透過損益按公允價值衡量之金融負債		45,500
	遠期外匯合約： 　　(32.68－31.77)×USD50,000＝TWD45,500，即支付 USD50,000 之義務增加 TWD45,500，故貸記「透過損益按公允價值衡量之金 融負債」TWD45,500，且此項支付 USD50,000 之義務須於今天(5/31) 履行。		
5/31	透過損益按公允價值衡量之金融負債	45,500	
	現　　金		45,500

(五)　　**(109 會計師考題改編)**

　　甲公司之功能性貨幣為新台幣，於 20x1 年 12 月 31 日對一項高度很有可能發生之預期咖啡購買交易(預期交易將於 20x3 年 12 月 31 日發生)進行避險。甲公司將下列兩項避險關係指定為現金流量避險並適用避險會計：

(1) 商品價格風險避險關係：以外幣計價之預期咖啡購買交易之咖啡價格相關現金流量變異(被避險項目)與以外幣計價之商品遠期合約(避險工具)間之避險關係。此避險關係於 20x1 年 12 月 31 日指定，避險期間至 20x3 年 12 月 31 日。甲公司將前述商品遠期合約之整體價值變動指定為避險工具，此避險關係符合避險會計之所有要件，且被避險項目與避險工具關鍵條款均相同，無任何避險無效部分。

(2) 外幣風險避險關係：彙總暴險(被避險項目)與遠期外匯合約(避險工具)間之避險關係。指定為被避險項目之彙總暴險所表彰之外幣風險，係前述對商品價格風險避險關係所指定之以外幣計價之兩項目(即預期咖啡購買交易及商品遠期合約)之外幣現金流量組合匯率變動之影響。此避險關係於 20x2 年 12 月 31 日指定，避險期間至 20x3 年 12 月 31 日。甲公司將前述遠期外匯合約之整體價值變動指定為避險工具，此避險關係符合避險會計之所有要件，且被避險項目與避險工具關鍵條款均相同，無任何避險無效部分。

　　作為避險工具的商品遠期合約及遠期外匯合約與 20x3 年 12 月 31 日預期交易發生時買入咖啡存貨之價格如下表 (單位：新台幣元)：

	20x1/12/31	20x2/12/31	20x3/12/31	備 註
商品遠期合約相關公允價值資訊	即期部分$0 ＋ 遠期部分 0 整體公允價值 0	即期部分$990 ＋ 遠期部分 11 整體公允價值 1,001	即期部分$1,500 ＋ 遠期部分 20 整體公允價值 1,520	到期日結清時甲公司收取$1,520現金
遠期外匯合約相關公允價值資訊		即期部分$0 ＋ 遠期部分 0 整體公允價值 0	即期部分($440) ＋ 遠期部分(10) 整體公允價值(450)	到期日結清時甲公司支付$450現金
買入咖啡存貨			買入價格$10,000	

試作：

(A) 請分別回答下列項目之金額：

(1) 20x2年12月31日甲公司因前述商品遠期合約而列入其他權益之金額。
(須註明其為借餘或貸餘，否則不予計分)

(2) 20x3年12月31日甲公司於存貨入帳基礎調整前，因前述商品遠期合約及遠期外匯合約而列入其他權益之金額。
(須註明其為借餘或貸餘，否則不予計分)

(3) 20x3年12月31日甲公司資產負債表中買入之咖啡存貨帳面金額。

(B) (1) 彙總暴險之定義為何？

(2) 若甲公司並未指定商品價格風險避險關係(此避險關係不適用避險會計)，則甲公司彙總外幣暴險是否仍可能適用避險會計？

參考答案：

(A) 甲公司分錄如下：

20x1/12/31，避險關係一：		
被一 ：被避險項目 (預期進貨交易 → 將於20x3/12/31購買咖啡)		
避工一：避險工具 　(商品遠期合約 → 將於20x3/12/31結清之商品遠期合約)		
20x2/12/31，避險關係二：		
被二 ：被避險項目 (彙總暴險＝預期進貨交易＋商品遠期合約 　　　　　　　　→ 將於20x3/12/31購買咖啡且結清之商品遠期合約)		
避工二：避險工具 　(遠期外匯合約 → 將於20x3/12/31結清之遠期外匯合約)		
20x1/12/31	被一	無分錄，因預期進貨交易尚未發生。
20x1/12/31	避工一	無分錄，因當天商品遠期合約之公允價值為$0，但若有管理上之需要，可作備忘記錄。

第134頁 (第十三章 外幣交易及相關避險操作之會計處理)

20x2/12/31	被一	無分錄，因預期進貨交易尚未發生。		
20x2/12/31	避工一	避險之金融資產－遠期合約　　　　　1,001 　　其他綜合損益－避險工具之損益　　　　　　1,001		
20x2/12/31	被二	無分錄，因預期進貨交易尚未發生，匯率尚未變動。		
20x2/12/31	避工二	無分錄，因當天遠期外匯合約之公允價值為$0，但若有管理上之需要，可作備忘記錄。		
註： 截至20x2/12/31，結轉「其他綜合損益」後，「其他權益－避險工具之損益」 　　＝20x2/12/31結轉貸記$1,001＝貸餘$1,001。				
20x3/12/31	避工一	避險之金融資產－遠期合約　　　　　519 　　其他綜合損益－避險工具之損益　　　　　　519 $1,520－$1,001＝$519		
20x3/12/31	避工一	現　金　　　　　　　　　　　　　　1,520 　　避險之金融資產－遠期合約　　　　　　　　1,520		
20x3/12/31	被一	存　貨－咖啡　　　　　　　　　　　8,480 其他權益－避險工具之損益　　　　　1,520 　　現　金　　　　　　　　　　　　　　　　10,000		
		依 IFRS 規定，若一被避險預期交易<u>後續</u>導致認列非金融資產或非金融負債，<u>或</u>對非金融資產或非金融負債之一被避險預期交易<u>成為</u>適用公允價值避險會計之確定承諾，則企業應自現金流量避險準備移除該累計金額，並將<u>其直接納入</u>該資產或該負債<u>之原始成本或其他帳面金額</u>。→ 稱為「認列基礎調整」		
20x3/12/31	被二	彙總暴險＝預期進貨交易＋商品遠期合約，分錄如上述20x3年三個分錄。		
20x3/12/31	避工二	其他綜合損益－避險工具之損益　　　　450 　　避險之金融負債－遠期合約　　　　　　　　450		
20x3/12/31	避工二	避險之金融負債－遠期合約　　　　　　450 　　現　金　　　　　　　　　　　　　　　　　450		
20x3/12/31	被二	存　貨－咖啡　　　　　　　　　　　　450 　　其他權益－避險工具之損益　　　　　　　　450		
註： 截至20x3/12/31，結轉「其他綜合損益」後，「其他權益－避險工具之損益」 　　＝20x2/12/31貸餘$1,001＋20x3/12/31結轉貸記$519＋20x3/12/31借記$1,520 　　＋20x3/12/31結轉借記$450＋20x3/12/31貸記$450＝餘額$0。				
結論：甲公司因遠期合約及進貨交易之淨現金流出＝購買咖啡成本 　　＝進貨付現$10,000－結算遠期合約(收現$1,520－付現$450)＝$8,930				

(A) (1) 20x2/12/31 甲公司因前述商品遠期合約而列入其他權益為貸餘$1,001。

(2) 20x3/12/31 甲公司於存貨入帳基礎調整前,因前述商品遠期合約及遠期外匯合約而列入其他權益為貸餘$1,070,20x2/12/31 貸餘$1,001＋20x3/12/31 結轉貸記$519＋20x3/12/31 結轉借記$450＝貸餘$1,070。

(3) 20x3/12/31 甲公司資產負債表中買入之咖啡存貨帳面金額＝$8,930

(B) (1) 請參閱本章第 27 頁之(4),如下:

當企業指定彙總暴險(由一暴險與一衍生工具組合而成)為被避險項目時,應評估該彙總暴險是否因結合一暴險與一衍生工具而產生一不同之彙總暴險,且該彙總暴險係就一種或多種特定風險而當作一項暴險被管理。在此情況下,企業得以該彙總暴險為基礎指定被避險項目。

例如:企業高度很有可能在第15個月時購入一定數量之咖啡,並使用15個月期之咖啡期貨合約以規避價格風險(美元基礎)。該高度很有可能之咖啡購買及咖啡期貨合約之組合,就風險管理目的,可視為15個月期固定金額美元外幣暴險,即如同在第15個月時之任一固定金額美元現金流出。

(a) 咖啡期貨合約:規避高度很有可能在第15個月時購入一定數量咖啡之價格變動風險(美元基礎)。

(b) 該高度很有可能之咖啡購買及咖啡期貨合約之組合:

→ 15個月期固定金額美元外幣暴險,即面對匯率變動之風險。

當以彙總暴險為基礎指定被避險項目時,企業基於評估避險有效性及衡量避險無效性之目的,應考量構成該彙總暴險之各項目之合併影響。惟構成該彙總暴險之各項目仍應單獨處理。

(B) (2) 依上述(B)(1)彙總暴險(由一暴險與一衍生工具組合而成)之說明,縱使甲公司未指定商品價格風險避險關係(此避險關係不適用避險會計),其已符合彙總暴險,則甲公司針對彙總外幣暴險所進行之避險操作只要符合避險會計之所有要件,仍可能適用避險會計。

(六) (108會計師考題改編)

甲公司於20x1年1月1日以每股$30買入乙公司100股普通股,並將該股票投資分類為「透過其他綜合損益按公允價值衡量之權益工具投資」。甲公司為規避前述股票公允價值下跌之風險,於20x1年1月1日買入20x1年3月31日到期之賣出選擇權,其標的物為乙公司100股普通股,履約價格為$30,權利金為$500,且到期時以現金淨額交割。甲公司<u>指定</u>以上述賣權之內含價值變動<u>規避</u>股票公允價值下跌之風險。20x1年1月1日及20x1年3月31日乙公司普通股每股市價分別為$30及$28。

試作:
(1) 20x1年1月1日與20x1年3月31日購入股票及避險操作之相關分錄。
(2) 甲公司是否能以該股票賣權之<u>整體公允價值變動</u>作為避險工具,規避其所持有股票投資公允價值下跌之風險而適用避險會計?
(3) 若甲公司並未於20x1年1月1日買入乙公司股票,但預期高度很有可能於20x1年4月1日買入乙公司100股普通股,且將該股票以公允價值衡量並將公允價值之變動列報於其他綜合損益。試問甲公司是否能將與前述股票選擇權之履約價格、權利期間與標的物相同之股票買權之內含價值變動部分指定為避險工具,以規避前述權益工具之預期購買之現金流量風險而適用避險會計?(請敘明原因)

參考答案:

(1) 已知甲公司指定該項選擇權(賣權)合約之<u>內含價值變動</u>為持有乙公司100股普通股股權投資之公允價值避險工具。甲公司之分錄如下:

| 被 | : 被避險項目 (帳列股票投資→為規避乙公司100股普通股市價下跌之風險) |
| 避工 | : 避險工具 (選擇權 → 將於20x1/3/31到期之賣權,標的物為乙公司100股普通股,履約價格為$30) |

20x1/1/1	被	透過其他綜合損益按公允價值衡量之權益工具投資　3,000
		現　金　　　　　　　　　　　　　　　　　　　　3,000
		100股×$30=$3,000
20x1/1/1	避工	避險之金融資產－選擇權　　　　　　　500
		現　金　　　　　　　　　　　　　　　　　　　　500

20x1/3/31	被	其他綜合損益－透過其他綜合損益按公允價值衡量 　　　　　之權益工具投資未實現評價損益　　200 　　透過其他綜合損益按公允價值衡量之權益工具 　　　　　投資評價調整　　　　　　　　　　　200
		100股×($28－$30)＝－$200
20x1/3/31	避工	其他綜合損益－公允價值避險中屬時間價值 　　　　　部分之避險工具損益（＊）　　　　500 　　避險之金融資產－選擇權　　　　　　　　　300 　　避險工具之利益－公允價值避險　　　　　　200
		＊：係筆者依準則用詞自設之會計科目。
		選擇權－內含價值： 　　($30－$28)×100股＝$200，此即選擇權內含價值增加數，應認列為「避險之金融資產－選擇權」借記$200，同時將避險工具按公允價值衡量所產生之利益或損失，認列於損益。 選擇權－時間價值： 　　今日(20x2/12/31)選擇權到期，其時間價值降為$0，故選擇權的時間價值$500，應借記「其他綜合損益」$500。 　　對<u>期間相關之被避險項目</u>進行避險之選擇權，其<u>時間價值之公允價值變動，應在與被避險項目相關之範圍內認列於其他綜合損益</u>，且應累計於單獨權益組成部分。指定選擇權作為避險工具之日之時間價值，應在與被避險項目相關之範圍內，<u>於選擇權內含價值之避險調整可影響損益之期間內，以有系統且合理之基礎攤銷</u>。因此於每一報導期間，攤銷金額應自單獨權益組成部分重分類至損益作為<u>重分類調整</u>，詳下列第一個分錄。 選擇權： 　　$200－$500＝－$300，貸記「避險之金融資產－選擇權」，故截至 20x1/3/31 為借餘$200，$500－$300＝$200，包括：(a)選擇權剩餘的時間價值$0 ($500－減少$500)，(b)選擇權的內含價值$200。
20x1/3/31	避工	避險工具之損失－公允價值避險　　　　　　　500 　　其他綜合損益－公允價值避險中屬時間價值 　　　　　部分之避險工具損益（＊）　　　　　　500
20x1/3/31	避工	現　金　　　　　　　　　　　　　　　　　　200 　　避險之金融資產－選擇權　　　　　　　　　200
		淨額結清選擇權合約(賣出買權)，收現$200，即該項選擇權於本日之公允價值，($30－$28)×100股＝$200。

(2) 可以。甲公司能以該股票賣權之**整體**公允價值變動作為避險工具，規避其所持有股票投資公允價值下跌之風險而適用避險會計。請參閱本章第 25 頁「(乙) 避險工具之指定」之(1)(a)，節錄如下：

(1) 符合要件之工具應就其**整體**被指定為避險工具。而允許之*例外*僅限於：

(a)	將選擇權合約之<u>內含價值</u>與<u>時間價值</u>分開，並僅指定選擇權內含價值變動作為避險工具，而非時間價值變動。

(3) 可以。針對高度很有可能預期交易之避險，係屬現金流量避險，只要符合適用避險會計之要件，即可適用避險會計。請參閱本章「附錄」釋例十三。

(七)　(107 會計師考題改編)　(以外幣計價之債券投資)

　　甲公司於 20x1 年初以 18,268 美元取得乙公司所發行面額 20,000 美元、票面利率 3%之公司債，該公司債於每年 12 月 31 日付息，20x5 年 12 月 31 日到期，採有效利息法攤銷溢折價，20x1 年初該債券之市場利率為 5%。甲公司功能性貨幣為新臺幣，並將該投資分類為「透過其他綜合損益按公允價值衡量之金融資產」。20x1 年 12 月 31 日及 20x2 年 12 月 31 日該公司債之公允價值分別為 18,247 美元及 18,396 美元。美元對新臺幣之匯率如下：

20x1 年 1 月 1 日	31.5	20x1 年平均	31.6
20x1 年 12 月 31 日	32.0	20x2 年平均	31.0
20x2 年 12 月 31 日	30.5		

若不考慮該債券之預期信用損失，試作：
(1) 甲公司該債券投資於 20x1 及 20x2 年帳上應認列之利息收入。
(2) 甲公司該債券投資於 20x1 及 20x2 年帳上應認列之兌換(損)益。
(3) 甲公司該債券投資於 20x1 及 20x2 年帳上應認列之其他綜合(損)益。

參考答案：

甲公司帳列下列二科目之餘額及相關折價攤銷金額彙集如下：(美元及新臺幣)
「透過其他綜合損益按公允價值衡量之債務工具投資－乙公司債」(#)、
「透過其他綜合損益按公允價值衡量之債務工具投資評價調整－乙公司債」(&)

下表中金額的計算順序為：(a)、(b)、(c)、(d)

	20x1/1/1	20x1	20x1/12/31	20x2	20x2/12/31
甲－(#)(美元)(a)	$18,268.00	＋$313.4	$18,581.40	＋329.07	$18,910.47
		$18,268×5%－$20,000×3% ＝$913.4－$600＝$313.4		$18,581.4×5%－$20,000×3% ＝$929.07－$600＝$329.07	
甲－(#)(新臺幣) (b)	$18,268×31.5 ＝$575,442	＋$313.4×32 ＋$9,134(反推) ＝期末－期初 ＝＋$19,162.8	$18,581.4×32 ＝$594,604.8	＋$329.07×30.5 －$27,872.1(反推) ＝期末－期初 ＝－$17,835.465	$18,910.47×30.5 ＝$576,769.335
甲－(&)(新臺幣) (d)＝(c)－(b)	(－)	貸記(反推) ＋$10,700.8	(10,700.8)	貸記(反推) ＋$4,990.535	(15,691.335)
公允價值(新臺幣) (c)	$18,268×31.5 ＝$575,442		$18,247×32 ＝$583,904		$18,396×30.5 ＝$561,078

甲公司 20x1 及 20x2 年度相關分錄如下：

20x1/ 12/31	現　金　　　　　　　　　　　　　　　　　　19,200.00 透過其他綜合損益按公允價值衡量之 　　　　債務工具投資－乙公司債　　　19,162.80 　　利息收入　　　　　　　　　　　　　　28,863.44 　　外幣兌換利益　　　　　　　　　　　　 9,499.36
	USD600×32＝TWD19,200，USD913.4×31.6＝TWD28,863.44
12/31	其他綜合損益－透過其他綜合損益按公允價值 　　　　衡量之債務工具投資未實現評價損益　10,700.8 　　透過其他綜合損益按公允價值衡量之 　　　　債務工具投資評價調整－乙公司債　　10,700.8
20x2/ 12/31	現　金　　　　　　　　　　　　　　　　　　18,300.000 外幣兌換損失　　　　　　　　　　　　　　28,336.635 　　透過其他綜合損益按公允價值衡量之 　　　　債務工具投資－乙公司債　　　17,835.465 　　利息收入　　　　　　　　　　　　　　28,801.170
	USD600×30.5＝TWD18,300，USD929.07×31＝TWD28,801.17
12/31	其他綜合損益－透過其他綜合損益按公允價值 　　　　衡量之債務工具投資未實現評價損益　4,990.535 　　透過其他綜合損益按公允價值衡量之 　　　　債務工具投資評價調整－乙公司債　　4,990.535

(1) 甲公司該債券投資 20x1 應認列之利息收入＝$28,863.44
    甲公司該債券投資 20x2 應認列之利息收入＝$28,801.17
(2) 甲公司該債券投資 20x1 應認列之兌換利益＝$9,499.36
    甲公司該債券投資 20x2 應認列之兌換損失＝$28,336.635
(3) 甲公司該債券投資 20x1 應借記之其他綜合損益＝$10,700.8
    甲公司該債券投資 20x2 應借記之其他綜合損益＝$4,990.535

(八) **(106 會計師考題改編)**

　　甲公司於20x1年 1月 1日以每股$30購入乙公司普通股5,000股，且分類為「透過損益按公允價值衡量之金融資產」。甲公司於20x3年 1月31日以每股$27賣出乙公司普通股5,000股，乙公司普通股每股股價資料如下：

	20x1/ 1/ 1	20x1/12/31	20x2/12/31
每股股價	$30	$17	$37

　　20x1年 1月 1日，甲公司為規避乙公司普通股股票價格自$30下跌之風險，因而買入乙公司股票之賣權，支付權利金$8,000，標的資產為乙公司5,000股普通股，履約價格為$30，且該項以現金淨額交割之選擇權到期日為20x2年12月31日。甲公司<u>指定</u>該項選擇權(賣權)合約之內含價值變動<u>為</u>持有乙公司5,000股普通股股權投資之<u>公允價值避險工具</u>。假設在20x1年及20x2年兩個完整年度內，此選擇權與所持有之乙公司普通股係屬適用避險會計之組合。選擇權之相關價格資訊如下：

	20x1/ 1/ 1	20x1/12/31	20x2/12/31
履約價$30 選擇權內含價值	$0	$65,000	$0
履約價$30 選擇權總價值	$8,000	$69,000	$0

試作：甲公司20x1至20x3年所有必要分錄。

參考答案：

甲公司之分錄如下：

被：被避險項目 (持有乙公司普通股之股權投資，為規避乙股價下跌之風險) 避工：避險工具 (選擇權 → 將於 20x2/12/31 到期之"乙公司股票賣權")			
20x1/1/1	被	強制透過損益按公允價值衡量之金融資產　　150,000 　　現　金　　　　　　　　　　　　　　　　　　150,000	
		5,000 股×$30＝$150,000	
20x1/1/1	避工	避險之金融資產－選擇權　　　　　　　　　8,000 　　現　金　　　　　　　　　　　　　　　　　　8,000	
20x1/12/31	被	透過損益按公允價值衡量之金融資產(負債)損失　65,000 　　強制透過損益按公允價值衡量之金融資產 　　　　　評價調整　　　　　　　　　　　　　　65,000	
		評價調整＝5,000 股×($17－$30)＝－$65,000(貸餘)	
20x1/12/31	避工	避險之金融資產－選擇權　　　　　　　　　61,000 其他綜合損益－公允價值避險中屬時間價值 　　　　部分之避險工具損益（＊）　　　　　4,000 　　避險工具之利益－公允價值避險　　　　　　　65,000	
		＊：係筆者依準則用詞自設之會計科目。 選擇權－內含價值： 　　20x1/12/31 公允價值$65,000－20x1/1/1 公允價值$0＝$65,000，此即選擇權內含價值增加數，係指定避險部分，應貸記「避險工具之利益」$65,000。 選擇權－時間價值： 　　已知選擇權時間價值減少$4,000，應借記「其他綜合損益」$4,000，20x1/12/31時間價值($69,000－$65,000)－20x1/1/1時間價值($8,000－$0)＝－$4,000。 　　對<u>期間相關之被避險項目</u>進行避險之選擇權，其<u>時間價值之公允價值變動</u>，應在與被避險項目相關之範圍內認列於<u>其他綜合損益</u>，且應累計於單獨權益組成部分。<u>指定選擇權作為避險工具之日之時間價值</u>，應在與被避險項目相關之範圍內，<u>於選擇權內含價值之避險調整可影響損益之期間內，以有系統且合理之基礎攤銷</u>。因此於每一報導期間，攤銷金額應自單獨權益組成部分重分類至<u>損益</u>作為<u>重分類調整</u>，詳下列第一個分錄。 選擇權： 　　$65,000－$4,000＝$61,000，借記「避險之金融資產－選擇權」，故截至 20x1/12/31 其餘額為借餘$69,000，$8,000＋$61,000＝$69,000，包括：(a)選擇權剩餘的時間價值$4,000 ($8,000－減少$4,000)，(b)選擇權的內含價值$65,000。	

20x1/12/31	避險工具	避險工具之損失－公允價值避險　　　　　　4,000 　　其他綜合損益－公允價值避險中屬時間價值 　　　　　部分之避險工具損益（＊）　　　　　　　　4,000		
20x2/12/31	被	強制透過損益按公允價值衡量之金融資產 　　評價調整　　　　　　　　　　　　　100,000 　　透過損益按公允價值衡量之金融資產 　　　　　(負債)利益　　　　　　　　　　　　100,000		
		評價調整＝5,000 股×($37－$30)＝$35,000(借餘) 借餘$35,000＋貸餘$65,000＝借記$100,000		
20x2/12/31	避險工具	避險工具之損失－公允價值避險　　　　　　65,000 其他綜合損益－公允價值避險中屬時間價值 　　　　部分之避險工具損益（＊）　　　　　　　4,000 　　避險之金融資產－選擇權　　　　　　　　　　　69,000		
		選擇權－內含價值： 　　20x2/12/31 公允價值$0－20x1/12/31 公允價值$65,000＝－$65,000，此即選擇權內含價值減少數，係指定避險部分，應借記「避險工具之損失」$65,000。 選擇權－時間價值： 　　今日(20x2/12/31)選擇權到期，其時間價值降為$0，故選擇權剩餘的時間價值$4,000，應借記「其他綜合損益」$4,000。 　　對期間相關之被避險項目進行避險之選擇權，其時間價值之公允價值變動，應在與被避險項目相關之範圍內認列於其他綜合損益，且應累計於單獨權益組成部分。指定選擇權作為避險工具之日之時間價值，應在與被避險項目相關之範圍內，於選擇權內含價值之避險調整可影響損益之期間內，以有系統且合理之基礎攤銷。因此於每一報導期間，攤銷金額應自單獨權益組成部分重分類至損益作為重分類調整，詳下列第一分錄。 選擇權： 　　$65,000＋$4,000＝$69,000，貸記「避險之金融資產－選擇權」，故截至 20x2/12/31 為借餘$0，$69,000－$69,000＝$0，包括：(a)選擇權剩餘的時間價值$0 ($4,000－減少$4,000)，(b)選擇權的內含價值$0。		
12/31	避險工具	避險工具之損失－公允價值避險　　　　　　4,000 　　其他綜合損益－公允價值避險中屬時間價值 　　　　　部分之避險工具損益（＊）　　　　　　　　4,000		
20x2/12/31 (到期日)	避險工具	無分錄。因股價$37＞履約價$30，故不執行賣權， 　　　亦無以現金淨額交割，因公允價值為$0。		

20x3/ 1/31	評價	透過損益按公允價值衡量之金融資產(負債)損失　　50,000 　　強制透過損益按公允價值衡量之金融資產 　　　　　評價調整　　　　　　　　　　　　　　　　50,000
		評價調整＝5,000 股×($27－$30)＝－$15,000(貸餘) 貸餘$15,000＋借餘$35,000＝貸記$50,000
20x3/ 1/31	出售乙股票	現　金　　　　　　　　　　　　　　　　　　　135,000 　　強制透過損益按公允價值衡量之金融資產 　　　　　評價調整　　　　　　　　　　　　　　　　15,000 　　強制透過損益按公允價值衡量之金融資產　　　150,000
		5,000 股×$27＝$135,000

(九)　(103 會計師考題改編)

甲公司於20x7年 5月 1日預期將在 6月 1日向美國乙公司購入機器設備(係屬高度很有可能發生之預期交易)，預期購入成本為100,000美元。甲公司乃於20x7年 5月 1日與銀行簽訂一項歐式外匯美元買權合約，名目本金100,000美元，履約價格為一美元兌換新臺幣33元，合約期間一個月，權利金為名目本金之1%，合約以淨額交割。20x7年 5月 1日及 6月 1日之美元對新臺幣即期匯率分別為33及33.62。甲公司將前述選擇權之內含價值變動指定為預期購買機器設備交易之匯率風險避險工具，假設此避險操作合乎所有避險會計之條件。甲公司於20x7年 6月 1日以100,000美元向美國乙公司購入機器設備。

試作：20x7 年甲公司有關選擇權合約與購買機器設備之所有分錄。

參考答案：

甲公司之分錄如下：

被　：被避險項目　(預期交易 → 將於 20x7/ 6/ 1 現購機器設備 USD100,000) 避工：避險工具　(選擇權 → 將於 20x7/ 6/ 1 結清 USD100,000 買權合約)			
20x7/ 5/ 1	被	無分錄，因預期購買機器設備交易尚未發生。	
20x7/ 5/ 1	避工	避險之金融資產－選擇權　　　　　　　33,000 　　現　金　　　　　　　　　　　　　　　　　33,000	
		(USD100,000×1%)×33＝TWD33,000	

20x7/ 6/ 1	避工	避險之金融資產－選擇權　　　　　　　　　　29,000	
		其他綜合損益－現金流量避險中屬時間價值	
		部分之避險工具損益（＊）　　33,000	
		其他綜合損益－避險工具之損益	62,000
		＊：係筆者依準則用詞自設之會計科目。	
		註：結轉「其他綜合損益」後，	
		(1)「其他權益－避險工具之損益」	
		＝20x7/ 6/ 1 結轉貸記 TWD62,000＝貸餘 TWD62,000	
		(2)「其他權益－現金流量避險中屬時間價值部分之避險工具損益」	
		（＊）＝20x7/ 6/ 1 結轉借記 TWD33,000＝借餘 TWD33,000	
		選擇權－內含價值：	
		20x7/ 6/ 1 內含價值 TWD62,000－20x7/ 5/ 1 內含價值 TWD 0＝TWD62,000，(33.62－33)×USD100,000＝TWD62,000，此即選擇權內含價值增加數，係指定避險且屬有效避險部分，應貸記「其他綜合損益」TWD62,000。	
		選擇權－時間價值：	
		已知選擇權時間價值減少 TWD33,000，20x7/ 6/ 1 時間價值 TWD 0－20x7/ 5/ 1 時間價值 TWD33,000＝－TWD33,000，應借記「其他綜合損益」TWD33,000。	
		本例係對預期進貨交易進行避險，IFRS 規定，對<u>交易相關之被避險項目</u>進行避險之選擇權，其<u>時間價值</u>之<u>公允價值變動</u>，應在<u>與被避險項目相關之範圍內</u>認列於<u>其他綜合損益</u>，且應累計於單獨權益組成部分。若被避險項目<u>後續導致認列非金融資產或非金融負債</u>，則企業應自該單獨權益組成部分移除該金額，並將其<u>直接納入該資產或該負債之原始成本或其他帳面金額</u>。	
		選擇權：	
		TWD62,000－TWD33,000＝TWD29,000，借記「避險之金融資產－選擇權」，故截至 20x7/ 6/ 1 其為借餘 TWD62,000，包括：(a)選擇權的時間價值 TWD 0，(b)選擇權的內含價值 TWD62,000。選擇權」TWD29,000，TWD62,000－TWD33,000＝TWD29,000。	
6/ 1	避工	現　　金　　　　　　　　　　　　　　　　62,000	
		避險之金融資產－選擇權	62,000
		淨額結清選擇權合約，收現 TWD62,000。	

(續次頁)

20x7/ 6/ 1	被	機器設備	3,333,000	
		其他權益－避險工具之損益	62,000	
		其他權益－現金流量避險中屬時間價值		
		部分之避險工具損益（＊）		33,000
		現　金		3,362,000
	USD100,000×33.62＝TWD3,362,000			
	機器設備成本＝TWD3,333,000			
	＝(買價 USD100,000×買權之履約價格 33)＋避險成本 TWD33,000			

(十)　(**100** 會計師考題改編)

　　信義公司於 20x6 年 11 月 1 日與法國公司簽訂一合約，約定於 20x7 年 1 月 30 日以 50,000 歐元購入一部機器，採直線法分 10 年提列折舊，無殘值。為規避歐元匯率變動風險，信義公司同時與銀行簽訂一項 90 天期買進 55,000 歐元之遠期外匯合約，並將該遠期外匯合約指定為以美元計價確定承諾之避險工具。假設此避險關係符合適用 IFRS 避險會計之要件。20x7 年 1 月 30 日，信義公司淨額交割上述遠期外匯合約，並購入機器。歐元對新台幣之直接匯率如下：(假設不考慮利率因素)

	20x6/11/ 1	20x6/12/31	20x7/ 1/30
即期匯率	40.80	40.90	40.86
遠期匯率			
30 天	40.81	40.91	40.87
60 天	40.82	40.92	40.88
90 天	40.83	40.93	40.89

試作：情況一：信義公司將前述避險以公允價值避險處理。
　　　　　(1) 信義公司 20x6 年 12 月 31 日之相關調整分錄。
　　　　　(2) 信義公司 20x7 年 1 月 30 日之相關調整分錄。
　　　情況二：信義公司將前述避險以現金流量避險處理。
　　　　　(1) 信義公司 20x6 年 12 月 31 日之相關調整分錄。
　　　　　(2) 信義公司 20x7 年 1 月 30 日之相關調整分錄。
　　　　　(3) 信義公司 20x7 年 12 月 31 日之相關調整分錄。

參考答案：

情況一：信義公司分錄如下：

被 避工	：被避險項目 (確定承諾 → 將於 20x7/ 1/30 現購機器€50,000) ：避險工具 (遠期外匯合約 → 將於 20x7/ 1/30 結清買入€55,000 之遠期外匯合約)		
20x6/11/ 1	被	無分錄，因確定承諾交易尚未發生。
20x6/11/ 1	避工	無分錄，因該遠期外匯合約之公允價值為$0， €55,000×(90 天遠期匯率 40.83－約定的遠期匯率 40.83) ＝TWD0，但若有管理上之需要，可作備忘記錄。
20x6/12/31	避工	避險之金融資產－遠期外匯合約　　　　　　4,400 　　避險工具之利益－公允價值避險　　　　　　　　4,400
		遠期外匯合約：(30 天遠期匯率 40.91－40.83)×€55,000＝ TWD4,400，信義公司有權利向銀行收現 TWD4,400，但此項權 利並非今天可以行使，係 30 天後才可以行使，故應將 TWD4,400 按合理之折現率折現 1 個月，求算遠期外匯合約之現值，但因題 意假設不考慮利率因素，故以 TWD4,400 入帳。
20x6/12/31	被	被避險項目之損失－公允價值避險　　　　　　4,000 　　其他流動負債－確定承諾　　　　　　　　　　　4,000
		確定承諾：(30 天遠期匯率 40.91－40.83)×€50,000＝TWD4,000， 信義公司一個月後購買機器之支付義務增加 TWD4,000，但此項 義務並非今天履行，係 30 天後才須履行之義務，故應將 TWD4,000 按合理之折現率折現 1 個月，求算所增加支付義務之 現值，但因題意假設不考慮利率因素，故以 TWD4,000 入帳。
20x7/ 1/30	避工	避險工具之損失－公允價值避險　　　　　　　2,750 　　避險之金融資產－遠期外匯合約　　　　　　　2,750
		遠期外匯合約：(即期匯率 40.86－40.83)×€55,000＝TWD1,650， 信義公司有權利向銀行收現 TWD1,650，較 20x6/12/31 之收現權 利下降 TWD2,750，TWD1,650－TWD4,400＝－TWD2,750，故 貸記「避險之金融資產－遠期外匯合約」TWD2,750。
1/30	避工	現　金　　　　　　　　　　　　　　　　　　1,650 　　避險之金融資產－遠期外匯合約　　　　　　　1,650
		信義公司向銀行收現 TWD1,650，結清遠期外匯合約。

20x7/ 1/30	被	其他流動負債－確定承諾　　　　　　　　　　　　2,500
		被避險項目之利益－公允價值避險　　　　　　　　　　2,500
		確定承諾：(即期匯率 40.86－40.83)×€50,000＝TWD1,500，信義公司購買機器之支付義務增加 TWD1,500，較 20x6/12/31 之支付義務下降 TWD2,500，故借記「其他流動負債－確定承諾」TWD2,500。
20x7/ 1/30	被	機器設備　　　　　　　　　　　　　　　　　　2,041,500
		其他流動負債－確定承諾　　　　　　　　　　　　1,500
		現　金　　　　　　　　　　　　　　　　　　　　2,043,000
		履行確定承諾，付現金額：40.86×€50,000＝TWD2,043,000
		機器設備成本：簽訂購買機器合約日(20x6/11/ 1) 90 天遠期匯率 40.83×€50,000＝TWD2,041,500

情況二：信義公司分錄如下：

| 被　：被避險項目 (確定承諾 → 將於 20x7/ 1/30 現購機器€50,000) |
| 避工：避險工具 　(遠期外匯合約 → 將於 20x7/ 1/30 結清買入€55,000 之遠期外匯合約) |

20x6/11/ 1	被	無分錄，因確定承諾交易尚未發生。
20x6/11/ 1	避工	無分錄，因該遠期外匯合約之公允價值為$0， €55,000×(90 天遠期匯率 40.83－約定的遠期匯率 40.83)＝TWD0，但若有管理上之需要，可作備忘記錄。
20x6/12/31	被	無分錄，因確定承諾交易尚未發生。
20x6/12/31	避工	避險之金融資產－遠期外匯合約　　　　　　　　4,400
		其他綜合損益－避險工具之損益
		－不重分類至損益　　　　　　　　　　4,000
		避險工具之利益－現金流量避險　　　　　　　　　　　400
		遠期外匯合約：
		(40.91－40.83)×€55,000＝TWD4,400 (A)，信義公司有權利向銀行收現 TWD4,400，但此項權利並非今天可以行使，係 30 天後才可以行使，故應將 TWD4,400 按合理之折現率折現 1 個月，求算遠期外匯合約之現值，但因題意假設不考慮利率因素，故以 TWD4,400 借記「避險之金融資產－遠期外匯合約」。
		確定承諾：
		(40.91－40.83)×€50,000＝TWD4,000，信義公司一個月後購買機器之支付義務增加 TWD4,000 (B)，但此項義務並非今天履行，係 30 天後才須履行之義務，故應將 TWD4,000 按合理之折

		現率折現一個月,求算所增加支付義務之現值,但因題意假設不考慮利率因素,故以 TWD4,000 計。 　　以(A)(B)之較低者(TWD4,000),認列於「其他綜合損益」,列在權益項下。 　　另,避險工具之任何剩餘利益或損失屬避險無效性,TWD4,400－TWD4,000＝TWD400,應認列於損益。
20x7/ 1/30	避工	其他綜合損益－避險工具之損益 　　　　　　－不重分類至損益　　　2,500 避險工具之損失－現金流量避險　　　250 　　　避險之金融資產－遠期外匯合約　　　　2,750
		遠期外匯合約： 　　(40.86－40.83)×€55,000＝TWD1,650 (A),信義公司有權利向銀行收現 TWD1,650,較 20x6/12/31 之收現權利下降 TWD2,750,TWD1,650－TWD4,400＝－TWD2,750,故貸記「避險之金融資產－遠期外匯合約」TWD2,750。 (續次頁)
		確定承諾： 　　(40.86－40.83)×€50,000＝TWD1,500,信義公司購買機器之支付義務增加 TWD1,500 (B)。 　　以(A)(B)之較低者(TWD1,500),認列於「其他綜合損益」,列在權益項下。「其他綜合損益」,應有貸餘 TWD1,500－原有貸餘 TWD4,000＝－TWD2,500,故借記 TWD2,500。 　　另,避險工具之任何剩餘利益或損失屬避險無效性,TWD2,750－TWD2,500＝TWD250,應認列於損益。
1/30	避工	現　金　　　　　　　　　　　　　1,650 　　避險之金融資產－遠期外匯合約　　　　1,650 信義公司向銀行收現 TWD1,650,結清遠期外匯合約。
20x7/ 1/30	被	機器設備　　　　　　　　　　　　2,041,500 其他權益－避險工具之損益　　　　1,500 　　現　金　　　　　　　　　　　　　2,043,000 履行確定承諾,付現金額＝40.86×€50,000＝TWD2,043,000,另「其他權益－避險工具之損益」貸餘 TWD1,500,故機器設備成本為 TWD2,041,500,即「認列基礎調整」,避險利益將於機器設備使用年度(10 年)中,透過較低得折舊費用而逐年呈現。
20x7/12/31	被	折舊費用　　　　　　　　　　　　187,138 　　累計折舊－機器設備　　　　　　　187,138
		TWD2,041,500÷10 年×(11/12)＝TWD204,150×(11/12)＝TWD187,138

(十一) (99 會計師考題改編)

甲公司於 20x4 年 1 月 1 日平價發行 5 年期浮動利率公司債$1,000,000，票面利率為一年期 CP 利率＋4%［CP：Commercial paper］，每年年底依當年年初利率付息。甲公司希望將利率鎖定為固定利率，於是在發行公司債當日，另簽訂付 5%固定利率且收一年期 CP 浮動利率之零成本利率交換，此利率交換之名目本金為$1,000,000，期間為 5 年，收、付息日與公司債相同。20x4、20x5 及 20x6 年交換合約之資料如下：(假設上述避險關係符合適用 IFRS 避險會計之要件)

	20x4	20x5	20x6
期初一年期 CP 利率	5%	6%	7%
期末利率交換交割後之公允價值	$35,000	$53,000	$32,000

請回答下列問題：
(1) 編製甲公司 20x4、20x5 及 20x6 年與公司債及利率交換相關之分錄。
(2) 若甲公司在 20x6 年 12 月 31 日停止指定本題之交換合約為避險工具，則除第(1)小題中之分錄外，編製利率交換仍應做之分錄。

參考答案：

本題係以「利率交換合約」對「浮動利率之借款負債」進行避險，屬現金流量避險。甲公司為了規避 5 年期公司債浮動利率之風險，遂希望將利率鎖定在 5%＋4%＝9%之固定利率，因而簽訂一項"pay fixed / receive variable"(按固定利率 5%付息/按 CP 浮動利率收息)的利率交換合約，約定於公司債付息日以淨額交割當期之交換利息。

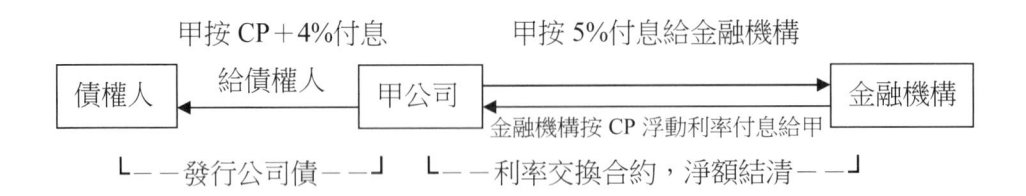

(1) 甲公司之分錄如下：

被　：被避險項目 (公司債以浮動利率為計息基礎)				
避工：避險工具　　(利率交換合約)				
20x4/1/1	被	現　金	1,000,000	
		應付公司債		1,000,000
20x4/1/1	避工	無分錄，因該利率交換合約之公允價值為$0， 　　　　但若有管理上之需要，可作備忘記錄。		
20x4/12/31	被	利息費用	90,000	
		現　金		90,000
		$1,000,000×(5%＋4%)×12/12＝$90,000		
20x4/12/31	避工	利率交換合約無交割分錄，因利率交換合約之淨額為$0。 20x4/1/1 一年期 CP 浮動利率為 5%，利率交換合約約定付 5%固定利率且收一年期 CP 浮動利率 5%，故淨額為$0，因 此無交割分錄。		
12/31	避工	避險之金融資產－利率交換	35,000	
		其他綜合損益－避險工具之損益		35,000
		題意：20x4/12/31，利率交換合約交割後之公允價值為$35,000。		
20x5/12/31	被	利息費用	100,000	
		現　金		100,000
		$1,000,000×(6%＋4%)×12/12＝$100,000		
20x5/12/31	避工	避險之金融資產－利率交換	3,500	
		其他綜合損益－避險工具之損益		3,500
		利率交換合約之應計利息：$35,000×(6%＋4%)×12/12＝$3,500		
12/31	避工	現　金	10,000	
		避險之金融資產－利率交換		10,000
		20x5/1/1 一年期 CP 浮動利率為 6%，利率交換合約約定付 5% 固定利率且收一年期 CP 浮動利率 6%，故甲公司可收取現金 $10,000，(－5%＋6%)×$1,000,000×12/12＝$10,000。		
12/31	避工	其他綜合損益－避險工具之損益	10,000	
		避險工具之利益－現金流量避險		10,000
		認列於其他綜合損益之金額$10,000，應於被避險之預期現金流 量影響損益之同一期間(或多個期間)內，自權益重分類至損益作 為重分類調整。		

20x5/12/31	避工	避險之金融資產－利率交換　　　　　　　　24,500　　　　其他綜合損益－避險工具之損益　　　　　　　　24,500
		題意，20x5/12/31 利率交換交割後之公允價值為$53,000，又截至目前，「避險之衍生金融資產－利率交換」為借餘$28,500，$35,000 + $3,500 − $10,000 = $28,500，故再借記$24,500，$53,000 − $28,500 = $24,500。
20x6/12/31	被	利息費用　　　　　　　　　　　　　　　　110,000　　　　現　金　　　　　　　　　　　　　　　　　　110,000
		$1,000,000×(7%＋4%)×12/12＝$110,000
20x6/12/31	避工	避險之金融資產－利率交換　　　　　　　　5,830　　　　其他綜合損益－避險工具之損益　　　　　　　　5,830
		利率交換合約之應計利息：$53,000×(7%＋4%)×12/12＝$5,830
12/31	避工	現　金　　　　　　　　　　　　　　　　　20,000　　　　避險之金融資產－利率交換　　　　　　　　　　20,000
		20x6/1/1 一年期 CP 浮動利率為 7%，利率交換合約約定付 5% 固定利率且收一年期 CP 浮動利率 7%，故甲公司可收取現金 $20,000，(−5%＋7%)×$1,000,000×12/12＝$20,000。
12/31	避工	其他綜合損益－避險工具之損益　　　　　　20,000　　　　避險工具之利益－現金流量避險　　　　　　　　20,000
		認列於其他綜合損益之金額$20,000，應於被避險之預期現金流量影響損益之同一期間(或多個期間)內，自權益重分類至損益作為重分類調整。
12/31	避工	其他綜合損益－避險工具之損益　　　　　　6,830　　　　避險之金融資產－利率交換　　　　　　　　　　6,830
		題意，20x6/12/31 利率交換交割後之公允價值為$32,000，又截至目前，「避險之金融資產－利率交換」為借餘$38,830，$53,000 + $5,830 − $20,000 = $38,830，故貸記$6,830，$32,000 − $38,830 = −$6,830。

(2) 請參閱本章「九、避險會計－準則相關規範」之「(七)現金流量避險之會計處理」(2) 的規定，詳本章第 41 頁。

20x6/12/31	避工	除第(1)小題中之分錄外，無其他分錄。(待 20x7/12/31 支付利息時，再做適當處理，詳下述。)

20x7/12/31	避險工具	其他綜合損益－避險工具之損益　　　　　　32,000 　　避險工具之利益－現金流量避險　　　　　　　　32,000
		甲公司於 20x6/12/31 停止指定本題之利率交換合約為避險工具，故將「其他綜合損益」自權益轉列為當期利益。
		強制透過損益按公允價值衡量之金融資產 　　　　－利率交換　　　　　　　　　　　　32,000 　　避險之金融資產－利率交換　　　　　　　　　32,000
		甲公司於 20x6/12/31 停止指定本題之利率交換合約為避險工具，故另將「避險之金融資產－利率交換」轉列為「強制透過損益按公允價值衡量之金融資產－利率交換」，20x7/12/31 及後續 20x8/12/31 仍應按各該日之公允價值評價，並認列於各該期損益。

(十二)　**(98 會計師考題改編)**

　　甲公司於 20x7 年 1 月 2 日簽訂一確定承諾，將以現時之 20x7 年 6 月 30 日遠期單價$315 購入 10,000 單位小麥，甲公司同時簽訂一淨額交割之遠期合約，約定於 20x7 年 6 月 30 日以每單位$315 賣出小麥 10,000 單位，並指定以合約之遠期價格變動作為規避此確定承諾之公允價值變動風險。假設此避險關係符合適用 IFRS 避險會計之要件。20x7 年 3 月 31 日市場無風險利率為 6%，其他資料如下：

日　期	即期價格	6/30 到期之遠期價格
20x7/ 1/ 2	$305	$315
20x7/ 3/31	$297	$302
20x7/ 6/30	$290	－

試作：甲公司分別於 20x7 年 3 月 31 日及 6 月 30 日評估遠期合約公允價值變動所需之分錄。

參考答案：

20x7/ 1/ 2	被	無分錄，因確定承諾交易尚未發生。
20x7/ 1/ 2	避險工具	無分錄，因該遠期外匯合約之公允價值為$0， 10,000 單位小麥×(6/30 到期之遠期價格$315－約定之賣出價格$315)＝TWD0，但若有管理上之需要，可作備忘記錄。

20x7/3/31	避工	避險之金融資產－遠期合約　　　　　　　128,079 　　避險工具之利益－公允價值避險　　　　　　　　128,079	
		因小麥 6/30 到期之遠期價格從\$315 下跌至\$302，代表出售小麥的遠期合約在 20x7/ 3/31 之公允價值增加\$130,000，(\$315－\$302)×10,000 單位＝\$130,000，但此合約並非於今天履行，係三個月後(6/30)才要履行，故將\$130,000 按年息 6%，求算其在 20x7/ 3/31 之現值，\$130,000÷(1＋6%×3/12)＝\$128,079。	
20x7/3/31	被	被避險項目之損失－公允價值避險　　　　　128,079 　　其他流動負債－確定承諾　　　　　　　　　　　128,079	
		因小麥 6/30 到期之遠期價格從\$315 下跌至\$302，代表購買小麥之進貨承諾在 20x7/ 3/31 之公允價值減少\$130,000，(\$315－\$302)×10,000 單位＝\$130,000，即購買小麥承諾發生損失，但此承諾並非於今天履行，係三個月後(6/30)才要履行，故將\$130,000 按年息 6%，求算其在 20x7/ 3/31 之現值，\$130,000÷(1＋6%×3/12)＝\$128,079。	
20x7/6/30	避工	避險之金融資產－遠期合約　　　　　　　121,921 　　避險工具之利益－公允價值避險　　　　　　　　121,921	
		出售小麥的遠期合約今天到期，小麥之即期價格下跌至\$290，代表該遠期合約在 20x7/ 6/30 之公允價值增加\$250,000，(\$315－\$290)×10,000 單位＝\$250,000，其中\$128,079 已於 20x7/ 3/31 認列，故今再認列\$121,921，\$250,000－\$128,079＝\$121,921。	
6/30	避工	現　　金　　　　　　　　　　　　　　　250,000 　　避險之金融資產－遠期合約　　　　　　　　　250,000	
		收取出售小麥價款之權利為\$3,150,000，10,000 單位×\$315＝\$3,150,000，支付 10,000 單位小麥之義務為\$2,900,000，10,000 單位×\$290＝\$2,900,000，因約定以淨額結清，故收取淨額\$250,000。	
20x7/6/30	被	被避險項目之損失－公允價值避險　　　　　121,921 　　其他流動負債－確定承諾　　　　　　　　　　　121,921	
		購買小麥的進貨承諾須於今天履行，小麥之即期價格下跌至\$290，代表該承諾在 20x7/ 6/30 之公允價值減少\$250,000，(\$315－\$290)×10,000 單位＝\$250,000，即購買小麥的進貨承諾發生損失，其中\$128,079 已於 20x7/ 3/31 認列，故今再認列\$121,921，\$250,000－\$128,079＝\$121,921。	

6/30	被	存　貨	2,900,000	
		其他流動負債－確定承諾	250,000	
		現　金		3,150,000
	10,000 單位×$290＝$2,900,000，10,000 單位×$315＝$3,150,000			

結　論：
建興公司支付購買小麥價款$3,150,000，並收取現金$250,000 以結清遠期合約，淨支出為$2,900,000，即小麥 20x7/ 6/30 之即期價格$290×10,000 單位＝$2,900,000。

(十三)　　(94 會計師考題改編)

甲公司進出口部門除從事進出口交易外，也執行買賣遠期外匯交易。甲公司之進出口交易係以外幣計價。進出口部門本期營運成果如下：

			進　　口　　交　　易		
商品號碼	數　量	單 價(外幣)	進　貨　時		付款時
			即期匯率	遠期匯率	即期匯率
A	6,000	$ 9.75	$21	$20.5	$20
B	40,000	15.75	12	12.5	13
C	16,000	12.00	30	31.5	32
D	24,000	36.00	9	8.5	8

			出　　口　　交　　易		
商品號碼	數　量	單 價(外幣)	銷　貨　時		收款時
			即期匯率	遠期匯率	即期匯率
W	32,000	$12.30	8	8.5	9
X	17,600	19.50	50	49.0	48
Y	44,000	15.75	30	29.5	29
Z	6,000	24.00	20	19.0	18

購入(或售出)之外幣	目　的	遠　期　合　約		平均到期日之即期匯率
		平均即期匯率	平均遠期匯率	
$ 180,000	避　險	14.25	15.50	14.75
(330,000)	避　險	22.00	22.50	21.75
980,000	非避險	7.00	6.25	5.50
(980,000)	非避險	18.75	18.50	21.25

甲公司請您擔任績效評估之顧問,試作:
(1) 計算甲公司因匯率變動而產生之總損益。
(2) 評論甲公司進出口部門之整體績效。如有需要,並對甲公司提出建議,且說明理由。

參考答案:

進口交易: (LC:當地貨幣,Local Currency)

商品號碼	數量	單價(外幣)	進貨時即期匯率	付款時即期匯率	進口時金額(LC)	付款時金額(LC)	兌換(損)益(LC)
A	6,000	$9.75	21	20	$1,228,500	$1,170,000	$58,500
B	40,000	15.75	12	13	7,560,000	8,190,000	(630,000)
C	16,000	12.00	30	32	5,760,000	6,144,000	(384,000)
D	24,000	36.00	9	8	7,776,000	6,912,000	864,000
					$22,324,500	$22,416,000	$(91,500)

出口交易:

商品號碼	數量	單價(外幣)	銷貨時即期匯率	收款時即期匯率	出口時金額(LC)	收款時金額(LC)	兌換(損)益(LC)
W	32,000	$12.30	8	9	$3,148,800	$3,542,400	$393,600
X	17,600	19.50	50	48	17,160,000	16,473,600	(686,400)
Y	44,000	15.75	30	29	20,790,000	20,097,000	(693,000)
Z	6,000	24.00	20	18	2,880,000	2,592,000	(288,000)
					$43,978,800	$42,705,000	$(1,273,800)

遠期合約: (FC:外幣,Foreign Currency)

購入(售出)之外幣	目的	遠期合約平均遠期匯率	平均到期日之即期匯率		兌換(損)益(LC)
$180,000	避險	15.50	14.75	(14.75−15.5)×FC180,000	($135,000)
(330,000)	避險	22.50	21.75	(22.50−21.75)×FC330,000	247,500
					$112,500
980,000	非避險	6.25	5.50	(5.50−6.25)×FC980,000	($735,000)
(980,000)	非避險	18.50	21.25	(18.50−21.25)×FC980,000	(2,695,000)
					($3,430,000)

(A) 進口交易／購入遠期外匯合約：
(假設此避險關係符合適用 IFRS 避險會計之要件，且屬公允價值避險。)

進口時	被	存　貨　　　　　　　　　　　　　　22,324,500	
		應付帳款－外幣	22,324,500
付款時	被	應付帳款－外幣　　　　　　　　　22,324,500	
		外幣兌換損失　　　　　　　　　　　　91,500	
		現　金	22,416,000
簽約時	避工	無分錄，因該遠期外匯合約之公允價值為$0， 但若有管理上之需要，可作備忘記錄。	
結清時	避工	避險工具之損失－公允價值避險　　　135,000	
		避險之金融負債－遠期外匯合約	135,000
		因匯率從 15.5 下降到 14.75，致收取外幣 180,000 之權利減少， (14.75－15.5)×外幣 180,000＝－LC135,000	
	避工	避險之金融負債－遠期外匯合約　　　135,000	
		現　金	135,000
對損益的影響：外幣兌換損失 -------------------------------- ($91,500) 　　　　　　　避險工具之損失－公允價值避險 -------- ($135,000)			

(B) 出口交易／售出遠期外匯合約：
(假設此避險關係符合適用 IFRS 避險會計之要件，且屬公允價值避險。)

出口時	被	應收帳款－外幣　　　　　　　　　43,978,800	
		銷貨收入	43,978,800
收款時	被	現　金　　　　　　　　　　　　　42,705,000	
		外幣兌換損失　　　　　　　　　　 1,273,800	
		應收帳款－外幣	43,978,800
簽約時	避工	無分錄，因該遠期外匯合約之公允價值為$0， 但若有管理上之需要，可作備忘記錄。	
評價及結清時	避工	避險之金融資產－遠期外匯合約　　　247,500	
		避險工具之利益－公允價值避險	247,500
		因匯率從 22.5 下降到 21.75，致給付外幣 330,000 之義務減少， (21.75－22.5)×外幣 330,000＝－LC247,500	
	避工	現　金　　　　　　　　　　　　　　247,500	
		避險之金融資產－遠期外匯合約	247,500

對損益的影響：外幣兌換損失 ---------------------------------- ($1,273,800)	
避險工具之利益－公允價值避險 -------- 　$247,500	

(C) 非避險之遠期外匯合約：

簽約時	無分錄，因該遠期外匯合約之公允價值為$0， 但若有管理上之需要，可作備忘記錄。
評價及 結清時	透過損益按公允價值衡量之金融資產(負債)損失　　735,000 　　透過損益按公允價值衡量之金融負債　　　　　　　　735,000
	因匯率從 6.25 下降到 5.5，致收取外幣 980,000 之權利減少， (5.50－6.25)×外幣 980,000＝－LC735,000
	透過損益按公允價值衡量之金融負債　　　　735,000 　　現　　金　　　　　　　　　　　　　　　　　　735,000
簽約時	無分錄，因該遠期外匯合約之公允價值為$0， 　　但若有管理上之需要，可作備忘記錄。
評價及 結清時	透過損益按公允價值衡量之金融資產(負債)損失　2,695,000 　　透過損益按公允價值衡量之金融負債　　　　　　　2,695,000
	因匯率從 18.5 上升到 21.25，致給付外幣 980,000 之義務增加， (18.50－21.25)×外幣 980,000＝－LC735,000
	透過損益按公允價值衡量之金融負債　　　　2,695,000 　　現　　金　　　　　　　　　　　　　　　　　2,695,000
對損益的影響：透過損益按公允價值衡量之金融資產(負債)損失 ---- ($3,430,000)	

(1) 進口交易：外幣兌換損失 LC91,500

出口交易：外幣兌換損失 LC1,273,800

避險：購入遠期外匯合約：「避險工具之損失－公允價值避險」LC135,000

　　　售出遠期外匯合約：「避險工具之利益－公允價值避險」LC247,500

非避險：「透過損益按公允價值衡量之金融資產(負債)損失」LC3,430,000

(2) 由上述說明得知，甲公司對進出口之外幣交易及其避險交易皆處理得不甚理想，雖有利益，但損失金額更大，故甲公司應加強外幣避險的操作能力。除此，非避險之外幣交易產生的損失金額更重大，因此建議甲公司：在尚未熟悉"外幣投資之操作內涵"前及尚未強化"外幣匯率未來走勢之研判能力"前，應採取較保守穩健的遠期外匯投資策略。

(十四) **(91第1次會計師檢覈考題改編)**

甲公司於20x5年11月1日外銷貨物一批,價款為1,000,000港幣,買方之香港公司將於20x6年2月1日付款。甲公司為規避此外幣資產匯率變動之風險,並可賺取外匯變動之兌換利益,於20x5年11月1日簽訂90天期,賣出1,500,000港幣之遠期外匯合約,並將該遠期外匯合約1,000,000港幣部分之<u>即期匯率變動部分指定為</u>以港幣計價應收帳款之<u>公允價值避險工具</u>。假設:(a)此避險關係符合適用IFRS 9避險會計之要件,(b)此避險關係屬公允價值避險,(c)遠期外匯合約將以淨額結清,(d)當時合理之折現率為12%。另港幣對新台幣之相關匯率資料如下:(HKD1=TWD?)

	20x5/11/1	20x5/12/31	20x6/2/1
即期匯率	4.54	4.65	4.58
遠期匯率			
30天	4.44	4.52	4.49
60天	4.38	4.31	4.28
90天	4.21	4.08	4.11

試作:甲公司20x5及20x6年之分錄。

參考答案:

本題係民國91年會計師考題,當時會計準則所規定的會計處理方法與目前IFRS規定有異,為配合目前IFRS規定之作法,已修改原題意,遠期外匯合約中賣出1,000,000港幣之即期匯率變動部分指定為公允價值避險工具,另遠期外匯合約中賣出500,000港幣的部分,未涉及避險關係,係非避險之遠期外匯交易。

甲公司之參考分錄:

被 :被避險項目 (持有應收帳款1,000,000港幣,將於90天後收現)
避工 :避險工具 (遠期外匯合約 → 90天後結清賣出1,000,000港幣   之遠期外匯合約)
非避險:非避險之遠期外匯交易   (遠期外匯合約 → 90天後結清賣出500,000港幣之遠期外匯合約)

(續次頁)

20x5/11/ 1	被	應收帳款－港幣　　　　　　　　　　　　　4,540,000 　　銷貨收入　　　　　　　　　　　　　　　　　　　　4,540,000	
		HKD1,000,000×4.54＝TWD4,540,000	
20x5/11/ 1	避工	無分錄，因該遠期外匯合約之公允價值為$0， HKD1,500,000×(90天遠期匯率4.21－約定的遠期匯率4.21) ＝TWD0，但若有管理上之需要，可作備忘記錄。	
20x5/12/31	被	應收帳款－港幣　　　　　　　　　　　　　110,000 　　外幣兌換利益　　　　　　　　　　　　　　　　　110,000	
		按20x3/12/31之即期匯率調整以港幣計價之應收帳款， (4.65－4.54)×HKD1,000,000＝TWD110,000	
20x5/12/31	避工	避險工具之損失－公允價值避險　　　　　　108,911 透過損益按公允價值衡量之金融資產(負債)損失　198,020 　　避險之金融負債－遠期外匯合約　　　　　　　　306,931	
		遠期外匯合約： 　　HKD1,000,000×(4.52－4.21)＝TWD310,000，即給付1,000,000港幣之義務增加TWD310,000，但此義務並非於今天履行，係一個月後才要履行，故將TWD310,000按按年息12%折現1個月，求算所增加給付港幣義務之現值為 TWD306,931，TWD310,000÷(1＋12%×1/12)＝TWD306,931，應認列為「避險之金融負債－遠期外匯合約」貸餘TWD306,931。 遠期外匯合約即期匯率變動部分： 　　HKD1,000,000×(4.65－4.54)＝TWD110,000，TWD110,000按年息12%折現1個月，求算遠期外匯合約即期匯率變動部分之現值為 TWD108,911，TWD110,000÷(1＋12%×1/12)＝TWD108,911，給付港幣義務增加，應認列為「避險工具之損失－公允價值避險」借餘TWD108,911，亦即將避險工具按公允價值再衡量所產生之利益或損失，認列於損益。 　　另，非指定避險部分 TWD198,020，TWD306,931－TWD108,911＝TWD198,020，則依準則規定，認列為損益。	
20x5/12/31	非避險	透過損益按公允價值衡量之金融資產(負債)損失　153,465 　　透過損益按公允價值衡量之金融負債　　　　　　153,465	
		HKD500,000×(4.52－4.21)＝TWD155,000，即給付HKD500,000之義務增加TWD155,000，但此義務並非於今天履行，係一個月後才要履行，故將TWD155,000按按年息12%折現1個月，求算所增加給付港幣義務之現值為 TWD153,465，TWD155,000÷(1＋12%×1/12)＝TWD153,465。	

20x6/2/1	被	現　金　　　　　　　　　　　　　　　　4,580,000	
		外幣兌換損失　　　　　　　　　　　　　　70,000	
		應收帳款－港幣　　　　　　　　　　　　　　　　4,650,000	
		HKD1,000,000×4.58＝NTTWD4,580,000	
		(4.58－4.65)×HKD1,000,000＝－TWD70,000	
		TWD4,540,000＋TWD110,000＝TWD4,650,000	
20x6/2/1	避險工具	透過損益按公允價值衡量之金融資產(負債)損失　　131,980	
		避險之金融負債－遠期外匯合約　　　　　　　　　　63,069	
		避險工具之利益－公允價值避險　　　　　　　　　　68,911	
		遠期外匯合約：	
		HKD1,000,000×(4.58－4.21)＝TWD370,000，即給付 HKD1,000,000 之義務增加 TWD370,000，其中 TWD306,931 已於 20x5/12/31 貸記「避險之金融負債－遠期外匯合約」，故今再貸記 TWD63,069，TWD370,000－TWD306,931＝TWD63,069，且此項給付 HKD1,000,000 之義務須於今天(20x6/2/1)履行。	
		遠期外匯合約即期匯率變動部分：	
		HKD1,000,000×(4.58－4.54)＝TWD40,000，係截至 20x6/2/1 止遠期外匯合約即期匯率變動部分之現值，已知截至 20x5/12/31 止遠期外匯合約即期匯率變動部分之現值為 TWD108,911，即給付港幣義務從"增加 TWD108,911"降為"增加 TWD40,000"，減少 TWD68,911，應認列為「避險工具之利益－公允價值避險」，貸記 TWD68,911。	
		另，非指定避險部分 TWD131,980，TWD63,069－(－TWD68,911)＝TWD131,980，則依準則規定，認列為損益。	
20x6/2/1	非避險	透過損益按公允價值衡量之金融資產(負債)損失　　31,535	
		透過損益按公允價值衡量之金融負債　　　　　　　　31,535	
		HKD500,000×(4.58－4.21)＝TWD185,000，即給付 HKD500,000 之義務增加 TWD185,000，其中 TWD153,465 已於 20x5/12/31 貸記「透過損益按公允價值衡量之金融負債－遠期外匯合約」，故今再貸記 TWD31,535，TWD185,000－TWD153,465＝TWD31,535，且此項給付 HKD500,000 之義務須於今天(20x6/2/1)履行。	

(續次頁)

20x6/2/1	遠期合約	避險之衍生金融負債－遠期外匯合約　　　370,000
		透過損益按公允價值衡量之金融負債　　　185,000
		現　　金　　　　　　　　　　　　　　　　555,000
		給付 HKD1,500,000 義務之公允價值為 TWD6,870,000，HKD1,500,000×4.58＝TWD6,870,000，收取賣出遠期外匯合約之價款為 TWD4,210,000，HKD1,500,000×4.21＝TWD6,315,000，因約定以淨額結清，故支付淨額$555,000，或 HKD1,000,000×(4.58－4.21)＝TWD370,000 　　　　　　　　　　　　＝TWD306,931＋TWD63,069 HKD500,000×(4.58－4.21)＝TWD185,000 　　　　　　　　　　　　＝TWD153,465＋TWD31,535 TWD370,000＋TWD185,000＝TWD555,000。

(十五)　(複選題：近年會計師考題改編)

(1)　(105 會計師考題)

(A、B、D)

甲公司於 20x6 年 12 月 1 日與英國乙公司簽訂定價 300,000 英鎊不可取消之進貨合約，乙公司於 20x7 年 1 月 30 日交貨。甲公司為規避前述進貨合約之匯率風險，於 20x6 年 12 月 1 日簽訂 20x7 年 1 月 30 日到期之零成本且現金淨額交割之遠期外匯合約，約定之遠期匯率為$47.425，金額為 300,000 英鎊，且指定該遠匯合約之即期匯率變動部分為避險工具。假設此避險關係符合適用 IFRS 9 避險會計之要件，且甲公司對外幣確定承諾之匯率避險係以現金流量避險處理，已知估計遠匯合約公允價值之合理折現率為 6%。相關匯率資料如下：(£1＝TWD？)
(計算結果請四捨五入至整數位)

	20x6/12/1	20x6/12/31	20x7/1/30
英鎊即期匯率	47.000	47.370	47.390
30 天英鎊遠期匯率	47.180	47.515	47.650
60 天英鎊遠期匯率	47.425	47.750	47.825

有關前述避險及後續進貨合約之會計處理,下列敘述何者正確?
(A) 甲公司為規避進貨合約之匯率變動風險,簽訂之遠期外匯合約為做多合約
(B) 20x6 年 12 月 31 日甲公司認列避險工具資產之金額為$26,866
(C) 20x6 年 12 月 31 日甲公司認列「避險工具損益」為貸方金額$110,448
(D) 20x6 年 12 月 31 日甲公司認列「金融工具評價損益」為借方金額$83,582
(E) 20x6 年 12 月 31 日甲公司認列「其他綜合損益－現金流量避險」為貸方金額$26,866

說明:

選項(A):被避險項目係以英鎊計價之不可取消進貨合約,甲公司期待未來英鎊對新台幣之直接報價下跌,因此期待避險工具(遠期外匯合約)未來英鎊對新台幣之直接報價上升,故可稱遠期外匯合約為"做多合約"。

其他選項:請詳下列甲公司之分錄,即可知答案為(B)及(D)。

20x6/12/1	(無分錄)		
20x6/12/31	避險之金融資產－遠期合約	26,866	
	透過損益按公允價值衡量之金融資產(負債)損失	83,582	
	其他綜合損益－避險工具之損益		110,448
	遠期合約:		
	£300,000×(47.515－47.425)＝TWD27,000,按年利率 6%折現 1 個月,TWD27,000÷(1+6%×1/12)＝TWD26,866,應借記「避險之金融資產－遠期合約」TWD26,866。		
	遠期合約即期價格變動部分:		
	£300,000×(47.370－47.000)＝TWD111,000,按年利率 6%折現 1 個月,TWD111,000÷(1+6%×1/12)＝TWD110,448,係指定避險部分。		
	(i) 避險工具公允價值再衡量之累積利益 TWD110,448 (A),		
	(ii) 被避險項目公允價值再衡量之累積損失 TWD110,448 (B),		
	以(A)(B)絕對值較低者(TWD110,448),認列為「其他綜合損益」,列在權益項下,並於被避險之預期現金流量影響損益之同一期間(或多個期間)內,自權益重分類至損益。		
	另,非指定避險部分 TWD83,582,TWD110,448－TWD26,866＝TWD83,582,認列為損益。		

(2) (104 會計師考題)

(A、C)

甲公司於 20x6 年 11 月 1 日預期於 20x7 年 1 月 30 日高度很有可能購入 100 噸玉米,遂於 20x6 年 11 月 1 日簽訂一項零成本之遠期合約,以規避前述高度很有可能發生交易之風險,該遠期合約約定於 20x7 年 1 月 30 日以 $850,000 購入 100 噸玉米,且以現金淨額交割該遠期合約。假設在 20x6 年 11 月 1 日至 20x7 年 1 月 30 日間此避險均符合適用避險會計之要件,且甲公司指定該遠匯合約之即期匯率變動部分為避險工具。甲公司將 20x7 年 1 月 30 日購入之 100 噸玉米於 20x7 年 4 月 1 日以$1,000,000 出售。本題適用之折現率為 12%,且不考慮所得稅之影響。每噸玉米之價格如下:

	20x6/11/1	20x6/12/31	20x7/1/30
即期價格	$8,100	$7,880	$8,450
遠期價格－30 天	8,220	7,900	8,550
－60 天	8,350	8,000	8,660
－90 天	8,500	8,250	8,880

有關前述避險及後續銷貨交易會計處理,下列敘述何者正確?

(A) 20x7 年 1 月 30 日認列「存貨－玉米」之金額可能為$810,000
(B) 20x6 年度認列前述避險有關之其他綜合損益為借方$59,406
(C) 20x7 年度認列透過損益按公允價值衡量之金融資產損失為$2,376
(D) 20x7 年 4 月 1 日認列出售 100 噸玉米之收入,此交易將使本期淨利增加$150,000
(E) 20x7 年 4 月 1 日記錄累積之其他綜合損益之重分類調整時,應貸記「其他綜合損益－重分類調整」$5,000

說明:甲公司分錄如下:

20x6/11/1	(無分錄)		
20x6/12/31	其他綜合損益－避險工具之損益	21,782	
	透過損益按公允價值衡量之金融資產(負債)損失	37,624	
	避險之金融負債－遠期合約		59,406
	遠期合約: 100 噸×($7,900－$8,500)＝－$60,000,按年利率 12%折現 1 個月,－$60,000÷(1+12%×1/12)＝－$59,406,應貸記「避險之金融負債－遠期合約」$59,406。		

	遠期合約即期價格變動部分： 100 噸×($7,880－$8,100)＝－$22,000，按年利率 12%折現 1 個月，－$22,000÷(1+12%×1/12)＝－$21,782，係指定避險部分。 (i) 避險工具公允價值再衡量之累積損失 TWD21,782 (A)， (ii) 被避險項目公允價值再衡量之累積利益 TWD21,782 (B)， 以(A)(B)絕對值較低者($21,782)，認列為「其他綜合損益」，列在權益項下，並於被避險之預期現金流量影響損益之同一期間(或多個期間)內，自權益重分類至損益。 另，非指定避險部分$37,624，$59,406－$21,782＝$37,624，認列為損益。		
20x7/ 1/30	避險之金融負債－遠期合約 透過損益按公允價值衡量之金融資產(負債)損失 　其他綜合損益－避險工具之損益	54,406 2,376	56,782
	遠期合約： 100 噸×($8,450－$8,500)＝－$5,000，即「避險之金融負債－遠期合約」應為貸餘$5,000，而截至 20x6/12/31 止該科目為貸餘$59,406，故今應借記$54,406，$59,406－$5,000＝$54,406。 遠期合約即期價格變動部分： 100 噸×($8,450－$8,100)＝$35,000，即「其他綜合損益」應為貸餘$35,000，而截至 20x6/12/31 止該科目為借餘$21,782，故今應貸記$56,782，$35,000＋$21,782＝$56,782，係指定避險部分。 (i) 避險工具公允價值再衡量之累積利益 TWD35,000 (A)， (ii) 被避險項目公允價值再衡量之累積損失 TWD35,000 (B)， 以(A)(B)絕對值較低者($35,000)，認列為「其他綜合損益」，列在權益項下，並於被避險之預期現金流量影響損益之同一期間(或多個期間)內，自權益重分類至損益。 另，非指定避險部分$2,376，$56,782－$54,406＝$2,376，認列為損益。		
(一法) 認列基礎調整：			
1/30	存　貨－玉米 其他權益－避險工具之損益 　應付帳款	810,000 35,000	845,000
	應付帳款：100 噸×$8,450＝$845,000 存貨：$845,000－$35,000＝$810,000		
4/ 1	應收帳款 　銷貨收入	1,000,000	1,000,000
4/ 1	銷貨成本 　存　貨－玉米	810,000	810,000

(二法) 再循環：			
1/30	存　貨－玉米	845,000	
	應付帳款		845,000
4/ 1	應收帳款	1,000,000	
	銷貨收入		1,000,000
4/ 1	銷貨成本	810,000	
	其他權益－避險工具之損益	35,000	
	存　貨－玉米		845,000
選項(A)	若採(一法)「認列基礎調整」，則「存貨－玉米」為$810,000。		
選項(B)	20x6年度認列與避險有關之「其他綜合損益」為貸記$21,782。		
選項(C)	20x7年度認列透過損益按公允價值衡量之金融資產損失為$2,376。		
選項(D)	20x7/ 4/ 1認列出售100噸玉米之收入，此交易將使本期淨利增加$190,000，收入$1,000,000－銷貨成本$810,000＝$190,000。		
選項(E)	20x7/ 4/ 1記錄累積之其他綜合損益之重分類調整時，即採(二法)「再循環」，則應借記「其他綜合損益」$35,000。		
※	目前依 **IFRS 9** 規定，只能採用「一法」。		

(十六)　(單選題：近年會計師考題改編)

(1)　(111 會計師考題)

(C) 台灣甲公司於20x6年12月10日賒銷10,000美元商品予美國乙公司，約定30天後收款，無現金折扣。甲公司功能性貨幣為新台幣。乙公司於20x7年 1月 9日將10,000美元貨款匯入甲公司於銀行的外幣存款帳戶，而甲公司係於20x7年 2月 6日才將10,000美元兌換為新台幣。相關匯率資料如下：20x6年12月10日為31，20x6年12月31日為30.7，20x7年 1月 9日為30.5，20x7年 2月 6日為31.3。試問甲公司於20x7年 2月 6日應認列之外幣兌換損益為何？

(A) 無外幣兌換損益　　　(B) 外幣兌換利益$6,000
(C) 外幣兌換利益$8,000　(D) 外幣兌換損失$5,000

說明：20x6/12/31「外幣兌換損失」TWD3,000，(30.7－31)×10,000＝－3,000
　　　20x7/ 1/ 9「外幣兌換損失」TWD2,000，(30.5－30.7)×10,000＝－2,000
　　　20x7/ 2/ 6「外幣兌換利益」TWD2,000，(31.3－30.5)×10,000＝8,000

(2) (111 會計師考題)

(B) 有關外幣風險之避險，下述那幾項屬於避險會計規範下，符合要件之避險工具？
①嵌入於混合合約而未分離處理之衍生工具
②按攤銷後成本衡量之投資的外幣風險組成部分
③非衍生金融負債的外幣風險組成部分
④透過其他綜合損益按公允價值衡量之債務工具投資的外幣風險組成部分
⑤指定透過其他綜合損益按公允價值衡量之權益工具投資的外幣風險組成部分
(A) ①②④　　(B) ②③④　　(C) ②③⑤　　(D) ③④⑤

說明：請參閱本章第 24 頁「(二) 避險工具」之「(甲) 符合要件之工具」的 (1)～(5)，說明如下：

①	(5)的(a)，不得被指定為避險工具
②	(3)非衍生金融資產的外幣風險組成部分
③	(3)非衍生金融負債的外幣風險組成部分
④	(3)非衍生金融資產的外幣風險組成部分
⑤	(3)的例外，不得被指定為避險工具

(3) (111 會計師考題)

(B) 20x1年10月 2日台灣甲公司向荷蘭乙公司進口一批商品，價款為150,000歐元，雙方約定付款期限為120天。為規避此項外幣債務的匯率風險，甲公司於20x1年10月 2日與銀行簽訂120天期買入150,000歐元之遠期外匯合約。相關日期歐元對新台幣之直接匯率如下：

	20x1/10/ 2	20x1/12/31	20x2/ 1/30
即期匯率	33.77	33.42	33.21
遠期匯率： 30 天	33.69	33.51	33.30
120 天	33.70	33.53	33.32

甲公司功能性貨幣為新台幣，且符合避險會計所有要件，年利率為12%。上述所有交易(包括避險項目及被避險項目)對甲公司20x1年度淨利之影響為何？
(A)增加$25,413　(B)增加$24,282　(C)減少$24,413　(D)減少$24,242

說明：(1) 被避險項目，「應付帳款－歐元」€150,000，因即期匯率由 33.77 降為 33.42，產生「外幣兌換利益」TWD52,500，(33.77－33.42)×€150,000 ＝TWD52,500。

(2) 避險工具，「買入 150,000 歐元之遠期外匯合約」，因遠期匯率由 33.70 降為 33.51，產生「避險工具之損失－公允價值避險」TWD28,218，(33.70－33.51)×€150,000＝TWD28,500，按年利率 12%折現一個月，TWD28,500÷[1＋12%×(1/12)]＝TWD28,218。

(3) 「外幣兌換利益」TWD52,500＋「避險工具之損失－公允價值避險」TWD28,218＝增加甲公司 20x1 年度淨利 TWD24,282

(4) (111 會計師考題)

(B) 甲公司以美元記帳，其功能性貨幣為新台幣，存貨之成本流動假設為先進先出法。20x1年12月31日存貨成本為25,000美元，淨變現價值為24,500美元，係於20x1年12月16日買進，當時匯率32.18，20x1年底匯率32.78。20x2年12月31日存貨成本為26,000美元，淨變現價值為25,500美元，係於20x2年12月26日買進，當時匯率31.98，20x2年底匯率31.87。20x2年度甲公司財務報表換算為新台幣時，銷貨成本因期末存貨評價而須調整之金額為何？
(A) 增加$18,795　(B) 增加$17,405　(C) 減少$455　(D) 不須調整

說明：銷貨成本因期末存貨評價而須調整之金額：

期初存貨	成本 USD25,000×32.18＝TWD804,500	減少 1,390
	淨變現價值 USD24,500×32.78＝TWD803,110 (低)	
＋本期進貨		
－期末存貨	成本 USD26,000×31.98＝TWD831,480	(減少 18,795)
	淨變現價值 USD25,500×31.87＝TWD812,685 (低)	
銷貨成本		增加 17,405

(5) (110 會計師考題)

(D) 甲公司20x1年7月1日出口一批五金至美國乙公司，至7月15日送達乙公司，採目的地交貨，售價為60,000美元。乙公司於7月20日匯給甲公司60,000美元支付貨款，甲公司於7月30日才將7月20日收到的60,000美元兌換為新台幣。20x1年7月1日、7月15日、7月20日及7月30日之即期匯率分別為30.29、

30.18、30.25及30.27。甲公司之功能性貨幣為新台幣，乙公司之功能性貨幣為美元。20x1年度甲公司應認列之兌換損益為何？

(A) $5,400損失　　(B) $1,200損失　　(C) $400利益　　(D) $5,400利益

說明：兌換利益$5,400＝USD60,000×(7/30將美元兌換為新台幣 30.27－7/15 賒銷日 30.18)＝$5,400＝$4,200＋$1,200。另詳甲公司分錄如下：

20x1/ 7/ 1	出貨日無分錄，因採目的地交貨。		
7/15	應收帳款－美元 (60,000×30.18)	1,810,800	
	銷貨收入		1,810,800
7/20	現　金－美元 (60,000×30.25)	1,815,000	
	應收帳款－美元 (60,000×30.18)		1,810,800
	外幣兌換利益		4,200
7/30	現　金 (60,000×30.27)	1,816,200	
	現　金－美元 (60,000×30.25)		1,815,000
	外幣兌換利益		1,200

(6) (110 會計師考題)

(A) 假設下列避險關係皆符合國際會計準則避險會計之所有要件，則可歸屬於現金流量避險者為何？
① 採用利率交換將分類為按攤銷後成本衡量之浮動利率債務投資變更為固定利率債務投資
② 採用利率交換將分類為透過其他綜合損益按公允價值衡量之固定利率債務投資變更為浮動利率債務投資
③ 高度很有可能預期購買權益工具(一旦取得時將透過損益按公允價值處理)之避險
④ 高度很有可能預期購買權益工具(一旦取得時選擇將透過其他綜合損益按公允價值處理)之避險
⑤ 確定承諾外幣風險之避險

(A) 僅①⑤　　(B) 僅①③④　　(C) 僅②③⑤　　(D) 僅②③④⑤

說明：①：本章，P.35，(五)之(3)，可歸屬於現金流量避險。
　　　②：本章，P.35，(五)之(2)，不可歸屬於現金流量避險。
　　　③、④：本章，P.35，(五)之(4)，不可歸屬於現金流量避險。
　　　⑤：本章，P.35，(五)之(5)，可歸屬於現金流量避險。

(7) (110 會計師考題)

(D) 當企業將遠期合約之遠期部分與即期部分分開，並僅指定合約之即期部分價值變動作為避險工具，有關遠期合約的遠期部分之會計處理，下列敘述何者正確？
(A) 屬於交易相關之被避險項目，若後續導致認列非金融資產或非金融負債，則該遠期部分得於避險調整可影響損益之期間內以合理有系統之基礎攤銷
(B) 屬於期間相關之被避險項目，若被避險項目為非金融資產或非金融負債，則該遠期部分得直接納入該資產或負債之原始成本或其他帳面金額
(C) 屬於交易相關之被避險項目，若該避險關係停止適用避險會計，則已累計於單獨權益組成部分之金額不得做重分類調整，但得於權益內移轉
(D) 屬於交易相關之被避險項目，若預期累積於單獨權益組成部分之全部金額於未來多個期間內無法收回，則應立即將該金額做重分類調整

說明：

(A)	錯誤。本章 P.45，(十)(1) → P.44，(九)(1)(b)(i)。
	「…..，則該遠期部分應直接納入該資產或負債之原始成本或其他帳面金額。」
(B)	錯誤。本章 P.45，(十)(1) → P.44，(九)(1)(c)。
	「…..，則該遠期部分得於避險調整可影響損益之期間內以合理有系統之基礎攤銷。」
(C)	錯誤。本章 P.45，(十)(1) → P.44，(九)(1)(c)。
	「…..，則已累計於單獨權益組成部分之金額應立即重分類至損益作重分類調整。」
(D)	正確。本章 P.45，(十)(1) → P.44，(九)(1)(b)(iii)。

(8) (109 會計師考題)

(D) 企業適用避險會計時，無需揭露下列何項？
(A) 應按每一風險種類說明其風險管理策略
(B) 所使用之避險工具及該等避險工具如何被使用
(C) 如何決定避險項目與避險工具間之經濟關係
(D) 該避險工具確實能降低企業整體風險

(9)　(109 會計師考題)

(C)　20x3年11月15日，甲公司銷售商品產生外幣應收帳款60,000港幣，20x3年12月1日自供應商進貨產生外幣應付帳款12,000美元，該等外幣應收帳款與外幣應付帳款截至20x3年12月31日皆未收付。甲公司之功能性貨幣與記帳貨幣皆為新台幣，相關日期新台幣對港幣與美元之直接匯率如下：

	港幣兌換新台幣	美元兌換新台幣
20x3 年 11 月 15 日	4.60	29
20x3 年 12 月 1 日	4.75	31
20x3 年 12 月 31 日	4.80	33
20x3 年度平均匯率	4.65	32

甲公司20x3年綜合損益表因前述外幣應收帳款與外幣應付帳款二者合計應認列之兌換損益淨額為何？

(A) 兌換損益$0　　　　　(B) 兌換損失$9,000
(C) 兌換損失$12,000　　(D) 兌換利益$21,000

說明：(4.8－4.6)×60,000 港幣＝ 兌換利益 TWD12,000
　　　(33－31)×12,000 美元 ＝ <u>兌換損失 TWD24,000</u>
　　　　　　　　　　　　　　　<u>兌換損失 TWD12,000</u>

(10)　(109 會計師考題)

(C)　下列有幾項符合國際財務報導準則避險會計規範下之可規避風險？
　① 基準利率變動時，按攤銷後成本衡量之金融資產的公允價值變動風險
　② 匯率變動時，按攤銷後成本衡量之外幣金融資產的公允價值變動風險
　③ 按攤銷後成本衡量之浮動利率債務的現金流量風險
　④ 可按公允價值提前償付的固定利率債務之公允價值風險
　⑤ 權益工具(一旦取得時將透過其他綜合損益按公允價值衡量)之預期購買的現金流量風險
　⑥ 採權益法之投資的公允價值變動風險
(A) 一項　　(B) 三項　　(C) 四項　　(D) 五項

說明：四項：①②③⑤。　⑤：可參閱「附錄」釋例二十一。
　　　④ 可按公允價值提前償付的固定利率債務之現金流量風險。
　　　⑥ 「採權益法之投資」不得作為公允價值避險之被避險項目，
　　　　 請詳本章 P.27 之(5)(b)。

(11) (109 會計師考題)

(A) 甲公司於20x1年12月1日向美國乙公司訂購一部機器，價格為30,000美元，雙方約定於20x2年 1月30日交貨並付款。甲公司為避免受匯率波動影響，乃於20x1年12月 1日與丙銀行簽訂60天期、購入30,000美元之遠期外匯合約，並指定以該合約之整體價值進行避險。相關日期美元對新台幣之直接匯率如下： (USD1＝TWD？)

	20x1/12/ 1	20x1/12/31	20x2/ 1/30
即期匯率	31.60	31.20	31.00
遠期匯率			
30 天	31.50	30.60	30.50
60 天	30.00	30.25	30.20

甲公司之功能性貨幣與記帳貨幣皆為新台幣，且估計該機器之耐用年限為10年，無殘值，採直線法提列折舊。若該避險符合避險會計之所有要件，年利率6%,則甲公司將前述避險視為公允價值避險及現金流量避險二種情況下，20x2年該機器設備之折舊費用各為何？

(A) $82,500 與$82,500　　(B) $90,000 與$93,000
(C) $90,000 與$85,250　　(D) $85,250 與$93,000

說明：請參閱本章釋例八，20x2 年 1 月 30 日甲公司取得機器之分錄：

若遠期外匯合約(避險工具)以淨額結清：	
機器設備	900,000
其他流動負債－確定承諾 (公允價值避險)	30,000
其他權益－避險工具之損益 (現金流量避險)	
現　金	930,000
現金＝USD30,000×31＝TWD930,000	
避險工具之利益＝USD30,000×(31－30)＝TWD30,000	

20x2 年機器設備之折舊費用＝$900,000÷10 年×(11/12)＝$82,500

(12) **(109 會計師考題)**

(D) 甲公司20x1年10月1日自美國乙公司進口機器設備，購價為100,000美元。甲公司與乙公司雙方約定於20x2年3月31日付款，同時甲公司必須支付年利率10%之利息。20x1年10月1日、12月31日及20x2年3月31日之美元對新台幣之即期匯率分別為30.50、30.14及30.38。20x1年10月1日至12月31日之平均匯率為30.32，20x2年1月1日至3月31日之平均匯率為30.26，假設匯率並無劇烈波動。甲公司之功能性貨幣與記帳貨幣皆為新台幣，甲公司20x1年應認列之兌換(損)益為何？

(A) $35,550　　(B) $36,000　　(C) $(36,000)　　(D) $36,450

說明：應付機器款之兌換利益＝USD100,000×(30.5－30.14)＝TWD36,000
　　　應付利息之兌換利益＝[USD100,000×10%×(3/12)]×(30.32－30.14)
　　　　　　　　　　　＝USD2,500×(30.32－30.14)＝TWD450
　　　甲公司20x1年之兌換利益＝TWD36,000＋TWD450＝TWD36,450

(13) **(108 會計師考題)**

(C) 國外營運機構淨投資之避險，有關其避險會計處理，下列敘述何者正確？
(A) 遠匯合約不可能為合格避險工具
(B) 外幣匯率選擇權不可能為合格避險工具
(C) 企業可以針對遠期外匯合約整體之公允價值變動指定避險關係
(D) 企業不能以美元規避其他幣別的外幣匯率風險

說明：(A)(B)：衍生工具可能為合格避險工具，詳本章 P.24 之(二)(甲)(1)，「透過損益按公允價值衡量之衍生工具」是合格的避險工具。
　　　(C)：詳本章 P.25 之(二)(乙)(1)，符合要件之工具應就其整體被指定為避險工具。而允許之例外有：「將遠期合約之遠期部分與即期部分分開，並僅指定遠期合約之即期部分之價值變動作為避
　　　(D)：企業可能以美元規避其他幣別的外幣匯率風險，只要美元與其他幣別間有經濟關係即可，詳本章 P.30 之(四)(甲)(3)(a)及 P.31 之(四)(乙)(9)，為符合避險會計之要件，避險關係需符合所有避險有效性之規定，其第一項規定為「被避險項目與避險工具間須有經濟關係」。

(14)　(107 會計師考題)

(C)　甲公司於20x1年12月 1日與美國A公司訂定200,000美元之進貨合約，約定於20x2年 1月30日交貨並付款。甲公司為規避該段期間匯率波動風險，於20x1年12月 1日簽訂60天期購入200,000美元之遠期外匯合約。美元對新台幣之匯率如下：(USD1＝TWD？)

	20x1/12/ 1	20x1/12/31	20x2/ 1/30
即期匯率	31.12	31.14	31.18
遠期匯率			
30 天	31.15	31.17	31.20
60 天	31.20	31.21	31.25

甲公司的功能性貨幣為新台幣，並將前述避險視為公允價值避險，且符合避險會計之所有要件，折現率為12%，20x1年及20x2年就被避險項目應分別認列多少(損)益？

(A) 20x1 年認列利益$6,000，20x2 年認列損失$2,000
(B) 20x1 年認列利益$5,357，20x2 年認列損失$1,357
(C) 20x1 年認列利益$5,941，20x2 年認列損失$1,941
(D) 20x1 年認列損失$5,941，20x2 年認列利益$1,941

說明：20x1 年：[美元承諾 200,000×(31.17－31.20)]÷[1＋12%×(1/12)]
　　　　　　＝－TWD5,941 (利益)
　　　 20x2 年：美元承諾 200,000×(31.18－31.20)＝－TWD4,000 (利益)
　　　　　　TWD4,000－TWD5,941＝TWD1,941 (利益減少＝損失)

(15)　(107 會計師考題)

(C)　下列有幾項合約的條件通常符合國際會計準則所稱「得以現金淨額交割」之條件？　(1)企業購買辦公大樓之合約，該合約得以土地淨額交割
　　　　　(2)合約明訂得以現金淨額交割
　　　　　(3)企業購買黃金之合約
　　　　　(4)與同一交易對手以反向合約互抵

(A) 一項　　(B) 二項　　(C) 三項　　(D) 四項

說明：三項：(2)、(3)、(4)。

(16) (106 會計師考題)

(B) 20x1年 1月 1日甲公司以零成本遠期合約規避三年後高度很有可能發生預期交易之風險，並以三年之遠期合約整體公允價值變動計算避險有效性。20x1年底，遠期合約資產之公允價值為$100；被避險項目因被規避風險造成的現金流量變動之現值為$80(損失)。20x2年底，遠期合約資產之公允價值為$170；被避險項目因被規避風險造成的現金流量累積變動之現值為$180(損失)。若甲公司無其他適用避險會計之交易，則此遠期合約對20x2年其他綜合利益之影響為何？
(A) 增加$100　(B) 增加$90　(C) 增加$80　(D) 增加$70

說明：(1) 請詳本章P.41～42之例一。
(2) 20x1年底，遠期合約資產之公允價值為$100；被避險項目因被規避風險造成的現金流量變動之現值為$80(損失)，以絕對值較低者$80列為其他綜合利益期末餘額(貸餘，因遠期合約資產之公允價值從$0增為$100，故貸記)。
(3) 20x2年底，遠期合約資產之公允價值為$170；被避險項目因被規避風險造成的現金流量累積變動之現值為$180(損失)，以絕對值較低者$170列為其他綜合利益期末餘額(貸餘)。因此，20x2年其他綜合利益增加$90，$170－$80＝增加$90。

(17) (105 會計師考題)

(D) 甲公司於20x6年 1月 1日借入20,000美元，為期二年，利率5%，每年 1月 1日付息。甲公司的功能性貨幣為新台幣。美元對新台幣匯率為：20x6年 1月 1日為31.7、20x6年12月 31日為32.2、20x6年平均匯率為32.0。甲公司20x6年應認列之兌換(損)益金額為何？
(A) ($200)　(B) ($9,800)　(C) ($10,000)　(D) ($10,200)

說明：「本金」之兌換損失＝USD20,000×(32.2－31.7)＝TWD10,000
　　　利息費用＝USD20,000×5%×1 年＝USD1,000
　　　「利息」之兌換損失＝USD1,000×(32.2－32.0)＝TWD200
　　　20x6 年應認列之兌換損失＝TWD10,000＋TWD200＝TWD10,200

(18)　(104 會計師考題)

(B)　甲公司於 20x6 年 11 月 1 日以 20,000 歐元賒銷商品予德國乙公司，並約定於 20x7 年 1 月 30 日收款。甲公司為規避外幣匯率變動風險，於 20x6 年 11 月 1 日與丙銀行簽訂 90 天期出售 20,000 歐元之遠期外匯合約，並將該遠期外匯合約之<u>即期匯率變動部分指定為以歐元計價應收帳款之公允價值避險工具(此為配合答案選項，筆者加註之條件，否則無法按避險會計處理)</u>。相關匯率如下：　(€1＝TWD？)　(無需考慮折現因素)

	20x6/11/1	20x6/12/31	20x7/1/30
即期匯率	40.17	40.14	40.12
遠期匯率－30 天	40.20	40.17	40.15
－90 天	40.25	40.21	40.20

試問甲公司於 20x6 及 20x7 應認列之(損)益金額分別為：
(A) $0 及 $0　　　　　　　　(B) $1,000 及 $600
(C) ($1,600)及($1,000)　　　(D) ($1,000)及($600)

說明：甲公司分錄如下：

20x6/ 11/1	應收帳款－歐元　　　　　　　　　　　　　803,400 　　銷貨收入　　　　　　　　　　　　　　　　　803,400
	€20,000×40.17＝TWD803,400
12/31	外幣兌換損失　　　　　　　　　　　　　　　600 　　應收帳款－歐元　　　　　　　　　　　　　　600
	€20,000×(40.14－40.17)＝－TWD600
12/31	避險之金融資產－遠期外匯合約　　　　　1,600 　　避險工具之利益－公允價值避險　　　　　　　600 　　透過損益按公允價值衡量之金融資產(負債)利益　1,000
	遠期外匯合約： 　€20,000×(40.14－40.25)＝－TWD1,600，即給付€20,000 之義務減少 TWD1,600，但此項給付歐元義務並非於今天履行，而是 1 個月後才要履行，惟本題無需考慮折現因素，故應借記「避險之金融資產－遠期外匯合約」TWD1,600。 遠期外匯合約即期匯率變動部分： 　€20,000×(40.14－40.17)＝－TWD600，應認列為「避險工具之利益－公允價值避險」貸餘 TWD600，係指定避險部分。 　　另，非指定避險部分 TWD1,000，TWD1,600－TWD600＝TWD1,000，則應認列為損益。

20x7/ 1/30	現　金	802,400	
	外幣兌換損失	400	
	應收帳款－歐元		802,800
	現金：€20,000×40.12＝TWD802,400 兌換損失：€20,000×(40.12－40.14)＝－TWD400 應收帳款：TWD803,400－TWD600＝TWD802,800		
1/30	避險之金融資產－遠期外匯合約	1,000	
	避險工具之利益－公允價值避險		400
	透過損益按公允價值衡量之金融資產(負債)利益		600
	遠期外匯合約： 　　€20,000×(40.12－40.25)＝－TWD2,600，即給付€20,000 之義務減少 TWD2,600，故應再借記「避險之金融資產－遠期外匯合約」TWD1,000。 遠期外匯合約即期匯率變動部分： 　　€20,000×(40.12 － 40.17) ＝ － TWD1,000， TWD1,000 － TWD600(20x6 已認列)＝TWD400，故應再認列「避險工具之利益－公允價值避險」TWD400，係指定避險部分。另，非指定避險部分TWD600，TWD1,000－TWD640＝TWD600，則應認列為損益。		
1/30	現　金	2,600	
	避險之金融資產－遠期外匯合約		2,600
20x6年 綜合 損益表	外幣兌換損失 -- ($600) 避險工具之利益－公允價值避險 -------------------------- $ 600 透過損益按公允價值衡量之金融資產(負債)利益 ------- $1,000		
	－$600＋$600＋$1,000＝$1,000		
20x7年 綜合 損益表	外幣兌換損失 -- ($400) 避險工具之利益－公允價值避險 -------------------------- $ 400 透過損益按公允價值衡量之金融資產(負債)利益 ------- $ 600		
	－$400＋$400＋$600＝$600		

(19) (102 會計師考題)

(B) 甲公司對高度很有可能發生之預期交易進行避險,列於其他權益之避險工具損益,在下列那個情形下,應該立即列入當期損益?
(A) 甲公司取消原指定之避險時　(B) 預期交易預計不會發生時
(C) 避險工具到期時　(D) 避險工具解約時

說明:請詳本章 P.41 之(2) (b)。

(20) (102 會計師考題)

(B) 乙公司簽訂一項零成本遠期合約,該公司一年後必須以合約規定之固定金額現金購買固定數量之本身權益工具,則簽約日乙公司應:
(A) 以該選擇權公允價值認列金融負債
(B) 以合約規定固定金額現金之折現值認列金融負債
(C) 以簽約日公允價值認列將於交割日發行之本身權益工具
(D) 無須認列負債,僅須於合約到期日記錄購買庫藏股票

(21) (102 會計師考題)

(C) 甲公司於20x5年11月7日以$240,000購買以乙公司普通股為標的之認購權證,分類為「透過損益按公允價值衡量之金融資產」,此權證讓甲公司可以按每股$60之履約價格購買30,000股之乙公司普通股,此權證的失效日期為20x6年1月31日。20x5年11月7日、20x5年12月31日與20x6年1月31日乙公司普通股之市價分別為$60、$65與$64。經評估20x5年底此權證之時間價值為$180,000,甲公司應認列20x5年之「透過損益按公允價值衡量之金融資產(負債)損益」為何?
(A)損失$30,000　(B)損失$60,000　(C)利益$90,000　(D)利益$120,000

說明:選擇權的內含價值增加但時間價值減少,計算如下:

內含價值	($65－$60)×30,000 股＝$150,000	$150,000
時間價值	$180,000－$240,000＝－$60,000	(60,000)
利　益		$ 90,000

(22) (101 會計師考題)

(D) 甲公司於 20x6 年 11 月 1 日以 100,000 美元向國外乙公司進口一批商品，雙方約定於交貨後 90 天付款。為規避此外幣債務之匯兌風險，甲公司於 20x6 年 11 月 1 日簽訂 90 天期買入 100,000 美元之遠期外匯合約，美元對新台幣之匯率如下： (USD1＝TWD？) (暫不考慮折現因素)

	20x6/11/1	20x6/12/31	20x7/1/30
即期匯率	32.42	32.48	32.52
遠期匯率 30 天	32.52	32.54	32.56
遠期匯率 90 天	32.55	32.57	32.59

假設利率影響數微小，甲公司的功能性貨幣為新台幣，上述所有交易對甲公司 20x6 年損益之影響為何？
(A) 無影響　(B) 損失$5,000　(C) 損失$6,000　(D) 損失$7,000

說明：「應付帳款－美元」：USD100,000×(32.48－32.42)＝TWD6,000(損失)
　　　「避險之金融資產－遠期合約」：
　　　USD100,000×(32.54－32.55)＝TWD1,000(損失)(收取美元權利減少)
　　　∴ 損失共計＝TWD6,000＋TWD1,000＝TWD7,000

(23) (99 會計師考題)

(A) 甲公司於 20x6 年 11 月 1 日與荷蘭乙公司簽訂 10,000 歐元之銷貨合約，約定於 20x7 年 1 月 30 日交貨並收款。甲公司為規避外幣匯率變動風險，同時與丙銀行簽訂90天期出售10,000歐元之遠期外匯合約。相關之匯率如下：(€1＝TWD？) (無需考慮折現因素)

	20x6/11/1	20x6/12/31	20x7/1/30
即期匯率	40.35	40.40	40.45
遠期匯率			
30 天	40.34	40.39	40.44
90 天	40.33	40.38	40.43

若甲公司將前述避險關係視為公允價值避險，試問 20x6 及 20x7 針對外幣確定承諾應認列之(損)益金額分別為：
(A) $600 及 $600　(B) ($600)及($600)　(C) $500 及 $500　(D) $0 及 $0

說明：截至 20x6/12/31：(40.39－40.33)×10,000 歐元＝TWD600 (利益)
因收取歐元權利增加，外幣確定承諾之公允價值增加$600，
故 20x6 年認列利益 TWD600。

截至 20x7/1/30：(40.45－40.33)×10,000 歐元＝TWD1,200 (利益)
因收取歐元權利增加，外幣確定承諾之公允價值增加$1,200，
故 20x7 年再認列利益 TWD600，$1,200－$600＝$600。

因此，於 20x6 及 20x7 分別認列利益 TWD600 及利益 TWD600。

(24) (98 會計師考題)

(C) 甲公司於 20x6 年 1 月 1 日借入 10,000 美元，為期二年，利率 5%，每年 1 月 1 日付息。20x6 年 1 月 1 日、12 月 31 日及全年平均匯率分別為 31.8、32.3 及 32.1。甲公司 20x6 年應認列之兌換(損)益為何？

(A) ($100)　　(B) ($5,000)　　(C) ($5,100)　　(D) $5,000

說明：甲公司分錄如下：

20x6/1/1	現　金　　　　　　　　　　　318,000
	應付借入款－美元　　　　　　　　318,000
	USD10,000×31.8＝TWD318,000
12/31	外幣兌換損失　　　　　　　　　5,000
	應付借入款－美元　　　　　　　　5,000
	USD10,000×32.3＝TWD323,000
	TWD323,000－TWD318,000＝＋TWD5,000
12/31	利息費用　　　　　　　　　　16,050
	外幣兌換損失　　　　　　　　　　100
	應付利息－美元　　　　　　　　　16,150
	USD10,000×5%×12/12×32.1＝TWD16,050
	USD10,000×5%×12/12×32.3＝TWD16,150
	利息費用係隨時間經過而發生，若按交易日匯率逐日計算利息費用再予以合計較為繁複。依題意得知，20x6 年間美元對新台幣之匯率波動並不劇烈，因此以 20x6 年之平均匯率來換算利息費用係屬合理。
	TWD16,150－TWD16,050＝TWD100
甲公司 20x6 年應認列之外幣兌換損失＝$5,000＋$100＝$5,100	

(25) (97 會計師考題)

(B) 下列有關避險會計之敘述，何者正確？
(A) 確定承諾之避險不適用公允價值避險會計
(B) 確定承諾之避險可能適用現金流量避險會計
(C) 假設企業併購其他企業的確定承諾不涉及匯率風險，企業得將其指定為被避險項目
(D) 適用避險會計之確定承諾避險，帳上認列的確定承諾負債為國際會計準則規範的衍生工具

說明：(A)、(B)：確定承諾之避險係對公允價值變動暴險之避險，係屬公允價值避險；惟確定承諾外幣風險之避險<u>亦得</u>按現金流量避險處理。
(C)：IFRS 9 規定：「於企業合併中對收購一項業務之確定承諾不得作為被避險項目(外幣風險除外)，因被規避之其他風險(外幣風險以外之其他風險)無法明確辨認及衡量。該等其他風險為一般業務風險。」
(D)：「確定承諾負債」是「被避險項目(確定承諾)」所致之負債，非國際會計準則規範的衍生工具。

(26) (97 會計師考題)

(B) 甲公司於 20x6 年 12 月 1 日與法國乙公司簽訂 10,000 歐元之進貨合約，約定於 20x7 年 1 月 30 日交貨並付款。甲公司為規避外幣匯率變動風險，同時與丙銀行簽訂買進 10,000 歐元 60 天期之遠期外匯合約。相關匯率如下：(€1＝TWD？) (無需考慮折現因素)

	20x6/12/1	20x6/12/31	20x7/1/30
即期匯率	40.35	40.40	40.45
遠期匯率－30 天	40.36	40.42	40.46
－60 天	40.38	40.44	40.48

試問甲公司將上述避險關係視為公允價值避險及現金流量避險二種情況下，其存貨成本分別為何？
(A) $403,800 及 $403,500
(B) $403,800 及 $404,500
(C) $404,500 及 $403,800
(D) $404,500 及 $404,500

說明：

(1) 若上述避險視為公允價值避險：

(40.45－40.38)×€10,000＝TWD700，買進10,000歐元遠期外匯合約之公允價值增加TWD700，使「避險之金融資產－遠期外匯合約」借餘TWD700及「避險工具之利益－公允價值避險」共TWD700，其中TWD400利益於20x6年認列，(40.42－40.38)×€10,000＝TWD400，另TWD300利益於20x7年認列，TWD700－TWD400＝TWD300。同時以歐元計價之進貨合約也產生「被避險項目之損失－公允價值避險」TWD700及「其他流動負債－確定承諾」貸餘TWD700，其中TWD400損失於20x6年認列，另TWD300損失於20x7年認列。因此，20x7年1月30日進貨時，借記「其他流動負債－確定承諾」TWD700，借記「存貨」**TWD403,800**，貸記「現金」TWD404,500（＝40.45×€10,000）。

(2) 若上述避險視為現金流量避險：

(40.45－40.38)×€10,000＝TWD700，買進10,000歐元遠期外匯合約之公允價值增加TWD700，使「避險之金融資產－遠期外匯合約」借餘TWD700及「其他綜合損益－避險工具之損益」貸餘TWD700。後者處理方式有二：**(甲)** 認列基礎調整，於20x7年1月30日進貨時，借記「其他綜合損益－避險工具之損益」TWD700，借記「存貨」**TWD403,800**，貸記「現金」TWD404,500。**(乙)** 再循環，於20x7年1月30日進貨時，借記「存貨」**TWD404,500**，貸記「現金」TWD404,500；待存貨外售時，借記「其他綜合損益－避險工具之損益」TWD700，借記「銷貨成本」TWD403,800，貸記「存貨」TWD404,500。**目前IFRS 9規定，只能採用(甲)認列基礎調整**。

(3) 故答案為：TWD403,800 及 (甲)TWD403,800 或 TWD403,800 及 (乙)TWD404,500，而選項中只有(B)符合。

(27) (96會計師考題)

(C) 丙公司發行股票選擇權，持有人要求履約時，發行人可選擇以現金淨額交割或以本身股份交換現金之方式交割。丙公司應如何分類？
  (A) 權益　　(B) 金融資產　　(C) 金融負債
  (D) 將現金交割與股份交割等兩項選擇權分別列為負債與權益

說明：請詳IAS 32「金融工具：表達」第11段之定義。

(28) **(97 會計師考題)**

(C) 下列何種情況下外幣交易之兌換差額中有效避險部分必定要遞延？
(A) 規避外幣確定承諾匯率變動風險之遠期外匯合約交易
(B) 非避險性質之遠期外匯合約交易
(C) 規避國外淨投資匯率變動風險之外幣借款交易
(D) 規避外幣債權、債務匯率變動風險之遠期外匯合約交易

說明：「有效避險部分必定要遞延」，意謂列為其他綜合損益，不列為當期損益，因此只有「現金流量避險」及「國外營運機構淨投資之避險」才有此可能。
(A)：確定承諾之避險係對公允價值變動暴險之避險，係屬公允價值避險；惟確定承諾外幣風險之避險亦得按現金流量避險處理。因此，不是「必定要遞延」。
(B)：非避險之遠期外匯合約交易，兌換差額列為當期損益。
(D)：規避外幣債權、債務匯率變動風險之遠期外匯合約交易，可能是公允價值避險，也可能是現金流量避險，因此不是「必定要遞延」。

(29) **(96 會計師考題)**

(A) 1月 1 日甲公司以零成本遠期合約規避預期交易之風險，並以遠期合約整體公允價值變動計算避險有效性。第一季末，遠期合約資產之公允價值為$80；被避險項目因被規避風險造成的現金流量變動之現值為$100 (損失)，則此遠期合約對第一季財務報表造成下列那一項影響？
(A) 金融商品未實現損益增加$80 　(B) 金融商品未實現損益增加$60
(C) 當期損益增加$20 　(D) 當期損益減少$20

說明：第一季末，遠期合約資產之公允價值從$0 增為$80，被避險項目因被規避風險造成的現金流量變動之現值為$100 (損失)，以絕對值較低者認列於「其他綜合損益」。因此，應借記「避險之金融資產－遠期合約」$80，貸記「其他綜合損益－避險工具之損益」$80，貸方即(A)選項。而被避險項目係預期交易，尚未發生，故無分錄。

(30) (95會計師考題)

(A) 下列何者因匯率波動產生的差額，不宜作為權益之調整項目？
  (A) 規避外幣確定承諾風險之遠期外匯合約
  (B) 規避國外淨投資風險之遠期外匯合約
  (C) 規避預期交易風險之遠期外匯合約
  (D) 具長期投資性質之外幣墊款

說明：「不宜作為權益之調整項目」，意謂不宜列為其他綜合損益，應列為當期損益，因此只有「公允價值避險」才有此可能。
  (A)：確定承諾之避險係對公允價值變動暴險之避險，係屬公允價值避險；惟確定承諾外幣風險之避險亦得按現金流量避險處理。因此，當確定承諾外幣風險之避險係按公允價值避險處理時，其因匯率波動產生的差額，應列為當期損益，不宜作為權益之調整項目。
  (B)、(D)是「國外營運機構淨投資之避險」，(C)是「現金流量避險」，其因匯率波動產生的差額，皆應列為其他綜合損益，宜作為權益之調整項目。

(31) (92會計師考題、91會計師考題)

(C) 甲公司預期美元將下跌，為賺取匯率變動利益，於20x6年11月1日與乙銀行簽訂一項90天期出售500,000美元之遠期外匯合約。相關匯率如下：(USD1＝TWD？)

	20x6/11/1	20x6/12/31	20x7/1/30
即期匯率	33.49	33.51	33.53
遠期匯率－30天	33.52	33.54	33.55
－90天	33.55	33.56	33.58

試問此交易應認列之外幣兌換(損)益為何？
(A) $5,000　(B) $30,000　(C) $10,000　(D) $(20,000)

說明：(20x6/11/1 90天遠期匯率33.55－20x7/1/30即期匯率33.53)
　　　×USD500,000＝TWD10,000 (外幣兌換利益) (給付美元義務減少)

(32) **(92 會計師考題)**

(A) 甲公司 20x6 年 12 月 31 日調整前外幣應付帳款餘額如下：

| 美國乙公司 (美金 15,000) | $480,000 |
| 英國丙公司 (英鎊 20,000) | $800,000 |

若 20x6 年 12 月 31 日及 20x7 年間應付帳款結清日之即期匯率如下：

	20x6 年 12 月 31 日	結清日
美　金	32.2	33.2
英　鎊	41.1	39.8

試問 20x7 年損益表上應表達之外幣兌換(損)益為何？
(A) $11,000　　(B) $41,000　　(C) $8,000　　(D) $(14,000)

說明：USD15,000×(32.2－33.2)＝－TWD15,000 (損失)
　　　£20,000×(41.1－39.8)＝TWD26,000 (利益)
　　　－TWD15,000＋TWD26,000＝TWD11,000 (外幣兌換利益)

(33) **(92 會計師考題)**

(C) 甲公司專門經營電子產品出口業務，今以 4,000,000 日圓出售一批電子產品予日本乙公司，出售日之直接匯率為 0.25，收款日之間接匯率為 3.85。試問甲公司應認列之銷貨收入為何？
(A) 新台幣 1,038,961 元　　(B) 新台幣 961,039 元
(C) 新台幣 1,000,000 元　　(D) 新台幣 800,000 元

說明：日圓 4,000,000×0.25＝新台幣 1,000,000 元

(34) **(92 會計師考題)**

(A) 為避免價格變動所帶來之不利影響而對下列項目進行避險，試問何者不適用公允價值避險(fair value hedge)之會計處理？
(A)預期銷貨　(B)購買原油而簽訂之確定承諾　(C)農民手中之稻米存貨
(D)持有他公司有價證券，分類為「透過損益按公允價值衡量之金融資產」

說明：預期銷貨應適用現金流量避險(cash flow hedge)之會計處理。

(35) (91 會計師考題)

(B) 甲公司於 20x6 年 11 月 1 日以 100,000 美元向美國乙公司進口一批商品，雙方約定交貨後 90 天付款。為規避此外幣債務之匯兌風險，甲公司於 20x6 年 11 月 1 日簽訂 90 天期買入 100,000 美元之遠期外匯合約。相關匯率如下：(USD1＝TWD？)

	20x6/11/1	20x6/12/31	20x7/1/30
即期匯率	$32.42	32.48	32.52
遠期匯率			
30 天	32.52	32.54	32.56
90 天	32.55	32.57	32.59

試問 20x6 年 12 月 31 日甲公司對美國乙公司應付帳款餘額為何？
(A) $3,242,000　(B) $3,248,000　(C) $3,254,000　(D) $3,255,000

說明：甲公司對美國乙公司「應付帳款－美元」餘額為 TWD3,248,000，
USD100,000×32.48＝TWD3,248,000。

(36) (90 會計師考題)

(D) 台灣甲公司將產品外銷法國而產生外幣應收帳款，若賒銷日至財務狀況表日期間新台幣升值，財務狀況表日至次年貨款結清日期間新台幣貶值，而貨款結清日新台幣的價值仍較賒銷日上升，則甲公司本年度與次年度之外幣兌換損益認列情形為：

	本年度	次年度
(A)	無	利益
(B)	無	損失
(C)	利益	損失
(D)	損失	利益

說明：本年度：因賒銷日至財務狀況表日期間新台幣升值，導致外幣應收帳款換算為新台幣之金額減少，故認列外幣兌換損失。

次年度：因財務狀況表日至次年貨款結清日期間新台幣貶值，導致外幣應收帳款換算為新台幣之金額增加，故認列外幣兌換利益。

(37)　(90 會計師考題)

(C)　當新台幣升值時,持有外幣帳款之國內進口商與出口商產生兌換損益之情形通常是:

	進口商	出口商
(A)	利 益	利 益
(B)	損 失	損 失
(C)	利 益	損 失
(D)	損 失	利 益

說明:國內進口商,係從國外企業進口商品,未來須支付帳款,而當新台幣升值時,付款日須動支之新台幣金額將較進貨日或前一報導期間結束日之帳列應付帳款金額少,故產生利益。但對於國內出口商,則情況相反。

第十四章　匯率變動對財務報表之影響

　　個體從事國外營業活動通常可透過兩種方式進行：(1)與國外其他個體進行以外幣計價的交易事項，如本書第十三章之「非衍生工具之外幣交易」；(2)擁有「國外營運機構(Foreign operation)」，由該國外營運機構執行國外營業活動。前者之相關會計處理已於第十三章中說明(請詳釋例一至釋例四)，目的是將外幣交易的經濟後果納入該企業的財務報表中；而後者所涉及的會計處理及財務報表換算則較複雜。

　　所謂「國外營運機構」，係指一個個體，該個體為報導個體之子公司、關聯企業、聯合協議或分公司(分支機構)，其營運所在國家或所使用的貨幣與報導個體(例如母公司或總機構)不同；因此在報導期間結束日，報導個體如何將國外營運機構(例如子公司或分支機構)"當地貨幣財務報表"換算為"表達貨幣財務報表"，以便完成下列任務：(a)適用權益法認列投資損益，(b)將總、分支機構財務報表合計，(c)編製母、子公司合併財務報表等。因此本章的主題為：
(1) 如何將"國外營運機構財務報表"換算為"表達貨幣財務報表"。
(2) 如何報導匯率變動對個體財務報表的影響。
(3) 國外營運機構淨投資避險及其會計處理。
為方便說明，筆者擬以母、子公司型態為論述標的，內容將涵蓋權益法之適用，至於總、分支機構型態，請讀者自行類推。

本章主要須遵循之準則為：
(1) 國際會計準則第 21 號「匯率變動之影響」。(IAS 21)
(2) 國際會計準則第 29 號「高度通貨膨脹經濟下之財務報導」。(IAS 29)
(3) 國際財務報導準則第 10 號「合併財務報表」。(IFRS 10)
(4) 國際財務報導準則第 9 號「金融工具」。(IFRS 9)
(5) 國際財務報導解釋第 16 號「國外營運機構淨投資避險」。(IFRIC 16)
(6) 國際會計準則第 7 號「現金流量表」。(IAS 7)

一、準則用詞及相關名詞定義

(1) 國外營運機構 (Foreign operation)：
   → 係指一個個體，該個體為報導個體之子公司、關聯企業、聯合協議或分公司，其營運所在國家或所使用之貨幣與報導個體不同。

(2) 功能性貨幣 (Functional currency)：
   → 係指個體營運所處主要經濟環境之貨幣，亦即個體主要產生及支用現金之環境所常用之貨幣。個體於決定其功能性貨幣時，應考慮多項因素，其詳細內容，請參閱本章「三、決定個體之功能性貨幣」。

(3) 外幣 (Foreign currency)：係指個體功能性貨幣以外之貨幣。

(4) 當地貨幣 (Local currency)：
   → 係指個體所在地之通用貨幣，個體通常以當地貨幣作為會計記錄及編製財務報表的單位，即各國家的記帳本位幣。

(5) 表達貨幣 (Presentation currency)：
   → 係用以表達財務報表之貨幣。(包括母公司編製合併財務報表所用之貨幣)

(6) 集團 (A group)：係指母公司及其所有子公司。

(7) 國外營運機構淨投資 (Net investment in a foreign operation)：
   → 係指報導個體對於國外營運機構之淨資產所享有之權益金額。

(8) 貨幣性項目 (Monetary items)：
   → 係指持有之貨幣單位，及有權利收取(或有義務支付)固定或可決定數量之貨幣單位之資產或負債。例如：將以現金支付之退休金及其他員工福利、將以現金清償之負債準備、租賃負債及已認列為負債之現金股利。
   → 一份約定將收取(或交付)變動數量之個體本身權益工具或變動金額之資產之合約，且其收取(或交付)之公允價值等於固定或可決定數量之貨幣單位者，亦為貨幣性項目。

(9) 非貨幣性項目 (Nonmonetary items)：
   → 係指不具有權利收取(或不具有義務支付)固定或可決定數量之貨幣單位的資產或負債。例如：商品及勞務之預付金額、存貨、不動產、廠房及設備、商譽、無形資產、使用權資產、將以交付非貨幣性資產清償之負債準備。
   → 簡例說明，請詳第十三章，P.6 之(12)。

二、準則相關規範

(一) 每一個體於編製財務報表時,不論其是單獨存在之個體、擁有國外營運機構之個體(例如母公司或總機構)或被他個體擁有之國外營運機構(例如子公司或分支機構),應依 IAS 21「匯率變動之影響」之相關規定:(1)決定功能性貨幣 (IAS 21 第 9 至 14 段),(2)將外幣項目換算為功能性貨幣,並報導此換算之影響 (IAS 21 第 20 至 37 段及第 50 段)。
[外幣項目,係指財務報表組成項目中,以外幣計價者。]

(二) 許多報導個體係由兩個或兩個以上個別個體所組成,例如由一家母公司及一家或多家子公司組成一個集團,即是一個須編製母、子公司合併財務報表之報導個體。各類型個體,不論是否為集團中之一員,可能投資於關聯企業或是聯合協議,可能設有分支機構,也可能座落在不同國家,使用不同貨幣編製其財務報表。因此,須將報導個體成員的經營結果及財務狀況換算為報導個體財務報表所使用之表達貨幣。IAS 21 允許報導個體以任何貨幣(或多種貨幣)作為其表達貨幣。報導個體內之任一個別個體,若其使用之功能性貨幣與表達貨幣不同,應依相關規定將其經營結果及財務狀況進行換算 (IAS 21 第 38 至 50 段)。

(三) IAS 21 亦允許單獨存在之個體所編製之"個別財務報表"或個體依 IFRS 10「合併財務報表」所編製之"單獨財務報表",得以任何貨幣(或多種貨幣)表達。若個體之表達貨幣與功能性貨幣不同,其經營結果及財務狀況亦應依相關規定換算為表達貨幣 (IAS 21 第 38 至 50 段)。

依上述歸納出財務報表須要換算的四種情況,如表 14-1:

表 14-1

情況	依所在地而定 當地貨幣	財務報表換算否?	依準則規定,個體自訂 功能性貨幣	財務報表換算否?	依報導需求而定 表達貨幣
(1)	A 貨幣	(不必換算)	A 貨幣	(不必換算)	A 貨幣
(2)	A 貨幣	(不必換算)	A 貨幣	=須換算為=>	C 貨幣
(3)	A 貨幣	=須換算為=>	B 貨幣	(不必換算)	B 貨幣
(4)	A 貨幣	=須換算為=>	B 貨幣	=須換算為=>	C 貨幣

不論是單獨存在之個體、擁有國外營運機構之個體(如母公司或總機構)或是被他個體擁有之國外營運機構(如子公司或分支機構)都可能面臨表 14-1 之四種情況，惟擁有國外營運機構之個體(如母公司或總機構)，其當地貨幣<u>通常(但非絕對)</u>就是其功能性貨幣，即表 14-1 的情況(1)及(2)。如：台灣 T 公司(母公司)到美國設立或投資一家子公司，則台灣 T 公司(母公司)的當地貨幣為新台幣，而新台幣也<u>常</u>是台灣大部分企業的功能性貨幣。若台灣 T 公司(母公司)是台灣的股票上市公司，則其與美國子公司之合併財務報表所使用的表達貨幣為新台幣，即表 14-1 的情況(1)。而美國子公司所編製之美元(當地貨幣)財務報表，須按表 14-1 的情況(2)、(3)及(4)考慮換算與否，說明如表 14-2：

表 14-2

情況	當地貨幣	*財務報表換算否?*	功能性貨幣	*財務報表換算否?*	表達貨幣
(2)	美元	(不必換算)	美元	＝須換算為＝＞	新台幣
(3)	美元	＝須換算為＝＞	新台幣	(不必換算)	新台幣
(4)	美元	＝須換算為＝＞	歐元	＝須換算為＝＞	新台幣

美國子公司之美元(當地貨幣)財務報表按表 14-2 三種可能情況換算為新台幣(表達貨幣)財務報表後，再與台灣 T 公司(母公司)的新台幣(表達貨幣)財務報表，進行母、子公司合併財務報表(新台幣)之編製。

假若台灣 T 公司(母公司)除了是台灣的股票上市公司，也在美國發行 ADR (American Depositary Receipt，美國存託憑證)，則當其依法向美國證券主管機關提交母公司及其子公司合併財務報表時，該合併財務報表所使用的表達貨幣應是美元，因此須考慮之情況如表 14-3：

表 14-3

情況	當地貨幣	*財務報表換算否?*	功能性貨幣	*財務報表換算否?*	表達貨幣
母公司					
(2)	新台幣	(不必換算)	新台幣	＝須換算為＝＞	美元
子公司					
(1)	美元	(不必換算)	美元	(不必換算)	美元

因此，須先將台灣 T 公司(母公司)的新台幣財務報表換算為美元(表達貨幣)財務報表，再與美國子公司之美元財務報表進行母、子公司合併財務報表(美元)之編製。

三、決定個體之功能性貨幣

在第十三章「非衍生工具之外幣交易」中已習得「個體應以功能性貨幣報導外幣交易」，另由前文亦知「報導個體於編製財務報表時，不論是單獨存在之個體、擁有國外營運機構之個體(如母公司或總機構)或是被他個體擁有之國外營運機構(如子公司或分支機構)，應決定其功能性貨幣，並以該貨幣衡量其經營結果及財務狀況。」可見個體決定其功能性貨幣的重要性與必要性。而國際會計準則也強調：個體之功能性貨幣是在某一經濟環境下用以決定交易價格之貨幣，而非交易計價之貨幣。

功能性貨幣係指個體營運所處主要經濟環境之貨幣，亦即個體主要產生現金流量之環境所常用的貨幣。個體於決定其功能性貨幣時，應考慮下列因素：

(1) (a) 該貨幣主要影響商品及勞務之銷售價格 (通常為商品及勞務計價與交割之貨幣)；及
   (b) 商品及勞務銷售價格主要由該貨幣所屬國家之競爭力及法規來決定。
(2) 該貨幣主要影響用於提供商品或勞務之人工、原料及其他成本 (該貨幣通常為該等成本計價及清償之貨幣)。

個體於決定其功能性貨幣時，除了上段之應考慮因素外，下列因素亦可對個體之功能性貨幣提供證據：
(1) 由籌資活動(即發行債務及權益工具)所產生資金之貨幣。
(2) 通常予以保留之收自營業活動之貨幣。

另外，在決定國外營運機構之功能性貨幣，以及該功能性貨幣是否與報導個體之功能性貨幣相同時 (此所稱之報導個體係指擁有國外營運機構為其子公司、分支機構、關聯企業或聯合協議等之個體)，除了上兩段之考慮因素外，應考量下列額外因素：

(1) 國外營運機構進行之活動是否為報導個體活動之延伸，亦或為高度自主之活動。前者例如國外營運機構僅出售購自報導個體之商品，並將所收之價款匯回報導個體；後者例如國外營運機構營運所累積之現金及其他貨幣性項目、所發生之費用、所產生之收益及安排之借款等，絕大部分均以當地貨幣進行。

說明：若為前者，則國外營運機構儼然成為報導個體的"分身"，因此其功能性貨幣通常與報導個體的功能性貨幣相同。若為後者，則國外營運機構係一高度獨立自主之企業個體，其功能性貨幣通常是當地貨幣。

(2) 國外營運機構與報導個體間之交易占國外營運機構營運活動比例之高低。
   說明：若國外營運機構與報導個體間之交易占國外營運機構營運活動比例為高者，則國外營運機構的功能性貨幣通常與報導個體的功能性貨幣相同。反之，若為低者且無其他特別因素，則國外營運機構的功能性貨幣通常是當地貨幣。

(3) 國外營運機構活動所產生之現金流量是否直接影響報導個體之現金流量，並且可隨時將現金匯給報導個體。
   說明：若國外營運機構活動所產生之現金流量直接影響報導個體之現金流量，並可隨時將現金匯給報導個體，則國外營運機構的功能性貨幣通常與報導個體的功能性貨幣相同。反之，且無其他特別因素，則國外營運機構的功能性貨幣通常是當地貨幣。

(4) 國外營運機構活動所產生之現金流量是否足以支應現有及正常預期之債務，而不需報導個體提供資金。
   說明：若答案是肯定且無其他特別因素，則國外營運機構的功能性貨幣通常是當地貨幣。反之，若國外營運機構活動所產生之現金流量不足以支應現有及正常預期之債務，且需報導個體提供資金時，國外營運機構的功能性貨幣通常與報導個體的功能性貨幣相同。

當前述各項指標摻雜而功能性貨幣並不明顯時，管理階層必須運用判斷決定出最能夠忠實表達標的交易、事件及情況之經濟效果的功能性貨幣。運用此方法時，管理階層需按本標題「三、決定個體之功能性貨幣」之第二、三及四段之考慮因素依序考量，即優先考量第二段兩項因素，繼而考量第三、四段之各項因素，而第三、四段之指標係為了提供"決定個體功能性貨幣"額外佐證而設計的。

參酌上述準則規定及各項考量因素後，由管理當局綜合研判決定何種貨幣是個體的功能性貨幣。惟不論決定為何，管理當局的最終目的是：希望藉由"最能夠忠實表達標的交易、事件及情況之經濟效果的功能性貨幣"，產生一份能反映個體當期整體經濟實況的財務報表。

四、當個體的功能性貨幣不是當地貨幣

一般而言,個體通常以當地貨幣(即個體所在地之通用貨幣)作為會計記錄及編製財務報表的單位。當個體決定之功能性貨幣與當地貨幣不同時,即該個體並非以功能性貨幣登載帳簿及記錄,則該個體於編製財務報表時須將所有金額依下列「(二) 準則相關規定」換算為功能性貨幣,此換算程序將產生與"原始即以功能性貨幣記錄該等項目"相同之功能性貨幣金額,即<u>如同</u>個體於交易發生當時即以功能性貨幣記錄之結果。如表 14-1 的情況(3)及(4)。

在本章「二、準則相關規範」已提及,不論是單獨存在之個體、擁有國外營運機構之個體(如母公司或總機構)或是被他個體擁有之國外營運機構(如子公司或分支機構)都可能面臨表 14-1 之四種情況,惟擁有國外營運機構之個體(如母公司或總機構),其當地貨幣通常(但非絕對)就是其功能性貨幣,即表 14-1 的情況(1)及(2),故擬針對表 14-1 的情況(3)及(4),並以國外營運機構(例如子公司或分支機構)為說明之標的。

(一) 以國外營運機構為例說明

當管理當局決定其國外營運機構的功能性貨幣與當地貨幣不同,但與報導個體的功能性貨幣相同時,按本章「三、決定個體之功能性貨幣」內容研判,表示該國外營運機構與報導個體間有很強的連動性,甚至該國外營運機構<u>宛如</u>報導個體的"分身",國外營運機構在當地所發生的交易,<u>就好像</u>是報導個體所發生的交易,只是由國外營運機構代為執行。

以母、子公司為例,例如台灣母公司到美國設立或投資一家子公司,可能基於營運上或法律上理由,其日常營運模式為:母公司出貨予子公司(即合併個體之內部進、銷貨交易),由子公司在美國專責為母公司銷售其產品,之後子公司再將銷貨所收之貨款匯給母公司,而子公司日常營運所需資金則由母公司支應。此種情況跟第十三章之「非衍生工具之外幣交易」很類似,如第十三章之釋例一、釋例二及釋例三,即母公司從台灣外銷商品予美國的企業,銷貨交易以美金計價,美國的企業再付款(支付應付帳款)給母公司,若因匯率變動而產生之兌換差額(exchange differences),則認列為當期損益。因此子公司在美國當地所進行的交易就如同母公司親自去執行一樣,故對母公司有『立即性』或『幾

乎是立即性』的現金意涵，即"如同是母公司親自銷貨予美國的企業一樣，因而影響母公司的現金流量"。

因此，當子公司的功能性貨幣與母公司(報導個體)的功能性貨幣相同時，即暗示著：將來編製之母公司及其子公司合併財務報表須能顯示～「當期由子公司進行的所有交易之財務結果就如同是由母公司親自去執行該交易而得到的財務結果」。為能編製一份能反映合併個體當期整體經濟實況的財務報表，故須設計一套方法，將子公司「以當地貨幣編製的財務報表」換算為「以其功能性貨幣編製的財務報表」，才能與母公司「功能性貨幣財務報表」進行合併財務報表之編製。今再假設母公司的功能性貨幣即是表達貨幣，亦與子公司的功能性貨幣相同時，則其間關係如下：

(英文代號說明：LC→當地貨幣，FC→功能性貨幣，
　　　　　　　PC→表達貨幣，FS→財務報表。)

子公司
日常交易 ──→ (事實上) 以 LC 衡量/記錄交易 ──→ 子/LC/FS
　　│　　　　　　　　　　　　　　　　　　　　　　　　↓ (須換算為)
　　└──→ (如同是) 以 FC 衡量/記錄交易 ──→ 子/FC/FS
　　　　　　　　　　　　　　　　　　　　　　　　　　　↓
　　☆＜＝＝＝＝＝＝＝＝＝＝＝＝＝＝＝＝＝＝＝☆
　　↓
子/FC/FS ＋ 母/FC(PC)/FS ＝＞ 母、子公司合併財務報表(PC)
　　　　　　　　　　　　　　‖ (等同)
(如同子公司不存在，由母公司執行子公司日常交易所得之母公司財務報表。)

由於"如同是母公司親自銷貨予美國的企業一樣，因此匯率變動所產生之兌換差額，應列為當期損益"，故當子公司「當地貨幣財務報表」換算為「功能性貨幣財務報表」所產生之兌換差額，也應列為當期損益。又由於"子公司在當地所進行的交易就如同母公司親自去執行一樣，故對母公司有『立即性』或『幾乎是立即性』的現金意涵，即如同是母公司親自銷貨予美國的企業一樣，因而影響母公司的現金流量"，故匯率變動對於子公司「當地貨幣財務報表」換算為「功能性貨幣財務報表」一事，只會影響到貨幣性資產(負債)項目，其計算上的細節，請詳下段「(二) 準則相關規定」之說明。

另外,若"擁有國外營運機構之個體(如母公司或總機構)"的功能性貨幣不是當地貨幣,即表 14-1 的情況(3)及(4),則仍須按上文所述,將其「當地貨幣財務報表」換算為「功能性貨幣財務報表」,因此產生之兌換差額,也應列為當期損益,其計算上的細節,請詳下段「(二) 準則相關規定」之說明。

(二) 準則相關規定

註: 以下**(1)**～**(10)**之規定,同本書第十三章 **P.8** 之**(一)(1)(2)**及 **P.8～10** 之**(二)(1)～(8)**的規定,另適時加入補充說明。

(1) 外幣交易之原始認列,應以外幣金額依交易日功能性貨幣與外幣間之即期匯率換算為功能性貨幣記錄。

(2) 交易日係指依國際財務報導準則之規定,交易首次符合認列標準之日。基於實務之理由,個體通常使用近似於交易日實際匯率之匯率,例如可能以某種外幣一週或一個月之平均匯率用於該期間內以該種外幣計價之所有交易。惟若匯率波動劇烈,則採用某一期間之平均匯率並不適當。

(3) 於每一報導期間結束日:
  (a) 外幣貨幣性項目應以收盤匯率換算。
  (b) 以歷史成本衡量之外幣非貨幣性項目,應以交易日之匯率換算。
  (c) 以公允價值衡量之外幣非貨幣性項目,應以衡量公允價值當日之匯率換算。

(3)之補充說明:

(a) 以外幣計價之貨幣性資產(負債):應以報導期間結束日收盤匯率換算。

(b)及(c) 以外幣計價之非貨幣性資產(負債):
  (i) 以歷史成本衡量者:應以交易日之匯率換算。
  (ii) 以公允價值衡量者:應以衡量公允價值當日之匯率換算。

(d) 與"外幣貨幣性資產(負債)"相關之損益項目:
  → 基於上述(1)及(2)之規定,原則上應以交易日之匯率換算。惟欲於某一會計期間中追溯每個損益認列日之匯率及各該日所認列之損益金額,逐日分別換算後再予以合計,實屬不易,故基於實務之理由,可

按當期平均匯率換算。此等權宜作法實隱含一項前題假設：假設所有損益項目係於該會計期間內平均地發生。而所謂當期平均匯率，係指涵蓋該項損益認列之期間的平均匯率，例如：認列 4 月至 6 月之利息費用，應以 4 月至 6 月的平均匯率換算。

(e) 與"外幣非貨幣性資產(負債)"相關之損益科目：
→ 視"與損益相關之外幣非貨幣性資產(負債)"係以歷史成本或公允價值衡量而定，其結論同上述(b)及(c)的(i)(ii)。
→ 若"與損益相關之外幣非貨幣性資產(負債)"是以歷史成本衡量者，則該損益應以交易日匯率換算。
→ 若"與損益相關之外幣非貨幣性資產(負債)項目"是以公允價值衡量者，則該損益應以衡量公允價值當日之匯率換算。

(4) 一個項目之帳面金額係結合其他相關準則之規範決定。例如，依 IAS 16「不動產、廠房及設備」之規定，不動產、廠房及設備可能以公允價值或歷史成本衡量。不論其帳面金額係以歷史成本或公允價值基礎決定，若該金額係以外幣決定，則須依本準則之規定換算為功能性貨幣。

(5) 某些項目之帳面金額係經由比較兩個以上金額所決定。例如，依 IAS 2「存貨」之規定，存貨之帳面金額係成本與淨變現價值孰低者。同樣地，依 IAS 36「資產減損」之規定，當資產有減損跡象時，該資產之帳面金額係考量可能減損損失前之帳面金額與可回收金額兩者孰低者。當該資產為以外幣衡量之非貨幣性項目時，其帳面金額係比較下列兩者決定：

(a) 成本或帳面金額(以適當者)按金額決定當日之匯率換算。
[例如：以歷史成本衡量之項目，其金額決定當日之匯率即交易日匯率。]
(b) 淨變現價值或可回收金額(以適當者)按價值決定當日之匯率(例如報導期間結束日之匯率)換算。

比較結果可能是以功能性貨幣比較時須認列減損損失，但以外幣比較時無須認列減損損失，反之亦然。簡言之，須「先換算，再比較」。

(5)之補充說明：

以存貨為例，存貨帳面金額(亦是財務報表上的表達金額)係以"成本與淨變現價值孰低者"表達，因此須先將「成本」及「淨變現價值」換算為功能性貨幣之金額，再以兩者的「功能性貨幣金額」進行「孰低」之比較。如此始可

同時考慮「匯率變動」及「存貨價值變動」兩項因素，若非按此順序處理，則可能顧此失彼，以不適當的存貨金額表達在財務報表上。

例如：台灣甲公司持有美國乙公司 80%股權數年。假設乙公司的功能性貨幣是新台幣，又知 20x6 年 12 月 31 日乙公司期末存貨係於 20x6 年 12 月 5 日以 USD100 購入，若經評估該項期末存貨的淨變現價值為 USD103。已知美元對新台幣之匯率為：20x6 年 12 月 5 日匯率 32，20x6 年 12 月 31 日匯率 31。則其處理順序如下：

(i)	期末存貨成本 USD100×32＝ TWD3,200。 [(USD100)金額決定當日之匯率，即交易日匯率]
(ii)	期末存貨淨變現價值 USD103×31＝TWD3,193。 [(USD103)價值決定當日之匯率，即報導期間結束日之匯率]
(iii)	比較 (i)TWD3,200 及 (ii)TWD3,193，選擇較低者(TWD3,193)為期末存貨，並表達在乙公司功能性貨幣(新台幣)財務報表上。
(iv)	反之，若先以「期末存貨成本 USD100」與「期末存貨淨變現價值 USD103」比較並選擇較低者，則為「期末存貨成本 USD100」，再將其換算為「期末存貨成本 TWD3,200」，USD100×32＝TWD3,200 (i)，則無法達到期末存貨係以「成本與淨變現價值孰低衡量」評價之目的，因 TWD3,200＞TWD3,193 (ii)。

(6) 當有若干匯率可供選用時，應採用若該交易或餘額所表彰之未來現金流量於衡量日發生時可用於交割該現金流量之匯率。相反地，若兩種貨幣之間暫時缺乏可兌換性，則採用後續可兌換時之第一個匯率。
   → 所謂「兩種貨幣之間暫時缺乏可兌換性」，可能是兩種貨幣之間暫時無匯率存在或暫時無適當之可用匯率。

(7) 因交割貨幣性項目或換算貨幣性項目使用之匯率與當期原始認列或前期財務報表換算之匯率不同所產生之兌換差額，應於發生當期認列為損益。但除下列(8)所述者外。

(8) 構成報導個體對國外營運機構淨投資一部分之貨幣性項目，所產生之兌換差額應於報導個體之單獨財務報表或國外營運機構之個別財務報表中(於適當時)認列為損益。在包含國外營運機構及報導個體之財務報表中(例如當國外營運機構為子公司時之合併財務報表)，此兌換差額原始應認列為其他綜合損益，並於處分該淨投資時，將此兌換差額自權益重分類至損益。

(8)之補充說明：

(a) 個體可能有應收或應付國外營運機構之貨幣性項目。若該項目之清償目前既無計畫亦不太可能於可預見之未來發生，即具長期投資性質，則實質上屬於個體對該國外營運機構淨投資之一部分，應依(8)處理。此等貨幣性項目可能包括長期應收款或放款，但不包括應收帳款或應付帳款。

(b) 擁有應收或應付國外營運機構貨幣性項目之個體可能是集團內之任一子公司。例如：甲公司有乙公司及丙公司兩家子公司，丙公司是國外營運機構。若乙公司借款予丙公司，且有關該項借款之清償，目前既無計畫亦不太可能於可預見之未來發生，則該借款屬於甲公司對丙公司淨投資之一部分。又若乙公司本身也是國外營運機構，亦同。

(c) 例如：台灣甲公司持有台灣乙公司 80%股權及美國丙公司 70%股權，且甲公司對乙公司及對丙公司皆存在控制，即甲、乙及丙三家公司為一個集團，甲公司為母公司，乙公司及丙公司皆為子公司。

狀況一：假設甲公司帳列資料如下：

甲公司帳列	採用權益法之投資－乙	$ X
	採用權益法之投資－丙	Y
	其他應收款－丙公司	Z

若甲公司帳列之「其他應收款－丙公司」$Z，目前並無清償計畫，亦不太可能於可預見之未來清償，則該借款屬於甲公司對丙公司淨投資之一部分，即甲公司對丙公司之淨投資為$(Y＋Z)。

狀況二：假設甲公司及乙公司帳列資料如下：

甲公司帳列	採用權益法之投資－乙	$ X
	採用權益法之投資－丙	Y
乙公司帳列	其他應收款－丙公司	Z

若乙公司帳列之「其他應收款－丙公司」$Z，目前並無清償計畫，亦不太可能於可預見之未來清償，則該借款亦屬於甲公司對丙公司淨投資之一部分，即甲公司對丙公司之淨投資為$(Y＋Z)。

狀況三：若假設乙公司是台灣甲公司的日本子公司，而非台灣子公司，且其他資料同狀況二，則其說明及結論仍同狀況二。

(d) 延續上段(c)例如之狀況一，台灣甲公司借款予美國丙公司交易之計價幣別可能是：(i)新台幣(報導個體之功能性貨幣)，(ii)美元(國外營運機構之功能性貨幣)，(iii)歐元[既非(i)亦非(ii)之貨幣]，則：

	借款交易之計價幣別	是「外幣交易」嗎？		應將產生之兌換差額認列為損益於？
		甲公司	丙公司	
(i)	新台幣	否	是	丙公司個別財務報表上
(ii)	美元	是	否	甲公司單獨財務報表上
(iii)	歐元	是	是	丙公司個別財務報表上、及 甲公司單獨財務報表上

惟上述之兌換差額在甲公司及其子公司合併財務報表上原始應認列為其他綜合損益，直到甲公司處分對丙公司之淨投資時，才將此兌換差額自權益重分類至損益，請參閱本章 P.23～25「(二)個體與其國外營運機構間之交易」中之簡例。

(9) 當非貨幣性項目之利益或損失認列為其他綜合損益時，該利益或損失之任何兌換組成部分亦應認列為其他綜合損益。反之，當非貨幣性項目之利益或損失認列為損益時，該利益或損失之任何兌換組成部分亦應認列為損益。請參閱本章 P.14～16 表 14-4 中的＊項目。

(10) 其他國際財務報導準則規定某些利益及損失須認列於其他綜合損益，例如 IAS 16 規定不動產、廠房及設備重估價所產生之某些利益及損失應認列為其他綜合損益，當此資產係以外幣衡量時，重估價金額應以決定價值當日之匯率換算，因而產生之兌換差額亦認列為其他綜合損益。

(11) 當個體非以功能性貨幣登載帳簿及記錄，則該個體於編製財務報表時須將所有金額換算為功能性貨幣，此將產生與原始即以功能性貨幣記錄這些項目相同之功能性貨幣金額。同本書第十三章 P.8「(一)原始認列」之(3)。因此，按上述相關規定，將常見會計科目所適用之換算匯率彙整於次頁，表 14-4。

表 14-4

	貨幣性或非貨幣性項目	適用之換算匯率	兌換差額應列為？
[註：資產或負債項目後面標註(損益 xx)，係指與該資產或負債相關的損益項目。]			
資　　產			
現金、活期存款、定期存款	貨	收盤匯率	損　益
透過損益按公允價值衡量之金融資產(＊) (損益 l.)	非貨	決定公允價值日之匯率	損　益
透過其他綜合損益按公允價值衡量之金融資產(＊)	非貨	決定公允價值日之匯率	其他綜合損益
按攤銷後成本衡量之金融資產(＊) (損益 o.)	貨	收盤匯率	損　益
應收帳款、應收票據、備抵損失 (損益 h.)	貨	收盤匯率	損　益
存 貨：以成本衡量 (損益 c.)	非貨	交易日匯率	損　益
以成本與淨變現價值孰低衡量 (損益 c.)	非貨	[詳上述(5)]	損　益
預付費用 (損益 e.)	非貨	交易日匯率	損　益
預付貨款 [請詳第十三章，P.6，(12)之說明]	貨	收盤匯率	損　益
	非貨	交易日匯率	損　益
存出保證金	貨	收盤匯率	損　益
採用權益法之投資 (φ) (損益 i.) (損益 m. n.)	非貨	交易日匯率 或 詳上述(5)	損　益
投資性不動產－成本模式 (φ) (損益 i.)	非貨	交易日匯率 或 詳上述(5)	損　益
投資性不動產－公允價值模式	非貨	決定公允價值日之匯率	損　益
不動產、廠房及設備－成本模式 (φ) (損益 i.)	非貨	交易日匯率 或 詳上述(5)	損　益
累計折舊－成本模式 (損益 f.)			
不動產、廠房及設備－重估價模式 (◎)	非貨	重估價日之匯率	其他綜合損益 或 損益
累計折舊－重估價模式 (損益 g.)			
人壽保險現金解約價值	貨	收盤匯率	損　益
遞延所得稅資產 (損益 j.)	貨	收盤匯率	損　益
專利權、商標、其他無形資產－成本模式 (φ) (損益 i.) (損益 f.)	非貨	交易日匯率 或 詳上述(5)	損　益
專利權、商標、其他無形資產－重估價模式 (◎) (損益 g.)	非貨	重估價日之匯率	其他綜合損益 或 損益
商　譽 (須定期作資產減損測試) (損益 i.)	非貨	交易日匯率 或 詳上述(5)	損　益
其他遞延借項 (損益 k.)	非貨	交易日匯率	損　益

表 14-4　(續 1)

	貨幣性或非貨幣性項目	適用之換算匯率	兌換差額應列為？
負　債			
銀行透支、應付票據 (借貸或融資) (損益 o.)	貨	收盤匯率	損　益
應付帳款、應付票據 (賒購商品)	貨	收盤匯率	損　益
應付費用 (損益 d.)	貨	收盤匯率	損　益
遞延所得稅負債 (損益 j.)	貨	收盤匯率	損　益
存入保證金	貨	收盤匯率	損　益
遞延收益 [★：例如：預收貨款] (損益 a. b.)	貨	收盤匯率	損　益
	非貨	交易日匯率	損　益
其他遞延貸項 (損益 k.)	非貨	交易日匯率	損　益
應付公司債與其他長期負債 (損益 o.)	貨	收盤匯率	損　益
權　益			
特別股股本	—	交易日匯率或收購日匯率	—
普通股股本	—		—
資本公積	—	(註一)	—
保留盈餘	—	(註二)	—
損　益　項　目			
a. 銷貨收入(當期現銷或賒銷、由預收貨款轉列) 　　[★：若預收貨款係屬貨幣性負債。]	「貨」(&)	交易日匯率或 平均匯率	—
b. 銷貨收入 (由預收貨款轉列) 　　[★：若預收貨款係屬非貨幣性負債。]	「非貨」(#)	交易日匯率	—
c. 銷貨成本	「非貨」(#)	交易日匯率或 詳上述(5)	—
d. 營業費用 (當期付現或應計)	「貨」(&)	交易日匯率或 平均匯率	—
e. 營業費用 (由預付費用轉列)	「非貨」(#)	交易日匯率	—
f. 不動產、廠房及設備之折舊 　　　及 無形資產之攤銷－成本模式	「非貨」(#)	交易日匯率或 詳上述(5)	—
g. 不動產、廠房及設備之折舊 　　　及 無形資產之攤銷－重估價模式	「非貨」(#)	重估價日之匯率	—
h. 預期信用減損損失	「貨」(&)	交易日匯率或 平均匯率	

表 14-4　(續 2)

	貨幣性或非貨幣性項目	適用之換算匯率	兌換差額應列為？
損 益 項 目 (續)			
i.　資產減損損失	非貨	交易日匯率 或 詳上述(5)	─
j.　遞延所得稅資產(或負債)之攤銷 [或稱迴轉]，即 遞延所得稅費用(或利益)	「貨」(&)	交易日匯率 或 平均匯率	─
k.　遞延借項(或貸項)之攤銷，可能轉列 其他費用(或其他收益)	「非貨」(#)	交易日匯率	─
l.　透過損益按公允價值衡量之金融資產(負債)損失 透過損益按公允價值衡量之金融資產(負債)利益	非貨	決定公允價值日之匯率	─
m.　採用權益法認列之關聯企業及合資損失之份額 採用權益法認列之關聯企業及合資利益之份額	「非貨」(#)	交易日匯率	
n.　採用權益法認列之子公司、關聯企業及合資損失之份額 採用權益法認列之子公司、關聯企業及合資利益之份額	「非貨」(#)	交易日匯率	
o.　利息收入、利息費用	「貨」(&)	交易日匯率 或 平均匯率	

＊：分類為「流動」或「非流動」項下，皆同。 　　但下列情況係分類為「非流動」項下：「企業於原始認列金融資產時，作一不可撤銷之選擇(irrevocable option)，將原應透過損益按公允價值衡量之特定權益工具投資(非持有供交易)後續公允價值變動，列報於其他綜合損益中。」
φ：可能須作減損測試。
◎：資產之帳面金額若因重估價而增加，則該增加數應列為其他綜合損益。 　　資產之帳面金額若因重估價而減少，則該減少數為損失，應列為損益。
&：與「外幣貨幣性資產(負債)」相關之損益項目，詳上述「(3)的補充說明」。
#：與「外幣非貨幣性資產(負債)」相關之損益項目，詳上述「(3)的補充說明」。
★：請參閱本書第十三章「二、準則用詞及相關名詞定義」(12)之說明。
註一：若個體為子公司，則適用之匯率為「交易日匯率」或「收購日匯率」； 　　　若個體為母公司，則適用之匯率為「交易日匯率」。
註二：保留盈餘，無法依某一特定匯率(如交易日匯率或收盤匯率等)直接換算，須先將組成期末保留盈餘的項目(如：期初保留盈餘、本期損益、股利等)換算後，再合計出換算後期末保留盈餘金額。

五、當個體的功能性貨幣是當地貨幣

當個體所決定之功能性貨幣是當地貨幣時，則該個體係以功能性貨幣登載帳簿及記錄，其所編製之財務報表已符合準則之要求，如表 14-1 的情況(1)及(2)，故無須如本章「四、當個體的功能性貨幣不是當地貨幣」所述，將當地貨幣財務報表換算為功能性貨幣財務報表。

以國外營運機構為例，當管理當局決定其國外營運機構的功能性貨幣是當地貨幣時，按本章「三、決定個體之功能性貨幣」內容研判，表示該國外營運機構是一個高度自立(free-standing)的公司，其與當地商業活動有較強之連結，而與報導個體(如母公司)間的日常商業活動及營運資金往來則相對較少。該國外營運機構在國外當地製造且(或)銷售商品或提供勞務，並從這些商業活動中收到當地貨幣之款項(現金)，用以支付其大部份的營業成本(包括銷貨成本及營業費用)，亦即將所收當地貨幣之款項(現金)納入其日常營運中，而其營運所須資源也大都就地取材，遇有資金需求亦在當地融資並取得所需資金。若然，則該國外營運機構並非扮演報導個體(如母公司)從事國外銷貨或進貨等業務活動的管道或分身，而該國外營運機構按當地貨幣(亦是功能性貨幣)所編製之財務報表已能顯示其在當地交易之實況，且符合準則規定。

以母、子公司關係為例，例如台灣母公司到美國設立或投資一家子公司。當美國子公司是一個高度自立的公司，相較於其與美國當地個體之交易與資金往來，美國子公司與台灣母公司間日常交易及資金往來則顯得較少，因此匯率變動對台灣母公司現金流量的影響<u>可能只局限於</u>母公司對子公司股權投資的相關交易上，例如：(1)子公司分配現金股利，而母公司收到現金股利，(2)母公司處分或部分處分其對子公司之股權投資而收現等。不過台灣母公司為維持其對美國子公司存在之控制(或投資者為維持對關聯企業之重大影響)，通常不急於處分或部分處分其對美國子公司(或關聯企業)之股權投資。

六、當個體使用非功能性貨幣為表達貨幣

國際會計準則<u>允許個體得以</u>任何貨幣(或多種貨幣)表達其財務報表。若財務報表的表達貨幣與個體之功能性貨幣不同時，應將其按功能性貨幣計得之經營結

果及財務狀況換算為表達貨幣。例如,當集團成員採用不同功能性貨幣時,每一集團成員之經營結果及財務狀況應換算為以相同貨幣列報,以利合併財務報表之編製,即表 14-1 的情況(2)及(4)。若以本章「二、準則相關規範」中所舉例子,台灣 T 公司(母公司)是台灣的股票上市公司,其在美國設立或投資一家子公司,則表 14-2 的情況(2)及(4),或表 14-3 的母公司情況(2),皆須將子公司或母公司「功能性貨幣財務報表」換算為「表達貨幣財務報表」,才能進行母、子公司合併財務報表之編製。

有關「功能性貨幣財務報表」換算為「表達貨幣財務報表」之換算程序及其相關規定,擬按「個體之功能性貨幣是否為高度通貨膨脹經濟下之貨幣?」分別說明,分類如下表。而有關「何謂高度通貨膨脹經濟下之貨幣?」,請詳附錄一,IAS 29「高度通貨膨脹經濟下之財務報導」。

非高通膨:該貨幣非為高度通貨膨脹經濟下之貨幣。
高通膨:該貨幣為高度通貨膨脹經濟下之貨幣。

	功能性貨幣	表達貨幣	適用之準則規範
(a)	非高通膨	高通膨	下段 (一)
(b)	非高通膨	非高通膨	
(c)	高通膨	高通膨	P.20,(二)之(1)
(d)	高通膨	非高通膨	P.21,(二)之(2)

(一) 當個體之功能性貨幣非為高度通貨膨脹經濟下之貨幣

當個體之功能性貨幣非為高度通貨膨脹經濟下之貨幣,應按下列程序將其經營結果及財務狀況由功能性貨幣換算為表達貨幣:

(1) 所表達之每一財務狀況表(即包括比較報表)之資產及負債應以該財務狀況表日之收盤匯率換算。

(2) 列報損益及其他綜合損益之每一報表(即包括比較報表)之收益及費損應以交易日之匯率換算。基於實務之理由,通常使用近似於交易日匯率之匯率換算收益及費損項目,例如當期平均匯率。惟若匯率波動劇烈,則採用某一期間之平均匯率並不適當。

(3) 所有因換算而產生之兌換差額(exchange differences)均認列為其他綜合損益。

例如：採曆年制之甲公司 20x6 及 20x7 年功能性貨幣財務報表換算為不同之表達貨幣財務報表，其所適用之匯率為：

	20x7/12/31 (當年度期末)	20x6/12/31 (比較年度期末)
資產及負債	以 20x7/12/31 之收盤匯率換算	以 20x6/12/31 之收盤匯率換算
權　益	以交易日匯率換算 (#)	(同 左)
	20x7 年 (當年度)	20x6 年 (比較年度)
收益及費損	以交易日之匯率換算 或 以近似於交易日匯率之匯率換算 (如：20x7 年度之平均匯率)	以交易日之匯率換算 或 以近似於交易日匯率之匯率換算 (如：20x6 年度之平均匯率)

#：除保留盈餘外，其他的權益項目皆以交易日匯率換算。
　　保留盈餘，無法依某一特定匯率(如交易日匯率或收盤匯率等)直接換算，須先將期末保留盈餘的組成項目(如：期初保留盈餘、本期損益、股利等)逐一換算後，再合計出期末保留盈餘的換算後金額。

第一段(3)所述之「兌換差額」係因下列兩項因素所導致：

(a) 以交易日匯率(或近似於交易日匯率之匯率)換算收益及費損，而以收盤匯率換算資產及負債。
(b) 換算期初淨資產之收盤匯率與前期收盤匯率不同。

以台灣母公司及其美國子公司為例，若美國子公司功能性貨幣(例如美元)財務報表須換算為表達貨幣(例如新台幣)財務報表，始可與台灣母公司表達貨幣(例如新台幣)財務報表進行母、子公司合併財務報表之編製，則導致美國子公司財務報表換算之兌換差額的原因(a)及原因(b)，可圖示如下：

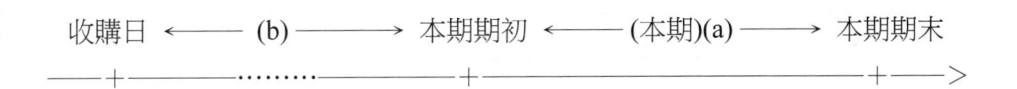

```
收購日 ←——— (b) ———→ 本期期初 ←——— (本期)(a) ———→ 本期期末
——+………………………………+————————————————+——→
```

原因(a)之「兌換差額」：是「本期」匯率變動所致之影響。
原因(b)之「兌換差額」：是「收購日至前期期末」匯率變動所致之影響，
　　　　　　　　　　　亦是「收購日至前期期末」各期(a)的合計數。

因此當美國子公司的功能性貨幣與台灣母公司的表達貨幣不同時，如表 14-1 的情況(2)，美國子公司的「功能性貨幣財務報表」須換算為「表達貨幣財務報表」，始可與台灣母公司的表達貨幣財務報表進行母、子公司合併財務報表

之編製，故匯率變動對"美國子公司功能性貨幣財務報表換算為表達貨幣財務報表"之影響(兌換差額)應列為「其他綜合損益」，會計科目為「其他綜合損益－國外營運機構財務報表換算之兌換差額」，期末結轉至「其他權益－國外營運機構財務報表換算之兌換差額」，並表達在美國子公司財務狀況表(表達貨幣)之權益項下。而台灣母公司亦應按權益法，依持股比率認列「其他綜合損益－子公司、關聯企業及合資之國外營運機構財務報表換算之兌換差額」，期末結轉至「其他權益－國外營運機構財務報表換算之兌換差額－採用權益法之子公司」，並表達在台灣母公司財務狀況表(表達貨幣)之權益項下，直到台灣母公司處分或部分處分(因而喪失控制)美國子公司之股權投資時，才將此兌換差額自權益重分類至損益，詳細內容請詳下段「六、當個體使用非功能性貨幣為表達貨幣」。

由於匯率變動對現在及未來由營業產生之現金流量僅有很小影響或沒有直接影響，因此兌換差額不認列為損益。在處分或部分處分國外營運機構之股權投資前，「累計兌換差額」係表達於權益項下之單獨組成部分。當兌換差額與被合併但非完全擁有之國外營運機構(即持股不到 100%而有非控制權益存在)相關時，其換算所產生之累計兌換差額且可歸屬於非控制權益之部分，應分攤及認列為合併財務狀況表中非控制權益之一部分。此處理方式符合權益法之精神，即國外營運機構權益之淨變動須由控制權益及非控制權益按持股比例分享或承擔之。

(二) 當個體之功能性貨幣為高度通貨膨脹經濟下之貨幣

當個體之功能性貨幣為高度通貨膨脹經濟下之貨幣，其經營結果及財務狀況應按下列程序由功能性貨幣換算為表達貨幣：

(1) 除下列(2)所述之情形外，所有金額(即資產、負債、權益項目、收益及費損，包含比較金額)應以最近期財務狀況表日之收盤匯率換算。

惟換算前，個體應依 IAS 29「高度通貨膨脹經濟下之財務報導」之規定重編財務報表(The restatement of financial statements)，請詳本章「附錄一」。

當經濟環境不再處於高度通貨膨脹，且個體不須再依國際會計準則第 29 號之規定重編財務報表時，應以個體終止重編其財務報表當日之物價水準所重編之金額作為換算為表達貨幣之歷史成本。後續每遇報導期間結束日，則按前段「(一)當個體之功能性貨幣非為高度通貨膨脹經濟下之貨幣」的規定換算為表達貨幣財務報表。

(2) 當金額換算為非高度通貨膨脹經濟下之貨幣時，比較金額應為相關之以前各年度財務報表所表達之該年度金額(即不調整後續物價水準或匯率之變動)。

例如：採曆年制之甲公司 20x6 及 20x7 年功能性貨幣財務報表換算為不同之表達貨幣財務報表，其所適用之匯率為：

	20x7/12/31 及 20x7 年 (當年度)	20x6/12/31 及 20x6 年 (比較年度)
(1) 功能性貨幣(高通膨)換算為不同之表達貨幣(高通膨)：		
資產、負債、權益、收益及費損	(i) 先重編財務報表。 (ii) 再以 20x7/12/31 之收盤匯率換算。	(同 左)
(2) 功能性貨幣(高通膨)換算為不同之表達貨幣(非高通膨)：		
資產、負債、權益、收益及費損	(同 上)	以 20x6/12/31 之收盤匯率換算

(三) 國外營運機構之換算

將國外營運機構之經營結果及財務狀況換算為表達貨幣，以便將國外營運機構以合併、比例合併或權益法納入報導個體之財務報表，除須適用前述「(一) 當個體之功能性貨幣非為高度通貨膨脹經濟下之貨幣」及「(二) 當個體之功能性貨幣為高度通貨膨脹經濟下之貨幣」之相關規定外，尚須遵循下列規定。

(1) 將國外營運機構之經營結果及財務狀況與報導個體之經營結果及財務狀況合併，係依循一般正常的合併程序(normal consolidation procedures)。例如：銷除子公司與集團內往來之餘額(即銷除相對科目之餘額)，及銷除子公司與集團內之交易(請詳本書上冊第五、六、七章內部交易之銷除)。惟若未於合併財務報表顯現匯率波動之結果，則集團內之貨幣性資產(或負債)，不論係短期或長期，均不能與其相應之集團內貨幣性負債(或資產)相互銷除。此係因：(a)貨幣性項目是表彰將一貨幣轉換(convert)為另一貨幣之承諾，以及(b)貨幣性項目使報導個體暴露於貨幣波動所產生之利益或損失中。因此，在報導個體的合併財務報表中，此兌換差額應認列為損益，或若屬本章「四、當個體的功能性貨幣不是當地貨幣」之「(二)準則相關規定」中(8)所產生的兌換差額 (P.11～13)，則在處分或部分處分該國外營運機構前，該兌換差額應

認列為<u>其他綜合損益</u>並累計於權益項下之單獨組成部分。

例如：台灣母公司賒銷商品(USD100)予美國子公司，當日匯率為 USD1＝TWD30。若報導期間結束日匯率為 USD1＝TWD31，則該日台灣母公司帳列「應收帳款－美國子公司(美元)」餘額須從 TWD3,000 調增為 TWD3,100，並認列「外幣兌換利益」TWD100。

　　因母、子公司合併財務報表之表達貨幣為新台幣，故美國子公司功能性貨幣(美元)財務報須換算為表達貨幣(新台幣)，其中美國子公司帳列「應付帳款－台灣母公司」餘額為 USD100，須換算為表達貨幣 TWD3,100，USD100×報導期間結束日匯率 31＝TWD3,100。因此，合併工作底稿上之沖銷分錄為：借記「應付帳款－台灣母公司」TWD3,100，貸記「應收帳款－美國子公司(美元)」TWD3,100，始可將集團內個體間交易做適當之沖銷。

(2) 當國外營運機構之財務報表日與報導個體不同時，國外營運機構通常編製與報導個體財務報表日相同之額外報表。當未編製額外報表時，若日期相差不超過三個月，<u>且</u>已調整在兩個不同日期間所發生之任何重大交易或其他事件之影響，則 IFRS 10「合併財務報表」<u>允許使用</u>不同日期之財務報表進行母、子公司合併財務報表之編製，請詳本書上冊第三章「八、母、子公司會計年度之起訖日不一致」。於此情形下，國外營運機構之資產及負債將以<u>國外營運機構報導期間結束日之匯率</u>換算。

例如：母公司採曆年制，國外子公司報導期間結束日為 1 月 31 日，報導期間結束日相差不超過三個月，當國外子公司當地貨幣(亦是功能性貨幣)財務報表<u>換算為</u>報導貨幣時，其資產及負債項目係以 1 月 31 日之收盤匯率換算。

又依 IFRS 10「合併財務報表」規定，<u>若截至報導個體之報導期間結束日匯率發生重大變動，應予以調整</u>。依 IAS 28「投資關聯企業」之規定，對關聯企業及合資採用權益法時，亦適用相同之處理。

(3) 因收購國外營運機構產生之<u>商譽(及其他可辨認之未入帳資產或負債)</u>以及因收購國外營運機構<u>對帳列資產及負債帳面金額所作之公允價值調整</u>，應視為該國外營運機構之資產及負債，故應以該國外營運機構之功能性貨幣列報，並應依前述「(一) 當個體之功能性貨幣非為高度通貨膨脹經濟下之貨幣」及「(二) 當個體之功能性貨幣為高度通貨膨脹經濟下之貨幣」之相關規定，以<u>相關日之收盤匯率</u>換算。

七、財務報表換算之其他應注意事項

有關財務報表的換算方法、觀念及其適用情況已於前文各段說明，其他相關之應注意事項，分述如下。

(一) 可以改變功能性貨幣嗎？

個體以功能性貨幣表達其標的交易、事件及情況之經濟效果。因此，除非標的交易、事件及情況發生變化，否則功能性貨幣一經決定即不再改變。例如當主要影響商品或勞務銷售價格之貨幣改變時，可能導致個體之功能性貨幣改變。遇此，個體應自改變日起按新功能性貨幣推延適用換算程序，無須重編以前年度財務報表。換言之，個體應以改變日之匯率將所有項目換算為新功能性貨幣。非貨幣性項目換算後之金額視為其歷史成本。

(二) 個體與其國外營運機構間之交易

個體(例如母公司)與其國外營運機構(例如子公司)間所發生的交易事項，究屬「外幣交易」？或「非外幣交易」？其判斷原則同第十三章「二、準則用詞及相關名詞定義」所述，須視個體與其國外營運機構各自的功能性貨幣為何而定。例如：台灣母公司在美國設立或投資一家子公司，年度中台灣母公司借給美國子公司 TWD3,000,000 或 USD100,000，因該筆借貸交易可能以新台幣計價或以美元計價，故有四種可能情況，如表 14-5。若該項借款於目前及可預見的未來皆無清償計畫，實質上係長期借出款，則構成台灣母公司對國外營運機構淨投資的一部分。假設台灣母公司的功能性貨幣及表達貨幣皆為新台幣。

表 14-5

情況	內部借貸交易之計價貨幣	子公司的功能性貨幣	是「外幣交易」嗎？ 母公司	是「外幣交易」嗎？ 子公司
(A)	新台幣	新台幣	不是	不是
(B)	新台幣	美元	不是	是
(C)	美元	新台幣	是	是
(D)	美元	美元	是	不是

因此，個體(如母公司)與其國外營運機構(如子公司)間所發生的交易事項，經判斷若屬外幣交易，則因該內部交易所認列之外幣貨幣性資產或外幣貨幣性負債於日後因匯率變動而產生之兌換差額，皆列為當期損益，即"因交割或換算貨幣性項目所使用之匯率"與"當期原始認列或前期財務報表換算之匯率"不同所產生之兌換差額，應於發生當期認列為損益。但有一項例外，請詳本章「四、當個體的功能性貨幣不是當地貨幣」之「(二)準則相關規定」中(8)所產生的兌換差額 (P.11～13)，原始應認列為其他綜合損益，並於處分或部分處分(因而喪失控制)該國外營運機構股權投資時，將此兌換差額自權益重分類至損益。

如表 14-5 之情況(D)，台灣母公司借款予其美國子公司，係以美元計價，金額為 USD100,000，因台灣母公司的功能性貨幣是新台幣，故借出 USD100,000 是外幣交易，相關分錄如下：

對台灣母公司而言，此筆借出款交易是「國際交易」，亦是「外幣交易」。			
借出款日	母	其他應收款－美國子公司(美元)　　　3,000,000　　　　　　　　現　金　　　　　　　　　　　　　　　　3,000,000　　USD100,000×30(借出款日匯率)＝TWD3,000,000	
當期期末	母	其他應收款－美國子公司(美元)　　　　200,000　　　　　　其他綜合損益－國外營運機構淨投資　　　　　　　　　　之兌換差額（註）　　　　　　　　　　200,000　　USD100,000×32(報導期間結束日匯率)＝TWD3,200,000　　TWD3,200,000－TWD3,000,000＝TWD200,000　　期末，台灣母公司表達貨幣財務狀況表上所列示之　　「其他應收款－美國子公司(美元)」為 TWD3,200,000。　　註：1. 係筆者自設之會計科目。　　　　2. 若該項借款於可預見的未來將按清償計畫如期清償，則非例外情況，應貸記「外幣兌換利益」。	

對美國子公司而言，此筆借入款交易是「國際交易」，但不是「外幣交易」。			
借入款日	子	現　金　　　　　　　　　　　　　　　　100,000　　　　　　其他應付款－台灣母公司　　　　　　　　　　100,000	
當期期末	子	(無分錄)　　　　期末，美國子公司功能性貨幣(美元)財務報表須換算為表達貨幣(新台幣)財務報表。因此美國子公司帳列「其他應付款－台灣母公司」USD100,000 須換算為表達貨幣(新台幣)，USD100,000(負債)×32(報導期間結束日匯率)＝TWD3,200,000，於美國子公司表達貨幣(新台幣)財務狀況表中表達，並將相關之財務報表換算兌換差額於美國子	

公司表達貨幣(新台幣)綜合損益表中分類為其他綜合損益。

因此，美國子公司表達貨幣(新台幣)財務狀況表中的「其他應付款－台灣母公司」TWD3,200,000 與台灣母公司表達貨幣(新台幣)財務狀況表中之「其他應收款－美國子公司(美元)」TWD3,200,000 相等，互為相對科目，於編製母、子公司合併財務報表(新台幣)時應予以沖銷。

若是表 14-5 之情況(C)，相關分錄如下：

對台灣母公司而言，其會計處理同上述情況(D)。			
對美國子公司而言，此筆借入款交易是「國際交易」，亦是「外幣交易」。			
借入款日	子	現　金　　　　　　　　　　　　　　100,000 　　其他應付款－台灣母公司(美元)　　　　　　100,000
當期期末	子	(無分錄) 期末，美國子公司當地貨幣(美元)財務報表須換算為功能性貨幣(新台幣)財務報表。因此美國子公司帳列「其他應付款－台灣母公司(美元)」USD100,000 須換算為功能性貨幣(新台幣)，USD100,000(外幣貨幣性負債)×32(報導期間結束日匯率)＝TWD3,200,000，於美國子公司功能性貨幣(新台幣)財務狀況表中表達，並將相關之財務報表換算兌換差額於美國子公司功能性貨幣(新台幣)綜合損益表中分類為損益。 因此，美國子公司功能性貨幣(新台幣)財務狀況表中的「其他應付款－台灣母公司(美元)」TWD3,200,000 與台灣母公司表達貨幣(新台幣)財務狀況表中之「其他應收款－美國子公司(美元)」TWD3,200,000 相等，互為相對科目，於編製母、子公司合併財務報表(新台幣)時應予以沖銷。

(三) 收購日國外營運機構總公允價值與其帳列淨值不相等

當個體(如母公司)收購國外營運機構(如子公司)時，國外營運機構總公允價值可能與其帳列淨值不相等，則該個體(如母公司)於期末適用權益法或編製合併財務報表時，皆須考慮收購日國外營運機構總公允價值與其帳列淨值不相等之原因，並將差異原因納入投資損益之計算中且適當地表達在合併財務報表內。因此，收購國外營運機構所產生之未入帳資產或負債(如專利權或商譽等)及對國

外營運機構帳列資產及負債帳面金額所作之公允價值調整，應視為該國外營運機構之資產及負債，且應以該國外營運機構之功能性貨幣列報。若該國外營運機構之功能性貨幣<u>非為</u>報導個體之表達貨幣時，尚應依前述「六、當個體使用非功能性貨幣為表達貨幣」之規定，以財務狀況表日收盤匯率，將"收購國外營運機構所產生之未入帳資產或負債(如專利權或商譽等)及對國外營運機構帳列資產及負債帳面金額所作之公允價值調整"，由國外營運機構之功能性貨幣金額<u>換算為報導個體之表達貨幣金額</u>。

例如：20x6年12月31日，台灣母公司取得美國子公司90%股權，分析後得知當日美國子公司帳列淨值低估USD10,000，係因美國子公司帳列設備(採成本模式)價值低估所致，假設該設備自收購日起尚可使用5年，則從20x7年起每屆報導期間結束日，台灣母公司適用權益法認列投資損益時，須計入該設備價值低估部分所提列折舊費用換算後之金額，或編製母、子公司合併財務報表時，亦須將該設備價值低估部分(及其累計折舊)換算後之金額，透過工作底稿沖銷分錄，適當地表達在合併財務報表內。其他資料如下：

(a) 假設該設備係美國子公司於20x5年1月初取得，故截至收購日(20x6/12/31)止，該項設備已提列2年折舊費用。
(b) 假設美元及新台幣皆非為高度通貨膨脹經濟下之貨幣。
(c) 美元對新台幣之匯率如下： (USD1＝TWD？)

20x5/1/1	20x6/12/31	20x7 平均匯率	20x7/12/31
33.5	32.6	32.1	31.4

茲分兩種情況說明：

(1) 若美國子公司的<u>功能性貨幣是美元</u>，則從20x7年起算5年內每屆報導期間結束日，須將美國子公司帳列設備價值低估部分之功能性貨幣(美元)金額<u>換算為表達貨幣(新台幣)</u>金額，以利台灣母公司適用權益法認列投資損益之計算及其在母、子公司合併財務報表內之適當表達。因此，美國子公司帳列設備價值低估部分須以<u>各該財務狀況表日之收盤匯率</u>換算，所產生之<u>兌換差額</u>應認列為<u>其他綜合損益</u>。計算如下：

	美元	匯率	新台幣
20x6/12/31	$10,000	32.6	$326,000
20x7 年折舊費用	(2,000)	32.1	(64,200)
兌換差額 (反推)	—		(10,600)
20x7/12/31	$ 8,000	31.4	$251,200

(2) 若美國子公司的<u>功能性貨幣是新台幣</u>，則須將美國子公司帳列設備價值低估部分之當地貨幣(美元)金額<u>換算</u>為功能性貨幣(新台幣)金額，因設備採成本模式又屬非貨幣性資產，故美國子公司帳列設備價值低估部分須以<u>交易日匯率</u>換算。所謂交易日匯率，<u>並非</u>美國子公司 20x5 年 1 月初取得該項設備時之匯率，<u>而是</u> 20x6 年 12 月 31 日台灣母公司收購美國子公司 90%股權時的匯率，因美國子公司帳列設備價值低估是收購日才出現的交易結果，計算如下：

	美元	匯率	新台幣
20x6/12/31	$10,000	32.6	$326,000
20x7 年折舊費用	(2,000)	32.6	(65,200)
20x7/12/31	$ 8,000	32.6	$260,800

從 20x7 年起算 5 年內每屆報導期間結束日，美國子公司帳列設備價值低估部分皆以<u>交易日匯率</u>(本例為 32.6)換算，以利台灣母公司適用權益法認列投資損益之計算及其在母、子公司合併財務報表內之適當表達。

(四) 非控制權益

當個體收購國外營運機構(如子公司)但非完全擁有時(即持股低於 100%)，適當金額之「非控制權益」應表達在母公司及其子公司合併財務報表上，但不會出現在國外營運機構(如子公司)當地貨幣財務報表及功能性貨幣財務報表上。因此，須按前文所述觀念與邏輯，先將國外營運機構(如子公司)當地貨幣財務報表換算為表達貨幣財務報表後，再與母公司表達貨幣財務報表進行母、子公司合併財務報表之編製，即透過沖銷邏輯及方法，使非控制權益之表達貨幣金額列示於母公司及其子公司合併財務報表中。

八、處分或部分處分國外營運機構

　　個體(如母公司)處分或部分處分對國外營運機構(如子公司)之權益時，與該國外營運機構相關且認列於其他綜合損益並累計於權益項下之單獨組成部分之累計兌換差額，應按下列規定作適當處理：

(1) 個體(如母公司)處分對國外營運機構(如子公司)之權益時，與該國外營運機構相關且認列於其他綜合損益並累計於權益項下之單獨組成部分之累計兌換差額，應於認列處分損益時，自權益重分類至損益(作為重分類調整)。

(2) 除上述(1)個體處分國外營運機構全部權益外，下列部分處分亦按處分處理：
　　(a) 涉及對包含國外營運機構之子公司喪失控制之部分處分，無論該個體是否於部分處分後保留對前子公司之非控制權益；及
　　(b) 部分處分對包含國外營運機構之聯合協議或關聯企業之權益後，所保留之權益係一包含國外營運機構之金融資產者。

說明：

以(a)為例，有兩種情況會導致個體對國外營運機構喪失控制：
[筆者：可能是喪失控制但仍具重大影響，或是喪失重大影響。]

(i) 個體部分處分對國外營運機構之權益，導致喪失控制。
　　例如：原持股比例90%－部分處分50%＝保留權益40%。
　　例如：原持股比例90%－部分處分80%＝保留權益10%。

(ii) 個體未處分或未部分處分對國外營運機構之權益，而是其他因素導致喪失控制。例如：國外子公司發行新股，母公司放棄原股東之優先認購權，致持股比例降低至喪失控制 [筆者認為：可能是喪失控制但仍具重大影響(#)，或是喪失重大影響(&)]。又如：國外子公司因故受政府、法院、管理人或主管機關控制，而導致母公司喪失控制 [筆者認為：應是喪失重大影響(&)]。遇此，仍按處分處理，即處理方式同上述(1)。茲將(a)情況彙整於表14-6，至於(b)情況，請讀者自行類推。

表 14-6

發生右欄事項前	事　　項	個體對國外營運機構仍有權益 存在控制	個體對國外營運機構仍有權益 喪失控制，但仍具重大影響	個體對國外營運機構仍有權益 喪失重大影響	個體對國外營運機構已無權益
個體對國外營運機構存在控制	處分國外營運機構	—	—	—	上述(1)
	處分包含國外營運機構之子公司	—	—	—	上述(1) 下述(3)
	部分處分對國外營運機構之權益	下述(4)(a)及(5)	本段(2)、下述(4)(b)及(5)	本段(2)	—
	部分處分包含國外營運機構之子公司				
	非處分或非部分處分對國外營運機構之權益，而是其他因素導致喪失控制	—	本段(2) [如(#)]、下述(4)(b)	本段(2) [如(&)]	—
	會計處理方式	(詳各該段)	(詳各該段)	同上述(1)	(詳各該段)

(3) 在處分包含國外營運機構之子公司時，與該國外營運機構相關之累計兌換差額，其歸屬於非控制權益之部分應予以除列，但不得重分類為損益。

說明：

例如：台灣甲公司持有台灣乙公司80%股權，台灣乙公司持有美國丙公司90%股權，詳次頁圖一，集團中，甲是母公司，乙及丙皆是子公司。當甲公司處分對乙公司80%股權時，甲公司應按上述(1)之規定認列處分損益，而歸屬於非控制權益(包括乙公司20%權益及丙公司10%權益)且與丙公司相關之累計兌換差額，應予以除列，不得重分類為損益。

　　假設丙公司帳列「其他權益－國外營運機構財務報表換算之兌換差額」貸餘$100，按權益法，則乙公司帳列「其他權益－國外營運機構財務報表換算之兌換差額－採用權益法之子公司」貸餘$90 ($100×90%)，丙公司帳列「其他權益－國外營運機構財務報表換算之兌換差額－採用權益法之子公司」貸餘$72 ($90×80%)。當甲公司處分對乙公司80%股權時，應借記「其他綜合損益－子公司、關聯企業及合資之國外營運機構財務報表換算之兌換差額」

$72，貸記「處分投資利益」$72。而歸屬於非控制權益且與丙公司相關之累計兌換差額為$28 [包括：歸屬於丙公司 10%權益之累計兌換差額$10，$100×10%＝$10，以及歸屬於乙公司 20%權益之累計兌換差額$18，($100×90%)×20%＝$18)]，應予以除列，因已無須編製甲乙丙三家公司之合併財務報表。而新集團中，乙是母公司，丙是子公司，須編製乙公司及丙公司之合併財務報表，其中歸屬於非控制權益且與丙公司相關之累計兌換差額為$10，$100×10%＝$10。

(圖一)

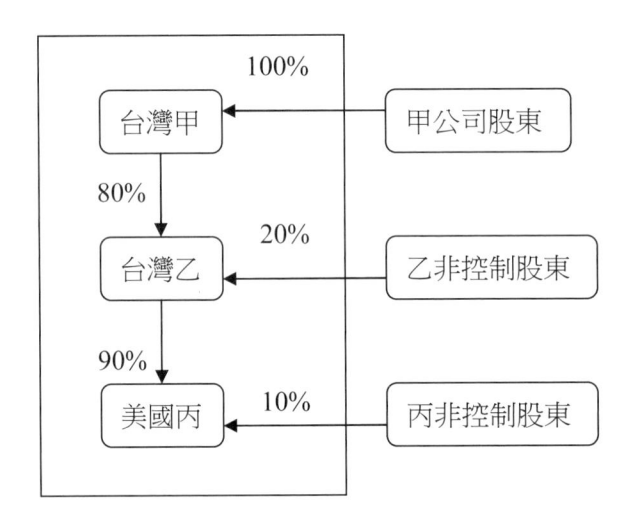

```
                    100%
     ┌─────────┐◄──────── ┌──────────┐
     │ 台灣甲  │          │ 甲公司股東│
     └────┬────┘          └──────────┘
          │80%
          ▼        20%
     ┌─────────┐◄──────── ┌──────────┐
     │ 台灣乙  │          │乙非控制股東│
     └────┬────┘          └──────────┘
          │90%
          ▼        10%
     ┌─────────┐◄──────── ┌──────────┐
     │ 美國丙  │          │丙非控制股東│
     └─────────┘          └──────────┘
```

(4) (a) 部分處分包含國外營運機構之子公司時，個體應按比例將認列於其他綜合損益之累計兌換差額重新歸屬予該國外營運機構之非控制權益。
(On the partial disposal of a subsidiary that includes a foreign operation, the entity shall re-attribute the proportionate share of the cumulative amount of the exchange differences recognised in other comprehensive income to the non-controlling interests in that foreign operation.)

(b) 在其他任何部分處分國外營運機構之情況下，個體應僅將認列於其他綜合損益之累計兌換差額按比例重分類至損益。

說明：

(a) 延續上段(3)之簡例，若甲公司部分處分對乙公司 20%股權(即甲公司仍持有乙公司 60%股權)時，則甲公司應將認列於其他綜合損益(已結轉至「其他權益」)之累計兌換差額的四分之一，20%÷80%＝1/4，重新歸屬予乙公司之非控制權益(其股權由 20%增為 40%)。請參閱本書上冊(第七版)第八章「三、母公司部分處分子公司股權」中(4)之例三的「情況(3)」及第八章之釋例十。

因此，當甲公司部分處分對乙公司 20%股權時，應借記「其他綜合損益－子公司、關聯企業及合資之國外營運機構財務報表換算之兌換差額」$18，$72x(1/4)＝$18，貸記「資本公積－實際取得或處分子公司股權價格與帳面價值差額」$18。而歸屬於非控制權益且與丙公司相關之累計兌換差額為$46 [包括：歸屬於丙公司 10%權益之累計兌換差額$10，$100x10%＝$10，以及歸屬於乙公司 40%權益之累計兌換差額$36，($100x90%)x40%＝$36)，即原$18＋甲部分處分 20%乙股權而重新歸屬新增之$18＝$36]。集團中，甲仍是母公司(惟對乙之股權投資降為 60%)，乙及丙皆是子公司。

(b) 延續上段(3)之簡例，若甲公司處分對乙公司 45%股權(即甲公司仍持有乙公司 35%股權且具重大影響)時，則甲公司應將認列於其他綜合損益(已結轉至「其他權益」)之累計兌換差額的 9/16，45%÷80%＝9/16，重分類至損益，即甲公司於認列處分投資損益時納入考量。請參閱本書上冊(第七版)第八章「三、母公司部分處分子公司股權」中(4)之例三的「情況(2)」及第八章之釋例七。

(5) 除(2)所述之情況係以處分作為會計處理外，部分處分個體對國外營運機構之權益係減少個體對該國外營運機構之所有權權益。

(6) 個體可能經由出售、清算、返還股本或放棄全部或部分個體所持有國外營運機構之方式，處分或部分處分其國外營運機構之權益。國外營運機構帳面金額之沖減(write-down of carrying amount)，可能係因其本身之虧損或投資者認列減損(impairment)所致，此均不構成部分處分。因此，認列於其他綜合損益之外幣兌換損益，不會於帳面金額沖減時重分類至損益。

說 明：延續上述(3)之簡例，台灣乙公司帳列「採用權益法之投資－美國丙公司」之沖減，可能是丙公司虧損或乙公司認列對丙公司股權投資之減損所致，此均不構成乙公司部分處分對丙公司之股權投資。

九、個體應揭露事項

(1) 個體應揭露：
   (a) 認列為損益之兌換差額 (但不包括依 IFRS 9「金融工具」之規定透過損益按公允價值衡量之金融工具所產生之兌換差額)，及
   (b) 認列為<u>其他綜合損益</u>並累計於權益項下之單獨組成部分之<u>淨兌換差額</u>，以及此兌換差額<u>期初至期末金額之調節</u>。

(2) 當報導個體或重要之國外營運機構之功能性貨幣改變時，應揭露此一事實及改變之理由。

(3) 就集團而言，下述(4)～(7)提及之「功能性貨幣」係指母公司的功能性貨幣。

(4) 若個體之表達貨幣與功能性貨幣不同，應說明此一事實，並揭露功能性貨幣及採用不同表達貨幣之理由。

(5) 若個體非以功能性貨幣表達其財務報表，唯有個體遵循國際財務報導準則之所有規定編製財務報表時，包括本章「六、當個體使用非功能性貨幣為表達貨幣」所規定之換算方法，個體始得聲明其財務報表係遵循國際財務報導準則。

(6) 個體有時會以其功能性貨幣以外之貨幣表達財務報表或其他財務資訊，但不符合上述(5)之規定。例如，個體可能僅針對財務報表中選定之項目換算為另一貨幣，或者個體之功能性貨幣不屬於高度通貨膨脹經濟下之貨幣，但將財務報表所有項目以最近期收盤匯率換算為另一貨幣。此類換算<u>並非</u>依國際財務報導準則之規定處理，必須依下述(7)之規定揭露。

(7) 若個體非以其功能性貨幣或表達貨幣呈現財務報表或其他財務資訊，且不符合上述(5)之規定時，個體應：
   (a) 明確指出該資訊為補充資訊，以與依國際財務報導準則編製之資訊有所區別；
   (b) 揭露補充資訊所使用之貨幣；及
   (c) 揭露個體之功能性貨幣及用於決定補充資訊之換算方法。

十、釋例－當個體使用非功能性貨幣為表達貨幣

釋例一：

　　台灣甲公司於 20x5 年 12 月 31 日以新台幣 16,038,000 取得國外乙公司 90% 股權，並對乙公司存在控制。當日乙公司權益包括普通股股本 LC300,000 及保留盈餘 LC200,000 (LC：當地貨幣)，且其帳列資產及負債之帳面金額皆等於公允價值，除有一項未入帳專利權(估計尚有 5 年耐用年限)外，無其他未入帳資產或負債。非控制權益係以收購日公允價值衡量。

假設：(a) 甲公司之記帳貨幣及功能性貨幣皆為新台幣(TWD)。
　　　(b) 乙公司之記帳貨幣及功能性貨幣皆為當地貨幣(LC)。
　　　(c) 甲公司及乙公司合併財務報表之表達貨幣為新台幣。
　　　(d) 新台幣及乙公司當地貨幣皆非為高度通貨膨脹經濟下之貨幣。

其他資料：
(1) 20x6 年 1 月 3 日，乙公司向甲公司借款 LC100,000，此筆借款係以乙公司當地貨幣計價，約定年息 3%，到期日為 20x6 年 5 月 3 日。
(2) 乙公司分別於 20x6 年 12 月 20 日及 20x7 年 12 月 20 日，宣告並發放現金股利 LC30,000 及 LC40,000。
(3) 20x7 年 2 月 10 日，甲公司將成本 TWD300,000 之商品以 TWD420,000 賒銷予乙公司，此筆交易係以新台幣計價。20x7 年 3 月 20 日，乙公司支付甲公司 80%賒購貨款。截至 20x7 年 12 月 31 日，該批商品尚有四分之一仍包含在乙公司期末存貨中，而已外售的四分之三商品係以乙公司進貨成本加計 30%出售。
(4) 20x7 年 7 月 1 日，甲公司向乙公司舉借 LC150,000 長期借款，此筆借款係以乙公司當地貨幣計價，約定年息 2.8%，每屆滿一年付息一次。此筆借款目前並無清償計畫，亦不太可能於可預見之未來清償。
(5) 乙公司當地貨幣對新台幣之匯率如下：(LC1＝TWD？)

	20x5	20x6	20x7
20x6/ 1/ 3，乙向甲借款當日之即期匯率	－	33.0	－
乙向甲借款期間(20x6/ 1/ 3～5/ 3)之平均匯率	－	32.8	－
20x6/ 5/ 3，乙清償欠甲之本息當日之即期匯率	－	32.7	－

	20x5	20x6	20x7
20x7/ 2/10，甲賒貨商品予乙當日之即期匯率	－	－	32.2
20x7/ 3/20，乙支付甲 80%貨款當日之即期匯率	－	－	32.3
20x6 及 20x7 之全年平均匯率	－	32.6	32.5
每年 6/30，乙預付當年後半年辦公室租金當日之即期匯率	－	32.5	32.6
20x7/ 7/ 1，甲向乙借款當日之即期匯率	－	－	32.6
甲向乙借款期間之平均匯率 (以 20x7 而言，借款期間為 20x7/ 7/ 1～12/31)	－	－	32.8
每年 12/20，乙宣告並發放現金股利當日之即期匯率	－	32.1	33.0
報導期間結束日(12/31)之收盤匯率	33.0	32.0	33.1

分析如下：

(1) 因乙公司功能性貨幣為當地貨幣，故乙公司當地貨幣財務報表須換算為新台幣(表達貨幣)財務報表，始可與甲公司新台幣(表達貨幣)財務報表進行母、子公司合併財務報表之編製。

(2) 20x5/12/31(收購日)： 非控制權益係以收購日公允價值衡量，惟釋例中未提及該公允價值，故設算之。
 乙公司總公允價值＝(TWD16,038,000÷33)÷90%＝LC486,000÷90%
  ＝LC540,000
 非控制權益＝乙公司總公允價值 LC540,000×10%＝LC54,000
  ＝LC54,000×33＝TWD1,782,000
  或＝(TWD16,038,000÷90%)×10%＝TWD1,782,000
 乙公司未入帳專利權＝LC540,000－(LC300,000＋LC200,000)＝LC40,000
 乙公司未入帳專利權之每年攤銷數＝LC40,000÷5 年＝LC8,000

(3) 乙公司未入帳專利權之攤銷與換算：
 乙公司未入帳專利權是應表達在甲公司及乙公司合併財務狀況表上的資產項目，故應以財務狀況表日之收盤匯率換算；而該專利權之攤銷費用係應表達在甲公司及乙公司合併綜合損益表上的費用項目，且採直線法攤銷，符合"損益於全年間平均地發生"之假設，又基於實務之理由，可使用當年度之平均匯率換算。

	LC	匯率	TWD
20x5/12/31	$40,000	33.0	$1,320,000
20x6 年攤銷費用	(8,000)	32.6	(260,800)
兌換差額（＊反推）	—		(35,200)
20x6/12/31	$32,000	32.0	$1,024,000
20x7 年攤銷費用	($8,000)	32.5	($ 260,000)
兌換差額（＊反推）	—		30,400
20x7/12/31	$24,000	33.1	$ 794,400

＊：20x6：TWD1,320,000－TWD260,800 ± X＝TWD1,024,000
　　　∴ X＝－TWD35,200
　　20x7：TWD1,024,000－TWD260,000 ± Y＝TWD794,400
　　　∴ Y＝TWD30,400

說明：本釋例提及之「兌換差額」，會計科目名稱為「其他綜合損益－國外營運機構財務報表換算之兌換差額」，因會計科目名稱較長，故本章除正式的帳簿記錄及財務報表將使用完整的會計科目名稱外，其餘的課文解說及計算過程仍視情況以「兌換差額」敘述，以免冗繁。

(4) 20x5/12/31 及 20x6 年，甲公司及乙公司分錄如下：(TWD)

20x5/12/31	甲	採用權益法之投資　　　　　　　16,038,000	
		現　金	16,038,000
20x6/ 1/3	甲	其他應收款－乙(乙 LC)　　　　3,300,000	
		現　金	3,300,000
		LC100,000×33＝TWD3,300,000	
	乙	現　金　　　　　　　　　　　　LC100,000	
		其他應付款－甲	LC100,000
20x6/ 5/3	甲	現　金　　　　　　　　　　　　3,302,700	
		外幣兌換損失　　　　　　　　　　30,100	
		其他應收款－乙(乙 LC)	3,300,000
		利息收入	32,800
		本金＝LC100,000×32.7(交易日匯率)＝TWD3,270,000	
		利息＝(LC100,000×3%×4/12)×32.7＝LC1,000×32.7＝TWD32,700	
		本利和＝TWD3,270,000＋TWD32,700＝TWD3,302,700	
		利息收入＝(LC100,000×3%×4/12)×32.8 (20x6/ 1/3～5/ 3 之平均匯率)＝LC1,000×32.8＝TWD32,800	
		外幣兌換損失＝LC100,000×(32.7－33)＋LC1,000×(32.7－32.8)	
		＝－TWD30,100	

日期	公司	分錄		
20x6/ 5/ 3	乙	其他應付款－甲　　　　　　　　　　LC100,000 利息費用　　　　　　　　　　　　　LC1,000 　　　現　金　　　　　　　　　　　　　　　　　　LC101,000		
		LC100,000×3%×4/12＝LC1,000		
20x6/12/20	甲	現　金　　　　　　　　　　　　　　　866,700 　　　採用權益法之投資　　　　　　　　　　　　　866,700		
		LC30,000×90%×32.1(交易日匯率)＝TWD866,700		
	乙	保留盈餘　　　　　　　　　　　　　LC30,000 　　　現　金　　　　　　　　　　　　　　　　　　LC30,000		
20x6/12/31	甲	採用權益法之投資　　　　　　　　　2,112,300 　　　採用權益法認列之子公司、關聯 　　　　　企業及合資利益之份額　　　　　　　　2,112,300		
		計算過程，請詳下述(5)。		
		其他綜合損益－子公司、關聯企業及合資 　　　之國外營運機構財務報表換算 　　　　之兌換差額　　　　　　　　　　522,000 　　　採用權益法之投資　　　　　　　　　　　　　522,000		
		計算過程，請詳下述(5)。		

註： 20x6/12/31，甲公司帳列「其他綜合損益－子公司、關聯企業及合資之國外營運機構財務報表換算之兌換差額」借餘$522,000，結轉「其他權益」，故截至20x6/12/31，甲公司帳列「其他權益－國外營運機構財務報表換算之兌換差額－採用權益法之子公司」借餘$522,000。

(5) 20x6/12/31，乙公司當地貨幣(功能性貨幣)試算表須換算為新台幣(表達貨幣)試算表：

		LC	匯率	TWD
借　方：				
現　金	[說明(a)]	$　　77,000	32.0	$ 2,464,000
應收帳款－淨額	[說明(a)]	100,000	32.0	3,200,000
存　貨	[說明(a)]	90,000	32.0	2,880,000
預付費用	[說明(a)]	18,000	32.0	576,000
辦公設備	[說明(a)]	400,000	32.0	12,800,000
銷貨成本	[說明(b)]	330,000	32.6	10,758,000
薪資費用	[說明(b)]	90,000	32.6	2,934,000
折舊費用	[說明(b)]	40,000	32.6	1,304,000

		LC	匯率	TWD
租金費用	[說明(b)]	36,000	32.6	1,173,600
其他營業費用	[說明(b)]	23,000	32.6	749,800
利息費用	[說明(e)]	1,000	32.8	32,800
股　利	[說明(d)]	30,000	32.1	963,000
兌換差額 (反推)	[說明(f)(h)]	—		544,800
		$1,235,000		$40,380,000
貸　方：				
累計折舊－辦公設備 [說明(a)]	$	100,000	32.0	$ 3,200,000
應付帳款	[說明(a)]	25,000	32.0	800,000
應付薪資	[說明(a)]	10,000	32.0	320,000
普通股股本	[說明(c)]	300,000	33.0	9,900,000
保留盈餘	[說明(d)]	200,000	說明(d)	6,600,000
銷貨收入	[說明(b)]	600,000	32.6	19,560,000
		$1,235,000		$40,380,000

換算說明：

(a) 資產及負債科目，以財務狀況表日之收盤匯率換算。

(b) 損益科目，因假設損益項目係於全年間平均地發生，故以全年平均匯率換算。惟利息費用除外，請詳下列換算說明(e)。

(c) 權益科目，與母公司帳列「採用權益法之投資」科目互為相對科目，將於母、子公司財務報表合併時相互沖銷，故以交易日(即收購日)匯率換算，以便沖銷。但保留盈餘除外，請詳下列換算說明(d)。

(d) 20x5/12/31 保留盈餘金額是甲公司收購乙公司當日乙公司帳列保留盈餘金額，故以收購日匯率(33)換算。但以後各報導期間之期末保留盈餘，則須待其組成項目逐項換算後，再予以合計，得出期末保留盈餘換算後金額。其常見之組成項目為：期末保留盈餘＝期初保留盈餘 ± 前期損益調整 ± 本期淨利(損)－股利，惟須注意有時不只這些組成項目。

- 期初保留盈餘：前一報導期間所合計之期末保留盈餘換算後金額。
- 前期損益調整：按該前期損益所屬期間之適當平均匯率換算。
- 本期損益：係構成綜合損益表之各項目換算後的合計數。
- 股利：按宣告股利日之即期匯率換算。

(e) 係乙公司向甲公司借款所產生之利息費用，借款期間為 20x6/ 1/ 3～20x6/ 5/ 3，共四個月，故該項利息費用應以借款期間(20x6/ 1/ 3～20x6/ 5/ 3)平均匯率(32.8)換算。

(f) 待試算表上所有會計科目已按上述相關適當匯率換算後，分別合計換算後之借方總額及貸方總額，若合計之借方總額與貸方總額不相等，則其差額即為「其他綜合損益－國外營運機構財務報表換算之兌換差額」之餘額。若借方總額大於貸方總額，則「其他綜合損益－國外營運機構財務報表換算之兌換差額」是貸餘；反之，則為借餘。

本例 20x6 年換算後之借方總額為 TWD39,835,200 小於換算後之貸方總額 TWD40,380,000，TWD40,380,000－TWD39,835,200＝TWD544,800，其差額即為「其他綜合損益－國外營運機構財務報表換算之兌換差額」借餘 TWD544,800，再結轉「其他權益－國外營運機構財務報表換算之兌換差額」，餘額為 TWD544,800(借餘)。

(g) 20x6 年，甲公司適用權益法所須之相關金額計算如下：(TWD)

   (i) 乙公司淨利＝$19,560,000－$10,758,000－$2,934,000－$1,304,000
       －$1,173,600－$749,800－$32,800＝$2,607,800

   (ii) 甲公司應認列之「採用權益法認列之子公司、關聯企業及合資利益之份額」＝($2,607,800－專利權攤銷$260,800)×90%＝$2,112,300

   (iii) 非控制權益淨利＝($2,607,800－$260,800)×10%＝$234,700

   (iv) 甲公司應認列之「其他綜合損益－子公司、關聯企業及合資之國外營運機構財務報表換算之兌換差額」
      ＝(－$544,800 乙報表換算之兌換差額－$35,200 乙未入帳專利權換算之兌換差額)×90%＝－$522,000 (借餘)

   (v) 歸屬於非控制權益之子公司「其他綜合損益－國外營運機構財務報表換算之兌換差額」＝(－$544,800－$35,200)×10%＝－$58,000

(h) 針對 20x6 年「其他綜合損益－國外營運機構財務報表換算之兌換差額」或「兌換差額」借餘$544,800，有兩種驗算方法，如下：

A 法：

	LC	匯率變動數	匯率變動對乙淨值之影響 (TWD)
20x5/12/31 乙公司帳列淨值	$500,000	32－33	($500,000)
20x6 年淨利(不含內部交易)	81,000	32－32.6	(48,600)
20x6 年利息費用(內部交易)	(1,000)	32－32.8	800
20x6 年股利	(30,000)	32－32.1	3,000
20x6/12/31 乙公司帳列淨值	$550,000		($544,800)

20x6 年淨利(不含內部交易)
＝LC600,000－LC330,000－LC90,000－LC40,000－LC36,000－LC23,000
＝LC81,000

B 法：

	LC	匯率	TWD
20x5/12/31 乙公司帳列淨值	$500,000	33.0	$16,500,000
20x6 年淨利(不含內部交易)	81,000	32.6	2,640,600
20x6 年利息費用(內部交易)	(1,000)	32.8	(32,800)
20x6 年股利	(30,000)	32.1	(963,000)
兌換差額（＊反推）		－	(544,800)
20x6/12/31 乙公司帳列淨值	$550,000	32.0	$17,600,000

＊：TWD16,500,000＋TWD2,640,600－TWD32,800－TWD963,000 ± Z
　　＝TWD17,600,000，　∴ Z＝－TWD544,800

(6) 20x6 及 20x7 年，相關科目餘額異動如下： (TWD，單位：千元)

	20x5/12/31	20x6	20x6/12/31	20x7	20x7/12/31
乙－綜合損益表：			($544.8)		$672.55
兌換差額（☆）	$　－	－$544.8	結轉「其他權益」	＋$672.55	結轉「其他權益」
乙－權　益：					
普通股股本	$ 9,900		$ 9,900.0		$ 9,900.00
保留盈餘	6,600	＋$2,607.8		＋$4,230.84	
		－$963	8,244.8	－$1,320	11,155.64
兌換差額（#）	－	結轉自「其他綜合損益」－$544.8	(544.8)	結轉自「其他綜合損益」＋$672.55	127.75
	$16,500		$17,600		$21,183.39

第 39 頁 (第十四章 匯率變動對財務報表之影響)

(承上頁)

	20x5/12/31	20x6	20x6/12/31	20x7	20x7/12/31
☆:「其他綜合損益－國外營運機構財務報表換算之兌換差額」。					
＃:「其他權益－國外營運機構財務報表換算之兌換差額」。					
權益法：					
甲－採用權益法 　之投資	$16,038	+$2,112.3 −$522 −$866.7	$16,761.6	+$3,543.756 +$632.655 −$1,188	$19,750.011
甲－綜合損益表： 　兌換差額(&)	$　−	−$522	($522) 結轉「其他權益」	+$632.655	$632.655 結轉「其他權益」
兌換差額(＆＆)			$　−	−$75	($75) 結轉「其他權益」
甲－權　益： 　兌換差額(＊)	$　−	結轉自「其他綜合損益」−$522	($522)	結轉自「其他綜合損益」+$632.655	$110.655
兌換差額(＊＊)			$　−	結轉自「其他綜合損益」−$75	($75)
＆:「其他綜合損益－子公司、關聯企業及合資之國外營運機構財務報表換算 　　之兌換差額」。					
＆＆:「其他綜合損益－國外營運機構淨投資之兌換差額」。					
＊:「其他權益－國外營運機構財務報表換算之兌換差額－採用權益法之子公司」。					
＊＊:「其他權益－國外營運機構淨投資之兌換差額」。					
合併財務報表：					
專利權	$1,320	−$260.8−$35.2	$1,024	−$260+$30.4	$794.4
非控制權益	$1,782	+$234.7 −$58−$96.3	$1,862.4	+$397.084 +$70.295−$132	$2,197.779

驗　算：

20x6/12/31：甲帳列之「採用權益法之投資」
　　　　　　＝(乙權益$17,600＋專利權$1,024)×90%＝$16,761.6
　　　　　非控制權益＝(乙權益$17,600＋專利權$1,024)×10%＝$1,862.4

20x7/12/31：甲帳列之「採用權益法之投資」
　　　　　　＝(乙權益$21,183.39＋專利權$794.4)×90%－未實現利益$30
　　　　　　＝$19,750.011
　　　　　非控制權益＝(乙權益$21,183.39＋專利權$794.4)×10%＝$2,197.779

(7) 20x6 年合併工作底稿上之沖銷分錄： (TWD)

(a)	採用權益法認列之子公司、關聯企業		
	及合資利益之份額	2,112,300	
	股　利		866,700
	採用權益法之投資		1,245,600
(b)	非控制權益淨利	234,700	
	股　利		96,300
	非控制權益		138,400
(c)	普通股股本	9,900,000	
	保留盈餘	6,600,000	
	專利權	1,284,800	
	採用權益法之投資		15,516,000
	非控制權益		1,724,000
	其他權益－國外營運機構財務報表		
	換算之兌換差額		544,800
	請詳下段「沖銷分錄(c)之說明」。		
(d)	攤銷費用	260,800	
	專利權		260,800
(e)	利息收入	32,800	
	利息費用		32,800
	利息收入：請詳(4)中 20x6/ 5/ 3 甲公司之分錄。		
	利息費用：請詳(5)之試算表及換算說明(e)。		

沖銷分錄(c)之說明：

沖銷分錄(c)，係以期初餘額概念沖銷"乙公司權益科目"及"甲公司帳列「採用權益法之投資」"這組相對科目，與本書上冊所學之沖銷邏輯相同，惟因乙公司財務報表換算時所產生之「其他綜合損益－國外營運機構財務報表換算之兌換差額」，按權益法已分別由甲公司及非控制權益依持股比例認列，故本沖銷分錄除按期初餘額概念沖銷相對科目外，尚須考慮當期因子公司報表換算而新增之「其他綜合損益－國外營運機構財務報表換算之兌換差額」，且該科目已結轉至「其他權益－國外營運機構財務報表換算之兌換差額」。因此各科目於合併工作底稿上之沖銷金額如下：

● 普通股股本：期初$9,900,000(貸餘)
● 保留盈餘：期初$6,600,000(貸餘)

- 其他權益－國外營運機構財務報表換算之兌換差額：
  期初$0＋當期借方增加(－$544,800)＝期末借餘(－$544,800)
- 採用權益法之投資：
  期初$16,038,000＋當期新增之兌換差額(－$522,000)＝$15,516,000(借餘)
- 非控制權益：
  期初$1,782,000＋當期新增之兌換差額(－$58,000)＝$1,724,000(貸餘)
- 專利權：
  期初$1,320,000＋當期新增之兌換差額(－$35,200)＝$1,284,800(借餘)

(8) 甲公司及乙公司 20x6 年財務報表資料已列入下列合併工作底稿中：

表 14-7 (TWD)

甲公司及其子公司
合併工作底稿
20x6 年 1 月 1 日至 20x6 年 12 月 31 日

	甲公司	90%乙公司	調整/沖銷 借方	調整/沖銷 貸方	合併財務報表
綜合損益表：					
銷貨收入	$97,000,000	$19,560,000			$116,560,000
利息收入	32,800	－	(e) 32,800		
採用權益法認列之子公司、關聯企業及合資利益之份額	2,112,300	－	(a) 2,112,300		－
銷貨成本	(56,000,000)	(10,758,000)			(66,758,000)
薪資費用	(16,000,000)	(2,934,000)			(18,934,000)
折舊費用	(6,700,000)	(1,304,000)			(8,004,000)
租金費用	－	(1,173,600)			(1,173,600)
其他營業費用	(5,719,900)	(749,800)	(d) 260,800		(6,730,500)
利息費用	－	(32,800)		(e) 32,800	－
外幣兌換損失	(30,100)	－			(30,100)
淨利	$14,695,100	$ 2,607,800			
總合併淨利					$ 14,929,800
非控制權益淨利			(b) 234,700		(234,700)
控制權益淨利					$ 14,695,100

(續次頁)

	甲公司	90% 乙公司	調整／沖銷 借方	調整／沖銷 貸方	合併 財務報表
保留盈餘表：					
期初保留盈餘	$20,790,500	$ 6,600,000	(c) 6,600,000		$20,790,500
加：淨　利	14,695,100	2,607,800			14,695,100
減：股　利	(7,000,000)	(963,000)		(a) 866,700 (b) 96,300	(7,000,000)
期末保留盈餘	$28,485,600	$ 8,244,800			$28,485,600
財務狀況表：					
現　金	$ 8,102,000	$2,464,000			$10,566,000
應收帳款－淨額	9,000,000	3,200,000			12,200,000
存　貨	10,600,000	2,880,000			13,480,000
預付費用	700,000	576,000			1,276,000
採用權益法 　之投資	16,761,600	—		(a) 1,245,600 (c)15,516,000	—
房屋及建築	35,000,000	—			35,000,000
減：累計折舊	(25,000,000)	—			(25,000,000)
辦公設備	30,000,000	12,800,000			42,800,000
減：累計折舊	(12,000,000)	(3,200,000)			(15,200,000)
專利權	—	—	(c) 1,284,800	(d) 260,800	1,024,000
總資產	$73,163,600	$18,720,000			$76,146,000
應付帳款	$ 4,000,000	$ 800,000			$ 4,800,000
應付薪資	1,200,000	320,000			1,520,000
普通股股本	40,000,000	9,900,000	(c) 9,900,000		40,000,000
保留盈餘	28,485,600	8,244,800			28,485,600
其他權益（#）	—	(544,800)		(c) 544,800	—
其他權益（＊）	(522,000)	—			(522,000)
總負債及權益	$73,163,600	$18,720,000			
非控制權益－ 1/1				(c) 1,724,000	
非控制權益 　－當期增加數				(b) 138,400	
非控制權益－12/31					1,862,400
總負債及權益					$76,146,000

＃：「其他權益－國外營運機構財務報表換算之兌換差額」。
＊：「其他權益－國外營運機構財務報表換算之兌換差額－採用權益法之子公司」。

(9) 20x7 年，甲公司及乙公司分錄如下：(TWD)

20x7/ 2/某日	甲	應收帳款－乙　　　　　　　　　420,000 　　銷貨收入　　　　　　　　　　　　　　　420,000		
		銷貨成本　　　　　　　　　　　300,000 　　存　貨　　　　　　　　　　　　　　　　300,000		
20x7/ 2/某日	乙	存　貨　　　　　　　　　　　LC13,043 　　應付帳款－甲(新台幣)　　　　　　　　　LC13,043		
		TWD420,000÷32.2＝LC13,043		
20x7/ 3/某日	甲	現　金　　　　　　　　　　　336,000 　　應收帳款－乙　　　　　　　　　　　　　336,000		
		TWD420,000×80%＝TWD336,000		
	乙	應付帳款－甲(新台幣)　　　　LC10,435 　　現　金　　　　　　　　　　　　　　　　LC10,402 　　外幣兌換利益　　　　　　　　　　　　　LC33		
		應付帳款：LC13,043×80%＝LC10,434 或 　　　　　(TWD420,000×80%)÷32.2＝TWD336,000÷32.2＝LC10,435 現金：TWD420,000×80%÷32.3＝LC10,402　　　　　(尾差 LC1)		
20x7/ 7/ 1	甲	現　金　　　　　　　　　　4,890,000 　　長期應付款－乙(乙 LC)　　　　　　　4,890,000		
		LC150,000×32.6＝TWD4,890,000		
	乙	長期應收款－甲　　　　　　LC150,000 　　現　金　　　　　　　　　　　　　　　LC150,000		
20x7/12/20	甲	現　金　　　　　　　　　　1,188,000 　　採用權益法之投資　　　　　　　　　　1,188,000		
		LC40,000×90%×33＝TWD1,188,000		
	乙	保留盈餘　　　　　　　　　　LC40,000 　　現　金　　　　　　　　　　　　　　　LC40,000		
20x7 年間	乙	應收帳款　　　　　　　　　　LC12,717 　　銷貨收入　　　　　　　　　　　　　　LC12,717		
		(LC13,043×3/4)×(1＋30%)＝LC12,717		
		銷貨成本　　　　　　　　　　LC9,782 　　存　貨　　　　　　　　　　　　　　　LC9,782		
		LC13,043×3/4＝LC9,782		
20x7/12/31	乙	應付帳款－甲(新台幣)　　　　　LC70 　　外幣兌換利益　　　　　　　　　　　　　LC70		
		TWD420,000－TWD336,000＝TWD84,000 TWD84,000÷33.1(報導期間結束日匯率)＝LC2,538		

		LC13,043－LC10,435＝LC2,608	
		LC2,538(應有餘額)－LC2,608(目前餘額)＝－LC70	
20x7/12/31	甲	利息費用　　　　　　　　　　　　　　68,880 外幣兌換損失　　　　　　　　　　　　　630 　應付利息－乙(乙LC)	69,510
		利息費用：(LC150,000×2.8%×6/12)×32.8 [20x7/ 7/ 1～12/31 　　　　　之平均匯率]＝LC2,100×32.8＝TWD68,880	
		應付利息－乙(外幣)： 　　LC2,100×33.1(報導期間結束日匯率)＝TWD69,510	
		其他綜合損益－國外營運機構淨投資 　　　　之兌換差額　　　　　　　　75,000 　長期應付款－乙(乙LC)	75,000
		LC150,000×33.1(報導期間結束日匯率)＝TWD4,965,000 TWD4,965,000－TWD4,890,000＝TWD75,000	
		因甲公司帳列之「長期應付款－乙(乙LC)」，目前並無清償計畫，亦不太可能於可預見之未來清償，則該借入款係屬甲公司對乙公司淨投資的一部分，即甲公司對乙公司之淨投資＝「採用權益法之投資」餘額－「長期應付款－乙(乙LC)」餘額。	
	乙	應收利息－甲　　　　　　　　　　　LC2,100 　利息收入	LC2,100
		LC150,000×2.8%×6/12＝LC2,100	
20x7/12/31	甲	採用權益法之投資　　　　　　　　3,543,756 　採用權益法認列之子公司、關聯企業 　　　　及合資利益之份額	3,543,756
		計算過程，請詳下述(10)。	
	甲	採用權益法之投資　　　　　　　　　632,655 　其他綜合損益－子公司、關聯企業及合資 　　之國外營運機構財務報表換算 　　　　之兌換差額	632,655
		計算過程，請詳下述(10)。	
註： 截至20x7/12/31，結轉「其他綜合損益」後，甲公司帳列： 　「其他權益－國外營運機構財務報表換算之兌換差額－採用權益法之子公司」 　　＝20x6/12/31借餘$522,000＋20x7/12/31結轉貸記$632,655＝貸餘$110,655 　「其他權益－國外營運機構淨投資之兌換差額」＝借餘$75,000			

(10) 20x7/12/31，乙公司當地貨幣(功能性貨幣)試算表須換算為新台幣(表達貨幣)

試算表：

		LC	匯率	TWD
借方：				
現　金	[說明(a)]	$ 60,506	33.1	$ 2,002,749
應收帳款－淨額	[說明(a)]	97,000	33.1	3,210,700
應收利息－甲	[說明(a)]	2,100	33.1	69,510
存　貨	[說明(a)]	94,000	33.1	3,111,400
存　貨－購自甲	[說明(f)]	3,261	32.2	105,004
預付費用	[說明(a)]	18,000	33.1	595,800
長期應收款－甲	[說明(a)]	150,000	33.1	4,965,000
辦公設備	[說明(a)]	400,000	33.1	13,240,000
銷貨成本	[說明(b)]	375,000	32.5	12,187,500
銷貨成本－購自甲	[說明(f)]	9,782	32.2	314,980
薪資費用	[說明(b)]	95,000	32.5	3,087,500
折舊費用	[說明(b)]	40,000	32.5	1,300,000
租金費用	[說明(b)]	36,000	32.5	1,170,000
其他營業費用	[說明(b)]	26,351	32.5	856,408
股　利	[說明(d)]	40,000	33.0	1,320,000
		$1,447,000		$47,536,551
貸方：				
累計折舊－辦公設備	[說明(a)]	$ 140,000	33.1	$ 4,634,000
應付帳款	[說明(a)]	30,259	33.1	1,001,573
應付帳款－甲(新台幣)	[說明(g)]	2,538	說明(g)	84,000
應付薪資	[說明(a)]	12,000	33.1	397,200
普通股股本	[說明(c)]	300,000	33.0	9,900,000
保留盈餘	[說明(d)]	250,000	說明(d)	8,244,800
銷貨收入	[說明(b)]	710,000	32.5	23,075,000
外幣兌換利益	[說明(h)]	103	32.5	3,348
利息收入	[說明(e)]	2,100	32.8	68,880
兌換差額 (反推)	[說明(i)(k)]	—		127,750
		$1,447,000		$47,536,551

換算說明：

(a) 資產及負債科目，以財務狀況表日之收盤匯率換算。

(b) 損益科目，因假設損益項目係於全年間平均地發生，故以全年平均匯率換算。但有三項例外，請詳下列換算說明(e)、(f)、(h)。

(c) 權益科目，與母公司帳列「採用權益法之投資」科目互為相對科目，將於母、子公司財務報表合併時相互沖銷，故以交易日(即收購日)匯率換算，以便沖銷。但保留盈餘除外，請詳下列換算說明(d)。

(d) 20x7/12/31 期末保留盈餘，須待其組成項目逐項換算後，再予以合計，得出期末保留盈餘換算後金額。其常見之組成項目為：期末保留盈餘＝期初保留盈餘 ± 前期損益調整 ± 本期淨利(損)－股利，惟須注意有時不只這些組成項目。

- 期初保留盈餘：參閱去年(20x6/12/31)期末保留盈餘換算後之金額。詳上述(8)之表 14-7，乙公司 20x6/12/31 期末保留盈餘換算後金額為 TWD8,244,800。
- 前期損益調整：按該前期損益所屬期間之適當平均匯率換算。
- 本期損益：係構成綜合損益表之各項目換算後的合計數。
- 股利：按宣告股利日之即期匯率換算。

(e) 利息收入，係 20x7/ 7/ 1 乙公司借予甲公司之長期應收款所產生之利息收入，故截至 20x7/12/31 須應計六個月利息收入，故該項利息收入應以本期借款期間(20x7/ 7/ 1～20x7/12/31)平均匯率(32.8)換算。

(f) 乙公司購自甲公司之商品存貨，係以新台幣計價，則：
 (i) 包含於乙公司期末存貨中的新台幣金額＝向甲公司進貨 TWD420,000×至期末尚未外售 1/4＝TWD105,000，與乙公司帳列「存貨－購自甲」換算後之新台幣金額 TWD105,004 間有尾差 TWD4，LC3,261×32.2＝TWD105,004。
 (ii) 包含於乙公司銷貨成本中的新台幣金額＝向甲公司進貨 TWD420,000×已外售 3/4＝TWD315,000，與乙公司帳列「銷貨成本－購自甲」換算後之新台幣金額 TWD314,980 間有尾差 TWD20，LC9,782×32.2＝TWD314,980。
(i)及(ii)之尾差皆因換算過程四捨五入所致，擬以 TWD105,004 及 TWD314,980 作為期末存貨與銷貨成本換算為新台幣之金額。

(g) 乙公司帳列「應付帳款－甲(新台幣)」＝LC2,538×33.1＝TWD84,008，而甲公司帳列「應收帳款－乙」為 TWD84,000，TWD420,000－TWD336,000＝TWD84,000，兩者尾差 TWD8，係因換算過程四捨五入所致。本交易係以新台幣計價，為方便編製母、子公司合併財務報表時相對科目之沖銷，故直接以 TWD84,000 作為乙公司帳列「應付帳款－甲(新台幣)」換算為新台幣之金額。

(h) 外幣兌換利得 LC103 為下列兩項金額之合計數：
(i) LC33，係 20x7 年 2 月間乙公司向甲公司進貨，並於 20x7 年 3 月間乙公司支付 80%貨款予甲公司而產生的外幣兌換利益 LC33。
(ii) LC70，係截至 20x7/12/31 尚未支付之 20%貨款，帳列「應付帳款－新台幣」LC2,608，為外幣貨幣性負債，須按財務狀況表日收盤匯率報導，因而產生外幣兌換利益 LC70。

本應按下列平均匯率換算，但由於題目未提供相關平均匯率資料，也考慮 LC103 金額並不重大，因此假設該項利得係於年度中很平均地發生，故採全年平均匯率換算。惟若題目已提供相關平均匯率資料，仍應按下列平均匯率換算，不應作假設：
(i) 外幣兌換利益 LC33：應按 20x7 年 2 月進貨日至 20x7 年 3 月付款日間之平均匯率換算。
(ii) 外幣兌換利益 LC70：應按 20x7 年 2 月進貨日至 20x7 年 12 月 31 日間之平均匯率換算。

(i) 待試算表上所有會計科目已按上述相關適當匯率換算後，分別合計換算後之借方總額及貸方總額，若合計之借方總額與貸方總額不相等，則其差額即為「其他綜合損益－國外營運機構財務報表換算之兌換差額」之餘額。若借方總額大於貸方總額，則「其他綜合損益－國外營運機構財務報表換算之兌換差額」是貸餘；反之，則為借餘。

本例 20x7 年換算後之借方總額為 TWD47,536,551 大於換算後之貸方總額 TWD47,408,801，TWD47,536,551－TWD47,408,801＝TWD127,750，其差額為「其他綜合損益－國外營運機構財務報表換算之兌換差額」貸餘 TWD127,750，再結轉「其他權益－國外營運機構財務報表換算之兌換差額」，餘額為 TWD127,750(貸餘)。

(j) 20x7 年，甲公司適用權益法所須之相關金額計算如下：(TWD)
    (i) 乙公司淨利＝$23,075,000＋$3,348＋$68,880－$12,187,500－$314,980
               －$3,087,500－$1,300,000－$1,170,000－$856,408
        ＝$4,230,840
    (ii) 順流銷貨之未實現利益＝($420,000－$300,000)×(1/4)＝$30,000
    (iii) 甲公司應認列之「採用權益法認列之子公司、關聯企業及合資
          利益之份額」
        ＝($4,230,840－專利權攤銷$260,000)×90％－未實現利益$30,000
        ＝$3,970,840×90％－$30,000＝$3,543,756
    (iv) 非控制權益淨利＝($4,230,840－$260,000)×10％＝$397,084
    (v) 乙公司因報表換算所致「兌換差額」之淨變動數
          ＝期末貸餘$127,750－期初借餘$544,800＝貸方增加$672,550
    (vi) 甲公司應認列之「其他綜合損益－子公司、關聯企業及合資之
          國外營運機構財務報表換算之兌換差額」
        ＝($672,550 乙報表換算之兌換差額＋$30,400 乙未入帳專利權換
          算之兌換差額)×90％＝＋$632,655 (貸記)
    (vii) 歸屬於非控制權益之子公司「其他綜合損益－國外營運機構財務報
        換算之兌換差額」＝($672,550＋$30,400)×10％＝＋$70,295

(k) 針對 20x7 年「其他綜合損益－國外營運機構財務報表換算之兌換差額」
    或「兌換差額」貸餘$127,750，有兩種驗算方法，如下：

A 法：

	LC	匯率變動數	匯率變動對乙淨值之影響 (TWD)
20x6/12/31 乙公司帳列淨值	$550,000	33.1－32	$605,000
20x7 年淨利(不含內部交易)	137,752	33.1－32.5	82,651
20x7 年利息收入(內部交易)	2,100	33.1－32.8	630
20x7 年向甲進貨－已外售	(9,782)	33.1－32.2	(8,804)
20x7 年向甲進貨－未外售	(3,261)	33.1－32.2	(2,935)
20x7 年股利	(40,000)	33.1－33	(4,000)
合　計			(＊)　$672,542
尾　差			(＊)　　　　8
20x7 年匯率變動對乙公司 　　淨值之影響(NT)			(＊)　$672,550

加：截至 20x6/12/31 為止之兌換差額		($544,800)
截至 20x7/12/31 為止之兌換差額		$127,750

20x7 年淨利(不含內部交易)
＝LC$710,000＋LC$103－LC$375,000－LC$95,000－LC$40,000－LC$36,000
　－LC$26,351＝LC$137,752

＊：合計數為$672,542，與$672,550 間有尾差$8，係因內部進銷貨交易換算
　　過程四捨五入所致，請參閱換算說明(f)、(g)。

B 法：

	LC	匯 率	TWD
20x6/12/31 乙公司帳列淨值	$550,000	32.0	$17,600,000
20x7 年淨利(不含內部交易)	137,752	32.5	4,476,940
20x7 年利息收入(內部交易)	2,100	32.8	68,880
20x7 年向甲進貨－已外售	(9,782)	32.2	(314,980)
20x7 年股利	(40,000)	33.0	(1,320,000)
兌換差額（反推）(＃)	－		675,477
20x7/12/31 乙公司帳列淨值	$640,070	33.1	$21,186,317

＃：反推兌換差額為$675,477，與$675,485 間有尾差$8，原因同 A 法之＊。
　　又$675,485 扣除匯率變動對乙公司向甲公司內部進貨未售部分的影響數
　　為$2,935，LC3,261×(33.1－32.2)＝TWD2,935，得出 20x7 年匯率變動
　　對乙公司淨值之影響數為$672,550，$675,485－$2,935＝$672,550，同
　　A 法之＊，故 $675,477＋$8 (尾差)－$2,935＝$672,550。

(11) 20x7 年合併工作底稿上之沖銷分錄：(TWD)

(a)	銷貨收入	420,000	
	銷貨成本		420,000
(b)	銷貨成本	30,000	
	存　　貨		30,000
(c)	採用權益法認列之子公司、關聯企業		
	及合資利益之份額	3,543,756	
	股　　利		1,188,000
	採用權益法之投資		2,355,756
(d)	非控制權益淨利	397,084	
	股　　利		132,000
	非控制權益		265,084

(e)	普通股股本	9,900,000	
	保留盈餘	8,244,800	
	其他權益－國外營運機構財務報表		
	換算之兌換差額	127,750	
	專利權	1,054,400	
	採用權益法之投資		17,394,255
	非控制權益		1,932,695
	請詳下段「沖銷分錄(c)之說明」。		
(f)	攤銷費用	260,000	
	專利權		260,000
(g)	利息收入	68,880	
	利息費用		68,880
	利息收入：請詳(10)試算表及換算說明(e)。		
	利息費用：請詳(9)中 20x7/12/31 甲公司分錄。		
(h)	應付利息－乙(乙 LC)	69,510	
	應收利息－甲		69,510
	應付利息－乙(乙 LC)：請詳(9)中 20x7/12/31 甲公司分錄。		
	應收利息：請詳(10)試算表。		
(i)	應付帳款－甲(新台幣)	84,000	
	應收帳款－乙		84,000
	應付帳款－甲(新台幣)：請詳(10)試算表及換算說明(g)。		
	應收帳款－乙：請詳(9)中 20x7 年 2 月間及 20x7 年 3 月間甲公司分錄。		
	$420,000(2 月間)－$336,000(3 月間)＝$84,000		
(j)	長期應付款－乙(乙 LC)	4,965,000	
	長期應收款－甲		4,965,000
	長期應付款－乙(乙 LC)：		
	請詳(9)中 20x7/ 7/1 及 20x7/12/31 甲公司分錄。		
	$4,890,000＋$75,000＝$4,965,000		
	長期應收款－甲：請詳(10)試算表。		

<u>沖銷分錄(e)之說明：</u>

沖銷分錄(e)，係以期初餘額概念沖銷"乙公司權益科目"及"甲公司帳列「採用權益法之投資」"這組相對科目，與本書上冊所學之沖銷邏輯相同，惟因乙公司財務報表換算時所產生之「其他綜合損益－國外營運機構財務報表換算之兌換差額」，按權益法已分別由甲公司及非控制權益依持股比例認列，故本沖銷分錄除按<u>期初餘額</u>概念沖銷相對科目外，<u>尚須考慮當期因子公司報</u>

表換算而新增之「其他綜合損益－國外營運機構財務報表換算之兌換差額」，且該科目已結轉至「其他權益－國外營運機構財務報表換算之兌換差額」。因此各科目於合併工作底稿上之沖銷金額如下：

- 普通股股本：期初$9,900,000(貸餘)
- 保留盈餘：期初$8,244,800(貸餘)
- 其他權益－國外營運機構財務報表換算之兌換差額：
  期初借餘(－$544,800)＋當期貸方增加(＋$672,550)＝期末貸餘($127,750)
- 採用權益法之投資：
  期初$16,761,600＋當期新增之兌換差額(＋$632,655)＝$17,394,255(借餘)
- 非控制權益：
  期初$1,862,400＋當期新增之兌換差額(＋$70,295)＝$1,932,695(貸餘)
- 專利權：
  期初$1,024,000＋當期新增之兌換差額(＋$30,400)＝$1,054,400(借餘)

(12) 甲公司及乙公司 20x7 年財務報表資料已列入下列合併工作底稿中：

表 14-8 (TWD)

甲公司及其子公司
合併工作底稿
20x7 年 1 月 1 日至 20x7 年 12 月 31 日

	甲公司	90% 乙公司	調整/沖銷 借方	調整/沖銷 貸方	合併財務報表
綜合損益表：					
銷貨收入	$106,000,000	$23,075,000	(a) 420,000		$128,655,000
利息收入	－	68,880	(g) 68,880		－
採用權益法認列之子公司、關聯企業及合資利益之份額	3,543,756	－	(c) 3,543,756		－
銷貨成本	(65,000,000)	(12,502,480)	(b) 30,000	(a) 420,000	(77,112,480)
薪資費用	(17,000,000)	(3,087,500)			(20,087,500)
折舊費用	(6,700,000)	(1,300,000)			(8,000,000)
租金費用	－	(1,170,000)			(1,170,000)
其他營業費用	(6,270,006)	(856,408)	(f) 260,000		(7,386,414)
利息費用	(68,880)	－		(g) 68,880	－
外幣兌換損失	(630)	－			(630)
外幣兌換利益	－	3,348			3,348

	甲公司	90% 乙公司	調整／沖銷 借 方	調整／沖銷 貸 方	合 併 財務報表
綜合損益表：(續)					
淨　利	$ 14,504,240	$ 4,230,840			
總合併淨利					$ 14,901,324
非控制權益淨利			(d) 397,084		(397,084)
控制權益淨利					$ 14,504,240
保留盈餘表：					
期初保留盈餘	$28,485,600	$ 8,244,800	(e) 8,244,800		$28,485,600
加：淨　利	14,504,240	4,230,840			14,504,240
減：股　利	(9,000,000)	(1,320,000)		(c) 1,188,000 (d)　132,000	(9,000,000)
期末保留盈餘	$33,989,840	$11,155,640			$33,989,840
財務狀況表：					
現　金	$11,725,994	$ 2,002,749			$13,728,743
應收帳款－淨額	13,000,000	3,210,700			16,210,700
應收帳款－乙	84,000	－		(i) 84,000	－
應收利息－甲	－	69,510		(h) 69,510	－
存　貨	17,000,000	3,111,400			20,111,400
存　貨－購自甲	－	105,004		(b) 30,000	75,004
預付費用	800,000	595,800			1,395,800
長期應收款－甲	－	4,965,000		(j) 4,965,000	－
採用權益法 　之投資	19,750,011	－		(c) 2,355,756 (e)17,394,255	－
房屋及建築	35,000,000	－			35,000,000
減：累計折舊	(28,700,000)	－			(28,700,000)
辦公設備	30,000,000	13,240,000			43,240,000
減：累計折舊	(15,000,000)	(4,634,000)			(19,634,000)
專利權	－	－	(e) 1,054,400	(f) 260,000	794,400
總 資 產	$83,660,005	$22,666,163			$82,222,047
應付帳款	$ 3,500,000	$ 1,001,573			$ 4,501,573
應付帳款 　－甲(新台幣)	－	84,000	(i) 84,000		－
應付利息－乙	69,510	－	(h) 69,510		－
應付薪資	1,100,000	397,200			1,497,200
長期應付款－乙	4,965,000	－	(j) 4,965,000		－
普通股股本	40,000,000	9,900,000	(e) 9,900,000		40,000,000

	甲公司	90% 乙公司	調整／沖銷 借方	調整／沖銷 貸方	合併 財務報表
財務狀況表：(續)					
保留盈餘	33,989,840	11,155,640			33,989,840
其他權益（＃）	—	127,750	(e) 127,750		—
其他權益（＊）	110,655	—			110,655
其他權益（＊＊）	(75,000)	—			(75,000)
總負債及權益	$83,660,005	$22,666,163			
非控制權益－1/1				(e) 1,932,695	
非控制權益 －當期增加數				(d) 265,084	
非控制權益－12/31					2,197,779
總負債及權益					$82,222,047

＃：「其他權益－國外營運機構財務報表換算之兌換差額」。

＊：「其他權益－國外營運機構財務報表換算之兌換差額－採用權益法之子公司」。

＊＊：「其他權益－國外營運機構淨投資之兌換差額」。

十一、釋例－當個體的功能性貨幣不是當地貨幣

釋例二：

沿用釋例一資料，但有四項資料稍做異動或補充，如下：

(1) 假設國外乙公司的功能性貨幣為<u>新台幣</u>，並非當地貨幣。
(2) 20x6 年 1 月 3 日，乙公司向甲公司借款 LC100,000（或 TWD3,300,000），此筆借款係以<u>新台幣</u>計價，約定年息 3%，到期日為 20x6 年 5 月 3 日。
(3) 20x7 年 7 月 1 日，甲公司向乙公司舉借一筆長期借款 LC150,000（或 TWD4,890,000），此筆借款係以<u>新台幣</u>計價，約定年息 2.8%，每屆滿一年付息一次。此筆借款目前並無清償計畫，亦不太可能於可預見之未來清償。
(4) 假設乙公司 20x6 年 1 月 1 日存貨係於 20x5 年 12 月 3 日購得；20x6 年 12 月 31 日存貨係於 20x6 年 12 月 20 日購得；20x7 年 12 月 31 日存貨(不包括購自甲公司之尚未外售商品存貨)係於 20x7 年 12 月 22 日購得；其餘的進貨交易則於年度中平均地發生。

分析如下：

(1) 因乙公司功能性貨幣為新台幣，故乙公司的當地貨幣財務報表須換算為新台幣(功能性貨幣)財務報表，始可與甲公司新台幣(報導貨幣)財務報表進行母、子公司合併財務報表之編製。

(2) 20x5/12/31(收購日)： 非控制權益係以收購日公允價值衡量，惟釋例中未提及該公允價值，故設算之。

　　乙公司總公允價值＝(TWD16,038,000÷33)÷90％＝LC486,000÷90％
　　　　　　　　　　＝LC540,000
　　非控制權益＝乙公司總公允價值 LC540,000×10％＝LC54,000
　　　　　　＝LC54,000×33＝TWD1,782,000
　　或＝(TWD16,038,000÷90％)×10％＝TWD1,782,000
　　乙公司未入帳專利權＝LC540,000－(LC300,000＋LC200,000)＝LC40,000
　　乙公司未入帳專利權之每年的攤銷數＝LC40,000÷5 年＝LC8,000

(3) 乙公司未入帳專利權的攤銷與換算：

　　乙公司未入帳專利權是應表達在甲公司及乙公司合併財務狀況表上的非貨幣性資產項目，係以歷史成本(即收購日公允價值)衡量的「成本模式」(因題目未提及乙公司對於專利權係採「重估價模式」)，故專利權攤銷費用是與"以歷史成本衡量之非貨幣性資產"相關的損益科目，且採直線法攤銷，因此專利權及其攤銷費用皆應以交易日(即收購日)之即期匯率(33)換算。

	LC	匯率	TWD
20x5/12/31	$40,000	33	$1,320,000
20x6 年攤銷費用	(8,000)	33	(264,000)
20x6/12/31	$32,000	33	$1,056,000
20x7 年攤銷費用	($8,000)	33	(264,000)
20x7/12/31	$24,000	33	$ 792,000

(4) 20x5/12/31 及 20x6 年，甲公司及乙公司分錄如下：(TWD)

20x5/12/31	甲	採用權益法之投資	16,038,000	
		現　　金		16,038,000
20x6/ 1/ 3	甲	其他應收款－乙	3,300,000	
		現　　金		3,300,000

20x6/ 1/ 3	乙	現　金　　　　　　　　　　　　　　　　　LC100,000	
		其他應付款－甲　　　　　　　　　　　　　　　　　LC100,000	
20x6/ 5/ 3	甲	現　金　　　　　　　　　　　　　　　　　3,333,000	
		其他應收款－乙　　　　　　　　　　　　　　　　　3,300,000	
		利息收入　　　　　　　　　　　　　　　　　　　　　　33,000	
		利息收入：TWD3,300,000×3%×4/12＝TWD33,000	
		現金：本金 TWD3,300,000＋利息 TWD33,000＝TWD3,333,000	
	乙	其他應付款－甲　　　　　　　　　　　　LC100,000	
		利息費用　　　　　　　　　　　　　　　　LC1,006	
		外幣兌換損失　　　　　　　　　　　　　　LC921	
		現　金　　　　　　　　　　　　　　　　　　　　　　LC101,927	
		利息費用：TWD33,000÷32.8(20x6/ 1/ 3～5/ 3 平均匯率)＝LC1,006	
		現金：本利和 TWD3,333,000÷32.7(交易日即期匯率)＝LC101,927	
		兌換損失＝LC101,927－(LC100,000＋LC1,006)＝LC921	
20x6/12/20	甲	現　金　　　　　　　　　　　　　　　　　866,700	
		採用權益法之投資　　　　　　　　　　　　　　　　　866,700	
		LC30,000×90%×32.1＝TWD866,700	
	乙	保留盈餘　　　　　　　　　　　　　　　　LC30,000	
		現　金　　　　　　　　　　　　　　　　　　　　　　LC30,000	
20x6/12/31	甲	採用權益法之投資　　　　　　　　　　　1,870,502	
		採用權益法認列之子公司、關	
		聯企業及合資利益之份額　　　　　　　　　　　　1,870,502	
		計算過程，請詳下述(5)。	

(5) 20x6/12/31，乙公司當地貨幣試算表<u>須換算為</u>新台幣(功能性貨幣，亦是表達貨幣)試算表：

		LC	匯率	TWD
借　方：				
現　金	[說明(g)(a)]	$　76,073	32.0	$ 2,434,336
應收帳款－淨額	[說明(a)]	100,000	32.0	3,200,000
存　貨	[說明(h)]	90,000	說明(h)	2,889,000
預付費用	[說明(i)]	18,000	說明(i)	576,000
辦公設備	[說明(j)]	400,000	33.0	13,200,000
銷貨成本	[說明(h)]	330,000	說明(h)	10,851,000
薪資費用	[說明(k)]	90,000	32.6	2,934,000
折舊費用	[說明(j)]	40,000	33.0	1,320,000

		LC	匯　率	TWD
租金費用	[說明(i)]	36,000	說明(i)	1,179,000
其他營業費用	[說明(k)]	23,000	32.6	749,800
利息費用	[說明(m)]	1,006	32.8	33,000
外幣兌換損失	[說明(m)]	921	32.8	30,209
股　利	[說明(f)]	30,000	32.1	963,000
外幣兌換損失 (反推)	[說明(n)]	—		120,655
		$1,235,000		$40,480,000
貸　方：				
累計折舊－辦公設備	[說明(j)]	$ 100,000	33.0	$ 3,300,000
應付帳款	[說明(a)]	25,000	32.0	800,000
應付薪資	[說明(a)]	10,000	32.0	320,000
普通股股本	[說明(e)]	300,000	33.0	9,900,000
保留盈餘	[說明(e)(f)]	200,000	說明(f)	6,600,000
銷貨收入	[說明(l)]	600,000	32.6	19,560,000
		$1,235,000		$40,480,000

20x6 年，乙公司淨利(LC)＝LC600,000－LC330,000－LC90,000－LC40,000
　　　　　　　　　　－LC36,000－LC23,000－LC1,006－LC921＝LC79,073
20x6/12/31，保留盈餘＝LC200,000＋LC79,073－LC30,000＝LC249,073

換算說明：

(a) 外幣貨幣性資產(或負債)項目：應以報導期間結束日之收盤匯率換算。

(b) 外幣非貨幣性資產(或負債)項目：
　(i) 以歷史成本衡量者：應以交易日之匯率換算。
　(ii) 以公允價值衡量者：應以衡量公允價值當日之匯率換算。

(c) 與"外幣貨幣性資產(或負債)項目"相關之損益科目，原則上應以交易日匯率換算。但因假設該損益項目係於全年度中平均地發生，故基於實務之理由，可按全年平均匯率換算。惟利息費用除外，詳下列換算說明(m)。

(d) 與"外幣非貨幣性資產(或負債)項目"相關之損益科目，視與該損益相關之"外幣非貨幣性資產(或負債)項目"是以歷史成本或公允價值衡量而定：
　(i) 以歷史成本衡量者，則該損益應以交易日之匯率換算。
　(ii) 以公允價值衡量者，則該損益應以衡量公允價值當日之匯率換算。

(e) 權益科目,與母公司帳列「採用權益法之投資」科目互為相對科目,將於母、子公司財務報表合併時相互沖銷,故以交易日(即收購日)匯率換算,以便沖銷。但保留盈餘除外,詳下列換算說明(f)。

(f) 20x5/12/31 保留盈餘金額是甲公司收購乙公司當日乙公司帳列保留盈餘金額,故以收購日匯率(33)換算。但以後各報導期間之期末保留盈餘,則須待其組成項目逐項換算後,再予以合計,得出期末保留盈餘換算後金額。其常見之組成項目為:期末保留盈餘＝期初保留盈餘 ± 前期損益調整 ± 本期淨利(損)－股利,惟須注意有時不只這些組成項目。

● 期初保留盈餘:前一報導期間所合計之期末保留盈餘換算後金額。
● 前期損益調整:
　　先判斷該前期損益項目係與"外幣貨幣性資產(或負債)項目"有關或與"外幣非貨幣性資產(或負債)項目"有關,按上述換算說明(c)及(d)之規定,則前期損益項目可能係以交易日匯率換算、以該前期損益所屬期間之適當平均匯率換算、或以決定公允價值當日之匯率換算。
● 本期損益:係構成綜合損益表之各項目換算後的合計數。
● 股利:按宣告股利日之即期匯率換算。

(g) 因 20x6 年釋例二償還借款本金及利息較釋例一多支付 LC927 [釋例一支付 LC101,000,釋例二支付 LC101,927],故 20x6 年底「現金」餘額在釋例一原為 LC77,000,在釋例二應為 LC76,073,即 LC77,000－LC927＝LC76,073。

(h) 存貨及銷貨成本,內容如下:(假設乙公司採先進先出之成本流動假設)

	LC	匯率	TWD	備註
20x6/1/1 存貨	$80,000	33.2 [詳說明(b)(i)]	$2,656,000	假設係 20x5/12/3 購得,當日即期匯率為 33.2
20x6 年間進貨	340,000	32.6 (平均)	11,084,000	(※)
20x6/12/31 存貨	(90,000)	32.1 [詳說明(b)(i)]	(2,889,000)	假設係 20x6/12/20 購得,當日即期匯率為 32.1
20x6 年銷貨成本	$330,000		$10,851,000	

※:按換算說明(b)(i)規定,本應以交易日匯率換算,但因假設全年進貨交易係於年度中平均地發生,故基於實務之理由,可按全年平均匯率(32.6)換算。

(i) 預付費用及租金費用：

假設預付費用是 20x6/12/31 預付 20x7 年前半年之辦公室租金，故按 20x6/12/31 交易日匯率(32)換算 [詳換算說明(b)(i)]，即 LC18,000×32＝TWD576,000。而 20x6 年之租金費用係於 20x5/12/31 及 20x6/ 6/30 各預付半年之辦公室租金，再於 20x6/12/31 調整轉列為 20x6 年租金費用，故 20x6 年前半年租金費用(LC18,000)應按 20x5/12/31 交易日匯率(33)換算，20x6 年後半年租金費用(LC18,000)應按 20x6/ 6/30 交易日匯率(32.5)換算，即 (LC18,000×33)＋(LC18,000×32.5)＝TWD1,179,000。

(j) 辦公設備及折舊費用：

假設 20x6/12/31 乙公司帳列辦公設備皆為收購日(20x5/12/31)前就存在之辦公設備並使用至今，20x6 年無新增添之設備，且題目未提及乙公司對於辦公設備係採用「重估價模式」，表示乙公司係按「成本模式」處理，因此以交易日(收購日)匯率(33)換算。若當年度有新增之不動產、廠房及設備，則新增部分須按換算說明(b)之規定換算。

(k) 薪資費用及其他營業費用：假設皆為當期付現或期末應計之費用，無預付費用轉列者，故同換算說明(c)。

(l) 銷貨收入：假設皆為現銷或賒銷，無預收貨款轉列者，故同換算說明(c)。

(m) 利息費用，係乙公司向甲公司借款所產生之利息費用，係屬與外幣貨幣性負債相關之損益科目，借款期間為 20x6/ 1/ 3～20x6/ 5/ 3，共四個月，故該項利息費用應以借款期間(20x6/ 1/ 3～20x6/ 5/ 3)平均匯率(32.8)換算，LC1,006×32.8＝TWD32,997。由於乙公司的利息費用就是甲公司的利息收入(TWD33,000)，兩者為相對科目，本交易係以新台幣計價，故換算過程四捨五入所致之尾差 TWD3 可不予理會，直接以 TWD33,000 作為利息費用換算為新台幣之金額。

另因而產生之外幣兌換損失，同理，應以借款期間(20x6/ 1/ 3～20x6/ 5/ 3)平均匯率(32.8)換算，LC921×32.8＝TWD30,209，故擬以 TWD30,209 作為外幣兌換損失換算為新台幣之金額。

(n) 待試算表上所有會計科目已按上述適當匯率換算後，分別合計換算後之借方總額及貸方總額，若合計之借方總額與貸方總額不相等，其差額即為「外幣兌換損益」。若借方總額大於貸方總額，則為「外幣兌換利益」，是貸餘；反之，則為「外幣兌換損失」，是借餘。

本例20x6年換算後之借方總額為TWD40,359,345小於換算後之貸方總額TWD40,480,000，TWD40,480,000－TWD40,359,345＝TWD120,655，其差額為「外幣兌換損失」借餘TWD120,655。

(o) 20x6 年，甲公司適用權益法所須之相關金額計算如下：(TWD)

　(i)　乙公司淨利＝$19,560,000－$10,851,000－$2,934,000－$1,320,000
　　　　　　　　－$1,179,000－$749,800－$33,000－$30,209－$120,655
　　　　　　＝$2,342,336

　(ii)　甲公司應認列之「採用權益法認列之子公司、關聯企業及合資利益之份額」＝($2,342,336－專利權攤銷$264,000)×90%＝$1,870,502

　(iii)　非控制權益淨利＝($2,342,336－$264,000)×10%＝$207,834

(6) 20x6 及 20x7 年，相關科目餘額異動如下：（單位：千元）(TWD)

	20x5/12/31	20x6	20x6/12/31	20x7	20x7/12/31
乙－權 益					
普通股股本	$ 9,900		$ 9,900.000		$ 9,900.000
保留盈餘	6,600	+$2,342.336 －$963	7,979.336	+$4,472.52 －$1,320	11,131.856
	$16,500		$17,879.336		$21,031.856
權益法：					
甲－採用權益法之投資	$16,038	+$1,870.502 －$866.7	$17,041.802	+$3,757.668 －$1,188	$19,611.470
合併財務報表：					
專利權	$1,320	－$264	$1,056	－$264	$792
非控制權益	$1,782	+$207.834 －$96.3	$1,893.534	+$420.852 －$132	$2,182.386
驗 算：					

20x6/12/31：甲公司帳列「採用權益法之投資」
　　　　　　＝(乙權益$17,879.336＋專利權$1,056)×90%＝$17,041.802
　　　非控制權益＝(乙權益$17,879.336＋專利權$1,056)×10%＝$1,893.534
20x7/12/31：甲公司帳列「採用權益法之投資」
　　　　　　＝(乙權益$21,031.856＋專利權$792)×90%－未實現利益$30
　　　　　　＝$19,611.470
　　　非控制權益＝(乙權益$21,031.856＋專利權$792)×10%＝$2,182.386

(7) 20x6 年合併工作底稿上之沖銷分錄：(TWD)

(a)	採用權益法認列之子公司、關聯企業 及合資利益之份額	1,870,502	
	股　利		866,700
	採用權益法之投資		1,003,802
(b)	非控制權益淨利	207,834	
	股　利		96,300
	非控制權益		111,534
(c)	普通股股本	9,900,000	
	保留盈餘	6,600,000	
	專利權	1,320,000	
	採用權益法之投資		16,038,000
	非控制權益		1,782,000
(d)	攤銷費用	264,000	
	專利權		264,000
(e)	利息收入	33,000	
	利息費用		33,000
	利息收入：請詳(4)中 20x6/ 5/ 3 甲公司之分錄。		
	利息費用：請詳(5)之試算表及換算說明(m)。		

(8) 甲公司及乙公司 20x6 年財務報表資料已列入下列合併工作底稿中：

表 14-9 (TWD)

甲公司及其子公司
合併工作底稿
20x6 年 1 月 1 日至 20x6 年 12 月 31 日

	甲公司	90% 乙公司	調整/沖銷 借方	調整/沖銷 貸方	合併財務報表
綜合損益表：					
銷貨收入	$97,000,000	$19,560,000			$116,560,000
利息收入	33,000	—	(e) 33,000		—
採用權益法認列之子公司、關聯企業及合資利益之份額	1,870,502	—	(a) 1,870,502		—
銷貨成本	(56,000,000)	(10,851,000)			(66,851,000)
薪資費用	(16,000,000)	(2,934,000)			(18,934,000)
折舊費用	(6,700,000)	(1,320,000)			(8,020,000)

項目				
租金費用	—	(1,179,000)		(1,179,000)
其他營業費用	(5,719,900)	(749,800)	(d) 264,000	(6,733,700)
利息費用	—	(33,000)	(e) 33,000	—
外幣兌換損失	—	(150,864)		(150,864)
淨　利	$14,483,602	$ 2,342,336		
總合併淨利				$ 14,691,436
非控制權益淨利			(b) 207,834	(207,834)
控制權益淨利				$ 14,483,602
保留盈餘表：				
期初保留盈餘	$20,790,500	$ 6,600,000	(c) 6,600,000	$20,790,500
加：淨　利	14,483,602	2,342,336		14,483,602
減：股　利	(7,000,000)	(963,000)	(a) 866,700 (b) 96,300	(7,000,000)
期末保留盈餘	$28,274,102	$ 7,979,336		$ 28,274,102
財務狀況表：				
現　金（＊）	$ 8,132,300	$2,434,336		$10,566,636
應收帳款－淨額	9,000,000	3,200,000		12,200,000
存　貨	10,600,000	2,889,000		13,489,000
預付費用	700,000	576,000		1,276,000
採用權益法之投資	17,041,802	—	(a) 1,003,802 (c)16,038,000	—
房屋及建築	35,000,000	—		35,000,000
減：累計折舊	(25,000,000)	—		(25,000,000)
辦公設備	30,000,000	13,200,000		43,200,000
減：累計折舊	(12,000,000)	(3,300,000)		(15,300,000)
專利權	—	—	(c) 1,320,000	(d) 264,000	1,056,000
總資產	$73,474,102	$18,999,336		$ 76,487,636
應付帳款	$ 4,000,000	$ 800,000		$ 4,800,000
應付薪資	1,200,000	320,000		1,520,000
普通股股本	40,000,000	9,900,000	(c) 9,900,000	40,000,000
保留盈餘	28,274,102	7,979,336		28,274,102
總負債及權益	$73,474,102	$18,999,336		
非控制權益－1/1			(c) 1,782,000	
非控制權益－當期增加數			(b) 111,534	
非控制權益－12/31				1,893,534
總負債及權益				$ 76,487,636

> ＊：釋例一，20x6/ 5/ 3，甲公司收回借出款項之本息共計$3,302,700，
> 　　　　20x6/12/31「現金」餘額為$8,102,000。
> 　釋例二，20x6/ 5/ 3，甲公司收回借出款項之本息共計$3,333,000，
> 　　　　故 20x6/12/31「現金」餘額為$8,330,300，
> 　　　　即 $8,102,000＋($3,333,000－$3,302,700)＝$8,132,300。

(9) 20x7 年，甲公司及乙公司分錄如下：(TWD)

20x7/ 2/某日	甲	應收帳款－乙　　　　　　　　　420,000　　　　　　　　　　 　　銷貨收入　　　　　　　　　　　　　　　　420,000 銷貨成本　　　　　　　　　　　300,000 　　存　貨　　　　　　　　　　　　　　　　300,000
	乙	存　貨　　　　　　　　　　　　LC13,043 　　應付帳款－甲　　　　　　　　　　　　LC13,043 TWD420,000÷32.2＝LC13,043
20x7/ 3/某日	甲	現　金　　　　　　　　　　　　336,000 　　應收帳款－乙　　　　　　　　　　　　336,000 TWD420,000×80%＝TWD336,000
	乙	應付帳款－甲　　　　　　　　　LC10,435 　　現　金　　　　　　　　　　　　　　　LC10,402 　　外幣兌換利益　　　　　　　　　　　　　　LC33 應付帳款－甲：LC13,043×80%＝LC10,434 或 　　(TWD420,000×80%)÷32.2＝TWD336,000÷32.2＝LC10,435 現金：TWD420,000×80%÷32.3＝LC10,402　　(尾差LC1)
20x7/ 7/ 1	甲	現　金　　　　　　　　　　　4,890,000 　　長期應付款－乙　　　　　　　　　　4,890,000
	乙	長期應收款－甲　　　　　　　　LC150,000 　　現　金　　　　　　　　　　　　　　LC150,000
20x7/12/20	甲	現　金　　　　　　　　　　　1,188,000 　　採用權益法之投資　　　　　　　　　1,188,000 LC$40,000×90%×$33＝$1,188,000
	乙	保留盈餘　　　　　　　　　　　LC40,000 　　現　金　　　　　　　　　　　　　　LC40,000
20x7 年間	乙	應收帳款　　　　　　　　　　　LC12,717 　　銷貨收入　　　　　　　　　　　　　LC12,717 (LC13,043×3/4)×(1＋30%)＝LC12,717

20x7 年間	乙	銷貨成本　　　　　　　　　　　　LC9,782
		存　貨　　　　　　　　　　　　　　　　　LC9,782
		LC13,043×3/4＝LC9,782
20x7/12/31	甲	利息費用　　　　　　　　　　　　68,460
		應付利息－乙　　　　　　　　　　　　　　68,460
		TWD4,890,000×2.8%×6/12＝TWD68,460
	乙	應收利息－甲　　　　　　　　　　LC2,068
		外幣兌換損失　　　　　　　　　　LC19
		利息收入　　　　　　　　　　　　　　　　LC2,087
		應收利息－甲：(TWD4,890,000×2.8%×6/12)÷33.1 (報導期間結束
		日之收盤匯率)＝TWD68,460÷33.1＝LC2,068
		利息收入：TWD68,460÷32.8 (20x7/ 7/ 1～12/31 之平均匯率)
		＝LC2,087
		外幣兌換損失：LC2,087－LC2,068＝LC19
20x7/12/31	甲	採用權益法之投資　　　　　　　　3,757,668
		採用權益法認列之子公司、關聯
		企業及合資利益之份額　　　　　　　　　　3,757,668
		計算過程，請詳下述(10)。

(10) 20x7/12/31，乙公司當地貨幣試算表須換算為新台幣(功能性貨幣，亦是表達貨幣)試算表：

		LC	匯率	TWD
借　方：				
現　金	[說明(g)(a)]	$ 59,579	33.1	$ 1,972,065
應收帳款－淨額	[說明(a)]	97,000	33.1	3,210,700
應收利息－甲	[說明(h)]	2,068	說明(h)	68,460
存　貨	[說明(i)]	94,000	說明(i)	3,092,600
存　貨－購自甲	[說明(j)]	3,261	32.2	105,004
預付費用	[說明(k)]	18,000	說明(k)	595,800
長期應收款－甲	[說明(l)]	150,000	說明(l)	4,890,000
辦公設備	[說明(m)]	400,000	33.0	13,200,000
銷貨成本	[說明(i)]	375,000	說明(i)	12,113,900
銷貨成本－購自甲	[說明(j)]	9,782	32.2	314,980
薪資費用	[說明(n)]	95,000	32.5	3,087,500
折舊費用	[說明(m)]	40,000	33.0	1,320,000
租金費用	[說明(k)]	36,000	說明(k)	1,162,800

		LC	匯率	TWD
其他營業費用	[說明(n)]	26,351	32.5	856,408
外幣兌換損失	[說明(h)]	19	32.8	623
股　利	[說明(f)]	40,000	33.0	1,320,000
		$1,446,060		$47,310,840
貸　方：				
累計折舊－辦公設備	[說明(m)]	140,000	33.0	$ 4,620,000
應付帳款	[說明(a)]	30,259	33.1	1,001,573
應付帳款－甲	[說明(p)]	2,608	說明(p)	84,000
應付薪資	[說明(a)]	12,000	33.1	397,200
普通股股本	[說明(e)]	300,000	33.0	9,900,000
保留盈餘	[說明(e)(f)]	249,073	說明(f)	7,979,336
銷貨收入	[說明(o)]	710,000	32.5	23,075,000
外幣兌換利益	[＊]	33	32.5	1,073
利息收入	[說明(h)]	2,087	說明(h)	68,460
外幣兌換利益 (反推)	[說明(q)(s)]	－		184,198
		$1,446,060		$47,310,840

＊：理同釋例一，請詳釋例一分析(10)之換算說明(h)中的(i)。

換算說明：

(a) 外幣貨幣性資產(或負債)項目：應以報導期間結束日之收盤匯率換算。

(b) 外幣非貨幣性資產(或負債)項目：
　(i) 以歷史成本衡量者：應以交易日之匯率換算。
　(ii) 以公允價值衡量者：應以衡量公允價值當日之匯率換算。

(c) 與"外幣貨幣性資產(或負債)項目"相關之損益科目，原則上應以交易日之匯率換算。但因假設該損益項目係於全年中很平均地發生，故基於實務之理由，可按全年平均匯率換算。惟利息收入除外，詳下列換算說明(h)。

(d) 與"外幣非貨幣性資產(或負債)項目"相關之損益科目，視與該損益相關之"外幣非貨幣性資產(或負債)項目"是以歷史成本或公允價值衡量而定：
　(i) 以歷史成本衡量者，則該損益應以交易日之匯率換算。
　(ii) 以公允價值衡量者，則該損益應以衡量公允價值當日之匯率換算。

(e) 權益科目，與母公司帳列「採用權益法之投資」科目互為相對科目，將於母、子公司財務報表合併時相互沖銷，故以交易日(即收購日)匯率換算，以便沖銷。但保留盈餘除外，詳下列換算說明(f)。

(f) 20x7/12/31 期末保留盈餘，須待其組成項目逐項換算後，再予以合計，得出期末保留盈餘換算後金額。其常見之組成項目為：期末保留盈餘＝期初保留盈餘 ± 前期損益調整 ± 本期淨利(損) － 股利，惟須注意有時不只這些組成項目。

- 期初保留盈餘：參閱去年(20x6/12/31)期末保留盈餘換算後金額。詳上述(8)之表 14-9，乙公司 20x6/12/31 期末保留盈餘換算後金額為 TWD7,979,336。
- 前期損益調整：
  先判斷該前期損益項目係與"外幣貨幣性資產(或負債)項目"有關或與"外幣非貨幣性資產(或負債)項目"有關，按上述換算說明(c)及(d)之規定，則前期損益項目可能係以交易日匯率換算、以該前期損益所屬期間之適當平均匯率換算、或以決定公允價值當日之匯率換算。
- 本期損益：係構成綜合損益表之各項目換算後的合計數。
- 股利：按宣告股利日之即期匯率換算。

(g) 因 20x6 年釋例二償還借款本金及利息較釋例一多支付 LC927 [釋例一支付 LC101,000，釋例二支付 LC101,927]，故 20x6 年底「現金」餘額在釋例一原為 LC77,000，在釋例二應為 LC76,073，即 LC77,000－LC927＝LC76,073。

另 20x6 年釋例二認列之利息費用 LC1,006 及外幣兌換損失 LC921，較釋例一認列之利息費用 LC1,000 多出費損 LC927，因此 20x6 年底(20x7 年初)保留盈餘餘額在釋例一原為 LC250,000，在釋例二則為 LC249,073，即 LC250,000－LC927＝LC249,073。

同理，20x7 年底「現金」餘額在釋例一原為 LC60,506，在釋例二則為 LC59,579，即 LC60,506－LC927＝LC59,579。

(h) 利息收入，係 20x7/ 7/ 1 乙公司借予甲公司之長期借出款所產生之利息收入，截至 20x7/12/31 須應計六個月利息收入，故該項利息收入應以本期借款期間(20x7/ 7/ 1～20x7/12/31)平均匯率(32.8)換算，LC2,087×32.8＝TWD68,454。由於乙公司的利息收入及應收利息就是甲公司的利息費用(TWD68,460)及應付利息(TWD68,460)，兩者為相對科目，因本交易係以

新台幣計價,故換算過程四捨五入所致之尾差 TWD6 及 TWD9 (LC2,068×33.1＝TWD68,451)可不予理會,直接以 TWD68,460 作為利息收入換算為新台幣之金額,便於編製合併財務報表時相對科目之沖銷。

另因而所產生之外幣兌換損失,亦同理,應以本期借款期間(20x7/ 7/ 1～20x7/12/31)之平均匯率(32.8)換算,故直接以 TWD623 作為外幣兌換損失換算為新台幣之金額。

(i) 存貨及銷貨成本,內容如下:(假設乙公司採先進先出之成本流動假設)

	LC	匯率	TWD	備　註
20x7/ 1/ 1 存貨	$ 90,000	32.1 [詳說明(b)(i)]	$ 2,889,000	假設係 20x6/12/20 購得,當日即期匯率為 32.1
20x7 年間進貨	379,000	32.5 (平均)	12,317,500	(※)
20x7/12/31 存貨	(94,000)	32.9 [詳說明(b)(i)]	(3,092,600)	假設係 20x7/12/22 購得,當日即期匯率為 32.9
20x7 年銷貨成本	$375,000		$12,113,900	

※:按換算說明(b)(i)規定,本應以交易日匯率換算,但因假設全年進貨交易係於年度中平均地發生,故基於實務之理由,可按全年平均匯率(32.5)換算。

(j) 乙公司購自甲公司之商品存貨,係以新台幣計價,則:
  (i) 包含於乙公司期末存貨中的新台幣金額＝向甲公司進貨 TWD420,000×至期末尚未外售 1/4＝TWD105,000,與乙公司帳列「存貨－購自甲」換算後之新台幣金額 TWD105,004 間有尾差 TWD4,LC3,261×32.2＝TWD105,004。
  (ii) 包含於乙公司銷貨成本中的新台幣金額＝向甲公司進貨 TWD420,000×已外售 3/4＝TWD315,000,與乙公司帳列「銷貨成本－購自甲」換算後之新台幣金額 TWD314,980 間有尾差 TWD20,LC9,782×32.2＝TWD314,980。

(i)及(ii)之尾差皆因換算過程四捨五入所致,擬以 TWD105,004 及 TWD314,980 作為期末存貨與銷貨成本換算為新台幣之金額。

(k) 預付費用及租金費用:
  假設預付費用是 20x7/12/31 預付 20x8 年前半年之辦公室租金,故按 20x7/12/31 交易日匯率(33.1)換算 [詳換算說明(b)(i)],即 LC18,000×33.1 ＝TWD595,800。而 20x7 年之租金費用係於 20x6/12/31 及 20x7/ 6/30 各預

付半年之辦公室租金，再於 20x7/12/31 調整轉列為 20x7 年租金費用，故 20x7 年前半年租金費用(LC18,000)應按 20x6/12/31 交易日匯率(32)換算，20x7 年後半年租金費用(LC18,000)應按 20x7/6/30 交易日匯率(32.6)換算，即 (LC18,000×32)+(LC18,000×32.6)＝TWD1,162,800。

(l) 「長期應收款－甲」，係 20x7/7/1 乙公司借予甲公司之長期借出款，與甲公司帳列「長期應付款－乙」互為相對科目，本交易係以新台幣計價，故直接以 TWD4,890,000 為換算為新台幣之金額，便於編製合併財務報表時相對科目之沖銷。

(m) 辦公設備及折舊費用：

　　假設 20x7/12/31 乙公司帳列辦公設備皆為收購日(20x3/12/31)前就存在之辦公設備並使用至今，20x6 及 20x7 年無新增添之設備，且題目未提及乙公司對於辦公設備係採用「重估價模式」，表示乙公司係以「成本模式」處理，因此以交易日(收購日)匯率(33)換算。若當年度有新增之不動產、廠房及設備，則新增部分須按換算說明(b)之規定換算。

(n) 薪資費用及其他營業費用：假設皆為當期付現或期末應計之費用，無預付費用轉列者，故同換算說明(c)。

(o) 銷貨收入：假設皆為現銷或賒銷，無預收貨款轉列者，故同換算說明(c)。

(p) 乙公司帳列「應付帳款－甲」＝LC2,608×32.2＝TWD83,978，而甲公司帳列「應收帳款－乙」為 TWD84,000，TWD420,000－TWD336,000＝TWD84,000，有尾差 TWD22，此因換算過程四捨五入所致。本交易係以新台幣計價，為便於編製合併財務報表時相對科目之沖銷，故直接以 TWD84,000 作為乙公司帳列「應付帳款－甲」換算為新台幣之金額。

(q) 待試算表上所有會計科目已按上述適當匯率換算後，分別合計換算後之借方總額及貸方總額，若合計之借方總額與貸方總額不相等，其差額即為「外幣兌換損益」。若借方總額大於貸方總額，則為「外幣兌換利益」，是貸餘；反之，則為「外幣兌換損失」，是借餘。

　　本例 20x7 年換算後之借方總額為 TWD47,310,840 大於換算後之貸方總額 TWD47,128,917，TWD47,310,840－TWD47,126,642＝TWD184,198，其差額為「外幣兌換利益」貸餘 TWD184,198。

(r) 20x7 年，甲公司適用權益法所須之相關金額計算如下：(TWD)
- (i) 乙公司淨利＝$23,075,000＋$1,073＋$68,460＋$184,198－$12,113,900
  －$314,980－$3,087,500－$1,320,000－$1,162,800
  －$856,408－$623＝$4,472,520
- (ii) 順流銷貨之未實現利益＝($420,000－$300,000)×(1/4)＝$30,000
- (iii) 甲公司應認列之「採用權益法認列之子公司、關聯企業及合資
  利益之份額」
  ＝($4,472,520－專利權攤銷$264,000)×90%－未實現利益$30,000
  ＝$3,757,668
- (iv) 非控制權益淨利＝($4,472,520－$264,000)×10%＝$420,852

(s) 針對 20x7 年「外幣兌換利益」貸餘$184,198，有兩種<u>驗算方法</u>，如下：

A 法：

	LC	匯率變動數	匯率變動對乙貨幣性項目淨額之影響 (TWD)
20x6/12/31 乙公司外幣貨幣性項目淨額 (註一)	$141,073	33.1－32	$155,180
20x7 年銷貨收入(增加現金或應收帳款)	710,000	33.1－32.5	426,000
20x7 年利息收入　　(增加應收利息	2,087	33.1－32.8	626
20x7 年帳列兌換損失　　　$2,068)	(19)	33.1－32.8	(6)
20x7 年由外進貨(減少現金或增加應付帳款)	(379,000)	33.1－32.5	(227,400)
20x7 年向甲進貨(減少現金)	(10,435)	33.1－32.2	(9,392)
20x7 年向甲進貨(增加應付帳款)	(2,608)	32.2－32.2	－
20x7 年借款予甲(減少現金)	(150,000)	33.1－32.6	(75,000)
20x7 年薪資費用(減少現金或增加應付薪資)	(95,000)	33.1－32.5	(57,000)
20x7 年租金費用→20x7/ 7/ 1 支付預付租金	(18,000)	33.1－32.6	(9,000)
20x7 年租金費用→20x7/12/31 支付預付租金	(18,000)	33.1－33.1	－
20x7 年支付其他營業費用(假設以現金支付)	(26,351)	33.1－32.5	(15,811)
20x7/12/20 支付現金股利	(40,000)	33.1－33.0	(4,000)
20x7 年帳列兌換利益	33	33.1－32.5	20
20x7/12/31 乙公司外幣貨幣性項目淨額 (註二)	$113,780		
換算過程中四捨五入之尾差 (註三)			(19)
外幣兌換利益			$184,198

註一：20x6/12/31 乙公司外幣貨幣性項目淨額
＝20x6/12/31 外幣貨幣性資產－20x6/12/31 外幣貨幣性負債
＝現金$76,073＋應收帳款$100,000－應付帳款$25,000－應付薪資$10,000
＝$141,073

註二：20x7/12/31 乙公司外幣貨幣性項目淨額
＝20x7/12/31 外幣貨幣性資產－20x7/12/31 外幣貨幣性負債
＝現金$59,579＋應收帳款$97,000＋應收利息$2,068－應付帳款$30,259
－應付帳款(甲)$2,608－應付薪資$12,000＝$113,780

註三：尾差原因，請詳：
① 上述(9)，20x7/ 2/某日及 20x7/ 3/某日乙公司分錄之說明。
② 換算說明(h)，利息收入之說明。
③ 換算說明(j)，內部順流銷貨交易之說明。

B 法：

	LC	匯率	TWD
20x6/12/31 乙公司外幣貨幣性項目淨額 (註一)	$141,073	32	$ 4,514,336
20x7 年銷貨收入(增加現金或應收帳款)	710,000	32.5	23,075,000
20x7 年利息收入(增加應收利息)	2,087	說明(h)	68,460
20x7 年由外進貨(減少現金或增加應付帳款)	(379,000)	32.5	(12,317,500)
20x7 年內部進貨－未外售	(3,261)	32.2	(105,004)
20x7 年內部進貨－已外售	(9,782)	32.2	(314,980)
20x7 年借款予甲(減少現金)	(150,000)	32.6	(4,890,000)
20x7 年薪資費用(減少現金或增加應付薪資)	(95,000)	32.5	(3,087,500)
20x7 年租金費用－20x7/ 7/ 1 支付預付租金	(18,000)	32.6	(586,800)
20x7 年租金費用－20x7/12/31 支付預付租金	(18,000)	33.1	(595,800)
20x7 年支付其他營業費用(假設以現金支付)	(26,351)	32.5	(856,408)
20x7/12/20 支付現金股利	(40,000)	33	(1,320,000)
20x7 年帳列兌換損失－利息收入	(19)	32.8	(623)
20x7 年帳列兌換利益	33	32.5	1,073
換算為表達貨幣之兌換利益 (反推)			184,198
20x7/12/31 乙公司外幣貨幣性項目淨額 (註二)	$113,780	(註三)	$ 3,768,452

註一、註二：同 A 法之註一、註二。

(續次頁)

註三：	LC	匯率	TWD
20x7/12/31 乙公司外幣貨幣性項目淨額 [「應收利息－甲」及「應付帳款－甲」除外]	$114,320	33.1	$3,783,992
20x7/12/31 乙公司「應收利息－甲」	2,068	說明(h)	68,460
20x7/12/31 乙公司「應付帳款－甲」	(2,608)	說明(p)	(84,000)
20x7/12/31 乙公司外幣貨幣性項目淨額	$113,780		$3,768,452

(11) 20x7 年合併工作底稿上之沖銷分錄：(TWD)

(a)	銷貨收入	420,000	
	銷貨成本		420,000
(b)	銷貨成本	30,000	
	存　貨		30,000
(c)	採用權益法認列之子公司、關聯企業 　　　　　　及合資利益之份額	3,757,668	
	股　利		1,188,000
	採用權益法之投資		2,569,668
(d)	非控制權益淨利	420,852	
	股　利		132,000
	非控制權益		288,852
(e)	普通股股本	9,900,000	
	保留盈餘	7,979,336	
	專利權	1,056,000	
	採用權益法之投資		17,041,802
	非控制權益		1,893,534
(f)	攤銷費用	264,000	
	專利權		264,000
(g)	利息收入	68,460	
	利息費用		68,460
	利息收入：請詳(10)試算表及換算說明(h)。		
	利息費用：請詳(9)中 20x7/12/31 甲公司分錄。		
(h)	應付利息－乙	68,460	
	應收利息－甲		68,460
	應付利息－乙：請詳(9)中 20x7/12/31 甲公司分錄。		
	應收利息－甲：請詳(10)試算表及換算說明(h)。		
(i)	應付帳款－甲	84,000	
	應收帳款－乙		84,000
	應付帳款－甲：請詳(10)試算表及換算說明(p)。		

	應收帳款－乙：請詳(9)中 20x7 年 2 月間及 3 月間甲公司分錄。 $420,000(2 月間)－$336,000(3 月間)＝$84,000		
(j)	長期應付款－乙	4,890,000	
	長期應收款－甲		4,890,000
	長期應付款－乙：請詳(9)中 20x7/ 7/ 1 甲公司分錄。 長期應收款－甲：請詳(10)試算表及換算說明(l)。		

(12) 甲公司及乙公司 20x7 年財務報表資料已列入下列合併工作底稿中：

表 14-10 (TWD)

甲公司及其子公司 合併工作底稿 20x7 年 1 月 1 日至 20x7 年 12 月 31 日

	甲公司	90% 乙公司	調整/沖銷 借方	調整/沖銷 貸方	合併 財務報表
綜合損益表：					
銷貨收入	$106,000,000	$23,075,000	(a) 420,000		$128,655,000
利息收入	—	68,460	(g) 68,460		—
外幣兌換利益	—	185,271			185,271
採用權益法認列之子公司、關聯企業及合資利益之份額	3,757,668	—	(c) 3,757,668		—
銷貨成本	(65,000,000)	(12,428,880)	(b) 30,000	(a) 420,000	(77,038,880)
薪資費用	(17,000,000)	(3,087,500)			(20,087,500)
折舊費用	(6,700,000)	(1,320,000)			(8,020,000)
租金費用	—	(1,162,800)			(1,162,800)
其他營業費用	(6,270,006)	(856,408)	(f) 264,000		(7,390,414)
利息費用	(68,460)	—		(g) 68,460	—
外幣兌換損失	—	(623)			(623)
淨　利	$ 14,719,202	$ 4,472,520			
總合併淨利					$ 15,140,054
非控制權益淨利			(d) 420,852		(420,852)
控制權益淨利					$ 14,719,202
保留盈餘表：					
期初保留盈餘	$28,274,102	$ 7,979,336	(e) 7,979,336		$28,274,102
加：淨　利	14,719,202	4,472,520			14,719,202
減：股　利	(9,000,000)	(1,320,000)		(c) 1,188,000 (d) 132,000	(9,000,000)

期末保留盈餘	$33,993,304	$11,131,856				$33,993,304
財務狀況表：						
現　金（＊）	$11,756,294	$ 1,972,065				$13,728,359
應收帳款－淨額	13,000,000	3,210,700				16,210,700
應收帳款－乙	84,000	─		(i)	84,000	─
應收利息－甲	─	68,460		(h)	68,460	─
存　貨	17,000,000	3,092,600				20,092,600
存　貨－購自甲	─	105,004		(b)	30,000	75,004
預付費用	800,000	595,800				1,395,800
長期應收款－甲	─	4,890,000		(j) 4,890,000		─
採用權益法				(c) 2,569,668		
之投資	19,611,470	─		(e)17,041,802		─
房屋及建築	35,000,000	─				35,000,000
減：累計折舊	(28,700,000)	─				(28,700,000)
辦公設備	30,000,000	13,200,000				43,200,000
減：累計折舊	(15,000,000)	(4,620,000)				(19,620,000)
專利權	─	─		(e) 1,056,000	(f) 264,000	792,000
總 資 產	$83,551,764	$22,514,629				$82,174,463
應付帳款	$ 3,500,000	$ 1,001,573				$ 4,501,573
應付帳款－甲	─	84,000		(i)	84,000	─
應付利息－乙	68,460	─		(h)	68,460	─
應付薪資	1,100,000	397,200				1,497,200
長期應付款－乙	4,890,000	─		(j) 4,890,000		─
普通股股本	40,000,000	9,900,000		(e) 9,900,000		40,000,000
保留盈餘	33,993,304	11,131,856				33,993,304
總負債及權益	$83,551,764	$22,514,629				
非控制權益－ 1/1				(e) 1,893,534		
非控制權益						
－當期增加數				(d) 288,852		
非控制權益－12/31						2,182,386
總負債及權益						$82,174,463

＊：釋例一，20x6/ 5/ 3，甲公司收回借出款項之本息共計$3,302,700，
　　　　20x7/12/31「現金」餘額為$11,725,994。
　　釋例二，20x6/ 5/ 3，甲公司收回借出款項之本息共計$3,333,000，
　　　　故 20x7/12/31「現金」餘額為$11,756,294，
　　　　即 $11,725,994＋($3,333,000－$3,302,700)＝$11,756,294。

十二、國外營運機構淨投資之避險

　　當國外營運機構的功能性貨幣與報導個體的功能性貨幣不同時，例如美國子公司功能性貨幣為美元(亦是當地貨幣)，而台灣母公司功能性貨幣為新台幣(亦是當地貨幣)，則該國外營運機構對報導個體而言是一項以外幣計價之股權投資，類似第十三章所述「非衍生工具之外幣交易」(請詳 P.20 表 13-2)，同樣面臨匯率變動所導致帳列外幣資產或外幣負債公允價值變動的風險，故報導個體可能進行避險操作，可透過"被指定之衍生工具"或"被指定之非衍生金融資產(或負債)"[＊] 來規避因匯率變動導致"以外幣計價之股權投資"公允價值變動的風險。[＊：詳第十三章「九、避險會計－準則相關規範」之「(二)避險工具」。]

　　每屆報導期間結束日，國外營運機構(假設是子公司)的功能性貨幣(假設亦是當地貨幣)財務報表須換算為表達貨幣(假設同報導個體功能性貨幣)財務報表，且匯率變動對此換算之影響(兌換差額)應列為「其他綜合損益」，會計科目為「其他綜合損益－國外營運機構財務報表換算之兌換差額」，期末結轉至「其他權益－國外營運機構財務報表換算之兌換差額」，列在權益項下。而報導個體應按權益法，依持股比率認列「其他綜合損益－子公司、關聯企業及合資之國外營運機構財務報表換算之兌換差額」，期末結轉至「其他權益－國外營運機構財務報表換算之兌換差額－採用權益法之子公司」，列在權益項下，直到報導個體處分對營運機構之股權投資時，才將此兌換差額自權益重分類至損益，請詳本章「六、當個體使用非功能性貨幣為表達貨幣」之說明。

　　因此，報導個體若為國外營運機構淨投資進行避險操作，則避險交易所產生之兌換差額中屬有效避險部分 (即避險工具之利益或損失中被確定屬有效避險部分) 應列為「其他綜合損益」，會計科目為「其他綜合損益－避險工具之損益」，期末結轉至「其他權益－避險工具之損益」，列在權益項下，如此才能與報導個體因按權益法對國外營運機構認列之「其他綜合損益－子公司、關聯企業及合資之國外營運機構財務報表換算之兌換差額」及「其他綜合損益－國外營運機構淨投資之兌換差額」的全部或部分金額產生抵銷效果。相關會計科目如下：

(續次頁)

			會 計 科 目
(1)	國外營運機構	子公司、關聯企業、分支機構等	其他綜合損益－國外營運機構財務報表換算之兌換差額
			其他權益－國外營運機構財務報表換算之兌換差額 （上列：836K，本列：3411）
(2)	母公司	被避險項目	其他綜合損益－子公司、關聯企業及合資之國外營運機構 　　　　　　財務報表換算之兌換差額 (838K)
			其他權益－國外營運機構財務報表換算之兌換差額 　　　　　－採用權益法之子公司 (3412)
			其他綜合損益－國外營運機構淨投資之兌換差額 (836L)
			其他權益－國外營運機構淨投資之兌換差額 (341A)
		避險工具	其他綜合損益－避險工具之損益 (836D)
			其他權益－避險工具之損益 (345B)
(3)	投資者	被避險項目	其他綜合損益－關聯企業及合資之國外營運機構財務報表 　　　　　　換算之兌換差額 (837K)
			其他權益－國外營運機構財務報表換算之兌換差額 　　　　　－採用權益法之關聯企業及合資 (3413)
			其他綜合損益－國外營運機構淨投資之兌換差額 (836L)
			其他權益－國外營運機構淨投資之兌換差額 (341A)
		避險工具	其他綜合損益－避險工具之損益 (836D)
			其他權益－避險工具之損益 (345B)

※ 會計項目及代碼 (詳第十三章 P.88)：

8300	其他綜合損益		
	8361	836L	國外營運機構淨投資避險中屬有效避險部分之避險工具利益(損失)
	8368		避險工具之損益－後續可能重分類至損益
		836D	國外營運機構淨投資避險中屬有效避險部分之避險工具利益(損失)
3400	其他權益		
	3410	341A	國外營運機構淨投資避險中屬有效避險部分之避險工具利益(損失)
	3451		避險工具之損益
		345B	國外營運機構淨投資避險中屬有效避險部分之避險工具利益(損失)

　　依 IFRS 9 規定：國外營運機構淨投資之避險(包括作為淨投資之一部分處理之貨幣性項目)只要符合適用避險會計之要件，避險關係應採用<u>與現金流量避險類似</u>之方式處理，如下(a)及(b)：
(a) 避險工具之利益或損失中確定屬有效避險部分，應認列於其他綜合損益。
(b) 無效部分應認列於損益。

與避險有效部分有關且先前已累計於外幣換算準備之避險工具累積利益或損失，應於處分或部分處分國外營運機構時，依IAS 21 第48至49段之規定，自權益重分類至損益作為重分類調整。

當國外營運機構的功能性貨幣與報導個體的功能性貨幣相同時，例如美國子公司功能性貨幣為新台幣(非當地貨幣美元)，而台灣母公司功能性貨幣為新台幣(亦是當地貨幣)，則該國外營運機構對報導個體而言雖是一項國外股權投資，但不是以外幣計價，非外幣交易，因此不會面臨匯率變動的風險，故報導個體無避險之需求。若報導個體仍進行相關之"被指定之衍生工具"或"被指定之非衍生金融資產(負債)"交易，則只能視為"非避險目的"或"投機目的(for speculation purpose)"而進行的外幣交易(因無避險之必要性)。又每屆報導期間結束日，國外營運機構的當地貨幣財務報表須換算為功能性貨幣(假設亦是表達貨幣)財務報表，且其兌換差額為損益項目，列為當期損益，故報導個體所進行相關之"非避險目的"外幣交易而產生的兌換差額，亦應列為當期損益。

釋例三：

台灣甲公司於20x6年1月1日以840,000美元取得美國乙公司80%股權，並對乙公司存在控制。當日乙公司權益為1,000,000美元，包括普通股股本600,000美元及保留盈餘400,000美元，且其帳列資產及負債之帳面金額皆等於公允價值，除有一項未入帳專利權(估計尚有5年耐用年限)外，無其他未入帳資產或負債。非控制權益係以收購日公允價值衡量。已知美國乙公司之記帳貨幣及功能性貨幣皆為美元，台灣甲公司之功能性貨幣及表達貨幣皆為新台幣。

甲公司為規避上述股權投資公允價值受匯率變動影響之風險，遂於收購日向銀行舉借850,000美元外幣負債，並指定該外幣借款為國外營運機構淨投資匯率風險之避險工具。此筆借款係以美元為計價，年息2%，到期日為20x7年1月1日。乙公司20x6年之淨利為180,000美元，並於20x6年11月1日宣告且發放現金股利80,000美元。

20x7年1月1日，甲公司因故部分處分對乙公司70%股權，得款805,000美元，而甲公司保留對乙公司10%股權之公允價值為113,000美元。美元對新台幣之匯率如下：

20x6/1/1	32.0	20x6/12/31	31.3
20x6/11/1	31.4	20x7/1/1	31.2
20x6 年	全年平均匯率：31.7		

假設本例之避險關係符合 IFRS 9 為適用避險會計之所有要件，包括：指定避險關係當時及其避險關係存續期間內。避險比率＝USD840,000÷USD850,000＝98.82%。

<u>分析如下：</u>

20x6/1/1：非控制權益係以收購日公允價值衡量，惟釋例中未提及該公允價值，故設算之。乙公司公允價值＝(USD840,000÷80%)×32
　　　　　　　　　　　　＝USD1,050,000×32＝TWD33,600,000
非控制權益＝TWD33,600,000×20%＝TWD6,720,000
甲公司帳列「採用權益法之投資」＝USD840,000×32＝TWD26,880,000
乙公司未入帳專利權＝USD1,050,000－USD1,000,000＝USD50,000
乙公司未入帳專利權之攤銷及換算，如下：

	USD	匯率	TWD
20x6/1/1	$50,000	32.0	$1,600,000
20x6 年攤銷費用	(10,000)	31.7	(317,000)
兌換差額（#）(反推)	－		(31,000)
20x6/12/31	$40,000	31.3	$1,252,000

＃：「其他綜合損益－國外營運機構財務報表換算之兌換差額」。

20x6 年，乙公司保留盈餘異動如下：

表 14-11

	USD	匯率	TWD
20x6/1/1	$400,000	32.0	$12,800,000
20x6 年淨利	180,000	31.7 (註一)	5,706,000
20x6/11/1 股利	(80,000)	31.4	(2,512,000)
20x6/12/31	$500,000	(註二)	$15,994,000

註一：因無 20x6 年損益詳細資料，故暫以 20x6 年平均匯率 31.7 換算。
註二：期末保留盈餘須待其組成項目逐項換算後，再予以合計，故
　　　$15,994,000＝$12,800,000＋$5,706,000－$2,512,000。

假設乙公司 20x6/12/31 帳列資產及負債換算為新台幣金額分別為 TWD45,200,000 及 TWD10,770,000，股本 USD600,000 依交易日(收購日 20x6/1/1)匯率 32 換算為 TWD19,200,000，因此反推乙公司財務報表換算之兌換差額＝TWD45,200,000－(TWD10,770,000＋TWD19,200,000＋TWD15,994,000)＝－TWD764,000(借餘)，會計科目為「其他綜合損益－國外營運機構財務報表換算之兌換差額」。

20x6 年，甲公司適用權益法所須之相關金額計算如下：(TWD)
甲公司應認列之投資利益
　　＝(乙淨利$5,706,000－專利權攤銷$317,000)×80%＝$4,311,200
非控制權益淨利＝($5,706,000－$317,000)×20%＝$1,077,800
乙公司之「其他綜合損益－國外營運機構財務報表換算之兌換差額」
　　＝－$764,000(乙報表換算)－$31,000(未入帳專利權換算)＝－$795,000
20x6/12/31，甲公司帳列「採用權益法之投資」
　　＝$26,880,000＋$4,311,200＋(－$795,000×80%)－($2,512,000×80%)
　　＝$26,880,000＋$4,311,200－$636,000－$2,009,600＝$28,545,600
20x6/12/31，合併財務狀況表上之非控制權益
　　＝$6,720,000＋$1,077,800－($795,000×20%)－($2,512,000×20%)
　　＝$6,720,000＋$1,077,800－$159,000－$502,400＝$7,136,400

甲公司分錄如下： (TWD)

20x6/1/1	採用權益法之投資	26,880,000	
	現　金		26,880,000
1/1	現　金	27,200,000	
	銀行借款－美元		27,200,000
	USD850,000×32＝TWD27,200,000		
11/1	現　金	2,009,600	
	採用權益法之投資		2,009,600
12/31	採用權益法之投資	4,311,200	
	採用權益法認列之子公司、關聯企業		
	及合資利益之份額		4,311,200
12/31	其他綜合損益－子公司、關聯企業及合資之		
	國外營運機構財務報表換算		
	之兌換差額 (P.75，838K)	636,000	
	採用權益法之投資		636,000

12/31	銀行借款－美元　　　　　　　　　　　　　　595,000	
	其他綜合損益－避險工具之損益 (P.75，836D)	588,000
	避險工具之利益－國外營運機構淨投資避險 (＊)	7,000

＊：(730E)「避險工具之利益－國外營運機構淨投資避險無效
　　　　而認列於損益之利益」

截至 20x6/12/31，避險工具(外幣負債)公允價值減少 TWD595,000，
　　　USD850,000×(32－31.3)＝TWD595,000 (A)
截至 20x6/12/31，被避險項目之公允價值減少 TWD588,000，
　　　USD840,000×(31.3－32)＝－TWD588,000 (B)
以(A)(B)絕對金額較低者(TWD588,000)，認列「其他綜合損益－避險工具之損益」，該項累計於「其他綜合損益」之避險工具累積利益或損失，應於處分或部分處分國外營運機構時，自權益重分類至損益作為重分類調整。

而避險工具中任何剩餘利益或損失屬避險無效性，TWD595,000 (A)－TWD588,000 (有效，其他綜合損益)＝TWD7,000，應認列於損益。

12/31	利息費用　　　　　　　　　　　　　　　　　538,900	
	應付利息－美元	532,100
	外幣兌換利益	6,800

利息費用＝(USD850,000×2%×12/12)×31.7 (20x6 平均匯率)
　　　　＝USD17,000×31.7＝TWD538,900
應付利息＝USD17,000×31.3 (報導期間結束日匯率)＝TWD532,100

註：截至 20x6/12/31，結轉「其他綜合損益」後，甲公司帳列：
(1)「其他權益－國外營運機構財務報表換算之兌換差額－採用權益法之子公司」
　(P.75，3412)＝20x6/12/31 結轉借記$636,000＝借餘$636,000
(2)「其他權益－避險工具之損益」(P.75，345B)
　　＝20x6/12/31 結轉貸記$588,000＝貸餘$588,000

20x7/ 1/ 1	銀行借款－美元　　　　　　　　　　　　　　85,000	
	其他綜合損益－避險工具之損益	84,000
	避險工具之利益－國外營運機構淨投資避險	1,000

截至 20x7/ 1/ 1，避險工具(外幣負債)公允價值減少 TWD680,000，
　　　USD850,000×(32－31.2)＝TWD680,000 (A)
　其中 TWD595,000 已於 20x6/12/31 借記「銀行借款－美元」，故今
　再借記 TWD85,000，TWD680,000－TWD595,000＝TWD85,000。
截至 20x7/ 1/ 1，被避險項目之公允價值減少 TWD672,000，
　　　USD840,000×(31.2－32)＝－TWD672,000 (B)
以(A)(B)絕對金額較低者(TWD672,000)，認列「其他綜合損益－避險工具之損益」，其中 TWD588,000 已於 20x6/12/31 貸記「其他綜合損

		益」,故今再貸記 TWD84,000,該項累計於「其他綜合損益」之避險工具累積利益或損失,應於處分或部分處分國外營運機構時,自權益重分類至損益作為重分類調整。 　　避險工具中任何剩餘利益或損失屬避險無效性,TWD680,000 (A)－TWD672,000 (其他綜合損益)＝TWD8,000,應認列於損益,其中TWD7,000 已於 20x6/12/31 認列於損益,今再認列 TWD1,000。
1/1	銀行借款－美元　　　　　　　　　　　　26,520,000 應付利息－美元　　　　　　　　　　　　　　532,100 　　現　金　　　　　　　　　　　　　　　　　　　　27,050,400 　　外幣兌換利益　　　　　　　　　　　　　　　　　　　1,700	
	銀行借款＝TWD27,200,000－TWD595,000－TWD85,000 　　　　＝USD850,000×31.2＝TWD26,520,000 現　金＝(本金 USD850,000＋利息 USD17,000)×31.2 　　　＝USD867,000×31.2＝TWD27,050,400 外幣兌換利益＝利息 USD17,000×(31.3－31.2)＝TWD1,700	
1/1	現　金　　　　　　　　　　　　　　　　25,116,000 強制透過損益按公允價值衡量之金融資產　3,525,600 其他綜合損益－避險工具之損益　　　　　　672,000 　　採用權益法之投資　　　　　　　　　　　　　　28,545,600 　　其他綜合損益－子公司、關聯企業及合資 　　　　　　　　之國外營運機構財務報表換算 　　　　　　　　之兌換差額　　　　　　　　　　　　　636,000 　　處分投資利益　　　　　　　　　　　　　　　　　　132,000	
	現　金＝USD805,000×31.2＝TWD25,116,000 強制透過損益按公允價值衡量之金融資產＝USD113,000×31.2 　　　　　　　　　　　　　　　　　　　＝TWD3,525,600 「其他綜合損益－避險工具之損益」 　　　　＝TWD588,000＋TWD84,000＝TWD672,000 處分投資利益 ＝(TWD25,116,000＋TWD3,525,600)－[TWD28,545,600＋TWD636,000 　　(重分類為損益)]－TWD672,000(重分類為損益)＝TWD132,000	

註：截至 20x7/1/1,結轉「其他綜合損益」後,甲公司帳列：
(1)「其他權益－國外營運機構財務報表換算之兌換差額－採用權益法之子公司」
　＝20x6/12/31 借餘$636,000＋20x7/1/1 結轉貸記$636,000＝$0。
(2)「其他權益－避險工具之損益」＝20x6/12/31 貸餘$588,000＋20x7/1/1 結轉貸記
　　$84,000＋20x7/1/1 結轉借記$672,000＝$0。

20x6 年,相關科目餘額異動如下: (TWD)

	20x6/1/1	20x6	20x6/12/31
乙－綜合損益表:			($764,000)
兌換差額(☆)	$　　　－	－$764,000	結轉「其他權益」
乙－權　益:			
普通股股本	$19,200,000		$19,200,000
保留盈餘	12,800,000	＋$5,706,000－$2,512,000	15,994,000
兌換差額(＃)	－	結轉自「其他綜合損益」－$764,000	(764,000)
	$32,000,000		$34,430,000

☆:「其他綜合損益－國外營運機構財務報表換算之兌換差額」。
＃:「其他權益－國外營運機構財務報表換算之兌換差額」。

權益法:

甲－採用權益法		＋$4,311,200－$2,009,600	
之投資	$26,880,000	－$636,000	$28,545,600
甲－綜合損益表:			
兌換差額(&)	$　　　－	－$636,000	($636,000)
			結轉「其他權益」
避險損益(& &)	$　　　－	－$588,000	$588,000
			結轉「其他權益」
甲－權　益:			
兌換差額(＊)		結轉自「其他綜合損益」－$636,000	($636,000)
避險損益(＊＊)		結轉自「其他綜合損益」＋$588,000	$588,000

&:「其他綜合損益－子公司、關聯企業及合資之國外營運機構財務報表換算
　　之兌換差額」。
& &:「其他綜合損益－避險工具之損益」。
＊:「其他權益－國外營運機構財務報表換算之兌換差額－採用權益法之子公司」。
＊＊:「其他權益－避險工具之損益」。

合併財務報表:

專利權	$1,600,000	－$317,000－$31,000	$1,252,000
非控制權益	$6,720,000	＋$1,077,800－$502,400	
		－$159,000	$7,136,400

驗 算: 20x6/12/31:
　採用權益法之投資＝(乙權益$34,430,000＋專利權$1,252,000)×80％＝$28,545,600
　非控制權益＝(乙權益$34,430,000＋專利權$1,252,000)×20％＝$7,136,400

20x6 年合併工作底稿上之沖銷分錄： (TWD)

(a)	採用權益法認列之子公司、關聯企業 　　　　　　　　及合資利益之份額　　　4,311,200 　　　股　　利　　　　　　　　　　　　　　　　　　2,009,600 　　　採用權益法之投資　　　　　　　　　　　　　　2,301,600
(b)	非控制權益淨利　　　　　　　　　　　　1,077,800 　　　股　　利　　　　　　　　　　　　　　　　　　502,400 　　　非控制權益　　　　　　　　　　　　　　　　　575,400
(c)	普通股股本　　　　　　　　　　　　　　19,200,000 保留盈餘　　　　　　　　　　　　　　　12,800,000 專利權　　　　　　　　　　　　　　　　 1,569,000 其他權益－國外營運機構財務報表換算 　　　　之兌換差額 (P.75，3411)　　　　　764,000 　　　採用權益法之投資　　　　　　　　　　　　　26,244,000 　　　非控制權益　　　　　　　　　　　　　　　　6,561,000 沖銷基礎：期初金額 ± 考慮當期因子公司報表換算而新增之其他綜合損益 乙權益：普通股股本＝USD600,000×32＝TWD19,200,000 　　　　保留盈餘＝USD400,000×32＝TWD12,800,000 　　　　其他權益＝TWD0－TWD764,000(借餘)＝－TWD764,000(借餘) 專利權＝TWD1,600,000－TWD31,000＝TWD1,569,000 採用權益法之投資＝TWD26,880,000－TWD636,000＝TWD26,244,000 非控制權益＝TWD6,720,000－TWD159,000＝TWD6,561,000
(d)	攤銷費用　　　　　　　　　　　　　　　317,000 　　　專利權　　　　　　　　　　　　　　　　　　317,000

上述交易在甲公司財務報表之表達如下：(TWD)

	20x6
綜合 損益表	採用權益法認列之子公司、關聯企業及合資利益之份額 ------- $4,311,200 外幣兌換利益 -- 6,800 利息費用 --- (538,900) 避險工具之利益－國外營運機構淨投資避險 ------------------- 7,000 　　　　　： 其他綜合損益－子公司、關聯企業及合資之國外營運機構 　　　　　　財務報表換算之兌換差額 ------------------- (636,000) 其他綜合損益－避險工具之損益 ------------------------------- 588,000 　　　　　：

	20x6／12／31	
財務狀況表	非流動資產 　採用權益法之投資 　------------- $28,545,600	流動負債 　銀行借款－美元 ---- $26,605,000 　應付利息－美元 ----　　532,100
		權　　益 　其他權益（＊）--------- ($636,000) 　其他權益（＃）----------　588,000
＊：「其他權益－國外營運機構財務報表換算之兌換差額 　　　－採用權益法之子公司」借餘$636,000 ＃：「其他權益－避險工具之損益」貸餘$588,000		

釋例四：

台灣甲公司於 20x7 年 4 月 1 日投資 200,000 美元在美國成立乙公司，乙公司之記帳貨幣及功能性貨幣皆為美元。為規避匯率異動之風險，甲公司於同日與銀行簽訂 90 天期賣 200,000 美元之遠期外匯合約，並約定於 20x7 年 6 月 30 日合約到期時，以現金淨額交割方式履行合約。甲公司將此遠期合約依下列兩種獨立情況指定為對乙公司淨投資匯率風險之避險工具。

20x7 年 12 月 31 日，乙公司總資產為 207,200 美元，包括現金 57,200 美元及固定資產 150,000 美元，權益為 207,200 美元(包括甲公司原始投資 200,000 美元及當年度營運利益 7,200 美元)。20x8 年 1 月 1 日，甲公司認為乙公司營運成效不彰，故出售乙公司得款 195,000 美元。美元對新台幣之匯率如下：

	即期匯率	6/30 到期之遠期匯率	投資日至各該日之平均匯率
20x7/ 4/ 1	35.0	34.9	－
20x7/ 6/30	34.3	－	34.37
20x7/12/31	34.0	－	34.26
20x8/ 1/ 1	34.0	－	－

假設本例之避險關係符合 IFRS 9 為適用避險會計之所有要件，包括：指定避險關係當時及其避險關係存續期間內。避險比率＝USD200,000÷USD200,000＝100%。

茲分兩種獨立情況說明：
(一) 甲公司以遠期合約整體之公允價值變動指定避險關係。
(二) 甲公司以遠期合約即期價格(即期匯率)部分之公允價值變動指定避險關係。

分析如下：

20x7 年，美國乙公司保留盈餘異動如下：

表 14-12

	USD	匯　率	TWD
20x7/ 4/ 1	$　　　0	—	$　　　0
20x7 年淨利	7,200	34.26 (註一)	246,672
20x7/12/31	$7,200	(註二)	$246,672

註一：因無 20x7 年損益詳細資料，故暫以 20x7 年平均匯率 34.26 換算。
註二：期末保留盈餘須待其組成項目逐項換算後，再予以合計，
　　　故$246,672＝$0＋$246,672。

假設美國乙公司 20x7/12/31 帳列資產及負債換算為新台幣金額分別為 TWD10,300,000 及 TWD3,255,200，股本 USD200,000 依交易日(收購日 20x7/ 4/ 1)匯率 35 換算為 TWD7,000,000，因此反推美國乙公司財務報表換算之兌換差額 ＝ TWD10,300,000 － (TWD3,255,200 ＋ TWD7,000,000 ＋ TWD246,672) ＝ －TWD201,872(借餘)，會計科目為「其他綜合損益－國外營運機構財務報表換算之兌換差額」。

情況(一)：

甲公司分錄如下： (TWD)

20x7/ 4/ 1	採用權益法之投資　　　　　　　　　　　7,000,000	
	現　金　　　　　　　　　　　　　　　　　　7,000,000	
	USD200,000×35＝TWD7,000,000	
4/ 1	無分錄，因該遠期外匯合約之公允價值為$0，	
	USD100,000×(約定匯率 34.9－90 天遠期匯率 34.9)＝TWD0，	
	但若有管理上之需要，可作備忘記錄。	
6/30	避險之金融資產－遠期合約　　　　　　　120,000	
	其他綜合損益－避險工具之損益 (P.75，836D)　　　120,000	

第 84 頁 (第十四章 匯率變動對財務報表之影響)

6/30	交割日,遠期外匯合約公允價值增加 TWD120,000,即給付美元義務減少,USD200,000×(34.9－34.3)＝TWD120,000 (A) 交割日,被避險項目之公允價值減少 TWD140,000, USD200,000×(34.3－35)＝－TWD140,000 (B) 以(A)(B)絕對金額較低者(TWD120,000),認列「其他綜合損益－避險工具之損益」,該項累計於「其他綜合損益」之避險工具累積利益或損失,應於處分或部分處分國外營運機構時,自權益重分類至損益作為重分類調整。 　　避險工具中任何剩餘利益或損失屬避險無效性,TWD120,000 (A) －TWD120,000 (有效,其他綜合損益)＝TWD0,應認列於損益。		
6/30	現　　金 　　避險之金融資產－遠期合約	120,000	120,000
	以淨額交割方式,結清遠期外匯合約。		
12/31	採用權益法之投資 　　採用權益法認列之子公司、關聯企業 　　　　及合資利益之份額	246,672	246,672
	金額,請詳表 14-12。		
12/31	其他綜合損益－子公司、關聯企業及合資之 　　國外營運機構財務報表換算 　　　　之兌換差額 (P.75,838K) 　　採用權益法之投資	201,872	201,872
	金額,請詳表 14-12 下方段之說明。		
註： 截至 20x7/12/31,結轉「其他綜合損益」後,甲公司帳列： (1)「其他權益－國外營運機構財務報表換算之兌換差額－採用權益法之子公司」 　　(P.75,3412)＝20x7/12/31 結轉借記$201,872＝借餘$201,872 (2)「其他權益－避險工具之損益」(P.75,345B) 　　＝20x7/12/31 結轉貸記$120,000＝貸餘$120,000。			
20x8/1/1	現　　金 其他綜合損益－避險工具之損益 處分投資損失 　　採用權益法之投資 　　其他綜合損益－子公司、關聯企業及合資 　　　　之國外營運機構財務報表換算 　　　　之兌換差額	6,630,000 120,000 496,672	7,044,800 201,872
	現　金＝USD195,000×34＝TWD6,630,000 採用權益法之投資＝TWD7,000,000＋TWD246,672－TWD201,872		

	＝TWD7,044,800
	「其他綜合損益－避險工具之損益」＝TWD120,000
	(原貸餘，重分類為損益，故借記)
	「其他綜合損益－子公司、關聯企業及合資之國外營運機構財務報表
	換算之兌換差額」＝TWD201,872 (原借餘，重分類為損益，故貸記)
	處分投資損失
	＝TWD6,630,000－[TWD7,044,800＋TWD201,872(重分類為損益)
	－TWD120,000(重分類為損益)]＝－TWD496,672
註：	截至 20x8/1/1，結轉「其他綜合損益」後，甲公司帳列：
(1)	「其他權益－國外營運機構財務報表換算之兌換差額－採用權益法之子公司」
	＝20x7/12/31 借餘$201,872＋20x8/1/1 貸記$201,872＝$0。
(2)	「其他權益－避險工具之損益」
	＝20x7/12/31 貸餘$120,000＋20x8/1/1 借記$120,000＝$0。

情況(二)：

甲公司分錄如下： (TWD)

20x7/4/1	採用權益法之投資　　　　　　　　　　　　7,000,000
	現　金　　　　　　　　　　　　　　　　　　　　7,000,000
	USD200,000×35＝TWD7,000,000
4/1	無分錄，因該遠期外匯合約之公允價值為$0，
	USD100,000×(約定匯率 34.9－90 天遠期匯率 34.9)＝TWD0，
	但若有管理上之需要，可作備忘記錄。
6/30	避險之金融資產－遠期合約　　　　　　　　120,000
	透過損益按公允價值衡量之金融資產(負債)損失　20,000
	其他綜合損益－避險工具之損益　　　　　　　　　140,000
	交割日，遠期外匯合約公允價值增加 TWD120,000，即給付美元義務減
	少，USD200,000×(34.9－34.3)＝TWD120,000。
	遠期外匯合約即期匯率變動部分，
	USD200,000×(35－34.3)＝TWD140,000(A)
	交割日，被避險項目之公允價值減少 TWD140,000，
	USD200,000×(34.3－35)＝－TWD140,000 (B)
	以(A)(B)絕對金額較低者(TWD140,000)，認列為「其他綜合損益－避
	險工具之損益」，該項累計於「其他綜合損益」之避險工具累積利益或
	損失，應於處分或部分處分國外營運機構時，自權益重分類至損益作
	為重分類調整。

		避險工具中任何剩餘利益或損失屬避險無效性，TWD140,000(A) －TWD140,000 (有效，其他綜合損益)＝TWD0，應認列於損益。 另，非指定避險部分＝TWD120,000－TWD140,000(A) 　　　　　　　　　　＝－TWD20,000，則認列為金融負債損失。	
6/30	現　金	120,000	
	避險之金融資產－遠期合約		120,000
	以淨額交割方式，結清遠期外匯合約。		
12/31	採用權益法之投資	246,672	
	採用權益法認列之子公司、關聯企業 　　　　　　及合資利益之份額		246,672
	金額，請詳表 14-12。		
12/31	其他綜合損益－子公司、關聯企業及合資之 　　　　國外營運機構財務報表換算 　　　　之兌換差額	201,872	
	採用權益法之投資		201,872
	金額，請詳表 14-12 下方段之說明。		
註：	截至 20x7/12/31，結轉「其他綜合損益」後，甲公司帳列： (1)「其他權益－國外營運機構財務報表換算之兌換差額－採用權益法之子公司」 　＝20x7/12/31 結轉借記$201,872＝借餘$201,872。 (2)「其他權益－避險工具之損益」＝20x7/12/31 結轉貸記$140,000＝貸餘$140,000。		
20x8/ 1/ 1	現　金	6,630,000	
	其他綜合損益－避險工具之損益	140,000	
	處分投資損失	476,672	
	採用權益法之投資		7,044,800
	其他綜合損益－子公司、關聯企業及合資 　　　　　　之國外營運機構財務報表 　　　　　　換算之兌換差額		201,872
	現　金＝USD195,000×34＝TWD6,630,000 採用權益法之投資＝TWD7,000,000＋TWD246,672－TWD201,872 　　　　　　　　＝TWD7,044,800 「其他綜合損益－避險工具之損益」＝TWD140,000 　　　　　　　　(原貸餘，重分類為損益，故借記) 「其他綜合損益－子公司、關聯企業及合資之國外營運機構財務報表 　換算之兌換差額」＝TWD201,872 (原借餘，重分類為損益，故貸記) 處分投資損失＝TWD6,630,000－[TWD7,044,800＋TWD201,872(重分類 為損益)－TWD140,000(重分類為損益)]＝－TWD476,672		

> 註： 截至 20x8/1/1，結轉「其他綜合損益」後，甲公司帳列：
> (1)「其他權益－國外營運機構財務報表換算之兌換差額－採用權益法之子公司」
>   ＝20x7/12/31 借餘$201,872＋20x8/1/1 貸記$201,872＝$0。
> (2)「其他權益－避險工具之損益」
>   ＝20x7/12/31 貸餘$140,000＋20x8/1/1 借記$140,000＝$0。

十三、合併現金流量表

在本書上冊第四章合併財務報表編製技術與程序中，已說明母、子公司合併現金流量表的編製邏輯與程序，但若子公司係一國外營運機構，其當地貨幣財務報表須先換算為表達貨幣財務報表，始可與母公司表達貨幣財務報表進行母、子公司合併財務報表之編製。換言之，合併現金流量表中除須表達當期母公司及子公司所有現金流入及現金流出之交易外，尚須表達匯率變動對當期子公司所有現金流入及現金流出交易的影響，即匯率變動對當期子公司現金及約當現金之淨影響(註一)。因此編製合併現金流量表時，有兩個問題須解決：

問題(1)：如何正確且有效率地從現金及約當現金相關分類帳中，將特定會計期間內的所有現金交易逐一地辨認、解讀並分類為營業活動、投資活動或籌資活動？

問題(2)：面對子公司於特定會計期間內數以百計之現金流入及現金流出交易，該如何逐一地辨認並計算匯率變動對該期間每一筆現金交易之影響(註一)呢？

註一：當母、子公司合併財務報表使用之表達貨幣非為母公司功能性貨幣時，母公司功能性貨幣財務報表亦須換算為表達貨幣財務報表後，始可與子公司表達貨幣財務報表進行母、子公司合併財務報表之編製。若然，則合併現金流量表中除須表達當期母公司及子公司所有現金流入及現金流出之交易外，尚須表達匯率變動對當期母公司及子公司所有現金流入及現金流出交易的影響，即匯率變動對母公司及子公司現金及約當現金之淨影響。

問題(1)的解決方式，已在本書上冊第四章中說明，即透過複式簿記之借貸平衡觀念，逆向操作，改由分析"除了現金及約當現金以外的所有會計科目當期

之變動"著手,間接地去瞭解影響現金及約當現金的當期交易,並將之區分為營業活動、投資活動或籌資活動。惟須注意,此時導致當期子公司每項資產及負債(包含未入帳資產及負債)變動之因素,除了當期所發生之交易事項外,尚有匯率變動的因素,故須先考慮問題(2)及其解決之道。

問題(2),為配合問題(1)的解決方式,須先將匯率變動對"當期子公司每項資產及負債(包含未入帳資產及負債)變動"的影響 [即匯率變動對當期子公司淨值變動的影響] 逐一辨認出來,才能進一步決定因當期交易事項導致子公司每項資產及負債(包含未入帳資產及負債)變動的金額 [即當期交易事項對子公司淨值變動的影響],並分類為營業活動、投資活動或籌資活動。因此衍生出問題(3):如何逐一地辨認匯率變動對"當期子公司每項資產及負債(包含未入帳資產及負債)變動"的影響呢?

針對問題(3),以「子公司功能性貨幣財務報表<u>換算</u>為表達貨幣財務報表」為例說明。當子公司的功能性貨幣非為高度通貨膨脹經濟下之貨幣時,由於資產及負債係以財務狀況表日之<u>收盤匯率</u>換算,而收益及費損應以交易日匯率換算,惟欲於某一特定會計期間中,追溯每個損益認列日之匯率及各該日所認列之損益金額,再分別換算後予以合計,實屬不易,故基於實務之理由,可按當期平均匯率換算。此等<u>權宜作法</u>實隱含一項<u>前提假設</u>:假設所有損益項目係於該特定會計期間內平均地發生。同損益項目之說理,<u>亦可假設</u>:子公司當期所有現金流入及現金流出交易係於該特定會計期間內平均地發生,因此可按當期平均匯率換算(註二)。換言之,因有假設前題存在,故無須逐日計算匯率變動對"當期子公司每項資產及負債(包含未入帳資產及負債)變動"的影響,而是將"計算全年匯率變動對當期子公司每項資產及負債(包含未入帳資產及負債)變動的影響(註三)"予以簡化,只區分為兩段式計算,如下:

「A 段」:(當期平均匯率－期初匯率)×子公司資產或負債之<u>期初</u>外幣餘額
「B 段」:(期末匯率－當期平均匯率)×子公司資產或負債之<u>期末</u>外幣餘額

註二:惟須注意,當子公司某些現金交易的<u>現金流量型態與假設明顯不符</u>時,即子公司某些現金交易的現金流量型態並非於該特定會計期間內平均地發生,則不可適用假設說法與權宜處理方式,應回歸該現金交易的實際情況,<u>按現金流量發生日之即期匯率</u>換算。例如:(a)子公司宣告及發放現金股利,(b)特定會計期間中交易筆數不多的母、子公司間內部交易,(c)特定會計期間中交易筆數不多的取得或處分不資產、廠房及設備或無

形資產等。因此匯率變動對此類現金交易之影響＝(現金流量發生日即期匯率－當期平均匯率)×該筆交易之外幣金額。

註三：全年匯率變動對子公司每項資產及負債(包含未入帳資產及負債)變動的影響，包含：
 (a) 子公司功能性貨幣財務報表換算為表達貨幣財務報表時，所產生兌換差額之淨增(減)數，其在子公司表達貨幣財務報表上之會計科目為「其他綜合損益－國外營運機構財務報表換算之兌換差額」。
 (b) 子公司於收購日帳列淨值低(高)估截至換算日之功能性貨幣金額及未入帳資產及負債截至換算日之功能性貨幣金額換算為表達貨幣金額時，所產生之兌換差額，其在子公司表達貨幣財務報表上之會計科目為「其他綜合損益－國外營運機構財務報表換算之兌換差額」。

  IAS 7 對於「外幣現金流量」之相關規定如下：

(1) 因外幣交易產生之現金流量，應按現金流量發生日之功能性貨幣與外幣間之匯率，將該外幣金額以企業之功能性貨幣記錄之。
(2) 國外子公司之現金流量，應按現金流量發生日之功能性貨幣與外幣間之匯率換算。
(3) 以外幣計價之現金流量，應採用與 IAS 21「匯率變動之影響」一致之方式報導。該準則允許企業使用近似於實際匯率之匯率作為換算匯率。例如，外幣交易之記錄或國外子公司現金流量之換算，得採一段期間之加權平均匯率。惟 IAS 21 不允許採用報導期間結束日之匯率換算國外子公司之現金流量。
(4) 因外幣匯率變動而產生之未實現利益及損失並非現金流量。惟為調節期初及期末之現金及約當現金餘額，應於現金流量表中報導匯率變動對持有或積欠之外幣現金及約當現金之影響。上述影響之金額應與來自營業、投資及籌資活動之現金流量單獨表達，且此金額包含若該等現金流量依期末匯率報導所產生之差異。

釋例五：

  台灣甲公司於 20x6 年 1 月 1 日以新台幣 8,064,000 取得國外乙公司 80%股權，並對乙公司存在控制。當日乙公司權益包括普通股股本 LC3,000,000 及保留盈餘 LC2,500,000 (LC：當地貨幣)，且其帳列資產及負債之帳面金額皆等於公允

價值，除有一項未入帳專利權(估計尚有 5 年耐用年限)外，無其他未入帳資產或負債。非控制權益係以收購日公允價值衡量。其他資料如下：
(a) 甲公司之記帳貨幣及功能性貨幣皆為新台幣。
(b) 乙公司之記帳貨幣及功能性貨幣皆為當地貨幣。
(c) 甲公司及乙公司合併財務報表之表達貨幣為新台幣。
(d) 新台幣及乙公司當地貨幣皆非為高度通貨膨脹經濟下之貨幣。
(e) 乙公司分別於 20x6 年 12 月 20 日及 20x7 年 12 月 20 日，宣告並發放現金股利 LC300,000 及 LC400,000。
(f) 乙公司當地貨幣對新台幣之匯率如下： (LC1＝TWD？)

	20x6	20x7
1/1 即期匯率	1.80	2.00
全年平均匯率	1.90	2.04
乙公司宣告並發放現金股利日之即期匯率	1.97	2.08
12/31 (財務狀況表日)之收盤匯率	2.00	2.10

分析如下：

(1) 因乙公司的功能性貨幣為當地貨幣，故乙公司功能性貨幣(亦是當地貨幣)財務報表須換算為新台幣(表達貨幣)財務報表，始可與甲公司新台幣(表達貨幣)財務報表進行母、子公司合併財務報表之編製。

(2) 20x6/ 1/ 1 (收購日)： 非控制權益係以收購日公允價值衡量，惟釋例中未提及該公允價值，故設算之。
　　乙公司總公允價值＝(TWD8,064,000÷1.8)÷80%＝LC4,480,000÷80%
　　　　　　　　　＝LC5,600,000
　　非控制權益＝乙公司總公允價值 LC5,600,000×20%＝LC1,120,000
　　　　　　　＝LC1,120,000×1.8＝TWD2,016,000
　　　　或＝(TWD8,064,000÷80%)×20%＝TWD2,016,000
　　乙公司未入帳專利權＝LC5,600,000－(LC3,000,000＋LC2,500,000)
　　　　　　　　　　＝LC100,000
　　未入帳專利權之每年攤銷數＝LC100,000÷5 年＝LC20,000

(3) 乙公司未入帳專利權之攤銷與換算：
　　　　乙公司未入帳專利權是應表達在甲公司及乙公司合併財務狀況表上的

資產項目,故應以財務狀況表日之收盤匯率換算。而該專利權之攤銷費用是應表達在甲公司及乙公司合併綜合損益表上的費用項目,且採直線法攤銷,符合"損益於全年間很平均地發生"之假設,又基於實務之理由,可使用當年度平均匯率換算。

	LC	匯 率	TWD
20x6/ 1/ 1	$100,000	1.80	$180,000
20x6 年攤銷費用	(20,000)	1.90	(38,000)
兌換差額（＊反推）	—		18,000
20x6/12/31	$ 80,000	2.00	$160,000
20x7 年攤銷費用	($20,000)	2.04	($40,800)
兌換差額（＊反推）	—		6,800
20x7/12/31	$ 60,000	2.10	$126,000

＊：20x6：TWD180,000－TWD38,000 ± X＝TWD160,000
∴ X＝$18,000
20x7：TWD160,000－TWD40,800 ± Y＝TWD126,000
∴ Y＝$6,800

(4) 20x6 年,甲公司及乙公司分錄如下： (TWD)

20x6/ 1/ 1	甲	採用權益法之投資	8,064,000	
		現　金		8,064,000
20x6/12/20	甲	現　金	472,800	
		採用權益法之投資		472,800
		LC300,000×80%×1.97＝TWD472,800		
	乙	保留盈餘	LC300,000	
		現　金		LC300,000
20x6/12/31	甲	採用權益法之投資	1,185,600	
		採用權益法認列之子公司、關聯企業 　　及合資利益之份額		1,185,600
		計算過程,請詳下述(5)。		
		採用權益法之投資	951,200	
		其他綜合損益－子公司、關聯企業及合資 　　之國外營運機構財務報表換算 　　之兌換差額		951,200
		計算過程,請詳下述(5)。		

(5) 20x6/12/31，乙公司當地貨幣(功能性貨幣)試算表<u>換算為</u>新台幣(表達貨幣)試算表：

		LC	匯率	TWD
借　方：				
現　金	[說明(a)]	$1,350,000	2.00	$ 2,700,000
應收帳款－淨額	[說明(a)]	900,000	2.00	1,800,000
存　貨	[說明(a)]	1,500,000	2.00	3,000,000
不動產、廠房及設備－淨額	[說明(a)]	2,500,000	2.00	5,000,000
銷貨成本	[說明(b)]	800,000	1.90	1,520,000
折舊費用	[說明(b)]	250,000	1.90	475,000
其他營業費用	[說明(b)]	450,000	1.90	855,000
股　利	[說明(d)]	300,000	1.97	591,000
		$8,050,000		$15,941,000
貸　方：				
應付帳款	[說明(a)]	$ 250,000	2.00	$ 500,000
普通股股本	[說明(c)]	3,000,000	1.80	5,400,000
保留盈餘	[說明(d)]	2,500,000	說明(d)	4,500,000
銷貨收入	[說明(b)]	2,300,000	1.90	4,370,000
兌換差額 (反推)		—		1,171,000
		$8,050,000		$15,941,000

換算說明：

(a) 資產及負債科目，以財務狀況表日之<u>收盤匯率</u>換算。

(b) 損益科目，因假設損益項目係於全年間平均地發生，故以全年平均匯率換算。

(c) 權益科目，與母公司帳列「採用權益法之投資」科目互為相對科目，將於母、子公司財務報表合併時相互沖銷，故以交易日(即收購日)匯率換算，以利沖銷。但保留盈餘除外，詳下列換算說明(d)。

(d) 20x6/ 1/ 1 保留盈餘金額是甲公司收購乙公司當日乙公司帳列保留盈餘金額，故以收購日匯率(1.8)換算。但以後各報導期間之期末保留盈餘，則須待其組成項目逐項換算後，再予以合計，得出期末保留盈餘換算後金額。其常見之組成項目為：期末保留盈餘＝期初保留盈餘 ± 前期損益調整 ±

本期淨利(損)－股利,惟須注意有時不只這些組成項目。

- 期初保留盈餘:前一報導期間所合計之期末保留盈餘換算後金額。
- 前期損益調整:按該前期損益所屬期間之適當平均匯率換算。
- 本期損益:係構成綜合損益表之各項目換算後的合計數。
- 股利:按宣告股利日之即期匯率換算。

(e) 待試算表上所有會計科目已按上述相關適當匯率換算後,分別合計換算後之借方總額及貸方總額,若合計之借方總額與貸方總額不相等,則其差額即為「其他綜合損益－國外營運機構財務報表換算之兌換差額」之餘額。若借方總額大於貸方總額,則「其他綜合損益－國外營運機構財務報表換算之兌換差額」是貸餘;反之,則為借餘。

本例20x6年換算後之借方總額為TWD15,941,000大於換算後之貸方總額TWD14,770,000,TWD15,941,000－TWD14,770,000＝TWD1,171,000,其差額為「其他綜合損益－國外營運機構財務報表換算之兌換差額」貸餘TWD1,171,000,再結轉「其他權益－國外營運機構財務報表換算之兌換差額」,餘額為 TWD1,171,000(貸餘)。

(f) 20x6 年,甲公司適用權益法所須之相關金額計算如下:(TWD)

 (i) 乙公司淨利＝$4,370,000－$1,520,000－$475,000－$855,000
   ＝$1,520,000

 (ii) 甲公司應認列之「採用權益法認列之子公司、關聯企業及合資利益之份額」＝($1,520,000－專利權攤銷$38,000)×80%＝$1,185,600

 (iii) 非控制權益淨利＝($1,520,000－$38,000)×20%＝$296,400

 (iv) 甲公司應認列之「其他綜合損益－子公司、關聯企業及合資之國外營運機構財務報表換算之兌換差額」
  ＝($1,171,000 乙報表換算之兌換差額＋$18,000 乙未入帳專利權換算之兌換差額)×80%＝＋$951,200 (貸記)

 (v) 歸屬於非控制權益之「其他綜合損益－國外營運機構財務報表換算之兌換差額」＝($1,171,000＋$18,000)×20%＝＋$237,800

(6) 20x6 及 20x7 年，相關科目餘額異動如下： (TWD，單位：千元)

	20x6/1/1	20x6	20x6/12/31	20x7	20x7/12/31
乙－綜合損益表： 兌換差額（☆）	$ －	＋$1,171	$1,171 結轉「其他權益」	＋$637	$637 結轉「其他權益」
乙－權　益：					
普通股股本	$5,400		$ 5,400		$ 5,400
保留盈餘	4,500	＋$1,520－$591	5,429	＋$1,530－$832	6,127
兌換差額（＃）	－	結轉自「其他綜合損益」＋$1,171	1,171	結轉自「其他綜合損益」＋$637	1,808
	$9,900		$12,000		$13,335
☆：「其他綜合損益－國外營運機構財務報表換算之兌換差額」。					
＃：「其他權益－國外營運機構財務報表換算之兌換差額」。					
權益法：					
甲－採用權益法 之投資	$8,064	＋$1,185.6 ＋$951.2－$472.8	$9,728	＋$1,191.36 ＋$515.04－$665.6	$10,768.8
甲－綜合損益表： 兌換差額（&）	$ －	＋$951.2	$951.2 結轉「其他權益」	＋$515.04	$515.04 結轉「其他權益」
甲－權　益： 兌換差額（＊）	$ －	結轉自「其他綜合損益」＋$951.2	$951.2	結轉自「其他綜合損益」＋$515.04	$1,466.24
&：「其他綜合損益－子公司、關聯企業及合資之國外營運機構財務報表換算 之兌換差額」。					
＊：「其他權益－國外營運機構財務報表換算之兌換差額－採用權益法之子公司」。					
合併財務報表：					
專利權	$180	－$38＋$18	$160	－$40.8＋$6.8	$126
非控制權益	$2,016	＋$296.4＋$237.8 －$118.2	$2,432	＋$297.84＋$128.76 －$166.4	$2,692.2
驗　算：					
20x6/12/31：採用權益法之投資＝(乙權益$12,000＋專利權$160)×80%＝$9,728 　　　　　　　非控制權益＝(乙權益$12,000＋專利權$160)×20%＝$2,432 20x7/12/31：採用權益法之投資＝(乙權益$13,335＋專利權$126)×80%＝$10,768.8 　　　　　　　非控制權益＝(乙權益$13,335＋專利權$126)×20%＝$2,692.2					

(7) 20x6 年合併工作底稿上之沖銷分錄：（TWD）

(a)	採用權益法認列之子公司、關聯企業 　　　　　　及合資利益之份額　　1,185,600 　　股　利　　　　　　　　　　　　　　　　472,800 　　採用權益法之投資　　　　　　　　　　712,800
(b)	非控制權益淨利　　　　　　　　296,400 　　股　利　　　　　　　　　　　　　　　　118,200 　　非控制權益　　　　　　　　　　　　　　178,200
(c)	普通股股本　　　　　　　　　　5,400,000 保留盈餘　　　　　　　　　　　4,500,000 其他權益－國外營運機構財務 　　　　報表換算之兌換差額　　1,171,000 專利權　　　　　　　　　　　　 198,000 　　採用權益法之投資　　　　　　　　　9,015,200 　　非控制權益　　　　　　　　　　　　2,253,800 請詳下段沖銷分錄(c)之說明。
(d)	攤銷費用　　　　　　　　　　　　38,000 　　專利權　　　　　　　　　　　　　　　38,000

<u>沖銷分錄(c)之說明：</u>

除按<u>期初餘額</u>概念沖銷相對科目外，<u>尚須考慮</u>當期因子公司報表換算而新增之「其他綜合淨利－國外營運機構財務報表換算之兌換差額」，且該科目已結轉至「其他權益－國外營運機構財務報表換算之兌換差額」。因此各科目於合併工作底稿上之沖銷金額如下：

● 普通股股本：期初$5,400,000(貸餘)
● 保留盈餘：期初$5,400,000(貸餘)
● 其他權益－國外營運機構財務報表換算之兌換差額：
　　期初$0＋當期貸方增加(＋$1,171,000)＝期末貸餘(＋$1,171,000)
● 採用權益法之投資：
　　期初$8,064,000＋當期新增之兌換差額(＋$951,200)＝$9,015,200(借餘)
● 非控制權益：
　　期初$2,016,000＋當期新增之兌換差額(＋$237,800)＝$2,253,800(貸餘)
● 專利權：
　　期初$180,000＋當期新增之兌換差額(＋$18,000)＝$198,000(借餘)

(8) 甲公司及乙公司 20x6 年財務報表資料已列入下列合併工作底稿中：

表 14-13　(TWD)

甲 公 司 及 其 子 公 司
合 併 工 作 底 稿
20x6 年 1 月 1 日至 20x6 年 12 月 31 日

	甲公司	80% 乙公司	調整／沖銷 借方	調整／沖銷 貸方	合併 財務報表
綜合損益表：					
銷貨收入	$11,400,000	$4,370,000			$15,770,000
採用權益法認列之子公司、關聯企業及合資利益之份額	1,185,600	—	(a) 1,185,600		—
銷貨成本	(4,000,000)	(1,520,000)			(5,520,000)
折舊費用	(2,400,000)	(475,000)			(2,875,000)
其他營業費用	(1,600,000)	(855,000)	(d) 38,000		(2,493,000)
淨　　利	$ 4,585,600	$1,520,000			
總合併淨利					$ 4,882,000
非控制權益淨利			(b) 296,400		(296,400)
控制權益淨利					$ 4,585,600
保留盈餘表：					
期初保留盈餘	$17,000,000	$4,500,000	(c) 4,500,000		$17,000,000
加：淨利	4,585,600	1,520,000			4,585,600
減：股利	(2,000,000)	(591,000)		(a) 472,800 (b) 118,200	(2,000,000)
期末保留盈餘	$19,585,600	$5,429,000			$19,585,600
財務狀況表：					
現　　金	$ 9,859,000	$2,700,000			$12,559,000
應收帳款－淨額	10,670,000	1,800,000			12,470,000
存　　貨	12,560,000	3,000,000			15,560,000
採用權益法之投資	9,728,000	—		(a) 712,800 (c) 9,015,200	—
不動產、廠房及設備－淨額	24,000,000	5,000,000			29,000,000
專利權	—	—	(c) 198,000	(d) 38,000	160,000
總 資 產	$66,817,000	$12,500,000			$69,749,000

	甲公司	80% 乙公司	調整／沖銷 借方	調整／沖銷 貸方	合併 財務報表
財務狀況表：(續)					
應付帳款	$ 6,280,200	$ 500,000			$ 6,780,200
普通股股本	40,000,000	5,400,000	(c) 5,400,000		40,000,000
保留盈餘	19,585,600	5,429,000			19,585,600
其他權益（＃）	－	1,171,000	(c) 1,171,000		－
其他權益（＊）	951,200	－			951,200
總負債及權益	$66,817,000	$12,500,000			
非控制權益－1/1				(c) 2,253,800	
非控制權益 －當期增加數				(b) 178,200	
非控制權益－12/31					2,432,000
總負債及權益					$69,749,000

＃：「其他權益－國外營運機構財務報表換算之兌換差額」。
＊：「其他權益－國外營運機構財務報表換算之兌換差額－採用權益法之子公司」。

(9) 20x7 年，甲公司及乙公司分錄如下： (TWD)

20x7/12/20	甲	現　金　　　　　　　　　　　　　665,600 　　採用權益法之投資　　　　　　　　　　　　665,600
		LC400,000×80%×2.08＝TWD665,600
	乙	保留盈餘　　　　　　　　　　　　LC400,000 　　現　金　　　　　　　　　　　　　　　　LC400,000
20x7/12/31	甲	採用權益法之投資　　　　　　　　1,191,360 　　採用權益法認列之子公司、關聯企業 　　　　及合資利益之份額　　　　　　　　　1,191,360
		計算過程，請詳下述(10)。
		採用權益法之投資　　　　　　　　　515,040 　　其他綜合損益－子公司、關聯企業及合資 　　　　之國外營運機構財務報表換算 　　　　之兌換差額　　　　　　　　　　　　515,040
		計算過程，請詳下述(10)。

(10) 20x7/12/31，乙公司當地貨幣(功能性貨幣)試算表換算為新台幣(表達貨幣)

試算表：

		LC	匯率	TWD
借　方：				
現　　金	[說明(a)]	$2,000,000	2.10	$ 4,200,000
應收帳款－淨額	[說明(a)]	870,000	2.10	1,827,000
存　　貨	[說明(a)]	1,630,000	2.10	3,423,000
不動產、廠房及設備－淨額	[說明(a)]	2,250,000	2.10	4,725,000
銷貨成本	[說明(b)]	1,000,000	2.04	2,040,000
折舊費用	[說明(b)]	250,000	2.04	510,000
其他營業費用	[說明(b)]	600,000	2.04	1,224,000
股　　利	[說明(d)]	400,000	2.08	832,000
		$9,000,000		$18,781,000
貸　方：				
應付帳款	[說明(a)]	$ 400,000	2.10	$ 840,000
普通股股本	[說明(c)]	3,000,000	1.80	5,400,000
保留盈餘	[說明(d)]	3,000,000	說明(d)	5,429,000
銷貨收入	[說明(b)]	2,600,000	2.04	5,304,000
兌換差額 (反推)		－		1,808,000
		$9,000,000		$18,781,000

換算說明：

(a) 資產及負債科目，以財務狀況表日之收盤匯率換算。

(b) 損益科目，因假設損益項目係於全年間平均地發生，故以全年平均匯率換算。

(c) 權益科目，與母公司帳列「採用權益法之投資」科目互為相對科目，將於母、子公司財務報表合併時相互沖銷，故以交易日(即收購日)匯率換算，以利沖銷。但保留盈餘除外，詳下列換算說明(d)。

(d) 20x7/12/31 期末保留盈餘換算後金額，須待其組成項目逐項換算後，再予以合計，得出期末保留盈餘換算後金額。其常見之組成項目為：期末保留盈餘＝期初保留盈餘 ± 前期損益調整 ± 本期淨利(損)－股利，惟須注意有時不只這些組成項目。

- 期初保留盈餘：參閱去年所合計之期末保留盈餘換算後金額。詳上述(8)之表 14-13，乙公司 20x6/12/31 期末保留盈餘換算後金額為 TWD5,429,000。
- 前期損益調整：按該前期損益所屬期間之適當平均匯率換算。
- 本期損益：係構成綜合損益表之各項目換算後的合計數。
- 股利：按宣告股利日之即期匯率換算。

(e) 待試算表上所有會計科目已按上述相關適當匯率換算後，分別合計換算後之借方總額及貸方總額，若合計之借方總額與貸方總額不相等，則其差額即為「其他綜合損益－國外營運機構財務報表換算之兌換差額」之餘額。若借方總額大於貸方總額，則「其他綜合損益－國外營運機構財務報表換算之兌換差額」是貸餘；反之，則為借餘。

本例20x7年換算後之借方總額為TWD18,781,000大於換算後之貸方總額TWD16,973,000，TWD18,781,000－TWD16,973,000＝TWD1,808,000，其差額為「其他綜合損益－國外營運機構財務報表換算之兌換差額」貸餘TWD1,808,000，再結轉「其他權益－國外營運機構財務報表換算之兌換差額」，餘額為 TWD1,808,000(貸餘)。

(f) 20x7 年，甲公司適用權益法所須之相關金額計算如下：(TWD)

 (i) 乙公司淨利＝$5,304,000－$2,040,000－$510,000－$1,224,000
  ＝$1,530,000

 (ii) 甲公司應認列之「採用權益法認列之子公司、關聯企業及合資利益之份額」＝($1,530,000－專利權攤銷$40,800)×80%＝$1,191,360

 (iii) 非控制權益淨利＝($1,530,000－$40,800)×20%＝$297,840

 (iv) 甲公司應認列之「其他綜合損益－子公司、關聯企業及合資之國外營運機構財務報表換算之兌換差額」
  ＝($1,808,000－$1,171,000＋$6,800)×80%＝＋$515,040 (貸記)

 (v) 歸屬於非控制權益之「其他綜合損益－國外營運機構財務報表換算之兌換差額」＝($1,808,000－$1,171,000＋$6,800)×20%＝＋$128,760

(11) 20x7年合併工作底稿上之沖銷分錄： (TWD)

(a)	採用權益法認列之子公司、關聯企業		
	及合資利益之份額	1,191,360	
	股　利		665,600
	採用權益法之投資		525,760
(b)	非控制權益淨利	297,840	
	股　利		166,400
	非控制權益		131,440
(c)	普通股股本	5,400,000	
	保留盈餘	5,429,000	
	其他權益－國外營運機構財務報表		
	換算之兌換差額	1,808,000	
	專利權	166,800	
	採用權益法之投資		10,243,040
	非控制權益		2,560,760
	請詳下段沖銷分錄(c)之說明。		
(d)	攤銷費用	40,800	
	專利權		40,800

沖銷分錄(c)之說明：

沖銷分錄(c)，係以期初餘額概念沖銷"乙公司權益科目"及"甲公司帳列「採用權益法之投資」"這組相對科目，與本書上冊所學之沖銷邏輯相同，惟因乙公司財務報表換算時所產生之「其他綜合損益－國外營運機構財務報表換算之兌換差額」，按權益法已分別由甲公司及非控制權益依持股比例認列，故本沖銷分錄除按期初餘額概念沖銷相對科目外，尚須考慮當期因子公司報表換算而新增之「其他綜合損益－國外營運機構財務報表換算之兌換差額」，且該科目已結轉至「其他權益－國外營運機構財務報表換算之兌換差額」。因此各科目於合併工作底稿上之沖銷金額如下：

● 普通股股本：期初$5,400,000(貸餘)
● 保留盈餘：期初$5,429,000(貸餘)
● 其他權益－國外營運機構財務報表換算之兌換差額：
　　　期初貸餘(＋$1,171,000)＋當期貸方增加(＋$637,000)
　　　＝期末貸餘(＋$1,808,000)

- 採用權益法之投資：

  期初$9,728,000＋當期新增之兌換差額(＋$515,040)＝$10,243,040(借餘)

- 非控制權益：

  期初$2,432,000＋當期新增之兌換差額(＋$128,760)＝$2,560,760(貸餘)

- 專利權：

  期初$160,000＋當期新增之兌換差額(＋$6,800)＝$166,800(借餘)

(12) 甲公司及乙公司 20x7 年財務報表資料已列入下列合併工作底稿中：

表 14-14　(TWD)

甲公司及其子公司
合併工作底稿
20x7 年 1 月 1 日至 20x7 年 12 月 31 日

	甲公司	80% 乙公司	調整/沖銷 借方	調整/沖銷 貸方	合併 財務報表
綜合損益表：					
銷貨收入	$12,500,000	$5,304,000			$17,804,000
採用權益法認列之子公司、關聯企業及合資利益之份額	1,191,360	—	(a) 1,191,360		—
銷貨成本	(4,400,000)	(2,040,000)			(6,440,000)
折舊費用	(2,400,000)	(510,000)			(2,910,000)
其他營業費用	(1,700,000)	(1,224,000)	(d) 40,800		(2,964,800)
淨　利	$ 5,191,360	$1,530,000			
總合併淨利					$ 5,489,200
非控制權益淨利			(b) 297,840		(297,840)
控制權益淨利					$ 5,191,360
保留盈餘表：					
期初保留盈餘	$19,585,600	$5,429,000	(c) 5,429,000		$19,585,600
加：淨　利	5,191,360	1,530,000			5,191,360
減：股　利	(3,000,000)	(832,000)		(a) 665,600 (b) 166,400	(3,000,000)
期末保留盈餘	$21,776,960	$6,127,000			$21,776,960

(續次頁)

	甲公司	80% 乙公司	調整／沖銷 借　方	調整／沖銷 貸　方	合　併 財務報表
財務狀況表：					
現　金	$12,142,000	$4,200,000			$16,342,000
應收帳款－淨額	11,000,000	1,827,000			12,827,000
存　貨	12,000,000	3,423,000			15,423,000
採用權益法 　之投資	10,768,800	－		(a)　525,760 (c)10,243,040	－
不動產、廠房及 　設備－淨額	23,600,000	4,725,000			28,325,000
專利權	－	－	(c)　166,800	(d)　40,800	126,000
總資產	$69,510,800	$14,175,000			$73,043,000
應付帳款	$ 6,267,600	$ 840,000			$ 7,107,600
普通股股本	40,000,000	5,400,000	(c) 5,400,000		40,000,000
保留盈餘	21,776,960	6,127,000			21,776,960
其他權益（＃）	－	1,808,000	(c) 1,808,000		－
其他權益（＊）	1,466,240	－			1,466,240
總負債及權益	$69,510,800	$14,175,000			
非控制權益－ 1/1				(c) 2,560,760	
非控制權益 　－當期增加數				(b)　131,440	
非控制權益－12/31					2,692,200
總負債及權益					$73,043,000

＃：「其他權益－國外營運機構財務報表換算之兌換差額」。
＊：「其他權益－國外營運機構財務報表換算之兌換差額－採用權益法之子公司」。

(續次頁)

(13) 甲公司及乙公司 20x6 及 20x7 年之比較合併財務報表：

表 14-15　(TWD)

甲公司及其子公司 合併財務報表 1月1日至12月31日			
	20x7	**20x6**	**增(減)數**
綜合損益表：			
銷貨收入	*$17,804,000*	$15,770,000	
銷貨成本	*(6,440,000)*	(5,520,000)	
折舊費用	*(2,910,000)*	(2,875,000)	
其他營業費用	*(2,964,800)*	(2,493,000)	
總合併淨利	$ *5,489,200*	$ 4,882,000	
非控制權益淨利	*(297,840)*	(296,400)	
控制權益淨利	$ *5,191,360*	$ 4,585,600	
保留盈餘表：			
期初保留盈餘	*$19,585,600*	$17,000,000	
加：淨利	*5,191,360*	4,585,600	
減：股利	*(3,000,000)*	(2,000,000)	
期末保留盈餘	*$21,776,960*	$19,585,600	
財務狀況表：			
現金	$16,342,000	$12,559,000	*$3,783,000*
應收帳款－淨額	12,827,000	12,470,000	*357,000*
存貨	15,423,000	15,560,000	*(137,000)*
不動產、廠房及設備 　　－淨額	28,325,000	29,000,000	*(675,000)*
專利權	126,000	160,000	*(34,000)*
總資產	*$73,043,000*	$69,749,000	*$3,294,000*
應付帳款	$ 7,107,600	$ 6,780,200	$ *327,400*
普通股股本	40,000,000	40,000,000	－
保留盈餘	21,776,960	19,585,600	*2,191,360*
其他權益－國外營運機構財 　務報表換算之兌換差額 　－採用權益法之子公司	1,466,240	951,200	*515,040*
非控制權益	2,692,200	2,432,000	*260,200*
總負債及權益	$73,043,000	$69,749,000	*$3,294,000*

(14) 將"20x7 年匯率變動對該年度子公司各項資產及負債(包含未入帳資產或負債)變動的影響"予以簡化計算，只區分為兩段式計算，如表 14-16：

表 14-16　(TWD)

	第一階段：「A 段」			第二階段：「B 段」			兩階段合計
	期初餘額 LC (m)	(a)	第一階段 (m)×(a)	期末餘額 LC (n)	(b)	第二階段 (n)×(b)	
現　　金	$1,350,000	0.04	$ 54,000	$2,000,000	0.06	$120,000	
現金股利	—	—	—	400,000	0.04	16,000	$190,000
應收帳款	900,000	0.04	36,000	870,000	0.06	52,200	88,200
存　　貨	1,500,000	0.04	60,000	1,630,000	0.06	97,800	157,800
不動產、廠房及設備	2,500,000	0.04	100,000	2,250,000	0.06	135,000	235,000
專利權	80,000	0.04	3,200	60,000	0.06	3,600	6,800
應付帳款	250,000	0.04	(10,000)	400,000	0.06	(24,000)	(34,000)
			$243,200			$400,600	$643,800

說　明：

● 20x7 年匯率變動對該年度子公司各項資產及負債(包含未入帳資產或負債)變動之影響，合計為$643,800，包含兩部分，如下(i)(ii)或(iii)(iv)：

(i) 20x7 年，乙公司功能性貨幣財務報表換算為表達貨幣財務報表而增加之「兌換差額」$637,000，期末$1,808,000－期初$1,171,000＝$637,000，詳上述分析(5)及(10)。

(ii) 20x7 年，乙公司未入帳專利權功能性貨幣金額換算為表達貨幣金額而增加之「兌換差額」$6,800，詳上述分析(3)。

或 (iii) 甲公司認列「其他綜合損益－子公司、關聯企業及合資之國外營運機構財務報表換算之兌換差額」20x7 年之淨增加數$515,040，詳上述分析(10)(f)(iv)。

(iv) 20x7 年，使非控制權益增加之子公司「其他綜合損益－國外營運機構財務報表換算之兌換差額」$128,760，詳上述分析(10)(f)(v)。

● 「A 段」：(a)＝當期平均匯率－期初匯率＝2.04－2.00＝0.04
「B 段」：(b)＝期末匯率－當期平均匯率＝2.10－2.04＝0.06

- 現金股利係發生在 20x7 年 12 月 20 日，不符合「現金交易於 20x7 年中很平均地發生」之假設，故匯率變動對股利交易之影響為 0.04，交易日(宣告股利日)之即期匯率 2.08－當期平均匯率 2.04＝0.04。

- 請參考附錄二，表 14-16 合計數$643,800 的另一種計算方式。

(15) 辨認導致現金及約當現金變動之事項，並作適當分類：

表 14-17 （TWD）

	20x7年之淨變動數 (表 14-15) (A)	兌換差額 (表 14-16) (B)	交易事項導致各科目之變動 (A)－(B)	→	營業活動之現金流量 (C)	投資活動之現金流量 (D)	籌資活動之現金流量 (E)
現　金	$3,783,000	$190,000	$3,593,000				
應收帳款	357,000	88,200	268,800	→	$(268,800)		
存　貨	(137,000)	157,800	(294,800)	→	294,800		
不動產、廠房及設備－淨額	(675,000)	235,000	(910,000)	→	2,910,000	$(2,000,000)	
專利權	(34,000)	6,800	(40,800)	→	40,800		
	$3,294,000	$677,800	$2,616,200				
應付帳款	$ 327,400	$ 34,000	$ 293,400	→	293,400		
普通股股本	－	－	－	→			
保留盈餘	2,191,360	－	2,191,360	→	5,191,360		$(3,000,000)
兌換差額	515,040	515,040	－	→			
非控制權益	260,200	128,760	131,440	→	297,840		(166,400)
	$3,294,000	$677,800	$2,616,200		$8,759,400	$(2,000,000)	$(3,166,400)

說明：

一、本表各欄位間之關係，(A)－(B)＝$Y → $Y 區分為三類 → $Y＝(C)＋(D)＋(E)

二、(D)欄，現金流出$2,000,000，係甲公司 20x7 年中購置不動產、廠房及設備。

三、(E)欄，現金流出$3,000,000，係甲公司宣告並發放予甲公司股東之現金股利。
　　 (E)欄，現金流出$166,400，係乙公司宣告並發放予非控制股東之現金股利。

四、(C)欄，營業活動之現金流量係採「間接法」之計算方式：
　　　　 應收帳款增加數$268,800 是減項，存貨減少數$294,800 是加項，
　　　　 折舊費用$2,910,000 是加項，專利權攤銷費用$40,800 是加項，
　　　　 應付帳款增加數$293,400 是加項，$5,191,360 係控制權益淨利，
　　　　 非控制權益淨利$297,840 是加項。

> 說明：
>
> 五、現金之淨變動數(扣除「兌換差額」後)為$3,593,000
> 　＝ 營業活動之淨現金流入$8,759,400－投資活動之淨現金流出$2,000,000
> 　　 －籌資活動之淨現金流出$3,166,400

(16) 甲公司及乙公司20x7年合併現金流量表－間接法：

表 14-18　(TWD)

甲 公 司 及 其 子 公 司
合併現金流量表－間接法
20x7 年 度

營業活動之現金流量		
控制權益淨利		$ 5,191,360
加：非控制權益淨利		297,840
總合併淨利		$ 5,489,200
加：折舊費用		2,910,000
加：攤銷費用		40,800
減：應收帳款增加數		(268,800)
加：存貨減少數		294,800
加：應付帳款增加數		293,400
營運產生之現金流入		$ 8,759,400
來自營業活動之現金流量		
投資活動之現金流量		
甲公司購置不動產、廠房及設備	$(2,000,000)	
來自投資活動之現金流量		(2,000,000)
籌資活動之現金流量		
發放現金股利－甲公司股東	$(3,000,000)	
發放現金股利－非控制股東	(166,400)	
來自籌資活動之現金流量		(3,166,400)
匯率變動對現金及約當現金之影響		**190,000**
本期現金及約當現金淨減少數		$ 3,783,000
加：期初現金及約當現金餘額		12,559,000
期末現金及約當現金餘額		$16,342,000

(17) 甲公司及乙公司 20x7 年合併現金流量表－直接法：

表 14-19 (TWD)

甲 公 司 及 其 子 公 司 合併現金流量表－直接法 20x7 年 度		
營業活動之現金流量		
因銷貨收自顧客之現金 (註一)		$17,535,200
因進貨付予供應商之現金 (註二)		(5,851,800)
支付其他各項營業費用 (註三)		(2,924,000)
來自營業活動之現金流量		$ 8,759,400
投資活動之現金流量		
甲公司購置不動產、廠房及設備	$(2,000,000)	
來自投資活動之現金流量		(2,000,000)
籌資活動之現金流量		
發放現金股利－甲公司股東	$(3,000,000)	
發放現金股利－非控制股東	(166,400)	
來自籌資活動之現金流量		(3,166,400)
匯率變動對現金及約當現金之影響		**190,000**
本期現金及約當現金淨減少數		$ 3,783,000
加：期初現金及約當現金餘額		12,559,000
期末現金及約當現金餘額		$16,342,000

註一：銷貨收入$17,804,000－應收帳款增加數$268,800＝$17,535,200

註二：銷貨成本[－$6,440,000]＋存貨減少數$294,800
　　　　　　＋應付帳款增加數$293,400＝－$5,851,800

註三：其他各項營業費用$2,964,800－專利權攤銷費用$40,800＝$2,924,000

附錄一：國際會計準則第 29 號
「高度通貨膨脹經濟下之財務報導」

　　本章課文「六、當個體使用非功能性貨幣為表達貨幣」之「(二)當個體之功能性貨幣為高度通貨膨脹經濟下之貨幣」，其功能性貨幣財務報表換算為表達貨幣財務報表前，須先按 IAS 29 之規定予以重編(restatement)。惟 IAS 29 不只適用於前述情況，舉凡個體以"高度通貨膨脹經濟下之貨幣"為功能性貨幣之財務報表，包括合併財務報表，皆適用。因為在高度通貨膨脹的經濟環境下，貨幣以高度膨脹率的速度在喪失購買力，以致於當比較或合計不同時點(即使在同一會計期間)所發生交易或其他事項之金額時，會令人誤解或不具意義，因此若未經重編而逕以當地貨幣報導個體之經營結果及財務狀況，則該等會計資訊並無用處。

　　以"高度通貨膨脹經濟下之貨幣"報導的母公司，可能擁有亦以"高度通貨膨脹經濟下之貨幣"報導的子公司。遇此，

(a) 母公司財務報表應先以其報導貨幣(通常是母公司的功能性貨幣，也常是當地貨幣及表達貨幣)所在國家之一般物價指數重編(…need to be restated by applying a general price index of the country in whose currency it reports…)，且

(b) 所有此類子公司之財務報表於併入由母公司編製並發布之母、子公司合併財務報表前，亦應先以該報導貨幣(即各該子公司之功能性貨幣)所在國家之一般物價指數重編。

(c) 當此等子公司為外國子公司時，經重編後之功能性貨幣財務報表再以最近期財務狀況表日之收盤匯率換算為表達貨幣財務報表，請本章課文「六、當個體使用非功能性貨幣為表達貨幣」之「(二)當個體之功能性貨幣為高度通貨膨脹經濟下之貨幣」的說明。

(d) 如該等子公司並非以"高度通貨膨脹經濟下之貨幣"報導，則應依 IAS 21 之規定處理，請詳本章課文「六、當個體使用非功能性貨幣為表達貨幣」之「(一)當個體之功能性貨幣非為高度通貨膨脹經濟下之貨幣」的說明。

　　國際會計準則並未建立一個絕對通膨率，用以認定某經濟環境發生高度通貨膨脹之情況。因權威機構認為：何時須依準則重編財務報表係屬判斷事項(a matter of judgement)。惟準則也提供一些指引以協助判斷：「個體報導貨幣所在國家是否存在高度通貨膨脹之情況？(…the existence of hyperinflation in the country in whose currency it reports.)」

當一國之經濟環境有下列特性(但不限)時，即顯示具高度通貨膨脹：
(1) 一般民眾偏好以非貨幣性資產或幣值相對穩定之外幣保存其財富，且將其所持有之本地貨幣立即投資，以維持購買力。
(2) 一般民眾所稱貨幣金額是用相對穩定之外幣而非本地貨幣表示，且報價亦可能用該外幣。
(3) 即使授信期間短，賒銷及賒購之價格亦計入補償授信期間之預期購買力損失。
(4) 利率、工資及價格均與物價指數連動。
(5) 過去三年累積之通貨膨脹率接近或超過 100%。
   例如：20x4 年底、20x5 年底、20x6 年底、20x7 年底之一般物價指數分別為 105、140、180、215，則 20x7 年底相對於 20x4 年底(三年前)，物價指數增加比例為 104.76% [(215－105)÷105＝104.76%]，即符合本項「高度通貨膨脹」特性。

以同一"高度通貨膨脹經濟下之貨幣"報導的所有個體，宜自同一日起適用 IAS 29。而任何個體於報導期間認定其報導貨幣所在國家存有高度通貨膨脹時，亦應自其報導期間開始日起適用 IAS 29。

(一) 重編財務報表之原則

一般而言，隨著時間經過，物價(prices)常受到各種不同因素影響而發生變動，如政治因素、經濟因素及社會因素等。若將影響物價變動的因素依其影響層面區分，則可分為特定因素或一般因素：
(1) 特定因素(如供需變動及科技變動等)，可能引起個別物價(individual prices)的重大且彼此獨立之增減變動。
(2) 一般因素可能導致一般物價水準(general level of prices)之變動，從而造成貨幣之一般購買力(general purchasing power of money)變動。

國際會計準則規定，重編財務報表時，須使用反映一般購買力變動之一般物價指數，而且以同一經濟環境下之貨幣報導的所有個體，宜採用同一物價指數。

當個體以歷史成本編製財務報表時,並不考量一般物價水準變動以及所認列資產與負債之特定價格上升。但有例外,即個體之資產及負債若依國際會計準則規定以公允價值衡量或選擇以公允價值衡量者,例如:不動產、廠房及設備可能重估價為公允價值,而生物資產通常依準則規定亦按公允價值衡量。然而仍有個體係以反映資產之特定價格變動之現時成本法(current cost approach)表達其財務報表。

不過,在高度通貨膨脹之經濟環境下,不論係以歷史成本法或現時成本法編製之財務報表,惟有其依"報導期間結束日之現時衡量單位(the measuring unit current at the end of the reporting period)"表達才有用。因此 IAS 29 適用於以"高度通貨膨脹經濟下之貨幣"所報導之財務報表,而且依準則規定之資訊不得以未重編財務報表之補充方式表達,也不鼓勵單獨表達未重編之財務報表。另依 IAS 1「財務報表之表達」規定應揭露之前一報導期間相對應數字及任何較早期間的相關資訊,亦須依"報導期間結束日之現時衡量單位"編製。但為列報不同表達貨幣比較金額之目的,應依本章課文「六、當個體使用非功能性貨幣為表達貨幣」之「(二)當個體之功能性貨幣為高度通貨膨脹經濟下之貨幣」中(2)的說明。

重編財務報表時,須應用某些程序及判斷(procedures and judgement),而此等程序及判斷於不同期間之一致採用,遠較重編後財務報表金額之精確性來得重要。另重編財務報表時,淨貨幣部位(net monetary position)之損益應計入當期損益,並單獨揭露。[淨貨幣部位＝貨幣性資產－貨幣性負債]

(二) 歷史成本財務報表之重編

歷史成本財務報表重編之相關規定如下:

(1) 未依"報導期間結束日之現時衡量單位"表達之財務狀況表金額,應依一般物價指數重述(restate)。
[筆者:Restate 一詞,與「財務報表」聯用時,擬稱「重編財務報表」;與「某金額或某項目」聯用時,擬稱「重述某金額」或「重述某項目」。]

(2) 貨幣性項目,因已依"報導期間結束日之現時衡量單位"表達,故無須重述。貨幣性項目之定義,請參閱本章「一、準則用詞及相關名詞定義」。

(3) 資產及負債依<u>協議</u>而<u>與價格變動連動</u>者(Assets and liabilities linked by agreement to change in prices，仍指貨幣性項目，例如與指數連動之債券及放款)，<u>應依協議予以調整</u>，以確定其於報導期間結束日之餘額，並以此調整後金額列入重編後之財務狀況表。

(4) 所有其他資產及負債均為非貨幣性 [指除了上述(2)及(3)以外之所有其他資產及負債]。原則上，所有其他非貨幣性資產及負債皆應重述。除某些非貨幣性項目已按"報導期間結束日之現時衡量單位"列報外，例如已按淨變現價值及公允價值列報，則無須重述。

(5) 大部分非貨幣性項目係以「成本」或「成本減累計折舊」(以「不動產、廠房及設備」為例)列報，故以取得當時之金額表達。因此每一項目之「重述後成本」或「重述後成本減累計折舊」，係按「取得日至報導期間結束日之一般物價指數變動率」乘以「歷史成本」及「累計折舊」計算而得。例如：不動產、廠房及設備、原料及商品存貨、商譽、專利權、商標權以及其他類似資產，皆自其取得日起重述。在製品及製成品存貨則自購買成本及發生加工成本之日起重述。

重述後之金額＝重述前之金額×(報導期間結束日之一般物價指數
　　　　　　　　　　　　　　　　÷ 基期之一般物價指數)

「基期」：(i) 取得日。例如：不動產、廠房及設備、原料及商品存貨、商譽、專利權、商標權以及其他類似資產。
　　　　(ii) 購買成本及發生加工成本之日。例如：在製品及製成品存貨。

(6) 有時候，「不動產、廠房及設備」取得日之詳細資料可能無法取得或估計。在此罕見情況下，首次採用本準則之期間，可能須以獨立專業之評估價值，作為重述基礎。(to use an independent professional assessment of the value of the items as the basis for their restatement.)

(7) 依本準則規定應重述「不動產、廠房及設備」時，各期間之一般物價指數可能無法獲得。在此情況下，可能須採用諸如以"功能性貨幣與另一相對穩定之外幣間之匯率變動"為基礎之估計。

例如：某項設備係於 20x2 年 5 月 1 日取得，現正在重編 20x7 年 12 月 31 日財務報表。若無法獲得 20x2/ 5/ 1 至 20x7/12/31 一般物價指數資料，且功能性貨幣是新台幣，則可選用該期間相對穩定之外幣(如美元)，以美元對新台幣之匯率變動情形當作估計該期間一般物價指數變動的基礎。假設美元對新台幣之匯率於 20x2/ 5/ 1 是 30，於 20x7/12/31 是 33，33÷30＝110%，則 110% 即可當作估計 20x2/ 5/ 1 至 20x7/12/31 一般物價指數變動的基礎。

(8) 某些非貨幣性項目可能以取得日或財務狀況表日以外日期之金額列報，例如「不動產、廠房及設備」已於較早日期重估價，此時其帳面金額應自重估價日起重述，即按「重估價日至報導期間結束日之一般物價指數變動率」乘以「帳面金額」重述。

重述後之帳面金額＝重述前之帳面金額×(報導期間結束日之一般物價指數
　　　　　　　　　　　　　　　　　÷ 重估價日之一般物價指數)

(9) 當非貨幣性項目重述後之金額大於其可回收金額時，應依相關國際財務報導準則之規定減少其帳面金額。例如：不動產、廠房及設備、商譽、專利權及商標權等重述後之金額均應沖減至可回收金額，而存貨之重述後金額則應沖減至淨變現價值。

(10) 依權益法處理之被投資者，可能以高度通貨膨脹經濟下之貨幣報導。此等被投資者之財務狀況表及綜合損益表應依本準則重編，以計算投資者對其淨資產及當期損益所享有之份額。當被投資者重編後之財務報表係以外幣表達時，其財務報表應以收盤匯率換算。

類似：子公司之功能性貨幣為高度通貨膨脹經濟下之貨幣，當子公司功能性貨幣財務報表換算為表達貨幣財務報表前，須先重編。

(11) 通貨膨脹之影響通常已認列於借款成本中，因此不宜同時：(a)重述採融資方式之資本支出，(b)資本化為補償當期通貨膨脹之借款成本。借款成本中用以補償通貨膨脹所喪失購買力之部分，應於發生當期認列為費用。

亦即：先將符合利息資本化條件之借款成本計入「採融資方式之資本支出」中，再按本附錄之「(二) 歷史成本財務報表之重編」的相關規定，予以重述，以免重覆計算。

(12) 個體可能依協議允許其<u>無息</u>延遲付款以取得資產。若設算隱含之利息費用於實務上不可行，則該資產應自付款日(而非取得日)起重述。

補充：若係以無息分期付款方式取得資產，致有數個付款日，則應分批按「每一個付款日至報導期間結束日之一般物價指數變動率」分別重述後，再予以合計。

(13) 個體應於<u>首次適用</u>本準則之<u>報導期間開始日</u>：
(a) 對<u>保留盈餘及重估增值以外之業主權益各組成部分</u>，依其「投入或發生日至報導期間開始日之一般物價指數變動率」重述。
(b) 前期產生之重估增值應予銷除。
(c) 重編後之保留盈餘，則由重編後財務狀況表之所有其他金額(除保留盈餘外之所有其他金額)所導出(即利用會計恆等式，反推出重編後之保留盈餘)。

(14) 個體應於<u>首次適用</u>本準則之<u>報導期間結束日及後續期間</u>，以「各期間開始日(如若投入日晚於期間開始日時,則以投入日)至報導期間結束日之一般物價指數變動率」分別重述業主權益之各組成部分。當期業主權益之變動，應依 IAS 1 之規定揭露。

(15) <u>綜合損益表</u>之<u>所有項目</u>應以"報導期間結束日之現時衡量單位"表達。因此，所有損益項目應自該項目原始記錄於財務報表時，按一般物價指數之變動重述。

即以「該損益項目原始記錄於財務報表日<u>至</u>報導期間結束日之一般物價指數變動率」分別重述；若基於實務之理由，假設損益很平均地發生於年度中，則以「該年度平均一般物價指數<u>與</u>報導期間結束日之一般物價指數間之變動率」予以重述。

(16) 於通貨膨脹期間，在資產與負債未與物價水準連動之範圍內，若企業持有之貨幣性資產超過貨幣性負債，將有購買力損失；反之，若持有之貨幣性負債超過貨幣性資產，將有購買力利益。而該<u>淨貨幣部位之損益</u>，有兩種算法：

(a) 重述非貨幣性資產、非貨幣性負債、業主權益與綜合損益表項目及調整與物價指數連動之資產及負債之差額導出。

(b) 就當期貨幣性資產及貨幣性負債間差額之加權平均數(依當期貨幣性資產及貨幣性負債存在期間長短加權平均)按一般物價指數變動推估。

(17) 淨貨幣部位損益應計入當期損益。惟：
(a) 按上述(3)之規定，對依協議而與價格變動連動之資產負債所作之調整，應與淨貨幣部位之損益互抵。
(b) 其他損益項目，例如利息費用及利息收入，及與投資或借款資金相關之外幣兌換差額，亦與淨貨幣部位有關。雖此等其他損益項目係分別揭露，惟如將其與淨貨幣部位損益一起列報於綜合損益表尤佳。

(三) 現時成本財務報表之重編

現時成本財務報表重編之相關規定如下：

(1) 以現時成本計價之項目無須重述，因已依"報導期間結束日之現時衡量單位"表達。其他財務狀況表項目應依本附錄之「(二) 歷史成本財務報表之重編」中(1)至(14)規定重述。

(2) 重編前的現時成本綜合損益表，通常以相關交易或事件發生日之現時成本報導。銷貨成本及折舊費用係以耗用時之現時成本記錄；銷貨收入及其他費用則於發生時以其貨幣金額記錄。因此企業須採用一般物價指數將所有金額重述為"報導期間結束日之現時衡量單位"。

即以「與該損益相關交易或事件發生日至報導期間結束日之一般物價指數變動率」分別重述。若基於實務之理由，假設損益很平均地發生於年度中，則以「該年度平均一般物價指數與報導期間結束日之一般物價指數間之變動率」予以重述。

(3) 淨貨幣部位損益應依本附錄之「(二) 歷史成本財務報表之重編」中(16)及(17)規定處理。

(四) 其他應注意事項

(1) 現金流量表之所有項目應以"報導期間結束日之現時衡量單位"表達。

(2) 比較財務報表中,前一報導期間之相對應數字(Corresponding figures),無論係根據歷史成本法或現時成本法,均應採用一般物價指數重述,以使比較財務報表亦以"報導期間結束日之現時衡量單位"表達。對較早期間資訊之揭露,亦應以"報導期間結束日之現時衡量單位"表達。但為列報不同表達貨幣比較金額之目的,請詳本章課文「六、當個體使用非功能性貨幣為表達貨幣」之「(二)當個體之功能性貨幣為高度通貨膨脹經濟下之貨幣」中(2)的說明。

(3) 如將報導期間結束日不同之財務報表予以合併,所有項目無論係屬非貨幣性或貨幣性,應依"合併財務報表日之現時衡量單位"重述。

(4) 當高度通貨膨脹經濟停止且個體財務報表之編製及表達停止適用本準則,則以"前一報導期間結束日之現時衡量單位"表達之金額,應作為後續財務報表之帳面金額基礎。

(5) 作財務報表之重編,可能造成財務狀況表個別資產及負債之帳面金額與其課稅基礎間之差異。該等差異應依 IAS 12「所得稅」之規定處理。

(6) 個體應揭露下列事項:
  (a) 先前期間之財務報表及相對應數字已依功能性貨幣之一般購買力變動重編,且依"報導期間結束日之現時衡量單位"表達之事實。
  (b) 財務報表以歷史成本法或現時成本法編製。
  (c) 報導期間結束日之物價指數之認定及其水準,與其在本期以及前一報導期間之變動。

(續次頁)

(五) 釋 例

台灣甲公司於 20x6 年 1 月 1 日按乙公司帳列淨值之帳面金額取得國外乙公司 90%股權，並對乙公司存在控制。當日乙公司帳列資產及負債之帳面金額皆等於公允價值，且無其他未入帳資產或負債。

其他資料：

(1) 甲公司之記帳貨幣及功能性貨幣皆為新台幣。
(2) 乙公司之記帳貨幣及功能性貨幣皆為當地貨幣(LC)。
(3) 甲公司及乙公司合併財務報表之表達貨幣為新台幣。
(4) 新台幣<u>非為</u>高度通貨膨脹經濟下之貨幣。
(5) 乙公司於 20x4 年 1 月 1 日成立，隨即購置 20x6 年 1 月 1 日帳列之土地。
(6) 乙公司所在國家之一般物價指數：

20x4/1/1	100	20x6 年平均	145
20x4/12/31	102	20x6/12/31	160
20x5/12/31	130	20x7 年平均	190
		20x7/12/31	210

(7) 乙公司 20x6 年 12 月 31 日及 20x7 年 12 月 31 日之財務狀況表：

	20x7/12/31	20x6/12/31		20x7/12/31	20x6/12/31
現　金	LC110,000	LC 90,000	應付帳款	LC 30,000	LC 20,000
應收帳款	20,000	10,000	普通股股本	LC150,000	LC150,000
存　貨	30,000	—	保留盈餘	100,000	50,000
土　地	120,000	120,000		LC250,000	LC200,000
	LC280,000	LC220,000		LC280,000	LC220,000

(8) 乙公司 20x7 年之綜合損益表：

銷貨收入		LC180,000	假設全年銷貨係平均地發生。
銷貨成本			假設採先進先出之成本流動假設，且除期末存貨外，全年進貨係平均地發生於年度中，期末存貨購入時之一般物價指數為 200。
期初存貨	LC　　0		
本期進貨	130,000		
期末存貨	(30,000)	(100,000)	
銷貨毛利		LC 80,000	
營業費用		(30,000)	假設全年營業費用係平均地發生。
本期淨利		LC 50,000	

說 明：

(1) 乙公司最近三年(20x5、20x6、20x7)累積之通貨膨脹率已達 105.9%，超過 100%，(210－102)÷102＝105.9%。因此 20x7 年乙公司功能性貨幣(當地貨幣)成為高度通貨膨脹經濟下之貨幣，並首次適用 IAS 29。

(2) 乙公司 20x7 年首次適用 IAS 29，重編 20x7 年 1 月 1 日財務狀況表：
(首次適用 IAS 29 之報導期間開始日)

	20x7/1/1	說　　明
現　金	LC 90,000	貨幣性資產，無須重述。
應收帳款	10,000	貨幣性資產，無須重述。
土　地	192,000	LC120,000×(160/100)＝LC192,000
	LC292,000	
應付帳款	LC 20,000	貨幣性負債，無須重述。
普通股股本	240,000	LC150,000×(160/100)＝LC240,000
保留盈餘	32,000	反推，LC292,000－LC20,000－LC240,000
	LC292,000	＝LC32,000

(3) 為編製 20x7 年甲公司及其子公司合併財務報表，乙公司功能性貨幣(當地貨幣)財務報表須換算為新台幣(表達貨幣)財務報表。惟換算前，乙公司功能性貨幣(當地貨幣)財務報表須先按其所在國家一般物價指數之變動重編。

(4) 重編乙公司 20x7 年之綜合損益表：

	20x7 年		說　　明
銷貨收入		LC198,947	LC180,000×(210/190)＝LC198,947
銷貨成本			
期初存貨	LC 0		(LC130,000－LC30,000)×(210/190)
本期進貨	142,026		＋LC31,500(詳次行)＝LC142,026
期末存貨	(31,500)	(110,526)	LC30,000×(210/200)＝LC31,500
銷貨毛利		LC 88,421	
營業費用		(33,158)	LC30,000×(210/190)＝LC33,158
購買力損失		(28,763)	即「淨貨幣部位損失」，詳下述(5)
本期淨利		LC 26,500	

(5) 計算乙公司 20x7 年購買力損失：

	歷史成本金額	一般物價指數變動率	按 20x7/12/31 之衡量單位重編
期初淨貨幣部位（＊）	LC 80,000	×（210/160）	LC105,000
加：銷　貨	180,000	×（210/190）	198,947
減：進　貨（已售）	(100,000)	×（210/190）	(110,526)
減：進　貨（未售）	(30,000)	×（210/200）	(31,500)
減：營業費用	(30,000)	×（210/190）	(33,158)
			LC128,763
期末淨貨幣部位（＊）	LC100,000		100,000
20x7 年購買力損失　　（淨貨幣部位損失）			LC 28,763

＊：初：現金 LC90,000＋應收帳款 LC10,000－應付帳款 LC20,000＝LC80,000
　　末：現金 LC110,000＋應收帳款 LC20,000－應付帳款 LC30,000＝LC100,000

(6) 重編乙公司 20x7 年 12 月 31 日財務狀況表：

(首次適用 IAS 29 之報導期間結束日)

	20x7/12/31	說　　明
現　金	LC110,000	貨幣性資產，無須重述。
應收帳款	20,000	貨幣性資產，無須重述。
存　貨	31,500	LC30,000×(210/200)＝LC31,500
土　地	252,000	初[LC120,000×(160/100)]×(210/160)＝末 LC252,000
	LC413,500	
應付帳款	LC 30,000	貨幣性負債，無須重述。
普通股股本	315,000	初[LC150,000×(160/100)]×(210/160)＝末 LC315,000
保留盈餘	68,500	反推，LC413,500－LC30,000－LC315,000
	LC413,500	＝LC68,500
		或 期初 LC32,000×(210/160)＋本期淨利
		LC26,500[詳上述(4)]＝期末 LC68,500

(續次頁)

(7) 因甲公司及乙公司合併財務報表之表達貨幣(新台幣)非為高度通貨膨脹經濟下之貨幣，故：

 (a) 乙公司 20x6 年 12 月 31 日當地貨幣(功能性貨幣)財務狀況表 [未重編，如題意(2)之資料]，應按 20x6 年 12 月 31 日之收盤匯率換算。

 (b) 乙公司 20x7 年重編之當地貨幣(功能性貨幣)綜合損益表 [詳上述說明(4)] 及 20x7 年 12 月 31 日重編之當地貨幣(功能性貨幣)財務狀況表 [詳上述說明(6)]，應按 20x7 年 12 月 31 日之收盤匯率換算。

(8) 若假設甲公司及乙公司合併財務報表之表達貨幣(新台幣)為高度通貨膨脹經濟下之貨幣，則乙公司 20x6 年 12 月 31 日重編之當地貨幣(功能性貨幣)財務狀況表 [詳上述說明(2)]、乙公司 20x7 年度重編之當地貨幣(功能性貨幣)綜合損益表 [詳上述說明(4)] 及 20x7 年 12 月 31 日重編之當地貨幣(功能性貨幣)財務狀況表 [詳上述說明(6)]，皆應按 20x7 年 12 月 31 日之收盤匯率換算。

附錄二：匯率變動對資產及負債變動之影響

　　全年匯率變動對子公司每項資產及負債(包含未入帳資產及負債)變動的影響，可簡化並只區分為兩段式計算，其計算過程如表 14-16。惟亦可按下列方式逐項計算：

(1) 現　金：

	LC	匯　率	TWD
期初餘額	$1,350,000	2.00 (期初)	$2,700,000
現金股利	(400,000)	2.08 (交易日)	(832,000)
其他交易淨變動 (反推 1)	1,050,000	2.04 (平均)	2,142,000
兌換差額 (反推 2)	─		190,000
期末餘額	$2,000,000	2.10 (期末)	$4,200,000

反推 1：$1,350,000－$400,000＋其他交易淨變動＝$2,000,000
　　　　∴ 其他交易淨變動＝$1,050,000
反推 2：$2,700,000－$832,000＋$2,412,000±兌換差額＝$4,200,000
　　　　∴ 兌換差額＝$190,000

(2) 應收帳款－淨額：

	LC	匯　率	TWD
期初餘額	$900,000	2.00 (期初)	$1,800,000
其他交易淨變動 (註 1)	(30,000)	2.04 (平均)	(61,200)
兌換差額 (註 2)	─		88,200
期末餘額	$870,000	2.10 (期末)	$1,827,000

註 1：計算似上述(1)之「反推 1」。
註 2：計算似上述(1)之「反推 2」。

(3) 存　貨：

	LC	匯　率	TWD
期初餘額	$1,500,000	2.00 (期初)	$3,000,000
其他交易淨變動 (註 1)	130,000	2.04 (平均)	265,200
兌換差額 (註 2)	─		157,800
期末餘額	$1,630,000	2.10 (期末)	$3,423,000

(4) 不動產、廠房及設備－淨額：

	LC	匯率	TWD
期初餘額	$2,500,000	2.00 (期初)	$5,000,000
提列折舊	(250,000)	2.04 (平均)	(510,000)
其他交易淨變動 (註1)	—		—
兌換差額 (註2)	—		235,000
期末餘額	$2,250,000	2.10 (期末)	$4,725,000

(5) 專利權：

	LC	匯率	TWD
期初餘額	$80,000	2.00 (期初)	$160,000
其他交易淨變動 (註1)	(20,000)	2.04 (平均)	(40,800)
兌換差額 (註2)	—		6,800
期末餘額	$60,000	2.10 (期末)	$126,000

(6) 應付帳款：

	LC	匯率	TWD
期初餘額	$250,000	2.00 (期初)	$500,000
其他交易淨變動 (註1)	150,000	2.04 (平均)	306,000
兌換差額 (註2)	—		34,000
期末餘額	$400,000	2.10 (期末)	$840,000

(7) 兌換差額合計＝TWD190,000＋TWD88,200＋TWD157,800＋TWD235,000
　　　　　　　＋TWD6,800－TWD34,000＝TWD643,800

習 題

(一) (不同時點取得不動產、廠房及設備)

台灣甲公司持有國外乙公司100%股權數年，甲公司之記帳貨幣及功能性貨幣皆為新台幣，乙公司之記帳貨幣為當地貨幣。乙公司帳列設備係於下列不同時點取得： (LC：當地貨幣)

20x6/ 1/ 1	以 LC40,000 購買設備。
7/ 1	以 LC80,000 購買設備。
20x7/ 1/ 1	以 LC50,000 購買設備。
7/ 1	出售20x6年1月1日購入之設備，得款LC35,000。

乙公司估計設備皆有5年耐用年限，無殘值，採直線法計提折舊。乙公司當地貨幣對新台幣之匯率如下：(LC1＝TWD？)

	20x6	20x7
1/ 1 即期匯率	0.500	0.530
7/ 1 即期匯率	0.520	0.505
12/31 收盤匯率	0.530	0.490
全年平均匯率	0.515	0.510

試作：為編製甲公司及乙公司20x7年新台幣(表達貨幣)合併財務報表，有關乙公司帳列設備及累計折舊餘額之換算，請回答下列兩項獨立問題：
  (A) 若乙公司之功能性貨幣為新台幣，則計算：
    (1) 乙公司設備及累計折舊於20x7年12月31日的新台幣金額。
    (2) 乙公司20x7年度折舊費用的新台幣金額。
    (3) 乙公司20x7年7月1日應認列之「處分不動產、廠房及設備損益」的新台幣金額。
  (B) 若乙公司之功能性貨幣為當地貨幣，請重覆(A)之要求。

解答：

20x6/ 1/ 1：LC40,000÷5年＝LC8,000
　　　　　　截至處分日(20x7/ 7/ 1)之累計折舊＝LC8,000×1.5年＝LC12,000
20x6/ 7/ 1：LC80,000÷5年＝LC16,000

截至 20x7/12/31 之累計折舊＝LC16,000×1.5 年＝LC24,000

20x7/ 1/ 1：LC50,000÷5 年＝LC10,000

截至 20x7/12/31 之累計折舊＝LC10,000×1 年＝LC10,000

(A) 當乙公司之功能性貨幣為新台幣，須將設備及相關科目之當地貨幣金額換算為功能性貨幣(新台幣)金額。「設備(LC)」及「累計折舊(LC)」係外幣非貨幣性資產及其減項且以歷史成本衡量，故應以交易日匯率換算，如下：

(1) 20x7/12/31「設備」及「累計折舊」餘額：

	20x6/ 7/ 1 購入(LC)	20x7/ 1/ 1 購入(LC)	合計(LC)	換算	合計(TWD)
設　備	$80,000	$50,000	$130,000	$80,000×0.52 ＋$50,000×0.53	$68,100
減：累計折舊	(24,000)	(10,000)	(34,000)	$24,000×0.52 ＋$10,000×0.53	(17,780)
	$56,000	$40,000	$96,000		$50,320

(2) 20x7 年折舊費用金額：

	LC	換　算	TWD
20x6/ 1/ 1 購入	$8,000×6/12＝$4,000	$4,000×0.500	$ 2,000
20x6/ 7/ 1 購入	16,000	$16,000×0.520	8,320
20x7/ 1/ 1 購入	10,000	$10,000×0.530	5,300
	$30,000		$15,620

(3) 20x7/ 7/ 1：處分時，設備之帳面金額(LC)＝$40,000－$12,000＝$28,000

處分不動產、廠房及設備利益(LC)＝$35,000－$28,000＝$7,000

處分不動產、廠房及設備利益 LC7,000	售價，收現部分	屬外幣貨幣性項目，係單一交易發生在特定日期，故採交易日(處分設備日)匯率換算。
	設備之帳面金額部分	屬外幣非貨幣性項目，且以歷史成本衡量，故應以交易日(取得日)匯率換算。

	LC	匯率	TWD	
處分不動產、廠房及設備利益 LC7,000	$35,000	0.505	$17,675	處分不動產、廠房及設備利益(TWD)＝$17,675－$14,000 ＝$3,675
	$28,000	0.500	$14,000	

(B) 當乙公司的功能性貨幣是當地貨幣，須將設備及相關科目之功能性貨幣(當地貨幣)金額換算為表達貨幣(新台幣)金額。「設備(LC)」是資產項目，「累計折舊(LC)」是資產的減項，應以財務狀況表日收盤匯率換算。而其相關之「折舊費用」及「處分不動產、廠房及設備損益」是收益及費損項目，應以交易日(使用該設備致其經濟效益消耗之日及處分設備日)匯率換算，惟因每日營業上皆使用該設備，若逐日計算其折舊金額較為繁雜且非經濟可行之道，基於實務之理由，可使用近似於交易日匯率之匯率換算(例如當期平均匯率)。
計算如下：

(1) 20x7/12/31 餘額：

	20x6/ 7/ 1 購入(LC)	20x7/ 1/ 1 購入(LC)	合計 (LC)	換算	合計 (TWD)
設　備	$80,000	$50,000	$130,000	$130,000×0.490	$63,700
減：累計折舊	(24,000)	(10,000)	(34,000)	$34,000×0.490	(16,660)
	$56,000	$40,000	$96,000		$47,040

(2) 20x7 年折舊費用金額：

	LC	換算	TWD
20x6/ 1/ 1 購入	$8,000×6/12＝$4,000	$4,000×0.510	$2,040
20x6/ 7/ 1 購入	16,000	$16,000×0.510	8,160
20x7/ 1/ 1 購入	10,000	$10,000×0.510	5,100
	$30,000		$15,300

(3) 處分設備：係單一交易發生在特定日期(20x7/ 7/ 1)，故採交易日(處分設備日)匯率換算。

　　20x7/ 7/ 1：處分時設備之帳面金額(LC)＝$40,000－$12,000＝$28,000
　　　　　　　處分設備利益(LC)＝$35,000－$28,000＝$7,000
　　　　　　　處分設備利益(TWD)＝LC7,000×0.505(20x7/ 7/ 1 匯率)
　　　　　　　　　　　　　　　＝TWD3,535＝應認列之「處分不動產、廠房及設備利益」

(二)　(當地貨幣財務報表換算為功能性貨幣財務報表)

　　台灣甲公司於 20x6 年 1 月 1 日按乙公司帳列淨值之帳面金額取得國外乙

公司 90%股權，並對乙公司存在控制。當日乙公司帳列資產及負債之帳面金額皆等於公允價值，且無未入帳之資產或負債。下列是乙公司 20x6 年 12 月 31 日之當地貨幣(LC)試算表：

乙　公　司
試　算　表
20x6 年 12 月 31 日

借　方	LC	貸　方	LC
現　金	$ 20,000	備抵損失	$ 10,000
應收帳款	60,000	累計折舊－房屋及建築	40,000
預付保險費	1,000	累計折舊－辦公設備	90,000
存　貨	100,000	應付帳款	60,000
土　地	50,000	其他應付款－甲	100,000
房屋及建築	200,000	普通股股本	300,000
辦公設備	300,000	保留盈餘	100,000
銷貨成本	400,000	銷貨收入	700,000
折舊費用－房屋及建築	10,000		
折舊費用－辦公設備	30,000		
預期信用減損損失	8,000		
保險費	5,000		
其他營業費用	136,000		
股　利	80,000		
合　計	$1,400,000	合　計	$1,400,000

其他資料：

(1) 甲公司之記帳貨幣及功能性貨幣皆為新台幣。
(2) 乙公司之記帳貨幣及功能性貨幣皆為當地貨幣(LC)。
(3) 甲公司及乙公司合併財務報表之表達貨幣為新台幣。
(4) 新台幣及乙公司當地貨幣皆<u>非為</u>高度通貨膨脹經濟下之貨幣。
(5) 乙公司當地貨幣對新台幣之匯率如下：(LC1＝TWD？)

20x6/ 1/ 1 即期匯率	32.0
20x6/12/31 收盤匯率	32.5
20x6 年全年平均匯率	32.3
20x6 年宣告並發放現金股利日之即期匯率	32.2
20x6 年預付未來一年保險費當日之即期匯率	32.1

(6) 乙公司對存貨採先進先出之成本流動假設。20x6 年 1 月 1 日帳列存貨 LC80,000，其購入當日之即期匯率為 32.0。乙公司於 20x6 年平均地進貨，

共計LC420,000，且其期末存貨LC100,000係於20x6年12月下旬購自外界供應商，購入當日之即期匯率為32.4。

(7) 乙公司試算表中之土地、房屋及建築、辦公設備皆於收購日前持有，截至20x6年12月31日，仍使用於營運中。

(8) 乙公司帳列「其他應付款－甲」，係以當地貨幣計價之短期借款，預計將在雙方所約定之到期日清償。

(9) 乙公司帳列營業費用，除了預期信用減損損失LC8,000及保險費LC5,000外，係於20x6年平均地發生。

(10) 預期信用減損損失LC8,000，係於期末評估並記錄之未來可能無法收回的應收帳款。

(11) 保險費LC5,000，係於期末由預付保險費轉列。

(12) 乙公司帳列銷貨收入除LC100,000係由預收貨款轉列者外，其餘皆由現銷及賒銷交易產生。已知預收LC100,000貨款當日之即期匯率為32.4，並約定乙公司須於特定日期移轉特定數量之商品存貨給客戶。

試作：將20x6/12/31乙公司當地貨幣試算表<u>換算為</u>功能性貨幣(亦是表達貨幣)試算表。

解答：

請先參閱本章「四、當個體的功能性貨幣不是當地貨幣」，以瞭解下列試算表換算時所使用之適當匯率。

乙　公　司
試　算　表
20x6年12月31日

	LC	匯率	TWD
現　金	$ 20,000	32.5	$ 650,000
應收帳款	60,000	32.5	1,950,000
預付保險費	1,000	32.1	32,100
存　貨	100,000	32.4	3,240,000
土　地	50,000	32.0	1,600,000
房屋及建築	200,000	32.0	6,400,000
辦公設備	300,000	32.0	9,600,000
銷貨成本	400,000	(＊)	12,886,000
折舊費用－房屋及建築	10,000	32.0	320,000
折舊費用－辦公設備	30,000	32.0	960,000

預期信用減損損失	8,000	32.5 (#)	260,000
保險費	5,000	32.1	160,500
其他營業費用	136,000	32.3	4,392,800
股　利	80,000	32.2	2,576,000
外幣兌換損失（反推）			77,600
合　計	$1,400,000		$45,105,000
備抵損失	$ 10,000	32.5	$ 325,000
累計折舊—房屋及建築	40,000	32.0	1,280,000
累計折舊—辦公設備	90,000	32.0	2,880,000
應付帳款	60,000	32.5	1,950,000
其他應付款—甲	100,000	32.5	3,250,000
普通股股本	300,000	32.0	9,600,000
保留盈餘	100,000	(&)	3,200,000
銷貨收入	700,000	(◎)	22,620,000
合　計	$1,400,000		$45,105,000

\#：預期信用減損損失係於期末評估未來可能無法收回之應收帳款，係與貨幣性資產(應收帳款)相關之損益項目。因其不適合做「損益係於年度中平均地發生」之假設，故按其交易日(12/31)即期匯率換算。

*：期末存貨及銷貨成本之換算：

	LC	匯率	TWD
期初存貨	$ 80,000	32.0 (交易日)	$ 2,560,000
進　貨	420,000	32.3 (平均)	13,566,000
減：期末存貨	(100,000)	32.4 (交易日)	(3,240,000)
銷貨成本	$400,000		$12,886,000

&：20x6 年期初保留盈餘即為甲公司收購乙公司 90%股權時之保留盈餘，故以交易日即期匯率(32.0)換算。

◎：銷貨收入之換算：

	LC	匯率	TWD
由預收貨款轉列	$100,000	32.4 (交易日)	$ 3,240,000
現銷或賒銷	600,000	32.3 (平均)	19,380,000
銷貨收入	$700,000		$22,620,000

(三) **(功能性貨幣財務報表換算為表達貨幣財務報表)**

　　台灣甲公司於 20x7 年 1 月 1 日以新台幣 17,100,000 (新台幣：TWD) 取得國外乙公司 90%股權，並對乙公司存在控制。當日乙公司權益包括普通股股本 LC5,000,000 (LC：當地貨幣) 及保留盈餘 LC3,000,000，且其帳列資產及負債之帳面金額皆等於公允價值，除有一項未入帳專利權(估計尚有 10 年耐用年限)外，無其他未入帳資產或負債。非控制權益係以收購日公允價值衡量。
其他資料：
(1) 甲公司之記帳貨幣及功能性貨幣皆為新台幣。
(2) 乙公司之記帳貨幣及功能性貨幣皆為當地貨幣(LC)。
(3) 甲公司及乙公司合併財務報表之表達貨幣為新台幣。
(4) 新台幣及乙公司當地貨幣皆非為高度通貨膨脹經濟下之貨幣。
(5) 20x7 年 7 月 1 日，甲公司無息借予乙公司 TWD3,330,000，此筆短期借款係以新台幣計價。
(6) 乙公司當地貨幣對新台幣之匯率如下：　(LC1＝TWD？)

20x7/ 1/ 1 (甲公司取得乙公司 90%股權)之即期匯率	1.90
20x7/ 7/ 1 (甲公司借款予乙公司)之即期匯率	1.85
20x7/ 9/ 1 (乙公司宣告並發放現金股利)之即期匯率	1.84
20x7 年全年平均匯率	1.85
20x7/12/31 (財務狀況表日)之收盤匯率	1.80

(7) 乙公司 20x7 年 12 月 31 日調整後當地貨幣試算表：

借　方	LC	貸　方	LC
現　金	$ 550,000	應付帳款	$ 750,000
應收帳款－淨額	500,000	其他應付款－甲(新台幣)	1,850,000
存　貨	1,500,000	其他負債	600,000
土　地	1,600,000	普通股股本	5,000,000
辦公設備－淨額	3,000,000	保留盈餘－1/1	3,000,000
房屋及建築－淨額	5,000,000	銷貨收入	6,000,000
各項營業費用	4,000,000		
外幣兌換損失	50,000		
股　利	1,000,000		
合　計	$17,200,000	合　計	$17,200,000

(8) 甲公司截至 20x7 年 12 月 31 日之 20x7 年新台幣財務報表：

甲 公 司 綜合損益表及保留盈餘表 20x7 年 度		甲 公 司 財務狀況表 20x7 年 12 月 31 日	
銷貨收入	$5,695,000	現　金	$　　713,200
採用權益法認列之子公司、關聯企業及合資利益之份額	(a)	應收帳款－淨額	1,285,000
		其他應收款－乙	3,330,000
		存　貨	1,200,000
各項成本及費用	(4,000,000)	土　地	1,000,000
本期淨利	$　　(b)	辦公設備－淨額	6,000,000
加：期初保留盈餘	8,565,000	房屋及建築－淨額	3,000,000
減：股　利	(3,000,000)	採用權益法之投資	(d)
期末保留盈餘	$　　(c)	總　資　產	$　　(e)
		應付帳款	$ 1,627,200
		其他負債	3,085,000
		普通股股本	20,000,000
		保留盈餘	(c)
		其他權益－國外營運機構財務報表換算之兌換差額－採用權益法之子公司	(f)
		總負債及權益	$　　(e)

試作：

(A) 甲公司 20x7 年對乙公司股權投資之相關分錄。
(B) 甲公司 20x7 年財務報表中(a)～(f)之金額。
(C) 甲公司及乙公司 20x7 年合併工作底稿上之沖銷分錄。
(D) 甲公司及乙公司 20x7 年度合併工作底稿。

解答：

(1) 因乙公司的功能性貨幣為當地貨幣，故乙公司當地貨幣財務報表<u>須換算</u>為新台幣(表達貨幣)財務報表，始可與甲公司新台幣(表達貨幣)財務報表進行母、子公司合併財務報表之編製。

(2) 20x7/ 1/ 1 (收購日)：非控制權益係以收購日公允價值衡量，惟題意中未提及該公允價值，故設算之。

乙公司總公允價值＝(TWD17,100,000÷1.9)÷90%＝LC9,000,000÷90%
　　　　　　　　＝LC10,000,000

非控制權益＝乙公司總公允價值 LC10,000,000×10%＝LC1,000,000
　　　　　＝LC1,000,000×1.9＝TWD1,900,000
　　或　＝(TWD17,100,000÷90%)×10%＝TWD1,900,000

乙公司未入帳專利權＝LC10,000,000－(LC5,000,000＋LC3,000,000)
　　　　　　　　　＝LC2,000,000

未入帳專利權之每年攤銷數＝LC2,000,000÷10 年＝LC200,000

(3) 乙公司未入帳專利權之攤銷與換算：

　　乙公司未入帳專利權是應表達在甲公司及乙公司合併財務狀況表上之資產項目，故應以財務狀況表日收盤匯率換算；而該專利權之攤銷費用係應表達在甲公司及乙公司合併綜合損益表上之費用項目，且採直線法攤銷，符合"損益於全年間平均地發生"之假設，且基於實務之理由，可用當年度平均匯率換算。

	LC	匯率	TWD
20x7/ 1/ 1	$2,000,000	1.90	$3,800,000
20x7 年攤銷費用	(200,000)	1.85	(370,000)
兌換差額（＊反推）	－	－	(190,000)
20x7/12/31	$1,800,000	1.80	$3,240,000

＊：TWD3,800,000－TWD370,000 ± X＝TWD3,240,000
　　∴ X＝－TWD190,000

(4) 乙公司 20x7 年 12 月 31 日之功能性貨幣(亦是當地貨幣)試算表<u>換算為表達貨幣(新台幣)試算表</u>：

	LC	匯率	TWD
現　金	$ 550,000	1.80	$ 990,000
應收帳款－淨額	500,000	1.80	900,000
存　貨	1,500,000	1.80	2,700,000
土　地	1,600,000	1.80	2,880,000
辦公設備－淨額	3,000,000	1.80	5,400,000
房屋及建築－淨額	5,000,000	1.80	9,000,000
各項成本及費用	4,000,000	1.85	7,400,000
外幣兌換損失	50,000	1.85	92,500

	LC	匯率	TWD
股　利	1,000,000	1.84	1,840,000
其他綜合損益－國外營運機構財務報表換算之兌換差額 (反推)			857,500
合　計	$17,200,000		$32,060,000
應付帳款	$　750,000	1.80	$ 1,350,000
其他應付款－甲(新台幣)	1,850,000	1.80	3,330,000
其他負債	600,000	1.80	1,080,000
普通股股本	5,000,000	1.90	9,500,000
保留盈餘－1/1	3,000,000	1.90	5,700,000
銷貨收入	6,000,000	1.85	11,100,000
合　計	$17,200,000		$32,060,000

(5) 20x7 年，甲公司適用權益法之相關金額如下：(TWD)

　　乙公司淨利＝$11,100,000－$7,400,000－$92,500＝$3,607,500

　　甲公司應認列之「採用權益法認列之子公司、關聯企業及合資利益之份額」
　　　　　＝($3,607,500－專利權攤銷$370,000)×90%＝$2,913,750

　　非控制權益淨利＝($3,607,500－$370,000)×10%＝$323,750

　　甲公司應認列之「其他綜合損益－子公司、關聯企業及合資之國外營運機
　　　　　　　　構財務報表換算之兌換差額」
　　　　＝(－$857,500－$190,000)×90%＝－$942,750 (借記)

　　歸屬於非控制權益之子公司「其他綜合損益－國外營運機構財務報表換算之
　　兌換差額」＝(－$857,500－$190,000)×10%＝－$104,750

(6) 20x7 年相關科目餘額異動如下：(TWD)

	20x7/ 1/ 1	20x7	20x7/12/31
乙－綜合損益表： 　兌換差額 (☆)	$　　－	－$857,500	($857,500) 結轉「其他權益」
乙－權　益：			
普通股股本	$ 9,500,000		$ 9,500,000
保留盈餘	5,700,000	＋$3,607,500－$1,840,000	7,467,500
兌換差額 (#)	－	結轉自「其他綜合損益」 －$857,500	(857,500)
	$15,200,000		$16,110,000
☆：「其他綜合損益－國外營運機構財務報表換算之兌換差額」。				
#：「其他權益－國外營運機構財務報表換算之兌換差額」。				

	20x7/1/1	20x7	20x7/12/31
權益法：			
甲－採用權益法 　之投資	$17,100,000	+$2,913,750－$942,750 －$1,656,000	$17,415,000
甲－綜合損益表： 　兌換差額（&）	$　－	－$942,750	($942,750) 結轉「其他權益」
甲－權　益： 　兌換差額（*）	$　－	結轉自「其他綜合損益」 －$942,750	($942,750)

&：「其他綜合損益－子公司、關聯企業及合資之國外營運機構財務報表換算
　　之兌換差額」。
*：「其他權益－國外營運機構財務報表換算之兌換差額－採用權益法之子公司」。

合併財務報表：			
專利權	$3,800,000	－$370,000－$190,000	$3,240,000
非控制權益	$1,900,000	+$323,750－$104,750 －$184,000	$1,935,000

驗　算： 20x7/12/31：
　採用權益法之投資＝(乙權益$16,110,000＋專利權$3,240,000)×90％＝$17,415,000
　非控制權益＝($16,110,000＋$3,240,000)×10％＝$1,935,000

(A) 甲公司 20x7 年投資乙公司股權之分錄：(TWD)

20x7/1/1	採用權益法之投資	17,100,000	
	現　金		17,100,000
20x7/7/1	其他應收款－乙	3,330,000	
	現　金		3,330,000
20x7/9/1	現　金	1,656,000	
	採用權益法之投資		1,656,000
	LC1,000,000×1.84×90％＝TWD1,656,000		
20x7/12/31	採用權益法之投資	2,913,750	
	採用權益法認列之子公司、關聯企業 　　　及合資利益之份額		2,913,750
	其他綜合損益－子公司、關聯企業及合資之 　　國外營運機構財務報表換算 　　之兌換差額	942,750	
	採用權益法之投資		942,750

補充： 20x7年乙公司與甲公司間交易之相關分錄：

20x7/ 7/ 1	現　金　　　　　　　　　　　　　　LC1,800,000	
	其他應付款－甲(新台幣)	LC1,800,000
	TWD3,330,000÷1.85＝LC1,800,000，是「外幣交易」。	
20x7/ 9/ 1	保留盈餘　　　　　　　　　　　　　LC1,000,000	
	現　金	LC1,000,000
20x7/12/31	外幣兌換損失　　　　　　　　　　　　LC50,000	
	其他應付款－甲(新台幣)	LC50,000
	TWD3,330,000÷1.80＝LC1,850,000	
	LC1,850,000－LC1,800,000＝LC50,000	

(B) (a) $2,913,750 [詳上述(5)]

(b) $5,695,000＋$2,913,750－$4,000,000＝$4,608,750

(c) $8,565,000＋$4,608,750－$3,000,000＝$10,173,750

(d) $17,415,000 [詳上述(6)]

(e) $713,200＋$1,285,000＋$3,330,000＋$1,200,000＋$1,000,000＋$6,000,000
　　＋$3,000,000＋$17,415,000＝$33,943,200

(f) 借餘$942,750 [詳上述(6)]

(C) 甲公司及乙公司20x7年合併工作底稿上之沖銷分錄：(TWD)

(a)	採用權益法認列之子公司、關聯企業		
	及合資利益之份額	2,913,750	
	股　利		1,656,000
	採用權益法之投資		1,257,750
(b)	非控制權益淨利	323,750	
	股　利		184,000
	非控制權益		139,750
(c)	普通股股本	9,500,000	
	保留盈餘	5,700,000	
	專利權	3,610,000	
	採用權益法之投資		16,157,250
	非控制權益		1,795,250
	其他權益－國外營運機構財務報表		
	換算之兌換差額		857,500

(c) (續)	專利權＝$3,800,000－$190,000＝$3,610,000 採用權益法之投資＝$17,100,000－$942,750＝$16,157,250 非控制權益＝$1,900,000－$104,750＝$1,795,250 其他權益＝0－$857,500＝－$857,500(借餘)				
(d)	攤銷費用 　專利權		370,000		370,000
(e)	其他應付款－甲(新台幣) 　其他應收款－乙		3,330,000		3,330,000

(D) 甲公司及乙公司 20x7 年合併工作底稿：(TWD)

甲 公 司 及 其 子 公 司
合 併 工 作 底 稿
20x7 年 1 月 1 日至 20x7 年 12 月 31 日

	甲公司	90% 乙公司	調整／沖銷 借　方	調整／沖銷 貸　方	合　併 財務報表
綜合損益表：					
銷貨收入	$5,695,000	$11,100,000			$16,795,000
採用權益法認列之子公司、關聯企業及合資利益之份額	2,913,750	－	(a) 2,913,750		－
各項成本及費用	(4,000,000)	(7,400,000)	(d)　370,000		(11,770,000)
外幣兌換損失	－	(92,500)			(92,500)
淨　　利	$4,608,750	$3,607,500			
總合併淨利					$4,932,500
非控制權益淨利			(b)　323,750		(323,750)
控制權益淨利					$4,608,750
保留盈餘表：					
期初保留盈餘	$8,565,000	$5,700,000	(c) 5,700,000		$8,565,000
加：淨　利	4,608,750	3,607,500			4,608,750
減：股　利	(3,000,000)	(1,840,000)		(a) 1,656,000 (b)　184,000	(3,000,000)
期末保留盈餘	$10,173,750	$7,467,500			$10,173,750
財務狀況表：					
現　　金	$　713,200	$　990,000			$1,703,200
應收帳款－淨額	1,285,000	900,000			2,185,000
其他應收款－乙	3,330,000	－		(d) 3,330,000	－

	甲公司	90% 乙公司	調整／沖銷 借方	調整／沖銷 貸方	合併 財務報表
財務狀況表：(續)					
存　貨	1,200,000	2,700,000			3,900,000
採用權益法 　　之投資	17,415,000	—		(a) 1,257,750 (c)16,157,250	—
土　地	1,000,000	2,880,000			3,880,000
房屋及建築－淨額	6,000,000	5,400,000			11,400,00
辦公設備－淨額	3,000,000	9,000,000			12,000,000
專利權	—	—	(c) 3,610,000	(d)　370,000	3,240,000
總資產	$33,943,200	$21,870,000			$38,308,200
應付帳款	$ 1,627,200	$ 1,350,000			$ 2,977,200
其他應付款－甲	—	3,330,000	(d) 3,330,000		—
其他負債	3,085,000	1,080,000			4,165,000
普通股股本	20,000,000	9,500,000	(c) 9,500,000		20,000,000
保留盈餘	10,173,750	7,467,500			10,173,750
其他權益（＃）	—	(857,500)	(c)　857,500		—
其他權益（＊）	(942,750)	—			(942,750)
總負債及權益	$33,943,200	$21,870,000			
非控制權益－1/1				(c) 1,795,250	
非控制權益 －當期增加數				(b)　139,750	
非控制權益－12/31					1,935,000
總負債及權益					$38,308,200

＃：「其他權益－國外營運機構財務報表換算之兌換差額」。
＊：「其他權益－國外營運機構財務報表換算之兌換差額－採用權益法之子公司」。

(四)　(功能性貨幣財務報表換算為表達貨幣財務報表)

　　台灣甲公司於20x5年1月1日以新台幣1,204,000 (新台幣：TWD) 取得國外乙公司70%股權，並對乙公司存在控制。當日乙公司權益包括普通股股本LC3,000,000 (LC：當地貨幣) 及保留盈餘LC1,000,000，且其帳列資產及負債之帳面金額皆等於公允價值，除有一項未入帳專利權(估計尚有10年耐用年限)外，無其他未入帳資產或負債。非控制權益係以收購日公允價值衡量。

其他資料：
(1) 甲公司之記帳貨幣及功能性貨幣皆為新台幣。
(2) 乙公司之記帳貨幣及功能性貨幣皆為當地貨幣(LC)。
(3) 甲公司及乙公司合併財務報表之表達貨幣為新台幣。
(4) 新台幣及乙公司當地貨幣皆非為高度通貨膨脹經濟下之貨幣。
(5) 20x5 年，乙公司保留盈餘異動及其相關換算如下：(LC1＝TWD？)

	LC	匯　率	TWD
保留盈餘 (20x5/ 1/ 1)	$1,000,000	0.40 (收購日)	$400,000
20x5 年淨利	200,000		84,000
減：現金股利 (20x5/12/ 1)	(100,000)	0.43 (交易日)	(43,000)
保留盈餘 (20x5/12/31)	$1,100,000		$441,000

(6) 假設 20x5 年 12 月 31 日乙公司帳列資產及負債換算為新台幣金額分別為 TWD2,304,000 及 TWD500,000。

試計算下列各項金額：
(1) 20x5 年 1 月 1 日，乙公司未入帳專利權之公允價值。
(2) 20x5 年，乙公司未入帳專利權之攤銷費用。
(3) 20x5 年，匯率變動對乙公司未入帳專利權之影響。
(4) 20x5 年 12 月 31 日合併財務狀況表上之專利權金額。
(5) 按權益法，甲公司 20x5 年應認列之投資損益。
(6) 按權益法，甲公司 20x5 年應認列之「其他綜合損益－子公司、關聯企業及合資之國外營運機構財務報表換算之兌換差額」。
(7) 20x5 年 12 月 31 日，甲公司帳列「採用權益法之投資」餘額。

解答：(1)、(2)、(3)、(4) 分析如下：

20x5/ 1/ 1 (收購日)：非控制權益係以收購日公允價值衡量，惟題意中未提及該公允價值，故設算之。

乙總公允價值＝(TWD1,204,000÷0.4)÷70%＝LC3,010,000÷70%＝LC4,300,000
非控制權益＝乙公司總公允價值 LC4,300,000×30%＝LC1,290,000
　　　　　＝LC1,290,000×0.4＝TWD516,000
　　或　＝(TWD1,204,000÷70%)×30%＝TWD516,000
乙公司未入帳專利權＝LC4,300,000－(LC3,000,000＋LC1,000,000)＝LC300,000
未入帳專利權之每年攤銷數＝LC300,000÷10 年＝LC30,000

乙公司未入帳專利權之攤銷與換算：

	LC	匯率	TWD	
20x5/ 1/ 1	$300,000	0.40	$120,000	(1)答案
20x5 年攤銷費用	(30,000)	0.42	(12,600)	(2)答案
其他綜合損益－國外營運機構財務報表換算之兌換差額（＊反推）	—	—	11,400	(3)答案
20x5/12/31	$270,000	0.44	$118,800	(4)答案

＊：TWD120,000－TWD12,600±X＝TWD118,800, ∴ X＝TWD11,400

(5) 投資收益＝(乙淨利$84,000－專利權攤銷$12,600)×70%＝$49,980
(6) 已知乙公司 20x7/12/31 帳列資產及負債換算為新台幣金額分別為 TWD2,304,000 及 TWD500,000，股本 LC3,000,000 依收購日(20x5/ 1/ 1) 匯率 0.4 換算為 TWD1,200,000，因此反推乙公司財務報表換算之兌換差額＝TWD2,304,000 －(TWD500,000 ＋ TWD1,200,000 ＋ TWD441,000) ＝ TWD163,000(貸餘)。($163,000＋$11,400)×70%＝$122,080 (貸記)
(7) $1,204,000－(乙股利$43,000×70%)＋$49,980＋$122,080＝$1,345,960

(五) (資料不足情況下之財務報表換算)

　　台灣甲公司於 20x7 年 1 月 1 日以新台幣 939,600 (新台幣：TWD) 取得國外乙公司 90%股權，並對乙公司存在控制。當日乙公司權益包括普通股股本 LC3,200,000 (LC：當地貨幣) 及保留盈餘 LC800,000，且其帳列資產及負債之帳面金額皆等於公允價值，除有一項未入帳專利權(估計尚有 10 年耐用年限)外，無其他未入帳資產或負債。非控制權益係以收購日公允價值衡量。
其他基本資料：
(1) 甲公司之記帳貨幣及功能性貨幣皆為新台幣。
(2) 乙公司之記帳貨幣為當地貨幣(LC)。
(3) 甲公司及乙公司合併財務報表之表達貨幣為新台幣。
(4) 新台幣及乙公司當地貨幣皆非為高度通貨膨脹經濟下之貨幣。

　　甲公司及乙公司 20x7 年 12 月 31 日之個別調整後試算表(甲公司是部分試算表，乙公司是完整試算表)如下：

	會計科目	甲公司(TWD)	乙公司(LC)
借餘科目	現　金	$ 188,000	$ 600,000
	應收帳款	360,000	720,000
	其他應收款－乙	184,000	－
	存　貨	440,000	420,000
	土　地	600,000	1,500,000
	房屋及建築	1,200,000	2,400,000
	辦公設備	1,320,000	3,200,000
	採用權益法之投資	(4)	－
	銷貨成本	1,600,000	800,000
	折舊費用	324,000	400,000
	其他營業費用	800,000	480,000
	股　利	400,000	400,000
	外幣兌換損失	－	(1)
	其他綜合損益－國外營運機構財務報表換算之兌換差額	－	(3)
	其他綜合損益－子公司、關聯企業及合資之國外營運機構財務報表換算之兌換差額	(6)	－
貸餘科目	累計折舊－房屋及建築	480,000	1,200,000
	累計折舊－辦公設備	240,000	1,600,000
	應付帳款	964,000	520,000
	其他應付款－甲	－	(2)
	普通股股本	2,000,000	3,200,000
	保留盈餘－1/1	880,000	800,000
	銷貨收入	3,200,000	2,800,000
	採用權益法認列之子公司、關聯企業及合資利益之份額	(5)	－
	外幣兌換利益	－	(7)
	其他綜合損益－國外營運機構財務報表換算之兌換差額	－	(8)
	其他綜合損益－子公司、關聯企業及合資之國外營運機構財務報表換算之兌換差額	(9)	－

其他交易資料：

(a) 20x7 年 5 月 1 日，甲公司無息借予乙公司 TWD184,000，此筆短期借款係以新台幣計價。

(b) 20x7 年 1 月 1 日及 20x7 年 12 月 31 日乙公司帳列存貨分別為 LC340,000 及 LC420,000。乙公司採先進先出之成本流動假設，並於 20x7 年中平均地進貨，且其期末存貨係於 20x7 年 12 月 1 日購自外界供應商。

(c) 20x7 年 9 月 1 日，乙公司宣告並發放現金股利。

(d) 乙公司當地貨幣對新台幣之匯率如下： (LC1＝TWD？)

20x7/ 1/ 1 (甲公司取得乙公司 90%股權)之即期匯率	0.240
20x7/ 5/ 1 (甲公司借款予乙公司)之即期匯率	0.230
20x7 年全年平均匯率	0.220
20x7/ 5/ 1～20x7/12/31，本年借款期間之平均匯率	0.215
20x7/ 9/ 1 (乙公司宣告並發放現金股利)之即期匯率	0.210
20x7/12/ 1 (乙公司購入期末存貨)之即期匯率	0.205
20x7/12/31 (財務狀況表日)之收盤匯率	0.200

試作：(一) 若乙公司之功能性貨幣為新台幣，回答下列問題：
　　　　　(A) 計算試算表中(1)～(9)之金額。
　　　　　(B) 將乙公司當地貨幣試算表換算為新台幣試算表。
　　　　　(C) 編製甲公司及乙公司 20x7 年合併工作底稿上之沖銷分錄。
　　　(二) 若乙公司之功能性貨幣為當地貨幣，重覆上述(一)之要求。

解答：

20x7/ 1/ 1 (收購日)：非控制權益係以收購日公允價值衡量，惟題意中未提及該公允價值，故設算之。

乙公司總公允價值＝(TWD939,600÷0.24)÷90%＝LC3,915,000÷90%
　　　　　　　　＝LC4,350,000

非控制權益＝乙公司總公允價值 LC4,350,000×10%＝LC435,000
　　　　　＝LC435,000×0.24＝TWD104,400
　　　或　＝(TWD939,600÷90%)×10%＝TWD104,400

乙公司未入帳專利權＝LC4,350,000－(LC3,200,000＋LC800,000)＝LC350,000

未入帳專利權之每年攤銷數＝LC350,000÷10 年＝LC35,000

(一) 因乙公司的功能性貨幣為新台幣，故乙公司當地貨幣試算表須換算為功能性貨幣(新台幣)試算表，始可與甲公司新台幣(表達貨幣)財務報表進行母、子公司合併財務報表之編製。分析如下(i)～(vi)：

(i) 乙公司未入帳專利權之攤銷與換算：

專利權係屬外幣非貨幣性資產，且以歷史成本衡量，應以交易日(收購日)匯率將當地貨幣金額換算為功能性貨幣(新台幣)金額。

	LC	匯率	TWD
20x7/ 1/ 1	$350,000	0.24	$84,000
20x7年攤銷費用	(35,000)	0.24	(8,400)
20x7/12/31	$315,000	0.24	$75,600

(ii) 存貨及銷貨成本之換算：

	LC	匯率	TWD
存貨－20x7/ 1/ 1	$340,000	0.240 (交易日)	$ 81,600
20x7年進貨 (反推)	880,000	0.220 (平均)	193,600
存貨－20x7/12/31	(420,000)	0.205 (當日)	(86,100)
20x7年銷貨成本	$800,000		$189,100

(iii) 20x7年，甲公司及乙公司分錄：(TWD)

20x7/ 1/ 1	甲	採用權益法之投資	939,600	
		現　金		939,600
20x7/ 5/ 1	甲	其他應收款－乙	184,000	
		現　金		184,000
	乙	現　金	LC800,000	
		其他應付款－甲		LC800,000
	TWD184,000÷0.230＝LC800,000，非「外幣交易」。			
20x7/ 9/ 1	甲	現　金	75,600	
		採用權益法之投資		75,600
	LC400,000×90%×0.21＝TWD75,600			
	乙	保留盈餘	LC400,000	
		現　金		LC400,000
20x7/12/31	甲	採用權益法之投資	188,730	
		採用權益法認列之子公司、關聯企業		
		及合資利益之份額		188,730
	計算過程，請詳下述(v)。			

(iv) 乙公司 20x7 年 12 月 31 日之當地貨幣試算表<u>換算為</u>功能性貨幣(新台幣)試算表：

	LC	匯率	TWD
現　金	$　　600,000	0.200	$　120,000
應收帳款	720,000	0.200	144,000
存　貨	420,000	詳上述(ii)	86,100
土　地	1,500,000	0.240	360,000
房屋及建築	2,400,000	0.240	576,000
辦公設備	3,200,000	0.240	768,000
銷貨成本	800,000	詳上述(ii)	189,100
折舊費用	400,000	0.240	96,000
其他營業費用	480,000	0.220	105,600
股　利	400,000	0.210	84,000
外幣兌換損失	(1)	－	7,200
合　計	$10,920,000		$2,536,000
累計折舊－房屋及建築	$ 1,200,000	0.240	$ 288,000
累計折舊－辦公設備	1,600,000	0.240	384,000
應付帳款	520,000	0.200	104,000
其他應付款－甲	(2)　800,000	詳上述(iii)及下述(A)(2)	184,000
普通股股本	3,200,000	0.240	768,000
保留盈餘－1/1	800,000	0.240	192,000
銷貨收入	2,800,000	0.220	616,000
合　計	$10,920,000		$2,536,000

(1)：LC 欄，先加總貸方金額，得出 LC10,920,000，再反推借方之(1)金額為 LC0。亦可由"乙公司 20x7 年未發生外幣交易"得知其帳冊上不會出現外幣兌換損益科目。

(2)：請詳上述(iii)，乙公司 20x7/ 5/ 1 之分錄。

(v) 20x7 年，適用權益法之相關金額(新台幣，TWD)：

　乙公司淨利＝$616,000－$189,100－$96,000－$105,600－$7,200＝$218,100

　甲公司應認列之「採用權益法認列之子公司、關聯企業及合資利益之份額」
　　　　　＝($218,100－$8,400)×90%＝$188,730

　非控制權益淨利＝($218,100－$8,400)×10%＝$20,970

(vi) 20x7 年相關科目餘額異動如下：(TWD)

	20x7/1/1	20x7	20x7/12/31
乙－權　益			
普通股股本	$768,000		$768,000
保留盈餘	192,000	＋$218,100－$84,000	326,100
	$960,000		$1,094,100
權益法：			
甲－採用權益法 之投資	$939,600	＋$188,730－$75,600	$1,052,730
合併財務報表：			
專利權	$84,000	－$8,400	$75,600
非控制權益	$104,400	＋$20,970－$8,400	$116,970
驗　算： 20x7/12/31： 　採用權益法之投資＝(乙權益$1,094,100＋專利權$75,600)×90％＝$1,052,730 　非控制權益＝(乙權益$1,094,100＋專利權$75,600)×10％＝$116,970			

(A) (1) LC0，但有當地貨幣試算表<u>換算為</u>功能性貨幣(新台幣)試算表之外幣兌換損失 TWD7,200。

(2) LC800,000，係 20x7/5/1 甲公司借給乙公司之短期借款，與甲公司帳列「其他應收款－乙」是相對科目，本交易係以新台幣計價，故直接以 TWD184,000 為換算後之金額，以利母、子公司財務報表合併時之沖銷。

(3)、(6)、(7)、(8)、(9)：皆為$0

(4) TWD1,052,730，請詳上述(一)(vi)。

(5) TWD188,730，請詳上述(一)(v)。

(B) 請詳上述(一)(iv)。

(C) 20x7 年合併工作底稿上之沖銷分錄：(TWD)

(a)	採用權益法認列之子公司、關聯企業 及合資利益之份額　　188,730		
	股　利		75,600
	採用權益法之投資		113,130
(b)	非控制權益淨利　　20,970		
	股　利		8,400
	非控制權益		12,570

(c)	普通股股本	768,000	
	保留盈餘	192,000	
	專利權	84,000	
	採用權益法之投資		939,600
	非控制權益		104,400
(d)	攤銷費用	8,400	
	專利權		8,400
(e)	其他應付款－甲	184,000	
	其他應收款－乙		184,000

(二) 因乙公司的功能性貨幣為當地貨幣，故乙公司的當地貨幣(功能性貨幣)試算表<u>須換算為</u>新台幣(表達貨幣)試算表，始可與甲公司新台幣(表達貨幣)財務報表進行母、子公司合併財務報表之編製。分析如下(i)～(v)：

(i) 乙公司未入帳專利權之攤銷與換算：

	LC	匯率	TWD
20x7/ 1/ 1	$350,000	0.24	$84,000
20x7年攤銷費用	(35,000)	0.22	(7,700)
兌換差額 (反推)			(13,300)
20x7/12/31	$315,000	0.20	$63,000

＊：TWD84,000－TWD7,700 ± X＝TWD63,000
　　∴ X＝－TWD13,300

(ii) 20x7年，甲公司及乙公司分錄：(TWD)

20x7/ 1/ 1	甲	採用權益法之投資　　　　　　　　　　939,600	
		現　　金　　　　　　　　　　　　　　　　　939,600	
20x7/ 5/ 1	甲	其他應收款－乙　　　　　　　　　　184,000	
		現　　金　　　　　　　　　　　　　　　　　184,000	
	乙	現　　金　　　　　　　　　LC800,000	
		其他應付款－甲(新台幣)　　　　　　　　LC800,000	
		TWD184,000÷0.230＝LC800,000，是「外幣交易」。	
20x7/ 9/ 1	甲	現　　金　　　　　　　　　　　　　　75,600	
		採用權益法之投資　　　　　　　　　　　　　75,600	
		LC400,000×90%×0.21＝TWD75,600	
	乙	保留盈餘　　　　　　　　　LC400,000	
		現　　金　　　　　　　　　　　　　　LC400,000	

20x7/12/31	乙	外幣兌換損失 LC120,000	
		其他應付款－甲(新台幣)	LC120,000
		TWD184,000÷0.2＝LC920,000	
		LC920,000－LC800,000＝LC120,000	
20x7/12/31	甲	採用權益法之投資 191,610	
		採用權益法認列之子公司、關聯企業	
		及合資利益之份額	191,610
		計算過程，請詳下述(iv)。	
		其他綜合損益－子公司、關聯企業及合資	
		之國外營運機構財務報表換算	
		之兌換差額 170,910	
		採用權益法之投資	170,910
		計算過程，請詳下述(iv)。	

(iii) 乙公司20x7年12月31日之當地貨幣(功能性貨幣)試算表<u>換算為</u>新台幣(表達貨幣)試算表：

	LC	匯率	TWD
現　　金	$ 600,000	0.200	$ 120,000
應收帳款	720,000	0.200	144,000
存　　貨	420,000	0.200	84,000
土　　地	1,500,000	0.200	300,000
房屋及建築	2,400,000	0.200	480,000
辦公設備	3,200,000	0.200	640,000
銷貨成本	800,000	0.220	176,000
折舊費用	400,000	0.220	88,000
其他營業費用	480,000	0.220	105,600
股　　利	400,000	0.210	84,000
外幣兌換損失	(1) 120,000	0.215	25,800
其他綜合損益－國外營運機構			
財務報表換算之兌換差額	(3)　　－	－	176,600
合　　計	$11,040,000		$2,424,000
累計折舊－房屋及建築	1,200,000	0.200	$ 240,000
累計折舊－辦公設備	1,600,000	0.200	320,000
應付帳款	520,000	0.200	104,000
其他應付款－甲	(2) 920,000	0.200	184,000
普通股股本	3,200,000	0.240	768,000

	LC	匯 率	TWD
保留盈餘－1/1	800,000	0.240	192,000
銷貨收入	2,800,000	0.220	616,000
合　計	$11,040,000		$2,424,000

(1)：請詳上述(ii)，乙公司 20x7/12/31 之分錄。
(2)：請詳上述(ii)，乙公司 20x7/ 5/ 1 及 20x7/12/31 之分錄，
　　　LC800,000＋LC120,000＝LC920,000

(iv) 20x7 年，適用權益法之相關金額(新台幣，TWD)：

　　乙公司淨利＝$616,000－$176,000－$88,000－$105,600－$25,800＝$220,600
　　甲公司應認列之「採用權益法認列之子公司、關聯企業及合資利益之份額」
　　　　　＝($220,600－$7,700)×90％＝$191,610
　　非控制權益淨利＝($220,600－$7,700)×10％＝$21,290
　　甲公司應認列之「其他綜合損益－子公司、關聯企業及合資之國外營運機構
　　　　　　　　　　財務報表換算之兌換差額」
　　　　　＝(－$176,600－$13,300)×90％＝－$170,910 (借記)
　　歸屬於非控制權益之子公司「其他綜合損益－國外營運機構財務報表換算之
　　　　　兌換差額」＝(－$176,600－$13,300)×10％＝－$18,990

(v) 20x7 年相關科目餘額異動如下：(TWD)

	20x7/ 1/ 1	20x7	20x7/12/31
乙－綜合損益表： 　兌換差額（☆）	$　－	－$176,600	($176,600) 結轉「其他權益」
乙－權　益：			
普通股股本	$768,000		$ 768,000
保留盈餘	192,000	＋$220,600－$84,000	328,600
兌換差額（#）	－	結轉自「其他綜合損益」 －$176,600	(176,600)
	$960,000		$ 920,000
☆：「其他綜合損益－國外營運機構財務報表換算之兌換差額」。
#：「其他權益－國外營運機構財務報表換算之兌換差額」。
權益法：
甲－採用權益法 　之投資	$939,600	＋$191,610－$170,910 －$75,600	$884,700

	20x7/1/1	20x7	20x7/12/31
權益法：(續)			
甲－綜合損益表：			
兌換差額（&）	$ －	－$170,910	($170,910)
			結轉「其他權益」
甲－權　益：		結轉自「其他綜合損益」	
兌換差額（＊）	$ －	－$170,910	($170,910)

&：「其他綜合損益－子公司、關聯企業及合資之國外營運機構財務報表換算
　　之兌換差額」。
＊：「其他權益－國外營運機構財務報表換算之兌換差額－採用權益法之子公司」。

合併財務報表：

專利權	$84,000	－$7,700－$13,300	$63,000
非控制權益	$104,400	＋$21,290－$8,400	
		－$18,990	$98,300

驗　算：20x7/12/31：
　　採用權益法之投資＝(乙權益$920,000＋專利權$63,000)×90%＝$884,700
　　非控制權益＝(乙權益$920,000＋專利權$63,000)×10%＝$98,300

(A) (1) LC120,000，請詳上述(二)(ii)　　(2) LC920,000，請詳上述(二)(ii)
　　(3)、(7)、(8)、(9)：皆為$0　　　(4) TWD884,700，請詳上述(二)(v)
　　(5) TWD191,610，請詳上述(二)(iv)
　　(6) TWD170,910(借餘)，請詳上述(二)(iv)

(B) 請詳上述(二)(iii)。

(C) 20x7年合併工作底稿上之沖銷分錄：(TWD)

(a)	採用權益法認列之子公司、關聯企業		
	及合資利益之份額	191,610	
	股　利		75,600
	採用權益法之投資		116,010
(b)	非控制權益淨利	21,290	
	股　利		8,400
	非控制權益		12,890

(續次頁)

(c)	普通股股本	768,000	
	保留盈餘	192,000	
	專利權	70,700	
	採用權益法之投資		768,690
	非控制權益		85,410
	其他權益－國外營運機構財務報表		
	換算之兌換差額		176,600
	專利權＝$84,000－$13,300＝$70,700		
	採用權益法之投資＝$939,600－$170,910＝$768,690		
	非控制權益＝$104,400－$18,990＝$85,410		
	其他權益＝$0－$176,600＝－$176,600(借餘)		
(d)	攤銷費用	7,700	
	專利權		7,700
(e)	其他應付款－甲(新台幣)	184,000	
	其他應收款－乙		184,000

(六) (合併現金流量表－忽略匯率變動之影響)

台灣甲公司持有國外乙公司 90%股權數年並對乙公司存在控制。乙公司之記帳貨幣及功能性貨幣皆為當地貨幣(LC)。甲公司已編妥 20x6 年甲公司及其子公司新台幣(TWD)合併現金流量表如下：

來自流動資產及流動負債之現金流量：		
控制權益淨利		$224,900
折舊費用	$141,000	
專利權攤銷費用	2,100	
應收帳款增加數	(8,400)	
應付帳款增加數	17,000	
存貨減少數	169,500	321,200
來自流動資產及流動負債之淨現金流量		$546,100
來自非流動項目之現金流量：		
購買不動產、廠房及設備(20x6 年淨減少數)		($200,000)
支付股利予甲公司股東		(100,000)
來自非流動項目之淨現金流量		($300,000)

已知上述合併現金流量表含有多項錯誤，例如：忽略匯率變動對甲公司及

其子公司合併財務狀況表上各項資產及負債之影響，該影響內容如下：

	匯率變動所致之影響 新台幣(TWD)
現　金	$15,900
應收帳款	6,600
存　貨	12,500
不動產、廠房及設備－淨額	17,000
專利權	700
應付帳款	(3,000)
非控制權益	(5,000)
匯率變動對合併淨值的影響	$44,700

乙公司 20x6 年淨利為 TWD60,000，且宣告並發放 TWD20,000 現金股利。

試作：(1) 完成下列計算表(Y)，以利下述(2)之要求。
(2) 若 20x6 年初現金合併數為 TWD608,000，請以間接法編製甲公司及乙公司 20x6 年合併現金流量表。

計算表(Y)：

	20x6年之淨變動數 (A)	兌換差額 (B)	交易事項導致各科目之變動 (A)－(B) →	營業活動之現金流量 (C)	投資活動之現金流量 (D)	籌資活動之現金流量 (E)
現　金		$15,900				
應收帳款		6,600	→			
存　貨		12,500	→			
不動產、廠房及設備－淨額		17,000	→			
專利權		700	→			
		$52,700				
應付帳款		$ 3,000	→			
普通股股本		－	→			
保留盈餘		－	→			
兌換差額		44,700	→			
非控制權益		5,000	→			
		$52,700				

解答：

(1) 非控制權益之淨變動數－匯率變動所致之影響數 TWD5,000
    ＝非控制權益淨利－非控制權益股利
    ＝(TWD60,000×10%)－(TWD20,000×10%)＝TWD4,000
    ∴ 非控制權益之淨變動數＝TWD9,000

計算表(Y)： 依下列步驟將題目中已知資料逐步填入並合計，即可完成。

步驟一： 將已知資料填入適當欄位。

	20x6年之淨變動數	兌換差額	交易事項導致各科目之變動		營業活動之現金流量	投資活動之現金流量	籌資活動之現金流量
	(A)	(B)	(A)－(B)	→	(C)	(D)	(E)
現　金		$15,900					
應收帳款	8,400	6,600		→			
存　貨	(169,500)	12,500		→			
不動產、廠房及設備－淨額	200,000	17,000		→	141,000		
專利權		700		→	2,100		
		$52,700					
應付帳款	$ 17,000	$ 3,000		→			
普通股股本		－		→			
保留盈餘		－		→	224,900		($200,000)
兌換差額		44,700		→			
非控制權益	9,000	5,000	4,000	→	6,000		(2,000)
		$52,700					

(續次頁)

步驟二： (1) (A)欄減(B)欄，並將所得金額填入(C)、(D)或(E)欄。

　　　　(2) 利用(C)、(D)及(E)欄金額檢視(A)欄及[(A)－(B)]欄空白處，並填入適當金額。

　　　　(3) 合計(A)欄及[(A)－(B)]欄之貸餘金額。

	20x6年之淨變動數 (A)	兌換差額 (B)	交易事項導致各科目之變動 (A)－(B)		營業活動之現金流量 (C)	投資活動之現金流量 (D)	籌資活動之現金流量 (E)
現　金		$15,900					
應收帳款	8,400	6,600	1,800	→	($ 1,800)		
存　貨	(169,500)	12,500	(182,000)	→	182,000		
不動產、廠房及設備－淨額	200,000	17,000	183,000	→	141,000	($324,000)	
專利權	(1,400)	700	(2,100)	→	2,100		
		$52,700					
應付帳款	$ 17,000	$ 3,000	$ 14,000	→	14,000		
普通股股本	－	－	－	→			
保留盈餘	24,900	－	24,900	→	224,900		($200,000)
兌換差額	44,700	44,700	－	→			
非控制權益	9,000	5,000	4,000	→	6,000		(2,000)
	$95,600	$52,700	$42,900				

(續次頁)

步驟三： (1) 依(A)欄及[(A)－(B)]欄之貸餘合計數，填入其借餘合計數。

	20x6年之淨變動數	兌換差額	交易事項導致各科目之變動		營業活動之現金流量	投資活動之現金流量	籌資活動之現金流量
	(A)	(B)	(A)－(B)	→	(C)	(D)	(E)
現　金		$15,900					
應收帳款	8,400	6,600	1,800	→	($ 1,800)		
存　貨	(169,500)	12,500	(182,000)	→	182,000		
不動產、廠房及設備－淨額	200,000	17,000	183,000	→	141,000	($324,000)	
專利權	(1,400)	700	(2,100)	→	2,100		
	$95,600	$52,700	$42,900				
應付帳款	$ 17,000	$ 3,000	$ 14,000	→	14,000		
普通股股本	—	—	—	→			
保留盈餘	24,900	—	24,900	→	224,900		($200,000)
兌換差額	44,700	44,700	—	→			
非控制權益	9,000	5,000	4,000	→	6,000		(2,000)
	$95,600	$52,700	$42,900				

(續次頁)

步驟四： (1) 由(A)欄及[(A)－(B)]欄之借餘合計數，反推現金之(A)欄及[(A)－(B)]欄金額。

(2) 合計(C)、(D)及(E)欄金額。

	20x6年之淨變動數	兌換差額	交易事項導致各科目之變動		營業活動之現金流量	投資活動之現金流量	籌資活動之現金流量
	(A)	(B)	(A)－(B)	→	(C)	(D)	(E)
現　金	$ 58,100	$15,900	$ 42,200				
應收帳款	8,400	6,600	1,800	→	($ 1,800)		
存　貨	(169,500)	12,500	(182,000)	→	182,000		
不動產、廠房及設備－淨額	200,000	17,000	183,000	→	141,000	($324,000)	
專利權	(1,400)	700	(2,100)	→	2,100		
	$95,600	$52,700	$42,900				
應付帳款	$ 17,000	$ 3,000	$ 14,000	→	14,000		
普通股股本	－	－	－	→			
保留盈餘	24,900	－	24,900	→	224,900		($200,000)
兌換差額	44,700	44,700	－	→			
非控制權益	9,000	5,000	4,000	→	6,000		(2,000)
	$95,600	$52,700	$42,900		$568,200	($324,000)	($202,000)

(續次頁)

(2) 甲公司及乙公司 20x6 年合併現金流量表－間接法：

甲 公 司 及 其 子 公 司
合併現金流量表－間接法
20x6 年 度

營業活動之現金流量		
控制權益淨利		$224,900
加：非控制權益淨利		6,000
總合併淨利		$230,900
加：折舊費用		141,000
加：專利權攤銷費用		2,100
減：應收帳款增加數		(1,800)
加：存貨減少數		182,000
加：應付帳款增加數		14,000
營運產生之現金流入		$568,200
來自營業活動之現金流量		
投資活動之現金流量		
購買不動產、廠房及設備	($324,000)	
來自投資活動之現金流量		(324,000)
籌資活動之現金流量		
發放現金股利－甲公司股東	($200,000)	
發放現金股利－非控制股東	(2,000)	
來自籌資活動之現金流量		(202,000)
匯率變動對現金及約當現金之影響		15,900
本期現金及約當現金淨增加數		$ 58,100
加：期初現金及約當現金餘額		608,000
期末現金及約當現金餘額		$666,100

(七) **(先換算子財務報表→合併母、子財務報表→再編合併現金流量表)**

    台灣甲公司於 20x6 年 1 月 1 日以新台幣 2,295,000 (新台幣：TWD) 取得國外乙公司 90%股權，並對乙公司存在控制。當日乙公司權益包括普通股股本 LC10,000,000 (LC：當地貨幣) 及保留盈餘 LC5,000,000，且其帳列資產及負債之帳面金額皆等於公允價值，除有一項未入帳專利權(估計尚有 10 年耐用年限)外，無其他未入帳資產或負債。非控制權益係以收購日公允價值衡量。
其他基本資料：

(1) 甲公司之記帳貨幣及功能性貨幣皆為新台幣。
(2) 乙公司之記帳貨幣及功能性貨幣皆為當地貨幣。
(3) 甲公司及乙公司合併財務報表之表達貨幣為新台幣。
(4) 新台幣及乙公司當地貨幣皆非為高度通貨膨脹經濟下之貨幣。

其他交易資料：

(1) 20x7 年 7 月 1 日，甲公司向乙公司舉借一筆長期借款 LC3,000,000，此筆借款係以乙公司當地貨幣計價，約定年息 4%，每年 12 月 31 日付息。該項借款於目前及可預見之未來並無清償計畫。

(2) 20x6 及 20x7 年，甲公司及乙公司皆未處分其不動產、廠房及設備，但皆發生購置不動產、廠房及設備之交易。20x7 年 12 月 31 日，乙公司簽發一張 LC2,000,000 票據以購買設備，因購買日在 20x7 年期末，故新增設備從 20x8 年開始計提折舊。下列是甲公司及乙公司有關不動產、廠房及設備在 20x7 年之新台幣異動金額：

	土 地		房屋及建築－淨額		設 備－淨額	
	甲	乙	甲	乙	甲	乙
1／1	$500,000	$425,000	$1,500,000	$1,020,000	$4,000,000	$1,190,000
新 增	－	－	800,000	－	1,500,000	380,000
提列折舊	－	－	(500,000)	(90,000)	(1,000,000)	(270,000)
兌換差額	－	50,000	－	115,000	－	125,000
12/31	$500,000	$475,000	$1,800,000	$1,045,000	$4,500,000	$1,425,000

(3) 20x7 年 2 月間，甲公司以 TWD840,000 將成本 TWD700,000 之商品售予乙公司，此筆銷貨交易係以新台幣計價。乙公司以 LC4,800,000 列記此筆內部進貨交易，並在數天後支付 TWD840,000 予甲公司。惟截至 20x7 年 12 月 31 日，該批商品尚有 LC1,200,000 仍未售予合併個體以外單位。

(4) 20x6 及 20x7 年之匯率如下：(LC1＝TWD？)

	20x6	20x7
1／1 即期匯率	0.150	0.170
順流內部銷貨當日之即期匯率	－	0.175
全年平均匯率	0.160	0.180
甲公司向乙公司借款日(20x7/ 7/ 1)之即期匯率	－	0.180
甲公司向乙公司本期借款期間之平均匯率	－	0.185
乙公司宣告並發放現金股利日(12/20)之即期匯率	0.166	0.188
12/31(報導期間結束日)之收盤匯率	0.170	0.190

試作：
(1) 按**格式 A**，將乙公司 20x6 年 12 月 31 日及 20x7 年 12 月 31 日之當地貨幣(亦是功能性貨幣)試算表換算為新台幣(表達貨幣)試算表。
(2) 按權益法，20x7 年甲公司投資乙公司股權及甲公司向乙公司舉借長期借款之相關分錄。
(3) 按**格式 B**，完成甲公司及乙公司 20x7 年合併工作底稿。
(4) 按**格式 C、D、E**，計算甲公司及乙公司 20x7 年合併現金流量表所需之資料。
(5) 採間接法，編製甲公司及乙公司 20x7 年合併現金流量表。
(6) 採直接法，編製甲公司及乙公司 20x7 年合併現金流量表。

格式 A：將乙公司 20x6 年 12 月 31 日及 20x7 年 12 月 31 日之當地貨幣(亦是功能性貨幣)試算表換算為新台幣(表達貨幣)試算表：

	20x6 / 12 / 31			20x7 / 12 / 31		
	LC	匯率	TWD	LC	匯率	TWD
借　方：						
現　　金	$ 100,000			$ 150,000		
應收帳款－淨額	400,000			250,000		
存　　貨	1,500,000			800,000		
存　貨－內部交易	－			1,200,000		
長期應收款－甲	－			3,000,000		
土　　地	2,500,000			2,500,000		
房屋及建築	7,000,000			7,000,000		
設　　備	10,000,000			10,000,000		
設　　備 (新增)	－			2,000,000		
銷貨成本	7,000,000			4,800,000		
銷貨成本－內部	－			3,600,000		
折舊費用	2,000,000			2,000,000		
其他營業費用	1,500,000			1,700,000		
股　　利	1,000,000			1,000,000		
合　　計	$33,000,000			$40,000,000		
貸　方：						
累計折舊　－房屋及建築	$ 1,000,000			$ 1,500,000		
累計折舊－設備	3,000,000			4,500,000		

(續次頁)

	20x6 / 12 / 31			20x7 / 12 / 31		
	LC	匯率	TWD	LC	匯率	TWD
應付帳款	2,000,000			2,590,000		
應付票據	—			2,000,000		
普通股股本	10,000,000			10,000,000		
保留盈餘	5,000,000			5,500,000		
銷貨收入	12,000,000			13,850,000		
利息收入	—			60,000		
其他綜合損益－國外營運機構財務報表換算之兌換差額	—			—		
合　計	$33,000,000			$40,000,000		

格式 B：

甲 公 司 及 其 子 公 司
合 併 工 作 底 稿
20x7 年 1 月 1 日至 20x7 年 12 月 31 日

	甲公司	90%乙公司	調整/沖銷 借方	調整/沖銷 貸方	合併財務報表
綜合損益表：					
銷貨收入	$7,000,000				
採用權益法認列之子公司、關聯企業及合資利益之份額	242,290				
利息收入	—				
銷貨成本	(4,000,000)				
折舊費用	(1,500,000)				
其他營業費用	(726,000)				
利息費用	(11,100)				
外幣兌換損失	(300)				
淨　利	$1,004,890				
總合併淨利					
非控制權益淨利					
控制權益淨利					

(續次頁)

	甲公司	90%乙公司	調整／沖銷 借方	調整／沖銷 貸方	合併財務報表
保留盈餘表：					
期初保留盈餘	$2,003,200				
加：淨　利	1,004,890				
減：股　利	(500,000)				
期末保留盈餘	$2,508,090				
財務狀況表：					
現　金	$ 101,000				
應收帳款－淨額	300,000				
存　貨	1,000,000				
長期應收款－甲	─				
採用權益法之投資	3,011,410				
土　地	500,000				
房屋及建築－淨額	1,800,000				
設　備－淨額	4,500,000				
專利權	─				
總資產	$11,212,410				
應付帳款	$ 558,800				
應付票據	─				
長期應付款－乙	570,000				
普通股股本	7,000,000				
保留盈餘	2,508,090				
其他權益（＃）	─				
其他權益（＊）	575,520				
總負債及權益	$11,212,410				
非控制權益－1/1					
非控制權益－當期增加數					
非控制權益－12/31					
總負債及權益					

＃：「其他權益－國外營運機構財務報表換算之兌換差額」。

＊：「其他權益－國外營運機構財務報表換算之兌換差額－採用權益法之子公司」。

格式 C：

甲 公 司 及 其 子 公 司 比較合併財務狀況表 12 月 31 日			
	20x7	**20x6**	**增(減)數**
現　　金		$ 169,500	
應收帳款－淨額		468,000	
存　　貨		1,055,000	
土　　地		925,000	
房屋及建築－淨額		2,520,000	
設　備－淨額		5,190,000	
專利權		306,000	
總 資 產		$10,633,500	
應付帳款		$ 1,022,100	
應付票據		—	
普通股股本		7,000,000	
保留盈餘		2,003,200	
其他權益－國外營運機構財 　務報表換算之兌換差額 　－採用權益法之子公司		314,100	
非控制權益		294,100	
總負債及權益		$10,633,500	

格式 D： 簡化 20x7 年匯率變動對乙公司各項資產及負債(包含未入帳之資產或負債)變動之影響，只區分為兩段式計算，如下：

	第 一 階 段			第 二 階 段			
	期初餘額 LC (m)	(a)	第一階段 =(m)×(a)	期末餘額 LC (n)	(b)	第二階段 =(n)×(b)	兩階段 合 計
：							

格式 E： 辨認導致現金及約當現金變動之事項，並作適當分類：

	20x7年之 淨變動數 (格式 C)	兌　換 差　額 (格式 D)	交易事項 導致各科目 之變動		營業活動 之 現金流量	投資活動 之 現金流量	籌資活動 之 現金流量	不影響現金 流量之投資 及籌資活動
	(A)	(B)	(A)－(B)	→	(C)	(D)	(E)	(F)
：				→				

解答：

因乙公司的功能性貨幣為當地貨幣，故乙公司當地貨幣財務報表<u>須換算為</u>新台幣(表達貨幣)財務報表，始可與甲公司新台幣(表達貨幣)財務報表進行母、子公司合併財務報表之編製。分析如下：

20x6/1/1 (收購日)：非控制權益係以收購日公允價值衡量，惟題意中未提及該公允價值，故設算之。

乙公司總公允價值＝(TWD2,295,000÷0.15)÷90%＝LC15,300,000÷90%
　　　　　　　　＝LC17,000,000

非控制權益＝乙公司總公允價值 LC17,000,000×10%＝LC1,700,000
　　　　　＝LC1,700,000×0.15＝TWD255,000
　　或　＝(TWD2,295,000÷90%)×10%＝TWD255,000

乙未入帳專利權＝LC17,000,000－(LC10,000,000＋LC5,000,000)＝LC2,000,000

乙未入帳專利權之每年攤銷數＝LC2,000,000÷10 年＝LC200,000

乙公司未入帳專利權之攤銷與換算：

　　乙公司未入帳專利權是應表達在甲公司及乙公司合併財務狀況表上之資產項目，故應以財務狀況表日收盤匯率換算；而該專利權之攤銷費用係應表達在甲公司及乙公司合併綜合損益表上之費用項目，且採直線法攤銷，符合"損益於全年間平均地發生"之假設，又基於實務之理由，可用當年度之平均匯率換算。

	LC	匯率	TWD
20x6/1/1	$2,000,000	0.15	$300,000
20x6 年攤銷費用	(200,000)	0.16	(32,000)
兌換差額（＊反推）	－	－	38,000
20x6/12/31	$1,800,000	0.17	$306,000
20x7 年攤銷費用	(200,000)	0.18	(36,000)
兌換差額（＊反推）	－		34,000
20x7/12/31	$1,600,000	0.19	$304,000

＊：20x6：$300,000－$32,000 ± X＝$306,000，X＝$38,000
　　20x7：$306,000－$36,000 ± Y＝$304,000，Y＝$34,000

(1) **格式 A**：將乙公司 20x6 年 12 月 31 日及 20x7 年 12 月 31 日之當地貨幣(功能性貨幣)試算表<u>換算為</u>新台幣(表達貨幣)試算表：

	20x6 / 12 / 31 LC	匯率	TWD	20x7 / 12 / 31 LC	匯率	TWD
借方：						
現　金	$ 100,000	0.170	$ 17,000	$ 150,000	0.190	$ 28,500
應收帳款－淨額	400,000	0.170	68,000	250,000	0.190	47,500
存　貨	1,500,000	0.170	255,000	800,000	0.190	152,000
存　貨－內部交易	－	－	－	1,200,000	0.175	210,000
長期應收款－甲	－	－	－	3,000,000	0.190	570,000
土　地	2,500,000	0.170	425,000	2,500,000	0.190	475,000
房屋及建築	7,000,000	0.170	1,190,000	7,000,000	0.190	1,330,000
設　備	10,000,000	0.170	1,700,000	10,000,000	0.190	1,900,000
設　備 (新增)	－	－	－	2,000,000	0.190	380,000
銷貨成本	7,000,000	0.160	1,120,000	4,800,000	0.180	864,000
銷貨成本－內部	－	－	－	3,600,000	0.175	630,000
折舊費用	2,000,000	0.160	320,000	2,000,000	0.180	360,000
其他營業費用	1,500,000	0.160	240,000	1,700,000	0.180	306,000
股　利	1,000,000	0.166	166,000	1,000,000	0.188	188,000
合　計	$33,000,000		$5,501,000	$40,000,000		$7,441,000
貸方：						
累計折舊－房屋及建築	$ 1,000,000	0.170	$ 170,000	$ 1,500,000	0.190	$ 285,000
累計折舊－設備	3,000,000	0.170	510,000	4,500,000	0.190	855,000
應付帳款	2,000,000	0.170	340,000	2,590,000	0.190	492,100
應付票據	－	－	－	2,000,000	0.190	380,000
普通股股本	10,000,000	0.150	1,500,000	10,000,000	0.150	1,500,000
保留盈餘	5,000,000	0.150	750,000	5,500,000	詳下(f)	824,000
銷貨收入	12,000,000	0.160	1,920,000	13,850,000	0.180	2,493,000
利息收入	－	－	－	60,000	0.185	11,100
其他綜合損益－國外營運機構財務報表換算之兌換差額	－	－	311,000	－		600,800
合　計	$33,000,000		$5,501,000	$40,000,000		$7,441,000

[下列(a)～(e)，係 20x6 年適用權益法之相關金額，皆為新台幣(TWD)]
(a) 乙公司淨利＝$1,920,000－$1,120,000－$320,000－$240,000＝$240,000
(b) 甲公司應認列之「採用權益法認列之子公司、關聯企業及合資利益之份額」
　　　　＝($240,000－專利權攤銷$32,000)×90%＝$187,200
(c) 非控制權益淨利＝($240,000－$32,000)×10%＝$20,800
(d) 甲公司應認列之「其他綜合損益－子公司、關聯企業及合資之國外營運機構
　　　　財務報表換算之兌換差額」
　　＝($311,000＋$38,000)×90%＝$314,100 (貸記)
(e) 歸屬於非控制權益之「其他綜合損益－國外營運機構財務報表換算之兌換差額」＝($311,000＋$38,000)×10%＝＋$34,900

(f) 20x6 及 20x7 年，相關科目餘額異動如下： (TWD，單位：千元)

	20x6/1/1	20x6	20x6/12/31	20x7	20x7/12/31
乙－綜合損益表： 　兌換差額 (☆)	$ －	＋$311	$311 結轉「其他權益」	＋$289.8	$289.8 結轉「其他權益」
乙－權　益					
普通股股本	$1,500		$1,500		$1,500.0
保留盈餘	750	＋$240－$166	824	＋$344.1－$188	980.1
兌換差額 (#)	－	結轉自「其他綜合損益」＋$311	311	結轉自「其他綜合損益」＋$289.8	600.8
	$2,250		$2,635		$3,080.9
☆：「其他綜合損益－國外營運機構財務報表換算之兌換差額」。					
#：「其他權益－國外營運機構財務報表換算之兌換差額」。					
權益法：					
甲－採用權益法 　之投資	$2,295	＋$187.2＋$314.1 －$149.4	$2,646.9	＋$242.29＋$291.42 －$169.2	$3,011.41
甲－綜合損益表： 　兌換差額(&)	$ －	＋$314.1	$314.1 結轉「其他權益」	＋$291.42	$291.42 結轉「其他權益」
兌換差額(＆＆)			$ －	－$30	($30) 結轉「其他權益」
甲－權　益： 　兌換差額(＊)	$ －	結轉自「其他綜合損益」＋$314.1	$314.1	結轉自「其他綜合損益」＋$291.42	$605.52
兌換差額(＊＊)			$ －	結轉自「其他綜合損益」－$30	($30)

(承上頁)

	20x6/1/1	20x6	20x6/12/31	20x7	20x7/12/31
&：「其他綜合損益－子公司、關聯企業及合資之國外營運機構財務報表換算之兌換差額」。					
&&：「其他綜合損益－國外營運機構淨投資之兌換差額」。					
＊：「其他權益－國外營運機構財務報表換算之兌換差額－採用權益法之子公司」。					
＊＊：「其他權益－國外營運機構淨投資之兌換差額」。					
合併財務報表：					
專利權	$300	－$32＋$38	$306	－$36＋$34	$304
非控制權益	$255	＋$20.8＋$34.9 －$16.6	$294.1	＋$30.81＋$32.38 －$18.8	$338.49

驗 算：
20x6/12/31：採用權益法之投資＝(乙權益$2,635＋專利權$306)×90%＝$2,646.9
　　　　　　非控制權益＝(乙權益$2,635＋專利權$306)×10%＝$294.1
20x7/12/31：採用權益法之投資
　　　　　　＝(乙權益$3,080.9＋專利權$304)×90%－未實現利益$35,000＝$3,011.41
　　　　　　非控制權益＝(乙權益$3,080.9＋專利權$304)×10%＝$338.49

[下列(g)～(k)，係20x7年適用權益法之相關金額，皆為新台幣(TWD)]

(g) 乙公司淨利＝$2,493,000＋$11,100－$864,000－$630,000
　　　　　　　　－$360,000－$306,000＝$344,100

(h) 順流銷貨之未實現利益＝($840,000－$700,000)×(1,200,000÷4,800,000)
　　　　　　　　　　　　＝$140,000×(1/4)＝$35,000

　　甲公司應認列「採用權益法認列之子公司、關聯企業及合資利益之份額」
　　　　＝($344,100－專利權攤銷$36,000)×90%－未實現利益$35,000
　　　　＝$242,290

(i) 非控制權益淨利＝($344,100－$36,000)×10%＝$30,810

(j) 甲公司應認列之「其他綜合損益－子公司、關聯企業及合資之國外營運機構財務報表換算之兌換差額」
　　＝[($600,800－$311,000)＋$34,000]×90%＝$291,420 (貸記)

(k) 歸屬於非控制權益之「其他綜合損益－國外營運機構財務報表換算之兌換差額」＝[($600,800－$311,000)＋$34,000]×10%＝$32,380

(2) 20x7 年間,甲公司及乙公司之分錄(TWD):

20x7/ 7/ 1	甲	現　金　　　　　　　　　　　　　　540,000
		長期應付款－乙(乙 LC)　　　　　　　　　540,000
		LC3,000,000×0.18＝TWD540,000,是「外幣交易」。
	乙	長期應收款－甲　　　　　　LC3,000,000
		現　金　　　　　　　　　　　　　　LC3,000,000
		對乙公司而言,本交易不是「外幣交易」。
20x7/12/20	甲	現　金　　　　　　　　　　　　　　169,200
		採用權益法之投資　　　　　　　　　　169,200
		LC1,000,000×90%×0.188＝TWD169,200
	乙	保留盈餘　　　　　　　　　LC1,000,000
		現　金　　　　　　　　　　　　　LC1,000,000
20x7/12/31	甲	其他綜合損益－國外營運機構淨投資
		之兌換差額　　　　　　30,000
		長期應付款－乙(乙 LC)　　　　　　　　30,000
		LC3,000,000×0.19＝TWD570,000
		LC570,000－LC540,000＝LC30,000
20x7/12/31	甲	利息費用　　　　　　　　　　　　　11,100
		外幣兌換損失　　　　　　　　　　　　　300
		現　金　　　　　　　　　　　　　　11,400
		利息費用:LC3,000,000×4%×6/12＝LC60,000
		LC60,000×0.185＝TWD11,100
		現　金:LC60,000×0.190＝TWD11,400
		外幣兌換損失:LC11,400－LC11,100＝LC300
20x7/12/31	乙	現　金　　　　　　　　　　　LC60,000
		利息收入　　　　　　　　　　　　LC60,000
20x7/12/31	甲	採用權益法之投資　　　　　　　　　242,290
		採用權益法認列之子公司、關聯企業
		及合資利益之份額　　　　　　　242,290
		計算過程,請詳上述(1)(h)。
		採用權益法之投資　　　　　　　　　291,420
		其他綜合損益－子公司、關聯企業及合資
		之國外營運機構財務報表換算
		之兌換差額　　　　　　　　　291,420
		計算過程,請詳上述(1)(j)。

(3) 格式 B：

甲 公 司 及 其 子 公 司
合 併 工 作 底 稿
20x7 年 1 月 1 日至 20x7 年 12 月 31 日

	甲公司	90% 乙公司	調整 / 沖銷 借方	調整 / 沖銷 貸方	合 併 財務報表
綜合損益表：					
銷貨收入	$7,000,000	$2,493,000	(a) 840,000		$8,653,000
採用權益法認列之子公司、關聯企業及合資利益之份額	242,290	—	(c) 242,290		—
利息收入	—	11,100	(h) 11,100		—
銷貨成本	(4,000,000)	(1,494,000)	(b) 35,000	(a) 840,000	(4,689,000)
折舊費用	(1,500,000)	(360,000)			(1,860,000)
其他營業費用	(726,000)	(306,000)	(f) 36,000		(1,068,000)
利息費用	(11,100)	—		(h) 11,100	—
外幣兌換損失	(300)				(300)
淨　利	$1,004,890	$ 344,100			
總合併淨利					$1,035,700
非控制權益淨利			(d) 30,810		(30,810)
控制權益淨利					$1,004,890
保留盈餘表：					
期初保留盈餘	$2,003,200	$824,000	(e) 824,000		$2,003,200
加：淨　利	1,004,890	344,100			1,004,890
減：股　利	(500,000)	(188,000)		(c) 169,200 (d) 18,800	(500,000)
期末保留盈餘	$2,508,090	$980,100			$2,508,090
財務狀況表：					
現　金	$ 101,000	$ 28,500			$ 129,500
應收帳款－淨額	300,000	47,500			347,500
存　貨	1,000,000	362,000		(b) 35,000	1,327,000
長期應收款－甲	—	570,000		(g) 570,000	—
採用權益法之投資	3,011,410	—		(c) 73,090 (e) 2,938,320	—
土　地	500,000	475,000			975,000
房屋及建築－淨額	1,800,000	1,045,000			2,845,000
設　備－淨額	4,500,000	1,425,000			5,925,000

	甲公司	90% 乙公司	調整／沖銷 借　方	調整／沖銷 貸　方	合　併 財務報表
財務狀況表：(續)					
專利權	—	—	(e) 340,000	(f) 36,000	304,000
總 資 產	$11,212,410	$3,953,000			$11,853,000
應付帳款	$ 558,800	$ 492,100			$ 1,050,900
應付票據	—	380,000			380,000
長期應付款－乙	570,000	—	(g) 570,000		—
普通股股本	7,000,000	1,500,000	(e) 1,500,000		7,000,000
保留盈餘	2,508,090	980,100			2,508,090
其他權益（＃）	—	600,800	(e) 600,800		—
其他權益（＊）	605,520	—			605,520
其他權益（＊＊）	(30,000)	—			(30,000)
總負債及權益	$11,212,410	$3,953,000			
非控制權益－ 1/1				(e) 326,480	
非控制權益 　－當期增加數				(d) 12,010	
非控制權益－12/31					338,490
總負債及權益					$11,853,000

＃：「其他權益－國外營運機構財務報表換算之兌換差額」。
＊：「其他權益－國外營運機構財務報表換算之兌換差額－採用權益法之子公司」。
＊＊：「其他權益－國外營運機構淨投資之兌換差額」。

(4) 格式 C：

甲 公 司 及 其 子 公 司
比較合併財務狀況表
12 月 31 日

	20x7	20x6	增(減)數
現　　金	$　　129,500	$　　169,500	**$ (40,000)**
應收帳款－淨額	347,500	468,000	**(120,500)**
存　　貨	1,327,000	1,055,000	**272,000**
土　　地	975,000	925,000	**50,000**
房屋及建築－淨額	2,845,000	2,520,000	**325,000**
設　備－淨額	5,925,000	5,190,000	**735,000**
專利權	304,000	306,000	**(2,000)**
總 資 產	$11,853,000	$10,633,500	**$1,219,500**

	20x7	**20x6**	**增(減)數**
應付帳款	$ 1,050,900	$ 1,022,100	**28,800**
應付票據	380,000	—	**380,000**
普通股股本	7,000,000	7,000,000	—
保留盈餘	2,508,090	2,003,200	**504,890**
其他權益－國外營運機構財務報表換算之兑換差額－採用權益法之子公司	605,520	314,100	**291,420**
其他權益－國外營運機構淨投資之兑換差額	(30,000)	—	**(30,000)**
非控制權益	338,490	294,100	**44,390**
總負債及權益	$11,853,000	$10,633,500	$1,219,500

(4) **格式 D**：簡化 20x7 年匯率變動對乙公司各項資產及負債(包含未入帳之資產或負債)變動之影響，只區分為兩段式計算，如下：

	第 一 階 段			第 二 階 段			兩階段合計
	期初餘額 LC (m)	(註一) (a)	第一階段 =(m)×(a)	期末餘額 LC (n)	(註一) (b)	第二階段 =(n)×(b)	
現　金	$ 100,000	0.01	**$ 1,000**	$ 150,000	0.01	**$ 1,500**	
現金股利	—	—	—	1,000,000	0.008	**8,000**	**($13,800)**
順流進貨	4,800,000	−0.005	**(24,000)**	—	—	—	(註二)
利息收入	—	—	—	60,000	0.005	**(300)**	
長期應收款	—	—	—	3,000,000	0	**0**	
應收帳款	400,000	0.01	**4,000**	250,000	0.01	**2,500**	**6,500**
存　貨	1,500,000	0.01	**15,000**	800,000	0.01	**8,000**	**23,000**
存貨(順流)	—	—	—	1,200,000	0	**0**	**0**
土　地	2,500,000	0.01	**25,000**	2,500,000	0.01	**25,000**	**50,000**
房屋及建築－淨額	6,000,000	0.01	**60,000**	5,500,000	0.01	**55,000**	**115,000**
設備－淨額	7,000,000	0.01	**70,000**	5,500,000	0.01	**55,000**	**125,000**
設備(新增)	—	—	—	2,000,000	0	**0**	**0**
專利權	1,800,000	0.01	**18,000**	1,600,000	0.01	**16,000**	**34,000**
應付帳款	2,000,000	0.01	**(20,000)**	2,590,000	0.01	**(25,900)**	**(45,900)**
應付票據	—	—	—	2,000,000	0	**0**	**0**
			$149,000			**$144,800**	**$293,800**

註一：第一階段：(a)＝全年平均匯率 0.18－期初匯率 0.17＝0.01
　　　第二階段：(b)＝期末匯率 0.19－全年平均匯率 0.18＝0.01

註二：現金股利：交易日(宣告股利日)匯率 0.188－全年平均匯率 0.18＝0.008
　　　順流進貨：交易日(進貨日)匯率 0.175－全年平均匯率 0.18＝－0.005
　　　　　　　　金額為 LC4,800,000，包括 20x7 年已外售部分及截至 20x7/12/31 尚未外售部分 LC1,200,000，即「存貨(順流)」。
　　　利息收入：20x7 年計息期間平均匯率 0.185－全年平均匯率 0.18＝0.005
　　　長期應收款：交易日(借出日)匯率 0.18－全年平均匯率 0.18＝0

若依附錄二的算法，如下表：

	LC	匯率	TWD
現金期初餘額	$ 100,000	0.170 (期初)	$ 17,000
現金股利	(1,000,000)	0.188 (交易日)	(188,000)
順流進貨	(4,800,000)	0.175 (交易日)	(840,000)
利息收入	60,000	0.185 (交易日)	11,100
長期應收款	(3,000,000)	0.180 (交易日)	(540,000)
其他交易淨變動(＊反推)	8,790,000	0.180 (平均)	1,582,200
兌換差額 (＊反推)	－		(13,800)
現金期末餘額	$ 150,000	0.190 (期末)	$ 28,500

＊：(LC) $100,000－$1,000,000－$4,800,000＋$60,000
　　　　－$3,000,000＋其他交易淨變動＝$150,000
　　∴ 其他交易淨變動＝$8,790,000
　　(TWD) $17,000－$188,000－$840,000＋$11,100
　　　　－$540,000＋$1,582,200±兌換差額＝$28,500
　　∴ 兌換差額＝－$13,800

註三：存貨(順流進貨未外售部分)：按交易日匯率換算，無影響。請詳註二。
　　　設備(新增部分)：按交易日匯率換算，無影響。
　　　應付票據：按交易日匯率換算，無影響。

註四：20x7 年匯率變動對子公司各項資產及負債(包含未入帳資產或負債)之影響，合計為$293,800 (詳格式 D)，有兩種算法如下：

(i)	乙公司 20x7 年當地貨幣(功能性貨幣)財務報表<u>換算為</u>新台幣(表達貨幣)財務報表而增加之兌換差額$289,800 [期末兌換差額$600,800－期初兌換差額$311,000＝$289,800]		
＋	乙公司未入帳專利權 20x7 年換算為新台幣(表達貨幣) 　　　　而增加之兌換差額$34,000		
－	甲公司「長期應付款－乙(外幣)」期末調整所認列 　　　　之兌換差額$30,000		
＝	$293,800		
(ii)	甲公司帳列「兌換差額」20x7 年之淨增加數$261,420 [期末$575,520－期初$314,100＝$261,420]		
＋	20x7 年歸屬於非控制權益之「兌換差額」$32,380		
＝	$293,800		

(4) **格式 E**： 辨認導致現金及約當現金變動之事項,並作適當分類：

	20x7 年之淨變動數 (格式 C)	兌換差額 (格式 D)	交易事項導致各科目之變動		營業活動之現金流量	投資活動之現金流量	籌資活動之現金流量	不影響現金流量之投資及籌資活動
	(A)	(B)	(A)－(B)	→	(C)	(D)	(E)	(F)
現　　金	$ (40,000)	$ (13,800)	**($　26,200)**	→				
應收帳款	(120,500)	6,500	(127,000)	→	$　127,000			
存　　貨	272,000	23,000	249,000	→	(249,000)			
土　　地	50,000	50,000	－	→				
房屋及建築	325,000	115,000	210,000	→	590,000	$ (800,000)		
設　　備	735,000	125,000	610,000	→	1,270,000	(1,500,000)		($380,000)
專利權	(2,000)	34,000	(36,000)	→	36,000			
	$1,219,500	$ 339,700	$ 879,800					
應付帳款	$　28,800	$　45,900	$ (17,100)	→	(17,100)			
應付票據	380,000	－	380,000	→				380,000
普通股股本	－	－	－	→				
保留盈餘	504,890	－	504,890	→	1,004,890		$(500,000)	
兌換差額	261,420	261,420	－	→				
非控制權益	44,390	32,380	12,010	→	30,810		(18,800)	
	$1,219,500	$ 339,700	$ 879,800		$2,792,600	$(2,300,000)	$(518,800)	－

說　明：

一、上表欄位間之關係,(A)－(B)＝$Y → (區分為四類) → $Y＝(C)＋(D)＋(E)＋(F)

二、(D)欄中,現金流出$800,000,係甲公司 20x7 年中購買房屋。
　　(D)欄中,現金流出$1,500,000,係甲公司 20x7 年中購買設備。

三、(E)欄中，現金流出$500,000，係甲公司宣告發放予甲公司股東之現金股利。
　　(E)欄中，現金流出$18,800，係乙公司宣告發放予非控制股東之現金股利。
四、(F)欄中，現金流入及流出各$380,000係乙公司簽發票據以購買設備。
五、(C)欄，營業活動之現金流量採間接法之計算方式：
　　　應收帳款減少數$127,000是加項，存貨增加數$249,000是減項，
　　　房屋折舊費用$590,000是加項，設備折舊費用$1,270,000是加項，
　　　專利權攤銷費用$36,000是加項，應付帳款減少數$17,100是減項，
　　　$1,004,890係合併淨利，非控制權益淨利$30,810是加項。
六、現金之淨變動數(扣除兌換差額後)為－$26,200
　　＝營業活動之淨現金流入$2,792,600－投資活動之淨現金流出$2,300,000
　　－理財活動之淨現金流出$518,800＝－$26,200

(5) 甲公司及乙公司20x7年合併現金流量表－間接法：

甲公司及其子公司
合併現金流量表－間接法
20x7年度

營業活動之現金流量		
控制權益淨利		$1,004,890
加：非控制權益淨利		30,810
總合併淨利		$1,035,700
加：房屋折舊費用		590,000
加：設備折舊費用		1,270,000
加：專利權攤銷費用		36,000
加：應收帳款減少數		127,000
減：存貨增加數		(249,000)
減：應付帳款減少數		(17,100)
營運產生之現金流入		$2,792,600
來自營業活動之現金流量		
投資活動之現金流量		
甲公司購置房屋	$ (800,000)	
甲公司購置設備	(1,500,000)	
來自投資活動之現金流量		(2,300,000)
籌資活動之現金流量		
發放現金股利－甲公司股東	$(500,000)	
發放現金股利－非控制股東	(18,800)	
來自籌資活動之現金流量		(518,800)
匯率變動對現金及約當現金之影響		(13,800)

本期現金及約當現金淨減少數		$ (40,000)
加：期初現金及約當現金餘額		169,500
期末現金及約當現金餘額		$ 129,500
非現金交易		
乙公司簽發票據購置新設備		$380,000

(6) 甲公司及乙公司 20x7 年合併現金流量表－直接法：

甲 公 司 及 其 子 公 司
合併現金流量表－直接法
20x7 年 度

營業活動之現金流量		
收自顧客之現金（註一）		$ 8,780,000
付予供應商之現金（註二）		(4,955,100)
支付其他各項營業費用（註三）		(1,032,300)
來自營業活動之現金流量		$ 2,792,600
投資活動之現金流量		
甲公司購置房屋	$ (800,000)	
甲公司購置設備	(1,500,000)	
來自投資活動之現金流量		(2,300,000)
籌資活動之現金流量		
發放現金股利－甲公司股東	$(500,000)	
發放現金股利－非控制股東	(18,800)	
來自籌資活動之現金流量		(518,800)
匯率變動對現金及約當現金之影響		(13,800)
本期現金及約當現金淨減少數		$ (40,000)
加：期初現金及約當現金餘額		169,500
期末現金及約當現金餘額		$ 129,500
非現金交易		
乙公司簽發票據購置新設備		$380,000
註一：銷貨收入$8,653,000＋應收帳款減少數$127,000＝$8,780,000		
註二：銷貨成本[－$4,689,000]－存貨增加數$249,000 　　　　－應付帳款減少數$17,100＝－$4,955,100		
註三：其他各項營業費用$1,068,000－專利權攤銷費用$36,000 　　　　＋外幣兌換損失(內部交易之利息費用多付金額)$300＝$1,032,300		

(八) **(111 會計師考題改編)**

　　甲公司於 20x1 年初以 240,000 美元購入美國乙公司 70%股權而對乙公司存在控制，並依可辨認淨資產之公允價值 96,000 美元衡量非控制權益。20x1 年初乙公司權益包括股本 250,000 美元及保留盈餘 45,000 美元，且其帳列資產及負債之帳面金額皆等於公允價值，除有一項未入帳專利權 5,000 美元(預估剩餘效益年限為 5 年)外，無其他未入帳資產或負債。甲公司採用權益法處理對乙公司之投資。乙公司於 20x1 年至 20x2 年間並未增(減)資，而保留盈餘之變動如下：

	美　元
20x1 年度淨利	$20,000
20x1 年 3 月 1 日宣告並發放現金股利	(16,000)
20x2 年度淨利	12,000
20x2 年 3 月 1 日宣告並發放現金股利	(10,000)

乙公司於 20x1 年 10 月 1 日以 60,000 美元購買機器設備，惟因資金短缺，故由甲公司代為支付該筆款項，甲公司並無計畫於可預見之未來向乙公司收回此筆代墊款項。乙公司之功能性貨幣為美元，甲公司功能性貨幣及報導貨幣均為新台幣，美元兌新台幣之匯率資料如下：

20x1 年 1 月 1 日	32.00	20x2 年 3 月 1 日	32.20
20x1 年 3 月 1 日	32.32	20x2 年 12 月 31 日	31.00
20x1 年 10 月 1 日	32.45	20x1 年度平均	32.50
20x1 年 12 月 31 日	32.60	20x2 年度平均	31.60

試作：(1) 甲公司 20x1 年及 20x2 年對該投資應分別認列之投資收益。
　　　(2) 甲公司 20x2 年 12 月 31 日帳列「採用權益法之投資—乙」之餘額。
　　　(3) 甲公司及乙公司 20x2 年 12 月 31 日合併資產負債表中「非控制權益」之金額。
　　　(4) 甲公司及乙公司 20x2 年度合併綜合損益表中，所有與該國外營運機構淨投資相關之「其他綜合損益－兌換差額」之總金額。

(續次頁)

參考答案：

20x1/1/1 乙公司帳列淨值低估數
= (USD240,000＋USD96,000)－(USD250,000＋USD45,000)＝USD41,000

∴ USD41,000＝乙未入帳專利權 USD5,000＋乙未入帳商譽 USD36,000

(A) 乙公司未入帳專利權之攤銷與換算：

	USD	匯率	TWD
20x1/1/1	$5,000	32.0	$160,000
20x1年攤銷費用	(1,000)	32.5	(32,500)
兌換差額（*反推）	―		2,900
20x1/12/31	$4,000	32.6	$130,400
20x2年攤銷費用	($1,000)	31.6	($31,600)
兌換差額（*反推）	―		(5,800)
20x2/12/31	$3,000	31.0	$93,000

(B) 乙公司未入帳商譽之換算：

	USD	匯率	TWD
20x1/1/1	$36,000	32.0	$1,152,000
兌換差額（*反推）	―		21,600
20x1/12/31	$36,000	32.6	$1,173,600
兌換差額（*反推）	―		(57,600)
20x2/12/31	$36,000	31.0	$1,116,000

(C) 乙公司帳列淨值之異動：

	USD	匯率	TWD
20x1/1/1 乙帳列淨值	$295,000	32.0	$9,440,000
20x1/3/1 宣告發放現金股利	(16,000)	32.32	(517,120)
20x1年淨利	20,000	32.5	650,000
兌換差額（*反推）	―		174,520
20x1/12/31 乙帳列淨值	$299,000	32.6	$9,747,400
20x2/3/1 宣告發放現金股利	($10,000)	32.2	($322,000)
20x2年淨利	12,000	31.6	379,200
兌換差額（*反推）	―		(473,600)
20x2/12/31 乙帳列淨值	$301,000	31.0	$9,331,000

(D) 甲公司帳列「採用權益法之投資－乙」及「非控制權益」之異動：

	採用權益法之投資	非控制權益
20x1/ 1/ 1 收購日 (a)	$7,680,000	$3,072,000
20x1/ 3/ 1 收現金股利 (b)	(361,984)	(155,136)
20x1 年認列投資收益 (c)	432,250	185,250
20x1 年認列其他綜合損益 (d)	139,314	59,706
20x1/12/31 餘額	$7,889,580	$3,161,820
20x2/ 3/ 1 收現金股利 (b)	($225,400)	($96,600)
20x2 年認列投資收益 (c)	243,320	104,280
20x2 年認列其他綜合損益 (d)	(375,900)	(161,100)
20x2/12/31 餘額	$7,531,600	$3,008,400
	[(2)答案]	[(3)答案]

(a) USD240,000×32＝TWD7,680,000

USD96,000×32＝TWD3,072,000

(b) 20x1 年：(USD16,000×70%)×32.32＝TWD361,984

20x1 年：(USD16,000×30%)×32.32＝TWD155,136

20x2 年：(USD10,000×70%)×32.2＝TWD225,400

20x2 年：(USD10,000×30%)×32.2＝TWD96,600

(c) 20x1 年：USD20,000×平均匯率 32.5＝TWD650,000

(TWD650,000－專攤 TWD32,500)×70%＝TWD432,250 [(1)答案]

(TWD650,000－專攤 TWD32,500)×30%＝TWD185,250

20x2 年：USD12,000×平均匯率 31.6＝TWD379,200

(TWD379,200－專攤 TWD31,600)×70%＝TWD243,320 [(1)答案]

(TWD379,200－專攤 TWD31,600)×30%＝TWD104,280

(d) 20x1 年：因乙報表換算產生之其他綜合損益＝TWD199,020

＝TWD174,520＋(專)TWD2,900＋(商)TWD21,600

TWD199,020×70%＝TWD139,314

TWD199,020×30%＝TWD59,706

20x2 年：因乙報表換算產生之其他綜合損益＝－TWD537,000

＝－TWD473,600－(專)TWD5,800－(商)TWD57,600

－TWD537,000×70%＝－TWD375,900

－TWD537,000×30%＝－TWD161,100

(E) 甲公司分錄如下：(TWD)

20x1/1/1	採用權益法之投資—乙(美元)	7,680,000	
	現　金		7,680,000
3/1	現　金	361,984	
	採用權益法之投資—乙(美元)		361,984
10/1	長期應收款—乙(美元)	1,947,000	
	現　金		1,947,000
	USD60,000×32.45＝TWD1,947,000		
12/31	長期應收款—乙(美元)	9,000	
	其他綜合損益－國外營運機構淨投資		
	之兌換差額		9,000
	USD60,000×(32.6－32.45)＝TWD9,000		
12/31	採用權益法之投資—乙(美元)	432,250	
	採用權益法認列之子公司、關聯企業		
	及合資利益之份額		432,250
12/31	採用權益法之投資—乙(美元)	139,314	
	其他綜合損益－子公司、關聯企業及		
	合資之國外營運機構財務報表		
	換算之兌換差額		139,314
20x2/3/1	現　金	155,136	
	採用權益法之投資—乙(美元)		155,136
12/31	其他綜合損益－國外營運機構淨投資		
	之兌換差額	96,000	
	長期應收款—乙(美元)		96,000
	USD60,000×(31－32.6)＝－TWD96,000		
12/31	採用權益法之投資—乙(美元)	243,320	
	採用權益法認列之子公司、關聯企業		
	及合資利益之份額		243,320
12/31	其他綜合損益－子公司、關聯企業及合資之		
	國外營運機構財務報表換算		
	之兌換差額	375,900	
	採用權益法之投資—乙(美元)		375,900

(4) 甲公司及乙公司 20x2 年度合併綜合損益表中，所有與該國外營運機構
淨投資相關之「其他綜合損益－兌換差額」之總金額
　＝－TWD375,900－TWD96,000＝－TWD471,900

(九) **(104 會計師考題改編)**

　　台灣乙公司於 20x7 年 1 月 1 日以新台幣 9,216,000 取得日本丙公司 80%股權，並對丙公司存在控制。當日丙公司權益之帳面金額為 30,000,000 日圓(包含普通股股本 25,000,000 日圓，保留盈餘 5,000,000 日圓)，而帳列淨資產之公允價值為 36,000,000 日圓，兩者差額係因機器設備帳面價值低於公允價值所致，該機器設備剩餘耐用年限為 10 年，殘值不變，採直線法提列折舊。非控制權益係以丙公司可辨認淨資產已認列金額所享有之比例份額衡量。

其他基本資料：
(1) 乙公司之記帳貨幣及功能性貨幣皆為新台幣。
(2) 丙公司之記帳貨幣及功能性貨幣皆為日圓。
(3) 乙公司及丙公司合併財務報表之表達貨幣為新台幣。
(4) 新台幣及日圓皆非為高度通貨膨脹經濟下之貨幣。

　　丙公司20x7年淨利為4,000,000日圓，宣告並發放現金股利3,000,000日圓。丙公司財務報表換算之兌換差額為新台幣347,000(借餘)。乙公司採權益法處理對丙公司之股權投資。日圓對新台幣之直接匯率：20x7年1月1日匯率為0.32、20x7年平均匯率為0.33、20x7年12月31日匯率為0.31、20x7年宣告並發放股利時之匯率為0.321，且20x7年匯率無劇烈波動。

試作：(1) 20x7 年乙公司對丙公司股權投資之相關分錄。
　　　(2) 20x7 年 12 月 31 日，乙公司帳列「採用權益法之投資－丙」餘額。
　　　(3) 乙公司及丙公司 20x7 年 12 月 31 日合併財務狀況表中之非控制權益金額。

參考答案：

收購日，丙公司機器設備低估數 ＝ ¥36,000,000 － (¥25,000,000 ＋ ¥5,000,000)
　　　　　　　　　　　　　　　＝ ¥6,000,000

	日圓¥	匯率	新台幣TWD
20x7/1/1	¥6,000,000	0.32	$1,920,000
20x7年折舊費用	(600,000)	0.33	(198,000)
兌換差額 (反推)	—		(48,000)
20x7/12/31	¥5,400,000	0.31	$1,674,000

20x7 年，丙公司保留盈餘異動如下：

	日圓¥	匯 率	新台幣 TWD
20x7/ 1/ 1 保留盈餘	¥5,000,000	0.320	$1,600,000
20x7 年淨利	4,000,000	0.330 (註一)	1,320,000
20x7 年現金股利	(3,000,000)	0.321	(963,000)
20x7/12/31 保留盈餘	¥6,000,000	(註二)	$1,957,000

註一：因無 20x7 年損益詳細資料，故暫以 20x7 年平均匯率 0.33 換算。
註二：期末保留盈餘須待其組成項目逐項換算後，再予以合計，
　　　故$1,957,000＝$1,600,0000＋$1,320,000－$963,000。

(1) 20x7 年，乙公司對丙公司股權投資之相關分錄：(TWD)

20x7/ 1/ 1	採用權益法之投資－丙　　　　　　　　9,216,000
	現　　金　　　　　　　　　　　　　　　　　　　9,216,000
20x7/ (假設宣告及發放股利同日)	現　　金　　　　　　　　　　　　　770,400
	採用權益法之投資－丙　　　　　　　　　　　　　770,400
	$963,000×80%＝$770,400，參考上表。
20x7/12/31	採用權益法之投資－丙　　　　　　　　897,600
	採用權益法認列之子公司、關聯企業
	及合資利益之份額　　　　　　　　　　　　　897,600
	($1,320,000－$198,000)×80%＝$897,600，詳上述兩表。
20x7/12/31	其他綜合損益－子公司、關聯企業及合資之
	國外營運機構財務報表換算
	之兌換差額　　　　　　　　　　　316,000
	採用權益法之投資－丙　　　　　　　　　　　　　316,000
	(－$347,000－$48,000)×80%＝－$316,000，詳題意及上述第一表格。

(2) 20x7/12/31，乙公司帳列「採用權益法之投資－丙」
　　　　　＝$9,216,000－$770,400＋$897,600－$316,000＝$9,027,200

(3) 20x7/12/31 合併財務狀況表中之非控制權益
　　＝[(¥36,000,000×20%)×0.32]－($963,000×20%)
　　　＋[($1,320,000－$198,000)×20%]＋[(－$347000－$48,000)×20%]
　　＝$2,304,000－$192,600＋$224,400－$79,000＝$2,256,800

(十) (103 會計師考題改編) (功能性貨幣財務報表換算為表達貨幣財務報表)

台灣甲公司於 20x5 年初按帳列淨值取得香港乙公司 70%股權，並對乙公司存在控制。當日乙公司權益包括普通股股本 50,000 港幣及保留盈餘 20,000 港幣，且其帳列資產及負債之帳面金額皆等於公允價值，亦無未入帳資產或負債。非控制權益係以收購日公允價值衡量。

其他資料：

(1) 甲公司之記帳貨幣及功能性貨幣皆為新台幣。
(2) 乙公司之記帳貨幣及功能性貨幣皆為港幣。
(3) 甲公司及乙公司合併財務報表之表達貨幣為新台幣。
(4) 新台幣及港幣皆非為高度通貨膨脹經濟下之貨幣。
(5) 20x5年至20x7年，乙公司保留盈餘變動如下：

	港 幣
20x5 年淨利	$18,000
20x6 年淨利	12,000
20x7 年 3 月 1 日宣告並發放股利	8,000
20x7 年淨損	(6,000)

(6) 港幣對新台幣之匯率：

	匯 率		匯 率
20x5 年 1 月 1 日	3.50	20x5 年平均匯率	3.20
20x5 年 12 月 31 日	3.40	20x6 年平均匯率	3.35
20x6 年 12 月 31 日	3.25	20x7 年平均匯率	3.28
20x7 年 3 月 1 日	3.38		
20x7 年 12 月 31 日	3.41		

(7) 假設香港乙公司 20x7 年 12 月 31 日帳列資產及負債換算為新台幣金額分別為 TWD485,080 及 TWD180,000。

試求：(1) 20x7年底，乙公司港幣財務報表換算為新台幣後，財務狀況表上保留盈餘金額。

(2) 假設乙公司20x6年底港幣財務報表換算為新台幣後，財務狀況表上「其他權益－國外營運機構財務報表換算之兌換差額」為借餘 $25,000，則同日甲公司帳列「採用權益法之投資－乙」餘額。

(3) 20x7年12月31日，甲公司帳列「採用權益法之投資－乙公司」餘額。

參考答案：

(1) 20x5 至 20x7 年，乙公司保留盈餘異動如下：

	港 幣	匯 率	新台幣
20x5/1/1 保留盈餘	$20,000	3.50	$70,000
20x5 年淨利	18,000	3.20 (註一)	57,600
20x6 年淨利	12,000	3.35 (註一)	40,200
20x7 年股利	(8,000)	3.38	(27,040)
20x7 年淨損	(6,000)	3.28 (註一)	(19,680)
20x7/12/31 保留盈餘	$35,200	(註二)	$121,080

註一：因無 20x5～20x7 年損益詳細資料，故暫以各年平均匯率換算。
註二：期末保留盈餘須待其組成項目逐項換算後，再予以合計。

(2) 20x5/1/1：(港幣 50,000＋港幣 20,000)×70%×3.5＝TWD171,500
　　20x6/12/31，甲公司帳列「採用權益法之投資－乙」
　　　　　＝TWD171,500＋(TWD57,600＋TWD40,200)×70%
　　　　　－(TWD25,000×70%)＝TWD222,460

(3) 已知乙公司 20x7 年 12 月 31 日帳列資產及負債換算為新台幣金額分別為 TWD485,080 及 TWD180,000，普通股股本 50,000 港幣依收購日(20x5 年初)匯率 3.5 換算為 TWD175,000，因此反推乙公司財務報表換算之兌換差額＝TWD485,080－(TWD180,000＋TWD175,000＋TWD121,080)＝TWD9,000(貸餘)，會計科目為「其他綜合損益－國外營運機構財務報表換算之兌換差額」。因此，「其他權益－國外營運機構財務報表換算之兌換差額」為：
　20x7 初 TWD25,000(借餘)＋Y＝20x7 末 TWD9,000(貸餘)
　∴ Y＝TWD34,000(貸記)

　20x7/12/31，甲公司帳列「採用權益法之投資－乙」
　　　　　＝TWD222,460－(TWD27,040×70%)－(TWD19,680×70%)
　　　　　＋(TWD34,000)×70%＝TWD213,556

(十一)　(102 會計師考題改編)

下列為兩個獨立情況，請分別決定相關科目換算為新台幣後之金額。

情況一：
台灣母公司之國外子公司取得折舊性資產，以港幣記帳，而子公司的功能性貨幣為南非幣。所有折舊性資產皆以直線法分10年折舊，無殘值。折舊性資產之取得成本及相關匯率如下：

取 得 日	資產成本(港幣)	1 港幣兌南非幣	1 南非幣兌新台幣
20x6年 1月 1日	$310,000	1.10	1.98
20x6年 3月 1日	780,000	1.08	2.10
20x6年 7月 1日	2,130,000	1.06	2.01
20x6年 12月 1日	60,000	1.04	1.92
20x6年平均匯率	—	1.05	2.03

試求：20x6年換算為新台幣之折舊費用金額。

情況二：
台灣母公司之美國子公司，其20x7年期末存貨成本為20,000美元，淨變現價值為19,600美元。該期末存貨成本包括20x7年10月 1日進貨15,000美元和20x7年12月15日進貨5,000美元。美國子公司以美元記帳，惟其功能性貨幣為新台幣，美元對新台幣之直接報價匯率如下：

20x7年 10月 1日	26
20x7年 12月 15日	25
20x7年 12月 31日	27

試求：20x7 年 12 月 31 日換算為新台幣之期末存貨金額。

參考答案：

情況一：

　　當國外子公司的功能性貨幣(南非幣)不是記帳貨幣(港幣)，應於每一報導期間結束日，將其記帳貨幣(港幣)財務報表換算為功能性貨幣(南非幣)財務報表，換算時適用之匯率如下：
(a) 外幣貨幣性項目應以收盤匯率換算；
(b) 以歷史成本衡量之外幣非貨幣性項目，應以交易日之匯率換算。

(c) 以公允價值衡量之外幣非貨幣性項目,應以決定公允價值當日之匯率換算。本小題國外子公司係取得折舊性資產,屬(b),應以交易日之匯率換算。

當國外子公司的功能性貨幣(南非幣)與台灣母公司的表達貨幣(新台幣)不同,且該功能性貨幣(南非幣)非為高度通貨膨脹經濟下之貨幣,則國外子公司的經營結果及財務狀況應按下列程序換算為不同之表達貨幣(新台幣),以利母、子公司合併財務報表編製:

(1) 所表達之每一財務狀況表(即包括比較報表)之資產及負債應以該財務狀況表日收盤匯率換算。
(2) 所表達之每一綜合損益表或單獨損益表(即包括比較報表)之收益及費損應以交易日匯率換算。基於實務之理由,通常使用近似於交易日匯率之匯率換算收益及費損項目,例如當期平均匯率。

取得日	20x6 年折舊費用(港幣)	1 港幣兌南非幣	折舊費用(南非幣)
20x6/ 1/ 1	$310,000÷10 年=$31,000	1.10	$ 34,100
20x6/ 3/ 1	$780,000÷10 年×10/12=$65,000	1.08	70,200
20x6/ 7/ 1	$213,000÷10 年×6/12=$10,650	1.06	11,289
20x6/12/ 1	$60,000÷10 年×1/12=$500	1.04	520
			$116,109

取得日	折舊費用(南非幣)	1 南非幣兌新臺幣 (※)	折舊費用(新台幣)
20x6/ 1/ 1	$ 34,100	2.03	$ 69,223
20x6/ 3/ 1	70,200	2.03	142,506
20x6/ 7/ 1	11,289	2.03	22,917
20x6/12/ 1	520	2.03	1,056
	$116,109		$235,702

※:依準則規定,應按「近似於交易日匯率之匯率」換算收益及費損項目,意即
　　南非幣 34,100 按 20x6 年全年平均匯率換算,
　　南非幣 70,200 按 20x6/ 3/ 1~20x6/12/31 之平均匯率換算,
　　南非幣 11,289 按 20x6/ 7/ 1~20x6/12/31 之平均匯率換算,
　　南非幣 520 按 20x6/12/ 1~20x6/12/31 之平均匯率換算,
　　惟本題未提供相關資料,故暫以 20x6 年全年平均匯率換算。

情況二:

美國子公司取得存貨,以美元記帳,而子公司的功能性貨幣為新台幣,又台灣母公司之表達貨幣為新台幣,存貨成本同情況一之(b),應以交易日匯率換算,

存貨淨變現價值同情況一之(c)，應以決定公允價值當日匯率換算。

取得日	存貨成本(美元)	1美元兌新台幣	存貨成本(新台幣)
20x7/10/1	$15,000	26	$390,000
20x7/12/15	5,000	25	125,000
	$20,000		$515,000
20x7/12/31	淨變現價值$19,600	27	淨變現價值$529,200

比較：「期末存貨成本(新台幣)$515,000」與
　　　「期末存貨淨變現價值(新台幣)$529,200」，孰低？
結論：20x7年12月31日期末存貨金額(新台幣)為$515,000

(十二)　(102會計師考題改編)

　　台灣母公司之國外子公司於20x6年取得數筆折舊性資產，該等折舊性資產皆以直線法分10年計提折舊，無殘值。其他資料如下：
(1) 母公司之記帳貨幣及功能性貨幣皆為新台幣。
(2) 子公司以港幣記帳，惟其功能性貨幣為南非幣。
(3) 母公司及其子公司合併財務報表之表達貨幣為新台幣。
(4) 新台幣、南非幣及港幣皆非為高度通貨膨脹經濟下之貨幣。
(5) 折舊性資產之取得成本及相關匯率如下：

取得日	資產成本(港幣)	1港幣兌南非幣	1南非幣兌新台幣
20x6/1/1	$　310,000	1.10	1.98
20x6/3/1	780,000	1.08	2.10
20x6/7/1	2,130,000	1.06	2.01
20x6/12/1	600,000	1.04	1.92
20x6/12/31	—	1.03	1.90
20x6/1/1～20x6/2/28 平均匯率		1.09	1.97
20x6/3/1～20x6/12/31 平均匯率		1.04	2.01
20x6/1/1～20x6/6/30 平均匯率		1.07	1.99
20x6/7/1～20x6/12/31 平均匯率		1.03	2.02
20x6/1/1～20x6/11/30 平均匯率		1.05	2.03
20x6/12/1～20x6/12/31 平均匯率		1.02	2.05
20x6 全年平均匯率		1.04	2.04

試求：國外子公司有關上述折舊性資產換算為新台幣之下列金額：
(1) 20x6年底折舊性資產成本金額   (2) 20x6年折舊費用金額

參考答案：

(1)

取得日	資產成本 (港幣)	1 港幣 兌 南非幣	資產成本 (南非幣)	1 南非幣 兌 新台幣	資產成本 (新台幣)
20x6/ 1/ 1	$ 310,000	1.10	$ 341,000		
20x6/ 3/ 1	780,000	1.08	842,400		
20x6/ 7/ 1	2,130,000	1.06	2,257,800		
20x6/12/ 1	600,000	1.04	624,000		
			$4,065,200	1.90	$7,723,880

(2)

取得日	20x6 年折舊費用(港幣)	1 港幣兌南非幣	折舊費用(南非幣)
20x6/ 1/ 1	$310,000÷10 年＝$31,000	1.10	$ 34,100
20x6/ 3/ 1	$780,000÷10 年×10/12＝$65,000	1.08	70,200
20x6/ 7/ 1	$2,130,000÷10 年×6/12＝$106,500	1.06	112,890
20x6/12/ 1	$600,000÷10 年×1/12＝$5,000	1.04	5,200
			$222,390

取得日	折舊費用(南非幣)	1 南非幣兌新台幣	折舊費用(新台幣)
20x6/ 1/ 1	$ 34,100	2.04	$ 69,564
20x6/ 3/ 1	70,200	2.01	141,102
20x6/ 7/ 1	112,890	2.02	228,038
20x6/12/ 1	5,200	2.05	10,660
	$222,390		$449,364

(十三)　(100 會計師考題改編)　(國外營運機構淨投資之避險)

　　台灣甲公司於 20x5 年 4 月 1 日投資 50,000 美元於美國成立一子公司，子公司之記帳貨幣及功能性貨幣皆為美元，甲公司之功能性貨幣及表達貨幣皆為新台幣。為規避美元匯率異動之風險，甲公司於同日與銀行簽訂 90 天期賣 50,000 美元之遠期外匯合約，當日美元對新台幣之 90 天期遠期匯率為 29.8。雙方約定

於 20x5 年 6 月 30 日合約到期時，以現金淨額交割方式結清合約。甲公司將此遠期合約之整體公允價值變動指定為對該子公司淨投資匯率風險之避險工具。

20x5 年 12 月 31 日，子公司總資產為 52,000 美元，包括流動資產 21,000 美元及不動產、廠房及設備 31,000 美元，權益為 52,000 美元(包括母公司原始投資 50,000 美元及當年度營運利益 2,000 美元)。已知美國子公司 20x5 年 12 月 31 日帳列資產及負債換算為新台幣金額分別為 TWD1,708,000 及 TWD200,000。20x6 年 1 月 1 日，因經營策略改變，甲公司出售該美國子公司一半股權，得款 27,000 美元。美元對新台幣的直接報價匯率如下：

20x5/ 4/ 1	30.00
20x5/ 6/30	29.20
20x5/12/31	29.00
20x5/ 4/ 1 至 20x5/12/31 之平均匯率	30.25
20x6/ 1/ 1	29.00

試作：按權益法，甲公司 20x5 及 20x6 年有關投資美國子公司及遠期外匯合約之相關分錄。

參考答案：

假設：本題之避險關係符合國際會計準則為適用避險會計之所有要件，包括指定避險關係當時及其避險關係存續期間。

20x5 年，美國子公司保留盈餘異動如下：

	USD	匯率	TWD
20x5/ 4/ 1	$ 0	—	$ 0
20x5 年淨利	2,000	30.25 (註一)	60,500
20x5/12/31	$2,000	(註二)	$60,500

註一：因無 20x5 年損益詳細資料，故暫以 20x5 年平均匯率 30.25 換算。
註二：期末保留盈餘須待其組成項目逐項換算後，再予以合計，
　　　故$60,500＝$0＋$60,500。

以知子公司 20x5/12/31 帳列資產及負債換算為新台幣金額分別為 TWD1,708,000 及 TWD200,000，普通股股本 USD50,000 依交易日(20x5/ 4/ 1) 匯率 30 換算為 TWD1,500,000，因此反推子公司財務報表換算之兌換差額＝TWD1,708,000－

(TWD200,000＋TWD1,500,000＋TWD60,500)＝－TWD52,500 (借餘)，會計科目為「其他綜合損益－國外營運機構財務報表換算之兌換差額」。

甲公司分錄如下：

20x5/4/1	採用權益法之投資　　　　　　　　　　　　1,500,000
	現　金　　　　　　　　　　　　　　　　　　　　1,500,000
	USD50,000×30＝TWD1,500,000
4/1	無分錄，因該遠期外匯合約之公允價值為$0，
	USD50,000×(約定匯率 29.8－90 天遠期匯率 29.8)＝TWD0，
	但若有管理上之需要，可作備忘記錄。
6/30	避險之金融資產－遠期合約　　　　　　　　30,000
	其他綜合損益－避險工具之損益　　　　　　　　　　30,000
	結清日，遠期外匯合約公允價值增加 TWD30,000，即給付美元義務減少，
	USD50,000×(29.8－29.2)＝TWD30,000 (A)
	結清日，被避險項目之公允價值減少 TWD40,000，
	USD50,000×(29.2－30)＝－TWD40,000 (B)
	以(A)(B)絕對金額較低者(TWD30,000)，認列為「其他綜合損益－避險工具之損益」，此項已累計於外幣換算準備之避險工具累積利益或損失，並應於處分或部分處分國外營運機構時，自權益重分類至損益作為重分類調整。
	而避險工具中任何剩餘利益或損失屬避險無效性，TWD30,000(A)－TWD30,000 (其他綜合損益)＝TWD0，應認列於損益。
	現　金　　　　　　　　　　　　　　　　　　30,000
	避險之金融資產－遠期合約　　　　　　　　　　　30,000
	以現金淨額交割方式結清合約。
12/31	採用權益法之投資　　　　　　　　　　　　60,500
	採用權益法認列之子公司、關聯企業
	及合資利益之份額　　　　　　　　　　　　　60,500
	其他綜合損益－子公司、關聯企業及合資之國外
	營運機構財務報表換算之兌換差額　　　52,500
	採用權益法之投資　　　　　　　　　　　　　　　52,500
註：	截至 20x5/12/31，結轉「其他綜合損益」後，甲公司帳列：
	(1)「其他權益－國外營運機構財務報表換算之兌換差額－採用權益法之子公司」
	＝20x5/12/31 結轉借記$52,500＝借餘$52,500
	(2)「其他權益－避險工具之損益」＝20x5/12/31 結轉貸記$30,000＝貸餘$30,000

20x6/1/1	(A) 假設出售美國子公司一半股權後，對子公司已不存在控制，但仍具重大影響：	
	現　金　　　　　　　　　　　　　　　　783,000	
	其他綜合損益－關聯企業及合資之國外營運機構	
	財務報表換算之兌換差額　　　26,250	
	其他綜合損益－避險工具之損益　　　　　15,000	
	採用權益法之投資　　　　　　　　　　　　　754,000	
	其他綜合損益－子公司、關聯企業及合資之國外	
	營運機構財務報表換算之兌換差額　　　　52,500	
	處分投資利益　　　　　　　　　　　　　　　17,750	
	現金＝USD27,000×29＝TWD783,000	
	採用權益法之投資＝TWD1,508,000×1/2＝TWD754,000	
	「其他綜合損益－子公司、關聯企業及合資之國外營運機構財務報表	
	換算之兌換差額」＝TWD52,500×1/2＝TWD26,250，半數轉列	
	處分投資利益，半數轉列適當的其他綜合損益科目。	
	「其他綜合損益－避險工具之損益」＝TWD30,000×1/2＝TWD15,000	
	處分投資利益＝TWD783,000－(TWD754,000＋TWD26,250)	
	＋TWD15,000＝TWD17,750	
	(B) 假設出售美國子公司一半股權後，對子公司仍存在控制：	
	現　金　　　　　　　　　　　　　　　　783,000	
	其他綜合損益－避險工具之損益　　　　　15,000	
	採用權益法之投資　　　　　　　　　　　　　754,000	
	其他綜合損益－子公司、關聯企業及合資之	
	國外營運機構財務報表換算之兌換差額　　26,250	
	資本公積－實際取得或處分子公司	
	股權價格與帳面價值差額　　　　　　　　17,750	
	資本公積(TWD)＝$783,000－($754,000＋$26,250)＋$15,000＝$17,750	
	資本公積：請詳本書上冊第八章「三、母公司部分處分子公司股權」	
	之(7)。	

註：
(A) 截至 20x6/12/31，結轉「其他綜合損益」後，甲公司帳列 (TWD)：
　(1)「其他權益－國外營運機構財務報表換算之兌換差額－採用權益法之子公司」
　　　＝20x5/12/31 借餘$52,500＋20x6/12/31 結轉貸記$52,500＝餘額$0
　(2)「其他權益－國外營運機構財務報表換算之兌換差額－採用權益法之關聯企業
　　　及合資」＝20x5/12/31 餘額$0＋20x6/12/31 結轉借記$26,250＝借餘$26,250
　(3)「其他權益－避險工具之損益」
　　　＝20x5/12/31 貸餘$30,000＋20x6/12/31 結轉貸記$15,000＝貸餘$15,000

> 註：
> (B) 截至 20x6/12/31，結轉「其他綜合損益」後，甲公司帳列 (TWD)：
>   (1)「其他權益－國外營運機構財務報表換算之兌換差額－採用權益法之子公司」
>   ＝20x5/12/31 借餘$52,500＋20x6/12/31 結轉貸記$26,250＝借餘$26,250
>   (2)「其他權益－避險工具之損益」
>   ＝20x5/12/31 貸餘$30,000＋20x6/12/31 結轉貸記$15,000＝貸餘$15,000

(十四)　(96 會計師考題改編)
　　　　(功能性貨幣財務報表<u>換算為</u>表達貨幣財務報表)

　　信義公司於 20x1 年 1 月 1 日以新台幣 2,835,000 取得西班牙子公司 60%股權。當日西班牙子公司權益包括普通股股本€100,000 (€：歐元)、資本公積€5,000 及保留盈餘€20,000，且其帳列資產及負債之帳面金額皆等於公允價值，除有一項未入帳專利權(估計尚有 10 年耐用年限)外，無其他未入帳資產或負債。非控制權益係以收購日公允價值衡量。其他基本資料如下：
(1) 信義公司之記帳貨幣及功能性貨幣皆為新台幣。
(2) 西班牙子公司之記帳貨幣及功能性貨幣皆為歐元。
(3) 信義公司及其子公司合併財務報表之表達貨幣為新台幣。
(4) 新台幣及歐元皆<u>非為</u>高度通貨膨脹經濟下之貨幣。

下列是西班牙子公司 20x5 年 12 月 31 日之歐元試算表：

借　　方		貸　　方	
現　金	€ 20,000	累計折舊－運輸設備	€ 54,000
應收帳款	40,000	累計折舊－辦公設備	20,000
短期投資	15,000	應付帳款	5,000
存　貨	50,000	長期應付款	50,000
運輸設備	120,000	普通股股本	100,000
辦公設備	40,000	資本公積	5,000
銷貨成本	80,000	保留盈餘	40,000
折舊費用	16,000	銷貨收入	125,000
其他費用	14,000	外幣兌換利益	1,000
現金股利	5,000		
合　計	€400,000	合　計	€400,000

西班牙子公司之其他資料如下：
(a) 20x5 年 12 月 31 日試算表上之折舊性資產包括：
  (i) 20x4 年初以新台幣 1,200,000 購入之設備，其中三分之二為運輸設備。
  (ii) 除(i)外，其餘折舊性資產於收購日即存在，並持續使用於營運中。折舊性資產均採直線法，分 10 年提列折舊。
(b) 20x5 年 3 月 31 日，自信義公司購入存貨€40,000（信義公司存貨成本為€30,000），至 20x5 年底尚有 25%之商品仍未售予合併個體以外單位；至於其他之進貨及銷貨交易皆於年度中平均地發生。
(c) 短期投資係於 20x1 年初取得，於 20x5 年底按成本評價。
(d) 長期應付款包含一筆於 20x4 年初借自信義公司之無息貸款€20,000，以歐元計價。該長期應付款具長期墊款性質，目前及可預見的未來皆無清償計畫。
(e) 自 20x1 年初被信義公司收購後，於 20x3 年底、20x4 年底及 20x5 年 10 月 31 日分別宣告並發放相同金額之現金股利。
(f) 20x1 年～20x4 年歐元損益換算為新台幣損益之合計數為 TWD1,225,000。
(g) 20x4 年底，西班牙子公司歐元財務報表換算為新台幣財務報表，其中「其他綜合損益－國外營運機構財務報表換算之兌換差額」為貸餘 TWD900,000。
(h) 歐元對新台幣之直接報價匯率如下：(€1＝TWD？)

20x1 年 1 月 1 日	35.0	20x5 年 3 月 31 日	41.6
20x3 年 12 月 31 日	40.0	20x5 年 10 月 31 日	41.2
20x4 年 12 月 31 日	42.0	20x5 年 12 月 31 日	41.0
20x5 年平均匯率	41.5		

試求下列金額：
(1) 20x5 年底，信義公司及其子公司合併財務報表中「專利權」之金額。
(2) 20x5 年，專利權換算所產生的「其他綜合損益－國外營運機構財務報表換算之兌換差額」之金額。
(3) 20x4 年底，信義公司帳列「採用權益法之投資－西班牙子公司」之餘額。
(4) 20x4 年底，西班牙子公司財務報表換算為新台幣後，「保留盈餘」之金額。
(5) 20x5 年底，西班牙子公司財務報表換算為新台幣後，「其他權益－國外營運機構財務報表換算之兌換差額」之金額。
(6) 20x5 年，信義公司按權益法應認列之投資收益。
(7) 20x5 年底，信義公司帳列「採用權益法之投資－西班牙子公司」之餘額。
(8) 20x5 年底，信義公司及其子公司合併財務報表中「非控制權益」之金額。

(9) 20x5 年，信義公司帳列與財務報表換算相關之「其他權益」餘額增加(或減少)之金額。

(10) 已知截至 20x4 年底，專利權換算所產生的「其他綜合損益－國外營運機構財務報表換算之兌換差額」使專利權新台幣金額增加 TWD60,000，則 20x5 年底合併財務報表中與財務報表換算相關之「其他權益」金額。

參考答案：

西班牙子公司的功能性貨幣為歐元，故西班牙子公司歐元(功能性貨幣)財務報表須換算為新台幣(表達貨幣)財務報表，始可與信義公司新台幣(表達貨幣)財務報表進行母、子公司合併財務報表之編製。分析如下：

20x1/1/1 (收購日)：非控制權益係以收購日公允價值衡量，惟題意中未提及該公允價值，故設算之。

子公司總公允價值＝(TWD2,835,000÷35)÷60%＝€81,000÷60%＝€135,000
非控制權益＝子公司總公允價值€135,000×40%＝€54,000
　　　　　＝€54,000×35＝TWD1,890,000
　　或　＝(TWD2,835,000÷60%)×40%＝TWD1,890,000
子公司未入帳專利權＝€135,000－(€100,000＋€5,000＋€20,000)＝€10,000
未入帳專利權之每年攤銷數＝€10,000÷10 年＝€1,000

子公司未入帳專利權之攤銷與換算：

　　子公司未入帳專利權是應表達在信義公司及西班牙子公司合併財務狀況表上之資產項目，故應以財務狀況表日收盤匯率換算；而該專利權之攤銷費用係應表達在信義公司及西班牙子公司合併綜合損益表上之費用項目，且採直線法攤銷，符合"損益於全年間很平均地發生"之假設，又基於實務之理由，可用當年度平均匯率換算。

	歐元	匯率	新台幣
20x1/1/1	€10,000	35.0	$350,000
20x1～20x4 年攤銷費用（#）	(4,000)	(#)	(158,000)
兌換差額（題目提供）	—		60,000
20x4/12/31	€6,000	42.0	$252,000
20x5 年攤銷費用	(1,000)	41.5	(41,500)
兌換差額（&，反推）	—		(5,500)
20x5/12/31	€5,000	41.0	$205,000

#：已知截至 20x4 年底，專利權換算所產生的兌換差額為貸餘 TWD60,000
，故反推 20x1～20x4 年專利權攤銷費用為 TWD158,000。
TWD350,000－Q＋TWD60,000＝TWD252,000， Q＝TWD158,000
&：TWD252,000－TWD41,500±W＝TWD205,000， W＝－TWD5,500

西班牙子公司 20x1/1/1～20x4/12/31 權益之異動：

	歐元	匯率	新台幣
20x1/1/1：股本＋資本公積	€105,000	35.0	$3,675,000
保留盈餘	€20,000	35.0	$700,000
20x1～20x4 年淨利合計	(#) 30,000	(註一)	1,225,000
20x3 年現金股利	(5,000)	40.0	(200,000)
20x4 年現金股利	(5,000)	42.0	(210,000)
20x4/12/31：股本＋資本公積	€105,000	35.0	$3,675,000
(註三)　　保留盈餘	€40,000	(註二)	$1,515,000

#：(€105,000＋€20,000)＋Y－€5,000－€5,000＝(€105,000＋€40,000)
　∴ Y＝€30,000

註一：因無 20x1～20x4 年損益詳細資料，故暫以各年平均匯率換算後，
　　　再予以合計，從題目中已知該金額為 TWD1,225,000。
註二：期末保留盈餘須待其組成項目逐項換算後，再予以合計，
　　　故$1,515,000＝$700,000＋$1,225,000－$200,000－$210,000。
註三：20x4/12/31 子公司權益(TWD)
　　　＝股本及資本公積 TWD3,675,000＋保留盈餘 TWD1,515,000
　　　　＋兌換差額 TWD900,000＝TWD6,090,000

20x1～20x4，適用權益法之相關金額如下：(TWD)

信義公司應認列「採用權益法認列之子公司、關聯企業及合資利益之份額」
　　＝($1,225,000－專利權攤銷$158,000)×60%＝$640,200
非控制權益淨利＝($1,225,000－專利權攤銷$158,000)×40%＝$426,800
信義公司應認列「其他綜合損益－子公司、關聯企業及合資之國外營運機構
　　　財務報表換算之兌換差額」＝($900,000＋$60,000)×60%＝$576,000
歸屬於非控制權益之子公司「其他綜合損益－國外營運機構財務報表換算之
　　　兌換差額」＝($900,000＋$60,000)×40%＝$384,000
股利之分配：($200,000＋$210,000)×60%＝$246,000
　　　　　　($200,000＋$210,000)×40%＝$164,000

20x4 年初，信義公司借予子公司€20,000。信義公司於 20x4 年底應借記「長期應收款－歐元」TWD40,000，€20,000×(42－40)＝TWD40,000，貸記「其他綜合損益－國外營運機構淨投資之兌換差額」TWD40,000。另於 20x5 年底應借記「其他綜合損益－國外營運機構淨投資之兌換差額」TWD20,000，€20,000×(41－42)＝－TWD20,000，貸記「長期應收款－歐元」TWD20,000。

20x5 年：淨利、股利、兌換差額，請詳下列「20x5/12/31 子公司歐元試算表換算為新台幣試算表」之換算內容。

20x5 年，適用權益法之相關金額如下：(TWD)
　　順流銷貨之未實現利益＝(€40,000－€30,000)×25%×41.6＝TWD104,000
　　信義公司應認列「採用權益法認列之子公司、關聯企業及合資利益之份額」
　　　　　　＝($661,000－專攤$41,500)×60%－未實利$104,000＝$267,700
　　非控制權益淨利＝($661,000－專攤$41,500)×40%＝$247,800
　　信義公司應認列「其他綜合損益－子公司、關聯企業及合資之國外營運機構
　　　　　　　財務報表換算之兌換差額」
　　　　　　＝[($757,000－$900,000)－$5,500]×60%＝－$89,100 (借記)
　　歸屬於非控制權益之子公司「其他綜合損益－國外營運機構財務報表換算之
　　　　　　兌換差額」＝[($757,000－$900,000)－$5,500]×40%＝－$57,200 (減少)
　　股利之分配：$206,000×60%＝$123,600，$206,000×40%＝$82,400

20x1～20x5 年，相關科目餘額異動如下： (TWD，單位：千元)

	20x1/1/1	20x1～20x4	20x4/12/31	20x5	20x5/12/31
子－綜合損益表：兌換差額 (☆)	$　－	＋$900	$900 結轉「其他權益	－$143	($143) 結轉「其他權益
子公司權益：					
股本＋資本公積 ＋保留盈餘	$4,375	＋$1,225 －$200－$210	$5,190	＋$661 －$206	$5,645
兌換差額 (#)	－	結轉自「其他綜合損益」＋$900	900	結轉自「其他綜合損益」－$143	757
	$4,375		$6,090		$6,402

☆：「其他綜合損益－國外營運機構財務報表換算之兌換差額」。
＃：「其他權益－國外營運機構財務報表換算之兌換差額」。

	20x1/1/1	20x1～20x4	20x4/12/31	20x5	20x5/12/31
權益法：					
信義－採用權益法 　　之投資	$2,835	＋$640.2＋$576 －$246	$3,805.2	＋$267.7－$89.1 －$123.6	$3,860.2
信義－綜合損益表： 　兌換差額(&)	$　－	＋$576	$576 結轉「其他權益」	－$89.1	($89.1) 結轉「其他權益」
兌換差額(& &)	$　－	＋$40	$40 結轉「其他權益」	－$20	($20) 結轉「其他權益」
信義－權　益： 　兌換差額(＊)	$　－	結轉自「其他綜 合損益」＋$576	$576	結轉自「其他綜 合損益」－$89.1	$486.9
兌換差額(＊＊)	$　－	結轉自「其他綜 合損益」＋$40	$40	結轉自「其他綜 合損益」－$20	$20

&：「其他綜合損益－子公司、關聯企業及合資之國外營運機構財務報表換算之兌換差額」。
& &：「其他綜合損益－國外營運機構淨投資之兌換差額」。
＊：「其他權益－國外營運機構財務報表換算之兌換差額－採用權益法之子公司」。
＊＊：「其他權益－國外營運機構淨投資之兌換差額」。

合併財務報表：					
專利權	$350	－$158＋$60	$252	－$41.5－$5.5	$205
非控制權益	$1,890	＋$426.8＋$384 －$164	$2,536.8	＋$247.8－$59.4 －$82.4	$2,642.8

驗　算：
　　20x4/12/31：採用權益法之投資＝(子權益$6,090＋專利權$252)×60%＝$3,805.2
　　　　　　　　非控制權益＝(子權益$6,090＋專利權$252)×40%＝$2,536.8
　　20x5/12/31：採用權益法之投資＝(子權益$6,402＋專利權$205)×60%
　　　　　　　　　　　　　　　－未實現利益$104＝$3,860.2
　　　　　　　　非控制權益＝(子權益$6,402＋專利權$205)×40%＝$2,642.8

西班牙子公司公司 20x5/12/31 歐元試算表換算為新台幣試算表：

	歐元 (€)	匯　率	新台幣(TWD)
借　方：			
現　金	$ 20,000	41.0	$　　820,000
應收帳款	40,000	41.0	1,640,000
短期投資	15,000	41.0	615,000
存　貨	40,000	41.0	1,640,000
存　貨－購自信義	10,000	41.6	416,000

	歐元 (€)	匯 率	新台幣(TWD)
運輸設備	120,000	41.0	4,920,000
辦公設備	40,000	41.0	1,640,000
銷貨成本	50,000	41.5	2,075,000
銷貨成本－購自信義	30,000	41.6	1,248,000
折舊費用	16,000	41.5	664,000
其他費用	14,000	41.5	581,000
現金股利	5,000	41.2	206,000
合　計	$400,000		$16,465,000
貸方：			
累計折舊－運輸設備	$ 54,000	41.0	$ 2,214,000
累計折舊－辦公設備	20,000	41.0	820,000
應付帳款	5,000	41.0	205,000
長期應付款	50,000	41.0	2,050,000
普通股股本	100,000	35.0	3,500,000
資本公積	5,000	35.0	175,000
保留盈餘	40,000	★	1,515,000
銷貨收入	125,000	41.5	5,187,500
外幣兌換利益	1,000	41.5	41,500
兌換差額	－		757,000
合　計	$400,000		$16,465,000

★：詳前述第二個表格中的「註二」。

購自信義公司：期末存貨：€40,000×25%＝€10,000
　　　　　　　銷貨成本：€40,000×(1－25%)＝€30,000

20x5 年，子公司淨利(TWD)＝$5,187,500＋$41,500－$2,075,000
　　　　　　－$1,248,000－$664,000－$581,000＝$661,000

兌換差額(TWD)：20x5 年淨變動數＝$757,000－$900,000＝－$143,000

答案彙總：(TWD)

(1)	$205,000	(6)	$267,700	(10)	亦是信義公司帳列「其他權益」20x5 年底之餘額為 $506,900。(＝$486,900＋$20,000)
(2)	減少$5,500	(7)	$3,860,200		
(3)	$3,805,200	(8)	$2,642,800		
(4)	$1,515,000				
(5)	$757,000	(9)	－$89,100－$20,000＝－$109,100		

(十五)　　**(95會計師考題改編)**

台灣甲公司於20x6年1月1日投資2,000,000美元在美國成立一子公司，子公司之記帳貨幣及功能性貨幣皆為美元，台灣甲公司之功能性貨幣及表達貨幣皆為新台幣。甲公司於同日與銀行簽訂賣2,000,000美元之遠期外匯合約。雙方約定於20x6年6月30日合約到期時，將以現金淨額交割方式結清合約。20x6年12月31日子公司總資產為2,010,000美元，包括現金110,000美元及固定資產1,900,000美元，權益為2,010,000美元(包括母公司原始投資2,000,000美元及20x6年度營運利益10,000美元)。20x7年1月1日，甲公司出售子公司30%股權，得款590,000美元，售後仍對美國子公司存在控制。直接報價匯率如下：

	即期匯率	6/30到期之遠期匯率	期初至當日之平均匯率
20x6/1/1	35	34.8	—
20x6/6/30	34	34.0	34.5
20x6/12/31	33	—	34.0
20x7/1/1	33	—	—

試作：

(1) 若甲公司未指定該遠期合約為避險工具，則甲公司20x7年1月1日出售子公司30%股權分錄。
(2) 若甲公司於20x6年1月1日指定該遠期合約即期價格部分為避險工具，作為規避前述國外營運機構淨投資匯率變動風險之避險工具，則甲公司20x7年1月1日出售子公司30%股權分錄。(暫不考慮遠期合約之折現因素)
(3) 若美國子公司的功能性貨幣為新台幣，則本題之遠期合約是否適用國外營運機構淨投資之避險？(請說明原因)
(4) 若美國子公司的功能性貨幣為歐元，則本題之遠期外匯合約是否適用國外營運機構淨投資之避險？(請說明原因)

參考答案：

20x6年，美國子公司保留盈餘異動：

	USD	匯率	TWD
20x6/1/1	$0	—	$0
20x6年淨利	10,000	34 (註一)	340,000
20x6/12/31	$10,000	(註二)	$340,000

> 註一：因無 20x6 年損益詳細資料，故暫以 20x6 年平均匯率 34 換算。
> 註二：期末保留盈餘須待其組成項目逐項換算後，再予以合計，
> 　　　故$340,000＝$0＋$340,000。

美國子公司 20x6/12/31 帳列資產換算為新台幣金額為 TWD66,330,000，USD2,010,000×33＝TWD66,330,000，普通股股本 USD2,000,000 依交易日(20x6/1/1)匯率 35 換算為 TWD70,000,000，因此反推美國子公司財務報表換算之兌換差額＝TWD66,330,000－(TWD70,000,000＋TWD340,000)＝－TWD4,010,000(借餘)，會計科目為「其他綜合損益－國外營運機構財務報表換算之兌換差額」。

(1) 甲公司分錄：

20x6/1/1	採用權益法之投資　　　　　　　　　　70,000,000	
	現　金　　　　　　　　　　　　　　　　　　　　　　70,000,000	
	USD200,000×35＝TWD7,000,000	
1/1	無分錄，因該遠期外匯合約之公允價值為$0，	
	USD2,000,000×(約定匯率 34.8－6/30 到期遠期匯率 34.8)＝TWD0，	
	但若有管理上之需要，可作備忘記錄。	
6/30	強制透過損益按公允價值衡量之金融資產	
	－遠期外匯合約　　　　　　　　1,600,000	
	透過損益按公允價值衡量之金融資產	
	(負債)利益　　　　　　　　　　　　　　1,600,000	
	結清日，先對遠期外匯合約評價，USD2,000,000×(34.0－34.8)＝	
	－TWD1,600,000，即給付 USD2,000,000 之義務減少 TWD1,600,000，	
	且此項給付美元義務於今天履行。	
	現　金　　　　　　　　　　　　　　　1,600,000	
	強制透過損益按公允價值衡量之	
	金融資產－遠期外匯合約　　　　　　　　　　1,600,000	
	以現金淨額交割方式結清合約。	
12/31	採用權益法之投資　　　　　　　　　　　340,000	
	採用權益法認列之子公司、關聯企業	
	及合資利益之份額　　　　　　　　　　　　　340,000	
	其他綜合損益－子公司、關聯企業及合資之	
	國外營運機構財務報表換算	
	之兌換差額　　　　　　　　　　4,010,000	
	採用權益法之投資　　　　　　　　　　　　　　4,010,000	

註：	截至 20x6/12/31，期末結轉「其他綜合損益」後，甲公司帳列： 「其他權益－國外營運機構財務報表換算之兌換差額－採用權益法之子公司」 借餘$4,010,000。
20x7/ 1/ 1	出售 30%股權後，對美國子公司仍存在控制： 現　金　　　　　　　　　　　　　　　　　　19,470,000 資本公積－實際取得或處分子公司股權價格 　　　　　　與帳面價值差額　　　　　　　1,632,000 　　採用權益法之投資　　　　　　　　　　　　　　　19,899,000 　　其他綜合損益－子公司、關聯企業及合資 　　　　　　之國外營運機構財務報表換算 　　　　　　之兌換差額　　　　　　　　　　　　　　1,203,000
	現　金＝USD590,000×33＝TWD19,470,000 採用權益法之投資＝TWD66,330,000×30%＝TWD19,899,000 其他綜合損益＝－TWD4,010,000(借餘)×30%＝－TWD1,203,000 資本公積＝TWD19,470,000－(TWD19,899,000＋TWD1,203,000) 　　　　　＝－TWD1,632,000 資本公積：請詳本書上冊第八章「三、母公司部分處分子公司股權」 　　　　　之(7)。
註：	截至 20x7/12/31，期末結轉「其他綜合損益」後，甲公司帳列： 「其他權益－國外營運機構財務報表換算之兌換差額－採用權益法之子公司」 ＝借餘$4,010,000＋結轉貸記$1,203,000＝借餘$2,807,000。

(2) 甲公司之分錄：

20x6/ 1/ 1	採用權益法之投資　　　　　　　　　　　　70,000,000 　　現　金　　　　　　　　　　　　　　　　　　　70,000,000
	US$200,000×$35＝NT$7,000,000
1/ 1	無分錄，因該遠期外匯合約之公允價值為$0， USD2,000,000×(約定匯率 34.8－6/30 到期遠期匯率 34.8)＝TWD0， 但若有管理上之需要，可作備忘記錄。
6/30	避險之金融資產－遠期合約　　　　　　　　1,600,000 透過損益按公允價值衡量之金融資產(負債)損失　400,000 　　其他綜合損益－避險工具之損益　　　　　　　　2,000,000
	結清日，遠期外匯合約公允價值增加 TWD1,600,000，即給付美元義務 　　　　減少，USD2,000,000×(34.8－34.0)＝TWD1,600,000。 　　　　遠期外匯合約即期匯率變動部分， 　　　　USD2,000,000×(35－34)＝TWD2,000,000 (A) 結清日，被避險項目之公允價值減少 TWD2,000,000，

	USD2,000,000×(34－35)＝－TWD2,000,000 (B)		
	以(A)(B)絕對金額較低者(TWD2,000,000)，認列為「其他綜合損益－避險工具之損益」，該項累計於「其他綜合損益」之避險工具累積利益或損失，應於處分或部分處分國外營運機構時，自權益重分類至損益作為重分類調整。		
	而避險工具中任何剩餘利益或損失屬避險無效性，TWD2,000,000(A)－TWD2,000,000 (其他綜合損益)＝TWD0，應認列於損益。		
	另，非指定避險部分－TWD400,000，TWD1,600,000－TWD2,000,000＝－TWD400,000，則認列為金融負債損失。		
6/30	現　金	1,600,000	
	避險之金融資產－遠期合約		1,600,000
	以現金淨額交割方式結清合約。		
12/31	採用權益法之投資	340,000	
	採用權益法認列之子公司、關聯企業		
	及合資利益之份額		340,000
	其他綜合損益－子公司、關聯企業及合資		
	之國外營運機構財務報表換算		
	之兌換差額	4,010,000	
	採用權益法之投資		4,010,000
註：	截至 20x6/12/31，結轉「其他綜合損益」後，甲公司帳列：		
	(1)「其他權益－國外營運機構財務報表換算之兌換差額－採用權益法之子公司」		
	＝20x6/12/31 結轉借記$4,010,000＝借餘$4,010,000		
	(2)「其他權益－避險工具之損益」＝20x7/12/31 結轉貸記$2,000,000		
	＝貸餘$2,000,000		
20x7/1/1	出售 30%股權後，對美國子公司仍存在控制：		
	現　金	19,470,000	
	其他綜合損益－避險工具之損益	600,000	
	資本公積－實際取得或處分子公司		
	股權價格與帳面價值差額	1,032,000	
	採用權益法之投資		19,899,000
	其他綜合損益－子公司、關聯企業及合資		
	之國外營運機構財務報表換算		
	之兌換差額		1,203,000
	現　金＝USD590,000×33＝TWD19,470,000		
	採用權益法之投資＝TWD66,330,000×30%＝TWD19,899,000		
	「其他綜合損益－避險工具之損益」		
	＝TWD2,000,000(貸餘)×30%＝TWD600,000		

	「其他綜合損益－子公司、關聯企業及合資之國外營運機構財務報表換算之兌換差額」＝－TWD4,010,000(借餘)×30％＝－TWD1,203,000 資本公積＝TWD19,470,000－(TWD19,899,000＋TWD1,203,000 　　　　　　　　　　－TWD600,000)＝－TWD1,032,000 資本公積：請詳本書上冊第八章「三、母公司部分處分子公司股權」之(7)。
註：	截至 20x7/1/1，結轉「其他綜合損益」後，甲公司帳列： (1)「其他權益－國外營運機構財務報表換算之兌換差額－採用權益法之子公司」 　　＝20x6/12/31 借餘$4,010,000＋20x7/12/31 結轉貸記$27,800＝借餘$2,807,000 (2)「其他權益－避險工具之損益」 　　＝20x6/12/31 貸餘$2,000,000＋20x7/12/31 結轉借記$600,000＝貸餘$1,400,000

(3) 不適用。因國外營運機構(子公司)的功能性貨幣與報導個體(母公司)的功能性貨幣相同，則國外營運機構(子公司)對報導個體(母公司)而言雖是一項國外股權投資，但並非外幣交易，不會面臨匯率變動的風險，故報導個體(母公司)無避險之需求。若本國企業(母公司)仍進行相關之外幣交易，則只能視為「非避險目的、投機目的(for speculation purpose)」而進行之外幣交易。

(4) 原則上不適用，因國外營運機構(子公司)的功能性貨幣是歐元，表示國外淨投資係曝露在歐元匯率變動的風險中，而非美元匯率變動的風險中。不過當避險關係符合下列所有避險有效性(hedge effectiveness)規定，則可適用。

(a)	被避險項目與避險工具間有經濟關係。 例如：歐元匯率的變動方向與幅度恰與美元匯率的變動方向與幅度近似。
(b)	信用風險之影響並未支配該經濟關係所產生之價值變動。
(c)	避險關係之「避險比率」與「企業實際避險之被避險項目數量及企業實際用以對該被避險項目數量進行避險之避險工具數量兩者之比率」相等。惟若被避險項目與避險工具之權重間之不平衡將引發可能導致與避險會計目的不一致之會計結果之避險無效性(無論是否已認列)，避險關係之指定不得反映此種不平衡。

(十六)　**(94第1次會計師檢覈考題改編)**
　　　　(功能性貨幣財務報表換算為表達貨幣財務報表)

　　台灣甲公司於20x6年1月1日以新台幣8,750,000取得德國乙公司80%股權，並對乙公司存在控制。當日乙公司帳列資產及負債之帳面金額皆等於公允價值，除有一項未入帳專利權(估計尚有10年耐用年限)外，無其他未入帳資產或負債。非控制權益係以收購日公允價值衡量。其他基本資料如下：
(1) 甲公司之記帳貨幣及功能性貨幣皆為新台幣。
(2) 乙公司之記帳貨幣及功能性貨幣皆為德國馬克。
　　[註：目前德國是歐盟成員之一，通用貨幣為歐元，並非德國馬克；
　　　　若為練習會計原則之運用，不修改原題意仍可練習。]
(3) 甲公司及乙公司合併財務報表之表達貨幣為新台幣。
(4) 新台幣及德國馬克皆非為高度通貨膨脹經濟下之貨幣。

乙公司20x6年12月31日德國馬克試算表：

借　　方		貸　　方	
現　　金	$　　89,000	累計折舊－辦公設備	$　　10,000
應收帳款－淨額	202,000	應付票據	35,000
其他應收款－甲公司	3,000	應付帳款	72,000
存　　貨	378,000	普通股股本	400,000
辦公設備	100,000	保留盈餘	200,000
銷貨成本	482,500	銷貨收入	653,500
折舊費用	10,000		
其他費用	56,000		
股　　利	50,000		
合　　計	$1,370,500	合　　計	$1,370,500

其他交易資料：
(1) 乙公司帳列「其他應收款－甲公司」係以馬克計價。20x6年12月31日，甲公司帳列「其他應收款－乙公司」餘額為新台幣54,000。
(2) 乙公司之進貨及銷貨係於年度中平均地發生，20x6年12月31日之期末存貨係於20x6年10月31日購自外部供應商。
(3) 乙公司帳列所有設備均於20x6年1月1日購入，並於購入年度起按直線法提列折舊，折舊率為10%。20x6年並未處分設備。

第199頁 (第十四章 匯率變動對財務報表之影響)

(4) 乙公司帳列普通股股本於 20x6 年無任何異動。而股利係於 20x6 年 8 月 1 日宣告並發放。
(5) 直接報價匯率如下：(1 馬克＝TWD？)

20x6 年 1 月 1 日	17.50	20x6 年 10 月 31 日	16.45
20x6 年 8 月 1 日	16.70	20x6 年 12 月 31 日	18.00
20x6 年平均匯率	17.00		

試求下列金額：
(1) 20x6 年，乙公司未入帳專利權換算為新台幣金額所產生之兌換差額。
(2) 20x6 年，乙公司馬克財務報表換算為新台幣財務報表所產生之兌換差額。
(3) 20x6 年，甲公司按權益法應認列之投資收益。
(4) 20x6 年底，甲公司與乙公司合併財務狀況表中之非控制權益。
(5) 20x6 年底，甲公司帳列「採用權益法之投資－乙公司」之餘額。

參考答案：

乙公司的功能性貨幣為馬克，故乙公司馬克(功能性貨幣)財務報表須換算為新台幣(表達貨幣)財務報表，始可與甲公司新台幣(表達貨幣)財務報表進行母、子公司合併財務報表之編製。

20x6/1/1 (收購日)：非控制權益係以收購日公允價值衡量，惟題意中未提及該公允價值，故設算之。
乙總公允價值＝(TWD8,750,000÷17.5)÷80%＝500,000 馬克÷80%＝625,000 馬克
非控制權益＝乙總公允價值 625,000 馬克×20%＝125,000 馬克
　　　　　＝125,000 馬克×17.5＝TWD2,187,500
　　　或　＝(TWD8,750,000÷80%)×20%＝TWD2,187,500
乙未入帳專利權＝625,000 馬克－(400,000 馬克＋200,000 馬克)＝25,000 馬克
乙未入帳專利權之每年攤銷數＝25,000 馬克÷10 年＝2,500 馬克

乙公司未入帳專利權之攤銷與換算：

	馬 克	匯 率	新台幣
20x6/1/1	$25,000	17.5	$437,500
20x6 年攤銷費用	(2,500)	17.0	(42,500)
兌換差額（&，反推）	—		10,000
20x6/12/31	$22,500	18.0	$405,000

> &：TWD437,500－TWD42,500 ± W = TWD405,000
> ∴ W = ＋TWD10,000

乙公司 20x6/12/31 馬克試算表換算為新台幣試算表：

	馬 克	匯 率	新台幣
借 方：			
現 金	$ 89,000	18.0	$ 1,602,000
應收帳款－淨額	202,000	18.0	3,636,000
其他應收款－甲公司	3,000	18.0	54,000
存 貨	378,000	18.0	6,804,000
辦公設備	100,000	18.0	1,800,000
銷貨成本	482,500	17.0	8,202,500
折舊費用	10,000	17.0	170,000
其他費用	56,000	17.0	952,000
股 利	50,000	16.7	835,000
合 計	$1,370,500		$24,055,500
貸 方：			
累計折舊－辦公設備	$ 10,000	18.0	$ 180,000
應付票據	35,000	18.0	630,000
應付帳款	72,000	18.0	1,296,000
普通股股本	400,000	17.5	7,000,000
保留盈餘	200,000	17.5	3,500,000
銷貨收入	653,500	17.0	11,109,500
兌換差額	－		340,000
合 計	$1,370,500		$24,055,500

20x6 年，適用權益法之相關金額如下：(TWD)

乙公司淨利＝$11,109,500－$8,202,500－$170,000－$952,000＝$1,785,000

甲公司應認列之「採用權益法認列之子公司、關聯企業及合資利益之份額」
 ＝($1,785,000－專利權攤銷$42,500)×80%＝$1,394,000

非控制權益淨利＝($1,785,000－$42,500)×20%＝$348,500

甲公司應認列之「其他綜合損益－子公司、關聯企業及合資之國外營運機構財務報表換算之兌換差額」＝($340,000＋$10,000)×80%＝$280,000 (貸記)

歸屬於非控制權益之子公司「其他綜合損益－國外營運機構財務報表換算之兌換差額」＝($340,000＋$10,000)×20%＝＋$70,000

(1) 未入帳專利權換算為新台幣金額所產生之兌換差額＝增加$10,000
(2) 馬克財務報表換算為新台幣財務報表所產生之兌換差額＝$340,000(貸餘)
(3) 20x6 年，甲公司按權益法應認列之投資收益＝$1,394,000
(4) 20x6 年底，甲公司與乙公司合併財務狀況表中應表達之非控制權益
　　　　＝$2,187,500＋$348,500＋$70,000－($835,000×20%)＝$2,439,000
(5) 20x6 年底，甲公司帳列「採用權益法之投資－乙公司」
　　　　＝$8,750,000＋$1,394,000＋$280,000－($835,000×80%)＝$9,756,000

(十七) **(94 第 2 次會計師檢覈考題改編)**
　　　　(功能性貨幣財務報表換算為表達貨幣財務報表)

　　台灣甲公司於 20x6 年 1 月 1 日以新台幣 24,908,400 取得德國乙公司 60% 股權，並對乙公司存在控制。當日乙公司帳列資產及負債之帳面金額皆等於公允價值，除有一項未入帳專利權(估計尚有 10 年耐用年限)外，無其他未入帳資產或負債。非控制權益係以收購日公允價值衡量。其他基本資料如下：
(1) 甲公司之記帳貨幣及功能性貨幣皆為新台幣。
(2) 乙公司之記帳貨幣及功能性貨幣皆為德國馬克。
　　[註：目前德國是歐盟成員之一，通用貨幣為歐元，並非德國馬克；
　　　　若為練習會計原則之運用，不修改原題意仍可練習。]
(3) 甲公司及乙公司合併財務報表之表達貨幣為新台幣。
(4) 新台幣及德國馬克皆非為高度通貨膨脹經濟下之貨幣。

乙公司 20x6 年 12 月 31 日德國馬克試算表：

借　　　方		貸　　　方	
存貨－購自甲	$ 13,600	累計折舊－辦公設備	$ 600,000
其他流動資產	1,986,400	應付帳款－甲(新台幣)	35,000
辦公設備	2,400,000	其他應付款－甲(新台幣)	105,000
其他資產	972,000	其他流動負債	810,000
銷貨成本	646,900	非流動負債	1,200,000
銷貨成本－購自甲	53,100	普通股股本	1,500,000
折舊費用	250,000	保留盈餘	1,000,000
其他費用	278,000	銷貨收入	1,350,000
合　計	$6,600,000	合　計	$6,600,000

其他交易資料：

(1) 乙公司於 20x6 年 3 月 1 日及 12 月 15 日分別自甲公司購入商品新台幣 562,440 及新台幣 595,000，該二筆交易係以新台幣計價。甲公司係以成本加價 20%出售商品予乙公司，而乙公司則於進貨後 30 天付款。20x6 年 12 月 15 日進貨之商品尚有 40%仍未售予合個體以外單位。

(2) 乙公司亦銷貨予台灣其他企業(不是甲公司)，並以新台幣計價，乙公司收到帳款後立即兌換為馬克。20x6 年，乙公司對台灣企業之銷貨交易如下：

日　　期	銷貨金額 (新台幣)	收　款　日
20x6 年 3 月 31 日	$1,105,260	20x6 年 6 月 30 日
20x6 年 6 月 30 日	$1,149,200	20x7 年 3 月 31 日

(3) 20x6 年 12 月 15 日，甲公司墊款新台幣 1,785,000 予乙公司作為短期週轉之用，該項短期墊款係以新台幣計價。

(4) 乙公司帳列其他費用中包含外幣兌換損益。

(5) 直接報價匯率如下：(1 馬克＝TWD？)

20x6 年 1 月 1 日	16.50	20x6 年 6 月 30 日	16.90
20x6 年 3 月 1 日	17.20	20x6 年 12 月 15 日	17.50
20x6 年 3 月 31 日	16.35	20x6 年 12 月 31 日	17.00
20x6 年平均匯率	17.10	20x6/12/15 至 20x6/12/31 之平均匯率	17.30

試作：(1) 20x6 年，乙公司因上述外幣交易所產生之外幣兌換損益金額。
　　　(2) 20x6 年，乙公司馬克試算表換算為新台幣試算表所產生之兌換差額。
　　　(3) 乙公司未入帳專利權換算為新台幣金額所產生之兌換差額。
　　　(4) 20x6 年合併工作底稿中有關甲、乙公司間內部交易之沖銷分錄。

參考答案：

(1) 乙公司向甲公司進貨：

20x6/ 3/ 1 乙向甲進貨：TWD562,440÷17.2＝32,700 馬克，於 20x6 年外售
20x6/ 3/31 乙付款予甲：TWD562,440÷16.35＝34,400 馬克
　　　　外幣兌換損失＝32,700 馬克－34,400 馬克＝－1,700 馬克
20x6/12/15 乙向甲進貨：TWD595,000÷17.5＝34,000 馬克
　　　　於 20x6 年外售＝34,000 馬克×60%＝20,400 馬克
　　　　截至 20x6/12/31 尚未外售＝34,000 馬克×40%＝13,600 馬克

20x6/12/31 調整以新台幣計價之應付帳款：TWD595,000÷17＝35,000 馬克
外幣兌換損失＝34,000 馬克－35,000 馬克＝－1,000 馬克

乙公司銷貨予台灣廠商(不是甲公司)：
20x6/ 3/31 銷貨：TWD1,105,260÷16.35＝67,600 馬克
20x6/ 6/30 收款：TWD1,105,260÷16.9＝65,400 馬克
外幣兌換損失＝65,400 馬克－67,600 馬克＝－2,200 馬克
20x6/ 6/30 銷貨：TWD1,149,200÷16.9＝68,000 馬克
20x6/12/31 調整以新台幣計價之應收帳款：TWD1,149,200÷17＝67,600 馬克
外幣兌換損失＝67,600 馬克－68,000 馬克＝－400 馬克

甲公司短期墊款予乙公司：
20x6/12/15 墊款：TWD1,785,000÷17.5＝102,000 馬克
20x6/12/31 調整以新台幣計價之應付墊款：TWD1,785,000÷17＝105,000 馬克
外幣兌換損失＝105,000 馬克－102,000 馬克＝－3,000 馬克

∴「外幣兌換損失」共計＝1,700 馬克＋1,000 馬克＋2,200 馬克
　　　　　　　　　　　＋400 馬克＋3,000 馬克＝8,300 馬克

(2)、(3)、(4) 之計算過程：

乙公司的功能性貨幣為馬克，故乙公司馬克(功能性貨幣)財務報表須換算為新台幣(表達貨幣)財務報表，始可與甲公司新台幣(表達貨幣)財務報表進行母、子公司合併財務報表之編製。

20x6/ 1/ 1 (收購日)：非控制權益係以收購日公允價值衡量，惟題意中未提及該
公允價值，故設算之。
乙公司總公允價值＝(TWD24,908,400÷16.5)÷60%＝1,509,600 馬克÷60%
＝2,516,000 馬克
非控制權益＝乙公司總公允價值 2,516,000 馬克×40%＝1,006,400 馬克
＝1,006,400 馬克×16.5＝TWD16,605,600
或 ＝(TWD24,908,400÷60%)×40%＝TWD16,605,600
乙公司未入帳專利權＝2,516,000 馬克－(1,500,000 馬克＋1,000,000 馬克)
＝16,000 馬克
乙未入帳專利權之每年攤銷數＝16,000 馬克÷10 年＝1,600 馬克

乙公司未入帳專利權之攤銷與換算：

	馬 克	匯 率	新台幣
20x6/ 1/ 1	$16,000	16.5	$264,000
20x6 年攤銷費用	(1,600)	17.1	(27,360)
兌換差額 (&，反推)	—		8,160
20x6/12/31	$14,400	17.0	$244,800

&：TWD264,000－TWD27,360 ± W＝TWD244,800
∴ W＝＋TWD8,160

乙公司 20x6/12/31 馬克試算表換算為新台幣試算表：

	馬 克	匯 率	新台幣
借 方：			
存貨－購自甲	$ 13,600	17.5	$ 238,000
其他流動資產	1,986,400	17.0	33,768,800
辦公設備	2,400,000	17.0	40,800,000
其他資產	972,000	17.0	16,524,000
銷貨成本	646,900	17.1	11,061,990
銷貨成本－購自甲 (3/1)	32,700	17.2	562,440
銷貨成本－購自甲 (12/15)	20,400	17.5	357,000
折舊費用	250,000	17.1	4,275,000
外幣兌換損失（*）	4,000	17.3	69,200
其他費用	274,000	17.1	4,685,400
合 計	$6,600,000		$112,341,830
貸 方：			
累計折舊－辦公設備	$ 600,000	17.0	$ 10,200,000
應付帳款－甲(新台幣)	35,000	17.0	595,000
其他應付款－甲(新台幣)	105,000	17.0	1,785,000
其他流動負債	810,000	17.0	13,770,000
非流動負債	1,200,000	17.0	20,400,000
普通股股本	1,500,000	16.5	24,750,000
保留盈餘	1,000,000	16.5	16,500,000
銷貨收入－台灣廠商(不是甲)	67,600	16.35	1,105,260
	68,000	16.90	1,149,200
銷貨收入 (1,350,000 馬克－67,600 馬克－68,000 馬克＝1,214,400 馬克)	1,214,400	17.1	20,766,240
兌換差額	—		1,321,130
合 計	$6,600,000		$112,341,830

＊：外幣兌換損失＝1,000 馬克＋3,000 馬克＝4,000 馬克，題目已提供適當之平均匯率，則適用之；至於其他外幣兌換損益，因題目未提供適當之平均匯率，故只能暫用 20x6 年平均匯率換算。

20x6 年，適用權益法之相關金額如下：(TWD)
乙公司淨利＝($1,105,260＋$1,149,200＋$20,766,240)－($11,061,990＋$562,440
　　　　　　＋$357,000)－$4,275,000－$69,200－$4,685,400＝$2,009,670
內部順流銷貨，$595,000÷(1＋20%)＝$495,833
未實現利益＝($595,000－$495,833)×40%＝$39,667
甲公司應認列之「採用權益法認列之子公司、關聯企業及合資利益之份額」
　　　　＝($2,009,670－$27,360)×60%－$39,667＝$1,149,719
非控制權益淨利＝($2,009,670－$27,360)×40%＝$792,924
甲公司應認列之「其他綜合損益－子公司、關聯企業及合資之國外營運機構財
　　　務報表換算之兌換差額」＝($1,321,130＋$8,160)×60%＝$797,574 (貸記)
歸屬於非控制權益之「其他綜合淨利－國外營運機構財務報表換算之兌換差額」
　　　　＝($1,321,130＋$8,160)×40%＝＋$531,716

(2) 馬克試算表<u>換算為</u>新台幣試算表所產生之兌換差額＝$1,321,130 (貸餘)
(3) 未入帳專利權<u>換算為</u>新台幣金額所產生之兌換差額＝增加$8,160

(4) 20x6 年合併工作底稿中有關甲、乙公司間內部交易之沖銷分錄：(TWD)

(a)	銷貨收入	1,157,440	
	銷貨成本		1,157,440
	$562,440＋$595,000＝$1,157,440		
(b)	銷貨成本	39,667	
	存　貨		39,667
(c)	應付帳款－甲(新台幣)	595,000	
	應收帳款－乙		595,000
(d)	其他應付款－甲(新台幣)	1,785,000	
	其他應收款－乙		1,785,000

(十八) **(93會計師考題改編)**
(**當地貨幣財務報表換算為功能性貨幣財務報表**)

　　台灣甲公司於20x6年6月30日以新台幣3,634,400取得日本乙公司80%股權,並對乙公司存在控制。當日乙公司權益包括普通股股本￥10,000,000 (￥:日圓)、資本公積￥1,000,000及保留盈餘￥4,000,000,且其帳列資產及負債之帳面金額皆等於公允價值,除有一項未入帳專利權(估計尚有10年耐用年限)外,無其他未入帳資產或負債。非控制權益係以收購日公允價值衡量。
其他基本資料如下:
(1) 甲公司之記帳貨幣及功能性貨幣皆為新台幣。
(2) 乙公司之記帳貨幣為日圓,而功能性貨幣為新台幣。
(3) 甲公司及乙公司合併財務報表之表達貨幣為新台幣。
(4) 新台幣及日圓皆非為高度通貨膨脹經濟下之貨幣。

20x7年12月31日,乙公司日圓試算表:

借　　方		貸　　方	
現　　金	￥ 2,000,000	累計折舊－房屋及建築	￥ 3,450,000
應收帳款	7,500,000	累計折舊－辦公設備	2,125,000
存　　貨	6,000,000	應付帳款	5,425,000
房屋及建築	10,000,000	長期應付款	3,000,000
辦公設備	5,000,000	普通股股本	10,000,000
專利權	1,700,000	資本公積	1,000,000
銷貨成本	7,000,000	保留盈餘	4,500,000
折舊費用	1,500,000	銷貨收入	13,000,000
攤銷費用	200,000	外幣兌換利益	400,000
其他費用	2,000,000		
合　　計	￥42,900,000	合　　計	￥42,900,000

其他交易資料:

(1) 乙公司以先進先出法計算銷貨成本,20x7年出售之商品存貨包括:20x6年底購入之商品存貨￥1,500,000,20x7年4月21日購入之商品存貨￥4,000,000及10月1日購入之商品存貨。20x7年期末存貨中有￥2,000,000係於20x7年10月1日購入,其餘均係20x7年12月31日購入。
(2) 乙公司折舊性資產均採直線法分10年提列折舊,無殘值。於20x6年10月1日增添房屋新台幣600,000及購入辦公設備新台幣300,000,其餘折舊性資產至20x7年底均無變動。

(3) 乙公司帳列專利權係於 20x6 年 6 月 30 日取得，分 10 年攤銷。
(4) 乙公司 20x6 年 6 月 30 日至 12 月 31 日之淨利為￥1,000,000(換算為新台幣 298,000)，並於 20x6 年 12 月 31 日宣告且發放現金股利。除此，乙公司權益至 20x6 年底無其他交易。
(5) 乙公司 20x7 年銷貨收入、外幣兌換損益及其他費用均於年度中平均地發生。
(6) 直接報價匯率如下：(￥1＝TWD？)

20x6 年 6 月 30 日	0.295	20x7 年 4 月 21 日	0.304
20x6 年 10 月 1 日	0.300	20x7 年 10 月 1 日	0.308
20x6 年 12 月 31 日	0.302	20x7 年 12 月 31 日	0.310
20x7 年平均匯率	0.305		

試求下列金額：
(1) 20x7 年底，合併財務狀況表上之未入帳專利權(不含帳列專利權)。
(2) 20x7 年底，乙公司新台幣試算表中之銷貨成本。
(3) 20x7 年底，乙公司新台幣試算表中之折舊費用。
(4) 20x7 年，乙公司之新台幣淨利。
(5) 20x7 年，甲公司按權益法應認列之投資損益。
(6) 20x7 年底，甲公司帳列「採用權益法之投資－乙公司」餘額。

參考答案：

(a) 乙公司之功能性貨幣為新台幣，故乙公司日圓(當地貨幣)試算表<u>須換算為新台幣</u>(功能性貨幣)試算表，始可與甲公司新台幣(表達貨幣)財務報表進行母、子公司合併財務報表之編製。

(b) 20x6/ 6/30 (收購日)：非控制權益係以收購日公允價值衡量，惟題意中未提及該公允價值，故設算之。
　　乙公司總公允價值＝(TWD3,634,400÷0.295)÷80%＝￥12,320,000÷80%
　　　　　　　　　　＝￥15,400,000
　　非控制權益＝乙公司總公允價值￥15,400,000×20%＝￥3,080,000
　　　　　　　＝￥3,080,000×NT$0.295＝TWD908,600
　　　　　或　＝(TWD3,634,400÷80%)×20%＝TWD908,600
　　乙公司未入帳專利權＝￥15,400,000－(￥10,000,000＋￥1,000,000
　　　　　　　　　　　　＋￥4,000,000)＝￥400,000
　　乙未入帳專利權之每年攤銷數＝￥400,000÷10 年＝￥40,000

(c) 乙公司未入帳專利權之攤銷及換算：

專利權係屬外幣非貨幣性資產，且以歷史成本衡量，應以交易日(收購日)之匯率將當地貨幣(日圓)金額換算為功能性貨幣(新台幣)金額。

	日　圓	匯　率	新台幣
20x6/ 6/30	￥400,000	0.295	$118,000
20x6 年攤銷費用(半年)	(20,000)	0.295	(5,900)
20x6/12/31	￥380,000	0.295	$112,100
20x7 年攤銷費用	(40,000)	0.295	(11,800)
20x7/12/31	￥340,000	0.295	$100,300

(d) 銷貨成本：係屬與外幣非貨幣性資產(存貨)相關之損益項目，且以歷史成本衡量，故應以交易日之匯率將當地貨幣(日圓)金額換算為功能性貨幣(新台幣)金額。

	日　圓	匯　率	新台幣
20x7/ 1/ 1 存貨	￥1,500,000	0.302 (交易日)	$　453,000
20x7/ 4/21 購入	4,000,000	0.304 (交易日)	1,216,000
20x7/10/ 1 購入（#）	1,500,000	0.308 (交易日)	462,000
銷貨成本	￥7,000,000		$2,131,000

#：￥1,500,000＋￥4,000,000＋Z＝￥7,000,000，∴ Z＝￥1,500,000

(e) 房屋及建築：20x6/10/ 1 購入 TWD600,000÷0.300＝￥2,000,000

　　　　20x7 年之折舊費用＝￥2,000,000÷10 年＝￥200,000

截至 20x7/12/31 之累計折舊＝(￥2,000,000÷10 年)×(1＋3/12)年＝￥250,000

(f) 辦公設備：20x6/10/ 1 購入 TWD300,000÷0.300＝￥1,000,000

　　　　20x7 年之折舊費用＝￥1,000,000÷10 年＝￥100,000

截至 20x7/12/31 之累計折舊＝(￥1,000,000÷10 年)×(1＋3/12)年＝￥125,000

(g) 保留盈餘 20x6 年之異動：

	日　圓	匯　率	新台幣
20x6/ 6/30	￥4,000,000	0.295	$1,180,000
20x6/ 6/30～20x6/12/31 淨利	1,000,000	(題目已知)	298,000
20x6/12/31 現金股利 (反推)	(500,000)	0.302	(151,000)
20x6/12/31	￥4,500,000		$1,327,000

(h) 乙公司 20x7/12/31 日圓試算表換算為新台幣試算表：

	日　圓	匯　率	新台幣
借　方：			
現　　金	￥ 2,000,000	0.310	$ 620,000
應收帳款	7,500,000	0.310	2,325,000
存　貨 (20x7/10/1 購入)	2,000,000	0.308	616,000
存　貨 (20x7/12/31 購入)	4,000,000	0.310	1,240,000
房屋及建築	8,000,000	0.295	2,360,000
房屋及建築 (20x6/10/1 購入)	2,000,000	0.300	600,000
辦公設備	4,000,000	0.295	1,180,000
辦公設備 (20x6/10/1 購入)	1,000,000	0.300	300,000
專利權	1,700,000	0.295	501,500
銷貨成本	7,000,000	詳上述(d)	2,131,000
折舊費用 (非 20x6/10/1 購入)	1,200,000	0.295	354,000
折舊費用－房屋及建築 (20x6/10/1 購入)	200,000	0.300	60,000
折舊費用－辦公設備 (20x6/10/1 購入)	100,000	0.300	30,000
攤銷費用	200,000	0.295	59,000
其他費用	2,000,000	0.305	610,000
合　　計	￥42,900,000		$12,986,500
貸　方：			
累計折舊－房屋及建築	￥ 3,200,000	0.295	$ 944,000
累計折舊－房屋及建築 (20x6/10/1 購入)	250,000	0.300	75,000
累計折舊－辦公設備	2,000,000	0.295	590,000
累計折舊－辦公設備 (20x6/10/1 購入)	125,000	0.300	37,500
應付帳款	5,425,000	0.310	1,681,750
長期應付款	3,000,000	0.310	930,000
普通股股本	10,000,000	0.295	2,950,000
資本公積	1,000,000	0.295	295,000
保留盈餘	4,500,000	詳上述(g)	1,327,000
銷貨收入	13,000,000	0.305	3,965,000
外幣兌換利益	400,000	0.305	122,000
外幣兌換利益－兌換差額 (反推)	－		69,250
合　　計	￥42,900,000		$12,986,500

20x7 年，適用權益法之相關金額如下：(TWD)
(i) 乙公司淨利＝$3,965,000＋$122,000＋$69,250－$2,131,000－$354,000
　　　　　　－$60,000－$30,000－$59,000－$610,000＝$912,250
(j) 甲公司應認列之投資損益＝($912,250－$11,800)×80%＝$720,360
(k) 非控制權益淨利＝($912,250－$11,800)×20%＝$180,090

參考答案彙總如下： (TWD)

(1) 20x7 年底，合併財務狀況表上之未入帳專利權＝$100,300 [詳(c)]
(2) 20x7 年底，乙公司新台幣試算表中之銷貨成本＝$2,131,000 [詳(d)]
(3) 20x7 年底，乙公司新台幣試算表中之折舊費用
　　　　＝$354,000＋$60,000＋$30,000＝$444,000 [詳(h)]
(4) 20x7 年，乙公司之新台幣淨利＝$912,250 [詳(i)]
(5) 20x7 年，甲公司按權益法應認列之投資損益＝$720,360 [詳(j)]
(6) 20x6 年，甲公司按權益法應認列之投資損益
　　　　＝($298,000－$5,900)×80%＝$233,680
　20x7 年底，甲公司帳列「採用權益法之投資－乙公司」
　　　　＝[$3,634,400＋$233,680－($151,000×80%)]＋$720,360
　　　　＝$4,467,640

(十九) (複選題:近年會計師考題改編)

(1) (105 會計師考題)

(A、D)

下列何者應列為其他綜合損益?
(A) 現金流量避險之下,避險工具之利益或損失屬於有效避險之部分
(B) 於國外營運機構之個別財務報表上,構成報導個體對國外營運機構淨投資一部分之貨幣性項目,所產生之兌換差額
(C) 於報導個體之單獨財務報表中,構成報導個體對國外營運機構淨投資一部分之貨幣性項目,所產生之兌換差額
(D) 在包含國外營運機構及報導個體之合併財務報表中,構成報導個體對國外營運機構淨投資一部分之貨幣性項目,所產生之兌換差額
(E) 公允價值避險之下,避險工具按公允價值再衡量所產生之利益或損失

說明:
(A):請詳第十三章「九、避險會計－準則相關規範」中「(七)現金流量避險知會計處理」之(1)(b)規定,第 40 頁。
(B)、(C)、(D):請詳本章「四、當個體的功能性貨幣不是當地貨幣」中「(二) 準則相關規定」之(8)規定,第 11～13 頁。
(E):公允價值避險之下,避險工具按公允價值再衡量所產生之利益或損失,應認列為損益。請詳第十三章「九、避險會計－準則相關規範」中「(六) 公允價值避險」之(1)規定,第 37 頁。

(二十)　(單選題：近年會計師考題改編)

(1)　(110 會計師考題)

(C)　20x1年1月1日甲公司以新台幣4,015,950取得荷蘭乙公司60%股權,並對乙公司存在控制。當日乙公司權益包括普通股股本€120,000 (€:歐元)、保留盈餘€85,000,其帳列資產及負債之帳面金額均等於公允價值,且無未入帳資產或負債。非控制權益係以對乙公司可辨認淨資產已認列金額所享有之比例份額衡量。乙公司的功能性貨幣為歐元,甲公司的功能性貨幣及表達貨幣均為新台幣。乙公司保留盈餘換算如下:

	歐元	匯率	新台幣
20x1年初保留盈餘	85,000	32.65	2,775,250
20x1年淨利	20,000	—	651,200
20x1年股利	(15,000)	33.82	(507,300)
20x1年底保留盈餘	90,000	—	2,919,150

甲公司 20x1 年按權益法就乙公司報表換算產生之兌換差額貸記「其他綜合損益－子公司、關聯企業及合資之國外營運機構財務報表換算之兌換差額」$6,000。試問 20x1 年底甲公司及乙公司合併財務狀況表(表達貨幣為新台幣)上之非控制權益金額為何？

(A) $2,324,651　　(B) $2,534,987　　(C) $2,738,860　　(D) $2,782,954

說明：20x1/1/1 (收購日)：因乙公司無未入帳資產或負債,故

　　　非控制權益＝(€120,000＋€85,000)×32.65×40%＝TWD2,677,300

　　　20x1/12/31：

　　　非控制權益＝TWD2,677,300＋(TWD651,200×40%)

　　　　　　　　－(TWD507,300×40%)＋(TWD6,000÷60%×40%)

　　　　　　＝TWD2,738,860

(2) (108 會計師考題)

(A) 甲公司於20x1年1月1日以新台幣$6,400,000取得日本乙公司80%股權,並對乙公司存在控制。收購日乙公司可辨認淨資產帳面金額為20,000,000日圓,公允價值為25,000,000日圓,差額係未入帳專利權所致,該專利權尚有10年耐用年限。非控制權益係以對乙公司可辨認淨資產已認列金額所享有之比例份額衡量。乙公司20x1年銷貨收入為36,500,000日圓,銷貨成本為20,000,000日圓,折舊費用為3,000,000日圓,其他營業費用為5,000,000日圓。20x1年期末,乙公司因外幣交易導致兌換損失為500,000日圓。乙公司20x1年未宣告或發放現金股利。日圓對新台幣之直接報價匯率如後:20x1年1月1日匯率為0.32,20x1年平均匯率為0.325,20x1年底匯率為0.33。甲公司的功能性貨幣及表達貨幣皆為新台幣,乙公司的記帳貨幣及功能性貨幣皆為日圓,日圓與新台幣皆非為高度通貨膨脹經濟下之貨幣。試問20x1年甲公司按權益法對乙公司應認列之投資收益為何?

(A) $1,950,000　　(B) $2,080,000　　(C) $2,230,000　　(D) $2,268,000

說明:乙公司未入帳專利權=¥25,000,000－¥20,000,000=¥5,000,000

	日圓	匯率	新臺幣
20x1/ 1/ 1	$5,000,000	0.32	$1,600,000
20x1年攤銷費用	(500,000)	0.325	(162,500)
兌換差額 (*反推)	—		47,500
20x1/12/31	$4,500,000	0.33	$1,485,000
*:「兌換差額」之會計科目為「其他綜合損益－國外營運機構財務報表換算之兌換差額」。			

乙公司20x1年淨利 (¥:日圓)
= 銷貨收入¥36,500,000－銷貨成本¥20,000,000
－折舊費用¥3,000,000－其他營業費用¥5,000,000
－兌換損失¥500,000=¥8,000,000

∴ 20x1年,甲公司按權益法對乙公司應認列之投資收益
=[(¥8,000,000×0.325)－TWD162,500]×80%=TWD1,950,000

(3) (106會計師考題)

(D) 台灣甲公司取得香港乙公司100%股權。甲公司的功能性貨幣與記帳貨幣皆為新台幣；乙公司的功能性貨幣與記帳貨幣分別為新台幣與港幣。乙公司20x2年12月31日財務狀況表中之存貨為港幣216,000，該存貨包含兩批不同類商品，其進貨時間與金額分別為：20x2年 2月28日港幣48,000與20x2年10月25日港幣168,000，且該兩批存貨之淨變現價值分別為港幣48,200與港幣167,000。港幣對新台幣之直接報價匯率如下：

20x2 年 2 月 28 日	4.8
20x2 年 10 月 25 日	4.4
20x2 年 12 月 31 日	4.5
20x2 年度平均	4.7

試問甲公司及乙公司20x2年合併綜合損益表上之銷貨成本中應計入乙公司存貨跌價損失之金額為何？
(A)新台幣3,760　(B)新台幣4,400　(C)新台幣4,500　(D)新台幣13,500

說明：乙公司功能性貨幣(新台幣)≠記帳貨幣(港幣)，須將記帳貨幣(港幣)財務報表<u>換算</u>為功能性貨幣(新台幣)財務報表，又存貨為非貨幣性項目，故按交易日匯率換算。

帳面金額	港幣 216,000	(a) 港幣 48,000(2/28)×4.8＝新台幣 230,400
		(b) 港幣 168,000(10/25)×4.4＝新台幣 739,200
淨變現價值	港幣 215,200	(a) 港幣 48,200(12/31)×4.5＝新台幣 216,900
		(b) 港幣 167,000(12/31)×4.5＝新台幣 751,500
孰低比較	(a)	帳面金額 TWD230,400 ＞ 淨變現價值 TWD216,900，20x2年度合併綜合損益表應計入存貨跌價損失$13,500，並以 TWD216,900 存貨金額計入 20x2 年合併財務報表。
	(b)	帳面金額 TWD739,200 ＜ 淨變現價值 TWD751,500，20x2年度合併綜合損益表無須計入存貨跌價損失，應以 TWD739,200 存貨金額計入 20x2 年合併財務報表。

(4) (106 會計師考題)

(B) 以下對於外幣資產之會計處理何者正確？
(A) 分類為「透過其他綜合損益按公允價值衡量之金融資產」之外幣公司債，其兌換損益應認列於其他綜合損益項下
(B) 分類為「透過其他綜合損益按公允價值衡量之金融資產」之外幣普通股，其兌換損益應認列於其他綜合損益項下
(C) 對國外營運機構之應收款項，其兌換損益皆應認列於損益項下
(D) 適用避險會計之避險工具不可包含「非屬衍生工具之外幣資產」

說明：(A) 分類為「透過其他綜合損益按公允價值衡量之金融資產」之外幣公司債，係<u>外幣貨幣性資產</u>，故兌換損益應認列為損益。請詳第十三章「三、以功能性貨幣報導外幣交易」中(二)之(5)規定，第9頁。

(B) 分類為「透過其他綜合損益按公允價值衡量之金融資產」之外幣普通股，係<u>外幣非貨幣性資產</u>，故兌換損益應認列於其他綜合損益項下。請詳本章「四、當個體的功能性貨幣不是當地貨幣」中「(二) 準則相關規定」之(9)規定，第13頁。

(C) 對國外營運機構之應收款項，原則上，其兌換損益皆應認列於損益項下。但有例外情況，如該應收款項之清償目前既無計畫亦不太可能於可預見之未來發生，即具<u>長期投資性質</u>，實質上屬於個體對該國外營運機構淨投資之一部分，其兌換損益應認列於其他綜合損益項下。請詳第十三章「三、以功能性貨幣報導外幣交易」中(二)之(6)規定，第10頁。

(D) 適用避險會計之避險工具<u>可包含</u>「非屬衍生工具之外幣資產」。請詳第十三章「九、避險會計－準則相關規範」中「(二) 避險工具」之(甲)(3)規定，第24頁。

(5) (105 會計師考題)

(B) 甲公司於 20x6 年 12 月 31 日取得乙公司 100%股權。乙公司記帳貨幣及功能性貨幣分別為美元及新台幣，甲公司的功能性貨幣及表達貨幣皆為新台幣。美元與新台幣皆非為高度通貨膨脹經濟下之貨幣。乙公司 20x7 年財務報表之資料如下：

(1) 20x7 年美元綜合損益表內容為：銷貨收入 100,000 美元、銷貨成本 50,000 美元、折舊費用 10,000 美元、其他營業費用 20,000 美元。

(2) 不動產、廠房及設備購入時美元對新台幣之直接報價匯率為 30.0，並按歷史成本衡量。

(3) 存貨採先進先出法，期初存貨(10,000 美元)係於 20x6 年底購入，20x7 年進貨係於全年平均地購入，期末存貨之成本及淨變現價值分別為 10,000 美元及 9,900 美元。

(4) 乙公司 20x7 年財務報表由美元換算為新台幣之兌換差額為新台幣 250,000(借餘)。

(5) 20x7 年匯率並無劇烈波動，美元對新台幣之直接報價匯率如後：20x7/ 1/ 1 (20x6/12/31)為 30.5、20x7/12/31 為 31.5、20x7 年平均匯率為 31.0。

試問乙公司 20x7 年新台幣綜合損益表之淨利為何？

(A) $370,000　　(B) $385,000　　(C) $620,000　　(D) $635,000

說明：

	美元	匯率	新台幣	備註
20x7/ 1/ 1 存貨	$ 10,000	30.5	$ 305,000	
20x7 年間進貨	50,000	31.0 (平均)	1,550,000	
20x7/12/31 存貨	(10,000)	31.0	(310,000)	詳※
20x7 年銷貨成本	$375,000		$1,545,000	

※：成本＝USD10,000×31.0＝TWD310,000
　　淨變現價值＝USD9,900×31.5＝TWD311,850，選用較低之成本金額。

乙公司 20x7 年新台幣
＝銷貨收入(USD100,000×31)－銷貨成本 TWD1,545,000
　　－其他營業費用(USD20,000×31)－折舊費用(USD10,000×30)
　　－兌換損失 TWD250,000＝TWD385,000

(6) (104 會計師考題)

(B) 甲公司之美國子公司，其記帳貨幣為美元，功能性貨幣為新台幣，存貨採先進先出法計價，20x7年期末存貨成本為10,000美元（淨變現價值為10,100美元）。20x7年之期初存貨、進貨與其相關日之美元對新台幣直接報價匯率如下：

	單位(件)	單價(美元)	匯 率
20x7/ 1/ 1 存貨	500 件	每件$10	30.5
20x7/10/ 1 進貨	2,000 件	每件$10	30.7
20x7/11/ 1 進貨	1,000 件	每件$10	30.9
20x7/12/ 1 進貨	800 件	每件$10	31.0

20x7年平均匯率為30.75，20x7年12月31日匯率為30.6。美元與新台幣皆非為高度通貨膨脹經濟之下貨幣。子公司20x7年美元財務報表換算為新台幣後，其綜合損益表中之銷貨成本為何？

(A) $1,013,700　　(B) $1,014,440　　(C) $1,014,750　　(D) $1,017,500

說明：20x7 年可供銷售商品存貨金額：

取得日	存貨成本(美元)	匯率	存貨成本(新台幣)
20x7/ 1/ 1	500×$10＝ $ 5,000	30.5	$ 152,500
20x7/10/ 1	2,000×$10＝$20,000	30.7	614,000
20x7/11/ 1	1,000×$10＝$10,000	30.9	309,000
20x7/12/15	800×$10＝ $ 8,000	31.0	248,000
	$43,000		$1,323,500

20x7/12/31 期末存貨：

取得日	存貨成本(美元)	匯 率	存貨成本(新台幣)
20x7/11/ 1	200×$10＝ $ 2,000	30.9	$ 61,800
20x7/12/15	800×$10＝ $ 8,000	31.0	248,000
	$10,000		$309,800
20x7/12/31	淨變現價值$10,100	30.6	淨變現價值$309,060

比較：「期末存貨成本 TWD309,800」與
　　　　「期末存貨淨變現價值 TWD309,060」，孰低？
結論：20x7 年 12 月 31 日期末存貨金額為 TWD309,060

20x7 年銷貨成本＝$1,323,500－$309,060＝$1,014,440

(7) (102 會計師考題)

(C) 台灣甲公司的功能性貨幣及表達貨幣皆為新台幣，其美國分公司之存貨由總公司(甲公司)依成本出貨，20x7年總公司出貨至美國分公司資料如下：3月1日出貨8,000美元(匯率32.1)，9月1日出貨12,000美元(匯率32.3)。若20x7年底及20x7年平均匯率分別為33.5及33.2，美國分公司的記帳貨幣及功能性貨幣皆為美元，則美國分公司美元報表換算為新台幣後之「總公司來貨」金額為何？

(A) $670,000　　(B) $664,000　　(C) $644,400　　(D) $20,000

說明：美國分公司的記帳貨幣及功能性貨幣皆為美元，且美元非為高度通貨膨脹經濟下之貨幣，惟甲公司之表達貨幣為新台幣，故須將美國分公司之美元報表換算為新台幣報表。而20x7年總公司出貨至美國分公司之交易只有兩筆，故「總公司來貨 (Shipments from Home Office)」應按實際交易日匯率換算，不適合採用"全年平均地進貨"之假設。「總公司來貨 (Shipments from Home Office)」，依第十二章採用之中文會計科目為「進貨－總機構」。

	美元	匯率	新台幣
20x7/ 3/ 1	$ 8,000	32.1	$266,800
20x7/ 9/ 1	12,000	32.3	378,600
	$20,000		$644,400

(8) (101 會計師考題)

(D) 桃園公司於20x4年8月15日投資新竹公司並對新竹公司存在控制。新竹公司對土地與房屋採重估價模式，其於20x2年4月1日取得房屋，並於20x9年3月15日辦理重估價，則20x9年12月31日將房屋由功能性貨幣換算為表達貨幣時，依國際會計準則規定，應選用下列那一天之匯率？

(A) 20x2年 4月 1日　　(B) 20x4年 8月 15日
(C) 20x9年 3月 15日　　(D) 20x9年 12月 31日

說明：20x9年12月31日將房屋由功能性貨幣換算為表達貨幣，因房屋是資產，故應選用報導期間結束日之匯率換算，答案是(D)。
補充：假設新竹公司的功能性貨幣<u>不是</u>當地貨幣，則20x9年12月31日將房屋由<u>當地貨幣</u>換算為<u>功能性貨幣</u>時，因房屋是非貨幣性資產且新

竹公司對該房屋採重估價模式，故應選用決定房屋公允價值當日之匯率換算，答案是(C)。

(9) (101 會計師考題)

(C) 台灣甲公司於 20x8 年 1 月 1 日取得日本乙公司 80%股權，並對乙公司存在控制。當日乙公司權益包括普通股股本 5,000,000 日圓及保留盈餘 2,000,000 日圓，其帳列資產及負債之帳面金額皆等於公允價值，且無未入帳資產或負債。同日日圓對新台幣之匯率為 0.25。乙公司的記帳貨幣及功能性貨幣皆為日圓，乙公司 20x8 年保留盈餘換算如下：

	日 圓	匯 率	新台幣
期初保留盈餘	¥2,000,000	0.25	$500,000
20x8 年淨利	1,000,000	—	260,000
20x8 年股利	(200,000)	0.28	(56,000)
期末保留盈餘	¥2,800,000		$704,000

甲公司 20x8 年按權益法就乙公司財務報表換算產生之兌換差額而借記「其他綜合損益－子公司、關聯企業及合資之國外營運機構財務報表換算之兌換差額」$8,000，則 20x8 年底甲公司及乙公司合併財務狀況表(表達貨幣為新台幣)上之非控制權益金額為何？

(A) $283,200　　(B) $386,800　　(C) $388,800　　(D) $390,800

說明：20x8/ 1/ 1 (收購日)：因乙公司無未入帳資產或負債，故
　　　　非控制權益＝(¥5,000,000＋¥2,000,000)×0.25×20%＝TWD350,000
　　　20x8/12/31：
　　　　非控制權益＝TWD350,000＋(TWD260,000×20%)－(TWD56,000×20%)
　　　　　　　　　－(TWD8,000÷80%)×20%＝TWD388,800

(10) (99 會計師考題)

(B) 若國外子公司的功能性貨幣為當地貨幣，其功能性貨幣財務報表換算為表達貨幣時，下列科目中何者係以財務狀況表日匯率換算？
(A) 股本　　(B) 商譽　　(C) 股利　　(D) 保留盈餘

說明：當國外子公司之功能性貨幣為當地貨幣，其功能性貨幣財務報表換算為表達貨幣時，資產及負債科目皆以財務狀況表日匯率換算，選項中只有商譽是資產，故答案是(B)。

(11) **(98、92會計師考題)**

(A) 台灣甲公司 20x3 年初取得美國乙公司 100%股權。乙公司 20x8 年綜合損益表包括：租金費用 15,000 美元、預期信用減損損失 3,500 美元及折舊費用 12,000 美元。折舊費用係 20x3 年 6 月 1 日購入之機器所提列，購入時匯率為 32.5。20x8 年相關匯率為：1 月 1 日匯率 33.0，12 月 31 日匯率 34.5，平均匯率 34.2。若乙公司以美元記帳，功能性貨幣為新台幣，則乙公司 20x8 年綜合損益表由美元換算為新台幣後，上述費損金額之合計數為：

(A) $1,022,700　　(B) $1,028,250　　(C) $1,043,100　　(D) $1,052,250

說明：(1) 乙公司以美元記帳，功能性貨幣為新台幣，故其美元(當地貨幣)財務報表須換算為新台幣(功能性貨幣)財務報表。

(2) 因題目未說明「租金費用」究係預付租金轉列或當期付現，故擬以當期付現解題，因此「租金費用」及「預期信用減損損失(#)」皆為與外幣貨幣性資產相關之損益科目，以平均匯率換算；而「折舊費用」係與外幣非貨幣性資產相關之損益科目，且以歷史成本衡量，故以交易日(購入日，20x3/ 6/ 1)匯率換算。

	USD	匯率	TWD
租金費用	$15,000	34.2	$ 513,000
預期信用減損損失	3,500	34.2	119,700
折舊費用	12,000	32.5	390,000
	$30,500		$1,022,700

＃：筆者認為，「預期信用減損損失」係於期末評估而認列之費損(期末調整分錄)，其金額為估計未來可能無法收回之應收帳款。因此不符合「損益係於年度中很平均地發生」之假設，故應按交易日(20x8/12/31)匯率(34.5)換算。若然，則答案為$1,023,750，$513,000＋(USD3,500×34.5)＋$390,000＝$1,023,750。

(3) 補充：若「租金費用」係由「預付租金」轉列為費用，則「租金費用」應以支付「預付租金」當日之匯率換算。

(12) (98 會計師考題)

(C) 台灣甲公司於 20x7 年 1 月 1 日以新台幣 2,340,000 取得香港乙公司 80%股權，並對乙公司存在控制。當日乙公司權益包括普通股股本 400,000 港幣及保留盈餘 225,000 港幣，其帳列資產及負債之帳面金額皆等於公允價值，且無未入帳可辨認資產或負債。收購日港幣對新台幣之直接報價匯率為 3.6。乙公司 20x7 年保留盈餘異動如下：

	港幣	匯率	新台幣
保留盈餘（1/1）	$225,000	3.6	$ 810,000
淨　利	300,000	—	1,110,000
股　利	(100,000)	3.5	(350,000)
保留盈餘（12/31）	$425,000	—	$1,570,000

試問甲公司 20x7 年按權益法應認列之投資收益為：
(A) $125,000　　(B) $861,000　　(C) $888,000　　(D) $1,110,000

說明：投資收益＝乙公司淨利 TWD1,110,000×80%＝TWD888,000
　　　20x7/1/1(收購日)，若非控制權益係以收購日公允價值衡量，惟不知該公允價值，故設算之。
　　　乙公司總公允價值＝(TWD2,340,000÷3.6)÷80%＝812,500 港幣
　　　乙公司之未入帳商譽＝812,500 港幣－(400,000 港幣＋225,000 港幣)
　　　　　　　　　　　＝812,500 港幣－625,000 港幣＝187,500 港幣
　　　惟不影響本題答案，因商譽無減損損失，不影響投資收益之認列。

(13) (97 會計師考題)

(C) 台灣甲公司持有法國子公司 90%股權。20x6 年底法國子公司帳列資產分別以報導期間結束日匯率及交易日匯率換算後之金額：

	以報導期間結束日匯率換算	以交易日匯率換算
現　金	$ 500,000	$ 500,000
預付費用	480,000	500,000
存　貨	700,000	720,000
設　備	950,000	980,000
總資產	$2,630,000	$2,700,000

第 222 頁 (第十四章 匯率變動對財務報表之影響)

若法國子公司以歐元記帳,其功能性貨幣為新台幣,則法國子公司 20x6 年底歐元財務報表換算為新台幣財務報表後,其資產總額為:
(A) $2,630,000　　　(B) $2,680,000　　　(C) $2,700,000　　　(D) $2,720,000

說明:(1) 因法國子公司的功能性貨幣為新台幣,故其歐元(當地貨幣)財務報表須換算為新台幣(功能性貨幣)財務報表,如下:

現　　金	$ 500,000	外幣貨幣性資產,以報導期間結束日匯率換算。
預付費用	500,000	外幣非貨幣性資產,以歷史成本衡量者,應以交易日匯率換算。
設　　備	980,000	
存　　貨	720,000	因存貨$700,000 也可能是答案,故(B)(C)皆有可能正確,詳下述(2)之說明。
總資產	$2,700,000	

(2) 本題之存貨是外幣非貨幣性資產,須按成本與淨變現價值孰低評價,因此:(a)先將存貨淨變現價值以報導期間結束日匯率換算,(b)再將存貨帳面金額以交易日匯率換算[如本題之$720,000],(c)比較(a)與(b)換算後之金額,以較低者做為期末存貨的表達金額。當(a)<(b),且(a)存貨淨變現價值以報導期間結束日匯率換算後的金額恰等於本題"帳列存貨以報導期間結束日匯率換算後的金額$700,000",則(B)選項亦是答案。

(14)　(97 會計師考題)

(C)　台灣甲公司於 20x2 年初按英國乙公司帳列淨值之帳面金額取得 60%股權,並對乙公司存在控制(收購日英磅對新台幣直接報價匯率為 58.8)。當日乙公司帳列資產及負債之帳面金額皆等於公允價值,亦無未入帳資產或負債。乙公司的功能性貨幣為英磅。20x7 年初乙公司權益包括普通股股本 60,000 英磅及保留盈餘 40,000 英磅,後者於 20x6 年底換算新台幣金額為 TWD2,350,000。20x7 年乙公司淨利為 10,000 英磅,並於 20x7 年 3 月 1 日及 9 月 1 日分別宣告並發放 2,000 英磅股利,當時匯率分別為 58.4 及 58.1。20x7 年平均匯率為 58.2, 20x7 年 1 月 1 日及 12 月 31 日匯率分別為 58.5 及 58.0。若英國乙公司 20x7 年 12 月 31 日帳列資產及負債換算為新台幣金額分別為 TWD9,193,000 及 TWD3,000,000,且 20x7 年初甲公司帳列「其他權益-國外營運機構財務報表換算之兌換差額-採用權益法之子公司」

為$5,000(貸餘)(係源自乙公司報表換算之兌換差額)，則20x7年底甲公司因乙公司財務報表換算產生之兌換差額而應認列之「其他綜合損益－子公司、關聯企業及合資之國外營運機構財務報表換算之兌換差額」金額為何？
(A) $35,400　　(B) $30,400　　(C) $25,400　　(D) $5,000

說明：20x7年，英國乙公司保留盈餘異動：

	英國乙公司 帳列 保留盈餘		
	英鎊	匯率	新台幣
20x7/1/1	$40,000	(題目資料)	$2,350,000
20x7年淨利	10,000	58.2 (註一)	582,000
20x7/3/1 股利	(2,000)	58.4	(116,800)
20x7/9/1 股利	(2,000)	58.1	(116,200)
20x7/12/31	$46,000	(註二)	$2,699,000

註一：因無20x7年損益詳細資料，故暫以20x7年平均匯率換算。
註二：期末保留盈餘須待其組成項目逐項換算後，再予以合計。

20x7/12/31，英國乙公司帳列資產及負債換算為新台幣金額分別為TWD9,196,400 及 TWD3,000,000，普通股股本£60,000 依收購日(20x2年初) 匯率58.8 換算為TWD3,528,000，因此反推英國乙公司財務報表換算之兌換差額＝TWD9,193,000－(TWD3,000,000＋TWD3,528,000＋TWD2,699,000)＝－TWD34,000(借餘)。因此，「其他權益－國外營運機構財務報表換算之兌換差額－採用權益法之子公司」＝期初$5,000(貸餘)－結轉借記Y＝期末$34,000(借餘)×60%，∴ 結轉借記Y＝結轉借記$25,400，故20x7年底，甲公司應借記「其他綜合損益－子公司、關聯企業及合資之國外營運機構財務報表換算之兌換差額」$25,400，貸記「採用權益法之投資」$25,400，前者須結轉至「其他權益」。

(15) **(97 會計師考題)**

(C) 台灣甲公司於 20x6 年 12 月 31 日以新台幣 300,000 取得法國子公司 60%股權。當日法國子公司權益包括普通股股本 10,000 歐元及保留盈餘 2,000 歐元，且其帳列資產及負債之帳面金額皆等於公允價值，除有一項未入帳專利權(估計尚有 5 年耐用年限)外，無其他未入帳資產或負債。非控制權益係以收購日公允價值衡量。法國子公司的功能性貨幣為歐元。歐元對新台幣直接報價匯率：20x6 年 12 月 31 日匯率 40，20x7 年 12 月 31 日匯率 40.6，20x7 年平均匯率 40.3。試問甲公司 20x7 年底適用權益法時須認列與專利權攤銷及其兌換差額相關之金額分別為何？且該等金額將使「採用權益法之投資－法國子公司」餘額增加或減少？

(A) 減少$1,209 及增加$171　　(B) 減少$1,209 及減少$171
(C) 減少$2,418 及增加$162　　(D) 減少$2,418 及減少$162

說明：收購日，非控制權益係以收購日公允價值衡量，惟題意中未提及該公允價值，故設算之。

　　法國子公司總公允價值＝(TWD300,000÷40)÷60%＝€12,500
　　法國子公司未入帳專利權＝€12,500－(€10,000＋€2,000)＝€500
　　未入帳專利權之每年攤銷費用＝€500÷5 年＝€100
　　未入帳專利權之攤銷與換算：

	歐元	匯 率	新台幣
20x6/12/31	$500	40.0	$20,000
20x7 年攤銷費用	(100)	40.3	(4,030)
兌換差額 (反推)	—		270
20x7/12/31	$400	40.6	$16,240

按權益法：(1)甲公司應借記「採用權益法之投資－法國子公司」$162，貸記「其他綜合損益－子公司、關聯企業及合資之國外營運機構財務報表換算之兌換差額」$162，$270×60%＝$162；另非控制權益增加$108，$270×40%＝$108。(2)甲公司應認列之投資損益＝(子淨利－專利權攤銷$4,030)×60%，將使「採用權益法之投資－法國子公司」餘額減少$2,418，$4,030×60%＝$2,418。

(16)　(97 會計師考題)

(C)　台灣甲公司貸款新台幣 30,000,000 予其持股 80%之美國子公司，該子公司的功能性貨幣為美元。貸款日、當年度平均匯率及當年期末匯率分別為 30、31 及 32。若該貸款以新台幣計價且屬於短期貸款，則美國子公司當年度美元財務報表換算為新台幣財務報表後，其相關之兌換差額為：

(A) 外幣兌換利益$62,500　　　(B) 其他綜合損益調增$62,500
(C) 外幣兌換利益$1,937,500　 (D) 外幣兌換利益$1,550,000

說明：貸款日：TWD30,000,000÷30＝USD1,000,000
　　　期　末：TWD30,000,000÷32＝USD937,500
　　　美國子公司認列外幣兌換利益＝USD937,500－USD1,000,000
　　　　　　　　　　　　　　　　＝USD62,500
　　　又美國子公司美元財務報表換算為新台幣財務報表時，上述之外幣兌換利益 USD62,500 應換算為 TWD1,937,500，USD62,500×31(當年度平均匯率)＝TWD1,937,500。惟依題意，本應按「貸款日至當年期末之平均匯率」換算，而非按「當年度平均匯率」換算。除非貸款日就是當年年初，若然，則上述計算正確。

(17)　(93 會計師考題)

(C)　國外子公司功能性貨幣財務報表<u>換算為</u>母公司功能性貨幣(亦是表達貨幣)而產生之兌換差額 (該國經歷 3%之通貨膨脹率) 應包含在？
(A) 遞延借項　(B) 非常項目　(C) 權益　(D) 繼續經營部門之純益

說明：該國雖經歷 3%之通貨膨脹率，尚非屬「高度通貨膨脹經濟」，除非該國過去三年累積之通貨膨脹率接近或超過 100%。而其會計科目為「其他綜合損益－國外營運機構財務報表換算之兌換差額」，並結轉至「其他權益－國外營運機構財務報表換算之兌換差額」。

(18)　(92 會計師考題)

(A)　外幣財務報表中，下列何類項目在不同情況下皆使用相同匯率換算？
　　(A) 資本　(B) 負債　(C) 資產　(D) 費用

(19) **(95 會計師考題)**

(D) 台灣甲公司 20x6 年 12 月 10 日為其日本子公司墊付該子公司向台灣廠商進口商品之貨款,該貨款係以新台幣計價,日本子公司帳列該墊款金額為 10,000 日圓。甲公司於可預見的未來不擬向其子公司收回此墊款。日圓對新台幣直接報價匯率:20x6 年 12 月 10 日匯率 0.28,20x6 年 12 月 31 日匯率 0.27。試問在日本子公司之功能性貨幣為日圓及新台幣二種情況下,將日本子公司 20x6 年日圓財務報表換算為新台幣財務報表時,有關前述墊款應使用之換算匯率分別為:

(A) $0.28 及 $0.28　　(B) $0.27 及 $0.27
(C) $0.28 及 $0.27　　(D) $0.27 及 $0.28

說明:當日本子公司之功能性貨幣為:(a)日圓,(b)新台幣,其日圓財務報表皆須換算為新台幣財務報表,以利母、子公司合併報表之編製,只是所適用之匯率不同。

若(a),已知甲公司墊款係以新台幣計價(TWD2,800),Y÷0.28＝10,000 日圓,∴Y＝TWD2,800,該項墊款對子公司而言是「外幣交易」,子公司應於 20x6 年 12 月 31 日,將帳列「長期應付款－甲公司(新台幣)」調增 370 日圓,使餘額為 10,370 日圓,TWD2,800÷0.27＝10,370 日圓。將功能性貨幣(日圓)財務報表換算為表達貨幣(新台幣)財務報表時,「長期應付款－甲公司(新台幣)」10,370 日圓,則以 20x6 年底報導期間結束日之匯率(0.27)換算為 TWD2,800,10,370 日圓×0.27＝TWD2,800,再與甲公司帳列「長期應收款－日本子公司」TWD2,800 之相對科目沖銷。

若(b),則甲公司墊款(TWD2,800)對子公司而言不是「外幣交易」。將當地貨幣(日圓)財務報表換算為功能性貨幣(新台幣)財務報表時,日本子公司帳列「長期應付款－甲公司」10,000 日圓係貨幣性負債,本應按 20x6 年底報導期間結束日之匯率(0.27)換算,惟其係母、子公司間內部交易,遂以 20x6 年 12 月 10 日匯率(0.28)換算,回復為 TWD2,800,10,000 日圓×0.28＝TWD2,800,便於與甲公司帳列「長期應收款－日本子公司」TWD2,800 之相對科目沖銷。

(20) (91會計師考題)

(D) 台灣甲公司於20x6年12月10日為其日本子公司墊付該子公司向美國廠商進口商品之貨款，該貨款以日圓計價，金額為500,000日圓。甲公司於可預見的未來不擬向其子公司收回此墊款。日圓對新台幣直接報價匯率：20x6年12月10日匯率0.272，20x6年12月31日匯率0.278。若台灣甲公司的功能性貨幣為新台幣，則20x6年12月31日台灣甲公司之調整分錄應是下列何者？

(A) 借記：外幣兌換損失$3,000　　(B) 貸記：外幣兌換利益$3,000
(C) 借記：其他綜合損益$3,000　　(D) 貸記：其他綜合損益$3,000

說明：台灣甲公司分錄如下：

20x6/12/10	長期應收款－日本子公司(日圓)　　　　　　　　　136,000
	現　金　　　　　　　　　　　　　　　　　　　　136,000
	對甲而言，此墊款係外幣交易。￥500,000×0.272＝TWD136,000
20x6/12/31	長期應收款－日本子公司(日圓)　　　　　　　　　3,000
	其他綜合損益－國外營運機構淨投資
	之兌換差額　　　　　　　　　　　　　　3,000
	￥500,000×0.278＝TWD139,000
	TWD139,000－TWD136,000＝＋TWD3,000

(21) (91會計師考題)

(A) 若美國母公司向其台灣子公司借入新台幣10,000,000。若美國母公司的功能性貨幣為美元，台灣子公司的功能性貨幣為新台幣，則該借款交易對母、子公司而言是否為外幣交易？

	母公司	子公司			母公司	子公司
(A)	是	否		(B)	否	是
(C)	是	是		(D)	否	否

說明：美國母公司的功能性貨幣為美元，故新台幣借款交易對美國母公司而言是外幣交易。台灣子公司的功能性貨幣為新台幣，故新台幣借款交易對對台灣子公司而言不是外幣交易。

(22) (91 會計師考題)

(D) 發生下列那一事件<u>不會</u>對母公司財務報表權益項下之「其他權益－XXX」相關科目餘額造成影響？
(A) 國外子公司功能性貨幣報表換算為表達貨幣報表
(B) 長期借款予國外子公司
(C) 對國外子公司之淨投資進行避險
(D) 國外子公司當地貨幣報表換算為功能性貨幣報表

說明：選項(D)，國外子公司當地貨幣報表<u>換算為</u>功能性貨幣報表，其因而產生之兌換差額，係列為<u>損益</u>。

(23) (91 會計師考題)

(A) 台灣甲公司無息貸款新台幣 30,000,000 予其持股 80%之美國子公司，該筆無息貸款係以新台幣計價。子公司的功能性貨幣為美元。美元對新台幣直接報價匯率：貸款日、當年度平均匯率及當年期末匯率分別為 25、27 及 26。若該項貸款屬於短期貸款，則乙公司當年度美元財務報表中之兌換差額應為：
(A) 外幣兌換利益 46,154 美元
(B) 其他綜合損益調增 46,154 美元
(C) 外幣兌換損失 88,889 美元
(D) 其他綜合損益調減 46,154 美元

說明：美國子公司分錄：

貸款日	現　　金　　　　　　　　　　　　　　　　1,200,000
	長期應付款－台灣甲公司(新台幣)　　　　　　1,200,000
	對乙而言，此貸款係外幣交易。
	TWD30,000,000÷25(貸款日匯率)＝USD1,200,000
貸款當年期末	長期應付款－台灣甲公司(新台幣)　　　　46,154
	外幣兌換利益　　　　　　　　　　　　　　　46,154
	TWD30,000,000÷26(期末匯率)＝USD1,153,846
	USD1,153,846－USD1,200,000＝－USD46,154

(24) (91 會計師考題)

(C) 以平均匯率將外幣兌換損益科目換算為新台幣金額之目的為：
    (A) 使外幣兌換損益金額不致於變動過大
    (B) 避免對某類收入或費用科目採用不同匯率換算
    (C) 應以交易日匯率衡量，但實務上為求計算方便，以平均匯率換算
    (D) 消除大量且一時性匯率波動之影響

(25) (90 會計師考題)

(A) 日本子公司 20x7 年進貨成本為 500,000 日圓(係於年度中平均地進貨)，期初存貨成本 80,000 日圓(係於匯率 0.25 時購入)，期末存貨 100,000 日圓(係於 20x7 年 12 月 2 日購入)，存貨係採先進先出法計價。日本子公司之功能性貨幣為新台幣。日圓對新台幣直接報價匯率：20x7 年 12 月 2 日匯率 0.29、20x7 年 12 月 31 匯率 0.3、20x7 年平均匯率 0.28。試問 20x7 年日圓銷貨成本換算為新台幣之金額為何？
(A) $131,000   (B) $134,400   (C) $144,000   (D) $149,000

說明：

	日　圓	匯　率	新台幣
20x7/ 1/ 1 存貨	$ 80,000	0.25	$ 20,000
20x7 進貨	500,000	0.28	140,000
20x7/12/31 存貨	(100,000)	0.29(＊)	(29,000)
20x7 銷貨成本	$480,000		$131,000

＊：存貨係採先進先出法計價，且期末存貨係於 20x7 年 12 月 2 日購入，故按當日匯率 0.29 換算。

(26) (90 會計師考題)

(C) 報導個體與其國外營運機構間，因有具長期投資性質之外幣墊款而產生的兌換差額，按目前會計準則規定應如何處理？
    (A) 作為綜合損益表上之外幣兌換損益項目   (B) 作為遞延項目
    (C) 作為權益之調整項目   (D) 無強制規定，可自由選擇作法

第十五章　合夥企業
－設立、經營、合夥權益變動

　　企業的組織型態有三種：獨資、合夥及公司組織。在「會計學原理」及「中級會計學」教科書中，幾乎皆以公司組織做為介紹交易事項及其會計處理的企業個體，對獨資及合夥組織較少著墨。由於獨資及合夥企業的日常交易事項與公司組織並無太大差異，甚至較為單純，且其相關會計處理亦須遵守「一般公認會計原則(GAAP)」，我國目前 GAAP 為經金融監督管理委員會認可之國際財務報導準則，包括：財務報表編製及表達之架構(Framework for the Preparation and Presentation of Financial Statements)、國際財務報導準則(IFRS)、國際會計準則(IAS)、國際財務報導解釋(IFRIC)及解釋公告(SIC)等，故本章擬針對合夥企業在組成及特質上異於公司組織的部分，及其相關會計處理加以說明。至於獨資企業的交易事項及其會計處理與合夥企業的雷同度更高，也更簡單，待熟悉本章內容後，讀者即可自行應用，不再贅述。

一、何謂合夥(Partnership)

　　獨資企業，係由業主一人出資成立之營利事業，該業主對獨資企業之負債負連帶清償的無限責任。合夥企業，則由二人或二人以上之業主共同出資成立且共同經營之營利事業，全體合夥人對合夥企業的負債負連帶清償的無限責任。公司組織，係以營利為目的，依照公司法組織、登記、成立之社團法人。

　　有關合夥之法律規定，美國係制訂「合夥法案(RUPA，Revised Uniform Partnership Act)」，以規範合夥企業之設立、營運、解散等相關事宜。而我國有關合夥之法律規定，則須參閱「民法」第二篇「債」第 18 節「合夥」及第 19 節「隱名合夥」之規定，民法第 667 條至第 709 條。其中第 667 條：「稱合夥者，謂二人以上互約出資以經營共同事業之契約。」另美國「合夥法案」定義合夥(Partnership)為「an association of two or more persons to carry on as co-owners a business for profit…」。

　　又我國「商業登記法」係規範商業登記事宜，獨資及合夥企業須按該項法律規定向主管機關登記，始可成立。其中部份條文如下：

第 3 條:「本法所稱商業,指以營利為目的,以獨資或合夥方式經營之事業。」

第 4 條:「商業除第五條規定外,非經商業所在地主管機關登記,不得成立。」

第 9 條:
「商業開業前,應將下列各款申請登記:
一、名稱。二、組織。三、所營業務。四、資本額。五、所在地。六、負責人之姓名、住、居所、身分證明文件字號、出資種類及數額。七、合夥組織者,合夥人之姓名、住、居所、身分證明文件字號、出資種類、數額及合夥契約副本。八、其他經中央主管機關規定之事項。
前項及其他依本法規定應登記事項,商業所在地主管機關得隨時派員抽查;商業負責人及其從業人員,不得規避、妨礙或拒絕。」

第 10 條:
「本法所稱商業負責人,在獨資組織,為出資人或其法定代理人;在合夥組織者,為執行業務之合夥人。經理人在執行職務範圍內,亦為商業負責人。」

另我國於民國 104 年 6 月 24 日公布「**有限合夥法**」,以規範有限合夥組織型態事業之設立、營運、解散等相關事宜。其稱「有限合夥」為「以營利為目的,依本法組織登記之社團法人。」其部份條文如下:

第 3 條:「有限合夥非在中央主管機關登記後,不得成立。」

第 2 條:「本法所稱主管機關:在中央為經濟部;在直轄市為直轄市政府。」

第 4 條:
「普通合夥人:指直接或間接負責有限合夥之實際經營業務,並對有限合夥之債務於有限合夥資產不足清償時,負連帶清償責任之合夥人。」
「有限合夥人:指依有限合夥契約,以出資額為限,對有限合夥負其責任之合夥人。」
「有限合夥負責人:指有限合夥之普通合夥人;有限合夥之經理人、清算人,在執行職務範圍內,亦為有限合夥負責人。」
「有限合夥代表人:指由普通合夥人中選任,並對外代表有限合夥之人。」

第 6 條:
「有限合夥應有一人以上之普通合夥人,與一人以上之有限合夥人,互約出資組織之。」
「法人依法得為普通合夥人者,須指定自然人代表執行業務;法人對其指定自然人之代表權所加之限制,不得對抗善意第三人。」

二、合夥企業的特質

根據上述定義，合夥企業有下列數點特質：

(1) 合夥企業並非法律個體(legal entity)，但仍是一企業(會計)個體：

法律上，獨資及合夥企業(有限合夥除外)並無法人資格，不是獨立的法律個體，獨資及合夥企業對外一切事務的處理皆由獨資業主及合夥人代為行之。而有限合夥與公司組織皆為依法成立之社團法人。但在會計上，獨資及合夥企業與公司組織一樣，皆為獨立的企業個體或會計個體，皆須遵守一般公認會計原則以處理其交易事項，定期編製財務報表。

(2) 合夥企業容易設立：

只要全體合夥人將同意之約定事項制定成「合夥契約」(口頭上約定或書面契約皆可)，並按「商業登記法」或「有限合夥法」向主管機關登記，合夥企業即告成立，是一個自願性組織，後續則按合夥契約內容執行業務即可。而公司組織則須按公司法規定提出設立申請，再由主管機關核准，始可成立。

(3) 合夥人間互為代理(mutual agency)：

合夥人對外代表其合夥企業，只要在執行合夥事務之範圍內，除合夥契約另有規定外，擁有執行權之合夥人的行為，視為全體合夥人的行為。「民法」第679條：「合夥人依約定或決議執行合夥事務者，於執行合夥事務之範圍內，對於第三人，為他合夥人之代表。」可知慎選合夥對象的重要性。

補充：有限合夥業務之執行，請詳下列「有限合夥法」之相關規定。

第21條：「有限合夥業務之執行，除有限合夥契約另有約定者外，取決於全體普通合夥人過半數之同意。」

第26條：
「有限合夥人，除第24條規定情形外，不得參與有限合夥業務之執行及對外代表有限合夥。有限合夥人參與合夥業務之執行，或為參與執行之表示，或知他人表示其參與執行而不否認者，縱有反對之約定，對於第三人，仍應負普通合夥人之責任。」

第 22 條第 1 項：「有限合夥負責人應忠實執行業務，並盡善良管理人之注意義務；如有違反，致有限合夥受有損害者，負損害賠償責任。」

第 22 條第 2 項：

「有限合夥負責人違反前項規定，為自己或他人為該行為時，其他合夥人得以過半數之同意，將該行為之所得視為有限合夥之所得。但自所得產生後逾一年者，不在此限。」

第 23 條：「有限合夥負責人執行業務，如有違反法令致他人受有損害時，對他人應與有限合夥負連帶賠償責任。」

(4) 合夥人對合夥企業債務負連帶無限清償責任(unlimited liability)：

「民法」第 681 條：「合夥財產不足清償合夥之債務時，各合夥人對於不足之額，連帶負其責任。」故合夥企業之債權人可向任何一位或多位合夥人請求清償合夥企業之全部債務，而被要求清償合夥企業債務之合夥人不得拒絕。另，「民法」第 690 條：「合夥人退夥後，對於其退夥前合夥所負之債務，仍應負責。」及「民法」第 691 條：「…加入為合夥人者，對於其加入前合夥所負之債務，與他合夥人負同一之責任。」亦有相關之規定。

補充：普通合夥人對合夥企業債務負連帶無限清償責任，請詳下列「有限合夥法」之相關規定。

第 4 條：

「普通合夥人係指直接或間接負責有限合夥之實際經營業務，並對有限合夥之債務於有限合夥資產不足清償時，負連帶清償責任之合夥人。」故合夥企業之債權人可向任何一位或多位普通合夥人請求清償合夥企業之全部債務，而被要求清償合夥企業債務之普通合夥人不得拒絕。不過有限合夥人只須依有限合夥契約，以出資額為限，對有限合夥負其責任即可。

第 32 條：「加入有限合夥為普通合夥人者，對於未加入前有限合夥已發生之債務，亦應負責。」

第 34 條：「普通合夥人退夥後，對於其退夥前有限合夥所負債務，仍應負責。」

(5) 有限存續期間(limited life)：

　　合夥企業是一個以合夥契約為基礎之(合夥)人的組合，當有新合夥人入夥，或原合夥人退夥或死亡時，代表原合夥企業結束，原合夥契約失效，瞬間成立另一個新合夥企業，故須重新擬訂新的合夥契約，做為新合夥企業的規範依據。雖然外觀上合夥企業仍繼續經營，企業的組織人事及業務亦可能無重大改變，但原合夥企業已結束，可知合夥企業的存續期間是有限的。

(6) 合夥人公同共有合夥財產：

　　「民法」第 668 條：「各合夥人之出資，及其他合夥財產，為合夥人全體之公同共有。」合夥人得以金錢、其他財產權、勞務、信用或其他利益出資，出資後該項財產即為合夥企業之財產，為全體合夥人所公同共有。日後若將合夥人出資之財產處分，該處分損益亦由全體合夥人承擔或分享。

(7) 合夥人共同承擔損失或分享利益：

　　合夥企業之營業損益，依合夥契約中的損益分配方法，由全體合夥人共同承擔或分享。若合夥人未事先約定合夥損益的分配方法，則合夥損益按各合夥人之出資額比例分配之(在美國，則由全體合夥人平分)。「民法」第 677 條：「分配損益之成數，未經約定者，按照各合夥人出資額之比例定之。僅就利益或僅就損失所定之分配成數，視為損益共通之分配成數。以勞務為出資之合夥人，除契約另有訂定外，不受損失之分配。」

　　綜合上述說明，合夥企業有若干優點，如：(1)相對於獨資企業，合夥企業的出資壓力及經營風險不會集中於一位業主；(2)相對於獨資企業，合夥企業可結合各合夥人的專業才能與經驗，在企業經營管理上分工合作，而獨資業主則須一人獨攬一切企業管理經營事務；(3)容易設立，也容易解散；(4)相對於公司組織，其開辦成本通常較低，開辦所須時間亦較短；(5)合夥人執行合夥事務時，較公司組織的管理階層，通常有較多的自由及彈性空間，使企業經營更為靈活，因公司組織在某些重大事項上，須由董事會或股東會決議通過後，管理階層才能執行；(6)相對於公司組織，合夥企業所受之法令規定較少；(7)合夥人得自合夥企業提取資產自用等。

相對地，合夥企業亦有若干缺點，如：(1)合夥人對合夥企業之負債，須連帶負清償責任，故相對於公司組織的股東，合夥人的責任較重；(2)合夥人間互為代理，若有合夥人行為不當導致損失，其他合夥人會跟著受牽累；(3)合夥企業的存續期間是有限的，對業務之推展不無影響；(4)公司組織的股東，可隨時按其個人意願增購或出售該公司的股票，無須其他股東的同意與否，但新合夥人要入夥或舊合夥人要退夥，皆須經全體合夥人同意，始可為之。

合夥企業常見於較小型之零售商、批發商、製造商、或服務業，特別是專門執業人士，如：律師事務所、會計師事務所、醫師診所、建築師事務所等。其中會計師事務所，由於其行業特性使然，我國「會計師法」原只允許以個人(獨資)、合署、或聯合(合夥)會計師事務所的型態設立，但「會計師法」於民國 96 年 12 月 26 日修訂通過，新增「法人會計師事務所」，正式允許會計師事務所法人化，並規定具有會計師資格者始可成為法人事務所的股東。

三、合夥契約(Partnership Agreement)

合夥企業是一個以合夥契約為基礎之(合夥)人的組合，只要全體合夥人將同意之約定事項制定成「合夥契約」(口頭上約定或書面契約皆可)，合夥企業即告成立，故合夥契約對於合夥企業是很重要的。為避免口頭上約定日後發生糾紛，最好訂定書面的合夥契約，內容通常會包含合夥人間的權利義務及有關合夥企業經營的重要事項，其常見的主要內容為：

(1) 合夥企業的名稱、地址及營業性質。
(2) 合夥人姓名及權利義務。
(3) 合夥契約開始生效的日期。
(4) 各合夥人原始出資金額，若以非現金資產、信用、勞務或其他利益出資者，則約定其評價方法。
(5) 合夥人後續再投資之情況。
(6) 各合夥人在某特定期間的提取(drawings)限額。
(7) 損益分配方法。
(8) 執行業務合夥人之薪資津貼(salary allowance)及(或)紅利(bonus)。
(9) 合夥企業的存續期限。
(10) 合夥企業解散條件與清算的程序。
(11) 仲裁合夥人間爭端的方法。

補充:「有限合夥契約」主要內容的相關規定,如下:

「有限合夥法」第 9 條:「申請設立有限合夥或辦理外國有限合夥在中華民國境內設立分支機構者,應載明下列十事項,並檢附有限合夥契約及相關證明文件,向中央主管機關申請登記,故有限合夥契約的主要內容可配合登記事項進行約定。
一、名稱。
二、所營事業。
三、所在地。
四、合夥人姓名或名稱、住、居所、出資額及責任類型。
五、出資額分次繳納出資者,為設立時之實際繳納數額;非以現金為出資者,其種類。
六、定有存續期間者,其期間。
七、本國有限合夥分支機構。
八、有限合夥代表人姓名。
九、設有經理人者,其姓名。
十、其他經中央主管機關規定之事項。」

四、合夥企業的財務報導

合夥企業的財務報導與公司組織類似,皆須定期編製財務報表提供予財務資訊使用者,以利其理性決策之制定。合夥企業的財務報表包括:綜合損益表、合夥權益變動表、財務狀況表、現金流量表。而其財務資訊使用者包括:全體合夥人、合夥企業的債權人、稅務主管機關等。

如同公司組織之股東,合夥人會關心其所投資企業之經營結果及其後續之損益分配情形,以決定是否繼續投資於該合夥企業。「民法」第 675 條:「無執行合夥事務權利之合夥人,縱契約有反對之訂定,仍得隨時檢查合夥之事務及其財產狀況,並得查閱帳簿。」而合夥企業的債權人會關心其債權能否於到期時獲得全數清償,並且定期收到利息。至於稅務主管機關則會關心是否徵收了應課徵的稅賦。

有關合夥企業是否應繳納營利事業所得稅,按「所得稅法」第 14 條及第 71 條 第 2 項規定:「獨資、合夥組織之營利事業應依前項(第 1 項)規定辦理結算申報,無須計算及繳納其應納之結算稅額;其營利事業所得額,應由獨資資本主或合夥組織合夥人依第 14 條第 1 項第 1 類規定列為營利所得,依本法規定課徵綜合所得稅。但其為小規模營利事業者,無須辦理結算申報,由稽徵機關核定其營利事業所得額,直接歸併獨資資本主或合夥組織合夥人之營利所得,依本法規定課徵綜合所得稅。」

換言之,原則上合夥企業要辦理結算申報,但無須計算及繳納其應納之結算稅額,而是將「合夥企業的營利事業所得額」按合夥契約所訂之損益分配方式分配予合夥人,列為合夥人之營利所得,再加上合夥人之其他所得,一併計算、申報並繳納合夥人個人綜合所得稅,故稅務主管機關需瞭解合夥企業的營業結果,才能確認合夥人之個人綜合所得稅負。另員工紅利及合夥人紅利(後續將詳述)常令人混淆,故一併將其相關規定及處理方式彙集如下:

		獨資	合 夥	公 司
(1)	須辦理結算申報「營利事業所得額」?	是		是 (註一)
(2)	須繳納「營利事業所得稅」?	否		
(3)	「營利事業所得稅」的會計處理?	期 間 費 用		期間費用
(4)	員工紅利(Bonus)的會計處理?	期 間 費 用		期間費用 (註二)
	合夥人紅利的會計處理?	─	盈餘分配	─
註一:適用「兩稅合一」規定。			
註二:原為「盈餘分配」,已於民國 96 年改列為「期間費用」,請參考下列資料。 　(a) 財政部令:中華民國 96 年 9 月 11 日台財稅字第 09604531390 號 　(b) 財團法人中華民國會計研究發展基金會函: 　　　中華民國 96 年 3 月 16 日(96)基秘字第 0000000052 號 　(c) 行政院金融監督管理委員會令: 　　　中華民國 96 年 3 月 30 日金管證六字第 0960013218 號			

五、合夥人原始出資－開業記錄

我國「民法」第 667 條:「稱合夥者,謂二人以上互約出資以經營共同事業之契約。前項出資,得為金錢或其他財產權,或以勞務、信用或其他利益代之。金錢以外之出資,應估定價額為其出資額。未經估定者,以他合夥人之平均出資額視為其出資額。」其中「金錢以外之出資,應估定價額為其出資額。」係指:由獨立鑑價單位或由全體合夥人,決定出資標的之公允價值,並應將估價基礎及出資標的之公允價值於合夥契約中敘明。

(一) 以現金出資:

為詳細記錄每一合夥人之權益變動情形,須為每一位合夥人設立一個資本帳戶,並以合夥人姓名做為該帳戶之名稱,合計全體合夥人的資本帳戶餘額即為財務狀況表中合夥權益總數。假設陳忠與林旺是多年好友,兩人決定於 20x6 年 1 月 1 日分別出資現金$100,000 與$180,000,共組友利文具店,其原始出資分錄為:

20x6/ 1/ 1	現　金　　　　　100,000
	陳忠資本　　　　　　　100,000
20x6/ 1/ 1	現　金　　　　　180,000
	林旺資本　　　　　　　180,000

(二) 以非現金資產出資:

續上例,若隔天陳忠另以房屋一棟(含土地)出資,而林旺亦以一批文具出資,經由兩位合夥人共同估定其公允價值分別為:房屋$110,000、土地$190,000、文具一批$20,000,則其原始出資分錄為:

20x6/ 1/ 1	房屋及建築　　　110,000
	土　地　　　　　190,000
	陳忠資本　　　　　　　300,000
20x6/ 1/ 1	存　貨　　　　　20,000
	林旺資本　　　　　　　20,000

(三) 紅利法(Bonus Approach) vs. 商譽法(Goodwill Approach)：

續上例，兩位合夥人原始投資入帳後，「陳忠資本」是貸餘$400,000，「林旺資本」是貸餘$200,000，這兩個資本帳戶餘額的相對比率(亦即合夥人所投資可辨認資產公允價值的相對比率)恰為陳忠與林旺所約定之相對權益比率2：1。但當此情況不存在時，即合夥人所投資可辨認資產公允價值的相對比率不等於合夥人所約定之相對權益比率時，如下表所列：

合夥人	所投資可辨認資產之公允價值	所取得之權益比率
張 三	$100,000	1/2
李 四	84,000	1/2
	$184,000	

此時，張三所投資可辨認資產公允價值($100,000)大於其所取得合夥權益的二分之一($184,000×1/2＝$92,000)，而李四的情況剛好相反，李四所投資可辨認資產公允價值($84,000)小於其所取得合夥權益的二分之一($92,000)。在理性公平交易的前提下，合理的原因是：李四除了投資可辨認資產外，尚帶來了不可辨認資產，如：個人專業才能(行銷、管理、財務等)、與顧客間的良好關係、與銀行間良好的往來關係等，才使張三願意接受這樣的投資條件(投資$100,000 資產，卻只取得$92,000 權益)。

針對李四帶進合夥企業之不可辨認資產，會計上有兩種處理方式：

(1) 紅利法：對該項不可辨認之資產，不設算金額，亦不記入帳冊，而是將『張三投資$100,000，卻願意只取得$92,000 權益』在形式上當作是『張三給李四的紅利』，所以才稱「紅利法」(註三)。

(2) 商譽法：須先計算「李四帶進合夥企業之不可辨認資產」的金額，並借記為商譽。

註三：「紅利法」，實質上，在理性公平交易的前提下，所有成立的交易對理性當事人而言都是公平的，因若交易內容對某一方當事人是不公平的，則該方理性當事人必定無法接受，交易無從成立，故沒有所謂「誰給誰好處或紅利」。本法未將合夥人投入合夥企業之不可辨認資產記入帳冊，只是一種會計處理方式，勿做過多解讀。

其相關計算及分錄如下：

	紅　利　法	商　譽　法
1.	(資　產)　　　100,000 　　張三資本　　　　100,000	(資　產)　　　100,000 　　張三資本　　　　100,000
2.	(資　產)　　　84,000 　　李四資本　　　　84,000	(資　產)　　　84,000 　　李四資本　　　　84,000
3.	張三資本　　　8,000 　　李四資本　　　　8,000 $184,000×(1/2)=$92,000 $92,000－$100,000＝－$8,000	商　譽　　　　16,000 　　李四資本　　　　16,000 $100,000÷(1/2)=$200,000 $200,000－$184,000＝$16,000
4.	張三資本　　$ 92,000 李四資本　　　92,000 　　　　　　$184,000	張三資本　　$100,000 李四資本　　　100,000 　　　　　　$200,000
	兩個方法都達到「每一合夥人占 1/2 權益比例」的目的，至於該選用「紅利法」或「商譽法」，則端視合夥人的意向而定。	

(四) 以勞務出資：

　　續上例，若陳忠具會計師資格，由其負責處理友利文具店的開辦事宜，且兩位合夥人皆同意：(1)此項專業勞務的公允價值是$10,000，(2)陳忠為友利文具店提供此項專業勞務是陳忠出資內容的一部份。因此，應借記開辦費$10,000，貸記陳忠資本$10,000。

六、合夥人後續再出資

　　合夥企業成立並經營一段時間後，基於營運上之需要，合夥人有可能再投資，其相關會計處理同前述之原始投資。

七、合夥人提取

　　合夥人提取係指合夥人提領合夥企業之資產(通常是現金)自用，就意義上而言是「反向投資(dis-investments)」，會使合夥人權益減少。可分兩種情況說明。

(一) 非經常性、大額提取(withdrawals)：

合夥人因個人因素所做之提取，通常未事先約定，亦非經常性，金額通常較大且不固定，提取前須經其他合夥人同意。當此種提取發生時，借記合夥人資本帳戶，貸記現金(或其他資產)。

(二) 經常性、小額提取(drawings)：

有些合夥人只出資不出力，可能其另有工作及收入，但有些合夥人既出資也出力，投入個人時間及精力積極參與合夥企業之經營管理，我們稱後者為「執行業務合夥人(active partners)」。在美國，期末分配企業營業損益時，針對執行業務合夥人為合夥企業的努力付出，通常會給予適度的回饋與報酬，故執行業務合夥人應比非執行業務合夥人多分配一些利益，該等利益我們稱之為「薪資津貼(salary allowances)」或「提取津貼(drawings allowances)」，它是損益分配時的分配項(名)目，不是企業的費用項目，勿將其與員工薪資費用混為一談。並將該等利益於年度中定期地(如：每月)分配予執行業務合夥人，使其每月有收入可以支應個人及家庭開銷，待期末結算時，再一併計算可再分配多少損益，故通常會在合夥契約中明訂執行業務合夥人的提取限額。假設全體合夥人同意讓王五每月提取$20,000，全年提取限額為$240,000，則其相關分錄如下：

平時定期(每月)提取	王五提取　　　　20,000
	現　　金　　　　　　　　　　20,000
期末將提取帳戶	王五資本　　　　240,000
結轉至資本帳戶	王五提取　　　　　　　　　　240,000

利用合夥人提取帳戶來累計該合夥人全年之提取總數，可隨時瞭解執行業務合夥人的提取總額有無超過事先約定之限額，不失為一簡便方法，到期末時再將執行業務合夥人提取帳戶的餘額結轉至該合夥人的資本帳戶，以減少其合夥權益。

我國實務上，對於積極參與合夥企業經營管理的執行業務合夥人，會跟一般員工一樣，每月支領一份合乎正常水準的薪資，並列為企業的營業費用，若然，則期末分配企業營業損益時，執行業務合夥人平日對合夥企業的付出就不再列為損益分配的考慮項目。

八、合夥人與合夥企業間之借貸交易

合夥人可能向合夥企業借款,則合夥人可能亦是合夥企業的債務人;相對的,合夥企業也可能向合夥人借款,則合夥人可能亦是合夥企業的債權人。其相關分錄如下:

(1)	合夥人向合夥企業借款	其他應收款－合夥人　　xxx 　　現　金　　　　　　xxx
(2)	合夥企業向合夥人借款	現　金　　　　　　　　xxx 　　其他應付款－合夥人　　xxx

「其他應收款－合夥人」及「其他應付款－合夥人」(*),按其借出款及借入款到期日距離財務狀況表日之遠近,畫分為流動項目或非流動項目,以便在財務狀況表上做適當的表達與揭露,請詳國際會計準則第 1 號「財務報表之表達」中有關流動項目與非流動項目之規定。

[*:會計科目亦可用「其他應收款－關係人」及「其他應付款－關係人」。]

九、合夥企業的日常營運

合夥企業日常營運所發生的交易事項,如:進貨、銷貨、各種營運資源的取得與耗用、投資活動、籌資活動、現金收付等,大部份與公司組織的交易事項類似,故按其行業特質與商業習慣,遵守國際財務報導準則做適當會計處理即可。合夥企業的財務報表包括:綜合損益表(尚須揭露損益分配結果,如下表所示)、合夥權益變動表、財務狀況表、現金流量表。其中合夥權益變動表的內容異於公司組織的權益變動表或保留盈餘表,將於下段說明。

(合夥企業名稱)
綜 合 損 益 表
(會 計 期 間)

銷貨收入		$ xxxx
銷貨成本		(xxxx)
銷貨毛利		$ xxxx
營業費用		(xxxx)

營業利益		$ xxx
其他收入		xx
其他費用		(xx)
淨　利		$60,000
損益分配：張　三	$42,000	
李　四	18,000	$60,000

合夥權益變動表是用來表達每一位合夥人在特定會計期間內，其權益的變動情形，常見的內容及格式如下：

(合夥企業名稱)
合夥權益變動表
(會計期間)

	張三資本	李四資本	合　計
期初餘額	$400,000	$200,000	$600,000
加：再投資	—	70,000	70,000
減：非經常性提取	(30,000)	—	(30,000)
減：約定之經常性提取	(6,000)	(12,000)	(18,000)
加(減)：當期損益	42,000	18,000	60,000
期末餘額	$406,000	$276,000	$682,000

續上列之合夥權益變動表，其相關分錄如下：

20xx/xx/xx (再投資)	(資　產)　　　　70,000 　　李四資本　　　　　　70,000
20xx/xx/xx (非經常性提取)	張三資本　　　　30,000 　　現　金　　　　　　　30,000
20xx/xx/xx (經常性提取)	張三提取　　　　6,000 李四提取　　　　12,000 　　現　金　　　　　　　18,000
20xx/12/31 (結帳分錄)	損益彙總　　　　60,000 　　張三資本　　　　　　42,000 　　李四資本　　　　　　18,000
20xx/12/31 (結帳分錄)	張三資本　　　　6,000 李四資本　　　　12,000 　　張三提取　　　　　　6,000 　　李四提取　　　　　　12,000

由於我國「商業登記法」第 9 條規定：「商業開業前，應將下列各款申請登記：一、名稱。二、組織。三、所營業務。四、資本額。…」故實務上合夥企業會為每一合夥人設立兩個專屬帳戶：「合夥人資本」及「合夥人往來」，以便記錄合夥人的權益變動。「合夥人資本」，專供記載向主管機關登記之資本額；而「合夥人往來」則用來記錄除了已登記資本額以外的合夥權益異動情況。若有須要，可再為合夥人增設「合夥人提取」帳戶。因此上例之部份結帳分錄應修改為：

20xx/xx/xx (再投資)	(資　產)　　　　　　　70,000　　　李四往來　　　　　　　　　70,000
	先記入「李四往來」，待向主管機關變更所登記之資本額後，再從「李四往來」(借記) 轉記「李四資本」(貸記)。
20xx/xx/xx (非經常性提取)	張三往來　　　　　　　30,000　　現　　金　　　　　　　　30,000
	同前筆交易之說明。
20xx/xx/xx (經常性提取)	張三提取　　　　　　　　6,000　李四提取　　　　　　　　12,000　　現　　金　　　　　　　　18,000
20xx/12/31 (結帳分錄)	損益彙總　　　　　　　60,000　　張三往來　　　　　　　　42,000　　李四往來　　　　　　　　18,000
20xx/12/31 (結帳分錄)	張三往來　　　　　　　　6,000　李四往來　　　　　　　12,000　　張三提取　　　　　　　　6,000　　李四提取　　　　　　　12,000

十、合夥損益分配方法

　　合夥企業成立之初，合夥人通常會約定合夥損益的分配方法，並明確記載於合夥契約中，以免日後滋生困擾，甚而引發訴訟。若合夥人未事先約定合夥損益的分配方法，則合夥損益按各合夥人之出資額比例分配之 (在美國，則由全體合夥人平分)。合夥利益的分配方式與合夥損失的分配方式，不必然要一致，惟須在合夥契約中訂明，否則會被視為一致。若合夥契約中只訂明合夥利益的分配方式，未提及合夥損失的分配方式，則法律上仍以合夥利益的分配方式當

作是合夥損失的分配方式。「民法」第 677 條：「分配損益之成數，未經約定者，按照各合夥人出資額之比例定之。僅就利益或僅就損失所定之分配成數，視為損益共通之分配成數。以勞務為出資之合夥人，除契約另有訂定外，不受損失之分配。」

約定合夥損益分配方法時，通常會考慮兩大類因素：(A)各合夥人出力多寡，即各合夥人投注於合夥事務的時間、心血及專業才能的多寡，因而所設立的損益分配項(名)目是「薪資津貼(salary allowance)」及「紅利(bonus，為獎勵目的)」；(B)各合夥人出錢(資)多寡，即合夥人投資於合夥企業的資產多寡，因而設立之損益分配項(名)目是「利息津貼(interest allowance)」。

除了上段所述兩大類損益分配項(名)目外，合夥損益分配方法還可能受到「分配方式」、「分配基礎」、「分配順序」等因素之影響，故在約定之初，應加以明訂。下列是常見的合夥損益分配方法：

(一) 薪資津貼(salary allowance)及(或)紅利(bonus)：

「薪資津貼」，係針對執行業務合夥人為合夥企業的努力付出，而給予的適度回饋與報酬，通常會事先約定一特定金額，並經全體合夥人同意。「紅利」，係為獎勵執行業務合夥人逐步提升合夥企業營業利益的功勞而設立的，如同公司組織也可能制定「獎勵計畫(incentive plans)」，獎賞績優的員工與管理階層。紅利的計算通常是以某一合夥利益金額乘上一個事先約定的比率，其常見的情況如下：

(1)	紅利＝合夥利益×Y%	Y%：事先約定之比率
(2)	紅利＝(合夥利益－薪資津貼)×M%	M%：事先約定之比率
(3)	紅利＝(合夥利益－紅利)×N%	N%：事先約定之比率
(4)	紅利＝(合夥利益－薪資津貼－紅利)×Q%	Q%：事先約定之比率

(二) 利息津貼(interest allowance)：

「利息津貼」，即合夥人出資的資金成本，是一項設算成本，通常是以合夥人資本帳戶餘額乘以一個事先約定的比率。由於合夥人資本帳戶餘額在某一特定會計期間內通常會有異動，故其常見的計算基礎及計算方法有下列三種：

(1)	合夥人資本帳戶期初餘額×R%	R%：事先約定之比率
(2)	合夥人資本帳戶期末餘額×R%	
(3)	合夥人資本帳戶當期平均餘額×R%	
	而「當期平均餘額」又有兩種說法：	
	(a) 簡單平均	當期平均餘額＝(合夥人資本帳戶期初餘額＋合夥人資本帳戶期末餘額)÷2
	(b) 加權平均	按合夥人資本帳戶餘額在某一特定會計期間內的增減金額，配合其增減時間長短，加權平均計算而得。通常以「月」為計算加權平均餘額的時間單位。

　　上述三種常見的計算基礎，各有其優缺點，分述如下：

(1) 以「合夥人資本帳戶期初餘額」做為計算利息津貼的基礎，可能會降低合夥人於當期再投資的意願，因為當期縱使再投資，亦無法成為資本帳戶期初餘額的一部份，以增加其利息津貼，進而增加該期所能分配到的利益。相反地，可能會增強合夥人於當期非經常性提取的誘因，因為當期的利息津貼不會受到當期非經常性提取的影響而減少，進而減少該期所能分配到的利益。

(2) 以「合夥人資本帳戶期末餘額」做為計算利息津貼的基礎，可能有鼓勵合夥人於接近期末才再投資的意涵，因為早一點再投資並不會增加當期的利息津貼，進而增加該期所能分配到的利益。相反地，對於當期曾有非經常性提取，並於接近期末時，將該非經常性提取金額再投資回合夥企業的合夥人而言，並無「懲罰」的效果，亦即就該項非經常性提取資金而言，並非投資一整年，但卻以"一整年"來計算其利息津貼。

(3) 以「合夥人資本帳戶當期平均餘額」做為計算利息津貼的基礎，是較公平的作法，可避免上述(1)及(2)的缺點，其中又以「當期加權平均餘額」較佳。

(4) 針對(2)及(3)的情況，在決定「合夥人資本帳戶期末餘額」及「合夥人資本帳戶當期平均餘額」時，是否已將合夥人提取帳戶餘額結轉至合夥人資本帳戶呢？分下列三點說明：
　(a) 若合夥人提取帳戶餘額小於合夥契約中約定之提取限額，則通常以結轉合夥人提取帳戶前的合夥人資本帳戶期末餘額，來計算利息津貼。
　(b) 若合夥人提取帳戶餘額大於合夥契約中約定之提取限額，則超過限額之提取金額應先結轉至合夥人資本帳戶，再以結轉後之合夥人資本帳戶餘額計算利息津貼。

(c) 平日非經常性、大額的提取,已於發生時借記合夥人資本,貸記現金,故此處不再重覆考慮。

(三) 考慮前述(一)及(二)之津貼及紅利後,剩餘合夥損益的可能分配方法為:

(1) 由全體合夥人平分。
(2) 按事先約定之特定比例來分配,如 70%：30%或 3：2：1 等。
(3) 按合夥人資本帳戶餘額之相對比例來分配,但如上段(二)中所述,有三種常見的認定合夥人資本帳戶餘額的方法。
(4) 其他經全體合夥人事先約定的損益分配方法。

釋例一:

張三與李四共組合夥企業已經營多年,其合夥損益的分配方法約定如下:

損益分配項目及順序	張三	李四	
1. 全年薪資津貼	$7,000	$18,000	
2. 紅利 (*)	—	10%	紅利＝(合夥利益－薪資津貼－紅利)×Q%
3. 全年利息津貼	8%	8%	合夥人資本帳戶當期加權平均餘額×R%
4. 剩餘合夥損益	45%	55%	

＊：當有合夥利益時,才計算紅利；
當所算出之紅利金額大於零時,才分配紅利,否則不分配。

20x6 年張三與李四的資本帳戶有如下之異動:

	張三資本	李四資本	
期初餘額	$480,000	$300,000	
加：再投資	50,000	80,000	張三：20x6/10/ 1 李四：20x6/ 4/ 1
減：非經常性提取	(30,000)	—	張三：20x6/ 6/ 1
減：約定之經常性提取	(7,000)	(18,000)	全年薪資津貼
加(減)：當期損益	?	?	
期末餘額	$?	$?	

試作:

若 20x6 年度合夥利益(損失)為:(A) $113,000,(B) $21,700,(C) ($19,000),請分別計算:(1) 張三與李四所能分配到的合夥損益？

(2) 20x6 年 12 月 31 日,張三資本帳戶餘額？李四資本帳戶餘額？

說明：

20x6 年張三及李四的資本帳戶加權平均餘額，計算如下：

張三：($480,000×5/12)＋($450,000×4/12)＋($500,000×3/12)＝$475,000

李四：($300,000×3/12)＋($380,000×9/12)＝$360,000

(A) (1)

紅利＝($113,000－$7,000－$18,000－紅利)×10%，紅利＝$8,000＞$0

利息津貼：張三：$475,000×8%＝$38,000，李四：$360,000×8%＝$28,800

剩餘合夥損益：張三：$13,200×45%＝$5,940，李四：$13,200×55%＝$7,260

損益分配項目及順序	(a) 張 三	(b) 李 四	(c)=(a)+(b) 已分配損益	剩餘可分配損益 ＝原餘額－(c)
可分配損益				$113,000
1. 全年薪資津貼	$ 7,000	$18,000	$25,000	88,000
2. 紅 利	—	8,000	8,000	80,000
3. 全年利息津貼	38,000	28,800	66,800	13,200
4. 剩餘合夥損益	5,940	7,260	13,200	—
合 計	$50,940	$62,060		

(A) (2) 20x6 年 12 月 31 日，合夥人資本帳戶餘額：

張三：$480,000＋$50,000－$30,000－$7,000＋$50,940＝$543,940

李四：$300,000＋$80,000－$18,000＋$62,060＝$424,060

(B) (1)

紅利＝($21,700－$7,000－$18,000－紅利)×10%，紅利＝－$300＜$0

利息津貼：張三：$475,000×8%＝$38,000，李四：$360,000×8%＝$28,800

剩餘合夥損益：張三：－$70,100×45%＝－$31,545

李四：－$70,100×55%＝－$38,555

損益分配項目及順序	(a) 張 三	(b) 李 四	(c)=(a)+(b) 已分配損益	剩餘可分配損益 ＝原餘額－(c)
可分配損益				$ 21,700
1. 全年薪資津貼	$ 7,000	$18,000	$25,000	(3,300)
2. 紅 利	—	—	—	(3,300)
3. 全年利息津貼	38,000	28,800	66,800	(70,100)
4. 剩餘合夥損益	(31,545)	(38,555)	(70,100)	—
合 計	$13,455	$ 8,245		

(B) (2) 20x6 年 12 月 31 日，合夥人資本帳戶餘額：

張三：$480,000＋$50,000－$30,000－$7,000＋$13,455＝$506,455

李四：$300,000＋$80,000－$18,000＋$8,245＝$370,245

(C) (1)

紅利＝(－$19,000－$7,000－$18,000－紅利)×10%，紅利＝－$4,000＜0

利息津貼：張三：$475,000×8%＝$38,000，李四：$360,000×8%＝$28,800

剩餘合夥損益：張三：－$110,800×45%＝－$49,860

李四：－$110,800×55%＝－$60,940

損益分配項目及順序	(a) 張三	(b) 李四	(c)=(a)+(b) 已分配損益	剩餘可分配損益 ＝原餘額－(c)
可分配損益				($19,000)
1. 全年薪資津貼	$7,000	$18,000	$25,000	(44,000)
2. 紅利	—	—	—	(44,000)
3. 全年利息津貼	38,000	28,800	66,800	(110,800)
4. 剩餘合夥損益	(49,860)	(60,940)	(110,800)	—
合計	($4,860)	($14,140)		

(C) (2) 20x6 年 12 月 31 日合夥人資本帳戶餘額：

張三：$480,000＋$50,000－$30,000－$7,000－$4,860＝$488,140

李四：$300,000＋$80,000－$18,000－$14,140＝$347,860

十一、合夥權益變動

　　合夥企業若經營有成，合夥利益豐厚，常會吸引新投資人加入合夥行列，或企業為了獎勵優秀員工繼續留任為企業服務，企業本身也可能會晉升員工成為新合夥人。相對地，合夥人可能因死亡、退休或生涯規畫等其他因素而退夥，離開合夥企業。

　　我國「民法」對於合夥之加入及退夥之相關規定如下：

第 691 條：

「合夥成立後，非經合夥人全體之同意，不得允許他人加入為合夥人。…」

第 685 條：
「合夥人之債權人，就該合夥人之股份，得聲請扣押。
　前項扣押實施後兩個月內，如該合夥人未對於債權人清償或提供相當之擔保者，自扣押時起，對該合夥人發生退夥之效力。」

第 686 條：
「合夥未定有存續期間，或經訂明以合夥人中一人之終身，為其存續期間者，各合夥人得聲明退夥，但應於兩個月前通知他合夥人。
　前項退夥，不得於退夥有不利於合夥事務之時期為之。
　合夥縱定有存續期間，如合夥人有非可歸責於自己之重大事由，仍得聲明退夥，不受前二項規定之限制。」

第 687 條：
「合夥人除依前二條規定退夥外，因左列事項之一而退夥：
　一、合夥人死亡者。但契約訂明其繼承人得繼承者，不在此限。
　二、合夥人受破產或禁治產之宣告者。
　三、合夥人經開除者。」

　　合夥人可能移轉「合夥權益」，或稱「合夥所有權(ownership)」，給其他個人。所謂「合夥權益」包括三種權利(right)：
(a) 合夥人共有合夥財產的權利(co-ownership in the business property)：合夥人可定期或不定期地提取合夥財產，合夥清算時分配剩餘財產等之權利。
(b) 合夥人按合夥契約中所訂之合夥損益分配方法，定期分享合夥損益的權利。
(c) 合夥人參與經營管理合夥企業之權利。

　　除「美國合夥法案(RUPA)」有限制外，每一位合夥人皆可出售(sell)或轉讓(assign)前兩項權利給其他個人，因該交易不會形成對其他合夥人有財務性傷害的威脅。至於第三項權利，則務必經由全體合夥人同意，始可「出售」，因第三項權利對企業未來的獲利能力及資產的維護是有重大影響。因此，有關合夥人權益變動擬分為下列三類情況說明：

(一) 合夥權益轉讓(assignment)。
(二) 新合夥人加入(admission)：(1) 新合夥人向原合夥人購買合夥權益。
　　　　　　　　　　　　　　　(2) 新合夥人將資產直接投資於合夥企業。
(三) 原合夥人退夥(retirement)、原合夥人死亡(death)。

十二、合夥權益轉讓(assignment)

　　合夥權益轉讓，係指合夥人將上述前兩項合夥權利[(a)或(b)]出售或讓與給其他個人或單位，並取得相對代價。此種權益轉讓不會改變合夥關係，因「受讓人(assignee)」只取得「公同共有合夥財產權」及「未來合夥損益分配權」，且受讓人不是合夥人，亦無權利參與合夥企業的經營管理。不論受讓人支付多少現金或非現金資產予「讓與人(assignor)」以作為轉讓對價，會計人員只須將讓與人資本帳戶餘額<u>按轉讓比率</u>轉列入受讓人的資本帳戶即可。

　　假設張三與李四共組一個合夥企業且經營多年，現今張三的好友王五欲以$100,000 取得張三一半對於合夥企業的「公同共有合夥財產權」及「未來合夥損益分配權」，但王五不是合夥人，亦不能參與合夥企業的經營管理。張三答應轉讓時，其資本帳戶餘額為$180,000，並擁有50%的合夥損益分配權及公同共有合夥財產權50%，故合夥企業應借記張三資本$90,000($180,000×1/2)，貸記王五資本$90,000，且王五對合夥損益的分配權及公同共有合夥財產權皆為25%(50%×1/2)。

十三、商譽法 vs. 紅利法

　　由於合夥權益轉讓並不會改變合夥關係，合夥人的組成也無更動，故不會有後兩類[(二)新合夥人加入及(三)原合夥人退夥]合夥人權益變動情況將遇到的問題。但當有新合夥人入夥或原合夥人退夥或死亡時，原合夥企業與新合夥企業，究竟要視為「兩個法律個體」或「一個會計個體」？另外，合夥企業經過一段時間的營運後，其淨資產的帳面金額常會有高估或低估的情況發生，亦即帳面金額與其公允價值常不相等，因此合夥企業的淨資產要重估嗎？針對這兩個具關聯性的問題，分述如下。

　　就<u>法律上觀點</u>而言，原合夥企業與新合夥企業要視為兩個法律個體，亦即原合夥企業解散(dissolution)，新合夥企業(瞬間)成立，故須：(1)重新擬定一份新合夥契約，(2)結算從期初到(二)及(三)類交易發生前之合夥損益，並將之分配予原合夥人，得出原合夥人資本帳戶之最新餘額，再將所有資產及負債移轉給新合夥企業，形同出售，既是出售，當然以當時公允價值做為會計處理的基礎，

故須將原合夥企業的資產及負債重估價，包括未入帳的資產及負債，同時納入新入夥或退夥交易，會計上稱此種處理方式為「商譽法(goodwill approach)」。

但若就企業經營上或會計個體的觀點上來看，係將原合夥企業與新合夥企業視為同一個會計個體，因原合夥企業仍繼續經營中，原會計個體亦仍存在。另外，合夥人間組合的改變(新合夥人加入、原合夥人退出或死亡)與公司組織的股東組合改變是類似的，而後者(股東組合改變時)並未將公司資產及負債按改變當時公允價值進行重估價，故前者(合夥人間組合改變時)亦應比照辦理。因此，只須結算從期初到(二)及(三)類交易發生前之合夥損益，並將之分配予原合夥人，得出合夥人資本帳戶之最新餘額，無須按當時公允價值將合夥企業的資產及負債重估價，同時納入新入夥或退夥交易，會計上稱此種處理方式為「紅利法(bonus approach)」。

十四、新合夥人入夥－向原合夥人購買合夥權益

新合夥人入夥時，首先須經全體原合夥人同意，而其入夥方式有兩種：(1)新合夥人向原合夥人購買合夥權益，(2)新合夥人將資產直接投資於合夥企業。第(1)方式不論新合夥人用多少代價向原合夥人購買合夥權益，皆屬新合夥人與原合夥人間的交易，原則上與合夥企業無關，只須將出售合夥權益之合夥人的資本帳戶餘額按出售權益比率轉入新合夥人的資本帳戶，同時考慮要按「法律觀點(商譽法)」或「會計個體觀點(紅利法)」入帳即可。茲以釋例二、釋例三及釋例四說明之。

釋例二： [新合夥人入夥前及入夥後，
原合夥人之「權益比率」與「損益分配比率」一致]

假設張三與李四共組合夥企業已經營多年，今張三的好友王五欲以$40,000向張三購買一半合夥權益，成為合夥企業的合夥人，經張三及李四同意後，此交易成立。交易成立前，張三與李四資本帳戶餘額及相關資料如下表左邊所示。

(續次頁)

新 合 夥 人 入 夥 前				新 合 夥 人 入 夥 後			
合夥人	資本帳戶餘額	權益比率	損益分配比率	合夥人	資本帳戶餘額	權益比率	損益分配比率
張三	$80,000	1/2	50%	張三	$40,000	1/4	25%
李四	80,000	1/2	50%	李四	80,000	1/2	50%
	$160,000			王五	40,000	1/4	25%
					$160,000		

　　王五支付張三$40,000現金取得張三一半合夥權益,則原合夥企業(張三與李四共組合夥企業)解散,新合夥企業(張三、李四與王五共組合夥企業)(瞬間)成立,而在新合夥企業中,張三及王五皆擁有25%的合夥權益及損益分配比率。另以張三收自王五的現金設算合夥企業淨值之公允價值,$40,000÷25%＝$160,000,又恰等於合夥企業淨值之帳面金額,顯示原合夥企業淨值之評價並無高估或低估之情況,故無資產重估與否的問題,亦即不論採紅利法或商譽法,所須的王五入夥分錄皆相同,列示如下。王五入夥後之合夥權益組成內容列示於上表右邊。

	商　譽　法		紅　利　法	
王五取得張三一半合夥權益當天	張三資本	40,000	張三資本	40,000
	王五資本	40,000	王五資本	40,000

釋例三： [新合夥人入夥前及入夥後,
　　　　　　原合夥人之「權益比率」與「損益分配比率」不一致]

　　假設張三與李四共組合夥企業已經營多年,今張三的好友王五欲以$45,000向張三購買一半合夥權益,成為合夥企業的合夥人,經張三及李四同意後,此交易成立,且三位合夥人皆同意：(1)張三移轉一半合夥權益予王五,(2)原合夥企業淨值不重估,(3)張三、李四與王五三人之損益分配比率為25%、50%、25%。交易成立前,張三與李四資本帳戶餘額及相關資料如下表左邊所示。

新 合 夥 人 入 夥 前				新 合 夥 人 入 夥 後			
合夥人	資本帳戶餘額	權益比率	損益分配比率	合夥人	資本帳戶餘額	權益比率	損益分配比率
張三	$90,000	9/16	50%	張三	$45,000	9/32	25%
李四	70,000	7/16	50%	李四	70,000	7/16	50%
	$160,000			王五	45,000	9/32	25%
					$160,000		

因新合夥人入夥前及入夥後，原合夥人之「權益比率」與「損益分配比率」皆不一致，致無法如釋例二以王五支付張三的現金$45,000 去設算合夥企業淨值之公平價值，故此例只能用紅利法，將張三資本帳戶餘額的一半($90,000×1/2＝$45,000)轉列為王五資本，所須的王五入夥分錄列示如下。若此例欲採商譽法處理，合夥企業之資產及負債要重估價，則須由外界獨立鑑價單位進行估價，或採用其他能推估合夥企業淨值之公允價值的合理證據與基礎。王五入夥後之合夥權益組成內容列示於上表右邊。

	商　譽　法	紅　利　法
王五取得張三 一半合夥權益當天	(無法做分錄， 理由如上述。)	張三資本　　45,000 　　王五資本　　　45,000

釋例四：

[新合夥人入夥前，原合夥人之「權益比率」與「損益分配比率」不一致；
　新合夥人入夥後，新合夥人之「權益比率」與「損益分配比率」是一致的]

假設張三與李四共組合夥企業已經營多年，今張三的好友王五欲以$85,000向張三及李四購買合夥權益，成為合夥企業的合夥人，經張三及李四同意後，此交易成立，且三位合夥人皆同意：(1)王五取得 50%的合夥權益及 50%的損益分配比率，(2)張三及李四兩人之損益分配比率皆為 25%。交易成立前，張三與李四資本帳戶餘額及相關資料如下表左邊所示。

新 合 夥 人 入 夥 前					新 合 夥 人 入 夥 後			
合夥人	資本帳戶餘額	權益比率	損益分配比率		合夥人	資本帳戶餘額	權益比率	損益分配比率
張三	$90,000	9/16	50%		張三	$　？	？	25%
李四	70,000	7/16	50%		李四	？	？	25%
	$160,000				王五	？	50%	50%
						$160,000		

由於新合夥人入夥後，新合夥人之「權益比率」與「損益分配比率」皆為50%，故能以張三收自王五的現金設算合夥企業淨值之公允價值，$85,000÷50%＝$170,000，大於合夥企業淨值之帳面金額，顯示原合夥企業的淨值低估$10,000，$170,000－$160,000＝$10,000，淨值低估的原因可能是：(a)原合夥企業的資產低估，(b)原合夥企業的負債高估，(c)前述(a)及(b)兩原因同時存在，(d)原合夥企業有未入帳之商譽。此例為示範分錄方便起見，假設是(d)原因。

按商譽法，王五取得之合夥權益為$85,000，即合夥企業淨值之公允價值的 50%，$170,000×50%＝$85,000；按紅利法，王五取得之合夥權益為$80,000，即合夥企業淨值之帳面金額的 50%，$160,000×1/2＝$80,000。按三位合夥人所同意之條件，再假設兩種情況：

(甲) 假設張三及李四移轉等額的合夥權益給王五，
(乙) 假設張三及李四在新合夥企業中分別擁有 30%及 20%的合夥權益。

相關說明與分錄如下：

	商　譽　法	紅　利　法	分配現金
重估價	商　譽　　　　　10,000 　　張三資本　　　5,000 　　李四資本　　　5,000 $10,000×50%(原損益分配比例)＝$5,000	X	**$85,000**
(甲)	假設張三及李四移轉等額的合夥權益給王五：		
	(權益比例) 張三：90＋5＝95－42.5＝52.5　30.9% 李四：70＋5＝75－42.5＝32.5　19.1% 王五：＿　＿　＿＋85.0＝85.0　50.0% 　　　160 10 170　　　170 $170×50%＝$85，$85÷2 人＝$42.5 張三資本　　　42,500 李四資本　　　42,500 　　王五資本　　　　85,000	(權益比例) 張三：90－40＝50　　31.3% 李四：70－40＝30　　18.7% 王五：＿＋80＝80　　50.0% 　　160　　160 $160×50%＝$80，$80÷2 人＝$40 張三資本　　　40,000 李四資本　　　40,000 　　王五資本　　　　80,000	由張三及李四平分現金$85,000，每人各得$42,500。
(乙)	假設張三及李四在新合夥企業中分別擁有 30%及 20%的合夥權益：		
	(權益比例) 張三：90＋5＝95－44＝51　30% 李四：70＋5＝75－41＝34　20% 王五：＿　＿　＿＋85＝85　50% 　　　160 10 170　　170 $170×30%＝$51，$95－$51＝$44 $170×20%＝$34，$75－$34＝$41 張三資本　　　44,000 李四資本　　　41,000 　　王五資本　　　　85,000	(權益比例) 張三：90－42＝48　　30% 李四：70－38＝32　　20% 王五：＿＋80＝80　　50% 　　160　　160 $160×30%＝$48，$90－$48＝$42 $160×20%＝$32，$70－$32＝$38 張三資本　　　42,000 李四資本　　　38,000 　　王五資本　　　　80,000	張三分得之現金＝$85,000 ×(44/85) ＝$44,000 李四分得之現金＝$85,000 ×(41/85) ＝$41,000

十五、新合夥人入夥－將資產直接投資於合夥企業

　　新合夥人將資產直接投資於合夥企業時，須比較其所投資資產的公允價值(fair value，FV)是否等於其在新合夥企業中所取得之合夥權益，因此兩者的比較基礎應一致，即應以公允價值為比較基礎，故須假設：「原合夥企業的帳列資產及負債皆按公允價值列帳。」但若有證據顯示此假設不存在時，亦即原合夥企業的帳列資產及負債有高估或低估時，須先調整至公允價值，再做比較，而因調整至公允價值所產生之損益，由原合夥人按原損益分配方法分配之。

　　比較"新合夥人直接投資於合夥企業之資產的公允價值"與"新合夥人在新合夥企業中所取得之合夥權益"後，有三種可能結果，如下：

(一)	新合夥人	＝	新合夥人
(二)	直接投資於合夥企業	＞	在新合夥企業中
(三)	資產的公允價值	＜	所取得之合夥權益

(一) 在假設前提下，這此種結果最合理也最單純，不論採商譽法或紅利法，皆按新合夥人所投資資產的公允價值借記適當的資產科目，並貸記新合夥人的資本帳戶。

(二) 在假設前提下，若此種結果仍然出現，且交易依舊成立，則其合理的解釋是：原合夥企業有未入帳之資產。若採商譽法，則須推估新合夥企業總淨值之公允價值(包含原合夥企業的未入帳資產)，但此時原合夥企業帳列淨值資料不完整(因有未入帳之資產)，不適合做為計算新合夥企業總淨值公允價值的基礎，故以「新合夥人所投資資產的公允價值」來推估新合夥企業總淨值之公允價值。相關計算公式及圖示如下：

(1) 新合夥企業總淨值之公允價值
　＝(新合夥人所投資資產的公允價值)÷(新合夥人所取得之權益比率)

(2) 原合夥企業未入帳資產的公允價值
　＝新合夥企業總淨值之公允價值　[即上述(1)]
　　－(原合夥企業帳列淨值之公允價值＋新合夥人所投資資產的公允價值)

(3) 貸記新合夥人資本帳戶之金額
　＝(新合夥企業總淨值之公允價值)×(新合夥人所取得之權益比例)

(4) 下列整個圖形代表：新合夥企業總淨值之公允價值 [即上述(1)]

原合夥企業帳列淨值之公允價值	原合夥企業未入帳資產的公允價值
新合夥人所投資資產的公允價值	

　　若採紅利法，則不必重估原合夥企業總淨值之公允價值(包含原合夥企業的未入帳資產)，故無須上段之計算，只須將「新合夥人所投資資產的公允價值」超過「新合夥人在新合夥企業中所取得之合夥權益」的部份，按原合夥人損益分配比例所算出之金額，分別貸記原合夥人資本帳戶即可，視為新合夥人給予原合夥人的「紅利」(註四)，因原合夥企業有未入帳資產(如：商譽)。

註四：在「五、合夥人原始出資－開業記錄」中「註三」，已作說明。

(三) 在假設前提下，若此種結果仍然出現，且交易依舊成立，則其合理的解釋是：新合夥人尚帶來不可辨認之資產。若採商譽法，則須推估新合夥企業總淨值之公允價值(包含新合夥人所帶來的不可辨認資產)，但此時新合夥人所投資可辨認資產的公允價值資料不完整(因其尚帶來不可辨認資產)，不適合做為計算新合夥企業總淨值之公允價值的基礎，故以「原合夥人之合夥權益總額」，亦是「原合夥企業總淨值之公允價值」，來推估新合夥企業總淨值之公允價值。相關計算公式及圖示如下：

(1) 新合夥企業總淨值之公允價值
　　＝(原合夥企業帳列淨值之公允價值)÷(1－新合夥人所取得之權益比率)
　　＝(原合夥企業帳列淨值之公允價值)÷(原合夥人在新合夥企業之權益比率)

(2) 新合夥人所帶來不可辨認資產的公允價值
　　＝新合夥企業總淨值之公允價值 [即上述(1)]
　　　－(原合夥企業帳列淨值之公允價值＋新合夥人所投資資產的公允價值)

(3) 貸記新合夥人資本帳戶之金額
　　＝新合夥人所投資資產的公允價值
　　　　＋新合夥人所帶來不可辨認資產的公允價值

(4) 下列整個圖形代表：新合夥企業總淨值之公允價值 [即上述(1)]

原合夥企業帳列淨值之公允價值	
新合夥人所投資資產的公允價值	新合夥人所帶來不可辨認資產的公允價值

　　若採紅利法，則不必重估原合夥企業總淨值之公允價值(包含原合夥企業的未入帳資產)，故無須上段之計算，只須將「新合夥人所投資資產的公允價值」低於「新合夥人在新合夥企業中所取得之合夥權益」的部份，按原合夥人損益分配比例所算出之金額，分別借記原合夥人資本帳戶即可，視為原合夥人給予新合夥人的「紅利」[詳上頁，註四]，因新合夥人尚帶來不可辨認資產(商譽)。

釋例五：

　　假設張三與李四共組合夥企業已經營多年，今張三的好友王五欲以現金投資於合夥企業，成為合夥企業的合夥人，經張三及李四同意後，此交易成立。交易成立前，張三與李四資本帳戶餘額及相關資料如下表左邊所示。另假設原合夥企業的帳列資產及負債皆按公允價值列帳。

新合夥人入夥前				新合夥人入夥後			
合夥人	資本帳戶餘額	權益比率	損益分配比率	合夥人	資本帳戶餘額	權益比率	損益分配比率
張三	$75,000	1/2	50%	張三	$?	?	?
李四	75,000	1/2	50%	李四	?	?	?
	$150,000			王五	?	?	?
					$?		

茲舉三種情況，分別說明：
(1) 王五投資現金$75,000 於合夥企業，取得 1/3 合夥權益及 1/3 損益分配權。
(2) 王五投資現金$90,000 於合夥企業，取得 1/3 合夥權益及 1/3 損益分配權。
(3) 王五投資現金$95,000 於合夥企業，取得 40%合夥權益及 40%損益分配權。

相關說明及分錄如下：

	商 譽 法	紅 利 法
(1)	現　金　　　　75,000 　　王五資本　　　　　75,000	現　金　　　　75,000 　　王五資本　　　　　75,000
	原合夥企業淨值$150,000＋現金$75,000＝新合夥企業淨值$225,000 王五取得之合夥權益＝$225,000×1/3＝$75,000＝王五所投資現金	
	(權益比例)(損益分配比例) 張三：$ 75,000　　1/3　　(1－1/3)×50% 李四：　75,000　　1/3　　(1－1/3)×50% 王五：　75,000　75/225＝1/3　　1/3 　　　$225,000	(權益比例)(損益分配比例) 張三：$ 75,000　　1/3　　(1－1/3)×50% 李四：　75,000　　1/3　　(1－1/3)×50% 王五：　75,000　75/225＝1/3　　1/3 　　　$225,000
(2)	商　譽　　　　30,000 　　張三資本　　　　15,000 　　李四資本　　　　15,000	X
	現　金　　　　90,000 　　王五資本　　　　　90,000	現　金　　　　90,000 　　張三資本　　　　　5,000 　　李四資本　　　　　5,000 　　王五資本　　　　　80,000
	$150,000＋$90,000＝$240,000 $240,000×1/3＝$80,000＜現金$90,000 顯示原合夥企業有未入帳資產(如：商譽)，新合夥企業淨值＝$90,000÷1/3＝$270,000，故原合夥企業有商譽＝$270,000－$240,000＝$30,000，由張三及李四按其原損益分配比例分享，$30,000×50%＝$15,000。而王五取得之合夥權益＝$270,000×1/3＝$90,000。	$150,000＋$90,000＝$240,000 $240,000×1/3＝$80,000＜現金$90,000 王五多投資的部份($90,000－$80,000＝$10,000)，視為給予原合夥人的「紅利」(因原合夥企業有商譽，只是未入帳)，由張三及李四按其原損益分配比例分享之，$10,000×50%＝$5,000。
	(權益比例)(損益分配比例) 張三：$ 90,000　　1/3　　(1－1/3)×50% 李四：　90,000　　1/3　　(1－1/3)×50% 王五：　90,000　9/27＝1/3　　1/3 　　　$270,000	(權益比例)(損益分配比例) 張三：$ 80,000　　1/3　　(1－1/3)×50% 李四：　80,000　　1/3　　(1－1/3)×50% 王五：　80,000　8/24＝1/3　　1/3 　　　$240,000

(續次頁)

	商譽法	紅利法
(3)	現　金　　　95,000 商　譽　　　 5,000 　　王五資本　　　100,000	現　金　　　95,000 　　張三資本　　　1,500 　　李四資本　　　1,500 　　王五資本　　　98,000
	$150,000+$95,000=$245,000 $245,000×40%=$98,000＞現金$95,000 顯示王五尚帶來不可辨認之資產(商譽)，新合夥企業淨值＝$150,000÷(1－40%)＝$250,000，王五帶來之商譽＝$250,000－$245,000＝$5,000，而王五取得之合夥權益＝$95,000+$5,000＝$100,000 或＝$250,000－$150,000	$150,000+$98,000=$245,000 $245,000×40%=$98,000＞現金$95,000 王五少投資的部份($95,000－$98,000＝－$3,000)，視為原合夥人給予王五的「紅利」(因王五帶來商譽)，並由張三及李四按其原損益分配比例分攤之，$3,000×50%=$1,500。
	(權益比例) (損益分配比例) 張三：$ 75,000　　30%　(1－40%)×50% 李四：　75,000　　30%　(1－40%)×50% 王五：　100,000　 100/250=40%　40% 　　　$250,000	(權益比例) (損益分配比例) 張三：$ 73,500　　30%　(1－40%)×50% 李四：　73,500　　30%　(1－40%)×50% 王五：　98,000　　98/245=40%　40% 　　　$245,000

釋例六：

　　假設張三與李四共組一個合夥企業且經營多年，今張三的好友王五欲以現金投資於合夥企業，成為合夥企業的合夥人，經張三及李四同意後，此交易成立。交易成立前，張三與李四的資本帳戶餘額及相關資料如下表左邊所示。另假設：除有反證外，原合夥企業的帳列資產及負債皆按公允價值列帳。

新合夥人入夥前					新合夥人入夥後			
合夥人	資本帳戶餘額	權益比率	損益分配比率		合夥人	資本帳戶餘額	權益比率	損益分配比率
張三	$ 80,000	80%	60%		張三	$　？	？	？
李四	20,000	20%	40%		李四	？	？	？
	$100,000				王五	？	？	？
						$　？		

茲分三種情況，分別說明：
(1) 王五投資現金$20,000於合夥企業，取得1/6合夥權益及1/6損益分配權。

(2) 王五投資現金$20,000 於合夥企業，取得 10%合夥權益及 10%損益分配權。
另有證據顯示，原合夥企業有一筆土地價值低估$30,000。

(3) 王五投資現金$20,000 於合夥企業，取得 20%權益及 20%損益分配權。
另有證據顯示，原合夥企業有一筆土地價值低估$10,000。

相關說明及分錄如下：

	商 譽 法	紅 利 法
(1)	現　金　　　20,000 　　王五資本　　　　20,000	現　金　　　20,000 　　王五資本　　　　20,000
	原合夥企業淨值$100,000＋現金$20,000＝新合夥企業淨值$120,000 王五取得之合夥權益＝$120,000×1/6＝$20,000＝王五所投資現金	
	（權益比例）（損益分配比例） 張三：$ 80,000　　4/6　　（1－1/6）×60% 李四：　20,000　　1/6　　（1－1/6）×40% 王五：　20,000　　20/120＝1/6　1/6 　　　$120,000	（權益比例）（損益分配比例） 張三：$ 80,000　　4/6　　（1－1/6）×60% 李四：　20,000　　1/6　　（1－1/6）×40% 王五：　20,000　　20/120＝1/6　1/6 　　　$120,000
(2)	土　地　　　30,000 商　譽　　　50,000 　　張三資本　　　　48,000 　　李四資本　　　　32,000	X
	現　金　　　20,000 　　王五資本　　　　20,000	現　金　　　20,000 　　張三資本　　　　 4,800 　　李四資本　　　　 3,200 　　王五資本　　　　12,000
	$100,000＋$30,000＋$20,000＝$150,000 $150,000×10%＝$15,000＜現金$20,000 顯示原合夥企業有未入帳資產(如：商譽)，新合夥企業淨值＝$20,000÷10%＝$200,000，故原合夥企業有商譽＝$200,000－$150,000＝$50,000，由張三及李四按其原損益分配比例分享，價值低估之土地亦比照處理，即$50,000＋$30,000＝$80,000，$80,000按60%($48,000)及40%($32,000)由張三及李四分享。而王五取得之合夥權益＝$200,000×10%＝$20,000。	$100,000＋$20,000＝$120,000 $120,000×10%＝$12,000＜現金$20,000 王五多投資的部份($20,000－$12,000＝$8,000)，視為給予原合夥人的「紅利」(因原合夥企業有商譽及價值低估之土地，只是未入帳)，由張三及李四按其原損益分配比例分享之，$8,000×60%＝$4,800，$8,000×40%＝$3,200。

	商譽法	紅利法
(2) (續)	(權益比例) (損益分配比例) 張三：$128,000　16/25　(1－10%)×60% 李四：　52,000　13/50　(1－10%)×40% 王五：　20,000　20/200＝10%　10% 　　　$200,000	(權益比例) (損益分配比例) 張三：$ 84,800　10.6/15　(1－10%)×60% 李四：　23,200　2.9/15　(1－10%)×40% 王五：　12,000　12/120＝10%　10% 　　　$120,000
(3)	土　地　　　　10,000 　張三資本　　　　　6,000 　李四資本　　　　　4,000 現　金　　　　20,000 商　譽　　　　　7,500 　王五資本　　　　　27,500	X 現　金　　　　20,000 　張三資本　　　　　2,400 　李四資本　　　　　1,600 　王五資本　　　　　24,000
	$100,000＋$10,000＋$20,000＝$130,000 $130,000×20%＝$26,000＞現金$20,000 顯示王五尚帶來不可辨認之資產(商譽)，新合夥企業淨值＝($100,000＋$10,000)÷(1－20%)＝$137,500，王五帶來之商譽＝$137,500－$130,000＝$7,500，而王五取得之合夥權益＝$20,000＋$7,500＝$27,500 或＝$137,500－($100,000＋$10,000)。	$100,000＋$20,000＝$120,000 $120,000×20%＝$24,000＞現金$20,000 王五少投資的部份($20,000－$24,000＝－$4,000)，視為原合夥人給予王五的「紅利」(因王五帶來商譽)，並由張三及李四按其原損益分配比例分攤之，亦即60%($2,400)及40%($1,600)。
	(權益比例) (損益分配比例) 張三：$ 86,000　34.4/55　(1－20%)×60% 李四：　24,000　9.6/55　(1－20%)×40% 王五：　27,500　275/1375＝20%　20% 　　　$137,500	(權益比例) (損益分配比例) 張三：$ 77,600　9.7/15　(1－20%)×60% 李四：　18,400　2.3/15　(1－20%)×40% 王五：　24,000　24/120＝20%　20% 　　　$120,000

十六、合夥人退夥或死亡

　　合夥人可能因法定因素、個人意願、死亡而退夥，它可能發生在年度中的任何一天，故合夥人確定退夥時，須先結算出從期初到確定退夥日的合夥損益，並將合夥損益按損益分配方法，結轉至各合夥人之資本帳戶內，得出在確定退夥日當天每個合夥人資本帳戶的餘額。理論上，當天即應按退夥人資本帳戶餘

額,以現金或非現金資產支付之,完成退夥交易,至此,原合夥企業解散(dissolution),新合夥企業(瞬間)成立,而其合夥人的組成少了退夥人。但實務上,從合夥人確定退夥日(如:通知其他合夥人並獲得同意確定退夥之日或死亡日)到最後結清合夥權益(final settlement),常需要一段時間,故在確定退夥日當天,先將退夥人資本帳戶的餘額轉列為負債科目(因退夥人應獲得與退夥日資本帳戶餘額等額之資產,卻未果,故多一重債權人的身分),並以合理利率開始計息,直到最後結清合夥權益為止。

由於原合夥企業經營多年,其帳列資產與負債之帳面金額不必然與其各該項之公允價值相等,因此最後結清日合夥企業實際支付予退夥人之金額,可能等於或不等於退夥人在確定退夥日資本帳戶餘額加上相關應計利息。茲將有關退夥之重要會計事項彙述如下:

	確 定 退 夥 日		最 後 結 清 日
(1)	結 帳: 期初至「確定退夥日」之合夥損益	(6)	清償左列(4)+(5)之金額
(2)	按損益分配方法, 分配(1)之合夥損益予各合夥人	(7)	實際支付數=(4)+(5) 實際支付數>(4)+(5) 實際支付數<(4)+(5)
(3)	得出:每個合夥人資本帳戶 在「確定退夥日」之餘額		
(4)	將退夥人資本帳戶餘額轉列為負債科目		
(5)	應計利息: 確定退夥日至最後結清日之利息		

與入夥同理,退夥的會計處理,有「法律觀點(商譽法)」及「會計個體觀點(紅利法)」兩種。茲將最後結清日之會計處理彙述如下: [接續上表中之(7)]

(A)	支付數=(4)+(5)		(退夥人)資本　　　　　(4) 應付利息-(退夥人)　　(5) 　現　金 (＊)　　　　(支付數)
(B)	支付數>(4)+(5)	(a)	紅利法
		(b)	商譽法 (認列屬於退夥人那部分的原合夥企業 　　　　　帳列淨值低估數,如:商譽) (＃)
		(c)	商譽法 (認列原合夥企業帳列淨值低估數, 　　　　　如:商譽)

(C)	支付數＜(4)+(5)	(a)	紅利法
		(b)	商譽法 [將資產及負債的帳面金額調整至公允價值，亦即調降價值高估之資產，或(且)調升價值低估之負債，若尚有不明原因，則認列退夥利益。]

＊：若以非現金資產支付予退夥人，理論上，應以該項非現金資產的公允價值為入帳基礎，因為用於支付予退夥人之非現金資產的公允價值理論上應等於上表中的(4)+(5)合計數；惟實務上，亦可按其他合夥人皆同意之資產價值為入帳基礎。又當該非現金資產之公允價值或其他合夥人皆同意之資產價值與其帳面金額不相等時，應認列資產處分損益，由全體合夥人按損益分配比例承擔或分享之。

＃：此乃部分學者建議的作法。筆者認為，若按個體理論觀點，此作法有待商榷。

釋例七：

假設張三、李四與王五共組一個合夥企業且經營多年，今王五欲退夥，經張三及李四同意後，此交易成立。交易成立前，張三、李四與王五資本帳戶餘額及相關資料如下表左邊所示。另假設：除有反證外，原合夥企業的帳列資產及負債的帳面金額皆等於公允價值。

原合夥人退夥前					原合夥人退夥後			
合夥人	資本帳戶餘額	權益比率	損益分配比率		合夥人	資本帳戶餘額	權益比率	損益分配比率
張三	$35,000	35%	40%		張三	$?	?	?
李四	25,000	25%	20%		李四	?	?	?
王五	40,000	40%	40%			$?		
	$100,000							

假設確定退夥日即是最後結清日，故無應計利息。茲舉三種情況分別說明：
(1) 原合夥企業支付予王五現金$40,000。
(2) 三位合夥人皆認同原合夥企業帳列淨值低估，故支付予王五現金$46,000。
(3) 三位合夥人皆認同原合夥企業帳列淨值高估，故支付予王五現金$37,000。

相關說明及分錄如下：

	商　譽　法	紅　利　法
(1)	王五資本　　　40,000 　　現　金　　　　　40,000 　　　　　　　(權益比例)(損益分配比例) 張三：$35,000　　35/60　　4/(4+2) 李四：_25,000_　　25/60　　2/(4+2) 　　　$60,000	王五資本　　　40,000 　　現　金　　　　　40,000 　　　　　　　(權益比例)(損益分配比例) 張三：$35,000　　35/60　　4/(4+2) 李四：_25,000_　　25/60　　2/(4+2) 　　　$60,000
(2) (a)	認列原合夥企業帳列淨值低估數 (如：商譽)： 商　譽　　　　15,000 　　張三資本　　　　6,000 　　李四資本　　　　3,000 　　王五資本　　　　6,000 王五資本　　　46,000 　　現　金　　　　　46,000 現金$46,000－王五資本$40,000 　＝$6,000 合夥企業淨值低估數(如：商譽) 　＝$6,000÷40%(損益分配比率) 　＝$15,000 $15,000×40%＝$6,000 $15,000×20%＝$3,000 王五資本＝$40,000+$6,000＝$46,000 　　　　　　　(權益比例)(損益分配比例) 張三：$41,000　　41/69　　4/(4+2) 李四：_28,000_　　28/69　　2/(4+2) 　　　$69,000	X 王五資本　　　40,000 張三資本　　　　4,000 李四資本　　　　2,000 　　現　金　　　　　46,000 $46,000－$40,000＝$6,000， 係原合夥企業多支付予王五之金額，視為張三及李四給予王五之「紅利」，因王五對於原合夥企業經營企業多年而產生的商譽是有貢獻的，只是商譽未入帳。 $6,000×4/(4+2)＝$4,000 $6,000×2/(4+2)＝$2,000 　　　　　　　(權益比例)(損益分配比例) 張三：$31,000　　31/54　　4/(4+2) 李四：_23,000_　　23/54　　2/(4+2) 　　　$54,000

(續次頁)

		商　譽　法	紅　利　法
(2)(b)		認列屬於退夥人那部分的原合夥企業帳列淨值低估數(如：商譽)：	
		王五資本　　　　40,000 　商　譽　　　　　6,000 　　　現　金　　　　　46,000	
		(權益比例) (損益分配比例) 張三：$35,000　　35/60　　4/(4＋2) 李四：　25,000　　25/60　　2/(4＋2) 　　　$60,000	
(3)		調降高估之資產，或(且)調升低估之負債，若尚有不明原因，則認列退夥利益。	
		張三資本　　　　　3,000 李四資本　　　　　1,500 王五資本　　　　　3,000 　(資產)(負債)　　　　7,500 　(退夥利益)	X
		王五資本　　　　37,000 　現　金　　　　　37,000	王五資本　　　　40,000 　張三資本　　　　　2,000 　李四資本　　　　　1,000 　現　金　　　　　37,000
		現金$37,000－王五資本$40,000 　＝－$3,000 合夥企業淨值高估數(須找出高估原因) 　＝－$3,000÷40%＝－$7,500 －$7,500×40%＝－$3,000 －$7,500×20%＝－$1,500 王五資本＝$40,000－$3,000＝$37,000	$37,000－$40,000＝－$3,000，係原合夥企業少支付予王五之金額，視為王五給予張三及李四之「紅利」，因王五對於原合夥企業淨值高估亦有責任，故願意接受低於其資本帳戶餘額之金額。 $3,000×4/(4＋2)＝$2,000 $3,000×2/(4＋2)＝$1,000
		(權益比例) (損益分配比例) 張三：$32,000　　320/555　　4/(4＋2) 李四：　23,500　　235/555　　2/(4＋2) 　　　$55,500	(權益比例) (損益分配比例) 張三：$37,000　　37/63　　4/(4＋2) 李四：　26,000　　26/63　　2/(4＋2) 　　　$63,000

釋例八：

續釋例七，假設合夥企業係支付非現金資產予王五，該非現金資產是一項辦公設備，成本$50,000，截至最後結清日之累計折舊$10,000。假設確定退夥日即是最後結清日，故無應計利息。茲分三種情況分別說明：
(1) 上項辦公設備公允價值為$40,000。
(2) 三位合夥人皆認同原合夥企業帳列淨值低估。已知上項辦公設備公允價值為$46,000，其他帳列資產及負債的帳面金額皆等於公允價值。
(3) 三位合夥人皆認同原合夥企業帳列淨值高估。已知上項辦公設備公允價值為$37,000。

相關說明及分錄如下：

	商譽法	紅利法
(1)	王五資本　　　　　40,000 累計折舊－辦公設備　10,000 　　辦公設備　　　　　　50,000	王五資本　　　　　40,000 累計折舊－辦公設備　10,000 　　辦公設備　　　　　　50,000
	(權益比例) (損益分配比例) 張三：$35,000　　35/60　　4/(4＋2) 李四：_25,000_　　25/60　　2/(4＋2) 　　　$60,000	(權益比例) (損益分配比例) 張三：$35,000　　35/60　　4/(4＋2) 李四：_25,000_　　25/60　　2/(4＋2) 　　　$60,000
(2) (a)	認列原合夥企業帳列淨值低估數 (如：商譽)：	
	商　譽　　　　　　9,000 辦公設備（#）　　6,000 　　張三資本　　　　　　6,000 　　李四資本　　　　　　3,000 　　王五資本　　　　　　6,000	辦公設備（#）　　6,000 　　張三資本　　　　　　2,400 　　李四資本　　　　　　1,200 　　王五資本　　　　　　2,400
	#：亦可借記「累計折舊－辦公設備」	
	王五資本　　　　　46,000 累計折舊－辦公設備　10,000 　　辦公設備　　　　　　56,000	王五資本　　　　　42,400 張三資本　　　　　2,400 李四資本　　　　　1,200 累計折舊－辦公設備　10,000 　　辦公設備　　　　　　56,000

(續次頁)

	商 譽 法	紅 利 法
(2) (a) (續)	設備$46,000－王五資本$40,000 　　＝$6,000 合夥企業淨值低估數 　　＝$6,000÷40%(損益分配比率) 　　＝$15,000 $15,000－$6,000(設備低估) 　　＝$9,000(如：商譽) $15,000×40%＝$6,000 $15,000×20%＝$3,000 王五資本＝$40,000＋$6,000＝$46,000 　　　　　　(權益比例) (損益分配比例) 張三：$41,000　　41/69　　4/(4＋2) 李四：_28,000_　　28/69　　2/(4＋2) 　　　$69,000	處分辦公設備利得＝$46,000－$40,000＝$6,000，由合夥人按損益分配比例分享之。 設備$46,000－王五資本($40,000＋$2,400)＝$3,600(商譽)，視為張三及李四給予王五之「紅利」，因王五對於原合夥企業經營多年而產生的商譽是有貢獻的，只是商譽未入帳。 $3,600×4/(4＋2)＝$2,400 $3,600×2/(4＋2)＝$1,200 　　　　　　(權益比例) (損益分配比例) 張三：$35,000　　35/60　　4/(4＋2) 李四：_25,000_　　25/60　　2/(4＋2) 　　　$60,000
(2) (b)	認列屬於退夥人那部分的原合夥企業帳列淨值低估數(如：商譽)：	
	辦公設備（#）　　　　6,000 　　張三資本　　　　　　2,400 　　李四資本　　　　　　1,200 　　王五資本　　　　　　2,400 王五資本　　　　　　42,400 商　　譽　　　　　　 3,600 累計折舊－辦公設備　10,000 　　辦公設備　　　　　56,000	
	$15,000－$6,000(設備低估)＝$9,000(商譽) 屬於王五的商譽＝$9,000×40%＝$3,600 王五資本＝$40,000＋$2,400＝$42,400	
	(權益比例) (損益分配比例) 張三：$37,400　　374/636　　4/(4＋2) 李四：_26,200_　　262/636　　2/(4＋2) 　　　$63,600	

(續次頁)

	商譽法	紅利法
(3)	調降高估之資產，或(且)調升低估之負債，若尚有不明原因，則認列退夥利益。	
	張三資本　　　　　　3,000 李四資本　　　　　　1,500 王五資本　　　　　　3,000 　　辦公設備（&）　　　3,000 　　(資產)(負債)　　　　4,500 　　(退夥利益)	張三資本　　　　　　1,200 李四資本　　　　　　　600 王五資本　　　　　　1,200 　　辦公設備（&）　　　3,000
	&：亦可貸記「累計折舊－辦公設備」	王五資本　　　　　　38,800 累計折舊－辦公設備　10,000 　　張三資本　　　　　1,200 　　李四資本　　　　　　600 　　辦公設備　　　　　47,000
	王五資本　　　　　　37,000 累計折舊－辦公設備　10,000 　　辦公設備　　　　　47,000	
	辦公設備$37,000－王五資本$40,000 　　＝－$3,000 合夥企業淨值高估數 (須找出高估原因)＝－$3,000÷40% 　　＝－$7,500 －$7,500中，－$3,000係辦公設備價值高估，其他－$4,500須找出淨值高估的原因，才能貸記適當會計科目。 王五資本＝$40,000－$3,000 　　＝$37,000	處分辦公設備損失＝$37,000－$40,000＝－$3,000，由合夥人按損益分配比例承受之。 辦公設備$37,000－王五資本($40,000－$1,200)＝－$1,800(原合夥企業淨值高估)，視為王五給予張三及李四之「紅利」，因王五對於原合夥企業淨值高估亦有責任，故願意接受低於其資本帳戶餘額之金額。 $1,800×4/6＝$1,200 $1,800×2/6＝$600
	(權益比例) (損益分配比例) 張三：$32,000　　320/555　　4/(4＋2) 李四：_23,500_　　235/555　　2/(4＋2) 　　　$55,500	(權益比例) (損益分配比例) 張三：$35,000　　35/60　　4/(4＋2) 李四：_25,000_　　25/60　　2/(4＋2) 　　　$60,000

十七、有限(責任)合夥

美國「合夥法案(RUPA)」允許成立有限責任的合夥企業(Limited Partnerships)，其合夥人的組成及合夥人的權利義務與一般合夥企業有下列數點不同：

(1) 合夥人中至少有一位是無限責任合夥人，並由其負責合夥企業之經營管理。
(2) 合夥人中有一位或數位有限責任合夥人，不可參與合夥企業之經營管理。若此類合夥人參與合夥企業之經營管理，則法院視其為無限責任合夥人。
(3) 相對於一般合夥企業，有限責任的合夥企業較難成立。其合夥契約須採書面方式為之，並由各合夥人簽名，且將其中一份留存在主管機關備查。

我國於民國 104 年 6 月 24 日公布「有限合夥法」，以規範有限合夥組織型態事業之設立、營運、解散等相關事宜。其稱「有限合夥」為「以營利為目的，依本法組織登記之社團法人。」其部份條文，請詳本章第 2 頁，不再贅述。

習 題

(一) (合夥損益分配)

張三與李四於 20x6 年初合夥開設旺旺商店。20x6 年度，旺旺商店淨利 $140,000，張三與李四的資本帳戶異動如下：

	張三資本	李四資本	
原始投資	$300,000	$150,000	
加：再投資	50,000	30,000	張三：20x6/ 8/ 1；李四：20x6/ 3/ 1
減：非經常性提取	(20,000)	(20,000)	張三：20x6/ 5/ 1；李四：20x6/10/ 1
減：約定之經常性提取	(24,000)	(18,000)	假設皆未超過合夥契約之約定數
加(減)：當期損益	?	?	
期末餘額	$?	$?	

試作：就下列四種情況，分別計算合夥人應分配之損益金額：

(1) 先按每人資本帳戶加權平均餘額分配 6%利息津貼，剩餘合夥損益則平分。
(2) 先給張三$30,000 薪金津貼，再按每人期末資本帳戶餘額(分配損益前)分配利息津貼 5%，剩餘合夥損益則平分。
(3) 先分配薪金津貼，張三$35,000，李四$25,000，再按每人期初資本帳戶餘額分配利息津貼 7%，剩餘合夥損益則 3/5 分配給張三，2/5 分配給李四。
(4) 分配方法與(3)相同，惟淨利設為$80,000。

解答：

(1) 資本帳戶加權平均餘額：
 張三：($300,000×4/12)+($280,000×3/12)+($330,000×5/12)=$307,500
 李四：($150,000×2/12)+($180,000×7/12)+($160,000×3/12)=$170,000

	總數	張三	李四	
淨 利	$140,000			$307,500×6%=$18,450
利息津貼	(28,650)	$18,450	$10,200	$170,000×6%=$10,200
剩餘損益	$111,350			
平 分	(111,350)	55,675	55,675	$111,350×1/2=$55,675
	$ 0	$74,125	$65,875	

(2)

	總 數	張 三	李 四	
淨 利	$140,000			
薪金津貼	(30,000)	$30,000		$330,000×5%=$16,500
利息津貼	(24,500)	16,500	$8,000	$160,000×5%=$8,000
剩餘損益	$ 85,500			
平 分	(85,500)	42,750	42,750	$85,500×1/2=$42,750
	$ 0	$89,250	$50,750	

(3)

	總 數	張 三	李 四	
淨 利	$140,000			
薪金津貼	(60,000)	$35,000	$25,000	$300,000×7%=$21,000
利息津貼	(31,500)	21,000	10,500	$150,000×7%=$10,500
剩餘損益	$ 48,500			$48,500×3/5=$29,100
3/5：2/5	(48,500)	29,100	19,400	$48,500×2/5=$19,400
	$ 0	$85,100	$54,900	

(4)

	總 數	張 三	李 四	
淨 利	$80,000			
薪金津貼	(60,000)	$35,000	$25,000	$300,000×7%=$21,000
利息津貼	(31,500)	21,000	10,500	$150,000×7%=$10,500
剩餘損益	($11,500)			－$11,500×3/5=－$6,900
3/5：2/5	11,500	(6,900)	(4,600)	－$11,500×2/5=－$4,600
	$ 0	$49,100	$30,900	

(二) (新合夥人入夥－向原合夥人購買合夥權益)

　　甲、乙、丙三人在其合夥商店中約定損益分配比例為 3：2：5，其資本帳戶餘額依序為$80,000，$60,000，$110,000。現在丁欲加入合夥企業，經全部合夥人同意後，請依下列三種入夥情況作必要之分錄。

(1) 丁以$50,000 向甲購買其合夥權益的 1/2。
(2) 丁以$18,000 向乙購買其合夥權益的 1/3。
(3) 丁分別以$24,000 及$66,000 向甲及丙購買其合夥權益的 1/4 及 1/2。

解答：

(1)	甲資本	40,000		$80,000×1/2＝$40,000
	丁資本		40,000	
(2)	乙資本	20,000		$60,000×1/3＝$20,000
	丁資本		20,000	
(3)	甲資本	20,000		$80,000×1/4＝$20,000
	丙資本	55,000		$110,000×1/2＝$55,000
	丁資本		75,000	

(三) (新合夥人入夥－直接投資合夥企業)

大海商店 20x6 年度業績表現極佳。20x7 年初，合夥人王海與陳洋的資本帳戶餘額分別為$360,000 與$240,000，其損益分配比例為 3：2。陳洋的好友張泳經兩位合夥人同意後，在 20x7 年初以$200,000 現金投資大海商店，並取得 1/5 合夥權益。假設大海商店帳列資產及負債皆按公允價值列帳。

請按：(1)紅利法，(2)商譽法，編製張泳入夥分錄。

解答：

(1) 紅利法	現　金	200,000		$360,000＋$240,000＝$600,000
	張泳資本		160,000	($600,000＋$200,000)×1/5＝$160,000
	王海資本		24,000	$200,000－$160,000＝$40,000
	陳洋資本		16,000	$40,000×[3÷(3＋2)]＝$24,000
				$40,000×[2÷(3＋2)]＝$16,000
(2) 商譽法	商　譽	200,000		$200,000 現金＞所得淨值$160,000，
	王海資本		120,000	顯示：原合夥組織有未入帳資產。
	陳洋資本		80,000	$200,000÷1/5＝$1,000,000(FV)
	現　金	200,000		$600,000＋$200,000＝$800,000(BV)
	張泳資本		200,000	如：商譽＝$1,000,000－$800,000
				＝$200,000
				$200,000×[3÷(3＋2)]＝$120,000
				$200,000×[2÷(3＋2)]＝$80,000
				張泳之權益＝$1,000,000×1/5＝$200,000

(四) **(新合夥人入夥－直接投資合夥企業)**

欣盛商店 20x6 年初受產業不景氣影響，急需現金週轉，經全體合夥人同意，林丁以現金$550,000 投資欣盛商店，並取得 3/8 合夥權益。已知 20x6 年初，欣盛商店原有合夥人之資本帳戶餘額分別為：王甲$600,000，趙乙$350,000，陳丙$500,000，其損益分配比例依序為 2：1：2。假設欣盛商店帳列資產及負債皆按公允價值列帳。

請按：(1)紅利法，(2)商譽法，編製林丁入夥分錄。

解答：

(1)紅利法	現　金 王甲資本 趙乙資本 陳丙資本 　　林丁資本	550,000 80,000 40,000 80,000 　　　　750,000		$600,000＋$350,000＋$500,000 　＝$1,450,000 ($1,450,000＋$550,000)×3/8＝$750,000 $550,000－$750,000＝－$200,000 －$200,000×[2÷(2＋1＋2)]＝－$80,000 －$200,000×[1÷(2＋1＋2)]＝－$40,000
(2)商譽法	現　金 商　譽 　　林丁資本	550,000 320,000 　　　　870,000		$550,000 現金＜所取得之淨值$750,000 顯示：林丁尚帶來不可辨認資產。 $1,450,000÷(1－3/8)＝$2,320,000(FV) $1,450,000＋$550,000＝$2,000,000(BV) 商譽＝$2,320,000－$2,000,000＝$320,000 林丁之權益＝$550,000＋$320,000 　　　　　＝$870,000

(五) **(新合夥人入夥－直接投資合夥企業)**

大慶商店創設於 20x3 年，係由合夥人林一與王二各投資$50,000 成立，該商店為買賣業。截至 20x6 年 12 月 31 日，其盈餘與企業營運良好，林一與王二的資本帳戶餘額分別為$100,000 與$90,000，且其二人的損益分配比例為 3：2。20x7 年初，張三受林一與王二邀約入夥。假設：除有反證外，大慶商店帳列資產及負債皆按公允價值列帳。請依下列四種獨立情況編製必要之分錄。

(1) 張三以現金$50,000 投資大慶商店，並取得 1/6 合夥權益。(以商譽法入帳)
(2) 張三因個人聲譽極佳，故經同意以$50,000 投資大慶商店，並取得 1/4 合夥權益。(以紅利法入帳)

(3) 張三以現金$35,000 及帳面金額$35,000(公允價值$25,000)的電腦設備投資於大慶商店，並取得 1/5 合夥權益。（以紅利法入帳）
(4) 張三入夥前，大慶商店先做資產評估，得知應收帳款應增提「備抵損失－應收帳款」$1,500，「不動產、廠房及設備」應增提折舊$2,500。接著同意張三以$54,000 入夥取得 1/4 合夥權益。（以商譽法入帳）

解答：

(1) 商譽法	商　譽　　　　　　60,000 　　林一資本　　　　　　　36,000 　　王二資本　　　　　　　24,000 現　金　　　　　　50,000 　　張三資本　　　　　　　50,000	($190,000＋$50,000)×1/6＝$40,000 $50,000 現金＞所取得之淨值$40,000，顯示：原合夥組織有未入帳資產。 $50,000÷1/6＝$300,000(FV) $190,000＋$50,000＝$240,000(BV) 商譽＝$300,000－$240,000＝$60,000 $60,000×[3÷(3＋2)]＝$36,000 $60,000×[2÷(3＋2)]＝$24,000 張三之權益＝$300,000×1/6＝$50,000
(2) 紅利法	現　金　　　　　　50,000 林一資本　　　　　 6,000 王二資本　　　　　 4,000 　　張三資本　　　　　　　60,000	($190,000＋$50,000)×1/4＝$60,000 $50,000－$60,000＝－$10,000 －$10,000×[3÷(3＋2)]＝－$6,000 －$10,000×[2÷(3＋2)]＝－$4,000
(3) 紅利法	現　金　　　　　　35,000 辦公設備　　　　　25,000 　　林一資本　　　　　　　 6,000 　　王二資本　　　　　　　 4,000 　　張三資本　　　　　　　50,000	($190,000＋$35,000＋$25,000)×1/5 　＝$50,000 ($35,000＋$25,000)－$50,000＝$10,000 $10,000×[3÷(3＋2)]＝$6,000 $10,000×[2÷(3＋2)]＝$4,000
(4) 商譽法	林一資本　　　　　 2,400 王二資本　　　　　 1,600 　　備抵損失 　　　－應收帳款　　　　　 1,500 　　累計折舊　　　　　　　 2,500 現　金　　　　　　54,000 商　譽　　　　　　 8,000 　　張三資本　　　　　　　62,000	(－$1,500－$2,500)×(3/5)＝－$2,400 (－$1,500－$2,500)×(2/5)＝－$1,600 [($190,000－$4,000)＋$54,000]×1/4 　＝$60,000 $54,000 現金＜所取得之淨值$60,000，顯示：張三尚帶來不可辨認資產。 ($190,000－$4,000)÷(1－1/4)＝$248,000 ($190,000－$4,000)＋$54,000＝$240,000 商譽＝$248,000－$240,000＝$8,000 張三之權益＝$54,000＋$8,000＝$62,000

(六) (原合夥人退夥)

20x6 年度結算後得知,嘉禾企業三位合夥人的資本帳戶餘額分別為:甲$150,000,乙$60,000,丙$90,000,且三位合夥人的損益分配比例依序為 5:2:3。乙因私人因素,須於 20x7 年初退出嘉禾企業,經甲、丙二人同意後,先將企業各項資產及負債按公允價值重新評價,以計算乙的資本帳戶餘額。重新評價後發現存貨低估$24,000,三位合夥人協商後同意退現金$78,000 給乙。

請作下列分錄:(1) 存貨價值重估之分錄。
(2)「商譽不入帳(紅利法)」之乙退夥分錄。
(3) 將「屬於乙的部分商譽」入帳之乙退夥分錄。
(4) 將「嘉禾企業全部商譽」入帳之乙退夥分錄。

解答:

(1)	存　貨	24,000		$24,000×[5÷(5+2+3)]=$12,000
	甲資本		12,000	$24,000×[2÷(5+2+3)]=$4,800
	乙資本		4,800	$24,000×[3÷(5+2+3)]=$7,200
	丙資本		7,200	
(2)	乙資本	64,800		$60,000+$4,800=$64,800
	甲資本	8,250		$78,000−$64,800=$13,200
	丙資本	4,950		$13,200×[5÷(5+3)]=$8,250
	現　金		78,000	$13,200×[3÷(5+3)]=$4,950
(3)	乙資本	64,800		商譽=$78,000−$64,800=$13,200
	商　譽	13,200		
	現　金		78,000	
(4)	商　譽	66,000		$78,000÷(2/10)=$390,000(FV)
	甲資本		33,000	($150,000+$60,000+$90,000)+$24,000
	乙資本		13,200	=$324,000(BV)
	丙資本		19,800	商譽=$390,000−$324,000=$66,000
	乙資本	78,000		或 $78,000−($60,000+$4,800)=$13,200
	現　金		78,000	$13,200÷(2/10)=$66,000
				$66,000×(5/10)=$33,000
				$66,000×(2/10)=$13,200
				$66,000×(3/10)=$19,800
				$60,000+$4,800+$13,200=$78,000

(七) (原合夥人退夥)

20x7年3月31日，林君、李君、趙君在合夥商店的資本帳戶餘額分別為$120,000、$40,000、$80,000，其合夥損益分配比例依序為1：3：1。假設：除有反證外，合夥企業的帳列資產及負債皆按公允價值列帳。趙君欲於20x7年3月31日退夥，經林君與李君二人同意後，請依下列各獨立情況，作退夥分錄。

(1) 經林君與李君同意，趙君將其合夥權益以$53,000出售給張君。
(2) 趙君將其合夥權益贈予其女婿蔡君，林君與李君同意蔡君成為合夥人。
(3) 林君與李君分別以$43,000各向趙君購買其半數的合夥權益。
(4) 趙君退夥，原合夥企業支付趙君現金$80,000。
(5) 趙君退夥，原合夥企業支付趙君現金$74,000。(紅利法、全部商譽法皆作)
(6) 趙君退夥，原合夥企業支付趙君現金$52,000及一項辦公設備(成本$50,000，累計折舊$24,000)，已知該辦公設備公允價值為$31,000。
(紅利法、全部商譽法皆作)

解答：

(1)	趙君資本	80,000		
	張君資本		80,000	
(2)	趙君資本	80,000		
	蔡君資本		80,000	
(3)	趙君資本	80,000		$80,000×1/2＝$40,000
	林君資本		40,000	
	李君資本		40,000	
(4)	趙君資本	80,000		
	現　金		80,000	
(5)商譽法	林君資本	12,000		$74,000－$80,000＝－$6,000
	李君資本	18,000		合夥企業淨值高估數(須找出高估原因)
	趙君資本	6,000		＝－$6,000÷[1÷(1＋3＋1)]＝－$30,000
	(資產)(負債)		30,000	－$30,000×[1÷(1＋3＋1)]＝－$6,000
	(退夥利益)			趙君資本＝$80,000－$6,000＝$74,000
	趙君資本	74,000		
	現　金		74,000	

(續次頁)

(5) 紅 利 法	趙君資本 　現　金 　林君資本 　李君資本	80,000	74,000 1,500 4,500	$80,000-$74,000=$6,000 $6,000×[1÷(1+3)]=$1,500 $6,000×[3÷(1+3)]=$4,500
(6) 紅 利 法	趙君資本 累計折舊 －辦公設備 　現　金 　辦公設備 　林君資本 　李君資本	80,000 24,000	52,000 50,000 500 1,500	辦公設備BV=$50,000-$24,000 　　　　　=$26,000 辦公設備低估=$31,000-$26,000 　　　　　=$5,000 $80,000-($52,000+$26,000)=$2,000 $2,000×[3÷(1+3)]=$1,500 $2,000×[1÷(1+3)]=$500
(6) 商 譽 法	商　譽 辦公設備（#） 　林君資本 　李君資本 　趙君資本	10,000 5,000	3,000 9,000 3,000	($52,000+$31,000)-$80,000=$3,000 合夥企業淨值低估數 　=$3,000÷(1/5)=$15,000 $15,000-$5,000(辦公設備低估) 　=$10,000 (如：商譽) $15,000×(1/5)=$3,000 $15,000×(3/5)=$9,000 趙君資本=$80,000+$3,000=$83,000 辦公設備=$50,000+5,000=$55,000
	#：亦可借記「累計折舊－辦公設備」			
	趙君資本 累計折舊 －辦公設備 　現　金 　辦公設備	83,000 24,000	52,000 55,000	

(續次頁)

(八) (選擇題：近年會計師考題改編)

(1) (92 會計師考題)

(B)　合夥企業之合夥人甲及乙於 20x6 年 2 月 1 日資本帳戶餘額分別為 $160,000 及$140,000，且其損益分配比率為 3：2。今甲與乙同意丙以投資現金$120,000 方式入夥，並獲得三分之一合夥權益及損益分配權益。已知丙入夥後新合夥企業之合夥權益為$420,000，試問丙入夥後，甲、乙及丙三人資本帳戶餘額各為何？

(A) $140,000、$140,000、$140,000　　(B) $148,000、$132,000、$140,000
(C) $180,000、$120,000、$120,000　　(D) $150,000、$130,000、$140,000

說明：($160,000＋$140,000)＋$120,000＝$420,000

　　　　丙取得合夥權益＝$420,000×(1/3)
　　　　　　　　　　　＝$140,000＞丙投資之現金$120,000

　　　又因新合夥企業之合夥權益為$420,000，故知報導個體係採「紅利法」處理丙入夥交易，分錄如下：

20x6/ 2/ 1	現　金	120,000	
	甲資本	12,000	
	乙資本	8,000	
	丙資本		140,000

　　　上述分錄過帳後，甲資本＝$160,000－$12,000＝$148,000
　　　　　　　　　　　　乙資本＝$140,000－$8,000＝$132,000

(續次頁)

(2) (90 會計師考題)

(A) 甲、乙合夥經營事業多年,目前兩人之資本帳戶餘額皆為$200,000,損益分配比例為 3：2。今兩人同意丙投入現金$300,000 加入合夥,並取得新合夥企業之合夥權益及損益分配權益的 50%。下列有關丙入夥後之敘述何者正確？
  (A) 在商譽法下,甲、乙兩人之資本帳戶餘額仍各為$200,000
  (B) 在商譽法下,甲、乙兩人之資本帳戶餘額將分別為$260,000 及$240,000
  (C) 在紅利法下,甲、乙兩人之資本帳戶餘額將各為$175,000
  (D) 在紅利法下,甲、乙兩人之資本帳戶餘額將分別為$230,000 及$220,000

說明：新合夥權益＝($200,000×2)＋$300,000＝$700,000
　　　丙取得之權益＝$700,000×50%＝$350,000＞丙投入現金$300,000

商譽法	現　　金	300,000		甲資本及乙資本
	商　　譽	50,000		餘額仍為$200,000
	丙資本		350,000	
紅利法	現　　金	300,000		甲資本＝$170,000
	甲資本	30,000		乙資本＝$180,000
	乙資本	20,000		
	丙資本		350,000	

(3) (90 會計師考題)

(D) 合夥契約中若無約定合夥損益之分配方法時,則在我國及美國如何分配？
  (A) 皆為平均分配　　　(B) 我國為平均分配,美國則按出資比例分配
  (C) 皆按出資比例分配　(D) 我國按出資比例分配,美國則平均分配

第十六章　合夥企業清算

　　第十五章已說明當有新合夥人入夥或原合夥人退夥或死亡時，原合夥企業與新合夥企業，究竟要視為「兩個法律個體」或「一個會計個體」？就法律觀點，要視為兩個法律個體，亦即原合夥企業解散(dissolution)，同時新合夥企業成立。但若就企業經營或會計個體觀點，則要視為一個會計個體，因原合夥企業仍繼續經營中，原會計個體亦仍存在。

　　而本章要談的合夥企業清算(liquidation)，係指合夥企業要結束營業，不再繼續經營，將處分所有非現金資產，清償所有負債，並分配剩餘現金予所有合夥人，合夥企業隨即畫下句點，故不論法律觀點或會計個體觀點，合夥企業都是解散。至於清算的原因，可能是當初設定的合夥目的已達成、企業經營不善或合夥人無意繼續經營等。已知新合夥人入夥或原合夥人退夥皆須經全體合夥人同意，始可為之，而合夥企業清算亦同，須經全體合夥人同意。彙述如下：

	法律上	會計上		
解散	V	X	CH.15：解散 Dissolution	法律上，舊合夥解散，新合夥成立
	V	V	CH.16：清算 Liquidation	合夥企業清算，結束營業

　　我國「民法」有關合夥企業解散之相關規定，彙述如下以供參考：

<u>第 692 條</u>：「合夥因左列事項之一而解散：
　　　　　一、合夥存續期限屆滿者。
　　　　　二、合夥人全體同意解散者。
　　　　　三、合夥之目的事業已完成或不能完成者。」

<u>第 697 條</u>：
「合夥財產，應先清償合夥之債務。其債務未至清償期，或在訴訟中者，應
　　將其清償所必需之數額，由合夥財產中劃出保留之。
依前項清償債務，或劃出必需之數額後，其賸餘財產應返還各合夥人金錢
　　或其他財產權之出資。
金錢以外財產權之出資，應以出資時之價額返還之。
為清償債務及返還合夥人之出資，應於必要限度內，將合夥財產變為金錢。」

一、合夥企業清算的基本程序

當下列(甲)四項假設條件存在時，合夥企業的清算程序只有下列(乙)四個簡單基本程序，這也是合夥清算的基本原則。惟實務上的清算情況常比假設情況來的複雜，要考慮的因素也隨之增加。

(甲) 假設條件：

(1) 合夥企業有償債能力(solvency)，即合夥企業的資產大於其負債。
(2) 全體合夥人對合夥企業淨值皆具權益。
(3) 合夥企業未積欠合夥人任何款項，即合夥人並非合夥企業的債權人。
(4) 在所有非現金資產被處分轉換為現金前，不會分配現金給合夥人。

(乙) 合夥企業清算的基本程序：

(1) 處分合夥企業所有非現金資產，轉換為現金。
(2) 在清算期間內，認列處分非現金資產損益及相關清算費用，並將之按損益分配比例由全體合夥人承擔或分享之。
(3) 清償合夥企業所有負債。
(4) 按各合夥人資本帳戶最後餘額，分配剩餘現金。

上述(乙)清算基本程序的第(3)點，清償合夥企業所有負債，其清償順序為：(i)先清償積欠「合夥人以外之合夥企業債權人」的債務，(ii)再清償積欠「既是合夥人也是合夥企業債權人」的債務。而「(ii)情況」在(甲)假設條件(3)下是不存在的，但實務上卻頗為常見，特此說明。另美國合夥法案規定，合夥人若借款給合夥企業，須提出借款證據，否則會被視為是合夥人對合夥企業的再投資。

二、簡單(一次)清算(Simple Partnership Liquidation)

簡單(一次)清算，係指合夥企業在清算期間處分所有非現金資產，清償合夥企業所有負債，最後才一次分配剩餘現金給各合夥人，進而完成清算程序，合夥企業正式結束。

釋例一：

　　假設張三與李四共組友利商店經營多年，至 20x6 年 12 月 31 日兩位合夥人決定要結束商店營業，因此從 20x7 年 1 月 1 日起，友利商店正式進入清算程序。20x6 年 12 月 31 日決議清算時，友利商店的財務狀況表如下：

友 利 商 店
財 務 狀 況 表
20x6 年 12 月 31 日

現　金	$ 20,000	應付帳款	$ 80,000
應收帳款	65,000	其他應付款－張三	20,000
減：備抵損失－應收帳款	(5,000)		$100,000
存　貨	60,000	張三資本	$ 50,000
辦公設備	120,000	李四資本	70,000
減：累計折舊－辦公設備	(40,000)		$120,000
	$220,000		$220,000

　　已知張三與李四的損益分配比例為 60% 與 40%。在 20x7 年 1 月友利商店發生下列清算交易，茲連同相關分錄一併彙述：

日期	清　算　交　易	分　　錄	
20x7/ 1/5	出售存貨，得款$63,000。 利得＝$63,000－$60,000＝$3,000 $3,000×60%＝$1,800 $3,000×40%＝$1,200	現　金　　　　　　63,000 　存　貨 　張三資本 　李四資本	 60,000 1,800 1,200
1/8	出售辦公設備，得款$70,000。 損失＝$70,000－($120,000 　　　－$40,000)＝－$10,000 －$10,000×60%＝－$6,000 －$10,000×40%＝－$4,000	現　金　　　　　　70,000 累計折舊－辦公設備 40,000 張三資本　　　　　6,000 李四資本　　　　　4,000 　辦公設備	 120,000
1/10	應收帳款只收現$45,000， 其餘皆無法收回。 損失＝$45,000－($65,000 　　　－$5,000)＝－$15,000 －$15,000×60%＝－$9,000 －$15,000×40%＝－$6,000	現　金　　　　　　45,000 備抵損失－應收帳款　5,000 張三資本　　　　　9,000 李四資本　　　　　6,000 　應收帳款	 65,000

(續次頁)

日期	清算交易	分錄
20x7/ 1/12	清償應付帳款$80,000。	應付帳款　　　　　80,000 　　現　金　　　　　　　80,000
1/15	清償「其他應付款－張三」$20,000。	其他應付款－張三　20,000 　　現　金　　　　　　　20,000
1/20	將剩餘現金分配給合夥人。 張三：$50,000＋$1,800－$6,000 　　　－$9,000＝$36,800 李四：$70,000＋$1,200－$4,000 　　　－$6,000＝$61,200 現金＝$20,000＋$63,000＋$70,000 　　＋$45,000－$80,000 　　－$20,000＝$98,000	張三資本　　　　　36,800 李四資本　　　　　61,200 　　現　金　　　　　　　98,000

清算進行中的合夥企業應編製「合夥清算表(partnership liquidation statement)」，以彙集清算期間之交易及相關會計科目之增減變化，直到清算程序完成。以友利商店為例，其「合夥清算表」編製如下：

友　利　商　店
合　夥　清　算　表
20x7年1月

	現　金	非現金資產	優先清償債務	其他應付款－張三	張三資本	李四資本
20x7/ 1/ 1 餘額	$ 20,000	$200,000	$80,000	$20,000	$50,000	$70,000
出售商品存貨	63,000	(60,000)			1,800	1,200
	$ 83,000	$140,00	$80,000	$20,000	$51,800	$71,200
出售辦公設備	70,000	(80,000)			(6,000)	(4,000)
	$153,000	$ 60,000	$80,000	$20,000	$45,800	$67,200
應收帳款收現	45,000	(60,000)			(9,000)	(6,000)
	$198,000	$　　 －	$80,000	$20,000	$36,800	$61,200
清償應付帳款	(80,000)		(80,000)			
	$118,000		$　　 －	$20,000	$36,800	$61,200
清償「其他應付款－張三」	(20,000)			(20,000)		
	$ 98,000			$　　 －	$36,800	$61,200
分配剩餘現金	(98,000)				(36,800)	(61,200)
20x7/ 1/31 餘額	$　　 －				$　　 －	$　　 －

三、簡單(一次)清算－合夥人資本帳戶借餘

釋例一友利商店清算過程中，兩位合夥人資本帳戶一直呈現貸餘的狀態。但有時合夥企業在清算過程中，由於認列處分非現金資產損失及清算費用，可能使合夥人資本帳戶呈現借餘。此時，「資本帳戶借餘之合夥人」對「資本帳戶貸餘之合夥人」負有一項義務(obligation)，即前者須以其個人資產來彌補其資本帳戶的借餘至零為止。假設「資本帳戶借餘之合夥人」無能力以其個人資產來履行彌補資本帳戶借餘的義務時(即個人無償債能力，個人資產小於個人負債)，則須由「資本帳戶貸餘之合夥人」按其損益分配比例來承擔其他合夥人資本帳戶之借餘。

釋例二：

假設甲、乙、丙三人共組之合夥企業在經營多年後決定清算解散，採簡單一次清算，目前清算程序已進行到尾聲，在最後分配剩餘現金前，發現甲資本帳戶為借餘$6,000，其相關資料如下：(已知甲、乙、丙三人的損益分配比例依序為 40%、40%、20%)

	借 餘	貸 餘
現　金	$40,000	
甲資本 (40%)	6,000	
乙資本 (40%)		$29,000
丙資本 (20%)		17,000
	$46,000	$46,000

茲按下列兩種情況，分別完成後續的清算程序：
(A)甲合夥人有償債能力，(B)甲合夥人無償債能力。

(續次頁)

	(A)甲合夥人有償債能力	(B)甲合夥人無償債能力
(1)甲合夥人以個人資產彌補其借餘，或由乙及丙承擔甲資本帳戶之借餘。	現　金　　　6,000 　　甲資本　　　6,000 現金＝$40,000＋$6,000 　　＝$46,000	乙資本　　　4,000 丙資本　　　2,000 　　甲資本　　　6,000 $6,000×[4÷(4+2)]=$4,000 $6,000×[2÷(4+2)]=$2,000
(2)按合夥人資本帳戶餘額分配剩餘現金給各合夥人。	乙資本　　　29,000 丙資本　　　17,000 　　現　金　　　46,000	乙資本　　　25,000 丙資本　　　15,000 　　現　金　　　40,000 $29,000－$4,000＝$25,000 $17,000－$2,000＝$15,000

釋例三：

　　沿用釋例二資料，合夥企業採簡單一次清算，目前清算程序已進行到尾聲，在最後分配剩餘現金前，發現甲資本帳戶為借餘$9,000，但同時合夥企業尚有應付甲借款$3,000，其相關資料如下：

	借　餘	貸　餘
現　　金	$40,000	
其他應付款－甲		$ 3,000
甲資本 (40%)	9,000	
乙資本 (40%)		29,000
丙資本 (20%)		17,000
	$49,000	$49,000

　　此時，甲是合夥人亦是合夥企業債權人，若以債權人身份，則「其他應付款－甲」$3,000 應優先受償，再以合夥人身分與其他合夥人一次分配剩餘現金，即所謂「債權債務不相抵」的作法，如下表(A)情況。但有時甲會放棄債權人優先受償的權利，即先將「其他應付款－甲」$3,000 與合夥人資本帳戶借餘相抵銷，再按釋例二的作法處理，此即所謂「債權債務相抵銷」的作法，如下表(B)情況。若以法律觀點，實務上美國法院較不接受「債權債務相抵銷」的作法，故除非合夥契約有明確約定債權債務可互相抵銷外，不建議「債權債務相抵銷」的作法。

(A)「合夥人對合夥企業的債權」與「合夥人資本帳戶借餘」不互相抵銷：

	甲合夥人有償債能力	甲合夥人無償債能力
(1) 合夥企業清償債務	其他應付款－甲　3,000　　現　金　　　　3,000 現金＝$40,000－$3,000 　　＝$37,000	其他應付款－甲　3,000　　現　金　　　　3,000 甲個人的債權人向法院聲請行使其債權，故$3,000會被甲個人的債權人拿走。
(2) 甲合夥人以個人資產彌補其借餘，或由乙及丙承擔甲資本帳戶之借餘。	現　金　　　9,000　　甲資本　　　　9,000 現金＝$37,000＋$9,000 　　＝$46,000	乙資本　　　6,000 丙資本　　　3,000 　　甲資本　　　　9000 $9,000×[4÷(4＋2)]＝$6,000 $9,000×[2÷(4＋2)]＝$3,000
(3) 按合夥人資本帳戶餘額分配剩餘現金給各合夥人。	乙資本　　　29,000 丙資本　　　17,000 　　現　金　　　46,000	乙資本　　　23,000 丙資本　　　14,000 　　現　金　　　37,000 $29,000－$6,000＝$23,000 $17,000－$3,000＝$14,000

(B)「合夥人對合夥企業的債權」與「合夥人資本帳戶借餘」互相抵銷：

	甲合夥人有償債能力	甲合夥人無償債能力
(1) 合夥企業清償債務	其他應付款－甲　3,000　　甲資本　　　　3,000 甲資本＝－$9,000＋$3,000 　　　＝－$6,000	其他應付款－甲　3,000　　甲資本　　　　3,000 甲資本＝－$9,000＋$3,000 　　　＝－$6,000
(2) 甲合夥人以個人資產彌補其借餘，或由乙及丙承擔甲資本帳戶之借餘。	現　金　　　6,000　　甲資本　　　　6,000 現金＝$40,000＋$6,000 　　＝$46,000	乙資本　　　4,000 丙資本　　　2,000 　　甲資本　　　　6,000 $6,000×[4÷(4＋2)]＝$4,000 $6,000×[2÷(4＋2)]＝$2,000
(3) 按合夥人資本帳戶餘額分配剩餘現金給各合夥人。	乙資本　　　29,000 丙資本　　　17,000 　　現　金　　　46,000	乙資本　　　25,000 丙資本　　　15,000 　　現　金　　　40,000 $29,000－$4,000＝$25,000 $17,000－$2,000＝$15,000

釋例四：

沿用釋例二資料，合夥企業採簡單一次清算，目前清算程序已進行到尾聲，在最後分配剩餘現金前，發現甲資本為借餘$6,000，但同時合夥企業有「其他應收款－乙」$4,000，其相關資料如下：

	借餘	貸餘
現　金	$40,000	
其他應收款－乙	4,000	
甲資本 (40%)	6,000	
乙資本 (40%)		$33,000
丙資本 (20%)		17,000
	$50,000	$50,000

此時，乙是合夥人亦是合夥企業債務人，但乙的資本帳戶貸餘大於其對合夥企業的債務，即乙對合夥企業仍具權益，因此只要全體合夥人同意，「其他應收款－乙」$4,000可隨時與乙資本帳戶相抵銷，分錄為：借記「乙資本」$4,000，貸記「其他應收款－乙」$4,000，此筆抵銷交易通常在清算之初即可執行。本例於抵銷交易後的相關資料與釋例二相同，後續清算程序請詳釋例二，不再贅述。

四、分次清算(Installment Liquidations)

合夥企業清算過程通常須持續一段時間，可能數月，因此合夥人可能約定在清算期間：(1)只要有適當的可分配現金就立即分配給合夥人，或 (2)定期地分配可分配現金予合夥人，而不是等到處分所有非現金資產、認列所有處分損益及清算費用、清償合夥企業所有負債後，最後才一次分配剩餘現金，因此分次清算過程中會多次分配現金給合夥人。惟因該特質，使每次分配現金都須小心，不可分配「過多」現金給合夥人，因後續若再認列處分非現金資產損益及清算費用或許會導致合夥人資本帳戶出現借餘，而發生釋例二及釋例三所述之情況。為解決「每次應分配多少現金予合夥人，才不會分配過多？」這個問題，學習編製「安全現金分配表(Safe Payments Schedule)」是一種有用且必要的技巧。

分次清算過程中，偶而會以「分配非現金資產」代替「分配現金」予合夥人。此舉務必取得全體合夥人事先同意，並以該項非現金資產的公允價值作為分配及入帳之基礎。當該項非現金資產的公允價值與其帳面金額不同時，其差額須認列處分非現金資產損益，並按損益分配比例由全體合夥人承擔或分享。

五、安全現金分配(Safe Payments to Partners)

當合夥企業採分次清算時，每次欲分配現金予合夥人前，須先計算當次現金要如何分配才是適當安全的，亦即合夥企業須確定當次分配給合夥人的現金絕對不會在日後要合夥人再繳回合夥企業，以支應日後處分非現金資產損失、清算費用、資本帳戶借餘等情事。為達此目的，須以「最壞狀況」當假設條件來計算當次的現金分配額度，因為未來實際狀況不會比"假設的最壞狀況"更壞，故以此作為分配現金的基礎應屬安全適當。下列即是編製「安全現金分配表」的「最壞狀況假設條件」：

(1) 假設全體合夥人皆無償債能力(insolvency)，即每位合夥人個人資產皆小於其個人負債。
(2) 假設所有非現金資產皆一文不值，因此全部非現金資產的帳面金額皆假設為損失金額。
(3) 預留一筆特定額度的現金，暫不分配予合夥人，以支應後續的清算費用、於未來才得知的未入帳負債及其他或有負債等。

釋例五：

假設張三、李四、王五共組的富利商店目前正在清算中。在處分部份非現金資產及清償部份合夥企業負債後，三位合夥人皆同意，除保留$20,000現金以支應後續的清算費用及其他或有負債外，其餘現金立即分配給合夥人。當時富利商店的財務狀況表如下：

	富　利　商　店 財　務　狀　況　表 20x7 年 4 月 30 日		
現　　金	$150,000	其他應付款－王五	$ 50,000
土　　地	100,000	張三資本 (50%)	110,000
房屋及建築	560,000	李四資本 (30%)	150,000
減：累計折舊－房屋及建築	(300,000)	王五資本 (20%)	200,000
	$510,000		$510,000

　　目前現金$150,000，除保留$20,000 外，其餘$130,000 可立即分配給三位合夥人，為達安全分配現金之目的，須在「最壞狀況的假設條件」下進行分配，假設條件為：(1)假設三位合夥人皆無償債能力，(2)假設帳列「土地」及「房屋及建築」之公允價值皆為零。按此假設條件所編之「安全現金分配表」如下：

	可能損失	張三權益	李四權益	王五權益
合夥人權益（＊）		$110,000	$150,000	$250,000
土地的可能損失	$100,000	(50,000)	(30,000)	(20,000)
房屋及建築的可能損失	260,000	(130,000)	(78,000)	(52,000)
後續的清算費用及其他或有損失	20,000	(10,000)	(6,000)	(4,000)
		($80,000)	$ 36,000	$174,000
假設張三無償債能力，其資本帳戶借餘由李四與王五按 3：2 分擔之		80,000	(48,000)	(32,000)
		$　　－	($12,000)	$142,000
假設李四無償債能力，其資本帳戶借餘由王五獨力承擔			12,000	(12,000)
			$　　－	$130,000
＊：合夥人權益＝合夥人資本帳戶餘額＋合夥人對合夥企業之債權 　　　　　　　－合夥人對合夥企業之債務

　　因此可分配現金$130,000 全數分配給王五是最安全的分配方式，不過王五亦是合夥企業的債權人，故$130,000 中的$50,000 須先清償「其他應付款－王五」$50,000，餘$80,000 才是退回王五的資本，分錄如下：

20x7/ 4/30	其他應付款－王五	50,000	
	王五資本	80,000	
	現　金		130,000

釋例六：

假設張三、李四、王五共組的吉利商店目前正在清算中。在處分部份非現金資產及清償部份負債後，三位合夥人皆同意，除保留$10,000 現金以支應後續的清算費用及其他或有負債外，其餘現金立即分配給合夥人。當時吉利商店的財務狀況表如下：

吉 利 商 店
財 務 狀 況 表
20x7 年 3 月 31 日

現　金	$ 70,000	其他應付款－張三	$ 30,000
辦公設備	200,000	李四資本 (30%)	70,000
減：累計折舊－辦公設備	(110,000)	王五資本 (30%)	80,000
張三資本 (40%)	20,000		
	$180,000		$180,000

目前現金$70,000，除保留$10,000 外，其餘$60,000 可立即分配給三位合夥人，為達安全分配現金之目的，須在「最壞狀況的假設條件」下進行分配，假設條件為：(1)假設三位合夥人皆無償債能力，(2)假設帳列辦公設備的公允價值為零。按此假設條件所編之「安全現金分配表」如下：

	可能損失	張三權益	李四權益	王五權益
合夥人權益		$10,000	$70,000	$80,000
辦公設備的可能損失	$90,000	(36,000)	(27,000)	(27,000)
後續的清算費用及其他或有損失	10,000	(4,000)	(3,000)	(3,000)
		($30,000)	$40,000	$50,000
假設張三無償債能力，其資本帳戶借餘由李四與王五按 3：3 分擔之		30,000	(15,000)	(15,000)
		$　　－	$25,000	$35,000

因此可分配現金$60,000 中，$25,000 分配給李四，$35,000 分配給王五是最安全的分配方式，分錄如下：

20x7/ 3/31	李四資本	25,000	
	王五資本	35,000	
	現　金		60,000

不過此時張三因未分配到現金，可能會以合夥企業債權人的身分反對本次現金分配，因合夥企業之債務理當優先清償，才可分配現金予合夥人。若然，則本次現金不得分配，須待所有非現金資產處分並清償合夥企業所有負債後，才能分配現金。

六、分次清算之原則與釋例

當合夥企業清算的基本觀念與相關假設融入分次清算時，可歸結下列原則：

(1) 合夥企業須按全體合夥人約定之分次清算程序，依序逐一進行。
(2) 每次分配現金時，務必先清償積欠合夥人以外之合夥企業債權人的債務。接著再按「安全現金分配表」的計算結果，分配現金予合夥人。
(3) 當有下列情況出現時，不必再編製「安全現金分配表」，直接將可分配現金按合夥人之損益分配比例分配即可。
    (a) 當全體合夥人在某一清算期間都參與現金分配時，則後續之清算期間就不必再編製「安全現金分配表」。
    (b) 某一清算期間之期初，全體合夥人之資本帳戶餘額之相對比例等於其損益分配比例，且合夥人與合夥企業間無未清償之借貸款餘額時，則從當期開始就不必再編製「安全現金分配表」。

其理由是：在分次清算過程中，隨著清算交易的發生，不斷出現處分資產損益、清算費用、未入帳負債等項目，這些損益項目皆由全體合夥人按其損益分配比例來承擔，因而使其資本帳戶餘額會逐漸地接近其損益分配比例。

釋例七：

假設張三、李四、王五共組泰利商店經營多年，至20x6年12月31日，三位合夥人決定要結束商店營業，因此從20x7年1月1日起，泰利商店正式進入清算程序。三位合夥人皆同意於每個月月底，除保留$10,000現金以支應後續的清算費用及其他或有負債外，其餘現金立即分配給合夥人。20x6年12月31日決議清算時，泰利商店的財務狀況表如下：

泰 利 商 店
財 務 狀 況 表
20x6 年 12 月 31 日

現　　金	$120,000	應付票據	$100,000
應收帳款	140,000	應付帳款	150,000
其他應收款－王五	20,000	其他應付款－李四	10,000
存　　貨	200,000	張三資本 (50%)	170,000
土　　地	50,000	李四資本 (30%)	176,000
辦公設備－淨額	150,000	王五資本 (20%)	94,000
商　　譽	20,000		
	$700,000		$700,000

20x7 年 1 月清算過程中所發生的交易及其相關分錄彙述如下：

	一 月 清 算 交 易		
(1)	三位合夥人皆同意，將「其他應收款－王五」$20,000 與王五資本相抵銷。	王五資本　　　20,000 　其他應收款 　－王五　　　　　　　20,000	
(2)	合夥企業正在清算中，商譽已無價值，故沖銷之。 $20,000×50%＝$10,000，$20,000×30%＝$6,000，$20,000×20%＝$4,000	張三資本　　　10,000 李四資本　　　　6,000 王五資本　　　　4,000 　商　譽　　　　　　　20,000	
(3)	應收帳款收現$100,000。	現　金　　　　100,000 　應收帳款　　　　　　100,000	
(4)	將成本$80,000 的存貨出售，得款$110,000。 利得＝$110,000－$80,000＝$30,000 $30,000×50%＝$15,000，$30,000×30%＝$9,000，$30,000×20%＝$6,000	現　金　　　　110,000 　存　貨　　　　　　　80,000 　張三資本　　　　　　15,000 　李四資本　　　　　　 9,000 　王五資本　　　　　　 6,000	
(5)	分配現金： (a) 清償應付票據及應付帳款。 (b) 分配現金予合夥人。 　計算請詳：表 A 　　（安全現金分配表）	應付票據　　　100,000 應付帳款　　　150,000 　現　金　　　　　　　250,000 其他應付款－李四　10,000 李四資本　　　 60,000 　現　金　　　　　　　70,000	

第 13 頁 (第十六章 合夥企業清算)

[表A]

	可能損失	張三權益	李四權益	王五權益
合夥人權益		$175,000	$189,000	$76,000
非現金資產的可能損失	$360,000	(180,000)	(108,000)	(72,000)
後續的清算費用及其他或有事項等	10,000	(5,000)	(3,000)	(2,000)
		($10,000)	$78,000	$2,000
假設張三無償債能力，其資本帳戶借餘由李四與王五按 3：2 分擔之		10,000	(6,000)	(4,000)
		$ —	$72,000	($2,000)
假設王五無償債能力，其資本帳戶借餘由李四獨力承擔			(2,000)	2,000
			$70,000	$ —

根據 20x7 年 1 月之清算交易所編製的「合夥清算表」如下：

泰 利 商 店
合 夥 清 算 表
20x7 年 1 月 1 日至 1 月 31 日

	現 金	非現金資產	優先清償債務	張三資本	其他應付款—李四	李四資本	王五資本
20x7/ 1/ 1 餘額	$120,000	$580,000	$250,000	$170,000	$10,000	$176,000	$94,000
交易(1)		(20,000)					(20,000)
交易(2)		(20,000)		(10,000)		(6,000)	(4,000)
交易(3)	100,000	(100,000)					
交易(4)	110,000	(80,000)		15,000		9,000	6,000
	$330,000	$360,000	$250,000	$175,000	$10,000	$179,000	$76,000
交易(5)(a)	(250,000)		(250,000)				
交易(5)(b)	(70,000)				(10,000)	(60,000)	
20x7/ 1/31 餘額	$ 10,000	$360,000	$ —	$175,000	$ —	$119,000	$76,000
(待 續)							

(續次頁)

20x7 年 2 月清算過程中所發生的交易及其相關分錄彙述如下：

	二 月 清 算 交 易		
(1)	將帳面金額$40,000 之辦公設備出售，得款$30,000。 損失＝$30,000－$40,000＝－$10,000 $10,000×50%＝$5,000，$10,000×30%＝$3,000，$10,000×20%＝$2,000	現　金 張三資本 李四資本 王五資本 　辦公設備－淨額	30,000 5,000 3,000 2,000 　　　40,000
(2)	將剩餘存貨出售，得款$90,000。 損失＝$90,000－($200,000－$80,000) 　　＝$90,000－$120,000＝－$30,000 $30,000×50%＝$15,000，$30,000×30%＝$9,000，$30,000×20%＝$6,000	現　金 張三資本 李四資本 王五資本 　存　貨	90,000 15,000 9,000 6,000 　　　120,000
(3)	支付$2,000 清算費用。 $2,000×50%＝$1,000 $2,000×30%＝$600 $2,000×20%＝$400	張三資本 李四資本 王五資本 　現　金	1,000 600 400 　　　2,000
(4)	發現未入帳負債$4,000。 $4,000×50%＝$2,000 $4,000×30%＝$1,200 $4,000×20%＝$800	張三資本 李四資本 王五資本 　應付帳款	2,000 1,200 800 　　　4,000
(5)	分配現金： (a) 清償應付帳款。 (b) 分配現金予合夥人。 　計算請詳：表 B 　　　(安全現金分配表)	應付帳款 　現　金 張三資本 李四資本 王五資本 　現　金	4,000 　　　4,000 47,000 42,200 24,800 　　　114,000

[表 B]

	可能損失	張三權益	李四權益	王五權益
合夥人權益		$152,000	$105,200	$66,800
非現金資產的可能損失	$200,000	(100,000)	(60,000)	(40,000)
後續的清算費用及其他或有事項等	10,000	(5,000)	(3,000)	(2,000)
		$ 47,000	$ 42,200	$24,800

根據20x7年1及2月之清算交易所編製的「合夥清算表」如下：

<table>
<tr><td colspan="8" align="center">泰 利 商 店
合 夥 清 算 表
20x76年1月1日至2月28日</td></tr>
<tr><td></td><td>現 金</td><td>非現金
資產</td><td>優先清
償債務</td><td>張 三
資 本</td><td>其他應付
款－李四</td><td>李 四
資 本</td><td>王 五
資 本</td></tr>
<tr><td>20x7/1/1餘額</td><td>$120,000</td><td>$580,000</td><td>$250,000</td><td>$170,000</td><td>$10,000</td><td>$176,000</td><td>$94,000</td></tr>
<tr><td>交易(1)</td><td></td><td>(20,000)</td><td></td><td></td><td></td><td></td><td>(20,000)</td></tr>
<tr><td>交易(2)</td><td></td><td>(20,000)</td><td></td><td>(10,000)</td><td></td><td>(6,000)</td><td>(4,000)</td></tr>
<tr><td>交易(3)</td><td>100,000</td><td>(100,000)</td><td></td><td></td><td></td><td></td><td></td></tr>
<tr><td>交易(4)</td><td>110,000</td><td>(80,000)</td><td></td><td>15,000</td><td></td><td>9,000</td><td>6,000</td></tr>
<tr><td></td><td>$330,000</td><td>$360,000</td><td>$250,000</td><td>$175,000</td><td>$10,000</td><td>$179,000</td><td>$76,000</td></tr>
<tr><td>交易(5)(a)</td><td>(250,000)</td><td></td><td>(250,000)</td><td></td><td></td><td></td><td></td></tr>
<tr><td>交易(5)(b)</td><td>(70,000)</td><td></td><td></td><td></td><td>(10,000)</td><td>(60,000)</td><td></td></tr>
<tr><td>20x7/1/31餘額</td><td>$10,000</td><td>$360,000</td><td>$ —</td><td>$175,000</td><td>$ —</td><td>$119,000</td><td>$76,000</td></tr>
<tr><td>交易(1)</td><td>30,000</td><td>(40,000)</td><td></td><td>(5,000)</td><td></td><td>(3,000)</td><td>(2,000)</td></tr>
<tr><td>交易(2)</td><td>90,000</td><td>(120,000)</td><td></td><td>(15,000)</td><td></td><td>(9,000)</td><td>(6,000)</td></tr>
<tr><td>交易(3)</td><td>(2,000)</td><td></td><td></td><td>(1,000)</td><td></td><td>(600)</td><td>(400)</td></tr>
<tr><td>交易(4)</td><td></td><td></td><td>$4,000</td><td>(2,000)</td><td></td><td>(1,200)</td><td>(800)</td></tr>
<tr><td></td><td>$128,000</td><td>$200,000</td><td>$4,000</td><td>$152,000</td><td></td><td>$105,200</td><td>$66,800</td></tr>
<tr><td>交易(5)(a)</td><td>(4,000)</td><td></td><td>(4,000)</td><td></td><td></td><td></td><td></td></tr>
<tr><td>交易(5)(b)</td><td>(114,000)</td><td></td><td></td><td>(47,000)</td><td></td><td>(42,200)</td><td>(24,800)</td></tr>
<tr><td>20x7/2/28餘額</td><td>$10,000</td><td>$200,000</td><td>$ —</td><td>$105,000</td><td></td><td>$63,000</td><td>$42,000</td></tr>
<tr><td>(待 續)</td><td></td><td></td><td></td><td></td><td></td><td></td><td></td></tr>
</table>

20x7年3月清算過程中所發生的交易及其相關分錄彙述如下：

<table>
<tr><td colspan="3" align="center">三 月 清 算 交 易</td></tr>
<tr><td>(1)</td><td>出售土地得款$80,000。</td><td>現 金 80,000
　土 地 50,000
　張三資本 15,000
　李四資本 9,000
　王五資本 6,000</td></tr>
<tr><td></td><td>利得＝$80,000－$50,000＝$30,000
$30,000×50％＝$15,000，$30,000×30％
＝$9,000，$30,000×20％＝$6,000</td><td></td></tr>
<tr><td>(2)</td><td>支付$3,000清算費用。
$3,000×50％＝$1,500
$3,000×30％＝$900
$3,000×20％＝$600</td><td>張三資本 1,500
李四資本 900
王五資本 600
　現 金 3,000</td></tr>
</table>

(承上頁)

	三　月　清　算　交　易	
(3)	分配現金： (a) 分配現金予合夥人。 $77,000×50%＝$38,500，$77,000×30%$ ＝$23,100，$77,000×20%＝$15,400	張三資本　　38,500 李四資本　　23,100 王五資本　　15,400 　現　金　　　　　77,000

[表 C] （從 3 月起，不必再編「安全現金分配表」，表 C 只為說明及驗證目的。）

	可能損失	張三權益	李四權益	王五權益
合夥人權益		$118,500	$71,100	$47,400
非現金資產的可能損失	$150,000	(75,000)	(45,000)	(30,000)
後續的清算費用及其他或有事項等	10,000	(5,000)	(3,000)	(2,000)
		$38,500	$23,100	$15,400

根據 20x7 年 1、2 及 3 月之清算交易所編製的「合夥清算表」於次頁：

20x7 年 4 月清算過程中所發生的交易及其相關分錄彙述如下：

	四　月　清　算　交　易	
(1)	將剩餘辦公設備出售，得款$70,000。 損失＝$70,000－($150,000－$40,000) 　　＝$70,000－$110,000＝－$40,000 $40,000×50%＝$20,000，$40,000×30%$ ＝$12,000，$40,000×20%＝$8,000	現　金　　　　70,000 張三資本　　　20,000 李四資本　　　12,000 王五資本　　　 8,000 　辦公設備－淨額　　110,000
(2)	沖銷剩餘未收之應收帳款。 損失＝$0－($140,000－$100,000) 　　＝－$40,000， $40,000×50%＝$20,000，$40,000×30%$ ＝$12,000，$40,000×20%＝$8,000	張三資本　　　20,000 李四資本　　　12,000 王五資本　　　 8,000 　應收帳款　　　　40,000
(3)	分配現金： (a) 分配現金予合夥人。 $80,000×50%＝$40,000，$80,000×30%$ ＝$24,000，$80,000×20%＝$16,000	張三資本　　　40,000 李四資本　　　24,000 王五資本　　　16,000 　現　金　　　　　80,000

20x7 年 1、2 及 3 月之「合夥清算表」：

<table>
<tr><td colspan="8" align="center">泰 利 商 店
合 夥 清 算 表
20x7 年 1 月 1 日至 3 月 31 日</td></tr>
<tr><td></td><td>現 金</td><td>非現金資產</td><td>優先清償債務</td><td>張三資本</td><td>其他應付款－李四</td><td>李四資本</td><td>王五資本</td></tr>
<tr><td>20x7/1/1 餘額</td><td>$120,000</td><td>$580,000</td><td>$250,000</td><td>$170,000</td><td>$10,000</td><td>$176,000</td><td>$94,000</td></tr>
<tr><td>交易(1)</td><td></td><td>(20,000)</td><td></td><td></td><td></td><td></td><td>(20,000)</td></tr>
<tr><td>交易(2)</td><td></td><td>(20,000)</td><td></td><td>(10,000)</td><td></td><td>(6,000)</td><td>(4,000)</td></tr>
<tr><td>交易(3)</td><td>100,000</td><td>(100,000)</td><td></td><td></td><td></td><td></td><td></td></tr>
<tr><td>交易(4)</td><td>110,000</td><td>(80,000)</td><td></td><td>15,000</td><td></td><td>9,000</td><td>6,000</td></tr>
<tr><td></td><td>$330,000</td><td>$360,000</td><td>$250,000</td><td>$175,000</td><td>$10,000</td><td>$179,000</td><td>$76,000</td></tr>
<tr><td>交易(5)(a)</td><td>(250,000)</td><td></td><td>(250,000)</td><td></td><td></td><td></td><td></td></tr>
<tr><td>交易(5)(b)</td><td>(70,000)</td><td></td><td></td><td></td><td>(10,000)</td><td>(60,000)</td><td></td></tr>
<tr><td>20x7/1/31 餘額</td><td>$ 10,000</td><td>$360,000</td><td>$ —</td><td>$175,000</td><td>$ —</td><td>$119,000</td><td>$76,000</td></tr>
<tr><td>交易(1)</td><td>30,000</td><td>(40,000)</td><td></td><td>(5,000)</td><td></td><td>(3,000)</td><td>(2,000)</td></tr>
<tr><td>交易(2)</td><td>90,000</td><td>(120,000)</td><td></td><td>(15,000)</td><td></td><td>(9,000)</td><td>(6,000)</td></tr>
<tr><td>交易(3)</td><td>(2,000)</td><td></td><td></td><td>(1,000)</td><td></td><td>(600)</td><td>(400)</td></tr>
<tr><td>交易(4)</td><td></td><td></td><td>$4,000</td><td>(2,000)</td><td></td><td>(1,200)</td><td>(800)</td></tr>
<tr><td></td><td>$128,000</td><td>$200,000</td><td>$4,000</td><td>$152,000</td><td></td><td>$105,200</td><td>$66,800</td></tr>
<tr><td>交易(5)(a)</td><td>(4,000)</td><td></td><td>(4,000)</td><td></td><td></td><td></td><td></td></tr>
<tr><td>交易(5)(b)</td><td>(114,000)</td><td></td><td></td><td>(47,000)</td><td></td><td>(42,200)</td><td>(24,800)</td></tr>
<tr><td>20x7/2/28 餘額</td><td>$ 10,000</td><td>$200,000</td><td>$ —</td><td>$105,000</td><td></td><td>$ 63,000</td><td>$42,000</td></tr>
<tr><td>交易(1)</td><td>80,000</td><td>(50,000)</td><td></td><td>15,000</td><td></td><td>9,000</td><td>6,000</td></tr>
<tr><td>交易(2)</td><td>(3,000)</td><td></td><td></td><td>(1,500)</td><td></td><td>(900)</td><td>(600)</td></tr>
<tr><td></td><td>$ 87,000</td><td>$150,000</td><td></td><td>$118,500</td><td></td><td>$ 71,100</td><td>$47,400</td></tr>
<tr><td>交易(3)(a)</td><td>(77,000)</td><td></td><td></td><td>(38,500)</td><td></td><td>(23,100)</td><td>(15,400)</td></tr>
<tr><td>20x7/3/31 餘額</td><td>$ 10,000</td><td>$150,000</td><td></td><td>$ 80,000</td><td></td><td>$ 48,000</td><td>$32,000</td></tr>
<tr><td>(待 續)</td><td></td><td></td><td></td><td></td><td></td><td></td><td></td></tr>
</table>

(續次頁)

根據 20x7 年 1、2、3 及 4 月份之清算交易所編製的「合夥清算表」如下：

<table>
<tr><td colspan="7" align="center">泰 利 商 店
合 夥 清 算 表
20x7 年 1 月 1 日至 4 月 30 日</td></tr>
<tr><th></th><th>現 金</th><th>非現金資產</th><th>優先清償債務</th><th>張 三 資 本</th><th>其他應付款－李四</th><th>李 四 資 本</th><th>王 五 資 本</th></tr>
<tr><td>20x7/ 1/ 1 餘額</td><td>$120,000</td><td>$580,000</td><td>$250,000</td><td>$170,000</td><td>$10,000</td><td>$176,000</td><td>$94,000</td></tr>
<tr><td>交易(1)</td><td></td><td>(20,000)</td><td></td><td></td><td></td><td></td><td>(20,000)</td></tr>
<tr><td>交易(2)</td><td></td><td>(20,000)</td><td></td><td>(10,000)</td><td></td><td>(6,000)</td><td>(4,000)</td></tr>
<tr><td>交易(3)</td><td>100,000</td><td>(100,000)</td><td></td><td></td><td></td><td></td><td></td></tr>
<tr><td>交易(4)</td><td>110,000</td><td>(80,000)</td><td></td><td>15,000</td><td></td><td>9,000</td><td>6,000</td></tr>
<tr><td></td><td>$330,000</td><td>$360,000</td><td>$250,000</td><td>$175,000</td><td>$10,000</td><td>$179,000</td><td>$76,000</td></tr>
<tr><td>交易(5)(a)</td><td>(250,000)</td><td></td><td>(250,000)</td><td></td><td></td><td></td><td></td></tr>
<tr><td>交易(5)(b)</td><td>(70,000)</td><td></td><td></td><td></td><td>(10,000)</td><td>(60,000)</td><td></td></tr>
<tr><td>20x7/ 1/31 餘額</td><td>$ 10,000</td><td>$360,000</td><td>$ —</td><td>$175,000</td><td>$ —</td><td>$119,000</td><td>$76,000</td></tr>
<tr><td>交易(1)</td><td>30,000</td><td>(40,000)</td><td></td><td>(5,000)</td><td></td><td>(3,000)</td><td>(2,000)</td></tr>
<tr><td>交易(2)</td><td>90,000</td><td>(120,000)</td><td></td><td>(15,000)</td><td></td><td>(9,000)</td><td>(6,000)</td></tr>
<tr><td>交易(3)</td><td>(2,000)</td><td></td><td></td><td>(1,000)</td><td></td><td>(600)</td><td>(400)</td></tr>
<tr><td>交易(4)</td><td></td><td></td><td>$4,000</td><td>(2,000)</td><td></td><td>(1,200)</td><td>(800)</td></tr>
<tr><td></td><td>$128,000</td><td>$200,000</td><td>$4,000</td><td>$152,000</td><td></td><td>$105,200</td><td>$66,800</td></tr>
<tr><td>交易(5)(a)</td><td>(4,000)</td><td></td><td>(4,000)</td><td></td><td></td><td></td><td></td></tr>
<tr><td>交易(5)(b)</td><td>(114,000)</td><td></td><td></td><td>(47,000)</td><td></td><td>(42,200)</td><td>(24,800)</td></tr>
<tr><td>20x7/ 2/28 餘額</td><td>$ 10,000</td><td>$200,000</td><td>$ —</td><td>$105,000</td><td></td><td>$ 63,000</td><td>$42,000</td></tr>
<tr><td>交易(1)</td><td>80,000</td><td>(50,000)</td><td></td><td>15,000</td><td></td><td>9,000</td><td>6,000</td></tr>
<tr><td>交易(2)</td><td>(3,000)</td><td></td><td></td><td>(1,500)</td><td></td><td>(900)</td><td>(600)</td></tr>
<tr><td></td><td>$ 87,000</td><td>$150,000</td><td></td><td>$118,500</td><td></td><td>$ 71,100</td><td>$47,400</td></tr>
<tr><td>交易(3)(a)</td><td>(77,000)</td><td></td><td></td><td>(38,500)</td><td></td><td>(23,100)</td><td>(15,400)</td></tr>
<tr><td>20x7 3/31 餘額</td><td>$ 10,000</td><td>$150,000</td><td></td><td>$ 80,000</td><td></td><td>$ 48,000</td><td>$32,000</td></tr>
<tr><td>交易(1)</td><td>70,000</td><td>(110,000)</td><td></td><td>(20,000)</td><td></td><td>(12,000)</td><td>(8,000)</td></tr>
<tr><td>交易(2)</td><td></td><td>(40,000)</td><td></td><td>(20,000)</td><td></td><td>(12,000)</td><td>(8,000)</td></tr>
<tr><td></td><td>$ 80,000</td><td>$ —</td><td></td><td>$ 40,000</td><td></td><td>$ 24,000</td><td>$16,000</td></tr>
<tr><td>交易(3)(a)</td><td>(80,000)</td><td></td><td></td><td>(40,000)</td><td></td><td>(24,000)</td><td>(16,000)</td></tr>
<tr><td>20x7 4/30 餘額</td><td>$ —</td><td></td><td></td><td>$ —</td><td></td><td>$ —</td><td>$ —</td></tr>
</table>

七、現金分配計畫(Cash Distribution Plans)

分次清算中每次分配現金時，利用前述之「安全現金分配表(Safe Payments Schedule)」確實可防止分配過多現金給合夥人，但因每次分配現金前都須編表計算現金分配的額度及對象，頗為繁瑣。再者，該表無法在清算之初就預先編製，因此無法預先告知合夥人將於何時分配到現金？及分配到多少現金？亦即「安全現金分配表」不具規畫功能，而「現金分配計畫(Cash Distribution Plans)」恰可彌補「安全現金分配表」在規畫功能上的不足。

編製「現金分配計畫」的邏輯步驟為：
(1) 按每位合夥人資本帳戶餘額承擔損失及費用的潛力大小排列順序。
(2) 按(1)之順序，逐一設算每位合夥人資本帳戶餘額承擔費損的最大金額。
(3) 按(2)之結果，編製「現金分配計畫」。
茲分段說明並舉例如下。

(一) 按每位合夥人資本帳戶餘額承擔損失及費用的潛力大小排列順序：

沿用釋例七之資料，假設在20x6年12月31日張三、李四、王五的資本帳戶餘額依序為$170,000、$176,000、及$94,000，另有「其他應付款－李四」$10,000及「其他應收款－王五」$20,000，故張三、李四、王五的合夥權益依序為$170,000、$186,000、及$74,000，且其損益分配比例依序為50%、30%、20%，則每位合夥人資本帳戶餘額承擔損失及費用的潛力大小及其順序如下：

合夥人	合夥權益		損益分配比例		承擔損失及費用的潛力	承擔損失及費用潛力高低排序 (1最低)
張三	$170,000	÷	50%	=	$340,000	1
李四	$186,000	÷	30%	=	$620,000	3
王五	$74,000	÷	20%	=	$370,000	2

(二) 按(一)之順序，逐一設算每位合夥人資本帳戶餘額承擔費損的最大金額：

由合夥人資本帳戶餘額承擔費損潛力最低之合夥人開始，按(一)之順序，逐一設算其資本帳戶餘額承擔費用及損失的最大金額，如下表：

	張 三	李 四	王 五	合　計	
清算之初的合夥權益	$170,000	$186,000	$74,000	$430,000	
張三資本帳戶承受費損的最大金額	(170,000)	(102,000)	(68,000)	(340,000)	$170,000÷50%＝$340,000
	$　　—	$ 84,000	$ 6,000	$ 90,000	
王五資本帳戶承受費損的最大金額		(9,000)	(6,000)	(15,000)	$6,000÷[2÷(3＋2)]＝$15,000
		$ 75,000	$　　—	$ 75,000	

(三) 按(二)之結果，編製「現金分配計畫」：

按(二)合計欄之數字，由下往上，逐一填寫「現金分配計畫」，如下表：

		預留現金	優先清償債務	其他應付款－李四	張 三	李 四	王 五
1.	預留現金 $10,000	100%					
2.	若有現金 $250,000		100%				
3.	再有現金 $10,000			100%			
4.	再有現金 $65,000					100%	
5.	再有現金 $15,000					3/5	2/5
6.	剩餘現金				50%	30%	20%

由上表可知，張三在清算之初即可預知，在可分配現金達$340,000($250,000＋$10,000＋$65,000＋$15,000＝$340,000)之前，他都無法分配到現金。同理，李四也可預知，當可分配現金達$250,000之後，他就可以開始分配到現金。而王五則要等可分配現金達$325,000($250,000＋$10,000＋$65,000＝$325,000)之後，才可以開始分配到現金。因此，「現金分配計畫」具規畫功能。

釋例八：

沿用釋例七之資料，假設在20x7年1月31日、2月28日及3月31日分配現金前之現金餘額分別為$300,000、$110,000、及$80,000，則按上述之「現金分配計畫」，現金分配如下：

	現金	預留現金	優先清償債務	其他應付款－李四	張三	李四	王五
20x7/ 1/31：							
預留現金	$ 10,000	$10,000					
優先清償債務	250,000		$250,000				
應付李四借款	10,000			$10,000			
李四資本（#）	30,000					$30,000	
	$300,000	$10,000	$250,000	$10,000		$30,000	
20x7/ 2/28：							
預留現金	$ 10,000	$10,000					
李四資本（*）	35,000					$35,000	
李四、王五	15,000					9,000	$ 6,000
全體合夥人	50,000				$25,000	15,000	10,000
	$110,000	$10,000			$25,000	$59,000	$16,000
20x7/ 3/31：							
預留現金	$ 10,000	$10,000					
全體合夥人	70,000				$35,000	$21,000	$14,000
	$ 80,000	$10,000			$35,000	$21,000	$14,000

＃：倒算$30,000＝$300,000－$10,000－$250,000－$10,000

＊：$65,000－$30,000(＃，1/31 已分配現金)＝$35,000

八、合夥人或(及)合夥企業無償債能力 (Insolvent Partners and Partnerships)

本章行文至此，都假設合夥企業具償債能力，即合夥企業的資產大於負債。但有時合夥企業會結束營業進行清算，可能是經營管理不善或其他原因造成負債大於資產，淨值為負值的窘境。因此，本段係針對合夥人及合夥企業有償債能力或無償債能力，對合夥清算的影響及其相關會計處理做進一步說明。合夥人及合夥企業有償債能力或無償債能力，可能有如下的六種組合：

有償債能力否？	(一)	(二)	(三)	(四)	(五)	(六)
合夥企業	有	有	有	無	無	無
合夥人	皆有	部份有部份無	皆無	皆有	部份有部份無	皆無

在前述簡單(一次)清算的內容中，已將合夥企業清算的資產(如：現金)分配順位做過說明，亦即：(1) 先清償積欠「合夥人以外之合夥企業債權人」的債務，(2) 再清償積欠「既是合夥人也是合夥企業債權人」的債務，(3)最後按各合夥人資本帳戶餘額，分配剩餘現金。這是以合夥企業為主體，其債權人與合夥人對合夥企業資產的請求權順位，請詳圖一之(1)(2)(3)順序。但若以合夥人為主體，特別是無償債能力的合夥人，則其個人債權人、合夥企業債權人、其他合夥人，對該位無償債能力合夥人個人資產的請求權順位，則請詳圖一之(a)(b)(c)順序。

圖一　合夥企業清算時之債權順位圖

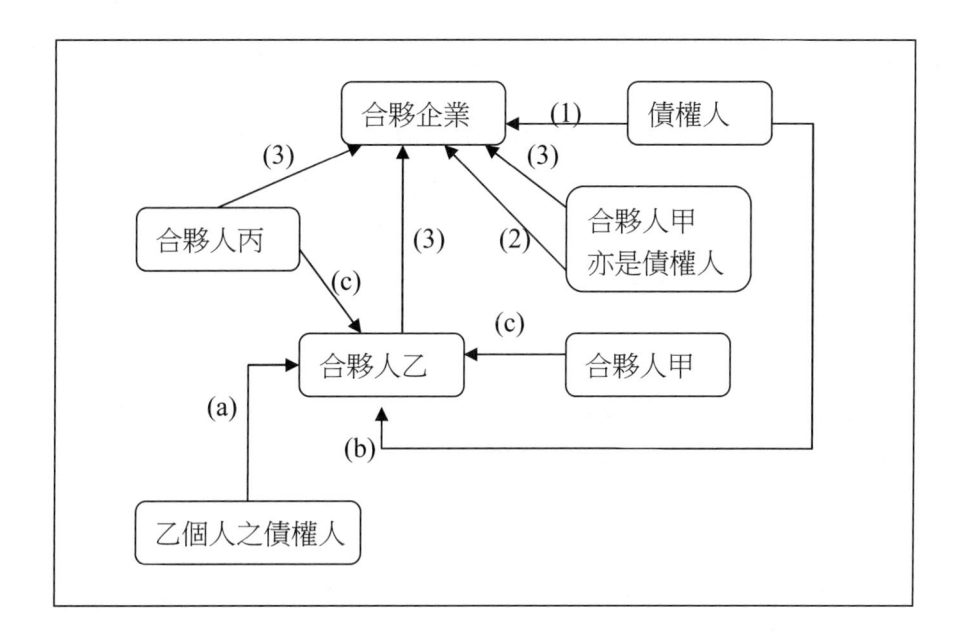

(a) 無償債能力合夥人的個人債權人。
(b) 合夥企業的債權人。
    (當合夥企業本身無償債能力時，債權未獲清償的合夥企業債權人，可向任何一位合夥人就其個人資產，提出清償合夥企業債務之請求。)
(c) 合夥企業的其他合夥人。
    (當合夥人資本帳戶為借餘時，合夥企業的其他合夥人即可要求前者以其個人資產彌補其資本帳戶之借餘。)

茲按合夥人及合夥企業有或無償債能力的六種可能組合，逐一說明。

(一) 合夥企業及全體合夥人皆有償債能力：

合夥企業的資產足以完全清償合夥企業的負債，且每位合夥人個人資產亦足以清償其個人負債。縱有合夥人的資本帳戶為借餘，則該位合夥人亦有能力以其個人資產來彌補其資本帳戶借餘，而其他合夥人可依其資本帳戶之貸餘獲得等額的現金分配，這是最單純的合夥清算情況。請參考前述簡單(一次)清算及分次清算所舉之釋例，此處不再贅述。

(二) 合夥企業有償債能力，但部份合夥人有償債能力，部份合夥人無償債能力：

合夥企業的資產足以完全清償合夥企業的負債，而剩餘的現金則分配給合夥人，但須小心勿分配過多現金給無償債能力的合夥人，因為分配給他的現金已成為其個人債權人優先受償的標的物，若因分配過多現金導致後續無償債能力合夥人的資本帳戶若為借餘時，則該位合夥人沒有能力以其個人資產來補平其資本帳戶的借餘。

若無償債能力合夥人的資本帳戶為貸餘時，則該位合夥人的個人債權人只能就其未獲清償之債權，對合夥企業的資產，在該位合夥人資本帳戶貸餘範圍內，擁有優先的請求權。(請參考釋例九的情況 A 及 B)

若有償債能力合夥人的資本帳戶為借餘，而無償債能力合夥人的資本帳戶為貸餘時，則無償債能力合夥人的個人債權人只能就其未獲清償之債權，在有償債能力合夥人的資本帳戶借餘範圍內，擁有優先的請求權。(請參考釋例九的情況 B)

「資本帳戶借餘之合夥人」對「資本帳戶貸餘之合夥人」負有一項義務(obligation)，即前者須以其個人資產來彌補其資本帳戶的借餘至零為止。若「資本帳戶借餘之合夥人」有償債能力，則有能力以其個人資產來補平其借餘；但若「資本帳戶借餘之合夥人」無償債能力，則無能力以其個人資產來補平其借餘，此時其資本帳戶之借餘須由其他「資本帳戶貸餘之合夥人」按其損益分配比例分擔之。待合夥企業清算完畢後，「資本帳戶貸餘之合夥人」因分擔了無償債能力合夥人資本帳戶的借餘，而成為後者個人債權人之一，可於往後繼續追討其債權。(請參考釋例九的情況 C)

釋例九：

甲、乙共組並經營多年的合夥企業正在進行清算。假設：(a)合夥企業帳列資產及負債之帳面金額皆等於其公允價值，(b)甲有償債能力，而乙無償債能力，(c)乙個人債權人的未獲清償債權大於$30。下列是合夥企業目前的財務狀況表，另將合夥權益的組成區分三種情況以說明本題的觀念。

財　務　狀　況　表		合夥權益：	情況 A	情況 B	情況 C
資產　$100	負債　　$80	甲資本 (有)	$15	($10)	$30
	權益　　 20	乙資本 (無)	5	30	(10)
$100	$100		$20	$20	$20

情況 A：
(1) 以合夥企業資產$80，清償合夥企業負債$80。
(2) 剩餘資產$20 ($100－$80)，其中$15 分配給甲，$5 分配給乙。但分配給乙的資產$5 有可能成為乙個人債權人優先受償的標的物。

情況 B：
(1) 以合夥企業資產$80，清償合夥企業負債$80。
(2) 乙個人的債權人，可按下列二方式在乙資本帳戶貸餘的範圍內，主張其債權：
　(a) 向合夥企業請求$30，以清償乙欠他的部份債務。
　(b) 可同時向合夥企業請求剩餘資產$20，並對甲請求$10，以清償乙欠他的部份債務。
(3) 若乙個人的債權人採取(2)(a)方式，則甲應以其個人資產$10 補平其資本帳戶借餘，此時合夥企業剩餘資產為$30 ($100－$80＋$10)，再將合夥企業剩餘資產$30 分配給乙。事實上是分配給乙個人的債權人，以清償乙欠他的全部或部份債務。

情況 C：
(1) 以合夥企業資產$80，清償合夥企業負債$80。
(2) 乙本應以其個人資產$10 補平其資本帳戶借餘$10，但因乙無償債能力，故其資本帳戶借餘$10 須由甲獨自承擔，因此甲資本帳戶成為貸餘$20($30－$10)。
(3) 合夥企業剩餘資產$20 ($100－$80)，全數分配給甲。
(4) 雖然合夥企業已清算完畢，但從今以後，甲成為乙個人的債權人之一，甲可向乙請求債權$10，因甲承擔乙資本帳戶之借餘$10。

(三) 合夥企業有償債能力，但全體合夥人皆無償債能力：

　　合夥企業的資產足以完全清償合夥企業的負債，而剩餘的現金則分配給合夥人，但因分配給無償債能力合夥人的現金，已成為合夥人個人債權人優先受償的標的物，故分配之現金會先清償無償債能力合夥人個人之債務，多餘之數，才會分配給該位無償債能力之合夥人。

(四) 合夥企業無償債能力，但全體合夥人皆有償債能力：

　　合夥企業無償債能力，係指合夥企業的資產不足以完全清償合夥企業的負債，因此合夥企業的債權人可就其未獲清償之債權，向任何一位或多位合夥人要求清償，而被提出清償要求的合夥人不得拒絕。若任何一位或多位合夥人以其個人資產清償合夥企業的負債後，則該位或多位合夥人有權利向其他合夥人請求其額外清償合夥企業負債的部份。至於每位合夥人應負擔多少合夥企業的負債，則係按損益分配比例來計算。

釋例十：

　　甲、乙、丙共組並經營多年的合夥企業正在進行清算。假設合夥企業帳列資產及負債之帳面金額皆等於其公允價值，三位合夥人皆有償債能力，且合夥企業損益係由三人平分。下列是合夥企業目前的財務狀況表：

財　務　狀　況　表			合夥權益：	
資產	$40	負債	$100	甲資本 (有)	($20)
		權益	(60)	乙資本 (有)	(20)
	$40		$40	丙資本 (有)	(20)
					($60)

清算過程說明如下：
(1) 以合夥企業資產$40，清償合夥企業負債$40，故合夥企業尚有負債$60未清償。
(2) 甲、乙及丙每人以其個人資產補平其資本帳戶借餘$20，此時合夥企業就有$60資產，再以這$60資產清償合夥企業負債$60，合夥企業清算即完成。

(3) 若合夥企業債權人直接向甲要求清償合夥企業負債$60，則甲應以其個人資產$60 清償合夥企業負債，故甲付出$60 較甲應負擔之合夥企業負債$20($60×1/3＝$20)多付出$40；因此，甲可分別向乙及丙行使請求權，要求二人以其個人資產$20 補平其資本帳戶借餘，此時合夥企業就有$40 資產，全數分配給甲，合夥企業清算即完成。

(五) 合夥企業無償債能力，但部份合夥人有償債能力，部份合夥人無償債能力：

　　本組合所須遵循的清算原則是綜合第(二)及(四)組合，因此不再贅述，直接以釋例十一說明。

釋例十一：

　　甲、乙及丙共組並經營多年的合夥企業正在進行清算。假設：(a)合夥企業帳列資產及負債之帳面金額皆等於其公允價值，(b)甲有償債能力，而乙無償債能力，丙雖有償債能力，但其個人之淨值只有$22，(c)合夥企業損益係由三位合夥人平分。下列是合夥企業目前的財務狀況表：

財　務　狀　況　表		合夥權益：	
資產　$40	負債　　$100	甲資本 (有)	($20)
	權益　　(60)	乙資本 (無)	(20)
$40	$ 40	丙資本 (有)	(20)
			($60)

清算過程彙總及其說明如下：

	資　產	負　債	甲資本	乙資本	丙資本
	$40	$100	($20)	($20)	($20)
說明(1)	(40)	(40)			
	$ 0	$ 60			
說明(2)			60		
			$40		
說明(3)			(10)	20	(10)
			$30	$ 0	($30)

(續次頁)

	資　產	負　債	甲資本	乙資本	丙資本
			$30	$ 0	($30)
說明(4)	$22				22
					($ 8)
說明(5)			(8)		8
			$22		$ 0
說明(6)	(22)		(22)		
	$ 0		$ 0		

說　明：

(1) 以合夥企業資產$40，清償合夥企業負債$40，故合夥企業尚有負債$60 未清償。

(2) 合夥企業債權人直接向甲要求清償合夥企業負債$60，故甲付給合夥企業債權人$60，較甲應負擔之合夥企業負債$20($60×1/3＝$20)多出$40；因此甲可分別向乙及丙行使請求權，要求二人以其個人資產$20 補平其資本帳戶借餘。

(3) 乙因無償債能力，故其資本帳戶借餘$20 須由甲及丙平均承擔。

(4) 丙因承擔乙資本帳戶借餘$10，使其資本帳戶借餘增為$30，須以丙個人資產來補平資本帳戶借餘，但丙個人的淨值只有$22，故只能補平資本帳戶至借餘$8，此時合夥企業資產增加$22。

(5) 丙資本帳戶借餘$8，只剩甲有能力去承擔該項借餘，因此甲資本帳戶減為貸餘$22。

(6) 分配剩餘資產$22 給甲，合夥企業清算即完成。從此，甲成為乙個人債權人之一，債權金額為$10；而甲也成為丙個人債權人之一，債權金額為$18，$10＋$8＝$18。

(六) 合夥企業無償債能力，且全體合夥人皆無償債能力：

合夥企業的資產不足以完全清償合夥企業的負債，因此合夥企業的債權人可就其未獲清償之債權，向任何一位或多位合夥人要求清償，而被提出清償要求的合夥人不得拒絕。但因全體合夥人皆無償債能力，故短時間內合夥企業的債權人亦無法從任何一位合夥人那裏獲得債權之清償，只能等待有朝一日合夥人有其他來源的收入，並在清償該位合夥人個人債務後，合夥企業債權人的債權才有機會獲得清償。

習　題

(一)　**(簡單一次清算)**

甲、乙、丙共組鴻利商店並經營多年，至 20x6 年 12 月 31 日三位合夥人決定要結束商店營業，因此從 20x7 年 1 月 1 日起，鴻利商店正式進入清算程序。依合夥契約規定，合夥企業之損益係由合夥人平分，並採簡單(一次)清算方式來進行清算。下列是鴻利商店 20x7 年 1 月 1 日財務狀況表：

資　　產		負債及權益	
現　金	$ 7,500	應付票據	$ 10,000
應收帳款	15,000	應付帳款	8,000
預付租金	3,000	甲資本	7,000
辦公設備	45,000	乙資本	3,000
減：累計折舊		丙資本	5,000
－辦公設備	(37,500)		
	$ 33,000		$ 33,000

清算過程中得知下列資訊：(a)應收帳款客戶於近期破產倒閉，故應收帳款收回無望；(b)預付租金係預付至 20x7 年三月底之租金，按租約規定，該項預付租金無法退回；(c)出售辦公設備得款$15,000；(d)應付票據免付利息。

請按下列指示作分錄：
(1) 處分非現金資產
(2) 清償負債
(3) 按下列兩個假設狀況，分配剩餘現金給合夥人：
　(a) 若資本帳戶為借餘的合夥人有償債能力
　(b) 若資本帳戶為借餘的合夥人無償債能力

解答：

(續次頁)

(1)	甲資本	5,000		計入左述(1)、(2)後之相關帳戶餘額:	
	乙資本	5,000		現金＝$7,500＋$15,000－$18,000＝$4,500	
	丙資本	5,000		甲＝$7,000－$5,000－$1,000＋$2,500＝$3,500	
	應收帳款	15,000		乙＝$3,000－$5,000－$1,000＋$2,500＝－$500	
	甲資本	1,000		丙＝$5,000－$5,000－$1,000＋$2,500＝$1,500	
	乙資本	1,000			
	丙資本	1,000	(3)	現　　金	500
	預付租金	3,000	(a)	乙資本	500
	現　　金	15,000		甲資本	3,500
	累計折舊			丙資本	1,500
	－辦公設備	37,500		現　　金	5,000
	辦公設備	45,000			
	甲資本	2,500	(3)	甲資本	3,250
	乙資本	2,500	(b)	丙資本	1,250
	丙資本	2,500		現　　金	4,500
(2)	應付票據	10,000		甲資本	3,250
	應付帳款	8,000		丙資本	1,250
	現　　金	18,000		現　　金	4,500

(二)　(安全現金分配表)

　　張三、李四、王五共組之合夥企業在經營多年後，決定從20x7年初開始進行清算。三位合夥人皆同意於每月月底，除保留$20,000現金以支應後續的清算費用及其他或有事項外，其餘現金立即分配給合夥人。下列是合夥企業20x7年1月1日財務狀況表：

資　　產		負債及權益	
現　　金	$200,000	應付帳款	$392,000
應收帳款－淨額	40,000	其他應付款－張三	10,000
其他應收款－李四	20,000	張三資本 (30%)	150,000
存　　貨	140,000	李四資本 (50%)	240,000
土　　地	150,000	王五資本 (20%)	58,000
辦公設備－淨額	300,000		
	$850,000		$850,000

在 20x7 年 1 月發生三筆清算交易如下：(1)收回一半的應收帳款；(2)出售成本$80,000 的存貨，得款$50,000；(3)出售全部土地，得款$250,000。假設張三、李四、王五之損益分配比例依序為 30%、50%、20%。

試作：編製 20x7 年 1 月 31 日分配現金時所須參考之安全現金分配表。

解答：

	可能損失	張三權益	李四權益	王五權益
合夥人權益－20x7/ 1/ 1		$160,000	$220,000	$58,000
出售存貨損失($50,000－$80,000)		(9,000)	(15,000)	(6,000)
出售土地利得($250,000－$150,000)		30,000	50,000	20,000
合夥人權益－20x7/ 1/31(分配前)		$181,000	$255,000	$72,000
應收帳款的可能損失($40,000×1/2)	$ 20,000	(6,000)	(10,000)	(4,000)
存貨的可能損失($140,000－$80,000)	60,000	(18,000)	(30,000)	(12,000)
辦公設備的可能損失	300,000	(90,000)	(150,000)	(60,000)
後續的清算費用及其他或有事項	20,000	(6,000)	(10,000)	(4,000)
		$ 61,000	$ 55,000	($ 8,000)
假設王五無償債能力，其資本帳戶借餘由張三與李四按 3：5 分擔之		(3,000)	(5,000)	8,000
現金分配數		$ 58,000	$ 50,000	$ －
20x7/ 1/31(分配前)現金＝$200,000＋($40,000×1/2)＋$50,000＋$250,000＝$520,000			
20x7/ 1/31 可分配現金＝$520,000－$20,000(預留)－$392,000(應付帳款)＝$108,000			

(三) (合夥清算表、安全現金分配表)

　　甲、乙、丙共組之合夥企業決定結束營業，並從 20x7 年初開始進行清算。假設甲、乙、丙之損益分配比例依序為 30%、30%、40%，且同意於每個月月底除保留$10,000 現金以支應後續的清算費用及其他或有事項外，其餘現金立即分配給合夥人。下列是合夥企業 20x7 年 1 月 1 日財務狀況表：

(續次頁)

資　　　產		負　債　及　權　益	
現　金	$ 40,000	應付帳款	$ 76,000
其他應收款－乙	15,000	其他應付款－甲	9,000
其他資產	260,000	甲資本 (30%)	20,000
		乙資本 (30%)	90,000
		丙資本 (40%)	120,000
	$315,000		$315,000

下列是 20x7 年 1 及 2 月合夥企業之清算交易：

一月：(1) 全體合夥人皆同意，將「其他應收款－乙」$15,000 與乙資本相抵銷。
　　　(2) 出售帳面價值為$70,000 之合夥企業資產，得款$80,000。
　　　(3) 分配現金予合夥人。

二月：(1) 出售剩餘之合夥企業資產，得款$50,000。
　　　(2) 分配剩餘現金予合夥人，完成清算程序。設三位合夥人皆有償債能力。

試作：(A) 編製 20x7 年 1 及 2 月之合夥清算表，並附上應有之安全現金分配表。
　　　(B) 作 20x7 年 1 及 2 月清算交易之所有分錄。

解答： (A)

	現　金	非現金資產	優先清償債務	其他應付款－甲	甲資本	乙資本	丙資本
20x7/ 1/1 餘額	$ 40,000	$275,000	$76,000	$9,000	$20,000	$90,000	$120,000
交易(1)		(15,000)				(15,000)	
交易(2)	80,000	(70,000)			3,000	3,000	4,000
	$120,000	$190,000	$76,000	$9,000	$23,000	$78,000	$124,000
交易(3)	(76,000)		(76,000)				
交易(3) 表 I	(34,000)					(6,000)	(28,000)
20x7/ 1/31 餘額	$ 10,000	$190,000	$　－	$9,000	$23,000	$72,000	$ 96,000
交易(1)	50,000	(190,000)			(42,000)	(42,000)	(56,000)
	$ 60,000	$　－		$9,000	($19,000)	$30,000	$ 40,000
交易(2) 相抵				(9,000)	9,000		
	$ 60,000			$　－	($10,000)	$30,000	$ 40,000
交易(2)補借餘	10,000				10,000		
	$70,000				$　－		
交易(2)	(70,000)					(30,000)	(40,000)
20x7/ 2/28 餘額	$　－					$　－	$　－

[表 I]

	可能損失	甲權益	乙權益	丙權益
合夥人權益		$32,000	$78,000	$124,000
非現金資產的可能損失	$190,000	(57,000)	(57,000)	(76,000)
後續的清算費用及其他或有事項等	10,000	(3,000)	(3,000)	(4,000)
		$(28,000)	$18,000	$44,000
假設甲無償債能力，其資本帳戶借餘由乙與丙按 3：4 分擔之		28,000	(12,000)	(16,000)
		$ —	$6,000	$28,000

(B)

一 月 清 算 交 易			二 月 清 算 交 易	
(1)	乙資本　　　　15,000 　其他應收款－乙　　15,000	(1)	現　金　　　　50,000 甲資本　　　　42,000 乙資本　　　　42,000 丙資本　　　　56,000 　其他資產　　　　190,000	
(2)	現　金　　　　80,000 其他資產　　　70,000 甲資本　　　　3,000 乙資本　　　　3,000 丙資本　　　　4,000	(2)	其他應付款－甲　9,000 　甲資本　　　　9,000	
(3)	應付帳款　　　76,000 　現　金　　　　76,000	(2)	現　金　　　　10,000 　甲資本　　　　10,000	
(3)	乙資本　　　　6,000 丙資本　　　　28,000 　現　金　　　　34,000	(2)	乙資本　　　　30,000 丙資本　　　　40,000 　現　金　　　　70,000	

(四) (現金分配計畫)

甲、乙、丙共組之合夥企業決定結束營業，在進行分次清算前，會計人員編妥現金分配計畫如下：

		預留現金	優先清償債務	甲	乙	丙
1.	預留現金$20,000	100%				
2.	若有現金$300,000		100%			
3.	再有現金$80,000			70%	30%	
4.	再有現金$70,000			3/7		4/7
5.	剩餘現金			22%	34%	44%

假設在清算期間內，共分配現金三次，分配前現金餘額分別為$370,000、$130,000、$90,000。請計算每次現金分配的結果，並完成下表。

	優先清償債務	甲	乙	丙
第一次分配現金				
第二次分配現金				
第三次分配現金				
合　計				

解答：

	優先清償債務	甲	乙	丙
第一次分配現金	$300,000	$ 35,000	$15,000	$　—
第二次分配現金	—	53,200	12,400	44,400
第三次分配現金	—	19,800	30,600	39,600
合　計	$300,000	$108,000	$58,000	$84,000

計算過程：

		預留現金	優先清償債務	甲	乙	丙
I	$20,000	$20,000				
	$300,000		$300,000			
	$50,000 (a)			$50,000×70%	$50,000×30%	
II	$20,000	$20,000				
	$30,000 (b)			$30,000×70%	$30,000×30%	
	$70,000			$70,000×3/7		$70,000×4/7
	$10,000 (c)			$10,000×22%	$10,000×34%	$10,000×44%
III.	$90,000			$90,000×22%	$90,000×34%	$90,000×44%

第一次 (I)：$370,000－$20,000(預留)－$300,000＝$50,000 (a)
第二次 (II)：$80,000－$50,000＝$30,000 (b)
　　　　　　 $130,000－$20,000(預留)－$30,000－$70,000＝$10,000 (c)

(五) (現金分配計畫)

甲、乙、丙共組之合夥企業決定結束營業，並從 20x7 年初開始進行清算。假設甲、乙、丙之損益分配比例依序為 30%、20%、50%。下列是合夥企業 20x7 年 1 月 1 日財務狀況表：

資　　產		負債及權益	
現　金	$ 22,000	應付帳款	$ 18,000
應收帳款－淨額	25,000	其他應付款－甲	7,000
其他應收款－乙	8,000	甲資本 (30%)	65,000
存　貨	25,000	乙資本 (20%)	50,000
辦公設備－淨額	80,000	丙資本 (50%)	20,000
	$160,000		$160,000

試作：(1) 在 20x7 年 1 月 1 日，編製現金分配計畫。
　　　(2) 假設可供分配現金為$120,000，請做現金分配分錄。

解答：(1)

(一) 按每位合夥人資本帳戶餘額承擔費損的潛力大小排列順序：

　　甲：$7,000＋$65,000＝$72,000，乙：$50,000－$8,000＝$42,000

合夥人	合夥權益		損益分配比例		承擔損失及費用的潛力	承擔損失及費用潛力高低排序 (1 最低)
甲	$72,000	÷	30%	=	$240,000	3
乙	$42,000	÷	20%	=	$210,000	2
丙	$20,000	÷	50%	=	$40,000	1

(二) 按(一)之順序，設算每位合夥人資本帳戶餘額承擔費損的最大金額：

	甲	乙	丙	合　計	
清算之初的合夥權益	$72,000	$42,000	$20,000	$134,000	
丙資本帳戶承受損失的最大金額	(12,000)	(8,000)	(20,000)	(40,000)	$20,000÷50%＝$40,000
	$60,000	$34,000	$ －	$ 94,000	
乙資本帳戶承受損失的最大金額	(51,000)	(34,000)		(85,000)	$34,000÷[2÷(3＋2)]＝$85,000
	$ 9,000	$ －		$ 9,000	

第 35 頁 (第十六章 合夥企業清算)

(三) 按(二)之結果，編製「現金分配計畫」：

		預留現金	優先清償債務	其他應付款－甲	甲	乙	丙
1.	預留現金 $0	—					
2.	若有現金 $18,000		100%				
3.	再有現金 $7,000			100%			
4.	再有現金 $2,000				100%		
5.	再有現金 $85,000				3/5	2/5	
6.	剩餘現金				30%	20%	50%

(2)

分配現金時	應付帳款	18,000
	其他應付款－甲	7,000
	甲資本	55,400
	乙資本	35,600
	丙資本	4,000
	現　金	120,000

計算如下：

		預留現金	優先清償債務	其他應付款－甲	甲	乙	丙
1.	預留現金 $0	—					
2.	若有現金 $18,000		$18,000				
3.	再有現金 $7,000			$7,000			
4.	再有現金 $2,000				$2,000		
5.	再有現金 $85,000				51,000	$34,000	
6.	剩餘現金 $8,000				2,400	1,600	$4,000
	合　計 $120,000	—	$18,000	$7,000	$55,400	$35,600	$4,000

(續次頁)

(六)　(分次清算、現金分配計畫、分錄、合夥清算表)

　　甲、乙、丙、丁共組合夥企業並經營多年，按合夥契約約定四人的損益分配比例依序為 40%、30%、20%、10%。近來乙及丙二人因個人財務狀況出問題，至今已無償債能力，因此乙及丙二人的債權人已分別對合夥企業所擁有的資產提出$20,000 及$22,000 的請求權，要求以合夥企業的資產清償乙及丙的個人債務。合夥企業為此而決定結束營業進行清算，並估計在清算期間大約將發生$12,000 的清算費用。決議當時立即結算從期初至清算決議時之營業損益，並得出合夥企業財務狀況表如下：

資　　產		負 債 及 權 益	
現　金	$ 20,000	應付帳款	$140,000
非現金資產	280,000	其他應付款－乙	10,000
		甲資本	76,000
		乙資本	14,000
		丙資本	51,000
		丁資本	9,000
	$300,000		$300,000

在清算期間發生下列清算交易：

(1) 出售帳面金額$190,000 的非現金資產，得款$140,000。
(2) 支付$14,000 清算費用，預計未來不會再發生清算費用。
(3) 支付合夥企業已發生之負債。
(4) 第一次分配現金予合夥人。
(5) 出售剩餘非現金資產，得款$10,000。
(6) 無償債能力之合夥人，若其資本帳戶是借餘，則無能力以其個人資產彌補其借餘。
(7) 有償債能力之合夥人，若其資本帳戶是借餘，則假設有能力以其個人資產彌補其借餘。
(8) 分配剩餘現金予合夥人，並完成清算程序。

試作：(A) 在清算之初，編製現金分配計畫。
　　　(B) 作清算交易之所有分錄。
　　　(C) 編製合夥清算表。

解答：(A)

(一) 按每位合夥人資本帳戶餘額承擔損失及費用的潛力大小排列順序：

乙：$10,000＋$14,000＝$24,000

合夥人	合夥權益		損益分配比例		承擔損失及費用的潛力	承擔損失及費用潛力高低排序 (1最低)
甲	$76,000	÷	40%	＝	$190,000	3
乙	$24,000	÷	30%	＝	$80,000	1
丙	$51,000	÷	20%	＝	$255,000	4
丁	$9,000	÷	10%	＝	$90,000	2

(二) 按(一)之順序，設算每位合夥人資本帳戶餘額承擔損失及費用的最大金額：

	甲	乙	丙	丁	合計	
清算之初的合夥權益	$76,000	$24,000	$51,000	$9,000	$160,000	
乙資本帳戶承受損失的最大金額	(32,000)	(24,000)	(16,000)	(8,000)	(80,000)	$24,000÷30%＝$80,000
	$44,000	$ —	$35,000	$1,000	$80,000	
丁資本帳戶承受損失的最大金額	(4,000)		(2,000)	(1,000)	(7,000)	$1,000÷[1÷(4＋2＋1)]＝$7,000
	$40,000		$33,000	$ —	$73,000	
甲資本帳戶承受損失的最大金額	(40,000)		(20,000)		(60,000)	$40,000÷[4÷(4＋2)]＝$60,000
	$ —		$13,000		$13,000	

(三) 按(二)之結果，編製「現金分配計畫」：

		預留現金	優先清償債務	其他應付款－乙	甲	乙	丙	丁
1.	預留現金 $0	—						
2.	若有現金 $140,000		100%					
3.	再有現金 $13,000						100%	
4.	再有現金 $60,000				4/6		2/6	
5.	再有現金 $7,000				4/7		2/7	1/7
6.	剩餘現金			(＊)	40%	30%(＊)	20%	10%

＊：分配予乙之30%現金，應先沖抵「其他應付款－乙」$10,000，超過之數才沖抵乙資本。

(B)

(1)	現　　金	140,000		$140,000－$190,000＝－$50,000
	甲資本	20,000		－$50,000×40%＝－$20,000
	乙資本	15,000		－$50,000×30%＝－$15,000
	丙資本	10,000		－$50,000×20%＝－$10,000
	丁資本	5,000		－$50,000×10%＝－$5,000
	非現金資產		190,000	
(2)	甲資本	5,600		$14,000×40%＝$5,600
	乙資本	4,200		$14,000×30%＝$4,200
	丙資本	2,800		$14,000×20%＝$2,800
	丁資本	1,400		$14,000×10%＝$1,400
	現　　金		14,000	
(3)	應付帳款	140,000		
	現　　金		140,000	
(4)	丙資本	6,000		詳(A)現金分配計畫 及
	現　　金		6,000	(C)合夥清算表
(5)	現　　金	10,,000		$10,000－$90,000＝－$80,000
	甲資本	32,000		－$80,000×40%＝－$32,000
	乙資本	24,000		－$80,000×30%＝－$24,000
	丙資本	16,000		－$80,000×20%＝－$16,000
	丁資本	8,000		－$80,000×10%＝－$8,000
	非現金資產		90,000	
(6)	其他應付款－乙	10,000		乙無償債能力，資本帳戶又借餘
	乙資本		10,000	，故相抵才安全。
	甲資本	10,971		40%＋20%＋10%＝70%
	丙資本	5,486		$19,200×4/7＝$10,971
	丁資本	2,743		$19,200×2/7＝$5,486
	乙資本		19,200	$19,200×1/7＝$2,743
(7)	現　　金	8,143		丁有償債能力，資本帳戶又借餘
	丁資本		8,143	，故以其個人資產補平借餘。
(8)	甲資本	7,429		詳現金分配計畫，
	丙資本	10,714		$13,000－$6,000(4)＝$7,000
	現　　金		18,143	$18,143－$7,000(丙)＝$11,143
				甲：$11,143×4/6＝$7,429
				丙：$11,143×2/6＝$3,714
				丙：$7,000＋$3,714＝$10,714

(C) 合夥清算表：

	現 金	非現金資產	優先清償債務	其他應付款－乙	甲資本	乙資本	丙資本	丁資本
清算之初餘額	$20,000	$280,000	$140,000	$10,000	$76,000	$14,000	$51,000	$9,000
交易(1)	140,000	(190,000)			(20,000)	(15,000)	(10,000)	(5,000)
交易(2)	(14,000)				(5,600)	(4,200)	(2,800)	(1,400)
	$146,000	$90,000	$140,000	$10,000	$50,400	($5,200)	$38,200	$2,600
交易(3)	(140,000)		(140,000)					
交易(4)	(6,000)						(6,000)	
	$ —	$90,000	$ —	$10,000	$50,400	($5,200)	$32,200	$2,600
交易(5)	10,000	(90,000)			(32,000)	(24,000)	(16,000)	(8,000)
	$10,000	$ —		$10,000	$18,400	($29,200)	$16,200	($5,400)
交易(6) 相抵				(10,000)		10,000		
	$10,000			$ —	$18,400	($19,200)	$16,200	($5,400)
交易(6) 分擔					(10,971)	19,200	(5,486)	(2,743)
	$10,000				$7,429	$ —	$10,714	($8,143)
交易(7)補借餘	8,143							8,143
	$18,143				$7,429		$10,714	$ —
交易(8)	(18,143)				(7,429)		(10,714)	
	$ —				$ —		$ —	

(七) (分次清算、現金分配計畫、分錄、合夥清算表)

　　假設張三、李四、王五共組合夥企業且經營多年，至 20x6 年 12 月 31 日三位合夥人決定要結束商店營業，因此從 20x7 年 1 月 1 日起，合夥企業正式進入清算程序。三位合夥人皆同意於每個月月底，除保留$6,000 現金以支應後續的清算費用及其他或有事項外，其餘現金立即分配給合夥人。決議當時合夥企業財務狀況表如下：

(續次頁)

資　　　產		負債及權益	
現　　金	$ 60,000	應付票據	$50,000
應收帳款－淨額	70,000	應付帳款	80,000
其他應收款－王五	10,000	其他應付款－李四	7,000
存　　貨	100,000	張三資本 (50%)	84,000
不動產、廠房及設備－淨額	100,000	李四資本 (30%)	89,000
商標權	20,000	王五資本 (20%)	50,000
	$360,000		$360,000

20x7 年 1、2 及 3 月之清算交易如下：

一　月：	
1.	全體合夥人同意將「其他應收款－王五」$10,000 與王五資本相抵銷。
2.	應收帳款收現$50,000。
3.	出售帳面金額$40,000 的存貨，得款$50,000。
4.	分配現金予合夥人。
二　月：	
1.	張三接受帳面金額$30,000 的「不動產、廠房及設備」，做為部分資本退回，該項「不動產、廠房及設備」的公允價值為$25,000。
2.	出售剩餘存貨，得款$30,000。
3.	支付清算費用$1,000。
4.	發現合夥企業未入帳負債$3,000。
5.	分配現金予合夥人。
三　月：	
1.	出售剩餘的「不動產、廠房及設備」，得款$56,000。
2.	全體合夥人同意將剩餘的非現金資產沖銷。
3.	支付最後的清算費用$2,000。
4.	分配剩餘現金予合夥人，完成清算程序。

試作：(A) 在 20x7 年 1 月 1 日，編製現金分配計畫。

　　　(B) 作清算交易之所有分錄。

　　　(C) 編製 20x7 年 1 月 1 日至 20x7 年 3 月 31 日之合夥清算表。

解答：

(A)

(一) 按每位合夥人資本帳戶餘額承擔損失及費用的潛力大小排列順序：

李四：$7,000＋$89,000＝$96,000，王五：$50,000－$10,000＝$40,000

合夥人	合夥權益		損益分配比例		承擔損失及費用的潛力	承擔損失及費用潛力高低排序 (1 最低)
張 三	$84,000	÷	50%	=	$168,000	1
李 四	$96,000	÷	30%	=	$320,000	3
王 五	$40,000	÷	20%	=	$200,000	2

(二) 按(一)之順序，設算每位合夥人資本帳戶餘額承擔費損的最大金額：

	張 三	李 四	王 五	合 計	
清算之初的合夥權益	$84,000	$96,000	$40,000	$220,000	
張三資本帳戶承受損失的最大金額	(84,000)	(50,400)	(33,600)	(168,000)	$84,000÷50%＝$168,000
	$ —	$ 45,600	$ 6,400	$ 52,000	
王五資本帳戶承受損失的最大金額		(9,600)	(6,400)	(16,000)	$6,400÷[2÷(3＋2)]＝$16,000
		$36,000	$ —	$ 36,000	

(三) 按(二)之結果，編製「現金分配計畫」：

		預留現金	優先清償債務	其他應付款－李四	張 三	李 四	王 五
1.	預留現金 $6,000	100%					
2.	若有現金 $130,000		100%				
3.	再有現金 $7,000			100%			
4.	再有現金 $29,000					100%	
5.	再有現金 $16,000					3/5	2/5
6.	剩餘現金				50%	30%	20%

(B)

	一 月 清 算 交 易		
1.	王五資本	10,000	
	其他應收款－王五		10,000
2.	現　金	50,000	
	應收帳款－淨額		50,000
3.	現　金	50,000	
	存　貨		40,000
	張三資本		5,000
	李四資本		3,000
	王五資本		2,000
4. (a)	應付票據	50,000	
	應付帳款	80,000	
	現　金		130,000
4. (b)	其他應付款－李四	7,000	
	李四資本	17,000	
	現　金		24,000
	二 月 清 算 交 易		
1. (a)	張三資本	2,500	
	李四資本	1,500	
	王五資本	1,000	
	不動產、廠房及設備－淨額		5,000
1. (b)	張三資本	25,000	
	不動產、廠房及設備－淨額		25,000
2.	現　金	30,000	
	張三資本	15,000	
	李四資本	9,000	
	王五資本	6,000	
	存　貨		60,000
3.	張三資本	500	
	李四資本	300	
	王五資本	200	
	現　金		1,000
4.	張三資本	1,500	
	李四資本	900	
	王五資本	600	
	應付帳款		3,000

	二 月 清 算 交 易		
5. (a)	應付帳款 　　現　金	3,000	3,000
5. (b)	李四資本 王五資本 　　現　金	20,400 5,600	26,000
	現金分配計畫，$29,000(李四)－$17,000(1月)＝$12,000 由合夥清算表得知，可分配現金為$26,000， $26,000－$12,000(李四)＝$14,000 (李、王) 李四：$12,000＋$(14,000×3/5)＝$20,400 王五：$14,000×2/5＝$5,600		
	三 月 清 算 交 易		
1.	現　金 張三資本 李四資本 王五資本 　　不動產、廠房及設備－淨額	56,000 7,000 4,200 2,800	70,000
2.	張三資本 李四資本 王五資本 　　應收帳款－淨額 　　商標權	20,000 12,000 8,000	20,000 20,000
3.	張三資本 李四資本 王五資本 　　現　金	1,000 600 400	2,000
4.	張三資本 李四資本 王五資本 　　現　金	16,500 26,100 17,400	60,000

(續次頁)

(C) 根據20x7年1、2、3月份之清算交易所編製的「合夥清算表」如下：

	現　金	非現金資產	優先清償債務	張　三資　本	其他應付款－李四	李　四資　本	王　五資　本
20x7/1/1 餘額	$60,000	$300,000	$130,000	$84,000	$7,000	$89,000	$50,000
交易 1.		(10,000)					(10,000)
交易 2.	50,000	(50,000)					
交易 3.	50,000	(40,000)		5,000		3,000	2,000
	$160,000	$200,000	$130,000	$89,000	$7,000	$92,000	$42,000
交易 4. (a)	(130,000)		(130,000)				
交易 4. (b)	(24,000)				(7,000)	(17,000)	
20x7/1/31 餘額	$6,000	$200,000	$　―	$89,000	$　―	$75,000	$42,000
交易 1. (a)		(5,000)		(2,500)		(1,500)	(1,000)
交易 1. (b)		(25,000)		(25,000)			
交易 2.	30,000	(60,000)		(15,000)		(9,000)	(6,000)
交易 3.	(1,000)			(500)		(300)	(200)
交易 4.			$3,000	(1,500)		(900)	(600)
	$35,000	$110,000	$3,000	$44,500		$63,300	$34,200
交易 5. (a)	(3,000)		(3,000)				
交易 5. (b)	(26,000)					(20,400)	(5,600)
20x7/2/28 餘額	$6,000	$110,000	$　―	$44,500		$42,900	$28,600
交易 1.	56,000	(70,000)		(7,000)		(4,200)	(2,800)
交易 2.		(40,000)		(20,000)		(12,000)	(8,000)
交易 3.	(2,000)			(1,000)		(600)	(400)
	$60,000	$　―		$16,500		$26,100	$17,400
交易 4.	(2,000)					(1,200)	(800)
	(58,000)			(16,500)		(24,900)	(16,600)
20x7/3/31 餘額	$　―			$　―		$　―	$　―

(八) **(合夥人：有償債能力者資本帳戶借餘，無償債能力者資本帳戶貸餘)**

　　甲、乙、丙共組之合夥企業正進行分次清算中，至20x7年3月31日止，已將所有非現金資產變現，且清償合夥企業所有負債。假設甲、乙、丙之損益分配比例依序為30%、20%、50%。下列是合夥企業20x7年3月31日財務狀況表：

資　　產		負債及權益	
	$25,000	甲資本 (30%)	$2,000
		乙資本 (20%)	(30,000)
		丙資本 (50%)	53,000
	$25,000		$25,000

同日，甲、乙、丙三人個人之資產及負債資料如下：

	甲	乙	丙
個人資產	$37,000	$60,000	$28,000
個人負債	$36,000	$40,000	$30,000

試作：編製清算最後階段的「合夥清算表」。

解答：

	現　金	甲資本	乙資本	丙資本
20x7/3/31 餘額	$25,000	$2,000	($30,000)	$53,000
乙以其個人資產補平其資本帳戶之借餘，惟乙淨值只有 $20,000 ($60,000－$40,000)	20,000		20,000	
	$45,000		($10,000)	
乙已無償債能力，故其資本帳戶借餘由甲及丙按 3：5 分擔		(3,750)	10,000	(6,250)
		($1,750)	$ －	$46,750
甲以其個人資產補平其資本帳戶之借餘，惟甲淨值只有 $1,000 ($37,000－$36,000)	1,000	1,000		
	$46,000	($ 750)		
甲已無償債能力，故其資本帳戶借餘由丙單獨承擔		750		(750)
		$ －		$46,000
剩餘現金分配予丙	(46,000)			(46,000)
	$ －			$ －

(九) (92、91、90 會計師考題改編)

甲、乙、丙三人之合夥事業決定進行清算，此時三人資本帳戶餘額分別為 $800,000、$600,000 及$400,000，損益分配比率為 5：4：3。至清算程序終了時，若丙分配到現金$100,000，則試問甲與乙分別分得多少現金？

參考答案：

(一) 按每位合夥人資本帳戶餘額承擔費損的潛力大小排列順序：

合夥人	合夥權益		損益分配比例		承擔損失及費用的潛力	承擔損失及費用潛力高低排序 (1 最低)
甲	$800,000	÷	5/12	=	$1,920,000	3
乙	$600,000	÷	4/12	=	$1,800,000	2
丙	$400,000	÷	3/12	=	$1,600,000	1

(二) 按(一)之順序，逐一設算每位合夥人資本帳戶餘額承擔費損的最大金額：

	甲	乙	丙	合　計	
清算之初的合夥權益	$800,000	$600,000	$400,000	$1,800,000	
丙資本帳戶承受損失的最大金額	(1,600,000 × 5/12)	(1,600,000 × 4/12)	(400,000)	(1,600,000)	$400,000÷(3/12) =$1,600,000
	$400,000 ÷ 3	$200,000 ÷ 3	$　—	$　200,000	
乙資本帳戶承受損失的最大金額	(150,000 × 5/9)	(150,000 × 4/9)		(150,000)	($200,000/3)÷(4/9) =$150,000
	$ 50,000	$　—		$　50,000	

(三) 按(二)之結果，編製「現金分配計畫」：

		甲	乙	丙
1.	若有現金$50,000	100%		
2.	再有現金$150,000	5/9	4/9	
3.	剩餘現金	5/12	4/12	3/12

已知 $100,000＝剩餘現金×(3/12)， 剩餘現金＝$400,000

甲分得現金＝($50,000×100%)＋($150,000×5/9)＋($400,000×5/12)＝$300,000

乙分得現金＝($150,000×4/9)＋($400,000×4/12)＝$200,000

(近年會計師考題改編)

、90 會計師考題)

, 當企業面臨下列那一種情況時,則被視為無清償能力(Insolvency)?
  (A) 流動負債大於流動資產
  (B) 營運資金(Working capital)呈負數
  (C) 淨資產呈負數,即總資產小於總負債
  (D) 保留盈餘呈負數

(2) (92 會計師考題)

(D) 當合夥人進行一次清算時,在負債已清償後,剩餘的現金應依據下列合項基準分配給合夥人?
  (A) 合夥人的損益分配比例　　(B) 合夥人平均分配
  (C) 合夥人原始投資額比例　　(D) 合夥人資本帳戶餘額

參考書目及文獻

1、國際財務報導準則：國際會計準則(IAS)、國際財務報導準則(IFRS)、國際財務報導解釋(IFRIC)、解釋公告(SIC)。

2、「證券發行人財務報告編製準則」之會計科目名稱，
    行政院金融管理監督委員會 公布

3、企業併購法 (111/06/15)

4、商業會計法 (103/06/18)

5、所得稅法 (110/04/28)

6、民法 (110/01/20)

7、商業登記法 (105/05/04)

8、有限合夥法 (104/06/24)

9、Advanced Accounting，12th ed.，2015，
    by Floyd A. Beams、Joseph H. Anthony、Bruce Bettinghaus
         and Kenneth Smith

10、企業併購交易指南－策略、模式、評估與整合
    安侯企業管理顧問有限公司暨安侯國際財務顧問股份有限公司董事長
    洪啟仁 會計師

11、合併與收購 (Mergers & Acquisitions)
    作者：Dennis Carey 等著   譯者：李田樹

12、企業合併 時勢所趨？
    周添城　台北大學經濟系教授

13、淺談併購與入主
    林金賢　中興大學企管系教授

14、企業併購三部曲 (一) 合併、收購、分割
    張明宏　實習律師

多少－論企業併購之會計處理

的利基
，工業雜誌，1998 年 6 月號

併購迷思
費家琪，經濟日報，2005/02/19